▶ 무료 동영상 강의

산업안전기사

필기 과년도 출제문제

이광수 편저

일진사

산업안전기사 필기 자격안내

산업안전기사는 산업현장의 근로자를 보호하고 근로자들이 안심하고 생산성 향상에 주력할 수 있는 작업환경을 만들기 위하여 전문적인 지식을 가진 기술 인력을 양성하고자 제정된 자격증이다. 우리나라의 경우 이에 대한 지속적 투자의 사회적 인식이 높아져가고, 산업안전보건법 시행규칙의 개정에 따른 고용 창출 효과가 기대되고 있어 산업안전기사에 대한 수요는 앞으로도 계속 증가할 전망이다.

취득방법

📖 필기 검정방법 : 객관식 4지 택일형 과목당 20문항(과목당 30분, 6과목 총 120문항)

📖 필기 합격기준 : 100점을 만점으로 하여 과목당 40점 이상, 전과목 평균 60점 이상

산업안전기사 응시자격

📖 다음 각 호의 어느 하나에 해당하는 사람은 시험에 응시할 수 있다.

1. 산업기사 등급 이상의 자격을 취득한 후 응시하려는 종목이 속하는 동일 및 유사 직무분야에서 1년 이상 실무에 종사한 사람
2. 기능사 자격을 취득한 후 응시하려는 종목이 속하는 동일 및 유사 직무분야에서 3년 이상 실무에 종사한 사람
3. 응시하려는 종목이 속하는 동일 및 유사 직무분야의 다른 종목의 기사 등급 이상의 자격을 취득한 사람
4. 관련 학과의 대학졸업자 등 또는 그 졸업예정자
5. 3년제 전문대학 관련 학과 졸업자 등으로서 졸업 후 응시하려는 종목이 속하는 동일 및 유사 직무분야에서 1년 이상 실무에 종사한 사람
6. 2년제 전문대학 관련 학과 졸업자 등으로서 졸업 후 응시하려는 종목이 속하는 동일 유사 직무분야에서 2년 이상 실무에 종사한 사람
7. 동일 및 유사 직무분야의 기사 수준 기술훈련과정 이수자 또는 그 이수예정자
8. 동일 및 유사 직무분야의 산업기사 수준 기술훈련과정 이수자로서 이수 후 응시하려는 종목이 속하는 동일 및 유사 직무분야에서 2년 이상 실무에 종사한 사람
9. 응시하려는 종목이 속하는 동일 및 유사 직무분야에서 4년 이상 실무에 종사한 사람
10. 외국에서 동일한 종목에 해당하는 자격을 취득한 사람

산업안전기사 출제기준(필기)

직무 분야	안전관리	중직무 분야	안전관리	자격 종목	산업안전기사	적용 기간	2024.1.1.~ 2026.12.31.
○ 직무 내용 : 제조 및 서비스업 등 각 산업현장에 소속되어 산업재해 예방계획의 수립에 관한 사항을 수행하며, 작업환경의 점검 및 개선에 관한 사항, 사고사례 분석 및 개선에 관한 사항, 근로자의 안전교육 및 훈련 등을 수행하는 직무이다.							

필기검정방법	객관식	문제 수	120	시험시간	3시간

필기과목명	문제 수	주요항목	세부항목	세세항목
산업재해 예방 및 안전보건교육	20	1. 산업재해 예방계획 수립	1. 안전관리	1. 안전과 위험의 개념 2. 안전보건관리 제이론 3. 생산성과 경제적 안전도 4. 재해예방 활동기법 5. KOSHA GUIDE 6. 안전보건예산 편성 및 계상
			2. 안전보건관리 체제 및 운용	1. 안전보건관리조직 구성 2. 산업안전보건위원회 운영 3. 안전보건 경영 시스템 4. 안전보건관리규정
		2. 안전보호구 관리	1. 보호구 및 안전장구 관리	1. 보호구의 개요 2. 보호구의 종류별 특성 3. 보호구의 성능기준 및 시험방법 4. 안전보건표지의 종류 · 용도 및 적용 5. 안전보건표지의 색채 및 색도기준
		3. 산업안전심리	1. 산업심리와 심리검사	1. 심리검사의 종류 2. 심리학적 요인 3. 지각과 정서 4. 동기 · 좌절 · 갈등 5. 불안과 스트레스
			2. 직업적성과 배치	1. 직업적성의 분류 2. 적성검사의 종류 3. 직무 분석 및 직무 평가 4. 선발 및 배치 5. 인사관리의 기초
			3. 인간의 특성과 안전과의 관계	1. 안전사고 요인 2. 산업안전심리의 요소 3. 착상심리 4. 착오 5. 착시 6. 착각 현상

필기과목명	문제 수	주요항목	세부항목	세세항목
		4. 인간의 행동과학	1. 조직과 인간행동	1. 인간관계 2. 사회행동의 기초 3. 인간관계 메커니즘 4. 집단행동 5. 인간의 일반적인 행동 특성
			2. 재해 빈발성 및 행동과학	1. 사고경향 2. 성격의 유형 3. 재해 빈발성 4. 동기부여 5. 주의와 부주의
			3. 집단관리와 리더십	1. 리더십의 유형 2. 리더십과 헤드십 3. 사기와 집단역학
			4. 생체리듬과 피로	1. 피로의 증상 및 대책 2. 피로의 측정법 3. 작업강도와 피로 4. 생체리듬 5. 위험일
		5. 안전보건교육의 내용 및 방법	1. 교육의 필요성과 목적	1. 교육 목적 2. 교육의 개념 3. 학습지도 이론 4. 교육심리학의 이해
			2. 교육방법	1. 교육훈련기법 2. 안전보건교육방법(TWI, O.J.T, OFF.J.T 등) 3. 학습 목적의 3요소 4. 교육법의 4단계 5. 교육훈련의 평가방법
			3. 교육실시방법	1. 강의법 2. 토의법 3. 실연법 4. 프로그램학습법 5. 모의법 6. 시청각교육법 등
			4. 안전보건교육계획 수립 및 실시	1. 안전보건교육의 기본방향 2. 안전보건교육의 단계별 교육과정 3. 안전보건교육계획
			5. 교육내용	1. 근로자 정기안전보건 교육내용 2. 관리감독자 정기안전보건 교육내용 3. 신규채용 시와 작업내용 변경 시 안전보건 교육내용 4. 특별교육대상 작업별 교육내용

필기과목명	문제 수	주요항목	세부항목	세세항목
		6. 산업안전 관계법규	1. 산업안전보건법령	1. 산업안전보건법 2. 산업안전보건법 시행령 3. 산업안전보건법 시행규칙 4. 산업안전보건기준에 관한 규칙 5. 관련 고시 및 지침에 관한 사항
인간공학 및 위험성 평가 · 관리	20	1. 안전과 인간공학	1. 인간공학의 정의	1. 정의 및 목적 2. 배경 및 필요성 3. 작업관리와 인간공학 4. 사업장에서의 인간공학 적용 분야
			2. 인간-기계체계	1. 인간-기계 시스템의 정의 및 유형 2. 시스템의 특성
			3. 체계설계와 인간요소	1. 목표 및 성능명세의 결정 2. 기본설계 3. 계면설계 4. 촉진물 설계 5. 시험 및 평가 6. 감성공학
			4. 인간요소와 휴먼에러	1. 인간실수의 분류 2. 형태적 특성 3. 인간실수 확률에 대한 추정기법 4. 인간실수 예방기법
		2. 위험성 파악 · 결정	1. 위험성 평가	1. 위험성 평가의 정의 및 개요 2. 평가대상 선정 3. 평가 항목 4. 관련법에 관한 사항
			2. 시스템 위험성 추정 및 결정	1. 시스템 위험성 분석 및 관리 2. 위험분석 기법 3. 결함수 분석 4. 정성적, 정량적 분석 5. 신뢰도 계산
		3. 위험성 감소 대책 수립 · 실행	1. 위험성 감소 대책 수립 및 실행	1. 위험성 개선 대책(공학적 · 관리적)의 종류 2. 허용 가능한 위험수준 분석 3. 감소 대책에 따른 효과 분석 능력
		4. 근골격계 질환 예방관리	1. 근골격계 유해요인	1. 근골격계 질환의 정의 및 유형 2. 근골격계 부담작업의 범위
			2. 인간공학적 유해요인 평가	1. OWAS 2. RULA 3. REBA 등
			3. 근골격계 유해요인 관리	1. 작업관리의 목적 2. 방법 연구 및 작업 측정 3. 문제해결 절차 4. 작업개선안의 원리 및 도출방법

필기과목명	문제 수	주요항목	세부항목	세세항목
		5. 유해요인 관리	1. 물리적 유해요인 관리	1. 물리적 유해요인 파악 2. 물리적 유해요인 노출기준 3. 물리적 유해요인 관리 대책 수립
			2. 화학적 유해요인 관리	1. 화학적 유해요인 파악 2. 화학적 유해요인 노출기준 3. 화학적 유해요인 관리 대책 수립
			3. 생물학적 유해요인 관리	1. 생물학적 유해요인 파악 2. 생물학적 유해요인 노출기준 3. 생물학적 유해요인 관리 대책 수립
		6. 작업환경 관리	1. 인체계측 및 체계제어	1. 인체계측 및 응용원칙 2. 신체반응의 측정 3. 표시장치 및 제어장치 4. 통제표시비 5. 양립성 6. 수공구
			2. 신체활동의 생리학적 측정법	1. 신체반응의 측정 2. 신체역학 3. 신체활동의 에너지 소비 4. 동작의 속도와 정확성
			3. 작업 공간 및 작업 자세	1. 부품배치의 원칙 2. 활동 분석 3. 개별 작업 공간 설계지침
			4. 작업 측정	1. 표준시간 및 연구 2. work sampling의 원리 및 절차 3. 표준자료(MTM, work factor 등)
			5. 작업환경과 인간공학	1. 빛과 소음의 특성 2. 열교환 과정과 열압박 3. 진동과 가속도 4. 실효온도와 Oxford 지수 5. 이상환경(고열, 한랭, 기압, 고도 등) 및 노출에 따른 사고와 부상 6. 사무/VDT 작업설계 및 관리
			6. 중량물 취급 작업	1. 중량물 취급방법 2. NIOSH lifting equation
기계 · 기구 및 설비 안전관리	20	1. 기계공정의 안전	1. 기계공정의 특수성 분석	1. 설계도(설비 도면, 장비사양서 등) 검토 2. 파레토도, 특성요인도, 클로즈 분석, 관리도 3. 공정의 특수성에 따른 위험요인 4. 설계도에 따른 안전지침 5. 특수 작업의 조건 6. 표준안전작업 절차서 7. 공정도를 활용한 공정분석기술

필기과목명	문제 수	주요항목	세부항목	세세항목
			2. 기계의 위험 안전 조건 분석	1. 기계의 위험요인 2. 본질적 안전 3. 기계의 일반적인 안전사항과 안전조건 4. 유해위험기계기구의 종류, 기능과 작동원리 5. 기계 위험성 6. 기계 방호장치 7. 유해위험기계기구 종류와 기능 8. 설비보전의 개념 9. 기계의 위험점 조사능력 10. 기계 작동 원리 분석기술
		2. 기계분야 산업재해 조사 및 관리	1. 재해조사	1. 재해조사의 목적 2. 재해조사 시 유의사항 3. 재해발생 시 조치사항 4. 재해의 원인 분석 및 조사 기법
			2. 산재 분류 및 통계 분석	1. 산재 분류의 이해 2. 재해 관련 통계의 정의 3. 재해 관련 통계의 종류 및 계산 4. 재해손실비의 종류 및 계산
			3. 안전점검 · 검사 · 인증 및 진단	1. 안전점검의 정의 및 목적 2. 안전점검의 종류 3. 안전점검표의 작성 4. 안전검사 및 안전인증 5. 안전진단
		3. 기계설비 위험요인 분석	1. 공작기계의 안전	1. 절삭가공기계의 종류 및 방호장치 2. 소성가공 및 방호장치
			2. 프레스 및 전단기의 안전	1. 프레스 재해방지의 근본적인 대책 2. 금형의 안전화
			3. 기타 산업용 기계 기구	1. 롤러기 2. 원심기 3. 아세틸렌 용접장치 및 가스집합 용접장치 4. 보일러 및 압력용기 5. 산업용 로봇 6. 목재가공용 기계 7. 고속회전체 8. 사출성형기
			4. 운반기계 및 양중기	1. 지게차 2. 컨베이어 3. 양중기(건설용은 제외) 4. 운반기계
		4. 기계안전시설 관리	1. 안전시설 관리 계획하기	1. 기계 방호장치 2. 안전작업 절차 3. 공정도를 활용한 공정분석 4. fool proof 5. fail safe

필기과목명	문제 수	주요항목	세부항목	세세항목
			2. 안전시설 설치하기	1. 안전시설물 설치기준 2. 안전보건표지 설치기준 3. 기계 종류별[지게차, 컨베이어, 양중기(건설용은 제외), 운반기계] 안전장치 설치기준 4. 기계의 위험점 분석
			3. 안전시설 유지 · 관리하기	1. KS B 규격과 ISO 규격 통칙에 대한 지식 2. 유해위험기계기구 종류 및 특성
		5. 설비진단 및 검사	1. 비파괴 검사의 종류 및 특징	1. 육안검사 2. 누설검사 3. 침투검사 4. 초음파검사 5. 자기탐상검사 6. 음향검사 7. 방사선 투과검사
			2. 소음 · 진동방지 기술	1. 소음방지 방법 2. 진동방지 방법
전기설비 안전관리	20	1. 전기안전관리업무수행	1. 전기안전관리	1. 배(분)전반 2. 개폐기 3. 보호계전기 4. 과전류 및 누전차단기 5. 정격차단용량(kA) 6. 전기안전관련 법령
		2. 감전재해 및 방지 대책	1. 감전재해 예방 및 조치	1. 안전전압 2. 허용접촉 및 보폭전압 3. 인체의 저항
			2. 감전재해의 요인	1. 감전요소 2. 감전사고의 형태 3. 전압의 구분 4. 통전전류의 세기 및 그에 따른 영향
			3. 절연용 안전장구	1. 절연용 안전보호구 2. 절연용 안전방호구
		3. 정전기 장 · 재해 관리	1. 정전기 위험요소 파악	1. 정전기 발생 원리 2. 정전기의 발생 현상 3. 방전의 형태 및 영향 4. 정전기의 장해
			2. 정전기 위험요소 제거	1. 접지 2. 유속의 제한 3. 보호구의 착용 4. 대전방지제 5. 가습 6. 제전기 7. 본딩

필기과목명	문제 수	주요항목	세부항목	세세항목
		4. 전기방폭관리	1. 전기방폭설비	1. 방폭구조의 종류 및 특징 2. 방폭구조 선정 및 유의사항 3. 방폭형 전기기기
			2. 전기방폭 사고예방 및 대응	1. 전기폭발등급 2. 위험장소 선정 3. 정전기방지 대책 4. 절연저항, 접지저항, 정전용량 측정
		5. 전기설비 위험요인 관리	1. 전기설비 위험요인 파악	1. 단락 2. 누전 3. 과전류 4. 스파크 5. 접촉부 과열 6. 절연열화에 의한 발열 7. 지락 8. 낙뢰 9. 정전기
			2. 전기설비 위험요인 점검 및 개선	1. 유해위험기계기구 종류 및 특성 2. 안전보건표지 설치기준 3. 접지 및 피뢰설비 점검
화학설비 안전관리	20	1. 화재 · 폭발 검토	1. 화재 · 폭발 이론 및 발생 이해	1. 연소의 정의 및 요소 2. 인화점 및 발화점 3. 연소 · 폭발의 형태 및 종류 4. 연소(폭발)범위 및 위험도 5. 완전연소 조성농도 6. 화재의 종류 및 예방 대책 7. 연소파와 폭굉파 8. 폭발의 원리
			2. 소화 원리 이해	1. 소화의 정의 2. 소화의 종류 3. 소화기의 종류
			3. 폭발방지 대책 수립	1. 폭발방지 대책 2. 폭발하한계 및 폭발상한계의 계산
		2. 화학물질 안전관리 실행	1. 화학물질(위험물, 유해화학물질) 확인	1. 위험물의 기초화학 2. 위험물의 정의 3. 위험물의 종류 4. 노출기준 5. 유해화학물질의 유해요인
			2. 화학물질(위험물, 유해화학물질) 유해위험성 확인	1. 위험물의 성질 및 위험성 2. 위험물의 저장 및 취급방법 3. 인화성 가스 취급 시 주의사항 4. 유해화학물질 취급 시 주의사항 5. 물질안전보건자료(MSDS)
			3. 화학물질 취급설비 개념 확인	1. 각종 장치(고정, 회전 및 안전장치 등) 종류 2. 화학장치(반응기, 정류탑, 열교환기 등) 특성 3. 화학설비(건조설비 등)의 취급 시 주의사항 4. 전기설비(계측설비 포함)

필기과목명	문제 수	주요항목	세부항목	세세항목
		3. 화공 안전 비상조치계획 · 대응	1. 비상조치계획 및 평가	1. 비상조치계획 2. 비상대응 교육훈련 3. 자체매뉴얼 개발
		4. 화공 안전운전 · 점검	1. 공정안전기술	1. 공정안전의 개요 2. 각종 장치(제어장치, 송풍기, 압축기, 배관 및 피팅류) 3. 안전장치의 종류
			2. 안전점검계획 수립	1. 안전운전계획
			3. 공정안전 보고서 작성 심사 · 확인	1. 공정안전자료 2. 위험성 평가
건설공사 안전관리	20	1. 건설공사 특성 분석	1. 건설공사 특수성 분석	1. 안전관리계획 수립 2. 공사장 작업환경 특수성 3. 계약조건의 특수성
			2. 안전관리 고려사항 확인	1. 설계도서 검토 2. 안전관리조직 3. 시공 및 재해사례 검토
		2. 건설공사 위험성	1. 건설공사 유해 · 위험요인 파악	1. 유해 · 위험요인 선정 2. 안전보건자료 3. 유해 · 위험방지 계획서
			2. 건설공사 위험성 추정 · 결정	1. 위험성 추정 및 평가방법 2. 위험성 결정 관련 지침 활용
		3. 건설업 산업안전보건관리비 관리	1. 건설업 산업안전보건관리비 규정	1. 건설업 산업안전보건관리비의 계상 및 사용기준 2. 건설업 산업안전보건관리비 대상액 작성요령 3. 건설업 산업안전보건관리비의 항목별 사용내역
		4. 건설현장 안전시설 관리	1. 안전시설 설치 및 관리	1. 추락방지용 안전시설 2. 붕괴방지용 안전시설 3. 낙하, 비래방지용 안전시설
			2. 건설공구 및 장비 안전수칙	1. 건설공구의 종류 및 안전수칙 2. 건설장비의 종류 및 안전수칙
		5. 비계 · 거푸집 가시설 위험방지	1. 건설 가시설물 설치 및 관리	1. 비계 2. 작업통로 및 발판 3. 거푸집 및 동바리 4. 흙막이
		6. 공사 및 작업 종류별 안전	1. 양중 및 해체 공사	1. 양중 공사 시 안전수칙 2. 해체 공사 시 안전수칙
			2. 콘크리트 및 PC 공사	1. 콘크리트 공사 시 안전수칙 2. PC 공사 시 안전수칙
			3. 운반 및 하역작업	1. 운반작업 시 안전수칙 2. 하역작업 시 안전수칙

차 례

Part 1 과목별 핵심이론

1과목 산업재해 예방 및 안전보건교육

2과목 인간공학 및 위험성 평가·관리

3과목 기계·기구 및 설비 안전관리

4과목 전기설비 안전관리

5과목 화학설비 안전관리

6과목 건설공사 안전관리

Part 2 과년도 출제문제

Part 3 CBT 출제문제

부 록 핵심 계산공식

산 업 안 전 기 사 Part 1

과목별 핵심이론

1과목 산업재해 예방 및 안전보건교육

2과목 인간공학 및 위험성 평가 · 관리

3과목 기계 · 기구 및 설비 안전관리

4과목 전기설비 안전관리

5과목 화학설비 안전관리

6과목 건설공사 안전관리

1과목 산업재해 예방 및 안전보건교육

제1장 산업재해 예방계획 수립

1-1 안전관리

(1) 안전과 위험의 개념

① 용어의 정의

(가) 산업재해 : 근로자라는 사람이 업무로 인하여 사망 또는 부상하거나 질병에 걸리는 것

(나) 근로자 : 임금을 목적으로 사업장에 근로를 제공하는 자

(다) 사업주 : 근로자를 고용하여 사업을 하는 자

(라) 근로자 대표 : 근로자의 과반수로 조직된 노동조합 또는 근로자의 과반수를 대표하는 자

(마) 작업환경 측정 : 작업환경 실태를 파악하기 위하여 시료를 채취, 분석 · 평가하는 것

(바) 안전보건진단 : 산업재해를 예방하기 위하여 그 개선 대책을 목적으로 조사 · 평가하는 것

(사) 중대 재해

- 사망자가 1명 이상 발생한 재해
- 3개월 이상의 요양이 필요한 부상자가 동시에 2명 이상 발생한 재해
- 부상자 또는 직업성 질병자가 동시에 10명 이상 발생한 재해

(아) 사건 : 사회적으로 문제를 일으키거나 주목을 받을 만한 뜻밖의 일(인적 · 물적손실)

(자) 사고 : 불안전한 행동과 상태가 원인이 되어 가져오는 재산상의 손실(고의성 없음)

(2) 안전보건관리 제이론

① 재해발생의 메커니즘

(가) 하인리히의 사고발생 5단계 : 사회적, 환경적 요인 → 개인의 성격 → 불안전한 행동 및 불안전한 상태 → 사고 → 재해

(나) 버드의 도미노 이론 : 제어의 부족(관리) → 기본원인(기원) → 직접원인(징후) → 사고(접촉) → 상해(손실)

(다) 아담스의 사고연쇄반응 이론 : 관리구조 → 작전적 에러 → 전술적 에러 → 사고 → 상해(손실)

(라) 안전관리 cycle : 실태 파악 → 결함 발견 → 대책 결정 → 대책 실시

② **산업재해 발생 모델** : 불안전한 행동(인적 원인) 88%, 불안전한 상태(물적 원인) 10%

③ **재해예방의 4원칙** : 손실우연의 원칙, 원인계기의 원칙, 예방가능의 원칙, 대책선정의 원칙

④ **사고예방 대책의 기본원리** : 안전관리조직 → 사실의 발견 → 원인 분석 · 평가 → 시정책의 선정 → 시정책의 적용(3E 적용)

⑤ **재해의 기본원인과 대책을 위한 기법**

(가) 기본원인 4M : 인간(man), 기계(machine), 작업매체(media), 관리(management)

(나) 하베이의 3E : 관리적(Enforcement), 기술적(Engineering), 교육적(Education)

⑥ **위험예지훈련 4round** : 현상파악 → 본질추구 → 대책수립 → 목표설정

⑦ **재해의 간접원인** : 기술적 원인, 교육적 원인, 정신적 원인, 신체적 원인, 관리적 원인

⑧ **불안전한 행동의 원인** : 생리적 원인, 심리적 원인, 교육적 원인, 환경적 원인

(3) 생산성과 경제적 안전도

① **안전관리가 생산성과 경제적 측면에서 오는 효과**

(가) 근로자의 사기 진작

(나) 사회적 신뢰성 유지 및 확보

(다) 생산성 향상 및 이윤 증대

(라) 비용 절감(손실 감소)

(4) 재해발생 구성비율

① 하인리히 재해 법칙은 중상(사망) : 경상해 : 무상해=1 : 29 : 300이다.

② ILO 재해구성비율은 중상 : 경상 : 무상해=1 : 20 : 200이다.

③ 버드 이론(법칙)은 중상(폐질) : 경상 : 무상해(물적손실 발생) : 무상해, 무손실=1 : 10 : 30 : 600이다.

(5) 재해예방 활동기법

① **재해예방 활동의 3원칙** : 재해요인의 발견, 재해요인의 제거 · 시정, 재해요인 발생의 예방

1-2 안전보건관리 체제 및 운용

(1) 안전보건관리조직 구성

① **line형(100명 이하 소규모) :** 생산과 안전을 동시에 지시하는 형태로 신속 · 정확하다.

② **staff형(100~1000명 중규모) :** 생산과 안전을 별개로 취급하는 형태이다.

③ **line&staff형(1000명 이상 대규모) :** 안전계획, 평가 및 조사는 스탭에서, 생산기술의 안전 대책은 라인에서 실시하는 형태로 스탭의 월권행위가 발생할 수 있다.

(2) 산업안전보건위원회 운영

① **구성 :** 상시근로자 50인 이상 사업장의 안전 및 보건에 관한 중요 사항을 심의 · 의결

② **근로자위원 :** 근로자 대표, 명예 산업안전감독관, 해당 사업장의 근로자

③ **사용자위원 :** 대표자, 안전관리자, 보건관리자, 산업보건의, 해당 사업장 부서의 장

(3) 안전보건 경영 시스템

① 산업안전보건법상 안전보건관리 책임자의 직무

㈎ 산업재해 예방계획의 수립에 관한 사항
㈏ 안전보건관리규정의 작성 및 변경에 관한 사항
㈐ 근로자의 안전 · 보건교육에 관한 사항
㈑ 작업환경 측정 등 작업환경의 점검 및 개선에 관한 사항
㈒ 근로자의 건강진단 등 건강관리에 관한 사항
㈓ 산업재해의 원인조사 및 재발방지 대책 수립에 관한 사항
㈔ 산업재해에 관한 통계의 기록 및 유지에 관한 사항
㈕ 안전장치 및 보호구 구입 시의 적격품 여부 확인에 관한 사항
㈖ 유해 · 위험성 평가 실시에 관한 사항
㈗ 근로자의 유해 · 위험 또는 건강장해의 방지에 관한 사항

② 산업안전보건법상 안전보건관리 담당자의 직무

㈎ 안전 · 보건교육 실시에 관한 보좌 및 지도 · 조언
㈏ 위험성 평가에 관한 보좌 및 지도 · 조언
㈐ 작업환경 측정 및 개선에 관한 보좌 및 지도 · 조언
㈑ 건강진단에 관한 보좌 및 지도 · 조언
㈒ 산업재해 발생의 원인조사, 산업재해 통계의 기록 및 유지를 위한 보좌 및 지도 · 조언
㈓ 산업안전 · 보건과 관련된 안전장치 및 보호구 구입 시 적격품 선정에 관한 보좌 및 지도 · 조언

③ 산업안전보건법상 안전관리자의 직무

㈎ 산업안전보건위원회 또는 노사협의체에서 심의 · 의결한 업무와 사업장의 안전보건관리규정 및 취업규칙에서 정한 직무
㈏ 산업재해 발생의 원인조사 · 분석 및 재발방지를 위한 기술적 보좌 및 지도 · 조언
㈐ 산업재해에 관한 통계의 관리 및 유지 · 분석을 위한 보좌 및 지도 · 조언
㈑ 법으로 정한 안전에 관한 사항의 이행에 관한 보좌 및 지도 · 조언
㈒ 사업장의 안전교육계획 수립 및 안전교육 실시에 관한 보좌 및 지도 · 조언
㈓ 사업장의 순회점검 · 지도 및 조치의 건의
㈔ 위험성 평가에 관한 보좌 및 지도 · 조언
㈕ 안전인증대상 기계 · 기구 등과 자율안전확인대상 기계 · 기구 등 구입 시 적격품 선정에 관한 보좌 및 지도 · 조언
㈖ 업무수행 내용의 기록 · 유지

④ 산업안전보건법상 관리감독자의 직무

㈎ 기계 · 기구 또는 설비의 안전 · 보건 점검 및 이상 유무의 확인
㈏ 근로자의 작업복 · 보호구 및 방호장치의 점검과 그 착용 · 사용에 관한 교육 · 지도
㈐ 산업재해에 관한 보고 및 이에 대한 응급조치
㈑ 작업장 정리 · 정돈 및 통로 확보에 대한 확인 · 감독
㈒ 산업보건의, 안전관리자, 보건관리자, 안전보건관리 담당자의 지도 · 조언에 대한 협조
㈓ 위험성 평가를 위한 유해 · 위험요인의 파악 및 개선 조치의 시행에 대한 참여

(4) 안전보건관리규정

① **제출시기 :** 안전보건개선계획의 수립 및 시행 명령을 받은 사업주는 그 명령을 받은 날부터 60일 이내에 제출하여야 한다.

② **계획서에 포함되어야 할 내용 :** 시설, 안전보건관리체제, 안전보건교육, 산업재해 예방 및 작업환경의 개선을 위한 사항

③ **안전보건개선 계획서의 중점개선 항목 :** 시설, 기계장치, 작업방법, 안전 · 보건교육, 원료 재료, 작업환경의 개선 등

④ 안전보건개선계획의 수립 및 시행대상 사업장

㈎ 산업재해율이 같은 업종 평균 산업재해율의 2배 이상인 사업장
㈏ 사업주가 필요한 안전 · 보건조치를 이행하지 아니하여 중대 재해가 발생한 사업장
㈐ 직업성 질병자가 연간 2명(상시근로자 1000명 이상인 경우 3명) 이상 발생한 사업장
㈑ 그 밖에 작업환경 불량, 화재 · 폭발 또는 누출사고 등으로 피해가 확산된 사업장

제2장 안전보호구 관리

2-1 보호구 및 안전장구 관리

(1) 보호구의 개요

산업재해 예방을 위해 작업자 개인이 착용하고 작업하는 것으로서 유해 · 위험상황에 따라 발생할 수 있는 재해를 예방하거나 재해의 정도를 감소시키기 위한 것이다.

(2) 보호구의 종류별 특성

① **안전인증대상 보호구** : 추락 및 감전방지용 안전모, 안전화, 안전장갑, 방진마스크, 방독마스크, 송기마스크, 전동식 호흡보호구, 보호복, 안전대, 차광 및 비산물 방지용 보안경, 용접용 보안면, 방음용 귀마개 또는 귀덮개

② **보호구 선정 시 유의사항**

㈎ 사용 목적에 적합할 것

㈏ 안전인증을 받고 성능이 보장될 것

㈐ 작업에 방해가 되지 않을 것

㈑ 착용이 쉽고 크기 등이 사용자에게 편리할 것

③ **안전인증제품 표시 방법** : 형식 또는 모델명, 규격 또는 등급, 제조자명, 제조번호 및 제조연월, 안전인증번호

④ **방진마스크의 종류** : 직결식 전면형, 직결식 반면형, 격리식 전면형, 격리식 반면형, 안면부 여과식

⑤ **방진마스크의 일반구조**

㈎ 착용 시 이상한 압박감이나 고통을 주지 않을 것

㈏ 전면형 : 호흡 시에 투시부가 흐려지지 않을 것

㈐ 분리식 마스크 : 여과재, 흡기밸브, 배기밸브 및 머리끈을 쉽게 교환할 수 있고, 착용자 자신이 안면부와의 밀착성 여부를 수시로 확인할 수 있을 것

㈑ 안면부 여과식 : 여과재로 된 안면부가 사용 중 변형되지 않고, 밀착시킬 수 있을 것

⑥ **방독마스크의 정화통 표시색** : 유기화합물(갈색), 아황산(노란색), 암모니아(녹색), 할로겐(회색), 황화수소(회색), 시안화수소(회색)

⑦ **안전화의 종류** : 가죽제 안전화, 고무제 안전화, 정전기 안전화, 절연장화 등

⑧ **절연장갑의 등급 및 표시**

등급	등급별 색상	최대 사용전압		등급	등급별 색상	최대 사용전압	
		교류(V)	직류(V)			교류(V)	직류(V)
00	갈색	500	750	2	노란색	17000	25500
0	빨간색	1000	1500	3	녹색	26500	39750
1	흰색	7500	11250	4	등색	36000	54000

(3) 안전모의 시험성능기준 : 내관통성, 충격흡수성, 내전압성, 내수성, 난연성, 턱끈풀림 등

(4) 안전보건표지의 종류·용도 및 적용

① **금지표지 :** 위험한 행동을 금지하는데 사용

출입금지

보행금지

차량통행금지

사용금지

탑승금지

금연

화기금지

물체이동금지

② **경고표지 :** 직접 위험한 것 및 장소 또는 상태에 대한 경고로서 사용

인화성물질경고

산화성물질경고

폭발성물질경고

급성독성물질경고

부식성물질경고

발암성·변이원성·생식독성·전신독성·호흡기 과민성 물질경고

방사성물질경고

고압전기경고

낙하물경고

고온경고

저온경고

몸균형상실경고

레이저광선경고

매달린물체경고

위험장소경고

③ **지시표지 :** 작업에 관한 지시

보안경착용

방독마스크착용

방진마스크착용

보안면착용

안전모착용

귀마개착용

안전화착용

안전장갑착용

안전복착용

④ **안내표지 :** 구명, 구호, 피난의 방향 등을 분명히 하는데 사용

녹십자표지

응급구호표지

들것

세안장치
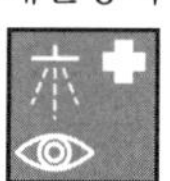
비상용기구

비상구

좌측비상구

우측비상구

(5) 안전보건표지의 색채 및 색도기준

색채	색도기준	용도	색의 용도
빨간색	7.5R 4/14	금지	정지신호, 소화설비 및 그 장소, 유해 행위 금지
		경고	화학물질 취급장소에서의 유해 · 위험 경고
노란색	5Y 8.5/12	경고	빨간색 표시 경고 이외의 위험 경고, 주의표지
파란색	2.5PB 4/10	지시	특정 행위의 지시 및 사실의 고지
녹색	2.5G 4/10	안내	비상구 및 피난소, 사람 또는 차량의 통행표지
흰색	N9.5	–	파란색 또는 녹색의 보조색
검은색	N0.5	–	빨간색 또는 노란색의 보조색

제3장 산업안전심리

3-1 산업심리와 심리검사

(1) 심리검사의 종류 : 운동능력 검사, 창조성 검사, 정밀도 검사, 계산에 의한 검사

(2) 심리학적 요인

① **직무적성검사의 특징 :** 표준화, 표준편차, 객관성, 신뢰성, 타당성

② **내용별 심리검사 분류**

(가) 능력검사(인지적 검사) : 지능검사, 적성검사, 성취도 검사

(나) 성격검사(정서적 검사) : 성격검사, 흥미검사, 태도검사

(3) 지각과 정서

① **지각 :** 지각의 사전적인 의미는 '사물의 이치를 알아서 깨닫는 능력'을 말한다.

② **정서 :** 생리적 각성, 표현적 행동, 사고와 감정을 포함한 의식적 경험의 혼합체이다.

(4) 동기·좌절·갈등

① **안전교육훈련의 동기부여 방법**

(가) 안전의 근본인 개념을 인식시킨다.

㈏ 경쟁과 협동을 유발시킨다.

㈐ 안전 목표를 명확히 설정한다.

㈑ 동기유발의 최적수준을 유지한다.

㈒ 안전활동의 결과를 평가 · 검토하고, 상과 벌을 준다.

② **동기유발 요인 :** 안정, 기회, 참여, 인정, 경제, 적응도, 권력, 성과, 의사소통 등

(5) 불안과 스트레스

① **스트레스의 정의 :** 적응하기 어려운 환경에 처할 때 느끼는 심리적 · 신체적 긴장상태

② **스트레스의 자극요인**

㈎ 내적 요인 : 자존심의 손상, 업무상의 죄책감, 현실에서의 부적응

㈏ 외적 요인 : 직장에서 대인관계상 갈등과 대립, 가족의 죽음 · 질병, 경제적 어려움

③ **개인적인 카운슬링 방법 :** 직접적 충고, 설득적 방법, 설명적 방법

3-2 직업적성과 배치

(1) 직업적성의 분류

① **기계적 적성 :** 손과 팔의 솜씨, 공간시각능력, 기계적 이해능력 지식 등이 결합된 것

② **사무적 적성 :** 지능, 지각 속도, 정확성

③ **작업자 적성요인 :** 직업적성, 지능, 흥미, 인간성

④ **적성배치의 작업자 특성 :** 지적능력, 성격, 기능, 업무수행력, 연령, 신체 특성, 태도, 경력

⑤ **직업적성검사 :** 지능, 형태식별능력, 운동속도

(2) 적성검사의 종류 : 시각적 판단검사, 계산에 의한 검사, 정밀성 검사, 속도에 의한 검사

(3) 직무 분석 및 직무 평가 : 면접법, 직접관찰법, 결정사건기법, 설문지법, 일지작성법

(4) 선발 및 배치 : 근로의욕 고취, 근로자 자신의 자아실현, 생산능률 향상, 재해예방

(5) 인사관리의 기초 : 조직과 리더십, 상담 · 노사 간의 이해, 선발, 작업 분석과 업무평가

3-3 인간의 특성과 안전과의 관계

(1) 안전사고 요인

① **생리적 요소 :** 피로도, 근육운동의 부적합, 생리적 신경계통의 이상 등
② **정신적 요소 :** 안전의식의 부족, 방심, 공상 등
③ **불안전한 행동**
　㈎ 직접적인 원인 : 지식의 부족, 기능 미숙, 태도 불량, 인간에러 등
　㈏ 간접적인 원인 : 망각, 의식의 우회, 생략행위
④ **억측판단 :** 자기 멋대로 주관적인 판단으로 행동하는 것

(2) 산업안전심리의 요소 : 동기, 감정, 기질, 습관, 습성

(3) 착상심리 : 인간 판단과 과오로 인간의 생각이 항상 올바르다고 볼 수는 없다.

(4) 착오

① **착오의 종류 :** 위치 착오, 순서 착오, 패턴의 착오, 기억 착오, 모양(형상)의 착오
② **인지과정 착오의 요인 :** 생리적 · 심리적 능력한계, 정보 수용능력(정보량)의 한계
③ **판단과정 착오의 요인 :** 자기합리화, 정보 부족, 자신 과잉(과신)

(5) 착시

종류	형태	설명
muller Lyer의 착시	(a) (b)	(a)가 (b)보다 길게 보인다(실제 a=b).
Helmholtz의 착시	(a) (b)	(a)는 세로로 길어 보이고, (b)는 가로로 길어 보인다.
Hering의 착시	(a) (b)	(a)는 양단이 벌어져 보이고, (b)는 중앙이 벌어져 보인다.
Kohler의 착시		우선 평행의 호를 보고 이어 직선을 본 경우에 직선은 호와 반대 방향으로 굽어 보인다.

(6) 착각 현상 : 가현운동, 유도운동, 자동운동

제4장 인간의 행동과학

4-1 조직과 인간행동

(1) 인간관계

① **호손(hawthorne)의 실험 :** 근로자의 인간성을 과학적으로 연구한 실험이다.

② **소시오메트리(sociometry) :** 집단의 인간관계(선호도)를 조사하는 방법이다.

(2) 사회행동의 기초

① **적응과 부적응**

㈎ 적응 : 개인의 심리적 요인과 주변 환경적 요인에 작용하여 조화를 이룬 상태이다.

㈏ 부적응 : 대인관계나 사회생활에 조화를 이루지 못하는 상태이다.

② **인간의 의식 level의 단계별 신뢰성**

단계	의식 모드	생리적 상태	신뢰성	의식의 작용
phase 0	무의식	수면, 주의작용, 실신	0	의식 없음
phase Ⅰ	의식 흐림	피로, 단조로움, 수면, 몽롱	0.9 이하	부주의
phase Ⅱ	이완상태	안정 기거, 휴식, 정상 작업	0.99~1 이하	마음이 안쪽으로 향함
phase Ⅲ	상쾌한 상태	적극적 활동, 최고 상태	0.99999 이상	전향적(active)
phase Ⅳ	과긴장 상태	일점 집중 현상	0.9 이하	일점 집중, 판단 정지

(3) 인간관계 메커니즘

① **투사 :** 자기 속의 억압된 것을 다른 사람의 것으로 생각하는 것

② **모방 :** 남의 행동이나 판단을 표본으로 하여 그것에 가까운 행동, 판단을 취하려는 것

③ **동일화 :** 타인의 행동, 태도 가운데서 자기와 비슷한 점을 발견하는 것

④ **암시 :** 타인의 판단이나 행동을 무비판적으로 논리적, 사실적 근거 없이 받아들이는 것

⑤ **승화 :** 사회적으로 승인되지 않은 욕구가 사회적으로 가치 있는 것으로 나타나는 것

⑥ **합리화 :** 이유나 변명을 들어 자신의 잘못을 정당화하는 행동

⑦ **억압 :** 의식에서 용납하기 힘든 생각, 욕망 등을 무의식적으로 눌러 버리는 것

⑧ **보상 :** 자신의 결함, 열등감 등의 결함을 장점 등으로 보충하려는 행동

⑨ **퇴행 :** 좌절을 심하게 당했을 때 현재보다 유치한 과거 수준으로 후퇴하는 것

(4) 집단행동

① **통제가 있는 집단행동(규칙이나 규율이 존재함) :** 관습, 제도적 행동, 유행 등
② **통제가 없는 집단행동(성원의 감정) :** 군중, 모브, 패닉, 심리적 전염 등

(5) 인간의 일반적인 행동 특성

레윈(K. Lewin) 법칙의 인간의 행동(B)=f(P · E)의 상호 함수관계

여기서, f : 함수관계(function)
P : 개체(person) – 연령, 경험, 심신상태, 성격, 지능, 소질 등
E : 심리적 환경(environment) – 인간관계, 작업환경 등

4-2 재해 빈발성 및 행동과학

(1) 사고경향

사고는 소수에 의해 발생되고, 또 다시 사고를 낸 사람이 사고를 내는 경향이 있다.

(2) 성격의 유형

① **미숙성 누발자 :** 환경에 익숙하지 못하거나 기능의 미숙으로 인해 발생한 재해 누발자
② **상황성 누발자 :** 작업의 미숙, 기계설비의 결함 등 환경상 집중의 혼란으로 발생한 재해 누발자
③ **습관성 누발자 :** 재해 경험으로 신경과민이 되거나 슬럼프에 빠져 발생한 재해 누발자
④ **소질성 누발자 :** 지능, 성격, 감각운동 등에 의한 소질적 요소로 발생한 재해 누발자

(3) 재해 빈발성

① **기회설 :** 개인의 문제가 아니라 작업 자체에 문제가 있어 재해가 빈발한다.
② **암시설 :** 재해를 경험한 사람이 심리적 압박으로 대처능력이 떨어져 재해가 빈발한다.
③ **빈발경향자설 :** 재해를 자주 일으키는 소질을 가진 근로자가 있다는 설이다.

(4) 동기부여

① **데이비스(K. Davis)의 동기부여 이론**

㈎ 인간의 성과×물질의 성과=경영의 성과
㈏ 지식(knowledge)×기능(skill)=능력(ability)
㈐ 상황(situation)×태도(attitude)=동기유발(motivation)
㈑ 능력×동기유발=인간의 성과(human performance)

② **매슬로우(Maslow)의 욕구위계 이론** : 생리적 → 안전 → 사회적 → 자기존경 → 자아실현

③ **허즈버그(Herzberg)의 2요인 이론(위생요인, 동기요인)**

(가) 위생요인 : 작업조건, 급여, 직무환경, 감독 등 일의 조건, 보상에서 오는 욕구

(나) 동기요인 : 책임감, 성취 인정, 개인 발전 등 일 자체에서 오는 심리적 욕구

④ **알더퍼의 E.R.G 이론** : 생존 욕구, 관계 욕구, 성장 욕구

⑤ **맥그리거(Mcgregor)의 X 이론과 Y 이론**

(5) 주의와 부주의

① **인간 주의 특성** : 선택성, 방향성, 변동성, 단속성, 주의력의 중복집중 곤란

② **부주의에 대한 사고방지 대책**

기능 및 작업적 측면에 대한 대책	정신적 측면에 대한 대책
• 적성배치 • 표준작업 동작의 습관화 • 작업조건 개선 • 안전작업방법 습득	• 안전의식의 함양 • 주의력의 집중 훈련 • 스트레스의 해소 • 작업의욕의 고취

4-3 집단관리와 리더십

(1) 리더십의 유형 : 권위주의적 리더, 민주주의적 리더, 자유방임적 리더

(2) 리더십과 헤드십

개인과 상황 변수	리더십(leadership)	헤드십(headship)
권한 행사	선출된 리더	임명적 헤드
권한 부여	밑으로부터 동의	위에서 위임
권한 귀속	집단 목표에 기여한 공로 인정	공식화된 규정에 의함
상사와 부하의 관계	개인적인 영향	지배적인 영향
부하와의 사회적 관계(간격)	좁음	넓음
지휘형태	민주주의적	권위주의적
책임 귀속	상사와 부하	상사
권한 근거	개인적	법적 또는 공식적

(3) 사기와 집단역학

① **리더의 행동 유형 중 관리그리드 이론 :** 무관심형(1.1)형, 인기형(1.9)형, 과업형(9.1)형, 타협형(5.5)형, 이상형(9.9)형

※ (x.y)형에서 x는 과업의 관심도를, y는 인간관계의 관심도를 나타낸다.

② **모랄 서베이의 태도조사법 :** 질문지법, 면접법, 집단토의법, 투사법, 문답법

4-4 생체리듬과 피로

(1) 피로의 증상 및 대책

① **피로의 발생원인 :** 피로의 요인, 기계적 요인, 인간적 요인

② **피로의 종류 :** 정신적(주관적) 피로, 육체적(객관적) 피로, 생리적 피로

(2) 피로의 측정법

① **피로 측정방법 :** 생리학적 측정, 생화학적 측정, 심리학적 측정

② **신체활동의 생리학적 측정 분류**

㈎ EMG(근전도)	㈏ ECG(심전도)	㈐ RMR(에너지 소비량)
㈑ EOG(안전도)	㈒ 산소 소비량	㈓ ENG 또는 EEG(뇌전도)
㈔ 점멸 융합 주파수(플리커법, 어름거림 검사)		

(3) 작업강도와 피로

$$\text{RMR}=\frac{\text{노동 대사량}}{\text{기초 대사량}}=\frac{\text{작업 시의 소비 에너지}-\text{안정 시의 소비 에너지}}{\text{기초 대사량}}$$

(4) 생체리듬(바이오리듬)

① **육(신)체적(23일 주기) :** 식욕, 소화력, 활동력 등

② **감성적(28일 주기) :** 감정, 주의력, 창조력, 예감 및 통찰력 등

③ **지성적(33일 주기) :** 상상력(추리력), 사고력, 기억력, 인지력, 판단력 등

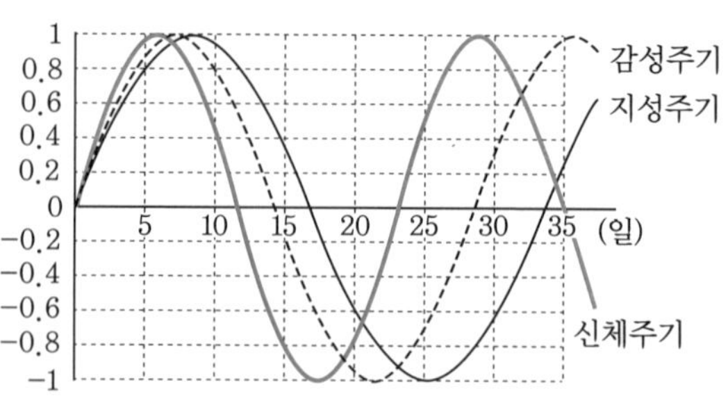

(5) 위험일

① 위험일의 변화 및 특징

㈎ 혈액의 수분, 염분량은 주간에 감소하고 야간에 증가한다.

㈏ 야간에는 체중이 감소하고 말초운동 기능이 저하된다.

㈐ 체온, 혈압, 맥박수는 주간에 상승하고 야간에 감소한다.

② 사고발생률이 가장 높은 시간대 : 24시간 중(03~05시), 주간업무 중(오전 10~11시, 오후 15~16시)

제5장 안전보건교육의 내용 및 방법

5-1 교육의 필요성과 목적

(1) 교육 목적 : 지식과 기술 따위를 가르치며 인격을 길러 준다.

(2) 교육의 개념

① 산업재해, 기계설비의 소모 등의 감소에 유효하며 산업재해를 예방한다.

② 신기술에 대한 직원의 적응을 원활하게 하여 산업재해를 예방한다.

③ 직무에 대한 지도를 받아 질과 양이 모두 표준에 도달하고 산업재해를 예방한다.

④ 직원의 불만과 결근, 이동을 방지하여 산업재해를 예방한다.

(3) 학습지도 이론

자발성의 원리, 개별화의 원리, 목적의 원리, 사회화의 원리, 통합화의 원리

(4) 교육심리학의 이해

① 교육심리학의 정의 : 교육의 문제를 심리학적 측면에서 연구하여 원리를 정립하고, 방법을 제시하는 교육학이다.

② 교육심리학의 연구방법 : 실험법, 관찰법, 투사법, 면접법, 사례연구법, 질문지법 등

③ 발달의 의미 : 성숙, 성장, 경험에 의하여 이루어지며, 심신의 구조 · 형태 및 기능이 변화하는 과정을 발달이라고 할 수 있다.

④ 성장 : 생물체의 크기 · 무게 · 부피가 증가하는 일로 발육과는 구별되며, 형태가 변

화하는 현상이다.

⑤ **학습이론 :** 파블로프의 조건반사설의 원리, 레빈의 장설, 손다이크의 시행착오설, 톨만의 기호형태설

(5) 학습조건

① **학습의 연속 :** 먼저 실시한 학습이 뒤의 학습을 방해하는 조건

② **학습의 전이 :** 어떤 내용을 학습한 결과가 다른 학습이나 반응에 영향을 주는 현상

③ **학습 정도 :** 인지, 지각, 이해, 적용

(6) 적응기제

① **도피기제(갈등을 회피, 도망감) :** 억압, 백일몽, 퇴행, 고립

② **방어기제(갈등을 합리화, 적극성) :** 보상, 합리화, 동일시, 승화, 투사에서 벗어나려 함

③ **공격기제(직 · 간접적) :** 직접적 공격기제(폭행 등), 간접적 공격기제(욕설, 비난 등)

5-2 교육방법

(1) 교육훈련기법

① **강의법 :** 안전지식을 강의식으로 전달하는 방법이다.

② **시범 :** 필요한 내용을 직접 제시하는 방법이다.

③ **존 듀이의 사고과정 :** 시사를 받는다. → 지식화한다. → 가설을 설정한다. → 추론한다. → 행동에 의하여 가설을 검토한다.

(2) 안전보건교육방법(TWI, O.J.T, OFF.J.T 등)

① **TWI :** 작업방법훈련(JMT), 작업지도훈련(JIT), 인간관계훈련(JRT), 작업안전훈련(JST)

② **MTP :** 관리자 및 중간 관리층을 대상으로 하는 관리자 훈련이다.

③ **ATT :** 직급 상하를 떠나 부하직원이 상사의 강사가 될 수 있다.

④ **CCS :** 강의법에 토의법이 가미된 것으로 정책의 수립, 조직, 통제 및 운영이다.

⑤ **O.J.T 교육의 특징**

㈎ 개개인의 업무능력에 적합하고 자세한 교육이 가능하다.

㈏ 작업장에 맞는 구체적인 훈련이 가능하다.

(다) 즉시 현 업무에 적용되는 관계로 몸과 관련이 있다.

(라) 훈련에 필요한 업무의 연속성이 끊어지지 않아야 한다.

(마) 훈련의 효과가 바로 업무에 나타나며 훈련의 효과에 따라 개선이 쉽다.

(바) 교육을 통하여 상사와 부하 간의 의사소통과 신뢰감이 깊어진다.

⑥ **OFF.J.T 교육의 특징**

(가) 다수의 근로자에게 조직적 훈련을 행하는 것이 가능하다.

(나) 훈련에만 전념하게 된다.

(다) 각자 전문가를 강사로 초청하는 것이 가능하다.

(라) 특별 설비기구를 이용하는 것이 가능하다.

(마) 각 직장의 근로자가 많은 지식이나 경험을 교류할 수 있다.

(바) 교육훈련 목표에 대하여 집단적 노력이 흐트러질 수 있다.

⑦ **하버드학파의 교수법** : 준비 → 교시 → 연합 → 총괄 → 응용

(3) 학습 목적의 3요소

① **목표** : 학습의 목적, 지표

② **주제** : 목표 달성을 위한 주제

③ **학습 정도** : 주제를 학습시킬 범위와 내용의 정도

(4) 교육법의 4단계 : 준비 → 일을 해 보이는 단계 → 일을 시켜보는 단계 → 보습 지도

(5) 교육훈련의 평가방법 : 타당성, 신뢰성, 객관성, 실용성

5-3 교육실시방법

(1) 강의법

수업내용을 강의하여 학습자들에게 지식, 개념, 사실 등의 정보를 전달하는 교육방법

(2) 토의법

모든 구성원들이 특정한 문제에 대하여 서로 의견을 발표하여 결론에 도달하는 방법

(3) 실연법

지식이나 기능을 강사의 지휘 · 감독하에 직접 연습하여 적용하게 하는 교육방법

(4) 프로그램학습법

이미 만들어진 프로그램 자료를 가지고 학습자가 단독으로 학습하게 하는 교육방법

(5) 모의법

실제의 장면을 극히 유사하게 인위적으로 만들어 그 속에서 학습하도록 하는 방법

(6) 시청각교육법

시청각교육자료를 활용하여 학습하는 교육방법

5-4 안전보건교육계획 수립 및 실시

(1) 안전보건교육의 기본방향

① 사고사례 중심의 안전교육
② 표준작업(안전작업)을 위한 안전교육
③ 안전의식 향상을 위한 안전교육

(2) 안전보건교육의 단계별 교육과정

① **안전교육의 3단계 :** 지식교육 → 기능교육 → 태도교육
② **강의식과 토의식의 교육법 4단계별 교육시간**

제1단계	제2단계	제3단계	제4단계
도입 : 학습할 준비	제시 : 작업설명	적용 : 작업진행	확인 : 결과
강의 5분, 토의 5분	강의 40분, 토의 10분	강의 10분, 토의 40분	강의 5분, 토의 5분

③ **구안법(project method)의 특징**
㈎ 학습자가 스스로 실제에 있어서 일의 계획과 수행능력을 기르는 교육형태이다.
㈏ Collings는 구안법을 탐험, 구성, 의사소통, 유희, 기술의 5가지로 지적하고 산업시찰, 견학, 현장실습 등도 이에 해당된다고 하였다.
㈐ 구안법의 4단계 : 목적 → 계획 → 수행 → 평가

(3) 안전보건교육계획

① 안전교육의 3요소

요소 분류	교육의 주체	교육의 객체	교육의 매개체
형식적 교육	교수자(강사)	학생(수강자)	교재(학습내용)
비형식적 교육	부모, 형, 선배, 사회인사	자녀와 미성숙자	교육적 환경, 인간관계

② **학습 성과 :** 학습 목적(목표, 주제, 정도)을 세분하여 구체적으로 표현한다.

5-5 교육내용

(1) 정기안전보건교육

① 정기교육 시 시간

교육대상		교육시간
사무직 종사 근로자		매반기 6시간 이상
사무직 종사자 외의 근로자	판매업무에 직접 종사하는 근로자	매반기 6시간 이상
	판매업무에 직접 종사자 외 근로자	매반기 12시간 이상
관리감독자의 지위에 있는 사람		연간 16시간 이상

② 근로자의 정기안전보건교육 내용

(가) 산업안전 및 사고예방에 관한 사항
(나) 산업보건 및 직업병 예방에 관한 사항
(다) 위험성 평가에 관한 사항
(라) 건강증진 및 질병예방에 관한 사항
(마) 유해 · 위험 작업환경 관리에 관한 사항
(바) 직무 스트레스 예방 및 관리에 관한 사항
(사) 산업안전보건법령 및 산업재해보상보험 제도에 관한 사항
(아) 직장 내 괴롭힘, 고객의 폭언 등으로 인한 건강장해 예방 및 관리에 관한 사항

③ 관리감독자 정기안전보건교육 내용

(가) 산업안전 및 사고예방에 관한 사항
(나) 산업보건 및 직업병 예방에 관한 사항

(다) 위험성 평가에 관한 사항
(라) 유해 · 위험 작업환경 관리에 관한 사항
(마) 직무 스트레스 예방 및 관리에 관한 사항
(바) 작업공정의 유해 · 위험과 재해예방 대책에 관한 사항
(사) 표준 안전작업방법 결정 및 지도 · 감독 요령에 관한 사항
(아) 산업안전보건법령 및 산업재해보상보험 제도에 관한 사항
(자) 사업장 내 안전보건관리체제 및 안전 · 보건조치 현황에 관한 사항
(차) 직장 내 괴롭힘, 고객의 폭언 등으로 인한 건강장해 예방 및 관리에 관한 사항
(카) 현장 근로자와의 의사소통 능력 및 강의 능력 등 안전보건교육 능력 배양에 관한 사항
(타) 비상시 또는 재해발생 시 긴급 조치에 관한 사항
(파) 그 밖의 관리감독자의 직무에 관한 사항

(2) 안전보건관리 책임자 등에 대한 교육시간

교육대상	교육시간	
	신규교육	보수교육
안전보건관리 책임자	6시간 이상	6시간 이상
안전관리자, 안전관리전문기관의 종사자	34시간 이상	24시간 이상
보건관리자, 보건관리전문기관의 종사자	34시간 이상	24시간 이상
건설재해예방 전문지도기관의 종사자	34시간 이상	24시간 이상
석면조사기관의 종사자	34시간 이상	24시간 이상
안전보건관리 담당자	−	8시간 이상
안전검사기관, 자율안전검사기관의 종사자	34시간 이상	24시간 이상

(3) 신규채용 시와 작업내용 변경 시 안전보건교육

① 신규채용 시 교육시간

교육대상	교육시간
일용근로자 및 근로계약기간이 1주일 이하인 기간제 근로자	1시간 이상
근로계약기간이 1주일 초과 1개월 이하인 기간제 근로자	4시간 이상
그 밖의 근로자(관리감독자 포함)	8시간 이상

② 작업내용 변경 시 교육시간

교육대상	교육시간
일용근로자 및 근로계약기간이 1주일 이하인 기간제 근로자	1시간 이상
그 밖의 근로자(관리감독자 포함)	2시간 이상

③ 채용 시 교육 및 작업내용 변경 시의 교육 내용

㈎ 산업안전 및 사고예방에 관한 사항
㈏ 산업보건 및 직업병 예방에 관한 사항
㈐ 위험성 평가에 관한 사항
㈑ 작업개시 전 점검에 관한 사항
㈒ 정리 정돈 및 청소에 관한 사항
㈓ 물질안전보건자료에 관한 사항
㈔ 직무 스트레스 예방 및 관리에 관한 사항
㈕ 사고발생 시 긴급 조치에 관한 사항
㈖ 기계 · 기구의 위험성과 작업의 순서 및 동선에 관한 사항
㈗ 산업안전보건법령 및 산업재해보상보험 제도에 관한 사항
㈘ 직장 내 괴롭힘, 고객의 폭언 등으로 인한 건강장해 예방 및 관리에 관한 사항

(4) 특별교육대상 작업별 교육

① 근로자의 특별교육시간

교육대상	교육시간
일용근로자 및 근로계약기간이 1주일 이하인 기간제 근로자 : 시행규칙 [별표 5] 제1호 라목(제39호는 제외)에 해당하는 작업에 종사하는 근로자에 한정	2시간 이상
일용근로자 및 근로계약기간이 1주일 이하인 기간제 근로자 : 시행규칙 [별표 5] 제1호 라목 제39호에 해당하는 작업에 종사하는 근로자에 한정	8시간 이상
일용근로자 및 근로계약기간이 1주일 이하인 기간제 근로자를 제외한 근로자 : 특별교육대상 작업별 교육에 해당하는 작업에 종사하는 근로자	16시간 이상
	단기간 작업은 2시간 이상

② 관리감독자의 특별교육시간

관리감독자의 지위에 있는 사람	16시간 이상(최초 작업에 종사하기 전 4시간 이상 실시하고, 12시간은 3개월 이내에서 분할하여 실시 가능)
	단기간 작업 또는 간헐적 작업인 경우에는 2시간 이상

③ 건설업 기초안전보건교육 시간

건설 일용근로자	4시간 이상

④ 건설업 기초안전보건교육에 대한 내용 및 시간

교육과정	시간
건설공사의 종류(건축 · 토목 등) 및 시공 절차	1시간
산업재해 유형별 위험요인 및 안전보건조치	2시간
안전보건관리체제 현황 및 산업안전보건 관련 근로자 권리 · 의무	1시간

(5) 특수형태 근로종사자에 대한 안전보건교육

교육과정	교육시간
최초 노무 제공 시 교육	2시간 이상(단기간 작업 또는 간헐적 작업에 노무를 제공하는 경우에는 1시간 이상 실시하고, 특별교육을 실시한 경우는 면제)
특별교육	16시간 이상(최초 작업에 종사하기 전 4시간 이상 실시하고 12시간은 3개월 이내에서 분할하여 실시 가능)
	단기간 작업 또는 간헐적 작업인 경우에는 2시간 이상

(6) 검사원 성능검사 교육

성능검사 교육	28시간 이상

제6장 산업안전 관계법규

6-1 산업안전보건법령

(1) 산업안전보건법 : 법에 관한 사항

(2) 산업안전보건법 시행령 : 시행령에 관한 사항

(3) 산업안전보건법 시행규칙 : 시행규칙에 관한 사항

(4) 산업안전보건기준에 관한 규칙 : 위임한 기준에 관한 시행 규칙

(5) 관련 고시 및 지침에 관한 사항 : 기준에 관한 관련 고시 및 지침

2과목 인간공학 및 위험성 평가·관리

제1장 안전과 인간공학

1-1 인간공학의 정의

(1) 정의 및 목적

① **정의 :** 신체적, 정신적 능력 한계를 공학적으로 분석 평가하여 인간과 잘 조화하도록 설계하기 위한 수단을 최대로 활용할 수 있도록 연구하는 학문이다.

② **목적 :** 근로자의 안전성 향상과 사고방지, 기계조작 작업방법과 생산성 향상, 편리성, 쾌적성 등 전반적인 작업환경 등의 향상을 목적으로 한다.

(2) 배경 및 필요성

재해 감소, 생산원가 절감, 재해로 인한 손실 감소, 직무만족도 향상, 노사 간의 신뢰 구축, 기업의 이미지와 상품선호도 향상 등

(3) 작업관리와 인간공학

인간공학은 기계 · 기구, 환경 등의 물적 조건이 인간의 목적과 특성에 잘 조화되도록 설계하기 위한 수단과 방법을 연구하는 학문이다.

(4) 사업장에서의 인간공학 적용 분야

① 유해 · 위험 작업환경 분석(작업환경 개선)

② 기계 · 기기, 장비, 공구설계에 있어 인간에 대한 안전성 평가

③ 작업 공간 및 환경설계

④ 인간-기계 인터페이스 디자인 및 설계

⑤ 재해 및 질병예방

1-2 인간-기계체계

(1) 인간-기계 시스템의 정의 및 유형

① **인간-기계 통합 시스템의 정보처리기능 :** 감지기능, 정보보관기능, 정보처리 및 의사결정, 행동기능

(2) 시스템의 특성

① **시스템의 체계 :** 수동체계, 기계화 또는 반자동체계, 자동체계

② **기계설비의 고장 유형(욕조곡선)**

(가) 초기고장 : 고장률 감소형

(나) 우발고장 : 고장률 일정형

(다) 마모고장 : 고장률 증가형

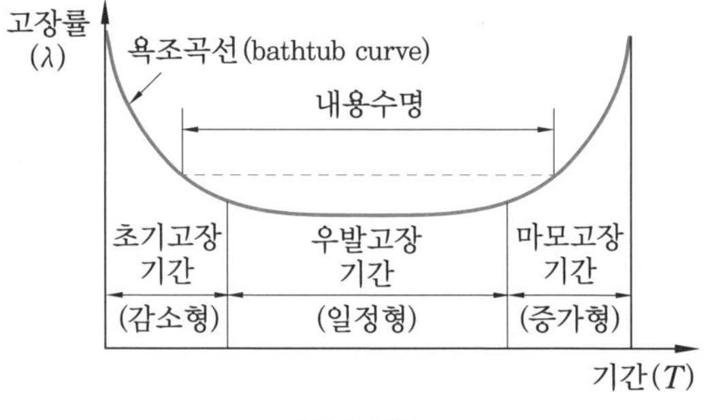

욕조곡선

③ **체계 분석 및 설계의 인간공학적 가치**

(가) 성능 향상

(나) 훈련비용 절감

(다) 인력 이용률 향상

(라) 사고 및 오남용으로부터의 손실 감소

(마) 사용자 수용도 향상

(바) 생산 및 보전의 경제성 증대

④ **안전장치 수명**

(가) 고장 없이 작동할 확률$(R)=e^{-\lambda t}=e^{-t/t_0}$

(나) 고장확률$(F)=1-e^{-\lambda t}$

여기서, λ : 고장률, t_0 : 평균고장시간 또는 평균수명, t : 앞으로 고장 없이 사용할 시간

1-3 체계설계와 인간요소

(1) 목표 및 성능명세의 결정

① **인간-기계 시스템 설계의 6단계 :** 목표 및 성능명세 설정 → 시스템의 정의 → 기본설계 → 인터페이스 설계 → 촉진물 설계 → 시험 및 평가

(2) 기본설계

① 기능의 할당 ② 인간성능 요건 명세
③ 직무 분석 ④ 작업설계

(3) 계면(인터페이스) 설계

체계의 기본설계가 정의되고, 인간에게 할당된 기능과 직무가 윤곽이 잡히면 인간-기계의 경계를 이루는 면과 인간-소프트웨어 경계를 이루는 면의 특성에 신경을 쓸 수 있다. 작업 공간, 표시장치, 조종장치, 제어, 컴퓨터 대화 등이 포함된다.

(4) 촉진물(보조물) 설계

체계설계 과정 중 이 단계에서의 주 초점은 만족스러운 인간성능을 증진시킬 보조물에 대해서 계획하는 것이다. 지시수첩, 성능 보조자료 및 훈련도구와 계획이 있다.

(5) 시험 및 평가 : 시스템 개발과 관련된 평가와 인간적인 요소 평가를 실시한다.

(6) 감성공학 : 체계기준의 구비조건에는 적절성, 무오염성, 신뢰성, 민감도, 타당성이 있다.

1-4 인간요소와 휴먼에러

(1) 인간실수의 분류

① 심리적 분류(Swain)

(가) omission error(생략오류)
(나) time error(시간오류)
(다) commission error(작위오류)
(라) sequential error(순서오류)
(마) extraneous error(과잉행동 오류)

② 원인의 레벨적 분류

(가) primary error(1차 오류) : 작업자 자신으로부터 발생한 에러
(나) secondary error(2차 오류) : 작업형태, 작업조건 중 문제가 생겨 필요한 사항을 실행할 수 없게 되어 발생한 에러
(다) command error(지시오류) : 필요한 물품, 정보 등이 공급되지 않아서 발생한 에러

(2) 형태적 특성

① 인간의 오류 모형

(가) 착각 : 어떤 사물이나 사실을 실제와 다르게 왜곡하는 감각적 지각 현상

(나) 착오 : 상황 해석을 잘못하거나 목표를 착각하여 행하는 인간의 실수

(다) 실수 : 의도는 올바른 것이었지만, 행동이 의도한 것과는 다르게 나타나는 오류

(라) 건망증 : 경험한 일을 전혀 기억하지 못하는 기억장애

(마) 위반 : 알고 있음에도 의도적으로 따르지 않거나 무시한 경우

② 휴먼에러(human error)의 요인

심리적 요인	물리적 요인
• 의욕이나 사기 결여 • 서두르거나 절박한 상황 • 과다 · 과소 자극 • 체험적 습관이나 선입관 • 주의 소홀, 피로, 지식 부족	• 일이 너무 복잡하거나 단순한 작업 • 재촉하거나 생산성 강조 • 동일 형상 · 유사 형상 배열 • 양립성에 맞지 않는 경우 • 공간적 배치 위치에 위배

(3) 인간실수 확률에 대한 추정기법

① 인간실수 확률(HEP) : 특정 직무에서 하나의 착오가 발생할 확률

(가) $\text{HEP} = \dfrac{\text{인간실수의 수}}{\text{실수발생의 전체 기회 수}}$

(나) 인간의 신뢰도$(R) = (1 - \text{HEP}) = 1 - P$

(4) 인간실수 예방기법

① 휴먼에러 예방 대책

(가) 인적요소에 대한 대책

(나) 작업에 대한 교육 및 훈련

(다) 소집단 활동의 활성화

(라) 전문인력의 적재적소 배치

② FMEA 고장 평점의 5가지 평가요소

(가) 고장방지의 가능성

(나) 고장발생의 빈도

(다) 신규설계의 정도

(라) 영향을 미치는 시스템의 범위

(마) 기능적 고장영향의 중요도

③ 인간의 신뢰도 평가방법은 사고발생 가능한 모든 인간오류를 파악하고, 이를 정량화하는 방법으로 HCR, THERP, SLIM, CIT, TCRAM 등이 있다.

제2장 위험성 파악·결정

2-1 위험성 평가

(1) 위험성 평가의 정의

설비나 제품의 제조, 사용 등에 있어 안전성을 사전에 평가하고 안전 대책을 강구하기 위한 행위

(2) 위험성 평가의 6단계

관계 자료의 작성 준비 → 정성적 평가 → 정량적 평가 → 안전 대책 수립 → 재해정보에 의한 재평가 → FTA에 의한 재평가

(3) 평가 항목

① **관계 자료의 작성 준비** : 입지조건, 제조공정 개요, 화학설비 배치도, 공정 계통도, 배관이나 계장 등의 계통도, 운전 요령, 평면도, 단면도 및 입면도 등

② **정성적 평가** : 설계관계(입지조건, 배치도, 소방설비, 공정기기 등) 운전관계(원재료, 운송, 저장 등)

③ **정량적 평가**

㈎ 취급 물질, 온도, 압력, 해당 설비 용량, 조작 등

㈏ 화학설비 정량 평가등급 : 위험 Ⅰ등급(16점 이상), 위험 Ⅱ등급(11~15점), 위험 Ⅲ등급(10점 이하)

④ **안전 대책** : 안전장치 등에 관한 설비 대책과 교육훈련 등에 관한 관리적 대책을 세운다.

⑤ **재해정보에 의한 재평가**

⑥ **FTA에 의한 재평가**

2-2 시스템 위험성 추정 및 결정

(1) 시스템 위험성 분석 및 관리

① 심각도 분류

class 1. 파국적	class 2. 위기적	class 3. 한계적	class 4. 무시
사망, 완전 손상	중상, 중대 손상	경상, 성능 저하	경상, 성능 저하 미미

② FMEA 고장영향과 발생확률

실제 손실이 발생됨	실제 손실이 예상됨	가능한 손실	손실의 영향이 없음
$\beta=1.0$(자주 발생)	$0.1 \leq \beta < 1.0$(보통 발생)	$0 < \beta < 0.1$(가끔 발생)	$\beta=0$(발생 없음)

(2) 위험분석 기법

① 작업 분석(새로운 작업방법의 개발원칙 : E, C, R, S)

㈎ 제거(Eliminare) : 생략과 배제의 원칙
㈏ 결합(Combine) : 결합과 분리의 원칙
㈐ 재조정(Rearrange) : 재편성과 재배열의 원칙
㈑ 단순화(Simplify) : 단순화의 원칙

(3) 결함수 분석(FTA)

① 정의 및 특징

㈎ 정의 : 특정한 사고에 대하여 사고의 원인이 되는 장치 및 기기의 결함이나 작업자 오류 등을 연역적이며 정량적으로 평가하는 분석법이다.

㈏ 특징 : 정상사상인 재해 현상으로부터 기본사상인 재해원인을 향해 연역적 분석을 행하는 것이다.

② 논리기호 및 사상기호

결함사상	기본사상	통상사상	생략사상	전이기호	조건부사상	AND 게이트	OR 게이트

억제 게이트	부정 게이트	우선적 AND 게이트	조합 AND 게이트	배타적 OR 게이트	위험지속 AND 게이트
	A	Ai, Aj, Ak 순으로 / Ai Aj Ak	2개의 출력 / Ai Aj Ak	동시발생 없음	위험지속시간

③ **FTA의 순서** : 톱사상 선정 → 재해원인 규명 → FT도 작성 → 개선계획 작성 → 개선계획 실시

④ **컷셋(cut set)** : 정상사상을 발생시키는 기본사상의 집합으로 모든 기본사상이 발생할 때 정상사상을 발생시킬 수 있는 기본사상의 집합

⑤ **패스셋(path set)** : 모든 기본사상이 일어나지 않을 때 처음으로 정상사상이 일어나지 않는 기본사상의 집합

(4) 정성적, 정량적 분석

① 불(Bool)대수의 정리

(가) 항등법칙 : $A+0=A$, $A+1=1$, $A \cdot 0=0$, $A \cdot 1=A$

(나) 멱등법칙 : $A+A=A$, $A \cdot A=A$, $A+A'=1$, $A \cdot A'=0$

(다) 교환법칙 : $A+B=B+A$, $A \cdot B=B \cdot A$

(라) 보수법칙 : $A+\overline{A}=1$, $A \cdot \overline{A}=0$

(마) 흡수법칙 : $A(A \cdot B)=(A \cdot A)B=A \cdot B$, $A \cdot (A+B)=A \rightarrow A+A \cdot B=A\cup(A\cap B)$ $=(A\cup A)\cap(A\cup B)=A\cap(A\cup B)=A$, $A \cdot (A+B)=A(1)=A[A+B=1]$, $\overline{A \cdot B}=\overline{A}+\overline{B}$

(바) 분배법칙 : $A+(B \cdot C)=(A+B) \cdot (A+C)$, $A \cdot (B+C)=(A \cdot B)+(A \cdot C)$

(사) 결합법칙 : $A(BC)=(AB)C$, $A+(B+C)=(A+B)+C$

② 논리곱과 합의 확률

(가) 논리곱의 확률(독립사상)

$$A(x_1 \cdot x_2 \cdot x_3)=Ax_1 \cdot Ax_2 \cdot Ax_3$$
$$G_1=①\times②=0.2\times0.1=0.02$$

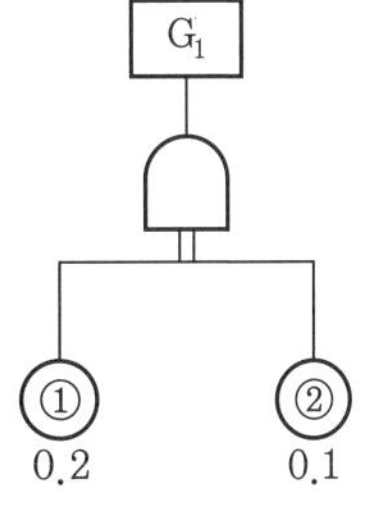

논리곱의 예

㈏ 논리합의 확률(독립사상)

$$A(x_1 \cdot x_2 \cdot x_3) = 1-(1-Ax_1)(1-Ax_2)(1-Ax_3)$$
$$G_1 = 1-(1-①)(1-②)$$
$$= 1-(1-0.2)(1-0.1) = 0.28$$

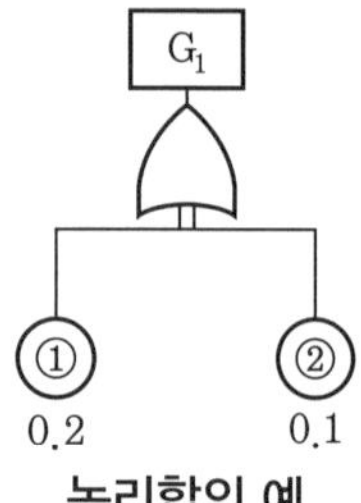

논리합의 예

③ 드 모르간의 법칙

$$\overline{A \cdot B} = \overline{A} + \overline{B}$$
$$A + \overline{A} \cdot B = A + B$$

$$G_1 = G_2 \times G_3$$
$$= ① \times ② \times \{1-(1-③)(1-④)\}$$
$$= 0.3 \times 0.4 \times \{1-(1-0.3)(1-0.5)\} = 0.078$$

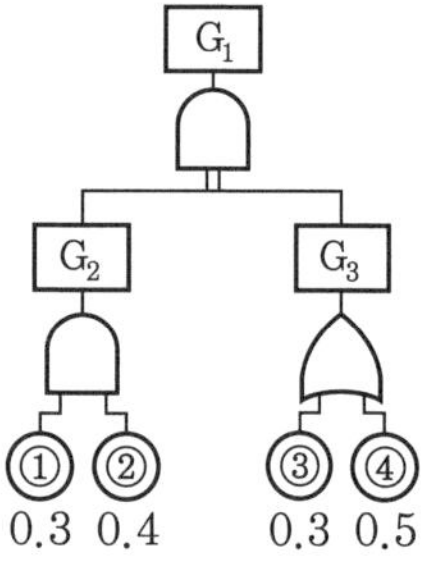

FTA 분석의 예

④ minimal cut set & path set

㈎ 최소 컷셋 : 정상사상을 일으키기 위한 최소한의 컷을 말한다. 컷셋 중에 타 컷셋을 포함하고 있는 것을 배제하고 남은 컷셋들을 의미한다. 즉 시스템의 위험성을 말한다.

㈏ 최소 패스셋 : 모든 고장이나 실수가 발생하지 않으면 재해는 발생하지 않는다는 것, 즉 시스템의 신뢰성을 말한다.

㈐ 최소 컷셋 구하기

- $T = A_1 \cdot A_2 = (X_1 X_2)\begin{pmatrix} X_3 \\ X_4 \end{pmatrix} = \begin{pmatrix} X_1\ X_2\ X_3 \\ X_1\ X_2\ X_4 \end{pmatrix}$

  즉, 컷셋은 $(X_1\ X_2\ X_3)$, $(X_1\ X_2\ X_4)$, 최소 컷셋은 $(X_1\ X_2\ X_3)$ 또는 $(X_1\ X_2\ X_4)$ 중 1개이다.

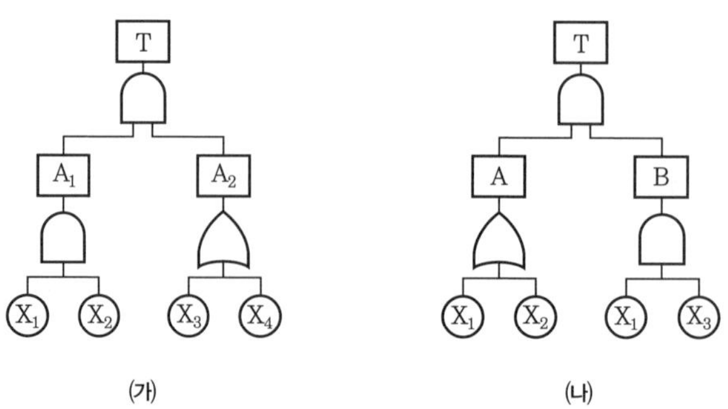

• $T = A \cdot B = \begin{pmatrix} X_1 \\ X_2 \end{pmatrix} (X_1 X_3) = \begin{pmatrix} X_1 & X_1 & X_3 \\ X_1 & X_2 & X_3 \end{pmatrix}$

즉, 컷셋은 $(X_1\ X_3)$, $(X_1\ X_2\ X_3)$, 최소 컷셋은 $(X_1\ X_3)$이다.

(5) 신뢰도 계산

$$R(t) = e^{-\lambda t} = e^{-t/t_0}$$

여기서, λ : 고장률, t_0 : 평균고장시간 또는 평균수명, t : 앞으로 고장 없이 사용할 시간

제3장 위험성 감소 대책 수립·실행

3-1 위험성 감소 대책 수립 및 실행

(1) 위험성 개선 대책(공학적·관리적)의 종류

① 시스템 안전계획(SSPP)에 포함되어야 할 사항

㈎ 안전조직　㈏ 계획의 개요　㈐ 계약조건　㈑ 관련 부분과의 조정

㈒ 안전기준　㈓ 안전성 평가　㈔ 안전해석　㈕ 안전자료 수집과 갱신

② 시스템 수명주기 5단계 : 구상 → 정의 → 개발 → 생산 → 운전

③ 시스템 안전관리의 업무수행 요건

㈎ 안전활동의 계획, 조직 및 관리

㈏ 시스템의 안전에 필요한 사항의 동일성의 식별

㈐ 다른 시스템 프로그램 영역과의 조정

㈑ 시스템 안전에 대한 프로그램의 해석 · 검토 및 평가

(2) 허용 가능한 위험수준 분석

① 시스템의 의미 : 목적을 실현하기 위하여 관련 요소를 조건에 따라 조합한 집합체

② 시스템의 안전성 확보 방법

㈎ 위험상태의 존재 최소화　㈏ 경보장치의 채택

㈐ 중복(redundancy)설계　㈑ 인간공학적 설계와 보전성 설계

㈒ 안전장치의 채용　㈓ 부품의 단순화와 표준화

(3) 감소 대책에 따른 효과 분석 능력

① **예비위험분석(PHA)** : 모든 시스템 안전 프로그램 중 최초 단계의 분석으로 시스템 내의 위험요소가 얼마나 위험한 상태에 있는지를 정성적으로 평가하는 분석 기법이다.

② **결함위험분석(FHA)** : 분업에 의하여 분담설계한 서브 시스템 간의 인터페이스를 조정하여 전 시스템의 안전에 악영향이 없게 하는 분석 기법이다.

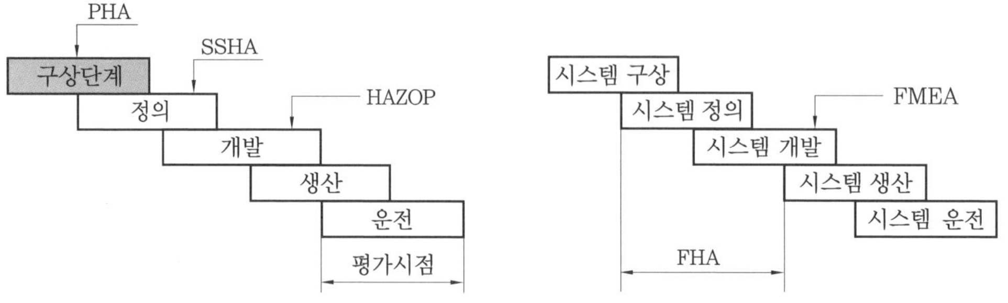

시스템 수명주기에서의 위험분석 기법　　　　FHA 응용 단계

③ **고장형태 영향분석 기법(FMEA)** : 시스템에 영향을 미치는 모든 요소의 고장을 형태별로 분석하여 그 영향을 최소로 하고자 검토하는 전형적인 정성적, 귀납적 분석 기법이다.

④ **사건수 분석(ETA)** : 설계에서부터 사용까지의 위험을 분석하는 귀납적, 정량적 분석 기법이다.

⑤ **위험도 분석(CA)** : 고장이 직접 시스템의 손실과 인명의 사상에 연결되는 위험도를 가진 요소나 고장의 형태에 따른 분석 기법으로 FMEA에 대해 정량적 성격을 부여한다.

⑥ **THERP** : 인간의 과오를 정량적으로 평가하기 위해 Swain 등에 의해 개발된 기법으로 인간의 과오율 추정법 등 5개의 단계로 되어 있다.

⑦ **MORT** : 관리, 설계, 생산, 보전 등 광범위한 안전을 도모하기 위해 개발된 기법이다.

⑧ **OSHA** : 운영 및 지원 위험해석 기법으로 운용위험분석(OHA)이 있다.

⑨ **위험 및 운전성 검토(HAZOP)** : 각각의 장비에 대해 잠재된 위험이나 기능 저하 등 시설에 결과적으로 미칠 수 있는 영향을 평가하기 위하여 공정이나 설계도 등에 체계적인 검토를 행하는 기법이다.

㈎ 유인어

- NO/NOT : 설계 의도의 완전한 부정
- MORE/LESS : 정량적인 증가 또는 감소
- PART OF : 성질상의 감소
- REVERSE : 설계 의도와 논리적인 역을 의미
- OTHER THAN : 완전한 대체
- AS WELL AS : 운전조건 등 부가적인 행위

제4장 근골격계 질환 예방관리

4-1 근골격계 유해요인

(1) 근골격계 질환의 정의 및 유형

① 반복적인 동작
② 부적절한 작업 자세
③ 무리한 힘의 사용
④ 날카로운 면과의 신체접촉
⑤ 진동 및 온도(저온)

(2) 근골격계 부담작업의 범위

① 하루에 총 4시간 이상 집중적으로 자료입력 등을 위해 키보드 또는 마우스를 조작하는 작업
② 하루에 총 2시간 이상 목, 어깨, 팔꿈치, 손목 또는 손을 사용하여 같은 동작을 반복하는 작업
③ 하루에 총 2시간 이상 머리 위에 손이 있거나, 팔꿈치가 어깨 위에 있거나, 팔꿈치를 몸통으로부터 들거나, 팔꿈치를 몸통 뒤쪽에 위치하도록 하는 상태에서 이루어지는 작업
④ 지지되지 않은 상태이거나 임의로 자세를 바꿀 수 없는 조건에서 하루에 총 2시간 이상 목이나 허리를 구부리거나 트는 상태에서 이루어지는 작업
⑤ 하루에 총 2시간 이상 쪼그리고 앉거나 무릎을 굽힌 자세에서 이루어지는 작업
⑥ 하루에 총 2시간 이상 지지되지 않은 상태에서 1kg 이상의 물건을 한 손의 손가락으로 집어 옮기거나, 2kg 이상에 상응하는 힘을 가하여 한 손의 손가락으로 물건을 쥐는 작업
⑦ 하루에 총 2시간 이상 지지되지 않은 상태에서 4.5kg 이상의 물건을 한 손으로 들거나 동일한 힘으로 쥐는 작업
⑧ 하루에 10회 이상 25kg 이상의 물체를 드는 작업
⑨ 하루에 25회 이상 10kg 이상의 물체를 무릎 아래에서 들거나, 어깨 위에서 들거나, 팔을 뻗은 상태에서 드는 작업
⑩ 하루에 총 2시간 이상, 분당 2회 이상 4.5kg 이상의 물체를 드는 작업
⑪ 하루에 총 2시간 이상, 시간당 10회 이상 손 또는 무릎을 사용하여 반복적으로 충격을 가하는 작업

4-2 인간공학적 유해요인 평가

(1) 근골격계 질환 유해요인의 인간공학적 평가 기법

① **근골격계 질환의 인간공학적 평가 기법** : OWAS, NLE, RULA 등

② **주관적 평가도구** : NASA-TLX

(2) OWAS

작업자의 작업 자세를 정의하고 평가하기 위해 개발한 방법으로 현장에서 적용하기 쉬우나, 팔목, 손목 등에 정보가 미반영되어 있다.

(3) RULA

목, 어깨, 팔목, 손목 등의 작업 자세를 중심으로 작업부하를 쉽고 빠르게 평가한다.

4-3 근골격계 유해요인 관리

(1) 근골격계 질환 관련 유해요인 조사

① 근골격계 부담작업 유해요인 조사에는 유해요인 기본조사와 근골격계 질환증상조사가 포함된다.

② 사업주가 유해요인 조사를 하는 때에는 근로자와의 면담, 증상설문조사, 인간공학 측면을 고려한 조사 등의 적절한 방법을 수행하여야 한다.

제5장 유해요인 관리

5-1 물리적 유해요인 관리

(1) 물리적 유해요인 파악

① **상해와 재해**

㈎ 상해(외적 상해) 종류 : 골절, 동상, 자상, 타박상, 절단, 중독, 질식, 찰과상, 화상 등

(나) 재해(사고)발생 형태 : 낙하 · 비래, 넘어짐, 끼임, 부딪힘, 감전, 유해광선 노출, 이상온도 노출 · 접촉, 산소결핍, 소음 노출, 폭발, 화재 등

② **레이노병 :** 혈관운동 신경장애를 주증으로 하는 질환으로 소진동에 노출된 근로자에게 발생할 수 있으며, 말초혈관 장해로 손가락이 창백해지고 동통이나 냉감 · 의주감 등을 느끼는 질환

③ **파킨슨병 :** 뇌의 신경세포 소실로 손과 팔에 경련이 일어나고, 보행이 어려워지는 질병

④ **규폐증 :** 규산 분진을 흡입함에 따라 폐에 규산이 쌓여 생기는 만성질환

⑤ **C5-dip :** 소음성 난청이며, 소음장애로 4000Hz에서 C5-dip 현상 발생

(2) 물리적 유해요인 노출기준

① **화학물질 및 물리적 인자의 노출기준**

(가) 가스 및 증기의 노출기준 표시 단위 : ppm

(나) 고온의 노출기준 표시 단위 : WBGT

(다) 분진 및 미스트 등 에어로졸의 노출기준 표시 단위 : mg/m^3

② **음의 크기의 수준 3가지 척도**

(가) phon에 의한 순음의 음압수준(dB)

(나) sone에 의한 음압수준을 가진 순음의 크기

(다) 인식소음수준은 소음의 측정에 이용되는 척도

5-2 화학적 유해요인 관리

(1) 화학적 유해요인 파악

① **유해화학물질의 중독에 대한 응급처치 방법**

(가) 독가스 중독은 순수한 알코올을 깨끗한 헝겊 등에 적셔서 흡입시켜 중화시킨 후 신선한 공기를 흡입하게 한다.

(나) 환자를 안정시키고, 침대에 옆으로 눕힌다.

(다) 호흡정지 시 가능한 경우 인공호흡을 실시한다.

(라) 신체를 따뜻하게 하고 신선한 공기를 확보한다.

(2) 화학적 유해요인 노출기준

화학적 인자(발암성 물질)를 취급하는 작업장은 측정치가 노출기준을 초과하는 경우

해당 유해인자에 대해 그 측정일로부터 3개월에 1회 이상 작업환경 측정을 실시하여야 한다.

5-3 생물학적 유해요인 관리

(1) 생물학적 유해요인 파악

① 눈의 구조

㈎ 각막 : 최초로 빛이 통과하는 막

㈏ 맥락막 : 망막 0.2~0.5mm의 두께가 얇은 암흑갈색의 막

㈐ 망막 : 상이 맺히는 막

㈑ 수정체 : 렌즈의 역할로 빛을 굴절시키는 조직

② **도플러(doppler) 효과** : 진동수가 파동을 일으키는 물체와 관측자가 가까워질수록 커지고, 멀어질수록 작아지는 현상

(2) 생물학적 유해요인 노출기준

① 암조응과 명조응

㈎ 완전 암조응 소요시간 : 보통 30~40분 소요

㈏ 완전 명조응 소요시간 : 보통 2~3분 소요

② 소음에 의한 청력손실이 가장 크게 나타나는 주파수대는 3000~4000Hz이다.

(3) 생물학적 유해요인 관리 대책 수립

① **피부감각의 민감도 순서** : 통각 > 압각 > 냉각 > 온각

② 촉각(감)적 표시장치

㈎ 문턱값은 감지가 가능한 최소 자극의 크기이다.

㈏ 2점 문턱값은 손가락 끝으로 갈수록 감각이 감소하며, 감각을 느끼는 점 사이의 최소 거리이다.

제6장 작업환경 관리

6-1 인체계측 및 체계제어

(1) 인체계측 및 응용원칙

① 인체계측

㈎ 정적(구조적) 인체계측 : 정지상태에서의 신체를 계측하는 방법

㈏ 동적(기능적) 인체계측 : 체위의 움직임에 따라 계측하는 방법

② 인체계측자료의 응용 3원칙

㈎ 최대 · 최소치수(극단치 설계)로 한 설계

㈏ 조절범위(조절식 설계)를 기준으로 한 설계

㈐ 평균치(평균치 설계)를 기준으로 한 설계

㈑ 효과와 비용을 고려하여 흔히 95%나 5%치를 사용한다.

(2) 신체반응의 측정

① 산소 소비량 측정

② 심장활동의 측정 : 심장주기, 심박수, 심전도(ECG, EKG), 뇌전도(EEG), 근전도(EMG)

③ 작업의 종류에 따른 측정 : 정적 · 동적 근력작업, 신경적 작업, 심적 작업

④ 정적 측정 : 기본적인 인체치수

⑤ 동적 측정 : 기능적 신체치수

(3) 표시장치 및 제어장치

① 표시장치 및 제어장치 : 개폐에 의한 제어(on-off 제어)

② 제어장치의 기능과 유형 : 양의 조절에 의한 통제, 반응에 의한 통제

(4) 통제 표시비

① 최적 통제비 : 1.18~2.42

㈎ C/D비가 크다. : 미세한 조종은 쉽지만, 수행시간이 길다.

㈏ C/D비가 작다. : 미세한 조종은 어렵지만, 수행시간이 짧으므로 민감하다.

(5) 양립성

① 양립성의 종류 : 운동 양립성, 공간 양립성, 개념 양립성, 양식 양립성

② **동목형 표시장치의 양립성이 큰 경우**

㈎ 눈금과 손잡이가 같은 방향으로 회전하도록 설계한다.

㈏ 눈금의 숫자는 우측으로 증가하도록 설계한다.

㈐ 꼭지의 시계 방향 회전이 지시치를 증가시키도록 설계한다.

(6) 수공구

① 손목을 곧게 유지하여야 한다.

② 반복적인 모든 손가락의 움직임을 피한다.

③ 조직의 압축응력을 피한다.

④ 손잡이는 손바닥의 접촉면적을 크게 설계한다.

⑤ 안전작동을 고려하여 설계한다.

6-2 신체활동의 생리학적 측정법

(1) 신체반응의 측정

① **신체 부위 기본동작 :** 굴곡, 신전, 내전, 외전, 내선, 외선, 하향, 상향

② **근력 :** 동적인 상태에서의 근력을 등장성 근력, 정적인 상태에서의 근력을 등척성 근력이라 한다.

③ **인간의 최대 근력(지구력)**

㈎ 인간이 상당히 오래 유지할 수 있는 힘(근력)은 약 15% 정도이다.

㈏ 인간이 1분 정도 유지할 수 있는 힘(근력)은 약 50% 정도이다.

㈐ 인간이 20~30초 정도 유지할 때의 힘(근력)이 최대 근력이다.

(2) 신체역학

인간은 근육, 뼈, 신경, 에너지대사 등을 바탕으로 물리적인 활동을 수행한다.

(3) 신체활동의 에너지 소비

① **에너지 대사율(RMR)** $=\dfrac{\text{운동 대사량}}{\text{기초 대사량}}=\dfrac{\text{운동 시 산소 소모량}-\text{안정 시 산소 소모량}}{\text{기초 대사량(산소 소비량)}}$

② **에너지 대사율(RMR)에 따른 작업의 분류**

초경작업	경작업	보통작업	무거운 작업	초중작업
0~1	1~2	2~4	4~7	7 이상

③ 휴식시간 산출

$$R(\text{분}) = \frac{60(E-5)}{E-1.5} \ (60\text{분 기준})$$

여기서, E : 작업 시 평균 에너지 소비량(kcal/분), 60 : 총 작업시간(분),
1.5 : 휴식시간 중 에너지 소비량(kcal/분),
5(4) : 보통작업에 대한 평균 에너지, 에너지값의 상한(kcal/분)

(4) 동작의 속도와 정확성

① **Fitts의 법칙** : 목표까지 움직이는 거리와 목표의 크기에 요구되는 정밀도가 동작시간에 미치는 영향을 예측한다.

$$\text{동작시간}(MT) = a + b\log_2 \frac{2D}{W}$$

여기서, a, b : 작업 난이도에 대한 실험상수, D : 동작 시발점에서 표적 중심까지의 거리,
W : 표적의 폭(너비)

6-3 작업 공간 및 작업 자세

(1) 부품배치의 원칙

① **부품의 공간배치 원칙** : 중요성(도)의 원칙(위치 결정), 사용빈도의 원칙(위치 결정), 기능별(성) 배치의 원칙(배치 결정), 사용 순서의 원칙(배치 결정)

(2) 활동 분석

① 작업 공간

(가) 작업 공간 포락면 : 한 장소에 앉아서 작업을 수행하는 사람이 사용하는 공간

(나) 파악한계 : 앉은 작업자가 수작업을 편히 수행할 수 있는 공간의 외곽한계

(다) 특수 작업역 : 특수 공간에서 작업하는 구역

② Barnes(반즈)의 동작경제의 3원칙

(가) 신체의 사용에 관한 원칙

(나) 작업장의 배치에 관한 원칙

(다) 공구 및 설비 디자인(설계)에 관한 원칙

(3) 개별 작업 공간 설계지침

① 수평작업대의 정상 작업영역과 최대 작업영역

㈎ 손을 작업대 위에서 자연스럽게 작업하는 상태를 정상작업역(34~45cm)이라 한다.

㈏ 손을 작업대 위에서 최대한 뻗어 작업하는 상태를 최대작업역(55~65cm)이라 한다.

② 작업대 높이

㈎ 착석식 작업대 높이 설계 시 고려사항 : 의자의 높이, 대퇴 여유, 작업의 성격 등

㈏ 입식 작업대 높이

- 정밀작업 : 팔꿈치 높이보다 5~10cm 높게 설계한다.
- 일반작업 : 팔꿈치 높이보다 5~10cm 낮게 설계한다.
- 힘든작업(重작업) : 팔꿈치 높이보다 10~20cm 낮게 설계한다.

(4) 인간공학적 의자설계 원칙

① 등받이는 요추의 전만 곡선을 유지한다.

② 등근육의 정적인 부하를 줄인다.

③ 디스크가 받는 압력을 줄인다.

④ 고정된 작업 자세를 피해야 한다.

⑤ 사람의 신장에 따라 조절할 수 있도록 설계한다.

(5) 계단

사람이 오르내리기 위하여 건물이나 비탈에 만든 계단은 1걸음이 약 62.5cm이다.

6-4 작업 측정

(1) 표준시간 및 연구

① **근로자 육체적 작업부하 측정척도 :** 맥박수, 산소 소비량, 근전도 등

② **근로자 정신적 작업부하 측정척도 :** 부정맥 지수, 뇌전위(점멸 융합 주파수), 동공반응(눈 깜빡임률), 호흡 수 등

(2) work sampling의 원리 및 절차

"작업환경 측정"이란 작업환경 실태를 파악하기 위하여 해당 근로자 또는 작업장에 대하여 사업주가 측정계획을 수립한 후 시료(試料)를 채취하고 분석 · 평가하는 것을 말한다.

(3) 표준자료(MTM, work factor 등)

작업표준의 목적은 위험요인의 제거, 손실요인의 제거, 작업의 효율화, 작업공정의 합리화를 위해서이다.

6-5 작업환경과 인간공학

(1) 빛과 소음의 특성

① 빛

(가) 조명방법 : 직접조명, 간접조명, 전반조명, 국소조명, 전반과 국소의 혼합

(나) 반사율과 휘광

- 반사율 $=\dfrac{\text{광속발산도}(fL)}{\text{조명}(fc)}\times 100\%$
- 광속발산도 $=\dfrac{\text{반사율}\times\text{조명}}{100}=\pi\times\text{휘도}$
- 휘도(화면 밝기) $=\dfrac{\text{광속발산도}}{\pi}$ $[\mathrm{cd/m^2}]$
- 글자 총 밝기 = 글자 밝기 + 휘도
- 대비 $=\dfrac{\text{배경의 밝기}(L_b)-\text{표적물체의 밝기}(L_t)}{\text{배경의 밝기}(L_b)}$

(다) 조도와 광도

- 조도(lux) $=\dfrac{\text{광도}}{(\text{거리})^2}$: 어떤 물체나 대상면에 도달하는 빛의 양
- 광도(cd) $=$ 조도(lux) $\times$ $(\text{거리})^2$: 광원에서 어느 특정 방향으로 나오는 빛의 세기

(라) 작업장의 조도기준

- 초정밀 작업 : 750lux 이상
- 정밀작업 : 300lux 이상
- 보통작업 : 150lux 이상
- 그 밖의 작업 : 75lux 이상

② 소음의 특성

(가) 소음 노출 기준

dB 기준	90	95	100	105	110	115
1일 노출시간	8시간	4시간	2시간	1시간	30분	15분

㈏ 충격 소음작업(140dB을 초과하면 안 됨)

- 120dB을 초과하는 소음이 1일 1만회 이상 발생하는 작업
- 130dB을 초과하는 소음이 1일 1천회 이상 발생하는 작업
- 140dB을 초과하는 소음이 1일 1백회 이상 발생하는 작업

㈐ 복합소음

- 두 소음 수준차가 10dB 이내일 때 복합소음이 발생한다.
- 같은 소음수준의 기계가 2대일 때 3dB의 소음이 증가하는 현상을 말한다.

㈑ 소음에 의한 청력손실은 4000Hz에서 가장 크게 나타난다.

(2) 열교환 과정과 열압박

① **열 중독증(heat illness) 강도 순서 :** 열발진 < 열경련 < 열소모 < 열사병

② **열교환 과정의 주요 요소 :** 온도, 습도, 복사(온도)열, 대류

③ **열균형 방정식 :** 열축적(S) = M(대사열) − E(증발) ± R(복사) ± C(대류) − W(한 일)

④ **열압박지수(HSI)** $= \dfrac{E_{req}(\text{요구되는 증발량})}{E_{max}(\text{최대 증발량})} \times 100\%$

(3) 진동과 가속도

① 진동은 물체의 전후 운동을 가리키며 전신진동과 국소진동으로 구분한다.

② 가속도는 단위 시간 동안 속도의 변화량을 말한다.

(4) 실효온도와 Oxford 지수

① **실효온도(체감온도, 감각온도) :** 온도, 습도 및 공기 유동이 인체에 미치는 열효과를 하나의 수치로 통합한 경험적 감각지수로 상대습도 100%일 때의 온도에서 느끼는 것과 동일한 온감이다.

② **Oxford 지수 :** 습구온도와 건구온도의 단순 가중치를 나타내는 지수이다.

(5) 이상 환경(고열, 한랭, 기압, 고도 등) 및 노출에 따른 사고와 부상

① **고열과 한랭**

㈎ 적정온도에서 추운환경으로 바뀔 때 인체의 반응

- 직장의 온도가 올라간다.
- 피부의 온도가 내려간다.

• 몸이 떨리고 소름이 돋는다.
• 피부를 경유하는 혈액 순환량이 감소한다.

② **기압과 고도** : 기압고도(氣壓高度)는 대기압의 수치에 따라 달라지는 각각의 고도를 말한다.

(6) 사무/VDT 작업설계 및 관리

① 영상표시단말기(VDT) 취급 근로자를 위한 조명과 채광

㈎ 주변 환경의 조도를 화면의 바탕 색상이 흰색계통일 때에는 500~700lux로 유지
㈏ 주변 환경의 조도를 화면의 바탕 색상이 검정색계통일 때에는 300~500lux로 유지
㈐ 실내는 반사되지 않는 재질로, 조명은 화면과 명암의 대조가 심하지 않도록 한다.
㈑ 영상표시단말기의 화면 밝기와 작업대 주변 밝기의 차를 줄이도록 한다.

② 영상표시단말기(VDT)의 화면과 그 인접 주변과의 추천 광도비는 1 : 3 정도이다.

6-6 중량물 취급 작업

(1) 중량물 취급방법

① 중량물을 운반할 때의 자세

㈎ 허리는 늘 곧게 펴고 팔, 다리, 복부의 근력을 이용하도록 한다.
㈏ 중량은 남자 체중의 40% 이하, 여자 체중의 24% 이하가 적당하다.
㈐ 물건은 최대한 몸 가까이에서 잡고 들어 올리도록 한다.
㈑ 화물을 싣고 내리는 작업을 할 때 작업지휘자를 지정하는 단위화물의 무게는 100kg 이상이다.

(2) NIOSH Lifting Equation

NIOSH는 재해를 예방하기 위한 작업장의 위험, 유해물질에 대한 노출, 근로자 보호를 위한 지침 및 표준 개발 등 근로자, 사업주 및 의료전문가에게 훈련교육 등의 안전한 작업환경을 조성한다.

3과목 기계·기구 및 설비 안전관리

제1장 기계공정의 안전

1-1 기계공정의 특수성 분석

(1) 설계도(설비도면, 장비사양서 등) 검토

① 설비도면은 설비장소의 배치, 식별, 연결 및 배관, 전기 및 제어설비 등을 도면으로 나타낸다.

② 장비사양서는 장비의 목적과 용도, 기술적 사양, 성능 요구사항, 장비의 유지보수 및 서비스 요구사항, 하자 보증 및 지원사항 등을 나타낸다.

(2) 파레토도, 특성요인도, 클로즈 분석, 관리도

① **관리도** : 시간 경과에 따른 재해발생 건수 등의 대략적인 추이를 파악하는 분석법

② **파레토도** : 사고 유형, 기인물 등의 데이터를 분류 항목이 큰 순서대로 도표화한 분석법

③ **특성요인도** : 재해와 그 요인의 관계를 어골상으로 세분화하여 나타내는 분석법

④ **클로즈 분석** : 2가지 또는 2개 항목 이상의 요인이 상호관계를 유지할 때의 문제 분석법

(3) 공정의 특수성에 따른 위험요인

공정의 특수성에 따라 화학물질 위험, 물리적 위험, 환경 위험, 기계적 위험 등의 안전한 작업 환경

(4) 설계도에 따른 안전지침

장비의 안전, 작업자의 안전, 화재 안전, 전기 안전, 유지보수 및 점검지침 등

(5) 공정도를 활용한 공정분석기술(흐름공정의 분류)

가공공정	운반공정	검사공정	정체공정	저장
○	⇨	□	D	▽

1-2 기계의 위험 안전조건 분석

(1) 기계의 위험요인

기계의 위험요인은 운전자의 부주의, 기계의 결함, 작업환경의 위험, 부적절한 유지보수 등으로 발생할 수 있다.

(2) 본질적 안전

① **본질안전조건 :** 풀 프루프(fool proof), 페일 세이프(fail safe)로 설계되는 기본적 개념

② **기계설비의 안전조건 :** 외형상, 기능적, 구조, 작업, 유지보수, 작업 보전의 안전화

③ 인간주의력 설비상태가 높은 수준에서는 불안전 상태 설비를 인간 측 고수준에 기대

④ 인간주의력 설비상태가 낮은 수준에서는 본질적 안전화 설비 측 fool-proof에 기대

(3) 기계의 일반적인 안전사항과 안전조건

① **비파괴 검사 :** 초음파 탐상, 방사성 탐상, 자분탐상, 침투탐상, 와류탐상검사

② **기계적 시험 :** 인장, 압축, 충격, 굽힘, 경도, 비틀림, 피로, 마모, 크리프 시험

③ **조직검사 :** 육안 조직검사, 설퍼프린트법, 현미경 조직검사

(4) 유해위험기계기구의 종류, 기능과 작동원리

① **구조적 안전**

㈎ 재료에 있어서의 결함 : 구조적 안전화로 재료의 결함을 제거한다.

㈏ 설계에 있어서의 결함 : 구조적 안전화로 설계상의 결함을 제거한다.

㈐ 가공에 있어서의 결함 : 구조적 안전화로 가공상의 결함을 제거한다.

㈑ 안전율(안전계수)$=\dfrac{\text{극한강도}}{\text{허용응력}}=\dfrac{\text{극한강도}}{\text{최대응력}}=\dfrac{\text{파괴하중}}{\text{안전하중}}=\dfrac{\text{극한하중}}{\text{정격하중}}=\dfrac{\text{파괴하중}}{\text{최대사용하중}}$

② **기능적 안전**

㈎ 소극적 대책 : 이상발생 시 기계의 급정지, 작업자의 보호구 착용 등의 대책이다.

㈏ 적극적 대책 : 회로를 개선하여 오동작을 사전에 방지하는 등의 대책이다.

(5) 기계 위험성

① 작업점 가드

㈎ 동력기계의 표준 방호덮개 설치 목적 : 가공물 등의 낙하에 의한 위험방지, 방음이나 집진, 위험 부위와 신체의 접촉방지

㈏ 작업점 안전화 : 원인 제거, 자동제어, 자동송급, 배출

(6) 기계 방호장치

① 방호장치의 구분

㈎ 위험장소에 따른 분류 : 격리형, 위치제한형, 접근거부형, 접근반응형 방호장치

㈏ 위험원에 따른 분류 : 포집형 방호장치(국소배기장치, 감지형 방호장치)

(7) 설비보전의 개념

① 중요 설비의 분류 : 설비의 고정자산을 총칭하는 것으로 기업의 설비를 유효하게 사용하는 것이 중요하다.

② 보전성 공학

㈎ 예방보전 : 설비의 계획단계 및 설치부터 고장예방을 위한 여러 가지 연구가 필요하다는 보전방식

㈏ 사후보전 : 경제성을 고려하여 고장 정지 또는 유해한 성능 저하를 가져온 후에 수리하는 보전방식

㈐ 보전예방 : 설비의 설계, 제작단계에서 보전활동이 불필요한 체제를 목표로 하는 보전방식

㈑ 개량보전 : 기기부품의 수명연장이나 고장의 수리시간 단축 등 설비의 개량 대책을 세우는 보전방식

㈒ 보전 효과 평가

- 설비종합효율 = 시간가동률 × 성능가동률 × 양품률
- 성능가동률 = 속도가동률 × 정미가동률
- 시간가동률 = $\dfrac{\text{부하시간} - \text{정지시간}}{\text{부하시간}}$
- 정미가동률 = $\dfrac{\text{생산량} \times \text{실제 주기시간}}{\text{부하시간} - \text{정지시간}}$
- 속도가동률 = $\dfrac{\text{기준 주기시간}}{\text{실제 주기시간}}$
- 양품률 = $\dfrac{\text{양품 수량}}{\text{총 생산량}}$

(8) 설비의 운전 및 유지관리

① **교체주기**

㈎ 수명교체 : 부품 고장 시 즉시 교체하고, 고장이 발생하지 않아도 주기적으로 교체하는 방법

㈏ 일괄교체 : 부품이 고장 나지 않아도 관련 부품을 일괄적으로 교체하는 방법

② **MTBF(평균고장간격)**=가용도×(MTBF+MTTR)

여기서, MTBF(평균고장간격) : 무고장시간의 평균, MTTR(평균수리시간) : 평균고장시간

③ **MTTF(평균동작시간)**$=\dfrac{1}{\text{고장률}(\lambda)}$

여기서, 고장률$(\lambda)=\dfrac{\text{고장 건수}}{\text{총 가동시간}}$(건/시간)

④ **MTTR(평균수리시간)**$=\dfrac{\text{수리시간 합계}}{\text{고장횟수}}$ (시간/회)

제2장 기계분야 산업재해 조사 및 관리

2-1 재해조사

(1) 재해조사의 목적

① 동종 및 유사재해의 재발 방지
② 재해발생의 원인 분석
③ 재해예방의 적절한 대책 수립
④ 불안전한 상태와 행동 등의 파악

(2) 재해조사 시 유의사항

① 사실을 객관적인 입장에서 공정하게 조사하며, 조사는 2인 이상이 한다.
② 책임보다는 재발방지를 우선으로 한다.
③ 피해자에 대한 구급조치를 우선으로 한다.
④ 조사는 신속하게 행하고, 긴급 조치하여 2차 재해를 방지한다.

(3) 재해발생 시 조치사항

① **재해발생 시 조치 순서** : 긴급 조치 → 재해조사 → 원인 분석 → 대책 수립 → 대책 실시계획 → 실시 → 평가

② **재해사례 연구 진행 단계 :** 상황 파악 → 사실 확인 → 문제점 발견 → 문제점 결정 → 대책 수립

(4) 재해의 원인 분석 및 조사 기법

① **재해발생 시의 유형**

㈎ 단순연쇄형(집중형) :

㈏ 복합연쇄형(사슬형) :

㈐ 복합형 :

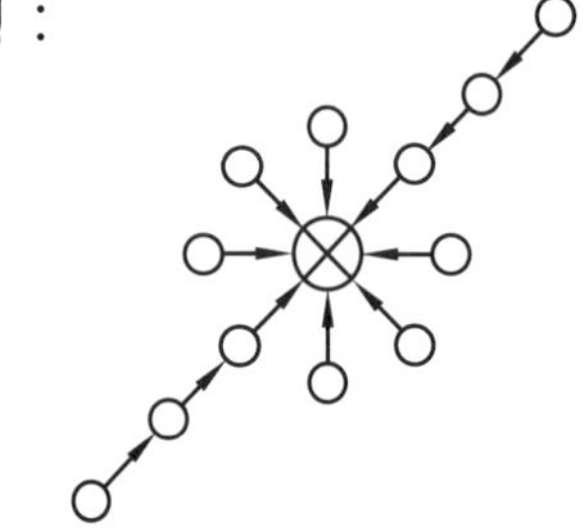

② **산업재해 발생 시 기록 · 보존할 사항**

㈎ 사업장의 개요 및 근로자의 인적사항

㈏ 재해발생의 일시 및 장소

㈐ 재해발생의 원인 및 과정

㈑ 재해 재발방지계획

③ **모랄 서베이의 태도조사법 :** 질문지법, 면접법, 집단토의법, 투사법, 문답법에 의해 의견을 조사하는 방법

2-2 산재 분류 및 통계 분석

(1) 산재 분류의 이해

산재 분류는 사고나 질병이 발생한 원인과 성격에 따라 분류하는 것을 말한다.

(2) 재해 관련 통계의 정의

재해 관련 통계는 사고, 질병 또는 다른 유해한 사건이 발생한 빈도, 원인, 피해 규모 등과 관련된 데이터를 수집, 분석 및 보고하는 것을 말한다.

(3) 재해 관련 통계의 종류 및 계산

① **재해율** $=\frac{\text{재해자 수}}{\text{임금근로자 수}}\times 100$

② **연천인율** $=\frac{\text{연간 재해자 수}}{\text{연평균 근로자 수}}\times 1000=\text{도수율(빈도율)}\times 2.4$

③ **도수율(빈도율)** $=\frac{\text{연간 재해발생 건수}}{\text{연간 총 근로시간 수}}\times 1000000$

④ **강도율** $=\frac{\text{근로손실일수}}{\text{근로 총 시간 수}}\times 1000$

⑤ **종합재해지수** $=\sqrt{\text{도수율}\times\text{강도율}}$

⑥ **환산강도율** $=\text{강도율}\times 100$

⑦ **환산도수율** $=\frac{\text{도수율}}{10}$

⑧ **평균강도율** $=\frac{\text{강도율}}{\text{도수율}}\times 1000$

⑨ **사망만인율** : 임금근로자 수 10000명당 발생하는 사망자 수의 비율

⑩ **근로손실일수**

㈎ 사망 및 영구 전 노동 불능장해(1~3등급) : 7500일

㈏ 영구 일부 노동 불능장해(4~14등급)

등급	4	5	6	7	8	9	10	11	12	13	14
일수	5500	4000	3000	2200	1500	1000	600	400	200	100	50

㈐ 일시 전 노동 불능장해 : 휴업일수×300/365

(4) 재해손실비의 종류 및 계산

① **하인리히 방식** : 총 재해코스트=직접비(1)+간접비(4)

㈎ 직접비 : 요양, 휴업, 장해, 간병, 유족급여와 상병보상연금, 장의비, 직업재활급여 등

㈏ 간접비 : 인적손실, 물적손실, 생산손실, 특수손실, 기타손실

② **시몬즈 방식** : 총 재해코스트=보험코스트+비보험 코스트

㈎ 비보험 코스트=(휴업상해 건수×A)+(통원상해 건수×B)+(응급조치 건수×C)+(무상해 사고 건수×D)

(나) 상해의 종류(A, B, C, D는 장해 정도별에 의한 비보험 코스트의 평균치) : 휴업상해(A), 통원상해(B), 응급조치(C), 무상해 사고(D)

③ **버드의 방식 :** 총 재해코스트=보험비(1)+비보험비(5~50)+비보험 기타비용(1~3)

(5) 재해사례 분석 절차

① **상해정도별 구분**

(가) 사망

(나) 영구 전 노동 불능상해(신체장해등급 1~3등급)

(다) 영구 일부 노동 불능상해(신체장해등급 4~14등급)

(라) 일시 전 노동 불능상해 : 장해가 남지 않는 휴업상해

(마) 일시 일부 노동 불능상해 : 근무 중 일시적으로 업무를 떠나 치료를 받는 정도의 상해

(바) 구급조치상해 : 응급조치 후 정상작업을 할 수 있는 정도의 상해

② **통계적 분류**

(가) 사망 : 노동손실일수 7500일

(나) 중상해 : 부상으로 8일 이상 노동손실을 가져온 상해

(다) 경상해 : 부상으로 1일 이상 7일 이하의 노동손실을 가져온 상해

(라) 경미상해 : 8시간 이하의 휴무 또는 작업에 종사하면서 치료(통원치료)를 받는 상해

2-3 안전점검 · 검사 · 인증 및 진단

(1) 안전점검의 정의 및 목적

안전점검은 시설물, 장비, 시스템, 작업환경 등의 안전성을 점검하고 문제점을 조치하여 안전한 작업환경을 유지하는 목적이다.

(2) 안전점검의 종류

① **안전점검 :** 정기점검, 일상점검(수시점검), 임시점검, 특별점검(일시점검, 특수점검)

② **검사대상에 의한 분류 :** 기능검사, 형식검사, 규격검사

③ **검사방법에 의한 분류 :** 육안검사, 기능검사, 검사기기에 의한 검사, 시험에 의한 검사

(3) 안전점검표(체크리스트)의 작성

① **안전점검표에 포함되어야 할 사항 :** 점검대상, 점검부분, 점검항목, 점검주기(기간),

점검방법, 판정기준, 조치사항 등

② 안전점검표 작성 시 유의사항

㈎ 위험성이 높은 순이나 긴급을 요하는 순으로 작성할 것

㈏ 정기적으로 검토하여 재해예방에 실효성이 있는 내용일 것

㈐ 내용은 이해하기 쉽고 표현이 구체적일 것

(4) 안전검사 및 안전인증

① 안전검사

㈎ 안전검사대상 유해 · 위험기계 등 : 프레스, 전단기, 리프트, 압력용기, 곤돌라, 국소배기장치(이동식은 제외), 원심기(산업용만 해당), 롤러기(밀폐형 구조는 제외), 컨베이어, 산업용 로봇, 사출성형기(형체결력이 294kN 미만은 제외), 크레인(정격하중이 2톤 미만은 제외), 고소작업대(화물자동차 또는 특수자동차에 탑재한 고소작업대로 한정)

㈏ 안전검사의 주기 및 합격 표시 · 표시방법

- 크레인, 리프트 및 곤돌라 : 사업장에 설치가 끝난 날부터 3년 이내에 최초 안전검사를 실시하되, 그 이후부터 2년마다(건설현장에서 사용하는 것은 최초로 설치한 날부터 6개월마다) 실시한다.
- 그 밖의 유해 · 위험기계 등 : 사업장에 설치가 끝난 날부터 3년 이내에 최초 안전검사를 실시하되, 그 이후부터 2년마다(공정안전 보고서를 제출하여 확인을 받은 압력용기는 4년마다) 실시한다.

② 안전인증

㈎ 안전인증대상 기계 · 기구 : 프레스, 크레인, 압력용기, 사출성형기, 곤돌라, 전단기, 절곡기, 리프트, 롤러기, 고소작업대 등

(5) 안전진단

① **종류 :** 안전진단, 보건진단, 종합진단(안전 · 보건진단을 동시에 진행하는 것)

② 대상 사업장

㈎ 중대 재해 발생 사업장(단, 그 사업장의 연간 산업재해율이 같은 업종의 규모별 평균 산업재해율을 2년간 초과하지 아니한 사업장은 제외)

㈏ 안전보건개선계획 수립 · 시행 명령을 받은 사업장

㈐ 추락, 폭발, 붕괴 등 재해발생 위험이 현저히 높은 사업장으로서 지방고용노동관서의 장이 안전 · 보건진단이 필요하다고 인정하는 사업장

제3장 기계설비 위험요인 분석

3-1 공작기계의 안전

(1) 절삭가공기계의 종류 및 방호장치

① **선반의 안전장치 :** 실드, 칩 브레이커, 척 커버, 브레이크

② **선반작업의 안전**

(가) 보안경을 착용한다.

(나) 바이트를 짧게 물린다.

(다) 시동 전에 척 핸들을 빼둔다.

(라) 베드에는 공구를 올려놓지 않는다.

(마) 칩 제거는 운전 정지 후 브러시를 이용한다.

(바) 공작물의 길이가 직경의 12~20배 이상일 때에는 방진구를 사용하여 공작물의 떨림을 방지한다.

③ **밀링작업의 안전**

(가) 밀링 칩이 가장 가늘고 예리하다.

(나) 칩 제거는 운전 정지 후 브러시를 이용한다.

(다) 보호안경 착용, 장갑은 착용을 금지한다.

(라) 강력 절삭 시 일감을 바이스에 깊게 물린다.

(마) 제품을 측정, 풀어낼 때는 반드시 운전을 정지한다.

④ **플레이너(planer : 평삭기) 작업의 안전**

(가) 플레이너 운동범위에 방책을 설치한다.

(나) 프레임 내 피트에 덮개를 설치한다.

(다) 베드 위에 물건 등을 두지 않는다.

(라) 바이트는 되도록 짧게 나오도록 설치한다.

⑤ **셰이퍼(shaper : 형삭기) 작업의 안전**

(가) 셰이퍼 운동범위에 방책을 설치한다.

(나) 램은 가급적 행정을 짧게 한다.

(다) 바이트를 짧게 물린다.

(라) 운전자는 바이트의 운동 방향(정면)에 서지 말고 측면에서 작업한다.

⑥ 드릴링 머신의 일감 고정방법

㈎ 작은 일감은 바이스나 크램프로 고정한다.

㈏ 크고 복잡한 일감은 볼트와 고정구를 사용한다.

㈐ 대량 생산과 정밀도를 요할 때에는 전용의 지그를 사용한다.

⑦ 드릴작업의 안전

㈎ 작업 시에는 보안경을 착용한다.

㈏ 드릴작업 시에는 장갑 착용을 금지한다.

㈐ 칩을 제거할 때에는 운전 정지 후 브러시로 제거한다.

㈑ 큰 구멍을 뚫을 때에는 작은 구멍을 먼저 뚫은 다음에 뚫는다.

⑧ 연삭기 작업의 안전

㈎ 숫돌에 충격을 가하지 않는다.

㈏ 작업시작 전 1분 이상, 숫돌 대체 시 3분 이상 시운전한다.

㈐ 연삭숫돌 최고사용 회전속도를 초과하여 사용하지 않는다.

㈑ 측면을 사용하는 것을 목적으로 제작된 연삭기 이외에는 측면 사용을 하지 않는다.

㈒ 작업 시에는 숫돌의 원주면을 이용하고, 작업자는 숫돌의 측면에서 작업한다.

⑨ 연삭기 방호장치의 덮개 설치각도

㈎ 탁상용 연삭기 개방부 각도

- 상부를 사용하는 경우 : 60° 이내
- 수평면 이하에서 연삭하는 경우 : 125° 이내
- 수평면 이상에서 연삭하는 경우 : 80° 이내
- 탁상용 연삭기(최대 원주속도가 50m/s 이하) : 90° 이내

㈏ 절단기, 평면 연삭기 : 150° 이내

㈐ 원통, 휴대용, 센터리스 연삭기 : 180° 이내

⑩ 연삭기 숫돌 파괴 원인

㈎ 숫돌의 회전속도가 너무 빠를 때

㈏ 반지름 방향의 온도 변화가 심할 때

㈐ 숫돌 자체에 균열이 있을 때

㈑ 숫돌의 치수(구멍지름)가 부적당할 때

㈒ 숫돌에 과대한 충격을 줄 때

㈓ 숫돌의 측면을 사용하여 작업할 때

㈔ 플랜지가 현저히 작을 때

㈕ 숫돌의 불균형이나 베어링의 마모로 진동이 있을 때

(2) 소성가공 및 방호장치

① 소성가공에는 단조, 압연, 인발, 압출, 전조, 프레스 가공 등이 있다.

② 재결정 온도를 기준으로 열간가공과 냉간가공으로 분류한다.

③ **정작업 안전수칙**

㈎ 정을 잡은 손의 힘을 빼고, 시선은 정의 날 끝을 본다.

㈏ 절삭 칩을 손으로 제거하지 않는다.

㈐ 처음에는 가볍게 두드리고 점차 힘을 가한 후, 작업이 끝날 때는 가볍게 두드린다.

3-2 프레스 및 전단기의 안전

(1) 프레스 재해방지의 근본적인 대책

① **프레스의 종류**

㈎ 슬라이드 운동기구에 의한 분류 : 크랭크 프레스, 크랭크레스 프레스, 너클 프레스, 마찰 프레스, 랙 프레스, 스크류 프레스, 링크 프레스, 캠 프레스

㈏ 슬라이드 구동동력에 의한 분류 : 인력 프레스, 기계 프레스, 액압 프레스

② **프레스의 작업점에 대한 방호방법**

금형 안에 손이 들어가지 않는 구조	금형 안에 손이 들어가는 구조
• 안전울 · 안전 금형을 부착한 프레스 • 전용 · 자동 프레스의 도입	• 작업방법에 의한 분류 : 가드식, 수인식, 손쳐내기식 • 정지성능에 의한 분류 : 양수조작식, 감응식

③ **방호장치 설치기준**

㈎ 1행정 1정지식 프레스(크랭크 프레스) : 양수조작식, 게이트 가드식

㈏ 행정길이 40mm 이상, SPM 120 이하에서 사용 : 손쳐내기식, 수인식

㈐ 슬라이드 작동 중 정지 가능한 구조(급정지장치) : 감응식(광전자식), 양수조작식

㈑ 마찰 프레스에 사용 가능하나, 크랭크식 프레스에 사용 불가능 : 감응식(광전자식)

㈒ 안전거리$(D_m)=1.6T_m$

여기서, T_m : 프레스 작동 후 슬라이드가 하사점에 도달할 때까지의 소요시간(ms)

1.6m/s : 손의 속도

(2) 금형의 안전화

① **금형의 위험방지방법**

㈎ 프레스의 상형과 하형의 틈새는 8mm 이하로 하여 손이 들어가지 않게 한다.

㈏ 상형 울과 하형 울 사이는 12mm 정도 겹치게 하여 손가락이 다치지 않도록 한다.

② **파손에 따른 위험방지방법**

㈎ 작업 중 진동 및 충격에 의해 볼트, 너트의 풀림이 없도록 한다.

㈏ 금형의 하중 중심은 원칙적으로 프레스 기계의 하중 중심과 일치시킨다.

㈐ 캠, 기타 충격이 반복해서 가해지는 부분에는 완충장치를 설치한다.

③ 탈착 및 운반에 따른 위험방지방법

㈎ 금형의 설치용구는 프레스의 구조에 적합한 형태로 한다.

㈏ 금형의 고정용 브래킷은 수평이 되게 하고, 고정볼트는 수직이 되게 고정한다.

㈐ 금형을 설치하는 프레스의 T홈 안길이는 설치볼트 직경의 2배 이상으로 한다.

㈑ 금형의 운반에 있어서 형의 어긋남을 방지하기 위해 대판, 안전핀 등을 사용한다.

3-3 기타 산업용 기계 기구

(1) 롤러기

① 개구부 안전간격$(Y)=6+0.15X(X<160$일 때)

(단, $Y=30$mm은 $X\geq 160$mm일 때이다.)

여기서, X : 가드와 위험점 간의 최단거리(mm), Y : 가드의 개구부 간격(mm)

② 앞면 롤러의 표면속도에 따른 급정지거리

㈎ 표면속도$(V)=\dfrac{\pi DN}{1000}$[m/min]

여기서, D : 롤러 원통의 직경(mm), N : 1분간에 롤러기가 회전되는 수(rpm)

㈏ 롤러의 급정지거리

$$\frac{1}{3}\pi D < V(=30\text{m/min}) \leq \frac{1}{2.5}\pi D$$

③ 롤러기 급정지장치의 종류

손 조작식	복부 조작식	무릎 조작식
밑면으로부터 1.8m	밑면으로부터 0.8~1.1m	밑면으로부터 0.4~0.6m

④ 롤러기의 방호장치 설치방법

㈎ 롤러기 방호장치로 급정지장치를 설치한다.

㈏ 손으로 조작하는 급정지장치의 조작부는 롤러기의 전면 및 후면에 각각 1개씩 수평으로 설치한다.

㈐ 조작부에 사용하는 로프의 성능기준은 직경 4mm 이상의 와이어로프 또는 직경이 6mm 이상이고 절단하중이 2.94kN 이상인 합성섬유 로프이며, 충분한 인장강도를 가져야 한다.

(2) 원심기

① **원심기 :** 원심력을 이용하여 물질을 분리하거나 추출하는 기계를 말한다.

② **원심기의 사용방법**

㈎ 원심기의 운전 정지 : 내용물을 꺼내거나, 정비 · 청소 · 검사 · 수리 등의 작업

㈏ 최고사용 회전수를 초과하여 사용하는 것을 금지한다.

③ **원심기의 방호장치 :** 원심기에는 덮개를 설치하여야 한다.

④ **원심기의 안전검사 내용 :** 원심기의 표면 및 내면, 작업용 발판, 금속 부분, 도장, 원심기의 구조 등을 검사한다.

(3) 아세틸렌 용접장치 및 가스집합 용접장치

① **용접장치의 구조**

㈎ 아세틸렌 발생기의 종류 : 투입식, 주수식, 침지식

㈏ 산소–아세틸렌 불꽃 : 중성불꽃(표준불꽃), 탄화불꽃, 산화불꽃

㈐ 용해 아세틸렌 용기 : 아세틸렌을 2기압 이상으로 압축하면 폭발할 위험이 있다.

② **용접장치의 방호장치 종류 및 설치방법**

㈎ 안전기 형식 : 수봉식, 건식(역화방지기)

㈏ 수봉식 안전의 유효수주 : 저압용은 25mm 이상, 중압용은 50mm 이상을 유지

㈐ 역화 원인

- 압력조정기의 불량
- 팁에 이물질이 묻어 막혔을 때
- 팁이 가열되었을 때
- 토치의 성능이 좋지 않을 때
- 산소압력이 적당하지 않을 때

㈑ 안전기 설치기준

- 사업주는 아세틸렌 용접장치의 취관마다 안전기를 설치한다.
- 사업주는 아세틸렌 용접장치에 대하여 발생기와 가스용기 사이에 안전기를 설치한다.
- 주관 및 분기관에 안전기를 설치한다.

③ **용접장치의 안전에 관한 준수사항**

㈎ 가스집합장치로부터 5m 이내의 장소에서는 화기의 사용을 금지한다.

㈏ 아세틸렌 용접장치의 관리상 발생기에서 5m 이내 또는 발생기실에서 3m 이내의 장소에서는 흡연, 화기의 사용을 금지한다.

㈐ 아세틸렌 용접장치는 압력이 127kPa을 초과하여 사용해서는 안 된다.

(4) 보일러 및 압력용기

① 보일러의 구조와 종류

㈎ 보일러의 구조 : 본체, 연소장치와 연소실, 과열기, 절탄기, 공기예열기, 급수장치 등

㈏ 보일러의 종류 : 원통 보일러, 수관 보일러, 특수 보일러 등

② 보일러의 사고형태 및 원인

㈎ 보일러 압력상승의 원인

- 안전밸브의 기능이 정확하지 않을 때
- 압력계의 눈금을 잘못 읽거나 감시가 소홀했을 때
- 압력계의 고장으로 압력계의 기능이 불완전할 때

㈏ 보일러 과열의 원인

- 수관과 본체의 청소 불량
- 관수 부족 시 보일러의 가동
- 수면계의 고장으로 드럼 내의 물의 감소

③ 보일러의 취급 시 이상 현상 : 포밍, 프라이밍, 캐리오버, 수격작용(워터해머), 역화

④ 보일러 안전장치의 종류

㈎ 압력방출장치 : 최고사용압력 이하에서 작동되도록 설치하고, 2개 이상 설치된 경우 최고사용압력 이하에서 1개가 작동되고, 다른 압력방출장치는 최고사용압력의 1.05배 이하에서 작동되도록 한다. 스프링식, 중추식, 지렛대식 안전밸브를 사용한다.

㈏ 압력제한 스위치 : 보일러의 과열을 방지하기 위해 버너연소를 차단할 수 있도록 한다.

㈐ 기타 방호장치 : 고저수위 조절장치, 화염검출기

⑤ 압력용기의 방호장치

㈎ 압력방출장치의 설치

- 압력용기의 최고사용압력 이하에서 작동되도록 설정한다.
- 압력용기 등에 과압으로 인한 폭발을 방지하기 위하여 압력방출장치를 설치한다.
- 다단형 압축기, 직렬 접속된 공기압축기에는 과압방지 압력방출장치를 각 단마다 설치한다.
- 1년에 1회 이상 토출압력시험 후 납으로 봉인하여야 한다.
- 압력용기에는 압력방출용 안전밸브, 파열판을 설치한다.

㈏ 압력용기 안전밸브 설치

- 안전밸브는 보호하려는 설비의 최고사용압력 이하에서 작동되도록 설정한다.
- 안지름이 150mm를 초과하는 압력용기에는 규정에 맞는 안전밸브를 설치한다.
- 화학설비 및 그 부속설비에는 파열판과 안전밸브를 직렬로 설치하고, 그 사이에

압력지시계 등을 설치한다.
- 분출량을 계산하여 가장 큰 수치를 해당 안전밸브의 배출용량으로 한다.

⑥ 공기압축기 작업시작 전 점검사항

㈎ 공기저장 압력용기의 외관 상태
㈏ 드레인 밸브의 조작 및 배수
㈐ 압력방출장치의 기능
㈑ 언로드 밸브의 기능
㈒ 윤활유의 상태
㈓ 회전부의 덮개 또는 울

(5) 산업용 로봇

① 산업용 로봇의 종류

㈎ 기능에 따른 분류 : 매니퓰레이터형, 시퀀스 로봇, 플레이백 로봇, 수치제어 로봇, 지능로봇 등
㈏ 동작형태에 의한 분류 : 직각좌표 구조, 원통좌표 구조, 극좌표 구조, 관절형 구조

② 산업용 로봇의 안전관리

㈎ 로봇 교시작업 시의 작업지침
- 로봇의 조작방법 및 순서
- 작업 중의 매니퓰레이터의 속도
- 2인 이상의 근로자에게 작업을 시킬 때의 신호방법

㈏ 로봇의 수리 등의 작업을 하고 있는 동안 로봇의 기동 스위치를 열쇠로 잠근 후 열쇠를 별도 관리하고, 해당 로봇의 기동 스위치에 작업 중이라는 표지판을 부착하는 등 해당 작업의 근로자가 아닌 사람이 로봇 스위치를 조작할 수 없도록 필요한 조치를 하여야 한다.

㈐ 로봇의 작업시작 전 점검사항
- 외부 전선의 피복 또는 외장의 손상 유무
- 매니퓰레이터 작동의 이상 유무
- 제동장치 및 비상정지장치의 기능

㈑ 운전 중 위험방지
- 미숙련자에 의한 로봇 조정은 4시간 이내에만 허용한다.
- 근로자가 로봇에 부딪칠 위험이 있을 때에는 안전매트 및 높이 1.8m 이상의 방책을 설치한다.
- 로봇 조작 중 이상을 발견하면 즉시 로봇의 운전을 정지시키기 위한 조치를 하여야 한다.
- 로봇의 수리 · 검사 · 청소 등을 하는 경우에는 로봇의 운전을 정지하고 실시한다.

㈒ 산업용 로봇의 방호장치 : 안전매트 또는 방호울

(6) 목재가공용 기계

① 구조와 종류

㈎ 목재가공용 둥근톱기계에 분할날 등 반발예방장치를 설치한다.

㈏ 목재가공용 둥근톱기계에 톱날 접촉예방장치를 설치한다.

② 방호장치

㈎ 분할날의 설치조건

- 분할날의 두께는 둥근톱 두께의 1.1배 이상이어야 한다.
- 분할날과 톱날 원주면과의 거리는 12mm 이내, 테이블면상의 톱 뒷날의 2/3 이상을 덮도록 한다.
- 가공재의 상면에서 덮개 하단까지의 간격을 8mm 이하로 조정해 주어야 한다.

㈏ 분할날(spreader)의 두께

$$1.1t_1 \le t_2 < b$$

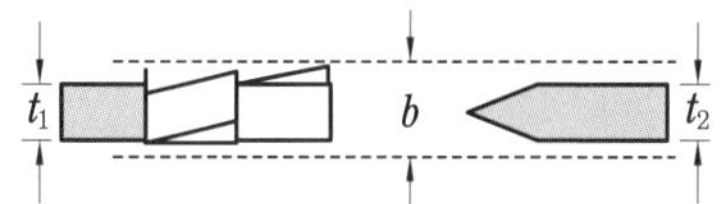

여기서, t_1 : 톱 두께, t_2 : 분할날 두께, b : 톱날 전폭

㈐ 목재가공용 둥근톱기계의 안전

- 작업자는 톱날의 회전 방향 정면에 서서 작업하면 위험하다.
- 톱날이 재료보다 너무 높게 솟아나지 않게 한다.
- 두께가 얇은 재료의 절단에는 압목 등의 적당한 도구를 사용한다.
- 작업 전에 공회전시켜서 이상 유무를 점검한다.

(7) 고속회전체

① 회전시험 중의 위험방지 : 고속회전체의 회전시험을 하는 경우 고속회전체의 파괴로 인한 위험을 방지하기 위하여 전용의 견고한 시설물 등으로 격리된 장소에서 하여야 한다.

② 방호장치 : 회전축의 중량이 1톤을 초과하고 원주속도가 120m/s 이상인 것의 회전시험을 하는 경우 회전축의 재질, 형상 등에 상응하는 종류의 비파괴 검사를 하여 결함 유무를 확인하여야 한다.

(8) 사출성형기

① 구조와 종류 : 사출성형기, 주형조형기, 형단조기

② 방호장치

㈎ 사출성형기 · 주형조형기 및 형단조기 등에 재해 우려가 있는 경우 게이트 가드 또는 양수조작식 등에 의한 방호장치, 그 밖에 필요한 방호조치를 하여야 한다.

㈏ 게이트 가드는 닫지 아니하면 기계가 작동되지 아니하는 연동구조이어야 한다.
㈐ 기계의 히터 등의 가열, 감전 우려가 있는 부위에는 방호덮개 등 안전조치를 한다.

3-4 운반기계 및 양중기

(1) 지게차

① **취급 시 안전 대책 :** 지게차의 무게중심까지의 최단거리는 지게차가 전도되지 않고 안정되기 위해서 물체의 모멘트($m_1 = W \times a$)보다 지게차의 모멘트($m_2 = G \times b$)가 더 커야 한다($m_1 < m_2$).

$$W \times a < G \times b$$

여기서, W : 화물의 중량(kg), G : 차량의 중량(kg),
a : 앞바퀴에서 화물 중심까지의 최단거리, b : 앞바퀴에서 차량 중심까지의 최단거리

② **안정도**

$$\text{안정도}(\%) = \frac{\text{높이}}{\text{수평거리}} \times 100$$

③ **지게차의 주행 시 안정도**

㈎ 주행 시의 전후 안정도는 18% 이내
㈏ 주행 시의 좌우 안정도는 $(15+1.1V)$% 이내 (V : 최고속도[km/h])
㈐ 하역작업 시의 전후 안정도는 4% 이내(5t 이상의 것은 3.5%)
㈑ 하역작업 시의 좌우 안정도는 6% 이내

④ **지게차(구내운반차) 작업시작 전 점검사항**

㈎ 바퀴의 이상 유무
㈏ 제동장치 및 조종장치 기능의 이상 유무
㈐ 하역장치 및 유압장치 기능의 이상 유무
㈑ 전조등 · 후미등 · 방향지시기 및 경보장치 기능의 이상 유무

(2) 컨베이어

① **종류 :** 벨트 컨베이어, 롤러 컨베이어, 스크루 컨베이어, 셔틀 컨베이어 등

② **안전조치사항**

㈎ 인력으로 적하하는 컨베이어에는 하중 제한 표시를 한다.
㈏ 기어 · 체인 또는 이동 부위에는 덮개를 설치한다.

㈐ 지면으로부터 2m 이상 높이에 설치된 컨베이어에는 승강 계단을 설치한다.
㈑ 컨베이어는 마지막 쪽의 컨베이어부터 시동하고, 처음 쪽의 컨베이어부터 정지시킨다.

③ 컨베이어 작업시작 전 점검사항

㈎ 원동기 및 풀리기능의 이상 유무
㈏ 이탈 등의 방지장치기능의 이상 유무
㈐ 비상정지장치 기능의 이상 유무
㈑ 원동기 · 회전축 · 기어 및 풀리 등의 덮개 또는 울 등의 이상 유무

(3) 크레인 등 양중기(건설용은 제외)

① 양중기의 종류 : 곤돌라, 이동식 크레인, 크레인(호이스트 포함), 승강기(적재용량이 300kg 미만은 제외), 리프트(이삿짐운반용은 적재하중 0.1t 이상인 것)

② 승강기의 종류 : 승객용, 승객화물용, 화물용, 소형화물용 엘리베이터와 에스컬레이터

③ 리프트의 종류 : 건설작업용, 자동차정비용, 이삿짐운반용, 일반작업용 리프트, 간이리프트

④ 와이어로프의 하중 계산

㈎ 안전계수$=\dfrac{\text{최대하중}}{\text{정격하중}}$

㈏ 장력 $T_a=\dfrac{W}{2}\div\cos\dfrac{\theta}{2}$

여기서, W : 물체의 무게(kg), θ : 로프의 각도(°)

㈐ 총 하중(W)=정하중(W_1)+동하중(W_2)

여기서, W_1 : 정하중(kg), W_2 : 동하중(kg)$=\dfrac{W_1}{g}\times a$,
g : 중력가속도(9.8m/s^2), a : 가속도(m/s^2)

Tip) 정하중 : 매단 물체의 무게

(4) 운반기계

① 구내운반기계의 구조 : 작업장 내에 운반을 주목적으로 하는 차량으로 보통 길이 4.7m 이하, 폭 1.7m 이하, 높이 2.0m 이하이며, 최고속도가 15km/hr 이하의 것을 말한다.

제4장 기계안전시설 관리

4-1 안전시설 관리 계획하기

(1) 기계 방호장치

작업자 보호, 인적 · 물적손실의 방지, 기계 위험 부위의 접촉방지 등

(2) 안전작업 절차

인터록(inter-lock)으로서 기계식, 전기적, 기구적, 유공압장치 등의 안전장치 또는 덮개를 제거하는 경우 자동으로 전원을 차단하는 장치

(3) 풀 프루프(fool proof)

작업자의 실수가 있어도 안전사고가 발생되지 않도록 2중, 3중 통제를 가하는 장치

(4) 페일 세이프(fail safe)

기계의 고장이 있어도 안전사고가 발생되지 않도록 2중, 3중 통제를 가하는 장치

4-2 안전시설 설치하기

(1) 안전시설물 설치기준

① 법령과 규정을 준수해야 한다.
② 용도 및 적용 범위, 건물의 크기, 사용 목적, 인원 수 등 설치기준에 따라 설치한다.
③ 안전시설물은 장소의 특성, 시설물의 성능, 안전성 등 기술적 요건을 충족해야 한다.
④ 안전시설물은 설치 후 시설물의 성능 유지와 안전성을 위해 유지보수를 한다.

(2) 안전보건표지 설치기준

① 표지는 작업장 내에서 쉽게 볼 수 있는 장소나 시설 또는 물체에 설치한다.
② 표지는 작업장 내의 위험성과 관련된 내용을 명확하게 표시해야 한다.
③ 설치하거나 부착할 때에는 흔들리거나 쉽게 파손되지 않도록 견고하게 설치한다.
④ 안전보건표지 설치기준을 확인하여 적용해야 한다.

(3) 기계 종류별[지게차, 컨베이어, 양중기(건설용은 제외), 운반기계] 안전장치 설치 기준

① 지게차의 방호장치

㈎ 지게차 헤드가드 설치기준

- 강도는 지게차의 최대하중의 2배 값(4t 이상은 4t)의 등분포정하중에 견딜 것
- 상부틀 개구의 폭이나 길이는 16cm 미만일 것
- 좌식은 0.903m, 입식은 1.88m 이상일 것

㈏ 백레스트 : 지게차 포크 뒤쪽으로 화물이 떨어지는 것을 방지하기 위해 설치한다.

㈐ 전조등 5700cd, 후미등 2000cd, 안전벨트

② 컨베이어의 방호장치 : 비상정지장치, 이탈 등의 방지장치, 덮개울 및 건널다리 설치 등

③ 크레인 등 양중기(건설용은 제외)의 방호장치

㈎ 크레인 : 과부하방지장치, 권과방지장치, 비상정지장치, 제동장치 등

㈏ 승강기 : 파이널 리밋 스위치, 비상정지장치, 과부하방지장치, 출입문 인터록 등

㈐ 와이어로프 사용금지기준

- 꼬인 것
- 한 꼬임에서 끊어진 소선의 수가 10% 이상인 것
- 이음매가 있는 것
- 지름 감소가 공칭지름의 7%를 초과한 것
- 심하게 변형 또는 부식된 것
- 열과 전기충격에 의해 손상된 것

㈑ 탑승용 운반구를 지지하는 달기 와이어로프의 안전율은 10.0이다.

㈒ 권상용 와이어로프 및 권상용 체인의 안전율은 5.0이다.

④ 운반기계 제동장치 및 방호장치

㈎ 주행을 제동하거나 정지상태를 유지하기 위하여 유효한 제동장치를 갖출 것

㈏ 핸들의 중심에서 차체 바깥 측까지의 거리가 65cm 이상일 것

㈐ 운전석이 차 실내에 있는 것은 좌우에 한 개씩 방향지시기를 갖출 것

㈑ 경음기 및 전조등과 후미등을 갖출 것

(4) 기계의 위험점 분석

① 기계의 위험점의 분류

㈎ 협착점 : 왕복운동을 하는 부분과 움직임이 없는 고정 부분 사이에 형성되는 위험점

㈏ 끼임점 : 회전운동을 하는 부분과 고정 부분 사이에 형성되는 위험점

㈐ 절단점 : 회전하는 운동 부분 자체의 위험에서 초래되는 위험점

㈑ 물림점 : 두 회전체의 물려 돌아가는 위험점, 롤러와 롤러, 기어와 기어의 물림점
㈒ 접선물림점 : 회전하는 부분의 접선 방향으로 물려들어 갈 위험이 존재하는 점
㈓ 회전말림점 : 회전하는 물체에 작업복 등이 말려드는 위험이 존재하는 점

② 기계의 일반적인 안전사항

㈎ 비파괴 검사 : 초음파 탐상, 방사성 탐상, 자분탐상, 침투탐상, 와류탐상시험
㈏ 기계적 시험 : 인장, 압축, 굽힘, 경도, 비틀림, 피로, 마모, 경도, 충격, 크리프 시험
㈐ 조직검사 : 육안 조직검사, 설퍼프린트법, 현미경 조직검사

③ 통행과 통로 : 통로에는 75lux 이상의 채광 또는 조명시설을 설치하여야 한다.

4-3 안전시설 유지 · 관리하기

(1) 유해위험기계기구 종류 및 특성

① 유해위험방지를 위한 방호조치가 필요한 기계 · 기구 등(법 시행령) : 예초기, 원심기, 공기압축기, 금속절단기, 지게차, 포장기계(진공포장기, 랩핑기로 한정)

② 안전인증대상 방호장치의 종류

㈎ 프레스 및 전단기 방호장치
㈏ 양중기용 과부하방지장치
㈐ 보일러 압력방출용 안전밸브
㈑ 압력용기 압력방출용 안전밸브
㈒ 압력용기 압력방출용 파열판
㈓ 절연용 방호구 및 활선작업용 기구
㈔ 방폭구조 전기기계 · 기구 및 부품
㈕ 추락 · 낙하 및 붕괴 등의 위험방호에 필요한 가설 기자재

제5장 설비진단 및 검사

5-1 비파괴 검사의 종류 및 특징

(1) 육안검사

재료, 제품 또는 구조물의 결함을 육안으로 검사하는 방법

(2) 누설검사

유체가 결함을 통해 누설되는 것을 검사하는 방법(압력용기, 배관검사 등에 이용)

(3) 침투검사

침투액과 현상액을 사용하여 부품 표면의 결함을 눈으로 관찰하는 탐상시험

(4) 초음파검사

짧은 파장의 음파를 검사물의 내부에 입사시켜 내부의 결함을 검출하는 방법

(5) 자기탐상검사

강자성체의 표면에 자분을 도포하여 육안으로 결함을 검출하는 방법

(6) 방사선 투과검사

물체에 X선, γ선을 투과하여 물체의 결함을 검출하는 방법

(7) 음향검사

재료가 변형 시에 방출되는 낮은 응력파를 감지하여 측정 · 분석하는 방법

5-2 소음 · 진동방지 기술

(1) 소음방지 방법

① 소음 대책

㈎ 적절한 배치
㈏ 차폐장치 및 흡음재 사용
㈐ 소음원 통제
㈑ 소음의 격리 : 소음 차단벽 등을 사용
㈒ 음향처리제 사용, 배경음악
㈓ 방음보호구 사용(귀마개, 귀덮개 등)

② 진동과 소음을 동시에 수반하는 기계설비로 컨베이어, 사출성형기, 공기압축기 등이 있다.

(2) 진동방지 방법

진동에 의한 설비진단법 중 정상, 비정상, 악화의 정도를 판단하기 위한 방법에는 상호 판단, 비교 판단, 절대 판단 등이 있다.

4과목 전기설비 안전관리

제1장 전기안전관리 업무수행

1-1 전기안전관리

(1) 배전반 및 분전반

① **배전반** : 수전한 전기를 계통별 또는 용도별로 나누어 주는 곳

② **분전반** : 부하별로 분기해 주는 곳

(2) 개폐기

① 개폐기는 전로의 개폐에만 사용되고 통전상태에서 차단능력이 없으며, 부하전류가 통하고 있을 경우에는 개로할 수 없도록 시설하여야 한다.

② **개폐기의 종류** : 주상 유입개폐기, 단로기, 부하개폐기, 자동개폐기, 저압개폐기 등

③ **단로기** : 차단기의 전후, 회로의 접속 변환, 고압 또는 특고압 회로의 기기분리 등에 사용

㈎ 사용 목적 : 수용 가구 내 인입구에 설치하여 무부하상태의 선로를 개폐한다.

㈏ 개폐할 수 있는 전류 : 변압기 여자전류, 무부하 충전전류

(3) 보호계전기

전선 또는 기기에 이상이나 고장이 생겼을 때 그 부분을 급속히 발견 · 차단하는 계전기로서 기기의 손상을 경감하고, 다른 계통에 대한 피해를 방지하기 위하여 사용한다.

(4) 과전류 및 누전차단기

① **과전류 차단기의 종류** : 공기차단기, 기중차단기, 진공차단기, 자기차단기, 유입차단기 등

② **누전차단기의 종류** : 공기차단기, 기중차단기, 차단기(CB), 단로기(DS), 피뢰침(LA)

③ **누전차단기 선정기준**

㈎ 부하에 적합한 정격전류를 갖출 것

(나) 전로에 적합한 차단용량을 갖출 것
(다) 해당 전로의 정격전압이 공칭전압의 85~110% 이내일 것
(라) 정격감도전류가 30mA 이하이며 동작시간은 0.03초 이내일 것(단, 정격감도전류가 200mA 이하인 경우 동작시간은 0.1초 이내일 것
(마) 정격부동작전류가 정격감도전류의 50% 이상일 것
(바) 절연저항이 5mΩ 이상일 것
(사) 휴대용, 이동용 전기기기에 대해 정격감도전류가 30mA 이상의 것을 사용할 것

④ **퓨즈 :** 회로에 흐르는 과전류 차단장치로 단락전류, 과부하 전류를 자동으로 차단한다.

제2장 감전재해 및 방지 대책

2-1 감전재해 예방 및 조치

(1) 안전전압

① 안전전압은 회로의 정격전압이 일정 수준 이하의 낮은 전압으로, 절연파괴 등의 사고 시 인체에 위험을 주지 않게 되는 전압을 말한다.

② **국가별 안전전압(V)**

국가명	한국	독일	영국	일본	네덜란드	스위스
전압(V)	30	24	24	24~30	50	36

(2) 허용접촉 및 보폭전압

① **접촉전압 :** 대지에 접촉하고 있는 발과 발 이외 다른 신체 사이에서 인가되는 전압이다.
(가) 제1종(2.5V 이하) : 인체의 대부분이 수중에 있는 상태
(나) 제2종(25V 이하) : 인체가 많이 젖어 있는 상태, 금속제 전기기계장치나 구조물에 인체의 일부가 상시 접촉되어 있는 상태
(다) 제3종(50V 이하) : 인체에 접촉전압이 가해지면 위험성이 높은 상태
(라) 제4종(제한 없음) : 인체에 접촉전압이 가해져도 위험성이 낮은 상태

② **보폭전압 :** 지표면에 형성되는 전위 분포 때문에 두 발 사이에 인가되는 전압이다.

③ **허용접촉전압과 허용보폭전압**

(가) 허용접촉전압$(V)=IR=I_k\times\left(R_b+\frac{3}{2}\rho_s\right)$ 여기서, 전류$(I_k)=\frac{0.165}{\sqrt{T}}$[A]

(나) 허용보폭전압$(E)=(R_b+6\rho_s)I_k$ 여기서, R_b : 인체저항(Ω), ρ_s : 지표상층 저항률(Ω・m)

(3) 인체의 저항

피부	내부조직	발과 신발 사이	땀에 젖은 피부	물에 젖은 피부	습기가 많을 경우
2500Ω	500Ω	1500Ω	피부저항의 $\frac{1}{12}\sim\frac{1}{20}$	피부저항의 $\frac{1}{25}$	피부저항의 $\frac{1}{10}$

2-2 감전재해의 요인

(1) 감전요소(1차, 2차)

① 통전전류가 인체에 미치는 영향은 통전전류의 크기와 통전시간에 의해 결정된다.

$$전류(I)=\frac{전압(V)}{저항(R)}$$

② **통전경로별 위험도**

통전경로(위험도)		
오른손－등(0.3)	왼손－오른손(0.4)	한 손 또는 양손－앉아있는 자리(0.7)
왼손－등(0.7)	양손－양발(1.0)	오른손－한 발 또는 양발(0.8)
오른손－가슴(1.3)	왼손－가슴(1.5)	왼손－한 발 또는 양발(1.0)

③ **인체의 조건(인체의 저항)** : 피부가 젖은 정도, 인가전압의 크기가 클수록 위험하다.
④ **주위환경** : 계절 등 주위환경에 따라 인체의 저항이 변화하므로 위험도에 영향을 준다.

(2) 감전사고의 형태

① **직접접촉** : 충전된 전선로에 인체가 접촉하는 경우이다.
② **간접접촉** : 전기기기 내부의 코일과 접지된 외부의 비충전부 사이에 절연이 파괴된 기계 · 기구, 철 구조물 접촉 시 인체를 통하여 감전전류가 흐르게 된다.
③ **고전압 전선로에서의 감전사고 형태** : 고전압의 전선로에 인체가 근접하면 공기의 절연파괴 현상으로 아크가 발생하여 화상을 입거나 전류가 흘러 감전된다.

(3) 전압의 구분

분류	직류	교류
저압	1500V 이하	1000V 이하
고압	1500V 초과 7000V 이하	1000V 초과 7000V 이하
특고압	7000V 초과	

(4) 통전전류의 세기 및 그에 따른 영향

① 통전전류에 따른 성인 남자 인체의 영향

분류	인체에 미치는 전류의 영향	60Hz에서
최소감지전류	전류의 흐름을 느낄 수 있는 최소전류	1mA
고통한계전류	고통을 참을 수 있는 한계전류	7~8mA
이탈전류	전원으로부터 스스로 떨어질 수 있는 최대전류	8~15mA
불수전류	신경이 마비되어 전원으로부터 떨어질 수 없는 전류	20~50mA
심실세동전류	심장의 맥동에 영향을 주어 심장마비 상태를 유발하는 전류	50~100mA

2-3 절연용 안전장구

(1) 절연용 안전보호구

① 전기작업용 안전장구

(가) 절연용 안전보호구 : 안전모, 절연화, 절연장화, 전연장갑, 절연복 등

(나) 절연용 방호구 : 고무절연관, 절연시트, 절연커버 등

(다) 검출 용구 : 검전기, 활선 접근 경보기

② 절연용 보호구

(가) 안전모 : AE종(감전방지용, 낙하 · 비래), ABE종(감전방지용, 낙하 · 비래, 추락)

(나) 안전화 : 정전기 대전방지용, 절연화

(다) 절연장화 : A종(저압용), B종(3500V 이하), C종(3500V 초과 7000V 이하)

(라) 전기용 고무장갑(절연장갑) : A종, B종, C종－사용전압은 절연장화와 동일

(마) 보호용 가죽장갑, 절연소매, 절연복 등

(2) 절연용 안전방호구

① **절연용 방호구 :** 고무절연관, 절연시트, 절연커버, 절연덮개 등

② **활선작업용 방호구 및 보호구 :** 절연용 보호구 및 방호구, 활선작업용 기구 및 장치

제3장 정전기 장 · 재해 관리

3-1 정전기 위험요소 파악

(1) 정전기 발생 원리

① **분리속도 :** 분리속도가 빠를수록 발생량이 많다.

② **접촉면적 및 압력 :** 접촉면이 넓을수록, 접촉압력이 클수록 발생량이 많다.

③ **물체의 표면상태 :** 표면이 거칠수록, 수분이나 기름 등에 오염될수록 발생량이 많다.

④ **물체의 특성 :** 대전서열에서 멀리 있는 물체들끼리 마찰할수록 발생량이 많다.

⑤ **물체의 이력 :** 처음 접촉 · 분리할 때 정전기 발생량이 최고이며, 반복될수록 감소한다.

(2) 정전기의 발생 현상

① **정전기 대전의 발생 현상 :** 파괴정전기 대전, 유동정전기 대전, 분출정전기 대전, 마찰정전기 대전, 박리정전기 대전, 충돌정전기 대전, 교반 또는 침강에 의한 정전기 대전 등

② **유동 대전 발생 현상**

㈎ 액체류가 파이프 등 내부에서 유동 시 관벽과 액체 사이에서 발생한다.

㈏ 액체 유동속도가 빠를수록 정전기 발생량이 크다.

㈐ 배관 내 유체의 정전하량 유속의 1.5~2승에 비례한다.

㈑ 배관 내 유체의 제한속도는 가솔린이나 벤젠 등이 흐를 때 1m/s 이하로 제한된다.

(3) 방전의 형태 및 영향

① **연면방전 :** 높은 대전상태의 엷은 층상 부도체의 박리 또는 엷은 층상의 대전된 부도체 뒷면에 근접한 접지체가 있을 때 표면에 연한 복수의 수지상 발광을 수반하는 방전

② **불꽃방전 :** 접지된 대전 도체 사이에서 발생하며 강한 발광과 파괴음을 수반하는 방전

③ **스트리머 방전 :** 곡률반경이 큰 도체와 절연물질 사이에서 대전량이 많을 때 발생하는 수지상의 발광과 펄스상의 파괴음을 수반하는 방전

④ **코로나 방전 :** 고체 표면의 전위경도가 일정치를 넘어서면 낮은 소리와 연한 빛을 수반하는 방전

(4) 정전기의 장해

① **정전기 :** 전하의 공간적 이동이 적고, 자계의 효과가 전계에 비해 매우 작은 전기

② **정전기 방전사고 조치사항**

㈎ 가연성 분위기 규명

㈏ 방전에 따른 점화 가능성 평가

㈐ 전하발생 부위 및 축적 기구 규명

③ **정전기의 재해방지 대책**

㈎ 설비의 도체 부분을 접지

㈏ 작업자는 제전복, 정전화를 착용

㈐ 환기하여 위험물질 제거

㈑ 작업장의 습도 60~70%로 유지

㈒ 제전기, 대전방지제 사용

㈓ 바닥재료는 고유저항이 작은 물질 사용

㈔ 배관 내 액체의 유속제한(석유류 1m/s 이하)

④ **최소 착화에너지** $(E)=\frac{1}{2}CV^2[\mathrm{J}]$

여기서, C : 도체의 정전용량(F), V : 대전전위(V)

3-2 정전기 위험요소 제거

(1) 접지

마찰 등으로 발생한 정전기를 대지로 안전하게 흐르게 하여 정전기재해를 방지한다.

(2) 유속의 제한

① 물이나 기체를 혼합하는 비수용성 위험물은 1m/s 이하

② 저항률이 $10^{10}\Omega \cdot \mathrm{cm}$ 미만인 도전성 위험물은 7m/s 이하

③ 이황화탄소 등과 같이 유동대전이 심하고 폭발위험성이 높은 것은 1m/s 이하

(3) 보호구의 착용 : 손목 접지대, 발 접지대, 정전기 대전방지용 안전화, 제전복

(4) 대전방지제 : 음이온계, 양이온계, 비이온계, 양성이온계 활성제

(5) 가습

① 습도가 증가하면 전기저항치가 저하하고 이에 따라 대전성이 저하된다.
② 작업장 내의 습도를 70% 정도로 유지하는 것이 바람직하다.

(6) 제전기

① **제전기의 종류** : 전압인가식 제전기, 방사선식 제전기, 자기방전식 제전기
② **제전기의 특징**
㈎ 전압인가식은 교류 7000V를 걸어 방전을 일으켜 발생한 이온으로 대전체의 전하를 중화시킨다.
㈏ 방사선식은 이동물체에 적합하고 α 및 β선원이 사용된다.
㈐ 이온식은 방사선의 전리작용으로 공기를 이온화시키는 방식이다.
㈑ 자기방전식은 필름의 권취, 셀로판 제조, 섬유공장 등에 유용하다.
㈒ 제전기의 제전 효율은 설치 시 90% 이상이 되어야 한다.

(7) 본딩

본딩은 정전기가 축적되는 것을 방지한다. 접지경로 저항은 전하를 소멸시키기 위해 1mΩ 이하이면 충분하다고 보며, 접지 시스템이 모두 금속일 경우에는 10Ω 이하이다.

제4장 전기방폭관리

4-1 전기방폭설비

(1) 방폭구조의 종류 및 특징

① **내압 방폭구조(d)** : 전폐구조로 폭발 시 압력에 견디고 외부 폭발성 가스에 인화될 우려가 없도록 한 것
② **압력 방폭구조(p)** : 용기 내부에 불연성 보호체를 압입하여 내부압력을 유지, 폭발성 가스의 침입을 방지하는 것
③ **유입 방폭구조(o)** : 용기 안에 기름을 채워서 점화원이 접촉하여 인화될 위험이 없도록 한 것
④ **안전증 방폭구조(e)** : 가스, 증기에 점화원이 될 불꽃, 아크 또는 고온에 의한 폭발위험을 방지할 수 있는 것

⑤ **특수 방폭구조(s) :** 가스, 증기에 점화 또는 위험분위기에 의한 인화를 방지할 수 있는 것이 시험에 의해 확인된 것
⑥ **본질안전 방폭구조(ia, ib) :** 불꽃, 아크 또는 고온에 의하여 폭발성 가스에 점화되지 않는 것이 시험에 의해 확인된 것
⑦ **분진 방폭구조 :** 특수방진(SDP), 보통방진(DP), 분진특수 방폭구조(XDP)
⑧ **몰드 충전 방폭구조 :** 몰드 방폭구조(m), 충전 방폭구조(q)

(2) 방폭구조 선정 및 유의사항

① 방폭 전기기기의 선정 시 고려사항

㈎ 가스 등의 발화온도
㈏ 방폭 전기기기가 설치될 지역의 방폭지역 등급 구분
㈐ 내압 방폭구조의 경우 최대 안전틈새(화염일주한계)
㈑ 본질안전 방폭구조의 경우 최소 점화전류
㈒ 압력 · 유입 방폭구조 · 안전증 방폭구조의 경우 최고 표면온도
㈓ 설치될 장소의 주변온도, 먼지, 부식성 가스, 습기 등의 환경조건

(3) 방폭형 전기기기

① 방폭 전기기기 선정 시 공통적 사항

㈎ 가스 등의 발화온도에 대응하는 온도등급의 것을 선정하고, 사용장소에 가스 등이 2종류 이상 존재할 경우에는 가장 위험도가 높은 물질의 위험특성에 대응하는 것을 선정한다.
㈏ 방폭성능에 영향을 줄 우려가 있는 전기기기는 사전에 전기적 보호장치를 설치한다.

4-2 전기방폭 사고예방 및 대응

(1) 전기폭발등급

① 폭발등급 및 대상가스

구분	안전간격	대상 가스
1등급	0.6mm 초과	일산화탄소, 메탄, 암모니아, 프로판, 가솔린, 벤젠 등
2등급	0.4mm 초과 0.6mm 이하	에틸렌, 석탄가스 등
3등급	0.4mm 이하	수소, 수성가스, 아세틸렌, 이황화탄소 등

② 화염일주한계(최대 안전틈새)

폭발등급	ⅡA	ⅡB	ⅡC
화염일주한계	0.9mm 이상	0.5mm 초과 0.9mm 미만	0.5mm 이하

(2) 위험장소 선정

① 위험장소별 방폭구조

구분	적용	방폭구조의 전기기계 · 기구
0종 장소	지속적 위험분위기	본질안전 방폭구조(ia)
1종 장소	간헐적 위험분위기	내압(d), 압력(p), 몰드(m), 충전(q), 유입(o), 안전증(e), 본질안전(ia, ib)
2종 장소	이상 상태에서의 위험분위기	비점화 방폭구조(n)

Tip) 분진폭발 위험장소 : 20종, 21종, 22종 장소

② 위험장소의 판정기준

㈎ 위험가스의 현존가능성
㈏ 위험증기의 양과 통풍의 정도
㈐ 가스의 특성(공기와의 비중차)
㈑ 작업자에 의한 영향

(3) 정전기 방지 대책

발생 대전	• 모두 접지한다. • 정전화, 제전복을 착용한다.	• 유속을 제한한다. • 가습, 제전기를 사용한다.
전격	• 대전방지제를 사용한다.	• 대전전하를 누설한다
화재 폭발	• 환기하여 위험물질을 제거한다.	• 집진하여 분진을 제거한다.

제5장 전기설비 위험요인 관리

5-1 전기설비 위험요인 파악

(1) 단락

① 전기화재 구분

㈎ 발화원 : 이동 절연기, 전등, 전기기기, 전기장치, 배선기구, 고정된 전열기 등

(나) 경로 출화의 경과 : 단락, 스파크, 누전, 과전류, 지락, 접촉부 과열, 접속 불량 등

(다) 경로별(원인별) 화재 : 단락 > 스파크 > 누전 > 접촉부 과열 > 정전기

② **단락(합선 ; short circuit) :** 두 전선이 서로 붙어버린 현상

③ **3상 3선식의 경우 :** 정전 보수작업 시 3선을 모두 단락접지하여야 한다.

(2) 누전

① 전선 및 전기기기의 절연파괴, 손상 등으로 전류가 누설되는 현상이다.

② 발화에 이르는 누설전류(누전전류)의 최솟값은 300~500 mA이다.

(3) 과전류

① **과전류 차단기**

(가) 저압전로의 배선용 차단기는 정격전류의 1배의 전류로 동작하지 않아야 한다.

(나) 저압전로의 퓨즈는 수평으로 붙인 경우 정격전류의 1.1배의 전류에 견디어야 한다.

(다) 고압전로에 사용되는 포장퓨즈는 정격전류의 1.3배의 전류에 견디고 2배의 전류에는 120분 안에 용단되어야 한다.

(라) 고압전로에 사용되는 비포장퓨즈는 정격전류의 1.25배의 전류에 견디고 2배의 전류에는 2분 안에 용단되어야 한다.

② **전선의 화재위험 정도와 전류밀도(A/mm^2) :** 인화단계(40~43) → 착화단계(43~60) → 발화단계(60~75, 75~120) → 순간용단단계(120 이상)

(4) 스파크

① 개폐기로 전기회로를 개폐할 때 스파크가 발생하는데 특히 회로를 끊을 때 심하다.

② **스파크 화재방지 대책**

(가) 개폐기를 불연성 외함 내에 내장시키거나 통형퓨즈를 사용할 것

(나) 접지의 산화, 퓨즈의 나사풀림 등으로 인해 접촉저항이 증가되는 것을 방지할 것

(다) 가연성 증기, 분진 등 위험한 물질이 있는 곳에는 방폭형 개폐기를 사용할 것

(라) 유입개폐기는 절연유의 열화, 유량 등에 주의하고, 주위에는 내화벽을 설치할 것

(5) 접촉부 과열

접촉저항이 증가되면 적열상태에 이르게 되어 주위의 절연물에 발화한다.

(6) 절연열화에 의한 발열

기기를 오래 사용하면 절연의 성능이 떨어져 단락, 지락, 누전 등을 일으키는 현상이다.

(7) 지락

① 지락은 이상전압의 발생으로부터 기기를 보호하여 인체에 대한 위험을 방지한다.

② 지락 보호장치는 고장상태에서 자동 복구되지 않도록 한다.

③ **접지 목적 :** 지락전류를 흐르게 하여 차단기를 작동시킴으로써 화재 · 폭발사고 방지

(8) 낙뢰

낙뢰가 생기면 전기회로에 이상전압이 유기되어 절연을 파괴시킬 뿐만 아니라 이때 흐르는 대전류가 화재의 원인이 된다.

(9) 정전기

① **정전기 스파크에 의한 발화**

㈎ 인화성 가스 및 증기가 폭발한계 내에 있는 경우

㈏ 정전 스파크의 에너지가 인화성 가스 및 증기의 최소 착화에너지 이상인 경우

㈐ 방전하기에 충분한 전위가 나타나 있는 경우

5-2 전기설비 위험요인 점검 및 개선

(1) 접지 및 피뢰설비 점검

① **접지도체와 보호도체 :** 보호도체, 보호도체와 계통도체 겸용, 보호 등전위 본딩 도체

② **접지의 종류 :** 계통접지, 기기접지, 지락검출용 접지, 기능용 접지, 등전위 접지 등

③ **접지공사 방법**

㈎ 접지저항을 감소시키는 방법

- 접지극의 병렬 접지를 실시한다.
- 접지극의 규격을 크게 한다.
- 접지극의 매설깊이를 증가시킨다.
- 접지전극을 대지에 깊이 75cm 이상 박는다.
- 접지저항 저감제를 사용한다.
- 접지극 주변의 토양을 개량하여 저항률을 낮춘다.

(나) 중성점 접지 : 접지방식, 비접지방식, 직접 접지방식, 저항 접지방식, 리액터 접지방식, 소호리액터 접지방식

(다) TN(기기접지) 접지방식 : TN−S 방식, TN−C 방식, TN−C−S 방식

(라) 접지를 시행하지 않아도 되는 경우(산업안전보건법 기준)

- 이중 절연구조 또는 이와 동등 이상으로 보호되는 전기기계 · 기구
- 절연대 위 등과 같이 감전위험이 없는 장소에서 사용하는 전기기계 · 기구
- 비접지방식의 전로에 접속하여 사용되는 전기기계 · 기구

(2) 피뢰설비 점검

① 충격파

(가) 파두장 : 파고치에 도달할 때까지의 시간

(나) 파미장 : 기준점으로부터 파미의 부분에서 파고치의 50%로 감소할 때까지의 시간

(다) 표준충격파형 : $1.2 \times 50\mu s$에서 파두장$=1.2\mu s$, 파미장$=50\mu s$을 나타낸다.

② 피뢰기의 설치장소

(가) 고압 또는 특고압의 가공전선로로부터 공급을 받는 수용장소의 인입구

(나) 지중전선로와 가공전선로가 접속되는 곳

(다) 가공전선로에 접속하는 배전용 변압기의 고압 측 및 특고압 측

(라) 발전소, 변전소 또는 이에 준하는 장소의 가공전선 인입구 및 인출구

(마) 배선선로 차단기, 개폐기의 전원 측과 부하 측

③ 피뢰침의 종류 : 저항형, 판형, 관저항형, 방출형, 종이피뢰기

④ 피뢰침의 보호각도

(가) 피뢰침의 보호각은 45° 이하로 하여야 한다.

(나) 보호 여유도(%)$=\dfrac{\text{충격절연강도}-\text{제한전압}}{\text{제한전압}}\times 100$

⑤ 피뢰침의 접지공사

(가) 타접지극과의 이격거리 : 2m 이상

(나) 접지극을 병렬로 하는 경우의 간격 : 2m 이상

(다) 피뢰침의 종합 접지저항치는 10Ω 이하, 단독 접지저항치는 20Ω 이하일 것

(라) 지하 50m 이상인 곳에서는 30mm^2 이상의 나동선으로 접속할 것

(마) 각 인하도선마다 1개 이상의 접지극을 접속할 것

5과목 화학설비 안전관리

제1장 화재·폭발 검토

1-1 화재·폭발 이론 및 발생 이해

(1) 연소의 정의 및 요소

① 연소는 어떤 물질이 산소와 만나 산화하면서 열과 빛을 동반하는 현상을 말한다.

② **연소의 3요소 :** 가연물, 점화원, 산소(공기)

(2) 인화점 및 발화점

① **인화점**

(가) 액체의 경우 액체 표면에서 발생한 증기농도가 공기 중에서 연소하한농도가 될 수 있는 가장 낮은 액체 온도

(나) 가연성 증기에 점화원을 주었을 때 연소가 시작되는 최저온도

② **연소위험과 인화점 · 착화점과의 관계**

(가) 인화점이 낮을수록 연소위험이 크다.

(나) 착화점이 낮을수록 연소위험이 크다.

(다) 연소범위가 넓을수록 연소위험이 크다.

(라) 산소농도가 클수록 연소위험이 크다.

③ **인화성 액체의 인화점(℃)**

물질명	인화점	물질명	인화점	물질명	인화점	물질명	인화점
벤젠	−11	가솔린	−43	에틸에테르	−45	아세톤	−18
경유	40~85	테레빈유	35	산화에틸렌	−17.8	메탄올	11
등유	30~60	크실렌	27	이황화탄소	−20	에틸알코올	13

④ **발화점 :** 가연물을 가열할 때 점화원 없이 스스로 연소가 시작되는 최저온도

⑤ **발화온도 :** 가연성 혼합물이 충분한 에너지를 받아 스스로 착화할 수 있는 최저온도

⑥ **자연발화 조건**

(가) 발열량이 크고, 열전도율이 작을 것

(나) 표면적이 넓고, 주위의 온도가 높을 것

(다) 수분이 적당량 존재할 것

⑦ **자연발화의 방지 대책**

(가) 통풍을 잘 시킬 것

(나) 습도가 높은 곳을 피할 것

(다) 연소성 가스의 발생에 주의할 것

(라) 저장실의 온도 상승을 피할 것

⑧ **자연발화점 측정방법** : 예열법, 단열압축법, 펌프법, 도입법 등

(가) 고체 시료의 발화점 측정방법 : 승온시험관법, group법

(나) 액체 시료의 발화점 측정방법 : 도가니법, ASTM법, 예열법

(다) 기체 시료의 발화점 측정방법 : 충격파법, 예열법

(3) 연소·폭발의 형태 및 종류

① **연소의 형태 및 종류**

(가) 기체연소 : 확산연소, 혼합연소, 불꽃연소

(나) 액체연소 : 증발연소, 불꽃연소

(다) 고체연소 : 표면연소, 분해연소, 증발연소, 자기연소

(4) 연소(폭발)범위 및 위험도

① **연소(폭발)범위** : 연소가 가능한 가연성 기체와 산소의 혼합기체 농도

② **폭발하한계** : 폭발이 시작되는 최저의 용량비를 말한다.

③ **폭발상한계** : 폭발이 계속되는 최고의 용량비를 말한다.

④ **가연물의 구비조건**

(가) 산소와 친화력이 좋고 표면적이 넓을 것

(나) 반응열(발열량)이 클 것

(다) 열전도율이 작을 것

(라) 활성화 에너지가 작을 것

⑤ 위험도$(H) = \dfrac{U_2 - U_1}{U_1}$

여기서, U_1 : 폭발하한계(%), U_2 : 폭발상한계(%)

(5) 완전 연소 조성농도

$$\text{완전 연소 조성농도}(C_{st}) = \frac{100}{1+4.773\left(n+\frac{m-f-2\lambda}{4}\right)}[\text{vol}\%]$$

여기서, n : 탄소, m : 수소, f : 할로겐 원소, λ : 산소의 원자 수

(6) 화재의 종류 및 예방 대책

① **화재 · 폭발 예방 대책 3가지 :** 통풍, 환기, 제진(분진제거)

② **화재의 확대방지 대책**

(가) 가연물량의 제한

(나) 난연화 및 불연화

(다) 화재의 조기 발견 및 초기 소화

(라) 공간의 분리 및 소형화

③ **폭발형태에 따른 폭발재해의 예방 대책**

폭발 구분	예방 대책
착화파괴형	불활성 가스로 치환, 발화원 관리, 혼합가스의 조성 관리, 열에 민감한 물질의 생성방지
누설발화형	위험물의 누설방지, 발화원 관리, 밸브의 오동작 방지, 누설물질의 검지 경보
반응폭주형	발열반응 특성 조사, 냉각시설의 조작, 반응속도 계측관리
자연발화형	혼합위험방지, 온도 계측관리, 물질의 자연발화성 조사

(7) 연소파와 폭굉파

① 연소는 물질이 산소와 화합할 때 빛과 열을 내는 현상으로 화염의 전파속도는 0.1~10m/s 정도이다.

② 폭굉파는 화염의 전파속도가 음속 이상이며, 그 속도가 1000~3500m/s에 이른다.

(가) 폭굉유도거리는 점화에너지가 강할수록 짧다.

(나) 폭굉유도거리는 연소속도가 큰 가스일수록 짧다.

(다) 폭굉유도거리는 압력이 높을수록 짧다.

(라) 폭굉유도거리는 관경이 가늘거나 관 속에 이물질이 있을 경우 짧다.

(8) 폭발의 원리

① **폭발한계 :** 가스 등의 폭발 현상이 일어날 수 있는 농도범위

② **폭발한계에 영향을 주는 요인**

(가) 온도의 상승과 함께 폭발하한값은 감소하며, 폭발상한값은 증가한다.

(나) 압력이 높아질수록 폭발상한값은 증가하며, 하한은 변화가 없다.

㈐ 산소의 농도가 증가하면 폭발상한값은 증가하며, 하한은 변화가 없다.

㈑ 폭발하한계가 낮을수록, 폭발상한계는 높을수록 폭발범위가 넓어진다.

③ **최대 폭발압력에 영향을 주는 인자(요소)**

㈎ 가연성(인화성) 가스의 온도　　㈏ 조성(가연성 가스의 농도범위)

㈐ 가연성 가스의 압력　　㈑ 용기의 크기와 모양(형태)

④ **최대 폭발압력 상승속도**

㈎ 최초압력이 증가하면 최대 폭발압력 상승속도는 증가한다.

㈏ 발화원의 강도가 클수록 최대 폭발압력 상승속도는 크게 증가한다.

㈐ 난류 현상이 있을 때 최대 폭발압력 상승속도는 크게 증가한다.

⑤ **최소 발화에너지(MIE)**

㈎ 온도와 압력이 높을수록 MIE는 감소한다.

㈏ 불활성 물질의 증가는 MIE를 증가시킨다.

㈐ 대기압상의 공기보다 산소와 혼합하면 폭발범위는 넓어지며, MIE는 낮아진다.

(9) 폭발의 분류

① **기상폭발 :** 혼합가스의 폭발, 가스의 분해 폭발, 분진폭발

② **액상폭발 :** 혼합위험성에 의한 폭발, 폭발성 화합물의 폭발, 증기폭발

③ **응상폭발 :** 수증기 폭발 또는 증기폭발, 고상 간의 전이에 의한 폭발, 전선폭발

④ **증기운 폭발(UVCE)**

㈎ 증기운 : 다량의 가연성 증기가 대기 중으로 급격히 방출되어 공기 중에 분산 · 확산되어 있는 상태

㈏ 가연성 증기운에 착화원이 주어지면 폭발하여 fire ball을 형성하는데 이를 증기운 폭발이라고 한다.

㈐ 증기운 크기가 증가하면 점화확률이 높아진다.

⑤ **분진폭발**

㈎ 연소속도 및 폭발압력 : 가스폭발과 비교하면 작지만 연소시간이 길고, 발생에너지가 크기 때문에 파괴력과 타는 정도가 크다.

㈏ 화염의 파급속도 : 폭발압력 후 0.1~0.2초 후에 화염이 전파되고 초기 속도는 2~3m/s 정도이며, 압력상승으로 인해 가속도적으로 빨라진다.

㈐ 압력의 속도 : 속도는 300m/s 정도이며, 화염속도보다는 압력속도가 훨씬 빠르다.

㈑ 화상의 위험 : 가연물의 탄화로 인해 인체에 닿을 경우 심한 화상을 입는다.

㈒ 연속폭발 : 폭발에 의한 폭풍이 주위 분진을 날려 2, 3차 폭발로 인한 피해가 확산된다.

㈓ 불완전 연소 : 가스폭발에 비해 불완전 연소의 가능성이 크다.

1-2 소화 원리 이해

(1) 소화의 정의

① **소화** : 가연물질이 연소할 때 연소의 3요소를 제거하여 소화시키는 것

② **감지기의 종류**

(가) 열감지식 : 차동식, 정온식, 보상식

(나) 연기식 : 이온화식, 광전식, 감광식

(다) 화염(불꽃)은 자외선과 적외선 이용

(2) 소화의 종류

① **소화 구분** : 냉각소화, 제거소화, 억제소화, 질식소화, 희석소화

② **소화적용방법**

(가) 포소화설비–질식소화

(나) 스프링클러 설비–냉각소화

(다) 이산화탄소 소화설비–질식소화

(라) 할로겐화합물 소화설비–연소억제소화

(마) 가연물의 제거–제거소화

(3) 소화기의 종류

① **화재의 분류 및 적응소화기**

종류	분류	표시색	소화방법	적응소화기	비고
A급	일반화재	백색	냉각소화	산 · 알칼리, 주수	목재, 종이류 등
B급	유류화재	황색	질식소화	CO_2, 분말, 포말	가연성 액체, 기체 등
C급	전기화재	청색	질식소화	CO_2, 증발성 액체	전기가 흐르는 상태
D급	금속화재	무색	질식소화	마른 모래	가연성 금속(Mg, Na, K 등)

② **불활성 가스 소화약제**

(가) IG–100 : 질소 99.9vol% 이상

(나) IG–541 : 질소 52vol%, 아르곤 40vol%, 이산화탄소 8vol%

(다) IG–55 : 질소 (50±5)vol%, 아르곤 (50±5)vol%

(라) IG–01 : 아르곤 99.9vol% 이상

③ **할론 소화기의 종류 및 화학식**

(가) 할론 1040(CCl_4)

(나) 할론 1011(CH_2ClBr)

(다) 할론 1301(CF_3Br)

(라) 할론 1211(CF_2ClBr)

(마) 할론 2402($C_2F_4Br_2$)

과목별 핵심이론

1-3 폭발방지 대책 수립

(1) 폭발방지 대책

① **분진폭발의 과정 :** 퇴적분진 → 비산 → 분산 → 발화원 → 1차 폭발 → 2차 폭발

② **분진폭발의 위험성이 높아지는 경우**

(가) 분진의 발열량이 높을수록 (나) 분위기 중 산소농도가 클수록

(다) 분진 내의 수분이 작을수록 (라) 분진의 초기 온도가 높을 때

(마) 입자의 표면적이 클 때 (바) 입자의 형상이 복잡할 때

③ **폭발발생의 필수인자**

(가) 인화성 물질 온도

(나) 인화성 물질의 농도범위

(다) 압력의 방향과 용기의 크기와 형태

④ **분진폭발의 방지 :** 분진 생성방지, 발화원 제거, 불활성 물질 첨가, 2차 폭발방지

⑤ **폭발재해의 근본 대책 :** 폭발봉쇄, 폭발억제, 폭발방산

(2) 폭발하한계 및 폭발상한계의 계산

① **폭발범위(폭발상한계, 하한계)의 계산**

$$\frac{100}{L}=\frac{V_1}{L_1}+\frac{V_2}{L_2}+\frac{V_3}{L_3}\cdots\ [\text{vol}\%] \rightarrow L=\frac{100}{\dfrac{V_1}{L_1}+\dfrac{V_2}{L_2}+\dfrac{V_3}{L_3}\cdots}$$

여기서, L : 혼합가스의 폭발상한계(하한계)

L_1, L_2, L_3 : 단독가스의 폭발상한계(하한계)

V_1, V_2, V_3 : 단독가스의 공기 중 부피

100 : $V_1+V_2+V_3+\cdots$ (단독가스 부피의 합)

② **폭발범위의 계산(Jones식)**

(가) 폭발상한계 $=3.50\times C_{st}$

(나) 폭발하한계 $=0.55\times C_{st}$

여기서, $C_{st}=\dfrac{100}{1+4.773\left(n+\dfrac{m-f-2\lambda}{4}\right)}$ [vol%]

n : 탄소, m : 수소, f : 할로겐 원소, λ : 산소의 원자 수

③ **최소 산소농도(MOC 농도)**

$$\text{MOC 농도(vol\%)}=\text{폭발하한계}\times\frac{\text{산소의 몰수}}{\text{연료의 몰수}}$$

제2장 화학물질 안전관리 실행

2-1 화학물질(위험물, 유해화학물질) 확인

(1) 위험물의 기초화학

기초화학은 물질의 조성과 구조, 성질 및 변화, 제법, 응용 등을 말하며, 무기화학, 유기화학, 생물화학, 물리화학, 분석화학, 이론화학, 응용화학 등의 갈래가 있다.

(2) 위험물의 정의

① **폭발성 물질 :** 가열·마찰·충격 또는 다른 화학물질과의 접촉 등으로 인하여 폭발 등 격렬한 반응을 일으킬 수 있는 고체나 액체

② **인화성 액체 :** 대기압하에서 인화점이 60℃ 이하인 인화성 액체

③ **인화성 가스 :** 폭발한계농도의 하한이 13% 이하 또는 상하한의 차가 12% 이상인 것으로서 표준압력(101.3kPa) 하의 20℃에서 가스상태인 물질

④ **물반응성 물질 :** 스스로 발화하거나 물과 접촉하여 발화하는 등 인화성 가스가 발생할 수 있는 물질

(3) 위험물의 종류

① **폭발성 물질 및 유기과산화물**

(가) 질산에스테르류 (나) 니트로 화합물 (다) 니트로소 화합물
(라) 하이드라진 유도체 (마) 디아조 화합물 (바) 아조 화합물
(사) 유기과산화물(과초산, 과산화벤조일 등)

② **물반응성 물질 및 인화성 고체**

(가) 리튬 (나) 칼륨·나트륨 (다) 황
(라) 황린 (마) 황화인·적린 (바) 셀룰로이드류
(사) 마그네슘분말 (아) 금속의 수소화물 (자) 알킬알루미늄·알킬리튬
(차) 금속의 인화물 (카) 알칼리금속 (타) 칼슘 탄화물·알루미늄 탄화물
(파) 금속분말 (하) 유기 금속화합물

③ **산화성 액체 및 산화성 고체**

(가) 차아염소산 및 그 염류 (나) 아염소산 및 그 염류 (다) 염소산 및 그 염류
(라) 과염소산 및 그 염류 (마) 브롬산 및 그 염류 (바) 요오드산 및 그 염류
(사) 중크롬산 및 그 염류 (아) 질산 및 그 염류 (자) 과망간산 및 그 염류
(차) 과산화수소 및 무기과산화물

④ **인화성 액체**

㈎ 에틸에테르, 가솔린, 아세트알데히드, 산화프로필렌 그 밖에 등 인화점이 섭씨 23도 미만이고, 초기 끓는점이 섭씨 35도 이하인 물질

㈏ 노르말헥산, 아세톤, 메틸에틸케톤, 메틸알코올, 에틸알코올, 이황화탄소 그 밖에 인화점이 섭씨 23도 미만이고, 초기 끓는점이 섭씨 35도를 초과하는 물질

㈐ 크실렌, 아세트산아밀, 등유, 경유, 테레핀유, 이소아밀알코올, 아세트산, 하이드라진 그 밖에 인화점이 섭씨 23도 이상 섭씨 60도 이하인 물질

⑤ **인화성 가스** : 수소, 아세틸렌, 에틸렌, 메탄, 에탄, 프로판, 부탄

⑥ **부식성 물질**

㈎ 부식성 산류

- 농도가 20% 이상인 염산 · 황산 · 질산 등의 부식성을 가지는 물질
- 농도가 60% 이상인 인산 · 아세트산 · 불산 등의 부식성을 가지는 물질

㈏ 부식성 염기류 : 농도가 40% 이상인 수산화나트륨 · 수산화칼륨 등의 부식성을 가지는 염기류

⑦ **급성 독성 물질**

㈎ 쥐에 대한 경구투입실험에 의하여 실험동물의 50%를 사망시킬 수 있는 물질의 양, 즉 LD_{50}(경구, 쥐)이 킬로그램당 300밀리그램-(체중) 이하인 화학물질

㈏ 쥐 또는 토끼에 대한 경피흡수실험에 의하여 실험동물의 50%를 사망시킬 수 있는 물질의 양, 즉 LD_{50}(경피, 토끼 또는 쥐)이 킬로그램당 1000밀리그램-(체중) 이하인 화학물질

㈐ 쥐에 대한 4시간 동안의 흡입실험에 의하여 실험동물의 50%를 사망시킬 수 있는 물질의 농도, 즉 가스 LC_{50}(쥐, 4시간 흡입)이 2500 ppm 이하인 화학물질, 증기 LC_{50}(쥐, 4시간 흡입)이 10 mg/L 이하인 화학물질, 분진 또는 미스트 1 mg/L 이하인 화학물질

(4) 노출기준

① **시간가중 평균노출기준(TWA 농도)**

$$\text{TWA 환산값} = \frac{C_1 \cdot T_1 + C_2 \cdot T_2 + \cdots + C_n \cdot T_n}{8}$$

여기서, C : 유해인자의 측정치(ppm 또는 mg/m^3), T : 유해인자의 발생시간(시간)

② **단시간 노출기준(STEL 농도)**

㈎ 근로자가 1회에 15분간 유해인자에 노출되는 경우의 기준을 말한다.

㈏ 노출기준은 1회 노출이 1시간 이상인 경우 1일 작업시간 동안 4회까지 허용된다.

③ **노출기준의 계산**

(가) 노출지수$(R)=\frac{C_1}{T_1}+\frac{C_2}{T_2}+\cdots+\frac{C_n}{T_n}$

여기서, C : 화학물질 각각의 농도 측정치, T : 화학물질 각각의 노출기준

$R>1$: 노출기준을 초과함

(나) 혼합물의 TLV−TWA$=\frac{C_1+C_2+\cdots+C_n}{R}$

④ **독성가스의 허용 노출기준(ppm)**

가스 명칭	농도	가스 명칭	농도	가스 명칭	농도	가스 명칭	농도
이산화탄소(CO_2)	5000	암모니아(NH_3)	25	황화수소(H_2S)	10	인화수소(PH_3)	0.3
에탄올(C_2H_5OH)	1000	일산화질소(NO)	25	아황산가스(SO_2)	5	브롬(Br_2)	0.1
메탄올(CH_3OH)	200	브롬메틸(CH_3Br)	20	염화수소(HCl)	5	불소(F_2)	0.1
일산화탄소(CO)	50	시안화수소(HCN)	10	불화수소(HF)	3	오존(O_3)	0.1
산화에틸렌 (C_2H_4O)	50	메틸아민 (CH_3NH_2)	10	염소(Cl_2)	1	포스겐($COCl_2$)	0.1

(5) 유해화학물질의 유해요인

① **유해화학물질의 중독에 대한 응급처치 방법**

(가) 독가스 중독은 순수한 알코올을 깨끗한 헝겊 등에 적셔서 흡입시켜 중화시킨 후 신선한 공기를 흡입하게 한다.

(나) 환자를 안정시키고, 침대에 옆으로 눕힌다.

(다) 호흡정지 시 가능한 경우 인공호흡을 실시한다.

(라) 신체를 따뜻하게 하고 신선한 공기를 확보한다.

2-2 화학물질(위험물, 유해화학물질) 유해위험성 확인

(1) 위험물의 성질 및 위험성

① **물리적 성질에 따른 분류 :** 가연성 가스, 가연성 액체, 가연성 고체, 가연성 분체

② **화학적 성질에 따른 분류 :** 폭발성 물질, 산화성 물질, 금수성 물질, 자연발화성 물질

(2) 위험물의 저장 및 취급방법

① 발화성 물질의 저장법

㈎ 나트륨, 칼륨 : 석유 속 저장 ㈏ 황린 : 물속에 저장

㈐ 적린, 마그네슘, 칼륨 : 격리 저장 ㈑ 벤젠 : 산화성 물질과 격리 저장

㈒ 질산 : 물기와의 접촉을 피하고, 통풍이 잘되는 곳에 보관

㈓ 질산은 용액 : 햇빛을 피하여 저장(빛에 의해 광분해 반응 일으킴)

㈔ 탄화칼슘 : 금수성 물질로서 물과 격렬히 반응하므로 건조한 곳에 보관

② 니트로 셀룰로오스의 저장법 : 건조하면 분해 폭발하므로 알코올에 적셔 습하게 보관

(3) 인화성 가스 취급 시 주의사항

① 가연성 가스 취급 시 주의사항

㈎ 가연성 가스에는 NPT에서 기체상태인 가연성 가스 및 가연성 액화가스가 있다.

㈏ 가연성 가스 및 증기가 산소와 혼합하여 농도범위에 있을 때, 점화원에 의해 발화하면 가스폭발을 일으킨다.

㈐ 가연성 가스 중에는 공기의 공급 없이 분해 폭발을 일으키는 것이 있는데 이러한 물질로는 아세틸렌, 에틸렌, 산화에틸렌 등이 있다.

㈑ 가연성 가스가 고압상태이기 때문에 발생하는 사고형태로는 가스용기의 파열, 고압가스의 분출, 분출가스의 인화에 의한 화재 등이 있다.

② 가스 등의 용기 취급 시 준수사항

㈎ 다음 장소에서 사용하거나 설치 · 저장 또는 방치하지 않도록 할 것
- 통풍이나 환기가 불충분한 장소
- 화기를 사용하는 장소 및 그 부근
- 위험물 또는 인화성 액체를 취급하는 장소 및 그 부근

㈏ 용기의 온도를 섭씨 40℃ 이하로 유지할 것

㈐ 전도의 위험이 없도록 할 것

㈑ 충격을 가하지 않도록 할 것

㈒ 운반하는 경우에는 캡을 씌울 것

㈓ 밸브의 개폐는 서서히 할 것

㈔ 용해 아세틸렌의 용기는 세워 둘 것

㈕ 용기의 부식 · 마모 또는 변형상태를 점검한 후 사용할 것

(4) 유해화학물질 취급 시 주의사항

① 유해물 취급상의 안전조치사항

㈎ 유해물 발생원의 봉쇄

㈏ 유해물의 위치, 작업공정의 변경

㈐ 작업공정의 은폐 및 작업장의 격리

② 유해물질에 대한 안전 대책

㈎ 유해물질의 제조 · 사용의 중지, 유해성이 적은 물질로의 전환(대치)

㈏ 유해물질 취급설비의 밀폐화와 자동화(격리)

㈐ 생산공정 및 작업방법의 개선, 유해한 생산공정의 격리와 원격조작의 채용

㈑ 전체 환기에 의한 오염물질의 희석배출, 오염물질의 확산방지(환기)

㈒ 작업행동의 개선에 의한 2차 발진 등의 방지(교육)

(5) 물질안전보건자료(MSDS)

안정성 및 반응성	누출사고 시 대처방법	폭발 · 화재 시 대처방법	위험 · 유해성
취급 및 저장방법	운송에 필요한 정보	노출방지 및 개인보호구	응급조치요령
독성에 관한 정보	물리 · 화학적 특성	구성성분의 명칭 및 함유량	법적규제 현황
폐기 시 주의사항	환경에 미치는 영향	화학제품과 회사에 관한 정보	기타 참고사항

2-3 화학물질 취급설비 개념 확인

(1) 각종 장치(고정, 회전 및 안전장치 등) 종류

① **안전밸브 등의 차단밸브 설치금지기준 :** 안전밸브 등의 전 · 후단에 차단밸브를 설치해서는 아니 된다. 다만, 다음 각 목의 하나에 해당하는 경우에는 차단밸브를 설치할 수 있다.

㈎ 인접한 화학설비 및 그 부속설비에 안전밸브 등이 각각 설치되어 있고, 해당 화학설비 및 그 부속설비의 연결배관에 차단밸브가 없는 경우

㈏ 안전밸브 등의 배출용량의 2분의 1 이상에 해당하는 용량의 자동압력 조절밸브와 안전밸브 등이 병렬로 연결된 경우

㈐ 화학설비 및 그 부속설비에 안전밸브 등이 복수방식으로 설치되어 있는 경우

㈑ 예비용 설비를 설치하고 각각의 설비에 안전밸브 등이 설치되어 있는 경우

(마) 열팽창에 의하여 상승된 압력을 낮추기 위한 목적으로 안전밸브가 설치된 경우
(바) 하나의 플레어스택에 둘 이상의 단위공정의 플레어헤더를 연결하여 사용하는 경우

(2) 화학장치(반응기, 정류탑, 열교환기 등) 특성

① 반응기

(가) 조작방식에 의한 분류 : 회분식 반응기, 반회분식 반응기, 연속식 반응기
(나) 구조방식에 의한 분류 : 관형 반응기, 탑형 반응기, 교반기형 반응기, 유동층형 반응기
(다) 관형 반응기의 특징
- 가는 관으로 된 긴 형태의 반응기이다.
- 전열면적이 크므로 온도조절이 쉽다.
- 처리량이 많아 대규모 생산에 쓰이는 것이 많다.
- 기상 또는 액상 등 반응속도가 빠른 물질에 사용된다.

(라) 반응기 안전설계 시 고려하여야 할 사항 : 상의 형태, 온도범위, 운전압력, 부식성, 체류시간 또는 공간속도

② 정류탑

(가) 두 개 이상의 액체 혼합물의 끓는점 차이를 이용하여 특정 성분을 분리하는 장치
(나) 증류방식의 종류 : 단순증류, 평형증류, 감압증류, 수증기 증류, 분별증류, 공비증류

③ 열교환기

(가) 열에너지 보유량이 서로 다른 두 유체가 그 사이에서 열에너지를 교환하게 해주는 장치
(나) 열교환기 정기점검 항목 : 개방점검, 일상점검
(다) 열교환기의 열교환 능률 향상
- 유체의 유속을 적절하게 조절한다.
- 유체의 흐르는 방향이 서로 반대인 향류로 한다.
- 열전도율이 높은 재료를 사용한다.
- 열교환하는 유체의 온도차를 크게 한다.

(3) 화학설비(건조설비 등)의 취급 시 주의사항

① 건조설비의 종류 : sheet 건조기, 드럼 건조기, 교반 건조기, 분무 건조기

② 건조설비 취급 시 주의사항

(가) 위험물 건조설비를 사용하는 경우에는 미리 내부를 청소하거나 환기할 것

㈏ 위험물 건조설비를 사용하는 때에는 건조로 인하여 발생하는 가스 · 증기 또는 분진에 의하여 폭발 · 화재의 위험이 있는 물질을 안전한 장소로 배출시킬 것
㈐ 위험물 건조설비를 사용하여 가열건조하는 건조물은 쉽게 이탈되지 아니하도록 할 것
㈑ 고온으로 가열건조한 인화성 액체는 발화의 위험이 없는 온도로 냉각한 후 격납시킬 것
㈒ 건조설비에 근접한 장소에는 인화성 액체를 두지 않도록 할 것

(4) 전기설비(계측설비 포함)

① 사업주는 특수화학설비를 설치하는 경우에는 그 내부의 이상 상태를 조기에 파악하기 위하여 필요한 계측장치(온도계, 유량계, 압력계 등), 자동경보장치를 설치하여야 한다.

② **계측장치를 설치하여야 하는 특수화학설비**
㈎ 가열로 또는 가열기
㈏ 발열반응이 일어나는 반응장치
㈐ 증류 · 정류 · 증발 · 추출 등 분리를 행하는 장치
㈑ 반응폭주 등 이상 화학반응에 의하여 위험물질이 발생할 우려가 있는 설비
㈒ 온도가 섭씨 350도 이상이거나 게이지 압력이 980kPa 이상인 상태에서 운전되는 설비
㈓ 가열시켜 주는 물질의 온도가 가열되는 위험물질의 분해온도 또는 발화점보다 높은 상태에서 운전되는 설비

③ **특수화학설비 설치 시의 계측장치 :** 긴급차단장치, 온도계, 유량계, 압력계 등

④ **특수화학설비의 방호장치**
㈎ 원료 공급의 긴급차단장치
㈏ 자동경보장치
㈐ 온도계, 유량계, 압력계 등의 계측장치
㈑ 사용할 수 있는 예비동력원

제3장 화공 안전 비상조치계획 · 대응

3-1 비상조치계획 및 평가

(1) 비상조치계획

① 비상조치계획에 따른 교육계획
② 비상조치를 위한 장비 · 인력보유현황
③ 사고발생 시 각 부서 · 관련 기관과의 비상연락체계
④ 사고발생 시 비상조치를 위한 조직의 임무 및 수행절차

(2) 자체 매뉴얼 개발

자체 매뉴얼 개발은 조직의 운영 및 프로세스를 효율적으로 관리하기 위해 조직의 정책, 절차, 업무지침 등의 서류를 말한다.

제4장 화공 안전운전 · 점검

4-1 공정안전기술

(1) 공정안전의 개요

① 공정안전 보고서의 내용

㈎ 공정안전자료
㈏ 공정위험성 평가서
㈐ 안전운전계획
㈑ 비상조치계획

② 공정안전 보고서의 제출시기

㈎ 유해 · 위험설비의 설치 · 이전 또는 주요 구조 부분 변경공사의 착공 30일 전까지 공정안전 보고서를 2부 작성하여 공단에 제출하여야 한다.
㈏ 공정안전 보고서의 내용 변경 사유가 발생한 경우에는 지체 없이 이를 보완한다.

③ 공정안전 보고서 제출대상

㈎ 원유정제 처리업

㈏ 기타 석유정제물 재처리업
㈐ 석유화학계 기초 화학물질 또는 합성수지 및 기타 플라스틱물질 제조업
㈑ 질소화합물, 질소, 인산 및 칼리질 비료 제조업 중 질소질 비료 제조업
㈒ 복합비료 제조업(단순혼합 또는 배합에 의한 경우는 제외)
㈓ 농약 제조업(농약 원제 제조만 해당)
㈔ 화약 및 불꽃제품 제조업

(2) 각종 장치(제어장치, 송풍기, 압축기, 배관 및 피팅류)

① 제어장치

㈎ 가스방출장치 : 탱크 내의 일정 압력을 유지하기 위한 가스방출장치
㈏ 릴리프 밸브 : 탱크 내의 설정압력이 되었을 때 압력상승에 따라 개방되는 밸브
㈐ blow−down : 응축성 증기 등 공정액체를 빼내고 안전하게 유지 · 처리하기 위한 설비

② 폐회로방식 제어계의 작동 순서 : 공정설비 → 검출부 → 조절계 → 조작부 → 공정설비

③ 송풍기

㈎ 송풍기와 압축기의 구분
- 송풍기 : 토출압력이 1kg/cm^2 미만
- 압축기 : 토출압력이 1kg/cm^2 이상

㈏ 송풍기 및 압축기의 종류 : 회전식, 왕복식, 원심식, 축류식

④ 배관 및 피팅류

㈎ 관(pipe) 부속품

두 개 관을 연결하는 부속품	플랜지(flange), 유니온(union), 커플링(coupling), 니플(nipple), 소켓(socket)
관로 방향을 변경하는 부속품	엘보우(elbow), Y지관(Y−branch), 티(tee), 십자(cross)
관로 크기를 변경하는 부속품	축소관(reducer), 부싱(bushing)
유로를 차단하는 부속품	플러그(plug), 캡(cap), 밸브(valve)
유량을 조절하는 부속품	밸브(valve)

⑤ 화학설비와 부속설비

㈎ 화학설비
- 반응기, 혼합조 등 화학물질 반응 또는 혼합장치
- 증류탑, 흡수탑, 추출탑, 감압탑 등 화학물질 분리장치
- 저장탱크, 계량탱크, 호퍼, 사일로 등 화학물질 저장설비

- 응축기 · 냉각기 · 가열기 · 증발기 등 열교환기류
- 고로 등 점화기를 직접 사용하는 열교환기류
- 캘린더, 혼합기, 발포기, 인쇄기, 압출기 등 화학제품 가공설비
- 분쇄기, 분체분리기, 용융기 등 분체화학물질 취급장치
- 결정조, 유동탑, 탈습기, 건조기 등 분체화학물질 분리장치
- 펌프류, 압축기, 이젝터 등의 화학물질 이송 또는 압축설비

㈏ 화학설비의 부속설비

- 배관, 밸브, 관 등 화학물질 이송 관련 설비
- 온도, 압력, 유량 등을 지시 · 기록하는 자동제어 관련 설비
- 안전밸브, 안전판, 긴급차단 방출밸브 등 비상조치 관련 설비
- 가스누출감지 경보 관련 설비
- 세정기, 응축기, 벤트스택, 플레어스택 등 폐가스처리설비
- 사이클론, 백필터, 전기집진기 등 분진처리설비
- 정전기 제거장치, 긴급 샤워설비 등 안전 관련 설비
- 설비를 운전하기 위하여 부속된 전기 관련 설비

(3) 안전장치의 종류

긴급차단장치, 체크밸브, 블로밸브, 대기밸브, 스팀트랩, 압력방출장치, molecular seal 등

4-2 안전점검계획 수립

(1) 안전운전계획

① 안전운전 지침서
② 변경요소 관리계획
③ 안전작업 허가
④ 도급업체 안전관리계획
⑤ 근로자 등 교육계획
⑥ 가동 전 점검지침
⑦ 자체검사 및 사고조사계획
⑧ 설비점검 · 검사, 유지 · 보수계획 및 지침

4-3 공정안전 보고서 작성 심사 · 확인

(1) 공정안전 자료

① 공정안전 보고서의 공정안전자료

(가) 취급 · 저장하고 있는 유해 · 위험물질의 종류 및 수량
(나) 유해 · 위험물질에 대한 물질안전보건자료
(다) 유해 · 위험설비의 목록 및 사양
(라) 유해 · 위험설비의 운전방법을 알 수 있는 공정도면
(마) 각종 건물 · 설비의 배치도
(바) 폭발위험장소 구분도 및 전기단선도
(사) 위험설비의 안전설계 · 제작 및 설치 관련 지침서

② 구조 부분 변경 공정안전 보고서 제출대상

(가) 플레어스택을 설치 또는 변경하는 경우
(나) 변경된 생산설비 및 부대설비의 해당 전기 정격용량이 300kW 이상 증가한 경우
(다) 생산량의 증가, 원료 또는 제품의 변경을 위하여 반응기를 교체 · 추가 설치하는 경우

(2) 위험성 평가

① 체크리스트
② 사고예상 질문 분석
③ 작업자 실수 분석
④ 상대위험순위 결정
⑤ 결함수 분석(FTA)
⑥ 사건수 분석(ETA)
⑦ 이상 위험도 분석(FMECA)
⑧ 원인결과 분석(CCA)
⑨ 위험과 운전 분석(HAZOP)

6과목 건설공사 안전관리

제1장 건설공사 특성 분석

1-1 건설공사 특수성 분석

(1) 안전관리계획 수립

① 안전관리계획서

(가) 건설공사의 개요 및 안전관리조직
(나) 공정별 안전점검계획
(다) 공사장 주변의 안전관리대책
(라) 통행안전시설 설치 및 교통 소통에 관한 계획
(마) 안전관리비 집행계획
(바) 안전교육 및 비상시 긴급 조치계획

② 안전관리계획서 작성 및 제출

(가) 작성자 : 건설사업자(건설등록업자)
(나) 검토 또는 확인자 : 공사감독자 또는 건설사업관리 기술자
(다) 제출시기 및 제출처 : 건설공사 착공 전에 발주청 또는 인허가 기관의 장에게 제출

(2) 공사장 작업환경 특수성

① 건설현장 작업환경 측정 작업 : 산소결핍작업, 탱크 내 도장작업, 터널 내 천공작업

② 건설재해 예방 대책

(가) 직종별, 공정별 전문 안전교육 실시
(나) 안전조직 및 기능과 지식에 맞는 인력배치
(다) 안전시설 투자 및 작업환경 개선
(라) 근로자에게 안전 동기부여 및 의식 강화
(마) 안전작업 계획수립 및 실시

(3) 계약조건의 특수성

① 법의 적용을 받는 공사 중 총 공사금액 2천만 원 이상인 공사에 적용한다. 다만, 다음 각 호의 어느 하나에 해당되는 공사 중 단가계약에 의하여 행하는 공사에 대하여는 총 계약금액을 기준으로 이를 적용한다.

㈎ 전기공사법에 따른 전기공사로 저압 · 고압 또는 특고압 작업으로 이루어지는 공사
㈏ 정보통신공사업법에 따른 정보통신공사

② 건설공사의 산업안전보건관리비 계상 시 대상액이 구분되어 있지 않은 공사는 도급계약 또는 자체사업 계획상의 총 공사금액의 70%를 대상액으로 계산한다.

1-2 안전관리 고려사항 확인

(1) 설계도서 검토

① 감리전문회사, 건설업자 또는 주택건설등록업자가 설계도서에 대하여 검토하여야 할 사항은 다음 각 호와 같다.
㈎ 설계도서의 내용이 현장 조건과 일치하는지 여부
㈏ 설계도서대로 시공할 수 있는지 여부
㈐ 그 밖에 시공과 관련된 사항

② 제출기간은 일반적으로 30일 이내 제출한다.

(2) 안전관리조직

① 안전관리계획을 수립하는 건설업자 및 주택건설등록업자는 다음 각 호의 사람으로 구성된 안전관리조직을 두어야 한다.
㈎ 해당 건설공사의 시공 및 안전에 관한 업무를 총괄하여 관리하는 안전총괄책임자
㈏ 토목, 건축, 전기, 기계, 설비 등 건설공사의 각 분야별 시공 및 안전관리를 지휘하는 분야별 안전관리책임자
㈐ 건설공사 현장에서 직접 시공 및 안전관리를 담당하는 안전관리담당자
㈑ 수급인과 하수급인으로 구성된 협의체의 구성원

② 안전관리조직의 구성, 직무, 그 밖에 필요한 사항은 대통령령으로 정한다.

(3) 시공 및 재해사례 검토

① 굴착작업 시 준수사항

㈎ 작업 전에 산소농도를 측정하고 산소량은 18% 이상이어야 하며, 발파 후 반드시 환기설비를 작동시켜 가스배출을 한 후 작업한다.
㈏ 시트파일의 설치 시 수직도는 1/100 이내이다.
㈐ 토압이 커서 링이 변형될 우려가 있는 경우 스트러트 등으로 보강한다.

㈑ 굴착 및 링의 설치와 동시에 철사다리를 설치 연장하여야 하는데 철사다리는 굴착 바닥면과 1m 이내가 되게 한다.

㈒ 결고리 구조의 시트파일을 설치한 경우 틈새가 생기지 않도록 한다.

㈓ 수중 펌프는 감전방지용 누전차단기를 설치한다.

② 발파작업 안전기준

㈎ 미지전류의 유무에 대하여 확인하고 미지전류가 0.01A 이상일 때에는 전기발파하면 안 된다.

㈏ 전기발파기는 충분한 기동이 있는지의 여부를 사전에 점검한다.

㈐ 도통시험기는 소정의 저항치가 나타나는가에 대해 사전에 점검한다.

㈑ 약포에 뇌관을 장치할 때에는 반드시 전기뇌관의 저항을 측정하여 소정의 저항에 대하여 오차가 ±0.1Ω 이내에 있는가를 확인한다.

㈒ 발파모선의 배선에 있어서는 점화장소를 발파현장에서 충분히 떨어져 있는 장소로 하고 물기나 철관, 궤도 등이 없는 장소를 선택한다.

㈓ 점화장소는 발파현장이 잘 보이는 곳이어야 하며 충분히 떨어져 있는 안전한 장소를 선택한다.

㈔ 전선은 점화하기 전에 화약류를 충진한 장소로부터 30m 이상 떨어진 안전한 장소에서 도통시험 및 저항시험을 한다.

㈕ 점화는 충분한 허용량을 갖는 발파기를 사용하고 규정된 스위치를 반드시 사용한다.

㈖ 점화는 선임된 발파책임자가 행하고 발파기의 핸들을 점화할 때 이외에는 시건장치를 하거나 모선을 분리하여야 하며 발파책임자의 엄중한 관리하에 두어야 한다.

㈗ 발파 후 즉시 발파모선을 발파기로부터 분리하고, 단부를 절연시킨 후 재점화가 되지 않도록 한다.

㈘ 발파 후 30분 이상 경과한 후가 아니면 발파장소에 접근하지 않는다.

③ 발파 후 안전조치

㈎ 전기발파 직후 발파모선을 점화기로부터 떼어내어 재점화되지 않도록 하고 5분 이상 경과한 후에 발파장소에 접근한다.

㈏ 도화선 발파 직후 15분 이상 경과한 후에 발파장소에 접근한다.

㈐ 터널에서 발파 후의 유독가스 및 낙석의 붕괴 위험성을 확인 후 발파장소에 접근한다.

㈑ 발파 시 사용된 전선, 도화선, 기타 기구, 기재 등은 확실히 회수한다.

㈒ 불발화약류가 있을 때는 물을 유입시키거나 기타 안전한 방법으로 화약류를 회수한다.

㈓ 불발화약류의 회수가 불가능할 경우에는 불발공에 평행되게 구멍을 뚫고 발파를

한다. 이때 불발공과 새로 뚫는 구멍의 위치와 거리는 기계 뚫기는 60cm 이상, 인력으로 뚫을 때는 30cm 이상으로 한다.

㈔ 발파 후 처리에 있어 불발화약류가 섞일 우려가 있으므로 이를 확인한다.

④ 잠함 내 굴착작업 위험방지

㈎ 잠함과 우물통의 급격한 침하로 인한 위험방지

- 침하 관계도에 따라 굴착방법 및 재하량 등을 정할 것
- 바닥으로부터 천장 또는 보까지의 높이는 1.8m 이상으로 할 것

㈏ 잠함 등 내부에서의 작업

- 근로자가 안전하게 오르내리기 위한 설비를 설치할 것
- 산소 결핍 우려가 있는 경우에는 산소농도를 측정하는 사람을 지명하여 측정할 것
- 산소농도 측정 결과 산소의 결핍이 인정되거나 굴착깊이가 20m를 초과하는 경우에는 송기를 위한 설비를 설치하여 필요한 양의 공기를 송급할 것
- 굴착깊이가 20m를 초과하는 경우에는 외부와의 연락을 위한 통신설비 등을 설치할 것

제2장 건설공사 위험성

2-1 건설공사 유해 · 위험요인파악

(1) 유해·위험요인 선정

① 건설공사 위험성 평가

㈎ 건설물, 기계 · 기구, 설비 등에 의한 유해 · 위험요인을 찾아내어 위험성을 결정하고 그 결과에 따른 조치를 하는 것을 말한다.

㈏ 사업주는 위험성 평가의 실시내용 및 결과를 기록 · 보존하여야 한다.

㈐ 위험성 평가 기록물의 보존기간은 3년이다.

㈑ 위험성 평가 기록물에는 평가대상의 유해 · 위험요인, 위험성 결정의 내용 등이 포함된다.

② 안전인증대상 기계의 구분

㈎ 설치 · 이전하는 경우 안전인증을 받아야 하는 기계 · 기구

- 크레인
- 리프트
- 곤돌라

㈏ 주요 구조 부분을 변경하는 경우 안전인증을 받아야 하는 기계 · 기구

• 프레스	• 전단기 및 절곡기	• 크레인
• 리프트	• 압력용기	• 롤러기
• 사출성형기	• 고소작업대	• 곤돌라

(2) 안전보건자료

① 물질안전보건자료 작성 · 비치 제외 대상

㈎ 「원자력법」에 따른 방사성 물질
㈏ 「약사법」에 따른 의약품, 의약외품
㈐ 「화장품법」에 따른 화장품
㈑ 「농약관리법」에 따른 농약
㈒ 「사료관리법」에 따른 사료
㈓ 「식품위생법」에 따른 식품 및 식품첨가물
㈔ 「비료관리법」에 따른 비료
㈕ 「의료기기법」에 따른 의료기기
㈖ 「폐기물관리법」에 따른 폐기물
㈗ 「총포 · 도검 · 화약류 등 단속법」에 따른 화약류
㈘ 「마약류관리에 관한 법률」에 따른 마약 및 향정신성 의약품

(3) 유해위험방지 계획서

① 유해위험방지 계획서를 제출해야 될 건설공사

㈎ 시설 등의 건설 · 개조 또는 해체 공사
㉠ 지상 높이가 31m 이상인 건축물 또는 인공구조물
㉡ 연면적 30000m^2 이상인 건축물
㉢ 연면적 5000m^2 이상인 시설
• 문화 및 집회시설(전시장, 동물원, 식물원은 제외)
• 운수시설(고속철도 역사, 집배송 시설은 제외)
• 종교시설, 의료시설 중 종합병원
• 숙박시설 중 관광숙박시설
• 판매시설, 지하도상가, 냉동 · 냉장창고시설
㈏ 연면적 5000m^2 이상인 냉동 · 냉장창고시설의 설비공사 및 단열공사
㈐ 최대 지간길이가 50m 이상인 교량 건설 등의 공사
㈑ 다목적 댐, 발전용 댐 및 저수용량 2천만 톤 이상의 용수 전용 댐, 지방상수도 전용 댐 건설 등의 공사
㈒ 깊이 10m 이상인 굴착공사
㈓ 터널 건설 등의 공사

② 유해위험방지 계획서의 확인사항

㈎ 확인시기 : 사업주는 건설공사 중 6개월 이내마다 유해위험방지 계획서를 공단에

확인받아야 한다.

㈏ 확인사항

• 유해위험방지 계획서의 내용과 실제공사 내용이 부합하는지의 여부
• 유해위험방지 계획서 변경내용의 적정성
• 추가적인 유해위험요인의 존재 여부

③ 유해위험방지 계획서 제출 시 첨부서류

㈎ 공사개요서

㈏ 산업안전보건관리비 사용계획

㈐ 전체 공정표

㈑ 건설물, 사용기계설비 등의 배치를 나타내는 도면

㈒ 안전관리조직표

㈓ 재해발생 위험 시 연락 및 대피방법

㈔ 공사현장의 주변 현황 및 주변과의 관계를 나타내는 도면(매설물 현황을 포함한다)

2-2 건설공사 위험성 추정 · 결정

(1) 위험성 추정 및 평가방법

① 위험성 추정

㈎ 사업주는 유해 · 위험요인을 파악하여 사업장 특성에 따라 부상 또는 질병으로 이어질 수 있는 가능성 및 중대성의 크기를 추정하고 다음 각 호의 어느 하나의 방법으로 위험성을 추정하여야 한다.

• 가능성과 중대성을 곱하는 방법
• 가능성과 중대성을 더하는 방법
• 가능성과 중대성을 행렬을 이용하여 조합하는 방법
• 그 밖에 사업장의 특성에 적합한 방법

㈏ 위험성을 추정할 경우에는 다음에서 정하는 사항에 유의하여야 한다.

• 예상되는 부상 또는 질병의 대상자 및 내용을 명확하게 예측할 것
• 최악의 상황에서 가장 큰 부상 또는 질병의 중대성을 추정할 것
• 부상 또는 질병의 중대성은 부상이나 질병 등의 종류에 관계없이 공통의 척도를 사용하는 것이 바람직하며, 기본적으로 부상 또는 질병에 의한 요양기간 또는 근로손실일수 등을 척도로 사용할 것

- 유해성이 입증되어 있지 않은 경우에도 일정한 근거가 있는 경우에는 그 근거를 기초로 하여 유해성이 존재하는 것으로 추정할 것
- 기계 · 기구, 설비, 작업 등의 특성과 부상 또는 질병의 유형을 고려할 것

(2) 위험성 결정 관련 지침 활용

① **위험성 결정 :** 유해 · 위험요인별로 추정한 위험성의 크기가 허용 가능한 범위인지의 여부를 판단하는 것을 말한다.

② 사업주는 위험성 추정에 따른 유해 · 위험요인별 위험성 추정 결과와 사업장 자체적으로 설정한 허용 가능한 위험성 기준(법에서 정한 기준 이상)을 비교하여 해당 유해 · 위험요인별 위험성의 크기가 허용 가능한 범위인지의 여부를 판단하여야 한다.

③ 허용 가능한 위험성의 기준은 위험성 결정을 하기 전에 사업장 자체적으로 설정해 두어야 한다.

제3장 건설업 산업안전보건관리비 관리

3-1 건설업 산업안전보건관리비 규정

(1) 건설업 산업안전보건관리비의 계상 및 사용기준

① 건설공사 종류 및 규모별 안전관리비 계상 기준표

건설공사 구분	대상액 5억 원 미만	대상액 5억 원 이상 50억 원 미만		대상액 50억 원 이상	영 별표5에 따른 보건관리자 선임대상 건설공사
		비율(X)	기초액(C)		
일반건설공사(갑)	2.93%	1.86%	5349천 원	1.97%	2.15%
일반건설공사(을)	3.09%	1.99%	5499천 원	2.10%	2.29%
중건설공사	3.43%	2.35%	5400천 원	2.44%	2.66%
철도 · 궤도신설공사	2.45%	1.57%	4411천 원	1.66%	1.81%
특수 그 밖에 공사	1.85%	1.20%	3250천 원	1.27%	1.38%

(2) 건설업 산업안전보건관리비 대상액 작성요령

① 안전관리비의 효율적 집행을 위해 고용노동부장관이 정할 수 있는 기준

㈎ 공사의 진척 정도에 따른 사용기준

㈏ 사업의 규모별 사용방법 및 구체적인 내용

㈐ 사업의 종류별 사용방법 및 구체적인 내용

㈑ 그 밖에 산업안전보건관리비 사용에 필요한 사항

② 재해자 산정기준의 제외 대상사항

㈎ 폭풍, 폭우, 폭설 등 천재지변에 의한 경우

㈏ 법원의 판결 등에 의하여 사업주의 무과실이 인정되는 경우

㈐ 방화, 근로자 간 또는 타인 간의 폭행에 의한 경우

㈑ 교통사고 또는 고혈압 등 개인지병에 의한 경우

㈒ 건설작업과 직접 관련이 없는 체육행사, 야유회, 휴식 중의 사고 등의 경우

③ 건설업 산업안전보건관리비의 항목별 사용내역 및 기준

㈎ 안전관리비로 사용 가능한 장구는 혹한 · 혹서에 장기간 노출로 인해 건강장해를 일으킬 우려가 있는 경우 특정 근로자에게 지급하는 기능성 보호장구가 해당된다.

㈏ 안전관리비로 사용할 수 없는 장구

- 근로자 보호 목적으로 보기 어려운 피복, 장구, 용품 등 작업복, 방한복, 면장갑 등
- 근로자에게 일률적으로 지급하는 보냉 · 보온장구 구입비

㈐ 안전통로(각종 비계, 작업발판, 가설계단 · 통로, 사다리 등), 근로자의 재해예방을 위한 목적으로만 사용하는 CCTV 외의 감시용 장비 등은 안전시설비로 사용할 수 없다.

㈑ 산업안전보건관리비 사용명세서를 매월 작성하고 건설공사 종료 후 1년간 보존한다.

㈒ 수급인 또는 자기공사자는 안전관리비 사용내역에 대하여 공사시작 후 6개월마다 1회 이상 발주자 또는 감리원의 확인을 받아야 한다. 다만, 6개월 이내에 공사가 종료되는 경우에는 종료 시 확인을 받아야 한다.

(3) 건설업 산업안전보건관리비의 항목별 사용내역

① 안전관리비 내역 중 계상비용

㈎ 사업장의 안전 · 보건진단비 ㈏ 안전시설비

㈐ 안전보건교육비 및 행사비 ㈑ 본사 사용비

㈒ 개인보호구 및 안전장구 구입비 ㈓ 안전관리자 등의 인건비 및 각종 업무수당

② 공사 진척에 따른 안전관리비 사용기준

공정률	50% 이상 70% 미만	70% 이상 90% 미만	90% 이상
사용기준	50% 이상	70% 이상	90% 이상

③ 건설업의 안전관리자 선임기준

공사금액	인원	공사금액	인원
50억 원 이상 800억 원 미만	1	2200억 원 이상 3000억 원 미만	4
800억 원 이상 1500억 원 미만	2	3000억 원 이상 3900억 원 미만	5
1500억 원 이상 2200억 원 미만	3	3900억 원 이상 4900억 원 미만	6

제4장 건설현장 안전시설 관리

4-1 안전시설 설치 및 관리

(1) 추락방지용 안전시설

① **발생 원인** : 작업발판 불량, 안전대 미착용, 안전난간과 추락방지망 미설치, 작업장 청소 및 정리정돈 불량 등

② **방호 및 방지설비**

(가) 안전대 : 안전블록, 보조죔줄, 수직구명줄, 충격흡수장치

(나) 안전대의 종류 : 벨트식(1개 걸이용, U자 걸이용), 안전그네식(추락방지대, 안전블록)

(다) 안전대를 보관하는 장소

- 통풍이 잘되며, 습기가 없는 곳
- 화기 등이 근처에 없는 곳
- 부식성 물질이 없는 곳
- 직사광선이 닿지 않는 건조한 곳

(라) 안전난간

- 추락의 위험이 있는 장소에는 안전난간을 설치할 것
- 작업장이나 기계·설비의 바닥, 작업발판 및 통로 등의 끝이나 개구부로부터 근

로자가 추락하거나 넘어질 위험이 있는 장소에는 안전난간, 울, 손잡이 또는 충분한 강도를 가진 덮개 등을 설치할 것

- 공구 등 물체가 작업발판에서 지상으로 낙하되지 않도록 발끝막이판(폭목)을 설치할 것

(마) 안전난간의 구성

- 상부 난간대는 90cm 이상 120cm 이하 지점에 설치하며, 120cm 이상 지점에 설치할 경우 중간 난간대를 최소 60cm마다 균등하게 설치하여야 한다.
- 발끝막이판은 바닥면으로부터 10cm 이상의 높이를 유지하여야 한다.
- 난간대의 지름은 2.7cm 이상의 금속제 파이프나 그 이상의 강도를 가지는 재료이어야 한다.
- 임의의 방향으로 움직이는 100kg 이상의 하중에 견딜 수 있어야 한다.
- 안전난간의 구성요소는 상부 난간대, 중간 난간대, 발끝막이판, 난간기둥 등이다.

(바) 추락의 위험이 있는 개구부에 대한 방호조치

- 안전난간, 울타리, 수직형 추락방호망 등으로 방호조치를 한다.
- 충분한 강도를 가진 구조의 덮개를 뒤집히거나 떨어지지 않도록 설치한다.
- 어두운 장소에서도 식별이 가능한 개구부 주의 표지를 부착한다.
- 폭 40cm 이상의 발판을 설치한다.

(사) 추락방호망의 설치기준

- 작업면부터 망의 설치지점까지 수직거리는 10m를 초과하지 아니 한다.
- 수평으로 설치하고, 망의 처짐은 짧은 변 길이의 12% 이상으로 한다.
- 건축물의 바깥쪽으로 설치하는 경우 망의 내민길이는 벽면으로부터 3m 이상, 망의 그물코가 20mm 이하를 사용한 경우에는 낙하물방지망을 설치한 것으로 본다.
- 방망의 표시사항은 제조자명, 제조연월, 재봉 치수, 그물코, 신품의 방망 강도 등이다.
- 방망사의 신품과 폐기 시 인장강도는 다음과 같다.

그물코의 크기 (cm)	매듭 없는 방망		매듭 방망	
	신품	폐기 시	신품	폐기 시
10	240kg	150kg	200kg	135kg
5	–	–	110kg	60kg

③ **개인보호구** : 안전모, 안전대, 안전화, 안전장갑, 보안경, 보안면, 방진마스크, 방독마스크, 방음보호구, 방열복 등이 있다.

(2) 붕괴방지용 안전시설

① 토석 및 토사붕괴 위험성

㈎ 흙의 특성

- 흙은 비선형재료이며, 응력-변형률 관계가 일정하지 않다.
- 흙의 성질은 본질적으로 비균질, 비등방성이다.
- 흙의 거동은 연약지반에 하중이 작용하면 시간의 변화에 따라 압밀침하가 발생한다.
- 점토대상이 되는 흙은 지표면 밑에 있기 때문에 지반의 구성과 공학적 성질은 시추를 통해서 자세히 판명된다.

㈏ 흙의 투수계수에 영향을 주는 인자

- 포화도=물의 용적/(공기+물의 체적)
- 간(공)극비=(공기+물의 체적)/흙의 체적
- 함수비=물의 용적/흙 입자의 용적
- 유체의 밀도가 클수록 투수계수는 크다.
- 유체의 점성계수가 클수록 투수계수는 작다.

㈐ 흙 속의 전단응력을 증대시키는 원인

- 자연 또는 인공에 의한 지하공동의 형성
- 지진, 폭파에 의한 진동발생
- 균열 내에 작용하는 수압 증가

㈑ 굴착면의 기울기 기준

구분	지반 종류	기울기	사면 형태
보통 흙	습지	1 : 1~1 : 1.5	1 x
	건지	1 : 0.5~1 : 1	
암반	풍화암	1 : 1.0	
	연암	1 : 1.0	
	경암	1 : 0.5	

② 비탈면 붕괴방지 대책

㈎ 지표수의 침투를 막기 위해 표면 배수공을 한다.

㈏ 지하수위를 내리기 위해 수평 배수공을 한다.

㈐ 비탈면 상부에 토사를 제거하고, 비탈면 하부에 토사를 적재한다.

㈑ 비탈면 하단을 성토한다.

③ 건설현장 토사붕괴 원인

㈎ 지하수위의 증가
㈏ 내부 마찰각의 감소
㈐ 점착력의 감소
㈑ 차량에 의한 진동하중 증가

④ 비탈면 보호공법

㈎ 사면 보호공법

- 구조물 보호공법 : 블록(돌) 붙임공, 블록(돌) 쌓기공, 콘크리트블록 격자공, 뿜어 붙이기공
- 식생공법의 종류 : 떼붙임공, 식생공, 식수공, 파종공

㈏ 압성토 공법 : 비탈면 또는 비탈면 하단을 성토하여 붕괴를 방지하는 공법으로 점성토 연약지반 개량공법

㈐ 비탈면 보강공법 : 말뚝공, 앵커공, 옹벽공, 절토공, 압성토공, soil nailing 공법

⑤ 흙막이 공법

㈎ 흙막이 공법의 종류

- 지지방식 : 자립식 공법, 버팀대식 공법
- 구조방식 : 널말뚝 공법, 지하 연속벽 공법, 구체 흙막이 공법, H-Pile 공법

㈏ 흙막이 공법 선정 시 고려사항

- 흙막이 해체를 고려한다.
- 안전하고 경제적인 공법을 선택한다.
- 차수성이 높은 공법을 선택한다.
- 지반성상에 적합한 공법을 선택한다.

⑥ 구축물 또는 시설물의 안전성 평가

㈎ 구축물 또는 이와 유사한 시설물의 인근에서 굴착 · 항타작업 등으로 침하 · 균열 등이 발생하여 붕괴의 위험이 예상될 경우

㈏ 구축물 또는 이와 유사한 시설물에 지진, 동해, 부동침하 등으로 균열 · 비틀림 등이 발생하였을 경우

㈐ 구조물, 건축물 그 밖의 시설물이 그 자체의 무게 · 적설 · 풍압 또는 그 밖에 부가되는 하중 등으로 붕괴 등의 위험이 있을 경우

㈑ 화재 등으로 구축물 또는 이와 유사한 시설물의 내력(耐力)이 심하게 저하되었을 경우

㈒ 장시간 사용하지 아니 하던 구축물 또는 이와 유사한 시설물을 재사용하게 되어 안전성을 검토하여야 하는 경우

⑦ 터널 굴착

㈎ 터널 계측관리사항

- 터널 내부 육안조사
- 내공변위, 천단침하 측정
- 록볼트 축력 측정
- 지표면 침하, 지중변위 측정
- 인발시험 결과
- 지중침하, 지중 수평변위, 지하수위 측정

㈏ 터널 굴착작업의 작업계획서 포함내용
- 굴착의 방법
- 터널지보공 및 복공의 시공방법과 용수의 처리방법
- 환기 또는 조명시설을 설치할 때 그 방법

㈐ 자동경보장치 작업시작 전 점검사항 : 계기의 이상 유무, 검지부의 이상 유무, 경보장치 작동상태

㈑ 터널지보공 수시점검사항
- 부재의 손상 · 변형 · 부식 · 변위 · 탈락의 유무 및 상태
- 부재의 긴압의 정도
- 부재의 접속부 및 교차부의 상태
- 기둥침하의 유무 및 상태

㈒ 터널지보공을 조립하거나 변경하는 경우 조치사항
- 목재의 터널지보공은 그 터널지보공의 각 부재에 작용하는 긴압 정도가 균등하게 되도록 할 것
- 강아치 지보공의 조립은 연결 볼트 및 띠장 등을 사용하여 주재 상호 간을 튼튼하게 연결할 것
- 기둥에는 침하를 방지하기 위하여 받침목을 사용하는 등의 조치를 할 것
- 주재를 구성하는 1세트의 부재는 동일 평면 내에 배치할 것

㈓ 터널 굴착공사
- 파일럿 터널은 본 터널을 시공하기 전에 터널에 관한 자료조사를 위해 설치하는 터널을 말한다.
- 터널작업 시 낙반 등에 의한 근로자 위험방지 조치사항은 터널지보공 설치, 록볼트 설치, 부석의 제거 등이다.
- 지표면에서 소정의 위치까지 파 내려간 후 구조물을 축조하고 되메운 후 지표면을 원상태로 복구시키는 공법을 개착식 터널공법 또는 개착식 공법이라 한다.
- 터널지보공 조립도에는 재료의 재질, 단면 규격, 설치 간격, 이음방법 등을 명시한다.

(3) 낙하, 비래방지용 안전시설

① 발생 원인

㈎ 낙하물방지망과 수직보호망 미설치 ㈏ 방호선반 미설치와 보호구 미착용

㈐ 출입금지구역의 미설정 ㈑ 줄걸이 작업 시 결속방법의 불량

㈒ 높은 위치에 쌓아 둔 자재의 정리정돈 불량

② **예방 대책**

㈎ 낙하물방지망과 수직보호망 설치
㈏ 안전모 착용
㈐ 방호선반 설치와 보호구 착용
㈑ 출입금지구역의 설정
㈒ 높이가 최소 3m 이상인 곳에서 물체를 투하하는 때에는 투하설비를 갖춰야 한다.

4-2 건설공구 및 장비 안전수칙

(1) 건설공구의 종류 및 안전수칙

① **석재가공 공구 :** 석재 가공법(혹두기, 정다듬, 도드락다듬, 잔다듬, 물갈기, 버너마감 등)

② **철근가공 공구 :** 철근절곡기, 철근절단기, 철선절단가위 등

(2) 건설장비의 종류 및 안전수칙

① **굴착기계의 종류 :** 파워쇼벨, 드래그쇼벨, 드래그라인, 클램셸, 트랙터쇼벨 등

② **차량계 건설기계의 종류 :** 불도저, 스트레이트도저, 틸트도저, 앵글도저, 버킷도저, 모터그레이더, 로더, 스크레이퍼, 클램셸, 드래그라인, 브레이커, 크러셔, 항타기 및 항발기, 어스드릴, 어스오거, 크롤러드릴, 점보드릴, 샌드드레인머신, 페이퍼드레인머신, 팩드레인머신, 타이어롤러, 매커덤롤러, 탠덤롤러, 버킷준설선, 그래브준설선, 펌프준설선, 콘크리트 펌프카, 덤프트럭, 콘크리트 믹서트럭, 아스팔트 살포기, 콘크리트 살포기, 아스팔트 피니셔, 콘크리트 피니셔 등 유사한 구조 또는 기능을 갖는 건설기계로서 건설작업에 사용하는 것

③ **차량계 건설기계 전도전락방지 대책**

㈎ 갓길의 붕괴방지
㈏ 유도자 배치
㈐ 도로 폭의 유지
㈑ 지반의 부동침하방지

④ **차량계 건설기계 작업계획서**

㈎ 차량계 건설기계의 종류 및 성능
㈏ 차량계 건설기계의 운행경로
㈐ 차량계 건설기계에 의한 작업방법

⑤ **굴착기계의 운행 시 안전 대책**

㈎ 버킷에 사람의 탑승을 허용해서는 안 된다.
㈏ 운전반경 내에 사람이 있을 때에는 즉시 작업을 중지하고, 사람을 대피시킨다.

㈐ 장비의 주차 시 경사지나 굴착 작업장으로부터 충분히 이격시켜 주차한다.

㈑ 전선이나 구조물 등에 인접하여 붐을 선회해야 할 작업에는 사전에 회전반경, 높이제한 등의 방호조치를 강구한다.

⑥ 운반장비

㈎ 굴착, 싣기, 운반, 하역 등 4가지 작업을 연속적으로 일관하여 작업이 가능한 장비이다.

㈏ 스크레이퍼 : 굴착, 싣기, 운반, 흙깔기 등의 작업을 하나의 기계로서 수행한다.

⑦ 다짐장비의 종류 : 전압식 다짐기계, 진동롤러, 탬핑롤러, 소일콤팩터, 램머 등

(3) 안전수칙

① 작업 중 근로자가 화상 · 질식 등의 위험에 처할 우려가 있는 케틀, 호퍼, 피트 등이 있는 경우에는 그 위험을 방지하기 위하여 90cm의 울타리를 설치하여야 한다.

② 공사용 가설도로

㈎ 도로는 장비 및 차량이 안전하게 운행할 수 있도록 견고하게 설치한다.

㈏ 도로는 배수를 위하여 경사지게 설치한다.

㈐ 도로와 작업장이 접하여 있을 경우에는 방책 등을 설치한다.

㈑ 차량의 속도제한 표지를 부착한다.

③ 체인(chain)의 폐기대상

㈎ 균열, 흠이 있는 것

㈏ 뒤틀림 등 변형이 현저한 것

㈐ 전장이 원래 길이의 5%를 초과하여 늘어난 것

㈑ 링(ring)의 단면지름의 감소가 원래 지름의 10%를 초과하여 마모된 것

제5장 비계 · 거푸집 가시설 위험방지

5-1 건설 가시설물 설치 및 관리

(1) 비계

① 강관틀비계 안전기준

㈎ 벽이음 간격은 수직 방향으로 6m, 수평 방향으로 8m 이내마다 벽이음을 할 것

㈏ 길이가 띠장 방향으로 4m 이하이고 높이가 10m를 초과하는 경우에는 10m 이내마다 띠장 방향으로 버팀기둥을 설치할 것
㈐ 높이 20m를 초과하거나 중량물의 적재를 수반하는 작업을 할 경우에는 주틀 간의 간격을 1.8m 이하로 할 것
㈑ 주틀 간에 교차가새를 설치하고 최상층 및 5층 이내마다 수평재를 설치할 것. 단, 통나무비계는 지상 높이 4층 이하 또는 12m 이하인 건축물의 해체 및 조립 등의 작업에서만 사용할 것

② 강관비계 설치기준

㈎ 비계기둥의 간격은 띠장 방향에서는 1.85m 이하, 장선 방향에서는 1.5m 이하로 할 것
㈏ 띠장 간격은 2m 이하로 설치하며, 첫 번째 띠장은 지상으로부터 2m 이하로 할 것
㈐ 비계기둥의 제일 윗부분으로부터 31m 되는 지점 밑부분의 비계기둥은 2개의 강관으로 묶어 세울 것
㈑ 비계기둥 간의 적재하중은 400kg을 초과하지 않도록 할 것
㈒ 비계 밑단의 수직재의 받침철물은 밀착되도록 설치하고, 수직재와 받침철물의 연결부 겹침길이는 받침철물 전체 길이의 3분의 1 이상이 되도록 할 것

③ 비계 조립 간격

비계의 종류		수직 방향(m)	수평 방향(m)
강관 비계	단관비계	5	5
	틀비계(높이 5m 미만은 제외)	6	8
통나무비계		5.5	7.5

④ 비계높이가 2m 이상인 작업장소에서 작업발판의 설치기준

㈎ 작업발판 재료 간의 틈은 3cm 이하로 할 것
㈏ 작업발판을 작업에 따라 이동시킬 경우에는 위험방지에 필요한 조치를 할 것
㈐ 작업발판이 뒤집히거나 떨어지지 않도록 2개 이상의 지지물에 고정시킬 것
㈑ 작업발판의 폭은 40cm 이상. 단, 5m 이상인 경우에는 20cm 이상으로 할 것
㈒ 작업발판의 지지물은 하중에 의하여 파괴될 우려가 없는 것으로 사용할 것
㈓ 추락의 위험성이 있는 장소에는 안전난간을 설치할 것

⑤ 비계작업 시 안전조치사항

㈎ 강관비계 조립 시 준수사항

- 비계기둥에는 미끄러지거나 침하하는 것을 방지하기 위하여 밑받침 철물을 사용한다.

- 외줄비계 · 쌍줄비계 또는 돌출비계에 대해서는 벽이음 및 버팀을 설치한다.
- 교차가새로 보강한다.

㈏ 말비계 조립 시 준수사항

- 지주부재의 하단에는 미끄럼 방지장치를 한다.
- 지주부재와 수평면의 기울기는 75° 이하로 한다.
- 말비계의 높이가 2m를 초과하는 경우에는 작업발판의 폭을 40cm 이상으로 한다.
- 지주부재와 지주부재 사이를 고정시키는 보조부재를 설치한다.

㈐ 이동식 비계 조립 시 준수사항

- 비계의 최상부에서 작업을 할 때에는 안전난간을 설치한다.
- 승강용 사다리는 견고하게 설치되어야 한다.
- 작업 중 갑작스러운 이동을 방지하기 위해 바퀴는 브레이크 등으로 고정시켜야 한다.
- 작업발판의 최대 적재하중은 250kg을 초과하지 않도록 한다.
- 작업발판은 항상 수평을 유지하고 작업발판 위에서 안전난간을 딛고 작업을 하거나 받침대 또는 사다리를 사용하여 작업하지 않도록 한다.

(2) 작업통로 및 발판

① 가설통로의 설치에 관한 기준

㈎ 견고한 구조로 할 것

㈏ 경사각은 30° 이하로 할 것

㈐ 경사로 폭은 90cm 이상으로 할 것

㈑ 경사각이 15°를 초과하는 경우에는 미끄러지지 아니하는 구조로 할 것

㈒ 높이 8m 이상인 다리에는 7m 이내마다 계단참을 설치할 것

㈓ 수직갱에 가설된 통로길이가 15m 이상인 경우 10m 이내마다 계단참을 설치할 것

② 작업통로 설치 시 준수사항

㈎ 계단 및 계단참 설치 시 준수사항

- 가설계단을 설치하는 경우 높이 3m를 초과하는 계단에는 높이 3m 이내마다 최소 1.2m 이상의 계단참을 설치하여야 한다.
- 계단기둥 간격은 2m 이하로 설치하여야 한다.
- 계단난간의 강도는 100kg 이상의 하중에 견뎌야 한다.
- 높이 8m 이상인 다리에는 7m 이내마다 계단참을 설치하여야 한다.
- 계단 및 계단참의 강도는 500kg/m^2 이상이어야 하며, 안전율은 4 이상으로 한다.

(나) 가설 사다리통로 계단참 설치기준
- 견고한 구조로 설치할 것
- 손상, 부식 등이 없는 재료를 사용할 것
- 발판 간격은 일정하게 설치할 것
- 폭은 30cm 이상으로 설치할 것
- 벽과 발판 사이는 15cm 이상의 간격을 유지할 것
- 사다리의 상단은 걸쳐 놓은 지점에서 60cm 이상 올라가도록 설치할 것
- 사다리식 통로길이가 10m 이상인 경우에는 5m 이내마다 계단참을 설치할 것
- 사다리식 통로 기울기는 75° 이하, 고정식 사다리는 90° 이하이고, 그 높이가 7m 이상인 경우에는 바닥에서 2.5m가 되는 지점부터 등받이울을 설치할 것

(3) 거푸집 및 동바리

① 거푸집의 필요조건

(가) 콘크리트 하중과 작업하중에 견디는 강도 및 변형이 없을 것
(나) 정확한 형상과 치수가 유지될 수 있는 정밀도를 갖출 것
(다) 재료비가 저렴하고 반복 사용으로 경제성이 있을 것
(라) 가공 · 조립 · 해체 · 보수 · 운반취급이 용이하고, 적치에 용이하도록 가벼울 것

② 거푸집 재료의 선정방법

(가) 손상, 변형, 부식이 있는 것은 사용을 금지한다.
(나) 각재 또는 동바리가 굽어져 있는 것은 사용을 금지한다.
(다) 동바리 지주나 보 등은 최대 허용하중 범위 내에서 사용한다.
(라) 조립 및 해체작업이 쉽고 조합 부품 수가 적은 것을 사용한다.

③ 거푸집 동바리 등을 조립하는 때의 준수사항

(가) 동바리로 사용하는 파이프 서포트를 3개 이상 이어서 사용하지 않는다.
(나) 파이프 서포트를 이어서 사용할 경우 4개 이상의 볼트 또는 전용 철물을 사용한다.
(다) 높이 3.5m를 초과할 경우에는 높이 2m 이내마다 수평 연결재를 2개 방향으로 만든다.
(라) 깔목의 사용, 콘크리트 타설, 말뚝박기 등 동바리의 침하를 방지하기 위한 조치를 하여야 한다.
(마) 개구부 상부에 동바리를 설치하는 때에는 상부하중을 견딜 수 있는 받침대를 설치하여야 한다.
(바) 동바리의 이음은 맞댄이음 또는 장부이음으로 하고 같은 품질의 재료를 사용한다.
(사) 강재와 강재의 접속부 및 교차부는 볼트 · 크램프 등의 전용 철물을 사용한다.

㈎ 거푸집이 곡면인 경우에는 버팀대의 부착 등 그 거푸집의 부상을 방지하기 위한 조치를 하여야 한다.

④ 거푸집 해체작업(존치기간) 시 유의사항

㈎ 거푸집 해체 순서는 일반적으로 하중을 받지 않는 연직부재를 먼저 떼어낸다.

㈏ 해체된 거푸집이나 각목 등에 박혀있는 못 또는 날카로운 돌출물은 즉시 제거한다.

㈐ 상하 동시 작업은 금지하며, 부득이한 경우에는 긴밀히 연락을 취하여 작업한다.

㈑ 거푸집 해체작업장 주위에는 관계자를 제외하고는 출입을 금지시켜야 한다.

㈒ 거푸집과 동바리는 콘크리트가 자중 및 시공 중에 가해지는 하중에 충분히 견딜만 한 강도를 가질 때까지 존치기간을 준수하여야 한다.

(4) 흙막이

① 흙막이 지보공 정기점검사항

㈎ 부재의 손상 · 변형 · 부식 · 변위 및 탈락의 유무 및 상태

㈏ 침하의 정도와 버팀대 긴압의 정도

㈐ 부재의 접속부, 부착부 및 교차부의 상태

㈑ 기둥침하의 유무 및 상태

② 흙막이 지보공의 안전조치

㈎ 굴착배면의 배수로 설치

㈏ 지하매설물에 대한 조사 실시

㈐ 조립도의 작성 및 작업 순서 준수

㈑ 흙막이 지보공에 대한 조사 및 점검 철저

③ 흙막이 지보공 조립도에 명시되어야 하는 사항 : 흙막이판, 말뚝, 버팀대 및 띠장, 부재의 배치, 치수, 재질, 설치방법과 순서 등

④ 깊은 우물(deep well)공법 : 지름 30~150cm 정도의 우물을 만들어 여기에 유입하는 지하수를 펌프로 양수하여 지하수위를 낮추는 방법

⑤ 계측기의 종류 및 사용 목적

㈎ 건물경사계(tilt meter) : 인접 구조물의 기울기 측정

㈏ 지표면 침하계(level and staff) : 지반에 대한 지표면의 침하량 측정

㈐ 지중경사계(inclino meter) : 지중의 수평 변위량 측정, 기울어진 정도 파악

㈑ 지중침하계(extension meter) : 지중의 수직변위 측정

㈒ 변형률계(strain gauge) : 흙막이 버팀대의 변형 파악

㈓ 하중계(load cell) : 축하중의 변화상태 측정

㈔ 토압계(earth pressure meter) : 토압의 변화 파악

㈍ 간극수압계(piezo meter) : 지하의 간극수압 측정
㈎ 지하수위계(water level meter) : 지반 내 지하수위의 변화 측정
㈏ 지중 수평변위계(inclino meter) : 지반의 수평 변위량과 위치, 방향 및 크기를 실측

제6장 공사 및 작업 종류별 안전

6-1 양중 및 해체 공사

(1) 양중 공사 시 안전수칙

① 양중기 방호장치

㈎ 크레인 : 과부하방지장치, 권과방지장치, 비상정지장치, 제동장치
㈏ 승강기 : 파이널 리밋 스위치, 비상정지장치, 과부하방지장치, 속도조절기, 출입문 인터록
㈐ 정격하중은 크레인의 최대하중에서 후크, 와이어로프 등 달기구의 중량을 제외한 하중이다.
㈑ 타워크레인을 선정하기 위해 사전에 작업반경, 인양능력, 건물형태, 붐의 높이 등을 검토한다.

② 크레인과 벽체의 간격

㈎ 크레인의 운전대를 통하는 통로의 끝과 건설물 등의 벽체의 간격은 0.3m 이하이다.
㈏ 크레인 통로의 끝과 크레인 거더의 간격은 0.3m 이하이다.
㈐ 크레인 거더로 통하는 통로의 끝과 건설물 등의 벽체의 간격은 0.3m 이하이다.

③ 크레인의 가공전선로 접근 시 안전 대책

㈎ 안전 이격거리를 유지하고 작업한다.
㈏ 크레인 장비를 가공전선로 밑에 보관하는 것은 감전의 위험이 있다.
㈐ 장비의 조립, 준비 시부터 가공전선로에 대한 감전방지 수단을 강구한다.
㈑ 장비 사용 현장의 장애물, 위험물 등을 점검 후 작업계획을 수립한다.

④ 타워크레인을 와이어로프로 지지하는 경우 준수해야 할 사항

㈎ 와이어로프를 고정하기 위한 전용 지지프레임을 사용할 것
㈏ 와이어로프 설치각도는 수평면에서 60° 이내로 하되, 지지점은 4개소 이상으로 할 것

(다) 와이어로프와 그 고정 부위는 충분한 강도와 장력을 갖도록 설치할 것

(라) 와이어로프가 가공전선에 근접하지 않도록 할 것

⑤ 타워크레인의 설치 · 조립 · 해체 시 작성하는 작업계획서의 작성내용

(가) 타워크레인의 종류 및 형식

(나) 작업인원의 구성 및 작업근로자의 역할범위

(다) 작업도구 · 장비 · 가설설비 및 방호설비

⑥ 타워크레인 풍속에 따른 안전기준

(가) 순간풍속이 초당 10m 초과 : 타워크레인의 수리 · 점검 · 해체작업 중지

(나) 순간풍속이 초당 15m 초과 : 타워크레인의 운전작업 중지

(다) 순간풍속이 초당 30m 초과 : 타워크레인의 이탈방지 조치

(라) 순간풍속이 초당 35m 초과 : 승강기가 붕괴되는 것을 방지 조치

⑦ 철골공사의 작업 중지 기준

(가) 풍속이 초당 10m 이상인 경우

(나) 1시간당 강우량이 1mm 이상인 경우

(다) 1시간당 강설량이 1cm 이상인 경우

⑧ 크램프를 인양 부재로 체결 시 준수해야 할 사항

(가) 크램프는 수평으로 체결하고 2곳 이상 설치할 것

(나) 크램프로 부재를 체결할 때는 크램프의 정격용량 이상 매달지 않을 것

(다) 부득이 한 곳만 매어 사용할 경우는 부재길이의 1/3 지점을 기준으로 할 것

(라) 인양 와이어로프는 후크의 중심에 걸고 사용할 것

(마) 인양 와이어로프의 매달기 각도는 양변 60°를 기준으로 할 것

(2) 해체 공사 시 안전수칙

① 해체용 기구의 종류 : 압쇄기, 핸드 · 대형 브레이커, 팽창제, 절단기, 철제 해머 등

② 해체용 기구의 취급안전

(가) 구조물의 해체 작업계획서 작성내용

- 해체의 방법 및 해체의 순서도면
- 해체물의 처분계획
- 해체작업용 기계 · 기구 등의 작업계획서
- 해체작업용 화약류 등의 사용계획서
- 사업장 내 연락방법
- 가설설비 · 방호설비 · 환기설비 및 살수 · 방화설비 등의 방법

(나) 건축물의 해체공사
- 압쇄기와 대형 브레이커(breaker)는 파워쇼벨 등에 설치하여 사용한다.
- 철제 해머(hammer)는 크레인 등에 설치하여 사용한다.
- 핸드 브레이커 사용 시 수직보다는 항상 하향 수직 방향으로 유지하여야 한다.
- 전단톱의 회전날에는 접촉방지 커버를 설치하여야 한다.
- 압쇄기를 사용하는 건물해체는 슬래브, 보, 벽체, 기둥 등의 순서로 한다.

(다) 구조물 해체공법의 종류 : 압쇄공법, 화약발파공법, 전도공법, 팽창압공법, 절단공법, 잭공법 등

(라) 해체공사 기계 · 기구의 취급안전기준
- 철제 해머와 와이어로프의 결속은 경력자에 한하여 실시하도록 한다.
- 팽창제 천공 간격은 콘크리트 강도에 의하여 결정되나 30~70cm 정도를 유지한다.
- 쐐기타입으로 해체 시 천공구멍은 타입기 삽입 부분의 직경과 거의 같아야 한다.
- 화염방사기로 해체작업 시 용기 내 온도는 항상 40℃ 이하로 보존하여야 한다.
- 천공재 직경은 30~50mm 정도로 한다.

6-2 콘크리트 및 PC 공사

(1) 콘크리트 공사 시 안전수칙

① 거푸집에 작용하는 콘크리트 측압에 영향을 미치는 요인

(가) 대기의 온도가 낮고, 습도가 높을수록 크다.

(나) 콘크리트 타설속도가 빠를수록 크다.

(다) 콘크리트의 비중이 클수록 측압은 커진다.

(라) 콘크리트 타설높이가 높을수록 크다.

(마) 철골이나 철근량이 적을수록 크다.

② 콘크리트 타설작업을 하는 경우 준수해야 할 사항

(가) 당일의 작업을 시작하기 전에 해당 작업에 관한 거푸집 동바리 등의 변형 · 변위 및 지반의 침하 유무 등을 점검하고 이상이 있으면 즉시 보수할 것

(나) 작업 중에는 거푸집 동바리 등의 변형 · 변위 및 침하 유무 등을 감시할 수 있는 감시자를 배치하여 이상이 있으면 작업을 중지하고 근로자를 대피시킬 것

(다) 설계도서상의 콘크리트 양생기간을 준수하여 거푸집 동바리 등을 해체할 것

(라) 콘크리트 타설작업 시 거푸집 붕괴의 위험이 발생할 우려가 있으면 보강조치 할 것

③ **콘크리트 강도에 영향을 주는 요소 :** 물-시멘트비, 콘크리트 양생온도와 습도, 골재의 배합, 콘크리트 재령, 콘크리트 타설 및 다짐

(2) 철골공사 안전

① **내력설계 고려기준**

(가) 높이 20m 이상인 구조물

(나) 이음부가 현장용접인 경우의 구조물

(다) 기둥이 타이 플레이트형인 구조물

(라) 건물 등에서 단면구조에 현저한 차이가 있는 구조물

(마) 구조물의 폭과 높이의 비가 1 : 4 이상인 구조물

(바) 연면적당 철골량이 50kg/m^2 이하인 구조물

② **철골공사 시 안전작업방법 및 준수사항**

(가) 강풍, 폭우 등과 같은 악천우 시에는 작업을 중지하여야 하며 특히 강풍 시에는 높은 곳에 있는 부재나 공구류가 낙하·비래하지 않도록 조치하여야 한다.

(나) 철골부재 반입 시 시공 순서가 빠른 부재는 상단부에 위치하도록 한다.

(다) 구명줄 한 줄에 여러 명의 사람이 동시 사용하는 것을 금지하며, 마닐라 로프 직경 16mm를 기준하여 설치한다.

(라) 철골보의 두 곳을 매어 인양시킬 때 와이어로프의 내각은 60° 이하이어야 한다.

③ **승강로의 설치기준 :** 근로자가 수직 방향으로 이동하는 철골부재에는 답단 간격이 30cm 이내인 고정된 승강로를 설치하여야 한다.

(3) PC 공사 시 안전수칙

① **PC 말뚝 :** 프리스트레스를 도입하여 제작한 중공 원통상의 콘크리트로 PC 강선을 넣어 인장하는 방식인데 말뚝을 절단하면 PC 강선이 절단되어 내부응력을 상실한다.

6-3 운반 및 하역작업

(1) 운반작업 시 안전수칙

① **운반작업 시 주의사항**

(가) 운반 시의 시선은 진행 방향을 향하고, 뒷걸음 운반을 하여서는 안 된다.

(나) 무거운 물건을 운반할 때 무게중심이 높은 화물은 인력으로 운반하지 않는다.

㈐ 어깨 높이보다 높은 위치에서 화물을 들고 운반하여서는 안 된다.
㈑ 단독으로 긴 물건을 운반 시 앞쪽을 높게 하여 어깨에 메고 뒤쪽 끝을 끌면서 운반한다.

② 취급운반의 원칙

㈎ 차량계 하역운반기계 등에 화물의 적재 및 제한속도의 준수사항
- 하중이 한쪽으로 치우치지 않도록 균등하게 적재한다.
- 화물자동차의 경우 화물의 붕괴 또는 낙하에 의한 위험을 방지하기 위하여 화물에 로프를 거는 등 필요한 조치를 하여야 한다.
- 운전자의 시야를 가리지 않도록 화물을 적재하여야 한다.
- 화물을 적재하는 경우 최대 적재량을 초과하지 않아야 한다.
- 제한속도를 정하지 않아도 되는 차량계 건설기계의 속도기준은 최대 제한속도가 10km/h 이하이어야 한다.

㈏ 전도 등의 방지 : 사업주는 차량계 하역운반기계 등으로 작업을 할 때에 그 기계가 넘어지거나 굴러떨어짐으로써 근로자에게 위험을 미칠 우려가 있는 경우에는 그 기계를 유도하는 사람을 배치, 지반의 부동침하방지, 갓길 붕괴방지 조치를 하여야 한다.

㈐ 취급운반의 원칙
- 직선 및 연속운반을 할 것
- 운반작업을 집중화시킬 것
- 시간과 경비 등 운반방법을 고려할 것
- 생산을 최고로 하는 운반을 생각할 것

③ 인력과 기계운반작업

㈎ 인력운반작업
- 다품종 소량 취급 작업
- 취급물의 형상, 성질, 크기 등이 다양한 작업
- 검사 · 판독 · 판단이 필요한 작업
- 취급물이 경량물인 작업

㈏ 기계운반작업
- 단순하고 반복적인 작업
- 취급물이 중량물인 작업
- 표준화되어 있어 지속적이고 운반량이 많은 작업
- 취급물의 형상, 성질, 크기 등이 일정한 작업

④ 인력운반 안전기준

㈎ 중량물의 무게는 25kg 정도의 적절한 무게로 무리한 운반을 금지한다.

㈏ 2인 이상의 팀이 되어 어깨메기로 운반하는 등 안전하게 운반한다.

㈐ 가늘고 긴 물건을 운반 시 앞쪽을 높게 하여 어깨에 메고 뒤쪽 끝을 끌면서 운반한다.

㈑ 여러 개의 물건을 운반 시 묶어서 운반한다.

㈒ 내려놓을 때는 던지지 말고 천천히 내려놓는다.

㈓ 공동작업 시 신호에 따라 작업한다.

⑤ 중량물을 운반할 때의 자세

㈎ 허리는 늘 곧게 펴고 팔, 다리, 복부의 근력을 이용하도록 한다.

㈏ 중량은 남자 체중의 40% 이하, 여자 체중의 24% 이하가 적당하다.

㈐ 물건은 최대한 몸 가까이에서 잡고 들어 올리도록 한다.

㈑ 화물을 싣고 내릴 때 작업지휘자를 지정하는 화물의 무게는 100kg 이상이다.

⑥ 요통방지 대책

㈎ 적절한 작업량 조절

㈏ 장비를 최대한 사용

㈐ 취급시간과 휴식시간의 조절

㈑ 교육, 훈련을 통한 방지

㈒ 작업환경의 최적화

(2) 하역작업 시 안전수칙

① **통행설비의 설치** : 갑판의 윗면에서 선창 밑바닥까지의 깊이가 최소 1.5m를 초과할 경우 근로자가 안전하게 통행할 수 있는 설비를 설치하여야 한다.

② 항만 하역작업에서의 선박승강설비 설치기준

㈎ 300톤급 이상의 선박에서 하역작업을 하는 경우에 근로자들이 안전하게 오르내릴 수 있는 현문 사다리를 설치하여야 하며, 이 사다리 밑에 안전망을 설치하여야 한다.

㈏ 현문 사다리는 견고한 재료로 제작된 것으로 너비는 55cm 이상이어야 한다.

㈐ 현문 사다리의 양측에는 82cm 이상의 높이로 울타리를 설치하여야 한다.

㈑ 현문 사다리는 근로자의 통행에만 사용하여야 하며, 화물용으로 사용을 금지한다.

③ 화물취급작업과 관련한 위험방지를 위한 조치

㈎ 하역작업을 하는 장소의 작업장 및 통로는 안전하게 작업할 수 있는 조명을 유지한다.

㈏ 하역작업을 하는 부두 또는 안벽의 선을 따라 통로를 설치하는 경우에는 폭을 90cm 이상으로 한다.

㈐ 차량 등에서 근로자에게 쌓여 있는 화물 중간에서 화물을 빼내도록 하지 말아야 한다.

㈑ 꼬임이 끊어진 섬유로프 등을 화물운반용 또는 고정용으로 사용하지 말아야 한다.

㈒ 사업주는 바닥으로부터 짐 윗면까지의 높이가 2m 이상인 화물자동차에 짐을 싣는 작업 또는 내리는 작업을 하는 경우에는 근로자가 오르내리기 위한 설비를 설치하여야 한다.

㈓ 포대, 가마니 등의 용기로 포장된 화물이 바닥으로부터 높이가 2m 이상이 되는 경우에는 인접 하적단과의 간격을 하적단 밑부분에서 10cm 이상으로 하여야 한다.

④ 화물취급작업 안전수칙

㈎ 단위화물의 무게가 100kg 이상인 화물을 싣거나 내리는 작업에서의 작업지휘자 준수사항

- 작업 순서 및 그 순서마다의 작업방법을 정하고 작업을 지휘할 것
- 기구와 공구를 점검하고 불량품을 제거할 것
- 해당 작업을 하는 장소에 관계 근로자가 아닌 사람이 출입하는 것을 금지할 것
- 로프 풀기 또는 덮개 벗기기 작업은 화물이 떨어질 위험이 없는지 확인 후에 할 것

㈏ 리프트 조립 · 해체작업 시 작업지휘자 업무

- 작업방법과 근로자의 배치를 결정하고 해당 작업을 지휘하는 일
- 재료의 결함 유무 또는 기구 및 공구의 기능을 점검하고 불량품을 제거하는 일
- 작업 중 안전대 등 보호구의 착용상황을 감시하는 일

산 업 안 전 기 사 Part 2

과년도 출제문제

(2018~2022)

2018년도(1회차) 출제문제

산업안전기사

1과목 안전관리론

1. 기업 내 정형교육 중 TWI(Training Within Industry)의 교육내용이 아닌 것은?

① Job Method Training
② Job Relation Training
③ Job Instruction Training
④ Job Standardization Training

해설 TWI 교육내용 4가지
- 작업방법훈련(Job Method Training ; JMT) : 작업방법 개선
- 작업지도훈련(Job Instruction Training ; JIT) : 작업지시
- 인간관계훈련(Job Relations Training ; JRT) : 부하직원 리드
- 작업안전훈련(Job Safety Training ; JST) : 안전한 작업

2. 재해사례 연구의 진행 단계 중 다음 (   ) 안에 알맞은 것은?

> 재해 상황의 파악 → (㉠) → (㉡) → 근본적 문제점의 결정 → (㉢)

① ㉠ 사실의 확인, ㉡ 문제점의 발견, ㉢ 대책 수립
② ㉠ 문제점의 발견, ㉡ 사실의 확인, ㉢ 대책 수립
③ ㉠ 사실의 확인, ㉡ 대책 수립, ㉢ 문제점의 발결
④ ㉠ 문제점의 발견, ㉡ 대책 수립, ㉢ 사실의 확인

해설 재해사례 연구의 진행 단계

1단계	2단계	3단계	4단계	5단계
상황 파악	사실 확인	문제점 발견	문제점 결정	대책 수립

3. 교육심리학의 학습이론에 관한 설명 중 옳은 것은?

① 파블로프(Pavlov)의 조건반사설은 맹목적 시행을 반복하는 가운데 자극과 반응이 결합하여 행동하는 것이다.
② 레빈(Lewin)의 장설은 후천적으로 얻게 되는 반사작용으로 행동을 발생시킨다는 것이다.
③ 톨만(Tolman)의 기호형태설은 학습자의 머리 속에 인지적 지도 같은 인지구조를 바탕으로 학습하려는 것이다.
④ 손다이크(Thorndike)의 시행착오설은 내적, 외적의 전체구조를 새로운 시점에서 파악하여 행동하는 것이다.

해설 교육심리학의 학습이론
- 파블로프 : Pavlov 조건반사설의 원리는 시간의 원리, 강도의 원리, 일관성의 원리, 계속성의 원리로 일정한 자극을 반복하여 자극만 주어지면 조건적으로 반응하게 된다.
- 레빈 : 장설은 선천적으로 인간은 특정 목표를 추구하려는 내적긴장에 의해 행동을 발생시킨다는 것이다.
- 톨만 : 기호형태설은 학습자의 머리 속에 인지적 지도 같은 인지구조를 바탕으로 학습하려는 것이다.
- 손다이크 : 시행착오설에 의한 학습의 원칙은 연습의 원칙, 효과의 원칙, 준비성의 원칙으로 맹목적 연습과 시행을 반복하는

정답 1. ④ 2. ① 3. ③

가운데 자극과 반응이 결합하여 행동하는 것이다.

4. 레윈(Lewin)의 법칙 $B=f(P \cdot E)$ 중 B가 의미하는 것은?

① 인간관계 ② 행동
③ 환경 ④ 함수

해설 인간의 행동은 $B=f(P \cdot E)$의 상호 함수 관계에 있다.

5. 학습지도의 형태 중 몇 사람의 전문가에 의해 과정에 관한 견해를 발표하고 참가자로 하여금 의견이나 질문을 하게 하는 토의 방식은?

① 포럼(forum)
② 심포지엄(symposium)
③ 버즈세션(buzz session)
④ 자유토의법(free discussion method)

해설 • 포럼 : 새로운 자료나 교재를 제시하고 문제점을 피교육자로 하여금 제기하게 하여 토의하는 방법이다.
• 심포지엄 : 몇 사람의 전문가에 의하여 과제에 관한 견해를 발표하고 참가자로 하여금 의견이나 질문을 하게 하여 토의하는 방법이다.
• 버즈세션(6-6 회의) : 6명의 소집단별로 자유토의를 행하여 의견을 종합하는 방법이다.
• 패널 디스커션 : 패널멤버가 피교육자 앞에서 토의하고, 이어 피교육자 전원이 참여하여 토의하는 방법이다.

6. 산업안전보건법령상 지방고용노동관서의 장이 사업주에게 안전관리자 · 보건관리자 또는 안전보건관리 담당자를 정수 이상으로 증원하게 하거나 교체하여 임명할 것을 명할 수 있는 경우의 기준 중 다음 ( ) 안에 알맞은 것은? (관련 규정 개정 전 문제로 여기서는 기존 정답인 1번을 누르면 정답 처리됩니다. 자세한 내용은 해설을 참고하세요.)

> • 중대 재해가 연간 (㉠)건 이상 발생한 경우
> • 해당 사업장의 연간 재해율이 같은 업종의 평균 재해율의 (㉡)배 이상인 경우

① ㉠ 3, ㉡ 2 ② ㉠ 2, ㉡ 3
③ ㉠ 2, ㉡ 2 ④ ㉠ 3, ㉡ 3

해설 안전관리자 등의 증원
• 교체임명 명령 사업장
• 해당 사업장의 연간 재해율이 같은 업종의 평균 재해율의 2배 이상인 경우
• 중대 재해가 연간 2건 이상 발생한 경우
• 관리자가 질병이나 그 밖의 사유로 3개월 이상 직무를 수행할 수 없게 된 경우
• 화학적 인자로 인한 직업성 질병자가 연간 3명 이상 발생한 경우

7. 하인리히(Heinrich)의 재해구성비율에 따른 58건의 경상이 발생한 경우 무상해 사고는 몇 건이 발생하겠는가?

① 58건 ② 116건 ③ 600건 ④ 900건

해설

하인리히의 법칙	1 : 29 : 300
$X \times 2$	2 : 58 : 600

8. 상해 정도별 분류 중 의사의 진단으로 일정 기간 정규 노동에 종사할 수 없는 상해에 해당하는 것은?

① 영구 일부 노동 불능상해
② 일시 전 노동 불능상해
③ 영구 전 노동 불능상해
④ 구급처치상해

정답 4. ② 5. ② 6. ③ 7. ③ 8. ②

해설 근로 불능상해의 종류(ILO 기준)
- 영구 일부 노동 불능상해 : 부상 결과로 신체 부분의 일부가 노동 기능을 상실한 부상(신체장해등급 4~14급에 해당)
- 영구 전 노동 불능상해 : 부상 결과로 노동 기능을 완전히 잃게 되는 부상(신체장해등급 1~3급에 해당), 노동손실일수 7500일
- 일시 전 노동 불능상해 : 의사의 진단으로 일정 기간 정규 노동에 종사할 수 없는 상해
- 응급(구급)처치상해 : 부상을 입은 다음 치료(1일 미만)를 받고, 정상작업에 임할 수 있는 정도의 상해

9. 데이비스(Davis)의 동기부여 이론 중 동기유발의 식으로 옳은 것은?

① 지식×기능 ② 지식×태도
③ 상황×기능 ④ 상황×태도

해설 데이비스(Davis)의 동기부여 이론
- 경영의 성과=사람의 성과×물질의 성과
- 능력=지식×기능
- 동기유발=상황×태도
- 인간의 성과=능력×동기유발

10. 안전보건관리조직의 유형 중 스탭형(staff) 조직의 특징이 아닌 것은?

① 생산부문은 안전에 대한 책임과 권한이 없다.
② 권한 다툼이나 조정 때문에 통제수속이 복잡해지며 시간과 노력이 소모된다.
③ 생산부분에 협력하여 안전명령을 전달, 실시하므로 안전지시가 용이하지 않으며 안전과 생산을 별개로 취급하기 쉽다.
④ 명령계통과 조언, 권고적 참여가 혼동되기 쉽다.

해설 line and staff형 조직의 단점
- 명령계통과 조언, 권고적 참여가 혼동되기 쉽다.
- 스탭의 월권행위가 있을 수 있다.

11. 자율검사 프로그램을 인정받기 위해 보유하여야 할 검사장비의 이력카드 작성, 교정주기와 방법 설정 및 관리 등의 관리 주체는?

① 사업주
② 제조사
③ 안전관리전문기관
④ 안전보건관리 책임자

해설 사업주는 근로자 대표와 협의하여 검사방법, 주기 등을 충족하는 검사 프로그램, 안전에 관한 성능검사 등을 충족하는 자율 프로그램을 정하여 노동부장관의 인정을 받아 자율 프로그램의 관리 주체가 된다.
Tip) 자율안전 프로그램의 관리 주체 : 사업주

12. 다음의 방진마스크 형태로 옳은 것은?

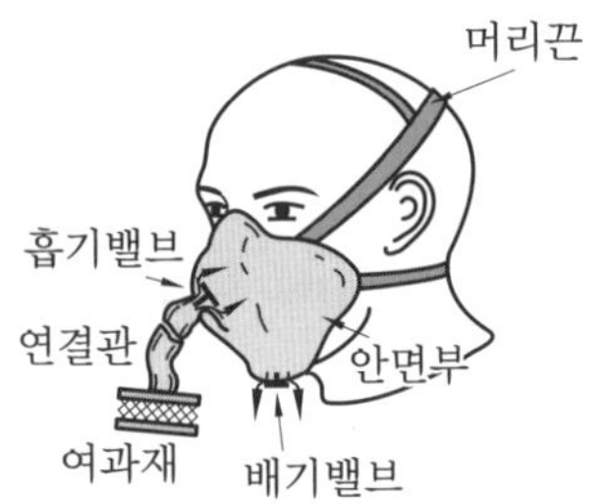

① 직결식 전면형 ② 직결식 반면형
③ 격리식 전면형 ④ 격리식 반면형

해설 방진마스크의 종류

직결식 전면형

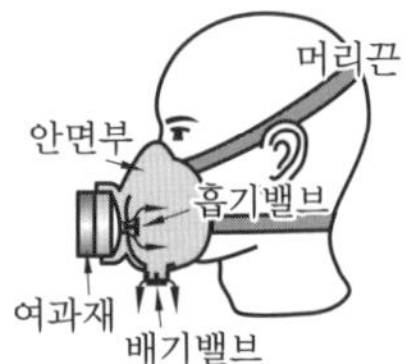

직결식 반면형

격리식 전면형

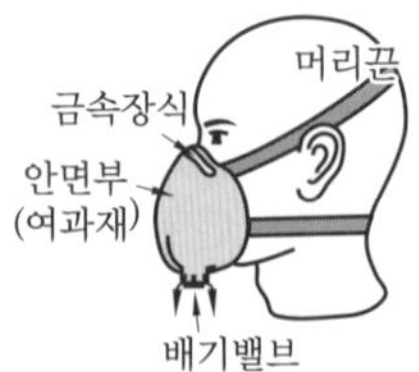

안면부 여과식

정답 9. ④ 10. ④ 11. ① 12. ④

① 성격(인간성) ② 지능
③ 인간의 연령 ④ 흥미

해설 작업자 적성요인은 성격(인간성), 지능, 흥미 등이다.

14. 산업안전보건법령상 근로자 안전 · 보건교육 기준 중 관리감독자 정기안전 · 보건교육의 교육 내용으로 옳은 것은? (단, 산업안전보건법 및 일반관리에 관한 사항은 제외한다.)

① 산업안전 및 사고예방에 관한 사항
② 사고발생 시 긴급 조치에 관한 사항
③ 건강증진 및 질병예방에 관한 사항
④ 산업보건 및 직업병 예방에 관한 사항

해설 ①, ③은 근로자의 정기안전 · 보건교육 내용, ②는 근로자 채용 시의 교육 내용

15. 산업안전보건법령상 안전 · 보건표지의 색채와 색도기준의 연결이 틀린 것은? (단, 색도기준은 한국산업표준(KS)에 따른 색의 3속성에 의한 표시방법에 따른다.)

① 빨간색 – 7.5R 4/14
② 노란색 – 5Y 8.5/12
③ 파란색 – 2.5PB 4/10
④ 흰색 – N0.5

해설 ④ 흰색 – N9.5

16. 강도율에 관한 설명 중 틀린 것은?

① 사망 및 영구 전 노동 불능(신체장해등급 1~3급)의 근로손실일수는 7500일로 환산한다.
② 신체장해등급 중 제14급은 근로손실일수를 50일로 환산한다.
③ 영구 일부 노동 불능은 신체장해등급에 따른 근로손실일수에 300/365를 곱하여 환산한다.
④ 일시 전 노동 불능은 휴업일수에 300/365를 곱하여 근로손실일수를 환산한다.

해설 • 근로손실일수

$$= \text{일시 전 노동 불능(휴업일수, 요양일수, 입원일수)} \times \frac{300(\text{실제근로일수})}{365}$$

$$\bullet \text{ 강도율} = \frac{\text{근로손실일수}}{\text{근로 총 시간 수}} \times 1000$$

17. 산업안전보건법령상 안전 · 보건표지의 종류 중 경고표지의 기본모형(형태)이 다른 것은?

① 폭발성물질 경고 ② 방사성물질 경고
③ 매달린 물체 경고 ④ 고압전기 경고

해설 인화물질, 산화성, 폭발성, 급성독성, 부식성, 발암성물질 경고는 마름모 모양 표지이며, 나머지는 삼각형 표지이다.

18. 석면 취급장소에서 사용하는 방진마스크의 등급으로 옳은 것은?

① 특급 ② 1급
③ 2급 ④ 3급

해설 방진마스크의 구분 및 사용장소

등급	사용장소
특급	• 베릴륨 등과 같이 독성이 강한 물질들을 함유한 분진 등 발생장소 • 석면 취급장소
1급	• 특급 마스크 착용장소를 제외한 분진 등 발생장소 • 금속흄 등과 같이 열적으로 생기는 분진 등 발생장소 • 기계적으로 생기는 분진 등 발생장소
2급	특급 및 1급 마스크 착용장소를 제외한 분진 등 발생장소
배기밸브가 없는 안면부 여과식 마스크는 특급 및 1급 장소에 사용해서는 안 된다.	

정답 13. ③ 14. ④ 15. ④ 16. ③ 17. ① 18. ①

19. 적응기제 중 도피기제의 유형이 아닌 것은?

① 합리화　　② 고립
③ 퇴행　　④ 억압

해설 ①은 방어기제(defense mechanism), ②, ③, ④는 도피기제(escape mechanism)

20. 생체리듬(bio rhythm) 중 일반적으로 33일을 주기로 반복되며, 상상력 · 사고력 · 기억력 또는 의지, 판단 및 비판력 등과 깊은 관련성을 갖는 리듬은?

① 육체적 리듬　　② 지성적 리듬
③ 감성적 리듬　　④ 생활 리듬

해설 생체리듬(bio rhythm)

- 육체적 리듬(P) : 23일 주기로 식욕, 소화력, 활동력, 지구력 등을 좌우하는 리듬
- 감성적 리듬(S) : 28일 주기로 주의력, 창조력, 예감 및 통찰력 등을 좌우하는 리듬
- 지성적 리듬(I) : 33일 주기로 상상력, 사고력, 기억력, 인지력, 판단력 등을 좌우하는 리듬

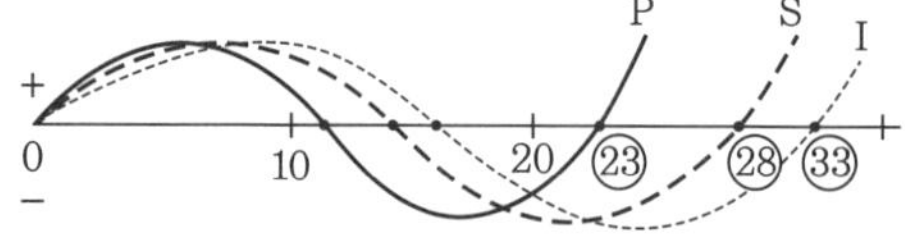

2과목 인간공학 및 시스템 안전공학

21. 에너지 대사율(RMR)에 대한 설명으로 틀린 것은?

① $RMR = \frac{\text{운동 대사량}}{\text{기초 대사량}}$
② 보통작업 시 RMR은 4~7임
③ 가벼운 작업 시 RMR은 0~2임
④ RMR
$= \frac{\text{운동 시 산소 소모량} - \text{안정 시 산소 소모량}}{\text{기초 대사량(산소 소비량)}}$

해설 작업강도의 에너지 대사율(RMR)

경작업	보통작업(中)	보통작업(重)	초중작업
0~2	2~4	4~7	7 이상

22. FMEA의 특징에 대한 설명으로 틀린 것은?

① 서브 시스템 분석 시 FTA보다 효과적이다.
② 시스템 해석 기법은 정성적 · 귀납적 분석법 등에 사용된다.
③ 각 요소 간 영향 해석이 어려워 2가지 이상 동시 고장은 해석이 곤란하다.
④ 양식이 비교적 간단하고 적은 노력으로 특별한 훈련 없이 해석이 가능하다.

해설 ① 서브 시스템 분석 시 FTA가 FMEA보다 효과적이다.

23. A사의 안전관리자는 자사 화학설비의 안전성 평가를 실시하고 있다. 그 중 제2단계인 정성적 평가를 진행하기 위하여 평가 항목을 설계 단계 대상과 운전관계 대상으로 분류하였을 때 설계관계 항목이 아닌 것은?

① 건조물　　② 공장 내 배치
③ 입지조건　　④ 원재료, 중간제품

해설 정성적 평가 : 설계관계(입지조건, 배치도, 소방설비, 공정기기 등), 운전관계(원재료, 중간제품, 운송, 저장 등)

24. 기계설비 고장 유형 중 기계의 초기결함을 찾아내 고장률을 안정시키는 기간은?

① 마모고장 기간
② 우발고장 기간
③ 에이징(aging) 기간
④ 디버깅(debugging) 기간

정답 19. ① 20. ② 21. ② 22. ① 23. ④ 24. ④

해설 디버깅(debugging) 기간 : 기계의 초기 결함을 찾아내 고장률을 안정시키는 기간

25. 들기 작업 시 요통재해 예방을 위하여 고려할 요소와 가장 거리가 먼 것은?

① 들기 빈도
② 작업자 신장
③ 손잡이 형상
④ 허리 비대칭 각도

해설 들기 작업 시 요통재해에 영향을 주는 요소 : 작업물의 무게, 수평거리, 수직거리, 비대칭 각도, 들기 빈도, 손잡이 등의 상태

26. 일반적으로 작업장에서 구성요소를 배치할 때, 공간의 배치 원칙에 속하지 않는 것은?

① 사용빈도의 원칙 ② 중요도의 원칙
③ 공정개선의 원칙 ④ 기능성의 원칙

해설 부품(공간)배치의 원칙
- 중요성(도)의 원칙(일반적 위치 결정)
- 사용빈도의 원칙(일반적 위치 결정)
- 기능별(성) 배치의 원칙(배치 결정)
- 사용 순서의 원칙(배치 결정)

27. 반사율이 60%인 작업 대상물에 대하여 근로자가 검사작업을 수행할 때 휘도(luminance)가 90 fL이라면 이 작업에서의 소요조명(fc)은 얼마인가?

① 75 ② 150
③ 200 ④ 300

해설 반사율(%)$=\dfrac{\text{광속발산도}(fL)}{\text{조명}(fc)}\times 100$이므로

$$\text{소요조명}(fc)=\frac{\text{광속발산도}}{\text{반사율}}\times 100$$

$$=\frac{90}{60}\times 100=150\text{fc}$$

28. 산업안전보건법령상 유해하거나 위험한 장소에서 사용하는 기계 · 기구 및 설비를 설치 · 이전하는 경우 유해 · 위험방지 계획서를 작성, 제출하여야 하는 대상이 아닌 것은?

① 화학설비 ② 금속 용해로
③ 건조설비 ④ 전기용접장치

해설 유해 · 위험방지 계획서의 제출대상 기계설비
- 금속 용해로, 가스집합 용접장치
- 화학설비, 건조설비, 분진작업 관련 설비
- 제조금지물질 또는 허가대상물질 관련 설비

29. 동작경제의 원칙에 해당하지 않는 것은?

① 공구의 기능을 각각 분리하여 사용하도록 한다.
② 두 팔의 동작은 동시에 서로 반대 방향으로 대칭적으로 움직이도록 한다.
③ 공구나 재료는 작업 동작이 원활하게 수행되도록 그 위치를 정해준다.
④ 가능하다면 쉽고도 자연스러운 리듬이 작업동작에 생기도록 작업을 배치한다.

해설 ① 공구의 기능은 결합하여 사용하도록 한다(공구 및 설비 디자인에 관한 원칙).

30. 휴먼 에러 예방 대책 중 인적 요인에 대한 대책이 아닌 것은?

① 설비 및 환경 개선
② 소집단 활동의 활성화
③ 작업에 대한 교육 및 훈련
④ 전문인력의 적재적소 배치

해설 휴먼에러 예방 대책
- 인적요소에 대한 대책
- 소집단 활동의 활성화
- 작업에 대한 교육 및 훈련
- 전문인력의 적재적소 배치

Tip) 설비 및 환경 개선은 물적 대책

정답 25. ② 26. ③ 27. ② 28. ④ 29. ① 30. ①

31. **다음 시스템에 대하여 톱사상(top event)에 도달할 수 있는 최소 컷셋(minimal cutsets)을 구할 때 올바른 집합은? (단, X_1, X_2, X_3, X_4는 각 부품의 고장확률을 의미하며 집합 X_1, X_2는 X_1 부품과 X_2 부품이 동시에 고장 나는 경우를 의미한다.)**

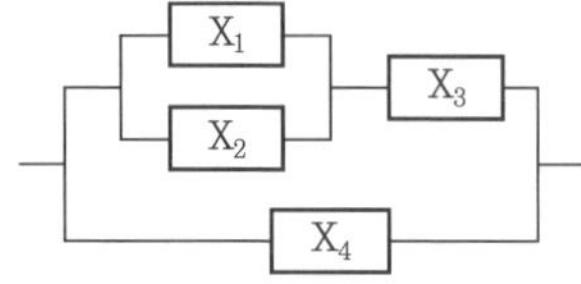

① $\{X_1, X_2\}, \{X_3, X_4\}$
② $\{X_1, X_3\}, \{X_2, X_4\}$
③ $\{X_1, X_2, X_4\}, \{X_3, X_4\}$
④ $\{X_1, X_3, X_4\}, \{X_2, X_3, X_4\}$

해설 최소 컷셋(minimal cut set)

$T = X_4 \times Y$

$T = (X_1X_2X_4)(X_3X_4)$

여기서, $Y = \frac{(X_1X_2)}{(X_3)}$

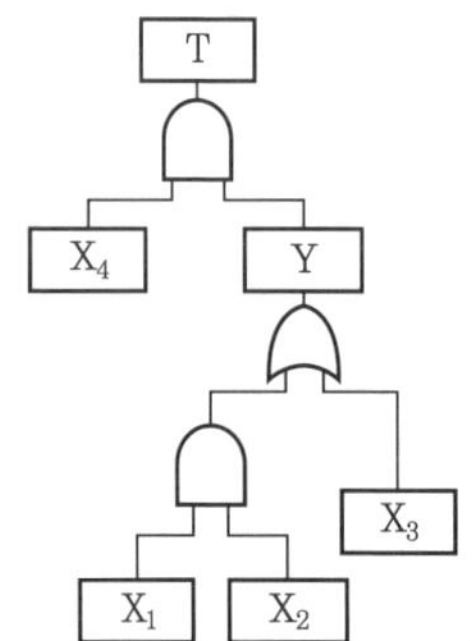

32. **운동관계의 양립성을 고려하여 동목(moving scale)형 표시장치를 바람직하게 설계한 것은?**

① 눈금과 손잡이가 같은 방향으로 회전하도록 설계한다.
② 눈금의 숫자는 우측으로 감소하도록 설계한다.
③ 꼭지의 시계 방향 회전이 지시치를 감소시키도록 설계한다.
④ 위의 세 가지 요건을 동시에 만족시키도록 설계한다.

해설 동목형 표시장치의 양립성이 큰 경우
- 눈금과 손잡이가 같은 방향으로 회전하도록 설계한다.
- 눈금의 숫자는 우측으로 증가하도록 설계한다.
- 꼭지의 시계 방향 회전이 지시치를 증가시키도록 설계한다.

33. **신뢰성과 보전성 개선을 목적으로 한 효과적인 보전기록자료에 해당하는 것은?**

① 자재관리표
② 주유지시서
③ 재고관리표
④ MTBF 분석표

해설 MTBF(평균고장간격 : mean time between failures) : 보전성 개선 목적(보전기록자료)

34. **[보기]의 실내면에서 빛의 반사율이 낮은 곳에서부터 높은 순서대로 나열한 것은?**

보기

A : 바닥　B : 천정　C : 가구　D : 벽

① A<B<C<D
② A<C<B<D
③ A<C<D<B
④ A<D<C<B

해설 옥내 조명반사율

바닥	가구, 책상	벽	천정
20~40%	25~40%	40~60%	80~90%

정답 31. ③　32. ①　33. ④　34. ③

35. 다음 시스템의 신뢰도는 얼마인가? (단, 각 요소의 신뢰도는 a, b가 각 0.8, c, d가 각 0.6이다.)

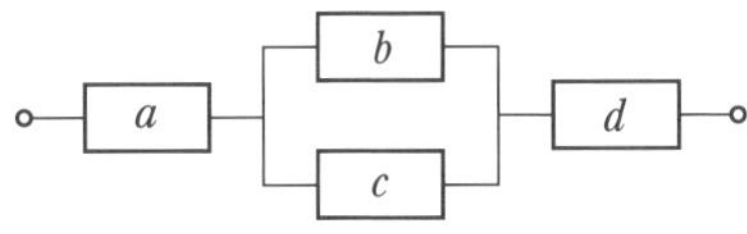

① 0.2245 ② 0.3754
③ 0.4416 ④ 0.5756

해설 $R_s = a \times \{1-(1-b)\times(1-c)\} \times d$
$= 0.8 \times \{1-(1-0.8)\times(1-0.6)\} \times 0.6$
$= 0.4416$

36. FTA(Fault Tree Analysis)에 사용되는 논리기호와 명칭이 올바르게 연결된 것은?

① : 전이기호 ② : 기본사상
③ : 통상사상 ④ : 결함사상

해설 FTA의 기호

기호	명칭	기호 설명
	생략 사상	정보 부족, 해석기술의 불충분으로 더 이상 전개할 수 없는 사상
	결함 사상	개별적인 결함사상(비정상적인 사건)
	통상 사상	통상적으로 발생이 예상되는 사상(예상되는 원인)
	기본 사상	더 이상 전개되지 않는 기본적인 사상
	전이 기호	다른 부분에 있는 게이트와의 연결관계를 나타내기 위한 기호

37. HAZOP 기법에서 사용하는 가이드 워드와 그 의미가 잘못 연결된 것은?

① Other Than : 기타 환경적인 요인
② No/Not : 디자인 의도의 완전한 부정
③ Reverse : 디자인 의도의 논리적 반대
④ More/Less : 정량적인 증가 또는 감소

해설 ① Other Than : 완전한 대체

38. 경계 및 경보신호의 설계지침으로 틀린 것은?

① 주의를 환기시키기 위하여 변조된 신호를 사용한다.
② 배경소음의 진동수와 다른 진동수의 신호를 사용한다.
③ 귀는 중음역에 민감하므로 500~3000 Hz의 진동수를 사용한다.
④ 300 m 이상의 장거리용으로는 1000 Hz를 초과하는 진동수를 사용한다.

해설 ④ 300m 이상의 장거리용으로는 1000Hz 이하의 진동수를 사용하며, 고음은 멀리가지 못한다.

39. 동작의 합리화를 위한 물리적 조건으로 적절하지 않은 것은?

① 고유 진동을 이용한다.
② 접촉면적을 크게 한다.
③ 대체로 마찰력을 감소시킨다.
④ 인체표면에 가해지는 힘을 적게 한다.

해설 동작의 합리화를 위한 물리적 조건
- 고유 진동을 이용한다.
- 인체 표면에 가해지는 힘을 적게 한다.
- 접촉면적을 작게 하여, 마찰력을 감소시킨다.

정답 35. ③ 36. ③ 37. ① 38. ④ 39. ②

40. 정량적 표시장치에 관한 설명으로 맞는 것은?

① 정확한 값을 읽어야 하는 경우 일반적으로 디지털보다 아날로그 표시장치가 유리하다.
② 동목(moving scale)형 아날로그 표시장치는 표시장치의 면적을 최소화할 수 있는 장점이 있다.
③ 연속적으로 변화하는 양을 나타내는 데에는 일반적으로 아날로그보다 디지털 표시장치가 유리하다.
④ 동침(moving pointer)형 아날로그 표시장치는 바늘의 진행 방향과 증감 속도에 대한 인식적인 암시신호를 얻는 것이 불가능한 단점이 있다.

해설 ① 정확한 값을 읽어야 하는 경우에는 아날로그보다 디지털 표시장치가 유리하다.
③ 연속적으로 변화하는 양을 나타내는 데에는 일반적으로 디지털보다 아날로그 표시장치가 유리하다.
④ 동침(moving pointer)형 아날로그 표시장치는 바늘의 진행 방향과 증감 속도에 대한 인식적인 암시신호를 얻는 것이 장점이다.

3과목 기계 위험방지 기술

41. 로봇의 작동범위 내에서 그 로봇에 관하여 교시 등(로봇의 동력원을 차단하고 행하는 것을 제외한다)의 작업을 행하는 때 작업 시작 전 점검사항으로 옳은 것은?

① 과부하방지장치의 이상 유무
② 압력제한 스위치 등의 기능의 이상 유무
③ 외부 전선의 피복 또는 외장의 손상 유무
④ 권과방지장치의 이상 유무

해설 ①, ④는 크레인의 방호장치,
②는 보일러의 방호장치

42. 방사선 투과검사에서 투과사진에 영향을 미치는 인자는 크게 콘트라스트(명암도)와 명료도로 나누어 검토할 수 있다. 다음 중 투과사진의 콘트라스트(명암도)에 영향을 미치는 인자에 속하지 않는 것은?

① 방사선의 선질
② 필름의 종류
③ 현상액의 강도
④ 초점-필름간 거리

해설 콘트라스트에 영향을 미치는 인자 : 방사선의 선질, 필름의 종류, 현상액의 강도, 산란 방사선의 양

43. [보기]와 같은 기계요소가 단독으로 발생시키는 위험점은?

보기
밀링커터, 둥근톱날

① 협착점 ② 끼임점
③ 절단점 ④ 물림점

해설 절단점 : 회전하는 운동부 자체(단독)의 위험이나 운동하는 기계 부분 자체(단독)의 위험에서 초래되는 위험점이다.

44. 프레스 및 전단기에서 위험한계 내에서 작업하는 작업자의 안전을 위하여 안전블록의 사용 등 필요한 조치를 취해야 한다. 다음 중 안전블록을 사용해야 하는 작업으로 가장 거리가 먼 것은?

① 금형 가공작업 ② 금형 해체작업
③ 금형 부착작업 ④ 금형 조정작업

해설 안전블록 : 프레스 등의 금형을 부착·해체 또는 조정하는 작업을 할 때에 작업자의 신체가 위험한계 내에 있는 경우 슬라이드가 갑자기 작동함으로써 작업자에게 발생할 우려가 있는 위험을 방지하기 위하여 사용한다.

정답 40. ② 41. ③ 42. ④ 43. ③ 44. ①

45. **아세틸렌 용접장치를 사용하여 금속의 용접·용단 또는 가열작업을 하는 경우 아세틸렌을 발생시키는 게이지 압력은 최대 몇 kPa 이하이어야 하는가?**

① 17 ② 88
③ 127 ④ 210

해설 아세틸렌 용접장치 게이지 압력은 최대 127 kPa 이하이어야 한다.

46. **산업안전보건법령상 프레스 작업시작 전 점검해야 할 사항에 해당하는 것은?**

① 언로드 밸브의 기능
② 하역장치 및 유압장치 기능
③ 권과방지장치 및 그 밖의 경보장치의 기능
④ 1행정 1정지기구·급정지장치 및 비상정지장치의 기능

해설 ① 언로드 밸브의 기능은 공기압축기의 방호장치
② 하역장치 및 유압장치의 기능은 지게차(구내운반차) 작업시작 전 점검사항
③ 권과방지장치는 크레인의 방호장치

47. **화물중량이 200 kgf, 지게차의 중량이 400 kgf, 앞바퀴에서 화물의 무게중심까지의 최단거리가 1 m일 때 지게차의 무게중심까지 최단거리는 최소 몇 m를 초과해야 하는가?**

① 0.2 m ② 0.5 m
③ 1 m ④ 2 m

해설 $W \times a < G \times b$

$\rightarrow 200 \times 1 < 400 \times b$

$\rightarrow \frac{200}{400} < b \quad \therefore b > 0.5\,\text{m}$

여기서, W : 화물 중심에서의 화물의 중량
G : 지게차의 중량
a : 앞바퀴에서 화물 중심까지의 거리
b : 앞바퀴에서 지게차 중심까지의 거리

48. **다음 중 셰이퍼에서 근로자의 보호를 위한 방호장치가 아닌 것은?**

① 방책 ② 칩 받이
③ 칸막이 ④ 급속귀환장치

해설 방호장치(플레이너 셰이퍼·슬로터)는 칩 받이, 방책(방호울), 칸막이 등이다.

Tip) 급속귀환장치는 오가는 두 방향의 운동 시간이 각각 다른 왕복 운동기구

49. **지게차 및 구내운반차의 작업시작 전 점검사항이 아닌 것은?**

① 버킷, 디퍼 등의 이상 유무
② 제동장치 및 조종장치 기능의 이상 유무
③ 하역장치 및 유압장치
④ 전조등, 후미등, 경보장치 기능의 이상 유무

해설 지게차(구내운반차) 작업시작 전 점검사항
- 바퀴의 이상 유무
- 제동장치 및 조종장치 기능의 이상 유무
- 하역장치 및 유압장치 기능의 이상 유무
- 전조등·후미등·방향지시기 및 경보장치 기능의 이상 유무

50. **다음 중 선반에서 절삭가공 시 발생하는 칩을 짧게 끊어지도록 공구에 설치되어 있는 방호장치의 일종인 칩 제거기구를 무엇이라 하는가?**

① 칩 브레이커 ② 칩 받침
③ 칩 쉴드 ④ 칩 커터

해설 칩 브레이커는 유동형 칩을 짧게 끊어주는 안전장치이다.

51. **아세틸렌 용접장치에 사용하는 역화방지기에서 요구되는 일반적인 구조로 옳지 않은 것은?**

① 재사용 시 안전에 우려가 있으므로 바로 폐기하도록 하여야 한다.

정답 45. ③ 46. ④ 47. ② 48. ④ 49. ① 50. ① 51. ①

② 다듬질 면이 매끈하고 사용상 지장이 있는 부식, 흠, 균열 등이 없어야 한다.
③ 가스의 흐름 방향은 지워지지 않도록 돌출 또는 각인하여 표시하여야 한다.
④ 소염소자는 금망, 소결금속, 스틸울(steel wool), 다공성 금속물 또는 이와 동등 이상의 소염성능을 갖는 것이어야 한다.

해설 ① 아세틸렌 용접장치의 역화방지기는 역화방지 후 복원이 되어 계속 사용할 수 있는 구조이다.

52. 초음파 탐상법의 종류에 해당하지 않는 것은?

① 반사식 ② 투과식
③ 공진식 ④ 침투식

해설 초음파 탐상법의 종류에는 반사식, 투과식, 공진식이 있다.

53. 다음 목재가공용 기계에 사용되는 방호장치의 연결이 옳지 않은 것은?

① 둥근톱기계 : 톱날 접촉예방장치
② 띠톱기계 : 날 접촉예방장치
③ 모떼기기계 : 날 접촉예방장치
④ 동력식 수동대패기계 : 반발예방장치

해설 동력식 수동대패기계 : 날 접촉예방장치
Tip) 목재가공용 둥근톱기계 : 반발예방장치

54. 급정지기구가 부착되어 있지 않아도 유효한 프레스의 방호장치로 옳지 않은 것은?

① 양수기동식 ② 가드식
③ 손쳐내기식 ④ 양수조작식

해설 • 급정지기구가 부착되어 있어야만 유효한 방호장치
㉠ 양수조작식 방호장치
㉡ 감응식 방호장치

• 급정지기구가 부착되어 있지 않아도 유효한 방호장치
㉠ 양수기동식 방호장치
㉡ 게이트 가드식 방호장치
㉢ 수인식 방호장치
㉣ 손쳐내기식 방호장치

55. 인장강도가 350 MPa인 강판의 안전율이 4라면 허용응력은 몇 N/mm^2인가?

① 76.4 ② 87.5
③ 98.7 ④ 102.3

해설 허용응력 $= \dfrac{\text{인장강도}}{\text{안전율}} = \dfrac{350}{4}$

$= 87.5\,MPa = 87.5\,N/mm^2$

여기서, $Pa = N/m^2$, $MPa = N/mm^2$

56. 그림과 같이 50 kN의 중량물을 와이어로프를 이용하여 상부에 60°의 각도가 되도록 들어 올릴 때, 로프 하나에 걸리는 하중(T)은 약 몇 kN인가?

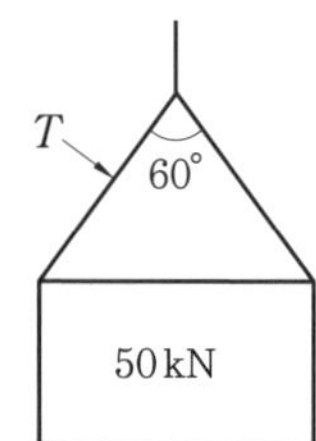

① 16.8 ② 24.5 ③ 28.9 ④ 37.9

해설 하중 $T = \dfrac{W}{2} \div \cos\dfrac{\theta}{2}$

$= \dfrac{50}{2} \div \cos\dfrac{60}{2} = 28.86\,kN$

여기서, W : 물체의 무게(kg)
θ : 로프의 각도(°)

57. 다음 중 휴대용 동력 드릴 작업 시 안전사항에 관한 설명으로 틀린 것은?

정답 52. ④ 53. ④ 54. ④ 55. ② 56. ③ 57. ③

① 드릴의 손잡이를 견고하게 잡고 작업하여 드릴 손잡이 부위가 회전하지 않고 확실하게 제어 가능하도록 한다.
② 절삭하기 위하여 구멍에 드릴날을 넣거나 뺄 때 반발에 의하여 손잡이 부분이 튀거나 회전하여 위험을 초래하지 않도록 팔을 드릴과 직선으로 유지한다.
③ 드릴이나 리머를 고정시키거나 제거하고자 할 때 금속성 망치 등을 사용하여 확실히 고정 또는 제거한다.
④ 드릴을 구멍에 맞추거나 스핀들의 속도를 낮추기 위해서 드릴날을 손으로 잡아서는 안 된다.

해설 ③ 드릴이나 리머를 고정시키거나 제거하고자 할 때 드릴척 핸들 또는 드릴 뽑기를 사용하여 확실히 고정 또는 제거한다.

58. 보일러에서 폭발사고를 미연에 방지하기 위해 화염상태를 검출할 수 있는 장치가 필요하다. 이 중 바이메탈을 이용하여 화염을 검출하는 것은?

① 프레임 아이 ② 스택 스위치
③ 전자개폐기 ④ 프레임 로드

해설 바이메탈을 이용한 화염검출은 스택 스위치로 한다.

59. 밀링작업 시 안전수칙에 관한 설명으로 옳지 않은 것은?

① 칩은 기계를 정지시킨 다음에 브러시 등으로 제거한다.
② 일감 또는 부속장치 등을 설치하거나 제거할 때는 반드시 기계를 정지시키고 작업한다.
③ 커터는 될 수 있는 한 컬럼에서 멀게 설치한다.
④ 강력 절삭을 할 때는 일감을 바이스에 깊게 물린다.

해설 ③ 커터는 될 수 있는 한 컬럼에 가깝게 설치한다.

60. 다음 중 방호장치의 기본목적과 가장 관계가 먼 것은?

① 작업자의 보호
② 기계기능의 향상
③ 인적 · 물적손실의 방지
④ 기계 위험 부위의 접촉방지

해설 방호장치 기본목적
• 작업자 보호
• 인적 · 물적손실의 방지
• 기계 위험 부위 접촉방지

4과목 전기 위험방지 기술

61. 화재 · 폭발 위험분위기의 생성방지 방법으로 옳지 않은 것은?

① 폭발성 가스의 누설방지
② 가연성 가스의 방출방지
③ 폭발성 가스의 체류방지
④ 폭발성 가스의 옥내 체류

해설 화재 · 폭발방지 방법은 누설방지, 방출방지, 체류방지이다.

62. 우리나라에서 사용하고 있는 전압(교류와 직류)을 크기에 따라 구분한 것으로 알맞은 것은?

① 저압 : 직류는 750V 이하
② 저압 : 교류는 1000V 이하
③ 고압 : 직류는 1000V를 초과하고, 6kV 이하
④ 고압 : 교류는 750V를 초과하고, 6kV 이하

정답 58. ② 59. ③ 60. ② 61. ④ 62. ②

해설 전압의 분류

분류	직류	교류
저압	1500V 이하	1000V 이하
고압	1500V 초과 7000V 이하	1000V 초과 7000V 이하
특고압	7000V 초과	7000V 초과

63. 내압 방폭구조의 주요 시험항목이 아닌 것은?

① 폭발강도 ② 인화시험
③ 절연시험 ④ 기계적 강도시험

해설 내압 방폭용기의 시험항목
- 폭발압력 측정
- 폭발강도시험(강도시험)
- 인화시험
- 기계적 강도시험

64. 교류아크 용접기의 접점방식(magnet식)의 전격방지장치에서 기동시간과 용접기 2차 측 무부하 전압(V)을 바르게 표현한 것은?

① 0.06초 이내, 25V 이하
② 1±0.3초 이내, 25V 이하
③ 2±0.3초 이내, 50V 이하
④ 1.5±0.06초 이내, 50V 이하

해설 자동전격 방지장치의 무부하 전압은 1±0.3초 이내에 2차 무부하 전압을 25V 이내로 내려준다.

65. 누전차단기의 시설방법 중 옳지 않은 것은?

① 시설장소는 배전반 또는 분전반 내에 설치한다.
② 정격전류 용량은 해당 전로의 부하전류값 이상이어야 한다.
③ 정격감도전류는 정상의 사용상태에서 불필요하게 동작하지 않도록 한다.
④ 인체감전 보호형은 0.05초 이내에 동작하는 고감도 고속형이어야 한다.

해설 ④ 인체감전 보호형은 0.03초 이내, 정격감도전류는 30mA 이하이어야 한다.

66. 방폭 전기기기의 온도등급에서 기호 T2의 의미로 맞는 것은?

① 최고 표면온도의 허용치가 135℃ 이하인 것
② 최고 표면온도의 허용치가 200℃ 이하인 것
③ 최고 표면온도의 허용치가 300℃ 이하인 것
④ 최고 표면온도의 허용치가 450℃ 이하인 것

해설 ③ 온도등급 T2의 최고 표면온도는 200℃ 초과 300℃ 이하이다.

67. 사업장에서 많이 사용되고 있는 이동식 전기기계 · 기구의 안전 대책으로 가장 거리가 먼 것은?

① 충전부 전체를 절연한다.
② 절연이 불량인 경우 접지저항을 측정한다.
③ 금속제 외함이 있는 경우 접지를 한다.
④ 습기가 많은 장소는 누전차단기를 설치한다.

해설 ② 절연이 불량인 경우 접지 또는 누전차단기를 설치하여 예방한다.

68. 감전사고를 방지하기 위해 허용보폭전압에 대한 수식으로 맞는 것은?

- E : 허용보폭전압
- R_b : 인체의 저항
- ρ_s : 지표상층 저항률
- I_k : 심실세동전류

① $E=(R_b+3\rho_s)I_k$
② $E=(R_b+4\rho_s)I_k$

정답 63. ③ 64. ② 65. ④ 66. ③ 67. ② 68. ④

③ $E=(R_b+5\rho_s)I_k$
④ $E=(R_b+6\rho_s)I_k$

해설 • 허용보폭전압$(E)=(R_b+6\rho_s)I_k$

• 허용접촉전압$(V)=IR=I_k\times\left(R_b+\frac{3}{2}\rho_s\right)$

여기서, 전류$(I_k)=\frac{0.165}{\sqrt{T}}$[A]

R_b : 인체저항(Ω)

ρ_s : 지표상층 저항률(Ω · m)

69. 인체저항이 5000Ω이고, 전류가 3mA가 흘렀다. 인체의 정전용량이 0.1μF라면 인체에 대전된 정전하는 몇 μC인가?

① 0.5　② 1.0
③ 1.5　④ 2.0

해설 인체 정전하
㉠ $V=IR=3\times10^{-3}\times5000=15\text{V}$
㉡ $Q=CV=0.1\times15=1.5\mu\text{C}$

70. 저압전로의 절연성능 시험에서 전로의 사용전압이 380V인 경우 전로의 전선 상호간 및 전로와 대지 사이의 절연저항은 최소 몇 MΩ 이상이어야 하는가?

① 0.4MΩ　② 0.3MΩ
③ 0.2MΩ　④ 0.1MΩ

해설 전로의 절연(저압전로의 절연저항)

전로의 사용전압		절연저항
400V 이하	대지전압이 150V 이하인 경우	0.1MΩ
	대지전압이 150V 초과 300V 이하의 경우	0.2MΩ
	대지전압이 300V 초과 400V 이하의 경우	0.3MΩ
대지전압이 400V 초과인 경우		0.4MΩ

71. 방폭 전기기기의 등급에서 위험장소의 등급 분류에 해당되지 않는 것은?

① 3종 장소
② 2종 장소
③ 1종 장소
④ 0종 장소

해설 위험장소 등급 분류
• 가스폭발 위험장소 : 0종, 1종, 2종
• 분진폭발 위험장소 : 20종, 21종, 22종

72. 다음은 무슨 현상을 설명한 것인가?

> 전위차가 있는 2개의 대전체가 특정 거리에 접근하게 되면 등전위가 되기 위하여 전하가 절연 공간을 깨고 순간적으로 빛과 열을 발생하며 이동하는 현상

① 대전　② 충전
③ 방전　④ 열전

해설 방전에 대한 설명이다.

73. 다음 그림은 심장맥동주기를 나타낸 것이다. T파는 어떤 경우인가?

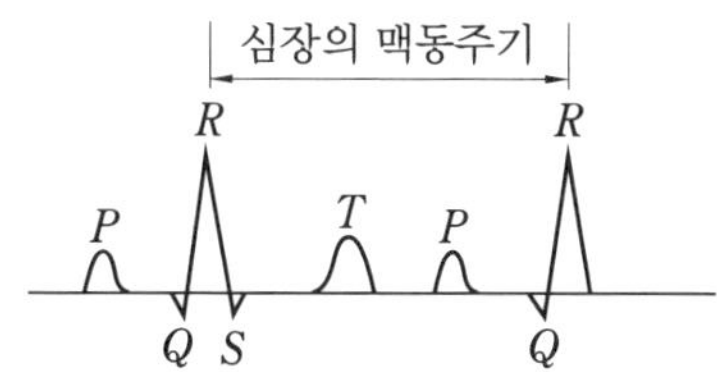

① 심방의 수축에 따른 파형
② 심실의 수축에 따른 파형
③ 심실의 휴식 시 발생하는 파형
④ 심방의 휴식 시 발생하는 파형

해설 심장맥동주기
P : 심방수축, $Q-R-S$: 심실수축, T : 심실의 수축 종료 후 휴식 시 발생, $R-R$: 심장의 맥동주기

정답 69. ③　70. ②　71. ①　72. ③　73. ③

74. 교류 아크 용접기의 자동전격 방지장치는 전격의 위험을 방지하기 위하여 아크 발생이 중단된 후 약 1초 이내에 출력 측 무부하 전압을 자동적으로 몇 V 이하로 저하시켜야 하는가?

① 85 ② 70 ③ 50 ④ 25

해설 자동전격 방지장치의 무부하 전압은 1±0.3초 이내에 2차 무부하 전압을 25V 이내로 내려준다.

75. 인체의 대부분이 수중에 있는 상태에서 허용접촉전압은 몇 V 이하인가?

① 2.5V ② 25V ③ 30V ④ 50V

해설 종별 허용접촉전압

- 제1종(2.5V 이하) : 인체의 대부분이 수중에 있는 상태
- 제2종(25V 이하) : 인체가 많이 젖어 있는 상태, 금속제 전기기계장치나 구조물에 인체의 일부가 상시 접촉되어 있는 상태
- 제3종(50V 이하) : 제1종, 제2종 이외의 경우로서 통상적인 인체상태에 있어서 접촉전압이 가해지면 위험성이 높은 상태
- 제4종(제한 없음) : 제1종, 제2종 이외의 경우로서 통상적인 인체상태에 있어서 접촉전압이 가해져도 위험성이 낮은 상태

76. 우리나라의 안전전압으로 볼 수 있는 것은 약 몇 V인가?

① 30V ② 50V ③ 60V ④ 70V

해설 각국의 안전전압(V)

국가명	전압(V)	국가명	전압(V)
한국	30	일본	24~30
독일	24	네덜란드	50
영국	24	스위스	36

77. 22.9kV 충전전로에 대해 필수적으로 작업자와 이격시켜야 하는 접근한계거리는?

① 45cm ② 60cm
③ 90cm ④ 110cm

해설 충전전로 한계거리

충전전로의 전압(kV)	접근한계거리(cm)
0.3 이하	접촉금지
0.3 초과 0.75 이하	30
0.75 초과 2 이하	45
2 초과 15 이하	60
15 초과 37 이하	90
37 초과 88 이하	110
88 초과 121 이하	130
121 초과 145 이하	150

78. 개폐조작 시 안전절차에 따른 차단 순서와 투입 순서로 가장 올바른 것은?

인입 ㉠ DS ㉡ VCB ㉢ DS 부하

① 차단 ㉡ → ㉠ → ㉢, 투입 ㉠ → ㉡ → ㉢
② 차단 ㉡ → ㉢ → ㉠, 투입 ㉠ → ㉡ → ㉢
③ 차단 ㉡ → ㉠ → ㉢, 투입 ㉢ → ㉡ → ㉠
④ 차단 ㉡ → ㉢ → ㉠, 투입 ㉢ → ㉠ → ㉡

해설 유입차단기의 작동 순서

- 차단 순서 : 전원 차단 시 VCB를 먼저 차단하고, 단로기는 부하 측을 차단하는 것이 안전하다.
- 투입 순서 : 전원 투입 시 단로기를 먼저 투입하고, VCB를 투입하는 것이 안전하다.

79. 정전기에 대한 설명으로 가장 옳은 것은?

① 전하의 공간적 이동이 크고, 자계의 효과가 전계의 효과에 비해 매우 큰 전기

정답 74. ④ 75. ① 76. ① 77. ③ 78. ④ 79. ④

② 전하의 공간적 이동이 크고, 자계의 효과와 전계의 효과를 서로 비교할 수 없는 전기
③ 전하의 공간적 이동이 적고, 전계의 효과와 자계의 효과가 서로 비슷한 전기
④ 전하의 공간적 이동이 적고, 자계의 효과가 전계에 비해 무시할 정도의 적은 전기

해설 정전기는 전하의 공간적 이동이 적고, 전류에 의한 자계의 효과가 정전기 자체에 보유하고 있는 전계에 비해 무시할 정도의 적은 전기를 말한다.

80. 인체저항을 500Ω이라 한다면, 심실세동을 일으키는 위험한계에너지는 약 몇 J인가? (단, 심실세동전류값 $I=\frac{165}{\sqrt{T}}$[mA]의 Dalziel의 식을 이용하며, 통전시간은 1초로 한다.)

① 11.5 ② 13.6
③ 15.3 ④ 16.2

해설 $Q=I^2RT=\left(\frac{165}{\sqrt{1}}\times10^{-3}\right)^2\times500\times1$
$=165^2\times10^{-6}\times500=13.61\text{J}$
여기서, I : 전류, R : 저항, T : 시간

5과목 화학설비 위험방지 기술

81. 다음 물질 중 물에 가장 잘 용해되는 것은?

① 아세톤 ② 벤젠
③ 톨루엔 ④ 휘발유

해설 아세톤은 물에 잘 녹는 유기용매로서 달콤한 냄새가 나는 투명한 무색 액체이다. 페인트 및 매니큐어 제거제의 용제로 사용된다.

82. 다음 중 최소 발화에너지가 가장 작은 가연성 가스는?

① 수소 ② 메탄
③ 에탄 ④ 프로판

해설 수소＜프로판＜메탄＜에탄

83. 안전설계의 기초에 있어 기상폭발 대책을 예방 대책, 긴급 대책, 방호 대책으로 나눌 때, 다음 중 방호 대책과 가장 관계가 깊은 것은?

① 경보
② 발화의 저지
③ 방폭벽과 안전거리
④ 가연조건의 성립 저지

해설 ①은 긴급 대책, ②, ④는 예방 대책

84. 공정안전 보고서 중 공정안전자료에 포함하여야 할 세부 내용에 해당하는 것은?

① 비상조치계획에 따른 교육계획
② 안전운전 지침서
③ 각종 건물 · 설비의 배치도
④ 도급업체 안전관리계획

해설 ①은 비상조치계획서, ②, ④는 안전운전계획서

85. 다음 중 물질에 대한 저장방법으로 잘못된 것은?

① 나트륨－유동 파라핀 속에 저장
② 니트로 글리세린－강산화제 속에 저장
③ 적린－냉암소에 격리 저장
④ 칼륨－등유 속에 저장

해설 니트로 글리세린 : 에틸알코올 또는 이소프로필 알코올에 적셔 습면상태로 저장

정답 80. ② 81. ① 82. ① 83. ③ 84. ③ 85. ②

86. 화학설비 가운데 분체화학물질 분리장치에 해당하지 않는 것은?

① 건조기 ② 분쇄기
③ 유동탑 ④ 결정조

해설 • 분체화학물질의 분리장치
㉠ 결정조 ㉡ 유동탑 ㉢ 탈습기 ㉣ 건조기
• 분체화학물질의 취급장치 : 분쇄기

87. 특수화학설비를 설치할 때 내부의 이상 상태를 조기에 파악하기 위하여 필요한 계측장치로 가장 거리가 먼 것은?

① 압력계 ② 유량계
③ 온도계 ④ 비중계

해설 특수화학설비 계측장치 : 온도계, 압력계, 유량계 등
Tip) 비중계 : 물체의 비중을 측정하는 계기

88. 위험물 또는 위험물이 발생하는 물질을 가열 · 건조하는 경우 내용적이 몇 m^3 이상인 건조설비인 경우 건조실을 설치하는 건축물의 구조를 독립된 단층건물로 하여야 하는가? (단, 건조실을 건축물의 최상층에 설치하거나 건축물이 내화구조인 경우는 제외한다.)

① 1 ② 10 ③ 100 ④ 1000

해설 건축물의 위험물 건조설비 구조
• 위험물 또는 위험물이 발생하는 물질을 가열 · 건조하는 경우 내용적이 $1m^3$ 이상인 건조설비
• 위험물이 아닌 물질을 가열 · 건조하는 경우로서 다음 각 목의 1의 용량에 해당하는 건조설비
㉠ 고체 또는 액체연료의 최대사용량이 시간당 10kg 이상
㉡ 기체연료의 최대사용량이 시간당 $1m^3$ 이상
㉢ 전기사용 정격용량이 10kW 이상

89. 공기 중에서 폭발범위가 12.5~74vol%인 일산화탄소의 위험도는 얼마인가?

① 4.92 ② 5.26
③ 6.26 ④ 7.05

해설 위험도$(H)=\dfrac{U-L}{L}=\dfrac{74-12.5}{12.5}=4.92$

90. 숯, 코크스, 목탄의 대표적인 연소형태는?

① 혼합연소
② 증발연소
③ 표면연소
④ 비혼합연소

해설 표면연소 : 물질 그 자체가 연소하는 고체 표면에서 연소가 일어나며, 숯, 코크스, 목탄, 알루미늄박, 마그네슘 등의 고체연소이다.

91. 다음 중 자연발화가 가장 쉽게 일어나기 위한 조건에 해당하는 것은?

① 큰 열전도율
② 고온, 다습한 환경
③ 표면적이 작은 물질
④ 공기의 이동이 많은 장소

해설 자연발화 조건
• 발열량이 크고, 열전도율이 작을 것
• 표면적이 넓고, 주위의 온도가 높을 것
• 수분이 적당량 존재할 것

92. 위험물에 관한 설명으로 틀린 것은?

① 이황화탄소의 인화점은 0℃보다 낮다.
② 과염소산은 쉽게 연소되는 가연성 물질이다.
③ 황린은 물속에 저장한다.
④ 알킬알루미늄은 물과 격렬하게 반응한다.

해설 ② 과염소산은 조연성 물질이며, 산화성 액체 및 산화성 고체이다.

정답 86. ② 87. ④ 88. ① 89. ① 90. ③ 91. ② 92. ②

93. 물과 반응하여 가연성 기체를 발생하는 것은?

① 프크린산 ② 이황화탄소
③ 칼륨 ④ 과산화칼륨

해설 칼륨(K)은 물 또는 산과 접촉하면 수소가스를 발생한다.

94. 프로판(C_3H_8)의 연소하한계가 2.2vol%일 때 연소를 위한 최소 산소농도(MOC)는 몇 vol%인가?

① 5.0 ② 7.0 ③ 9.0 ④ 11.0

해설 최소 산소농도

$$=폭발하한계\times\frac{산소\ 몰수}{연료\ 몰수}$$

$$=2.2\times\frac{5}{1}=11.0\text{vol\%}$$

95. 다음 중 유기과산화물로 분류되는 것은?

① 메틸에틸케톤 ② 과망간산칼륨
③ 과산화마그네슘 ④ 과산화벤조일

해설 ① 메틸에틸케톤 : 제1석유류
② 과망간산칼륨 : 산화성 고체
③ 과산화마그네슘 : 무기과산화물

96. 연소이론에 대한 설명으로 틀린 것은?

① 착화온도가 낮을수록 연소위험이 크다.
② 인화점이 낮은 물질은 반드시 착화점도 낮다.
③ 인화점이 낮을수록 일반적으로 연소위험이 크다.
④ 연소범위가 넓을수록 연소위험이 크다.

해설 ② 인화점이 낮은 물질은 반드시 착화점도 낮은 것은 아니다.

97. 디에틸에테르의 연소범위에 가장 가까운 값은?

① 2~10.4% ② 1.9~48%
③ 2.5~15% ④ 1.5~7.8%

해설 디에틸에테르($C_2H_5OC_2H_5$)

인화점	착화점	증기비중	연소범위
−45℃	180℃	2.55	1.9~48%

98. 송풍기의 회전차 속도가 1300rpm일 때 송풍량이 분당 300m^{3}였다. 송풍량을 분당 400m^{3}으로 증가시키고자 한다면 송풍기의 회전차 속도는 약 몇 rpm으로 하여야 하는가?

① 1533 ② 1733 ③ 1967 ④ 2167

해설 송풍기 회전차 속도

$$\frac{N_2}{N_1}=\frac{Q_2}{Q_1}$$

$$\therefore\ N_2=N_1\times\frac{Q_2}{Q_1}=1300\times\frac{400}{300}$$

$$=1733.33\text{rpm}$$

99. 다음 중 물과 반응하였을 때 흡열반응을 나타내는 것은?

① 질산암모늄 ② 탄화칼슘
③ 나트륨 ④ 과산화칼륨

해설 질산암모늄(NH_4NO_3)은 물과 반응하였을 때 흡열반응이 강하게 일어난다.

100. 다음 중 노출기준(TWA)이 가장 낮은 물질은?

① 염소 ② 암모니아
③ 에탄올 ④ 메탄올

해설 허용 노출기준(TWA)

유해물질	화학식	ppm	mg/m^3
에탄올	C_2H_5OH	1000	1900
메탄올	CH_3OH	200	260
암모니아	NH_3	25	18
염소	Cl_2	1	1.5

정답 93. ③ 94. ④ 95. ④ 96. ② 97. ② 98. ② 99. ① 100. ①

6과목 건설안전기술

101. 보통 흙의 건지를 다음 그림과 같이 굴착하고자 한다. 굴착면의 기울기를 1 : 0.5로 하고자 할 경우 L의 길이로 옳은 것은?

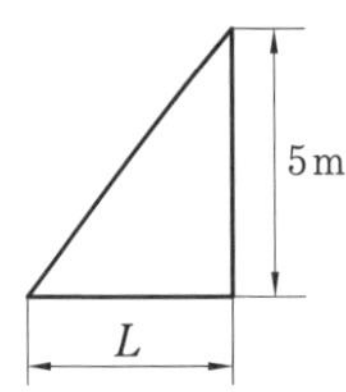

① 2m ② 2.5m
③ 5m ④ 10m

해설 $1:0.5=5:L$
$\rightarrow L=0.5\times 5=2.5\text{m}$

102. 흙막이 지보공을 조립하는 경우 미리 조립도를 작성하여야 하는데 이 조립도에 명시되어야 할 사항과 가장 거리가 먼 것은?

① 부재의 배치 ② 부재의 치수
③ 부재의 긴압정도 ④ 설치방법과 순서

해설 흙막이 조립도 명시사항
- 부재의 배치
- 부재의 치수
- 부재의 재질
- 설치방법과 순서

Tip) ③은 흙막이 지보공 정기점검사항

103. 미리 작업장소의 지형 및 지반상태 등에 적합한 제한속도를 정하지 않아도 되는 차량계 건설기계의 속도기준은?

① 최대 제한속도가 10km/h 이하
② 최대 제한속도가 20km/h 이하
③ 최대 제한속도가 30km/h 이하
④ 최대 제한속도가 40km/h 이하

해설 미리 제한속도를 정하지 않아도 되는 차량계 건설기계의 속도기준은 최대 제한속도가 10km/h 이하인 경우이다.

104. 터널공사에서 발파작업 시 안전 대책으로 옳지 않은 것은?

① 발파 전 도화선 연결상태, 저항치 조사 등의 목적으로 도통시험 실시 및 발파기의 작동상태에 대한 사전점검 실시
② 모든 동력선은 발원점으로부터 최소한 15m 이상 후방으로 옮길 것
③ 지질, 암의 절리 등에 따라 화약량에 대한 검토 및 시방기준과 대비하여 안전조치 실시
④ 발파용 점화회선은 타동력선 및 조명회선과 한 곳으로 통합하여 관리

해설 ④ 발파용 점화회선은 타동력선 및 조명회선과 각각 분리하여 관리한다.

105. 달비계의 최대 적재하중을 정함에 있어서 활용하는 안전계수의 기준으로 옳은 것은? (단, 곤돌라의 달비계를 제외한다.)

① 달기 와이어로프 : 5 이상
② 달기강선 : 5 이상
③ 달기체인 : 3 이상
④ 달기훅 : 5 이상

해설 ① 달기 와이어로프 : 10 이상, ② 달기강선 : 10 이상, ③ 달기 체인 : 5 이상

106. 다음 보기의 (   ) 안에 알맞은 내용은?

보기
동바리로 사용하는 파이프 서포트의 높이가 (   )m를 초과하는 경우에는 높이 2m 이내마다 수평 연결재를 2개 방향으로 만들고 수평 연결재의 변위를 방지할 것

① 3 ② 3.5 ③ 4 ④ 4.5

해설 높이가 3.5m를 초과할 경우에는 높이 2m 이내마다 수평 연결재를 2개 방향으로 만들고 수평 연결재의 변위를 방지할 것

정답 101. ② 102. ③ 103. ① 104. ④ 105. ④ 106. ②

107. 건립 중 강풍에 의한 풍압 등 외압에 대한 내력이 설계에 고려되었는지 확인하여야 하는 철골 구조물이 아닌 것은?

① 단면이 일정한 구조물
② 기둥이 타이 플레이트형인 구조물
③ 이음부가 현장용접인 구조물
④ 구조물의 폭과 높이의 비가 1 : 4 이상인 구조물

해설 ① 건물 등에서 단면구조에 현저한 차이가 있는 구조물

108. 건설업 산업안전보건관리비 중 안전시설비로 사용할 수 없는 것은?

① 안전통로
② 비계에 추가 설치하는 추락방지용 안전난간
③ 사다리 전도방지장치
④ 통로의 낙하물 방호선반

해설 안전통로(각종 비계, 작업발판, 가설계단·통로, 사다리 등)는 안전시설비로 사용할 수 없다.

109. 터널 등의 건설작업을 하는 경우에 낙반 등에 의하여 근로자가 위험해질 우려가 있는 경우에 필요한 조치와 가장 거리가 먼 것은?

① 터널지보공을 설치한다.
② 록볼트를 설치한다.
③ 환기, 조명시설을 설치한다.
④ 부석을 제거한다.

해설 터널작업 시 낙반 등에 의한 근로자 위험방지 조치사항은 터널지보공 설치, 록볼트 설치, 부석의 제거 등이다.

110. 강관을 사용하여 비계를 구성하는 경우 준수해야 할 사항으로 옳지 않은 것은?

① 비계기둥의 간격은 띠장 방향에서는 1.5m 이상 1.8m 이하, 장선 방향에서는 1.5m 이하로 할 것
② 띠장 간격은 1.5m 이하로 설치하되, 첫 번째 띠장은 지상으로부터 2m 이하의 위치에 설치할 것
③ 비계기둥의 제일 윗부분으로부터 31m 되는 지점 밑부분의 비계기둥은 3개의 강관으로 묶어 세울 것
④ 비계기둥 간의 적재하중은 400kg을 초과하지 않도록 할 것

해설 ③ 비계기둥의 제일 윗부분으로부터 31m 되는 지점 밑부분의 비계기둥은 2개의 강관으로 묶어 세울 것

111. 이동식 비계 조립 및 사용 시 준수사항으로 옳지 않은 것은?

① 비계의 최상부에서 작업을 하는 경우에는 안전난간을 설치할 것
② 승강용 사다리는 견고하게 설치할 것
③ 작업발판은 항상 수평을 유지하고 작업발판 위에서 작업을 위한 거리가 부족할 경우에는 받침대 또는 사다리를 사용할 것
④ 작업발판의 최대 적재하중은 250kg을 초과하지 않도록 할 것

해설 ③ 작업발판 위에서 작업을 위한 받침대 또는 사다리를 사용하면 위험하다.

112. 유해·위험방지를 위한 방호조치를 하지 아니하고는 양도, 대여, 설치 또는 사용에 제동하거나, 양도·대여를 목적으로 진열해서는 아니 되는 기계·기구에 해당하지 않는 것은?

① 지게차 ② 공기압축기
③ 원심기 ④ 덤프트럭

정답 107. ① 108. ① 109. ③ 110. ③ 111. ③ 112. ④

해설 방호조치를 하지 아니하고는 양도 · 대여를 목적으로 진열해서는 아니 되는 기계 · 기구
- 예초기 : 날 접촉예방장치
- 원심기 : 회전체 접촉예방장치
- 공기압축기 : 압력방출장치
- 금속절단기 : 날 접촉예방장치
- 지게차 : 헤드가드, 백레스트, 전조등, 후미등, 안전벨트
- 포장기계(진공포장기, 래핑기로 한정한다) : 구동부 방호 연동장치

113. 화물운반하역 작업 중 걸이작업에 관한 설명으로 옳지 않은 것은?

① 와이어로프 등은 크레인의 후크 중심에 걸어야 한다.
② 인양 물체의 안정을 위하여 2줄 걸이 이상을 사용하여야 한다.
③ 매다는 각도는 60° 이상으로 하여야 한다.
④ 근로자를 매달린 물체 위에 탑승시키지 않아야 한다.

해설 ③ 매다는 각도는 60° 이하로 한다.

114. 거푸집 동바리 등을 조립하는 경우에 준수하여야 할 사항으로 옳지 않은 것은?

① 깔목의 사용, 콘크리트 타설, 말뚝박기 등 동바리의 침하를 방지하기 위한 조치를 할 것
② 개구부 상부에 동바리를 설치하는 경우에는 상부하중을 견딜 수 있는 견고한 받침대를 설치할 것
③ 거푸집이 곡면인 경우에는 버팀대의 부착등 그 거푸집의 부상을 방지하기 위한 조치를 할 것
④ 동바리의 이음은 맞댄이음이나 장부이음을 피할 것

해설 ④ 동바리의 이음은 맞댄이음이나 장부이음으로 하고, 같은 품질의 재료를 사용할 것

115. 사업의 종류가 건설업이고, 공사금액이 850억 원일 경우 산업안전보건법령에 따른 안전관리자를 최소 몇 명 이상 두어야 하는가? (단, 상시근로자는 600명으로 가정)

① 1명 이상
② 2명 이상
③ 3명 이상
④ 4명 이상

해설 건설업의 안전관리자 선임기준

공사금액	인원
50억 원 이상 800억 원 미만	1
800억 원 이상 1500억 원 미만	2
1500억 원 이상 2200억 원 미만	3
2200억 원 이상 3000억 원 미만	4

116. 선박에서 하역작업 시 근로자들이 안전하게 오르내릴 수 있는 현문 사다리 및 안전망을 설치하여야 하는 것은 선박이 최소 몇 톤급 이상일 경우인가?

① 500톤급
② 300톤급
③ 200톤급
④ 100톤급

해설 현문 사다리의 선박 설치기준
- 톤급 규격 : 300t급 이상
- 현문 사다리의 너비 : 55cm 이상
- 현문 사다리의 방책 높이 : 82cm 이상

117. 타워크레인을 와이어로프로 지지하는 경우에 준수해야 할 사항으로 옳지 않은 것은?

① 와이어로프를 고정하기 위한 전용 지지프레임을 사용할 것
② 와이어로프 설치각도는 수평면에서 60° 이상으로 하되, 지지점은 4개소 미만으로 할 것

정답 113. ③ 114. ④ 115. ② 116. ② 117. ②

③ 와이어로프와 그 고정 부위는 충분한 강도와 장력을 갖도록 설치할 것
④ 와이어로프가 가공전선에 근접하지 않도록 할 것

해설 ② 와이어로프 설치각도는 수평면에서 60° 이내로 하되, 지지점은 4개소 이상으로 할 것

118. **터널붕괴를 방지하기 위한 지보공에 대한 점검사항과 가장 거리가 먼 것은?**

① 부재의 긴압 정도
② 부재의 손상 · 변형 · 부식 · 변위 탈락의 유무 및 상태
③ 기둥침하의 유무 및 상태
④ 경보장치의 작동상태

해설 ④는 터널작업의 작업시작 전 점검사항

119. **작업 중이던 미장공이 상부에서 떨어지는 공구에 의해 상해를 입었다면 어느 부분에 대한 결함이 있었겠는가?**

① 작업대 설치
② 작업방법
③ 낙하물 방지시설 설치
④ 비계 설치

해설 상부에서 떨어지는 공구에 의해 상해를 입었다면 낙하물 방지시설 설치에 결함이 있다.

120. **이동식 크레인을 사용하여 작업을 할 때 작업시작 전 점검사항이 아닌 것은?**

① 주행로의 상측 및 트롤리(trolley)가 횡행하는 레일의 상태
② 권과방지장치 그 밖의 경보장치의 기능
③ 브레이크 · 클러치 및 조정장치의 기능
④ 와이어로프가 통하고 있는 곳 및 작업장소의 지반상태

해설 ①은 크레인 작업시작 전 점검사항이다.

정답 118. ④ 119. ③ 120. ①

2018년도(2회차) 출제문제

산업안전기사

1과목 안전관리론

1. 6~12명의 구성원으로 타인의 비판 없이 자유로운 토론을 통하여 다량의 독창적인 아이디어를 이끌어내고, 대안적 해결안을 찾기 위한 집단적 사고기법은?

① role playing ② brain storming
③ action playing ④ fish bowl playing

해설 집중발상법(Brain Storming : BS)
- 구성원들의 잠재의식을 일깨워 자유로이 아이디어를 개발하자는 토의식 아이디어 개발기법
- 독창적인 아이디어를 이끌어내고, 대안적 해결안을 찾기 위한 집단적 사고기법

2. 재해의 발생형태 중 다음 그림이 나타내는 것은?

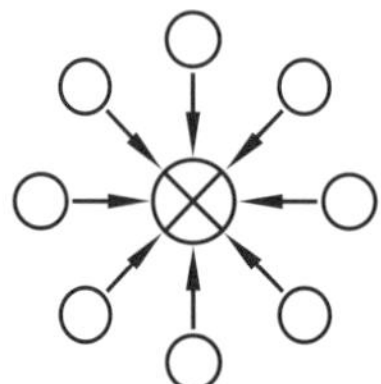

① 단순연쇄형 ② 복합연쇄형
③ 단순자극형 ④ 복합형

해설 산업재해의 발생형태(mechanism)
- 단순연쇄형 :
- 복합연쇄형 :
- 복합형 :

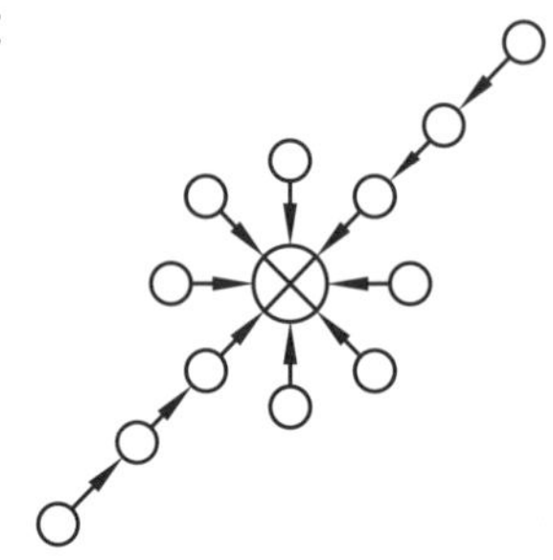

3. 산업안전보건법령상 근로자에 대한 일반건강진단의 실시 시기기준으로 옳은 것은?

① 사무직에 종사하는 근로자 : 1년에 1회 이상
② 사무직에 종사하는 근로자 : 2년에 1회 이상
③ 사무직 외의 업무에 종사하는 근로자 : 6개월에 1회 이상
④ 사무직 외의 업무에 종사하는 근로자 : 2년에 1회 이상

해설 사무직에 종사하는 근로자는 2년에 1회 이상이며, 사무직 외 근로자는 1년에 1회 이상 실시한다.

4. 재해통계에 있어 강도율이 2.0인 경우에 대한 설명으로 옳은 것은?

① 한 건의 재해로 인해 전체 작업비용의 2.0%에 해당하는 손실이 발생하였다.
② 근로자 1000명당 2.0건의 재해가 발생하였다.
③ 근로시간 1000시간당 2.0건의 재해가 발생하였다.
④ 근로시간 1000시간당 2.0일의 근로손실이 발생하였다.

해설 • 강도율 2는 근로시간 1000시간당 2.0일의 근로손실이 발생한다는 뜻이다.

정답 1. ② 2. ③ 3. ② 4. ④

• 강도율 $= \frac{\text{근로손실일수}}{\text{근로 총 시간 수}} \times 1000$

5. 산업안전보건법령상 교육대상별 교육내용 중 관리감독자의 정기안전보건교육 내용이 아닌 것은? (단, 산업안전보건법 및 일반관리에 관한 사항은 제외한다.)

① 산업안전제도에 관한 사항
② 산업보건 및 직업병 예방에 관한 사항
③ 유해 · 위험 작업환경 관리에 관한 사항
④ 표준 안전작업방법 및 지도요령에 관한 사항

해설 ① 산업안전보건법령 및 산업재해보상보험 제도에 관한 사항은 근로자와 관리감독자의 정기안전보건교육 내용이다.

6. Off JT(Off the Job Training)의 특징으로 옳은 것은?

① 훈련에만 전념할 수 있다.
② 상호 신뢰 및 이해도가 높아진다.
③ 개개인에게 적절한 지도훈련이 가능하다.
④ 직장의 설정에 맞게 실제적 훈련이 가능하다.

해설 ②, ③, ④는 O.J.T 교육의 특징

7. 산업안전보건법령상 안전보건표지의 종류 중 다음 안전보건표지의 명칭은?

① 화물적재금지
② 차량통행금지
③ 물체이동금지
④ 화물출입금지

해설 금지표지의 종류

출입금지	보행금지	차량통행금지	탑승금지

화기금지	사용금지	물체이동금지	금연

8. AE형 안전모에 있어 내전압성 이란 최대 몇 V 이하의 전압에 견디는 것을 말하는가?

① 750 ② 1000 ③ 3000 ④ 7000

해설 안전모의 내전압성(AE, ABE)은 7000V 이하의 전압에 견디는 것

9. 안전점검의 종류 중 태풍, 폭우 등에 의한 침수, 지진 등의 천재지변이 발생한 경우나 이상사태 발생 시 관리자나 감독자가 기계 · 기구, 설비 등의 기능상 이상 유무에 대하여 점검하는 것은?

① 일상점검 ② 정기점검
③ 특별점검 ④ 수시점검

해설 안전점검의 종류

- 정기점검 : 일정한 기간마다 정기적으로 실시하는 법적기준으로 책임자가 실시
- 수시점검 : 매일 작업 전 · 후, 작업 중 일상적으로 실시, 작업자, 책임자, 관리감독자가 실시
- 특별점검 : 기계 · 기구, 설비의 신설, 변경 또는 중대 재해(태풍, 지진 등) 발생 직후 등 비정기적으로 실시, 책임자가 실시
- 임시점검 : 임시로 실시하는 점검

10. 재해발생의 직접원인 중 불안전한 상태가 아닌 것은?

① 불안전한 인양
② 부적절한 보호구
③ 결함 있는 기계설비
④ 불안전한 방호장치

정답 5. ① 6. ① 7. ③ 8. ④ 9. ③ 10. ①

해설 불안전한 상태는 부적절한 보호구, 결함 있는 기계설비, 불안전한 방호장치이다.
Tip) 불안전한 인양은 불안전한 행동이다.

11. 매슬로우(Maslow)의 욕구단계 이론 중 제2단계 욕구에 해당하는 것은?

① 자아실현의 욕구 ② 안전에 대한 욕구
③ 사회적 욕구 ④ 생리적 욕구

해설 매슬로우의 욕구 5단계 이론

제1단계	생리적 욕구
제2단계	안전의 욕구
제3단계	사회적 욕구
제4단계	존경의 욕구
제5단계	자아실현의 욕구

12. 대뇌의 human error로 인한 착오요인이 아닌 것은?

① 인지과정 착오 ② 조치과정 착오
③ 판단과정 착오 ④ 행동과정 착오

해설 사람의 착오요인
- 인지과정 착오 : 생리 · 심리적 능력의 한계 등
- 판단과정 착오 : 합리화, 능력 부족 등
- 조작과정 착오 : 조치 과정 착오 등
- 심리 : 불안, 공포, 과로 등

13. 주의의 수준이 phase 0인 상태에서의 의식상태로 옳은 것은?

① 무의식 상태
② 의식의 이완상태
③ 명료한 상태
④ 과긴장 상태

해설 주의의 수준이 phase 0인 상태는 무신경, 실신(무의식 상태)이다.

14. 생체리듬의 변화에 대한 설명으로 틀린 것은?

① 야간에는 체중이 감소한다.
② 야간에는 말초운동 기능이 저하된다.
③ 체온, 혈압, 맥박수는 주간에 상승하고 야간에 감소한다.
④ 혈액의 수분과 염분량은 주간에 증가하고 야간에 감소한다.

해설 ④ 혈액의 수분과 염분량은 주간에 감소하고 야간에 상승한다.

15. 어떤 사업장의 상시근로자 1000명이 작업 중 2명의 사망자와 의사진단에 의한 휴업일수 90일 손실을 가져온 경우의 강도율은? (단, 1일 8시간, 연 300일 근무)

① 7.32 ② 6.28 ③ 8.12 ④ 5.92

해설 $$\text{강도율} = \frac{\text{근로손실일수}}{\text{근로 총 시간 수}} \times 1000$$

$$= \frac{(2\times 7500)+\left(90\times\frac{300}{365}\right)}{1000\times 2400} \times 1000 = 6.28$$

16. 교육심리학의 기본이론 중 학습지도의 원리가 아닌 것은?

① 직관의 원리 ② 개별화의 원리
③ 계속성의 원리 ④ 사회화의 원리

해설 학습지도의 원리
- 자발성의 원리
- 개별화의 원리
- 목적의 원리
- 사회화의 원리
- 통합의 원리
- 직관의 원리
- 생활화의 원리
- 자연화의 원리

17. 안전보건교육계획에 포함하여야 할 사항이 아닌 것은?

① 교육의 종류 및 대상
② 교육의 과목 및 내용

정답 11. ② 12. ④ 13. ① 14. ④ 15. ② 16. ③ 17. ④

③ 교육장소 및 방법
④ 교육지도안

해설 안전보건교육계획에 포함해야 할 사항
- 교육 목표설정
- 교육장소 및 교육방법
- 교육의 종류 및 대상
- 교육의 과목 및 교육 내용
- 강사, 조교 편성
- 소요 예산 산정

Tip) 교육지도안은 교육의 준비사항이다.

18. 인간관계의 매커니즘 중 다른 사람의 행동 양식이나 태도를 투입시키거나 다른 사람 가운데서 자기와 비슷한 것을 발견하는 것은?

① 동일화　② 일체화
③ 투사　④ 공감

해설 동일화 : 다른 사람의 행동 양식이나 태도를 투입시키거나 다른 사람 가운데서 자기와 비슷한 점을 발견하는 것

19. 유기화합물용 방독마스크의 시험가스의 종류가 아닌 것은?

① 염소가스 또는 증기
② 사이클로헥산
③ 디메틸에테르
④ 이소부탄

해설 유기화합물용 시험가스는 사이클로헥산(C_6H_{12}), 디메틸에테르(CH_3OCH_3), 이소부탄(C_4H_{10})이다.

20. line-staff형 안전보건관리조직에 관한 특징이 아닌 것은?

① 조직원 전원을 자율적으로 안전활동에 참여시킬 수 있다.
② 스탭의 월권행위의 경우가 있으며 라인이 스탭에 의존 또는 활용되지 않는 경우가 있다.
③ 생산부문은 안전에 대한 책임과 권한이 없다.
④ 명령계통과 조언, 권고적 참여가 혼동되기 쉽다.

해설 ③은 staff형의 단점이다.

2과목 인간공학 및 시스템 안전공학

21. 스트레스에 반응하는 신체의 변화로 맞는 것은?

① 혈소판이나 혈액응고 인자가 증가한다.
② 더 많은 산소를 얻기 위해 호흡이 느려진다.
③ 중요한 장기인 뇌 · 심장 · 근육으로 가는 혈류가 감소한다.
④ 상황 판단과 빠른 행동 대응을 위해 감각기관은 매우 둔감해진다.

해설 ② 더 많은 산소를 얻기 위해 호흡이 빨라진다.
③ 중요한 장기인 뇌 · 심장 · 근육으로 가는 혈류가 증가한다.
④ 상황 판단과 빠른 행동 대응을 위해 감각기관이 예민해진다.

Tip) 혈소판이나 혈액응고 인자가 증가하여 혈압상승의 원인이 된다.

22. 결함수분석법(FTA)의 특징으로 볼 수 없는 것은?

① top down 형식
② 특정 사상에 대한 해석
③ 정량적 해석의 불가능
④ 논리기호를 사용한 해석

해설 결함수 분석법(FTA)의 특징
- top down 형식(연역적)
- 정량적 해석 기법(해석 가능)
- 논리기호를 사용한 특정 사상에 대한 해석

정답 18. ①　19. ①　20. ③　21. ①　22. ③

• 서식이 간단하고 비교적 적은 노력으로 분석이 가능하다.
• 논리성의 부족, 2가지 이상의 요소가 고장날 경우 분석이 곤란하며, 요소가 물체로 한정되어 인적 원인 분석이 곤란하다.

23. 시스템의 수명 및 신뢰성에 관한 설명으로 틀린 것은?

① 병렬 설계 및 디레이팅 기술로 시스템의 신뢰성을 증가시킬 수 있다.
② 직렬 시스템에서는 부품들 중 최소 수명을 갖는 부품에 의해 시스템 수명이 정해진다.
③ 수리가 가능한 시스템의 평균수명(MTBF)은 평균고장률(λ)과 정비례 관계가 성립한다.
④ 수리가 불가능한 구성요소로 병렬 구조를 갖는 설비는 중복도가 늘어날수록 시스템 수명이 길어진다.

해설 평균수명(MTBF)과 신뢰도의 관계
평균수명(MTBF)은 평균고장률(λ)과 반비례 관계이다.

고장률$(\lambda)=\frac{1}{MTBF}$, $MTBFs=\frac{1}{\lambda}$

24. 음향기기 부품 생산공장에서 안전업무를 담당하는 OOO 대리는 공장 내부에 경보등을 설치하는 과정에서 도움이 될만한 몇 가지 지식을 적용하고자 한다. 적용 지식 중 맞는 것은?

① 신호 대 배경의 휘도대비가 작을 때는 백색 신호가 효과적이다.
② 광원의 노출시간이 1초보다 작으면 광속 발산도는 작아야 한다.
③ 표적의 크기가 커짐에 따라 광도의 역치가 안정되는 노출시간은 증가한다.
④ 배경광 중 점멸 잡음광의 비율이 10% 이상이면 점멸등은 사용하지 않는 것이 좋다.

해설 배경광
• 신호 대 배경의 휘도대비가 작을 때는 신호의 식별은 적색신호가 효과적이다.
• 광원의 노출시간이 1초보다 작으면 광속발산도는 커야 한다.
• 표적의 크기가 커짐에 따라 광도의 역치가 안정되는 노출시간은 감소한다.
• 배경광 중 점멸 잡음광의 비율이 10% 이상이면 상점등을 신호로 사용하는 것이 좋다.

25. 제한된 실내 공간에서 소음 문제의 음원에 관한 대책이 아닌 것은?

① 저소음 기계로 대체한다.
② 소음 발생원을 밀폐한다.
③ 방음보호구를 착용한다.
④ 소음 발생원을 제거한다.

해설 방음보호구 사용(소극적인 대책)
• 귀마개(EP)
㉠ 1종(EP－1) : 저음부터 고음까지 차음
㉡ 2종(EP－2) : 주로 고음을 차음
• 귀덮개(EM)

26. 인간이 기계와 비교하여 정보처리 및 결정의 측면에서 상대적으로 우수한 것은? (단, 인공지능은 제외한다.)

① 연역적 추리
② 정량적 정보처리
③ 관찰을 통한 일반화
④ 정보의 신속한 보관

해설 ③은 인간이 더 우수한 장점,
①, ②, ④는 기계가 더 우수한 장점

27. 사업장에서 인간공학의 적용 분야로 가장 거리가 먼 것은?

① 제품설계
② 설비의 고장률

정답 23. ③ 24. ④ 25. ③ 26. ③ 27. ②

③ 재해 · 질병 예방
④ 장비 · 공구 · 설비의 배치

해설 사업장에서의 인간공학 적용 분야
- 유해 · 위험 작업 분석과 작업환경 개선
- 인간－기계 인터페이스와 작업 공간의 설계
- 인간에 대한 안전성을 평가하여 제품설계
- 장비 · 공구 · 설비의 배치
- 재해 및 질병예방

28. 작업공간의 포락면(包絡面)에 대한 설명으로 맞는 것은?

① 개인이 그 안에서 일하는 일차원 공간이다.
② 작업복 등은 포락면에 영향을 미치지 않는다.
③ 가장 작은 포락면은 몸통을 움직이는 공간이다.
④ 작업의 성질에 따라 포락면의 경계가 달라진다.

해설 작업 공간 포락면(包絡面, envelope) : 한 장소에 앉아서 수행하는 작업활동에서 사람이 작업하는데 사용하는 공간이며, 작업의 성질에 따라 포락면의 경계가 달라진다.

29. 다음 그림과 같은 직 · 병렬 시스템의 신뢰도는? (단, 병렬 각 구성요소의 신뢰도는 R이고, 직렬 구성요소의 신뢰도는 M이다.)

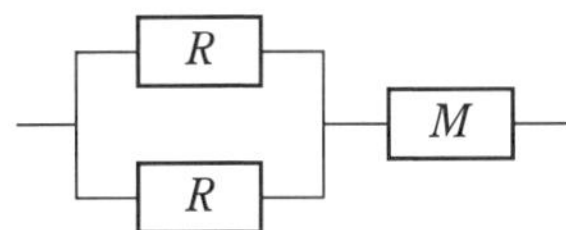

① MR^3　　② $R^2(1-MR)$
③ $M(R^2+R)-1$　　④ $M(2R-R^2)$

해설 신뢰도 $R_s=\{1-(1-R)\times(1-R)\}\times M$
$=(2R-R^2)\times M$

30. 다음의 FT도에서 사상 A의 발생 확률 값은?

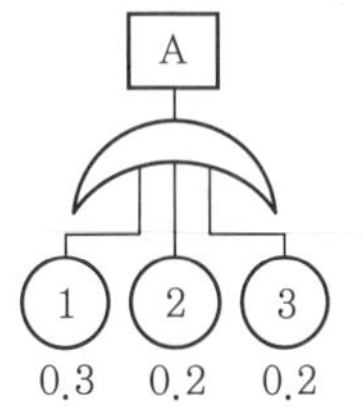

① 게이트 기호가 OR이므로 0.012
② 게이트 기호가 AND이므로 0.012
③ 게이트 기호가 OR이므로 0.552
④ 게이트 기호가 AND이므로 0.552

해설 $A=1-(1-0.3)\times(1-0.2)\times(1-0.2)$
$=0.552$

31. 압력 B_1과 B_2의 어느 한쪽이 일어나면 출력 A가 생기는 경우를 논리합의 관계라 한다. 이때 입력과 출력 사이에는 무슨 게이트로 연결되는가?

① OR 게이트　　② 억제 게이트
③ AND 게이트　　④ 부정 게이트

해설 논리 게이트(logic gate)
- OR 게이트 : 입력사상 발생확률의 합
- AND 게이트 : 입력사상과 발생확률의 곱
- 억제 게이트 : 출력사상은 한 개의 입력사상에 의해 발생
- 부정(결함) 게이트 : 입력과 반대 현상의 출력사상이 발생

32. 음성통신에 있어 소음환경과 관련하여 성격이 다른 지수는?

① AI(Articulation Index) : 명료도 지수
② MAA(Minimum Audible Angle) : 최소 가청 각도
③ PSIL(Preferred－Octave Speech Interference Level) : 음성간섭수준
④ PNC(Preferred Noise Criteria Curves) : 선호 소음판단 기준곡선

정답 28. ④　29. ④　30. ③　31. ①　32. ②

해설 음성통신에 있어 소음환경지수
- AI(명료도 지수) : 잡음을 명료도 지수로 음성의 명료도를 측정하는 척도
- PNC(선호 소음판단 기준곡선) : 신호음을 측정하는 기준곡선, 앙케이트 조사, 실험 등을 통해 얻어진 값
- PSIL(음성간섭수준) : 우선 대화 방해레벨의 개념으로 소음에 대한 상호간 대화 방해 정도를 측정하는 기준

Tip) MAA(최소 가청 각도) : 청각신호 위치를 식별하는 척도

33. 안전교육을 받지 못한 신입직원이 작업 중 전극을 반대로 끼우려고 시도했으나, 플러그의 모양이 반대로는 끼울 수 없도록 설계되어 있어서 사고를 예방할 수 있었다. 작업자가 범한 오류와 이와 같은 사고예방을 위해 적용된 안전설계원칙으로 가장 적합한 것은?

① 누락(omission) 오류, fail safe 설계원칙
② 누락(omission) 오류, fool proof 설계원칙
③ 작위(commission) 오류, fail safe 설계원칙
④ 작위(commission) 오류, fool proof 설계원칙

해설 ㉠ 전극을 반대로 끼우려고 시도－작위(commission) 오류
㉡ 작업자가 범한 에러와 똑같은 사고예방을 위해 적용된 안전설계원칙은 fool proof

34. 인간실수 확률에 대한 추정기법으로 가장 적절하지 않은 것은?

① CIT(Critical Incident Technique) : 위급사건기법
② FMEA(Failure Mode and Effect Analysis) : 고장형태 영향분석
③ TCRAM(Task Criticality Rating Analysis Method) : 직무위급도 분석법
④ THERP(Technique for Human Error Rate Prediction) : 인간 실수율 예측기법

해설 FMEA(Failure Mode and Effect Analysis) : 고장형태 영향분석 기법으로 인간실수 확률에 대해 분석하는 기법이 아니다.

35. 어떤 소리가 1000Hz, 60dB인 음과 같은 높이임에도 4배 더 크게 들린다면, 이 소리의 음압수준은 얼마인가?

① 70dB ② 80dB
③ 90dB ④ 100dB

해설 소리의 음압수준
- 음압수준이 10dB 증가 시 소음은 2배 증가
- 음압수준이 20dB 증가 시 소음은 4배 증가

따라서 음압수준이 60dB+20dB=80dB이다.

36. 산업안전보건법령에 따라 제조업 등 유해 · 위험방지 계획서를 작성하고자 할 때 관련 규정에 따라 1명 이상 포함시켜야 하는 사람의 자격으로 적합하지 않은 것은?

① 한국산업안전보건공단이 실시하는 관련 교육을 8시간 이수한 사람
② 기계, 재료, 화학, 전기, 전자, 안전관리 또는 환경 분야 기술사 자격을 취득한 사람
③ 관련 분야 기사 자격을 취득한 사람으로서 해당 분야에서 3년 이상 근무한 경력이 있는 사람
④ 기계안전, 전기안전, 화공안전 분야의 산업안전지도사 또는 산업보건지도사 자격을 취득한 사람

해설 제조업 등 유해 · 위험방지 계획서 작성자격 : 사업주는 계획서를 작성할 때에 다음 각 호의 자격을 갖춘 사람 또는 공단이 실시하는 관련 교육을 20시간 이상 이수한 사람 1명 이상을 포함시켜야 한다.

정답 33. ④ 34. ② 35. ② 36. ①

㉠ 기계, 금속, 화공, 전기, 안전관리 또는 환경 분야 기술사 자격을 취득한 자
㉡ 기계, 전기, 화공안전 등 산업안전지도사 또는 산업보건지도사 자격을 취득한 자
㉢ 관련 분야 기사 자격을 취득한 사람으로서 해당 분야에서 3년 이상 근무한 경력자
㉣ 관련 분야 산업기사 자격을 취득한 사람으로서 해당 분야에서 5년 이상 근무한 경력자
㉤ 「고등교육법」에 따른 대학 및 산업대학(이공계 학과에 한정한다)을 졸업한 후 해당 분야에서 7년 이상 근무한 경력자
㉥ 「초 · 중등교육법」에 따른 전문계 고등학교 또는 이와 같은 수준 이상의 학교를 졸업하고 해당 분야에서 9년 이상 근무한 경력자

37. **A회사에서는 새로운 기계를 설계하면서 레버를 위로 올리면 압력이 올라가도록 하고, 오른쪽 스위치를 눌렀을 때 오른쪽 전등이 켜지도록 하였다면, 이것은 각각 어떤 유형의 양립성을 고려한 것인가?**

① 레버-공간 양립성, 스위치-개념 양립성
② 레버-운동 양립성, 스위치-개념 양립성
③ 레버-개념 양립성, 스위치-운동 양립성
④ 레버-운동 양립성, 스위치-공간 양립성

해설 ㉠ 레버를 위로 올리면 압력이 올라가도록 하였다면 → 운동 양립성
㉡ 오른쪽 스위치를 눌렀을 때 오른쪽 전등이 켜지도록 하였다면 → 공간 양립성

38. **FMEA에서 고장 평점을 결정하는 5가지 평가요소에 해당하지 않는 것은?**

① 생산능력의 범위
② 고장발생의 빈도
③ 고장방지의 가능성
④ 영향을 미치는 시스템의 범위

해설 FMEA 고장 평점의 5가지 평가요소
• 기능적 고장 영향의 중요도
• 영향을 미치는 시스템의 범위
• 고장발생의 빈도
• 고장방지의 가능성
• 신규설계의 정도

39. **작업장 배치 시 유의사항으로 적절하지 않은 것은?**

① 작업의 흐름에 따라 기계를 배치한다.
② 생산효율 증대를 위해 기계설비 주위에 재료나 반제품을 충분히 놓아둔다.
③ 공장 내외는 안전한 통로를 두어야 하며, 통로는 선을 그어 작업장과 명확히 구별하도록 한다.
④ 비상시에 쉽게 대비할 수 있는 통로를 마련하고 사고 진압을 위한 활동 통로가 반드시 마련되어야 한다.

해설 기계설비의 배치(layout) 시의 검토사항
• 작업의 흐름에 따라 기계를 배치할 것
• 기계설비의 주위에는 충분한 공간을 둘 것
• 안전한 통로를 확보할 것
• 장래의 확장을 고려하여 설치할 것
• 기계설비의 설치, 보수, 점검이 용이할 것
• 압력용기 등 폭발위험 기계, 설비 등의 설치에 있어서는 작업자의 관계 위치, 원격거리 등을 고려할 것

40. **현재 시험문제와 같이 4지 택일형 문제의 정보량은 얼마인가?**

① 2bit　② 4bit
③ 2byte　④ 4byte

해설 4가지 중 한 개를 선택할 확률은 각각 $\frac{1}{4}$이다.
따라서, 정보량$(H)=\log_2 N=\log_2 4=2\text{bit}$

정답 37. ④　38. ①　39. ②　40. ①

3과목 기계 위험방지 기술

41. 연삭숫돌의 상부를 사용하는 것을 목적으로 하는 탁상용 연삭기에서 안전 덮개의 노출 부위 각도는 몇° 이내이어야 하는가?

① 90° 이내 ② 75° 이내
③ 60° 이내 ④ 105° 이내

해설 탁상용 연삭기 개방부 각도(상부를 사용하는 경우) : 60° 이내

42. 다음 중 산업안전보건법령상 아세틸렌가스 용접장치에 관한 기준으로 틀린 것은?

① 전용의 발생기실은 건물의 최상층에 위치하여야 하며, 화기를 사용하는 설비로부터 1m를 초과하는 장소에 설치하여야 한다.
② 전용의 발생기실을 옥외에 설치한 경우에는 그 개구부를 다른 건축물로부터 1.5m 이상 떨어지도록 하여야 한다.
③ 아세틸렌 용접장치를 사용하여 금속의 용접·용단 또는 가열작업을 하는 경우에는 게이지 압력이 127kPa을 초과하는 압력의 아세틸렌을 발생시켜 사용해서는 아니 된다.
④ 전용의 발생기실을 설치하는 경우 벽은 불연성 재료로 하고 철근콘크리트 또는 그 밖에 이와 동등하거나 그 이상의 강도를 가진 구조로 하여야 한다.

해설 ① 전용의 발생기실은 건물의 최상층에 위치하여야 하며, 화기를 사용하는 설비로부터 3m를 초과하는 장소에 설치하여야 한다.

43. 다음 중 포터블 벨트 컨베이어(potable belt conveyor)의 안전사항과 관련한 설명으로 옳지 않은 것은?

① 포터블 벨트 컨베이어의 차륜 간의 거리는 전도 위험이 최소가 되도록 하여야 한다.
② 기복장치는 포터블 벨트 컨베이어의 옆면에서만 조작하도록 한다.
③ 포터블 벨트 컨베이어를 사용하는 경우는 차륜을 고정하여야 한다.
④ 전동식 포터블 벨트 컨베이어를 이동하는 경우는 먼저 전원을 내린 후 컨베이어를 이동시킨 다음 컨베이어를 최저의 위치로 내린다.

해설 ④ 전동식 포터블 벨트 컨베이어를 이동하는 경우는 먼저 컨베이어를 최저의 위치로 내린 후 전원을 내린 다음 이동한다.

44. 사람이 작업하는 기계장치에서 작업자가 실수를 하거나 오조작을 하여도 안전하게 유지되게 하는 안전설계방법은?

① fail safe
② 다중계화
③ fool proof
④ back up

해설 풀 프루프(fool proof) : 작업자가 실수를 하거나 오조작을 하여도 사고로 연결되지 않고, 전체의 고장이 발생되지 아니하도록 하는 설계이다.

Tip) fail−active : 부품이 고장 나면 기계는 경보가 울리고, 짧은 시간 동안의 운전이 가능하다.

45. 질량 100kg의 화물이 와이어로프에 매달려 $2m/s^2$의 가속도로 권상되고 있다. 이때 와이어로프에 작용하는 장력의 크기는 몇 N인가? (단, 여기서 중력가속도는 $10m/s^2$로 한다.)

① 200N ② 300N
③ 1200N ④ 2000N

해설 총 하중(W)=정하중(W_1)+동하중(W_2)

$$=100+\frac{100}{10}\times 2=120\,kg\times 10\,N=1200\,N$$

정답 41. ③ 42. ① 43. ④ 44. ③ 45. ③

46. 광전자식 방호장치의 광선에 신체의 일부가 감지된 후로부터 급정지기구가 작동 개시하기까지의 시간이 40ms이고, 광축의 최소 설치거리(안전거리)가 200mm일 때 급정지기구가 작동 개시한 때로부터 프레스기의 슬라이드가 정지될 때까지의 시간은 약 몇 ms인가?

① 60ms ② 85ms
③ 105ms ④ 130ms

해설 안전거리$(D)=1.6(T_1+T_2)$

$\therefore 200=1.6\times(40+T_2)$

$\frac{200}{1.6}=40+T_2$

$T_2=125-40=85\text{ms}$

47. 방사선 투과검사에서 투과사진의 상질을 점검할 때 확인해야 할 항목으로 거리가 먼 것은?

① 투과도계의 식별도
② 시험부의 사진 농도범위
③ 계조계의 값
④ 주파수의 크기

해설 방사선 투과사진의 상질 점검사항
- 투과도계의 식별도
- 시험부의 사진 농도범위
- 계조계의 값
- 흠집이나 얼룩 현상의 유무

48. 양중기의 과부하장치에서 요구하는 일반적인 성능기준으로 틀린 것은?

① 과부하방지장치 작동 시 경보음과 경보램프가 작동되어야 하며 양중기는 작동이 되지 않아야 한다.
② 외함의 전선 접촉 부분은 고무 등으로 밀폐되어 물과 먼지 등이 들어가지 않도록 한다.
③ 과부하방지장치와 타 방호장치는 기능에 서로 장애를 주지 않도록 부착할 수 있는 구조이어야 한다.
④ 방호장치의 기능을 제거하더라도 양중기는 원활하게 작동시킬 수 있는 구조이어야 한다.

해설 ④ 방호장치의 기능을 제거하면 양중기의 기능도 정지할 수 있는 구조이어야 한다.

49. 프레스 작업에서 제품 및 스크랩을 자동적으로 위험한계 밖으로 배출하기 위한 장치로 볼 수 없는 것은?

① 피더 ② 키커
③ 이젝터 ④ 공기 분사장치

해설 피더 : 재료 공급 · 배출장치

50. 용접장치에서 안전기의 설치기준에 관한 설명으로 옳지 않은 것은?

① 아세틸렌 용접장치에 대하여는 일반적으로 각 취관마다 안전기를 설치하여야 한다.
② 아세틸렌 용접장치의 안전기는 가스용기와 발생기가 분리되어 있는 경우 발생기와 가스용기 사이에 설치한다.
③ 가스집합 용접장치에서는 주관 및 분기관에 안전기를 설치하며, 이 경우 하나의 취관에 2개 이상의 안전기를 설치한다.
④ 가스집합 용접장치의 안전기 설치는 화기사용 설비로부터 3m 이상 떨어진 곳에 설치한다.

해설 ④ 가스집합 용접장치의 안전기 설치는 화기를 사용하는 설비로부터 5m 이상 떨어진 곳에 설치한다.

51. 산업안전보건법상 보일러의 안전한 가동을 위하여 보일러 규격에 맞는 압력방출장치가 2개 이상 설치된 경우에 최고사용압력 이하에서 1개가 작동되고, 다른 압력방출장치

정답 46. ② 47. ④ 48. ④ 49. ① 50. ④ 51. ②

는 최고사용압력의 몇 배 이하에서 작동되도록 부착하여야 하는가?

① 1.03배 ② 1.05배
③ 1.2배 ④ 1.5배

해설 다른 압력방출장치는 최고사용압력의 1.05배 이하에서 작동되도록 부착한다.

52. 밀링작업에서 주의해야 할 사항으로 옳지 않은 것은?

① 보안경을 쓴다.
② 일감 절삭 중 치수를 측정한다.
③ 커터에 옷이 감기지 않게 한다.
④ 커터는 될 수 있는 한 컬럼에 가깝게 설치한다.

해설 ② 반드시 기계 정지 후 측정을 실시한다.

53. 작업자의 신체 부위가 위험한계 내로 접근하였을 때 기계적인 작용에 의하여 접근을 못하도록 하는 방호장치는?

① 위치제한형 방호장치
② 접근거부형 방호장치
③ 접근반응형 방호장치
④ 감지형 방호장치

해설 접근거부형 방호장치 : 작업자의 신체 부위가 위험한계 내로 접근하였을 때 기계적인 작용으로 접근을 못하도록 하는 방호장치

54. 사업주가 보일러의 폭발사고 예방을 위하여 기능이 정상적으로 작동될 수 있도록 유지·관리할 대상이 아닌 것은?

① 과부하방지장치 ② 압력방출장치
③ 압력제한 스위치 ④ 고저수위 조절장치

해설 보일러 방호장치의 종류
- 압력방출장치
- 압력제한 스위치
- 고저수위 조절장치
- 화염검출기

Tip) ①은 크레인 등 양중기의 방호장치

55. 산업안전보건법령에 따라 프레스 등을 사용하여 작업을 하는 경우 작업시작 전 점검사항과 거리가 먼 것은?

① 전단기의 칼날 및 테이블의 상태
② 프레스의 금형 및 고정볼트 상태
③ 슬라이드 또는 칼날에 의한 위험방지기구의 기능
④ 전자밸브, 압력조정밸브 기타 공압 계통의 이상 유무

해설 프레스 작업시작 전 점검사항
- 전단기의 칼날 및 테이블의 상태
- 프레스의 금형 및 고정볼트 상태
- 클러치 및 브레이크의 기능
- 슬라이드 또는 칼날에 의한 위험방지기구의 기능
- 크랭크축·플라이휠·슬라이드·연결봉 및 연결나사의 풀림 유무
- 행정 1정지기구·급정지장치 및 비상정지장치의 기능
- 방호장치의 기능

56. 숫돌 바깥지름이 150mm일 경우 평형 플랜지의 지름은 최소 몇 mm 이상이어야 하는가?

① 25mm ② 50mm
③ 75mm ④ 100mm

해설 플랜지 지름=숫돌 바깥지름$\times\frac{1}{3}$

$=150\times\frac{1}{3}=50\text{mm}$ 이상

57. 다음 중 아세틸렌 용접장치에서 역화의 원인으로 가장 거리가 먼 것은?

정답 52. ② 53. ② 54. ① 55. ④ 56. ② 57. ①

① 아세틸렌의 공급 과다
② 토치 성능의 부실
③ 압력조정기의 고장
④ 토치 팁에 이물질이 묻은 경우

해설 아세틸렌 용접장치의 역화 원인
- 압력조정기가 고장으로 불량일 때
- 팁의 끝이 과열되었을 때
- 팁에 이물질이 묻어 막혔을 때
- 산소의 공급이 과다할 때
- 토치의 성능이 좋지 않을 때

58. 설비의 고장형태를 크게 초기고장, 우발고장, 마모고장으로 구분할 때 다음 중 마모고장과 가장 거리가 먼 것은?

① 부품, 부재의 마모
② 열화에 생기는 고장
③ 부품, 부재의 반복피로
④ 순간적 외력에 의한 파손

해설 마모고장의 원인 : 부식, 산화, 마모, 피로, 노화 등
Tip) 순간적 외력에 의한 파손은 우발고장

59. 와이어로프 호칭이 "6×19"라고 할 때 숫자 "6"이 의미하는 것은?

① 소선의 지름(mm)
② 소선의 수량(wire 수)
③ 꼬임의 수량(strand 수)
④ 로프의 최대 인장강도(MPa)

해설 6은 꼬임의 수량, 19는 소선의 수량

60. 목재가공용 둥근톱에서 안전을 위해 요구되는 구조로 옳지 않은 것은?

① 톱날은 어떤 경우에도 외부에 노출되지 않고 덮개가 덮여 있어야 한다.
② 작업 중 근로자의 부주의에도 신체의 일부가 날에 접촉할 염려가 없도록 설계되어야 한다.
③ 덮개 및 지지부는 경량이면서 충분한 강도를 가져야 하며, 외부에서 힘을 가했을 때 쉽게 회전될 수 있는 구조로 설계되어야 한다.
④ 덮개의 가동부는 원활하게 상하로 움직일 수 있고 좌우로 움직일 수 없는 구조로 설계되어야 한다.

해설 ③ 덮개 및 지지부는 경량이면서 충분한 강도를 가져야 하며, 외부에서 힘을 가했을 때 쉽게 회전되지 않게 설계한다.

4과목 전기 위험방지 기술

61. 전기기기의 충격전압시험 시 사용하는 표준충격파형(T_f, T_r)은?

① 1.2×50μs ② 1.2×100μs
③ 2.4×50μs ④ 2.4×100μs

해설 표준충격파형
- 파두장(T_f)=1.2μs
- 파미장(T_r)=50μs
- 표준충격파형(T_f, T_r) : 1.2×50μs

62. 심실세동전류란?

① 최소감지전류 ② 치사적 전류
③ 고통한계전류 ④ 마비한계전류

해설 심실세동전류(치사적 전류)
- 심근의 미세한 진동으로 혈액을 송출하는 심장의 기능이 장애를 받는 현상을 심실세동이라 하며, 이 전류를 심실세동전류라 한다.
- 심실세동전류(I)=$\frac{165}{\sqrt{T}}$[mA]

여기서, T : 통전시간(s)

정답 58. ④ 59. ③ 60. ③ 61. ① 62. ②

63. 인체저항을 0.5kΩ이라 한다면, 심실세동을 일으키는 위험한계에너지는 약 몇 J인가? (단, 심실세동전류값 $I=\frac{165}{\sqrt{T}}$ [mA]의 Dalziel의 식을 이용하며, 통전시간은 1초로 한다.)

① 13.6 ② 12.6
③ 11.6 ④ 10.6

해설 $Q=I^2RT=\left(\frac{165}{\sqrt{1}}\times 10^{-3}\right)^2\times 500\times 1$

$=165^2\times 10^{-6}\times 500=13.61\text{J}$

여기서, I : 전류, R : 저항, T : 시간

64. 지구를 고립한 지구도체라 생각하고 1C의 전하가 대전되었다면 지구 표면의 전위는 대략 몇 V인가? (단, 지구의 반경은 6367km이다.)

① 1414V ② 2828V
③ 9×10^4V ④ 9×10^9V

해설 지구의 표면전위$(E)=\frac{Q}{4\pi\varepsilon_0\times r}$

$=\frac{1}{4\times\pi\times 8.855\times 10^{-12}\times 6367000}$

$=1411.45\text{V}$

여기서, ε_0 : 유전율(8.855×10^{-12}),
r : 반경(m), Q : 전하(C)

65. 감전사고로 인한 전격사의 메커니즘으로 가장 거리가 먼 것은?

① 흉부수축에 의한 질식
② 심실세동에 의한 혈액순환기능의 상실
③ 내장파열에 의한 소화기 계통의 기능 상실
④ 호흡 중추신경 마비에 따른 호흡기능 상실

해설 감전사고 전격사 메커니즘
- 흉부에 전류가 흘러 흉부수축에 의한 질식
- 심장부에 전류가 흘러 심실세동에 의한 혈액순환기능의 상실
- 호흡 중추신경에 전류가 흘러 호흡 중추신경 마비에 따른 호흡기능 상실

66. 조명기구를 사용함에 따라 작업면의 조도가 점차적으로 감소되어 가는 원인으로 가장 거리가 먼 것은?

① 점등 광원의 노화로 인한 광속의 감소
② 조명기구에 붙은 먼지, 오물, 반사면의 변질에 의한 광속 흡수율 감소
③ 실내 반사면에 붙은 먼지, 오물, 반사면의 화학적 변질에 의한 광속 반사율 감소
④ 공급전압과 광원의 정격전압의 차이에서 오는 광속의 감소

해설 ② 조명기구에 붙은 먼지, 오물, 반사면의 변질에 의한 광속 발산도 감소

67. 정전작업 시 정전시킨 전로에 잔류전하를 방전할 필요가 있다. 전원차단 이후에도 잔류전하가 남아 있을 가능성이 가장 낮은 것은?

① 방전코일
② 전력케이블
③ 전력용 콘덴서
④ 용량이 큰 부하기기

해설 방전코일(discharge coil) : 전력케이블, 전력콘덴서, 용량이 큰 부하기기 등 잔류전하를 확실히 방전시킬 때 사용하므로 잔류전하가 남아 있을 가능성이 가장 낮다.

68. 이동식 전기기기의 감전사고를 방지하기 위한 가장 적정한 시설은?

① 접지설비 ② 폭발방지설비
③ 시건장치 ④ 피뢰기설비

해설 접지 : 전기기기 · 전기회로를 도체로 땅과 연결해 놓은 것으로 이상전압의 발생으로부터 전기기기의 안전한 보호를 위해 설치

정답 63. ① 64. ① 65. ③ 66. ② 67. ① 68. ①

69. 인체의 피부 전기저항은 여러 가지의 제반 조건에 의해서 변화를 일으키는데 제반조건으로서 가장 가까운 것은?

① 피부의 청결 ② 피부의 노화
③ 인가전압의 크기 ④ 통전경로

해설 인체 피부저항은 인가전압의 크기, 피부의 젖은 정도, 접촉면적 등의 제반조건에 의해 변한다.

70. 자동차가 통행하는 도로에서 고압의 지중전선로를 직접 매설식으로 시설할 때 사용되는 전선으로 가장 적합한 것은?

① 비닐 외장 케이블
② 폴리에틸렌 외장 케이블
③ 클로로프렌 외장 케이블
④ 콤바인 덕트 케이블(combine duct cable)

해설 자동차 통행 도로 고압 지중전선로의 직접 매설식 전선은 콤바인 덕트 케이블이다.

71. 산업안전보건법에는 보호구를 사용 시 안전인증을 받은 제품을 사용하도록 하고 있다. 다음 중 안전인증대상이 아닌 것은?

① 안전화
② 고무장화
③ 안전장갑
④ 감전위험방지용 안전모

해설 안전인증대상 보호구

- 안전화
- 방진마스크
- 안전장갑
- 방독마스크
- 송기마스크
- 전동식 호흡보호구
- 보호복
- 안전대
- 용접용 보안면
- 방음용 귀마개, 귀덮개
- 추락 및 감전위험방지용 안전모
- 차광 및 비산물 위험방지용 보안경

72. 감전사고로 인한 호흡정지 시 구강대 구강법에 의한 인공호흡의 매분 회수와 시간은 어느 정도 하는 것이 가장 바람직한가?

① 매분 5~10회, 30분 이하
② 매분 12~15회, 30분 이상
③ 매분 20~30회, 30분 이하
④ 매분 30회 이상, 20분~30분 정도

해설 감전사고로 인한 호흡정지 시 인공호흡은 1분당 12~15회 정도, 4초 간격의 속도로 30분 이상 반복 실시하는 것이 좋다.

73. 누전차단기의 구성요소가 아닌 것은?

① 누전검출부 ② 영상변류기
③ 차단장치 ④ 전력퓨즈

해설 누전차단기의 구성요소 : 누전검출부, 영상변류기, 차단장치, 시험버튼, 트립코일 등

74. 1C을 갖는 2개의 전하가 공기 중에서 1m의 거리에 있을 때 이들 사이에 작용하는 정전력은?

① 8.854×10^{-12}N ② 1.0N
③ 3×10^{3}N ④ 9×10^{9}N

해설 쿨롱의 법칙

$$정전력(F)=K\times\frac{q_1\times q_2}{r^2}=9.1\times10^9\times\frac{1\times1}{1^2}$$
$$=9.1\times10^9$$

여기서, K : 9.1×10^9N
q_1, q_2 : 두 전하의 크기(C)
r : 거리(m)

75. 고장전류와 같은 대전류를 차단할 수 있는 것은?

① 차단기(CB) ② 유입개폐기(OS)
③ 단로기(DS) ④ 선로개폐기(LS)

해설 • 차단기 : 고장전류의 강제차단

정답 69. ③ 70. ④ 71. ② 72. ② 73. ④ 74. ④ 75. ①

• 개폐기 : 전기설비를 운용하기 위한 개폐장치
• 단로기 : 무부하 전로의 개폐

76. 금속제 외함을 가지는 기계·기구에 전기를 공급하는 전로에 지락이 발생했을 때 자동적으로 전로를 차단하는 누전차단기 등을 설치하여야 한다. 누전차단기를 설치해야 되는 경우로 옳은 것은?

① 기계·기구가 고무, 합성수지 기타 절연물로 피복된 것일 경우
② 기계·기구가 유도전동기의 2차 측 전로에 접속된 저항기일 경우
③ 대지전압이 150V를 초과하는 전동기계·기구를 시설하는 경우
④ 전기용품 안전관리법의 적용을 받는 2중 절연 구조의 기계·기구를 시설하는 경우

해설 누전차단기 설치장소
• 전기기계·기구 중 대지전압이 150V를 초과하는 이동형 또는 휴대형의 것
• 물 등 도전성이 높은 액체에 의한 습윤한 장소
• 철판, 철골 위 등 도전성이 높은 장소
• 임시배선의 전로가 설치되는 장소

77. 전기화재의 경로별 원인으로 거리가 먼 것은?

① 단락 ② 누전
③ 저전압 ④ 접촉부의 과열

해설 경로별 발생(원인별)
• 누전 : 15%
• 단락(합선) : 25%
• 전기스파크 : 24%
• 접촉부의 과열 : 12%
• 접촉 불량
• 정전기

Tip) 고전압이 전기화재의 원인이 된다.

78. 내압 방폭구조는 다음 중 어느 경우에 가장 가까운가?

① 점화능력의 본질적 억제
② 점화원의 방폭적 격리
③ 전기설비의 안전도 증강
④ 전기설비의 밀폐화

해설 점화원의 방폭적 격리 : 내압, 압력, 유입 방폭구조

Tip) • 전기설비의 안전도 증강 : 안전증 방폭구조
• 점화능력의 본질적 억제 : 본질안전 방폭구조

79. 인입개폐기를 개방하지 않고 전등용 변압기 1차 측 COS만 개방 후 전등용 변압기 접속용 볼트작업 중 동력용 COS에 접촉, 사망한 사고에 대한 원인으로 가장 거리가 먼 것은?

① 안전장구 미사용
② 동력용 변압기 COS 미개방
③ 전등용 변압기 2차 측 COS 미개방
④ 인입구 개폐기 미개방한 상태에서 작업

해설 COS에 접촉, 사망한 사고에 대한 원인
• 인입구 개폐기 미개방한 상태에서 작업－인입되는 전기를 차단하지 않음
• 동력용 변압기 COS 미개방－동력용 COS 미개방
• 안전장구 미사용－절연장갑 등 안전장구 미착용

80. 인체통전으로 인한 전격(electric shock)의 정도를 정함에 있어 그 인자로서 가장 거리가 먼 것은?

① 전압의 크기 ② 통전시간
③ 전류의 크기 ④ 통전경로

정답 76. ③ 77. ③ 78. ② 79. ③ 80. ①

해설 • 1차적 감전 위험요소는 통전전류의 크기, 통전시간, 전원의 종류, 통전경로, 주파수 및 파형이다.
• 2차적 감전 위험요소는 전압의 크기이다.

5과목 화학설비 위험방지 기술

81. **다음 중 가연성 물질과 산화성 고체가 혼합하고 있을 때 연소에 미치는 현상으로 옳은 것은?**

① 착화온도(발화점)가 높아진다.
② 최소 점화에너지가 감소하며, 폭발의 위험성이 증가한다.
③ 가스나 가연성 증기의 경우 공기 혼합보다 연소범위가 축소된다.
④ 공기 중에서보다 산화작용이 약하게 발생하여 화염온도가 감소하며 연소속도가 늦어진다.

해설 산화성 고체는 가열, 충격, 마찰에 산소를 방출하며, 가연성 물질에 산소가 공급되면 연소 또는 폭발을 가속화할 수 있다.

82. **다음 중 전기화재의 종류에 해당하는 것은?**

① A급 ② B급 ③ C급 ④ D급

해설 화재의 종류
• A급 화재 : 일반 가연물 화재(백색표시)
• B급 화재 : 유류화재(황색표시)
• C급 화재 : 전기화재(청색표시)
• D급 화재 : 금속화재(색표시 없음)

83. **사업주는 산업안전보건법령에서 정한 설비에 대해서는 과압에 따른 폭발을 방지하기 위하여 안전밸브 등을 설치하여야 한다. 다음 중 이에 해당하는 설비가 아닌 것은?**

① 원심펌프
② 정변위 압축기
③ 정변위 펌프(토출축에 차단밸브가 설치된 것만 해당한다)
④ 배관(2개 이상의 밸브에 의하여 차단되어 대기온도에서 액체의 열팽창에 의하여 파열될 우려가 있는 것으로 한정한다)

해설 안전밸브를 설치하는 화학설비와 부속설비
• 정변위 압축기
• 정변위 펌프
• 안지름이 150mm 이상인 압력용기
• 배관(2개 이상의 밸브에 의하여 차단되어 대기온도에서 액체의 열팽창에 의하여 구조적으로 파열이 우려되는 것에 한정한다)
• 그 밖에 화학설비와 부속설비로서 해당 설비의 최고사용압력을 초과할 우려가 있는 것

84. **니트로 셀룰로오스의 취급 및 저장방법에 관한 설명으로 틀린 것은?**

① 저장 중 충격과 마찰 등을 방지하여야 한다.
② 물과 격렬히 반응하여 폭발함으로 습기를 제거하고, 건조 상태를 유지한다.
③ 자연발화 방지를 위하여 안전용제를 사용한다.
④ 화재 시 질식소화는 적응성이 없으므로 냉각소화를 한다.

해설 질화면(nitrocellulose) : 건조상태에서는 자연발화를 일으켜 분해 폭발하므로 에틸알코올 또는 이소프로필 알코올에 적셔 습면상태로 저장해야 한다.

85. **위험물을 산업안전보건법령에서 정한 기준량 이상으로 제조하거나 취급하는 설비로서 특수화학설비에 해당되는 것은?**

① 가열시켜 주는 물질의 온도가 가열되는 위험물질의 분해온도보다 높은 상태에서 운전되는 설비

정답 81. ② 82. ③ 83. ① 84. ② 85. ①

② 상온에서 게이지 압력으로 200kPa의 압력으로 운전되는 설비
③ 대기압하에서 섭씨 300℃로 운전되는 설비
④ 흡열반응이 행하여지는 반응설비

해설 특수화학설비의 종류
- 가열로 또는 가열기
- 발열반응이 일어나는 반응장치
- 증류 · 정류 · 증발 · 추출 등의 분리를 하는 장치
- 반응폭주 등 이상 화학반응에 의하여 위험물질이 발생할 우려가 있는 설비
- 온도가 섭씨 350℃ 이상이거나 게이지 압력이 980kPa 이상인 상태에서 운전되는 설비
- 가열시켜 주는 물질의 온도가 가열되는 위험물질의 분해온도 또는 발화점보다 높은 상태에서 운전되는 설비

86. 폭발에 관한 용어 중 "BLEVE"가 의미하는 것은?

① 고농도의 분진폭발
② 저농도의 분해폭발
③ 개방계 증기운 폭발
④ 비등액 팽창증기폭발

해설 블래비 현상 : 비등액체 팽창증기폭발

87. 다음 중 인화점이 가장 낮은 물질은?

① CS_2　② C_2H_5OH
③ CH_3COCH_3　④ $CH_3COOC_2H_5$

해설 인화성 액체의 인화점(℃)

물질명	인화점	물질명	인화점
이황화탄소 (CS_2)	−20	에탄올 (C_2H_5OH)	13
아세톤 (CH_3COCH_3)	−18	아세트산에틸 ($CH_3COOC_2H_5$)	−2

88. 아세틸렌 압축 시 사용되는 희석제로 적당하지 않은 것은?

① 메탄　② 질소
③ 산소　④ 에틸렌

해설
- 아세틸렌의 희석제는 메탄, 에틸렌, 질소, 일산화탄소 등이다.
- 산소와 아세틸렌이 결합 시 연소반응을 일으킨다.

89. 수분을 함유하는 에탄올에서 순수한 에탄올을 얻기 위해 벤젠과 같은 물질은 첨가하여 수분을 제거하는 증류 방법은?

① 공비증류　② 추출증류
③ 가압증류　④ 감압증류

해설 공비증류 : 끓는점이 비슷하여 분리하기 어려운 액체 혼합물의 성분을 분리시키기 위해 다른 성분의 물질을 첨가하여 새로운 공비 혼합물의 끓는점을 이용한 증류법으로 수분을 함유하는 에탄올에서 순수한 에탄올을 얻기 위해 쓰는 대표적인 증류법

90. 다음 중 벤젠(C_6H_6)의 공기 중 폭발하한계값(vol%)에 가장 가까운 것은?

① 1.0　② 1.5
③ 2.0　④ 2.5

해설 벤젠의 폭발범위는 1.4(1.5)~7.1vol%이다.

91. 다음 중 퍼지의 종류에 해당하지 않는 것은?

① 압력퍼지　② 진공퍼지
③ 스위프 퍼지　④ 가열퍼지

해설 퍼지의 종류에는 진공퍼지, 압력퍼지, 스위프 퍼지, 사이펀 퍼지가 있다.

정답 86. ④　87. ①　88. ③　89. ①　90. ②　91. ④

92. 공업용 용기의 몸체 도색으로 가스명과 도색명의 연결이 옳은 것은?

① 산소－청색　　② 질소－백색
③ 수소－주황색　　④ 아세틸렌－회색

해설 충전가스용기(bombe)의 색상

가스명	도색	가스명	도색
산소	녹색	암모니아	백색
수소	주황색	아세틸렌	황색
염소	갈색	질소	회색

93. 다음 중 분말소화약제로 가장 적절한 것은?

① 사염화탄소　　② 브롬화메탄
③ 수산화암모늄　　④ 제1인산암모늄

해설 제3종(A, B, C급) : 구분색은 담홍색, 제1인산암모늄($NH_4H_2PO_4$)

94. 비중이 1.5이고, 직경이 74μm인 분체가 종말속도 0.2m/s로 직경 6m의 사일로(silo)에서 질량유속 400kg/h로 흐를 때 평균농도는 약 얼마인가?

① 10.8mg/L　　② 14.8mg/L
③ 19.8mg/L　　④ 25.8mg/L

해설 평균농도 계산

㉠ 직경 6m의 사일로$=\dfrac{\pi d^2}{4}\times$종말속도

$$=\frac{\pi\times6^2}{4}\times0.2=5.652\text{m}^3/\text{s}$$

㉡ 400kg/h를 g/s로 바꾸면 $\dfrac{400\text{kg/h}}{3600\text{s/h}}$

$$=0.111111\text{kg/s}=111.111\text{g/s}$$

㉢ 평균농도$=\dfrac{111.111\text{g/s}}{5.652\text{m}^3/\text{s}}=19.7\text{g/m}^3$

$$=19.7\times\frac{10^3\text{mg}}{10^3\text{L}}=19.7\text{mg/L}$$

95. 다음 중 분진폭발이 발생하기 쉬운 조건으로 적절하지 않은 것은?

① 발열량이 클 때
② 입자의 표면적이 작을 때
③ 입자의 형상이 복잡할 때
④ 분진의 초기 온도가 높을 때

해설 ② 입자의 표면적이 클 때

96. 다음 중 폭발 또는 화재가 발생할 우려가 있는 건조설비의 구조로 적절하지 않은 것은?

① 건조설비의 바깥면은 불연성 재료로 만들 것
② 위험물 건조설비의 열원으로서 직화를 사용하지 아니할 것
③ 위험물 건조설비의 측벽이나 바닥은 견고한 구조로 할 것
④ 위험물 건조설비는 상부를 무거운 재료로 만들고 폭발구를 설치할 것

해설 ④ 위험물 건조설비는 상부를 가벼운 재료로 만들고 주위상황을 고려하여 폭발구를 설치할 것

97. 위험물안전관리법령에 의한 위험물의 분류 중 제1류 위험물에 속하는 것은?

① 염소산염류　　② 황린
③ 금속칼륨　　④ 질산에스테르

해설 위험물의 분류

- 제1류(산화성 고체) : 아염소산, 염소산, 삼산화크롬, 브롬산염류, 과염소산칼륨 등
- 제2류(가연성 고체) : 황화인, 적린, 유황, Mg 등
- 제3류(자연발화성 및 금수성 물질) : K, Na, 황린 등
- 제4류(인화성 액체) : 동식물류, 알코올류, 제1석유류~제4석유류 등

정답 92. ③　93. ④　94. ③　95. ②　96. ④　97. ①

• 제5류(자기반응성 물질) : 질산에스테르류(니트로 글리세린, 니트로 셀룰로오스, 질산에틸), 셀룰로이드류 등
• 제6류(산화성 액체) : 과염소산, 과산화수소, 질산 등

98. 산업안전보건법령상 위험물질의 종류에서 "폭발성 물질 및 유기과산화물"에 해당하는 것은?

① 리튬　② 아조 화합물
③ 아세틸렌　④ 셀룰로이드류

해설 폭발성 물질 및 유기과산화물
• 질산에스테르류　• 하이드라진 유도체
• 니트로 화합물　• 니트로소 화합물
• 아조 화합물　• 디아조 화합물
• 유기과산화물(과초산, 과산화벤조일 등)

99. 다음 중 축류식 압축기에 대한 설명으로 옳은 것은?

① Casing 내에 1개 또는 수 개의 회전체를 설치하여 이것을 회전시킬 때 Casing과 피스톤 사이의 체적이 감소해서 기체를 압축하는 방식이다.
② 실린더 내에서 피스톤을 왕복시켜 이것에 따라 개폐하는 흡입밸브 및 배기밸브의 작용에 의해 기체를 압축하는 방식이다.
③ Casing 내에 넣어진 날개바퀴를 회전시켜 기체에 작용하는 원심력에 의해서 기체를 압송하는 방식이다.
④ 프로펠러의 회전에 의한 추진력에 의해 기체를 압송하는 방식이다.

해설 • 축류식 압축기는 프로펠러의 회전에 의한 추진력에 의해 기체를 압송하는 방식이다.
• 왕복식 압축기는 밸브의 흡입, 토출밸브를 통한 공기가 실린더 내를 피스톤이 왕복운동을 함으로써 공기를 압축하는 가장 일반적인 방식이다.

100. 메탄 50vol%, 에탄 30vol%, 프로판 20vol% 혼합가스의 공기 중 폭발하한계는? (단, 메탄, 에탄, 프로판의 폭발하한계는 각각 5.0vol%, 3.0vol%, 2.1vol%이다.)

① 1.5vol%　② 2.1vol%
③ 3.4vol%　④ 4.8vol%

해설 폭발하한계

$$L=\frac{100}{\frac{V_1}{L_1}+\frac{V_2}{L_2}+\frac{V_3}{L_3}}=\frac{100}{\frac{50}{5}+\frac{30}{3}+\frac{20}{2.1}}=3.4\,\mathrm{vol\%}$$

6과목 건설안전기술

101. 추락의 위험이 있는 개구부에 대한 방호조치와 거리가 먼 것은?

① 안전난간, 울타리, 수직형 추락방호망 등으로 방호조치를 한다.
② 충분한 강도를 가진 구조의 덮개를 뒤집히거나 떨어지지 않도록 설치한다.
③ 어두운 장소에서도 식별이 가능한 개구부 주의표지를 부착한다.
④ 폭 30cm 이상의 발판을 설치한다.

해설 ④ 폭 40cm 이상의 발판을 설치한다.

102. 로프길이 2m의 안전대를 착용한 근로자가 추락으로 인한 부상을 당하지 않기 위한 지면으로부터 안전대 고정점까지의 높이(H)의 기준으로 옳은 것은? (단, 로프의 신율 30%, 근로자의 신장 180cm)

① $H>1.5$m　② $H>2.5$m
③ $H>3.5$m　④ $H>4.5$m

정답 98. ② 99. ④ 100. ③ 101. ④ 102. ③

해설 높이(H)

$$=\text{로프길이}+\text{로프의 신장길이}+\frac{\text{작업자 키}}{2}$$

$$=2+(2\times0.3)+\frac{1.8}{2}=3.5\text{m}$$

Tip) (중상 또는 사망)$3.5>H>3.5$(안전)

103. 압쇄기를 사용하여 건물해체 시 그 순서로 가장 타당한 것은?

A : 보, B : 기둥, C : 슬래브, D : 벽체

① A → B → C → D
② A → C → B → D
③ C → A → D → B
④ D → C → B → A

해설 압쇄기를 사용하여 건물해체 시 슬래브 → 보 → 벽체 → 기둥 등의 순서로 한다.

104. 차량계 건설기계를 사용하여 작업할 때 그 기계가 넘어지거나 굴러떨어짐으로써 근로자가 위험해질 우려가 있는 경우에 조치하여야 할 사항과 거리가 먼 것은?

① 갓길의 붕괴방지
② 작업반경 유지
③ 지반의 부동침하방지
④ 도로 폭의 유지

해설 차량계 건설기계 전도전락방지 대책
- 갓길의 붕괴방지
- 지반의 부동침하방지
- 도로의 폭의 유지
- 유도하는 사람 배치

Tip) ②는 타워크레인 선정 시 사전검토사항

105. 취급 · 운반의 원칙으로 옳지 않은 것은?

① 곡선운반을 할 것
② 운반작업을 집중하여 시킬 것
③ 생산을 최고로 하는 운반을 생각할 것
④ 연속운반을 할 것

해설 취급 · 운반의 원칙
- 직선운반을 할 것
- 연속운반을 할 것
- 운반작업을 집중화시킬 것
- 생산을 최고로 하는 운반을 생각할 것
- 시간과 경비 등 운반방법을 고려할 것

106. 부두 · 안벽 등 하역작업을 하는 장소에서 부두 또는 안벽의 선을 따라 통로를 설치하는 경우에는 그 폭을 최소 얼마 이상으로 하여야 하는가?

① 80cm ② 90cm
③ 100cm ④ 120cm

해설 부두 · 안벽선 통로의 최소 폭 : 90cm 이상

107. 가설통로의 설치기준으로 옳지 않은 것은?

① 추락할 위험이 있는 장소에는 안전난간을 설치할 것
② 경사가 10°를 초과하는 경우에는 미끄러지지 아니하는 구조로 할 것
③ 경사는 30° 이하로 할 것
④ 건설공사에 사용하는 높이 8m 이상인 비계다리에는 7m 이내마다 계단참을 설치할 것

해설 ② 경사가 15°를 초과하는 경우에는 미끄러지지 아니하는 구조로 할 것

108. 개착식 흙막이벽의 계측내용에 해당되지 않는 것은?

① 경사 측정
② 지하수위 측정

정답 103. ③ 104. ② 105. ① 106. ② 107. ② 108. ④

③ 변형률 측정
④ 내공변위 측정

해설 내공변위 측정은 터널의 계측관리사항

109. 강관틀비계를 조립하여 사용하는 경우 준수해야 하는 사항으로 옳지 않은 것은?

① 길이가 띠장 방향으로 4m 이하이고 높이가 10m를 초과하는 경우에는 10m 이내마다 띠장 방향으로 버팀기둥을 설치할 것
② 높이가 20m를 초과하거나 중량물의 적재를 수반하는 작업을 할 경우에는 주틀 간의 간격을 1.8m 이하로 할 것
③ 주틀 간에 교차가새를 설치하고 최상층 및 10층 이내마다 수평재를 설치할 것
④ 수직 방향으로 6m, 수평 방향으로 8m 이내마다 벽이음을 할 것

해설 ③ 주틀 간에 교차가새를 설치하고 최상층 및 5층 이내마다 수평재를 설치할 것

110. 말비계를 조립하여 사용하는 경우에 지주부재와 수평면의 기울기는 최대 몇 도 이하로 하여야 하는가?

① 30° ② 45° ③ 60° ④ 75°

해설 말비계의 안전기준
- 기울기 : 75° 이하
- 작업발판 폭(말비계의 높이 2m 초과 시) : 40cm 이상

111. 사면 보호공법 중 구조물에 의한 보호공법에 해당되지 않는 것은?

① 식생구멍공
② 블럭공
③ 돌 쌓기공
④ 현장 타설 콘크리트 격자공

해설 • 구조물 보호공법 : 블록(돌) 붙임공, 블록(돌) 쌓기공, 콘크리트블록 격자공, 뿜어 붙이기공
- 식생공법 : 떼붙임공, 식생공, 식수공, 파종공

112. 흙의 간극비를 나타낸 식으로 옳은 것은?

① (공기+물의 체적)/(흙+물의 체적)
② (공기+물의 체적)/흙의 체적
③ 물의 체적/(물+흙의 체적)
④ (공기+물의 체적)/(공기+흙+물의 체적)

해설 • 함수비=물의 용적/흙 입자의 용적
- 간(공)극비=(공기+물의 체적)/흙의 체적
- 포화도=물의 용적/(공기+물의 체적)

113. 건설업 산업안전보건관리비 계상 및 사용기준에 따른 안전관리비의 개인보호구 및 안전장구 구입비 항목에서 안전관리비로 사용이 가능한 경우는?

① 안전 · 보건관리자가 선임되지 않은 현장에서 안전 · 보건업무를 담당하는 현장관계자용 무전기, 카메라, 컴퓨터, 프린터 등 업무용 기기
② 혹한 · 혹서에 장기간 노출로 인해 건강장해를 일으킬 우려가 있는 경우 특정 근로자에게 지급되는 기능성 보호장구
③ 근로자에게 일률적으로 지급하는 보냉 · 보온장구
④ 감리원이나 외부에서 방문하는 인사에게 지급하는 보호구

해설 • 안전관리비로 사용 가능한 장구는 혹한 · 혹서에 장기간 노출로 인해 건강장해를 일으킬 우려가 있는 경우 특정 근로자에게 지급하는 기능성 보호장구이다.
- 안전관리비로 사용할 수 없는 장구는 다음과 같다.

정답 109. ③ 110. ④ 111. ① 112. ② 113. ②

㉠ 근로자 보호 목적으로 보기 어려운 피복, 장구, 용품 등의 작업복, 방한복, 면장갑, 코팅장갑 등
㉡ 근로자에게 일률적으로 지급하는 보냉 · 보온장구(핫팩, 장갑, 아이스조끼, 아이스팩 등을 말한다) 구입비

114. 철골기둥, 빔 및 트러스 등의 철골 구조물을 일체화 또는 지상에서 조립하는 이유로 가장 타당한 것은?

① 고소작업의 감소
② 화기사용의 감소
③ 구조체 강성 증가
④ 운반물량의 감소

해설 철골기둥, 빔 및 트러스 등의 철골 구조물을 일체화 또는 지상에서 조립하는 이유는 고소작업의 감소를 위해서이다.

115. 다음은 산업안전보건법령에 따른 달비계를 설치하는 경우에 준수해야 할 사항이다. (　　)에 들어갈 내용으로 옳은 것은?

작업발판은 폭을 (　　) 이상으로 하고 틈새가 없도록 할 것

① 15cm　　② 20cm
③ 40cm　　④ 60cm

해설 높이가 2m 이상인 작업장소에 설치하는 달비계의 작업발판의 폭은 40cm 이상
Tip) 5m 이상인 경우 작업발판의 폭은 20cm 이상

116. 강풍이 불어올 때 타워크레인의 운전작업을 중지하여야 하는 순간풍속의 기준으로 옳은 것은?

① 순간풍속이 초당 10m 초과
② 순간풍속이 초당 15m 초과
③ 순간풍속이 초당 25m 초과
④ 순간풍속이 초당 30m 초과

해설 타워크레인 풍속에 따른 안전기준
- 순간풍속이 초당 10m 초과 : 타워크레인의 수리 · 점검 · 해체작업 중지
- 순간풍속이 초당 15m 초과 : 타워크레인의 운전작업 중지
- 순간풍속이 초당 30m 초과 : 타워크레인의 이탈방지 조치
- 순간풍속이 초당 35m 초과 : 승강기가 붕괴되는 것을 방지 조치

117. 터널지보공을 조립하거나 변경하는 경우에 조치하여야 하는 사항으로 옳지 않은 것은?

① 목재의 터널지보공은 그 터널지보공의 각 부재에 작용하는 긴압 정도를 체크하여 그 정도가 최대한 차이나도록 할 것
② 강(鋼)아치 지보공의 조립은 연결 볼트 및 띠장 등을 사용하여 주재 상호 간을 튼튼하게 연결할 것
③ 기둥에는 침하를 방지하기 위하여 받침목을 사용하는 등의 조치를 할 것
④ 주재(主材)를 구성하는 1세트의 부재는 동일 평면 내에 배치할 것

해설 ① 목재의 터널지보공은 그 터널지보공의 각 부재에 작용하는 긴압 정도가 균등하게 되도록 할 것

118. 콘크리트 타설작업 시 안전에 대한 유의사항으로 옳지 않은 것은?

① 콘크리트를 치는 도중에는 지보공 · 거푸집 등의 이상 유무를 확인한다.

정답 114. ①　115. ③　116. ②　117. ①　118. ③

② 높은 곳으로부터 콘크리트를 타설할 때는 호퍼로 받아 거푸집 내에 꽂아 넣는 슈트를 통해서 부어 넣어야 한다.
③ 진동기를 가능한 한 많이 사용할수록 거푸집에 작용하는 측압상 안전하다.
④ 콘크리트를 한 곳에만 치우쳐서 타설하지 않도록 주의한다.

해설 ③ 진동기의 지나친 진동은 거푸집이 도괴될 수 있으므로 주의하여야 한다.

119. 지반에서 나타나는 보일링(boiling) 현상의 직접적인 원인으로 볼 수 있는 것은?

① 굴착부와 배면부의 지하수위의 수두차
② 굴착부와 배면부의 흙의 중량차
③ 굴착부와 배면부의 흙의 함수비차
④ 굴착부와 배면부의 흙의 토압차

해설
- 보일링(boiling) 현상 : 사질지반의 흙막이 지면에서 수두차로 인한 삼투압이 발생하여 흙막이벽 근입 부분을 침식하는 동시에 모래가 액상화되어 솟아오르는 현상
- 히빙(heaving) 현상 : 연약 점토지반에서 굴착작업 시 흙막이벽체 내·외의 토사의 중량차에 의해 흙막이 밖에 있는 흙이 안으로 밀려 들어와 솟아오르는 현상
- 동상 현상 : 겨울철에 대기온도가 0℃ 이하로 하강함에 따라 흙 속의 수분이 얼어 동결상태가 된 흙이 지표면에 부풀어 오르는 현상
- 연화 현상 : 동결된 지반이 기온상승으로 녹기 시작하여 녹은 물이 흙 속에 과잉의 수분으로 존재하여 지반이 연약화되면서 강도가 떨어지는 현상

120. 유해·위험방지 계획서 제출대상 공사로 볼 수 없는 것은?

① 지상 높이가 31m 이상인 건축물의 건설공사
② 터널 건설공사
③ 깊이 10m 이상인 굴착공사
④ 교량의 전체 길이가 40m 이상인 교량공사

해설 유해·위험방지 계획서 제출대상 건설공사 기준
- 시설 등의 건설·개조 또는 해체 공사
  - ㉠ 지상 높이가 31m 이상인 건축물 또는 인공구조물
  - ㉡ 연면적 30000m^2 이상인 건축물
  - ㉢ 연면적 5000m^2 이상인 시설
    - ㉮ 문화 및 집회시설(전시장, 동물원, 식물원은 제외)
    - ㉯ 운수시설(고속철도 역사, 집배송 시설은 제외)
    - ㉰ 종교시설, 의료시설 중 종합병원
    - ㉱ 숙박시설 중 관광숙박시설
    - ㉲ 판매시설, 지하도상가, 냉동·냉장창고시설
- 연면적 5000m^2 이상인 냉동·냉장창고시설의 설비공사 및 단열공사
- 최대 지간길이가 50m 이상인 교량 건설 등의 공사
- 다목적 댐, 발전용 댐 및 저수용량 2천만 톤 이상의 용수 전용 댐, 지방상수도 전용 댐 건설 등의 공사
- 깊이 10m 이상인 굴착공사
- 터널 건설 등의 공사

정답 119. ① 120. ④

2018년도(3회차) 출제문제

산업안전기사

1과목 안전관리론

1. 연간 근로자 수가 1000명인 공장의 도수율이 10인 경우 이 공장에서 연간 발생한 재해 건수는 몇 건인가?

① 20건 ② 22건
③ 24건 ④ 26건

해설 $\text{재해 건수} = \dfrac{\text{도수율} \times \text{연근로 총 시간 수}}{10^6}$

$= \dfrac{10 \times 1000 \times 2400}{10^6} = 24\text{건}$

2. 산업안전보건법령에 따라 사업주가 사업장에서 중대 재해가 발생한 사실을 알게 된 경우 관할지방 고용노동관서의 장에게 보고하여야 하는 시기로 옳은 것은? (단, 천재지변 등 부득이한 사유가 발생한 경우는 제외한다.)

① 지체 없이 ② 12시간 이내
③ 24시간 이내 ④ 48시간 이내

해설 사업주는 중대 재해가 발생한 사실을 알게 된 경우 관할지방 고용노동관서의 장에게 지체 없이 보고하여야 한다.

Tip) 산업일반재해는 1개월 이내에 보고

3. 재해사례 연구의 진행 순서로 옳은 것은?

① 재해 상황 파악 → 사실의 확인 → 문제점 발견 → 근본적 문제점 결정 → 대책 수립
② 사실의 확인 → 재해 상황 파악 → 문제점 발견 → 근본적 문제점 결정 → 대책 수립
③ 재해 상황 파악 → 사실의 확인 → 근본적 문제점 결정 → 문제점 발견 → 대책 수립
④ 사실의 확인 → 재해 상황 파악 → 근본적 문제점 결정 → 문제점 발견 → 대책 수립

해설 재해사례 연구의 진행 단계

1단계	2단계	3단계	4단계	5단계
상황 파악	사실 확인	문제점 발견	문제점 결정	대책 수립

4. 브레인스토밍(brain-storming) 기법의 4원칙에 관한 설명으로 옳은 것은?

① 주제와 관련이 없는 내용은 발표할 수 없다.
② 동료의 의견에 대하여 좋고 나쁨을 평가한다.
③ 발표 순서를 정하고, 동일한 발표 기회를 부여한다.
④ 타인의 의견에 대하여는 수정하여 발표할 수 있다.

해설 브레인스토밍의 4원칙

- 비판금지 : 좋다, 나쁘다 등의 비판은 하지 않는다.
- 자유분방 : 마음대로 자유로이 발언한다.
- 대량발언 : 무엇이든 좋으니 많이 발언한다.
- 수정발언 : 타인의 생각에 동참하거나 보충발언해도 좋다.

5. 산업안전보건법령에 따른 특정 행위의 지시 및 사실의 고지에 사용되는 안전보건표지의 색도기준으로 옳은 것은?

① 2.5G 4/10
② 2.5PB 4/10
③ 5Y 8.5/12
④ 7.5R 4/14

정답 1. ③ 2. ① 3. ① 4. ④ 5. ②

해설 ① 녹색－2.5G 4/10
② 파란색－2.5PB 4/10
③ 노란색－5Y 8.5/12
④ 빨간색－7.5R 4/14

6. **O.J.T(On Job Training)의 특징에 대한 설명으로 옳은 것은?**

① 특별한 교재, 교구, 설비 등을 이용하는 것이 가능하다.
② 외부의 전문가를 위촉하여 전문교육을 실시할 수 있다.
③ 직장의 실정에 맞는 구체적이고 실제적인 지도교육이 가능하다.
④ 다수의 근로자들에게 조직적 훈련이 가능하다.

해설 O.J.T 교육의 특징

- 개개인의 업무능력에 적합하고 자세한 교육이 가능하다.
- 작업장에 맞는 구체적인 훈련이 가능하다.
- 즉시 현 업무에 적용되는 관계로 몸과 관련이 있다.
- 훈련에 필요한 업무의 연속성이 끊어지지 않아야 한다.
- 훈련의 효과가 바로 업무에 나타나며 훈련의 효과에 따라 개선이 쉽다.
- 교육을 통하여 상사와 부하 간의 의사소통과 신뢰감이 깊게 된다.

7. **집단에서의 인간관계 메커니즘(mechanism)과 가장 거리가 먼 것은?**

① 모방, 암시
② 분열, 강박
③ 동일화, 일체화
④ 커뮤니케이션, 공감

해설 인간관계 메커니즘(mechanism) : 모방, 암시, 동일화, 일체화, 커뮤니케이션, 공감 등

8. **부주의에 대한 사고방지 대책 중 기능 및 작업 측면의 대책이 아닌 것은?**

① 작업표준의 습관화
② 적성배치
③ 안전의식의 제고
④ 작업조건의 개선

해설 부주의에 대한 사고방지 대책

기능 및 작업적 측면에 대한 대책	정신적 측면에 대한 대책
• 적성배치 • 안전작업방법 습득 • 작업조건 개선 • 표준작업 동작의 습관화	• 안전의식의 함양 • 주의력의 집중 훈련 • 스트레스의 해소 • 작업의욕의 고취

9. **유기화합물용 방독마스크의 시험가스가 아닌 것은?**

① 증기(Cl_2)
② 디메틸에테르(CH_3OCH_3)
③ 시클로헥산(C_6H_{12})
④ 이소부탄(C_4H_{10})

해설 방독마스크의 종류 및 시험가스

종류	시험가스	표시색
유기화합물용	사이클로헥산(C_6H_{12}), 디메틸에테르(CH_3OCH_3), 이소부탄(C_4H_{10})	갈색
할로겐용	염소가스 또는 증기(Cl_2)	회색
황화수소용	황화수소가스(H_2S)	회색
시안화수소용	시안화수소가스(HCN)	회색
아황산용	아황산가스(SO_2)	노란색
암모니아용	암모니아가스(NH_3)	녹색

10. **산업안전보건법령에 따른 안전보건관리**

정답 6. ③ 7. ② 8. ③ 9. ① 10. ④

규정에 포함되어야 할 세부 내용이 아닌 것은?

① 위험성 감소 대책 수립 및 시행에 관한 사항
② 하도급 사업장에 대한 안전 · 보건관리에 관한 사항
③ 질병자의 근로 금지 및 취업 제한 등에 관한 사항
④ 물질안전보건자료에 관한 사항

해설 ④는 채용 시의 교육 및 작업내용 변경 시의 교육내용이다.

11. 최대 사용전압이 교류(실효값) 500V 또는 직류 750V인 내전압용 절연장갑의 등급은?

① 00　② 0
③ 1　④ 2

해설 절연장갑의 등급 및 표시

등급	등급별 색상	최대사용전압	
		교류(V)	직류(V)
00	갈색	500	750
0	빨간색	1000	1500
1	흰색	7500	11250
2	노란색	17000	25500
3	녹색	26500	39750
4	등색	36000	54000

12. 안전교육의 학습경험선정 원리에 해당되지 않는 것은?

① 계속성의 원리
② 가능성의 원리
③ 동기유발의 원리
④ 다목적 달성의 원리

해설 학습경험선정의 원리
- 기회의 원리
- 다목적 달성의 원리
- 가능성의 원리
- 전이 가능성의 원리
- 동기유발(만족)의 원리

13. 안전교육방법의 4단계의 순서로 옳은 것은?

① 도입 → 확인 → 적용 → 제시
② 도입 → 제시 → 적용 → 확인
③ 제시 → 도입 → 적용 → 확인
④ 제시 → 확인 → 도입 → 적용

해설 안전교육방법의 4단계

제1단계	제2단계	제3단계	제4단계
도입 : 학습할 준비	제시 : 작업설명	적용 : 작업진행	확인 : 결과

14. 산업재해 기록 · 분류에 관한 지침에 따른 분류기준 중 다음의 (　　) 안에 알맞은 것은?

> 재해자가 넘어짐으로 인하여 기계의 동력 전달 부위 등에 끼이는 사고가 발생하여 신체 부위가 절단되는 경우는 (　　)으로 분류한다.

① 넘어짐　② 끼임　③ 깔림　④ 절단

해설 끼임점 : 회전운동을 하는 동작 부분과 고정 부분 사이에 형성되는 위험점

15. 안전교육 중 프로그램 학습법의 장점이 아닌 것은?

① 학습자의 학습과정을 쉽게 알 수 있다.
② 여러 가지 수업 매체를 동시에 다양하게 활용할 수 있다.
③ 지능, 학습속도 등 개인차를 충분히 고려할 수 있다.
④ 매 반응마다 피드백이 주어지기 때문에 학습자가 흥미를 가질 수 있다.

정답 11. ①　12. ①　13. ②　14. ②　15. ②

해설 프로그램 학습법의 장점
- 기본개념 학습이나 논리적인 학습에 유리하다.
- 지능, 학습속도 등의 개인차를 고려할 수 있다.
- 수업의 모든 단계에 적용이 가능하다.
- 수강자의 학습 가능한 시간대 폭이 넓다.
- 매 학습마다 피드백을 할 수 있다.
- 학습자의 학습 진행과정을 알 수 있다.

Tip) 프로그램 학습법의 단점
- 한 번 개발된 프로그램 자료는 변경이 어렵다.
- 개발비가 많이 들고 제작 과정이 어렵다.
- 교육 내용이 고정되어 있다.
- 학습에 많은 시간이 걸린다.
- 집단 사고의 기회가 없다.

16. 산업안전보건법령에 따른 근로자 안전 · 보건교육 중 근로자 정기안전 · 보건교육의 교육내용에 해당하지 않는 것은? (단, 산업안전보건법 및 일반관리에 관한 사항은 제외한다.)

① 건강증진 및 질병예방에 관한 사항
② 산업보건 및 직업병 예방에 관한 사항
③ 유해 · 위험 작업환경 관리에 관한 사항
④ 작업공정의 유해 · 위험과 재해예방 대책에 관한 사항

해설 근로자의 정기안전 · 보건 교육내용
- 산업안전 및 사고예방에 관한 사항
- 산업보건 및 직업병 예방에 관한 사항
- 위험성 평가에 관한 사항
- 건강증진 및 질병예방에 관한 사항
- 유해 · 위험 작업환경 관리에 관한 사항
- 직무 스트레스 예방 및 관리에 관한 사항
- 산업안전보건법령 및 산업재해 보상보험제도에 관한 사항
- 직장 내 괴롭힘, 고객의 폭언 등으로 인한 건강장해 예방 및 관리에 관한 사항

Tip) ④는 관리감독자 정기교육의 내용

17. 주의의 특성에 해당되지 않는 것은?

① 선택성　② 변동성
③ 가능성　④ 방향성

해설 주의의 특성
- 선택성 : 특정한 것을 한정한 선택 기능
- 방향성 : 한 곳만 응시
- 변동(단속)성 : 일정한 규칙적인 수순을 지키지 못함
- 주의력 중복집중 곤란 : 동시에 복수의 방향을 잡지 못함

18. 버드(Bird)의 신연쇄성 이론 중 재해 발생의 근원적 원인에 해당하는 것은?

① 상해 발생
② 징후 발생
③ 접촉 발생
④ 관리의 부족

해설 버드(Bird)의 최신 연쇄성 이론
- 제1단계 : 전문적 관리 부족(제어 부족) – 근원적 원인
- 제2단계 : 기본원인(기원) – 제거 시 큰 사고 예방 가능
- 제3단계 : 직접원인(징후) – 인적 원인+물적 원인
- 제4단계 : 사고(접촉)
- 제5단계 : 상해(손해, 손실)

19. 관리그리드 이론에서 인간관계 유지에는 낮은 관심을 보이지만 과업에 대해서는 높은 관심을 가지는 리더십의 유형은?

① 1.1형　② 1.9형
③ 9.1형　④ 9.9형

정답 16. ④　17. ③　18. ④　19. ③

해설 관리그리드 이론

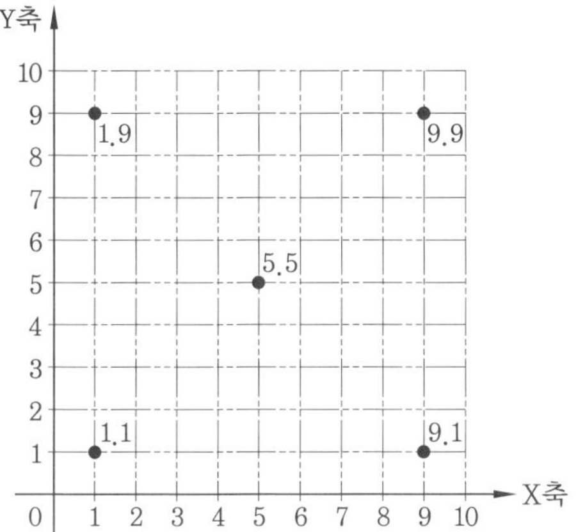

X축은 과업에 대한 관심, Y축은 인간관계 유지에 대한 관심

- (1.1)형 : 무관심형
- (1.9)형 : 인기형
- (9.1)형 : 과업형
- (5.5)형 : 타협형
- (9.9)형 : 이상형

20. 산업안전보건법령상 안전검사대상 기계 등에 해당하는 것은?

① 정격하중이 2톤 미만인 크레인
② 이동식 국소배기장치
③ 밀폐형 구조 롤러기
④ 산업용 원심기

해설 산업용 원심기만 안전검사대상 기계이다.

2과목 인간공학 및 시스템 안전공학

21. 인간공학에 있어 기본적인 가정에 관한 설명으로 틀린 것은?

① 인간기능의 효율은 인간-기계 시스템의 효율과 연계된다.
② 인간에게 적절한 동기부여가 된다면 좀 더 나은 성과를 얻게 된다.
③ 개인이 시스템에서 효과적으로 기능을 하지 못하여도 시스템의 수행도는 변함없다.
④ 장비, 물건, 환경 특성이 인간의 수행도와 인간-기계 시스템의 성과에 영향을 준다.

해설 ③ 개인이 시스템에서 효과적으로 기능을 하지 못하면 시스템의 수행도는 떨어진다.

22. 산업안전보건법령에 따라 제출된 유해·위험방지 계획서의 심사 결과에 따른 구분·판정 결과에 해당하지 않는 것은?

① 적정 ② 일부 적정
③ 부적정 ④ 조건부 적정

해설 유해·위험방지 계획서 심사 결과의 구분

- 적정 : 근로자의 안전과 보건상 필요한 조치가 구체적으로 확보되었다고 인정되는 경우
- 조건부 적정 : 근로자의 안전과 보건을 확보하기 위하여 일부 개선이 필요한 경우
- 부적정 : 건설물 기계·기구 및 설비 또는 건설공사가 심사기준에 위반되어 착공 시 중대한 위험발생의 우려가 있거나 계획에 근본적 결함이 있다고 인정되는 경우

23. 섬유유연제 생산공정이 복잡하게 연결되어 있어 작업자의 불안전한 행동을 유발하는 상황이 발생하고 있다. 이것을 해결하기 위한 위험처리 기술에 해당하지 않는 것은?

① transfer(위험전가)
② retention(위험보류)
③ reduction(위험감축)
④ rearrange(작업 순서의 변경 및 재배열)

해설 위험처리 기술

- 위험회피(avoidance) : 위험작업 방법을 개선한다.
- 위험제거(경감, 감축 ; reduction) : 위험요소를 적극적으로 감축하여 예방한다.

정답 20. ④ 21. ③ 22. ② 23. ④

- 위험보유(보류 ; retention) : 위험의 전부를 스스로 인수하는 것이다.
- 위험전가(transfer) : 보험으로 위험조정 등을 분산한다.

Tip) 작업개선원칙의 재조정(rearrange) : 재편성과 재배열의 원칙

24. **다음 중 소음발생에 있어 음원에 대한 대책으로 볼 수 없는 것은?**

① 설비의 격리
② 적절한 재배치
③ 저소음 설비 사용
④ 귀마개 및 귀덮개 사용

해설 방음보호구 사용 : 귀마개, 귀덮개 등을 사용하는 것은 소극적인 대책으로 음원에 대한 대책이 아니다.

25. **다음 그림의 결함수에서 최소 패스셋(minimal path sets)과 그 신뢰도 $R(t)$는? (단, 각각의 부품 신뢰도는 0.9이다.)**

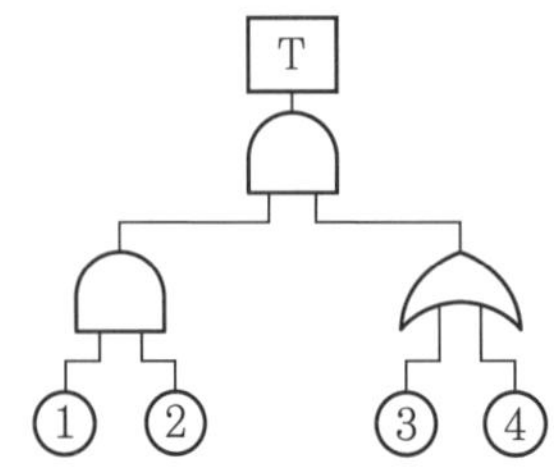

① 최소 패스셋 : {1}, {2}, {3, 4}
$R(t)=0.9081$
② 최소 패스셋 : {1}, {2}, {3, 4}
$R(t)=0.9981$
③ 최소 패스셋 : {1, 2, 3}, {1, 2, 4}
$R(t)=0.9081$
④ 최소 패스셋 : {1, 2, 3}, {1, 2, 4}
$R(t)=0.9981$

해설 FT도의 AND 게이트와 OR 게이트를 서로 바꾸어 미니멀 컷셋을 구한다.

A=1−(1−③)×(1−④)
=1−(1−0.9)×(1−0.9)=0.99
B=①×②=0.9×0.9=0.81
∴ $R(t)=1-(1-A)\times(1-B)$
$=1-(1-0.99)\times(1-0.81)=0.9981$

26. **정보처리 과정에서 부적절한 분석이나 의사결정의 오류에 의하여 발생하는 행동은?**

① 규칙에 기초한 행동(rule−based behavior)
② 기능에 기초한 행동(skill−based behavior)
③ 지식에 기초한 행동(knowledge−based behavior)
④ 무의식에 기초한 행동(unconsciousness−based behavior)

해설 지식에 기초한 행동 : 특수하고 친숙하지 않은 상황에서 발생하며, 부적절한 분석이나 의사결정을 잘못하여 발생하는 오류

27. **3개 공정의 소음수준 측정 결과 1공정은 100dB에서 1시간, 2공정은 95dB에서 1시간, 3공정은 90dB에서 1시간이 소요될 때 총 소음량(TND)과 소음설계의 적합성을 맞게 나열한 것은? (단, 90dB에서 8시간 노출될 때를 허용기준으로 하며, 5dB 증가할 때 허용시간은 1/2로 감소되는 법칙을 적용한다.)**

① TND=0.785, 적합
② TND=0.875, 적합
③ TND=0.985, 적합
④ TND=1.085, 부적합

해설 ㉠ $\text{TND}=\dfrac{(\text{실제 노출시간})_1}{(\text{1일 노출기준})_1}+\cdots$

$=\dfrac{1}{2}+\dfrac{1}{4}+\dfrac{1}{8}=0.875$

㉡ TND<1이므로 적합하다.

정답 24. ④ 25. ② 26. ③ 27. ②

28. 인간의 귀의 구조에 대한 설명으로 틀린 것은? [12.1/18.3]

① 외이는 귓바퀴와 외이도로 구성된다.
② 고막은 중이와 내이의 경계 부위에 위치해 있으며 음파를 진동으로 바꾼다.
③ 중이에는 인두와 교통하여 고실 내압을 조절하는 유스타키오관이 존재한다.
④ 내이는 신체의 평형감각 수용기인 반규관과 청각을 담당하는 전정기관 및 와우로 구성되어 있다.

해설 ② 고막은 중이와 외이의 경계 부위에 위치해 있으며, 음파를 진동시켜 달팽이관으로 전달하는 역할을 한다.

29. 다음 그림에서 시스템 위험분석 기법 중 PHA(예비위험분석)가 실행되는 사이클의 영역으로 맞는 것은?

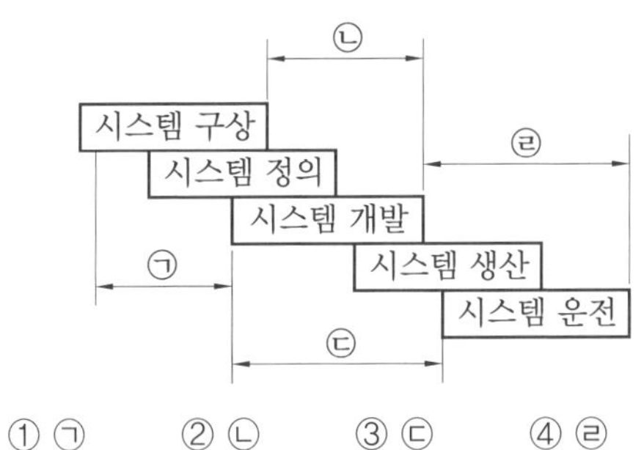

① ㉠ ② ㉡ ③ ㉢ ④ ㉣

해설 예비위험분석(PHA) : 모든 시스템 안전 프로그램 중 최초 단계의 분석으로 시스템 내의 위험요소가 얼마나 위험한 상태에 있는지를 정성적으로 평가하는 분석 기법

30. 인간공학적 의자설계의 원리로 가장 적합하지 않은 것은?

① 자세고정을 줄인다.
② 요부 측만을 촉진한다.
③ 디스크 압력을 줄인다.
④ 등근육의 정적 부하를 줄인다.

해설 ② 요추 부위의 전만 곡선을 유지한다.

31. 시력에 대한 설명으로 맞는 것은?

① 배열시력(vernier acuity)－배경과 구별하여 탐지할 수 있는 최소의 점
② 동적시력(dynamic visual acuity)－비슷한 두 물체가 다른 거리에 있다고 느껴지는 시차각의 최소차로 측정되는 시력
③ 입체시력(stereoscopic acuity)－거리가 있는 한 물체에 대한 약간 다른 상이 두 눈의 망막에 맺힐 때 이것을 구별하는 능력
④ 최소 지각시력(minimum perceptible acuity)－하나의 수직선이 중간에서 끊겨 아래 부분이 옆으로 옮겨진 경우에 탐지할 수 있는 최소 측변방위

해설 시력의 척도

- 배열시력 : 한 선과 다른 선이 중간에서 끊겨 옆으로 옮겨진 경우에 탐지할 수 있는 최소 측변방위, 미세한 치우침을 분간하는 능력
- 동적시력 : 이동하는 물체를 볼 때나 몸이 이동할 때 보는 시력
- 입체시력 : 거리가 있는 한 물체에 대한 약간 다른 상이 두 눈의 망막에 맺힐 때 이것을 구별하는 능력, 상이나 그림의 차이를 분간하는 능력
- 최소 지각시력 : 배경으로부터 한 점을 구별하여 탐지할 수 있는 최소의 분간하는 능력

32. 욕조곡선의 설명으로 맞는 것은?

① 마모고장 기간의 고장형태는 감소형이다.
② 디버깅(debugging) 기간은 마모고장에 나타난다.
③ 부식 또는 산화로 인하여 초기고장이 일어난다.
④ 우발고장 기간은 고장률이 비교적 낮고 일정한 현상이 나타난다.

정답 28. ② 29. ① 30. ② 31. ③ 32. ④

해설 기계설비 고장 유형의 욕조곡선
- 마모고장 기간의 고장형태는 감소에서 일정시간 후 증가형이다.
- 디버깅(debugging) 기간은 초기고장의 예방보존 기간이다.
- 부식 또는 산화로 인하여 마모고장이 일어난다.
- 우발고장 기간은 고장률이 비교적 낮고 일정한 현상이 나타난다.

33. 안전성 평가의 기본원칙 6단계에 해당되지 않는 것은?

① 안전 대책
② 정성적 평가
③ 작업환경 평가
④ 관계 자료의 정비 검토

해설 안전성 평가의 6단계
- 1단계 : 관계 자료의 정비 검토
- 2단계 : 정성적 평가
- 3단계 : 정량적 평가
- 4단계 : 안전 대책
- 5단계 : 재해 정보에 의한 재평가
- 6단계 : FTA에 의한 재평가

34. 양립성(compatibility)에 대한 설명 중 틀린 것은?

① 개념 양립성, 운동 양립성, 공간 양립성 등이 있다.
② 인간의 기대에 맞는 자극과 반응의 관계를 의미한다.
③ 양립성의 효과가 크면 클수록, 코딩의 시간이나 반응의 시간은 길어진다.
④ 양립성이란 제어장치와 표시장치의 연관성이 인간의 예상과 어느 정도 일치하는 것을 의미한다.

해설 ③ 양립성의 효과가 크면 클수록, 코딩의 시간이나 반응의 시간은 줄어들며, 오류가 적어진다.

Tip) 코딩 : 신호를 특정 부호로 변환하는 것

35. FTA에서 사용되는 논리 게이트 중 입력과 반대되는 현상으로 출력되는 것은?

① 부정 게이트
② 억제 게이트
③ 배타적 OR 게이트
④ 우선적 AND 게이트

해설 부정 게이트 : 입력과 반대 현상의 출력사상이 발생한다.

36. FTA를 수행함에 있어 기본사상들의 발생이 서로 독립인가 아닌가의 여부를 파악하기 위해서는 어느 값을 계산해 보는 것이 가장 적합한가?

① 공분산　　② 분산
③ 고장률　　④ 발생확률

해설 공분산
- FTA 수행 시 기본사상들의 발생이 서로 독립인가 아닌가의 여부를 파악할 수 있다.
- 두 확률변수 X, Y의 서로 선형 관계를 나타내는 값이다.

37. 고용노동부 고시의 근골격계 부담작업의 범위에서 근골격계 부담작업에 대한 설명으로 틀린 것은?

① 하루에 10회 이상 25kg 이상의 물체를 드는 작업
② 하루에 총 2시간 이상 쪼그리고 앉거나 무릎을 굽힌 자세에서 이루어지는 작업
③ 하루에 총 2시간 이상 집중적으로 자료입력 등을 위해 키보드 또는 마우스를 조작하는 작업

정답 33. ③ 34. ③ 35. ① 36. ① 37. ③

④ 하루에 총 2시간 이상 지지되지 않은 상태에서 4.5kg 이상의 물건을 한 손으로 들거나 동일한 힘으로 쥐는 작업

해설 근골격계 부담작업
- 하루에 총 4시간 이상 집중적으로 자료입력 등을 위해 키보드 또는 마우스를 조작하는 작업
- 하루에 총 2시간 이상 목, 어깨, 팔꿈치, 손목 또는 손을 사용하여 같은 동작을 반복하는 작업
- 하루에 총 2시간 이상 머리 위에 손이 있거나, 팔꿈치가 어깨 위에 있거나, 팔꿈치를 몸통으로부터 들거나, 팔꿈치를 몸통 뒤쪽에 위치하도록 하는 상태에서 이루어지는 작업
- 지지되지 않은 상태이거나 임의로 자세를 바꿀 수 없는 조건에서 하루에 총 2시간 이상 목이나 허리를 구부리거나 트는 상태에서 이루어지는 작업
- 하루에 총 2시간 이상 쪼그리고 앉거나 무릎을 굽힌 자세에서 이루어지는 작업
- 하루에 총 2시간 이상 지지되지 않은 상태에서 1kg 이상의 물건을 한 손의 손가락으로 집어 옮기거나, 2kg 이상에 상응하는 힘을 가하여 한 손의 손가락으로 물건을 쥐는 작업
- 하루에 총 2시간 이상 지지되지 않은 상태에서 4.5kg 이상의 물건을 한 손으로 들거나 동일한 힘으로 쥐는 작업
- 하루에 10회 이상 25kg 이상의 물체를 드는 작업
- 하루에 25회 이상 10kg 이상의 물체를 무릎 아래에서 들거나, 어깨 위에서 들거나, 팔을 뻗은 상태에서 드는 작업
- 하루에 총 2시간 이상, 분당 2회 이상 4.5kg 이상의 물체를 드는 작업
- 하루에 총 2시간 이상, 시간당 10회 이상 손 또는 무릎을 사용하여 반복적으로 충격을 가하는 작업

38. 일반적으로 기계가 인간보다 우월한 기능에 해당되는 것은? (단, 인공지능은 제외한다.)

① 귀납적으로 추리한다.
② 원칙을 적용하여 다양한 문제를 해결한다.
③ 다양한 경험을 토대로 하여 의사 결정을 한다.
④ 명시된 절차에 따라 신속하고, 정량적인 정보처리를 한다.

해설 ④는 기계가 인간보다 더 우수한 기능, ①, ②, ③은 인간이 기계보다 더 우수한 기능

39. 인간과 기계의 신뢰도가 각각 인간 0.40, 기계 0.95인 경우, 병렬작업 시 전체 신뢰도는?

① 0.89 ② 0.92 ③ 0.95 ④ 0.97

해설 $R_s = 1-(1-0.4)\times(1-0.95)=0.97$

40. 다음 내용의 ( ) 안에 들어갈 내용을 순서대로 정리한 것은?

> 근섬유의 수축단위는 (㉠)(이)라 하는데, 이것은 두 가지 기본형의 단백질 필라멘트로 구성되어 있으며, (㉡)이(가) (㉢) 사이로 미끄러져 들어가는 현상으로 근육의 수축을 설명하기도 한다.

① ㉠ : 근막, ㉡ : 마이오신, ㉢ : 액틴
② ㉠ : 근막, ㉡ : 액틴, ㉢ : 마이오신
③ ㉠ : 근원섬유, ㉡ : 근막, ㉢ : 근섬유
④ ㉠ : 근원섬유, ㉡ : 액틴, ㉢ : 마이오신

해설 근원섬유(myofibri)는 근육 내지 근조직으로 구성하는 수축성 섬유상 세포로 골격근의 가장 기본적인 단위이다.

정답 38. ④ 39. ④ 40. ④

3과목 기계 위험방지 기술

41. 휴대용 동력 드릴의 사용 시 주의해야 할 사항에 대한 설명으로 옳지 않은 것은?

① 드릴작업 시 과도한 진동을 일으키면 즉시 작업을 중단한다.
② 드릴이나 리머를 고정하거나 제거할 때는 금속성 망치 등을 사용한다.
③ 절삭하기 위하여 구멍에 드릴날을 넣거나 뺄 때는 팔을 드릴과 직선이 되도록 한다.
④ 작업 중에는 드릴을 구멍에 맞추거나 하기 위해서 드릴날을 손으로 잡아서는 안 된다.

해설 ② 드릴이나 리머를 고정시키거나 제거하고자 할 때 드릴척 핸들 또는 드릴 뽑기를 사용하여 확실히 고정 또는 제거한다.

42. 목재가공용 둥근톱기계에서 가동식 접촉예방장치에 대한 요건으로 옳지 않은 것은?

① 덮개의 하단이 송급되는 가공재의 상면에 항상 접하는 방식의 것이고 절단작업을 하고 있지 않을 때에는 톱날에 접촉되는 것을 방지할 수 있어야 한다.
② 절단작업 중 가공재의 절단에 필요한 날 이외의 부분을 항상 자동적으로 덮을 수 있는 구조이어야 한다.
③ 지지부는 덮개의 위치를 조정할 수 있고 체결볼트에는 이완방지 조치를 해야 한다.
④ 톱날이 보이지 않게 완전히 가려진 구조이어야 한다.

해설 ④ 톱날이 보이지 않게 완전히 가려진 구조는 아니다.

43. 다음 중 금형 설치 · 해체작업의 일반적인 안전사항으로 틀린 것은?

① 금형을 설치하는 프레스의 T홈 안길이는 설치볼트 직경 이하로 한다.
② 금형의 설치용구는 프레스의 구조에 적합한 형태로 한다.
③ 고정볼트는 고정 후 가능하면 나사산이 3~4개 정도 짧게 남겨 슬라이드 면과의 사이에 협착이 발생하지 않도록 해야 한다.
④ 금형 고정용 브래킷(물림판)을 고정시킬 때 고정용 브래킷은 수평이 되게 하고, 고정볼트는 수직이 되게 고정하여야 한다.

해설 ① 금형을 설치하는 프레스 기계의 T홈에 적합한 형상을 사용하며, 안길이는 설치볼트 지름의 2배 이상으로 한다.

44. 다음은 프레스 제작 및 안전기준에 따라 높이 2m 이상인 작업용 발판의 설치기준을 설명한 것이다. (   ) 안에 알맞은 말은?

> [안전난간 설치기준]
> – 상부 난간대는 바닥면으로부터 (㉠) 이상 120cm 이하에 설치하고, 중간 난간대는 상부 난간대와 바닥면 등의 중간에 설치할 것
> – 발끝막이판은 바닥면 등으로부터 (㉡) 이상의 높이를 유지할 것

① ㉠ 90cm, ㉡ 10cm ② ㉠ 60cm, ㉡ 10cm
③ ㉠ 90cm, ㉡ 20cm ④ ㉠ 60cm, ㉡ 20cm

해설 안전난간의 설치기준

• 상부 난간대는 바닥면으로부터 90cm 이상 지점에 설치하고, 상부 난간대를 120cm 이하에 설치하는 경우에는 중간 난간대는 상부 난간대와 바닥면 등의 중간에 설치하여야 하며, 120cm 이상의 지점에 설치하는 경우에는 중간 난간대를 2단 이상으로 균등하게 설치하고 난간의 상하 간격은 60cm 이하가 되도록 할 것

정답 41. ② 42. ④ 43. ① 44. ①

• 발끝막이판은 바닥면 등으로부터 10cm 이상의 높이를 유지할 것

45. 연삭기 덮개의 개구부 각도가 다음 그림과 같이 150° 이하이어야 하는 연삭기의 종류로 옳은 것은?

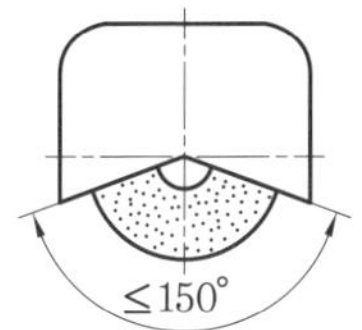

① 센터리스 연삭기 ② 탁상용 연삭기
③ 내면 연삭기 ④ 평면 연삭기

해설 절단기, 평면 연삭기 각도 : 150° 이내

46. 방호장치를 분류할 때는 크게 위험장소에 대한 방호장치와 위험원에 대한 방호장치로 구분할 수 있는데, 다음 중 위험장소에 대한 방호장치가 아닌 것은?

① 격리형 방호장치
② 접근거부형 방호장치
③ 접근반응형 방호장치
④ 포집형 방호장치

해설 포집형 방호장치 : 위험장소에 설치하여 위험원이 비산하거나 튀는 것을 방지하는 등 작업자로부터 위험원을 차단하는 방호장치

47. 롤러의 가드 설치방법 중 안전한 작업 공간에서 사고를 일으키는 공간 함정(trap)을 막기 위해 확보해야 할 신체 부위별 최소 틈새가 바르게 짝지어진 것은?

① 다리 : 240mm ② 발 : 180mm
③ 손목 : 150mm ④ 손가락 : 25mm

해설 가드에 필요한 최소 틈새(mm)

손가락	손	팔	발	다리	몸
25	100	120	120	180	500

48. 크레인의 로프에 질량 100kg인 물체를 $5m/s^2$의 가속도로 감아올릴 때, 로프에 걸리는 하중은 약 몇 N인가?

① 500N
② 1480N
③ 2540N
④ 4900N

해설 총 하중(W)=정하중(W_1)+동하중(W_2)

$$=100+\frac{100}{9.8}\times 5=151.020\text{kg}\times 9.8\text{N}$$

$$=1479.99\text{N}$$

여기서, 동하중$(W_2)=\frac{W_1}{g}\times a$

49. 다음 중 산업안전보건법령상 보일러 및 압력용기에 관한 사항으로 틀린 것은?

① 공정안전 보고서 제출대상으로서 이행상태 평가 결과가 우수한 사업장의 경우 보일러의 압력방출장치에 대하여 8년에 1회 이상으로 설정압력에서 압력방출장치가 적정하게 작동하는지를 검사할 수 있다.
② 보일러의 안전한 가동을 위하여 보일러 규격에 맞는 압력방출장치를 1개 이상 설치하고 최고사용압력 이하에서 작동되도록 하여야 한다.
③ 보일러의 과열을 방지하기 위하여 최고사용압력과 상용압력 사이에서 보일러의 버너 연소를 차단할 수 있도록 압력제한 스위치를 부착하여 사용하여야 한다.
④ 압력용기에서는 이를 식별할 수 있도록 하기 위하여 그 압력용기의 최고사용압력, 제조연월일, 제조회사명이 지워지지 않도록 각인(刻印) 표시된 것을 사용하여야 한다.

해설 ① 압력방출장치의 검사는 1년에 1회 이상 실시하지만, 평가 결과가 우수한 사업장은 4년에 1회 이상 실시한다.

정답 45. ④ 46. ④ 47. ④ 48. ② 49. ①

50. 산업안전보건법령상 프레스기를 사용하여 작업을 할 때 작업시작 전 점검사항으로 틀린 것은?

① 클러치 및 브레이크의 기능
② 압력방출장치의 기능
③ 크랭크축 · 플라이휠 · 슬라이드 · 연결봉 및 연결나사의 풀림 유무
④ 프레스의 금형 및 고정볼트의 상태

해설 ② 압력방출장치는 보일러의 방호장치

51. 다음 설명 중 ( ) 안에 알맞은 내용은?

롤러기의 급정지장치는 롤러를 무부하로 회전시킨 상태에서 앞면 롤러의 표면속도가 30m/min 미만일 때에는 급정지거리가 앞면 롤러 원주의 ( ) 이내에서 롤러를 정지시킬 수 있는 성능을 보유하여야 한다.

① $\frac{1}{2}$ ② $\frac{1}{4}$ ③ $\frac{1}{3}$ ④ $\frac{1}{2.5}$

해설 롤러의 급정지거리

$$\frac{1}{3}\pi D < V(=30\text{m/min}) \leq \frac{1}{2.5}\pi D$$

52. 사출성형기에서 동력작동 시 금형 고정장치의 안전사항에 대한 설명으로 옳지 않은 것은?

① 금형 또는 부품의 낙하를 방지하기 위해 기계적 억제장치를 추가하거나 자체 고정장치(self retain clamping unit) 등을 설치해야 한다.
② 자석식 금형 고정장치는 상 · 하(좌 · 우) 금형의 정확한 위치가 자동적으로 모니터(monitor)되어야 한다.
③ 상 · 하(좌 · 우)의 두 금형 중 어느 하나가 위치를 이탈하는 경우 플레이트를 작동시켜야 한다.
④ 전자석 금형 고정장치를 사용하는 경우에는 전자기파에 의한 영향을 받지 않도록 전자파 내성 대책을 고려해야 한다.

해설 ③ 상 · 하(좌 · 우)의 두 금형 중 어느 하나가 위치를 이탈하는 경우 플레이트를 더 이상 움직이지 않도록 하여야 한다.

53. 다음 중 기계설비에서 반대로 회전하는 두 개의 회전체가 맞닿는 사이에 발생하는 위험점을 무엇이라 하는가?

① 물림점(nip point)
② 협착점(squeeze pint)
③ 접선물림점(tangential point)
④ 회전말림점(trapping point)

해설 물림점 : 두 회전체가 물려 돌아가는 위험점 – 롤러와 롤러, 기어와 기어의 물림점

54. 다음 중 기계설비에서 재료 내부의 균열 결함을 확인할 수 있는 가장 적절한 검사방법은?

① 육안검사 ② 초음파 탐상검사
③ 피로검사 ④ 액체침투 탐상검사

해설 초음파검사 : 초음파를 재료에 투입시켜 내부의 미세 균열 등을 반사에 의해 검사하는 방법

55. 지게차가 부하상태에서 수평거리가 12m이고, 수직높이가 1.5m인 오르막길을 주행할 때, 이 지게차의 전후 안정도와 지게차 안정도 기준의 만족 여부로 옳은 것은? [18.3]

① 지게차 전후 안정도는 12.5%이고 안정도 기준을 만족하지 못한다.
② 지게차 전후 안정도는 12.5%이고 안정도 기준을 만족한다.
③ 지게차 전후 안정도는 25%이고 안정도 기준을 만족하지 못한다.

정답 50. ② 51. ③ 52. ③ 53. ① 54. ② 55. ②

④ 지게차 전후 안정도는 25%이고 안정도 기준을 만족한다.

해설 ㉠ 안정도$=\frac{높이}{수평거리}\times 100$

$=\frac{1.5}{12}\times 100=12.5\%$

㉡ 주행 시의 전후 안정도는 18% 이내이므로 안정도 기준을 만족한다.

Tip) 지게차의 안정도

- 주행 시의 좌우 안정도는 $(15+1.1V)\%$ 이내
- 주행 시의 전후 안정도는 18% 이내
- 하역작업 시의 좌우 안정도는 6% 이내
- 하역작업 시의 전후 안정도는 4% 이내(5t 이상의 것은 3.5%)

56. **어떤 양중기에서 3000kg의 질량을 가진 물체를 한쪽이 45°인 각도로 다음 그림과 같이 2개의 와이어로프로 직접 들어 올릴 때, 안전율이 고려된 가장 적절한 와이어로프 지름을 표에서 구하면? (단, 안전율은 산업안전보건법령을 따르고, 두 와이어로프의 지름은 동일하며, 기준을 만족하는 가장 작은 지름을 선정한다.)**

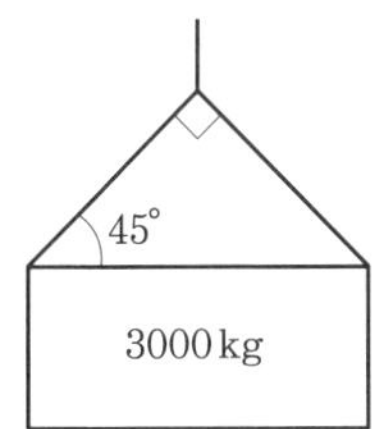

와이어로프 지름(mm)	절단강도(kN)
10	56
12	88
14	110
16	144

① 10mm ② 12mm
③ 14mm ④ 16mm

해설 와이어로프의 지름

㉠ 장력 $T_a=\frac{W}{2}\div\cos\frac{\theta}{2}=\frac{3000}{2}\div\cos\frac{90}{2}$

$=2121.32\text{kg}$

㉡ 화물을 와이어로프로 직접 들어 올릴 때 안전율은 5이다.

㉢ 절단강도=안전율×장력(T_a)

$=5\times 2121.32=10606.6\text{kg}\times 9.8\text{N}$

$=103944.68\text{N}=103.94\text{kN}$

㉣ 절단강도 110kN의 와이어로프 지름은 14mm이다.

57. **다음 ( ) 안의 ㉠과 ㉡의 내용을 옳게 나타낸 것은?**

> 아세틸렌 용접장치의 관리상 발생기에서 (㉠)미터 이내 또는 발생기실에서 (㉡)미터 이내의 장소에서는 흡연, 화기의 사용 또는 불꽃이 발생할 위험한 행위를 금지해야 한다.

① ㉠ 7, ㉡ 5 ② ㉠ 3, ㉡ 1
③ ㉠ 5, ㉡ 5 ④ ㉠ 5, ㉡ 3

해설 아세틸렌 용접장치 화기 안전거리

- 발생기 : 5m 이내
- 발생기실 : 3m 이내

58. **다음 중 선반에서 사용하는 바이트와 관련된 방호장치는?**

① 심압대 ② 터릿
③ 칩 브레이커 ④ 주축대

해설 칩 브레이커는 유동형 칩을 짧게 끊어주는 안전장치이다.

59. **침투탐상검사에서 일반적인 작업 순서로 옳은 것은?**

정답 56. ③ 57. ④ 58. ③ 59. ①

① 전처리 → 침투처리 → 세척처리 → 현상처리 → 관찰 → 후처리
② 전처리 → 세척처리 → 침투처리 → 현상처리 → 관찰 → 후처리
③ 전처리 → 현상처리 → 침투처리 → 세척처리 → 관찰 → 후처리
④ 전처리 → 침투처리 → 현상처리 → 세척처리 → 관찰 → 후처리

해설 침투탐상검사 작업 순서

1단계	2단계	3단계	4단계	5단계	6단계
전처리	침투처리	세척처리	현상처리	관찰	후처리

60. 인장강도가 250N/mm^{2}인 강판에서 안전율이 4라면 이 강판의 허용응력(N/mm^2)은 얼마인가?

① 42.5 ② 62.5
③ 82.5 ④ 102.5

해설 $\text{허용응력} = \frac{\text{인장강도}}{\text{안전계수}} = \frac{250}{4}$
$= 62.5\,\text{N/mm}^2$

4과목 전기 위험방지 기술

61. 감전쇼크에 의해 호흡이 정지되었을 경우 일반적으로 약 몇 분 이내에 응급처치를 개시하면 95% 정도를 소생시킬 수 있는가?

① 1분 이내 ② 3분 이내
③ 5분 이내 ④ 7분 이내

해설 인공호흡 개시까지의 경과 시간

경과 시간	1분	2분	3분	4분	5분	6분
소생률(%)	95	90	75	50	25	10

62. 정전유도를 받고 있는 접지되어 있지 않는 도전성 물체에 접촉한 경우 전격을 당하게 되는데 이때 물체에 유도된 전압 V(V)을 옳게 나타낸 것은? (단, E는 송전선의 대지전압, C_1은 송전선과 물체 사이의 정전용량, C_2는 물체와 대지 사이의 정전용량이며, 물체와 대지 사이의 저항은 무시한다.)

① $V=\frac{C_1}{C_1+C_2}\times E$ ② $V=\frac{C_1+C_2}{C_1+C_2}\times E$
③ $V=\frac{C_1}{C_1\times C_2}\times E$ ④ $V=\frac{C_1\times C_2}{C_1+C_2}\times E$

해설 $\text{유도전압}(V)=\frac{C_1}{C_1+C_2}\times E$

여기서, V : 물체에 유도된 전압
E : 송전선의 대지전압
C_1 : 송전선과 물체 사이의 정전용량
C_2 : 물체와 대지 사이의 정전용량

63. 다음 (   ) 안에 들어갈 내용으로 옳은 것은?

> A. 감전 시 인체에 흐르는 전류는 인가전압에 (㉠)하고 인체저항에 (㉡)한다.
> B. 인체는 전류의 열작용이 (㉢)×(㉣)이 어느 정도 이상이 되면 발생한다.

① ㉠ : 비례, ㉡ : 반비례, ㉢ : 전류의 세기, ㉣ : 시간
② ㉠ : 반비례, ㉡ : 비례, ㉢ : 전류의 세기, ㉣ : 시간
③ ㉠ : 비례, ㉡ : 반비례, ㉢ : 전압, ㉣ : 시간
④ ㉠ : 반비례, ㉡ : 비례, ㉢ : 전압, ㉣ : 시간

해설 A. 옴(ohm)의 법칙

$\text{전압}(E)=I\times R,\ I=\frac{E}{R}\,[\text{A}]$

여기서, I : 전류(A)
R : 전기저항(Ω)

정답 60. ② 61. ① 62. ① 63. ①

B. 줄(joule)의 법칙
전류발생열(Q)$=I^2 \times R \times T$ [J]
여기서, I : 전류(A), R : 전기저항(Ω),
T : 통전시간(s)

64. 전선의 절연피복이 손상되어 동선이 서로 직접 접촉한 경우를 무엇이라 하는가?

① 절연 ② 누전
③ 접지 ④ 단락

해설 단락(합선, short-circuit) : 두 전선이 서로 붙어버린 현상이다. 전압 간의 저항이 0에 가까운 회로를 만드는 것으로 옴의 법칙($I=E/R$)에 따라 극히 큰 전류가 흐른다.

65. 다음 중 방폭구조의 종류가 아닌 것은?

① 본질안전 방폭구조 ② 고압 방폭구조
③ 압력 방폭구조 ④ 내압 방폭구조

해설 방폭구조의 선정기준

가스 폭발 위험 장소	0종	본질안전 방폭구조(ia)
	1종	• 내압 방폭구조(d) • 충전 방폭구조(q) • 안전증 방폭구조(e) • 특수 방폭구조(s) • 압력 방폭구조(p) • 유입 방폭구조(o) • 본질안전 방폭구조(ia, ib) • 몰드 방폭구조(m)
	2종	• 비점화 방폭구조(n) • 방진 방폭구조(tD)

66. 화염일주한계에 대해 가장 잘 설명한 것은?

① 화염이 발화온도로 전파될 가능성의 한계값이다.
② 화염이 전파되는 것을 저지할 수 있는 틈새의 최대간격치이다.
③ 폭발성 가스와 공기가 혼합되어 폭발한계 내에 있는 상태를 유지하는 한계값이다.
④ 폭발성 분위기가 전기불꽃에 의하여 화염을 일으킬 수 있는 최소의 전류값이다.

해설 ② 안전틈새(화염일주한계)는 안전간격(safe gap)이다.

67. 감전사고의 방지 대책으로 가장 거리가 먼 것은?

① 전기 위험부의 위험 표시
② 충전부가 노출된 부분에 절연방호구 사용
③ 충전부에 접근하여 작업하는 작업자 보호구 착용
④ 사고발생 시 처리프로세스 작성 및 조치

해설 ④는 사고발생 전에 작성한다.

68. 정전기 방전에 의한 폭발로 추정되는 사고를 조사함에 있어서 필요한 조치로서 가장 거리가 먼 것은?

① 가연성 분위기 규명
② 사고현장의 방전 흔적 조사
③ 방전에 따른 점화 가능성 평가
④ 전하 발생 부위 및 축적 기구 규명

해설 정전기 방전사고 조치사항
• 가연성 분위기 규명
• 방전에 따른 점화 가능성 평가
• 전하 발생 부위 및 축적 기구 규명

69. 폭발위험장소 분류 시 분진폭발 위험장소의 종류에 해당하지 않는 것은?

① 20종 장소 ② 21종 장소
③ 22종 장소 ④ 23종 장소

해설 분진폭발 위험장소 : 20종, 21종, 22종
Tip) 가스폭발 위험장소 : 0종, 1종, 2종

정답 64. ④ 65. ② 66. ② 67. ④ 68. ② 69. ④

70. **전기기계 · 기구의 조작 시 안전조치로서 사업주는 근로자가 안전하게 작업할 수 있도록 전기기계 · 기구로부터 폭 얼마 이상의 작업 공간을 확보하여야 하는가?**

① 30cm ② 50cm
③ 70cm ④ 100cm

해설 전기기계 · 기구의 조작 부분을 점검하거나 보수하는 경우 근로자가 안전하게 작업할 수 있도록 전기기계 · 기구로부터 폭 70cm 이상의 작업 공간을 확보하여야 한다.
Tip) 전기기계 · 기구 주위의 작업 공간
- 한쪽 작업공간 : 75cm 이상
- 양쪽 작업공간 : 135cm 이상
- 보수 작업공간 : 70cm 이상

71. **인체의 전기저항이 5000Ω이고, 세동전류와 통전시간과의 관계를 $I=\frac{165}{\sqrt{T}}$[mA]라 할 경우, 심실세동을 일으키는 위험에너지는 약 몇 J인가? (단, 통전시간은 1초로 한다.)**

① 5 ② 30
③ 136 ④ 825

해설 $Q=I^2RT=\left(\frac{165}{\sqrt{1}}\times 10^{-3}\right)^2\times 5000\times 1$
$=165^2\times 10^{-6}\times 5000=136.1\text{J}$
여기서, I : 전류, R : 저항, T : 시간

72. **정전작업 시 작업 전 안전조치사항으로 가장 거리가 먼 것은?**

① 단락접지
② 잔류전하 방전
③ 절연보호구 수리
④ 검전기에 의한 정전 확인

해설 정전작업 전 조치사항
- 전기기기 등에 공급되는 모든 전원을 관련 도면, 배선도 등으로 확인할 것
- 전원을 차단한 후 각 단로기 등을 개방하고 확인할 것
- 차단장치나 단로기 등에 잠금장치 및 꼬리표를 부착할 것
- 개로된 전로에서 유도전압 또는 전기에너지가 축적되어 근로자에게 전기위험을 끼칠 수 있는 전기기기 등은 접촉하기 전에 잔류전하를 완전히 방전시킬 것
- 검전기를 이용하여 작업대상 기기가 충전되었는지를 확인할 것
- 전기기기 등이 다른 노출충전부와의 접촉, 유도 또는 예비동력원의 역송전 등으로 전압이 발생할 우려가 있는 경우에는 충분한 용량을 가진 단락접지기구를 이용하여 접지할 것

73. **분진폭발 방지 대책으로 가장 거리가 먼 것은?**

① 작업장 등은 분진이 퇴적하지 않는 형상으로 한다.
② 분진 취급장치에는 유효한 집진장치를 설치한다.
③ 분체 프로세스 장치는 밀폐화하고 누설이 없도록 한다.
④ 분진폭발의 우려가 있는 작업장에는 감독자를 상주시킨다.

해설 분진폭발의 방지 대책
- 분진이 퇴적하지 않는 형상으로 한다.
- 집진장치를 설치하고 발화원을 제거한다.
- 장치는 밀폐화하고 누설이 없도록 한다.

74. **교류 아크 용접기의 전격방지장치에서 시동감도를 바르게 정의한 것은?**

① 용접봉을 모재에 접촉시켜 아크를 발생시킬 때 전격방지장치가 동작할 수 있는 용접기의 2차 측 최대저항을 말한다.

정답 70. ③ 71. ③ 72. ③ 73. ④ 74. ①

② 안전전압(24V 이하)이 2차 측 전압(85~95V)으로 얼마나 빨리 전환되는가 하는 것을 말한다.
③ 용접봉을 모재로부터 분리시킨 후 주접점이 개로되어 용접기의 2차 측 전압이 무부하전압(25V 이하)으로 될 때까지의 시간을 말한다.
④ 용접봉에서 아크를 발생시키고 있을 때 누설전류가 발생하면 전격방지장치를 작동시켜야 할지 운전을 계속해야 할지를 결정해야 하는 민감도를 말한다.

해설 시동감도 : 용접봉을 모재에 접촉시켜 아크를 발생시킬 때 전격방지장치가 동작할 수 있는 용접기의 2차 측 최대저항으로 상한치는 500Ω이다. 즉, 용접봉과 모재 사이의 접촉저항이다.
- 시동시간은 0.06초 이내
- 용접봉의 접촉 소요시간은 0.03초 이내

75. 가수전류(let-go current)에 대한 설명으로 옳은 것은?

① 마이크 사용 중 전격으로 사망에 이른 전류
② 전격을 일으킨 전류가 교류인지 직류인지 구별할 수 없는 전류
③ 충전부로부터 인체가 자력으로 이탈할 수 있는 전류
④ 몸이 물에 젖어 전압이 낮은데도 전격을 일으킨 전류

해설
- 가수전류(이탈전류) : 인체가 자력으로 이탈 가능한 전류(마비한계전류라고 하는 경우도 있음)
- 상용주파수 60Hz에서 10~15mA 정도이다.

76. 이상적인 피뢰기가 가져야 할 성능으로 틀린 것은?

① 제한전압이 낮을 것
② 충격방전 개시전압이 낮을 것
③ 뇌전류 방전능력이 적을 것
④ 속류 차단을 확실하게 할 수 있을 것

해설 피뢰기가 반드시 가져야 할 성능
- 충격방전 개시전압과 제한전압이 낮을 것
- 상용주파 방전 개시전압이 높을 것
- 반복동작이 가능할 것
- 특성이 변화하지 않고, 구조가 견고할 것
- 점검 및 유지보수가 쉬울 것
- 속류의 차단이 확실할 것
- 뇌전류의 방전능력이 클 것

77. 200A의 전류가 흐르는 단상전로의 한 선에서 누전되는 최소전류(mA)의 기준은 얼마인가?

① 100 ② 200 ③ 10 ④ 20

해설 최소전류 = 최대공급전류 × $\frac{1}{2000}$

$= 200 \times \frac{1}{2000} = 0.1\,A = 100\,mA$

78. 정전기 발생의 일반적인 종류가 아닌 것은?

① 마찰 ② 중화 ③ 박리 ④ 유동

해설 대전의 종류는 유동, 분출, 마찰, 박리, 파괴, 충돌, 교반 또는 침강에 의한 정전기 대전 등이 있다.

79. 위험방지를 위한 전기기계 · 기구의 설치 시 고려할 사항으로 거리가 먼 것은?

① 전기기계 · 기구의 충분한 전기적 용량 및 기계적 강도
② 전기기계 · 기구의 안전효율을 높이기 위한 시간가동률
③ 습기 · 분진 등 사용장소의 주위환경
④ 전기적 · 기계적 방호수단의 적정성

정답 75. ③ 76. ③ 77. ① 78. ② 79. ②

해설 전기기계 · 기구의 설치 시 고려사항
- 전기기계 · 기구의 충분한 전기적 용량 및 기계적 강도
- 습기 · 분진 등 사용장소의 주위환경
- 전기적 · 기계적 방호수단의 적정성

80. 심장의 맥동주기 중 어느 때에 전격이 인가되면 심실세동을 일으킬 확률이 크고, 위험한가?

① 심방의 수축이 있을 때
② 심실의 수축이 있을 때
③ 심실의 수축 종료 후 심실의 휴식이 있을 때
④ 심실의 수축이 있고 심방의 휴식이 있을 때

해설 심실의 수축 종료 후 심실의 휴식이 있을 때 심실세동을 일으킬 확률이 크고 위험하다.

5과목 화학설비 위험방지 기술

81. 다음 중 산업안전보건법령상 산화성 액체 또는 산화성 고체에 해당하지 않는 것은?

① 질산　② 중크롬산
③ 과산화수소　④ 질산에스테르

해설 질산에스테르는 폭발성 물질이다.
Tip) 산화성 액체 : ①, ③
산화성 고체 : ②

82. 공기 중 아세톤의 농도가 200 ppm(TLV 500 ppm), 메틸에틸케톤(MEK)의 농도가 100 ppm(TLV 200 ppm)일 때 혼합물질의 허용농도(ppm)는 약 얼마인가? (단, 두 물질은 서로 상가작용을 하는 것으로 가정한다.)

① 150　② 200
③ 270　④ 333

해설 노출지수$(R)=\frac{C_1}{T_1}+\frac{C_2}{T_2}+\cdots+\frac{C_n}{T_n}$

$=\frac{200}{500}+\frac{100}{200}=0.9$

허용농도$=\frac{C_1+C_2+\cdots}{R}=\frac{200+100}{0.9}$

$=333.3\,\text{ppm}$

83. ABC급 분말소화약제의 주성분에 해당하는 것은?

① $NH_4H_2PO_4$　② $NaHCO_3$
③ Na_2SO_3　④ K_2CO_3

해설 분말소화약제의 종류

종류	주성분		적용 화재
	품명	화학식	
제1종	탄산수소나트륨	$NaHCO_3$	B, C급
제2종	탄산수소칼륨	$KHCO_3$	B, C급
제3종	인산암모늄	$NH_4H_2PO_4$	A, B, C급
제4종	탄산수소칼륨 요소	$KHCO_3+(NH_2)_2CO$	B, C급

84. 위험물의 저장방법으로 적절하지 않은 것은?

① 탄화칼슘은 물속에 저장한다.
② 벤젠은 산화성 물질과 격리시킨다.
③ 금속나트륨은 석유 속에 저장한다.
④ 질산은 갈색병에 넣어 냉암소에 보관한다.

해설 ① 탄화칼슘(카바이드)은 금수성 물질로 물과 반응하므로 건조한 장소에 저장한다.

85. 8% NaOH 수용액과 5% NaOH 수용액을 반응기에 혼합하여 6% 100 kg의 NaOH 수용액을 만들려면 각각 약 몇 kg의 NaOH 수용액이 필요한가?

정답 80. ③　81. ④　82. ④　83. ①　84. ①　85. ③

① 5% NaOH 수용액 : 33.3kg, 8% NaOH 수용액 : 66.7kg
② 5% NaOH 수용액 : 56.8kg, 8% NaOH 수용액 : 43.2kg
③ 5% NaOH 수용액 : 66.7kg, 8% NaOH 수용액 : 33.3kg
④ 5% NaOH 수용액 : 43.2kg, 8% NaOH 수용액 : 56.8kg

해설 8% NaOH 수용액의 무게를 $x$kg, 5% NaOH 수용액의 무게를 $y$kg이라고 하면
$(0.08\times x)+(0.05\times y)=0.06\times 100$ ⋯ ①
$x+y=100$ ⋯ ②
연립방정식을 풀면
②번 식에서 $y=100-x$ ⋯ ③
①번 식에 ③번 식을 대입하여 풀면
$(0.08\times x)+\{0.05\times(100-x)\}=0.06\times 100$
$0.08x+(5-0.05x)=6$
$0.08x+5-0.05x=6$
$0.03x=1$
$x=\frac{1}{0.03}=33.3\text{kg}$
$\therefore\ y=100-x=100-33.3=66.7\text{kg}$

86. 다음 [표]를 참조하여 메탄 70vol%, 프로판 21vol%, 부탄 9vol%인 혼합가스의 폭발범위를 구하면 약 몇 vol%인가?

가스	폭발하한계 (vol%)	폭발상한계 (vol%)
C_4H_{10}	1.8	8.4
C_3H_8	2.1	9.5
C_2H_6	3.0	12.4
CH_4	5.0	15.0

① 3.45~9.11
② 3.45~12.58
③ 3.85~9.11
④ 3.85~12.58

해설 혼합가스 폭발범위

㉠ 하한$(L)=\dfrac{100}{\dfrac{V_1}{L_1}+\dfrac{V_2}{L_2}+\dfrac{V_3}{L_3}}=\dfrac{100}{\dfrac{70}{5.0}+\dfrac{21}{2.1}+\dfrac{9}{1.8}}$
$=3.45\text{vol\%}$

㉡ 상한$(L)=\dfrac{100}{\dfrac{V_1}{L_1}+\dfrac{V_2}{L_2}+\dfrac{V_3}{L_3}}=\dfrac{100}{\dfrac{70}{15.0}+\dfrac{21}{9.5}+\dfrac{9}{8.4}}$
$=12.58\text{vol\%}$

87. 열교환기의 열교환 능률을 향상시키기 위한 방법이 아닌 것은?

① 유체의 유속을 적절하게 조절한다.
② 유체의 흐르는 방향을 병류로 한다.
③ 열교환하는 유체의 온도차를 크게 한다.
④ 열전도율이 높은 재료를 사용한다.

해설 ② 유체의 흐르는 방향이 서로 반대인 향류로 한다.

88. 다음 중 마그네슘의 저장 및 취급에 관한 설명으로 틀린 것은?

① 화기를 엄금하고, 가열, 충격, 마찰을 피한다.
② 분말이 비산하지 않도록 밀봉하여 저장한다.
③ 제6류 위험물과 같은 산화제와 혼합되지 않도록 격리, 저장한다.
④ 일단 연소하면 소화가 곤란하지만 초기 소화 또는 소규모 화재 시 물, CO_2 소화설비를 이용하여 소화한다.

해설 ④ 마그네슘(Mg)은 물과 산에 접촉하면 자연발화되므로 건조사, 팽창질석, 팽창진주암으로 소화시킨다.

89. 사업주는 산업안전보건기준에 관한 규칙에서 정한 위험물을 기준량 이상으로 제조하거나 취급하는 특수화학설비를 설치하는 경

정답 86. ② 87. ② 88. ④ 89. ③

우에는 내부의 이상 상태를 조기에 파악하기 위하여 필요한 온도계 · 유량계 · 압력계 등의 계측장치를 설치하여야 한다. 이때 위험물질별 기준량으로 옳은 것은?

① 부탄 − $25m^3$
② 부탄 − $150m^3$
③ 시안화수소 − 5kg
④ 시안화수소 − 200kg

해설 위험물질 기준량
- 인화성 가스(부탄) : $50m^3$
- 급성독성물질(시안화수소) : 5kg

90. 다음 중 고체의 연소방식에 관한 설명으로 옳은 것은?

① 분해연소란 고체가 표면의 고온을 유지하며 타는 것을 말한다.
② 표면연소란 고체가 가열되어 열분해가 일어나고 가연성 가스가 공기 중의 산소와 타는 것을 말한다.
③ 자기연소란 공기 중 산소를 필요로 하지 않고 자신이 분해되며 타는 것을 말한다.
④ 분무연소란 고체가 가열되어 가연성 가스를 발생시키며 타는 것을 말한다.

해설 자기연소 : 분자 내에 산소를 함유하고 있어 외부의 산소 공급원 없이 점화원에 의해 연소하며, 제5류 위험물, 니트로 글리세린, 니트로 셀룰로오스, 트리니트로 톨루엔, 질산에틸 등이 해당된다.

Tip) 고체연소는 물질 그 자체가 연소하는 형태
- 표면연소 : 목탄, 코크스
- 분해연소 : 석탄, 플라스틱, 목재
- 증발연소 : 황, 나프탈렌
- 자기연소 : 다이너마이트, 니트로 화합물

91. 다음 설명에 해당하는 안전장치는?

> 대형의 반응기, 탑, 탱크 등에서 이상 상태가 발생할 때 밸브를 정지시켜 원료공급을 차단하기 위한 안전장치로, 공기압식, 유압식, 전기식 등이 있다.

① 파열판　　② 안전밸브
③ 스팀트랩　　④ 긴급차단장치

해설 긴급차단장치에 관한 설명이다.

92. 다음 중 자연발화가 쉽게 일어나는 조건으로 틀린 것은?

① 주위온도가 높을수록
② 열축적이 클수록
③ 적당량의 수분이 존재할 때
④ 표면적이 작을수록

해설 ④ 표면적이 큰 것이 자연발화 조건이다.

93. 다음 중 분진이 발화 폭발하기 위한 조건으로 거리가 먼 것은?

① 불연성질
② 미분상태
③ 점화원의 존재
④ 지연성 가스 중에서의 교반과 운동

해설 불연성 물질은 연소가 일어나지 않는 물질로 분진이 발화 폭발하기 위해서는 가연성 분진이어야 한다.

94. 다음 중 산업안전보건법령상 공정안전 보고서의 안전운전계획에 포함되지 않는 항목은?

① 안전작업 허가
② 안전운전 지침서
③ 가동 전 점검지침
④ 비상조치계획에 따른 교육계획

정답 90. ③　91. ④　92. ④　93. ①　94. ④

해설 공정안전 보고서의 안전운전계획

- 안전운전 지침서
- 안전작업 허가
- 가동 전 점검지침
- 근로자 등 교육계획
- 변경요소 관리계획
- 자체검사 및 사고조사계획
- 도급업체 안전관리계획
- 설비점검 · 검사, 유지 · 보수계획 및 지침

Tip) ④는 비상조치계획에 포함되는 항목

95. **위험물안전관리법령에서 정한 제3류 위험물에 해당하지 않는 것은?**

① 나트륨 ② 알킬알루미늄
③ 황린 ④ 니트로 글리세린

해설 ④는 제5류(자기반응성 물질),
①, ②, ③은 제3류(자연발화성 물질 및 금수성 물질)

96. **사업주는 안전밸브 등의 전단 · 후단에 차단밸브를 설치해서는 아니 된다. 다만, 별도로 정한 경우에 해당할 때는 자물쇠형 또는 이에 준하는 형식의 차단밸브를 설치할 수 있다. 이에 해당하는 경우가 아닌 것은?**

① 화학설비 및 그 부속설비에 안전밸브 등이 복수방식으로 설치되어 있는 경우
② 예비용 설비를 설치하고 각각의 설비에 안전밸브 등이 설치되어 있는 경우
③ 파열판과 안전밸브를 직렬로 설치한 경우
④ 열팽창에 의하여 상승된 압력을 낮추기 위한 목적으로 안전밸브가 설치된 경우

해설 ③ 파열판과 안전밸브를 병렬로 설치한 경우

97. **다음 중 유류화재에 해당하는 화재의 급수는?**

① A급 ② B급
③ C급 ④ D급

해설 화재의 종류

구분	가연물	구분색	소화제
A급	일반	백색	물, 강화액, 산 · 알칼리
B급	유류	황색	포말, 분말, CO_2
C급	전기	청색	CO_2, 분말
D급	금속	색 없음	건조사, 팽창질석
E급	가스	황색	없음
K급	부엌	–	(주방화재)

98. **할론 소화약제 중 Halon 2402의 화학식으로 옳은 것은?**

① $C_2F_4Br_2$ ② $C_2H_4Br_2$
③ $C_2Br_4H_2$ ④ $C_2Br_4F_2$

해설 할론 소화기의 종류 및 화학식

- 할론 1040(CCl_4)
- 할론 1011(CH_2ClBr)
- 할론 1301(CF_3Br)
- 할론 1211(CF_2ClBr)
- 할론 2402($C_2F_4Br_2$)

99. **사업주는 인화성 액체 및 인화성 가스를 저장 · 취급하는 화학설비에서 증기나 가스를 대기로 방출하는 경우에는 외부로부터의 화염을 방지하기 위하여 화염방지기를 설치하여야 한다. 다음 중 화염방지기의 설치위치로 옳은 것은?**

① 설비의 상단
② 설비의 하단
③ 설비의 측면
④ 설비의 조작부

해설 화염방지기는 보호대상 화학설비의 상단에 설치하여야 한다.

정답 95. ④ 96. ③ 97. ② 98. ① 99. ①

100. 폭발의 위험성을 고려하기 위해 정전에너지 값을 구하고자 한다. 다음 중 정전에너지를 구하는 식은? (단, E는 정전에너지, C는 정전용량, V는 전압을 의미한다.)

① $E=\frac{1}{2}CV^2$ ② $E=\frac{1}{2}VC^2$

③ $E=VC^2$ ④ $E=\frac{1}{4}VC$

해설 정전기 에너지(E)

$$=\frac{1}{2}CV^2=\frac{1}{2}QV=\frac{Q^2}{2C}[\mathrm{J}]$$

여기서, C : 도체의 정전용량(F)

V : 대전전위(유도된 전압[V])

Q : 대전전하량(C) ※ $Q=CV$

6과목 건설안전기술

101. 훅걸이용 와이어로프 등이 훅으로부터 벗겨지는 것을 방지하기 위한 장치는?

① 해지장치 ② 권과방지장치

③ 과부하방지장치 ④ 턴버클

해설 해지장치는 훅걸이용 와이어로프 등이 훅에서 벗겨지는 것을 방지하기 위한 장치

102. 직접기초의 터파기 공법이 아닌 것은?

① 개착공법 ② 시트 파일 공법

③ 트렌치 컷 공법 ④ 아일랜드 컷 공법

해설 시트 파일 공법은 흙막이 공법이다.

103. 사다리식 통로 등을 설치하는 경우 폭은 최소 얼마 이상으로 하여야 하는가?

① 30cm ② 40cm ③ 50cm ④ 60cm

해설 사다리식 통로의 폭은 30cm 이상

104. 화물취급작업 시 준수사항으로 옳지 않은 것은?

① 꼬임이 끊어지거나 심하게 부식된 섬유로프는 화물운반용으로 사용해서는 아니 된다.

② 섬유로프 등을 사용하여 화물취급작업을 하는 경우에 해당 섬유로프 등을 점검하고 이상을 발견한 섬유로프 등을 즉시 교체하여야 한다.

③ 차량 등에서 화물을 내리는 작업을 하는 경우에 해당 작업에 종사하는 근로자에게 쌓여 있는 화물의 중간에서 필요한 화물을 빼낼 수 있도록 허용한다.

④ 하역작업을 하는 장소에서 작업장 및 통로의 위험한 부분에는 안전하게 작업할 수 있는 조명을 유지한다.

해설 ③ 차량 등에서 화물을 내리는 작업을 하는 경우에 해당 작업에 종사하는 근로자에게 쌓여 있는 화물의 중간에서 필요한 화물을 빼내도록 해서는 아니 된다.

105. 건설재해 대책의 사면 보호공법 중 식물을 생육시켜 그 뿌리로 사면의 표층토를 고정하여 빗물에 의한 침식, 동상, 이완 등을 방지하고, 녹화에 의한 경관조성을 목적으로 시공하는 것은?

① 식생공 ② 쉴드공

③ 뿜어 붙이기공 ④ 블록공

해설 식생공법

- 떼붙임공 : 비탈면에 떼를 일정한 간격으로 심어 보호하는 공법
- 식생공 : 법면에 식물을 심어 번식시켜 법면의 침식과 동상, 이완 등을 방지하는 공법
- 식수공 : 비탈면에 떼붙임공과 식생공으로 부족할 경우 나무를 심어서 사면을 보호하는 공법
- 파종공 : 비탈면에 종자, 비료, 안정제, 흙

정답 100. ① 101. ① 102. ② 103. ① 104. ③ 105. ①

등을 혼합하여 높은 압력으로 뿜어 붙이는 공법

106. **다음은 산업안전보건법령에 따른 동바리로 사용하는 파이프 서포트에 관한 사항이다. (　　) 안에 들어갈 내용을 순서대로 옳게 나타낸 것은?**

> 가. 파이프 서포트를 (㉠) 이상 이어서 사용하지 않도록 할 것
> 나. 파이프 서포트를 이어서 사용하는 경우에는 (㉡) 이상의 볼트 또는 전용철물을 사용하여 이을 것

① ㉠ : 2개, ㉡ : 2개　　② ㉠ : 3개, ㉡ : 4개
③ ㉠ : 4개, ㉡ : 3개　　④ ㉠ : 4개, ㉡ : 4개

해설 가. 파이프 서포트를 3개 이상 이어서 사용하지 아니 하도록 할 것
나. 파이프 서포트를 이어서 사용하는 경우에는 4개 이상의 볼트 또는 전용 철물을 사용하여 이을 것

107. **장비가 위치한 지면보다 낮은 장소를 굴착하는데 적합한 장비는?**

① 트럭크레인　　② 파워쇼벨
③ 백호우　　④ 진폴

해설 백호(back hoe)는 기계가 위치한 지면보다 낮은 곳의 땅을 파는데 적합하다.

108. **추락재해에 대한 예방차원에서 고소작업의 감소를 위한 근본적인 대책으로 옳은 것은?**

① 방망 설치
② 지붕 트러스의 일체화 또는 지상에서 조립
③ 안전대 사용
④ 비계 등에 의한 작업대 설치

해설 철골기둥, 빔 및 트러스 등의 철골 구조물을 일체화 또는 지상에서 조립하는 이유는 고소작업의 감소를 위해서이다.

109. **시스템 비계를 사용하여 비계를 구성하는 경우의 준수사항으로 옳지 않은 것은?**

① 수직재 · 수평재 · 가새재를 견고하게 연결하는 구조가 되도록 할 것
② 수평재는 수직재와 직각으로 설치하여야 하며, 체결 후 흔들림이 없도록 견고하게 설치할 것
③ 비계 밑단의 수직재의 받침철물은 밀착되도록 설치하고, 수직재와 받침철물의 연결부의 겹침길이는 받침철물 전체 길이의 3분의 1 이상이 되도록 할 것
④ 벽 연결재의 설치 간격은 시공자가 안전을 고려하여 임의대로 결정한 후 설치할 것

해설 ④ 벽 연결재의 설치 간격은 제조사가 정한 기준에 따라 설치할 것

110. **단관비계의 도괴 또는 전도를 방지하기 위하여 사용하는 벽이음의 간격기준으로 옳은 것은?**

① 수직 방향 5m 이하, 수평 방향 5m 이하
② 수직 방향 6m 이하, 수평 방향 6m 이하
③ 수직 방향 7m 이하, 수평 방향 7m 이하
④ 수직 방향 8m 이하, 수평 방향 8m 이하

해설 비계 조립 간격(m)

비계의 종류		수직 방향	수평 방향
강관비계	단관비계	5	5
	틀비계 (높이 5m 미만은 제외)	6	8
통나무비계		5.5	7.5

정답 106. ② 107. ③ 108. ② 109. ④ 110. ①

111. 추락방지용 방망 중 그물코의 크기가 5cm인 매듭 방망 신품의 인장강도는 최소 몇 kg 이상이어야 하는가?

① 60 ② 110
③ 150 ④ 200

해설 방망사의 신품과 폐기 시 인장강도

그물코의 크기(cm)	매듭 없는 방망		매듭 방망	
	신품	폐기 시	신품	폐기 시
10	240kg	150kg	200kg	135kg
5	–	–	110kg	60kg

112. 겨울철 공사 중인 건축물의 벽체 콘크리트 타설 시 거푸집이 터져서 콘크리트가 쏟아지는 사고가 발생하였다. 이 사고의 발생 원인으로 추정 가능한 사안 중 가장 타당한 것은?

① 콘크리트의 타설속도가 빨랐다.
② 진동기를 사용하지 않았다.
③ 철근 사용량이 많았다.
④ 콘크리트의 슬럼프가 작았다.

해설 ① 콘크리트 타설속도가 빠르고 온도가 낮으면 측압은 커져 콘크리트가 쏟아지는 사고의 원인이 된다.

113. 이동식 비계를 조립하여 작업을 하는 경우의 준수사항으로 옳지 않은 것은?

① 비계의 최상부에서 작업을 하는 경우에는 안전난간을 설치할 것
② 작업발판은 항상 수평을 유지하고 작업발판 위에서 안전난간을 딛고 작업을 하거나 받침대 또는 사다리를 사용하여 작업하지 않도록 할 것
③ 작업발판의 최대 적재하중은 150kg을 초과하지 않도록 할 것
④ 이동식 비계의 바퀴에는 뜻밖의 갑작스러운 이동 또는 전도를 방지하기 위하여 브레이크 · 쐐기 등으로 바퀴를 고정시킨 다음 비계의 일부를 견고한 시설물에 고정하거나 아웃트리거(outrigger)를 설치하는 등 필요한 조치를 할 것

해설 ③ 이동식 비계 작업발판의 최대 적재하중은 250kg을 초과하지 않도록 할 것

114. 건설업 산업안전보건관리비 내역 중 계상비용에 해당되지 않는 것은?

① 근로자 건강관리비
② 건설재해예방 기술지도비
③ 개인보호구 및 안전장구 구입비
④ 외부비계, 작업발판 등의 가설 구조물 설치 소요비

해설 안전관리비 내역 중 계상비용

- 본사 사용비
- 안전시설비
- 사업장의 안전 · 보건진단비
- 안전보건교육비 및 행사비
- 근로자의 건강관리비
- 건설재해예방 기술지도비
- 개인보호구 및 안전장구 구입비
- 안전관리자 등의 인건비 및 각종 업무수당 등

115. 다음 중 운반작업 시 주의사항으로 옳지 않은 것은?

① 운반 시의 시선은 진행 방향을 향하고 뒷걸음 운반을 하여서는 안 된다.
② 무거운 물건을 운반할 때 무게중심이 높은 화물은 인력으로 운반하지 않는다.
③ 어깨 높이보다 높은 위치에서 화물을 들고 운반하여서는 안 된다.

정답 111. ② 112. ① 113. ③ 114. ④ 115. ④

④ 단독으로 긴 물건을 어깨에 메고 운반할 때에는 뒤쪽을 위로 올린 상태로 운반한다.

해설 ④ 단독으로 긴 물건을 운반 시 앞쪽을 높게 하여 어깨에 메고 뒤쪽 끝을 끌면서 운반한다.

116. **다음 중 건설공사 유해 · 위험방지 계획서 제출대상 공사가 아닌 것은?**

① 지상 높이가 50m인 건축물 또는 인공구조물 건설공사
② 연면적이 3000m^2인 냉동 · 냉장창고시설의 설비공사
③ 최대 지간길이가 60m인 교량 건설공사
④ 터널 건설공사

해설 ② 연면적 5000m^2 이상인 냉동 · 냉장창고시설의 설비공사 및 단열공사

117. **철골작업에서의 승강로 설치기준 중 ( ) 안에 알맞은 것은?**

> 사업주는 근로자가 수직 방향으로 이동하는 철골부재에는 답단 간격이 ( ) 이내인 고정된 승강로를 설치하여야 한다.

① 20cm ② 30cm
③ 40cm ④ 50cm

해설 사업주는 근로자가 수직 방향으로 이동하는 철골부재에는 답단 간격이 30cm 이내인 고정된 승강로를 설치하여야 한다.

118. **건설공사 위험성 평가에 관한 내용으로 옳지 않은 것은?**

① 건설물, 기계 · 기구, 설비 등에 의한 유해 · 위험요인을 찾아내어 위험성을 결정하고 그 결과에 따른 조치를 하는 것을 말한다.
② 사업주는 위험성 평가의 실시내용 및 결과를 기록 · 보존하여야 한다.
③ 위험성 평가 기록물의 보존기간은 2년이다.
④ 위험성 평가 기록물에는 평가대상의 유해 · 위험요인, 위험성 결정의 내용 등이 포함된다.

해설 ③ 위험성 평가 기록물의 보존기간은 3년이다.

119. **잠함 또는 우물통의 내부에서 굴착작업을 할 때의 준수사항으로 옳지 않은 것은?**

① 굴착깊이가 10m를 초과하는 경우에는 해당 작업장소와 외부와의 연락을 위한 통신설비 등을 설치하여야 한다.
② 산소결핍의 우려가 있는 경우에는 산소의 농도를 측정하는 자를 지명하여 측정하도록 한다.
③ 근로자가 안전하게 승강하기 위한 설비를 설치한다.
④ 측정 결과 산소의 결핍이 인정될 경우에는 송기를 위한 설비를 설치하여 필요한 양의 공기를 공급하여야 한다.

해설 ① 굴착깊이가 20m를 초과하는 경우에는 해당 작업장소와 외부와의 연락을 위한 통신설비 등을 설치하여야 한다.

120. **항타기 또는 항발기의 권상장치 드럼축과 권상장치로부터 첫 번째 도르래의 축 간의 거리는 권상장치 드럼폭의 몇 배 이상으로 하여야 하는가?**

① 5배 ② 8배
③ 10배 ④ 15배

해설 항타기 또는 항발기의 권상장치의 드럼축과 권상장치로부터 첫 번째 도르래의 축 간의 거리는 권상장치 드럼폭의 15배 이상으로 하여야 한다.

정답 116. ② 117. ② 118. ③ 119. ① 120. ④

2019년도(1회차) 출제문제

산업안전기사

1과목 안전관리론

1. 제일선의 감독자를 교육대상으로 하고, 작업을 지도하는 방법, 작업개선방법 등의 주요 내용을 다루는 기업 내 교육방법은?

① TWI ② MTP ③ ATT ④ CCS

해설 • TWI : 작업방법, 작업지도, 인간관계, 작업안전훈련이다.
- MTP : 관리자 및 중간 관리층을 대상으로 하는 관리자 훈련이다.
- ATT : 직급 상하를 떠나 부하직원이 상사의 강사가 될 수 있다.
- CCS : 강의법에 토의법이 가미된 것으로 정책의 수립, 조직, 통제 및 운영으로 되어 있다(ATP라고도 한다).

2. 안전검사기관 및 자율검사 프로그램 인정기관은 고용노동부장관에게 그 실적을 보고하도록 관련법에 명시되어 있는데, 그 주기로 옳은 것은?

① 매월 ② 격월 ③ 분기 ④ 반기

해설 • 안전검사 실적보고 절차

㉠ 안전검사기관 및 공단은 규칙 제73조의2 제2항 및 제74조의2 제4항에 따른 안전검사 및 심사실시 결과를 전산으로 입력하는 등 검사 대상품에 대한 통계관리를 하여야 한다.

㉡ 안전검사기관은 별지 제1호 서식에 따라 분기마다 다음 달 10일까지 분기별 실적과 매년 1월 20일까지 전년도 실적을 고용노동부장관에게 제출하여야 하며, 공단은 별지 제2호 서식에 따라 분기마다 다음 달 10일까지 분기별 실적과 매년 1월 20일까지 전년도 실적을 고용노동부장관에게 제출하여야 한다.

- 안전검사 결과의 보존 : 안전검사기관은 제4조의 안전검사 결과서를 3년간 보존하여야 한다.

3. 다음 재해사례에서 기인물에 해당하는 것은?

> 기계작업에 배치된 작업자가 반장의 지시를 받기 전에 정지된 선반을 운전시키면서 변속 치차의 덮개를 벗겨내고 치차를 저속으로 운전하면서 급유하려고 할 때 오른손이 변속 치차에 맞물려 손가락이 절단되었다.

① 덮개 ② 급유
③ 선반 ④ 변속치차

해설 재해발생의 분석 시 3가지
- 기인물 : 불안전한 상태에서 선반 운전
- 가해물 : 손가락이 변속 치차에 끼어 절단되었다.
- 사고의 형태(재해형태) : 선반의 치차와 손가락의 접촉 현상(협착)

4. 보호구 안전인증 고시에 따른 분리식 방진마스크의 성능기준에서 포집효율이 특급인 경우, 염화나트륨(NaCl) 및 파라핀 오일(paraffin oil) 시험에서의 포집효율은?

① 99.95% 이상 ② 99.9% 이상
③ 99.5% 이상 ④ 99.0% 이상

정답 1. ① 2. ③ 3. ③ 4. ①

해설 방진마스크의 성능
• 여과재 분진 등의 포집효율

종류	등급	염화나트륨(NaCl) 및 파라핀 오일 시험
분리식	특급	99.95% 이상
	1급	94.0% 이상
	2급	80.0% 이상
안면부 여과식	특급	99.0% 이상
	1급	94.0% 이상
	2급	80.0% 이상

5. 산업안전보건법상 특별안전보건교육에서 방사선 업무에 관계되는 작업을 할 때 교육 내용으로 거리가 먼 것은?

① 방사선의 유해 · 위험 및 인체에 미치는 영향
② 방사선 측정기기 기능의 점검에 관한 사항
③ 비상시 응급처리 및 보호구 착용에 관한 사항
④ 산소농도 측정 및 작업환경에 관한 사항

해설 방사선 업무에 관계되는 작업의 특별안전보건교육의 내용
• 방사선의 유해 · 위험 및 인체에 미치는 영향
• 방사선 측정기기 기능의 점검에 관한 사항
• 방호거리 · 방호벽 및 방사선 물질의 취급 요령에 관한 사항
• 응급처치 및 보호구 착용에 관한 사항
• 그 밖의 안전 · 보건관리에 필요한 사항

6. 주의의 수준이 phase 0인 상태에서의 의식 상태는?

① 무의식 상태
② 의식의 이완상태
③ 명료한 상태
④ 과긴장 상태

해설 주의의 수준이 phase 0인 상태는 무신경, 실신(무의식 상태)이다.

7. 한 사람, 한 사람의 위험에 대한 감수성 향상을 도모하기 위하여 삼각 및 원 포인트 위험예지훈련을 통합한 활용기법은?

① 1인 위험예지훈련
② TBM 위험예지훈련
③ 자문자답 위험예지훈련
④ 시나리오 역할연기훈련

해설 1인 위험예지훈련 : 한 사람, 한 사람의 위험에 대한 감수성 향상을 도모, one point 위험예지훈련을 통합한 활용기법

8. 재해예방의 4원칙에 관한 설명으로 틀린 것은?

① 재해의 발생에는 반드시 원인이 존재한다.
② 재해의 발생과 손실의 발생은 우연적이다.
③ 재해를 예방할 수 있는 안전 대책은 반드시 존재한다.
④ 재해는 원인 제거가 불가능하므로 예방만이 최선이다.

해설 하인리히 산업재해예방의 4원칙
• 손실우연의 원칙 : 사고의 결과 손실 유무 또는 대소는 사고 당시 조건에 따라 우연적으로 발생한다.
• 원인계기(연계)의 원칙 : 재해발생은 반드시 원인이 있다.
• 예방가능의 원칙 : 재해는 원칙적으로 원인만 제거하면 예방이 가능하다.
• 대책선정의 원칙 : 재해예방을 위한 가능한 안전 대책은 반드시 존재한다.

9. 적응기제(適應機制, adjustment mechanism)의 종류 중 도피적 기제(행동)에 해당하지 않는 것은?

① 고립 ② 퇴행 ③ 억압 ④ 합리화

해설 적응기제(adjustment mechanism) 3가지
• 도피기제(escape mechanism) : 갈등을

정답 5. ④ 6. ① 7. ① 8. ④ 9. ④

회피, 도망감

구분	특징
억압	무의식으로 억압
퇴행	유아 시절로 돌아감
백일몽	꿈나라(공상)의 나래를 펼침
고립	외부와의 접촉을 단절

- 방어기제(defense mechanism) : 갈등의 합리화와 적극성

구분	특징
보상	스트레스를 다른 곳에서 강점으로 발휘함
합리화	변명, 실패를 합리화, 자기미화
승화	열등감과 욕구불만이 사회적 · 문화적 가치로 나타남
동일시	힘과 능력 있는 사람을 통해 대리만족 함
투사	열등감을 다른 것에서 발견해 열등감에서 벗어나려 함

- 공격기제(aggressive mechanism) : 직 · 간접적 공격기제

10. 인간오류에 관한 분류 중 독립행동에 의한 분류가 아닌 것은?

① 생략오류 ② 실행오류
③ 명령오류 ④ 시간오류

해설 휴먼에러의 심리적 분류에서 독립행동에 관한 분류

- 생략, 누설, 부작위 에러(omission error) : 작업공정 절차를 수행하지 않은 것에 기인한 에러
- 시간지연 오류(time error) : 시간지연으로 발생하는 에러
- 순서오류(sequential error) : 작업공정의 순서 착오로 발생한 에러
- 작위적 오류, 실행오류(commission error) : 필요한 작업 절차의 불확실한 수행으로 발생한 에러
- 과잉행동 오류(extraneous error) : 불확실한 작업 절차의 수행으로 발생한 에러

Tip) 명령(command)오류는 원인에 의한 분류이다.

11. 다음 중 안전 · 보건교육계획을 수립할 때 고려할 사항으로 가장 거리가 먼 것은?

① 현장의 의견을 충분히 반영한다.
② 대상자의 필요한 정보를 수집한다.
③ 안전교육 시행체계와의 연관성을 고려한다.
④ 정부규정에 의한 교육에 한정하여 실시한다.

해설 ④ 정부규정에 의한 교육 그 이상 작업현장 특성까지 고려하여 교육한다.

12. 사고의 원인 분석방법에 해당하지 않는 것은?

① 통계적 원인 분석 ② 종합적 원인 분석
③ 클로즈(close) 분석 ④ 관리도

해설 산업재해 통계도 : 통계적 원인 분석, 클로즈(close) 분석, 관리도, 특성요인도, 파레토도 등

13. 하인리히의 재해코스트 평가방식 중 직접비에 해당하지 않는 것은?

① 산재보상비 ② 치료비
③ 간호비 ④ 생산손실

해설 직접비와 간접비

<table>
<tr><th colspan="2">직접비(법적으로 지급되는 산재보상비)</th><th rowspan="2">간접비(직접비를 제외한 비용)</th></tr>
<tr><th>구분</th><th>적용</th></tr>
<tr><td>치료비</td><td>치료비 전액</td><td rowspan="2"></td></tr>
<tr><td>휴업급여</td><td>1일 평균임금의 70%에 상당하는 금액</td></tr>
</table>

정답 10. ③ 11. ④ 12. ② 13. ④

장해급여	장해등급에 따라 장해보상연금 또는 장해보상금 지급	
간병급여	요양급여 수급자가 치유 후 간병이 필요하여 간병을 받는 자에게 지급	
유족급여	근로자가 업무상 사유로 사망한 경우 유족에게 자급	인적손실, 물적손실, 생산손실, 임금손실, 시간손실, 기타손실 등
상병보상연금	• 요양 개시 후 2년 경과된 날 이후에 지급 • 부상 또는 질병이 치유되지 아니한 상태 • 부상 또는 질병에 의한 폐질의 등급기준에 따라 지급	
장의비	평균임금의 120일분에 상당하는 금액	
기타비용	상해특별급여, 유족특별급여	

14. 안전관리조직의 참모식(staff형)에 대한 장점이 아닌 것은?

① 경영자의 조언과 자문역할을 한다.
② 안전정보 수집이 용이하고 빠르다.
③ 안전에 관한 명령과 지시는 생산라인을 통해 신속하게 전달한다.
④ 안전전문가가 안전계획을 세워 문제 해결방안을 모색하고 조치한다.

해설 staff형(참모식)

㉠ 장점
- 안전전문가가 안전계획을 세워 문제 해결 방안을 모색한다.
- 경영자의 조언과 자문역할을 한다.
- 안전정보 수집이 용이하고 빠르다.
- 100~1000명의 중소 규모 사업장에 활용한다.

㉡ 단점
- 생산부문에 협력하여 안전 명령을 전달 · 실시한다.
- 생산과 안전은 별개로 취급한다.
- 생산부문은 안전에 대한 책임과 권한이 없다.

Tip) ③은 line형(직계식)의 장점

15. 산업안전보건법령상 의무안전인증대상 기계 · 기구 및 설비가 아닌 것은?

① 연삭기　　② 롤러기
③ 압력용기　　④ 고소(高所)작업대

해설 안전인증대상 기계 · 기구 및 설비
- 설치 이전하는 경우 : 크레인, 곤돌라, 리프트 등
- 구조 부분을 변경하는 경우 : 프레스, 크레인, 압력용기, 곤돌라, 사출성형기, 전단기 및 절곡기, 리프트, 롤러기, 고소작업대 등

16. 안전교육방법 중 학습자가 이미 설명을 듣거나 시범을 보고 알게 된 지식이나 기능을 강사의 감독 아래 직접적으로 연습하여 적용할 수 있도록 하는 교육방법은?

① 모의법　　② 토의법
③ 실연법　　④ 반복법

해설 안전교육방법
- 반복법 : 시범을 보고 알게 된 지식이나 기능을 반복연습하여 적용하는 교육방법
- 토의법 : 모든 구성원들이 특정한 문제에 대하여 서로 의견을 발표하여 결론에 도달하는 교육방법
- 실연법 : 지식이나 기능을 교사나 강사의 지휘 · 감독하에 직접적으로 연습하여 적용하게 하는 방법
- 프로그램학습법 : 이미 만들어진 프로그램 자료를 가지고 학습자가 단독으로 학습하게 하는 방법
- 모의법 : 실제의 장면을 극히 유사하게 인위적으로 만들어 그 속에서 학습하도록 하는 교육방법

정답 14. ③　15. ①　16. ③

17. 산업안전보건법상의 안전 · 보건표지 종류 중 관계자외 출입금지표지에 해당되는 것은?

① 안전모 착용
② 폭발성물질 경고
③ 방사성물질 경고
④ 석면 취급 및 해체 · 제거

해설 관계자외 출입금지표지

석면 취급 및 해체 사업장	• 관계자외 출입금지 • 석면 취급/해체 중 • 보호구/보호복 착용 • 흡연 및 음식물 섭취 금지

Tip) ①은 지시표지, ②, ③은 경고표지

18. 국제노동기구(ILO)의 산업재해 정도 구분에서 부상 결과 근로자가 신체장해등급 제12급 판정을 받았다면 이는 어느 정도의 부상을 의미하는가?

① 영구 전 노동 불능
② 영구 일부 노동 불능
③ 일시 전 노동 불능
④ 일시 일부 노동 불능

해설 영구 일부 노동 불능상해 : 부상 결과로 신체 부분의 일부가 노동 기능을 상실한 부상(신체장해등급 제4~14급)

19. 특정 과업에서 에너지 소비수준에 영향을 미치는 인자가 아닌 것은?

① 작업방법 ② 작업속도
③ 작업관리 ④ 도구

해설 특정 과업에서 에너지 소비수준에 영향을 미치는 인자는 작업방법, 작업속도, 작업도구 설계사용이다.

20. 사고 예방 대책의 기본원리 5단계 중 틀린 것은?

① 1단계 : 안전관리계획
② 2단계 : 현상 파악
③ 3단계 : 분석 평가
④ 4단계 : 대책의 선정

해설 하인리히 사고 예방 대책 기본원리 5단계

- 제1단계 : 안전관리조직
- 제2단계 : 사실의 발견(현상 파악)
- 제3단계 : 분석 평가
- 제4단계 : 시정책의 선정
- 제5단계 : 시정책의 적용

2과목 인간공학 및 시스템 안전공학

21. 의도는 올바른 것이었지만, 행동이 의도한 것과는 다르게 나타나는 오류를 무엇이라 하는가?

① slip ② mistake
③ lapse ④ violation

해설 인간의 오류

- 착각(illusion) : 어떤 사물이나 사실을 실제와 다르게 왜곡하는 감각적 지각 현상
- 착오(mistake) : 상황 해석을 잘못하거나 목표를 착각하여 행하는 인간의 실수(순서, 패턴, 형상, 기억오류 등)
- 실수(slip) : 의도는 올바른 것이었지만, 행동이 의도한 것과는 다르게 나타나는 오류
- 건망증(lapse) : 경험한 일을 전혀 기억하지 못하거나, 어느 시기 동안의 일을 기억하지 못하는 기억장애
- 위반(violation) : 알고 있음에도 의도적으로 따르지 않거나 무시한 경우

22. 시스템 수명주기 단계 중 마지막 단계인 것은?

정답 17. ④ 18. ② 19. ③ 20. ① 21. ① 22. ③

① 구상단계 ② 개발단계
③ 운전단계 ④ 생산단계

해설 시스템 수명주기 5단계

1단계	2단계	3단계	4단계	5단계
구상	정의	개발	생산	운전

23. FT도에 사용되는 다음 게이트의 명칭은?

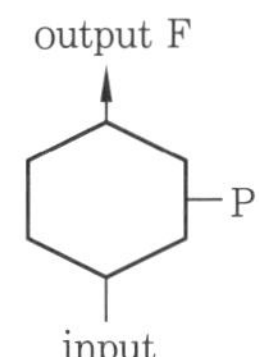

① 부정 게이트 ② 억제 게이트
③ 배타적 OR 게이트 ④ 우선적 AND 게이트

해설 억제 게이트 : 게이트의 출력사상은 한 개의 입력사상에 의해 발생하며, 조건을 만족하면 출력이 발생하고, 조건이 만족되지 않으면 출력이 발생하지 않는다.

24. FTA에서 시스템의 기능을 살리는데 필요한 최소 요인의 집합을 무엇이라 하는가?

① critical set
② minimal gate
③ minimal path
④ boolean indicated cut set

해설 최소 패스셋(minimal path set) : 기본사상이 일어나지 않으면 정상사상이 발생하지 않는 기본사상의 집합으로 시스템의 신뢰성을 말한다.

25. 쾌적환경에서 추운환경으로 변화 시 신체의 조절작용이 아닌 것은?

① 피부온도가 내려간다.
② 직장온도가 약간 내려간다.
③ 몸이 떨리고 소름이 돋는다.
④ 피부를 경유하는 혈액 순환량이 감소한다.

해설 ② 직장온도가 약간 올라간다.

26. 염산을 취급하는 A업체에서는 신설 설비에 관한 안전성 평가를 실시해야 한다. 정성적 평가 단계의 주요 진단 항목에 해당하는 것은?

① 공장 내의 배치
② 제조공정의 개요
③ 재평가 방법 및 계획
④ 안전 · 보건교육 훈련계획

해설
- 정성적 평가 항목 : 입지조건, 공장 내의 배치, 소방설비, 공정기기, 수송, 저장, 원재료, 중간재, 제품, 공정, 건물 등
- 정량적 평가 항목 : 화학설비의 취급 물질, 용량, 온도, 압력, 조작 등

27. 인간-기계 시스템의 설계를 6단계로 구분할 때, 첫 번째 단계에서 시행하는 것은?

① 기본설계
② 시스템의 정의
③ 인터페이스 설계
④ 시스템의 목표와 성능명세 결정

해설 인간-기계 시스템의 설계 6단계
- 1단계 : 시스템의 목표와 성능명세 결정
- 2단계 : 시스템의 정의
- 3단계 : 기본설계
- 4단계 : 인터페이스 설계
- 5단계 : 보조물 설계
- 6단계 : 시험 및 평가

28. 점광원으로부터 0.3m 떨어진 구면에 비추는 광량이 5lumen일 때, 조도는 약 몇 럭스인가?

정답 23. ② 24. ③ 25. ② 26. ① 27. ④ 28. ③

① 0.06 ② 16.7 ③ 55.6 ④ 83.4

해설 $조도=\frac{광도}{(거리)^2}=\frac{5}{(0.3)^2}=55.6\text{lux}$

29. 음량수준을 측정할 수 있는 3가지 척도에 해당되지 않는 것은?

① sone ② 럭스
③ phon ④ 인식소음수준

해설 음의 크기의 수준 3가지 척도
- phon에 의한 순음의 음압수준(dB)
- sone에 의한 음압수준을 가진 순음의 크기
- 인식소음수준은 소음의 측정에 이용되는 척도

Tip) 럭스(lux)는 조명의 단위

30. 실린더 블록에 사용하는 가스켓의 수명은 평균 10000시간이며, 표준편차는 200시간으로 정규분포를 따른다. 사용시간이 9600시간일 경우에 신뢰도는 약 얼마인가? (단, 표준정규분포표에서 $u_{0.8413}=1$, $u_{0.9772}=2$이다.)

① 84.13% ② 88.73%
③ 92.72% ④ 97.72%

해설 ㉠ 표준정규분포상(Z)

$$=\frac{가스켓\ 수명(X)-사용시간}{표준편차}$$

$$=\frac{10000-9600}{200}=2$$

㉡ 가스켓의 신뢰도
표준정규분포상 $Z=2$이므로 표준정규분포표에 따르면 $u_{0.9772}=2$이다.
∴ 신뢰도$=0.9772\times100=97.72\%$

31. 음압수준이 70dB인 경우, 1000Hz에서 순음의 phon치는?

① 50phon ② 70phon
③ 90phon ④ 100phon

해설 1000Hz에서 1dB=1phon이므로 1000Hz에서 70dB=70phon이다.

32. 인체계측자료의 응용원칙 중 조절범위에서 수용하는 통상의 범위는 얼마인가?

① 5~95%tile ② 20~80%tile
③ 30~70%tile ④ 40~60%tile

해설 조절범위는 5~95%까지에서 통상의 범위를 수용대상으로 설계한다.

33. 동작경제의 원칙에 해당되지 않는 것은?

① 신체 사용에 관한 원칙
② 작업장 배치에 관한 원칙
③ 사용자 요구조건에 관한 원칙
④ 공구 및 설비 디자인에 관한 원칙

해설 Barnes(반즈)의 동작경제의 3원칙
- 신체의 사용에 관한 원칙
- 작업장의 배치에 관한 원칙
- 공구 및 설비 디자인에 관한 원칙

34. 정신적 작업 부하에 관한 생리적 척도에 해당하지 않는 것은?

① 부정맥 지수 ② 근전도
③ 점멸융합주파수 ④ 뇌파도

해설 ①, ③, ④는 정신적 작업의 생리적 척도
Tip) 근전도(EMG) : 국부적 근육활동

35. FMEA의 장점이라 할 수 있는 것은?

① 분석방법에 대한 논리적 배경이 강하다.
② 물적, 인적요소 모두가 분석대상이 된다.
③ 서식이 간단하고 비교적 적은 노력으로 분석이 가능하다.
④ 두 가지 이상의 요소가 동시에 고장 나는

정답 29. ② 30. ④ 31. ② 32. ① 33. ③ 34. ② 35. ③

경우에도 분석이 용이하다.

해설 FMEA의 장 · 단점

- 장점 : 서식이 간단하고 비교적 적은 노력으로 분석이 가능하다.
- 단점 : 논리성의 부족, 2가지 이상의 요소가 고장 날 경우 분석이 곤란하며, 요소가 물체로 한정되어 인적 원인 분석이 곤란하다.

36. 수리가 가능한 어떤 기계의 가용도(availability)는 0.9이고, 평균수리시간(MTTR)이 2시간일 때, 이 기계의 평균수명(MTBF)은?

① 15시간　② 16시간
③ 17시간　④ 18시간

해설 가용도 $= \dfrac{MTBF}{MTBF+MTTR}$이므로

MTBF = 가용도 × (MTBF + MTTR)이다.

이 식에 대입하면,

MTBF = 0.9 × (MTBF + 2)

→ MTBF = 0.9 × MTBF + 0.9 × 2

→ MTBF − 0.9MTBF = 1.8

→ 0.1MTBF = 1.8

→ MTBF = 1.8/0.1 = 18시간

여기서, MTTR(평균수리시간) : 평균고장시간

MTBF(평균고장간격) : 무고장시간의 평균

37. 산업안전보건법령에 따라 제조업 중 유해 · 위험방지 계획서 제출대상 사업의 사업주가 유해 · 위험방지 계획서를 제출하고자 할 때 첨부하여야 하는 서류에 해당하지 않는 것은? (단, 기타 고용노동부장관이 정하는 도면 및 서류 등은 제외한다.)

① 공사개요서
② 기계 · 설비의 배치도면
③ 기계 · 설비의 개요를 나타내는 서류
④ 원재료 및 제품의 취급, 제조 등의 작업방법의 개요

해설 제조업의 유해 · 위험방지 계획서 첨부서류

- 건축물 각 층의 평면도
- 기계 · 설비의 개요를 나타내는 서류
- 기계 · 설비의 배치도면
- 원재료 및 제품의 취급, 제조 등의 작업방법의 개요
- 그 밖에 고용노동부장관이 정하는 도면 및 서류

38. 생명유지에 필요한 단위 시간당 에너지량을 무엇이라 하는가?

① 기초 대사량　② 산소 소비율
③ 작업 대사량　④ 에너지 소비율

해설 기초 대사량(BMR) : 생명유지에 필요한 단위 시간당 에너지량

39. 다음의 각 단계를 결함수 분석법(FTA)에 의한 재해사례의 연구 순서대로 나열한 것은?

㉠ 정상사상의 선정 ㉡ FT도 작성 및 분석 ㉢ 개선 계획의 작성 ㉣ 각 사상의 재해원인 규명

① ㉠ → ㉡ → ㉢ → ㉣
② ㉠ → ㉣ → ㉢ → ㉡
③ ㉠ → ㉢ → ㉡ → ㉣
④ ㉠ → ㉣ → ㉡ → ㉢

해설 FTA에 의한 재해사례 연구 순서

- 제1단계 : 톱사상의 선정
- 제2단계 : 사상마다의 재해원인 및 요인 규명
- 제3단계 : FT도 작성
- 제4단계 : 개선계획 작성
- 제5단계 : 개선계획 실시

정답 36. ④　37. ①　38. ①　39. ④

40. 인간-기계 시스템의 연구 목적으로 가장 적절한 것은?

① 정보 저장의 극대화
② 운전 시 피로의 평준화
③ 시스템의 신뢰성 극대화
④ 안전의 극대화 및 생산 능률의 향상

해설 인간공학의 연구 목적
- 안전성 향상과 사고방지
- 기계 조작의 능률성과 생산성의 향상
- 작업환경의 쾌적성

3과목 기계 위험방지 기술

41. 휴대용 연삭기 덮개의 개방부 각도는 몇 도(°) 이내이어야 하는가?

① 60°　② 90°
③ 125°　④ 180°

해설 원통, 휴대용, 센터리스 연삭기 : 180° 이내

42. 다음 중 롤러기 급정지장치 조작부에 사용하는 로프의 성능기준으로 적합한 것은? (단, 로프의 재질은 관련 규정에 적합한 것으로 본다.)

① 지름 1mm 이상의 와이어로프
② 지름 2mm 이상의 합성섬유 로프
③ 지름 3mm 이상의 합성섬유 로프
④ 지름 4mm 이상의 와이어로프

해설 급정지장치 로프의 성능기준
- 지름 4mm 이상의 와이어로프
- 지름 6mm 이상이고, 절단하중이 2.94kN 이상인 합성섬유 로프

43. 다음 중 공장 소음에 대한 방지계획에 있어 소음원에 대한 대책에 해당하지 않는 것은?

① 해당 설비의 밀폐
② 설비실의 차음벽 시공
③ 작업자의 보호구 착용
④ 소음기 및 흡음장치 설치

해설 소음원에 대한 대책
- 음향적 설계를 한다.
- 진동 시스템의 에너지를 줄인다.
- 에너지와 소음발산 시스템과의 조합을 줄인다.
- 구조를 바꿔서 적은 소음이 노출되게 한다.
- 저소음 기계로 교체한다.
- 작업방법을 변경한다.

Tip) 보호구 착용은 소극적인 소음 대책

44. 와이어로프의 꼬임은 일반적으로 특수 로프를 제외하고는 보통꼬임(ordinary lay)과 랭꼬임(lang's lay)으로 분류할 수 있다. 다음 중 랭꼬임과 비교하여 보통꼬임의 특징에 관한 설명으로 틀린 것은?

① 킹크가 잘 생기지 않는다.
② 내마모성, 유연성, 저항성이 우수하다.
③ 로프의 변형이나 하중을 걸었을 때 저항성이 크다.
④ 스트랜드의 꼬임 방향과 로프의 꼬임 방향이 반대이다.

해설 와이어로프의 꼬임방법
- 보통꼬임(S꼬임, Z꼬임)
  - ㉠ 새끼줄과 로프의 꼬인 방향이 반대이다.
  - ㉡ 엉켜 풀리지 않으므로 취급이 쉽다.
  - ㉢ 로프 자체의 변형이 적다.
  - ㉣ 킹크가 생기지 않는다.
  - ㉤ 하중을 걸었을 때 저항이 크다.
  - ㉥ 일반용이다.

정답 40. ④　41. ④　42. ④　43. ③　44. ②

• 랭꼬임(S꼬임, Z꼬임)
㉠ 새끼줄과 로프의 꼬인 방향이 같은 방향이다.
㉡ 엉켜 풀리기 쉬우므로 취급에 주의하여야 한다.
㉢ 내마모성, 유연성, 내피로성이 우수하다.
㉣ 접촉면적이 크고, 마멸에 의한 손상이 적다.
㉤ 보통꼬임보다 수명이 길다.
㉥ 광산용이다.

45. 보일러 등에 사용하는 압력방출장치의 봉인은 무엇으로 실시해야 하는가?

① 구리 테이프 ② 납
③ 봉인용 철사 ④ 알루미늄 실(seal)

해설 압력방출장치의 봉인재료는 Pb(납)이다.

46. 프레스 및 전단기에 사용되는 손쳐내기식 방호장치의 성능기준에 대한 설명 중 옳지 않은 것은? [19.1]

① 진동각도 · 진폭시험 : 행정길이가 최소일 때 진동각도는 60°~90°이다.
② 진동각도 · 진폭시험 : 행정길이가 최대일 때 진동각도는 30°~60°이다.
③ 완충시험 : 손쳐내기 봉에 의한 과도한 충격이 없어야 한다.
④ 무부하 동작시험 : 1회의 오동작도 없어야 한다.

해설 ② 진동각도 · 진폭시험 : 행정길이가 최대일 때 진동각도는 45°~90°이다.

47. 다음 중 산업안전보건법령상 연삭숫돌을 사용하는 작업의 안전수칙으로 틀린 것은?

① 연삭숫돌을 사용하는 경우 작업시작 전과 연삭숫돌을 교체한 후에는 1분 정도 시운전을 통해 이상 유무를 확인한다.
② 회전 중인 연삭숫돌이 근로자에 위험을 미칠 우려가 있는 경우에 그 부위에 덮개를 설치하여야 한다.
③ 연삭숫돌의 최고사용 회전속도를 초과하여 사용하여서는 안 된다.
④ 측면을 사용하는 목적으로 하는 연삭숫돌 이외에는 측면을 사용해서는 안 된다.

해설 • 연삭숫돌을 사용하는 경우 작업시작 전 1분 이상 시운전과 연삭숫돌을 교체한 후에는 3분 정도 시운전을 통해 이상 유무를 확인한다.
• 연삭숫돌 파손이 가장 많이 발생하는 때는 스위치를 넣는 순간이다.

48. 다음 중 산업용 로봇에 의한 작업 시 안전조치사항으로 적절하지 않은 것은?

① 로봇이 운전으로 인해 근로자가 로봇에 부딪칠 위험이 있을 때에는 1.8m 이상의 울타리를 설치하여야 한다.
② 작업을 하고 있는 동안 로봇의 기동스위치 등은 작업에 종사하고 있는 근로자가 아닌 사람이 그 스위치 등을 조작할 수 없도록 필요한 조치를 한다.
③ 로봇의 조작방법 및 순서, 작업 중의 매니퓰레이터의 속도 등에 관한 지침에 따라 작업을 하여야 한다.
④ 작업에 종사하는 근로자가 이상을 발견하면 관리감독자에게 우선 보고하고, 지시에 따라 로봇의 운전을 정지시킨다.

해설 ④ 이상 발견 즉시 운전을 정지시킨다.

49. 프레스 작업시작 전 점검해야 할 사항으로 거리가 먼 것은?

① 매니퓰레이터 작동의 이상 유무
② 클러치 및 브레이크 기능

정답 45. ② 46. ② 47. ① 48. ④ 49. ①

③ 슬라이드, 연결봉 및 연결나사의 풀림 여부
④ 프레스 금형 및 고정볼트 상태

해설 ①은 로봇의 작업시작 전 점검사항이다.

50. 압력용기 등에 설치하는 안전밸브에 관련한 설명으로 옳지 않은 것은?

① 안지름이 150mm를 초과하는 압력용기에 대해서는 과압에 따른 폭발을 방지하기 위하여 규정에 맞는 안전밸브를 설치해야 한다.
② 급성 독성 물질이 지속적으로 외부에 유출될 수 있는 화학설비 및 그 부속설비에는 파열판과 안전밸브를 병렬로 설치한다.
③ 안전밸브는 보호하려는 설비의 최고사용압력 이하에서 작동되도록 하여야 한다.
④ 안전밸브의 배출용량은 그 작동 원인에 따라 각각의 소요 분출량을 계산하여 가장 큰 수치를 해당 안전밸브의 배출용량으로 하여야 한다.

해설 ② 급성 독성 물질이 지속적으로 외부에 유출될 수 있는 화학설비 및 그 부속설비에는 파열판과 안전밸브를 직렬로 설치하고, 그 사이에는 압력지시계 또는 자동경보장치를 설치하여야 한다.

51. 유해 · 위험기계 · 기구 중에서 진동과 소음을 동시에 수반하는 기계설비로 가장 거리가 먼 것은?

① 컨베이어 ② 사출성형기
③ 가스용접기 ④ 공기압축기

해설 가스용접기는 화재 또는 폭발의 위험이 있다.

52. 기능의 안전화 방안을 소극적 대책과 적극적 대책으로 구분할 때 다음 중 적극적 대책에 해당하는 것은?

① 기계의 이상을 확인하고 급정지시켰다.
② 원활한 작동을 위해 급유를 하였다.
③ 회로를 개선하여 오동작을 방지하도록 하였다.
④ 기계를 볼트 및 너트가 이완되지 않도록 다시 조립하였다.

해설 ③ 회로를 개선하여 오동작을 방지하도록 하였다. → 안전화의 근원적 안전 대책(적극적 대책)

53. 프레스기의 비상정지 스위치 작동 후 슬라이드가 하사점까지 도달시간이 0.15초 걸렸다면 양수기동식 방호장치의 안전거리는 최소 몇 cm 이상이어야 하는가?

① 24 ② 240
③ 15 ④ 150

해설 양수기동식 안전거리$(D_m) = 1.6T_m$
$= 1.6 \times 0.15 = 0.24\text{m} = 24\text{cm}$

54. 컨베이어(conveyor) 역전방지장치의 형식을 기계식과 전기식으로 구분할 때 기계식에 해당하지 않는 것은?

① 라쳇식 ② 밴드식
③ 스러스트식 ④ 롤러식

해설 전기식 : 전기 브레이크, 스러스트 브레이크

55. 재료의 강도시험 중 항복점을 알 수 있는 시험의 종류는?

① 비파괴시험
② 충격시험
③ 인장시험
④ 피로시험

해설 인장시험은 기계적인 파괴시험으로 항복점을 알 수 있는 시험이다.

정답 50. ② 51. ③ 52. ③ 53. ① 54. ③ 55. ③

56. 다음 중 프레스를 제외한 사출성형기 · 주형조형기 및 형단조기 등에 관한 안전조치사항으로 틀린 것은?

① 근로자의 신체 일부가 말려들어 갈 우려가 있는 경우에는 양수조작식 방호장치를 설치하여 사용한다.
② 게이트 가드식 방호장치를 설치할 경우에는 연동구조를 적용하여 문을 닫지 않아도 동작할 수 있도록 한다.
③ 사출성형기의 전면에 작업용 발판을 설치할 경우 근로자가 쉽게 미끄러지지 않는 구조이어야 한다.
④ 기계의 히터 등의 가열 부위, 감전 우려가 있는 부위에는 방호덮개를 설치하여 사용한다.

해설 ② 게이트 가드식 방호장치를 설치할 경우에는 연동구조를 적용하여 문을 닫지 않으면 작동되지 않도록 한다.

57. 자분탐사검사에서 사용하는 자화방법이 아닌 것은?

① 축 통전법 ② 전류 관통법
③ 극간법 ④ 임피던스법

해설 자분탐상방법 : 직각 통전법, 극간법, 축 통전법, 자속(전류) 관통법, 코일법 등
Tip) 임피던스 : 교류회로에서 전압과 전류의 비(比)

58. 다음 중 소성가공을 열간가공과 냉간가공으로 분류하는 가공온도의 기준은?

① 융해점 온도 ② 공석점 온도
③ 공정점 온도 ④ 재결정 온도

해설 재결정 온도 : 열간가공과 냉간가공으로 분류하는 기준 온도

59. 컨베이어 설치 시 주의사항에 관한 설명으로 옳지 않은 것은?

① 컨베이어에 설치된 보도 및 운전실 상면은 가능한 수평이어야 한다.
② 근로자가 컨베이어를 횡단하는 곳에는 바닥면등으로부터 90cm 이상 120cm 이하에 상부 난간대를 설치하고, 바닥면과의 중간에 중간 난간대가 설치된 건널다리를 설치한다.
③ 폭발의 위험이 있는 가연성 분진 등을 운반하는 컨베이어 또는 폭발의 위험이 있는 장소에 사용되는 컨베이어의 전기기계 및 기구는 방폭구조이어야 한다.
④ 보도, 난간, 계단, 사다리의 설치 시 컨베이어를 가동시킨 후에 설치하면서 설치 상황을 확인한다.

해설 ④ 보도, 난간, 계단, 사다리의 설치 시 컨베이어를 가동 개시 전에 설치해야 하며, 반드시 정지시킨 후 설치한다.

60. 다음 중 용접결함의 종류에 해당하지 않는 것은?

① 비드(bead)
② 기공(blow hole)
③ 언더컷(under cut)
④ 용입 불량(incomplt penetration)

해설 용접결함의 종류
- 기공(blow hole) : 용접부에 공기구멍이 발생하는 현상
- 언더컷(undercut) : 과대전류, 운봉속도가 빠를 때, 부당한 용접봉 사용
- 용입 불량(incomplete penetration) : 운봉속도 과다, 낮은 전류

Tip) 비드(bead) : 용접모재와 용접봉이 녹아서 생긴 띠 모양의 용착 자국, 균일할수록 양호한 용접

정답 56. ② 57. ④ 58. ④ 59. ④ 60. ①

4과목 전기 위험방지 기술

61. 정전작업 시 작업 중의 조치사항으로 옳은 것은?

① 검전기에 의한 정전 확인
② 개폐기의 관리
③ 잔류전하의 방전
④ 단락접지 실시

해설 정전작업 중 조치사항
- 작업지휘자에 의해 작업한다.
- 개폐기를 관리한다.
- 단락접지 상태를 확인한다.
- 근접활선에 대한 방호상태를 관리한다.

Tip) ①, ③, ④는 정전작업 전 조치사항

62. 자동전격 방지장치에 대한 설명으로 틀린 것은?

① 무부하 시 전력손실를 줄인다.
② 무부하 전압을 안전전압 이하로 저하시킨다.
③ 용접을 할 때에만 용접기의 주회로를 개로(OFF)시킨다.
④ 교류 아크 용접기의 안전장치로서 용접기의 1차 또는 2차 측에 부착한다.

해설 ③ 용접을 할 때에는 용접기의 주회로를 폐로(ON)시킨다.

63. 인체의 전기저항 R을 1000Ω이라고 할 때 위험한계에너지의 최저는 약 몇 J인가? (단, 통전시간은 1초이고, 심실세동전류 $I = \frac{165}{\sqrt{T}}$ [mA]이다.)

① 17.23 ② 27.23
③ 37.23 ④ 47.23

해설 위험한계에너지(Q)

$$=\left(\frac{165}{\sqrt{1}}\times 10^{-3}\right)^2\times 1000\times 1=27.225\text{J}$$

64. 다음 그림과 같이 완전 누전되고 있는 전기기기의 외함에 사람이 접촉하였을 경우 인체에 흐르는 전류(I_m)는? (단, E[V]는 전원의 대지전압, R_2[Ω]는 변압기 1선 접지, 제2종 접지저항, R_3[Ω]은 전기기기 외함 접지, 제3종 접지저항, R_m[Ω]은 인체저항이다.)

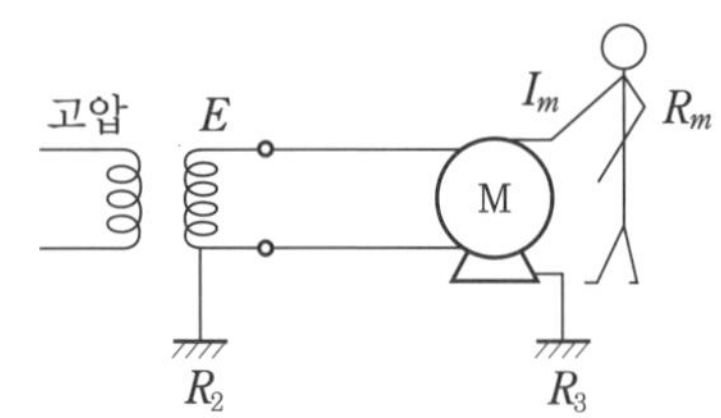

① $\dfrac{E}{R_2+\left(\dfrac{R_3\times R_m}{R_3+R_m}\right)}\times\dfrac{R_3}{R_3+R_m}$

② $\dfrac{E}{R_2+\left(\dfrac{R_3+R_m}{R_3\times R_m}\right)}\times\dfrac{R_3}{R_3+R_m}$

③ $\dfrac{E}{R_2+\left(\dfrac{R_3\times R_m}{R_3+R_m}\right)}\times\dfrac{R_m}{R_3+R_m}$

④ $\dfrac{E}{R_3+\left(\dfrac{R_2\times R_m}{R_2+R_m}\right)}\times\dfrac{R_3}{R_3+R_m}$

해설 인체전류(I_m)

$$=\frac{E}{R_2+\left(\dfrac{R_3\times R_m}{R_3+R_m}\right)}\times\frac{R_3}{R_3+R_m}$$

여기서, E[V] : 전원의 대지전압
R_2[Ω] : 변압기 1선 접지, 제2종 접지저항
R_3[Ω] : 전기기기 외함 접지, 제3종 접지저항
R_m[Ω] : 인체저항

65. 전기화재가 발생되는 비중이 가장 큰 발화원은?

① 주방기기

정답 61. ② 62. ③ 63. ② 64. ① 65. ④

② 이동식 전열기구
③ 회전체 전기기계 및 기구
④ 전기배선 및 배선기구

해설 전기화재가 발생되는 비중이 가장 큰 순서
전기배선 및 배선기구 > 이동식 전열기구 > 전기기기(주방기기) > 전기기계 및 기구(전기장치)

66. 역률개선용 커패시터(capacitor)가 접속되어 있는 전로에서 정전작업을 할 경우 다른 정전작업과는 달리 주의 깊게 취해야 할 조치사항으로 옳은 것은?

① 안전 표지 부착
② 개폐기 전원 투입 금지
③ 잔류전하 방전
④ 활선 근접작업에 대한 방호

해설 역률개선용 커패시터가 접속되어 있는 전로에서 정전작업을 할 경우 최우선 조치사항으로 잔류전하 방전에 주의하여야 한다.

67. 감전사고를 방지하기 위한 방법으로 틀린 것은?

① 전기기기 및 설비의 위험부에 위험 표지
② 전기설비에 대한 누전차단기 설치
③ 전기기기에 대한 정격 표시
④ 무자격자는 전기기계 및 기구에 전기적인 접촉 금지

해설 전기사고 예방 대책
- 전기설비 점검 철저
- 보호접지
- 전기기기 위험 표시
- 작업자 보호구 착용
- 노출충전부 절연방호구 사용

Tip) ③은 기기보호에 해당하는 방법이다.

68. 전기기기 방폭의 기본개념이 아닌 것은?

① 점화원의 방폭적 격리
② 전기기기의 안전도 증강
③ 점화능력의 본질적 억제
④ 전기설비 주위 공기의 절연능력 향상

해설 전기설비의 기본개념
- 점화원의 방폭적 격리 : 내압 방폭구조, 압력 방폭구조, 유입 방폭구조
- 전기설비의 안전도 증강 : 안전증 방폭구조
- 점화능력의 본질적 억제 : 본질안전 방폭구조

69. 대전 물체의 표면전위를 검출 전극에 의한 용량 분할을 통해 측정할 수 있다. 대전 물체의 표면전위 V_s는? (단, 대전 물체와 검출 전극 간의 정전용량을 C_1, 검출 전극과 대지 간의 정전용량을 C_2, 검출 전극의 전위는 V_e이다.)

① $V_s=\left(\frac{C_1+C_2}{C_1}+1\right)V_e$ ② $V_s=\frac{C_1+C_2}{C_1}V_e$

③ $V_s=\frac{C_2}{C_1+C_2}V_e$ ④ $V_s=\left(\frac{C_1}{C_1+C_2}+1\right)V_e$

해설 대전물체의 표면전위

$$V_s=\frac{C_1+C_2}{C_1}V_e$$

여기서, C_1 : 대전 물체와 검출 전극 간의 정전용량
C_2 : 검출 전극과 대지 간의 정전용량
V_e : 검출 전극의 전위

70. 다음 중 불꽃(spark)방전의 발생 시 공기 중에 생성되는 물질은?

① O_2 ② O_3 ③ H_2 ④ C

해설 코로나 방전, 불꽃방전, 스파크 방전 시 공기 중에 오존(O_3)이 생성된다.

정답 66. ③ 67. ③ 68. ④ 69. ② 70. ②

71. 감전사고가 발생했을 때 피해자를 구출하는 방법으로 틀린 것은?

① 피해자가 계속하여 전기설비에 접촉되어 있다면 우선 그 설비의 전원을 신속히 차단한다.
② 감전사항을 빠르게 판단하고 피해자의 몸과 충전부가 접촉되어 있는지를 확인한다.
③ 충전부에 감전되어 있으면 몸이나 손을 잡고 피해자를 곧바로 이탈시켜야 한다.
④ 절연 고무장갑, 고무장화 등을 착용한 후에 구원해 준다.

해설 ③ 감전 피해자의 몸이나 손을 잡으면 동시 감전되므로 절연재를 사용하여 피해자를 곧바로 이탈시켜야 한다.

72. 샤워시설이 있는 욕실에 콘센트를 시설하고자 한다. 이때 설치되는 인체감전 보호용 누전차단기의 정격감도전류는 몇 mA 이하인가?

① 5 ② 15 ③ 30 ④ 60

해설 물을 사용하는 장소에 설치된 누전차단기의 정격감도전류 및 동작시간은 15mA 이하, 0.03초 이내이다.

73. 인체의 저항을 500Ω이라 할 때 단상 440V의 회로에서 누전으로 인한 감전재해를 방지할 목적으로 설치하는 누전차단기의 규격은?

① 30mA, 0.1초 ② 30mA, 0.03초
③ 50mA, 0.1초 ④ 50mA, 0.3초

해설 인체감전 보호형의 정격감도전류 및 동작시간은 30mA 이하, 0.03초 이내이다.

74. 접지의 종류와 목적이 바르게 짝지어지지 않은 것은?

① 계통접지 - 고압전로와 저압전로가 혼촉되었을 때의 감전이나 화재방지를 위하여
② 지락검출용 접지 - 차단기의 동작을 확실하게 하기 위하여
③ 기능용 접지 - 피뢰기 등의 기능손상을 방지하기 위하여
④ 등전위 접지 - 병원에 있어서 의료기기 사용 시 안전을 위하여

해설 기능용 접지 : 전자기기의 안정적 가동을 확보하기 위하여 접지하는 방식

75. 방폭기기 - 일반요구사항(KS C IEC 60079-0) 규정에서 제시하고 있는 방폭기기 설치 시 표준 환경조건이 아닌 것은?

① 압력 : 80~110kPa
② 상대습도 : 40~80%
③ 주위온도 : -20~40℃
④ 산소함유율 : 21%V/V의 공기

해설 방폭기기 - 일반요구사항
(KS C IEC 60079-0)

구분	조건
주위온도	-20~40℃
표고	1000m 이하
압력	80~110kPa
산소함유율	21%V/V의 공기
상대습도	45~85%
특별한 고려를 필요로 하는 정도의 전기설비는 공해, 부식성 가스, 진동 등이 존재하지 않는 표준환경	

76. 정격감도전류에서 동작시간이 가장 짧은 누전차단기는?

① 시연형 누전차단기
② 반한시형 누전차단기
③ 고속형 누전차단기

정답 71. ③ 72. ② 73. ② 74. ③ 75. ② 76. ④

④ 감전보호용 누전차단기

해설 누전차단기의 종류

종류		동작시간
고감도형	고속형	정격감도전류에서 0.1초 이내 동작
	시연형	정격감도전류에서 0.1초 초과 2초 이내 동작
	반한시형	• 정격감도전류에서 0.2초 초과 1초 이내 동작 • 정격감도전류의 1.4배에서 0.1초 초과 0.5초 이내 동작 • 정격감도전류의 4.4배에서 0.05초 이내 동작
중감도형	고속형	정격감도전류에서 0.1초 이내 동작
	시연형	정격감도전류에서 0.1초 초과 2초 이내 동작
인체감전 보호형		정격감도전류에서 0.03초 이내 동작

77. 방폭지역 구분 중 폭발성 가스분위기가 정상상태에서 조성되지 않거나 조성된다 하더라도 짧은 기간에만 존재할 수 있는 장소는?

① 0종 장소 ② 1종 장소
③ 2종 장소 ④ 비방폭지역

해설 가스 폭발위험장소의 구분

- 0종 : 설비 및 기기들이 운전(가동) 중에 폭발성 가스가 항상 존재하는 장소
- 1종 : 설비 및 기기들이 운전, 유지보수, 고장 등인 상태에서 폭발성 가스가 가끔 누출되어 위험분위기가 있는 장소
- 2종 : 작업자의 운전조작 실수로 폭발성 가스가 누출되어 가스가 폭발을 일으킬 우려가 있는 장소

78. 전기설비기술기준에서 정의하는 전압의 구분으로 틀린 것은?

① 교류 저압 : 1000V 이하
② 직류 저압 : 1500V 이하
③ 직류 고압 : 1500V 초과 7000V 이하
④ 특고압 : 7000V 이상

해설 특고압(직류, 교류) : 7000V 초과

Tip) 교류 고압 : 1000V 초과 7000V 이하

※ 이 문제는 법이 개정되어 본서에서는 지문을 수정한 문제이다.

79. 피뢰기의 구성요소로 옳은 것은?

① 직렬 갭, 특성요소 ② 병렬 갭, 특성요소
③ 직렬 갭, 충격요소 ④ 병렬 갭, 충격요소

해설 피뢰기 구성요소

- 직렬 갭 : 정상 시에는 방전을 하지 않고 절연상태를 유지하며, 이상 과전압 발생 시에는 신속히 이상전압을 대지로 방전하고 속류를 차단하는 역할을 한다.
- 특성요소 : 뇌전류 방전 시 피뢰기 자신의 전위상승을 억제하여 자신의 절연파괴를 방지하는 역할을 한다.

80. 내압 방폭구조의 필요충분조건에 대한 사항으로 틀린 것은?

① 폭발화염이 외부로 유출되지 않을 것
② 습기침투에 대한 보호를 충분히 할 것
③ 내부에서 폭발한 경우 그 압력에 견딜 것
④ 외함의 표면온도가 외부의 폭발성 가스에 점화되지 않을 것

해설 내압 방폭구조는 점화원에 의해 용기의 내부에 폭발성 가스의 폭발이 일어날 경우에 용기가 폭발압력에 견디고, 화염이 용기 외부의 폭발성 분위기로 전파되지 않도록 한 방폭구조이다.

정답 77. ③ 78. ④ 79. ① 80. ②

5과목 화학설비 위험방지 기술

81. 위험물 또는 가스에 의한 화재를 경보하는 기구에 필요한 설비가 아닌 것은?

① 간이완강기 ② 자동화재감지기
③ 축전지설비 ④ 자동화재수신기

해설 간이완강기는 화재발생 시 비상용 대피 기구이다.

82. 산업안전보건기준에 관한 규칙에서 지정한 "화학설비 및 그 부속설비의 종류" 중 화학설비의 부속설비에 해당하는 것은?

① 응축기 · 냉각기 · 가열기 등의 열교환기류
② 반응기 · 혼합조 등의 화학물질 반응 또는 혼합장치
③ 펌프류 · 압축기 등의 화학물질 이송 또는 압축설비
④ 온도 · 압력 · 유량 등을 지시 · 기록하는 자동제어 관련 설비

해설 ①, ②, ③은 화학설비이다.

Tip) 화학설비의 부속설비
- 배관, 밸브, 관 등 화학물질 이송 관련 설비
- 온도, 압력, 유량 등을 지시 · 기록하는 자동제어 관련 설비
- 안전밸브, 안전판, 긴급차단 방출밸브 등 비상조치 관련 설비
- 가스누출감지 경보 관련 설비
- 세정기, 응축기, 벤트스택, 플레어스택 등 폐가스처리설비
- 사이클론, 백필터, 전기집진기 등 분진처리설비

83. 다음 중 반응기를 조작방식에 따라 분류할 때 이에 해당하지 않는 것은?

① 회분식 반응기 ② 반회분식 반응기
③ 연속식 반응기 ④ 관형식 반응기

해설 반응기의 조작방식에 의한 분류
- 회분식 반응기 : 원료를 반응기에 주입하고, 일정 시간 반응시켜 생성하는 방식
- 반회분식 반응기 : 원료를 반응기에 넣어두고 반응이 진행됨에 따라 다른 성분을 첨가하는 방식
- 연속식 반응기 : 원료를 반응기에 주입하는 동시에 반응 생성물을 연속적으로 배출시키면서 반응을 진행시키는 방식

Tip) 반응기의 구조방식에 의한 분류 : 관형 반응기, 탑형 반응기, 교반기형 반응기, 유동층형 반응기

84. 다음 중 물과 반응하여 수소가스를 발생할 위험이 가장 낮은 물질은?

① Mg ② Zn
③ Cu ④ Na

해설 칼륨(K), 나트륨(Na), 마그네슘(Mg), 아연(Zn), 리튬(Li) 등은 물과 격렬히 반응하여 수소(H_2)를 발생시킨다.

Tip) 구리(Cu), 철(Fe), 금(Au), 은(Ag), 탄소(C) 등은 상온에서 고체 상태로 존재하며 녹는점이 낮아 물과 접촉해도 반응하지 않는다.

85. 다음 중 가연성 물질이 연소하기 쉬운 조건으로 옳지 않은 것은?

① 연소 발열량이 클 것
② 점화에너지가 작을 것
③ 산소와 친화력이 클 것
④ 입자의 표면적이 작을 것

해설 ④ 입자의 표면적이 클수록 산소와 접촉면이 넓어져 타기가 쉽다.

정답 81. ① 82. ④ 83. ④ 84. ③ 85. ④

86. 다음 중 열교환기의 보수에 있어 일상점검 항목과 정기적 개방점검 항목으로 구분할 때 일상점검 항목으로 가장 거리가 먼 것은?

① 도장의 노후 상황
② 부착물에 의한 오염의 상황
③ 보온재, 보냉재의 파손 여부
④ 기초볼트의 체결 정도

해설 ②는 개방점검 항목,
①, ③, ④는 일상점검 항목

87. 헥산 1vol%, 메탄 2vol%, 에틸렌 2vol%, 공기 95 vol%로 된 혼합가스의 폭발하한계 값(vol%)은 약 얼마인가? (단, 헥산, 메탄, 에틸렌의 폭발하한계 값은 각각 1.1, 5.0, 2.7vol%이다.)

① 2.44 ② 12.89
③ 21.78 ④ 48.78

해설 폭발하한값

$$\frac{100}{L}=\frac{V_1}{L_1}+\frac{V_2}{L_2}+\frac{V_3}{L_3}+\cdots \text{ (vol\%)}$$

$$L=\frac{100}{\frac{V_1}{L_1}+\frac{V_2}{L_2}+\frac{V_3}{L_3}+\cdots}$$

$$\therefore L=\frac{1+2+2}{\frac{1}{1.1}+\frac{2}{5.0}+\frac{2}{2.7}}=2.44\text{vol\%}$$

여기서, L : 혼합가스의 폭발하한계(상한계)
L_1, L_2, L_3 : 단독가스의 폭발하한계(상한계)
V_1, V_2, V_3 : 단독가스의 공기 중 부피
$100 : V_1+V_2+V_3+\cdots$

88. 이산화탄소 소화약제의 특징으로 가장 거리가 먼 것은?

① 전기절연성이 우수하다.
② 액체로 저장할 경우 자체 압력으로 방사할 수 있다.
③ 기화상태에서 부식성이 매우 강하다.
④ 저장에 의한 변질이 없어 장기간 저장이 용이한 편이다.

해설 ③ 이산화탄소(CO_2)는 무색 무취로 화학적으로 안정하고 가연성, 부식성은 거의 없어 반영구적으로 사용한다.

89. 산업안전보건기준에 관한 규칙 중 급성 독성 물질에 관한 기준의 일부이다. ㉠과 ㉡에 알맞은 수치를 옳게 나타낸 것은?

> • 쥐에 대한 경구투입실험에 의하여 실험동물의 50퍼센트를 사망시킬 수 있는 물질의 양, 즉 LD_{50}(경구, 쥐)이 킬로그램당 (㉠)밀리그램-(체중) 이하인 화학물질
> • 쥐 또는 토끼에 대한 경피흡수실험에 의하여 실험동물의 50퍼센트를 사망시킬 수 있는 물질의 양, 즉 LD_{50}(경피, 토끼 또는 쥐)이 킬로그램당 (㉡)밀리그램-(체중) 이하인 화학물질

① ㉠ : 1000, ㉡ : 300
② ㉠ : 1000, ㉡ : 1000
③ ㉠ : 300, ㉡ : 300
④ ㉠ : 300, ㉡ : 1000

해설 • LD_{50}(경구, 쥐)이 킬로그램당 300mg-(체중) 이하인 화학물질
• LD_{50}(경피, 토끼 또는 쥐)이 킬로그램당 1000mg-(체중) 이하인 화학물질

90. 분진폭발을 방지하기 위하여 첨가하는 불활성 첨가물로 적합하지 않은 것은?

① 탄산칼슘 ② 모래
③ 석분 ④ 마그네슘

정답 86. ② 87. ① 88. ③ 89. ④ 90. ④

해설 분진폭발을 일으키는 물질 : 금속분(알루미늄, 마그네슘, 아연분말), 플라스틱, 농산물, 황 등

Tip) 분진폭발을 일으키지 않는 물질 : 시멘트, 생석회, 석회석, 탄산칼슘 등

91. 다음 중 가연성 가스이며 독성가스에 해당하는 것은?

① 수소 ② 프로판
③ 산소 ④ 일산화탄소

해설 ①, ②는 인화성 가스, ③은 조연성 가스

92. 위험물질을 저장하는 방법으로 틀린 것은?

① 황인은 물속에 저장
② 나트륨은 석유 속에 저장
③ 칼륨은 석유 속에 저장
④ 리튬은 물속에 저장

해설 발화성 물질의 저장법

- 리튬, 나트륨, 칼륨 : 물과 반응하므로 석유 속에 저장
- 황린 : 물속에 저장
- 적린 · 마그네슘 · 칼륨 : 냉암소 격리 저장
- 질산은($AgNO_3$) 용액 : 햇빛을 피해 저장
- 벤젠 : 산화성 물질과 격리 저장

93. 다음 중 인화성 가스가 아닌 것은?

① 부탄 ② 메탄 ③ 수소 ④ 산소

해설 ④는 조연성 가스

94. 다음 중 자연발화의 방지법으로 가장 거리가 먼 것은?

① 직접 인화할 수 있는 불꽃과 같은 점화원만 제거하면 된다.
② 저장소 등의 주위 온도를 낮게 한다.
③ 습기가 많은 곳에는 저장하지 않는다.
④ 통풍이나 저장법을 고려하여 열의 축적을 방지한다.

해설 자연발화 방지법

- 저장소의 온도를 낮출 것
- 산소와의 접촉을 피할 것
- 통풍 및 환기를 철저히 할 것
- 습도가 높은 곳에는 저장하지 말 것
- 열이 축적되지 않는 퇴적방법을 선택할 것

95. 인화성 가스가 발생할 우려가 있는 지하 작업장에서 작업을 할 경우 폭발이나 화재를 방지하기 위한 조치사항 중 가스의 농도를 측정하는 기준으로 적절하지 않은 것은?

① 매일 작업을 시작하기 전에 측정한다.
② 가스의 누출이 의심되는 경우 측정한다.
③ 장시간 작업할 때에는 매 8시간마다 측정한다.
④ 가스가 발생하거나 정체할 위험이 있는 장소에 대하여 측정한다.

해설 인화성 가스 농도 측정기준

- 매일 작업을 시작하기 전에 측정한다.
- 가스의 누출이 의심되는 경우 측정한다.
- 가스가 발생하거나 정체할 위험이 있는 장소에서 측정한다.
- 장시간 작업할 때에는 4시간마다 가스의 농도를 측정한다.

96. 다음 중 가연성 가스가 밀폐된 용기 안에서 폭발할 때 최대 폭발압력에 영향을 주는 인자로 가장 거리가 먼 것은?

① 가연성 가스의 농도(몰수)
② 가연성 가스의 초기 온도
③ 가연성 가스의 유속
④ 가연성 가스의 초기 압력

해설 폭발발생의 필수인자

- 폭발압력은 화학양론비(이론 혼합농도)에

정답 91. ④ 92. ④ 93. ④ 94. ① 95. ③ 96. ③

서 최대가 된다.

- 폭발압력은 초기 온도가 높을수록 감소한다.
- 폭발압력은 초기 압력이 상승할수록 증가한다.

Tip) 폭발압력은 용기의 형태 및 부피, 유속 등에는 큰 영향을 받지 않는다.

97. 물이 관 속을 흐를 때 유동하는 물속의 어느 부분의 정압이 그때의 물의 증기압보다 낮을 경우 물이 증발하여 부분적으로 증기가 발생되어 배관의 부식을 초래하는 경우가 있다. 이러한 현상을 무엇이라 하는가?

① 서징(surging)
② 공동 현상(cavitation)
③ 비말동반(entrainment)
④ 수격작용(water hammering)

해설 • 공동 현상 : 유동하는 물속의 어느 부분의 정압이 물의 증기압보다 낮을 경우 부분적으로 증기를 발생시켜 배관을 부식시키는 현상이다.

- 수격작용(물망치 작용) : 밸브를 급격히 개폐 시에 배관 내를 유동하던 물이 배관을 치는 현상으로 배관 파열을 초래한다.
- 맥동 현상(서징) : 펌프의 입 · 출구에 부착되어 있는 진공계와 압력계가 흔들리고 진동과 소음이 일어나며, 유출량이 변하는 현상이다.

98. 메탄이 공기 중에서 연소될 때의 이론혼합비(화학양론 조성)는 약 몇 vol%인가?

① 2.21　　② 4.03
③ 5.76　　④ 9.50

해설 이론 혼합비

메탄(CH_4)에서 탄소(n)=1, 수소(m)=4이므로

$$C_{st}=\frac{100}{1+4.773\left(n+\frac{m-f-2\lambda}{4}\right)}$$

$$=\frac{100}{1+4.773\left(1+\frac{4}{4}\right)}=9.48\,\text{vol\%}$$

99. 고압의 환경에서 장시간 작업하는 경우에 발생할 수 있는 잠함병(潛函病) 또는 잠수병(潛水病)은 다음 중 어떤 물질에 의하여 중독현상이 일어나는가?

① 질소　　② 황화수소
③ 일산화탄소　　④ 이산화탄소

해설 잠함병, 잠수병은 급격한 감압으로 혈액 속의 질소가 혈액에 기포를 형성하여 혈액순환장애를 일으켜 질소 중독이 된다.

Tip) 잠함 · 잠수병 : 체내에 축적된 질소의 중독 현상

100. 공기 중에서 A가스의 폭발하한계는 2.2vol%이다. 이 폭발하한계 값을 기준으로 하여 표준상태에서 A가스와 공기의 혼합기체 1m³에 함유되어 있는 A가스의 질량을 구하면 약 몇 g인가? (단, A가스의 분자량은 26이다.)

① 19.02　② 25.54　③ 29.02　④ 35.54

해설 ㉠ 폭발하한계

$$=\frac{\text{해당 기체 부피}(m^3)}{\text{혼합기체 부피}(m^3)}\times 100\text{이므로,}$$

$$\rightarrow\ 2.2=\frac{x[m^3]}{1m^3}\times 100$$

㉡ 표준상태에서 기체 1몰의 부피는 22.4L $=0.0224m^3$이다.

A가스의 분자량은 $0.0224m^3$일 때 26이므로 $0.022m^3$에서 A가스의 질량은 다음 식으로 구할 수 있다.

$0.0224m^3 : 26g=0.022m^3 : y[g]$

$0.0224y=26\times 0.022$

$$y=\frac{26\times 0.022}{0.0224}=25.535g$$

정답 97. ②　98. ④　99. ①　100. ②

6과목 건설안전기술

101. 산업안전보건법령에 따른 거푸집 동바리를 조립하는 경우의 준수사항으로 옳지 않은 것은?

① 개구부 상부에 동바리를 설치하는 경우에는 상부하중을 견딜 수 있는 견고한 받침대를 설치할 것
② 동바리의 이음은 맞댄이음이나 장부이음으로 하고 같은 품질의 제품을 사용할 것
③ 강재와 강재의 접속부 및 교차부는 철선을 사용하여 단단히 연결할 것
④ 거푸집이 곡면인 경우에는 버팀대의 부착 등 그 거푸집의 부상(浮上)을 방지하기 위한 조치를 할 것

해설 ③ 강재와 강재의 접속부 및 교차부는 볼트·크램프 등의 전용 철물을 사용하여 단단히 연결할 것

102. 타워크레인(tower crane)을 선정하기 위한 사전검토사항으로서 가장 거리가 먼 것은?

① 붐의 모양 ② 인양능력
③ 작업 반경 ④ 붐의 높이

해설 타워크레인을 선정하기 위해 사전에 작업 반경, 인양능력, 건물형태, 붐의 높이 등을 검토한다.

103. 건설현장에서 근로자의 추락재해를 예방하기 위한 안전난간을 설치하는 경우 그 구성요소와 거리가 먼 것은?

① 상부 난간대
② 중간 난간대
③ 사다리
④ 발끝막이판

해설 안전난간의 구성요소는 상부 난간대, 중간 난간대, 발끝막이판, 난간기둥 등이다.

104. 달비계(곤돌라의 달비계는 제외)의 최대 적재하중을 정하는 경우에 사용하는 안전계수의 기준으로 옳은 것은?

① 달기체인의 안전계수 : 10 이상
② 달기강대와 달비계의 하부 및 상부지점의 안전계수(목재의 경우) : 2.5 이상
③ 달기 와이어로프의 안전계수 : 5 이상
④ 달기강선의 안전계수 : 10 이상

해설 달비계의 안전계수 기준
- 달기 와이어로프 및 달기강선의 안전계수는 10 이상이다.
- 달기체인 및 달기훅의 안전계수는 5 이상이다.
- 달기강대와 달비계의 하부 및 상부지점의 안전계수는 강재의 경우 2.5 이상, 목재의 경우 5 이상이다.

105. 달비계의 구조에서 달비계 작업발판의 폭은 최소 얼마 이상이어야 하는가?

① 30cm ② 40cm
③ 50cm ④ 60cm

해설 높이가 2m 이상인 작업장소에 설치하는 달비계의 작업발판의 폭은 40cm 이상으로 한다. 단, 5m 이상인 경우에는 20cm 이상으로 한다.

106. 건설업 중 교량 건설 공사의 유해위험방지 계획서를 제출하여야 하는 기준으로 옳은 것은?

① 최대 지간길이가 40m 이상인 교량 건설 등 공사

정답 101. ③ 102. ① 103. ③ 104. ④ 105. ② 106. ②

② 최대 지간길이가 50m 이상인 교량 건설 등 공사
③ 최대 지간길이가 60m 이상인 교량 건설 등 공사
④ 최대 지간길이가 70m 이상인 교량 건설 등 공사

해설 교량 건설공사의 경우 유해위험방지 계획서를 제출하여야 하는 기준은 최대 지간길이가 50m 이상인 경우이다.

107. 구축물이 풍압 · 지진 등에 의하여 붕괴 또는 전도하는 위험을 예방하기 위한 조치와 가장 거리가 먼 것은?

① 설계도서에 따라 시공했는지 확인
② 건설공사 시방서에 따라 시공했는지 확인
③ 「건축물의 구조기준 등에 관한 규칙」에 따른 구조기준을 준수했는지 확인
④ 보호구 및 방호장치의 성능 검정 합격품을 사용했는지 확인

해설 ①, ②, ③은 구축물의 붕괴 · 전도 등을 예방하기 위한 조치사항이다.

108. 철골 건립준비를 할 때 준수하여야 할 사항과 가장 거리가 먼 것은?

① 지상 작업장에서 건립준비 및 기계기구를 배치할 경우에는 낙하물의 위험이 없는 평탄한 장소를 선정하여 정비하고 경사지에는 작업대나 임시발판 등을 설치하는 등 안전조치를 한 후 작업하여야 한다.
② 건립작업에 다소 지장이 있다 하더라도 수목은 제거하여서는 안 된다.
③ 사용 전에 기계기구에 대한 정비 및 보수를 철저히 실시하여야 한다.
④ 기계에 부착된 앵커 등 고정장치와 기초 구조 등을 확인하여야 한다.

해설 ② 건립작업에 지장이 되는 수목은 제거하거나 이식하여야 한다.

109. 건설현장에서 높이 5m 이상인 콘크리트 교량의 설치작업을 하는 경우 재해예방을 위해 준수해야 할 사항으로 옳지 않은 것은?

① 작업을 하는 구역에는 관계 근로자가 아닌 사람의 출입을 금지할 것
② 재료, 기구 또는 공구 등을 올리거나 내릴 경우에는 근로자로 하여금 크레인을 이용하도록 하고, 달줄, 달포대 등의 사용을 금하도록 할 것
③ 중량물 부재를 크레인 등으로 인양하는 경우에는 부재에 인양용 고리를 견고하게 설치하고, 인양용 로프는 부재에 두 군데 이상 결속하여 인양하여야 하며, 중량물이 안전하게 거치되기 전까지는 걸이로프를 해제시키지 아니할 것
④ 자재나 부재의 낙하 · 전도 또는 붕괴 등에 의하여 근로자에게 위험을 미칠 우려가 있을 경우에는 출입금지구역의 설정, 자재 또는 가설시설의 좌굴(挫屈) 또는 변형방지를 위한 보강재 부착 등의 조치를 할 것

해설 ② 재료, 기구 또는 공구 등을 올리거나 내리는 경우 근로자는 달줄 또는 달포대 등을 사용할 것

110. 일반건설공사(갑)로서 대상액이 5억 원 이상 50억 원 미만인 경우에 산업안전보건관리비의 비율(㉠) 및 기초액(㉡)으로 옳은 것은?

① ㉠ 1.86%, ㉡ 5,349,000원
② ㉠ 1.99%, ㉡ 5,499,000원
③ ㉠ 2.35%, ㉡ 5,400,000원
④ ㉠ 1.57%, ㉡ 4,411,000원

정답 107. ④ 108. ② 109. ② 110. ①

해설 건설공사 종류 및 규모별 안전관리비 계상 기준표

건설공사 구분	대상액 5억 원 미만 [%]	대상액 5억 원 이상 50억 원 미만		대상액 50억 원 이상 [%]	영 별표 5에 따른 보건관리자 선임대상 건설공사
		비율(X) [%]	기초액(C) [원]		
일반건설공사(갑)	2.93	1.86	5,349,000	1.97	2.15%
일반건설공사(을)	3.09	1.99	5,499,000	2.10	2.29%
중건설공사	3.43	2.35	5,400,000	2.44	2.66%
철도·궤도 신설공사	2.45	1.57	4,411,000	1.66	1.81%
특수 그 밖에 공사	1.85	1.20	3,250,000	1.27	1.38%

111. 중량물을 운반할 때의 바른 자세로 옳은 것은?

① 허리를 구부리고 양손으로 들어 올린다.
② 중량은 보통 체중의 60%가 적당하다.
③ 물건은 최대한 몸에서 멀리 떼어서 들어 올린다.
④ 길이가 긴 물건은 앞쪽을 높게 하여 운반한다.

해설 중량물을 운반할 때의 자세

- 중량은 보통 남자인 경우 체중의 40% 이하, 여자인 경우 체중의 24% 이하가 적당하다.
- 중량물의 무게는 25kg 정도의 적절한 무게로 무리한 운반을 금지한다.
- 2인 이상의 팀이 되어 어깨메기로 운반하는 등 안전하게 운반한다.
- 길이가 긴 물건을 운반 시 앞쪽을 높게 하여 어깨에 메고 뒤쪽 끝을 끌면서 운반한다.
- 허리는 늘 곧게 펴고 팔, 다리, 복부의 근력을 이용하도록 한다.
- 물건은 최대한 몸 가까이에서 잡고 들어 올리도록 한다.
- 여러 개의 물건을 운반 시 묶어서 운반한다.
- 내려놓을 때는 던지지 말고 천천히 내려놓는다.
- 공동작업 시 신호에 따라 작업한다.

112. 추락방지용 방망의 그물코의 크기가 10cm인 신품 매듭 방망사의 인장강도는 몇 킬로그램 이상이어야 하는가?

① 80 ② 110 ③ 150 ④ 200

해설 방망사의 신품과 폐기 시 인장강도

그물코의 크기(cm)	매듭 없는 방망		매듭 방망	
	신품	폐기 시	신품	폐기 시
10	240kg	150kg	200kg	135kg
5	–	–	110kg	60kg

113. 다음 중 방망에 표시해야 할 사항이 아닌 것은?

① 방망의 신축성 ② 제조자명
③ 제조연월 ④ 재봉 치수

해설 방망의 표시사항 : 제조자명, 제조연월, 재봉 치수, 그물코, 신품의 방망 강도 등

114. 강관비계 조립 시의 준수사항으로 옳지 않은 것은?

① 비계기둥에는 미끄러지거나 침하하는 것을 방지하기 위하여 밑받침 철물을 사용한다.

정답 111. ④ 112. ④ 113. ① 114. ②

② 지상높이 4층 이하 또는 12m 이하인 건축물의 해체 및 조립 등의 작업에서만 사용한다.
③ 교차가새로 보강한다.
④ 외줄비계 · 쌍줄비계 또는 돌출비계에 대해서는 벽이음 및 버팀을 설치한다.

해설 ②는 통나무비계에 대한 내용이다.

115. 사다리식 통로 등을 설치하는 경우 고정식 사다리식 통로의 기울기는 최대 몇 도 이하로 하여야 하는가?

① 60도　② 75도　③ 80도　④ 90도

해설 사다리식 통로 등의 기울기 각도
- 일반적인 각도 : 75° 이하
- 고정식 : 90° 이하

116. 부두 · 안벽 등 하역작업을 하는 장소에서 부두 또는 안벽의 선을 따라 통로를 설치하는 경우에는 폭을 최소 얼마 이상으로 해야 하는가?

① 70cm　② 80cm　③ 90cm　④ 100cm

해설 하역작업을 하는 부두 또는 안벽의 통로 설치는 폭을 90cm 이상으로 할 것

117. 건설 작업장에서 근로자가 상시 작업하는 장소의 작업면 조도기준으로 옳지 않은 것은? (단, 갱내 작업장과 감광재료를 취급하는 작업장의 경우는 제외)

① 초정밀 작업 : 600럭스(lux) 이상
② 정밀작업 : 300럭스(lux) 이상
③ 보통작업 : 150럭스(lux) 이상
④ 초정밀, 정밀, 보통작업을 제외한 기타작업 : 75럭스(lux) 이상

해설 ① 초정밀 작업 : 750럭스(lux) 이상

118. 승강기 강선의 과다감기를 방지하는 장치는?

① 비상정지장치　② 권과방지장치
③ 해지장치　④ 과부하방지장치

해설 권과방지장치 : 승강기 강선의 과다감기를 방지하는 크레인과 승강기의 안전장치

119. 흙막이 지보공을 설치하였을 때 정기적으로 점검하여야 할 사항과 거리가 먼 것은?

① 경보장치의 작동상태
② 부재의 손상 · 변형 · 부식 · 변위 및 탈락의 유무와 상태
③ 버팀대의 긴압(緊壓)의 정도
④ 부재의 접속부 · 부착부 및 교차부의 상태

해설 ①은 터널작업의 작업시작 전 점검사항

120. 사질지반 굴착 시, 굴착부와 지하수위차가 있을 때 수두차에 의하여 삼투압이 생겨 흙막이벽 근입 부분을 침식하는 동시에 모래가 액상화되어 솟아오르는 현상은?

① 동상 현상　② 연화 현상
③ 보일링 현상　④ 히빙 현상

해설
- 보일링(boiling) 현상 : 사질지반의 흙막이 지면에서 수두차로 인한 삼투압이 발생하여 흙막이벽 근입 부분을 침식하는 동시에 모래가 액상화되어 솟아오르는 현상
- 히빙(heaving) 현상 : 연약 점토지반에서 굴착작업 시 흙막이벽체 내 · 외의 토사의 중량차에 의해 흙막이 밖에 있는 흙이 안으로 밀려 들어와 솟아오르는 현상
- 동상 현상 : 겨울철에 대기온도가 0℃ 이하로 하강함에 따라 흙 속의 수분이 얼어 동결상태가 된 흙이 지표면에 부풀어 오르는 현상
- 연화 현상 : 동결된 지반이 기온상승으로 녹기 시작하여 녹은 물이 흙 속에 과잉의 수분으로 존재하여 지반이 연약화되면서 강도가 떨어지는 현상

정답 115. ④　116. ③　117. ①　118. ②　119. ①　120. ③

2019년도(2회차) 출제문제

산업안전기사

1과목 안전관리론

1. 허즈버그(Herzberg)의 일을 통한 동기부여 원칙으로 틀린 것은?

① 새롭고 어려운 업무의 부여
② 교육을 통한 간접적 정보 제공
③ 자기과업을 위한 작업자의 책임감 증대
④ 작업자에게 불필요한 통제를 배제

해설 ② 교육을 통해 직접적으로 정보를 제공한다.

2. 매슬로우의 욕구단계 이론 중 자기의 잠재력을 최대한 살리고 자기가 하고 싶었던 일을 실현하려는 인간의 욕구에 해당하는 것은?

① 생리적 욕구
② 사회적 욕구
③ 자아실현의 욕구
④ 학생의 학습과 과정의 평가를 과학적으로 할 수 있다.

해설 매슬로우의 욕구 5단계 이론

- 제1단계(생리적 욕구) : 기아, 갈증, 호흡, 배설, 성욕 등 인간의 가장 기본적인 욕구
- 제2단계(안전욕구) : 자기보존의 욕구
- 제3단계(사회적 욕구) : 소속감과 애정욕구
- 제4단계(존경욕구) : 인정받으려는 욕구
- 제5단계(자아실현의 욕구) : 잠재적인 능력을 실현하고자 하는 욕구

3. 재해통계에 있어 강도율이 2.0인 경우에 대한 설명으로 옳은 것은?

① 재해로 인해 전체 작업비용의 2.0%에 해당하는 손실이 발생하였다.
② 근로자 100명당 2.0건의 재해가 발생하였다.
③ 근로시간 1000시간당 2.0건의 재해가 발생하였다.
④ 근로시간 1000시간당 2.0일의 근로손실일수가 발생하였다.

해설 강도율(severity rate of injury)

- 강도율 2는 근로시간 1000시간당 2.0일의 근로손실이 발생한다는 뜻이다.
- 강도율 $= \frac{\text{근로손실일수}}{\text{근로 총 시간 수}} \times 1000$

4. 다음 중 산업안전보건법상 안전인증대상 기계·기구 등의 안전인증 표시로 옳은 것은?

① 

② 

③ 

④ 

해설 안전인증대상 기계 표시

안전인증대상 기계·기구 등의 안전인증 및 자율안전확인 표시	안전인증대상 기계·기구 등이 아닌 안전인증 표시
KCs	S

5. 산업안전보건법령상 유기화합물용 방독마스크의 시험가스로 옳지 않은 것은?

① 이소부탄
② 시클로헥산
③ 디메틸에테르
④ 염소가스 또는 증기

정답 1. ② 2. ③ 3. ④ 4. ① 5. ④

해설 방독마스크의 종류 및 시험가스

종류	시험가스	표시색
유기 화합물용	사이클로헥산(C_6H_{12}), 디메틸에테르(CH_3OCH_3), 이소부탄(C_4H_{10})	갈색
할로겐용	염소가스 또는 증기(Cl_2)	회색
황화수소용	황화수소가스(H_2S)	회색
시안화 수소용	시안화수소가스(HCN)	회색
아황산용	아황산가스(SO_2)	노란색
암모니아용	암모니아가스(NH_3)	녹색

6. 산업안전보건법상 환기가 극히 불량한 좁고 밀폐된 장소에서 용접작업을 하는 근로자 대상의 특별안전보건교육 교육내용에 해당하지 않는 것은? (단, 기타 안전 · 보건관리에 필요한 사항은 제외한다.)

① 환기설비에 관한 사항
② 작업환경 점검에 관한 사항
③ 질식 시 응급조치에 관한 사항
④ 화재예방 및 초기대응에 관한 사항

해설 ④는 화재예방에 관한 대책이다.

7. 산업안전보건법령상 안전모의 시험성능기준 항목으로 옳지 않은 것은?

① 내열성 ② 턱끈풀림
③ 내관통성 ④ 충격흡수성

해설 안전인증대상 안전모의 시험성능기준 항목 : 내관통성, 충격흡수성, 내전압성, 내수성, 난연성, 턱끈풀림

Tip) 내열성 : 높은 온도에서도 변하지 않고 잘 견디어 내는 성질

8. 안전조직 중에서 라인-스탭(line-staff) 조직의 특징으로 옳지 않은 것은?

① 라인형과 스탭형의 장점을 취한 절충식 조직형태이다.
② 중규모 사업장(100명 이상~500명 미만)에 적합하다.
③ 라인의 관리, 감독자에게도 안전에 관한 책임과 권한이 부여된다.
④ 안전 활동과 생산업무가 분리될 가능성이 낮기 때문에 균형을 유지할 수 있다.

해설 line-staff형(복합식) : 1000명 이상의 대규모 사업장에 적용한다.

9. 산업안전보건법령상 근로자 안전보건교육 중 작업내용 변경 시의 교육을 할 때 일용근로자를 제외한 근로자의 교육시간으로 옳은 것은?

① 1시간 이상 ② 2시간 이상
③ 4시간 이상 ④ 8시간 이상

해설 작업내용 변경 시의 교육시간

구분	교육시간
일용근로자 및 근로계약기간이 1주일 이하인 기간제 근로자	1시간 이상
그 밖의 근로자(관리감독자 포함)	2시간 이상

10. 교육훈련 방법 중 OJT(On the Job Training)의 특징으로 옳지 않은 것은?

① 동시에 다수의 근로자들을 조직적으로 훈련이 가능하다.
② 개개인에게 적절한 지도훈련이 가능하다.
③ 훈련 효과에 의해 상호 신뢰 및 이해도가 높아진다.
④ 직장의 실정에 맞게 실제적 훈련이 가능하다.

해설 ①은 OFF.J.T 교육의 특징

11. 다음 중 브레인스토밍(brain storming)의 4원칙을 올바르게 나열한 것은?

① 자유분방, 비판금지, 대량발언, 수정발언

정답 6. ④ 7. ① 8. ② 9. ② 10. ① 11. ①

② 비판자유, 소량발언, 자유분방, 수정발언
③ 대량발언, 비판자유, 자유분방, 수정발언
④ 소량발언, 자유분방, 비판금지, 수정발언

해설 브레인스토밍(BS)의 4원칙 : 자유분방, 비판금지, 대량발언, 수정발언

12. 다음 중 산업안전심리의 5대 요소에 포함되지 않는 것은?

① 습관 ② 동기 ③ 감정 ④ 지능

해설 안전심리의 5대 요소 : 동기, 기질, 감정, 습성, 습관
Tip) 작업자 적성요인 : 지능, 성격, 흥미 등

13. 다음 중 안전보건교육의 단계별 교육과정 순서로 옳은 것은?

① 안전 태도교육 → 안전 지식교육 → 안전 기능교육
② 안전 지식교육 → 안전 기능교육 → 안전 태도교육
③ 안전 기능교육 → 안전 지식교육 → 안전 태도교육
④ 안전 자세교육 → 안전 지식교육 → 안전 기능교육

해설 안전보건교육의 단계별 교육과정 순서

제1단계	제2단계	제3단계
안전 지식교육	안전 기능교육	안전 태도교육

14. 산업안전보건법령상 산업안전보건위원회의 구성에서 사용자위원 구성원이 아닌 것은? (단, 해당 위원이 사업장에 선임이 되어 있는 경우에 한한다.)

① 안전관리자
② 보건관리자
③ 산업보건의
④ 명예 산업안전감독관

해설 산업안전보건위원회의 위원

구분	내용
근로자 위원	• 근로자 대표 • 근로자 대표가 지명하는 1명 이상의 명예 산업안전감독관 • 근로자 대표가 지명하는 9명 이내의 해당 사업장 근로자
사용자 위원	• 해당 사업장 대표, 안전관리자 1명 • 보건관리자 1명, 산업보건의 1명 • 해당 사업장 대표가 지명하는 9명 이내의 해당 사업장 부서의 장

15. 다음 무재해 운동의 이념 중 "선취의 원칙"에 대한 설명으로 가장 적절한 것은?

① 사고의 잠재요인을 사후에 파악하는 것
② 근로자 전원이 일체감을 조성하여 참여하는 것
③ 위험요소를 사전에 발견, 파악하여 재해를 예방 또는 방지하는 것
④ 관리감독자 또는 경영층에서의 자발적 참여로 안전활동을 촉진하는 것

해설 무재해 운동 이념 3원칙의 정의

- 무의 원칙 : 모든 위험요인을 파악하여 해결함으로써 근원적인 산업재해를 없앤다는 0의 원칙
- 참가의 원칙 : 작업자 전원이 참여하여 각자의 위치에서 적극적으로 문제해결 등을 실천하는 원칙
- 선취해결의 원칙 : 사업장에 일체의 위험요인을 사전에 발견, 파악, 해결하여 재해를 예방하는 무재해를 실현하기 위한 원칙

16. 연천인율 45인 사업장의 도수율은 얼마인가?

① 10.8 ② 18.75 ③ 108 ④ 187.5

해설 도수율 = 연천인율 ÷ 2.4
= 45 ÷ 2.4 = 18.75

정답 12. ④ 13. ② 14. ④ 15. ③ 16. ②

17. 기술교육의 형태 중 존 듀이(J.Dewey)의 사고과정 5단계에 해당하지 않는 것은?

① 추론한다.
② 시사를 받는다.
③ 가설을 설정한다.
④ 가슴으로 생각한다.

해설 존 듀이의 사고과정의 5단계
- 1단계 : 시사를 받는다.
- 2단계 : 머리로 생각한다.
- 3단계 : 가설을 설정한다.
- 4단계 : 추론한다.
- 5단계 : 행동에 의하여 가설을 검토한다.

18. 불안전 상태와 불안전 행동을 제거하는 안전관리의 시책에는 적극적인 대책과 소극적인 대책이 있다. 다음 중 소극적인 대책에 해당하는 것은?

① 보호구의 사용
② 위험공정의 배제
③ 위험물질의 격리 및 대체
④ 위험성 평가를 통한 작업환경 개선

해설 보호구는 근로자의 신체 일부 또는 전부에 장착하는 것으로 소극적인 안전 대책이다.

19. 다음 중 상황성 누발자의 재해 유발 원인으로 옳지 않은 것은?

① 작업의 난이성
② 기계설비의 결함
③ 도덕성의 결여
④ 심신의 근심

해설 상황성 누발자 재해 유발 원인
- 기계설비의 결함
- 작업에 어려움이 많은 자
- 심신에 근심이 있는 자
- 환경상 주의력 집중의 혼란

20. 수업매체별 장·단점 중 "컴퓨터 수업(computer assisted instruction)"의 장점으로 옳지 않은 것은?

① 개인차를 최대한 고려할 수 있다.
② 학습자가 능동적으로 참여하고, 실패율이 낮다.
③ 교사와 학습자가 시간을 효과적으로 이용할 수 없다.
④ 학생의 학습과 과정의 평가를 과학적으로 할 수 있다.

해설 ③ 컴퓨터만 준비되어 있다면 교사와 학습자가 시간을 효과적으로 이용할 수 있다.

2과목 인간공학 및 시스템 안전공학

21. FT도에 사용하는 기호에서 3개의 입력 현상 중 임의의 시간에 2개가 발생하면 출력이 생기는 기호의 명칭을 무엇이라고 하는가?

① 억제 게이트
② 조합 AND 게이트
③ 배타적 OR 게이트
④ 우선적 AND 게이트

해설 FTA의 기호

기호	명칭	발생 현상
동시발생이 없음	배타적 OR 게이트	OR 게이트지만, 2개 이상의 입력이 동시에 존재할 때에 출력사상이 발생하지 않는다.
2개의 출력 Ai Aj Ak	조합 AND 게이트	3개 이상의 입력 현상 중에 2개가 일어나면 출력이 발생한다.

정답 17. ④ 18. ① 19. ③ 20. ③ 21. ②

Ai, Aj, Ak 순으로 Ai Aj Ak	우선적 AND 게이트	입력사상 중에 어떤 현상이 다른 현상보다 먼저 일어날 경우에만 출력이 발생한다.
위험지속시간	위험 지속 AND 게이트	입력 현상이 생겨서 어떤 일정한 기간이 지속될 때에 출력이 발생한다.
	억제 게이트	게이트의 출력사상은 한 개의 입력사상에 의해 발생하며, 조건을 만족하면 출력이 발생하고, 조건이 만족되지 않으면 출력이 발생하지 않는다.
A	부정 게이트	입력과 반대 현상의 출력사상이 발생한다.

22. 고장형태와 영향분석(FMEA)에서 평가요소로 틀린 것은?

① 고장발생의 빈도
② 고장의 영향 크기
③ 고장방지의 가능성
④ 기능적 고장 영향의 중요도

해설 FMEA에서 평가요소 5 가지

- C_1 : 기능적 고장 영향의 중요도
- C_2 : 영향을 미치는 시스템의 범위
- C_3 : 고장발생의 빈도
- C_4 : 고장방지의 가능성
- C_5 : 신규 설계의 정도

23. 다음 중 소음방지 대책에 있어 가장 효과적인 방법은?

① 음원에 대한 대책
② 수음자에 대한 대책
③ 전파경로에 대한 대책
④ 거리감쇠와 지향성에 대한 대책

해설 소음원 방지 대책

- 소음 진동에너지를 줄인다.
- 에너지와 소음발산의 조합을 줄인다.
- 음파를 바꿔서 적은 소리가 노출되게 한다.

24. 다음 그림과 같이 7개의 부품으로 구성된 시스템의 신뢰도는 약 얼마인가? (단, 네모 안의 숫자는 각 부품의 신뢰도이다.)

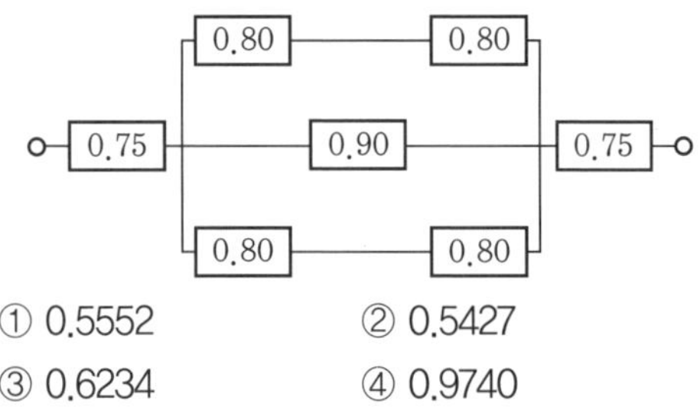

① 0.5552　　② 0.5427
③ 0.6234　　④ 0.9740

해설 $R_s = 0.75 \times \{1-(1-0.8\times0.8)\times(1-0.9)\times(1-0.8\times0.8)\}\times0.75 = 0.5552$

25. 산업안전보건법령에 따라 유해위험방지 계획서의 제출대상 사업은 해당 사업으로서 전기 계약용량이 얼마 이상인 사업인가?

① 150kW　　② 200kW
③ 300kW　　④ 500kW

해설 유해위험방지 계획서의 제출대상 사업장의 전기 계약용량은 300kW 이상이어야 한다.

26. 화학설비에 대한 안정성 평가(safety assessment)에서 정량적 평가 항목이 아닌 것은?

① 습도　　② 온도
③ 압력　　④ 용량

정답 22. ②　23. ①　24. ①　25. ③　26. ①

해설 정량적 평가 항목 : 화학설비의 취급 물질, 용량, 온도, 압력, 조작 등

27. 인간의 오류모형에서 "알고 있음에도 의도적으로 따르지 않거나 무시한 경우"를 무엇이라 하는가?

① 실수(slip) ② 착오(mistake)
③ 건망증(lapse) ④ 위반(violation)

해설 인간의 오류
- 착각(illusion) : 어떤 사물이나 사실을 실제와 다르게 왜곡하는 감각적 지각 현상
- 착오(mistake) : 상황 해석을 잘못하거나 목표를 착각하여 행하는 인간의 실수(순서, 패턴, 형상, 기억오류 등)
- 실수(slip) : 의도는 올바른 것이었지만, 행동이 의도한 것과는 다르게 나타나는 오류
- 건망증(lapse) : 경험한 일을 전혀 기억하지 못하거나, 어느 시기 동안의 일을 기억하지 못하는 기억장애
- 위반(violation) : 알고 있음에도 의도적으로 따르지 않거나 무시한 경우

28. 아령을 사용하여 30분간 훈련한 후, 이두근의 근육 수축작용에 대한 전기적인 신호 데이터를 모았다. 이 데이터들을 이용하여 분석할 수 있는 것은 무엇인가?

① 근육의 질량과 밀도
② 근육의 활성도와 밀도
③ 근육의 피로도와 크기
④ 근육의 피로도와 활성도

해설 이두근의 근육 수축작용에 대한 전기적인 데이터를 이용한 분석은 근육의 피로도와 활성도이다.

29. 신체 부위의 운동에 대한 설명으로 틀린 것은?

① 굴곡(flexion)은 부위 간의 각도가 증가하는 신체의 움직임을 의미한다.
② 외전(abduction)은 신체 중심선으로부터 이동하는 신체의 움직임을 의미한다.
③ 내전(adduction)은 신체의 외부에서 중심선으로 이동하는 신체의 움직임을 의미한다.
④ 외선(lateral rotation)은 신체의 중심선으로부터 회전하는 신체의 움직임을 의미한다.

해설 신체 부위 기본운동
- 굴곡(flexion, 굽히기) : 부위(관절) 간의 각도가 감소하는 신체의 움직임
- 신전(extension, 펴기) : 관절 간의 각도가 증가하는 신체의 움직임
- 내전(adduction, 모으기) : 팔, 다리가 밖에서 몸 중심선으로 향하는 이동
- 외전(abduction, 벌리기) : 팔, 다리가 몸 중심선에서 밖으로 멀어지는 이동
- 내선(medial rotation) : 발 운동이 몸 중심선으로 향하는 회전
- 외선(iateral rotation) : 발 운동이 몸 중심선으로부터의 회전
- 하향(pronation) : 손바닥을 아래로
- 상향(supination) : 손바닥을 위로

30. 공정안전관리(process safety management : PSM)의 적용대상 사업장이 아닌 것은?

① 복합비료 제조업
② 농약 원제 제조업
③ 차량 등의 운송설비업
④ 합성수지 및 기타 플라스틱물질 제조업

해설 공정안전 보고서 제출대상 사업장
- 원유정제처리업
- 기타 석유정제물 재처리업
- 석유화학계 기초 화학물질 제조업 또는 합성수지 및 그 밖에 플라스틱물질 제조업
- 질소 화합물, 질소 · 인산 및 칼리질 화학비

정답 27. ④ 28. ④ 29. ① 30. ③

료 제조업 중 질소질 화학비료 제조업
- 복합비료 및 기타 화학비료 제조업 중 복합비료 제조업(단순혼합 또는 배합에 의한 경우는 제외한다.)
- 화학 살균 · 살충제 및 농업용 약제 제조업(농약 원제 제조만 해당한다.)
- 화약 및 불꽃제품 제조업

31. 어떤 결함수를 분석하여 minimal cut set을 구한 결과 다음과 같았다. 각 기본사상의 발생확률을 q_i, i=1, 2, 3이라 할 때, 정상사상의 발생확률 함수로 맞는 것은?

$K_1=[1,2]$, $K_2=[1,3]$, $K_3=[2,3]$

① $q_1q_2+q_1q_2-q_2q_3$
② $q_1q_2+q_1q_3-q_2q_3$
③ $q_1q_2+q_1q_3+q_2q_3-q_1q_2q_3$
④ $q_1q_2+q_1q_3+q_2q_3-2q_1q_2q_3$

해설 정상사상의 발생확률 함수

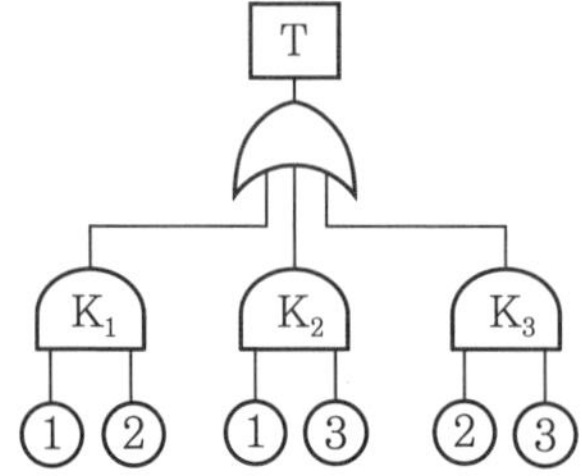

$T=1-(1-K_1)\times(1-K_2)\times(1-K_3)$
$=1-\{1-K_2-K_1+K_1K_2-K_3+K_2K_3+K_1K_3-K_1K_2K_3\}$
$=1-1+K_2+K_1-K_1K_2+K_3-K_2K_3-K_1K_3+K_1K_2K_3$
$=K_1+K_2+K_3-K_1K_2-K_1K_3-K_2K_3+K_1K_2K_3$
$=q_1q_2+q_1q_3+q_2q_3-q_1q_2q_3-q_1q_2q_3-q_1q_2q_3+q_1q_2q_3$
$=q_1q_2+q_1q_3+q_2q_3-2q_1q_2q_3$

32. n개의 요소를 가진 병렬 시스템에 있어 요소의 수명(MTTF)이 지수분포를 따를 경우 이 시스템의 수명으로 옳은 것은?

① $MTTF\times n$
② $MTTF\times\frac{1}{n}$
③ $MTTF\left(1+\frac{1}{2}+\cdots+\frac{1}{n}\right)$
④ $MTTF\left(1\times\frac{1}{2}\times\cdots\times\frac{1}{n}\right)$

해설 병렬계 $=MTTF\left(1+\frac{1}{2}+\cdots+\frac{1}{n}\right)$

33. 결함수 분석의 기대 효과와 가장 관계가 먼 것은?

① 사고 원인 규명의 간편화
② 시간에 따른 원인 분석
③ 사고 원인 분석의 정량화
④ 시스템의 결함 진단

해설 결함수 분석(FTA)의 기대 효과
- 사고 원인 규명의 간편화
- 사고 원인 분석의 정량화
- 사고 원인 분석의 일반화
- 안전점검 체크리스트 작성
- 시스템의 결함 진단
- 노력, 시간의 절감

34. 인간 전달 함수(human transfer function)의 결점이 아닌 것은?

① 입력의 협소성
② 시점적 제약성
③ 정신운동의 묘사성
④ 불충분한 직무 묘사

해설 인간 전달 함수의 결점 : 입력의 협소성, 시점의 제약성, 불충분한 직무 묘사

Tip) ③은 인간 전달 함수의 개인변수

정답 31. ④ 32. ③ 33. ② 34. ③

35. 다음과 같은 실내 표면에서 일반적으로 추천반사율의 크기를 맞게 나열한 것은?

㉠ 바닥 ㉡ 천정 ㉢ 가구 ㉣ 벽

① ㉠<㉣<㉢<㉡
② ㉣<㉠<㉡<㉢
③ ㉠<㉢<㉣<㉡
④ ㉣<㉡<㉠<㉢

해설 옥내 조명반사율

바닥	가구, 책상	벽	천장
20~40%	25~40%	40~60%	80~90%

36. 다음 중 인간공학에 대한 설명으로 틀린 것은?

① 인간이 사용하는 물건, 설비, 환경의 설계에 적용된다.
② 인간을 작업과 기계에 맞추는 설계 철학이 바탕이 된다.
③ 인간-기계 시스템의 안전성과 편리성, 효율성을 높인다.
④ 인간의 생리적, 심리적인 면에서의 특성이나 한계점을 고려한다.

해설 인간공학 : 기계 · 기구, 환경 등의 물적 조건을 인간의 목적과 특성에 잘 조화하도록 설계하기 위한 수단과 방법을 연구하는 학문

37. 정성적 표시장치의 설명으로 틀린 것은?

① 정성적 표시장치의 근본 자료 자체는 정량적인 것이다.
② 전력계에서와 같이 기계적 혹은 전자적으로 숫자가 표시된다.
③ 색채 부호가 부적합한 경우에는 계기판 표시 구간을 형상 부호화하여 나타낸다.
④ 연속적으로 변하는 변수의 대략적인 값이나 변화 추세, 변화율 등을 알고자 할 때 사용된다.

해설 ②는 정량적 표시장치에 대한 설명이다.

38. 착석식 작업대의 높이 설계를 할 경우 고려해야 할 사항과 가장 관계가 먼 것은?

① 의자의 높이 ② 대퇴 여유
③ 작업의 성격 ④ 작업대의 형태

해설 착석식 작업대 높이설계 시 고려사항 : 의자의 높이, 대퇴 여유, 작업의 성격, 작업대 두께 등

39. 음량수준을 평가하는 척도와 관계없는 것은?

① HSI ② phon
③ dB ④ sone

해설 HSI(Heat Stress Index) : 열압박지수

Tip) HSI(Human-System Interface) : 인간-시스템 인터페이스

40. 빨강, 노랑, 파랑의 3가지 색으로 구성된 교통 신호등이 있다. 신호등은 항상 3가지 색 중 하나가 켜지도록 되어 있다. 1시간 동안 조사한 결과, 파란등은 총 30분 동안, 빨간등과 노란등은 각각 총 15분 동안 켜진 것으로 나타났다. 이 신호등의 총 정보량은 몇 bit인가?

① 0.5 ② 0.75 ③ 1.0 ④ 1.5

해설 정보량$(H) = \Sigma P_x \log_2\left(\frac{1}{P_x}\right)$

$$= \left(0.5 \times \frac{\log\frac{1}{0.5}}{\log 2}\right) + \left(0.25 \times \frac{\log\frac{1}{0.25}}{\log 2}\right) + \left(0.25 \times \frac{\log\frac{1}{0.25}}{\log 2}\right) = 1.5\text{bit}$$

정답 35. ③ 36. ② 37. ② 38. ④ 39. ① 40. ④

3과목 기계 위험방지 기술

41. 지게차의 방호장치인 헤드가드에 대한 설명으로 맞는 것은?

① 상부틀의 각 개구의 폭 또는 길이는 16cm 미만일 것
② 운전자가 앉아서 조작하는 방식의 지게차의 경우에는 운전자의 좌석 윗면에서 헤드가드의 상부틀 아랫면까지의 높이는 1.5m 이상일 것
③ 지게차에는 최대하중의 2배(5톤을 넘는 값에 대해서는 5톤으로 한다)에 해당하는 등분포정하중에 견딜 수 있는 강도의 헤드가드를 설치할 것
④ 운전자가 서서 조작하는 방식의 지게차의 경우에는 운전석의 바닥면에서 헤드가드의 상부틀 하면까지의 높이는 1.8m 이상일 것

해설 ② 앉아서 조작 : 운전자의 좌석 윗면에서 헤드가드의 상부틀 아랫면까지의 높이는 1m 이상일 것
③ 강도는 지게차의 최대하중의 2배 값의 등분포정하중에 견딜 수 있을 것(단, 4톤을 넘는 값에 대해서는 4톤으로 한다.)
④ 서서 조작 : 운전석의 바닥면에서 헤드가드의 상부틀 하면까지의 높이는 2m 이상일 것

42. 회전수가 300rpm, 연삭숫돌의 지름이 200mm일 때 숫돌의 원주속도는 약 몇 m/min인가?

① 60.0　　② 94.2
③ 150.0　　④ 188.5

해설 원주속도$(V)=\dfrac{\pi DN}{1000}=\dfrac{\pi\times200\times300}{1000}$
$=188.4\text{m/min}$

43. 일반적으로 장갑을 착용해야 하는 작업은?

① 드릴작업
② 밀링작업
③ 선반작업
④ 전기용접작업

해설 • 장갑 착용 금지작업은 드릴작업, 밀링작업, 선반작업이다.
• 장갑 착용 필수작업은 전기용접작업이다.

44. 프레스기에 설치하는 방호장치에 관한 사항으로 틀린 것은?

① 수인식 방호장치의 수인끈 재료는 합성섬유로 직경이 4mm 이상이어야 한다.
② 양수조작식 방호장치는 1행정마다 누름버튼에서 양손을 떼지 않으면 다음 작업의 동작을 할 수 없는 구조이어야 한다.
③ 광전자식 방호장치는 정상동작 표시램프는 적색, 위험 표시램프는 녹색으로 하며, 쉽게 근로자가 볼 수 있는 곳에 설치하여야 한다.
④ 손쳐내기식 방호장치는 슬라이드 하행정거리의 3/4 위치에서 손을 완전히 밀어내야 한다.

해설 ③ 광전자식 방호장치의 정상동작 표시램프는 녹색, 위험 표시램프는 적색으로 하며, 쉽게 근로자가 볼 수 있는 곳에 설치해야 한다.

45. 가스용접에 이용되는 아세틸렌 가스용기의 색상으로 옳은 것은?

① 녹색　② 회색　③ 황색　④ 청색

해설 충전가스용기(bombe)의 색상

가스명	도색	가스명	도색
산소	녹색	암모니아	백색
수소	주황색	아세틸렌	황색
탄산가스	파란색	프로판	회색
염소	갈색	아르곤	회색

정답 41. ① 42. ④ 43. ④ 44. ③ 45. ③

46. 와이어로프의 꼬임에 관한 설명으로 틀린 것은?

① 보통꼬임에는 S꼬임이나 Z꼬임이 있다.
② 보통꼬임은 스트랜드의 꼬임 방향과 로프의 꼬임 방향이 반대로 된 것을 말한다.
③ 랭꼬임은 로프의 끝이 자유로이 회전하는 경우나 킹크가 생기기 쉬운 곳에 적당하다.
④ 랭꼬임은 보통꼬임에 비하여 마모에 대한 저항성이 우수하다.

해설 ③ 킹크가 생기기 쉬운 곳에는 보통꼬임이 적당하다.

47. 비파괴 시험의 종류가 아닌 것은?

① 자분탐상시험 ② 침투탐상시험
③ 와류탐상시험 ④ 샤르피 충격시험

해설 ④는 파괴시험이다.

48. 다음 중 기계설비의 정비 · 청소 · 급유 · 검사 · 수리 등의 작업 시 근로자가 위험해질 우려가 있는 경우 필요한 조치와 거리가 먼 것은?

① 근로자의 위험방지를 위하여 해당 기계를 정지시킨다.
② 작업지휘자를 배치하여 갑작스러운 기계 가동에 대비한다.
③ 기계 내부에 압출된 기체나 액체가 불시에 방출될 수 있는 경우에는 사전에 방출 조치를 실시한다.
④ 기계 운전을 정지한 경우에는 기동장치에 잠금장치를 하고 다른 작업자가 그 기계를 임의 조작할 수 있도록 열쇠를 찾기 쉬운 곳에 보관한다.

해설 ④ 기계 운전을 정지한 경우에는 기동장치에 잠금장치를 하고 그 열쇠는 다른 작업자가 임의로 사용할 수 없도록 별도 보관한다.

49. 다음 중 선반 작업 시 지켜야 할 안전수칙으로 거리가 먼 것은?

① 작업 중 절삭칩이 눈에 들어가지 않도록 보안경을 착용한다.
② 공작물 세팅에 필요한 공구는 세팅이 끝난 후 바로 제거한다.
③ 상의의 옷자락은 안으로 넣고, 끈을 이용하여 소맷자락을 묶어 작업을 준비한다.
④ 공작물은 전원 스위치를 끄고 바이트를 충분히 멀리 위치시킨 후 고정한다.

해설 ③ 끈을 이용하여 소맷자락을 묶어 작업을 준비한다. → 끈이 기계에 말려들어 갈 위험이 있다.

50. 프레스 금형 부착, 수리 작업 등의 경우 슬라이드의 낙하를 방지하기 위하여 설치하는 것은?

① 슈트
② 키이록
③ 안전블록
④ 스트리퍼

해설 안전블록은 슬라이드가 갑자기 작동할 위험을 방지하기 위하여 사용한다.

51. 다음 용접 중 불꽃 온도가 가장 높은 것은?

① 산소-메탄 용접
② 산소-수소 용접
③ 산소-프로판 용접
④ 산소-아세틸렌 용접

해설 용접 불꽃온도
• 산소-아세틸렌 용접 : 3450℃
• 산소-수소 용접 : 2900℃
• 산소-프로판 용접 : 2820℃
• 산소-메탄 용접 : 2700℃

정답 46. ③ 47. ④ 48. ④ 49. ③ 50. ③ 51. ④

52. 회전 중인 연삭숫돌이 근로자에게 위험을 미칠 우려가 있을 시 덮개를 설치하여야 할 연삭숫돌의 최소 지름은?

① 지름이 5cm 이상인 것
② 지름이 10cm 이상인 것
③ 지름이 15cm 이상인 것
④ 지름이 20cm 이상인 것

해설 연삭숫돌의 덮개를 설치하여야 할 연삭숫돌의 최소 지름은 5cm 이상인 것으로 한정한다.

53. 아세틸렌 용접 시 역류를 방지하기 위하여 설치하여야 하는 것은?

① 안전기 ② 청정기
③ 발생기 ④ 유량기

해설 안전기는 역류, 역화를 방지하기 위하여 아세틸렌 용접장치의 취관마다 설치한다.

54. 구내운반차의 제동장치 준수사항에 대한 설명으로 틀린 것은?

① 조명이 없는 장소에서 작업 시 전조등과 후미등을 갖출 것
② 운전석이 차 실내에 있는 것은 좌우에 한 개씩 방향지시기를 갖출 것
③ 핸들의 중심에서 차체 바깥 측까지의 거리가 70센티미터 이상일 것
④ 주행을 제동하거나 정지상태를 유지하기 위하여 유효한 제동장치를 갖출 것

해설 ③ 핸들의 중심에서 차체 바깥 측까지의 거리가 65cm 이상일 것

55. 산업용 로봇에 사용되는 안전매트의 종류 및 일반구조에 관한 설명으로 틀린 것은?

① 단선 경보장치가 부착되어 있어야 한다.
② 감응시간을 조절하는 장치가 부착되어 있어야 한다.
③ 감응도 조절장치가 있는 경우 봉인되어 있어야 한다.
④ 안전매트의 종류는 연결사용 가능 여부에 따라 단일 감지기와 복합 감지기가 있다.

해설 ② 감응시간을 조절하는 장치가 부착되어 있지 않아야 한다.

56. 소음에 관한 사항으로 틀린 것은?

① 소음에는 익숙해지기 쉽다.
② 소음계는 소음에 한하여 계측할 수 있다.
③ 소음의 피해는 정신적, 심리적인 것이 주가 된다.
④ 소음이란 귀에 불쾌한 음이나 생활을 방해하는 음을 통틀어 말한다.

해설 소음계(sound level meter) : 음의 감각적인 크기의 레벨을 측정하는 측정 계측기

57. 컨베이어 방호장치에 대한 설명으로 맞는 것은?

① 역전방지장치에 롤러식, 라쳇식, 권과방지식, 전기 브레이크식 등이 있다.
② 작업자가 임의로 작업을 중단할 수 없도록 비상정지장치를 부착하지 않는다.
③ 구동부 측면에 롤러 안내가이드 등의 이탈방지장치를 설치한다.
④ 롤러 컨베이어의 로울 사이에 방호판을 설치할 때 로울과의 최대간격은 8mm이다.

해설 컨베이어의 방호장치

- 역전방지장치에서 기계식은 롤러식, 라쳇식, 밴드식, 전기식은 전기 브레이크, 스러스트 브레이크가 있다.
- 근로자의 신체 일부가 말려들어 갈 위험이 있을 때 이를 즉시 정지시키기 위한 비상정지장치를 설치한다.

정답 52. ① 53. ① 54. ③ 55. ② 56. ② 57. ③

• 롤러 컨베이어의 로울 사이에 방호판을 설치할 때 로울과의 최대간격은 5mm이다.

58. 기계설비 구조의 안전화 중 가공결함 방지를 위해 고려할 사항이 아닌 것은?

① 안전율　② 열처리
③ 가공경화　④ 응력집중

해설 안전율은 설계에서 재료가 변형·파괴되지 않는 범위를 정하는데 필요하다.

59. 롤러기 맞물림점의 전방에 개구부의 간격을 30mm로 하여 가드를 설치하고자 한다. 가드의 설치위치는 맞물림점에서 적어도 얼마의 간격을 유지하여야 하는가?

① 154mm　② 160mm
③ 166mm　④ 172mm

해설 롤러 가드의 개구부 간격(Y) $=6+0.15X$이므로 $0.15X=Y-6$

$$\therefore X=\frac{Y-6}{0.15}=\frac{30-6}{0.15}=160\text{mm}$$

여기서, X : 가드와 위험점 간의 거리 (mm : 안전거리)
Y : 가드의 개구부 간격 (mm : 안전간극)
(단, $X \geq 160$mm이면, $Y=30$mm이다.)

60. 프레스의 방호장치 중 광전자식 방호장치에 관한 설명으로 틀린 것은?

① 연속 운전작업에 사용할 수 있다.
② 핀클러치 구조의 프레스에 사용할 수 있다.
③ 기계적 고장에 의한 2차 낙하에는 효과가 없다.
④ 시계를 차단하지 않기 때문에 작업에 지장을 주지 않는다.

해설 ② 프레스의 광전자식 방호장치는 핀클러치 구조의 프레스에 사용할 수 없다.

4과목 전기 위험방지 기술

61. 정전기 발생 현상의 분류에 해당되지 않는 것은?

① 유체 대전　② 마찰 대전
③ 박리 대전　④ 교반 대전

해설 정전기 대전의 종류
• 유동정전기 대전　• 분출정전기 대전
• 마찰정전기 대전　• 박리정전기 대전
• 파괴정전기 대전　• 충돌정전기 대전
• 교반 또는 침강에 의한 정전기 대전

62. 교류 아크 용접기의 허용사용률(%)은? (단, 정격사용률은 10%, 2차 정력전류는 500A, 교류 아크 용접기의 사용전류는 250A이다.)

① 30　② 40
③ 50　④ 60

해설 허용사용률

$$=\frac{(\text{정격 2차 전류})^2}{(\text{실제 사용 용접전류})^2}\times\text{정격사용률}$$

$$=\frac{500^2}{250^2}\times 10=40\%$$

63. 정전작업 시 작업 전 조치하여야 할 실무사항으로 틀린 것은?

① 잔류전하의 방전
② 단락접지기구의 철거
③ 검전기에 의한 정전 확인
④ 개로개폐기의 잠금 또는 표시

해설 정전작업 전 조치사항
• 개로개폐기의 시건 또는 표시
• 전로의 충전 여부를 검전기로 확인
• 작업지휘자에 의한 작업내용의 주지 철저
• 전력용 커패시터, 전력케이블 등 잔류전하 방전

정답 58. ①　59. ②　60. ②　61. ①　62. ②　63. ②

• 일부 정전작업 시 정전선로 및 활선선로의 표시

64. 전력용 피뢰기에서 직렬 갭의 주된 사용 목적은?

① 방전내량을 크게 하고 장시간 사용 시 열화를 적게 하기 위하여
② 충격방전 개시전압을 높게 하기 위하여
③ 이상전압 발생 시 신속히 대지로 방류함과 동시에 속류를 즉시 차단하기 위하여
④ 충격파 침입 시에 대지로 흐르는 방전전류를 크게 하여 제한전압을 낮게 하기 위하여

해설 ③ 직렬 갭은 이상전압 발생 시 신속히 대지로 방류함과 동시에 속류를 즉시 차단하여 기기를 보호한다.

65. 전기기기, 설비 및 전선로 등의 충전 유무 등을 확인하기 위한 장비는?

① 위상검출기
② 디스콘 스위치
③ COS
④ 저압 및 고압용 검전기

해설 전기기기, 설비, 전선로 등의 충전 유무를 확인하는 장비는 검전기(저압용, 고압용, 특고압용)이다.

66. 누전된 전동기에 인체가 접촉하여 500 mA의 누전전류가 흘렀고 정격감도전류 500 mA인 누전차단기가 동작하였다. 이때 인체전류를 약 10 mA로 제한하기 위해서는 전동기 외함에 설치할 접지저항의 크기는 몇 Ω 정도로 하면 되는가? (단, 인체저항은 500 Ω이며, 다른 저항은 무시한다.)

① 5 ② 10 ③ 50 ④ 100

해설 ㉠ 전압(V)=인체에 흐른 전류×인체저항 $=10\times10^{-3}\times500=5\text{V}$

㉡ 누설전류=전체 누설절류−인체에 흐른 전류=500−10=490 mA

㉢ 전동기 저항(R)$=\dfrac{\text{전압}}{\text{전동기의 누설전류}}$

$=\dfrac{5}{490\times10^{-3}}=10.2\,\Omega$

67. 방전전극에 약 7000 V의 전압을 인가하면 공기가 전리되어 코로나 방전을 일으킴으로서 발생한 이온으로 대전체의 전하를 중화시키는 방법을 이용한 제전기는?

① 전압인가식 제전기
② 자기방전식 제전기
③ 이온 스프레이식 제전기
④ 이온식 제전기

해설 전압인가식 제전기 : 7000V 정도의 고압으로 코로나 방전을 일으켜 발생하는 이온으로 대전체 전하를 중화시키는 방법

68. 감전사고를 방지하기 위한 대책으로 틀린 것은?

① 전기설비에 대한 보호접지
② 전기기기에 대한 정격 표시
③ 전기설비에 대한 누전차단기 설치
④ 충전부가 노출된 부분에는 절연방호구 사용

해설 전기사고 예방 대책
• 전기설비 점검 철저
• 보호접지
• 전기기기 위험 표시
• 작업자 보호구 착용
• 노출충전부 절연방호구 사용

Tip) ②는 기기보호에 해당하는 방법이다.

69. 피뢰기의 여유도가 33%이고, 충격절연강도가 1000 kV라고 할 때 피뢰기의 제한전압은 약 몇 kV인가?

정답 64. ③ 65. ④ 66. ② 67. ① 68. ② 69. ②

① 852 ② 752 ③ 652 ④ 552

해설 피뢰기의 보호 여유도

$$여유도=\frac{충격절연강도-제한전압}{제한전압}\times 100$$

$$33=\frac{(1000-x)\times 100}{x}$$

$$33x=100000-100x$$

$$33x+100x=100000$$

$$\therefore\ x=\frac{100000}{133}=751.88\,\text{kV}$$

70. 다음 중 전동기를 운전하고자 할 때 개폐기의 조작 순서로 옳은 것은?

① 메인 스위치 → 분전반 스위치 → 전동기용 개폐기
② 분전반 스위치 → 메인 스위치 → 전동기용 개폐기
③ 전동기용 개폐기 → 분전반 스위치 → 메인 스위치
④ 분전반 스위치 → 전동기용 스위치 → 메인 스위치

해설 개폐기 조작 순서

구분	1단계	2단계	3단계
on	메인 스위치	분전반 스위치	전동기 개폐기
off	전동기 개폐기	분전반 스위치	메인 스위치

71. 전류가 흐르는 상태에서 단로기를 끊었을 때 여러 가지 파괴작용을 일으킨다. 다음 그림에서 유입차단기의 차단 순위와 투입 순위가 안전수칙에 가장 적합한 것은?

DS OCB DS
전원 ─ ㉠ ─ ㉡ ─ ㉢ ─ 부하

① 차단 : ㉠ → ㉡ → ㉢, 투입 : ㉠ → ㉡ → ㉢
② 차단 : ㉡ → ㉢ → ㉠, 투입 : ㉡ → ㉢ → ㉠
③ 차단 : ㉢ → ㉡ → ㉠, 투입 : ㉢ → ㉠ → ㉡
④ 차단 : ㉡ → ㉢ → ㉠, 투입 : ㉢ → ㉠ → ㉡

해설 유입차단기의 작동 순서

- 차단 순서 : 전원 차단 시 OCB를 먼저 차단하고, 단로기는 부하 측을 차단하는 것이 안전하다.
- 투입 순서 : 전원 투입 시 단로기를 먼저 투입하고, OCB를 투입하는 것이 안전하다.

72. 내압 방폭구조에서 안전간극(safe gap)을 적게 하는 이유로 옳은 것은?

① 최소 점화에너지를 높게 하기 위해
② 폭발화염이 외부로 전파되지 않도록 하기 위해
③ 폭발압력에 견디고 파손되지 않도록 하기 위해
④ 설치류가 전선 등을 훼손하지 않도록 하기 위해

해설 화염일주한계(safe gap)를 작게 하는 이유

- 최소 점화에너지 이하로 낮게 열을 식힌다.
- 폭발화염이 외부로 전파되지 않도록 한다.

73. 방폭 전기기기의 온도등급의 기호는?

① E ② S ③ T ④ N

해설 방폭 전기기기의 성능 표시기호

Ex P IIA T5 IP54

- Ex : 방폭구조의 상징
- P : 방폭구조의 종류(압력 방폭구조)
- IIA : 산업용 가스 · 증기 및 분진의 그룹
- T5 : 온도등급
- IP54 : 보호등급

74. 인체 피부의 전기저항에 영향을 주는 주요 인자와 가장 거리가 먼 것은?

정답 70. ① 71. ④ 72. ② 73. ③ 74. ③

① 접촉면적
② 인가전압의 크기
③ 통전경로
④ 인가시간

해설 피부 전기저항에 영향을 주는 인자 : 접촉면적, 접촉 부위, 인가전압의 크기, 인가시간

75. 산업안전보건기준에 관한 규칙에서 일반 작업장에 전기위험 방지 조치를 취하지 않아도 되는 전압은 몇 V 이하인가?

① 24 ② 30
③ 50 ④ 100

해설 국가별 안전전압(V)

국가명	전압(V)	국가명	전압(V)
한국	30	일본	24~30
독일	24	네덜란드	50
영국	24	스위스	36

76. 폭발위험장소에서의 본질안전 방폭구조에 대한 설명이다. 부적절한 것은?

① 본질안전 방폭구조의 기본적 개념은 점화능력의 본질적 억제이다.
② 본질안전 방폭구조는 Ex ib는 fault에 대한 2중 안전보장으로 0종~2종 장소에 사용할 수 있다.
③ 본질안전 방폭구조의 적용은 에너지가 1.3W, 30V 및 250mA 이하인 개소에 가능하다.
④ 온도, 압력, 액면유량 등의 검출용 측정기는 대표적인 본질안전 방폭구조의 예이다.

해설 ② 본질안전 방폭구조는 Ex ib는 1종 장소에 사용할 수 있으며, 0종 장소에는 사용할 수 없다.

77. 다음 ( ) 안에 들어갈 내용으로 알맞은 것은?

> 과전류 차단장치는 반드시 접지선이 아닌 전로에 ( )로 연결하여 과전류 발생 시 전로를 자동으로 차단하도록 설치할 것

① 직렬 ② 병렬
③ 임시 ④ 직병렬

해설 과전류 차단장치는 반드시 접지선이 아닌 전로에 직렬로 연결하여 과전류 발생 시 전로를 자동으로 차단하도록 설치할 것

78. 일반 허용접촉전압과 그 종별을 짝지은 것으로 틀린 것은?

① 제1종 : 0.5V 이하
② 제2종 : 25V 이하
③ 제3종 : 50V 이하
④ 제4종 : 제한 없음

해설 종별 허용접촉전압

제1종	제2종	제3종	제4종
2.5V 이하	25V 이하	50V 이하	제한 없음

79. 인체감전 보호용 누전차단기의 정격감도전류(mA)와 동작시간(초)의 최댓값은?

① 10mA, 0.03초
② 20mA, 0.01초
③ 30mA, 0.03초
④ 50mA, 0.1초

해설 감전방지용 누전차단기 : 정격감도전류 30mA 이하에서 동작시간은 0.03초 이내, 정격 전부하전류가 50mA 이상에서 200mA 이하로 동작시간은 0.1초 이내

80. 내부에서 폭발하더라도 틈의 냉각 효과로 인하여 외부의 폭발성 가스에 착화될 우려가 없는 방폭구조는?

정답 75. ② 76. ② 77. ① 78. ① 79. ③ 80. ①

① 내압 방폭구조 ② 유입 방폭구조
③ 안전증 방폭구조 ④ 본질안전 방폭구조

해설 전기설비의 방폭구조
- 내압 방폭구조 : 전폐구조로 용기 내부에서 폭발 시 그 압력에 견디고 외부로부터 폭발성 가스에 인화될 우려가 없도록 한 구조
- 유입 방폭구조 : 불꽃, 아크 또는 고온이 발생하는 전기설비를 용기에 넣고, 그 용기 안에 기름을 채워서 외부의 폭발성 가스와 점화원이 접촉하여 인화될 위험이 없도록 한 구조
- 안전증 방폭구조 : 폭팔성 가스나 증기에 점화원이 될 전기불꽃, 아크 또는 고온에 의한 폭발의 위험을 방지할 수 있는 방폭구조
- 본질안전 방폭구조 : 정상 시 및 사고 시(단선, 단락, 지락 등)에 발생하는 전기불꽃, 아크 또는 고온에 의하여 폭발성 가스에 점화되지 않는 것이 시험에 의해 확인된 방폭구조

5과목 화학설비 위험방지 기술

81. 다음 물질이 물과 접촉하였을 때 위험성이 가장 낮은 것은?

① 과산화칼륨 ② 나트륨
③ 메틸리튬 ④ 이황화탄소

해설 이황화탄소(CS_2)는 물속에 저장하며, 인화점이 −23℃이다.

82. 건조설비를 사용하여 작업을 하는 경우에 폭발이나 화재를 예방하기 위하여 준수하여야 하는 사항으로 틀린 것은?

① 위험물 건조설비를 사용하는 경우에는 미리 내부를 청소하거나 환기할 것
② 위험물 건조설비를 사용하여 가열 · 건조하는 건조물은 쉽게 이탈되도록 할 것
③ 고온으로 가열 · 건조한 인화성 액체는 발화의 위험이 없는 온도로 냉각한 후에 격납시킬 것
④ 바깥면이 현저히 고온이 되는 건조설비에 가까운 장소에는 인화성 액체를 두지 않도록 할 것

해설 건조설비 사용
- 위험물 건조설비를 사용하는 경우에는 미리 내부를 청소하거나 환기할 것
- 위험물 건조설비를 사용하는 때에는 건조로 인하여 발생하는 가스 · 증기 또는 분진에 의하여 폭발 · 화재의 위험이 있는 물질을 안전한 장소로 배출시킬 것
- 위험물 건조설비를 사용하여 가열 · 건조하는 건조물은 쉽게 이탈되지 아니하도록 할 것
- 고온으로 가열 · 건조한 인화성 액체는 발화의 위험이 없는 온도로 냉각한 후에 격납시킬 것
- 건조설비에 근접한 장소에는 인화성 액체를 두지 않도록 할 것

83. 부탄(C_4H_{10})의 연소에 필요한 최소 산소농도(MOC)를 추정하여 계산하면 약 몇 vol%인가? (단, 부탄의 폭발하한계는 공기 중에서 1.6vol%이다.)

① 5.6 ② 7.8 ③ 10.4 ④ 14.1

해설 ㉠ $C_4H_{10} + 6.5O_2 \rightarrow 4CO_2 + 5H_2O$
(1, 6.5, 4, 5는 몰수)
㉡ 부탄에 대한 폭발범위 1.6~8.4vol%
㉢ $MOC = 폭발하한계 \times \frac{산소\ 몰수}{연료\ 몰수}$
$= 1.6 \times \frac{6.5}{1} = 10.4\,\text{vol\%}$

정답 81. ④ 82. ② 83. ③

84. 산업안전보건법령상 사업주가 인화성 액체 위험물을 액체상태로 저장하는 저장탱크를 설치하는 경우에는 위험물질이 누출되어 확산되는 것을 방지하기 위하여 무엇을 설치하여야 하는가?

① flame arrester ② ventstack
③ 긴급방출장치 ④ 방유제

해설 인화성 액체 위험물을 액체상태로 저장하는 저장탱크를 설치하는 경우에는 위험물질이 누출되어 확산되는 것을 방지하기 위하여 방유제를 설치하여야 한다.

85. 가연성 가스 혼합물을 구성하는 각 성분의 조성과 연소하한값이 다음 [표]와 같을 때 혼합가스의 연소하한값은 약 몇 vol%인가?

성분	조성 (vol%)	연소하한값 (vol%)	연소상한값 (vol%)
헥산	1	1.1	7.4
메탄	2.5	5.0	15.0
에틸렌	0.5	2.7	36.0
공기	96	–	–

① 2.51 ② 7.51
③ 12.07 ④ 15.01

해설 혼합가스의 연소하한값(LFL)

$$L=\frac{V_1+V_2+V_3}{\frac{V_1}{L_1}+\frac{V_2}{L_2}+\frac{V_3}{L_3}}=\frac{4}{\frac{1}{1.1}+\frac{2.5}{5.0}+\frac{0.5}{2.7}}$$

$=2.51\text{vol\%}$

86. 가스 또는 분진폭발 위험장소에 설치되는 건축물의 내화구조를 설명한 것으로 틀린 것은?

① 건축물 기둥 및 보는 지상 1층까지 내화구조로 한다.
② 위험물 저장 · 취급용기의 지지대는 지상으로부터 지지대의 끝부분까지 내화구조로 한다.
③ 건축물 주변에 자동소화설비를 설치한 경우 건축물 화재 시 1시간 이상 그 안전성을 유지한 경우는 내화구조로 하지 아니할 수 있다.
④ 배관 · 전선관 등의 지지대는 지상으로부터 1단까지 내화구조로 한다.

해설 ③ 건축물 주변에 자동소화설비를 설치한 경우 건축물 화재 시 2시간 이상 그 안전성을 유지한 경우는 내화구조로 하지 아니할 수 있다.

87. 산업안전보건법령에 따라 사업주가 특수화학설비를 설치하는 때에 그 내부의 이상상태를 조기에 파악하기 위하여 설치하여야 하는 장치는?

① 자동경보장치 ② 긴급차단장치
③ 자동문 개폐장치 ④ 스크러버 개방장치

해설 특수화학설비 설치 시 필요한 장치

- 자동경보장치 : 사업주는 특수화학설비를 설치하는 경우에는 그 내부의 이상 상태를 조기에 파악하기 위하여 필요한 자동경보장치를 설치하여야 한다.
- 긴급차단장치 : 사업주는 특수화학설비를 설치하는 경우에는 그 내부에 폭발, 화재, 위험물 유출을 방지하기 위하여 원자재의 공급 차단, 재품 등의 방출, 냉각용수의 공급, 불활성 가스의 주입 등을 위한 필요한 경보장치를 설치하여야 한다.
- 계측장치 : 사업주는 특수화학설비를 설치하는 경우에는 그 내부의 이상 상태를 조기에 파악하기 위하여 필요한 계측장치(온도계, 유량계, 압력계 등), 자동경보장치를 설치하여야 한다.
- 예비동력원 : 전원의 고장으로 폭발, 화재를 방지하기 위해 즉시 사용할 수 있는 예비동력원을 설치하여야 한다.

정답 84. ④ 85. ① 86. ③ 87. ①

88. 20℃, 1기압의 공기를 5기압으로 단열압축하면 공기의 온도는 약 몇 ℃가 되겠는가? (단, 공기의 비열비는 1.4이다.)

① 32℃ ② 191℃
③ 305℃ ④ 464℃

해설 단열압축

㉠ $\frac{T_2}{T_1}=\left(\frac{P_2}{P_1}\right)^{\frac{r-1}{r}}=\frac{T_2}{20+273}=\left(\frac{5}{1}\right)^{\frac{1.4-1}{1.4}}$

$\therefore\ T_2=293\times\left(\frac{5}{1}\right)^{\frac{1.4-1}{1.4}}=464.1\mathrm{K}$

㉡ 공기의 온도=464.1−273=191.1℃

89. 알루미늄분이 고온의 물과 반응하였을 때 생성되는 가스는?

① 산소 ② 수소 ③ 메탄 ④ 에탄

해설 물과 반응하여 수소가스를 발생하는 물질은 금속칼륨(K), 알루미늄분(Al), 칼슘(Ca), 수소화칼슘(CaH_2)이다.

90. 공정안전 보고서에 포함하여야 할 세부 내용 중 공정안전자료의 세부 내용이 아닌 것은?

① 유해·위험설비의 목록 및 사양
② 폭발위험장소 구분도 및 전기단선도
③ 유해·위험물질에 대한 물질안전보건자료
④ 설비점검·검사 및 보수계획, 유지계획 및 지침서

해설 공정안전자료 세부 내용

- 취급·저장하고 있거나 취급·저장하고자 하는 유해·위험물질의 종류 및 수량
- 유해·위험물질에 대한 물질안전보건자료
- 유해·위험설비의 목록 및 사양
- 유해·위험설비의 운전방법을 알 수 있는 공정도면
- 각종 건물·설비의 배치도
- 폭발위험장소 구분도 및 전기단선도
- 위험설비의 안전설계·제작 및 설치 관련 지침서

Tip) ④는 안전운전계획이다.

91. 산업안전보건법령상 화학설비와 화학설비의 부속설비를 구분할 때 화학설비에 해당하는 것은?

① 응축기·냉각기·가열기·증발기 등의 열교환기류
② 사이클론·백필터·전기집진기 등 분진처리설비
③ 온도·압력·유량 등을 지시·기록하는 자동제어 관련 설비
④ 안전밸브·안전관·긴급차단 또는 방출밸브 등 비상조치 관련 설비

해설 ②, ③, ④는 화학설비의 부속설비이다.

92. 위험물안전관리법령상 제4류 위험물 중 제2석유류로 분류되는 물질은?

① 실린더유 ② 휘발유
③ 등유 ④ 중유

해설 제4류 위험물 중 제2석유류

- 비수용성 : 등유, 경유, 오르소크실렌, 메타크실렌, 파라크실렌, 스티렌, 테레핀유, 장뇌유, 송근유, 클로로벤젠
- 수용성 : 포름산(의산), 아세트산(초산), 메틸셀로솔브, 프로필셀로솔브, 부틸셀로솔브, 히드라진

93. 가연성 물질을 취급하는 장치를 퍼지하고자 할 때 잘못된 것은?

① 대상 물질의 물성을 파악한다.
② 사용하는 불활성 가스의 물성을 파악한다.
③ 퍼지용 가스를 가능한 한 빠른 속도로 단시간에 다량 송입한다.

정답 88. ② 89. ② 90. ④ 91. ① 92. ③ 93. ③

④ 장치 내부를 세정한 후 퍼지용 가스를 송입한다.

해설 ③ 퍼지용 가스는 천천히 장시간에 걸쳐 주입한다.

94. 가솔린(휘발유)의 일반적인 연소범위에 가장 가까운 값은?

① 2.7~27.8vol% ② 3.4~11.8vol%
③ 1.4~7.6vol% ④ 5.1~18.2vol%

해설 가솔린(휘발유)의 연소범위 : 1.4~7.6vol%

95. 폭발 원인 물질의 물리적 상태에 따라 구분할 때 기상폭발(gas explosion)에 해당되지 않는 것은?

① 분진폭발 ② 응상폭발
③ 분무폭발 ④ 가스폭발

해설 기상폭발 : 분해 폭발, 분진폭발, 분무폭발, 혼합가스의 폭발, 가스의 분해 폭발

Tip) 응상폭발 : 수증기 폭발, 전선 폭발, 고상 간의 전이에 의한 폭발

96. 다음 중 위험물과 그 소화방법이 잘못 연결된 것은?

① 염소산칼륨-다량의 물로 냉각소화
② 마그네슘-건조사 등에 의한 질식소화
③ 칼륨-이산화탄소에 의한 질식소화
④ 아세트알데히드-다량의 물에 의한 희석소화

해설 ③ 칼륨 : 금속화재를 일으키므로 건조사, 팽창질석, 팽창진주암으로 소화한다.

97. 다음 중 자연발화의 방지법으로 적절하지 않은 것은?

① 통풍을 잘 시킬 것
② 습도가 높은 곳에 저장할 것
③ 저장실의 온도 상승을 피할 것
④ 공기가 접촉되지 않도록 불활성 물질 중에 저장할 것

해설 자연발화 방지법
- 저장소의 온도를 낮출 것
- 산소와의 접촉을 낮출 것
- 통풍 및 환기를 철저히 할 것
- 습도가 높은 곳에는 저장을 피할 것

98. 다음 가스 중 가장 독성이 큰 것은?

① CO ② $COCl_2$
③ NH_3 ④ H_2

해설 독성가스의 허용 노출기준(ppm)

가스 명칭	농도
일산화탄소(CO)	50
포스겐($COCl_2$)	0.1
암모니아(NH_3)	25

99. 다음 중 산화성 물질이 아닌 것은?

① KNO_3 ② NH_4ClO_3
③ HNO_3 ④ P_4S_3

해설 ① 질산칼륨(KNO_3) : 산화성 액체 및 산화성 고체
② 염소산암모늄(NH_4ClO_3) : 산화성 액체 및 산화성 고체
③ 질산(HNO_3) : 산화성 액체 및 산화성 고체
④ 삼황화인(P_4S_3) : 가연성 고체

100. 화염방지기의 설치에 관한 사항으로 ( ) 에 옳은 것은?

> 사업주는 인화성 액체 및 인화성 가스를 저장 · 취급하는 화학설비에서 증기나 가스를 대기로 방출하는 경우에는 외부로부터의 화염을 방지하기 위하여 화염방지기를 그 설비의 ( )에 설치하여야 한다.

정답 94. ③ 95. ② 96. ③ 97. ② 98. ② 99. ④ 100. ①

① 상단 ② 하단
③ 중앙 ④ 무게중심

해설 화염방지기의 설치는 설비의 상단에 설치하여야 한다.

6과목 건설안전기술

101. 그물코의 크기가 5cm인 매듭 방망사의 폐기 시 인장강도 기준으로 옳은 것은?

① 200kg ② 100kg
③ 60kg ④ 30kg

해설 방망사의 신품과 폐기 시 인장강도

그물코의 크기(cm)	매듭 없는 방망		매듭 방망	
	신품	폐기 시	신품	폐기 시
10	240kg	150kg	200kg	135kg
5	–	–	110kg	60kg

102. 거푸집 해체작업 시 유의사항으로 옳지 않은 것은?

① 일반적으로 수평부재의 거푸집은 연직부재의 거푸집보다 빨리 떼어낸다.
② 해체된 거푸집이나 각목 등에 박혀 있는 못 또는 날카로운 돌출물은 즉시 제거하여야 한다.
③ 상하 동시 작업은 원칙적으로 금지하며 부득이한 경우에는 긴밀히 연락을 취하여 작업을 하여야 한다.
④ 거푸집 해체 작업장 주위에는 관계자를 제외하고는 출입을 금지시켜야 한다.

해설 ① 일반적으로 연직부재의 거푸집은 수평부재의 거푸집보다 빨리 떼어낸다.

103. 흙막이 가시설 공사 시 사용되는 각 계측기 설치 목적으로 옳지 않은 것은?

① 지표 침하계－지표면 침하량 측정
② 수위계－지반 내 지하수위의 변화 측정
③ 하중계－상부 적재하중 변화 측정
④ 지중경사계－지중의 수평 변위량 측정

해설 하중계 : 축하중의 변화상태 측정

104. 다음은 가설통로를 설치하는 경우의 준수사항이다. (　　) 안에 알맞은 숫자는 무엇인가?

> 건설공사에 사용하는 높이 8m 이상인 비계다리에는 (　　)m 이내마다 계단참을 설치할 것

① 7 ② 6 ③ 5 ④ 4

해설 높이 8m 이상인 다리에는 7m 이내마다 계단참을 설치할 것

105. 건설업 산업안전보건관리비의 사용내역에 대하여 수급인 또는 자기공사자는 공사 시작 후 몇 개월마다 1회 이상 발주자 또는 감리원의 확인을 받아야 하는가?

① 3개월 ② 4개월 ③ 5개월 ④ 6개월

해설 수급인 또는 자기공사자는 안전관리비 사용내역에 대하여 공사시작 후 6개월마다 1회 이상 발주자 또는 감리원의 확인을 받아야 한다.

106. 차량계 하역운반기계 등에 화물을 적재하는 경우에 준수하여야 할 사항으로 옳지 않은 것은?

① 하중이 한쪽으로 치우쳐도 효율적으로 적재되도록 할 것
② 구내운반차 또는 화물자동차의 경우 화물의 붕괴 또는 낙하에 의한 위험을 방지하기 위하여 화물에 로프를 거는 등 필요한 조치를 할 것

정답 101. ③ 102. ① 103. ③ 104. ① 105. ④ 106. ①

③ 운전자의 시야를 가리지 않도록 화물을 적재할 것
④ 최대 적재량을 초과하지 않도록 할 것

해설 ① 하중이 한쪽으로 치우치지 않도록 쌓을 것

107. 다음 중 유해위험방지 계획서를 작성 및 제출하여야 하는 공사에 해당되지 않는 것은?

① 지상높이가 31m인 건축물의 건설 · 개조 또는 해체
② 최대 지간길이가 50m인 교량 건설 등 공사
③ 깊이가 9m인 굴착공사
④ 터널 건설 등의 공사

해설 ③ 깊이가 10m 이상인 굴착공사

108. 차량계 하역운반기계를 사용하는 작업을 할 때 그 기계가 넘어지거나 굴러떨어짐으로써 근로자에게 위험을 미칠 우려가 있는 경우에 우선적으로 조치하여야 할 사항과 가장 거리가 먼 것은?

① 해당 기계에 대한 유도자 배치
② 지반의 부동침하방지 조치
③ 갓길 붕괴방지 조치
④ 경보장치 설치

해설 전도 등의 방지 : 사업주는 차량계 하역운반기계 등으로 작업을 할 때에 그 기계가 넘어지거나 굴러떨어짐으로써 근로자에게 위험을 미칠 우려가 있는 경우에는 그 기계를 유도하는 사람을 배치, 지반의 부동침하방지, 갓길 붕괴방지 조치를 하여야 한다.

109. 안전대의 종류는 사용구분에 따라 벨트식과 안전그네식으로 구분되는데 이 중 안전그네식에만 적용하는 것은?

① 추락방지대, 안전블록
② 1개 걸이용, U자 걸이용
③ 1개 걸이용, 추락방지대
④ U자 걸이용, 안전블록

해설 안전대의 종류
- 벨트식 : 1개 걸이용, U자 걸이용
- 안전그네식 : 추락방지대, 안전블록

110. 건설현장의 가설계단 및 계단참을 설치하는 경우 얼마 이상의 하중에 견딜 수 있는 강도를 가진 구조로 설치하여야 하는가?

① 200kg/m^2　② 300kg/m^2
③ 400kg/m^2　④ 500kg/m^2

해설 계단 및 계단참의 강도는 500kg/m^2 이상이어야 한다.
Tip) 안전율은 4 이상으로 하여야 한다.

111. 다음은 달비계 또는 높이 5m 이상의 비계를 조립 · 해체하거나 변경하는 작업을 하는 경우에 대한 내용이다. (　　) 안에 알맞은 숫자는?

> 비계재료의 연결 · 해체작업을 하는 경우에는 폭 (　　)cm 이상의 발판을 설치하고 근로자로 하여금 안전대를 사용하도록 하는 등 추락을 방지하기 위한 조치를 할 것

① 15　② 20　③ 25　④ 30

해설 높이 5m 이상의 비계재료의 연결 · 해체작업을 하는 경우에는 폭을 20cm 이상으로 한다.
Tip) 높이가 2m 이상인 경우에는 달비계의 작업발판의 폭을 40cm 이상으로 한다.

112. 다음은 사다리식 통로 등을 설치하는 경우의 준수사항이다. (　　) 안에 들어갈 숫자로 옳은 것은?

정답 107. ③　108. ④　109. ①　110. ④　111. ②　112. ④

사다리의 상단은 걸쳐 놓은 지점으로부터 ( )cm 이상 올라가도록 할 것

① 30 ② 40 ③ 50 ④ 60

해설 사다리 상단은 걸쳐 놓은 지점으로부터 60cm 이상 올라가도록 할 것

113. 보통 흙의 건조된 지반을 흙막이 지보공 없이 굴착하려 할 때 적합한 굴착면의 기울기 기준으로 옳은 것은?

① 1 : 1~1 : 1.5
② 1 : 0.5~1 : 1
③ 1 : 1.8
④ 1 : 2

해설 굴착면의 기울기 기준

구분	지반 종류	기울기
보통 흙	습지	1 : 1~1 : 1.5
	건지	1 : 0.5~1 : 1
암반	풍화암	1 : 1.0
	연암	1 : 1.0
	경암	1 : 0.5

114. 터널지보공을 설치한 경우에 수시로 점검하여 이상을 발견 시 즉시 보강하거나 보수해야 할 사항이 아닌 것은?

① 부재의 손상 · 변형 · 부식 · 변위 · 탈락의 유무 및 상태
② 부재의 긴압의 정도
③ 부재의 접속부 및 교차부의 상태
④ 계측기 설치상태

해설 터널지보공 설치 시 점검사항
- 부재의 손상 · 변형 · 부식 · 변위 · 탈락의 유무 및 상태
- 부재의 긴압의 정도
- 부재의 접속부 및 교차부의 상태
- 기둥침하의 유무 및 상태

115. 크레인 또는 데릭에서 붐 각도 및 작업 반경별로 작용시킬 수 있는 최대하중에서 후크(hook), 와이어로프 등 달기구의 중량을 공제한 하중은?

① 작업하중 ② 정격하중
③ 이동하중 ④ 적재하중

해설 정격하중 : 크레인에 매달아 올릴 수 있는 최대하중에서 후크, 와이어로프 등의 달기구의 중량을 제외한 하중

116. 근로자에게 작업 중 또는 통행 시 전락(轉落)으로 인하여 근로자가 화상 · 질식 등의 위험에 처할 우려가 있는 케틀(kettle), 호퍼(hopper), 피트(pit) 등이 있는 경우에 그 위험을 방지하기 위하여 최소 높이 얼마 이상의 울타리를 설치하여야 하는가?

① 80cm 이상
② 85cm 이상
③ 90cm 이상
④ 95cm 이상

해설 작업 중 근로자가 화상 · 질식 등의 위험에 처할 우려가 있는 케틀(kettle), 호퍼(hopper), 피트(pit) 등이 있는 경우에 그 위험을 방지하기 위하여 90cm 높이의 울타리를 설치하여야 한다.

117. 강관비계의 설치기준으로 옳은 것은?

① 비계기둥의 간격은 띠장 방향에서는 1.5m 이상 1.8m 이하로 하고, 장선 방향에서는 2.0m 이하로 한다.
② 띠장 간격은 1.8m 이하로 설치하되, 첫 번째 띠장은 지상으로부터 2m 이하의 위치에 설치한다.

정답 113. ② 114. ④ 115. ② 116. ③ 117. ③

③ 비계기둥 간의 적재하중은 400kg을 초과하지 않도록 한다.
④ 비계기둥의 제일 윗부분으로부터 21m 되는 지점 밑부분의 비계기둥은 2개의 강관으로 묶어 세운다.

해설 강관비계 설치기준
- 비계기둥의 간격은 띠장 방향에서는 1.8m 이하, 장선 방향에서는 1.5m 이하로 할 것
- 띠장 간격은 2m 이하로 설치할 것
- 비계기둥의 제일 윗부분으로부터 31m 되는 지점 밑부분의 비계기둥은 2개의 강관으로 묶어 세울 것
- 비계기둥 간의 적재하중은 400kg을 초과하지 않도록 할 것

118. 터널 굴착작업을 하는 때 미리 작성하여야 하는 작업계획서에 포함되어야 할 사항이 아닌 것은?

① 굴착의 방법
② 암석의 분할방법
③ 환기 또는 조명시설을 설치할 때에는 그 방법
④ 터널지보공 및 복공의 시공방법과 용수의 처리방법

해설 터널 굴착작업의 작업계획서 포함내용
- 굴착의 방법
- 환기 또는 조명시설을 설치할 때에는 그 방법
- 터널지보공 및 복공의 시공방법과 용수의 처리방법

119. 비계(달비계, 달대비계 및 말비계는 제외한다)의 높이가 2m 이상인 작업장소에 설치하여야 하는 작업발판의 기준으로 옳지 않은 것은?

① 작업발판의 폭은 40cm 이상으로 하고, 발판재료 간의 틈은 3cm 이하로 할 것
② 추락의 위험이 있는 장소에는 안전난간을 설치할 것
③ 작업발판의 지지물은 하중에 의하여 파괴될 우려가 없는 것을 사용할 것
④ 작업발판 재료는 뒤집히거나 떨어지지 않도록 1개 이상의 지지물에 연결하거나 고정시킬 것

해설 ④ 작업발판 재료는 뒤집히거나 떨어지지 않도록 2개 이상의 지지물에 연결하거나 고정시킨다.

120. 건립 중 강풍에 의한 풍압 등 외압에 대한 내력이 설계에 고려되었는지 확인하여야 하는 철골 구조물의 기준으로 옳지 않은 것은?

① 높이 20m 이상의 구조물
② 구조물의 폭과 높이의 비가 1 : 4 이상인 구조물
③ 이음부가 공장제작인 구조물
④ 연면적당 철골량이 50kg/m^2 이하인 구조물

해설 내력설계 고려기준
- 높이 20m 이상인 구조물
- 기둥이 타이 플레이트형인 구조물
- 이음부가 현장용접인 경우의 구조물
- 건물 등에서 단면구조에 현저한 차이가 있는 구조물
- 구조물의 폭과 높이의 비가 1 : 4 이상인 구조물
- 연면적당 철골량이 50kg/m^2 이하인 구조물

정답 118. ② 119. ④ 120. ③

2019년도(3회차) 출제문제

산업안전기사

1과목 안전관리론

1. 적성요인에 있어 직업적성을 검사하는 항목이 아닌 것은?

① 지능 ② 촉각적응력
③ 형태식별능력 ④ 운동 속도

해설 직업적성검사(vocational aptitude test) 항목 : 지능, 언어능력, 수리능력, 사무지각, 공간적성, 형태지각, 운동반응, 손과 손가락 협응 등

2. 라인(line)형 안전관리조직에 대한 설명으로 옳은 것은?

① 명령계통과 조언이나 권고적 참여가 혼동되기 쉽다.
② 생산부서와의 마찰이 일어나기 쉽다.
③ 명령계통이 간단 명료하다.
④ 생산부분에는 안전에 대한 책임과 권한이 없다.

해설 명령계통이 간단 명료하고, 정확히 전달·실시된다.

3. 서로 손을 얹고 팀의 행동구호를 외치는 무재해 운동 추진기법의 하나로, 스킨십(skinship)에 바탕을 두고 팀 전원의 일체감, 연대감을 느끼게 하며, 대뇌피질에 안전태도 형성에 좋은 이미지를 심어주는 기법은 무엇인가?

① touch and call
② brain storming
③ error cause removal
④ safety training observation program

해설 터치앤콜(touch and call) : 서로 손을 맞잡고 같이 소리치는 것으로 전원이 스킨십(skinship)을 느끼며, 팀의 일체감, 연대감을 조성하여 무재해 운동을 추진한다.

4. 안전점검의 종류 중 태풍이나 폭우 등의 천재지변이 발생한 후에 실시하는 기계, 기구 및 설비 등에 대한 점검의 명칭은?

① 정기점검 ② 수시점검
③ 특별점검 ④ 임시점검

해설 안전점검의 종류
- 정기점검 : 일정한 기간마다 정기적으로 실시하는 법적기준으로 책임자가 실시
- 수시점검 : 매일 작업 전·후, 작업 중 일상적으로 실시, 작업자, 책임자, 관리감독자가 실시
- 특별점검 : 기계·기구, 설비의 신설, 변경 또는 중대 재해(태풍, 지진 등) 발생 직후 등 비정기적으로 실시, 책임자가 실시
- 임시점검 : 임시로 실시하는 점검

5. 하인리히 안전론에서 (　　) 안에 들어갈 단어로 적합한 것은?

> • 안전은 사고예방
> • 사고예방은 (　　)와(과) 인간 및 기계의 관계를 통제하는 과학이자 기술이다.

① 물리적 환경 ② 화학적 요소
③ 위험요인 ④ 사고 및 재해

정답 1. ② 2. ③ 3. ① 4. ③ 5. ①

해설 H.W. Heinrich의 안전론 정의 : 사고예방은 물리적 환경과 인간 및 기계의 관계를 통제하는 과학인 동시에 기술이다.

6. **1년간 80건의 재해가 발생한 A사업장은 1000명의 근로자가 1주일당 48시간, 1년간 52주를 근무하고 있다. A사업장의 도수율은? (단, 근로자들은 재해와 관련 없는 사유로 연간 노동시간의 3%를 결근하였다.)**

① 31.06 ② 32.05
③ 33.04 ④ 34.03

해설 $도수율 = \frac{연간\ 재해\ 건수}{연근로\ 총\ 시간\ 수} \times 10^6$

$= \frac{80}{1000 \times 48 \times 52 \times 0.97} \times 10^6 = 33.04$

Tip) $결근율 = 1 - \frac{3}{100} = 0.97\%$

7. **안전보건교육의 단계에 해당하지 않는 것은?**

① 지식교육 ② 기초교육
③ 태도교육 ④ 기능교육

해설 안전교육의 3단계

1단계	2단계	3단계
지식교육	기능교육	태도교육

8. **위험예지훈련의 문제해결 4라운드에 속하지 않는 것은?**

① 현상파악 ② 본질추구
③ 원인결정 ④ 대책수립

해설 문제해결의 4단계

1R	2R	3R	4R
현상파악	본질추구	대책수립	행동 목표설정

9. **산소결핍이 예상되는 맨홀 내에서 작업을 실시할 때의 사고방지 대책으로 적절하지 않은 것은?**

① 작업시작 전 및 작업 중 충분한 환기 실시
② 작업장소의 입장 및 퇴장 시 인원점검
③ 방진마스크의 보급과 착용 철저
④ 작업장과 외부와의 상시연락을 위한 설비설치

해설 방진 · 방독마스크는 산소(O_2)의 농도가 최소 18% 이상인 장소에서 사용하여야 한다.

10. **안전교육방법 중 강의법에 대한 설명으로 옳지 않은 것은?**

① 단기간의 교육시간 내에 비교적 많은 내용을 전달할 수 있다.
② 다수의 수강자를 대상으로 동시에 교육할 수 있다.
③ 다른 교육방법에 비해 수강자의 참여가 제약된다.
④ 수강자 개개인의 학습강도를 조절할 수 있다.

해설 ④ 수강자 개개인별로 학습강도(진도)를 조절할 수 없다.

11. **적응기제(適應機制)의 형태 중 방어적 기제에 해당하지 않는 것은?**

① 고립 ② 보상 ③ 승화 ④ 합리화

해설 적응기제(adjustment mechanism) 3가지
- 도피기제 : 갈등을 회피, 도망감 – 억압, 퇴행, 백일몽, 고립
- 방어기제 : 갈등의 합리화와 적극성 – 보상, 합리화, 승화, 동일시, 투사
- 공격기제 : 직 · 간접적 공격기제

12. **부주의의 발생 원인에 포함되지 않는 것은?**

정답 6. ③ 7. ② 8. ③ 9. ③ 10. ④ 11. ① 12. ④

① 의식의 단절　② 의식의 우회
③ 의식 수준의 저하　④ 의식의 지배

해설 ①, ②는 phase 0인 상태,
③은 phase I 인 상태

13. 안전교육훈련에 있어 동기부여 방법에 대한 설명으로 가장 거리가 먼 것은?

① 안전 목표를 명확히 설정한다.
② 안전활동의 결과를 평가, 검토하도록 한다.
③ 경쟁과 협동을 유발시킨다.
④ 동기유발 수준을 과도하게 높인다.

해설 ④ 동기유발의 최적수준을 유지한다.

14. 산업안전보건법령상 유해위험방지 계획서 제출대상 공사에 해당하는 것은?

① 깊이가 5m 이상인 굴착공사
② 최대 지간거리 30m 이상인 교량 건설공사
③ 지상 높이 21m 이상인 건축물 공사
④ 터널 건설공사

해설 ① 깊이가 10m 이상인 굴착공사
② 최대 지간길이가 50m 이상인 교량 건설공사
③ 지상 높이가 31m 이상인 건축물 공사

15. 스트레스의 요인 중 외부적 자극요인에 해당하지 않는 것은?

① 자존심의 손상　② 대인관계 갈등
③ 가족의 죽음, 질병　④ 경제적 어려움

해설 스트레스 자극요인

구분	요인
내부적 요인	• 자존심의 손상 • 업무상의 죄책감 • 현실에서의 부적응 • 경쟁과 욕심 • 좌절감과 자만심
외부적 요인	• 경제적 빈곤 • 가족관계의 불화 • 직장에서 갈등과 대립 • 가족의 죽음, 질병 • 자신의 건강 문제 • 대인관계와 갈등

16. 하인리히 방식의 재해코스트 산정에서 직접비에 해당되지 않는 것은?

① 휴업보상비　② 병상위문금
③ 장해특별보상비　④ 상병보상연금

해설 ①, ③, ④는 직접비, ②는 간접비

17. 산업안전보건법령상 관리감독자 대상 정기안전보건교육의 교육내용으로 옳은 것은?

① 작업개시 전 점검에 관한 사항
② 정리 정돈 및 청소에 관한 사항
③ 작업공정의 유해 · 위험과 재해예방 대책에 관한 사항
④ 기계 · 기구의 위험성과 작업의 순서 및 동선에 관한 사항

해설 ③은 관리감독자 정기교육의 내용,
①, ②, ④는 근로자 채용 시의 교육내용

18. 산업안전보건법령상 다음 (　　)에 알맞은 기준은?

> 안전 · 보건표지의 제작에 있어 안전 · 보건표지 속의 그림 또는 부호의 크기는 안전 · 보건표지의 크기와 비례하여야 하며, 안전 · 보건표지 전체 규격의 (　　) 이상이 되어야 한다.

① 20%　② 30%　③ 40%　④ 50%

해설 안전 · 보건표지 속의 그림 및 부호의 크기는 전체 규격의 30% 이상이 되어야 한다.

정답 13. ④　14. ④　15. ①　16. ②　17. ③　18. ②

19. **산업안전보건법령상 주로 고음을 차음하고, 저음은 차음하지 않는 방음보호구의 기호로 옳은 것은?**

① NRR ② EM
③ EP-1 ④ EP-2

해설 • 귀마개(EP)
㉠ 1종(EP-1) : 저음부터 고음까지 차음하는 것
㉡ 2종(EP-2) : 주로 고음을 차음하는 것
• 귀덮개(EM)

20. **산업재해의 기본원인 중 "작업정보, 작업방법 및 작업환경" 등이 분류되는 항목은?**

① Man
② Machine
③ Media
④ Management

해설 인간에러 배후 요인(4M)
• 인간(Man) : 다른 사람들과의 인간관계
• 기계(Machine) : 기계장비 등의 물리적 요인
• 미디어(Media) : 작업정보, 방법, 환경 등
• 관리(Management) : 작업관리, 단속 등

2과목 인간공학 및 시스템 안전공학

21. **작업의 강도는 에너지 대사율(RMR)에 따라 분류된다. 분류기준 중, 중(中)작업(보통작업)의 에너지 대사율은?**

① 0~1RMR ② 2~4RMR
③ 4~7RMR ④ 7~9RMR

해설 작업강도의 에너지 대사율(RMR)

경작업	보통작업(中)	보통작업(重)	초중작업
0~2	2~4	4~7	7 이상

22. **산업안전보건법령상 유해위험방지 계획서의 제출 시 첨부하는 서류에 포함되지 않는 것은?**

① 설비점검 및 유지계획
② 기계 · 설비의 배치도면
③ 건축물 각 층의 평면도
④ 원재료 및 제품의 취급, 제조 등의 작업방법의 개요

해설 유해위험방지 계획서의 제출 시 첨부하는 서류
• 건축물 각 층의 평면도
• 기계 · 설비의 개요를 나타내는 서류
• 기계 · 설비의 배치도면
• 원재료 및 제품의 취급, 제조 등의 작업방법의 개요
• 그 밖에 고용노동부장관이 정하는 도면 및 서류

23. **인간의 실수 중 수행해야 할 작업 및 단계를 생략하여 발생하는 오류는?**

① omission error ② commission error
③ sequence error ④ timing error

해설 • omission error(생략, 누설, 부작위 에러) : 작업공정 절차를 수행하지 않은 것에 기인한 에러
• commission error(작위적 오류, 실행오류) : 필요한 작업 절차의 불확실한 수행으로 발생한 에러
• sequence error(순서오류) : 작업공정의 순서 착오로 발생한 에러
• timing error(시간지연 오류) : 시간지연으로 발생한 에러

24. **초기고장과 마모고장 각각의 고장형태와 그 예방 대책에 관한 연결로 틀린 것은?**

① 초기고장-감소형-번인(burn in)

정답 19. ④ 20. ③ 21. ② 22. ① 23. ① 24. ④

② 마모고장–증가형–예방보전(PM)
③ 초기고장–감소형–디버깅(debugging)
④ 마모고장–증가형–스크리닝(screening)

해설 screening 실험

- 스크리닝은 기기의 잠재결함을 초기에 제거하는 비파괴적 선별기술로, 신뢰성을 확인·보증하는 시험이다.
- 스크리닝은 잠재결함을 초기에 강제로 제거하는 기술이므로 초기고장을 예방한다.

25. 작업개선을 위하여 도입되는 원리인 ECRS에 포함되지 않는 것은?

① Combine　② Standard
③ Eliminate　④ Rearrange

해설 작업개선원칙(ECRS)

- 제거(Eliminate) : 생략과 배제의 원칙
- 결합(Combine) : 결합과 분리의 원칙
- 재조정(Rearrange) : 재편성과 재배열의 원칙
- 단순화(Simplify) : 단순화의 원칙

26. 온도와 습도 및 공기 유동이 인체에 미치는 열효과를 하나의 수치로 통합한 경험적 감각지수로 상대습도 100%일 때의 건구온도에서 느끼는 것과 동일한 온감을 의미하는 온열조건의 용어는?

① Oxford 지수　② 발한율
③ 실효온도　④ 열압박지수

해설 실효온도(체감온도, 감각온도)에 대한 설명이다.

27. 화학설비의 안전성 평가 5단계 중 4단계에 해당하는 것은?

① 안전 대책　② 정성적 평가
③ 정량적 평가　④ 재평가

해설 안전성 평가의 6단계

- 1단계 : 관계 자료의 정비 검토
- 2단계 : 정성적 평가
- 3단계 : 정량적 평가
- 4단계 : 안전 대책
- 5단계 : 재해 정보에 의한 재평가
- 6단계 : FTA에 의한 재평가

28. 양립성의 종류에 포함되지 않는 것은?

① 공간 양립성　② 형태 양립성
③ 개념 양립성　④ 운동 양립성

해설 양립성의 종류

- 운동 양립성(moment)
- 공간 양립성(spatiai)
- 개념 양립성(conceptuai)
- 양식 양립성(modality)

29. 다음 설명에 해당하는 설비보전방식의 유형은?

> 설비보전 정보와 신기술을 기초로 신뢰성, 조작성, 보전성, 안전성, 경제성 등이 우수한 설비의 선정, 조달 또는 설계를 통하여 궁극적으로 설비의 설계, 제작단계에서 보전활동이 불필요한 체제를 목표로 한 설비보전방법을 말한다.

① 개량보전　② 보전예방
③ 사후보전　④ 일상보전

해설 보전예방에 관한 설명이다.

30. 원자력 산업과 같이 상당한 안전이 확보되어 있는 장소에서 추가적인 고도의 안전 달성을 목적으로 하고 있으며, 관리, 설계, 생산, 보전 등 광범위한 안전을 도모하기 위하여 개발된 분석 기법은?

정답 25. ② 26. ③ 27. ① 28. ② 29. ② 30. ④

① DT ② FTA ③ THERP ④ MORT

해설 MORT(Management Oversight and Risk Tree) : 관리, 설계, 생산, 보전 등에 대한 광범위한 안전을 도모하기 위하여 개발된 정량적인 분석 기법

31. 결함수 분석(FTA)에 관한 설명으로 틀린 것은?

① 연역적 방법이다.
② 바텀-업(bottom-up) 방식이다.
③ 기능적 결함의 원인을 분석하는데 용이하다.
④ 정량적 분석이 가능하다.

해설 ② FTA는 top down 방식이다.

32. 조종-반응비(Control-Response Ratio, C/R비)에 대한 설명 중 틀린 것은?

① 조종장치와 표시장치의 이동거리 비율을 의미한다.
② C/R비가 클수록 조종장치는 민감하다.
③ 최적 C/R비는 조정시간과 이동시간의 교점이다.
④ 이동시간과 조정시간을 감안하여 최적 C/R비를 구할 수 있다.

해설 ② C/R비가 클수록 이동시간이 길며, 조종이 쉬우므로 민감하지 않은 조종장치

33. 다음 FT도에서 최소 컷셋(minimal cut set)으로만 올바르게 나열한 것은?

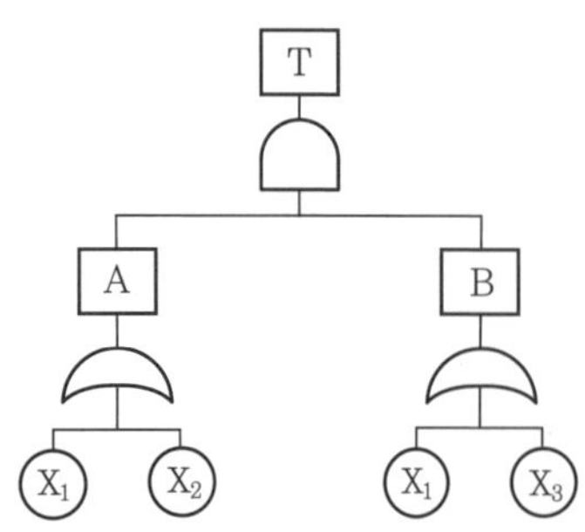

① (X_1), (X_2, X_3)
② (X_1), (X_2)
③ (X_1, X_2, X_3)
④ (X_1, X_2), (X_1, X_3)

해설 $T = A \cdot B = \begin{pmatrix} X_1 \\ X_2 \end{pmatrix} \cdot \begin{pmatrix} X_1 \\ X_3 \end{pmatrix}$

$= (X_1)(X_1X_3)(X_1X_2)(X_2X_3)$이므로

미니멀 컷셋은 (X_1), (X_2, X_3)이다.

34. 인간의 정보처리과정 3단계에 포함되지 않는 것은?

① 인지 및 정보처리단계
② 반응단계
③ 행동단계
④ 인식 및 감지단계

해설 인식과 자극의 정보처리과정 3단계

1단계	2단계	3단계
인지 및 정보처리단계	인식 및 감지단계	행동단계

35. 시각 표시장치보다 청각 표시장치의 사용이 바람직한 경우는?

① 전언이 복잡한 경우
② 전언이 재참조되는 경우
③ 전언이 즉각적인 행동을 요구하는 경우
④ 직무상 수신자가 한 곳에 머무는 경우

해설 ①, ②, ④는 시각적 표시장치 사용

36. FTA에서 사용하는 수정 게이트의 종류 중 3개의 입력 현상 중 2개가 발생한 경우에 출력이 생기는 것은?

① 위험 지속 기호
② 조합 AND 게이트
③ 배타적 OR 게이트
④ 억제 게이트

정답 31. ② 32. ② 33. ① 34. ② 35. ③ 36. ②

해설 FTA의 기호

기호	명칭	발생 현상
동시발생이 없음	배타적 OR 게이트	OR 게이트지만, 2개 이상의 입력이 동시에 존재할 때에 출력사상이 발생하지 않는다.
2개의 출력 / Ai Aj Ak	조합 AND 게이트	3개 이상의 입력 현상 중에 2개가 일어나면 출력이 발생한다.
Ai, Aj, Ak 순으로 / Ai Aj Ak	우선적 AND 게이트	입력사상 중에 어떤 현상이 다른 현상보다 먼저 일어날 경우에만 출력이 발생한다.
위험지속시간	위험 지속 AND 게이트	입력 현상이 생겨서 어떤 일정한 기간이 지속될 때에 출력이 발생한다.
	억제 게이트	게이트의 출력사상은 한 개의 입력사상에 의해 발생하며, 조건을 만족하면 출력이 발생하고, 조건이 만족되지 않으면 출력이 발생하지 않는다.
A	부정 게이트	입력과 반대 현상의 출력사상이 발생한다.

37. 인간의 신뢰도가 0.6, 기계의 신뢰도가 0.9이다. 인간과 기계가 직렬체제로 작업할 때의 신뢰도는?

① 0.32 ② 0.54 ③ 0.75 ④ 0.96

해설 인간의 신뢰도
$=$인간$\times$기계$=0.6\times0.9=0.54$

38. 8시간 근무를 기준으로 남성 작업자 A의 대사량을 측정한 결과, 산소 소비량이 1.3L/min으로 측정되었다. Murrell 방법으로 계산 시, 8시간의 총 근로시간에 포함되어야 할 휴식시간은?

① 124분 ② 134분
③ 144분 ④ 154분

해설 작업에 대한 평균 에너지값 산출
작업 중 분당 산소 공급량이 1.3L/min이므로 소비 에너지$=1.3\times5=6.5$kcal/min (단, 산소 1L의 에너지 5kcal)

$$\therefore \text{휴식시간}(R)=\frac{60\times(E-5)}{E-1.5}$$

$$=\frac{60\times8\times(6.5-5)}{6.5-1.5}=144\text{분}$$

39. 국소진동에 지속적으로 노출된 근로자에게 발생할 수 있으며, 말초혈관 장해로 손가락이 창백해지고 동통을 느끼는 질환의 명칭은?

① 레이노병 ② 파킨슨병
③ 규폐증 ④ C5-dip 현상

해설 ① 레이노병 : 혈관운동 신경장애를 주증으로 하는 질환으로 소진동에 노출된 근로자에게 발생할 수 있으며, 말초혈관 장해로 손가락이 창백해지고 동통이나 냉감·의주감 등을 느끼는 질환
② 파킨슨병 : 뇌의 신경세포 소실로 손과 팔에 경련이 일어나고, 보행이 어려워지는 질병
③ 규폐증 : 규산 분진을 흡입함에 따라 폐에 규산이 쌓여 생기는 만성질환
④ C5-dip : 소음성 난청이며, 소음장애로 4000Hz에서 C5-dip 현상 발생

정답 37. ② 38. ③ 39. ①

40. 암호체계의 사용상에 있어서, 일반적인 지침에 포함되지 않는 것은?

① 암호의 검출성
② 부호의 양립성
③ 암호의 표준화
④ 암호의 단일 차원화

해설 암호체계 사용상 일반적 지침
- 암호의 검출성
- 암호의 변별성
- 부호의 양립성
- 부호의 의미
- 암호의 표준화
- 다차원 시각적 암호

3과목 기계 위험방지 기술

41. 연삭기에서 숫돌의 바깥지름이 180mm일 경우 숫돌 고정용 평형 플랜지의 지름으로 적합한 것은?

① 30mm 이상 ② 40mm 이상
③ 50mm 이상 ④ 60mm 이상

해설 ㉠ 플랜지 지름은 숫돌 지름의 $\frac{1}{3}$ 이상

㉡ 플랜지 지름=숫돌 바깥지름$\times\frac{1}{3}$

$=180\times\frac{1}{3}=60\text{mm}$ 이상

42. 산업안전보건법령에 따라 산업용 로봇의 작동범위에서 교시 등의 작업을 하는 경우에 로봇에 의한 위험을 방지하기 위한 조치사항으로 틀린 것은?

① 2명 이상의 근로자에게 작업을 시킬 경우의 신호방법을 정한다.
② 작업 중의 매니퓰레이터 속도에 관한 지침을 정하고 그 지침에 따라 작업한다.
③ 작업을 하는 동안 다른 작업자가 작동시킬 수 없도록 기동 스위치에 작업 중 표시를 한다.
④ 작업에 종사하고 있는 근로자가 이상을 발견하면 즉시 안전담당자에게 보고하고 계속해서 로봇을 운전한다.

해설 ④ 작업에 종사하고 있는 근로자는 로봇의 이상 발견 시 즉시 운전을 정지시켜야 한다.

43. 기준 무부하상태에서 지게차 주행 시의 좌우 안정도 기준은? (단, V는 구내최고속도[km/h]이다.)

① $(15+1.1\times V)$% 이내
② $(15+1.5\times V)$% 이내
③ $(20+1.1\times V)$% 이내
④ $(20+1.5\times V)$% 이내

해설 지게차의 안정도
- 주행 시의 좌우 안정도는 $(15+1.1V)$% 이내이다.
- 주행 시의 전후 안정도는 18% 이내이다.
- 하역작업 시의 좌우 안정도는 6% 이내이다.
- 하역작업 시의 전후 안정도는 4% 이내(5t 이상의 것은 3.5%)이다.

44. 산업안전보건법령에 따라 사다리식 통로를 설치하는 경우 준수해야 할 기준으로 틀린 것은?

① 사다리식 통로의 기울기는 60° 이하로 할 것
② 발판과 벽과의 사이는 15cm 이상의 간격을 유지할 것
③ 사다리의 상단은 걸쳐 놓은 지점으로부터 60cm 이상 올라가도록 할 것
④ 사다리식 통로의 길이가 10m 이상인 경우에는 5m 이내마다 계단참을 설치할 것

해설 ① 사다리식 통로 기울기는 75° 이하로 할 것

정답 40. ④ 41. ④ 42. ④ 43. ① 44. ①

45. 산업안전보건법령에 따른 승강기의 종류에 해당하지 않는 것은?

① 리프트 ② 승용 승강기
③ 에스컬레이터 ④ 화물용 승강기

해설 승강기의 종류는 승객용, 승객화물용, 화물용, 소형화물용 엘리베이터와 에스컬레이터가 있다.

46. 재료가 변형 시에 외부응력이나 내부의 변형과정에서 방출되는 낮은 응력파(stress wave)를 감지하여 측정하는 비파괴 시험은 무엇인가?

① 와류탐상시험
② 침투탐상시험
③ 음향탐상시험
④ 방사선 투과시험

해설 음향탐상시험 : 재료가 변형 시에 외부응력이나 내부의 변형과정에서 방출되는 낮은 응력파를 감지하여 측정·분석하는 비파괴 시험

47. 산업안전보건법령에 따라 다음 괄호 안에 들어갈 내용으로 옳은 것은?

> 사업주는 바닥으로부터 짐 윗면까지의 높이가 ( )미터 이상인 화물자동차에 짐을 싣는 작업 또는 내리는 작업을 하는 경우에는 근로자의 추가 위험을 방지하기 위하여 해당 작업에 종사하는 근로자가 바닥과 적재함의 짐 윗면 간을 안전하게 오르내리기 위한 설비를 설치하여야 한다.

① 1.5 ② 2
③ 2.5 ④ 3

해설 바닥으로부터 짐 윗면까지의 높이는 2m 이상이어야 한다.

48. 진동에 의한 1차 설비진단법 중 정상, 비정상, 악화의 정도를 판단하기 위한 방법에 해당하지 않는 것은?

① 상호 판단 ② 비교 판단
③ 절대 판단 ④ 평균 판단

해설 간이진단의 구분

- 정상, 비정상, 악화 정도의 판단 : 상호 판단, 비교 판단, 절대 판단
- 실패의 원인과 발생한 장소의 탐지 : 직접 방법, 평균 방법, 주파수 방법

49. 둥근톱기계의 방호장치에서 분할날과 톱날 원주면과의 거리는 몇 mm 이내로 조정, 유지할 수 있어야 하는가?

① 12 ② 14
③ 16 ④ 18

해설 둥근톱기계 작업에서 분할날과 톱날 원주면과의 간격은 12mm 이내이어야 한다.

50. 산업안전보건법령에 따라 사업주가 보일러의 폭발사고를 예방하기 위하여 유지·관리하여야 할 안전장치가 아닌 것은?

① 압력방호판
② 화염검출기
③ 압력방출장치
④ 고저수위 조절장치

해설 보일러의 폭발사고를 예방하기 위하여 압력방출장치·압력제한 스위치·고저수위 조절장치·화염검출기 등의 기능이 정상 작동될 수 있도록 유지·관리하여야 한다.

51. 다음 그림과 같이 질량이 100kg인 물체를 길이가 같은 2개의 와이어로프로 매달아 옮기고자 할 때 와이어로프 T_a에 걸리는 장력은 약 몇 N인가?

정답 45. ① 46. ③ 47. ② 48. ④ 49. ① 50. ① 51. ④

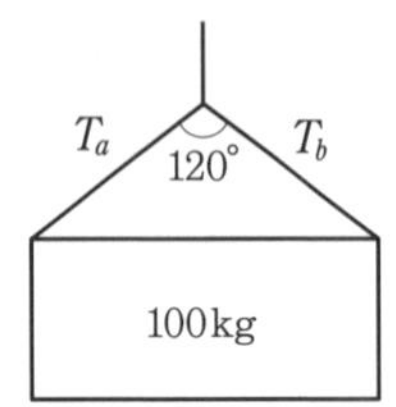

① 200　② 400　③ 490　④ 980

해설 장력 $T_a = \frac{W}{2} \div \cos\frac{\theta}{2}$

$= \frac{100}{2} \div \cos\frac{120}{2}$

$= 100\text{kg} \times 9.8\text{N} = 980\text{N}$

여기서, W : 물체의 무게(kg)

θ : 로프의 각도(°)

52. 다음 중 드릴작업의 안전수칙으로 가장 적합한 것은?

① 손을 보호하기 위해 장갑을 착용한다.
② 작은 일감은 양손으로 견고히 잡고 작업한다.
③ 정확한 작업을 위하여 구멍에 손을 넣어 확인한다.
④ 작업시작 전 척 렌치(chuck wrench)를 반드시 제거하고 작업한다.

해설 드릴작업 시 안전수칙
- 장갑 착용을 금지한다.
- 작은 일감은 바이스나 크램프를 사용하여 고정한다.
- 드릴작업 중 구멍에 손을 넣으면 위험하다.

53. 산업안전보건법령에 따라 레버풀러(lever puller) 또는 체인블록(chain block)을 사용하는 경우 훅의 입구(hook mouth) 간격이 제조자가 제공하는 제품사양서 기준으로 몇 % 이상 벌어진 것은 폐기하여야 하는가?

① 3　② 5　③ 7　④ 10

해설 사업주는 레버풀러 또는 체인블록을 사용하는 경우 훅의 입구 간격이 제조자가 제공하는 제품사양서 기준으로 10% 이상 벌어진 것은 폐기할 것

54. 금형의 설치, 해체, 운반 시 안전사항에 관한 설명으로 틀린 것은?

① 운반을 위하여 관통 아이볼트가 사용될 때는 구멍 틈새가 최소화되도록 한다.
② 금형을 설치하는 프레스의 T홈 안길이는 설치볼트 지름의 1/2배 이하로 한다.
③ 고정볼트는 고정 후 가능하면 나사산을 3~4개 정도 짧게 남겨 설치 또는 해체 시 슬라이드 면과의 사이에 협착이 발생하지 않도록 해야 한다.
④ 운반 시 상부금형과 하부금형이 닿을 위험이 있을 때는 고정 패드를 이용한 스트랩, 금속재질이나 우레탄 고무의 블록 등을 사용한다.

해설 ② 금형을 설치하는 프레스 기계의 T홈에 적합한 형상을 사용하며, 안길이는 설치볼트 지름의 2배 이상으로 한다.

55. 밀링작업의 안전조치에 대한 설명으로 적절하지 않은 것은?

① 절삭 중의 칩 제거는 칩 브레이커로 한다.
② 공작물을 고정할 때에는 기계를 정지시킨 후 작업한다.
③ 강력 절삭을 할 경우에는 공작물을 바이스에 깊게 물려 작업한다.
④ 가공 중 공작물의 치수를 측정할 때에는 기계를 정지시킨 후 측정한다.

해설 ① 칩 브레이커는 유동형 칩을 짧게 끊어주는 선반의 안전장치이다.

56. 산업안전보건법령에 따라 아세틸렌 용접장치의 아세틸렌 발생기를 설치하는 경우, 발생기실의 설치장소에 대한 설명 중 ㉠, ㉡에 들어갈 내용으로 옳은 것은?

정답 52. ④　53. ④　54. ②　55. ①　56. ③

> • 발생기실은 건물의 최상층에 위치하여야 하며, 화기를 사용하는 설비로부터 (㉠)를 초과하는 장소에 설치하여야 한다.
> • 발생기실을 옥외에 설치한 경우에는 그 개구부를 다른 건축물로부터 (㉡) 이상 떨어지도록 하여야 한다.

① ㉠ : 1.5m, ㉡ : 3m
② ㉠ : 2m, ㉡ : 4m
③ ㉠ : 3m, ㉡ : 1.5m
④ ㉠ : 4m, ㉡ : 2m

해설 • 발생기실은 건물의 최상층에 위치하여야 하며, 화기를 사용하는 설비로부터 3m를 초과하는 장소에 설치하여야 한다.
• 발생기실을 옥외에 설치한 경우에는 그 개구부를 다른 건축물로부터 1.5m 이상 떨어지도록 하여야 한다.

57. 프레스기의 방호장치 중 위치제한형 방호장치에 해당되는 것은?

① 수인식 방호장치
② 광전자식 방호장치
③ 손쳐내기식 방호장치
④ 양수조작식 방호장치

해설 프레스의 방호장치
• 크랭크 프레스의 위치제한형 방호장치는 양수조작식, 게이트 가드식이다.
• 행정길이가 40mm 이상의 프레스 방호장치는 손쳐내기식, 수인식이다.
• 슬라이드 작동 중 정지 가능한 구조인 마찰 프레스의 방호장치는 감응식(광전자식)이다.

58. 프레스 방호장치 중 수인식 방호장치의 일반구조에 대한 사항으로 틀린 것은?

① 수인끈의 재료는 합성섬유로 지름이 4mm 이상이어야 한다.
② 수인끈의 길이는 작업자에 따라 임의로 조정할 수 없도록 해야 한다.
③ 수인끈의 안내통은 끈의 마모와 손상을 방지할 수 있는 조치를 해야 한다.
④ 손목밴드(wrist band)의 재료는 유연한 내유성 피혁 또는 이와 동등한 재료를 사용해야 한다.

해설 ② 수인식 방호장치의 수인끈의 길이는 작업자에 따라 그 길이를 조정할 수 있어야 한다.

59. 산업안전보건법령에 따라 원동기 · 회전축 등의 위험방지를 위한 설명 중 (   ) 안에 들어갈 내용은?

> 사업주는 회전축 · 기어 · 풀리 및 플라이휠 등에 부속되는 키 · 핀 등의 기계요소는 (   )으로 하거나 해당 부위에 덮개를 설치하여야 한다.

① 개방형 ② 돌출형
③ 묻힘형 ④ 고정형

해설 회전축 · 기어 · 풀리 및 플라이휠 등에 부속되는 키 · 핀 등의 기계요소는 묻힘형으로 하거나 해당 부위에 덮개, 울, 슬리브, 건널다리 등을 설치하여야 한다.

60. 다음 중 공기압축기의 방호장치가 아닌 것은?

① 언로드 밸브 ② 압력방출장치
③ 수봉식 안전기 ④ 회전부의 덮개

해설 ③은 산소-아세틸렌 용접장치에 부착하는 방호장치이다.

정답 57. ④ 58. ② 59. ③ 60. ③

4과목 전기 위험방지 기술

61. 다음 그림과 같이 인체가 전기설비의 외함에 접촉하였을 때 누전사고가 발생하였다. 이때 인체의 통과전류(mA)는 약 얼마인가?

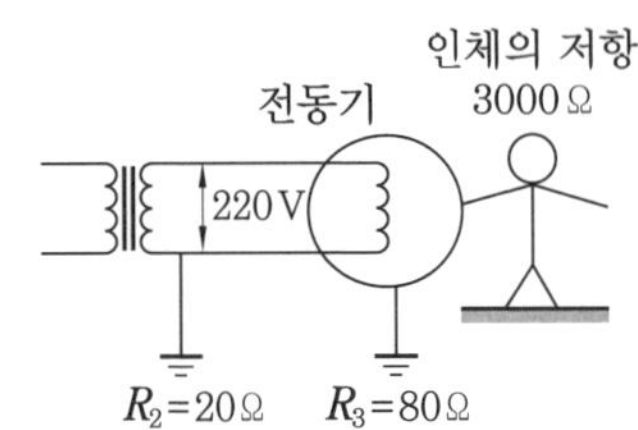

① 35　　② 47
③ 58　　④ 66

해설 인체 통과전류(I_m)

$$=\frac{E}{R_m\left(1+\frac{R_2}{R_3}\right)}=\frac{220}{3000\times\left(1+\frac{20}{80}\right)}\times 1000$$

$=58\,\text{mA}$

62. 다음 중 전기화재 발생 원인으로 틀린 것은?

① 발화원　　② 내화물
③ 착화물　　④ 출화의 경과

해설 전기화재 발생 원인은 발화원, 경로 출화의 경과, 착화물이다.

63. 사용전압이 380V인 전동기 전로에서 절연저항은 몇 MΩ 이상이어야 하는가?

① 0.1　　② 0.2
③ 0.3　　④ 0.4

해설 전로의 절연(저압전로의 절연저항)

전로의 사용전압	절연저항
대지전압이 150V 이하인 경우	0.1MΩ
대지전압이 150V 초과 300V 이하의 경우	0.2MΩ
대지전압이 300V 초과 400V 이하의 경우	0.3MΩ
대지전압이 400V 초과인 경우	0.4MΩ

64. 다음 중 정전에너지를 나타내는 식으로 알맞은 것은? (단, Q는 대전전하량, C는 정전용량이다.)

① $\frac{Q}{2C}$　　② $\frac{Q}{2C^2}$
③ $\frac{Q^2}{2C}$　　④ $\frac{Q^2}{2C^2}$

해설 정전기 에너지(E)

$$=\frac{1}{2}CV^2=\frac{1}{2}QV=\frac{Q^2}{2C}\,[\text{J}]$$

여기서, C : 도체의 정전용량(F)
V : 대전전위(유도된 전압[V])
Q : 대전전하량(C)　※ $Q=CV$

65. 누전차단기의 설치가 필요한 것은?

① 이중절연 구조의 전기기계 · 기구
② 비접지식 전로의 전기기계 · 기구
③ 절연대 위에서 사용하는 전기기계 · 기구
④ 도전성이 높은 장소의 전기기계 · 기구

해설 누전차단기 설치장소

- 전기기계 · 기구 중 대지전압이 150V를 초과하는 이동형 또는 휴대형의 것
- 물 등 도전성이 높은 액체에 의한 습윤한 장소
- 철판, 철골 위 등 도전성이 높은 장소
- 임시배선의 전로가 설치되는 장소

66. 동작 시 아크를 발생하는 고압용 개폐기 · 차단기 · 피뢰기 등은 목재의 벽 또는 천장, 기타의 가연성 물체로부터 몇 m 이상 떼어 놓아야 하는가?

① 0.3　　② 0.5　　③ 1.0　　④ 1.5

정답 61. ③　62. ②　63. ③　64. ③　65. ④　66. ③

해설 스파크의 대책

- 고압선 : 목재의 벽 또는 천정 기타 가연성 물체로부터 1m 이상 격리
- 특고압선 : 목재의 벽 또는 천정 기타 가연성 물체로부터 2m 이상 격리

67. 6600/100V, 15kVA의 변압기에서 공급하는 저압전선로의 허용 누설전류는 몇 A를 넘지 않아야 하는가?

① 0.025 ② 0.045
③ 0.075 ④ 0.085

해설 ㉠ 최대공급전류(A)

$15\,\text{kVA} = V \times A$

$\rightarrow 15\,\text{kW} = 100\,V \times A$

$\rightarrow A = \dfrac{15 \times 1000}{100} = 150\,\text{A}$

㉡ 누설전류 = 최대공급전류 $\times \dfrac{1}{2000}$

$= 150 \times \dfrac{1}{2000} = 0.075\,\text{A}$

68. 이동하여 사용하는 전기기계기구의 금속제 외함 등에 제1종 접지공사를 하는 경우, 접지선 등 가요성을 요하는 부분의 접지선 종류와 단면적의 기준으로 옳은 것은?

① 다심코드, 0.75mm^2 이상
② 다심캡타이어 케이블, 2.5mm^2 이상
③ 3종 클로로프렌 캡타이어 케이블, 4mm^2 이상
④ 3종 클로로프렌 캡타이어 케이블, 10mm^2 이상

해설 접지선 종류와 단면적의 기준

- 제1종 및 제2종 접지공사 : 3종 및 4종 클로로프렌 캡타이어 케이블의 단면적은 10mm^2 이상
- 제3종 및 특별 제3종 접지공사

㉠ 다심코드 또는 다심캡타이어 케이블의 일심 단면적은 0.75mm^2 이상

㉡ 다심코드 또는 다심캡타이어 케이블의 일심 이외의 가요성이 있는 연동선 단면적은 1.55mm^2 이상

69. 정전기 발생에 대한 방지 대책의 설명으로 틀린 것은?

① 가스용기, 탱크 등의 도체부는 전부 접지한다.
② 배관 내 액체의 유속을 제한한다.
③ 화학섬유의 작업복을 착용한다.
④ 대전방지제 또는 제전기를 사용한다.

해설 정전기 방지 대책

구분	대책
발생 대전	• 전부 접지한다. • 유속을 제한한다. • 정전화, 제전복을 착용한다. • 가습, 제전기를 사용한다.
전격	• 대전방지제를 사용한다. • 대전전하를 누설한다.
화재 폭발	• 환기하여 위험물질을 제거한다. • 집진하여 분진을 제거한다.

Tip) ③ 대전방지 작업복을 착용한다.

70. 정전기의 유동 대전에 가장 크게 영향을 미치는 요인은?

① 액체의 밀도
② 액체의 유동속도
③ 액체의 접촉면
④ 액체의 분출온도

해설 유동 대전

- 액체류가 파이프 등 내부에서 유동 시 관벽과 액체 사이에서 발생한다.
- 액체 유동속도가 빠를수록 정전기 발생량이 크다.
- 배관 내 유체의 정전하량 유속의 1.5~2승에 비례한다.

정답 67. ③ 68. ④ 69. ③ 70. ②

71. 과전류에 의해 전선의 허용전류보다 큰 전류가 흐르는 경우 절연물이 화구가 없더라도 자연히 발화하고 심선이 용단되는 발화단계의 전선전류밀도(A/mm²)는?

① 10~20　② 30~50
③ 60~120　④ 130~200

해설 전선의 화재위험 정도와 전선전류밀도(A/mm²)

- 인화단계(40~43) : 점화원에 대해 절연물이 인화하는 단계
- 착화단계(43~60) : 절연물이 스스로 탄화되어 전선의 심선이 노출되는 단계
- 발화단계(60~75, 75~120) : 절연물이 스스로 발화되어 용융되는 단계로 발화 후 용융, 절연물이 용융되면서 스스로 발화되어 용융과 동시에 발화되는 단계
- 순간용단단계(120 이상) : 전선피복을 뚫고 나와 심선인 동이 폭발하며 비산하는 단계

72. 방폭구조에 관계있는 위험특징이 아닌 것은?

① 발화온도　② 증기밀도
③ 화염일주한계　④ 최소 점화전류

해설 • 방폭구조에 관계있는 위험특성
㉠ 발화온도
㉡ 화염일주한계
㉢ 최소 점화전류
• 폭발조건에 관계있는 위험특성
㉠ 인화점
㉡ 증기밀도
㉢ 폭발한계

73. 금속관의 방폭형 부속품에 대한 설명으로 틀린 것은?

① 재료는 아연도금을 하거나 녹이 스는 것을 방지하도록 한 강 또는 가단주철일 것
② 안쪽 면 및 끝부분은 전선의 피복을 손상하지 않도록 매끈한 것일 것
③ 전선관과의 접속 부분의 나사는 5턱 이상 완전히 나사결합이 될 수 있는 길이일 것
④ 완성품은 유입 방폭구조의 폭발압력시험에 적합할 것

해설 금속관의 방폭형 부속품에 관한 내용
- 재료는 아연도금을 한 위에 투명한 도료를 칠하거나 녹이 스는 것을 방지하도록 한 강 또는 가단주철일 것
- 안쪽 면 및 끝부분은 전선의 피복을 손상하지 않도록 매끈한 것일 것
- 전선관과의 접속 부분의 나사는 5턱 이상 완전히 나사결합이 될 수 있는 길이일 것
- 접합면 중 접속 부분의 나사는 내압 방폭구조(d)의 폭발압력시험에 적합할 것
- 완성품은 전기기기 내압 방폭구조(d)의 용기에 폭발압력 측정 및 압력시험에 적합한 것일 것

74. 접지의 목적과 효과로 볼 수 없는 것은?

① 낙뢰에 의한 피해방지
② 송배전선에서 지락사고의 발생 시 보호계전기를 신속하게 작동시킴
③ 설비의 절연물이 손상되었을 때 흐르는 누설전류에 의한 감전방지
④ 송배전선로의 지락사고 시 대지전위의 상승을 억제하고 절연강도를 상승시킴

해설 ④ 송배전선로의 지락사고 시 대지전위의 상승을 억제하고 절연강도를 저하시킨다.

75. 방폭 전기설비의 용기 내부에 보호가스를 압입하여 내부압력을 외부 대기 이상의 압력으로 유지함으로써 용기 내부에 폭발성 가스 분위기가 형성되는 것을 방지하는 방폭구조는?

정답 71. ③　72. ②　73. ④　74. ④　75. ②

① 내압 방폭구조
② 압력 방폭구조
③ 안전증 방폭구조
④ 유입 방폭구조

해설 전기설비의 방폭구조
- 내압 방폭구조 : 전폐구조로 용기 내부에서 폭발 시 그 압력에 견디고 외부로부터 폭발성 가스에 인화될 우려가 없도록 한 구조
- 압력 방폭구조 : 용기 내부에 불연성 보호체를 압입하여 내부압력을 유지함으로써 폭발성 가스의 침입을 방지하는 구조
- 안전증 방폭구조 : 폭팔성 가스나 증기에 점화원이 될 전기불꽃, 아크 또는 고온에 의한 폭발의 위험을 방지할 수 있는 방폭구조
- 유입 방폭구조 : 불꽃, 아크 또는 고온이 발생하는 전기설비를 용기에 넣고, 그 용기 안에 기름을 채워서 외부의 폭발성 가스와 점화원이 접촉하여 인화될 위험이 없도록 한 구조

76. 1종 위험장소로 분류되지 않는 것은?

① 탱크류의 벤트(vent) 개구부 부근
② 인화성 액체 탱크 내의 액면 상부의 공간부
③ 점검수리 작업에서 가연성 가스 또는 증기를 방출하는 경우의 밸브 부근
④ 탱크폴리, 드럼관 등이 인화성 액체를 충전하고 있는 경우의 개구부 부근

해설 가스폭발 위험장소
- 0종 장소

㉠ 설비 및 기기들이 운전(가동) 중에 폭발성 가스가 항상 존재하는 장소
㉡ 시설 장비의 내부
㉢ 인화성, 가연성 액체 또는 가스가 피트(pit) 등의 탱크 내부에 지속적으로 존재하는 장소

- 1종 장소

㉠ 설비 및 기기들이 운전, 유지보수, 고장 등인 상태에서 폭발성 가스가 가끔 누출되어 위험분위기가 있는 장소
㉡ 통상상태에서 폭발성 가스가 누출되어 위험이 생성되는 장소
㉢ 환기가 불충분한 장소, 주변 지역보다 낮아 가스나 증기가 체류할 수 있는 장소

- 2종 장소

㉠ 작업자의 운전조작 실수로 폭발성 가스가 누출되어 폭발을 일으킬 우려가 있는 장소
㉡ 환기설비 고장 등 이상 시에 위험이 생성되는 장소
㉢ 가스켓, 패킹 등의 고장으로 공정설비에 발생한 가스나 증기가 충분히 환기된 장소
㉣ 1종 장소와 직접 접하여 개방되어 있는 장소

Tip) ②는 0종 장소

77. 기중차단기의 기호로 옳은 것은?

① VCB ② MCCB
③ OCB ④ ACB

해설 사용장소별 차단기의 종류

차단기의 종류	사용장소
• 배선용 차단기(MCCB) • 기중차단기(ACB)	저압 전기설비(저압용)
• 종래 : 유입차단기(OCB) • 최근 : 진공차단기(VCB), 가스차단기(GCB)	변전소 및 자가용 고압 및 특고압 전기설비
• 종래 : 공기차단기(ABB) • 최근 : 가스차단기(GCB)	특고압 및 대전류 차단용량을 필요로 하는 대규모 전기설비

Tip) 기중차단기(ACB) : 공기 중에서 아크를 자연 소호하는 차단기로서 교류 1000V 이하에서 사용한다.

정답 76. ② 77. ④

78. 누전사고가 발생될 수 있는 취약개소가 아닌 것은?

① 나선으로 접속된 분기회로의 접속점
② 전선의 열화가 발생한 곳
③ 부도체를 사용하여 이중절연이 되어 있는 곳
④ 리드선과 단자와의 접속이 불량한 곳

해설 ①, ②, ④는 누전사고가 발생할 수 있는 취약장소이다.

79. 지락전류가 거의 0에 가까워서 안정도가 양호하고 무정전의 송전이 가능한 접지방식은?

① 직접 접지방식
② 리액터 접지방식
③ 저항 접지방식
④ 소호리액터 접지방식

해설 접지방식

- 직접 접지방식 : 변압기 중심을 직접 도체로 접지시키는 방식, 이상전압 발생의 우려가 적다.
- 소호리액터 접지방식 : 변압기 중심을 리액터로 접지시키는 방식, 지락전류가 0에 가까워서 무정전의 송전이 가능하다.
- 저항 접지방식 : 중심점에 저항기를 삽입하여 접지하는 방식, 지락전류를 제어한다.

80. 피뢰기가 갖추어야 할 특성으로 알맞은 것은?

① 충격방전 개시전압이 높을 것
② 제한전압이 높을 것
③ 뇌전류의 방전능력이 클 것
④ 속류를 차단하지 않을 것

해설 ①, ② 충격방전 개시전압과 제한전압이 낮을 것
④ 속류의 차단이 확실할 것

5과목 화학설비 위험방지 기술

81. 고체의 연소형태 중 증발연소에 속하는 것은?

① 나프탈렌 ② 목재
③ TNT ④ 목탄

해설 고체연소는 물질 그 자체가 연소하는 형태

- 표면연소 : 목탄, 코크스
- 분해연소 : 석탄, 플라스틱, 목재
- 증발연소 : 황, 나프탈렌
- 자기연소 : 다이너마이트, 니트로 화합물

82. 산업안전보건법령상 "부식성 산류"에 해당하지 않는 것은?

① 농도 20%인 염산
② 농도 40%인 인산
③ 농도 50%인 질산
④ 농도 60%인 아세트산

해설 • 부식성 산류

㉠ 농도가 20% 이상인 염산, 황산, 질산 그리고 이와 동등 이상의 부식성을 가지는 물질
㉡ 농도가 60% 이상인 인산, 아세트산, 불산 그리고 이와 동등 이상의 부식성을 가지는 물질

- 부식성 염기류 : 농도가 40% 이상인 수산화나트륨, 수산화칼륨 그리고 이와 동등 이상의 부식성을 가지는 염기류

83. 뜨거운 금속에 물이 닿으면 튀는 현상과 같이 핵비등(nucleate boiling) 상태에서 막비등(film boiling)으로 이행하는 온도를 무엇이라 하는가?

① burn-out point
② leidenfrost point

정답 78. ③ 79. ④ 80. ③ 81. ① 82. ② 83. ②

③ entrainment point

④ sub-cooling boiling point

해설 leidenfrost point : 핵비등 상태에서 막비등으로 이행하는 온도, 이때 물의 온도는 약 200℃ 정도이다.

84. **다음 중 위험물의 취급에 관한 설명으로 틀린 것은?**

① 모든 폭발성 물질은 석유류에 침지시켜 보관해야 한다.

② 산화성 물질의 경우 가연물과의 접촉을 피해야 한다.

③ 가스 누설의 우려가 있는 장소에서는 점화원의 철저한 관리가 필요하다.

④ 도전성이 나쁜 액체는 정전기 발생을 방지하기 위한 조치를 취한다.

해설 ① 위험물의 저장 및 취급방법은 산업안전보건법 및 위험물안전관리법이 분류한 안전기준에 따라 안전하게 보관해야 한다.

85. **이상반응 또는 폭발로 인하여 발생되는 압력의 방출장치가 아닌 것은?**

① 과열판

② 폭압방산구

③ 화염방지기

④ 가용합금 안전밸브

해설 화염방지기(flame arrester) : 화학설비에서 외부로 증기를 방출하고, 외기를 흡입하기도 하는 안전장치

86. **분진폭발의 특징으로 옳은 것은?**

① 연소속도가 가스폭발보다 크다.

② 완전 연소로 가스중독의 위험이 작다.

③ 화염의 파급속도보다 압력의 파급속도가 빠르다.

④ 가스폭발보다 연소시간은 짧고 발생에너지는 작다.

해설 분진폭발의 특징

- 불완전 연소로 인한 가스중독 위험이 크다.
- 가스폭발보다 연소시간은 길고, 폭발압력과 발생에너지가 크다.
- 가스폭발보다 불완전 연소가 많이 발생한다.
- 화염속도보다는 압력속도(300 m/s)가 훨씬 빠르다.
- 주위의 분진에 의해 2차, 3차의 폭발로 파급될 수 있다.

87. **독성가스에 속하지 않는 것은?**

① 암모니아 ② 황화수소

③ 포스겐 ④ 질소

해설 독성가스의 허용 노출기준(ppm)

가스 명칭	농도
포스겐($COCl_2$)	0.1
황화수소(H_2S)	10
암모니아(NH_3)	25

Tip) 질소(N_2)는 불연성 가스이다.

88. **Burgess-Wheeler의 법칙에 따르면 서로 유사한 탄화수소계의 가스에서 폭발하한계의 농도(vol%)와 연소열(kcal/mol)의 곱의 값은 약 얼마 정도인가?**

① 1100 ② 2800

③ 3200 ④ 3800

해설 Burgess-Wheeler의 법칙

포화 탄화수소계 가스에서는 폭발하한계의 농도 X[vol%]와 그 연소열 Q[kcal/mol]의 곱이 일정하다.

$$\frac{X \times Q}{100} = 11(\text{일정}),\ X \times Q = 1100$$

정답 84. ① 85. ③ 86. ③ 87. ④ 88. ①

89. **위험물안전관리법령상 제3류 위험물 중 금수성 물질에 대하여 적응성이 있는 소화기는?**

① 포소화기
② 이산화탄소 소화기
③ 할로겐화합물 소화기
④ 탄산수소염류 분말 소화기

해설 ①은 건축물 그 밖의 공작물, 제1, 2류 그 밖의 것,
②, ③은 전기화재, 제2류 인화성 고체,
④는 전기화재, 제1류 알칼리 금속과 산화물 등, 제2류 철분 · 금속분 – 마그네슘 등, 인화성 고체, 제3류 금수성 물질

90. **공기 중에서 이황화탄소(CS_2)의 폭발한계는 하한값이 1.25vol%, 상한값이 44vol%이다. 이를 20℃ 대기압하에서 mg/L의 단위로 환산하여 구하면 하한값과 상한값은 각각 약 얼마인가? (단, 이황화탄소의 분자량은 76.1이다.)**

① 하한값 : 61, 상한값 : 640
② 하한값 : 39.6, 상한값 : 1393
③ 하한값 : 146, 상한값 : 860
④ 하한값 : 55.4, 상한값 : 1642

해설 상 · 하한값 계산
• 하한값

㉠ 21℃, 1기압에서 하한값 $= \text{ppm} \times \dfrac{\text{분자량}}{24.1\text{L}}$

$$= 12500 \times \frac{76.1}{24.1} = 39470.9\,\text{mg/m}^3$$

$$= \frac{39470.9\,\text{mg/m}^3}{1000\text{L}} = 39.47\,\text{mg/L}$$

여기서, 1.25vol% = 1.25 × 10000ppm
= 12500ppm (1vol% = 10000ppm)

㉡ 온도 21℃ → 20℃에서

$$\text{하한값} = 39.47 \times \frac{273+21}{273+20} = 39.6\,\text{mg/L}$$

• 상한값

㉠ 21℃, 1기압에서 상한값 $= \text{ppm} \times \dfrac{\text{분자량}}{24.1\text{L}}$

$$= 440000 \times \frac{76.1}{24.1} = 1389378\,\text{mg/m}^3$$

$$= \frac{1389378\,\text{mg/m}^3}{1000\text{L}} = 1389.37\,\text{mg/L}$$

여기서, 44vol% = 44 × 10000ppm
= 440000ppm (1vol% = 10000ppm)

㉡ 온도 21℃ → 20℃에서

$$1389.37 \times \frac{273+21}{273+20} = 1394.1\,\text{mg/L}$$

91. **다음 중 일산화탄소에 대한 설명으로 틀린 것은?**

① 무색 · 무취의 기체이다.
② 염소와는 촉매 존재하에 반응하여 포스겐이 된다.
③ 인체 내의 헤모글로빈과 결합하여 산소운반 기능을 저하시킨다.
④ 불연성 가스로서, 허용농도가 10ppm이다.

해설 ④ 일산화탄소(CO)는 가연성 가스로 독성 50ppm 이내인 질식성 가스이다.

92. **금속의 용접 · 용단 또는 가열에 사용되는 가스 등의 용기를 취급할 때의 준수사항으로 틀린 것은?**

① 전도의 위험이 없도록 한다.
② 밸브를 서서히 개폐한다.
③ 용해아세틸렌의 용기는 세워서 보관한다.
④ 용기의 온도를 섭씨 65도 이하로 유지한다.

해설 ④ 용기의 온도를 섭씨 40도 이하로 유지한다.

정답 89. ④ 90. ② 91. ④ 92. ④

93. 산업안전보건법령상 건조설비를 사용하여 작업을 하는 경우 폭발 또는 화재를 예방하기 위하여 준수하여야 하는 사항으로 적절하지 않은 것은?

① 위험물 건조설비를 사용하는 때에는 미리 내부를 청소하거나 환기할 것
② 위험물 건조설비를 사용하는 때에는 건조로 인하여 발생하는 가스 · 증기 또는 분진에 의하여 폭발 · 화재의 위험이 있는 물질을 안전한 장소로 배출시킬 것
③ 위험물 건조설비를 사용하여 가열 · 건조하는 건조물은 쉽게 이탈되도록 할 것
④ 고온으로 가열 · 건조한 가연성 물질은 발화의 위험이 없는 온도로 냉각한 후에 격납시킬 것

해설 건조설비 사용

- 위험물 건조설비를 사용하는 경우에는 미리 내부를 청소하거나 환기할 것
- 위험물 건조설비를 사용하는 때에는 건조로 인하여 발생하는 가스 · 증기 또는 분진에 의하여 폭발 · 화재의 위험이 있는 물질을 안전한 장소로 배출시킬 것
- 위험물 건조설비를 사용하여 가열 · 건조하는 건조물은 쉽게 이탈되지 아니하도록 할 것
- 고온으로 가열 · 건조한 인화성 액체는 발화의 위험이 없는 온도로 냉각한 후에 격납시킬 것
- 건조설비에 근접한 장소에는 인화성 액체를 두지 않도록 할 것

94. 유류 저장탱크에서 화염의 차단을 목적으로 외부에 증기를 방출하기도 하고 탱크 내 외기를 흡입하기도 하는 부분에 설치하는 안전장치는?

① vent stack ② safety valve
③ gate valve ④ flame arrester

해설 인화성 가스 및 액체 저장탱크에 취급하는 화학설비에서 외부로 증기를 방출하는 경우에는 외부로부터 화염을 방지하기 위해 화염방지기(flame arrester)를 설치한다.

95. 다음 중 공기와 혼합 시 최소 착화에너지 값이 가장 작은 것은?

① CH_4 ② C_3H_8 ③ C_6H_6 ④ H_2

해설 최소 착화에너지
수소(H_2) : 0.019mJ < 벤젠(C_6H_6) : 0.2mJ < 프로판(C_3H_8) : 0.26mJ < 메탄(CH_4) : 0.28mJ

96. 펌프의 사용 시 공동현상(cavitation)을 방지하고자 할 때의 조치사항으로 틀린 것은?

① 펌프의 회전수를 높인다.
② 흡입비 속도를 작게 한다.
③ 펌프의 흡입관의 두(head) 손실을 줄인다.
④ 펌프의 설치높이를 낮추어 흡입양정을 짧게 한다.

해설 ① 펌프의 회전수를 낮춘다.

Tip) 공동 현상 : 유동하는 물속의 어느 부분의 정압이 물의 증기압보다 낮을 경우 부분적으로 증기를 발생시켜 배관을 부식시키는 현상

97. 다음 중 연소속도에 영향을 주는 요인으로 가장 거리가 먼 것은?

① 가연물의 색상
② 촉매
③ 산소와의 혼합비
④ 반응계의 온도

해설 연소속도에 영향을 주는 요인

- 촉매 • 산소와의 혼합비 • 반응계의 온도

정답 93. ③ 94. ④ 95. ④ 96. ① 97. ①

98. 기체의 자연발화온도 측정법에 해당하는 것은?

① 중량법 ② 접촉법
③ 예열법 ④ 발열법

해설 자연발화(발화점)의 측정법에는 예열법, 단열압축법, 펌프법, 도입법 등이 있다.

99. 디에틸에테르와 에틸알코올이 3 : 1로 혼합증기의 몰비가 각각 0.75, 0.25이고, 디에틸에테르와 에틸알코올의 폭발하한값이 각각 1.9vol%, 4.3vol%일 때 혼합가스의 폭발하한값은 약 몇 vol%인가?

① 2.2 ② 3.5
③ 22.0 ④ 34.7

해설 디에틸에테르와 에틸알코올이 3 : 1의 체적비로 몰비가 각각 0.75, 0.25이므로 (75% : 25%)

$$L=\frac{100}{\frac{V_1}{L_1}+\frac{V_2}{L_2}}=\frac{100}{\frac{75}{1.9}+\frac{25}{4.3}}=2.2\,\text{vol\%}$$

100. 프로판 가스 $1m^3$를 완전 연소시키는데 필요한 이론 공기량은 몇 m^3인가? (단, 공기 중의 산소농도는 20vol%이다.)

① 20 ② 25
③ 30 ④ 35

해설 프로판(C_3H_8)의 완전 연소식

$C_3H_8+5O_2 \rightarrow 3CO_2+4H_2O$

㉠ 프로판 : 산소=1 : 5
프로판 $1m^3$의 완전 연소에 산소 $5m^3$가 필요하다(몰비=부피비).

㉡ 공기 중에 산소농도가 20vol%이면 공기량은
$20 : 5=100 : x$
$20x=5\times100$

$\therefore x=500\div20=25m^3$

6과목 건설안전기술

101. 다음은 동바리로 사용하는 파이프 서포트의 설치기준이다. (   ) 안에 들어갈 내용으로 옳은 것은?

> 파이프 서포트를 (   ) 이상 이어서 사용하지 않도록 할 것

① 2개 ② 3개 ③ 4개 ④ 5개

해설 파이프 서포트를 3개 이상 이어서 사용하지 않도록 할 것

Tip) 파이프 서포트를 이어서 사용할 경우에는 4개 이상의 볼트 또는 전용 철물을 사용하여 이을 것

102. 콘크리트 타설 시 거푸집 측압에 관한 설명으로 옳지 않은 것은?

① 타설속도가 빠를수록 측압이 커진다.
② 거푸집의 투수성이 낮을수록 측압은 커진다.
③ 타설높이가 높을수록 측압이 커진다.
④ 콘크리트의 온도가 높을수록 측압이 커진다.

해설 ④ 콘크리트의 온도가 낮을수록 측압이 크다.

103. 권상용 와이어로프의 절단하중이 200ton일 때 와이어로프에 걸리는 최대하중은? (단, 안전계수는 5임)

① 1000ton ② 400ton
③ 100ton ④ 40ton

해설 $\text{최대하중}=\frac{\text{절단하중}}{\text{안전계수}}=\frac{200}{5}=40\,\text{ton}$

104. 터널지보공을 설치한 경우에 수시로 점검하고, 이상을 발견한 경우에는 즉시 보강

정답 98. ③ 99. ① 100. ② 101. ② 102. ④ 103. ④ 104. ④

하거나 보수해야 할 사항이 아닌 것은?

① 부재의 긴압 정도
② 기둥침하의 유무 및 상태
③ 부재의 접속부 및 교차부 상태
④ 부재를 구성하는 재질의 종류 확인

해설 터널지보공 설치 시 점검사항
- 부재의 손상 · 변형 · 부식 · 변위 · 탈락의 유무 및 상태
- 부재의 긴압의 정도
- 부재의 접속부 및 교차부의 상태
- 기둥침하의 유무 및 상태

105. 선창의 내부에서 화물취급작업을 하는 근로자가 안전하게 통행할 수 있는 설비를 설치하여야 하는 기준은 갑판의 윗면에서 선창 밑바닥까지의 깊이가 최소 얼마를 초과할 때인가?

① 1.3m ② 1.5m ③ 1.8m ④ 2.0m

해설 갑판의 윗면에서 선창 밑바닥까지의 깊이가 최소 1.5m를 초과할 경우 근로자가 안전하게 통행할 수 있는 설비를 설치하여야 한다.

106. 굴착기계의 운행 시 안전 대책으로 옳지 않은 것은?

① 버킷에 사람의 탑승을 허용해서는 안 된다.
② 운전반경 내에 사람이 있을 때 회전은 10 rpm 정도의 느린 속도로 하여야 한다.
③ 장비의 주차 시 경사지나 굴착 작업장으로부터 충분히 이격시켜 주차한다.
④ 전선이나 구조물 등에 인접하여 붐을 선회해야 할 작업에는 사전에 회전반경, 높이 제한 등 방호조치를 강구한다.

해설 ② 운전반경 내에 사람이 있을 때에는 즉시 작업을 중지하고 사람을 안전하게 대피시킨 뒤에 운전한다.

107. 폭우 시 옹벽배면의 배수시설이 취약하면 옹벽저면을 통하여 침투수(seepage)의 수위가 올라간다. 이 침투수가 옹벽의 안정에 미치는 영향으로 옳지 않은 것은?

① 옹벽 배면토의 단위 수량 감소로 인한 수직 저항력 증가
② 옹벽 바닥면에서의 양압력 증가
③ 수평 저항력(수동토압)의 감소
④ 포화 또는 부분 포화에 따른 뒷채움용 흙 무게의 증가

해설 ① 옹벽 배면토의 단위 수량 증가로 수직 저항력 증가

108. 그물코의 크기가 5cm인 매듭 방망일 경우 방망사의 인장강도는 최소 얼마 이상이어야 하는가? (단, 방망사는 신품인 경우이다.)

① 50kg ② 100kg ③ 110kg ④ 150kg

해설 방망사의 신품과 폐기 시 인장강도

그물코의 크기(cm)	매듭 없는 방망		매듭 방망	
	신품	폐기 시	신품	폐기 시
10	240kg	150kg	200kg	135kg
5	–	–	110kg	60kg

109. 부두 등의 하역 작업장에서 부두 또는 안벽의 선을 따라 통로를 설치하는 경우, 최소 폭 기준은?

① 90cm 이상 ② 75cm 이상
③ 60cm 이상 ④ 45cm 이상

해설 하역작업을 하는 부두 또는 안벽의 통로 설치는 폭을 90cm 이상으로 할 것

110. 건설업 산업안전보건관리비 계상 및 사용기준(고용노동부 고시)은 산업재해보상보험법의 적용을 받는 공사 중 총 공사금액이 얼마 이상인 공사에 적용하는가?

정답 105. ② 106. ② 107. ① 108. ③ 109. ① 110. ③

① 4천만 원 ② 3천만 원
③ 2천만 원 ④ 1천만 원

해설 산업재해보상보험법의 적용을 받는 공사 중 총 공사금액이 2천만 원 이상인 공사에 적용한다.

111. **가설통로를 설치하는 경우 준수하여야 할 기준으로 옳지 않은 것은?**

① 경사는 30° 이하로 할 것
② 경사가 15°를 초과하는 경우에는 미끄러지지 아니하는 구조로 할 것
③ 수직갱에 가설된 통로의 길이가 15m 이상인 때에는 15m 이내마다 계단참을 설치할 것
④ 건설공사에 사용하는 높이 8m 이상의 비계다리에는 7m 이내마다 계단참을 설치할 것

해설 ③ 수직갱에 가설된 통로의 길이가 15m 이상인 때에는 10m 이내마다 계단참을 설치할 것

112. **온도가 하강함에 따라 토중수가 얼어 부피가 약 9% 정도 증대하게 됨으로써 지표면이 부풀어 오르는 현상은?**

① 동상 현상 ② 연화 현상
③ 리칭 현상 ④ 액상화 현상

해설 동상 현상 : 겨울철에 흙 속의 수분이 얼어 동결상태가 된 흙이 지표면에 부풀어 오르는 현상

113. **강관틀비계를 조립하여 사용하는 경우 준수해야 할 기준으로 옳지 않은 것은?**

① 높이가 20m를 초과하거나 중량물의 적재를 수반하는 작업을 할 경우에는 주틀 간의 간격을 2.4m 이하로 할 것
② 수직 방향으로 6m, 수평 방향으로 8m 이내마다 벽이음을 할 것
③ 길이가 띠장 방향으로 4m 이하이고 높이가 10m를 초과하는 경우에는 10m 이내마다 띠장 방향으로 버팀기둥을 설치할 것
④ 주틀 간에 교차가새를 설치하고 최상층 및 5층 이내마다 수평재를 설치할 것

해설 ① 높이 20m를 초과하거나 중량물의 적재를 수반하는 작업을 할 경우에는 주틀 간의 간격을 1.8m 이하로 할 것

114. **근로자의 추락 등의 위험을 방지하기 위한 안전난간의 구조 및 설치요건에 관한 기준으로 옳지 않은 것은?**

① 상부 난간대는 바닥면 · 발판 또는 경사로의 표면으로부터 90cm 이상 지점에 설치할 것
② 발끝막이판은 바닥면 등으로부터 10cm 이상의 높이를 유지할 것
③ 난간대는 지름 1.5cm 이상의 금속제 파이프나 그 이상의 강도를 가진 재료일 것
④ 안전난간은 구조적으로 가장 취약한 지점에서 가장 취약한 방향으로 작용하는 100kg 이상의 하중에 견딜 수 있는 튼튼한 구조일 것

해설 ③ 난간대는 지름 2.7cm 이상의 금속제 파이프나 그 이상의 강도를 가진 재료일 것

115. **건설공사 유해 · 위험방지 계획서를 제출해야 할 대상공사에 해당하지 않는 것은?**

① 깊이 10m인 굴착공사
② 다목적 댐 건설공사
③ 최대 지간길이가 40m인 교량 건설공사
④ 연면적 5000m²인 냉동 · 냉장창고시설의 설비공사

해설 ③ 최대 지간길이가 50m 이상인 교량 건설공사

정답 111. ③ 112. ① 113. ① 114. ③ 115. ③

116. 건설현장에 달비계를 설치하여 작업 시 달비계에 사용 가능한 와이어로프로 볼 수 있는 것은?

① 이음매가 있는 것
② 와이어로프의 한 꼬임에서 끊어진 소선의 수가 5%인 것
③ 지름의 감소가 공칭지름의 10%인 것
④ 열과 전기충격에 의해 손상된 것

해설 달비계에 사용하는 와이어로프 금지기준
• 이음매가 있는 것
• 와이어로프의 한 꼬임에서 끊어진 소선의 수가 10% 이상인 것
• 지름의 감소가 공칭지름의 7%를 초과하는 것
• 꼬인 것, 심하게 변형되거나 부식된 것
• 열과 전기충격에 의해 손상된 것

117. 토질시험(soil test) 방법 중 전단시험에 해당하지 않는 것은?

① 1면 전단시험 ② 베인테스트
③ 일축압축시험 ④ 투수시험

해설 전단시험 : 직접 전단시험, 1면 전단시험, 베인테스트, 일축압축시험 등 수직력을 변화시켜 이에 대응하는 전단력을 측정한다.

118. 철골 건립기계 선정 시 사전검토사항과 가장 거리가 먼 것은?

① 건립기계의 소음 영향
② 건립기계로 인한 일조권 침해
③ 건물형태
④ 작업반경

해설 타워크레인 선정 시 사전검토사항
• 작업반경 • 입지조건
• 인양능력 • 건물형태
• 건립기계의 소음 영향

119. 감전재해의 직접적인 요인으로 가장 거리가 먼 것은?

① 통전전압의 크기
② 통전전류의 크기
③ 통전시간
④ 통전경로

해설 ②, ③, ④는 1차적 감전 위험요소, ①은 2차적 감전 위험요소(간접적인 요인)

120. 클램쉘(clam shell)의 용도로 옳지 않은 것은?

① 잠함 안의 굴착에 사용된다.
② 수면 아래의 자갈, 모래를 굴착하고 준설선에 많이 사용된다.
③ 건축 구조물의 기초 등 정해진 범위의 깊은 굴착에 적합하다.
④ 단단한 지반의 작업도 가능하며 작업속도가 빠르고 특히 암반굴착에 적합하다.

해설 ④ 연약지반이나 수중굴착 및 자갈 등을 싣는데 적합하다.

정답 116. ② 117. ④ 118. ② 119. ① 120. ④

2020년도(1, 2회차) 출제문제

산업안전기사

1과목 안전관리론

1. 산업안전보건법령상 안전보건표지의 종류 중 경고표지에 해당하지 않는 것은?

① 레이저광선 경고
② 급성독성물질 경고
③ 매달린 물체 경고
④ 차량통행 경고

해설 경고표지의 종류

인화물질	산화성	폭발성	급성독성	부식성
방사성	고압전기	매달린	낙하물	고온
저온	몸 균형	레이저	위험장소	발암성 등

Tip) 차량은 경고가 아닌 차량통행 금지표지

2. 몇 사람의 전문가에 의하여 과제에 관한 견해를 발표한 뒤에 참가자로 하여금 의견이나 질문을 하게 하여 토의하는 방법을 무엇이라 하는가?

① 심포지엄(symposium)
② 버즈세션(buzz session)
③ 케이스 메소드(case method)
④ 패널 디스커션(panel discussion)

해설 • 심포지엄 : 몇 사람의 전문가에 의하여 과제에 관한 견해를 발표하고 참가자로 하여금 의견이나 질문을 하게 하여 토의하는 방법이다.
• 버즈세션(6-6 회의) : 6명의 소집단별로 자유토의를 행하여 의견을 종합하는 방법이다.
• 케이스 메소드(사례연구법) : 먼저 사례를 제시하고 문제의 사실들과 그 상호관계에 대하여 검토하고 대책을 토의한다.
• 패널 디스커션 : 패널멤버가 피교육자 앞에서 토의하고, 이어 피교육자 전원이 참여하여 토의하는 방법이다.
• 포럼 : 새로운 자료나 교재를 제시하고 문제점을 피교육자로 하여금 제기하게 하여 토의하는 방법이다.
• 롤 플레잉(역할연기) : 참가자에게 역할을 주어 실제 연기를 시킴으로써 본인의 역할을 인식하게 하는 방법이다.

3. 다음 중 작업을 하고 있을 때 긴급 이상 상태 또는 돌발사태가 되면 순간적으로 긴장하게 되어 판단능력의 둔화 또는 정지상태가 되는 것은?

① 의식의 우회
② 의식의 과잉
③ 의식의 단절
④ 의식의 수준 저하

해설 의식의 과잉 : 긴급한 이상 상태 또는 돌발사태에 직면하면 순간적으로 긴장하게 되어 한 방향으로만 집중하는 판단능력의 둔화 또는 정지상태가 되는 현상

정답 1. ④ 2. ① 3. ②

4. A사업장의 2019년 도수율이 10이라 할 때 연천인율은 얼마인가?

① 2.4 ② 5 ③ 12 ④ 24

해설 • 연천인율 $=\dfrac{\text{연간 재해자 수}}{\text{연평균 근로자 수}}\times 1000$

• 연천인율 = 도수율 × 2.4 = 10 × 2.4 = 24

5. 산업안전보건법령상 산업안전보건위원회의 사용자위원에 해당되지 않는 사람은? (단, 각 사업장은 해당하는 사람을 선임하여야 하는 대상 사업장으로 한다.)

① 안전관리자
② 산업보건의
③ 명예 산업안전감독관
④ 해당 사업장 부서의 장

해설 산업안전보건위원회의 위원

근로자 위원	• 근로자 대표 • 근로자 대표가 지명하는 1명 이상의 명예 산업안전감독관 • 근로자 대표가 지명하는 9명 이내의 해당 사업장 근로자
사용자 위원	• 해당 사업장 대표, 안전관리자 1명 • 보건관리자 1명, 산업보건의 1명 • 해당 사업장 대표가 지명하는 9명 이내의 해당 사업장 부서의 장

6. 산업안전보건법상 안전관리자의 업무에 해당되는 것은?

① 직업성 질환 발생의 원인조사 및 대책 수립
② 해당 사업장 안전교육계획의 수립 및 안전교육 실시에 관한 보좌 조언 · 지도
③ 근로자의 건강장해의 원인조사와 재발방지를 위한 의학적 조치
④ 당해 작업에서 발생한 산업재해에 관한 보고 및 이에 대한 응급조치

해설 안전관리자의 업무내용

• 산업안전보건위원회 또는 노사협의체에서 심의 · 의결한 업무와 사업장의 안전보건관리규정 및 취업규칙에서 정한 업무
• 위험성 평가에 관한 보좌 및 지도 · 조언
• 안전인증대상 기계 · 기구 등과 자율안전확인대상 기계 · 기구 등 구입 시 적격품의 선정에 관한 보좌 및 지도 · 조언
• 사업장의 안전교육계획 수립 및 안전교육 실시에 관한 보좌 및 지도 · 조언
• 사업장의 순회점검 · 지도 및 조치의 건의
• 산업재해 발생의 원인조사 · 분석 및 재발방지를 위한 기술적 보좌 및 지도 · 조언
• 산업재해에 관한 통계의 관리 · 유지 · 분석을 위한 보좌 및 지도 · 조언
• 법에 정한 안전에 관한 사항의 이행에 관한 보좌 및 지도 · 조언
• 업무수행 내용의 기록 · 유지
• 그 밖에 안전에 관한 사항으로서 고용노동부장관이 정하는 사항

7. 어느 사업장에서 물적손실이 수반된 무상해 사고가 180건 발생하였다면 중상은 몇 건이나 발생할 수 있는가? (단, 버드의 재해 구성비율법칙에 따른다.)

① 6 ② 18 ③ 20 ④ 29

해설 버드의 법칙

버드 이론(법칙)	1 : 10 : 30 : 600
X×6	6 : 60 : 180 : 3600

8. 안전 · 보건교육계획에 포함해야 할 사항이 아닌 것은?

① 교육지도안
② 교육장소 및 교육방법
③ 교육의 종류 및 대상
④ 교육의 과목 및 교육내용

정답 4. ④ 5. ③ 6. ② 7. ① 8. ①

해설 안전 · 보건교육계획에 포함해야 할 사항
- 교육 목표설정
- 교육장소 및 교육방법
- 교육의 종류 및 대상
- 교육의 과목 및 교육내용
- 강사, 조교 편성
- 소요 예산 산정

Tip) 교육지도안은 교육의 준비사항이다.

9. Y · G 성격검사에서 "안전, 적응, 적극형"에 해당하는 형의 종류는?

① A형 ② B형 ③ C형 ④ D형

해설 Y · G(失田部 · Guilford) 성격검사
- A형(평균형) : 조화적, 적응적
- B형(右偏형) : 정서불안정, 활동적, 외향적
- C형(左偏형) : 안전소극형(온순, 소극적, 내향적)
- D형(右下형) : 안전, 적응, 적극형, 사회적응
- E형(左下형) : 불안정, 부적응 수동형(D형과 반대)

10. 안전교육에 대한 설명으로 옳은 것은?

① 사례중심과 실연을 통하여 기능적 이해를 돕는다.
② 사무직과 기능직은 그 업무가 판이하게 다르므로 분리하여 교육한다.
③ 현장 작업자는 이해력이 낮으므로 단순반복 및 암기를 시킨다.
④ 안전교육에 건성으로 참여하는 것을 방지하기 위하여 인사고과에 필히 반영한다.

해설 안전교육지도의 원칙
- 동기부여를 한다.
- 피교육자 중심의 교육을 실시한다.
- 반복함으로써 기술, 지식, 기능, 태도 등을 몸에 익혀 향상되는 것이다.
- 피교육자가 이해할 수 있는 쉬운 것부터 어려운 것 순으로 한다.
- 교육의 성과는 양보다 질을 중시하므로 한 번에 한 가지씩 한다.
- 인상의 강화 안전에 관계되는 핵심 등은 확실하게 알게 한다.
- 사람의 5가지 감각기관을 활용한다.
- 사례중심과 실연을 통하여 기능적 이해를 돕는다.

11. 산업안전보건법령에 따라 환기가 극히 불량한 좁은 밀폐된 장소에서 용접작업을 하는 근로자를 대상으로 한 특별안전 · 보건 교육 내용에 포함되지 않는 것은? (단, 일반적인 안전보건에 필요한 사항은 제외한다.)

① 환기설비에 관한 사항
② 질식 시 응급조치에 관한 사항
③ 작업 순서, 안전작업방법 및 수칙에 관한 사항
④ 폭발한계점, 발화점 및 인화점 등에 관한 사항

해설 밀폐된 장소에서 작업의 특별안전 · 보건 교육사항
- 작업 순서, 안전작업방법 및 수칙에 관한 사항
- 환기설비에 관한 사항
- 전격방지 및 보호구 착용에 관한 사항
- 질식 시 응급조치에 관한 사항
- 작업환경 점검에 관한 사항

12. 크레인, 리프트 및 곤돌라는 사업장에 설치가 끝난 날부터 몇 년 이내에 최초의 안전검사를 실시해야 하는가? (단, 이동식 크레인과 이삿짐운반용 리프트는 제외한다.)

① 1년 ② 2년
③ 3년 ④ 4년

해설 안전검사의 주기
- 크레인, 리프트 및 곤돌라는 사업장에 설치

정답 9. ④ 10. ① 11. ④ 12. ③

한 날부터 3년 이내에 최초 안전검사를 실시하되, 그 이후부터 2년마다(건설현장에서 사용하는 것은 최초로 설치한 날부터 6개월마다) 실시한다.

- 이동식 크레인과 이삿짐운반용 리프트는 등록한 날부터 3년 이내에 최초 안전검사를 실시하되, 그 이후부터 2년마다 실시한다.
- 프레스, 전단기, 압력용기 등은 사업장에 설치한 날부터 3년 이내에 최초 안전검사를 실시하되, 그 이후부터 2년마다(공정안전 보고서를 제출하여 확인을 받은 압력용기는 4년마다) 실시한다.

13. 재해코스트 산정에 있어 시몬즈(R.H. Simonds) 방식에 의한 재해코스트 산정법으로 옳은 것은?

① 직접비+간접비
② 간접비+비보험 코스트
③ 보험코스트+비보험 코스트
④ 보험코스트+사업부 보상금 지급액

해설 시몬즈(R.H. Simonds) 방식의 재해코스트 산정법

- 총 재해코스트=보험코스트+비보험 코스트
- 비보험 비용=(휴업상해 건수×A)+(통원상해 건수×B)+(응급조치 건수×C)+(무상해 사고 건수×D)
- 상해의 종류(A, B, C, D는 장해 정도별에 의한 비보험 비용의 평균치)

분류	재해사고 내용
휴업상해(A)	영구 부분 노동 불능, 일시 전 노동 불능
통원상해(B)	일시 부분 노동 불능, 의사의 조치를 요하는 통원상해
응급조치(C)	8시간 미만의 휴업손실상해
무상해 사고(D)	의료조치를 필요로 하지 않는 경미한 상해

14. 다음 중 맥그리거(Mcgregor)의 Y 이론과 가장 거리가 먼 것은?

① 성선설
② 상호 신뢰
③ 선진국형
④ 권위주의적 리더십

해설 맥그리거(Mcgregor)의 X, Y 이론 특징

X 이론의 특징	Y 이론의 특징
인간 불신감	상호 신뢰감
성악설	성선설
인간은 원래 게으르고 태만하여 남의 지배를 받기를 즐긴다.	인간은 부지런하고 근면 적극적이며 자주적이다.
물질욕구, 저차원 욕구	정신욕구, 고차원 욕구
명령, 통제에 의한 관리	자기통제에 의한 관리
저개발국형	선진국형
경제적 보상체제의 강화	분권화와 권한의 위임
권위주의적 리더십의 확보	민주적 리더십의 확립
면밀한 감독과 엄격한 통제	목표에 의한 관리
상부책임의 강화	직무 확장

15. 생체리듬(bio rhythm) 중 일반적으로 28일을 주기로 반복되며, 주의력 · 창조력 · 예감 및 통찰력 등을 좌우하는 리듬은?

① 육체적 리듬　② 지성적 리듬
③ 감성적 리듬　④ 정신적 리듬

해설 생체리듬(bio rhythm)

- 육체적 리듬(P) : 23일 주기로 식욕, 소화력, 활동력, 지구력 등을 좌우하는 리듬
- 감성적 리듬(S) : 28일 주기로 주의력, 창조력, 예감 및 통찰력 등을 좌우하는 리듬

정답 13. ③　14. ④　15. ③

- 지성적 리듬(I) : 33일 주기로 상상력, 사고력, 기억력, 인지력, 판단력 등을 좌우하는 리듬

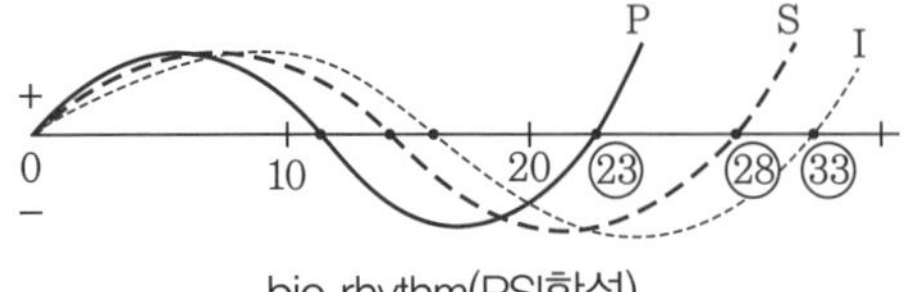

bio rhythm(PSI학설)

16. 다음 중 재해예방의 4원칙에 해당하지 않는 것은?

① 예방가능의 원칙
② 손실가능의 원칙
③ 원인연계의 원칙
④ 대책선정의 원칙

해설 하인리히 산업재해예방의 4원칙
- 손실우연의 원칙 : 사고의 결과 손실 유무 또는 대소는 사고 당시 조건에 따라 우연적으로 발생한다.
- 원인계기(연계)의 원칙 : 재해발생은 반드시 원인이 있다.
- 예방가능의 원칙 : 재해는 원칙적으로 원인만 제거하면 예방이 가능하다.
- 대책선정의 원칙 : 재해예방을 위한 가능한 안전 대책은 반드시 존재한다.

17. 관리감독자를 대상으로 교육하는 TWI의 교육내용이 아닌 것은?

① 문제해결훈련　② 작업지도훈련
③ 인간관계훈련　④ 작업방법훈련

해설 TWI 교육내용 4가지
- 작업방법훈련(Job Method Training ; JMT) : 작업방법 개선
- 작업지도훈련(Job Instruction Training ; JIT) : 작업지시
- 인간관계훈련(Job Relations Training ; JRT) : 부하직원 리드
- 작업안전훈련(Job Safety Training ; JST) : 안전한 작업

18. 위험예지훈련 4R(라운드)기법의 진행방법에서 3R에 해당하는 것은?

① 목표설정　② 대책수립
③ 본질추구　④ 현상파악

해설 문제해결의 4라운드
- 현상파악(1R) : 어떤 위험이 잠재하고 있는 요인을 토론을 통해 잠재한 위험요인을 발견한다.
- 본질추구(2R) : 위험요인 중 중요한 위험 문제점을 파악한다.
- 대책수립(3R) : 위험요소를 어떻게 해결하는 것이 좋을지 구체적인 대책을 세운다.
- 행동 목표설정(4R) : 중점적인 대책을 실천하기 위한 행동 목표를 설정한다.

19. 무재해 운동의 기본이념 3원칙 중 다음에서 설명하는 것은?

> 직장 내의 모든 잠재위험요인을 적극적으로 사전에 발견, 파악, 해결함으로써 뿌리에서부터 산업재해를 제거하는 것

① 무의 원칙　② 선취의 원칙
③ 참가의 원칙　④ 확인의 원칙

해설 무재해 운동의 기본이념 3원칙 중 무의 원칙에 관한 설명이다.

20. 방진마스크의 사용조건 중 산소농도의 최소 기준으로 옳은 것은?

① 16%　② 18%
③ 21%　④ 23.5%

해설 방진 · 방독마스크는 O_2(산소)농도 최소 18% 이상인 장소에서 사용하여야 한다.

정답 16. ②　17. ①　18. ②　19. ①　20. ②

2과목 인간공학 및 시스템 안전공학

21. 다음 중 인체계측자료의 응용원칙이 아닌 것은?

① 기존 동일 제품을 기준으로 한 설계
② 최대치수와 최소치수를 기준으로 한 설계
③ 조정범위를 기준으로 한 설계
④ 평균치를 기준으로 한 설계

해설 인체계측자료의 응용 3원칙
- 최대치수와 최소치수(극단치 설계)를 기준으로 한 설계 : 최대·최소치수를 기준으로 설계한다.
- 조절범위(조절식 설계)를 기준으로 한 설계 : 크고 작은 많은 사람에 맞도록 설계한다.
- 평균치(평균치 설계)를 기준으로 한 설계 : 최대·최소치수, 조절식으로 하기에 곤란한 경우 평균치로 설계한다.

22. 다음 중 인체에서 뼈의 주요 기능이 아닌 것은?

① 인체의 지주 ② 장기의 보호
③ 골수의 조혈 ④ 근육의 대사

해설 뼈의 역할 및 기능
- 신체 중요 부분을 보호하는 역할
- 신체의 지지 및 형상을 유지하는 역할
- 신체활동을 수행하는 역할
- 골수에서 혈구세포를 만드는 조혈기능
- 칼슘, 인 등의 무기질 저장 및 공급기능

23. 각 부품의 신뢰도가 다음과 같을 때 시스템의 전체 신뢰도는 약 얼마인가?

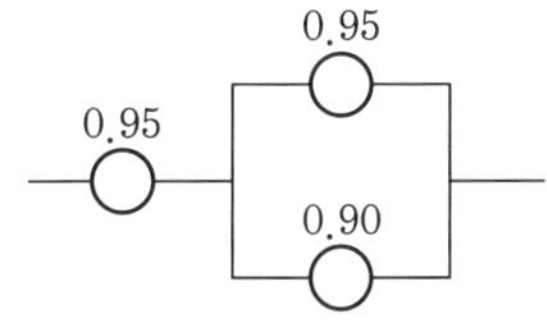

① 0.8123 ② 0.9453
③ 0.9553 ④ 0.9953

해설 신뢰도 $R_s = a\times[1-(1-b)\times(1-c)]$
$= 0.95\times[1-(1-0.95)\times(1-0.9)]$
$= 0.9453$

24. 손이나 특정 신체 부위에 발생하는 누적손상장애(CTD)의 발생인자와 가장 거리가 먼 것은?

① 무리한 힘 ② 다습한 환경
③ 장시간의 진동 ④ 반복도가 높은 작업

해설 CTDs(누적외상장애)의 원인
- 부적절한 자세와 무리한 힘의 사용
- 반복도가 높은 작업과 비 휴식
- 장시간의 진동, 낮은 온도(저온) 등

25. 다음 중 인간공학 연구조사에 사용되는 기준의 구비조건과 가장 거리가 먼 것은?

① 다양성 ② 적절성
③ 무오염성 ④ 기준 척도의 신뢰성

해설 인간공학 연구기준 요건 : 무오염성, 적절성(타당성), 기준 척도의 신뢰성, 민감도

26. 의자설계 시 고려해야 할 일반적인 원리와 가장 거리가 먼 것은?

① 자세고정을 줄인다.
② 조정이 용이해야 한다.
③ 디스크가 받는 압력을 줄인다.
④ 요추 부위의 후만 곡선을 유지한다.

해설 의자설계 시 인간공학적 원칙
- 등받이는 요추의 전만 곡선을 유지한다.
- 등근육의 정적인 부하를 줄인다.
- 디스크가 받는 압력을 줄인다.
- 고정된 작업 자세를 피해야 한다.

정답 21. ① 22. ④ 23. ② 24. ② 25. ① 26. ④

• 사람의 신장에 따라 조절할 수 있도록 설계해야 한다.

27. 다음 FT도에서 시스템에 고장이 발생할 확률은 약 얼마인가? (단, X_1과 X_2의 발생확률은 각각 0.05, 0.03이다.)

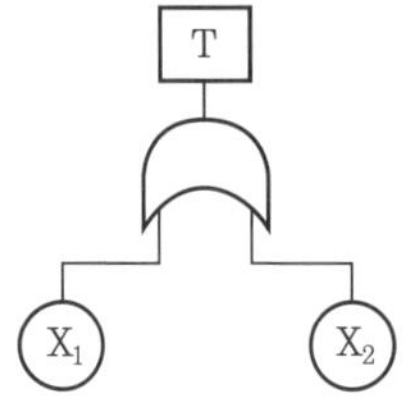

① 0.0015 ② 0.0785
③ 0.9215 ④ 0.9985

해설 고장발생확률 $=1-(1-X_1)\times(1-X_2)$
$=1-(1-0.05)\times(1-0.03)=0.0785$

28. 반사율이 85%, 글자의 밝기가 400cd/m²인 VDT 화면에 350lux의 조명이 있다면 대비는 약 얼마인가?

① −6.0 ② −5.0 ③ −4.2 ④ −2.8

해설 ㉠ 화면의 밝기 계산

• 반사율(%) $=\dfrac{\text{광속발산도}(fL)}{\text{조명}(fc)}\times 100$이므로

$\therefore$ 광속발산도 $=\dfrac{\text{반사율}\times\text{조명}}{100}=\dfrac{85\times 350}{100}$
$=297.5\,\text{lm/m}^2$

• 광속발산도 $=\pi\times$ 휘도이므로

$\therefore$ 휘도(화면 밝기) $=\dfrac{\text{광속발산도}}{\pi}=\dfrac{297.5}{\pi}$
$=94.7\,\text{cd/m}^2$

㉡ 글자 총 밝기 = 글자 밝기 + 휘도
$=400+94.7=494.7\,\text{cd/m}^2$

㉢ 대비 $=\dfrac{\text{배경의 밝기}-\text{표적물체의 밝기}}{\text{배경의 밝기}}$
$=\dfrac{94.7-494.7}{94.7}=-4.22$

29. 화학설비에 대한 안전성 평가 중 정량적 평가 항목에 해당되지 않는 것은?

① 공정 ② 취급 물질
③ 압력 ④ 화학설비 용량

해설 화학설비에 대한 안전성 평가 항목
• 정량적 평가 항목 : 화학설비의 취급 물질, 용량, 온도, 압력, 조작 등
• 정성적 평가 항목 : 입지조건, 공장 내의 배치, 소방설비, 공정기기, 수송, 저장, 원재료, 중간재, 제품, 공정, 건물 등

30. 시각장치와 비교하여 청각장치 사용이 유리한 경우는?

① 메시지가 길 때
② 메시지가 복잡할 때
③ 정보 전달 장소가 너무 소란할 때
④ 메시지에 대한 즉각적인 반응이 필요할 때

해설 ④는 청각적 표시장치의 특성,
①, ②, ③은 시각적 표시장치의 특성

31. 산업안전보건법령상 사업주가 유해 · 위험방지 계획서를 제출할 때에는 사업장별로 관련 서류를 첨부하여 해당 작업 시작 며칠 전까지 해당 기관에 제출하여야 하는가?

① 7일 ② 15일 ③ 30일 ④ 60일

해설 유해 · 위험방지 계획서 제출시기 및 부수
• 제조업의 경우 유해 · 위험방지 계획서를 작업 시작 15일 전까지 공단에 2부 제출한다.
• 건설업의 경우 유해 · 위험방지 계획서를 착공 전날까지 공단에 2부 제출한다.

32. 인간−기계 시스템을 설계할 때에는 특정 기능을 기계에 할당하거나 인간에게 할당하게 된다. 이러한 기능 할당과 관련된 사항으로 옳지 않은 것은? (단, 인공지능과 관련된 사항은 제외한다.)

정답 27. ② 28. ③ 29. ① 30. ④ 31. ② 32. ③

① 인간은 원칙을 적용하여 다양한 문제를 해결하는 능력이 기계에 비해 우월하다.
② 일반적으로 기계는 장시간 일관성이 있는 작업을 수행하는 능력이 인간에 비해 우월하다.
③ 인간은 소음, 이상온도 등의 환경에서 작업을 수행하는 능력이 기계에 비해 우월하다.
④ 일반적으로 인간은 주위가 이상하거나 예기치 못한 사건을 감지하여 대처하는 능력이 기계에 비해 우월하다.

해설 기계는 소음, 이상온도 등의 환경에서 작업을 수행하는 능력이 인간에 비해 우월하다.

33. 모든 시스템 안전분석에서 제일 첫 번째 단계의 분석으로, 실행되고 있는 시스템을 포함한 모든 것의 상태를 인식하고 시스템의 개발 단계에서 시스템 고유의 위험상태를 식별하여 예상되고 있는 재해의 위험수준을 결정하는 것을 목적으로 하는 위험분석 기법은?

① 결함위험분석(FHA : Fault Hazards Analysis)
② 시스템 위험분석(SHA : System Hazards Analysis)
③ 예비위험분석(PHA : Preliminary Hazard Analysis)
④ 운용위험분석(OHA : Operating Hazard Analysis)

해설 시스템 위험분석 기법
- 예비위험분석(PHA) : 모든 시스템 안전 프로그램 중 최초 단계의 분석으로 시스템 내의 위험요소가 얼마나 위험한 상태에 있는지를 정성적으로 평가하는 분석 기법
- 결함위험분석(FHA) : 분업에 의하여 분담 설계한 서브 시스템 간의 인터페이스를 조정하여 전 시스템의 안전에 악영향이 없게 하는 분석 기법
- 운용위험분석(OHA) : 시스템 사용 단계에서 생산, 보전, 시험, 운전, 운반, 저장, 비상탈출, 구조, 훈련 및 폐기 등에 사용되는 인원, 순서, 설비에 관하여 위험을 동정하고 제어한다.

34. 컷셋(cut set)과 패스셋(path set)에 관한 설명으로 옳은 것은?

① 동일한 시스템에서 패스셋의 개수와 컷셋의 개수는 같다.
② 패스셋은 동시에 발생했을 때 정상사상을 유발하는 사상들의 집합이다.
③ 일반적으로 시스템에서 최소 컷셋의 개수가 늘어나면 위험수준이 높아진다.
④ 최소 컷셋은 어떤 고장이나 실수를 일으키지 않으면 재해는 일어나지 않는다고 하는 것이다.

해설 컷셋과 패스셋
- 컷셋 : 정상사상을 발생시키는 기본사상의 집합, 모든 기본사상이 발생할 때 정상사상을 발생시키는 기본사상들의 집합
- 패스셋 : 모든 기본사상이 발생하지 않을 때 처음으로 정상사상이 발생하지 않는 기본사상들의 집합, 시스템의 고장을 발생시키지 않는 기본사상들의 집합

35. 조종장치를 촉각적으로 식별하기 위하여 사용되는 촉각적 코드화의 방법으로 옳지 않은 것은?

① 색감을 활용한 코드화
② 크기를 이용한 코드화
③ 조종장치의 형상 코드화
④ 표면 촉감을 이용한 코드화

해설 조종장치의 촉각적 암호화는 형상, 크기, 표면 촉감이며, 기계적 진동이나 전기적 임펄스이다.

정답 33. ③ 34. ③ 35. ①

36. FT도에서 사용하는 기호 중 다음 그림과 같이 OR 게이트이지만 2개 또는 그 이상의 입력이 동시에 존재할 때 출력이 생기지 않는 경우 사용하는 것은?

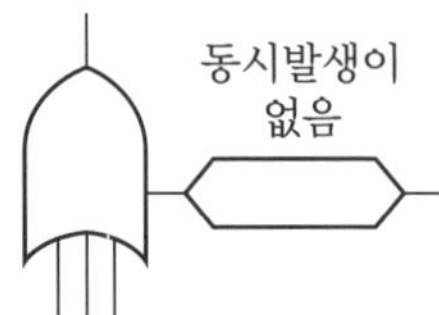

① 부정 OR 게이트
② 배타적 OR 게이트
③ 억제 게이트
④ 조합 OR 게이트

해설 배타적 OR 게이트 : OR 게이트이지만 2개 이상의 입력이 동시에 존재할 때에 출력사상이 발생하지 않는다.

37. 휴먼에러(human error)의 요인을 심리적 요인과 물리적 요인으로 구분할 때, 심리적 요인에 해당하는 것은?

① 일이 너무 복잡한 경우
② 일의 생산성이 너무 강조될 경우
③ 동일 형상의 것이 나란히 있을 경우
④ 서두르거나 절박한 상황에 놓여있을 경우

해설 휴먼에러(human error)의 요인

심리적 요인	• 의욕이나 사기 결여 • 서두르거나 절박한 상황 • 과다 · 과소 자극 • 체험적 습관이나 선입관 • 주의 소홀, 피로, 지식 부족
물리적 요인	• 일이 너무 복잡하거나 단순 작업 • 재촉하거나 생산성 강조 • 동일 형상 · 유사 형상 배열 • 양립성에 맞지 않는 경우 • 공간적 배치 위치에 위배

38. 적절한 온도의 작업환경에서 추운환경으로 온도가 변할 때 잘못된 것은?

① 발한(發汗)이 시작된다.
② 피부의 온도가 내려간다.
③ 직장(直腸)온도가 약간 올라간다.
④ 혈액의 많은 양이 몸의 중심부를 위주로 순환한다.

해설 발한(發汗) : 피부의 땀샘에서 땀이 분비되는 현상이다.

39. 시스템안전 MIL-STD-882B 분류기준의 위험성 평가 매트릭스의 발생빈도에 속하지 않는 것은?

① 거의 발생하지 않는(remote)
② 전혀 발생하지 않는(impossible)
③ 보통 발생하는(reasonably probable)
④ 극히 발생하지 않을 것 같은(extremely improbable)

해설 위험성 평가 매트릭스 분류 : 자주 발생, 보통 발생, 가끔 발생, 거의 발생하지 않음, 극히 발생하지 않음, 전혀 발생하지 않음 등

Tip) ② 전혀 발생하지 않음은 위험성 평가 매트릭스의 발생빈도에서 제외하기도 한다.

40. FTA에 의한 재해사례 연구 순서 중 2단계에 해당하는 것은?

① FT도의 작성
② 톱사상의 선정
③ 개선계획의 작성
④ 사상의 재해원인을 규명

해설 FTA에 의한 재해사례 연구 순서
- 1단계 : 톱사상의 선정
- 2단계 : 사상의 재해원인 및 요인 규명
- 3단계 : FT(Fault Tree)도의 작성
- 4단계 : 개선계획 작성
- 5단계 : 개선계획 실시

정답 36. ② 37. ④ 38. ① 39. ② 40. ④

3과목 기계 위험방지 기술

41. 산업안전보건법령상 로봇에 설치되는 제어장치의 조건에 적합하지 않은 것은?

① 누름버튼은 오작동 방지를 위한 가드를 설치하는 등 불시기동을 방지할 수 있는 구조로 제작 · 설치되어야 한다.
② 로봇에는 외부 보호장치와 연결하기 위해 하나 이상의 보호 정지회로를 구비해야 한다.
③ 전원공급램프, 자동운전, 결함검출 등 자동제어의 상태를 확인할 수 있는 표시장치를 설치해야 한다.
④ 조작버튼 및 선택 스위치 등 제어장치에는 해당 기능을 명확하게 구분할 수 있도록 표시해야 한다.

해설 ② 로봇의 가동 스위치 등에 '작업 중'이라는 표시를 하는 등 작업에 종사하고 있는 작업자가 아닌 사람이 그 스위치를 조작할 수 없도록 필요한 조치를 해야 한다.

42. 컨베이어의 제작 및 안전기준상 작업구역 및 통행구역에 덮개, 울 등을 설치해야 하는 부위에 해당하지 않는 것은?

① 컨베이어의 동력전달 부분
② 컨베이어의 제동장치 부분
③ 호퍼, 슈트의 개구부 및 장력유지장치
④ 컨베이어 벨트, 풀리, 체인, 스프라켓, 스크류 등

해설 컨베이어의 제동장치 부분에는 덮개, 울 등의 방호장치를 설치하면 안 된다.

43. 산업안전보건법령상 탁상용 연삭기의 덮개에는 작업 받침대와 연삭숫돌과의 간격을 몇 mm 이하로 조정할 수 있어야 하는가?

① 3 ② 4 ③ 5 ④ 10

해설 탁상용 연삭기의 작업 받침대와 연삭숫돌의 간격은 3mm 이하로 한다.

44. 다음 중 회전축, 커플링 등 회전하는 물체에 작업복 등이 말려드는 위험을 초래하는 위험점은?

① 협착점 ② 접선물림점
③ 절단점 ④ 회전말림점

해설 회전말림점 : 회전하는 축, 커플링, 회전하는 공구의 말림점

45. 가공기계에 쓰이는 주된 풀 프루프에서 가드(guard)의 형식으로 틀린 것은?

① 인터록 가드(interlock guard)
② 안내 가드(guide guard)
③ 조정 가드(adjustable guard)
④ 고정 가드(fixed guard)

해설 가공기계에 쓰이는 주된 fool proof 가드의 종류

- 가드 : 고정 가드, 조정 가드, 경고 가드, 인터록 가드
- 조작기구 : 양수조작식, 인터록 가드
- 로크기구 : 인터록 가드, 키식 인터록 가드, 키 로크
- 트립기구 : 접촉식, 비접촉식
- 오버런 기구 : 검출식, 타이밍식
- 밀어내기 기구 : 자동 가드, 손을 밀어냄
- 기동방지 기구 : 안전블록, 안전플러그, 레버로크

46. 밀링작업 시 안전수칙으로 틀린 것은?

① 보안경을 착용한다.
② 칩은 기계를 정지시킨 다음에 브러시로 제거한다.
③ 가공 중에는 손으로 가공면을 점검하지 않는다.

정답 41. ② 42. ② 43. ① 44. ④ 45. ② 46. ④

④ 면장갑을 착용하여 작업한다.

해설 ④ 면장갑은 회전하는 공작기계 등에서는 착용을 금지한다.

47. 다음 중 크레인의 방호장치에 해당되지 않는 것은?

① 권과방지장치 ② 과부하방지장치
③ 비상정지장치 ④ 자동보수장치

해설 양중기 방호장치

크레인	승강기
• 권과방지장치 • 과부하방지장치 • 비상정지장치 • 제동장치	• 파이널 리밋 스위치 • 비상정지장치 • 과부하방지장치 • 속도조절기 • 출입문 인터록

48. 무부하상태에서 지게차로 20km/h의 속도로 주행할 때, 좌우 안정도는 몇 % 이내이어야 하는가?

① 37% ② 39%
③ 41% ④ 43%

해설 주행작업 시 좌우 안정도(%)

$= 15 + 1.1 \times V = 15 + 1.1 \times 20 = 37\%$

여기서, V는 구내최고속도(km/h)

49. 선반가공 시 연속적으로 발생되는 칩으로 인해 작업자가 다치는 것을 방지하기 위하여 칩을 짧게 절단시켜주는 안전장치는?

① 커버
② 브레이크
③ 보안경
④ 칩 브레이커

해설 칩 브레이커는 유동형 칩을 짧게 끊어주는 안전장치이다.

50. 아세틸렌 용접장치에 관한 설명 중 틀린 것은?

① 아세틸렌 발생기로부터 5m 이내, 발생기실로부터 3m 이내에는 흡연 및 화기사용을 금지한다.
② 발생기실에는 관계 근로자가 아닌 사람이 출입하는 것을 금지한다.
③ 아세틸렌 용기는 뉘어서 사용한다.
④ 건식 안전기의 형식으로 소결금속식과 우회로식이 있다.

해설 ③ 산소용기와 아세틸렌 가스 등의 용기는 세워서 사용한다.

51. 산업안전보건법령상 프레스의 작업시작 전 점검사항이 아닌 것은?

① 금형 및 고정볼트 상태
② 방호장치의 기능
③ 전단기의 칼날 및 테이블의 상태
④ 트롤리(trolley)가 횡행하는 레일의 상태

해설 ④는 크레인의 작업시작 전 점검사항

52. 프레스 양수조작식 방호장치 누름버튼의 상호 간 내측 거리는 몇 mm 이상인가?

① 50 ② 100 ③ 200 ④ 300

해설 양수조작식 방호장치 누름버튼의 상호 간 내측 거리는 300mm 이상이다.

53. 산업안전보건법령상 승강기의 종류에 해당하지 않는 것은?

① 리프트 ② 에스컬레이터
③ 화물용 엘리베이터 ④ 승객용 엘리베이터

해설 승강기의 종류는 승객용, 승객화물용, 화물용, 소형화물용 엘리베이터와 에스컬레이터가 있다.

정답 47. ④ 48. ① 49. ④ 50. ③ 51. ④ 52. ④ 53. ①

54. 롤러기의 앞면 롤러의 지름이 300mm, 분당 회전수가 30회일 경우 허용되는 급정지장치의 급정지거리는 약 몇 mm 이내이어야 하는가?

① 37.7 ② 31.4 ③ 377 ④ 314

해설 앞면 롤러의 표면속도에 따른 급정지거리

㉠ 표면속도$(V)=\frac{\pi DN}{1000}$

$=\frac{\pi\times300\times30}{1000}=28.26\,\text{m/min}$

여기서, V : 롤러 표면속도(m/min)

D : 롤러 원통의 직경(mm)

N : 1분간 롤러기가 회전되는 수(rpm)

V=30m/min 미만일 때	급정지거리$=\frac{\pi\times D\times1}{3}$
V=30m/min 이상일 때	급정지거리$=\frac{\pi\times D\times1}{2.5}$

㉡ 급정지거리$=\pi\times D\times\frac{1}{3}$

$=\pi\times300\times\frac{1}{3}=314\,\text{mm}$

55. 어떤 로프의 최대하중이 700N이고, 정격하중은 100N이다. 이때 안전계수는 얼마인가?

① 5 ② 6 ③ 7 ④ 8

해설 안전계수$=\frac{\text{최대하중}}{\text{정격하중}}=\frac{700}{100}=7$

56. 다음 중 설비의 진단방법에 있어 비파괴 시험이나 검사에 해당하지 않는 것은?

① 피로시험
② 음향탐상검사
③ 방사선 투과시험
④ 초음파 탐상검사

해설 ①은 기계적인 파괴시험이다.

57. 지름 5cm 이상을 갖는 회전 중인 연삭숫돌이 근로자들에게 위험을 미칠 우려가 있는 경우에 필요한 방호장치는 무엇인가?

① 받침대
② 과부하방지장치
③ 덮개
④ 프레임

해설 회전 중인 숫돌 지름이 5cm 이상인 연삭기는 덮개를 설치하여야 한다.

58. 프레스 금형의 파손에 의한 위험방지방법이 아닌 것은?

① 금형에 사용하는 스프링은 반드시 인장형으로 할 것
② 작업 중 진동 및 충격에 의해 볼트 및 너트의 헐거워짐이 없도록 할 것
③ 금형의 하중중심은 원칙적으로 프레스 기계의 하중중심과 일치하도록 할 것
④ 캠, 기타 충격이 반복해서 가해지는 부분에는 완충장치를 설치할 것

해설 ① 금형에 사용되는 스프링은 압축 스프링이다.

59. 기계설비의 작업능률과 안전을 위해 공장의 설비배치 3단계를 올바른 순서대로 나열한 것은?

① 지역배치 → 건물배치 → 기계배치
② 건물배치 → 지역배치 → 기계배치
③ 기계배치 → 건물배치 → 지역배치
④ 지역배치 → 기계배치 → 건물배치

해설 공장의 설비배치 3단계

제1단계	제2단계	제3단계
지역배치 (공장부지)	건물배치 (공장건물)	기계배치 (기계설치)

정답 54. ④ 55. ③ 56. ① 57. ③ 58. ① 59. ①

60. 다음 중 연삭숫돌의 파괴 원인으로 거리가 먼 것은?

① 플랜지가 현저히 클 때
② 숫돌에 균열이 있을 때
③ 숫돌의 측면을 사용할 때
④ 숫돌의 치수 특히 내경의 크기가 적당하지 않을 때

해설 연삭숫돌의 파괴 원인
- 숫돌의 회전속도가 너무 빠를 때
- 숫돌 자체에 균열이 있을 때
- 플랜지가 현저히 작을 때
- 숫돌의 치수(구멍지름)가 부적당할 때
- 숫돌에 과대한 충격을 줄 때
- 숫돌의 측면을 사용하여 작업할 때
- 숫돌의 불균형이나 베어링의 마모로 진동이 있을 때
- 반지름 방향의 온도 변화가 심할 때

4과목 전기 위험방지 기술

61. 충격전압시험 시의 표준충격파형을 1.2×50㎲로 나타내는 경우 1.2와 50이 뜻하는 것은?

① 파두장－파미장
② 최초섬락시간－최종섬락시간
③ 라이징타임－스테이블타임
④ 라이징타임－충격전압 인가시간

해설 충격파는 파고치와 파두장, 파미장으로 표시된다.
- 파두장($T_f=1.2$) : 파고치에 도달할 때까지의 시간
- 파미장($T_r=50$) : 기준점에서 파고치의 50%로 감소할 때까지의 시간

62. 폭발위험장소의 분류 중 인화성 액체의 증기 또는 가연성 가스에 의한 폭발위험이 지속적으로 또는 장기간 존재하는 장소는 몇 종 장소로 분류되는가?

① 0종 장소 ② 1종 장소
③ 2종 장소 ④ 3종 장소

해설 가스 폭발위험장소의 구분
- 0종 : 설비 및 기기들이 운전(가동) 중에 폭발성 가스가 항상 존재하는 장소
- 1종 : 설비 및 기기들이 운전, 유지보수, 고장 등인 상태에서 폭발성 가스가 가끔 누출되어 위험분위기가 있는 장소
- 2종 : 작업자의 운전조작 실수로 폭발성 가스가 누출되어 가스가 폭발을 일으킬 우려가 있는 장소

63. 활선작업 시 사용할 수 없는 전기작업용 안전장구는?

① 전기안전모 ② 절연장갑
③ 검전기 ④ 승주용 가제

해설 전기작업용 안전장구
- 절연용 안전보호구 : 7000V 이하 전로의 활선작업 시 감전사고예방을 위해 작업자 몸에 착용하는 것으로 전기용 안전모, 절연화, 절연장화, 전연장갑, 절연복 등이 있다.
- 절연용 방호구 : 활선작업 시 감전사고예방을 위해 전로의 충전부, 지지물 주변의 전기배선 등에 설치하는 고무절연관, 절연시트, 절연커버 등이 있다.
- 검출용구 : 검전기, 활선 접근 경보기

64. 인체의 전기저항을 500Ω이라 한다면, 심실세동을 일으키는 위험에너지(J)는? (단, 심실세동전류 $I=\frac{165}{\sqrt{T}}$ [mA], 통전시간은 1초이다.)

정답 60. ① 61. ① 62. ① 63. ④ 64. ①

① 13.61 ② 23.21
③ 33.42 ④ 44.63

해설 $Q = I^2RT = \left(\frac{165}{\sqrt{1}} \times 10^{-3}\right)^2 \times 500 \times 1$

$= 165^2 \times 10^{-6} \times 500 = 13.61\text{J}$

여기서, I : 전류, R : 저항, T : 시간

65. **피뢰침의 제한전압이 800kV, 충격절연강도가 1000kV라 할 때, 보호 여유도는 몇 %인가?**

① 25 ② 33 ③ 47 ④ 63

해설 여유도

$= \frac{\text{충격절연강도} - \text{제한전압}}{\text{제한전압}} \times 100$

$= \frac{1000 - 800}{800} \times 100 = 25\%$

66. **다음 중 감전사고를 일으키는 주된 형태가 아닌 것은?**

① 충전전로에 인체가 접촉되는 경우
② 이중절연 구조로 된 전기기계 · 기구를 사용하는 경우
③ 고전압의 전선로에 인체가 근접하여 섬락이 발생된 경우
④ 충전 전기회로에 인체가 단락회로의 일부를 형성하는 경우

해설 ② 이중절연 구조로 된 전기기계 · 기구는 감전사고의 염려가 없다.

67. **화재가 발생하였을 때 조사해야 하는 내용으로 가장 관계가 먼 것은?**

① 발화원 ② 착화물
③ 출화의 경과 ④ 응고물

해설 화재가 발생하였을 때 조사할 사항은 발화원, 경로(출화의 경과), 착화물 등이다.

68. **정전기에 관한 설명으로 옳은 것은?**

① 정전기는 발생에서부터 억제－축적방지－안전한 방전이 재해를 방지할 수 있다.
② 정전기 발생은 고체의 분쇄공정에서 가장 많이 발생한다.
③ 액체의 이송 시는 그 속도(유속)를 7m/s 이상 빠르게 하여 정전기의 발생을 억제한다.
④ 접지값은 10Ω 이하로 하되 플라스틱 같은 절연도가 높은 부도체를 사용한다.

해설 정전기에 관한 사항

- 정전기 발생은 가루(분진) 취급 공정에서 많이 발생한다.
- 수분이나 기름 등의 이송 시 그 속도(유속)를 1m/s 이하로 느리게 하여 정전기의 발생을 억제한다.
- 접지저항값은 $10^6\,\Omega$ 이하로 하며, 도전성이 높은 도체를 사용한다.
- 정전기는 전하의 공간적 이동이 적고, 자계의 효과가 전계에 비해 매우 적은 전기이다.

69. **전기설비의 필요한 부분에 반드시 보호접지를 실시하여야 한다. 접지공사의 종류에 따른 접지저항과 접지선의 굵기가 틀린 것은?**

① 제1종 : 10Ω 이하, 공칭단면적 6mm^2 이상의 연동선
② 제2종 : $\frac{150}{\text{1선 지락전류}}[\Omega]$ 이하, 공칭단면적 2.5mm^2 이상의 연동선
③ 제3종 : 100Ω 이하, 공칭단면적 2.5mm^2 이상의 연동선
④ 특별 제3종 : 10Ω 이하, 공칭단면적 2.5mm^2 이상의 연동선

해설 ② 제2종 : $\frac{150}{\text{1선 지락전류}}[\Omega]$ 이하, 공칭단면적 16mm^2 이상의 연동선, 고압전로

정답 65. ① 66. ② 67. ④ 68. ① 69. ②

또는 특고압 전로와 저압전로를 결합하는 주상변압기의 저압 측의 중성점

70. **교류 아크 용접기에 전격방지기를 설치하는 요령 중 틀린 것은?**

① 이완방지 조치를 한다.
② 직각으로만 부착해야 한다.
③ 동작상태를 알기 쉬운 곳에 설치한다.
④ 테스트 스위치는 조작이 용이한 곳에 위치시킨다.

해설 전격방지기 설치방법

- 전격방지기의 외함은 접지시켜야 한다.
- 접속 부분은 이완되지 않도록 조치한다.
- 연직으로만 설치한다(단, 불가피한 경우 20° 이내).
- 작동 등으로 인한 진동, 충격에 견딜 수 있도록 한다.
- 동작상태를 알기 쉬운 곳에 설치한다.
- 테스트 스위치는 조작이 용이한 곳에 위치시킨다.
- 용접기의 전원 측에 접속하는 선과 출력 측에 접속하는 선이 혼동되지 않도록 한다.
- 전격방지기와 용접기 사이의 배선 및 접속 부분에 외부의 힘이 가해지지 않도록 하여야 한다.

71. **전기기기의 Y종 절연물의 최고 허용온도는 얼마인가?**

① 80℃ ② 85℃ ③ 90℃ ④ 105℃

해설 Y종(90℃) : 유리화수지, 메타크릴수지 등

72. **내압 방폭구조의 기본적 성능에 관한 사항으로 틀린 것은?**

① 내부에서 폭발할 경우 그 압력에 견딜 것
② 폭발화염이 외부로 유출되지 않을 것
③ 습기침투에 대한 보호가 될 것
④ 외함 표면온도가 주위의 가연성 가스에 점화하지 않을 것

해설 내압 방폭구조는 점화원에 의해 용기의 내부에 폭발성 가스의 폭발이 일어날 경우에 용기가 폭발압력에 견디고, 화염이 용기 외부의 폭발성 분위기로 전파되지 않으며, 또한 외부의 폭발성 가스에 불꽃이 전파되지 않도록 한 방폭구조이다.

73. **온도조절용 바이메탈과 온도퓨즈가 회로에 조합되어 있는 다리미를 사용한 가정에서 화재가 발생했다. 다리미에 부착되어 있던 바이메탈과 온도퓨즈를 대상으로 화재사고를 분석하려 하는데 논리기호를 사용하여 표현하고자 한다. 다음 중 어느 기호가 적당한가? (단, 바이메탈의 작동과 온도퓨즈가 끊어졌을 경우를 0, 그렇지 않을 경우를 1이라 한다.)**

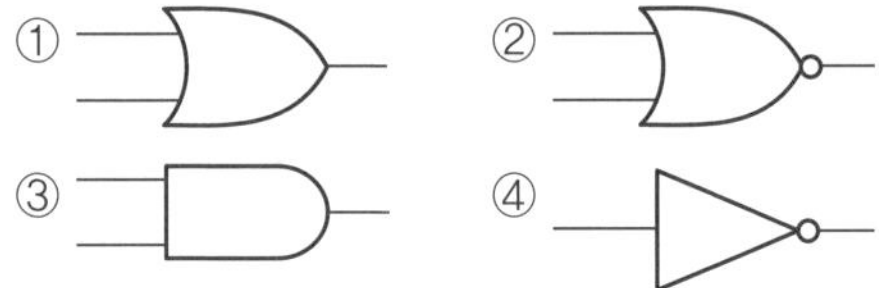

해설 논리기호

㉠ 바이메탈을 이용하여 일정한 온도에 이르면 자동으로 회로가 열려 전류가 차단된다.
㉡ 온도퓨즈는 바이메탈을 이용한 자동온도 조절장치가 고장 나면 과전류에 의해 퓨즈가 끊어지면서 전류가 차단된다.
㉢ 바이메탈이 작동했을 경우를 "0", 그렇지 않을 경우를 "1"로, 온도퓨즈가 끊어졌을 경우를 "0", 그렇지 않을 경우를 "1"로 한다.

바이메탈 작동	0	0	1	1
온도퓨즈 작동	0	1	0	1
출력	0	0	0	1

㉣ 논리곱(AND) : 바이메탈과 온도퓨즈의 입력이 모두 "1"일 때 출력도 "1"이 된다.

정답 70. ② 71. ③ 72. ③ 73. ③

74. 화염일주한계에 대한 설명으로 옳은 것은?

① 폭발성 가스와 공기의 혼합기에 온도를 높인 경우 화염이 발생할 때까지의 시간한계치
② 폭발성 분위기에 있는 용기의 접합면 틈새를 통해 화염이 내부에서 외부로 전파되는 것을 저지할 수 있는 틈새의 최대간격치
③ 폭발성 분위기 속에서 전기불꽃에 의하여 폭발을 일으킬 수 있는 화염을 발생시키기에 충분한 교류 파형의 1주기치
④ 방폭설비에서 이상이 발생하여 불꽃이 생성된 경우에 그것이 점화원으로 작용하지 않도록 화염의 에너지를 억제하여 폭발하한계로 되도록 화염 크기를 조정하는 한계치

해설 안전틈새(화염일주한계)
- 용기 내 가스를 점화시킬 때 틈새로 화염이 전파된다. 표준용기의 내용적이 8L, 틈새의 안길이 25mm인 용기 내에 가스를 채우고 점화시켰을 때 폭발화염이 용기 외부로까지 전달되지 않는 한계의 틈새를 말한다.
- 내압 방폭구조 A등급 틈새는 0.9mm 이상, B등급 틈새는 0.5mm 초과 0.9mm 미만, C등급 틈새는 0.5mm 이하이다.

75. 폭발위험이 있는 장소의 설정 및 관리와 가장 관계가 먼 것은?

① 인화성 액체의 증기 사용
② 가연성 가스의 제조
③ 가연성 분진 제조
④ 종이 등 가연성 물질 취급

해설 ④ 종이 등 가연성 물질은 폭발위험보다는 화재위험이 큰 물질이다.

76. 인체의 표면적이 0.5m^{2}이고 정전용량은 0.02pF/cm^{2}이다. 3300V의 전압이 인가되어 있는 전선에 접근하여 작업을 할 때 인체에 축적되는 정전기 에너지(J)는?

① 5.445×10^{-2} ② 5.445×10^{-4}
③ 2.723×10^{-2} ④ 2.723×10^{-4}

해설 정전기 에너지(E)

$$E=\frac{1}{2}CV^2=\frac{1}{2}\times(0.02\times10^{-12}\text{F/cm}^2)\times0.5\times(100\text{cm})^2\times(3300\text{V})^2=5.445\times10^{-4}\text{J}$$

여기서, C : 도체의 정전용량(F)
V : 전압(V)

77. 제3종 접지공사를 시설하여야 하는 장소가 아닌 것은?

① 금속몰드 배선에 사용하는 몰드
② 고압계기용 변압기의 2차 측 전로
③ 고압용 금속제 케이블 트레이 계통의 금속트레이
④ 400V 미만의 저압용 기계 · 기구의 철대 및 금속제 외함

해설 고압용 금속제 케이블 트레이 계통의 금속 트레이는 제1종 접지공사로 접지저항은 10Ω 이하이다.

78. 전자파 중에서 광량자 에너지가 가장 큰 것은?

① 극저주파 ② 마이크로파
③ 가시광선 ④ 적외선

해설 전자파의 광자에너지 크기 순서
자외선 > 가시광선 > 적외선 > 마이크로파 > 극저주파

79. 다음 중 폭발위험장소에 전기설비를 설치할 때 전기적인 방호조치로 적절하지 않은 것은?

① 다상 전기기기는 결상운전으로 인한 과열방지 조치를 한다.

정답 74. ② 75. ④ 76. ② 77. ③ 78. ③ 79. ④

② 배선은 단락 · 지락사고 시의 영향과 과부하로부터 보호한다.
③ 자동 차단이 점화의 위험보다 클 때는 경보장치를 사용한다.
④ 단락보호장치는 고장상태에서 자동 복구되도록 한다.

해설 ④ 단락보호장치는 고장발생 시 수동 복구를 원칙으로 한다.

80. 다음 중 감전사고 방지 대책으로 틀린 것은?

① 설비의 필요한 부분에 보호접지 실시
② 노출된 충전부에 통전망 설치
③ 안전전압 이하의 전기기기 사용
④ 전기기기 및 설비의 정비

해설 감전사고의 방지방법
- 설비의 필요한 부분에 보호접지를 사용한다.
- 노출된 충전부에 절연용 방호구를 설치하고 충전부를 절연, 격리한다.
- 안전전압 이하의 전기기기를 사용한다.
- 사고회로를 신속히 차단하고, 전기기기 및 설비를 정비한다.
- 전기기기 및 설비의 위험부에 위험 표지를 한다.
- 전기설비에 대한 누전차단기를 설치한다.
- 무자격자는 전기기계 및 기구에 전기적인 접촉을 금지시킨다.

5과목 화학설비 위험방지 기술

81. 다음 관(pipe) 부속품 중 관로의 방향을 변경하기 위하여 사용하는 부속품은?

① 니플(nipple) ② 유니온(union)
③ 플랜지(flange) ④ 엘보우(elbow)

해설 관(pipe) 부속품

두 개 관을 연결하는 부속품	니플, 유니온, 플랜지, 소켓
관로 방향을 변경하는 부속품	엘보우, Y지관, T, 십자
관로 크기를 변경하는 부속품	리듀서, 부싱
유로를 차단하는 부속품	플러그, 캡, 밸브
유량을 조절하는 부속품	밸브

82. 산업안전보건기준에 관한 규칙상 국소배기장치의 후드 설치기준이 아닌 것은?

① 유해물질이 발생하는 곳마다 설치할 것
② 후드의 개구부 면적은 가능한 한 크게 할 것
③ 외부식 또는 리시버식 후드는 해당 분진 등의 발산원에 가장 가까운 위치에 설치할 것
④ 후드 형식은 가능하면 포위식 또는 부스식 후드를 설치할 것

해설 후드(hood) 설치기준
- 유해물질이 발생하는 곳마다 설치할 것
- 유해인자의 발생형태 및 비중, 작업방법 등을 고려하여 해당 분진 등의 발산원을 제어할 수 있는 구조로 설치할 것
- 후드 형식은 가능한 한 포위식 또는 부스식 후드를 설치할 것
- 외부식 또는 리시버식 후드는 해당 분진에 설치할 것
- 후드의 개구면적은 발산원을 제어할 수 있는 구조로 설치할 것

83. 산업안전보건기준에 관한 규칙에 따르면 쥐에 대한 경구투입실험에 의하여 실험동물의 50퍼센트를 사망시킬 수 있는 물질의 양, 즉 LD_{50}(경구, 쥐)이 킬로그램당 몇 밀리그

정답 80. ② 81. ④ 82. ② 83. ③

램-(체중) 이하인 화학물질이 급성 독성 물질에 해당하는가?

① 25 ② 100
③ 300 ④ 500

해설 급성 독성 물질

- 쥐에 대한 경구투입실험에 의하여 실험동물의 50%를 사망시킬 수 있는 물질의 양, 즉 LD_{50}(경구, 쥐)이 kg당 300mg-(체중) 이하인 화학물질
- 쥐 또는 토끼에 대한 경피흡수실험에 의하여 실험동물의 50%를 사망시킬 수 있는 물질의 양, 즉 LD_{50}(경피, 토끼 또는 쥐)이 kg당 1000mg-(체중) 이하인 화학물질
- 쥐에 대한 4시간 동안의 흡입실험에 의하여 실험동물의 50%를 사망시킬 수 있는 물질의 농도, 즉 가스 LC_{50}(쥐, 4시간 흡입)이 2500ppm 이하인 화학물질, 증기 LC_{50}(쥐, 4시간 흡입)이 10mg/L 이하인 화학물질, 분진 또는 미스트 1mg/L 이하인 화학물질
- 급성 독성 물질의 기준은 경구(oral)는 300mg/kg, 경피는 1000mg/kg, 가스는 2500ppm, 증기는 10mg/L, 분진 · 미스트는 1mg/L

84. 반응성 화학물질의 위험성은 실험에 의한 평가 대신 문헌조사 등을 통해 계산에 의해 평가하는 방법을 사용할 수 있다. 이에 관한 설명으로 옳지 않은 것은?

① 위험성이 너무 커서 물성을 측정할 수 없는 경우 계산에 의한 평가방법을 사용할 수도 있다.
② 연소열, 분해열, 폭발열 등의 크기에 의해 그 물질의 폭발 또는 발화의 위험예측이 가능하다.
③ 계산에 의한 평가를 하기 위해서는 폭발 또는 분해에 따른 생성물의 예측이 이루어져야 한다.
④ 계산에 의한 위험성 예측은 모든 물질에 대해 정확성이 있으므로 더 이상의 실험을 필요로 하지 않는다.

해설 ④ 계산에 의한 위험성 예측은 모든 물질에 대해 정확성이 떨어지므로 반드시 실험을 하여야 한다.

85. 압축기와 송풍의 관로에 심한 공기의 맥동과 진동을 발생하면서 불안정한 운전이 되는 서징(surging) 현상의 방지법으로 옳지 않은 것은?

① 풍량을 감소시킨다.
② 배관의 경사를 완만하게 한다.
③ 교축밸브를 기계에서 멀리 설치한다.
④ 토출가스를 흡입 측에 바이패스 시키거나 방출밸브에 의해 대기로 방출시킨다.

해설 맥동 현상(서징 : surging)

- 펌프의 입 · 출구에 부착되어 있는 진공계와 압력계가 흔들리고 진동과 소음이 일어나며, 유출량이 변하는 현상이다.
- 교축밸브를 기계에 가까이 설치하여 맥동 현상을 방지한다.

86. 다음 중 독성이 가장 강한 가스는?

① NH_3 ② $COCl_2$
③ $C_6H_5CH_3$ ④ H_2S

해설 독성가스의 허용 노출기준(ppm)

가스 명칭	농도
포스겐($COCl_2$)	0.1
암모니아(NH_3)	25
황화수소(H_2S)	10
톨루엔($C_6H_5CH_3$)	50

정답 84. ④ 85. ③ 86. ②

87. 다음 중 분해 폭발의 위험성이 있는 아세틸렌의 용제로 가장 적절한 것은?

① 에테르
② 에틸알코올
③ 아세톤
④ 아세트알데히드

해설 • 아세틸렌은 무색의 마늘 냄새가 나는 가연성 가스로 카바이드에 물을 반응시켜서 얻을 수 있다.
• 아세톤(CH_3COCH_3)은 달콤한 냄새가 나는 투명한 무색 액체이다. 페인트 및 매니큐어 제거제의 용제로 사용된다.

88. 다음 중 분진폭발의 발생 순서로 옳은 것은?

① 비산 → 분산 → 퇴적분진 → 발화원 → 2차 폭발 → 전면폭발
② 비산 → 퇴적분진 → 분산 → 발화원 → 2차 폭발 → 전면폭발
③ 퇴적분진 → 발화원 → 분산 → 비산 → 전면폭발 → 2차 폭발
④ 퇴적분진 → 비산 → 분산 → 발화원 → 전면폭발 → 2차 폭발

해설 분진폭발의 과정

1단계	2단계	3단계	4단계	5단계	6단계
퇴적 분진	비산	분산	발화원	1차 폭발	2차 폭발

89. 폭발 방호 대책 중 이상 또는 과잉압력에 대한 안전장치로 볼 수 없는 것은?

① 안전밸브(safety valve)
② 릴리프 밸브(relief valve)
③ 파열판(burst disk)
④ 플레임 어레스터(flame arrester)

해설 화염방지기(flame arrester) : 인화성 가스 및 액체 저장탱크에 취급하는 화학설비에서 외부로 증기를 방출하는 경우에는 외부로부터 화염을 방지하기 위해 화염방지기를 설치한다.

90. 다음 인화성 가스 중 가장 가벼운 물질은 무엇인가?

① 아세틸렌 ② 수소
③ 부탄 ④ 에틸렌

해설 수소(H_2)는 원자번호 1번으로 $1m^3$당 무게는 0.025N이다.

91. 가연성 가스 및 증기의 위험도에 따른 방폭 전기기기의 분류로 폭발등급을 사용하는데, 다음 중 이러한 폭발등급을 결정하는 것은 무엇인가?

① 발화도
② 화염일주한계
③ 폭발한계
④ 최소 발화에너지

해설 안전틈새(화염일주한계)
• 용기 내 가스를 점화시킬 때 틈새로 화염이 전파된다. 이 틈새를 조절하여 불꽃(화염)이 전달되지 않는 한계의 틈새를 말한다.
• 내압 방폭구조의 A등급 틈새는 0.9mm 이상, B등급 틈새는 0.5mm 초과 0.9mm 미만, C등급 틈새는 0.5mm 이하이다.

92. 다음 중 메타인산(HPO_3)에 의한 소화 효과를 가진 분말소화약제의 종류는?

① 제1종 분말소화약제
② 제2종 분말소화약제
③ 제3종 분말소화약제
④ 제4종 분말소화약제

정답 87. ③ 88. ④ 89. ④ 90. ② 91. ② 92. ③

해설 분말소화약제의 종류

구분	구분색	소화제 품명
제1종 (B, C급)	백색	탄산수소나트륨 ($NaHCO_3$)
제2종 (B, C급)	담청색	탄산수소칼륨 ($KHCO_3$)
제3종 (A, B, C급)	담홍색	제1인산암모늄 ($NH_4H_2PO_4$)
제4종 (B, C급)	회(쥐)색	탄산수소칼륨과 요소의 반응물

93. 다음 중 파열판에 관한 설명으로 틀린 것은?

① 압력 방출속도가 빠르다.
② 한 번 파열되면 재사용 할 수 없다.
③ 한 번 부착한 후에는 교환할 필요가 없다.
④ 높은 점성의 슬러리나 부식성 유체에 적용할 수 있다.

해설 ③ 파열판은 형식, 재질을 충분히 검토하고 파열되면 판 교환이 필요하다.

94. 공기 중에서 폭발범위가 12.5~74vol%인 일산화탄소의 위험도는 얼마인가?

① 4.92　② 5.26
③ 6.26　④ 7.05

해설 위험도$(H)=\frac{U-L}{L}=\frac{74-12.5}{12.5}=4.92$

95. 산업안전보건법령에 따라 유해하거나 위험한 설비의 설치 · 이전 또는 주요 구조 부분의 변경공사 시 공정안전 보고서의 제출시기는 착공일 며칠 전까지 관련 기관에 제출하여야 하는가?

① 15일　② 30일
③ 60일　④ 90일

해설 • 사업주는 유해하거나 위험한 설비의 설치 · 이전 또는 주요 구조 부분의 변경공사 시 착공일 30일 전까지 공정안전 보고서를 공단(한국산업안전보건공단)에 2부 제출하여야 한다.
• 공정안전 보고서는 공정안전자료, 공정위험성 평가서, 안전운전계획, 비상조치계획 등이 포함되어야 한다.

96. 소화약제 IG-100의 구성성분은?

① 질소　② 산소
③ 이산화탄소　④ 수소

해설 불활성 가스 소화약제

소화약제	불활성 가스
IG-100	질소 99.9vol% 이상
IG-01	아르곤 99.9vol% 이상
IG-541	질소 52vol%, 아르곤 40vol%, 이산화탄소 8vol%
IG-55	질소 (50±5)vol%, 아르곤 (50±5)vol%

97. 프로판(C_3H_8)의 연소에 필요한 최소 산소 농도의 값은 약 얼마인가? (단, 프로판의 폭발하한은 Jones식에 의해 추산한다.)

① 8.1%v/v　② 11.1%v/v
③ 15.1%v/v　④ 20.1%v/v

해설 • Jones식에 의한 폭발하한계
㉠ 프로판(C_3H_8)에서 탄소$(n)=3$, 수소$(m)=8$, 할로겐$(f)=0$, 산소$(\lambda)=0$이므로

$$C_{st}=\frac{100}{1+4.773\left(n+\frac{m-f-2\lambda}{4}\right)}$$

$$=\frac{100}{1+4.773\left(3+\frac{8-0-2\times 0}{4}\right)}$$

$=4.02\text{vol\%}$

정답 93. ③　94. ①　95. ②　96. ①　97. ②

㉡ 폭발하한계$=0.55\times C_{st}=0.55\times 4.02$
$=2.21\text{vol\%}$

• 최소 산소농도(MOC)

㉠ 프로판 연소식 : $1C_3H_8+5O_2$
$\rightarrow 3CO_2+4H_2O$ (1, 5, 3, 4는 몰수)

㉡ $\text{MOC}=\text{폭발하한계}\times\dfrac{\text{산소 몰수}}{\text{연료 몰수}}$

$=2.21\times\dfrac{5}{1}=11.05\text{vol\%}$

98. 다음 중 물과 반응하여 아세틸렌을 발생시키는 물질은?

① Zn ② Mg ③ Al ④ CaC_2

해설 카바이드에 물을 반응시켜서 가연성 가스인 아세틸렌 가스를 얻을 수 있다.

$CaC_2+2H_2O\rightarrow C_2H_2+Ca(OH)_2$

99. 메탄 1vol%, 헥산 2vol%, 에틸렌 2vol%, 공기 95vol%로 된 혼합가스의 폭발하한계 값(vol%)은 약 얼마인가? (단, 메탄, 헥산, 에틸렌의 폭발하한계 값은 각각 5.0, 1.1, 2.7 vol%이다.)

① 1.8vol% ② 3.5vol%
③ 12.8vol% ④ 21.7vol%

해설 혼합가스의 폭발범위

$$\frac{100}{L}=\frac{V_1}{L_1}+\frac{V_2}{L_2}+\frac{V_3}{L_3}+\cdots$$

$$\rightarrow L=\frac{100}{\dfrac{V_1}{L_1}+\dfrac{V_2}{L_2}+\dfrac{V_3}{L_3}+\cdots}=\frac{100}{\dfrac{20}{5}+\dfrac{40}{1.1}+\dfrac{40}{2.7}}$$

$=1.81\text{vol\%}$

여기서, L : 혼합가스 하한계(상한계)
L_1, L_2, L_3 : 단독가스 하한계(상한계)
V_1, V_2, V_3 : 단독가스의 공기 중 부피
→ 메탄 1vol% : 헥산 2vol% : 에틸렌 2vol%
=20% : 40% : 40%
→ 100 : $V_1+V_2+V_3+\cdots$(단독가스 부피의 합)

100. 가열 · 마찰 · 충격 또는 다른 화학물질과의 접촉 등으로 인하여 산소나 산화제의 공급이 없더라도 폭발 등 격렬한 반응을 일으킬 수 있는 물질은?

① 에틸알코올 ② 인화성 고체
③ 니트로 화합물 ④ 테레핀유

해설 니트로 화합물은 산소나 산화제 공급이 없더라도 격렬한 반응을 일으킬 수 있는 폭발성 물질, 연소의 속도가 매우 빨라 폭발적이며 화약의 원료로 많이 사용된다.

6과목 건설안전기술

101. 사업주가 유해 · 위험방지 계획서 제출 후 건설공사 중 6개월 이내마다 안전보건공단의 확인을 받아야 할 내용이 아닌 것은?

① 유해 · 위험방지 계획서의 내용과 실제공사 내용이 부합하는지 여부
② 유해 · 위험방지 계획서 변경내용의 적정성
③ 자율안전관리 업체 유해 · 위험방지 계획서 제출 · 심사 면제
④ 추가적인 유해 · 위험요인의 존재 여부

해설 사업주는 건설공사 중 6개월 이내마다 유해 · 위험방지 계획서를 공단에 확인받아야 한다.

• 유해 · 위험방지 계획서의 내용과 실제공사 내용이 부합하는지 여부
• 유해 · 위험방지 계획서 변경내용의 적정성
• 추가적인 유해 · 위험요인의 존재 여부

102. 철골공사 시 안전작업방법 및 준수사항으로 옳지 않은 것은?

① 강풍, 폭우 등과 같은 악천우 시에는 작업을 중지하여야 하며 특히 강풍 시에는 높은 곳

정답 98. ④ 99. ① 100. ③ 101. ③ 102. ③

에 있는 부재나 공구류가 낙하 · 비래하지 않도록 조치하여야 한다.

② 철골부재 반입 시 시공 순서가 빠른 부재는 상단부에 위치하도록 한다.

③ 구명줄 설치 시 마닐라 로프 직경 10mm를 기준하여 설치하고 작업방법을 충분히 검토하여야 한다.

④ 철골보의 두 곳을 매어 인양시킬 때 와이어로프의 내각은 60° 이하이어야 한다.

해설 ③ 구명줄을 설치할 경우에는 1가닥의 구명줄을 여러 명이 동시에 사용하지 않도록 하여야 하며, 구명줄을 마닐라 로프 직경 16mm를 기준하여 설치하고 작업방법을 충분히 검토하여야 한다.

103. 지면보다 낮은 땅을 파는데 적합하고 수중굴착도 가능한 굴착기계는?

① 백호 ② 파워쇼벨
③ 가이데릭 ④ 파일드라이버

해설 백호(back hoe)는 기계가 위치한 지면보다 낮은 곳의 땅을 파는데 적합하다.

104. 산업안전보건법령에 따른 지반의 종류별 굴착면의 기울기 기준으로 옳은 것은?

① 보통 흙 습지 - 1 : 1~1 : 1.5
② 보통 흙 건지 - 1 : 0.3~1 : 1
③ 풍화암 - 1 : 0.8
④ 연암 - 1 : 0.5

해설 굴착면의 기울기 기준

구분	지반 종류	기울기
보통 흙	습지	1 : 1~1 : 1.5
	건지	1 : 0.5~1 : 1
암반	풍화암	1 : 1.0
	연암	1 : 1.0
	경암	1 : 0.5

105. 콘크리트 타설 시 거푸집 측압에 관한 설명으로 옳지 않은 것은?

① 기온이 높을수록 측압은 크다.
② 타설속도가 클수록 측압은 크다.
③ 슬럼프가 클수록 측압은 크다.
④ 다짐이 과할수록 측압은 크다.

해설 거푸집에 작용하는 콘크리트 측압에 영향을 미치는 요인

- 대기의 온도가 낮고, 습도가 높을수록 크다.
- 콘크리트 타설속도가 빠를수록 크다.
- 콘크리트의 비중이 클수록 측압은 커진다.
- 콘크리트 타설높이가 높을수록 크다.
- 철골이나 철근량이 적을수록 측압은 커진다.

106. 강관비계의 수직 방향 벽이음 조립 간격(m)으로 옳은 것은? (단, 틀비계이며, 높이가 5m 이상일 경우)

① 2m ② 4m ③ 6m ④ 9m

해설 비계 조립 간격(m)

비계의 종류		수직 방향	수평 방향
강관비계	단관비계	5	5
	틀비계 (높이 5m 미만은 제외)	6	8
통나무비계		5.5	7.5

107. 굴착과 싣기를 동시에 할 수 있는 토공기계가 아닌 것은?

① power shovel
② tractor shovel
③ back hoe
④ motor grader

해설 모터그레이더 : 끝마무리 작업, 지면의 정지작업을 하며, 전륜을 기울게 할 수 있어 비탈면 고르기 작업도 가능하다.

정답 103. ① 104. ① 105. ① 106. ③ 107. ④

108. **구축물에 안전진단 등 안전성 평가를 실시하여 근로자에게 미칠 위험성을 미리 제거하여야 하는 경우가 아닌 것은?**

① 구축물 또는 이와 유사한 시설물의 인근에서 굴착 · 항타작업 등으로 침하 · 균열 등이 발생하여 붕괴의 위험이 예상될 경우
② 구조물, 건축물, 그 밖의 시설물이 그 자체의 무게 · 적설 · 풍압 또는 그 밖에 부가되는 하중 등으로 붕괴 등의 위험이 있을 경우
③ 화재 등으로 구축물 또는 이와 유사한 시설물의 내력(耐力)이 심하게 저하되었을 경우
④ 구축물의 구조체가 안전 측으로 설계된 경우

해설 ④ 구축물의 구조체가 과도한 안전 측으로 설계가 되었을 경우 안전성 평가를 실시해야 하는 것은 아니다.

109. **다음 중 방망사의 폐기 시 인장강도에 해당하는 것은? (단, 그물코의 크기는 10cm이며 매듭 없는 방망의 경우임)**

① 50kg ② 100kg
③ 150kg ④ 200kg

해설 그물코의 크기가 10cm인 매듭 없는 방망사 폐기 시 인장강도는 150kg이다.

110. **작업장에 계단 및 계단참을 설치하는 경우 매 제곱미터당 최소 몇 킬로그램 이상의 하중에 견딜 수 있는 강도를 가진 구조로 설치하여야 하는가?**

① 300kg ② 400kg
③ 500kg ④ 600kg

해설 계단 및 계단참의 강도는 500kg/m^2 이상이어야 하며, 안전율은 4 이상으로 하여야 한다.

111. **굴착공사에서 비탈면 또는 비탈면 하단을 성토하여 붕괴를 방지하는 공법은?**

① 배수공
② 배토공
③ 공작물에 의한 방지공
④ 압성토공

해설 압성토 공법(surcharge)은 비탈면 또는 비탈면 하단을 성토하여 붕괴를 방지하는 공법으로 점성토 연약지반 개량공법이다.

112. **공정률이 65%인 건설현장의 경우 공사 진척에 따른 산업안전보건관리비의 최소 사용기준으로 옳은 것은? (단, 공정률은 기성공정률을 기준으로 한다.)**

① 40% 이상 ② 50% 이상
③ 60% 이상 ④ 70% 이상

해설 공사 진척에 따른 안전관리비 사용기준

공정률	50% 이상 70% 미만	70% 이상 90% 미만	90% 이상
사용기준	50% 이상	70% 이상	90% 이상

113. **다음 중 해체공사 시 작업용 기계 · 기구의 취급안전기준에 관한 설명으로 옳지 않은 것은?**

① 철제 해머와 와이어로프의 결속은 경험이 많은 사람으로서 선임된 자에 한하여 실시하도록 하여야 한다.
② 팽창제 천공 간격은 콘크리트 강도에 의하여 결정되나 70~120cm 정도를 유지하도록 한다.
③ 쐐기타입으로 해체 시 천공구멍은 타입기 삽입 부분의 직경과 거의 같아야 한다.
④ 화염방사기로 해체작업 시 용기 내 압력은 온도에 의해 상승하기 때문에 항상 40℃ 이하로 보존해야 한다.

정답 108. ④ 109. ③ 110. ③ 111. ④ 112. ② 113. ②

해설 • 팽창제 천공 간격은 콘크리트 강도에 의하여 결정되나 30~70cm 정도를 유지하도록 한다.
• 천공재 직경은 30~50mm 정도로 한다.

114. 가설통로의 설치에 관한 기준으로 옳지 않은 것은?

① 경사는 30° 이하로 한다.
② 건설공사에 사용하는 높이 8m 이상인 비계다리에는 7m 이내마다 계단참을 설치한다.
③ 작업상 부득이한 경우에는 필요한 부분에 한하여 안전난간을 임시로 해체할 수 있다.
④ 수직갱에 가설된 통로의 길이가 10m 이상인 경우에는 5m 이내마다 계단참을 설치한다.

해설 가설통로의 설치에 관한 기준
• 견고한 구조로 할 것
• 경사각은 30° 이하로 할 것
• 경사로 폭은 90cm 이상으로 할 것
• 경사각이 15°를 초과하는 경우에는 미끄러지지 아니하는 구조로 할 것
• 높이 8m 이상인 다리에는 7m 이내마다 계단참을 설치할 것
• 수직갱에 가설된 통로길이가 15m 이상인 경우에는 10m 이내마다 계단참을 설치할 것

115. 작업으로 인하여 물체가 떨어지거나 날아올 위험이 있는 경우 필요한 조치와 가장 거리가 먼 것은?

① 투하설비 설치
② 낙하물방지망 설치
③ 수직보호망 설치
④ 출입금지구역 설정

해설 ① 높이가 최소 3m 이상인 곳에서 물체를 투하하는 때에는 투하설비를 갖춰야 한다.

116. 다음은 안전대와 관련된 설명이다. 아래 내용에 해당되는 용어로 옳은 것은?

> 로프 또는 레일 등과 같은 유연하거나 단단한 고정줄로서 추락발생 시 추락을 저지시키는 추락방지대를 지탱해 주는 줄모양의 부품

① 안전블록　　② 수직구명줄
③ 죔줄　　④ 보조죔줄

해설 안전대 부속품
• 안전블록 : 안전그네와 연결하여 추락발생 시 추락을 억제할 수 있는 자동잠김장치가 갖추어져 있고, 죔줄이 자동적으로 수축되는 장치
• 보조죔줄 : 안전대를 U자 걸이로 할 때 훅 또는 카라비너를 지탱벨트의 D링에 걸거나 떼어낼 때 잘못하여 추락하는 것을 방지하기 위한 링과 걸이설비 연결에 사용하는 모양의 부품
• 수직구명줄 : 추락을 저지시키는 추락방지를 해주는 줄
• 충격흡수장치 : 추락 시 충격하중을 완충시키는 기능을 갖는 죔줄에 연결되는 부품

117. 크레인의 운전실 또는 운전대를 통하는 통로의 끝과 건설물 등의 벽체의 간격은 최대 얼마 이하로 하여야 하는가?

① 0.2m　　② 0.3m
③ 0.4m　　④ 0.5m

해설 벽체의 간격
• 크레인의 운전대를 통하는 통로의 끝과 건설물 등의 벽체의 간격은 0.3m 이하
• 크레인 통로의 끝과 크레인 거더의 간격은 0.3m 이하
• 크레인 거더로 통하는 통로의 끝과 건설물 등의 벽체의 간격은 0.3m 이하

정답 114. ④　115. ①　116. ②　117. ②

118. **다음 중 달비계의 최대 적재하중을 정하는 경우 그 안전계수의 기준으로 옳지 않은 것은?**

① 달기 와이어로프 및 달기강선의 안전계수 : 10 이상
② 달기체인 및 달기훅의 안전계수 : 5 이상
③ 달기강대와 달비계의 하부 및 상부지점의 안전계수 : 강재의 경우 3 이상
④ 달기강대와 달비계의 하부 및 상부지점의 안전계수 : 목재의 경우 5 이상

해설 ③ 달기강대와 달비계의 하부 및 상부지점의 안전계수는 강재의 경우 2.5 이상, 목재의 경우 5 이상이다.

Tip) • 탑승용 운반구를 지지하는 달기 와이어로프의 안전율은 10이다.
• 권상용 와이어로프 및 권상용 체인의 안전율은 5이다.

119. **달비계에 사용이 불가한 와이어로프의 기준으로 옳지 않은 것은?**

① 이음매가 있는 것
② 와이어로프의 한 꼬임에서 끊어진 소선의 수가 7% 이상인 것
③ 지름의 감소가 공칭지름의 7%를 초과하는 것
④ 심하게 변형되거나 부식된 것

해설 와이어로프 사용금지기준
• 이음매가 있는 것
• 꼬인 것, 변형되거나 부식된 것
• 열과 전기충격에 의해 손상된 것
• 와이어로프의 한 꼬임에서 끊어진 소선의 수가 10% 이상인 것
• 지름의 감소가 공칭지름의 7%를 초과하는 것

120. **흙막이 지보공을 설치하였을 때 정기적으로 점검하여 이상 발견 시 즉시 보수하여야 할 사항이 아닌 것은?**

① 굴착깊이의 정도
② 버팀대의 긴압의 정도
③ 부재의 접속부 · 부착부 및 교차부의 상태
④ 부재의 손상 · 변형 · 부식 · 변위 및 탈락의 유무와 상태

해설 흙막이 지보공 정기점검사항
• 부재의 손상 · 변형 · 부식 · 변위 및 탈락의 유무 및 상태
• 침하의 정도와 버팀대 긴압의 정도
• 부재의 접속부 · 부착부 및 교차부의 상태
• 기둥침하의 유무 및 상태

정답 118. ③ 119. ② 120. ①

2020년도(3회차) 출제문제

산업안전기사

1과목 안전관리론

1. 레윈(Lewin)의 인간 행동 특성을 다음과 같이 표현하였다. 변수 "E"가 의미하는 것은?

$B=f(P \cdot E)$

① 연령 ② 성격
③ 환경 ④ 지능

해설 E : 심리적 환경(인간관계, 작업환경 등)

2. 안전교육의 형태 중 O.J.T(On the Job Training) 교육과 관련이 가장 먼 것은?

① 다수의 근로자에게 조직적 훈련이 가능하다.
② 직장의 실정에 맞게 실제적인 훈련이 가능하다.
③ 훈련에 필요한 업무의 지속성이 유지된다.
④ 직장의 직속상사에 의한 교육이 가능하다.

해설 ①은 OFF.J.T 교육의 특징

3. 다음 중 안전교육의 기본방향과 가장 거리가 먼 것은?

① 생산성 향상을 위한 교육
② 사고사례 중심의 안전교육
③ 안전작업을 위한 교육
④ 안전의식 향상을 위한 교육

해설 안전교육의 기본방향
- 사고사례 중심의 안전교육
- 표준작업(안전작업)을 위한 안전교육
- 안전의식 향상을 위한 안전교육

4. 다음 설명의 학습지도 형태는 어떤 토의법 유형인가?

6-6 회의라고도 하며, 6명씩 소집단으로 구분하고, 집단별로 각각의 사회자를 선발하여 6분간씩 자유토의를 행하여 의견을 종합하는 방법

① 포럼(forum)
② 버즈세션(buzz session)
③ 케이스 메소드(case method)
④ 패널 디스커션(panel Discussion)

해설 버즈세션(6-6 회의)에 대한 설명이다.

5. 안전점검의 종류 중 태풍, 폭우 등에 의한 침수, 지진 등의 천재지변이 발생한 경우나 이상사태 발생 시 관리자나 감독자가 기계, 기구, 설비 등의 기능상 이상 유무에 대하여 점검하는 것은?

① 일상점검 ② 정기점검
③ 특별점검 ④ 수시점검

해설 안전점검의 종류
- 정기점검 : 일정한 기간마다 정기적으로 실시하는 법적기준으로 책임자가 실시
- 수시점검 : 매일 작업 전·후, 작업 중 일상적으로 실시, 작업자, 책임자, 관리감독자가 실시
- 특별점검 : 기계·기구, 설비의 신설, 변경 또는 중대 재해(태풍, 지진 등) 발생 직후 등 비정기적으로 실시, 책임자가 실시
- 임시점검 : 임시로 실시하는 점검

정답 1. ③ 2. ① 3. ① 4. ② 5. ③

6. 다음 중 산업재해의 원인으로 간접적 원인에 해당되지 않는 것은?

① 기술적 원인 ② 물적 원인
③ 관리적 원인 ④ 교육적 원인

해설 • 직접원인 : 인적 원인(불안전한 행동), 물리적 원인(불안전한 상태)
• 간접원인 : 기술적 원인, 교육적 원인, 관리적 원인, 신체적 원인, 정신적 원인 등

7. 다음 중 보건법령상 안전보건관리 책임자 등에 대한 교육시간 기준으로 틀린 것은?

① 보건관리자, 보건관리전문기관의 종사자 보수교육 : 24시간 이상
② 안전관리자, 안전관리전문기관의 종사자 신규교육 : 34시간 이상
③ 안전보건관리 책임자 보수교육 : 6시간 이상
④ 건설재해예방 전문지도기관의 종사자 신규교육 : 24시간 이상

해설 안전보건관리 책임자 등에 대한 교육시간

교육대상	교육시간(이상)	
	신규	보수
안전보건관리 책임자	6	6
안전관리자, 안전관리전문기관의 종사자	34	24
보건관리자, 보건관리전문기관의 종사자	34	24
건설재해예방 전문지도기관의 종사자	34	24
석면조사기관의 종사자	34	24
안전보건관리 담당자	–	8
안전검사기관, 자율안전검사기관의 종사자	34	24

8. 매슬로우(Maslow)의 욕구단계 이론 중 제2단계 욕구에 해당하는 것은?

① 자아실현의 욕구 ② 안전에 대한 욕구
③ 사회적 욕구 ④ 생리적 욕구

해설 매슬로우가 제창한 인간의 욕구 5단계
• 1단계(생리적 욕구) : 기아, 갈증, 호흡, 배설, 성욕 등 인간의 기본적인 욕구
• 2단계(안전욕구) : 안전을 구하려는 자기보존의 욕구
• 3단계(사회적 욕구) : 애정과 소속에 대한 욕구
• 4단계(존경의 욕구) : 인정받으려는 명예, 성취, 승인의 욕구
• 5단계(자아실현의 욕구) : 잠재적 능력을 실현하고자 하는 욕구(성취욕구)

9. 다음 중 재해예방의 4원칙과 관련이 가장 적은 것은?

① 모든 재해의 발생 원인은 우연적인 상황에서 발생한다.
② 재해손실은 사고가 발생할 때 사고대상의 조건에 따라 달라진다.
③ 재해예방을 위한 가능한 안전 대책은 반드시 존재한다.
④ 재해는 원칙적으로 원인만 제거되면 예방이 가능하다.

해설 손실우연의 원칙 : 사고의 결과 손실 유무 또는 대소는 사고 당시 조건에 따라 우연적으로 발생한다.

10. 파블로프(Pavlov)의 조건반사설에 의한 학습이론의 원리가 아닌 것은?

① 일관성의 원리 ② 계속성의 원리
③ 준비성의 원리 ④ 강도의 원리

해설 Pavlov 조건반사설에 의한 학습이론의 원리는 시간의 원리, 강도의 원리, 일관성의 원리, 계속성의 원리이다.

정답 6. ② 7. ④ 8. ② 9. ① 10. ③

11. 인간의 동작특성 중 판단과정의 착오요인이 아닌 것은?

① 합리화　　② 정서불안정
③ 작업조건 불량　　④ 정보 부족

해설 ②는 인지과정 착오의 요인

12. 산업안전보건법령상 안전 · 보건표지의 색채와 사용사례의 연결로 틀린 것은 어느 것인가?

① 노란색－정지신호, 소화설비 및 그 장소, 유해 행위의 금지
② 파란색－특정 행위의 지시 및 사실의 고지
③ 빨간색－화학물질 취급장소에서의 유해 · 위험 경고
④ 녹색－비상구 및 피난소, 사람 또는 차량의 통행표지

해설 ① 노란색－화학물질 취급장소에서의 유해 · 위험 경고 이외의 위험 경고 · 주의표지

13. 산업안전보건법령상 안전 · 보건표지의 종류 중 다음 표지의 명칭은? (단, 마름모 테두리는 빨간색이며, 안의 내용은 검은색이다.)

① 폭발성물질 경고
② 산화성물질 경고
③ 부식성물질 경고
④ 급성독성물질 경고

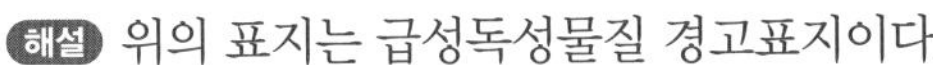

해설 위의 표지는 급성독성물질 경고표지이다.

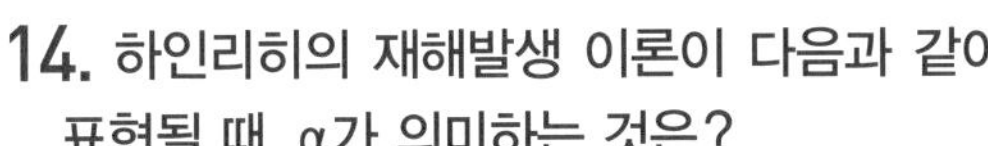

14. 하인리히의 재해발생 이론이 다음과 같이 표현될 때, α가 의미하는 것은?

> 재해의 발생
> =설비적 결함+관리적 결함+α

① 노출된 위험의 상태
② 재해의 직접적인 원인
③ 물적 불안전 상태
④ 잠재된 위험의 상태

해설 하인리히의 1 : 29 : 300의 법칙

- 재해의 발생＝물적 불안전 상태＋인적 불안전 행위＋α＝설비적 결함＋관리적 결함＋α
- 잠재된 위험상태(α)＝$\dfrac{1}{1+29+300}=\dfrac{1}{330}$
- 재해 건수＝1＋29＋300＝330건

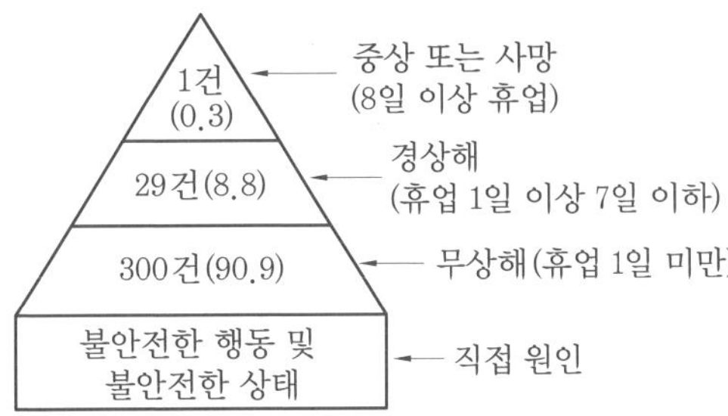

15. 허즈버그(Herzberg)의 위생－동기 이론에서 동기요인에 해당하는 것은?

① 감독　　② 안전
③ 책임감　　④ 작업조건

해설 위생요인과 동기요인

- 위생요인 : 정책 및 관리, 개인 간의 관계, 감독, 임금(보수) 및 지위, 작업조건, 안전
- 동기요인 : 성취감, 책임감, 안정감, 도전감, 발전과 성장

16. 재해분석도구 중 재해발생의 유형을 어골상(魚骨像)으로 분류하여 분석하는 것은?

① 파레토도　　② 특성요인도
③ 관리도　　④ 클로즈 분석

해설 특성요인도 : 특성의 원인을 연계하여 상호관계를 어골상으로 세분하여 분석한다.

17. 안전모의 성능시험에 있어서 AE, ABE종에만 한하여 실시하는 시험으로 맞는 것은?

정답 11. ② 12. ① 13. ④ 14. ④ 15. ③ 16. ② 17. ④

① 내관통성시험, 충격흡수성시험
② 난연성시험, 내수성시험
③ 난연성시험, 내전압성시험
④ 내전압성시험, 내수성시험

해설 안전모의 시험성능기준은 내관통성, 충격흡수성, 내전압성, 내수성, 난연성과 부과성능기준은 측면 변형 방호, 금속 응용물 분사 방호 등이 있다.

시험항목	시험성능기준
내관통성	AE, ABE종은 관통거리가 9.5mm 이하, AB종은 관통거리가 11mm 이하이어야 한다.
충격흡수성	AB, AE, ABE의 전달충격력 4450N 미만, 착장체의 기능이 상실되지 않아야 한다.
내전압성	• AE, ABE종은 교류 20kV에서 1분간 절연파괴 되지 않고 견뎌야 한다. • 누설되는 충전전류는 10mA 이하이어야 한다.
	※ 내전압성이란 7000V 이하의 전압에 견디는 것을 말한다.
내수성	AE, ABE종은 질량증가율이 1% 미만이어야 한다.
난연성	AB, AE, ABE종은 모체가 불꽃을 내며 5초 이상 연소되지 않아야 한다.
턱끈풀림	AB1, AE1, ABE종은 150N 이상 250N 이하에서 턱끈이 풀려야 한다.

18. 플리커 검사(flicker test)의 목적으로 가장 적절한 것은?

① 혈중 알코올 농도 측정
② 체내 산소량 측정
③ 작업강도 측정
④ 피로의 정도 측정

해설 플리커 검사(융합 주파수)는 피곤해지면 눈이 둔화되는 성질을 이용한 피로의 정도 측정법이다.

19. 강도율에 관한 설명으로 틀린 것은?

① 사망 및 영구 전 노동 불능(신체장해등급 1~3급)의 근로손실일수는 7500일로 환산한다.
② 신체장해등급 중 제14급은 근로손실일수를 50일로 환산한다.
③ 영구 일부 노동 불능은 신체장해등급에 따른 근로손실일수에 300/365를 곱하여 환산한다.
④ 일시 전 노동 불능은 휴업일수에 300/365를 곱하여 근로손실일수를 환산한다.

해설 • 영구 일부 노동 불능에서 신체장해등급에 따른 기능을 상실한 부상은 신체장해등급 제4급에서 제14급에 해당한다.

• 근로손실일수
$$=\text{일시 전 노동 불능(휴업일수, 요양일수, 입원일수)}\times\frac{300(\text{실제근로일수})}{365}$$

• $\text{강도율}=\dfrac{\text{근로손실일수}}{\text{근로 총 시간 수}}\times 1000$

• 신체장해등급별 근로손실일수
(사망 : 7500일=300일×25년)

등급	1, 2, 3급	4급	5급	6급	7급	8급
손실일수	7500	5500	4000	3000	2200	1500
등급	9급	10급	11급	12급	13급	14급
손실일수	1000	600	400	200	100	50

20. 다음 중 브레인스토밍의 4원칙과 가장 거리가 먼 것은?

① 자유로운 비평
② 자유분방한 발언
③ 대량적인 발언

정답 18. ④ 19. ③ 20. ①

④ 타인 의견의 수정발언

해설 브레인스토밍의 4원칙
- 비판금지 : 좋다, 나쁘다 등의 비판은 하지 않는다.
- 자유분방 : 마음대로 자유로이 발언한다.
- 대량발언 : 무엇이든 좋으니 많이 발언한다.
- 수정발언 : 타인의 생각에 동참하거나 보충발언해도 좋다.

2과목 인간공학 및 시스템 안전공학

21. 화학설비의 안전성 평가에서 정량적 평가의 항목에 해당되지 않는 것은?

① 훈련 ② 조작
③ 취급 물질 ④ 화학설비 용량

해설 ① 훈련은 교육에 관한 사항이다.

22. 인간에러(human error)에 관한 설명으로 틀린 것은?

① omission error : 필요한 작업 또는 절차를 수행하지 않은데 기인한 에러
② commission error : 필요한 작업 또는 절차의 수행지연으로 인한 에러
③ extraneous error : 불필요한 작업 또는 절차를 수행함으로써 기인한 에러
④ sequential error : 필요한 작업 또는 절차의 순서 착오로 인한 에러

해설 작위적 오류(commission error) : 필요한 작업 또는 절차의 불확실한 수행으로 발생한 에러(선택, 순서, 시간, 정성적 착오)

23. 다음은 유해위험방지 계획서의 제출에 관한 설명이다. (   ) 안에 들어갈 내용으로 옳은 것은?

> 산업안전보건법령상 "대통령령으로 정하는 사업의 종류 및 규모에 해당하는 사업으로서 해당 제품의 생산공정과 직접적으로 관련된 건설물 · 기계 · 기구 및 설비 등 일체를 설치 · 이전하거나 그 주요 구조 부분을 변경하려는 경우"에 해당하는 사업주는 유해위험방지 계획서에 관련 서류를 첨부하여 해당 작업 시작 (㉠)까지 공단에 (㉡)부를 제출하여야 한다.

① ㉠ : 7일 전, ㉡ : 2
② ㉠ : 7일 전, ㉡ : 4
③ ㉠ : 15일 전, ㉡ : 2
④ ㉠ : 15일 전, ㉡ : 4

해설 유해 · 위험방지 계획서 제출
- 제조업의 경우 해당 작업 시작 15일 전까지 제출한다.
- 한국산업안전보건공단에 2부를 제출한다.

24. 다음 그림과 같이 FTA로 분석된 시스템에서 현재 모든 기본사상에 대한 부품이 고장 난 상태이다. 부품 X_1부터 부품 X_5까지 순서대로 복구한다면 어느 부품을 수리 완료하는 시점에서 시스템이 정상 가동되는가?

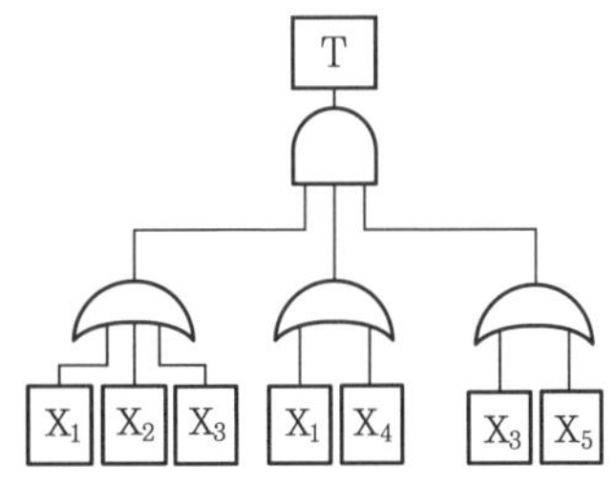

① 부품 X_2 ② 부품 X_3
③ 부품 X_4 ④ 부품 X_5

해설 시스템 복구
㉠ 부품 X_3를 수리 완료하면 3개의 OR 게이트가 모두 정상으로 바뀐다.

정답 21. ① 22. ② 23. ③ 24. ②

㉡ 3개의 OR 게이트가 AND 게이트로 연결되어 있으므로 OR 게이트 3개가 모두 정상이 되면 전체 시스템은 정상 가동된다.

25. 눈과 물체의 거리가 23cm, 시선과 직각으로 측정한 물체의 크기가 0.03cm일 때 시각(분)은 얼마인가? (단, 시각은 600 이하이며, radian 단위를 분으로 환산하기 위한 상수값은 57.3과 60을 모두 적용하여 계산하도록 한다.)

① 0.001 ② 0.007 ③ 4.48 ④ 24.55

해설 시각(분)$=\dfrac{57.3\times 60\times L}{D}$

$=\dfrac{57.3\times 60\times 0.03}{23}=4.484$

여기서, D : 눈과 물체 사이의 거리

L : 시선과 직각으로 측정한 물체의 크기

26. Sanders와 Mccormick의 의자설계의 일반적인 원칙으로 옳지 않은 것은?

① 요부 후반을 유지한다.
② 조정이 용이해야 한다.
③ 등근육의 정적 부하를 줄인다.
④ 디스크가 받는 압력을 줄인다.

해설 ① 등받이는 요추의 전만 곡선을 유지

27. 후각적 표시장치(olfactory display)와 관련된 내용으로 옳지 않은 것은?

① 냄새의 확산을 제어할 수 없다.
② 시각적 표시장치에 비해 널리 사용되지 않는다.
③ 냄새에 대한 민감도의 개별적 차이가 존재한다.
④ 경보장치로서 실용성이 없기 때문에 사용되지 않는다.

해설 후각적 표시장치

- 냄새를 이용하는 표시장치로서의 활용이 저조하며, 다른 표준장치에 보조수단으로 활용된다.
- 경보장치로서의 활용은 gas 회사의 gas 누출 탐지, 광산의 탈출 신호용 등이다.

28. 다음 그림과 같은 FT도에서 $F_1=0.015$, $F_2=0.02$, $F_3=0.05$이면, 정상사상 T가 발생할 확률은 약 얼마인가?

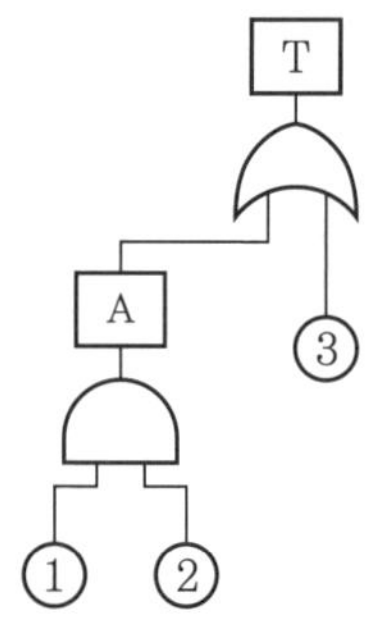

① 0.0002 ② 0.0283
③ 0.0503 ④ 0.9500

해설 T=1−(1−A)×(1−③)
=1−[1−(①×②)]×(1−③)
=1−[1−(0.015×0.02)]×(1−0.05)
=0.0503

29. NIOSH lifting guideline에서 권장무게한계(RWL) 산출에 사용되는 계수가 아닌 것은?

① 휴식계수 ② 수평계수
③ 수직계수 ④ 비대칭 계수

해설 권장무게한계(RWL)

RWL(Kd)=LC×HM×VM×DM×AM×FM×CM

LC	부하상수	23kg 작업물의 무게
HM	수평계수	25/H
VM	수직계수	1−(0.003×V−75)
DM	거리계수	0.82+(4.5/D)

정답 25. ③ 26. ① 27. ④ 28. ③ 29. ①

AM	비대칭 계수	1−(0.0032×A)
FM	빈도계수	분당 들어 올리는 횟수
CM	결합계수	커플링 계수

30. **인간공학을 기업에 적용할 때의 기대 효과로 볼 수 없는 것은?**

① 노사 간의 신뢰 저하
② 작업 손실시간의 감소
③ 제품과 작업의 질 향상
④ 작업자의 건강 및 안전 향상

해설 ① 노사 간의 신뢰가 향상된다.

31. **다음 [보기] 중 THERP(Technique for Human Error Rate Prediction)의 특징에 대한 설명으로 옳은 것을 모두 고른 것은?**

보기
㉠ 인간-기계 계(system)에서 여러 가지의 인간의 에러와 이에 의해 발생할 수 있는 위험성의 예측과 개선을 위한 기법
㉡ 인간의 과오를 정성적으로 평가하기 위하여 개발된 기법
㉢ 가지처럼 갈라지는 형태의 논리구조와 나무형태의 그래프를 이용

① ㉠, ㉡ ② ㉠, ㉢
③ ㉡, ㉢ ④ ㉠, ㉡, ㉢

해설 THERP는 정량적 평가이다.

32. **다음 중 차폐 효과에 대한 설명으로 옳지 않은 것은?**

① 차폐음과 배음의 주파수가 가까울 때 차폐 효과가 크다.
② 헤어드라이어 소음 때문에 전화음을 듣지 못한 것과 관련이 있다.
③ 유의적 신호와 배경 소음의 차이를 신호/소음(S/N)비로 나타낸다.
④ 차폐 효과는 어느 한 음 때문에 다른 음에 대한 감도가 증가되는 현상이다.

해설 차폐(은폐) 현상 : 높은 음과 낮은 음이 공존할 때 낮은 음이 강한 음에 가로막혀 감도가 감소되는 현상

33. **산업안전보건기준에 관한 규칙상 "강렬한 소음작업"에 해당하는 기준은?**

① 85데시벨 이상의 소음이 1일 4시간 이상 발생하는 작업
② 85데시벨 이상의 소음이 1일 8시간 이상 발생하는 작업
③ 90데시벨 이상의 소음이 1일 4시간 이상 발생하는 작업
④ 90데시벨 이상의 소음이 1일 8시간 이상 발생하는 작업

해설 하루 강렬한 소음작업 허용 노출시간

dB 기준	90	95	100	105	110	115
노출시간	8시간	4시간	2시간	1시간	30분	15분

34. **다음 중 HAZOP 기법에서 사용하는 가이드 워드와 의미가 잘못 연결된 것은?**

① No/Not-설계 의도의 완전한 부정
② More/Less-정량적인 증가 또는 감소
③ Part of-성질상의 감소
④ Other Than-기타 환경적인 요인

해설 ④ Other Than : 완전한 대체

35. **다음 그림과 같이 신뢰도가 95%인 펌프 A가 각각 신뢰도 90%인 밸브 B와 밸브 C의 병렬 밸브계와 직렬계를 이룬 시스템의 실패 확률은 약 얼마인가?**

정답 30. ① 31. ② 32. ④ 33. ④ 34. ④ 35. ②

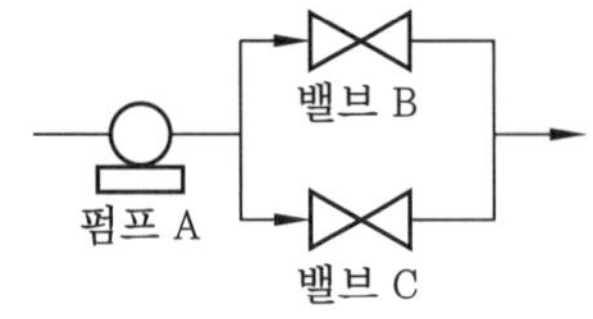

① 0.0091 ② 0.0595
③ 0.9405 ④ 0.9811

해설 ㉠ 성공확률(R_s)$=A\times[1-(1-B)\times(1-C)]=0.95\times[1-(1-0.9)\times(1-0.9)]=0.9405$
㉡ 실패확률$=1-$성공확률$=1-0.9405=0.0595$

36. 다음 중 인간이 기계보다 우수한 기능으로 옳지 않은 것은? (단, 인공지능은 제외한다.)

① 암호화된 정보를 신속하게 대량으로 보관할 수 있다.
② 관찰을 통해서 일반화하여 귀납적으로 추리한다.
③ 항공사진의 피사체나 말소리처럼 상황에 따라 변화하는 복잡한 자극의 형태를 식별할 수 있다.
④ 수신상태가 나쁜 음극선관에 나타나는 영상과 같이 배경 잡음이 심한 경우에도 신호를 인지할 수 있다.

해설 ①은 기계가 인간보다 더 우수한 기능, ②, ③, ④는 인간이 기계보다 더 우수한 기능

37. FTA에서 사용되는 최소 컷셋에 대한 설명으로 옳지 않은 것은?

① 일반적으로 fussell algorithm을 이용한다.
② 정상사상(top event)을 일으키는 최소한의 집합이다.
③ 반복되는 사건이 많은 경우 limnios와 ziani algorithm을 이용하는 것이 유리하다.
④ 시스템에 고장이 발생하지 않도록 하는 모든 사상의 집합이다.

해설 ④는 최소 패스셋에 관한 설명이다.

38. 직무에 대하여 청각적 자극 제시에 대한 음성응답을 하도록 할 때 가장 관련 있는 양립성은?

① 공간적 양립성
② 양식 양립성
③ 운동 양립성
④ 개념적 양립성

해설 양식 양립성 : 소리로 제시된 정보는 소리로 반응하게 하는 것, 시각적으로 제시된 정보는 손으로 반응하게 하는 것

39. 컴퓨터 스크린상에 있는 버튼을 선택하기 위해 커서를 이동시키는데 걸리는 시간을 예측하는데 가장 적합한 법칙은?

① Fitts의 법칙 ② Lewin의 법칙
③ Hick의 법칙 ④ Weber의 법칙

해설 Fitts의 법칙
- 목표까지 움직이는 거리와 목표의 크기에 요구되는 정밀도가 동작시간에 걸리는 영향을 예측한다.
- 목표물과의 거리가 멀고, 목표물의 크기가 작을수록 동작에 걸리는 시간은 길어진다.

40. 설비의 고장과 같이 발생확률이 낮은 사건의 특정 시간 또는 구간에서의 발생횟수를 측정하는데 가장 적합한 확률 분포를 무엇이라 하는가?

① 이항 분포(binomial distribution)
② 푸아송 분포(poisson distribution)
③ 와이블 분포(weibulll distribution)
④ 지수 분포(exponential distribution)

해설 푸아송 분포 : 어떤 사건이 단위 시간당 몇 번 발생할 것인지를 표현하는 이산확률 분포

정답 36. ① 37. ④ 38. ② 39. ① 40. ②

3과목 기계 위험방지 기술

41. 산업안전보건법령상 양중기를 사용하여 작업하는 운전자 또는 작업자가 보기 쉬운 곳에 해당 양중기에 대해 표시하여야 할 내용으로 가장 거리가 먼 것은? (단, 승강기는 제외한다.)

① 정격하중 ② 운전속도
③ 경고 표시 ④ 최대 인양높이

해설 양중기 운전 또는 작업자가 보기 쉬운 곳에 해당 양중기의 정격하중, 운전속도, 경고 표시 등을 부착하여야 한다.

42. 롤러기의 급정지장치에 관한 설명으로 가장 적절하지 않은 것은?

① 복부 조작식은 조작부 중심점을 기준으로 밑면으로부터 1.2~1.4m 이내의 높이로 설치한다.
② 손 조작식은 조작부 중심점을 기준으로 밑면으로부터 1.8m 이내의 높이로 설치한다.
③ 급정지장치의 조작부에 사용하는 줄은 사용 중에 늘어져서는 안 된다.
④ 급정지장치의 조작부에 사용하는 줄은 충분한 인장강도를 가져야 한다.

해설 ① 복부 조작식은 밑면으로부터 0.8~1.1m 이내 위치

43. 연삭기의 안전작업수칙에 대한 설명 중 가장 거리가 먼 것은?

① 숫돌의 정면에 서서 숫돌 원주면을 사용한다.
② 숫돌 교체 시 3분 이상 시운전을 한다.
③ 숫돌의 회전은 최고사용 원주속도를 초과하여 사용하지 않는다.
④ 연삭숫돌에 충격을 가하지 않는다.

해설 ① 연삭작업 시 숫돌의 정면을 사용할 때-연삭작업 방법이다.

44. 롤러기의 가드와 위험점 간의 거리가 100mm일 경우 ILO 규정에 의한 가드 개구부의 안전간격은?

① 11mm ② 21mm ③ 26mm ④ 31mm

해설 개구부 안전간격$(Y)=6+0.15X$
$=6+(0.15\times100)=21\text{mm}$
여기서, X : 가드와 위험점 간의 거리(mm)
Y : 가드의 개구부 간격(mm)

45. 지게차의 포크에 적재된 화물이 마스트 후방으로 낙하함으로써 근로자에게 미치는 위험을 방지하기 위하여 설치하는 것은?

① 헤드가드 ② 백레스트
③ 낙하방지장치 ④ 과부하방지장치

해설 백레스트 : 지게차 포크 뒤쪽으로 화물이 떨어지는 것을 방지하기 위해 설치한다.

46. 산업안전보건법령상 프레스 및 전단기에서 안전블록을 사용해야 하는 작업으로 가장 거리가 먼 것은?

① 금형 가공작업 ② 금형 해체작업
③ 금형 부착작업 ④ 금형 조정작업

해설 안전블록 : 프레스 등의 금형을 부착·해체 또는 조정하는 작업을 할 때에 작업자의 신체가 위험한계 내에 있는 경우 슬라이드가 갑자기 작동함으로써 작업자에게 발생할 우려가 있는 위험을 방지하기 위하여 사용한다.

47. 다음 중 기계설비의 안전조건에서 안전화의 종류로 가장 거리가 먼 것은?

① 재질의 안전화 ② 작업의 안전화
③ 기능의 안전화 ④ 외형의 안전화

정답 41. ④ 42. ① 43. ① 44. ② 45. ② 46. ① 47. ①

해설 기계설비의 안전조건은 외형, 기능, 구조, 작업, 유지보수, 작업보전의 안전화이다.

48. 다음 중 비파괴 검사법으로 틀린 것은?

① 인장검사 ② 자기탐상검사
③ 초음파 탐상검사 ④ 침투탐상검사

해설 재료의 검사법
- 비파괴 검사 : 초음파 탐상, 방사성 탐상, 자분탐상, 침투탐상, 와류탐상검사
- 기계적 시험 : 인장, 압축, 굽힘, 경도, 비틀림, 피로, 마모, 크리프 시험

49. 산업안전보건법령상 아세틸렌 용접장치를 사용하여 금속의 용접·용단 또는 가열작업을 하는 경우 게이지 압력은 얼마를 초과하는 압력의 아세틸렌을 발생시켜 사용하면 안 되는가?

① 98kPa ② 127kPa
③ 147kPa ④ 196kPa

해설 아세틸렌 용접장치 게이지 압력은 최대 127kPa 이하이어야 한다.

50. 산업안전보건볍령상 산업용 로봇으로 인하여 근로자에게 발생할 수 있는 부상 등의 위험이 있는 경우 위험을 방지하기 위하여 울타리를 설치할 때 높이는 최소 몇 m 이상으로 해야 하는가? (단, 산업표준화법 및 국제적으로 통용되는 안전기준은 제외한다.)

① 1.8 ② 2.1 ③ 2.4 ④ 1.2

해설 근로자가 로봇에 부딪칠 위험이 있을 때에는 안전매트 및 높이 1.8m 이상의 방책을 설치한다.

51. 크레인의 사용 중 하중이 정격을 초과하였을 때 자동적으로 상승이 정지되는 장치는?

① 해지장치 ② 이탈방지장치
③ 아우트리거 ④ 과부하방지장치

해설 과부하방지장치 안전기준
- 양중기에 정격하중이 초과하였을 때 자동적으로 동작을 정지시켜주는 방호장치이다.
- 과부하방지장치는 정격하중의 110% 권상 시 경보와 함께 권상동작이 정지되어야 한다.
- 과부하방지장치 작동 시 경보음과 경보램프가 작동되어야 하며, 양중기는 작동이 정지되어야 한다.

52. 인간이 기계 등의 취급을 잘못해도 그것이 바로 사고나 재해와 연결되는 일이 없는 기능을 의미하는 것은?

① fail safe ② fail active
③ fail operational ④ fool proof

해설 풀 프루프(fool proof) : 작업자가 실수를 하거나 오조작을 하여도 사고로 연결되지 않고, 전체의 고장이 발생되지 아니하도록 하는 설계이다.

53. 산업안전보건법령상 컨베이어를 사용하여 작업을 할 때 작업시작 전 점검사항으로 가장 거리가 먼 것은?

① 원동기 및 풀리(pulley)기능의 이상 유무
② 이탈 등의 방지장치기능의 이상 유무
③ 유압장치의 기능의 이상 유무
④ 비상정지장치 기능의 이상 유무

해설 컨베이어 등을 사용하여 작업할 때 작업시작 전 점검사항
- 원동기 및 풀리기능의 이상 유무
- 이탈 등의 방지장치기능의 이상 유무
- 비상정지장치 기능의 이상 유무
- 원동기·회전축·기어 및 풀리 등의 덮개 또는 울 등의 이상 유무

정답 48. ① 49. ② 50. ① 51. ④ 52. ④ 53. ③

54. 다음 중 기계설비에서 반대로 회전하는 두 개의 회전체가 맞닿는 사이에 발생하는 위험점으로 가장 적절한 것은?

① 물림점　　② 협착점
③ 끼임점　　④ 절단점

해설 물림점(말림점) : 두 회전체가 물려 돌아가는 위험점 – 롤러와 롤러, 기어와 기어의 물림점

55. 선반작업 시 안전수칙으로 가장 적절하지 않은 것은?

① 기계에 주유 및 청소 시 반드시 기계를 정지시키고 한다.
② 칩 제거 시 브러시를 사용한다.
③ 바이트에는 칩 브레이커를 설치한다.
④ 선반의 바이트는 끝을 길게 장치한다.

해설 ④ 선반의 바이트 끝은 짧게 설치한다.

56. 산업안전보건법령상 산업용 로봇의 작업 시작 전 점검사항으로 가장 거리가 먼 것은?

① 외부 전선의 피복 또는 외장의 손상 유무
② 압력방출장치의 이상 유무
③ 매니퓰레이터 작동 이상 유무
④ 제동장치 및 비상정지장치의 기능

해설 로봇의 작업시작 전 점검사항
- 외부 전선의 피복 또는 외장의 손상 유무
- 매니퓰레이터 작동의 이상 유무
- 제동장치 및 비상정지장치의 기능

57. 산업안전보건법령상 보일러의 과열을 방지하기 위하여 최고사용압력과 상용압력 사이에서 보일러의 버너 연소를 차단하여 정상압력으로 유도하는 방호장치로 가장 적절한 것은?

① 압력방출장치　　② 고저수위 조절장치
③ 언로우드 밸브　　④ 압력제한 스위치

해설 보일러의 과열을 방지하기 위해 최고사용압력과 상용압력 사이에서 보일러의 버너 연소를 차단할 수 있도록 압력제한 스위치를 부착하여 사용한다.

58. 프레스 작동 후 슬라이드가 하사점에 도달할 때까지의 소요시간이 0.5s일 때 양수기동식 방호장치의 안전거리는 최소 얼마인가?

① 200mm　　② 400mm
③ 600mm　　④ 800mm

해설 양수기동식 안전거리$(D_m) = 1.6T_m$
$= 1.6 \times 0.5 = 0.8\text{m}$
여기서, T_m : 프레스 작동 후 슬라이드가 하사점에 도달할 때까지의 소요시간(ms),
1.6m/s : 손의 속도

59. 둥근톱기계의 방호장치 중 반발예방장치의 종류로 틀린 것은?

① 분할날
② 반발방지기구(finger)
③ 보조안내판
④ 안전덮개

해설 ④는 목재가공용 둥근톱기계의 방호장치, ①, ②, ③은 둥근톱기계의 반발예방장치

60. 산업안전보건법령상 형삭기(slotter, shaper)의 주요 구조부로 가장 거리가 먼 것은? (단, 수치제어식은 제외)

① 공구대
② 공작물 테이블
③ 램
④ 아버

해설 아버는 수평, 만능 밀링머신에서 공구를 고정하는 작은 축이다.

정답 54. ①　55. ④　56. ②　57. ④　58. ④　59. ④　60. ④

4과목 전기 위험방지 기술

61. 피뢰기가 구비하여야 할 조건으로 틀린 것은?

① 제한전압이 낮아야 한다.
② 상용주파 방전 개시전압이 높아야 한다.
③ 충격방전 개시전압이 높아야 한다.
④ 속류 차단능력이 충분하여야 한다.

해설 피뢰기가 반드시 가져야 할 성능
- 충격방전 개시전압과 제한전압이 낮을 것
- 상용주파 방전 개시전압이 높을 것
- 반복동작이 가능할 것
- 특성이 변화하지 않고, 구조가 견고할 것
- 점검 및 유지보수가 쉬울 것
- 속류의 차단이 확실할 것
- 뇌전류의 방전능력이 클 것

62. 다음 중 정전기의 발생 현상에 포함되지 않는 것은?

① 파괴에 의한 발생 ② 분출에 의한 발생
③ 전도 대전 ④ 유동에 의한 대전

해설 정전기 대전의 발생 현상
- 파괴정전기 대전 : 고체류의 물체가 파괴 · 분리되면서 발생
- 유동정전기 대전 : 액체류가 파이프 내부에 흐르면서 액체 사이에서 발생
- 분출정전기 대전 : 유체류가 단면적이 작은 분출구를 통과할 때 발생
- 마찰정전기 대전 : 두 물체 사이에 마찰로 인해 접촉 · 분리되면서 발생
- 박리정전기 대전 : 밀착된 물체가 분리되면서 자유전자의 이동으로 발생
- 충돌정전기 대전 : 입자가 다른 고체와의 충돌로 인해 접촉 · 분리되면서 발생
- 교반 또는 침강에 의한 정전기 대전

63. 방폭기기에 별도의 주위온도 표시가 없을 때 방폭기기의 주위온도 범위는? (단, 기호 "X"의 표시가 없는 기기이다.)

① 20℃~40℃ ② −20℃~40℃
③ 10℃~50℃ ④ −10℃~50℃

해설 전기설비의 표준환경에서 주위온도는 −20℃~40℃, 상대습도는 45~85%이다.

64. 정전기로 인한 화재 및 폭발을 방지하기 위하여 조치가 필요한 설비가 아닌 것은?

① 드라이클리닝 설비
② 위험물 건조설비
③ 화약류 제조설비
④ 위험기구의 제전설비

해설 제전설비
- 제전설비는 정전기를 제거하기 위한 설비이다.
- 정전기를 중화시키기 위해 이온을 이용한 기계이다.
- 제전설비의 제전 효율은 90% 이상이 되어야 한다.

65. 300A의 전류가 흐르는 저압 가공전선로의 1선에서 허용 가능한 누설전류(mA)는?

① 600 ② 450
③ 300 ④ 150

해설 $누설전류=최대공급전류\times\frac{1}{2000}$

$$=300\times\frac{1}{2000}=0.15\,\text{A}\times1000=150\,\text{mA}$$

66. 산업안전보건기준에 관한 규칙 제319조에 따라 감전될 우려가 있는 장소에서 작업을 하기 위해서는 전로를 차단하여야 한다. 전로 차단을 위한 시행 절차 중 틀린 것은?

정답 61. ③ 62. ③ 63. ② 64. ④ 65. ④ 66. ②

① 전기기기 등에 공급되는 모든 전원을 관련 도면, 배선도 등으로 확인
② 각 단로기를 개방한 후 전원 차단
③ 단로기 개방 후 차단장치나 단로기 등에 잠금장치 및 꼬리표를 부착
④ 잔류전하 방전 후 검전기를 이용하여 작업 대상 기기가 충전되어 있는지 확인

해설 정전작업 시 전로 차단방법

- 전기기기 등에 공급되는 모든 전원과 관련 도면, 배선도 등으로 확인할 것
- 전원을 차단한 후 각 단로기 등을 개방하고 확인할 것
- 차단장치나 단로기 등에 잠금장치 및 꼬리표를 부착할 것
- 개로된 전로에서 유도전압 또는 전기에너지가 축적되어 근로자에게 전기위험을 끼칠 수 있는 전기기기 등은 접촉하기 전에 잔류전하를 완전히 방전시킬 것
- 검전기를 이용하여 작업대상 기기가 충전되었는지를 확인할 것
- 전기기기 등이 다른 노출충전부와의 접촉, 유도 또는 예비동력원의 역송전 등으로 전압이 발생할 우려가 있는 경우에는 충분한 용량을 가진 단락접지기구를 이용하여 접지할 것

67. 유자격자가 아닌 근로자가 방호되지 않은 충전전로 인근의 높은 곳에서 작업할 때에 근로자의 몸은 충전전로에서 몇 cm 이내로 접근할 수 없도록 하여야 하는가? (단, 대지전압이 50kV이다.)

① 50 ② 100 ③ 200 ④ 300

해설 충전전로 전기작업기준

유자격자가 아닌 작업자가 충전전로 인근의 높은 곳에서 작업할 때에 작업자의 몸을 충전전로에서 대지전압이 50kV 이하인 경우에는 300cm 이내로 한다. 대지전압이 50kV를 넘는 경우에는 10kV당 10cm씩 더한 거리 이내로 각각 접근할 수 없도록 한다.

68. 정전기의 재해방지 대책으로 틀린 것은?

① 설비의 도체 부분을 접지
② 작업자는 정전화를 착용
③ 작업장의 습도를 30% 이하로 유지
④ 배관 내 액체의 유속제한

해설 ③ 작업장의 습도를 60~70%로 유지

69. 가스(발화온도 120℃)가 존재하는 지역에 방폭기기를 설치하고자 한다. 설치가 가능한 기기의 온도등급은?

① T2 ② T3 ③ T4 ④ T5

해설 가스의 발화도 G5의 발화온도는 100℃ 초과 135℃ 이하이며, T5와 같은 등급이다.

70. 변압기의 중성점을 제2종 접지한 수전전압 22.9kV, 사용전압 220V인 공장에서 외함을 제3종 접지공사를 한 전동기가 운전 중에 누전되었을 경우에 작업자가 접촉될 수 있는 최소전압은 약 몇 V인가? (단, 1선 지락전류 10A, 제3종 접지저항 30Ω, 인체저항 10000Ω이다.)

① 116.7 ② 127.5
③ 146.7 ④ 165.6

해설 최소전압

㉠ 제3종 접지저항$(R_1)=30\,\Omega$

㉡ 제2종 접지저항$(R_2)=\dfrac{150}{\text{1선 지락전류}}=\dfrac{150}{10}=15\,\Omega$

㉢ 제3종에 걸리는 최소전압(V_1)

$$=\frac{R_1}{R_1+R_2}\times V=\frac{30}{30+15}\times 220\fallingdotseq 146.7\text{V}$$

정답 67. ④ 68. ③ 69. ④ 70. ③

71. 제전기의 종류가 아닌 것은?
① 전압인가식 제전기
② 정전식 제전기
③ 방사선식 제전기
④ 자기방전식 제전기

해설 제전기의 종류
- 전압인가식 제전기 : 7000V 정도의 고압으로 코로나 방전을 일으켜 발생하는 이온으로 전하를 중화시키는 방법이다.
- 이온 스프레이식 제전기 : 코로나 방전을 일으켜 발생하는 이온을 blower로 대전체 전하를 내뿜는 방법이다.
- 방사선식 제전기 : 방사선 원소의 격리작용을 일으켜서 제전한다.
- 자기방전식 제전기 : 스테인리, 카본, 도전성 섬유 등에 코로나 방전을 일으켜서 제전한다.

72. 정전기 방전 현상에 해당되지 않는 것은?
① 연면방전 ② 코로나 방전
③ 낙뢰방전 ④ 스팀방전

해설 정전기 방전 현상에는 코로나 방전, 스파크 방전, 연면방전, 불꽃방전, 브러쉬(스트리머) 방전 등이 있다.

73. 다음 중 전로에 지락이 생겼을 때에 자동적으로 전로를 차단하는 장치를 시설해야 하는 전기기계의 사용전압 기준은? (단, 금속제 외함을 가지는 저압의 기계 · 기구로서 사람이 쉽게 접촉할 우려가 있는 곳에 시설되어 있다.)
① 30V 초과 ② 50V 초과
③ 90V 초과 ④ 150V 초과

해설
- 지락 : 어스라고도 하며, 전류가 금속체를 통하여 대지로 새어나가게 되는 현상(50V 초과)
- 접지 : 전기기기 · 전기회로를 도체로 땅과 연결해 놓은 것으로 이상전압의 발생으로부터 전기기기의 안전한 보호를 위해 설치한다.

74. 정전용량 C=20μF, 방전 시 전압 V=2kV일 때 정전에너지(J)를 계산하면 얼마인가?
① 40 ② 80
③ 400 ④ 800

해설 정전기 에너지(E)

$$E=\frac{1}{2}CV^2=\frac{1}{2}\times(20\times10^{-6})\times2000^2=40\text{J}$$

여기서, C : 도체의 정전용량(F)
V : 전압(V)

75. 전로에 시설하는 기계 · 기구의 금속제 외함에 접지공사를 하지 않아도 되는 경우로 틀린 것은?
① 저압용의 기계 · 기구를 건조한 목재의 마루 위에서 취급하도록 시설한 경우
② 외함 주위에 적당한 절연대를 설치한 경우
③ 교류 대지전압이 300V 이하인 기계 · 기구를 건조한 곳에 시설한 경우
④ 전기용품 및 생활용품 안전관리법의 적용을 받는 2중 절연구조로 되어 있는 기계 · 기구를 시설하는 경우

해설 누전차단기의 대상 기준
- 대지전압 150V를 초과하는 전기기계 · 기구가 노출된 금속체
- 전기기계 · 기구의 금속제 외함 · 금속제 외피 및 철대
- 고압 이상의 전기를 사용하는 전기기계 · 기구 주변의 금속제 칸막이
- 임시배선의 전로가 설치되는 장소에는 누전차단기를 설치하여야 한다.

정답 71. ② 72. ④ 73. ② 74. ① 75. ③

• 접지의 목적은 누전 시에 인체에 가해지는 전압을 감소시켜 방전방지, 지락전류를 흐르게 하여 차단기를 작동시킴으로써 화재 폭발사고를 방지하기 위함이다.

76. **Dalziel에 의하여 동물실험을 통해 얻어진 전류값을 인체에 적용했을 때 심실세동을 일으키는 전기에너지(J)는 약 얼마인가? (단, 인체 전기저항은 500Ω으로 보며, 흐르는 전류 $I=\frac{165}{\sqrt{T}}$ [mA]로 한다.)**

① 9.8　　② 13.6
③ 19.6　　④ 27

해설 $Q=I^2RT=\left(\frac{165}{\sqrt{1}}\times10^{-3}\right)^2\times500\times1$

$=165^2\times10^{-6}\times500=13.6\text{J}$

여기서, I : 전류, R : 저항, T : 시간

77. **전기설비의 방폭구조의 종류가 아닌 것은?**

① 근본 방폭구조
② 압력 방폭구조
③ 안전증 방폭구조
④ 본질안전 방폭구조

해설 ①은 방폭구조 종류에 없다.

78. **작업자가 교류전압 7000V 이하의 전로에 활선 근접작업 시 감전사고 방지를 위한 절연용 보호구는?**

① 고무절연관　　② 절연시트
③ 절연커버　　④ 절연안전모

해설 절연용 방호구 : 고무절연관, 절연시트, 절연커버

79. **방폭 전기기기에 "Ex ia ⅡC T4 Ga"라고 표시되어 있다. 해당 기기에 대한 설명으로 틀린 것은?**

① 정상 작동, 예상된 오작동에 또는 드문 오작동 중에 점화원이 될 수 없는 "매우 높은" 보호등급의 기기이다.
② 온도등급이 T4이므로 최고 표면온도가 150℃를 초과해서는 안 된다.
③ 본질안전 방폭구조로 0종 장소에서 사용이 가능하다.
④ 수소 및 아세틸렌 등의 가스가 존재하는 곳에 사용이 가능하다.

해설 ② 온도등급이 T4이므로 최고 표면온도가 100℃를 초과 135℃ 이하이다.

80. **다음 중 전기기계 · 기구의 기능 설명으로 옳은 것은?**

① CB는 부하전류를 개폐시킬 수 있다.
② ACB는 진공 중에서 차단동작을 한다.
③ DS는 회로의 개폐 및 대용량 부하를 개폐시킨다.
④ 피뢰침은 뇌나 계통의 개폐에 의해 발생하는 이상전압을 대지로 방전시킨다.

해설 전기기계 · 기구의 기능

• 차단기(CB) : 전기기기 계통에 이상이 발생했을 때 대전류 회로를 차단하는 장치이다.
• 단로기(DS) : 차단기의 전후, 회로의 접속변환, 고압 또는 특고압 회로의 기기분리 등에 사용하는 개폐기로서 반드시 무부하 시 개폐 조작을 하여야 한다.
• 공기차단기(ABB) : 압축공기로 아크를 소호하는 차단기로서 대규모 설비에 이용된다.
• 기중차단기(ACB) : 공기 중에서 아크를 자연 소호하는 차단기로서 교류 1000V 이하에서 사용한다.
• 피뢰침(LA) : 천둥, 번개와 벼락으로부터 발생하는 이상전압을 대지로 방전시킨다.

정답 76. ② 77. ① 78. ④ 79. ② 80. ①

5과목 화학설비 위험방지 기술

81. 다음 중 압축기 운전 시 토출압력이 갑자기 증가하는 이유로 가장 적절한 것은?

① 윤활유의 과다
② 피스톤링의 가스 누설
③ 토출관 내에 저항 발생
④ 저장조 내 가스압의 감소

해설 ③ 토출관 내에 저항이 발생하면 압축기 운전 시 토출압력이 증가한다.

82. 진한 질산이 공기 중에서 햇빛에 의해 분해되었을 때 발생하는 갈색증기는?

① N_2 ② NO_2
③ NH_3 ④ NH_2

해설 질산은 햇빛에 의해 분해하며, 이산화질산(NO_2)이 생겨 무색 액체의 갈색이 되므로 갈색 유리병에 보관한다.
$4HNO_3 \rightarrow 2H_2O + 4NO_2 + O_2$(발생기 : 산소)

83. 고온에서 완전 열분해하였을 때 산소를 발생하는 물질은?

① 황화수소 ② 과염소산칼륨
③ 메틸리튬 ④ 적린

해설 자신이 환원되고 산소를 발생하는 물질에는 H_2O_2, $KClO_4$, $NaClO_3$ 등이 있다.

84. 다음 중 분진폭발에 관한 설명으로 틀린 것은?

① 폭발한계 내에서 분진의 휘발성분이 많으면 폭발위험성이 높다.
② 분진이 발화 폭발하기 위한 조건은 가연성, 미분상태, 공기 중에서의 교반과 유동 및 점화원의 존재이다.
③ 가스폭발과 비교하여 연소의 속도나 폭발의 압력이 크고, 연소시간이 짧으며, 발생에너지가 작다.
④ 폭발한계는 입자의 크기, 입도분포, 산소농도, 함유수분, 가연성 가스의 혼입 등에 의해 같은 물질의 분진에서도 달라진다.

해설 ③ 가스폭발과 비교하면 연소시간이 길고, 불완전 연소로 인해 가스중독이 발생한다. 또한, 폭발의 압력과 발생에너지가 크다.

85. 다음 중 유류화재의 화재급수에 해당하는 것은?

① A급 ② B급 ③ C급 ④ D급

해설 화재의 종류

구분	가연물	구분색	소화제
A급	일반	백색	물, 강화액, 산 · 알칼리
B급	유류	황색	포말, 분말, CO_2
C급	전기	청색	CO_2, 분말
D급	금속	색 없음	건조사, 팽창질석
E급	가스	황색	없음
K급	부엌	–	(주방화재)

86. 증기 배관 내에 생성하는 응축수를 제거할 때 증기가 배출되지 않도록 하면서 응축수를 자동적으로 배출하기 위한 장치를 무엇이라 하는가?

① vent stack ② steam trap
③ blow down ④ relief valve

해설 제어장치
• 가스방출장치(vent stack) : 탱크 내의 일정 압력을 유지하기 위한 가스방출장치
• 릴리프 밸브(relief valve) : 탱크 내의 설정압력이 되었을 때 압력상승에 비례하여 천천히 개방되는 밸브
• blow–down : 응축성 증기 등 공정액체를 빼내고 안전하게 유지 · 처리하기 위한 설비

정답 81. ③ 82. ② 83. ② 84. ③ 85. ② 86. ②

87. 수분(H_2O)과 반응하여 유독성 가스인 포스핀이 발생되는 물질은?

① 금속나트륨 ② 알루미늄분말
③ 인화칼슘 ④ 수소화리튬

해설 $Ca_3P_2 + 6H_2O \rightarrow 3Ca(OH)_2 + 2PH_3$
(인화칼슘+물 → 수산화칼슘+포스핀)

88. 대기압에서 사용하나 증발에 의한 액체의 손실을 방지함과 동시에 액면 위의 공간에 폭발성 위험가스를 형성할 위험이 적은 구조의 저장탱크는?

① 유동형 지붕탱크 ② 원추형 지붕탱크
③ 원통형 저장탱크 ④ 구형 저장탱크

해설 위험물 탱크의 종류 및 특징
- 유동형 지붕탱크 : 탱크 천정이 고정되어 있지 않고 상하로 움직이는 형으로 폭발성 가스를 형성할 위험이 적다.
- 원추형 지붕탱크 : 탱크 천정이 tank shell에 고정되어 있으며 정유공장, 석유화학공장, 기타 화학공장 및 저유소에서 흔히 볼 수 있는 대부분의 탱크이다.
- 복합형 탱크 : 탱크 외부 상단은 원추로 되어 있고 내부에 floating roof가 설치되어 있는 복합형 탱크이다.
- 구형탱크 : 높은 압력을 쉽게 분산시킬 수 있도록 구형으로 만들어져 압축가스, 액화가스 같은 유체 저장에 많이 사용하며, 주로 LPG를 저장한다.
- 돔형탱크 : 원추형에 저장하는 제품보다 고압이고 구형에 저장하는 제품보다 저압일 경우에 사용한다.

89. 다음 중 자동 화재탐지설비의 감지기 종류 중 열감지기가 아닌 것은?

① 차동식 ② 정온식
③ 보상식 ④ 광전식

해설 감지기의 종류
- 열감지식
  - ㉠ 차동식 : 실내온도의 상승률이 일정값 이상일 때 작동
  - ㉡ 정온식 : 실내온도가 일정 온도 이상 상승하였을 때 작동
  - ㉢ 보상식 : 차동식과 같으나, 고온에서 반드시 작동
- 연기식
  - ㉠ 이온화식 : 감지부에 연기가 들어가는데 따라 이온전류가 변화하는 것
  - ㉡ 광전식 : 감지부에 연기가 들어가는데 따라 광전소자의 입사광량이 변화하는 것
  - ㉢ 감광식
- 화염(불꽃)은 자외선과 적외선 이용

90. 산업안전보건법령에서 규정하고 있는 위험물질의 종류 중 부식성 염기류로 분류되기 위하여 농도가 40% 이상이어야 하는 물질은 무엇인가?

① 염산 ② 아세트산
③ 불산 ④ 수산화칼륨

해설
- 부식성 산류
  - ㉠ 농도가 20% 이상인 염산, 황산, 질산 그리고 이와 동등 이상의 부식성을 가지는 물질
  - ㉡ 농도가 60% 이상인 인산, 아세트산, 불산 그리고 이와 동등 이상의 부식성을 가지는 물질
- 부식성 염기류 : 농도가 40% 이상인 수산화나트륨, 수산화칼륨 그리고 이와 동등 이상의 부식성을 가지는 염기류

91. 다음 중 인화점이 각 온도범위에 포함되지 않는 물질은?

① −30℃ 미만 : 디에틸에테르
② −30℃ 이상 0℃ 미만 : 아세톤

정답 87. ③ 88. ① 89. ④ 90. ④ 91. ③

③ 0℃ 이상 30℃ 미만 : 벤젠
④ 30℃ 이상 65℃ 이하 : 아세트산

해설 C_6H_6(벤젠)의 인화점은 −11℃이다.

92. 다음 중 아세틸렌을 용해 가스로 만들 때 사용되는 용제로 가장 적합한 것은?

① 아세톤 ② 메탄 ③ 부탄 ④ 프로판

해설 • 아세틸렌은 무색의 마늘 냄새가 나는 가연성 가스로 카바이드에 물을 반응시켜서 얻을 수 있다.
• 아세톤(CH_3COCH_3)은 달콤한 냄새가 나는 투명한 무색 액체이다. 페인트 및 매니큐어 제거제의 용제로 사용된다.

93. 다음 중 산업안전보건법령상 화학설비의 부속설비로만 이루어진 것은?

① 사이클론, 백필터, 전기집진기 등 분진처리설비
② 응축기, 냉각기, 가열기, 증발기 등 열교환기류
③ 고로 등 점화기를 직접 사용하는 열교환기류
④ 혼합기, 발포기, 압출기 등 화학제품 가공설비

해설 화학설비와 부속설비
• 화학설비
㉠ 반응기, 혼합조 등 화학물질 반응 또는 혼합장치
㉡ 증류탑, 흡수탑, 추출탑, 감압탑 등 화학물질 분리장치
㉢ 저장탱크, 계량탱크, 호퍼, 사일로 등 화학물질 저장설비
㉣ 응축기 · 냉각기 · 가열기 · 증발기 등 열교환기류
㉤ 고로 등 점화기를 직접 사용하는 열교환기류
㉥ 캘린더, 혼합기, 발포기, 인쇄기, 압출기 등 화학제품 가공설비
㉦ 분쇄기, 분체분리기, 용융기 등 분체화학물질 취급장치
㉧ 결정조, 유동탑, 탈습기, 건조기 등 분체화학물질 분리장치
㉨ 펌프류, 압축기, 이젝터 등의 화학물질 이송 또는 압축설비
• 화학설비의 부속설비
㉠ 배관, 밸브, 관 등 화학물질 이송 관련 설비
㉡ 온도, 압력, 유량 등을 지시 · 기록을 하는 자동제어 관련 설비
㉢ 안전밸브, 안전판, 긴급차단 방출밸브 등 비상조치 관련 설비
㉣ 가스누출감지 경보 관련 설비
㉤ 세정기, 응축기, 벤트스택, 플레어스택 등 폐가스처리설비
㉥ 사이클론, 백필터, 전기집진기 등 분진처리설비
㉦ '㉠'부터 '㉥'까지의 설비를 운전하기 위하여 부속된 전기 관련 설비
㉧ 정전기 제거장치, 긴급 샤워설비 등 안전 관련 설비

94. 다음 중 밀폐공간 내 작업 시의 조치사항으로 가장 거리가 먼 것은?

① 산소결핍이나 유해가스로 인한 질식의 우려가 있으면 진행 중인 작업에 방해되지 않도록 주의하면서 환기를 강화하여야 한다.
② 해당 작업장을 적정한 공기상태로 유지되도록 환기하여야 한다.
③ 그 장소에 근로자를 입장시킬 때와 퇴장시킬 때마다 인원을 점검하여야 한다.
④ 그 작업장과 외부의 감시인 간에 항상 연락을 취할 수 있는 설비를 설치하여야 한다.

해설 밀폐공간 내 작업 시의 조치사항
• 사업주는 근로자가 밀폐공간에서 작업을 하는 경우에 작업을 시작하기 전과 작업 중

정답 92. ① 93. ① 94. ①

에 적정한 공기상태가 유지되도록 환기하여야 한다.
- 폭발이나 산화 등의 위험으로 인하여 환기하기가 곤란한 경우에는 근로자에게 공기호흡기 또는 송기마스크를 착용하도록 하여야 한다.
- 산소결핍이나 유해가스로 인한 질식의 우려가 있으면 진행 중인 작업을 즉시 중단하고 근로자를 대피하도록 하여야 한다.
- 작업장과 외부의 감시인 간에 항상 연락을 취할 수 있는 설비를 설치하여야 한다.

95. 산업안전보건법령상 폭발성 물질을 취급하는 화학설비를 설치하는 경우에 단위공정설비로부터 다른 단위공정설비 사이의 안전거리는 설비 바깥면으로부터 몇 m 이상이어야 하는가?

① 10 ② 15 ③ 20 ④ 30

해설 단위공정설비 사이의 안전거리
- 단위공정시설 및 설비로부터 다른 단위공정시설 및 설비의 사이의 바깥면으로부터 10m 이상
- 플레어스택으로부터 단위공정시설 및 설비, 위험물질 저장탱크 또는 위험물질 하역설비의 사이는 플레어스택으로부터 반경 20m 이상
- 위험물질 저장탱크로부터 단위공정시설 및 설비, 보일러 또는 가열로의 사이는 저장탱크의 바깥면으로부터 20m 이상
- 사무실, 연구실, 실험실, 정비실 또는 식당으로부터 단위공정시설 및 설비, 위험물질 저장탱크, 위험물질 하역설비, 보일러 또는 가열로의 사이는 사무실 등의 바깥면으로부터 20m 이상

96. 탄화수소 증기의 연소하한값 추정식은 연료의 양론 농도(C_{st})의 0.55배이다. 프로판 1몰의 연소반응식이 다음과 같을 때 연소하한값은 약 몇 vol%인가?

$$C_3H_8 + 5O_2 \rightarrow 3CO_2 + 4H_2O$$

① 2.22 ② 4.03 ③ 4.44 ④ 8.06

해설 Jones식에 의한 연소하한계

㉠ 프로판(C_3H_8)에서 탄소(n)=3, 수소(m)=8, 할로겐(f)=0, 산소(λ)=0이므로

$$C_{st} = \frac{100}{1+4.773\left(n+\frac{m-f-2\lambda}{4}\right)} = \frac{100}{1+4.773\left(3+\frac{8-0-2\times0}{4}\right)} = 4.02\,\text{vol\%}$$

㉡ $LFL = 0.55 \times C_{st} = 0.55 \times 4.02 = 2.21\,\text{vol\%}$

97. 에틸알코올(C_2H_5OH) 1몰이 완전 연소할 때 생성되는 CO_2의 몰수로 옳은 것은?

① 1 ② 2 ③ 3 ④ 4

해설 $C_2H_5OH + 3O_2 \rightarrow 2CO_2 + 3H_2O$

⇨ H_2O는 3몰, CO_2는 2몰이 생성된다.

98. 프로판과 메탄의 폭발하한계가 각각 2.5, 5.0 vol%라고 할 때 프로판과 메탄이 3 : 1의 체적비로 혼합되어 있다면 이 혼합가스의 폭발하한계는 약 몇 vol%인가? (단, 상온, 상압상태이다.)

① 2.9 ② 3.3 ③ 3.8 ④ 4.0

해설 프로판과 메탄이 3 : 1의 체적비로 혼합되어 있으므로(75% : 25%)

$$L = \frac{100}{\frac{V_1}{L_1}+\frac{V_2}{L_2}} = \frac{100}{\frac{75}{2.5}+\frac{25}{5.0}} = 2.85\,\text{vol\%}$$

정답 95. ① 96. ① 97. ② 98. ①

99. 다음 중 소화약제로 사용되는 이산화탄소에 관한 설명으로 틀린 것은?

① 사용 후에 오염의 영향이 거의 없다.
② 장시간 저장하여도 변화가 없다.
③ 주된 소화 효과는 억제소화이다.
④ 자체 압력으로 방사가 가능하다.

해설 ③ 이산화탄소(CO_2)의 소화 효과는 질식(희석)소화이다.

100. 물질의 자연발화를 촉진시키는 요인으로 가장 거리가 먼 것은?

① 표면적이 넓고, 발열량이 클 것
② 열전도율이 클 것
③ 주위온도가 높을 것
④ 적당한 수분을 보유할 것

해설 자연발화 조건

- 발열량이 크고, 열전도율이 작을 것
- 표면적이 넓고, 주위의 온도가 높을 것
- 수분이 적당량 존재할 것

6과목 건설안전기술

101. 콘크리트 타설을 위한 거푸집 동바리의 구조 검토 시 가장 선행되어야 할 작업은?

① 각 부재에 생기는 응력에 대하여 안전한 단면을 산정한다.
② 가설물에 작용하는 하중 및 외력의 종류, 크기를 산정한다.
③ 하중 · 외력에 의하여 각 부재에 생기는 응력을 구한다.
④ 사용할 거푸집 동바리의 설치 간격을 결정한다.

해설 거푸집 동바리의 구조 검토 시 조치사항

- 가장 먼저 거푸집 동바리에 작용하는 하중 및 외력의 종류, 크기를 산정한다.
- 하중 · 외력에 의해 발생하는 각 부재응력 및 배치 간격을 결정한다.

102. 다음 중 해체작업용 기계 · 기구로 가장 거리가 먼 것은?

① 압쇄기　　② 핸드 브레이커
③ 철제 해머　　④ 진동롤러

해설 ④는 지반 다짐장비이다.

103. 거푸집 동바리 등을 조립하는 경우에 준수하여야 할 안전조치 기준으로 옳지 않은 것은?

① 동바리로 사용하는 강관은 높이 2m 이내마다 수평 연결재를 2개 방향으로 만들고 수평 연결재의 변위를 방지할 것
② 동바리로 사용하는 파이프 서포트는 3개 이상 이어서 사용하지 않도록 할 것
③ 동바리로 사용하는 파이프 서포트를 이어서 사용하는 경우에는 3개 이상의 볼트 또는 전용 철물을 사용하여 이을 것
④ 동바리로 사용하는 강관틀과 강관틀 사이에는 교차가새를 설치할 것

해설 거푸집 동바리 등을 조립하는 때의 준수사항

- 동바리로 사용하는 파이프 서포트를 3개 이상 이어서 사용하지 아니 하도록 할 것
- 파이프 서포트를 이어서 사용할 경우에는 4개 이상의 볼트 또는 전용 철물을 사용하여 이을 것
- 높이가 3.5m를 초과할 경우에는 높이 2m 이내마다 수평 연결재를 2개 방향으로 만들고 수평 연결재의 변위를 방지할 것

104. 다음은 말비계를 조립하여 사용하는 경우에 관한 준수사항이다. (　　) 안에 들어

정답 99. ③　100. ②　101. ②　102. ④　103. ③　104. ②

갈 내용으로 옳은 것은?

> • 지주부재와 수평면의 기울기를 (㉠)° 이하로 하고 지주부재와 지주부재 사이를 고정시키는 보조부재를 설치할 것
> • 말비계의 높이가 2m를 초과하는 경우에는 작업발판의 폭을 (㉡)cm 이상으로 할 것

① ㉠ : 75, ㉡ : 30 ② ㉠ : 75, ㉡ : 40
③ ㉠ : 85, ㉡ : 30 ④ ㉠ : 85, ㉡ : 40

해설 말비계의 구조

- 지주부재와 수평면의 기울기 : 75° 이하
- 말비계의 높이가 2m를 초과하는 경우에는 작업발판의 폭을 40cm 이상으로 하고, 발판재료 간의 틈은 3cm 이하로 할 것

105. 산업안전보건관리비 계상기준에 따른 일반건설공사(갑), 대상액 「5억 원 이상~50억 원 미만」의 안전관리비 비율 및 기초액으로 옳은 것은?

① 비율 : 1.86%, 기초액 : 5,349,000원
② 비율 : 1.99%, 기초액 : 5,499,000원
③ 비율 : 2.35%, 기초액 : 5,400,000원
④ 비율 : 1.57%, 기초액 : 4,411,000원

해설 건설공사 종류 및 규모별 안전관리비 계상 기준표

건설공사 구분	대상액 5억 원 미만 [%]	대상액 5억 원 이상 50억 원 미만		대상액 50억 원 이상 [%]	영 별표 5에 따른 보건관리자 선임대상 건설공사
		비율(X) [%]	기초액(C) [원]		
일반건설공사(갑)	2.93	1.86	5,349,000	1.97	2.15%
일반건설공사(을)	3.09	1.99	5,499,000	2.10	2.29%
중건설공사	3.43	2.35	5,400,000	2.44	2.66%
철도·궤도신설공사	2.45	1.57	4,411,000	1.66	1.81%
특수 그 밖에 공사	1.85	1.20	3,250,000	1.27	1.38%

106. 터널작업 시 자동경보장치에 대하여 당일의 작업시작 전 점검하여야 할 사항으로 옳지 않은 것은?

① 검지부의 이상 유무
② 조명시설의 이상 유무
③ 경보장치의 작동상태
④ 계기의 이상 유무

해설 자동경보장치 작업시작 전 점검사항

- 계기의 이상 유무
- 검지부의 이상 유무
- 경보장치의 작동상태

107. 다음은 강관틀비계를 조립하여 사용하는 경우 준수해야 할 기준이다. ( ) 안에 알맞은 숫자를 나열한 것은?

> 길이가 띠장 방향으로 (㉠)미터 이하이고 높이가 (㉡)미터를 초과하는 경우에는 (㉢)미터 이내마다 띠장 방향으로 버팀기둥을 설치할 것

① ㉠ : 4, ㉡ : 10, ㉢ : 5

정답 105. ① 106. ② 107. ②

② ㉠ : 4, ㉡ : 10, ㉢ : 10
③ ㉠ : 5, ㉡ : 10, ㉢ : 5
④ ㉠ : 5, ㉡ : 10, ㉢ : 10

해설 강관틀비계 설치기준
- 벽이음 간격은 수직 방향으로 6m, 수평 방향으로 8m 이내마다 벽이음을 할 것
- 길이가 띠장 방향으로 4m 이하이고 높이가 10m를 초과하는 경우에는 10m 이내마다 띠장 방향으로 버팀기둥을 설치할 것
- 높이 20m를 초과하거나 중량물의 적재를 수반하는 작업을 할 경우에는 주틀 간의 간격을 1.8m 이하로 할 것
- 주틀 간에 교차가새를 설치하고 최상층 및 5층 이내마다 수평재를 설치할 것

108. 지반의 종류가 다음과 같을 때 굴착면의 기울기 기준으로 옳은 것은?

보통 흙의 습지

① 1 : 0.5~1 : 1 ② 1 : 1~1 : 1.5
③ 1 : 0.8 ④ 1 : 0.5

해설 보통 흙의 습지의 경우 굴착면의 구배는 1 : 1~1 : 1.5이다.

109. 동력을 사용하는 항타기 또는 항발기에 대하여 무너짐을 방지하기 위하여 준수하여야 할 기준으로 옳지 않은 것은?

① 연약한 지반에 설치하는 경우에는 각부(脚部)나 가대(架臺)의 침하를 방지하기 위하여 깔판 · 깔목 등을 사용할 것
② 각부나 가대가 미끄러질 우려가 있는 경우에는 말뚝 또는 쐐기 등을 사용하여 각부나 가대를 고정시킬 것
③ 버팀대만으로 상단 부분을 안정시키는 경우에는 버팀대는 3개 이상으로 하고 그 하단 부분은 견고한 버팀말뚝 또는 철골 등으로 고정시킬 것
④ 버팀줄만으로 상단 부분을 안정시키는 경우에는 버팀줄을 2개 이상으로 하고 같은 간격으로 배치할 것

해설 ④ 항타기 및 항발기 버팀줄 안전기준은 버팀줄을 3개 이상으로 하고 같은 간격으로 배치하여야 한다.

110. 운반작업을 인력운반작업과 기계운반작업으로 분류할 때 기계운반작업으로 실시하기에 부적당한 대상은?

① 단순하고 반복적인 작업
② 표준화되어 있어 지속적이고 운반량이 많은 작업
③ 취급물의 형상, 성질, 크기 등이 다양한 작업
④ 취급물이 중량인 작업

해설 인력과 기계운반작업
- 인력운반작업
  ㉠ 다품종 소량 취급 작업
  ㉡ 취급물이 경량물인 작업
  ㉢ 검사 · 판독 · 판단이 필요한 작업
  ㉣ 취급물의 형상, 성질, 크기 등이 다양한 작업
- 기계운반작업
  ㉠ 단순하고 반복적인 작업
  ㉡ 취급물이 중량물인 작업
  ㉢ 취급물의 형상, 성질, 크기 등이 일정한 작업
  ㉣ 표준화되어 있어 지속적이고 운반량이 많은 작업

111. 터널 등의 건설작업을 하는 경우에 낙반 등에 의하여 근로자가 위험해질 우려가 있는 경우에 필요한 직접적인 조치사항과 거리가 먼 것은?

정답 108. ② 109. ④ 110. ③ 111. ③

① 터널지보공 설치 ② 부석의 제거
③ 울 설치 ④ 록볼트 설치

해설 터널작업 시 낙반 등에 의한 근로자 위험방지 조치사항은 터널지보공 설치, 록볼트 설치, 부석의 제거 등이다.

112. 장비 자체보다 높은 장소의 땅을 굴착하는데 적합한 장비는?

① 파워쇼벨(power shovel)
② 불도저(bulldozer)
③ 드래그라인(drag line)
④ 클램쉘(clam shell)

해설 파워쇼벨(power shovel) : 지면보다 높은 곳의 땅파기에 적합하다.

113. 사다리식 통로의 길이가 10m 이상일 때 얼마 이내마다 계단참을 설치하여야 하는가?

① 3m 이내마다 ② 4m 이내마다
③ 5m 이내마다 ④ 6m 이내마다

해설 사다리통로 계단참 설치기준

- 견고한 구조로 할 것
- 손상, 부식 등이 없는 재료를 사용할 것
- 발판 간격은 일정하게 설치할 것
- 벽과 발판 사이는 15cm 이상의 간격을 유지할 것
- 폭은 30cm 이상으로 할 것
- 사다리의 상단은 걸쳐 놓은 지점으로부터 60cm 이상 올라가도록 할 것
- 사다리식 통로길이가 10m 이상인 경우에는 5m 이내마다 계단참을 설치할 것
- 사다리식 통로 기울기는 75° 이하로 할 것, 고정식 사다리의 통로 기울기는 90° 이하로 하고, 그 높이가 7m 이상인 경우에는 바닥에서 2.5m가 되는 지점부터 등받이울을 설치할 것

114. 추락방지망 설치 시 그물코의 크기가 10cm인 매듭 있는 방망의 신품에 대한 인장강도 기준으로 옳은 것은?

① 100kgf 이상 ② 200kgf 이상
③ 300kgf 이상 ④ 400kgf 이상

해설 방망사의 신품과 폐기 시 인장강도

그물코의 크기(cm)	매듭 없는 방망		매듭 방망	
	신품	폐기 시	신품	폐기 시
10	240kg	150kg	200kg	135kg
5	–	–	110kg	60kg

115. 타워크레인을 자립고(自立高) 이상의 높이로 설치할 때 지지벽체가 없어 와이어로프로 지지하는 경우의 준수사항으로 틀린 것은?

① 와이어로프를 고정하기 위한 전용 지지프레임을 사용할 것
② 와이어로프 설치각도는 수평면에서 60° 이내로 하되, 지지점은 4개소 이상으로 하고, 같은 각도로 설치할 것
③ 와이어로프와 그 고정 부위는 충분한 강도와 장력을 갖도록 설치하되, 와이어로프를 클립 · 샤클(shackle) 등의 기구를 사용하여 고정하지 않도록 유의할 것
④ 와이어로프가 가공전선에 근접하지 않도록 할 것

해설 타워크레인의 지지 : 와이어로프와 그 고정 부위는 충분한 강도와 장력을 갖도록 설치하고, 와이어로프를 클립 · 샤클 등의 고정기구를 사용하여 견고하게 고정시켜 풀리지 않도록 하며, 사용 중에는 충분한 강도와 장력을 유지하도록 할 것

116. 토질시험 중 연약한 점토지반의 점착력을 판별하기 위하여 실시하는 현장시험은?

① 베인테스트(vane test)

정답 112. ① 113. ③ 114. ② 115. ③ 116. ①

② 표준관입시험(SPT)
③ 하중재하시험
④ 삼축압축시험

해설 베인테스트(vane test) : 점토(진흙)지반의 점착력을 판별하기 위하여 실시하는 현장시험

117. 비계의 부재 중 기둥과 기둥을 연결시키는 부재가 아닌 것은?

① 띠장　② 장선
③ 가새　④ 작업발판

해설 비계의 부재 중 기둥과 기둥을 연결시키는 부재는 띠장, 장선, 가새 등이다.

118. 항만 하역작업에서의 선박승강설비 설치기준으로 옳지 않은 것은?

① 200톤급 이상의 선박에서 하역작업을 하는 경우에 근로자들이 안전하게 오르내릴 수 있는 현문(舷門) 사다리를 설치하여야 하며, 이 사다리 밑에 안전망을 설치하여야 한다.
② 현문 사다리는 견고한 재료로 제작된 것으로 너비는 55cm 이상이어야 한다.
③ 현문 사다리의 양측에는 82cm 이상의 높이로 울타리를 설치하여야 한다.
④ 현문 사다리는 근로자의 통행에만 사용하여야 하며, 화물용 발판 또는 화물용 보판으로 사용하도록 해서는 아니 된다.

해설 ① 300톤급 이상의 선박에서 하역작업을 하는 경우에 근로자들이 안전하게 오르내릴 수 있는 현문 사다리를 설치하여야 하며, 이 사다리 밑에 안전망을 설치하여야 한다.

119. 다음 중 유해위험방지 계획서 제출대상 공사가 아닌 것은?

① 지상높이가 30m인 건축물 건설공사
② 최대 지간길이가 50m인 교량 건설공사
③ 터널 건설공사
④ 깊이가 11m인 굴착공사

해설 유해위험방지 계획서 제출대상 공사
- 시설 등의 건설 · 개조 또는 해체 공사
  - ㉠ 지상높이가 31m 이상인 건축물 또는 인공구조물
  - ㉡ 연면적 30000m^2 이상인 건축물
  - ㉢ 연면적 5000m^2 이상인 시설
    - ㉮ 문화 및 집회시설(전시장, 동물원, 식물원은 제외)
    - ㉯ 운수시설(고속철도 역사, 집배송 시설은 제외)
    - ㉰ 종교시설, 의료시설 중 종합병원
    - ㉱ 숙박시설 중 관광숙박시설
    - ㉲ 판매시설, 지하도상가, 냉동 · 냉장창고시설
- 터널 건설 등의 공사
- 깊이 10m 이상인 굴착공사
- 최대 지간길이가 50m 이상인 교량 건설 등의 공사
- 연면적 5000m^2 이상인 냉동 · 냉장창고시설의 설비공사 및 단열공사
- 다목적 댐, 발전용 댐 및 저수용량 2천만 톤 이상의 용수전용 댐, 지방상수도 전용 댐 건설 등의 공사

120. 본 터널(main tunnel)을 시공하기 전에 터널에서 약간 떨어진 곳에 지질조사, 환기, 배수, 운반 등의 상태를 알아보기 위하여 설치하는 터널은?

① 프리패브(prefab) 터널
② 사이드(side) 터널
③ 쉴드(shield) 터널
④ 파일럿(pilot) 터널

해설 파일럿(pilot) 터널 : 본 터널을 시공하기 전에 터널에 관한 자료조사를 위해 설치하는 터널

정답 117. ④　118. ①　119. ①　120. ④

2020년도(4회차) 출제문제

산업안전기사

1과목 안전관리론

1. 다음 중 라인(line)형 안전관리조직의 특징으로 옳은 것은?

① 안전에 관한 기술의 축적이 용이하다.
② 안전에 관한 지시나 조치가 신속하다.
③ 조직원 전원을 자율적으로 안전활동에 참여시킬 수 있다.
④ 권한 다툼이나 조정 때문에 통제수속이 복잡해지며, 시간과 노력이 소모된다.

해설 line형(라인형) : 모든 안전관리 업무가 생산라인을 통하여 직선적으로 이루어지는 조직이다.

㉠ 장점
- 정확히 전달 · 실시된다.
- 100인 이하의 소규모 사업장에 활용된다.
- 안전에 관한 명령과 지시는 생산라인을 통해 신속하게 이루어진다.

㉡ 단점
- 생산과 안전 동시에 지시하는 형태이다.
- 라인에 과도한 책임이 부여된다.
- 안전의 정보가 불충분하다.

2. 레윈(Lewin)의 인간 행동 특성을 다음과 같이 표현하였다. 변수 "P"가 의미하는 것은?

$$B=f(P \cdot E)$$

① 행동　② 소질
③ 환경　④ 함수

해설 P : 개체(연령, 경험, 심신상태, 성격, 지능, 소질 등)

3. Y−K(Yutaka Kohate) 성격검사에 관한 사항으로 옳은 것은?

① C,C'형은 적응이 빠르다.
② M,M'형은 내구성, 집념이 부족하다.
③ S,S'형은 담력, 자신감이 강하다.
④ P,P'형은 운동, 결단이 빠르다.

해설 Y−K(Yutaka Kohate) 성격검사

유형	특징
C,C'형 진공성형 (담즙질)	• 적응이 빠르다. • 세심하지 않다. • 내구, 집념이 부족하다. • 진공, 자신감이 강하다. • 운동 및 결단이 빠르고 기민하다.
M,M'형 신경질형 (흑담즙질)	• 적응이 느리다. • 세심하고 정확하다. • 담력, 자신감이 강하다. • 내구성, 집념성, 지속성이 강하다. • 운동성이 느리고 지속성이 풍부하다.
S,S'형 운동성형 (다혈질)	• 적응이 빠르다. • 세심하지 않다. • 담력, 자신감이 약하다. • 내구성, 집념성이 부족하다. • 운동 및 결단이 빠르고 기민하다.
P,P'형 평범 수동성형 (점액질)	• 적응이 느리다. • 세심하고 정확하다. • 담력, 자신감이 약하다. • 내구성, 집념성, 지속성이 강하다. • 운동, 결단이 느리고 지속성이 풍부하다.

4. 다음 중 재해예방의 4원칙이 아닌 것은?

① 손실우연의 원칙　② 사전준비의 원칙

정답 1. ②　2. ②　3. ①　4. ②

③ 원인계기의 원칙 ④ 대책선정의 원칙

해설 하인리히 산업재해예방의 4원칙 : 손실 우연의 원칙, 원인계기의 원칙, 대책선정의 원칙, 예방가능의 원칙

5. 재해의 발생확률은 개인적 특성이 아니라 그 사람이 종사하는 작업의 위험성에 기초한다는 이론은?

① 암시설 ② 경향설
③ 미숙설 ④ 기회설

해설 재해 빈발성
- 기회설(상황설) : 작업에 어려운 상황이 많기 때문에 재해가 유발하게 된다는 설
- 암시설(습관설) : 한 번 재해를 당한 사람은 겁쟁이가 되어 다시 재해를 유발하게 된다는 설
- 경향설(성향설) : 근로자 가운데 재해가 빈발하는 소질적 결함자가 있다는 설

6. 타인의 비판 없이 자유로운 토론을 통하여 다량의 독창적인 아이디어를 이끌어내고, 대안적 해결안을 찾기 위한 집단적 사고기법은?

① role playing ② brain storming
③ action playing ④ fish bowl playing

해설 집중발상법(Brain Storming : BS)
- 구성원들의 잠재의식을 일깨워 자유로이 아이디어를 개발하자는 토의식 아이디어 개발기법
- 독창적인 아이디어를 이끌어내고, 대안적 해결안을 찾기 위한 집단적 사고기법

7. 강도율 7인 사업장에서 한 작업자가 평생동안 작업을 한다면 산업재해로 인한 근로손실일수는 며칠로 예상되는가? (단, 이 사업장의 연 근로시간과 한 작업자의 평생근로시간은 100000시간으로 가정한다.)

① 500 ② 600
③ 700 ④ 800

해설 환산강도율=강도율×100
=7×100=700일

8. 산업안전보건법령상 유해·위험방지를 위한 방호조치가 필요한 기계·기구가 아닌 것은?

① 예초기 ② 지게차
③ 금속절단기 ④ 금속탐지기

해설 유해·위험방지를 위한 방호조치가 필요한 기계·기구 : 예초기, 원심기, 공기압축기, 금속절단기, 지게차, 포장기계(진공포장기, 랩핑기로 한정)

9. 산업안전보건법령상 안전·보건표지의 색채와 사용사례의 연결로 틀린 것은?

① 노란색－화학물질 취급장소에서의 유해·위험 경고 이외의 위험 경고
② 파란색－특정 행위의 지시 및 사실의 고지
③ 빨간색－화학물질 취급장소에서의 유해·위험 경고
④ 녹색－정지신호, 소화설비 및 그 장소, 유해행위의 금지

해설 안전·보건표지의 색채와 용도

색채	색도기준	용도	색의 용도
빨간색	7.5R 4/14	금지	정지신호, 소화설비 및 그 장소, 유해 행위 금지
		경고	화학물질 취급장소에서의 유해·위험 경고
노란색	5Y 8.5/12	경고	화학물질 취급장소에서의 유해·위험 경고 이외의 위험 경고·주의표지

정답 5. ④ 6. ② 7. ③ 8. ④ 9. ④

파란색	2.5PB 4/10	지시	특정 행위의 지시 및 사실의 고지
녹색	2.5G 4/10	안내	비상구 및 피난소, 사람 또는 차량의 통행표지
흰색	N9.5	–	파란색 또는 녹색의 보조색
검은색	N0.5	–	빨간색 또는 노란색의 보조색

10. 재해의 발생형태 중 다음 그림이 나타내는 것은?

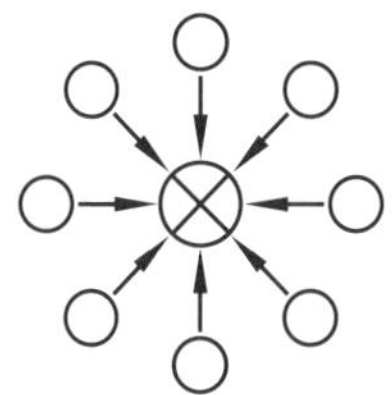

① 단순연쇄형 ② 복합연쇄형
③ 단순자극형 ④ 복합형

해설 산업재해의 발생형태(mechanism)

- 단순연쇄형 :

- 복합연쇄형 :
- 복합형 :

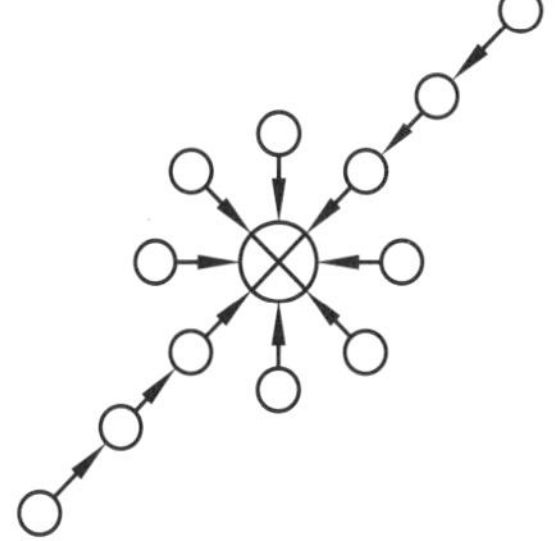

11. 생체리듬의 변화에 대한 설명으로 틀린 것은?

① 야간에는 체중이 감소한다.
② 야간에는 말초운동 기능이 증가된다.
③ 체온, 혈압, 맥박수는 주간에 상승하고 야간에 감소한다.
④ 혈액의 수분과 염분량은 주간에 감소하고 야간에 상승한다.

해설 위험일의 변화 및 특징

- 혈액의 수분, 염분량은 주간에 감소하고 야간에 상승한다.
- 야간에는 체중이 감소하고 말초운동 기능이 저하된다.
- 체온, 혈압, 맥박수는 주간에 상승하고 야간에 감소한다.

12. 무재해 운동을 추진하기 위한 조직의 세 기둥으로 볼 수 없는 것은?

① 최고 경영자의 경영 자세
② 소집단 자주활동의 활성화
③ 전 종업원의 안전요원화
④ 라인관리자에 의한 안전보건의 추진

해설 ③은 무재해 운동의 이념 3원칙 중 참가의 원칙이다.

Tip) 참가의 원칙 : 작업자 전원이 참여하여 각자의 위치에서 적극적으로 문제해결을 실천하는 원칙

13. 안전인증 절연장갑에 안전인증표시 외에 추가로 표시하여야 하는 등급별 색상의 연결로 옳은 것은? (단, 고용노동부 고시를 기준으로 한다.)

① 00등급 : 갈색
② 0등급 : 흰색
③ 1등급 : 노란색
④ 2등급 : 빨간색

정답 10. ③ 11. ② 12. ③ 13. ①

해설 절연장갑의 등급 및 표시

등급	등급별 색상	최대사용전압	
		교류(V)	직류(V)
00	갈색	500	750
0	빨간색	1000	1500
1	흰색	7500	11250
2	노란색	17000	25500
3	녹색	26500	39750
4	등색	36000	54000

14. 안전교육방법 중 구안법(project method)의 4단계의 순서로 옳은 것은?

① 계획 수립 → 목적 결정 → 활동 → 평가
② 평가 → 계획 수립 → 목적 결정 → 활동
③ 목적 결정 → 계획 수립 → 활동 → 평가
④ 활동 → 계획 수립 → 목적 결정 → 평가

해설 구안법의 순서

제1단계	제2단계	제3단계	제4단계
목적 결정	계획 수립	활동(수행)	평가

15. 보건법령상 사업 내 안전보건교육 중 관리감독자 정기교육의 내용이 아닌 것은?

① 유해 · 위험 작업환경 관리에 관한 사항
② 표준 안전작업방법 및 지도요령에 관한 사항
③ 작업공정의 유해 · 위험과 재해예방 대책에 관한 사항
④ 기계 · 기구의 위험성과 작업의 순서 및 동선에 관한 사항

해설 ④는 근로자 안전 · 보건교육 중 채용 시의 교육내용이다.

16. 다음 재해원인 중 간접원인에 해당하지 않는 것은?

① 기술적 원인　② 교육적 원인
③ 관리적 원인　④ 인적 원인

해설 • 직접원인 : 인적 원인(불안전한 행동), 물리적 원인(불안전한 상태)
• 간접원인 : 기술적 원인, 교육적 원인, 관리적 원인, 신체적 원인, 정신적 원인 등

17. 재해원인 분석방법의 통계적 원인 분석 중 사고의 유형, 기인물 등 분류 항목을 큰 순서대로 도표화한 것은?

① 파레토도
② 특성요인도
③ 크로스도
④ 관리도

해설 파레토도 : 사고의 유형, 기인물 등 분류 항목을 큰 값에서 작은 값의 순서대로 도표화한다.

18. 다음 중 헤드십(headship)에 관한 설명과 가장 거리가 먼 것은?

① 권한의 근거는 공식적이다.
② 지휘의 형태는 민주주의적이다.
③ 상사와 부하와의 사회적 간격은 넓다.
④ 상사와 부하와의 관계는 지배적이다.

해설 리더십과 헤드십의 비교

분류	리더십	헤드십
권한 행사	선출직	임명직
권한 부여	밑으로부터 동의	위에서 위임
권한 귀속	목표에 기여한 공로 인정	공식 규정에 의함
상 · 하의 관계	개인적인 영향	지배적인 영향
부하와의 사회적 관계	관계(간격) 좁음	관계(간격) 넓음
지휘형태	민주주의적	권위주의적
책임 귀속	상사와 부하	상사
권한 근거	개인적, 비공식적	법적, 공식적

정답 14. ③　15. ④　16. ④　17. ①　18. ②

19. 다음 설명에 해당하는 학습지도의 원리는 무엇인가?

> 학습자가 지니고 있는 각자의 요구와 능력 등에 알맞은 학습활동의 기회를 마련해 주어야 한다는 원리

① 직관의 원리
② 자기활동의 원리
③ 개별화의 원리
④ 사회화의 원리

해설 교육(학습)지도의 원리
- 자발성(자기활동)의 원리 : 학습자 자신이 자발적으로 학습에 참여하도록 하는 원리
- 개별화의 원리 : 학습자가 지니고 있는 개인의 능력, 소질, 성향 등에 알맞은 학습활동의 기회를 마련해 주어야 한다는 원리
- 사회화의 원리 : 학습내용을 현실에 기반하여 학교에서 경험과 사회에서 경험의 공동학습을 통해서 협력적이고 우호적인 학습을 진행하는 원리
- 직관의 원리 : 구체적인 사물을 학습자가 직접 경험해봄으로써 학습의 효과를 높일 수 있다는 원리

20. 안전교육의 단계에 있어 교육 대상자가 스스로 행함으로써 습득하게 하는 교육은 무엇인가?

① 의식교육
② 기능교육
③ 지식교육
④ 태도교육

해설 기능교육 : 교육 대상자가 스스로 행함으로써 시범, 견학, 실습, 현장실습 교육을 통한 경험을 체득하는 단계

2과목 인간공학 및 시스템 안전공학

21. 결함수 분석의 기호 중 입력사상이 어느 하나라도 발생할 경우 출력사상이 발생하는 것은?

① NOR GATE
② AND GATE
③ OR GATE
④ NAND GATE

해설 GATE 진리표

OR			NOR			AND			NAND		
입력		출력	입력		출력	입력		출력	입력		출력
0	0	0	0	0	1	0	0	0	0	0	1
0	1	1	0	1	0	0	1	0	0	1	1
1	0	1	1	0	0	1	0	0	1	0	1
1	1	1	1	1	0	1	1	1	1	1	0

22. 가스밸브를 잠그는 것을 잊어 사고가 발생했다면 작업자는 어떤 인적오류를 범한 것인가?

① 생략오류(omission error)
② 시간지연 오류(time error)
③ 순서오류(sequential error)
④ 작위적 오류(commission error)

해설 인간에러(human error)
- 생략, 누설, 부작위 오류 : 작업공정 절차를 수행하지 않은 것에 기인한 에러
- 시간지연 오류 : 시간지연으로 발생하는 에러
- 순서오류 : 작업공정의 순서 착오로 발생한 에러
- 작위적 오류, 실행오류 : 필요한 작업 절차의 불확실한 수행으로 발생한 에러
- 과잉행동 오류 : 불확실한 작업 절차의 수행으로 발생한 에러

정답 19. ③ 20. ② 21. ③ 22. ①

23. **어떤 소리가 1000Hz, 60dB인 음과 같은 높이임에도 4배 더 크게 들린다면, 이 소리의 음압수준은 얼마인가?**

① 70dB ② 80dB
③ 90dB ④ 100dB

해설 소리의 음압수준
- 음압수준이 10dB 증가 시 소음은 2배 증가
- 음압수준이 20dB 증가 시 소음은 4배 증가

따라서 음압수준이 60dB+20dB=80dB이다.

24. **시스템 안전분석 방법 중 예비위험분석(PHA) 단계에서 식별하는 4가지 범주에 속하지 않는 것은?**

① 위기상태
② 무시가능상태
③ 파국적 상태
④ 예비조처상태

해설 식별하는 4가지 PHA 범주
- 파국적(치명적) : 사망, 시스템 완전 손상
- 중대(위기적) : 중대 상해, 시스템 중대 손상
- 한계적 : 경미한 상해, 시스템 성능 저하
- 무시가능 : 경미한 상해, 시스템 성능 저하 없거나 미미함

25. **다음은 불꽃놀이용 화학물질 취급설비에 대한 정량적 평가이다. 해당 항목에 대한 위험등급이 올바르게 연결된 것은?**

항목	A(10점)	B(5점)	C(2점)	D(0점)
취급 물질	O	O	O	
조작		O		O
화학설비의 용량	O		O	
온도	O	O		
압력		O	O	O

① 취급 물질－Ⅰ등급, 화학설비의 용량－Ⅰ등급
② 온도－Ⅰ등급, 화학설비의 용량－Ⅱ등급
③ 취급 물질－Ⅰ등급, 조작－Ⅳ등급
④ 온도－Ⅱ등급, 압력－Ⅲ등급

해설 정량적 평가

Ⅰ등급	16점 이상	위험도 높음
Ⅱ등급	11점 이상 16점 미만	다른 설비와 관련해서 평가
Ⅲ등급	11점 미만	위험도 낮음

- 취급 물질 : 10+5+2=17점, Ⅰ등급
- 조작 : 5+0=5점, Ⅲ등급
- 화학설비의 용량 : 10+2=12점, Ⅱ등급
- 온도 : 10+5=15점, Ⅱ등급
- 압력 : 5+2+0=7점, Ⅲ등급

26. **산업안전보건법령상 유해·위험방지 계획서의 제출대상 제조업은 전기 계약용량이 얼마 이상인 경우에 해당되는가? (단, 기타 예외 사항은 제외한다.)**

① 50kW ② 100kW
③ 200kW ④ 300kW

해설 다음 각 호의 어느 하나에 해당하는 사업으로서 유해·위험방지 계획서의 제출대상 사업장의 전기 계약용량은 300kW 이상이어야 한다.
- 비금속 광물제품 제조업
- 금속가공제품(기계 및 가구는 제외) 제조업
- 기타 기계 및 장비 제조업
- 자동차 및 트레일러 제조업
- 목재 및 나무제품 제조업
- 고무제품 및 플라스틱제품 제조업
- 기타 제품 제조업
- 화학물질 및 화학제품 제조업
- 1차 금속 제조업
- 전자부품 제조업
- 반도체 제조업
- 식료품 제조업
- 가구 제조업

정답 23. ② 24. ④ 25. ④ 26. ④

27. **인간-기계 시스템의 설계과정을 [보기]와 같이 분류할 때 인간, 기계의 기능을 할당하는 단계는?**

보기

1단계 : 시스템의 목표와 성능명세 결정
2단계 : 시스템의 정의
3단계 : 기본설계
4단계 : 인터페이스 설계
5단계 : 보조물 설계 혹은 편의수단 설계
6단계 : 평가

① 기본설계
② 인터페이스 설계
③ 시스템의 목표와 성능명세 결정
④ 보조물 설계 혹은 편의수단 설계

해설 기본설계 : 시스템의 형태를 갖추기 시작하는 단계(인간, 기계의 기능을 할당, 직무분석, 작업설계)

28. **결함수 분석법에서 path set에 관한 설명으로 맞는 것은?**

① 시스템의 약점을 표현한 것이다.
② top사상을 발생시키는 조합이다.
③ 시스템이 고장 나지 않도록 하는 사상의 조합이다.
④ 시스템 고장을 유발시키는 필요불가결한 기본사상들의 집합이다.

해설 패스셋 : 모든 기본사상이 발생하지 않을 때 처음으로 정상사상이 발생하지 않는 기본사상들의 집합, 시스템의 고장을 발생시키지 않는 기본사상들의 집합

29. **다음 중 연구기준의 요건과 내용이 옳은 것은?**

① 무오염성 : 실제로 의도하는 바와 부합해야 한다.
② 적절성 : 반복실험 시 재현성이 있어야 한다.
③ 신뢰성 : 측정하고자 하는 변수 이외의 다른 변수의 영향을 받아서는 안 된다.
④ 민감도 : 피실험자 사이에서 볼 수 있는 예상 차이점에 비례하는 단위로 측정해야 한다.

해설 인간공학 연구조사에 사용되는 구비조건
- 무오염성 : 측정하고자 하는 변수 이외의 다른 변수에 영향을 받아서는 안 된다.
- 적절성(타당성) : 기준이 의도한 목적에 적합해야 한다.
- 신뢰성 : 반복시험 시 재현성이 있어야 한다.
- 민감도 : 피실험자 사이에서 볼 수 있는 예상 차이점에 비례하는 단위로 측정해야 한다.

30. **FTA 결과 다음 [보기]와 같은 패스셋을 구하였다. X_4가 중복사상인 경우, 최소 패스셋(minimal path sets)으로 옳은 것은?**

보기

$\{X_2\ X_3\ X_4\}$, $\{X_1\ X_3\ X_4\}$, $\{X_3\ X_4\}$

① $\{X_3\ X_4\}$
② $\{X_1\ X_3\ X_4\}$
③ $\{X_2\ X_3\ X_4\}$
④ $\{X_2\ X_3\ X_4\}$와 $\{X_3\ X_4\}$

해설 패스셋
㉠ $T=(X_2X_3X_4)\times(X_1X_3X_4)\times(X_3X_4)$
㉡ 패스셋을 아래의 그림과 같이 표시할 수 있고, 패스셋 중 공통인 (X_3X_4)가 최소 패스셋이 된다.

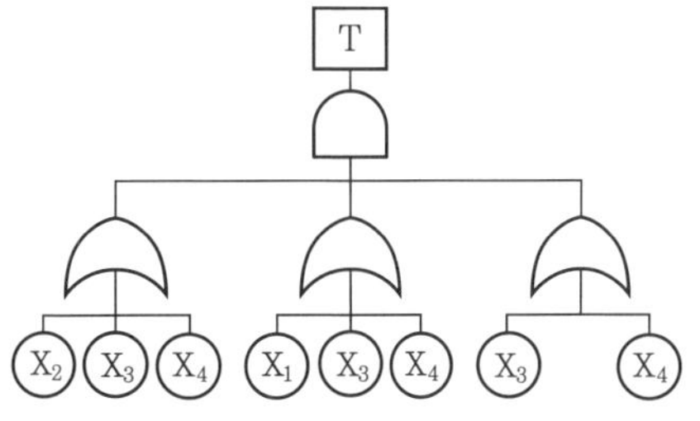

31. 다음 중 인체측정에 대한 설명으로 옳은 것은?

① 인체측정은 동적 측정과 정적 측정이 있다.
② 인체측정학은 인체의 생화학적 특징을 다룬다.
③ 자세에 따른 인체지수의 변화는 없다고 가정한다.
④ 측정항목에 무게, 둘레, 두께, 길이는 포함되지 않는다.

해설 인체측정의 동적 측정과 정적 측정
- 동적 측정(기능적 신체치수) : 일상생활에 적용하는 분야 측정, 신체적 기능을 수행할 때 움직이는 신체치수 측정, 인간공학적 설계를 위한 자료 목적
- 정적 측정(기본적인 인체치수) : 정지상태에서 신체치수를 기본으로 신체 각 부위의 무게, 무게중심, 부피, 운동범위, 관성 등의 물리적 특성을 측정

32. 실린더 블록에 사용하는 가스켓의 수명 분포는 $X \sim N(10000,\ 200^2)$인 정규분포를 따른다. t=9600시간일 경우에 신뢰도(R(t))는? (단, $P(Z \le 1)=0.8413$, $P(Z \le 1.5)=0.9332$, $P(Z \le 2)=0.9772$, $P(Z \le 3)=0.9987$이다.)

① 84.13%　　② 93.32%
③ 97.72%　　④ 99.87%

해설 신뢰도
㉠ 수명분포는 $X \sim N(10000,\ 200^2)$을 따른다.
㉡ 평균기대수명=10000−9600=400
㉢ $Z=\dfrac{\text{평균}}{\text{표준편차}}=\dfrac{400}{200}=2$
㉣ 표준정규분포상 $Z=2$이므로 정규표준분포에 따르면 $P(Z \le 2)=0.9772$이다.
㉤ 신뢰도=0.9772×100=97.72%

33. 다음 중 열 중독증(heat illness)의 강도를 올바르게 나열한 것은?

> ㉠ 열소모(heat exhaustion)
> ㉡ 열발진(heat rash)
> ㉢ 열경련(heat cramp)
> ㉣ 열사병(heat stroke)

① ㉢<㉡<㉠<㉣　　② ㉢<㉡<㉣<㉠
③ ㉡<㉢<㉠<㉣　　④ ㉡<㉣<㉠<㉢

해설 열에 의한 손상
- 열발진(heat rash) : 고온환경에서 지속적인 육체적 노동이나 운동을 함으로써 과도한 땀이나 자극으로 인해 피부에 생기는 붉은색의 작은 수포성 발진이 나타나는 현상이다.
- 열경련(heat cramp) : 고온환경에서 지속적인 육체적 노동이나 운동을 함으로써 과다한 땀의 배출로 전해질이 고갈되어 발생하는 근육, 발작 등의 경련이 나타나는 현상이다.
- 열소모(heat exhaustion) : 고온에서 장시간 중 노동을 하거나, 심한 운동으로 땀을 다량 흘렸을 때 나타나는 현상으로 땀을 통해 손실한 염분을 충분히 보충하지 못했을 때 현기증, 구토 등이 나타나는 현상, 열피로라고도 한다.
- 열사병(heat stroke) : 고온, 다습한 환경에 노출될 때 뇌의 온도상승으로 인해 나타나는 현상으로 발한정지, 심할 경우 혼수상태에 빠져 때로는 생명을 앗아간다.

34. 다음 중 사무실 의자나 책상에 적용할 인체측정자료의 설계원칙으로 가장 적합한 것은?

① 평균치 설계　　② 조절식 설계
③ 최대치 설계　　④ 최소치 설계

정답 31. ①　32. ③　33. ③　34. ②

해설 조절범위(조절식 설계)를 기준으로 한 설계 : 크고 작은 많은 사람에 맞도록 설계한다.

35. 암호체계의 사용 시 고려해야 될 사항과 거리가 먼 것은?

① 정보를 암호화한 자극은 검출이 가능해야 한다.
② 다차원의 암호보다 단일 차원화된 암호가 정보 전달이 촉진된다.
③ 암호를 사용할 때는 사용자가 그 뜻을 분명히 알 수 있어야 한다.
④ 모든 암호 표시는 감지장치에 의해 검출될 수 있고, 다른 암호 표시와 구별될 수 있어야 한다.

해설 암호 체계의 일반적 사항
- 검출성 : 정보를 암호화한 자극은 검출이 가능해야 한다.
- 판별성(변별성) : 모든 암호 표시는 다른 암호 표시와 구별될 수 있어야 한다.
- 표준화 : 암호를 표준화하여 다른 상황으로 변화해도 이용할 수 있어야 한다.
- 부호의 양립성 : 자극과 반응의 관계가 사람의 기대와 모순되지 않는 성질이다.
- 부호의 성질 : 암호를 사용할 때는 사용자가 그 뜻을 분명히 알 수 있어야 한다.
- 다차원 시각적 암호 : 색이나 숫자로 된 단일 암호보다 색과 숫자의 중복으로 된 조합 암호 차원이 정보 전달이 촉진된다.

36. 신호검출이론(SDT)의 판정 결과 중 신호가 없었는데도 있었다고 말하는 경우는?

① 긍정(hit)
② 누락(miss)
③ 허위(false alarm)
④ 부정(correct rejection)

해설 신호검출이론은 긍정(hit), 허위(false alarm), 누락(miss), 부정(correct rejection)의 4가지 결과가 있다.

37. 촉감의 일반적인 척도의 하나인 2점 문턱값(two-point threshold)이 감소하는 순서대로 나열된 것은?

① 손가락 → 손바닥 → 손가락 끝
② 손바닥 → 손가락 → 손가락 끝
③ 손가락 끝 → 손가락 → 손바닥
④ 손가락 끝 → 손바닥 → 손가락

해설 촉각(감)적 표시장치
- 2점 문턱값은 손가락 끝으로 갈수록 감각이 감소하며, 감각을 느끼는 점 사이의 최소 거리이다.
- 문턱값은 감지가 가능한 최소 자극의 크기이다.

38. 시스템 안전분석 방법 중 HAZOP에서 "완전 대체"를 의미하는 것은?

① NOT ② REVERSE
③ PART OF ④ OTHER THAN

해설 유인어(guide words)
- NO/NOT : 설계 의도의 완전한 부정
- MORE/LESS : 정량적인 증가 또는 감소
- PART OF : 성질상의 감소, 일부 변경
- OTHER THAN : 완전한 대체
- REVERSE : 설계 의도와 논리적인 역을 의미
- AS WELL AS : 성질상의 증가로 설계 의도와 운전조건 등 부가적인 행위와 함께 나타나는 것

39. 어느 부품 1000개를 100000시간 동안 가동하였을 때 5개의 불량품이 발생하였을 경우 평균동작시간(MTTF)은?

정답 35. ② 36. ③ 37. ② 38. ④ 39. ②

① 1×10^6시간　② 2×10^7시간
③ 1×10^8시간　④ 2×10^9시간

해설 평균동작시간 계산

㉠ 고장률(λ)$=\dfrac{\text{고장 건수}}{\text{총 가동시간}}$

$=\dfrac{5}{1000\times100000}=5\times10^{-8}$건/시간

㉡ 평균동작시간(MTTF)$=\dfrac{1}{\text{고장률}(\lambda)}$

$=\dfrac{1}{5\times10^{-8}}=2\times10^{7}$시간

40. 신체활동의 생리학적 측정법 중 전신의 육체적인 활동을 측정하는데 가장 적합한 방법은?

① Flicker 측정
② 산소 소비량 측정
③ 근전도(EMG) 측정
④ 피부전기반사(GSR) 측정

해설 신체활동의 생리학적 측정법 중 전신의 육체적인 활동을 측정하는 방법은 심박수, 산소 섭취량, 탄소 배출량, 호흡에 의한 산소 소비량 측정 등이다.

Tip) 신체활동 측정
- 신경적 작업 : 심박수(맥박수), 호흡에 의한 산소 소비량으로 측정한다.
- 동적 근력작업 : 에너지 소비량, 산소 섭취량, 탄소 배출량, 심박수, 근전도(EMG) 등을 측정한다.
- 정적 근력작업 : 에너지 대사량과 심박수의 상관관계 또는 시간적 경과, 근전도(EMG) 등을 측정한다.
- 심적 작업 : 플리커 값 등을 측정한다.
- 심전도(ECG, EKG) : 심장근의 활동척도
- 뇌전도(EEG) : 뇌 활동에 따른 전위 변화
- 근전도(EMG) : 국부적 근육활동

3과목 기계 위험방지 기술

41. 산업안전보건법령상 롤러기의 방호장치 중 롤러의 앞면 표면속도가 30m/min 이상일 때 무부하 동작에서 급정지거리는 얼마인가?

① 앞면 롤러 원주의 $\dfrac{1}{2.5}$ 이내
② 앞면 롤러 원주의 $\dfrac{1}{3}$ 이내
③ 앞면 롤러 원주의 $\dfrac{1}{3.5}$ 이내
④ 앞면 롤러 원주의 $\dfrac{1}{5.5}$ 이내

해설 롤러의 급정지거리

$\dfrac{1}{3}\pi D<V(=30\,\text{m/min})\le\dfrac{1}{2.5}\pi D$

42. 극한하중이 600N인 체인에 안전계수가 4일 때 체인의 정격하중(N)은?

① 130N　② 140N
③ 150N　④ 160N

해설 정격하중$=\dfrac{\text{극한하중}}{\text{안전계수}}=\dfrac{600}{4}=150\,\text{N}$

43. 연삭작업에서 숫돌의 파괴 원인으로 가장 적절하지 않은 것은?

① 숫돌의 회전속도가 너무 빠를 때
② 연삭작업 시 숫돌의 정면을 사용할 때
③ 숫돌에 큰 충격을 줬을 때
④ 숫돌의 회전중심이 제대로 잡히지 않았을 때

해설 연삭작업 시 숫돌의 정면을 사용할 때–연삭작업 방법이다.

정답 40. ②　41. ①　42. ③　43. ②

44. **산업안전보건법령상 아세틸렌 용접장치의 안전에 관한 준수사항으로 옳은 것은?**

① 아세틸렌 용접장치의 발생기실을 옥외에 설치한 경우에는 그 개구부를 다른 건축물로부터 1m 이상 떨어지도록 하여야 한다.
② 가스집합장치로부터 7m 이내의 장소에서는 화기의 사용을 금지시킨다.
③ 아세틸렌 발생기에서 10m 이내 또는 발생기실에서 4m 이내의 장소에서는 화기의 사용을 금지시킨다.
④ 아세틸렌 용접장치를 사용하여 용접작업을 할 경우 게이지 압력이 127kPa을 초과하는 압력의 아세틸렌을 발생시켜 사용해서는 아니 된다.

해설 아세틸렌 용접장치 게이지 압력은 최대 127kPa 이하이어야 한다.

45. **500rpm으로 회전하는 연삭숫돌의 지름이 300mm일 때 원주속도(m/min)는?**

① 약 748 ② 약 650
③ 약 532 ④ 약 471

해설 원주속도$(V)=\dfrac{\pi DN}{1000}$

$$=\frac{\pi\times300\times500}{1000}=471.2\text{m/min}$$

46. **산업안전보건법령상 로봇을 운전하는 경우 근로자가 로봇에 부딪칠 위험이 있을 때 높이는 최소 얼마 이상의 울타리를 설치하여야 하는가? (단, 로봇의 가동범위 등을 고려하여 높이로 인한 위험성이 없는 경우는 제외)**

① 0.9m ② 1.2m
③ 1.5m ④ 1.8m

해설 근로자가 로봇에 부딪칠 위험이 있을 때에는 안전매트 및 높이 1.8m 이상의 방책을 설치한다.

47. **일반적으로 전류가 과대하고, 용접속도가 너무 빠르며, 아크를 짧게 유지하기 어려운 경우 모재 및 용접부의 일부가 녹아서 홈 또는 오목한 부분이 생기는 용접부 결함은 무엇인가?**

① 잔류응력 ② 융합 불량
③ 기공 ④ 언더컷

해설 용접결함의 종류

기공(blow hole)	언더컷(undercut)
용입 불량	용입 부족

48. **산업안전보건법령상 승강기의 종류로 옳지 않은 것은?**

① 승객용 엘리베이터
② 리프트
③ 화물용 엘리베이터
④ 승객화물용 엘리베이터

해설 승강기의 종류는 승객용, 승객화물용, 화물용, 소형화물용 엘리베이터와 에스컬레이터가 있다

49. **다음 중 선반의 방호장치로 가장 거리가 먼 것은?**

① 실드(shield) ② 슬라이딩
③ 척 커버 ④ 칩 브레이커

해설 선반의 방호장치 : 실드, 척 커버, 칩 브레이커, 브레이크

50. **산업안전보건법령상 목재가공용 둥근톱기계 작업에서 분할날과 톱날 원주면과의 간격은 최대 얼마 이내가 되도록 조정해야 하는가?**

정답 44. ④ 45. ④ 46. ④ 47. ④ 48. ② 49. ② 50. ②

① 10mm ② 12mm
③ 14mm ④ 16mm

해설 둥근톱기계 작업에서 분할날과 톱날 원주면과의 간격은 12mm 이내이어야 한다.

51. 기계설비에서 기계 고장률의 기본모형으로 옳지 않은 것은?

① 조립고장 ② 초기고장
③ 우발고장 ④ 마모고장

해설 • 기계설비의 고장 유형 : 초기고장(감소형 고장), 우발고장(일정형 고장), 마모고장(증가형 고장)
• 욕조곡선(bathtub curve) : 고장률이 높은 값에서 점차 감소하여 일정한 값을 유지한 후 다시 점차로 높아지는, 즉 제품의 수명을 나타내는 곡선

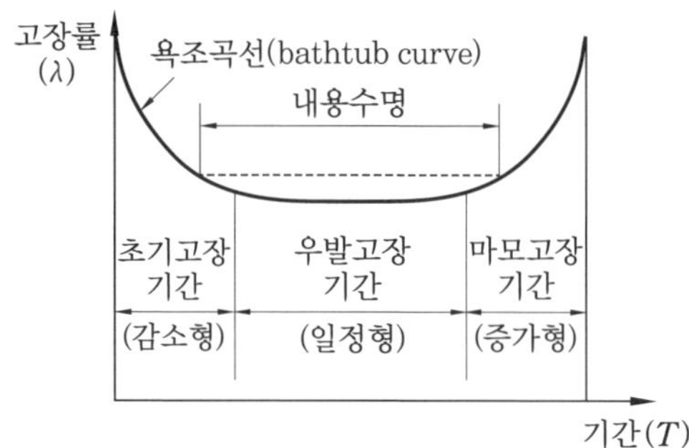

욕조곡선(bathtub curve)

52. 산업안전보건법령상 화물의 낙하에 의해 운전자가 위험을 미칠 경우 지게차의 헤드가드(head guard)는 지게차의 최대하중의 몇 배가 되는 등분포정하중에 견디는 강도를 가져야 하는가? (단, 4톤을 넘는 값은 제외)

① 1배 ② 1.5배
③ 2배 ④ 3배

해설 지게차는 최대하중의 2배 값의 등분포정하중에 견딜 수 있을 것(단, 4톤을 넘는 값에 대해서는 4톤으로 한다.)

53. 다음 중 컨베이어의 안전장치로 옳지 않은 것은?

① 비상정지장치
② 반발예방장치
③ 역회전 방지장치
④ 이탈방지장치

해설 ②는 둥근톱기계의 방호장치이다.

54. 크레인에 돌발상황이 발생한 경우 안전을 유지하기 위하여 모든 전원을 차단하여 크레인을 급정지시키는 방호장치는?

① 호이스트
② 이탈방지장치
③ 비상정지장치
④ 아우트리거

해설 비상정지장치는 크레인을 급정지시키는 방호장치이다.

55. 산업안전보건법령상 프레스 등을 사용하여 작업을 할 때에 작업시작 전 점검사항으로 가장 거리가 먼 것은?

① 압력방출장치의 기능
② 클러치 및 브레이크의 기능
③ 프레스의 금형 및 고정볼트 상태
④ 1행정 1정지기구 · 급정지장치 및 비상정지장치의 기능

해설 ①은 보일러의 방호장치이다.

56. 다음 중 프레스 방호장치에서 게이트 가드식 방호장치의 종류를 작동방식에 따라 분류할 때 가장 거리가 먼 것은?

① 경사식 ② 하강식
③ 도립식 ④ 횡 슬라이드식

해설 게이트 가드식의 종류 : 하강식, 도입(립)식, 상승식, 횡 슬라이드식

정답 51. ① 52. ③ 53. ② 54. ③ 55. ① 56. ①

57. **선반작업의 안전수칙으로 가장 거리가 먼 것은?**

① 기계에 주유 및 청소를 할 때에는 저속회전에서 한다.
② 일반적으로 가공물의 길이가 지름의 12배 이상일 때는 방진구를 사용하여 선반작업을 한다.
③ 바이트는 가급적 짧게 설치한다.
④ 면장갑을 사용하지 않는다.

해설 ① 주유 및 청소 시에는 기계 운전을 정지시켜야 한다.

58. **다음 중 보일러 운전 시 안전수칙으로 가장 적절하지 않은 것은?**

① 가동 중인 보일러에는 작업자가 항상 정위치를 떠나지 아니할 것
② 보일러의 각종 부속장치의 누설상태를 점검할 것
③ 압력방출장치는 매 7년마다 정기적으로 작동시험을 할 것
④ 노내의 환기 및 통풍장치를 점검할 것

해설 ③ 압력방출장치의 검사는 1년에 1회 이상 실시하지만, 평가 결과가 우수한 사업장은 4년에 1회 이상 실시한다.

59. **산업안전보건법령상 크레인에서 권과방지장치의 달기구 윗면이 권상장치의 아랫면과 접촉할 우려가 있는 경우 최소 몇 m 이상 간격이 되도록 조정하여야 하는가? (단, 직동식 권과방지장치의 경우는 제외)**

① 0.1 ② 0.15 ③ 0.25 ④ 0.3

해설 크레인에서 권과방지장치의 달기구 윗면이 권상장치의 아랫면과 접촉할 우려가 있는 경우 최소 0.25m 이상 간격이 되도록 조정하고, 직동식 권과방지장치는 0.05m 이상으로 한다.

60. **슬라이드가 내려옴에 따라 손을 쳐내는 막대가 좌우로 왕복하면서 위험한계에 있는 손을 보호하는 프레스 방호장치는?**

① 수인식
② 게이트 가드식
③ 반발예방장치
④ 손쳐내기식

해설 프레스의 방호장치

- 크랭크 프레스(1행정 1정지식) : 양수조작식, 게이트 가드식
- 행정길이(stroke)가 40mm 이상의 프레스 : 손쳐내기식, 수인식
- 마찰 프레스(슬라이드 작동 중 정지 가능한 구조) : 광전자식(감응식)
- 방호장치가 설치된 것으로 간주 : 자동송급장치가 있는 프레스기와 전단기

4과목 전기 위험방지 기술

61. **KS C IEC 60079-0에 따른 방폭기기에 대한 설명이다. 다음 ( ) 안에 들어갈 알맞은 용어는?**

> (㉠)은 EPL로 표현되며 점화원이 될 수 있는 가능성에 기초하여 기기에 부여된 보호등급이다. EPL의 등급 중 (㉡)는 정상작동, 예상된 오작동, 드문 오작동 중에 점화원이 될 수 없는 "매우 높은" 보호등급의 기기이다.

① ㉠ : Explosion Protection Level, ㉡ : EPL Ga
② ㉠ : Explosion Protection Level, ㉡ : EPL Gc
③ ㉠ : Equipment Protection Level, ㉡ : EPL Ga
④ ㉠ : Equipment Protection Level, ㉡ : EPL Gc

정답 57. ① 58. ③ 59. ③ 60. ④ 61. ③

해설 KS C IEC 60079-0의 EPL의 등급

- EPL Ga : 폭발성 가스에 사용되는 기기로서 정상 작동 시, 예상되는 오작동이나 가끔 오작동이 발생할 시 발화원이 될 수 없는 매우 높은 보호등급의 기기
- EPL Gb : 폭발성 가스에 사용되는 기기로서 정상 작동 시, 예상되는 오작동이 발생할 시 발화원이 되지 않는 높은 보호등급의 기기
- EPL Gc : 폭발성 가스에 사용되는 기기로서 정상 작동 시 발화원이 될 수 없고, 주기적으로 발생하는 고장에도 발화원이 되지 않도록 추가 방호조치가 있을 수 있는 향상된 보호등급의 기기

62. 접지계통 분류에서 TN 접지방식이 아닌 것은?

① TN-S 방식
② TN-C 방식
③ TN-T 방식
④ TN-C-S 방식

해설 TN(기기접지) 접지방식

- TN-S 방식 : 보호도체를 접지계통의 전체에서 분리시키는 방식
- TN-C 방식 : 중성선과 보호도체의 기능을 접지계통 전체에서 동일도체로 겸용하는 방식
- TN-C-S 방식 : 중성선과 보호도체의 기능을 접지계통 일부에서 동일도체로 겸용하는 방식

63. 접지공사의 종류에 따른 접지선(연동선)의 굵기 기준으로 옳은 것은?

① 제1종 : 공칭단면적 6mm^2 이상
② 제2종 : 공칭단면적 12mm^2 이상
③ 제3종 : 공칭단면적 5mm^2 이상
④ 특별 제3종 : 공칭단면적 3.5mm^2 이상

해설 제1종 : 공칭단면적 6mm^2 이상의 연동선, 10Ω 이하, 피뢰기, 고압, 특고압용 기기의 철대 등

64. 최소 착화에너지가 0.26mJ인 가스에 정전용량이 100pF인 대전 물체로부터 정전기 방전에 의하여 착화할 수 있는 전압은 약 몇 V인가?

① 2240 ② 2260
③ 2280 ④ 2300

해설 최소 착화에너지$(E)=\frac{1}{2}CV^2$

$$V=\sqrt{\frac{2E}{C}}=\sqrt{\frac{2\times0.26\times10^{-3}}{100\times10^{-12}}}=2280.35\text{V}$$

Tip) $\text{mJ}=10^{-3}\text{J}$, $\text{pF}=10^{-12}\text{F}$

65. 다음 중 누전차단기의 구성요소가 아닌 것은?

① 누전검출부
② 영상변류기
③ 차단장치
④ 전력퓨즈

해설 누전차단기의 구성요소 : 누전검출부, 영상변류기, 차단장치, 시험버튼, 트립코일 등

66. 우리나라의 안전전압으로 볼 수 있는 것은 약 몇 V인가?

① 30 ② 50
③ 60 ④ 70

해설 국가별 안전전압(V)

국가명	전압(V)	국가명	전압(V)
한국	30	일본	24~30
독일	24	네덜란드	50
영국	24	스위스	36

정답 62. ③ 63. ① 64. ③ 65. ④ 66. ①

67. 산업안전보건기준에 관한 규칙에 따라 누전에 의한 감전의 위험을 방지하기 위하여 접지를 하여야 하는 대상의 기준으로 틀린 것은? (단, 예외 조건은 고려하지 않는다.)

① 전기기계 · 기구의 금속제 외함
② 고압 이상의 전기를 사용하는 전기기계 · 기구 주변의 금속제 칸막이
③ 고정배선에 접속된 전기기계 · 기구 중 사용전압이 대지전압 100V를 넘는 비충전 금속체
④ 코드와 플러그를 접속하여 사용하는 전기기계 · 기구 중 휴대형 전동기계 · 기구의 노출된 비충전 금속체

해설 ③ 고정배선에 접속된 전기기계 · 기구 중 사용전압이 대지전압 150V를 초과하는 비충전 금속체

68. 정전유도를 받고 있는 접지되어 있지 않는 도전성 물체에 접촉한 경우 전격을 당하게 되는데 이때 물체에 유도된 전압 V(V)을 옳게 나타낸 것은? (단, E는 송전선의 대지전압, C_1은 송전선과 물체 사이의 정전용량, C_2는 물체와 대지 사이의 정전용량이며, 물체와 대지 사이의 저항은 무시한다.)

① $V=\frac{C_1}{C_1+C_2}\times E$　② $V=\frac{C_1+C_2}{C_1+C_2}\times E$
③ $V=\frac{C_1}{C_1\times C_2}\times E$　④ $V=\frac{C_1\times C_2}{C_1+C_2}\times E$

해설 유도전압$(V)=\frac{C_1}{C_1+C_2}\times E$

여기서, V : 물체에 유도된 전압
E : 송전선의 대지전압
C_1 : 송전선과 물체 사이의 정전용량
C_2 : 물체와 대지 사이의 정전용량

69. 교류 아크 용접기의 자동전격 방지장치는 전격의 위험을 방지하기 위하여 아크발생이 중단된 후 약 1초 이내에 출력 측 무부하 전압을 자동적으로 몇 V 이하로 저하시켜야 하는가?

① 85　② 70
③ 50　④ 25

해설 용접기의 아크발생이 중단된 후 약 1초 이내에 출력 측 무부하 전압인 2차 무부하 전압을 25V 이하로 저하시켜야 한다.

70. 정전기 발생에 영향을 주는 요인으로 가장 적절하지 않은 것은?

① 분리속도　② 물체의 질량
③ 접촉면적 및 압력　④ 물체의 표면상태

해설 정전기 발생에 영향을 주는 요인

- 분리속도 : 분리속도가 빠를수록 발생량이 많다.
- 접촉면적 및 압력 : 접촉면이 넓을수록, 접촉압력이 클수록 발생량이 많다.
- 물체의 표면상태 : 표면이 거칠수록, 수분이나 기름 등에 오염될수록 발생량이 많다.
- 물체의 특성 : 대전서열에서 멀리 있는 물체들끼리 마찰할수록 발생량이 많다.
- 물체의 이력 : 처음 접촉 · 분리할 때 정전기 발생량이 최대이고, 반복될수록 발생량은 점점 줄어든다.

71. 다음에서 설명하고 있는 방폭구조는?

> 전기기기의 정상 사용조건 및 특정 비정상 상태에서 과도한 온도상승, 아크 또는 스파크의 발생위험을 방지하기 위해 추가적인 안전조치를 취한 것으로 Ex e라고 표시한다.

① 유입 방폭구조　② 압력 방폭구조
③ 내압 방폭구조　④ 안전증 방폭구조

해설 안전증 방폭구조에 관한 설명이다.

정답 67. ③　68. ①　69. ④　70. ②　71. ④

72. KS C IEC 60079-6에 따른 유입 방폭구조 "o" 방폭장비의 최소 IP 등급은?

① IP44 ② IP54 ③ IP55 ④ IP66

해설 KS C IEC 60079-6에 따른 유입 방폭구조 "o" 방폭장비의 최소 IP 등급은 IP66이다.

73. 20Ω의 저항 중에 5A의 전류를 3분간 흘렸을 때의 발열량(Cal)은?

① 4320 ② 90000
③ 21600 ④ 376560

해설 발열량 계산

$Q=I^2RT=5^2\times20\times(3\times60)$

$=90000\text{J}\times0.24=21600\text{Cal}$

여기서, Q : 전기발생열(에너지)[J], I : 전류(A), R : 전기저항(Ω), T : 통전시간(s)

74. 다음은 어떤 방전에 대한 설명인가?

> 정전기가 대전되어 있는 부도체에 접지체가 접근한 경우 대전 물체와 접지체 사이에 발생하는 방전과 거의 동시에 부도체의 표면을 따라서 발생하는 나뭇가지 형태의 발광을 수반하는 방전

① 코로나 방전 ② 뇌상방전
③ 연면방전 ④ 불꽃방전

해설 연면방전에 대한 설명이다.

75. 가연성 가스가 있는 곳에 저압 옥내 전기설비를 금속관 공사에 의해 시설하고자 한다. 관 상호 간 또는 관과 전기기계·기구는 몇 턱 이상 나사조임으로 접속하여야 하는가?

① 2턱 ② 3턱 ③ 4턱 ④ 5턱

해설 관 상호 간 또는 관과 전기기계·기구의 접속 부분의 나사는 5턱 이상 완전히 체결되어야 한다.

76. 다음 중 전기시설의 직접접촉에 의한 감전방지 방법으로 적절하지 않은 것은 어느 것인가?

① 충전부는 내구성이 있는 절연물로 완전히 덮어 감쌀 것
② 충전부가 노출되지 않도록 폐쇄형 외함이 있는 구조로 할 것
③ 충전부에 충분한 절연 효과가 있는 방호망 또는 절연 덮개를 설치할 것
④ 충전부는 출입이 용이한 전개된 장소에 설치하고, 위험 표시 등의 방법으로 방호를 강화할 것

해설 ④ 관계자 외에 출입을 금지하고, 관계자 외 접근할 우려가 없는 장소에 충전부를 설치할 것

77. 심실세동을 일으키는 위험한계에너지는 약 몇 J인가? (단, 심실세동전류 $I=\frac{165}{\sqrt{T}}$ [mA], 인체의 전기저항 $R=800\,\Omega$, 통전시간 $T=1$초이다.)

① 12 ② 22
③ 32 ④ 42

해설 위험한계에너지(Q)

$$=I^2RT=\left(\frac{165}{\sqrt{1}}\times10^{-3}\right)^2\times800\times1=22\text{J}$$

78. 전기기계·기구에 설치되어 있는 감전방지용 누전차단기의 정격감도전류 및 작동시간으로 옳은 것은? (단, 정격 전부하전류가 50A 미만이다.)

① 15mA 이하, 0.1초 이내
② 30mA 이하, 0.03초 이내
③ 50mA 이하, 0.5초 이내
④ 100mA 이하, 0.05초 이내

정답 72. ④ 73. ③ 74. ③ 75. ④ 76. ④ 77. ② 78. ②

해설 전기기계 · 기구에 설치되어 있는 감전방지용 누전차단기의 정격감도전류 및 작동시간은 30mA 이하, 0.03초 이내이다.

79. 피뢰 시스템의 등급에 따른 회전구체의 반지름으로 틀린 것은?

① Ⅰ 등급 : 20m　② Ⅱ 등급 : 30m
③ Ⅲ 등급 : 40m　④ Ⅳ 등급 : 60m

해설 피뢰레벨 회전구체의 반경(R)기준

- 피뢰레벨 Ⅰ : 20m
- 피뢰레벨 Ⅱ : 30m
- 피뢰레벨 Ⅲ : 45m
- 피뢰레벨 Ⅳ : 60m

80. 지락사고 시 1초를 초과하고 2초 이내에 고압전로를 자동 차단하는 장치가 설치되어 있는 고압전로에 제2종 접지공사를 하였다. 접지저항은 몇 Ω 이하로 유지해야 하는가? (단, 변압기의 고압 측 전로의 1선 지락전류는 10A이다.)

① 10Ω　② 20Ω　③ 30Ω　④ 40Ω

해설 제2종 접지공사

$$\text{접지저항값}(R) = \frac{300}{\text{1선 지락전류}} = \frac{300}{10} = 30\,\Omega$$

Tip) 지락사고 시 기준값은 일반적인 상황에서 150Ω, 1초를 초과하고 2초 이내에는 300 Ω, 1초 이내에는 600Ω이다.

5과목 화학설비 위험방지 기술

81. 사업주는 가스폭발 위험장소 또는 분진폭발 위험장소에 설치되는 건축물 등에 대해서는 규정에서 정한 부분을 내화구조로 하여야 한다. 다음 중 내화구조로 하여야 하는 부분에 대한 기준이 틀린 것은?

① 건축물의 기둥 : 지상 1층(지상 1층의 높이가 6미터를 초과하는 경우에는 6미터)까지
② 위험물 저장 · 취급용기의 지지대(높이가 30센티미터 이하인 것은 제외) : 지상으로부터 지지대의 끝부분까지
③ 건축물의 보 : 지상 2층(지상 2층의 높이가 10미터를 초과하는 경우에는 10미터)까지
④ 배관 · 전선관 등의 지지대 : 지상으로부터 1단(1단의 높이가 6미터를 초과하는 경우에는 6미터)까지

해설 내화기준

- 사업주는 가스폭발 위험장소 또는 분진폭발 위험장소에 설치되는 건축물 등에 대해서는 다음 각 호에 해당하는 부분을 내화구조로 하여야 하며, 그 성능이 항상 유지될 수 있도록 점검 · 보수 등 적절한 조치를 하여야 한다. 다만, 건축물 등의 주변에 화재에 대비하여 물 분무시설 또는 폼 헤드설비 등의 자동소화설비를 설치하여 건축물 등이 화재 시에 2시간 이상 그 안전성을 유지할 수 있도록 한 경우에는 내화구조로 하지 아니할 수 있다.
  - ㉠ 건축물의 기둥 및 보 : 지상 1층(지상 1층의 높이가 6m를 초과하는 경우에는 6m)까지
  - ㉡ 위험물 저장 · 취급용기의 지지대(높이가 30cm 이하인 것은 제외) : 지상으로부터 지지대의 끝부분까지
  - ㉢ 배관 · 전선관 등의 지지대 : 지상으로부터 1단(1단의 높이가 6m를 초과하는 경우에는 6m)까지
- 내화재료는 한국산업표준으로 정하는 기준에 적합하거나 그 이상의 성능이어야 한다.

82. 다음 물질 중 인화점이 가장 낮은 물질은?

① 이황화탄소　② 아세톤
③ 크실렌　④ 경유

정답 79. ③　80. ③　81. ③　82. ①

해설 인화성 액체의 인화점(℃)

물질명	인화점
이황화탄소	−20
아세톤	−18
크실렌	27
경유	40~85

83. 물의 소화력을 높이기 위해 물에 탄산칼륨(K_2CO_3)과 같은 염류를 첨가한 소화약제를 일반적으로 무엇이라 하는가?

① 포소화약제 ② 분말소화약제
③ 강화액 소화약제 ④ 산알칼리 소화약제

해설 강화액 소화약제는 물에 탄산칼륨(K_2CO_3)과 같은 염류를 첨가한 무기염의 용액으로 물보다 좋은 소화제가 된다.

84. 다음 중 분진의 폭발위험성을 증대시키는 조건에 해당하는 것은?

① 분진의 온도가 낮을수록
② 분위기 중 산소농도가 작을수록
③ 분진 내의 수분농도가 작을수록
④ 분진의 표면적이 입자체적에 비교하여 작을수록

해설 분진의 폭발위험성을 증대시키는 조건
- 인화성 물질 온도가 높을수록
- 분위기 중 산소농도가 클수록
- 분진 내의 수분농도가 작을수록
- 분진의 표면적이 입자체적에 비교하여 클수록
- 인화성 물질의 농도범위
- 압력의 방향과 용기의 크기와 형태

85. 다음 중 관의 지름을 변경하는데 사용되는 관의 부속품으로 가장 적절한 것은 어느 것인가?

① 엘보우(elbow) ② 커플링(coupling)
③ 유니온(union) ④ 리듀서(reducer)

해설 관로 지름의 크기를 변경하는 부속품 : 리듀서, 부싱

86. 가연성 물질의 저장 시 산소농도를 일정한 값 이하로 낮추어 연소를 방지할 수 있는데 이때 첨가하는 물질로 적합하지 않은 것은?

① 질소 ② 이산화탄소
③ 헬륨 ④ 일산화탄소

해설 CO(일산화탄소)는 가연성 가스로서 연소를 방지할 수 있는 첨가제로 적합하지 않다.

87. 다음 중 물과의 반응성이 가장 큰 물질은?

① 니트로 글리세린 ② 이황화탄소
③ 금속나트륨 ④ 석유

해설 물과의 반응으로 기체 발생
- 리튬(Li), 칼륨(K), 나트륨(Na), 마그네슘(Mg), 알루미늄분(Al), 수소화칼슘(CaH_2), 아연(Zn), 칼슘(Ca) 등은 물과 반응하여 수소 발생
- 탄화칼슘(CaC_2)은 물과 반응하여 아세틸렌 발생
- 인화칼슘(Ca_3P_2)은 물과 반응하여 포스핀 발생

88. 산업안전보건법령상 위험물질의 종류에서 폭발성 물질에 해당하는 것은?

① 니트로 화합물 ② 등유
③ 황 ④ 질산

해설 니트로 화합물은 산소나 산화제 공급이 없더라도 격렬한 반응을 일으킬 수 있는 폭발성 물질, 연소의 속도가 매우 빨라 폭발적이며 화약의 원료로 많이 사용된다.

정답 83. ③ 84. ③ 85. ④ 86. ④ 87. ③ 88. ①

89. 어떤 습한 고체재료 10kg을 완전 건조 후 무게를 측정하였더니 6.8kg이었다. 이 재료의 건량기준 함수율은 몇 kg · H_2O/kg인가?

① 0.25 ② 0.36 ③ 0.47 ④ 0.58

해설 $\text{함수율} = \frac{\text{습한 고체재료} - \text{건조 후 무게}}{\text{건조 후 무게}}$

$= \frac{10-6.8}{6.8} = 0.47\text{kg} \cdot H_2O/\text{kg}$

90. 대기압하에서 인화점이 0℃ 이하인 물질이 아닌 것은?

① 메탄올 ② 이황화탄소
③ 산화프로필렌 ④ 디에틸에테르

해설 인화성 액체의 인화점(℃)

물질명	인화점	물질명	인화점
산화 프로필렌	−37.2	아세트 알데히드	−39
디에틸에테르	−45	메탄올	11

91. 가연성 가스의 폭발범위에 관한 설명으로 틀린 것은?

① 압력증가에 따라 폭발상한계와 하한계가 모두 현저히 증가한다.
② 불활성 가스를 주입하면 폭발범위는 좁아진다.
③ 온도의 상승과 함께 폭발범위는 넓어진다.
④ 산소 중에서 폭발범위는 공기 중에서보다 넓어진다.

해설 폭발한계에 영향을 주는 요인
• 온도 : 온도의 상승과 함께 폭발하한은 감소하며, 폭발상한은 증가한다.
• 압력 : 가스압력이 높아질수록 폭발상한값이 현저히 증가한다(하한은 변화가 없음).
• 산소 : 폭발상한값은 산소의 농도가 증가하면 현저히 상승한다(하한은 변화가 없음).

92. 열교환기의 정기적 점검을 일상점검과 개방점검으로 구분할 때 개방점검 항목에 해당하는 것은?

① 보냉재의 파손 상황
② 플랜지부나 용접부에서의 누출 여부
③ 기초볼트의 체결상태
④ 생성물, 부착물에 의한 오염 상황

해설 열교환기 정기점검 항목

구분	항목
개방 점검	• 부식 및 고분자 등 생성물의 상황 • 부착물에 의한 오염의 상황 • 용접선의 상황 및 포종의 고정 여부 • 누출의 원인이 되는 비율, 결점
일상 점검	• 보냉재, 보온재의 파손 상황 • 도장의 열화정도, 도장의 노후 상황 • 기초볼트의 체결상태 • 플랜지부나 용접부에서의 누출 여부

93. 다음 중 분진폭발을 일으킬 위험이 가장 높은 물질은?

① 염소 ② 마그네슘
③ 산화칼슘 ④ 에틸렌

해설 분진폭발 물질

구분	내용
분류	금속분진, 곡물가루, 탄닌
특징	가연성 고체는 미분상태로 부유되어 있다가 점화에너지를 가하면 가스와 유사한 폭발형태가 된다.
대상 물질	• 금속 : Al, Mg, Fe, Mn, Si, Sn • 분말 : 티탄, 바나듐, 아연, Dow 합금 • 농산물 : 밀가루, 녹말, 솜, 쌀, 콩, 코코아, 커리

Tip) 공기 중에서 마그네슘(Mg)은 습기와 자연발화 된다.

94. 산업안전보건법에서 인화성 액체를 정의할 때 기준이 되는 표준압력은 몇 kPa인가?

정답 89. ③ 90. ① 91. ① 92. ④ 93. ② 94. ③

① 1 ② 100
③ 101.3 ④ 273.15

해설 인화성 액체의 표준압력 101.3kPa에서 인화점이 93℃ 이하인 가연성 물질 액체

95. 다음 중 C급 화재에 해당하는 것은?

① 금속화재 ② 전기화재
③ 일반화재 ④ 유류화재

해설 C급(전기화재) : 구분색은 청색, CO_2, 분말, 할로겐화 소화

96. 액화 프로판 310kg을 내용적 50L 용기에 충전할 때 필요한 소요 용기의 수는 몇 개인가? (단, 액화 프로판의 가스정수는 2.35이다.)

① 15 ② 17
③ 19 ④ 21

해설 ㉠ $G=\frac{V}{C}=\frac{50}{2.35}=21.28$

㉡ 용기의 수=310÷21.28=14.57

여기서 G : 액화 석유가스 질량, V : 내용적, C : 가스정수

97. 다음 중 가연성 가스의 연소형태에 해당하는 것은?

① 분해연소 ② 증발연소
③ 표면연소 ④ 확산연소

해설 연소의 형태

- 기체연소 : 공기 중에서 가연성 가스가 연소하는 형태, 확산연소, 혼합연소, 불꽃연소
- 액체연소 : 액체 자체가 연소되는 것이 아니라 액체 표면에서 발생하는 증기가 연소하는 형태, 증발연소, 불꽃연소, 액적연소
- 고체연소 : 물질 그 자체가 연소하는 형태, 표면연소, 분해연소, 증발연소, 자기연소

98. 다음 중 산업안전보건법령상 위험물질의 종류에 있어 인화성 가스에 해당하지 않는 것은?

① 수소 ② 부탄
③ 에틸렌 ④ 과산화수소

해설 인화성 가스는 수소, 아세틸렌, 에틸렌, 부탄, 메탄, 에탄, 프로판 등이다.

99. 반응폭주 등 급격한 압력상승의 우려가 있는 경우에 설치하여야 하는 것은?

① 파열판
② 통기밸브
③ 체크밸브
④ flame arrester

해설 파열판(rupture disk) 설치의 필요성

- 반응폭주 등 급격한 압력상승의 우려가 있는 경우
- 운전 중 안전밸브의 이상으로 안전밸브가 작동하지 못할 경우
- 위험물질의 누출로 인하여 작업장이 오염될 경우
- 파열판은 형식, 재질을 충분히 검토하고 일정 기간을 정하여 교환하는 것이 필요하다.

100. 다음 중 응상폭발이 아닌 것은?

① 분해 폭발
② 수증기 폭발
③ 전선 폭발
④ 고상 간의 전이에 의한 폭발

해설 폭발의 분류

- 응상폭발 : 수증기 폭발, 전선 폭발, 고상 간의 전이에 의한 폭발
- 기상폭발 : 분해 폭발, 분진폭발, 분무폭발, 혼합가스의 폭발, 가스의 분해 폭발
- 액상폭발 : 증기폭발, 혼합위험성에 의한 폭발, 폭발성 화합물의 폭발

정답 95. ② 96. ① 97. ④ 98. ④ 99. ① 100. ①

6과목 건설안전기술

101. 건설재해 대책의 사면 보호공법 중 식물을 생육시켜 그 뿌리로 사면의 표층토를 고정하여 빗물에 의한 침식, 동상, 이완 등을 방지하고, 녹화에 의한 경관조성을 목적으로 시공하는 것은?

① 식생공　② 쉴드공
③ 뿜어 붙이기공　④ 블록공

해설 식생공 : 법면에 식물을 심어 번식시켜 법면의 침식과 동상, 이완 등을 방지하는 공법

102. 산업안전보건법령에 따른 양중기의 종류에 해당하지 않는 것은?

① 곤돌라　② 리프트
③ 클램쉘　④ 크레인

해설 양중기의 종류에는 크레인, 이동식 크레인, 리프트, 곤돌라, 승강기 등이 있다.

103. 화물취급작업과 관련한 위험방지를 위해 조치하여야 할 사항으로 옳지 않은 것은?

① 하역작업을 하는 장소에서 작업장 및 통로의 위험한 부분에는 안전하게 작업할 수 있는 조명을 유지할 것
② 하역작업을 하는 장소에서 부두 또는 안벽의 선을 따라 통로를 설치하는 경우에는 폭을 50cm 이상으로 할 것
③ 차량 등에서 화물을 내리는 작업을 하는 경우에 해당 작업에 종사하는 근로자에게 쌓여 있는 화물 중간에서 화물을 빼내도록 하지 말 것
④ 꼬임이 끊어진 섬유로프 등을 화물운반용 또는 고정용으로 사용하지 말 것

해설 ② 하역작업을 하는 부두 또는 안벽의 통로 설치는 폭을 90cm 이상으로 할 것

104. 표준관입시험에 관한 설명으로 옳지 않은 것은?

① N치(N-value)는 지반을 30cm 굴진하는데 필요한 타격횟수를 의미한다.
② N치 4~10일 경우 모래의 상대밀도는 매우 단단한 편이다.
③ 63.5kg 무게의 추를 76cm 높이에서 자유낙하하여 타격하는 시험이다.
④ 사질지반에 적용하며, 점토지반에서는 편차가 커서 신뢰성이 떨어진다.

해설 타격횟수에 따른 지반 밀도

타격횟수		지반 밀도
모래지반	점토지반	
3 이하	2 이하	아주 느슨(연약)
4~10	3~4	느슨(연약)
10~30	4~8	보통
30~50	8~15	조밀(강한 점착력)
50 이상	15~30	아주 조밀 (아주 강한 점착력)
-	30 이상	견고(경질)

105. 근로자의 추락 등의 위험을 방지하기 위한 안전난간의 설치요건에서 상부 난간대를 120cm 이상 지점에 설치하는 경우 중간 난간대를 최소 몇 단 이상 균등하게 설치하여야 하는가?

① 2단　② 3단　③ 4단　④ 5단

해설 안전난간의 구성
상부 난간대는 90cm 이상 120cm 이하 지점에 설치하며, 120cm 이상 지점에 설치할 경우 중간 난간대를 최소 60cm마다 2단 이상 균등하게 설치하여야 한다.

정답 101. ① 102. ③ 103. ② 104. ② 105. ①

106. **건설현장에 설치하는 사다리식 통로의 설치기준으로 옳지 않은 것은?**

① 발판과 벽과의 사이는 15cm 이상의 간격을 유지할 것
② 발판의 간격은 일정하게 할 것
③ 사다리의 상단은 걸쳐 놓은 지점으로부터 60cm 이상 올라가도록 할 것
④ 사다리식 통로의 길이가 10m 이상인 경우에는 3m 이내마다 계단참을 설치할 것

해설 ④ 사다리식 통로길이가 10m 이상인 경우에는 5m 이내마다 계단참을 설치할 것

107. **불도저를 이용한 작업 중 안전조치사항으로 옳지 않은 것은?**

① 작업종료와 동시에 삽날을 지면에서 띄우고 주차 제동장치를 건다.
② 모든 조종간은 엔진 시동 전에 중립위치에 놓는다.
③ 장비의 승차 및 하차 시 뛰어내리거나 오르지 말고 안전하게 잡고 오르내린다.
④ 야간작업 시 자주 장비에서 내려와 장비 주위를 살피며 점검하여야 한다.

해설 ① 불도저 등 모든 굴삭기계는 작업종료 시 삽날은 지면에 내리고 제동장치를 건다.

108. **건설공사의 산업안전보건관리비 계상 시 대상액이 구분되어 있지 않은 공사는 도급계약 또는 자체사업 계획상의 총 공사금액 중 얼마를 대상액으로 하는가?**

① 50%　　② 60%
③ 70%　　④ 80%

해설 대상액이 구분되어 있지 않은 공사는 도급계약 또는 자체사업 계획상의 총 공사금액의 70%를 대상액으로 안전관리비를 계산한다.

109. **도심지 폭파해체공법에 관한 설명으로 옳지 않은 것은?**

① 장기간 발생하는 진동, 소음이 적다.
② 해체속도가 빠르다.
③ 주위의 구조물에 끼치는 영향이 적다.
④ 많은 분진발생으로 민원을 발생시킬 우려가 있다.

해설 ③ 주위의 구조물에 끼치는 영향이 매우 크다.

110. **NATM 공법 터널공사의 경우 록볼트 작업과 관련된 계측 결과에 해당되지 않는 것은?**

① 내공변위 측정 결과　② 천단침하 측정 결과
③ 인발시험 결과　④ 진동 측정 결과

해설 터널 계측관리사항

- 인발시험
- 터널 내부 육안조사
- 내공변위 측정
- 천단침하 측정
- 록볼트 축력 측정
- 지표면 침하, 지중변위 측정
- 지중침하, 지중 수평변위, 지하수위 측정

111. **거푸집 동바리 등을 조립하는 경우에 준수하여야 할 사항으로 옳지 않은 것은?**

① 깔목의 사용, 콘크리트 타설, 말뚝박기 등 동바리의 침하를 방지하기 위한 조치를 할 것
② 개구부 상부에 동바리를 설치하는 경우에는 상부하중을 견딜 수 있는 견고한 받침대를 설치할 것
③ 거푸집이 곡면인 경우에는 버팀대의 부착 등 그 거푸집의 부상(浮上)을 방지하기 위한 조치를 할 것
④ 동바리의 이음은 맞댄이음이나 장부이음을 피할 것

정답 106. ④　107. ①　108. ③　109. ③　110. ④　111. ④

해설 ④ 동바리의 이음은 맞댄이음이나 장부이음으로 하고, 같은 품질의 재료를 사용할 것

112. 비계의 높이가 2m 이상인 작업장소에 설치하는 작업발판의 설치기준으로 옳지 않은 것은? (단, 달비계, 달대비계 및 말비계는 제외)

① 작업발판의 폭은 40cm 이상으로 한다.
② 작업발판 재료는 뒤집히거나 떨어지지 않도록 하나 이상의 지지물에 연결하거나 고정시킨다.
③ 발판재료 간의 틈은 3cm 이하로 한다.
④ 작업발판의 지지물은 하중에 의하여 파괴될 우려가 없는 것을 사용한다.

해설 ② 작업발판 재료는 뒤집히거나 떨어지지 않도록 2개 이상의 지지물에 연결하거나 고정시킨다.

113. 흙막이 지보공을 설치하였을 경우 정기적으로 점검하고 이상을 발견하면 즉시 보수하여야 하는 사항과 가장 거리가 먼 것은?

① 부재의 접속부 · 부착부 및 교차부의 상태
② 버팀대의 긴압(緊壓)의 정도
③ 부재의 손상 · 변형 · 부식 · 변위 및 탈락의 유무와 상태
④ 지표수의 흐름상태

해설 ④ 지반의 지하수위 상태는 굴착작업 시 사전조사사항

114. 말비계를 조립하여 사용하는 경우 지주부재와 수평면의 기울기는 얼마 이하로 하여야 하는가?

① 65° ② 70°
③ 75° ④ 80°

해설 지주부재와 수평면의 기울기 : 75° 이하

115. 지반 등의 굴착 시 위험을 방지하기 위한 연암지반 굴착면의 기울기 기준으로 옳은 것은?

① 1 : 0.3 ② 1 : 0.4
③ 1 : 1.0 ④ 1 : 0.6

해설 암반의 연암지반 굴착면의 기울기는 1 : 1.0이다.

116. 작업발판 및 통로의 끝이나 개구부로서 근로자가 추락할 위험이 있는 장소에서 난간 등의 설치가 매우 곤란하거나 작업의 필요상 임시로 난간 등을 해체하여야 하는 경우에 설치하여야 하는 것은?

① 구명구 ② 수직보호망
③ 석면포 ④ 추락방호망

해설
- 방지설비 작업발판 및 통로의 끝이나 개구부로서 근로자가 추락할 위험이 있는 장소에 난간, 울타리 등의 설치가 매우 곤란한 경우 추락방호망 등의 안전조치를 충분히 하여야 한다.
- 추락의 방지 : 사업주는 작업장이나 기계 · 설비의 바닥 · 작업발판 및 통로 등의 끝이나 개구부로부터 근로자가 추락하거나 넘어질 위험이 있는 장소에는 안전난간, 울, 손잡이 또는 충분한 강도를 가진 덮개 등을 설치하는 등의 필요한 조치를 하여야 한다.

117. 흙막이 공법을 흙막이 지지방식에 의한 분류와 구조방식에 의한 분류로 나눌 때 다음 중 지지방식에 의한 분류에 해당하는 것은 무엇인가?

① 수평 버팀대식 흙막이 공법
② H-Pile 공법
③ 지하 연속벽 공법
④ top down method 공법

정답 112. ② 113. ④ 114. ③ 115. ③ 116. ④ 117. ①

해설 흙막이 공법

- 지지방식
  - ㉠ 자립식 공법 : 줄기초 흙막이, 어미말뚝식 흙막이, 연결재 당겨매기식 흙막이
  - ㉡ 버팀대식 공법 : 수평 버팀대식, 경사 버팀대식, 어스앵커 공법
- 구조방식
  - ㉠ 널말뚝 공법 : 목재, 철재 널말뚝 공법
  - ㉡ 지하 연속벽 공법
  - ㉢ 구체 흙막이 공법
  - ㉣ H－Pile 공법

118. 철골용접부의 내부 결함을 검사하는 방법으로 가장 거리가 먼 것은?

① 알칼리 반응시험 ② 방사선 투과시험
③ 자기분말 탐상시험 ④ 침투탐상시험

해설 용접결함검사

구분	시험
내부검사	• 방사선 투과시험 • 초음파 탐상시험 • 침투탐상시험 • 자기분말 탐상시험
표면검사	• 육안검사 • 액체침투 탐상시험 • 자분탐상시험
알칼리 반응시험(KS F 2545)은 골재시험	

(※ 약간의 오류가 있는 문제이다. 그러나 문제가 가장 거리가 먼 것이므로 ①을 정답으로 처리하였다.)

119. 유해 · 위험방지 계획서를 제출하려고 할 때 그 첨부서류와 가장 거리가 먼 것은?

① 공사개요서
② 산업안전보건관리비 작성요령
③ 전체 공정표
④ 재해발생 위험 시 연락 및 대피방법

해설 유해 · 위험방지 계획서 첨부서류

- 공사개요서
- 전체 공정표
- 안전관리조직표
- 산업안전보건관리비 사용계획
- 재해발생 위험 시 연락 및 대피방법
- 건설물, 사용기계설비 등의 배치를 나타내는 도면
- 공사현장의 주변 현황 및 주변과의 관계를 나타내는 도면(매설물 현황을 포함한다.)

120. 콘크리트 타설작업과 관련하여 준수하여야 할 사항으로 가장 거리가 먼 것은?

① 당일의 작업을 시작하기 전에 해당 작업에 관한 거푸집 동바리 등의 변형 · 변위 및 지반의 침하 유무 등을 점검하고 이상이 있으면 보수할 것
② 콘크리트를 타설하는 경우에는 편심이 발생하지 않도록 골고루 분산하여 타설할 것
③ 진동기의 사용은 많이 할수록 균일한 콘크리트를 얻을 수 있으므로 가급적 많이 사용할 것
④ 설계도서상의 콘크리트 양생기간을 준수하여 거푸집 동바리 등을 해체할 것

해설 ③ 진동기의 지나친 진동은 거푸집이 도괴될 수 있으므로 주의하여야 한다.

정답 118. ① 119. ② 120. ③

2021년도(1회차) 출제문제

산업안전기사

1과목 안전관리론

1. 참가자에게 일정한 역할을 주어 실제적으로 연기를 시켜봄으로써 자기의 역할을 보다 확실히 인식할 수 있도록 체험학습을 시키는 교육방법은?

① symposium ② brain storming
③ role playing ④ fish bowl playing

해설 롤 플레잉(역할연기) : 참가자에게 역할을 주어 실제 연기를 시킴으로써 본인의 역할을 인식하게 하는 방법이다.

2. 일반적으로 시간의 변화에 따라 야간에 상승하는 생체리듬은?

① 혈압 ② 맥박수
③ 체중 ④ 혈액의 수분

해설 혈액의 수분, 염분량 : 주간에 감소, 야간에 상승한다.

3. 다음 중 하인리히의 재해구성비율 "1 : 29 : 300"에서 "29"에 해당되는 사고발생비율로 옳은 것은?

① 8.8% ② 9.8%
③ 10.8% ④ 11.8%

해설 하인리히 법칙

중상 또는 사망	$\frac{1}{330}\times100=0.3\%$
경상	$\frac{29}{330}\times100=8.8\%$
무상해 사고	$\frac{300}{330}\times100=90.9\%$

4. 무재해 운동의 3원칙에 해당되지 않는 것은?

① 무의 원칙 ② 참가의 원칙
③ 선취의 원칙 ④ 대책선정의 원칙

해설 ④는 재해예방의 4원칙

5. 안전보건관리조직의 형태 중 라인–스태프(line–staff)형에 관한 설명으로 틀린 것은?

① 조직원 전원을 자율적으로 안전활동에 참여시킬 수 있다.
② 라인의 관리, 감독자에게도 안전에 관한 책임과 권한이 부여된다.
③ 중규모 사업장(100명 이상~500명 미만)에 적합하다.
④ 안전활동과 생산업무가 분리될 우려가 없기 때문에 균형을 유지할 수 있어 이상적인 조직형태이다.

해설 ③은 스탭(staff)형 조직에 대한 내용이다.

6. 브레인스토밍 기법에 관한 설명으로 옳은 것은?

① 타인의 의견을 수정하지 않는다.
② 지정된 표현방식에서 벗어나 자유롭게 의견을 제시한다.
③ 참여자에게는 동일한 횟수의 의견 제시 기회가 부여된다.
④ 주제와 내용이 다르거나 잘못된 의견은 지적하여 조정한다.

해설 ① 타인의 의견에 동참하거나 보충발언해도 좋다.

정답 1. ③ 2. ④ 3. ① 4. ④ 5. ③ 6. ②

② 참여자는 마음대로 자유로이 발언한다.
③ 발표 순서를 정하지 않고, 무엇이든 좋으니 많이 발언한다.
④ 타인의 의견에 대하여 좋고 나쁨 등의 비판은 하지 않는다.

7. 산업안전보건법령상 의무안전인증대상 기계 등에 포함되는 기계, 설비, 방호장치에 해당하지 않는 것은?

① 롤러기
② 크레인
③ 동력식 수동대패용 칼날접촉방지 장치
④ 방폭구조(防爆構造) 전기기계 · 기구 및 부품

해설 ③은 자율안전확인 방호장치

8. 안전교육 중 같은 것을 반복하여 개인의 시행착오에 의해서만 점차 그 사람에게 형성되는 것은?

① 안전 기술의 교육　② 안전 지식의 교육
③ 안전 기능의 교육　④ 안전 태도의 교육

해설 안전 기능의 교육 : 교육 대상자가 스스로 행함으로써 시범, 견학, 실습, 현장실습 교육을 통한 경험을 체득하는 단계

9. 다음 중 상황성 누발자의 재해 유발 원인과 가장 거리가 먼 것은?

① 작업이 어렵기 때문에
② 기계설비의 결함이 있기 때문에
③ 심신에 근심이 있기 때문에
④ 도덕성이 결여되어 있기 때문에

해설 상황성 누발자 재해 유발 원인
- 기계설비의 결함
- 작업에 어려움이 많은 자
- 심신에 근심이 있는 자
- 환경상 주의력 집중의 혼란

10. 작업자 적성의 요인이 아닌 것은?

① 지능　② 인간성
③ 흥미　④ 연령

해설 작업자 적성요인은 성격(인간성), 지능, 흥미 등이다.

11. 재해로 인한 직접비용으로 8000만 원이 산재보상비로 지급되었다면 하인리히(H.W. Heinrich) 방식에 따를 때 총 손실비용은 얼마인가?

① 16000만 원　② 24000만 원
③ 32000만 원　④ 40000만 원

해설 하인리히 총 재해비용
=직접비+간접비(직접비×4)
=8000+(8000×4)=40000만 원

12. 재해조사의 목적에 해당되지 않는 것은?

① 재해발생 원인 및 결함 규명
② 재해 관련 책임자 문책
③ 재해예방 자료 수집
④ 동종 및 유사재해 재발방지

해설 재해조사의 목적
- 재해발생 원인 및 결함 규명
- 재해예방 자료 수집
- 동종 및 유사재해 재발방지
- 재해예방의 대책 수립

13. 교육훈련기법 중 OFF.J.T(Off the Job Training)의 장점이 아닌 것은?

① 업무의 계속성이 유지된다.
② 외부의 전문가를 강사로 활용할 수 있다.
③ 특별교재, 시설을 유효하게 사용할 수 있다.
④ 다수의 대상자에게 조직적 훈련이 가능하다.

해설 ①은 O.J.T(On Job Training) 교육의 특징이다.

정답 7. ③　8. ③　9. ④　10. ④　11. ④　12. ②　13. ①

14. 다음 중 산업안전보건법상 "중대 재해"에 속하지 않는 것은?

① 1명의 사망자가 발생한 재해
② 1개월의 요양을 요하는 부상자가 5명 발생한 재해
③ 3개월의 요양을 요하는 부상자가 동시에 3명 발생한 재해
④ 10명의 직업성 질병자가 동시에 발생한 재해

해설 ② 3개월 이상의 요양을 요하는 부상자가 동시에 2명 이상 발생한 재해

15. Thorndike의 시행착오설에 의한 학습의 원칙이 아닌 것은?

① 연습의 원칙 ② 효과의 원칙
③ 동일성의 원칙 ④ 준비성의 원칙

해설 Thorndike의 시행착오설에 의한 학습의 원칙은 연습의 원칙, 효과의 원칙, 준비성의 원칙이다.

16. 산업안전보건법령상 보안경 착용을 포함하는 안전보건표지의 종류는?

① 지시표지 ② 안내표지
③ 금지표지 ④ 경고표지

해설 보안경 착용이 표시된 안전보건표지는 지시표지이다.

17. 보호구에 관한 설명으로 옳은 것은?

① 유해물질이 발생하는 산소결핍 지역에서는 필히 방독마스크를 착용하여야 한다.
② 차광용 보안경의 사용구분에 따른 종류에는 자외선용, 적외선용, 복합용, 용접용이 있다.
③ 선반작업과 같이 손에 재해가 많이 발생하는 작업장에서는 장갑 착용을 의무화한다.
④ 귀마개는 처음에는 저음만을 차단하는 제품부터 사용하며, 일정 기간이 지난 후 고음까지 모두 차단할 수 있는 제품을 사용한다.

해설 재해예방을 위한 안전보호구 특성
① 유해물질이 발생하는 산소결핍 지역에서는 필히 송기마스크를 착용하여야 한다.
② 안전인증(차광보안경)의 사용구분에 따른 종류에는 자외선용, 적외선용, 복합용, 용접용이 있다.
③ 전기용접작업과 같이 손에 재해가 많이 발생하는 작업장에서는 장갑 착용을 의무화한다.
④ 귀마개는 저음 차단보다는 고음 차단을 목적으로 사용한다.

18. 산업안전보건법령상 사업 내 안전 · 보건교육의 교육시간에 관한 설명으로 옳은 것은?

① 사무직에 종사하는 근로자의 정기교육은 매반기 6시간 이상이다.
② 관리감독자의 지위에 있는 사람의 정기교육은 연간 8시간 이상이다.
③ 일용근로자의 작업내용 변경 시의 교육은 2시간 이상이다.
④ 일용근로자를 제외한 근로자의 채용 시의 교육은 4시간 이상이다.

해설 ② 관리감독자의 지위에 있는 사람의 정기교육은 연간 16시간 이상이다.
③ 일용근로자 및 근로계약기간이 1주일 이하인 기간제 근로자의 작업내용 변경 시의 교육은 1시간 이상이다.
④ 일용근로자를 제외한 근로자(관리감독자 포함)의 채용 시의 교육은 8시간 이상이다.

19. 집단에서의 인간관계 메커니즘(mechanism)과 가장 거리가 먼 것은?

① 모방, 암시
② 분열, 강박

정답 14. ② 15. ③ 16. ① 17. ② 18. ① 19. ②

③ 동일화, 일체화
④ 커뮤니케이션, 공감

해설 인간관계 메커니즘(mechanism) : 모방, 암시, 동일화, 일체화, 커뮤니케이션, 공감 등

20. **재해의 빈도와 상해의 강약도를 혼합하여 집계하는 지표를 무엇이라 하는가?**

① 강도율
② 안전활동률
③ safe-T-score
④ 종합재해지수

해설 종합재해지수(FSI) $=\sqrt{\text{도수율}\times\text{강도율}}$
$=\sqrt{FR\times SR}$

2과목 인간공학 및 시스템 안전공학

21. **인체측정자료를 장비, 설비 등의 설계에 적용하기 위한 응용원칙에 해당하지 않는 것은?**

① 조절식 설계
② 극단치를 이용한 설계
③ 구조적 치수기준의 설계
④ 평균치를 기준으로 한 설계

해설 인체측정치의 응용원리
- 극단치 설계 : 최소치수와 최대치수
- 조절식 설계 : 조절범위
- 평균치 설계 : 평균치를 기준으로 한 설계

22. **컷셋(cut sets)과 최소 패스셋(minimal path sets)의 정의로 옳은 것은?**

① 컷셋은 시스템 고장을 유발시키는 필요 최소한의 고장들의 집합이며, 최소 패스셋은 시스템의 신뢰성을 표시한다.
② 컷셋은 시스템 고장을 유발시키는 기본고장들의 집합이며, 최소 패스셋은 시스템의 불신뢰도를 표시한다.
③ 컷셋은 그 속에 포함되어 있는 모든 기본사상이 일어났을 때 정상사상을 일으키는 기본사상의 집합이며, 최소 패스셋은 시스템의 신뢰성을 표시한다.
④ 컷셋은 그 속에 포함되어 있는 모든 기본사상이 일어났을 때 정상사상을 일으키는 기본사상의 집합이며, 최소 패스셋은 시스템의 성공을 유발하는 기본사상의 집합이다.

해설 • 컷셋 : 정상사상을 발생시키는 기본사상의 집합, 모든 기본사상이 발생할 때 정상사상을 발생시키는 기본사상들의 집합
- 최소 패스셋 : 모든 고장이나 실수가 발생하지 않으면 재해는 발생하지 않는다는 것으로, 즉 기본사상이 일어나지 않으면 정상사상이 발생하지 않는 기본사상의 집합으로 시스템의 신뢰성을 말한다.

23. **다음 중 작업 공간의 배치에 있어 구성요소 배치의 원칙에 해당하지 않는 것은?**

① 기능성의 원칙
② 사용빈도의 원칙
③ 사용 순서의 원칙
④ 사용방법의 원칙

해설 부품(공간)배치의 원칙
- 중요성(도)의 원칙(위치 결정) : 중요한 순위에 따라 우선순위를 결정한다.
- 사용빈도의 원칙(위치 결정) : 사용한 빈도에 따라 우선순위를 결정한다.
- 기능별(성) 배치의 원칙(배치 결정) : 기능이 관련된 부품들을 모아서 배치한다.
- 사용 순서의 원칙(배치 결정) : 사용 순서에 따라 장비를 배치한다.

정답 20. ④ 21. ③ 22. ③ 23. ④

24. 시스템의 수명 및 신뢰성에 관한 설명으로 틀린 것은?

① 병렬 설계 및 디렉팅 기술로 시스템의 신뢰성을 증가시킬 수 있다.
② 직렬 시스템에서는 부품들 중 최소 수명을 갖는 부품에 의해 시스템 수명이 정해진다.
③ 수리가 가능한 시스템의 평균수명(MTBF)은 평균고장률(λ)과 정비례 관계가 성립한다.
④ 수리가 불가능한 구성요소로 병렬 구조를 갖는 설비는 중복도가 늘어날수록 시스템 수명이 길어진다.

해설 평균수명(MTBF)과 신뢰도의 관계
평균수명(MTBF)은 평균고장률(λ)과 역수 관계이다.

$$\text{고장률}(\lambda)=\frac{1}{\text{MTBF}},\ \text{MTBF}=\frac{1}{\lambda}$$

③ MTBF는 고장률(λ)과 반비례 관계가 성립한다.

25. 자동차를 생산하는 공장의 어떤 근로자가 95dB(A)의 소음수준에서 하루 8시간 작업하며 매시간 조용한 휴게실에서 20분씩 휴식을 취한다고 가정하였을 때, 8시간 시간가중평균(TWA)은? (단, 소음은 누적 소음 노출량 측정기로 측정하였으며, OSHA에서 정한 95dB(A)의 허용시간은 4시간이라 가정한다.)

① 약 91dB(A) ② 약 92dB(A)
③ 약 93dB(A) ④ 약 94dB(A)

해설 시간가중평균(TWA)

$$=16.61\times\log\frac{D}{100}+90$$

$$=16.61\times\log\frac{133}{100}+90=92.057\,\text{dB(A)}$$

여기서, $D=\dfrac{\text{가동시간}}{\text{기준시간}}=\dfrac{\dfrac{8\times(60-20)}{60}}{4}=133\%$

26. 화학설비에 대한 안정성 평가 중 정성적 평가방법의 주요 진단 항목으로 볼 수 없는 것은?

① 건조물 ② 취급 물질
③ 입지조건 ④ 공장 내 배치

해설 화학설비의 취급 물질은 정량적 평가 항목이다.

27. 다음 중 작업면상의 필요한 장소만 높은 조도를 취하는 조명은?

① 완화조명 ② 전반조명
③ 투명조명 ④ 국소조명

해설 국소조명 : 작업면상의 필요한 곳만 큰 조도를 조명하는 방법으로 초정밀 작업 또는 시력을 집중시켜줄 수 있는 조명방식이다.

28. 다음 중 동작경제의 원칙에 해당하지 않는 것은?

① 공구의 기능을 각각 분리하여 사용하도록 한다.
② 두 팔의 동작은 동시에 서로 반대 방향으로 대칭적으로 움직이도록 한다.
③ 공구나 재료는 작업 동작이 원활하게 수행되도록 그 위치를 정해준다.
④ 가능하다면 쉽고도 자연스러운 리듬이 작업 동작에 생기도록 작업을 배치한다.

해설 ① 공구의 기능은 결합하여 사용하도록 한다.

29. 인간이 기계보다 우수한 기능이라 할 수 있는 것은? (단, 인공지능은 제외한다.)

① 일반화 및 귀납적 추리
② 신뢰성 있는 반복 작업
③ 신속하고 일관성 있는 반응
④ 대량의 암호화된 정보의 신속한 보관

정답 24. ③ 25. ② 26. ② 27. ④ 28. ① 29. ①

해설 ①은 인간이 우수한 기능,
②, ③, ④는 기계가 우수한 기능

30. 시각적 표시장치보다 청각적 표시장치를 사용하는 것이 더 유리한 경우는?

① 정보의 내용이 복잡하고 긴 경우
② 정보가 공간적인 위치를 다룬 경우
③ 직무상 수신자가 한곳에 머무르는 경우
④ 수신 장소가 너무 밝거나 암순응이 요구될 경우

해설 ④는 청각적 표시장치 사용,
①, ②, ③은 시각적 표시장치 사용

31. 다음 시스템의 신뢰도 값은? (단, 숫자는 해당 부품의 신뢰도이다.)

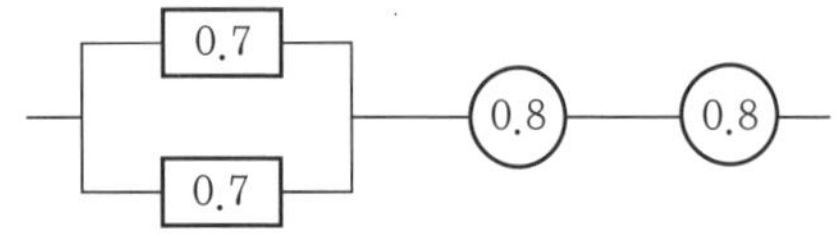

① 0.5824　　② 0.6682
③ 0.7855　　④ 0.8642

해설 $R_s = [1-(1-c)\times(1-d)]\times a\times b$
$= [1-(1-0.7)\times(1-0.7)]\times 0.8\times 0.8$
$= 0.5824$

32. 다음 현상을 설명한 이론은?

> 인간이 감지할 수 있는 외부의 물리적 자극 변화의 최소 범위는 표준자극의 크기에 비례한다.

① 피츠(Fitts) 법칙
② 웨버(Weber) 법칙
③ 신호검출이론(SDT)
④ 힉-하이만(Hick-Hyman) 법칙

해설 웨버(Weber) 법칙에 관한 설명이다.

33. 그림과 같은 FT도에서 정상사상 T의 발생확률은? (단, X_1, X_2, X_3의 발생확률은 각각 0.1, 0.15, 0.1이다.)

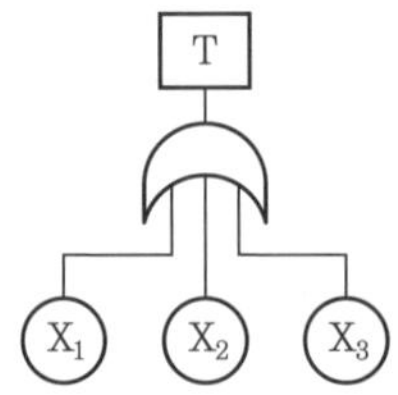

① 0.3115　② 0.35　③ 0.496　④ 0.9985

해설 $T = 1-(1-X_1)\times(1-X_2)\times(1-X_3)$
$= 1-(1-0.1)\times(1-0.15)\times(1-0.1)$
$= 0.3115$

34. 산업안전보건법령상 해당 사업주가 유해 · 위험방지 계획서를 작성하여 제출해야 하는 대상은?

① 시 · 도지사　　② 관할 구청장
③ 고용노동부장관　　④ 행정안전부장관

해설 유해 · 위험방지 계획서 제출
- 고용노동부에서 한국산업안전보건공단으로 업무가 위임되어 있다.
- 한국산업안전보건공단에 2부를 제출한다.

35. 인간의 위치 동작에 있어 눈으로 보지 않고 손을 수평면상에서 움직이는 경우 짧은 거리는 지나치고, 긴 거리는 못 미치는 경향이 있는데 이를 무엇이라고 하는가?

① 시정 효과(range effect)
② 반응 효과(reaction effect)
③ 간격 효과(distance effect)
④ 손동작 효과(hand action effect)

해설 시정 효과 : 눈으로 보지 않고 손을 수평면상에서 움직이는 경우에 짧은 거리는 지나치고, 긴 거리는 못 미치는 것을 시정 효과라 하며, 조작자가 작은 오차에는 과잉 반응, 큰 오차에는 과소 반응을 보이는 현상이다.

정답 30. ④　31. ①　32. ②　33. ①　34. ③　35. ①

36. 정신작업 부하를 측정하는 척도를 크게 4가지로 분류할 때 심박수의 변동, 뇌 전위, 동공반응 등 정보처리에 중추신경계 활동이 관여하고 그 활동이나 징후를 측정하는 것은?

① 주관적(subjective) 척도
② 생리적(physiological) 척도
③ 주 임무(primary task) 척도
④ 부 임무(secondary task) 척도

해설 생리적 척도의 특징
- 정신작업 부하를 측정하는 척도를 분류하면 심박수의 변동, 뇌 전위, 동공반응, 호흡 속도 등의 변화이다.
- 정보처리에 중추신경계 활동이 관여하고 그 활동이나 그 징후를 측정할 수 있다.

37. 서브 시스템, 구성요소, 기능 등의 잠재적 고장형태에 따른 시스템의 위험을 파악하는 위험분석 기법으로 옳은 것은?

① ETA(Event Tree Analysis)
② HEA(Human Error Analysis)
③ PHA(Preliminary Hazard Analysis)
④ FMEA(Failure Mode and Effect Analysis)

해설 FMEA : 시스템에 영향을 미치는 모든 요소의 고장을 형태별로 분석하여 그 영향을 최소로 하고자 검토하는 전형적인 정성적, 귀납적 분석방법이다.

38. 불필요한 작업을 수행함으로써 발생하는 오류로 옳은 것은?

① command error
② extraneous error
③ secondary error
④ commission error

해설 과잉행동 오류(extraneous error) : 불확실한 작업 절차의 수행으로 발생한 에러

39. 불(Bool)대수의 정리를 나타낸 관계식으로 틀린 것은?

① $A \cdot A = A$
② $A + \overline{A} = 0$
③ $A + AB = A$
④ $A + A = A$

해설 ② 보수법칙 : $A + \overline{A} = 1$

Tip) $A + AB = A + 0 = A$ $(AB = 0)$

40. chapanis가 정의한 위험의 확률수준과 그에 따른 위험 발생률로 옳은 것은?

① 전혀 발생하지 않는(impossible) 발생빈도 : 10^{-8}/day
② 극히 발생할 것 같지 않는(extremely unlikely) 발생빈도 : 10^{-7}/day
③ 거의 발생하지 않는(remote) 발생빈도 : 10^{-6}/day
④ 가끔 발생하는(occasional) 발생빈도 : 10^{-5}/day

해설 위험 발생률 : 자주 발생(10^{-2}), 보통 발생(10^{-3}), 가끔 발생(10^{-4}), 거의 발생하지 않음(10^{-5}), 극히 발생하지 않음(10^{-6}), 전혀 발생하지 않음(10^{-8}) 등

3과목 기계 위험방지 기술

41. 휴대형 연삭기 사용 시 안전사항에 대한 설명으로 가장 적절하지 않은 것은?

① 잘 안 맞는 장갑이나 옷은 착용하지 말 것
② 긴 머리는 묶고 모자를 착용하고 작업할 것
③ 연삭숫돌을 설치하거나 교체하기 전에 전선과 압축공기 호스를 설치할 것
④ 연삭작업 시 클램핑 장치를 사용하여 공작물을 확실히 고정할 것

정답 36. ② 37. ④ 38. ② 39. ② 40. ① 41. ③

해설 연삭숫돌을 교체한 후에는 3분 이상 시운전을 통해 이상 유무를 확인한다.

42. 선반작업에 대한 안전수칙으로 가장 적절하지 않은 것은?

① 선반의 바이트는 끝을 짧게 장치한다.
② 작업 중에는 면장갑을 착용하지 않도록 한다.
③ 작업이 끝난 후 절삭 칩의 제거는 반드시 브러시 등의 도구를 사용한다.
④ 작업 중 일감의 치수 측정 시 기계 운전상태를 저속으로 하고 측정한다.

해설 ④ 치수 측정 시 반드시 기계를 정지시키고 한다.

43. 다음 중 금형을 설치 및 조정할 때 안전수칙으로 가장 적절하지 않은 것은?

① 금형을 체결할 때에는 적합한 공구를 사용한다.
② 금형의 설치 및 조정은 전원을 끄고 실시한다.
③ 금형을 부착하기 전에 하사점을 확인하고 설치한다.
④ 금형을 체결할 때에는 안전블록을 잠시 제거하고 실시한다.

해설 ④ 슬라이드의 불시하강을 방지하기 위하여 안전블록을 설치하여야 한다.

44. 지게차의 방호장치에 해당하는 것은?

① 버킷 ② 포크
③ 마스트 ④ 헤드가드

해설 ① 버킷 – 크레인 부속품
② 포크 – 지게차 화물을 싣는 기구
③ 마스트 – 지게차의 앞부분에 두 개의 길쭉한 철판

45. 다음 중 절삭가공으로 틀린 것은?

① 선반 ② 밀링
③ 프레스 ④ 보링

해설 ③은 소성가공하는 기계이다.

46. 산업안전보건법령상 롤러기의 방호장치 설치 시 유의해야 할 사항으로 가장 적절하지 않은 것은?

① 손으로 조작하는 급정지장치의 조작부는 롤러기의 전면 및 후면에 각각 1개씩 수평으로 설치하여야 한다.
② 앞면 롤러의 표면속도가 30m/min 미만인 경우 급정지거리는 앞면 롤러 원주의 1/2.5 이하로 한다.
③ 급정지장치의 조작부에 사용하는 줄은 사용 중 늘어져서는 안 된다.
④ 급정지장치의 조작부에 사용하는 줄은 충분한 인장강도를 가져야 한다.

해설 ② 앞면 롤러의 표면속도가 30m/min 미만인 경우 급정지거리는 앞면 롤러 원주의 1/3 이하로 한다.

47. 보일러 부하의 급변, 수위의 과상승 등에 의해 수분이 증기와 분리되지 않아 보일러 수면이 심하게 솟아올라 올바른 수위를 판단하지 못하는 현상은?

① 프라이밍 ② 모세관
③ 워터해머 ④ 역화

해설 프라이밍 현상에 대한 설명이다.

48. 자동화 설비를 사용하고자 할 때 기능의 안전화를 위하여 검토할 사항으로 거리가 가장 먼 것은?

① 재료 및 가공 결함에 의한 오동작
② 사용압력 변동 시의 오동작

정답 42. ④ 43. ④ 44. ④ 45. ③ 46. ② 47. ① 48. ①

③ 전압강하 및 정전에 따른 오동작
④ 단락 또는 스위치 고장 시의 오동작

해설 기능의 안전화 : 사용압력 변동 시의 오동작, 전압강하 및 정전에 따른 오동작, 자동제어, 단락 또는 스위치 고장 시의 오동작 등

49. 다음 중 금속의 용접, 용단에 사용하는 가스의 용기를 취급할 시 유의사항으로 틀린 것은?

① 통풍이나 환기가 불충분한 장소는 설치를 피한다.
② 용기의 온도는 40℃가 넘지 않도록 한다.
③ 운반하는 경우에는 캡을 벗기고 운반한다.
④ 밸브의 개폐는 서서히 하도록 한다.

해설 ③ 운반 시에는 반드시 캡을 씌우도록 한다.

50. 크레인 로프에 질량 2000 kg의 물건을 $10\,m/s^2$의 가속도로 감아올릴 때, 로프에 걸리는 총 하중은 약 몇 kN인가?

① 39.6 ② 29.6
③ 19.6 ④ 9.6

해설 총 하중(W)=정하중(W_1)+동하중(W_2)

$$=2000+\frac{2000}{9.8}\times 10=4040.82\,kg\times 9.8\,N$$

$$=39600.03\,N=39.6\,kN$$

여기서, 동하중(W_2)$=\frac{W_1}{g}\times a$

W_1 : 정하중(kg)
W_2 : 동하중(kg)
g : 중력가속도($9.8\,m/s^2$)
a : 가속도(m/s^2)

Tip) 정하중 : 매단 물체의 무게

51. 산업안전보건법령상 보일러에 설치해야 하는 안전장치로 거리가 가장 먼 것은?

① 해지장치
② 압력방출장치
③ 압력제한 스위치
④ 고저수위 조절장치

해설 ①은 양중기의 와이어로프가 훅에서 이탈하는 것을 방지하는 장치이다.

52. 프레스 작동 후 작업점까지의 도달시간이 0.3초인 경우 위험한계로부터 양수조작식 방호장치의 최단 설치거리는?

① 48cm 이상
② 58cm 이상
③ 68cm 이상
④ 78cm 이상

해설 안전거리(D_m)$=1.6\,T_m$

$$=1.6\times 0.3=0.48\,m=48\,cm$$

53. 산업안전보건법령상 고속회전체의 회전시험을 하는 경우 미리 회전축의 재질 및 형상 등에 상응하는 종류의 비파괴 검사를 해서 결함 유무를 확인해야 한다. 이때 검사대상이 되는 고속회전체의 기준으로 맞는 것은?

① 회전축의 중량이 0.5톤을 초과하고, 원주속도가 100m/s 이내인 것
② 회전축의 중량이 0.5톤을 초과하고, 원주속도가 120m/s 이상인 것
③ 회전축의 중량이 1톤을 초과하고, 원주속도가 100m/s 이내인 것
④ 회전축의 중량이 1톤을 초과하고, 원주속도가 120m/s 이상인 것

해설 회전축의 중량이 1톤을 초과하고, 원주속도가 120m/s 이상인 것의 회전시험을 하는 경우 회전축의 재질, 형상 등에 상응하는 종류의 비파괴 검사를 하여 결함 유무를 확인하여야 한다.

정답 49. ③ 50. ① 51. ① 52. ① 53. ④

54. 다음 중 프레스의 손쳐내기식 방호장치 설치기준으로 틀린 것은?

① 방호판의 폭이 금형 폭의 1/2 이상이어야 한다.
② 슬라이드 행정수가 300SPM 이상의 것에 사용한다.
③ 손쳐내기 봉의 행정(stroke)길이를 금형의 높이에 따라 조정할 수 있고 진동 폭은 금형 폭 이상이어야 한다.
④ 슬라이드 하행정거리의 3/4 위치에서 손을 완전히 밀어내야 한다.

해설 ② 슬라이드 행정수가 120SPM 이하의 것에 사용한다.

55. 산업안전보건법령상 컨베이어에 설치하는 방호장치로 거리가 가장 먼 것은 어느 것인가?

① 건널다리
② 반발예방장치
③ 비상정지장치
④ 역주행 방지장치

해설 ②는 둥근톱기계의 방호장치이다.

56. 산업안전보건법령상 숫돌 지름이 60cm인 경우 숫돌 고정장치인 평형 플랜지의 지름은 최소 몇 cm 이상인가?

① 10 ② 20
③ 30 ④ 60

해설 플랜지 직경 $=$ 숫돌 바깥지름 $\times \dfrac{1}{3}$

$$= 60 \times \frac{1}{3} = 20\,\text{cm}$$

57. 기계설비의 위험점 중 연삭숫돌과 작업 받침대, 교반기의 날개와 하우스 등 고정 부분과 회전하는 동작 부분 사이에서 형성되는 위험점은?

① 끼임점 ② 물림점
③ 협착점 ④ 절단점

해설 끼임점 : 회전운동하는 부분과 고정 부분 사이에 형성되는 위험점

58. 500rpm으로 회전하는 연삭숫돌의 지름이 300mm일 때 회전속도(m/min)는?

① 471m/min
② 551m/min
③ 751m/min
④ 1025m/min

해설 회전속도$(V) = \dfrac{\pi DN}{1000} = \dfrac{\pi \times 300 \times 500}{1000}$

$$= 471.23\,\text{m/min}$$

59. 산업안전보건법령상 정상적으로 작동될 수 있도록 미리 조정해 두어야 할 이동식 크레인의 방호장치로 가장 적절하지 않은 것은 어느 것인가?

① 제동장치
② 권과방지장치
③ 과부하방지장치
④ 파이널 리밋 스위치

해설 ④는 승강기의 방호장치이다.

60. 다음 중 비파괴 검사방법으로 틀린 것은?

① 인장시험
② 음향탐상시험
③ 와류탐상시험
④ 초음파 탐상시험

해설 ①은 기계적인 파괴시험이다.

정답 54. ② 55. ② 56. ② 57. ① 58. ① 59. ④ 60. ①

4과목 전기 위험방지 기술

61. 속류를 차단할 수 있는 최고의 교류전압을 피뢰기의 정격전압이라고 하는데 이 값은 통상적으로 어떤 값으로 나타내고 있는가?

① 최댓값 ② 평균값
③ 실횻값 ④ 파고값

해설 피뢰기의 정격전압(실횻값) : 속류를 차단할 수 있는 최고의 교류전압을 통상 실횻값으로 나타낸다.

62. 전로에 시설하는 기계 · 기구의 철대 및 금속제 외함에 접지공사를 생략할 수 없는 경우는?

① 30V 이하의 기계 · 기구를 건조한 곳에 시설하는 경우
② 물기 없는 장소에 설치하는 저압용 기계 · 기구를 위한 전로에 정격감도전류 40mA 이하, 동작시간 2초 이하의 전류동작형 누전차단기를 시설하는 경우
③ 철대 또는 외함의 주위에 적당한 절연대를 설치하는 경우
④ 「전기용품 및 생활용품 안전관리법」의 적용을 받는 이중 절연구조로 되어 있는 기계 · 기구를 시설하는 경우

해설 ② 물기 없는 장소에 설치하는 저압용 기계 · 기구를 위한 전로에 정격감도전류 30mA 이하, 동작시간 0.03초 이하의 전류동작형 누전차단기를 시설하는 경우

63. 인체의 전기저항을 500Ω으로 하는 경우 심실세동을 일으킬 수 있는 에너지는 약 얼마인가? (단, 심실세동전류 $I=\frac{165}{\sqrt{T}}$[mA]로 한다.)

① 13.6J ② 19.0J
③ 13.6mJ ④ 19.0mJ

해설 $Q=I^2RT=\left(\frac{165}{\sqrt{1}}\times 10^{-3}\right)^2\times 500\times 1$
$=165^2\times 10^{-6}\times 500=13.61\text{J}$

64. 전기설비에 접지를 하는 목적으로 틀린 것은?

① 누설전류에 의한 감전방지
② 낙뢰에 의한 피해방지
③ 지락사고 시 대지전위 상승 유도 및 절연강도 증가
④ 지락사고 시 보호계전기 신속 동작

해설 접지의 목적
- 누설전류에 의한 감전방지
- 낙뢰에 의한 피해방지
- 송배전선에서 지락사고의 발생 시 보호계전기를 신속하게 작동시킨다.
- 송배전선로의 지락사고 시 대지전위의 상승을 억제하고 절연강도를 저하시킨다.

65. 한국전기설비규정에 따라 과전류 차단기로 저압전로에 사용하는 범용 퓨즈(gG)의 용단전류는 정격전류의 몇 배인가? (단, 정격전류가 4A 이하인 경우이다.)

① 1.5배 ② 1.6배 ③ 1.9배 ④ 2.1배

해설 저압용 포장퓨즈의 정격전류의 용단시간
- 30A 이하 : 2배의 전류로 2분
- 30~60A 이하 : 2배의 전류로 4분
- 60~100A 이하 : 2배의 전류로 6분

66. 정전기가 대전된 물체를 제전시키려고 한다. 다음 중 대전된 물체의 절연저항이 증가되어 제전의 효과를 감소시키는 것은?

① 접지한다.
② 건조시킨다.

정답 61. ③ 62. ② 63. ① 64. ③ 65. ④ 66. ②

③ 도전성 재료를 첨가한다.

④ 주위를 가습한다.

해설 정전기재해 방지 대책은 습도를 가습시킨다.

67. 감전 등의 재해를 예방하기 위하여 특고압용 기계 · 기구 주위에 관계자 외 출입을 금하도록 울타리를 설치할 때, 울타리의 높이와 울타리로부터 충전 부분까지의 거리의 합이 최소 몇 m 이상이 되어야 하는가? (단, 사용전압이 35kV 이하인 특고압용 기계 · 기구이다.)

① 5m ② 6m ③ 7m ④ 9m

해설 울타리 담 등의 높이와 울타리 담 등으로부터 충전 부분까지의 거리 합계

구분	35kV 이하	35~160kV 이하	160kV 이상
거리 합계	5m	6m	6m, 10kV 초과마다 +12cm

68. 개폐기로 인한 발화는 개폐 시의 스파크에 의한 가연물의 착화화재가 많이 발생한다. 다음 중 이를 방지하기 위한 대책으로 틀린 것은?

① 가연성 증기, 분진 등이 있는 곳은 방폭형을 사용한다.

② 개폐기를 불연성 상자 안에 수납한다.

③ 비포장퓨즈를 사용한다.

④ 접속 부분의 나사풀림이 없도록 한다.

해설 ③ 과전류 차단용 퓨즈는 포장퓨즈를 사용할 것

69. 극간 정전용량이 1000pF이고, 착화에너지가 0.019mJ인 가스에서 폭발한계전압(V)은 약 얼마인가? (단, 소수점 이하는 반올림한다.)

① 3900 ② 1950 ③ 390 ④ 195

해설 $E=\frac{1}{2}CV^2$

$$V=\sqrt{\frac{2E}{C}}=\sqrt{\frac{2\times 0.019\times 10^{-3}}{1000\times 10^{-12}}}=194.935\text{V}$$

70. 개폐기, 차단기, 유도 전압조정기의 최대 사용전압이 7kV 이하인 전로의 경우 절연내력시험은 최대 사용전압의 1.5배의 전압을 몇 분간 가하는가?

① 10 ② 15 ③ 20 ④ 25

해설 최대 사용전압이 7kV 이하인 전로의 절연내력시험은 최대 사용전압의 1.5배의 전압에서 10분간 가하여 견디어야 한다.

71. 한국전기설비규정에 따라 욕조나 샤워시설이 있는 욕실 등 인체가 물에 젖어 있는 상태에서 전기를 사용하는 장소에 인체감전보호용 누전차단기가 부착된 콘센트를 시설하는 경우 누전차단기의 정격감도전류 및 동작시간은?

① 15mA 이하, 0.01초 이하

② 15mA 이하, 0.03초 이하

③ 30mA 이하, 0.01초 이하

④ 30mA 이하, 0.03초 이하

해설 물을 사용하는 장소에 설치된 누전차단기의 정격감도전류 및 동작시간은 15mA 이하, 0.03초 이내이다.

72. 불활성화할 수 없는 탱크, 탱크롤리 등에 위험물을 주입하는 배관은 정전기재해 방지를 위하여 배관 내 액체의 유속제한을 한다. 배관 내 유속제한에 대한 설명으로 틀린 것은?

정답 67. ① 68. ③ 69. ④ 70. ① 71. ② 72. ④

① 물이나 기체를 혼합하는 비수용성 위험물의 배관 내 유속은 1m/s 이하로 할 것
② 저항률이 $10^{10}\Omega \cdot cm$ 미만의 도전성 위험물의 배관 내 유속은 7m/s 이하로 할 것
③ 저항률이 $10^{10}\Omega \cdot cm$ 이상인 위험물의 배관 내 유속은 관 내경이 0.05m이면 3.5m/s 이하로 할 것
④ 이황화탄소 등과 같이 유동대전이 심하고 폭발위험성이 높은 것은 배관 내 유속을 3m/s 이하로 할 것

해설 ④ 이황화탄소 등과 같이 유동대전이 심하고 폭발위험성이 높은 것은 배관 내 유속을 1m/s 이하로 할 것

73. 다음 중 절연물의 절연계급을 최고 허용온도가 낮은 온도에서 높은 온도 순으로 배치한 것은?

① Y종 → A종 → E종 → B종
② A종 → B종 → E종 → Y종
③ Y종 → E종 → B종 → A종
④ B종 → Y종 → A종 → E종

해설 전기기기의 절연물의 종류와 최고 허용온도
Y종(90℃) < A종(105℃) < E종(120℃) < B종(130℃) < F종(155°C) < H종(180°C) < C종(180℃ 초과)

74. 다른 두 물체가 접촉할 때 접촉전위차가 발생하는 원인으로 옳은 것은?

① 두 물체의 온도차
② 두 물체의 습도차
③ 두 물체의 밀도차
④ 두 물체의 일함수 차

해설 다른 두 물체가 접촉할 때 일함수 접촉전위 차이에 의해서 극성이 변한다.

75. 방폭 인증서에서 방폭부품을 나타내는데 사용되는 인증번호의 접미사는?

① "G" ② "X"
③ "D" ④ "U"

해설 방폭부품은 전기기기 및 모듈의 부품을 말하며, 기호 "U"로 표시하고, 폭발성 가스 분위기에서 사용

76. 고압 및 특고압 전로에 시설하는 피뢰기의 설치장소로 잘못된 곳은?

① 가공전선로와 지중전선로가 접속되는 곳
② 발전소, 변전소의 가공전선 인입구 및 인출구
③ 고압 가공전선로에 접속하는 배전용 변압기의 저압 측
④ 고압 가공전선로로부터 공급을 받는 수용장소의 인입구

해설 피뢰기의 설치장소(고압 및 특고압의 전로 중)

- 고압 가공전선로로부터 공급을 받는 수전전력의 용량이 500kW 이상의 수용장소의 인입구
- 발전소, 변전소 또는 이에 준하는 장소의 가공전선 인입구 및 인출구
- 가공전선로에 접속하는 배전용 변압기의 고압 측 및 특고압 측
- 고압 또는 특고압의 가공전선로로부터 공급을 받는 수용장소의 인입구
- 가공전선로와 지중전선로가 접속되는 곳
- 배선선로 차단기, 개폐기의 전원 측 및 부하 측
- 콘덴서의 전원 측

77. 산업안전보건기준에 관한 규칙 제319조에 의한 정전전로에서의 정전작업을 마친 후 전원을 공급하는 경우에 사업주가 작업에 종사하는 근로자 및 전기기기와 접촉할 우려가

정답 73. ① 74. ④ 75. ④ 76. ③ 77. ③

있는 근로자에게 감전의 위험이 없도록 준수 해야할 사항이 아닌 것은?

① 단락접지기구 및 작업기구를 제거하고 전기기기 등이 안전하게 통전될 수 있는지 확인한다.
② 모든 작업자가 작업이 완료된 전기기기에서 떨어져 있는지 확인한다.
③ 잠금장치와 꼬리표를 근로자가 직접 설치한다.
④ 모든 이상 유무를 확인한 후 전기기기 등의 전원을 투입한다.

해설 ③은 정전작업 시작 전에 실시하는 작업

78. 변압기의 최소 IP 등급은? (단, 유입 방폭구조의 변압기이다.)

① IP55 ② IP56 ③ IP65 ④ IP66

해설 KS C IEC 60079－6에 따른 유입 방폭구조 변압기의 최소 IP 등급은 IP66이다.

79. 가스그룹이 ⅡB인 지역에 내압 방폭구조 "d"의 방폭기기가 설치되어 있다. 기기의 플랜지 개구부에서 장애물까지의 최소거리(mm)는?

① 10 ② 20 ③ 30 ④ 40

해설 내압 방폭구조 플랜지 접합부와 장애물 간 최소거리

가스그룹	ⅡA	ⅡB	ⅡC
최소거리	10mm	30mm	40mm

80. 방폭 전기설비의 용기 내부에서 폭발성 가스 또는 증기가 폭발하였을 때 용기가 그 압력에 견디고 접합면이나 개구부를 통해서 외부의 폭발성 가스나 증기에 인화되지 않도록 한 방폭구조를 무엇이라고 하는가?

① 내압 방폭구조
② 압력 방폭구조
③ 유입 방폭구조
④ 본질안전 방폭구조

해설 용기가 폭발압력에 견디는 구조는 내압 방폭구조이다(틈의 냉각 효과 이용).

5과목 화학설비 위험방지 기술

81. 포스겐가스 누설검지의 시험지로 사용되는 것은?

① 연당지 ② 염화파라듐지
③ 하리슨시험지 ④ 초산벤젠지

해설 누설검지의 시험지
- 하리슨시험지(포스겐)
- 적색 리트머스지(염소)－청색
- 초산벤지민지(시안화수소)－청색
- 초산납회지(황화수소)－회색
- 제1구리 착염지(아세틸렌)－적갈색

82. 안전밸브 전단 · 후단에 자물쇠형 또는 이에 준하는 형식의 차단밸브 설치를 할 수 있는 경우에 해당하지 않는 것은?

① 자동압력 조절밸브와 안전밸브 등이 직렬로 연결된 경우
② 화학설비 및 그 부속설비에 안전밸브 등이 복수방식으로 설치되어 있는 경우
③ 열팽창에 의하여 상승된 압력을 낮추기 위한 목적으로 안전밸브가 설치된 경우
④ 인접한 화학설비 및 그 부속설비에 안전밸브 등이 각각 설치되어 있고, 해당 화학설비 및 그 부속설비의 연결배관에 차단밸브가 없는 경우

해설 ① 자동압력 조절밸브와 안전밸브 등이 병렬로 연결된 경우

정답 78. ④ 79. ③ 80. ① 81. ③ 82. ①

83. **다음 중 압축하면 폭발할 위험성이 높아서 아세톤 등에 용해시켜 다공성 물질과 함께 저장하는 물질은?**

① 염소 ② 에탄
③ 아세틸렌 ④ 수소

해설 아세틸렌은 폭발방지를 위해 아세톤에 용해시켜 저장한다.

84. **산업안전보건법령상 대상 설비에 설치된 안전밸브에 대해서는 경우에 따라 구분된 검사주기마다 안전밸브가 적정하게 작동하는지 검사하여야 한다. 화학공정 유체와 안전밸브의 디스크 또는 시트가 직접 접촉될 수 있도록 설치된 경우의 검사주기로 옳은 것은?**

① 매년 1회 이상 ② 2년마다 1회 이상
③ 3년마다 1회 이상 ④ 4년마다 1회 이상

해설 안전밸브 또는 파열판의 검사주기

- 유체와 안전밸브의 디스크 또는 시트가 직접 접촉될 수 있도록 설치된 경우 : 매년 1회 이상
- 안전밸브 전단에 파열판이 설치된 경우 : 2년마다 1회 이상
- 고용노동부장관이 실시하는 공정안전 보고서 이행상태 평가 결과가 우수한 사업장의 경우 : 4년마다 1회 이상

85. **위험물을 산업안전보건법령에서 정한 기준량 이상으로 제조하거나 취급하는 설비로서 특수화학설비에 해당되는 것은?**

① 가열시켜 주는 물질의 온도가 가열되는 위험물질의 분해온도보다 높은 상태에서 운전되는 설비
② 상온에서 게이지 압력으로 200kPa의 압력으로 운전되는 설비
③ 대기압하에서 300℃로 운전되는 설비
④ 흡열반응이 행하여지는 반응설비

해설 특수화학설비의 종류

- 가열로 또는 가열기
- 발열반응이 일어나는 반응장치
- 증류 · 정류 · 증발 · 추출 등의 분리를 하는 장치
- 반응폭주 등 이상 화학반응에 의하여 위험물질이 발생할 우려가 있는 설비
- 온도가 섭씨 350℃ 이상이거나 게이지 압력이 980kPa 이상인 상태에서 운전되는 설비
- 가열시켜 주는 물질의 온도가 가열되는 위험물질의 분해온도 또는 발화점보다 높은 상태에서 운전되는 설비

86. **산업안전보건법령상 다음 내용에 해당하는 폭발위험장소는?**

> 20종 장소 밖으로서 분진운 형태의 가연성 분진이 폭발농도를 형성할 정도의 충분한 양이 정상 작동 중에 존재할 수 있는 장소를 말한다.

① 21종 장소 ② 22종 장소
③ 0종 장소 ④ 1종 장소

해설 분진폭발 위험장소 구분

- 20종 장소 : 공기 중에 가연성 폭발성 분진운의 형태가 연속적으로 항상 존재하는 장소, 즉 폭발성 분진분위기가 항상 존재하는 장소
- 21종 장소 : 공기 중에 가연성 폭발성 분진운의 형태가 운전(가동) 중에 가끔 존재하는 장소, 즉 폭발성 분진분위기가 가끔 존재하는 장소
- 22종 장소 : 공기 중에 가연성 폭발성 분진운의 형태가 운전(가동) 중에 거의 없고, 있다 하더라도 단기간만 존재하는 장소

정답 83. ③ 84. ① 85. ① 86. ①

87. Li과 Na에 관한 설명으로 틀린 것은?

① 두 금속 모두 실온에서 자연발화의 위험성이 있으므로 알코올 속에 저장해야 한다.
② 두 금속은 물과 반응하여 수소기체를 발생한다.
③ Li은 비중값이 물보다 작다.
④ Na는 은백색의 무른 금속이다.

해설 ① 두 금속 모두 물과 접촉 시 폭발위험성이 있으므로 석유 속에 저장해야 한다.

88. 다음 중 누설 발화형 폭발재해의 예방 대책으로 가장 거리가 먼 것은?

① 발화원 관리
② 밸브의 오동작 방지
③ 가연성 가스의 연소
④ 누설물질의 검지 경보

해설 누설 발화형 폭발재해의 예방 대책
- 발화원 관리
- 밸브의 오동작 방지
- 위험물의 누설방지
- 누설물질의 검지 경보

89. 수분을 함유하는 에탄올에서 순수한 에탄올을 얻기 위해 벤젠과 같은 물질을 첨가하여 수분을 제거하는 증류방법은?

① 공비증류　② 추출증류
③ 가압증류　④ 감압증류

해설 공비증류 : 끓는점이 비슷하여 분리하기 어려운 액체 혼합물의 성분을 분리시키기 위해 다른 성분의 물질을 첨가하여 새로운 공비혼합물의 끓는점을 이용한 증류법으로 수분을 함유하는 에탄올에서 순수한 에탄올을 얻기 위해 쓰는 대표적인 증류법

90. 다음 중 인화점에 관한 설명으로 옳은 것은?

① 액체의 표면에서 발생한 증기농도가 공기 중에서 연소 하한농도가 될 수 있는 가장 높은 액체 온도
② 액체의 표면에서 발생한 증기농도가 공기 중에서 연소 상한농도가 될 수 있는 가장 낮은 액체 온도
③ 액체의 표면에 발생한 증기농도가 공기 중에서 연소 하한농도가 될 수 있는 가장 낮은 액체 온도
④ 액체의 표면에서 발생한 증기농도가 공기 중에서 연소 상한농도가 될 수 있는 가장 높은 액체 온도

해설 ③은 액체의 인화점에 관한 설명이다.

91. 다음 중 분진폭발의 특징에 관한 설명으로 옳은 것은?

① 가스폭발보다 발생에너지가 작다.
② 폭발압력과 연소속도는 가스폭발보다 크다.
③ 입자의 크기, 부유성 등이 분진폭발에 영향을 준다.
④ 불완전 연소로 인한 가스중독의 위험성은 작다.

해설 ① 가스폭발보다 발생에너지가 크다.
② 가스폭발보다 연소시간은 길고, 폭발압력이 크다.
④ 불완전 연소로 인한 가스중독의 위험성이 크다.

92. 위험물안전관리법령상 제1류 위험물에 해당하는 것은?

① 과염소산나트륨　② 과염소산
③ 과산화수소　④ 과산화벤조일

해설 ②, ③은 제6류 위험물,
④는 제5류 위험물

93. 다음 중 질식소화에 해당하는 것은?

정답 87. ① 88. ③ 89. ① 90. ③ 91. ③ 92. ① 93. ④

① 가연성 기체의 분출화재 시 주 밸브를 닫는다.
② 가연성 기체의 연쇄반응을 차단하여 소화한다.
③ 연료탱크를 냉각하여 가연성 가스의 발생속도를 작게 한다.
④ 연소하고 있는 가연물이 존재하는 장소를 기계적으로 폐쇄하여 공기의 공급을 차단한다.

해설 ①, ③은 제거소화,
②는 억제소화

94. 산업안전보건기준에 관한 규칙에서 정한 위험물질의 종류에서 "물 반응성 물질 및 인화성 고체"에 해당하는 것은?

① 질산에스테르류
② 니트로 화합물
③ 칼륨 · 나트륨
④ 니트로소 화합물

해설 • 폭발성 물질 : 니트로소 화합물
• 자기반응성 물질 : 질산에스테르류, 니트로 화합물

95. 공기 중 아세톤의 농도가 200 ppm (TLV 500 ppm), 메틸에틸케톤(MEK)의 농도가 100 ppm(TLV 200 ppm)일 때 혼합물질의 허용농도(ppm)는 약 얼마인가? (단, 두 물질은 서로 상가작용을 하는 것으로 가정한다.)

① 150　② 200
③ 270　④ 333

해설 노출지수$(R)=\dfrac{C_1}{T_1}+\dfrac{C_2}{T_2}+\cdots+\dfrac{C_n}{T_n}$

$=\dfrac{200}{500}+\dfrac{100}{200}=0.9$

허용농도$=\dfrac{C_1+C_2+\cdots}{R}=\dfrac{200+100}{0.9}$

$=333.3\,\text{ppm}$

여기서, C : 화학물질 각각의 측정치
T : 화학물질 각각의 노출기준

96. 다음 중 분진이 발화 폭발하기 위한 조건으로 거리가 먼 것은?

① 불연성질　② 미분상태
③ 점화원의 존재　④ 산소 공급

해설 불연성 물질은 연소가 일어나지 않는 물질로 분진이 발화 폭발하기 위해서는 가연성 분진이어야 한다.

97. 다음 중 폭발한계(vol%)의 범위가 가장 넓은 것은?

① 메탄　② 부탄
③ 톨루엔　④ 아세틸렌

해설 폭발한계(vol%)의 범위
• 아세틸렌 : 2.5~81%
• 메탄 : 5~15%
• 부탄 : 1.8~8.4%
• 톨루엔 : 1.27~6.75%

98. 최소 발화에너지(E[J])를 구하는 식으로 옳은 것은? (단, I는 전류[A], R은 저항[Ω], V는 전압[V], C는 콘덴서 용량[F], T는 시간[초]라 한다.)

① $E=IRT$　② $E=0.24I^2\sqrt{R}$
③ $E=\dfrac{1}{2}CV^2$　④ $E=\dfrac{1}{2}\sqrt{C^2V}$

해설 $E=\dfrac{1}{2}CV^2\,[\text{J}]$
여기서, C : 정전용량, V : 전압

99. 공기 중에서 A 물질의 폭발하한계가 4vol%, 상한계가 75vol%라면 이 물질의 위험도는?

① 16.75　② 17.75
③ 18.75　④ 19.75

정답 94. ③　95. ④　96. ①　97. ④　98. ③　99. ②

해설 위험도$(H)=\dfrac{\text{폭발상한계}-\text{폭발하한계}}{\text{폭발하한계}}$

$=\dfrac{75-4}{4}=17.75$

100. 다음 중 관의 지름을 변경하고자 할 때 필요한 관 부속품은?

① elbow ② reducer
③ plug ④ valve

해설 관로 지름의 크기를 변경하는 부속품 : 리듀서, 부싱

6과목 건설안전기술

101. 다음 중 지하수위 측정에 사용되는 계측기는?

① load cell ② inclinometer
③ extensometer ④ piezo meter

해설 • 간극수압계(piezo meter) : 지하의 간극수압 측정
• 지하수위계(water level meter) : 지반 내 지하수위의 변화 측정
(※ 문제 오류로 가답안 발표 시 ④번으로 발표되었지만, 확정 답안 발표 시 모두 정답 처리되었다. 본서에서는 가답안인 ④번을 정답으로 한다.)

102. 다음 중 이동식 비계를 조립하여 작업을 하는 경우에 준수하여야 할 기준으로 옳지 않은 것은?

① 승강용 사다리는 견고하게 설치할 것
② 비계의 최상부에서 작업을 하는 경우에는 안전난간을 설치할 것
③ 작업발판의 최대 적재하중은 400kg을 초과하지 않도록 할 것
④ 작업발판은 항상 수평을 유지하고 작업발판 위에서 안전난간을 딛고 작업을 하거나 받침대 또는 사다리를 사용하여 작업하지 않도록 할 것

해설 ③ 이동식 비계 작업발판의 최대 적재하중은 250kg을 초과하지 않도록 할 것

103. 터널지보공을 조립하거나 변경하는 경우에 조치하여야 하는 사항으로 옳지 않은 것은?

① 목재의 터널지보공은 그 터널지보공의 각 부재에 작용하는 긴압 정도를 체크하여 그 정도가 최대한 차이나도록 할 것
② 강(鋼)아치 지보공의 조립은 연결 볼트 및 띠장 등을 사용하여 주재 상호 간을 튼튼하게 연결할 것
③ 기둥에는 침하를 방지하기 위하여 받침목을 사용하는 등의 조치를 할 것
④ 주재(主材)를 구성하는 1세트의 부재는 동일 평면 내에 배치할 것

해설 ① 목재의 터널지보공은 그 터널지보공의 각 부재에 작용하는 긴압 정도가 균등하게 되도록 할 것

104. 거푸집 동바리 등을 조립하는 경우에 준수하여야 하는 기준으로 옳지 않은 것은?

① 동바리로 사용하는 파이프 서포트를 이어서 사용하는 경우에는 3개 이상의 볼트 또는 전용 철물을 사용하여 이을 것
② 동바리로 사용하는 강관은 높이 2m 이내마다 수평 연결재를 2개 방향으로 만들 것
③ 깔목의 사용, 콘크리트 타설, 말뚝박기 등 동바리의 침하를 방지하기 위한 조치를 할 것
④ 동바리로 사용하는 파이프 서포트를 3개 이상 이어서 사용하지 않도록 할 것

정답 100. ② 101. ④ 102. ③ 103. ① 104. ①

해설 ① 파이프 서포트를 이어서 사용할 경우에는 4개 이상의 볼트 또는 전용 철물을 사용하여 이을 것

105. 다음 중 가설통로를 설치하는 경우 준수하여야 할 기준으로 옳지 않은 것은?

① 경사는 30° 이하로 할 것
② 경사가 15°를 초과하는 경우에는 미끄러지지 아니하는 구조로 할 것
③ 추락할 위험이 있는 장소에는 안전난간을 설치할 것
④ 수직갱에 가설된 통로의 길이가 15m 이상인 경우에는 7m 이내마다 계단참을 설치할 것

해설 ④ 수직갱에 가설된 통로길이가 15m 이상인 경우에는 10m 이내마다 계단참을 설치할 것

106. 사면 보호공법 중 구조물에 의한 보호공법에 해당되지 않는 것은?

① 블럭공
② 식생구멍공
③ 돌 쌓기공
④ 현장 타설 콘크리트 격자공

해설 • 구조물 보호공법
㉠ 블록(돌) 붙임공 : 법면의 풍화나 침식 등의 방지를 목적으로 완구배에 점착력이 없는 토사를 붙이는 공법
㉡ 블록(돌) 쌓기공 : 급구배의 높은 비탈면에 사용하며, 메쌓기, 찰쌓기 등
㉢ 콘크리트블록 격자공 : 비탈면에 용수가 있는 붕괴하기 쉬운 비탈면을 보호하기 위해 채택하는 공법
㉣ 뿜어 붙이기공 : 비탈면에 용수가 없고 당장 붕괴위험은 없으나 풍화하기 쉬운 암석, 토사 등으로 식생이 곤란한 비탈면에 사용

• 식생공법
㉠ 떼붙임공 : 비탈면에 떼를 일정한 간격으로 심어 보호하는 공법
㉡ 식생공 : 법면에 식물을 심어 번식시켜 법면의 침식과 동상, 이완 등을 방지하는 공법
㉢ 식수공 : 비탈면에 떼붙임공과 식생공으로 부족할 경우 나무를 심어서 사면을 보호하는 공법
㉣ 파종공 : 비탈면에 종자, 비료, 안정제, 흙 등을 혼합하여 높은 압력으로 뿜어 붙이는 공법

107. 안전계수가 4이고 2000MPa의 인장강도를 갖는 강선의 최대 허용응력은 얼마인가?

① 500MPa ② 1000MPa
③ 1500MPa ④ 2000MPa

해설 $\text{허용응력} = \dfrac{\text{인장강도}}{\text{안전계수}} = \dfrac{2000}{4}$
$= 500\,\text{MPa}$

108. 터널공사의 전기발파작업에 관한 설명으로 옳지 않은 것은?

① 전선은 점화하기 전에 화약류를 충전한 장소로부터 30m 이상 떨어진 안전한 장소에서 도통시험 및 저항시험을 하여야 한다.
② 점화는 충분한 허용량을 갖는 발파기를 사용하고 규정된 스위치를 반드시 사용하여야 한다.
③ 발파 후 발파기와 발파모선의 연결을 유지한 채 그 단부를 절연시킨 후 재점화가 되지 않도록 한다.
④ 점화는 선임된 발파책임자가 행하고 발파기의 핸들을 점화할 때 이외는 시건장치를 하

정답 105. ④ 106. ② 107. ① 108. ③

거나 모선을 분리하여야 하며 발파책임자의 엄중한 관리하에 두어야 한다.

해설 ③ 발파 후 발파기와 발파모선은 분리하여 재점화되지 않도록 한다.

109. 화물을 적재하는 경우의 준수사항으로 옳지 않은 것은?

① 침하 우려가 없는 튼튼한 기반 위에 적재할 것
② 건물의 칸막이나 벽 등이 화물의 압력에 견딜 만큼의 강도를 지니지 아니한 경우에는 칸막이나 벽에 기대어 적재하지 않도록 할 것
③ 불안정한 정도로 높이 쌓아 올리지 말 것
④ 하중을 한쪽으로 치우치더라도 화물을 최대한 효율적으로 적재할 것

해설 ④ 하중이 한쪽으로 치우치지 않도록 균등하게 적재할 것

110. 발파구간 인접 구조물에 대한 피해 및 손상을 예방하기 위한 건물기초에서의 허용 진동치(cm/sec) 기준으로 옳지 않은 것은? (단, 기존 구조물에 금이 가 있거나 노후 구조물 대상일 경우 등은 고려하지 않는다.)

① 문화재 : 0.2cm/sec
② 주택, 아파트 : 0.5cm/sec
③ 상가 : 1.0cm/sec
④ 철골콘크리트 빌딩 : 0.8~1.0cm/sec

해설 건물기초에서 발파 허용 진동치

구분	문화재	주택·아파트	상가	철골콘크리트 빌딩
허용 진동치 (cm/sec)	0.2	0.5	1.0	1.0~4.0

111. 거푸집 동바리 등을 조립 또는 해체하는 작업을 하는 경우의 준수사항으로 옳지 않은 것은?

① 재료, 기구 또는 공구 등을 올리거나 내리는 경우에는 근로자로 하여금 달줄·달포대 등의 사용을 금하도록 할 것
② 낙하, 충격에 의한 돌발적 재해를 방지하기 위하여 버팀목을 설치하고 거푸집 동바리 등을 인양장비에 매단 후에 작업을 하도록 하는 등 필요한 조치를 할 것
③ 비, 눈 그 밖의 기상상태의 불안정으로 날씨가 몹시 나쁜 경우에는 그 작업을 중지할 것
④ 해당 작업을 하는 구역에는 관계 근로자가 아닌 사람의 출입을 금지할 것

해설 ① 재료, 기구 또는 공구 등을 올리거나 내리는 경우에는 근로자로 하여금 달줄·달포대 등을 사용하도록 해야 한다.

112. 강관을 사용하여 비계를 구성하는 경우 준수해야 할 사항으로 옳지 않은 것은 어느 것인가?

① 비계기둥의 간격은 띠장 방향에서는 1.85m 이하, 장선(長線) 방향에서는 1.5m 이하로 할 것
② 띠장 간격은 2.0m 이하로 할 것
③ 비계기둥의 제일 윗부분으로부터 31m 되는 지점 밑부분의 비계기둥은 3개의 강관으로 묶어 세울 것
④ 비계기둥 간의 적재하중은 400kg을 초과하지 않도록 할 것

해설 ③ 비계기둥의 제일 윗부분으로부터 31m 되는 지점 밑부분의 비계기둥은 2개의 강관으로 묶어 세울 것

정답 109. ④ 110. ④ 111. ① 112. ③

113. **지하수위 상승으로 포화된 사질토지반의 액상화 현상을 방지하기 위한 가장 직접적이고 효과적인 대책은?**

① well point 공법 적용
② 동다짐 공법 적용
③ 입도가 불량한 재료를 입도가 양호한 재료로 치환
④ 밀도를 증가시켜 한계 간극비 이하로 상대밀도를 유지하는 방법 강구

해설 웰 포인트(well point) 공법 : 모래질지반에 지하수위를 일시적으로 저하시켜야 할 때 사용하는 공법으로 모래 탈수공법이라고 한다.

114. **크레인 등 건설장비의 가공전선로 접근 시 안전 대책으로 옳지 않은 것은?**

① 안전 이격거리를 유지하고 작업한다.
② 장비를 가공전선로 밑에 보관한다.
③ 장비의 조립, 준비 시부터 가공전선로에 대한 감전방지 수단을 강구한다.
④ 장비사용 현장의 장애물, 위험물 등을 점검 후 작업계획을 수립한다.

해설 ② 크레인 장비를 가공전선로 밑에 보관하는 것은 감전의 위험이 있다.

115. **흙의 투수계수에 영향을 주는 인자에 관한 설명으로 옳지 않은 것은?**

① 포화도 : 포화도가 클수록 투수계수도 크다.
② 공극비 : 공극비가 클수록 투수계수는 작다.
③ 유체의 점성계수 : 점성계수가 클수록 투수계수는 작다.
④ 유체의 밀도 : 유체의 밀도가 클수록 투수계수는 크다.

해설 ② 공극비 : 공극비가 클수록 투수계수는 크다.

116. **산업안전보건법령에서 규정하는 철골작업을 중지하여야 하는 기후조건에 해당하지 않는 것은?**

① 풍속이 초당 10m 이상인 경우
② 강우량이 시간당 1mm 이상인 경우
③ 강설량이 시간당 1cm 이상인 경우
④ 기온이 영하 5℃ 이하인 경우

해설 철골공사 작업을 중지하는 기준
- 풍속이 초당 10m 이상인 경우
- 1시간당 강우량이 1mm 이상인 경우
- 1시간당 강설량이 1cm 이상인 경우

117. **차량계 건설기계를 사용하여 작업을 하는 경우 작업계획서 내용에 포함되지 않는 사항은?**

① 사용하는 차량계 건설기계의 종류 및 성능
② 차량계 건설기계의 운행경로
③ 차량계 건설기계에 의한 작업방법
④ 차량계 건설기계 사용 시 유도자 배치위치

해설 ④ 유도자 배치는 차량계 건설기계 전도 전락방지 대책이다.

118. **유해 · 위험방지 계획서를 고용노동부장관에게 제출하고 심사를 받아야 하는 대상 건설공사 기준으로 옳지 않은 것은?**

① 최대 지간길이가 50m 이상인 다리의 건설 등 공사
② 지상 높이 25m 이상인 건축물 또는 인공구조물의 건설 등 공사
③ 깊이 10m 이상인 굴착공사
④ 다목적 댐, 발전용 댐, 저수용량 2천만 톤 이상의 용수전용 댐 및 지방상수도 전용 댐의 건설 등 공사

정답 113. ① 114. ② 115. ② 116. ④ 117. ④ 118. ②

해설 유해 · 위험방지 계획서 제출대상 건설공사 기준

- 시설 등의 건설 · 개조 또는 해체공사
  - ㉠ 지상 높이가 31m 이상인 건축물 또는 인공구조물
  - ㉡ 연면적 30000m^2 이상인 건축물
  - ㉢ 연면적 5000m^2 이상인 시설
    - ㉮ 문화 및 집회시설(전시장, 동물원, 식물원은 제외)
    - ㉯ 운수시설(고속철도 역사, 집배송 시설은 제외)
    - ㉰ 종교시설, 의료시설 중 종합병원
    - ㉱ 숙박시설 중 관광숙박시설
    - ㉲ 판매시설, 지하도상가, 냉동 · 냉장창고시설
- 연면적 5000m^2 이상인 냉동 · 냉장창고시설의 설비공사 및 단열공사
- 최대 지간길이가 50m 이상인 교량 건설 등의 공사
- 다목적 댐, 발전용 댐 및 저수용량 2천만톤 이상의 용수전용 댐, 지방상수도 전용 댐 건설 등의 공사
- 깊이 10m 이상인 굴착공사
- 터널 건설 등의 공사

119. 공사 진척에 따른 공정률이 다음과 같을 때 안전관리비 사용기준으로 옳은 것은? (단, 공정률은 기성공정률을 기준으로 한다.)

공정률 : 70퍼센트 이상 90퍼센트 미만

① 50퍼센트 이상
② 60퍼센트 이상
③ 70퍼센트 이상
④ 80퍼센트 이상

해설 공정률이 70% 이상 90% 미만인 경우 안전관리비 사용기준은 최소 70% 이상이다.

120. 미리 작업장소의 지형 및 지반상태 등에 적합한 제한속도를 정하지 않아도 되는 차량계 건설기계의 속도기준은?

① 최대 제한속도가 10km/h 이하
② 최대 제한속도가 20km/h 이하
③ 최대 제한속도가 30km/h 이하
④ 최대 제한속도가 40km/h 이하

해설 미리 제한속도를 정하지 않아도 되는 차량계 건설기계의 속도기준은 최대 제한속도가 10km/h 이하인 경우이다.

정답 119. ③ 120. ①

2021년도(2회차) 출제문제

산업안전기사

1과목 안전관리론

1. 학습자가 자신의 학습속도에 적합하도록 프로그램 자료를 가지고 단독으로 학습하도록 하는 안전교육 방법은?

① 실연법 ② 모의법
③ 토의법 ④ 프로그램 학습법

해설 프로그램 학습법 : 학생이 자기 학습속도에 따른 학습이 허용되어 있는 상태에서 학습자가 프로그램 자료를 가지고 단독으로 학습하도록 하는 교육방법

2. 다음 중 헤드십(headship)의 특성이 아닌 것은?

① 지휘형태는 권위주의적이다.
② 권한 행사는 임명된 헤드이다.
③ 구성원과의 사회적 간격은 넓다.
④ 상관과 부하와의 관계는 개인적인 영향이다.

해설 ④는 리더십의 특성

3. 산업안전보건법령에 따른 특정 행위의 지시 및 사실의 고지에 사용되는 안전 · 보건표지의 색도기준으로 옳은 것은?

① 2.5G 4/10 ② 2.5PB 4/10
③ 5Y 8.5/12 ④ 7.5R 4/14

해설 파란색(2.5PB 4/10) : 특정 행위의 지시 및 사실의 고지

4. 인간관계의 메커니즘(mechanism) 중 다른 사람의 행동 양식이나 태도를 투입시키거나 다른 사람 가운데서 자기와 비슷한 점을 발견하는 것은?

① 공감 ② 모방
③ 동일화 ④ 일체화

해설 동일화 : 다른 사람의 행동 양식이나 태도를 투입시키거나 다른 사람 가운데서 자기와 비슷한 점을 발견하는 것

5. 다음의 교육내용과 관련 있는 교육은?

- 작업동작 및 표준 작업방법의 습관화
- 공구 · 보호구 등의 관리 및 취급태도의 확립
- 작업 전후의 점검, 검사요령의 정확화 및 습관화

① 지식교육 ② 기능교육
③ 태도교육 ④ 문제해결교육

해설 제3단계(태도교육)에 대한 설명이다.

6. 데이비스(K. Davis)의 동기부여 이론에 관한 등식에서 그 관계가 틀린 것은?

① 지식×기능=능력
② 상황×능력=동기유발
③ 능력×동기유발=인간의 성과
④ 인간의 성과×물질의 성과=경영의 성과

해설 ② 상황×태도=동기유발

7. 산업안전보건법령상 보호구 안전인증대상 방독마스크의 유기화합물용 정화통 외부 측면의 표시색으로 옳은 것은?

정답 1. ④ 2. ④ 3. ② 4. ③ 5. ③ 6. ② 7. ①

① 갈색 ② 녹색
③ 회색 ④ 노란색

해설 유기화합물용 정화통 외부 측면의 표시색은 갈색이다.

8. 재해원인 분석 기법의 하나인 특성요인도의 작성방법에 대한 설명으로 틀린 것은?

① 큰 뼈는 특성이 일어나는 요인이라고 생각되는 것을 크게 분류하여 기입한다.
② 등 뼈는 원칙적으로 우측에서 좌측으로 향하여 가는 화살표를 기입한다.
③ 특성의 결정은 무엇에 대한 특성요인도를 작성할 것인가를 결정하고 기입한다.
④ 중 뼈는 특성이 일어나는 큰 뼈의 요인마다 다시 미세하게 원인을 결정하여 기입한다.

해설 ② 등 뼈는 원칙적으로 좌측에서 우측으로 향하여 굵은 화살표를 기입한다.

9. TWI의 교육내용 중 인간관계 관리방법, 즉 부하 통솔법을 주로 다루는 것은?

① JST(Job Safety Training)
② JMT(Job Method Training)
③ JRT(Job Relations Training)
④ JIT(Job Instruction Training)

해설 TWI 교육내용 4가지
- 작업방법훈련(Job Method Training ; JMT) : 작업방법 개선
- 작업지도훈련(Job Instruction Training ; JIT) : 작업지시
- 인간관계훈련(Job Relations Training ; JRT) : 부하직원 리드
- 작업안전훈련(Job Safety Training ; JST) : 안전한 작업

10. 산업안전보건법령상 안전보건관리규정에 반드시 포함되어야 할 사항이 아닌 것은? (단, 그 밖에 안전 및 보건에 관한 사항은 제외한다.)

① 재해코스트 분석 방법
② 사고조사 및 대책 수립
③ 작업장 안전 및 보건관리
④ 안전 및 보건관리 조직과 그 직무

해설 안전보건관리규정에 포함되어야 할 사항
- 안전 · 보건관리 조직과 그 직무에 관한 사항
- 안전 · 보건교육에 관한 사항
- 작업장 안전관리에 관한 사항
- 작업장 보건관리에 관한 사항
- 위험성 평가에 관한 사항
- 사고조사 및 대책 수립에 관한 사항
- 그 밖의 안전 · 보건에 관한 사항

11. 다음 중 재해조사에 관한 설명으로 틀린 것은?

① 조사 목적에 무관한 조사는 피한다.
② 조사는 현장을 정리한 후에 실시한다.
③ 목격자나 현장책임자의 진술을 듣는다.
④ 조사자는 객관적이고 공정한 입장을 취해야 한다.

해설 ② 조사는 현장을 보존한 상태로 실시한다.

12. 산업안전보건법령상 안전 · 보건표지의 종류 중 경고표지의 기본모형(형태)이 다른 것은?

① 폭발성물질 경고
② 방사성물질 경고
③ 매달린 물체 경고
④ 고압전기 경고

해설 인화물질, 산화성, 폭발성, 급성독성, 부식성, 발암성물질 경고는 마름모 모양 표지이며, 나머지는 삼각형 표지이다.

정답 8. ② 9. ③ 10. ① 11. ② 12. ①

13. 무재해 운동 추진의 3요소에 관한 설명이 아닌 것은?

① 안전보건은 최고 경영자의 무재해 및 무질병에 대한 확고한 경영 자세로 시작된다.
② 안전보건을 추진하는 데에는 관리감독자들의 생산활동 속에 안전보건을 실천하는 것이 중요하다.
③ 모든 재해는 잠재요인을 사전에 발견 · 파악 · 해결함으로써 근원적으로 산업재해를 없애야 한다.
④ 안전보건은 각자 자신의 문제이며, 동시에 동료의 문제로서 직장의 팀 멤버와 협동 노력하여 자주적으로 추진하는 것이 필요하다.

해설 ③은 무재해 운동의 이념 3원칙 중 무의 원칙이다.

14. 다음 중 헤링(Hering)의 착시 현상에 해당하는 것은?

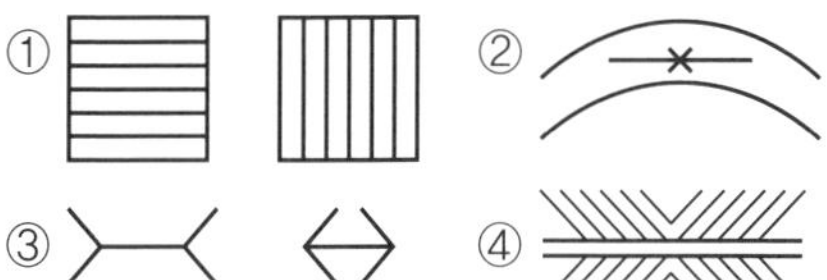

해설 착시의 종류
① Helmholtz의 착시
② Kohler의 착시(윤곽착오)
③ Muller Lyer의 동화착시
④ Hering의 착시

15. 도수율이 24.5이고, 강도율이 1.15의 사업장이 있다. 이 사업장에서 한 근로자가 입사하여 퇴직할 때까지 몇 일간의 근로손실일수가 발생하겠는가?

① 2.45일 ② 115일
③ 215일 ④ 245일

해설 • 강도율 $=\dfrac{\text{근로손실일수}}{\text{근로 총 시간 수}}\times 1000$

• 환산강도율 = 강도율 × 100
= 1.15 × 100 = 115일

• 근로시간별 적용 방법

평생근로시간 : 10만 시간인 경우	평생근로시간 : 12만 시간인 경우
• 환산도수율 =도수율×0.1 • 환산강도율 =강도율×100	• 환산도수율 =도수율×0.12 • 환산강도율 =강도율×120

16. 다음 중 학습을 자극(stimulus)에 의한 반응(response)으로 보는 이론에 해당하는 것은?

① 장설(field theory)
② 통찰설(insight theory)
③ 기호형태설(sign−gestalt theory)
④ 시행착오설(trial and error theory)

해설 ④는 자극과 반응 이론,
①, ②, ③은 형태설이다.

17. 하인리히의 사고방지 기본원리 5단계 중 시정방법의 선정 단계에 있어서 필요한 조치가 아닌 것은?

① 인사조정
② 안전행정의 개선
③ 교육 및 훈련의 개선
④ 안전점검 및 사고조사

해설 하인리히의 사고방지 5단계 중 시정방법의 선정 단계 조치
㉠ 인사조정
㉡ 안전행정의 개선
㉢ 교육 및 훈련의 개선

18. 산업안전보건법령상 안전 · 보건교육 교육대상별 교육내용 중 관리감독자 정기교육의 내용으로 틀린 것은?

정답 13. ③ 14. ④ 15. ② 16. ④ 17. ④ 18. ①

① 정리 정돈 및 청소에 관한 사항
② 유해 · 위험 작업환경 관리에 관한 사항
③ 표준 안전작업방법 및 지도요령에 관한 사항
④ 작업공정의 유해 · 위험과 재해예방 대책에 관한 사항

해설 ①은 근로자 안전 · 보건교육 중 채용 시의 교육내용이다.

19. 산업안전보건법령상 협의체 구성 및 운영에 관한 사항으로 (　　) 안에 알맞은 내용은?

> 도급인은 관계수급인 근로자가 도급인의 사업장에서 작업을 하는 경우 도급인과 수급인을 구성원으로 하는 안전 및 보건에 관한 협의체를 구성 및 운영하여야 한다. 이 협의체는 (　　) 정기적으로 회의를 개최하고 그 결과를 기록 보존해야 한다.

① 매월 1회 이상
② 2개월마다 1회
③ 3개월마다 1회
④ 6개월마다 1회

해설 협의체는 매월 1회 이상 정기적으로 회의를 개최하고, 그 결과를 기록 · 보존하여야 한다.

20. 산업안전보건법령상 프레스를 사용하여 작업을 할 때 작업시작 전 점검사항으로 틀린 것은?

① 방호장치의 기능
② 언로드 밸브의 기능
③ 금형 및 고정볼트의 상태
④ 클러치 및 브레이크의 기능

해설 ②는 공기압축기의 작업시작 전 점검사항이다.

2과목 인간공학 및 시스템 안전공학

21. 일반적으로 은행의 접수대 높이나 공원의 벤치를 설계할 때 가장 적합한 인체측정자료의 응용원칙은?

① 조절식 설계
② 평균치를 이용한 설계
③ 최대치수를 이용한 설계
④ 최소치수를 이용한 설계

해설 평균치(평균치 설계)를 기준으로 한 설계 : 최대 · 최소치수, 조절식으로 설계하기에 곤란한 경우 평균치로 설계한다. 은행창구나 슈퍼마켓의 계산대 등에 적용한다.

22. 위험분석 기법 중 고장이 시스템의 손실과 인명의 사상에 연결되는 높은 위험도를 가진 요소나 고장의 형태에 따른 분석법은 무엇인가?

① CA　　② ETA
③ FHA　　④ FTA

해설 치명도 분석(CA ; Criticality Analysis) : 고장모드가 기기 전체의 고장에 어느 정도 영향을 주는가를 정량적으로 평가하는 해석 기법

23. 작업장의 설비 3대에서 각각 80 dB, 86 dB, 78 dB의 소음이 발생되고 있을 때 작업장의 음압수준은?

① 약 81.3 dB　　② 약 85.5 dB
③ 약 87.5 dB　　④ 약 90.3 dB

해설 합성소음도(L)

$$=10\times\log\left(10^{\frac{L_1}{10}}+10^{\frac{L_2}{10}}+\cdots+10^{\frac{L_n}{10}}\right)$$

$$=10\times\log\left(10^{\frac{80}{10}}+10^{\frac{86}{10}}+10^{\frac{78}{10}}\right)=87.5\,\text{dB}$$

정답 19. ①　20. ②　21. ②　22. ①　23. ③

24. 일반적인 화학설비에 대한 안전성 평가(safety assessment) 절차에 있어 안전 대책 단계에 해당되지 않는 것은?

① 보전 ② 위험도 평가
③ 설비적 대책 ④ 관리적 대책

해설 화학설비에 대한 안전성 평가의 안전 대책 단계 : 보전, 설비적 대책, 관리적 대책

25. 다음 중 욕조곡선에서의 고장형태에서 일정한 형태의 고장률이 나타나는 구간은 어느 것인가?

① 초기고장 구간 ② 마모고장 구간
③ 피로고장 구간 ④ 우발고장 구간

해설 욕조곡선(bathtub curve) : 고장률이 높은 값에서 점차 감소하여 일정한 값을 유지한 후 다시 점차로 높아지는, 즉 제품의 수명을 나타내는 곡선

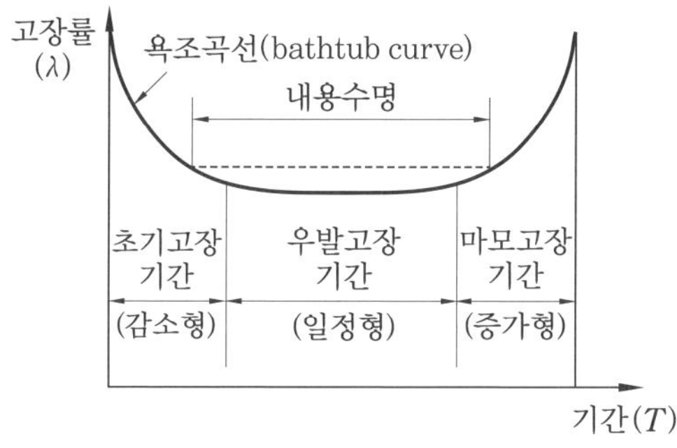

욕조곡선(bathtub curve)

26. 음량수준을 평가하는 척도와 관계없는 것은?

① HSI ② phon
③ dB ④ sone

해설 HSI(Heat Stress Index) : 열압박지수

27. 실효온도(effective temperature)에 영향을 주는 요인이 아닌 것은?

① 온도 ② 습도
③ 복사열 ④ 공기 유동

해설 실효온도(체감온도, 감각온도)에 영향을 주는 요인 : 온도, 습도, 공기 유동(대류)

28. FT도에서 시스템의 신뢰도는 얼마인가? (단, 모든 부품의 발생확률은 0.1이다.)

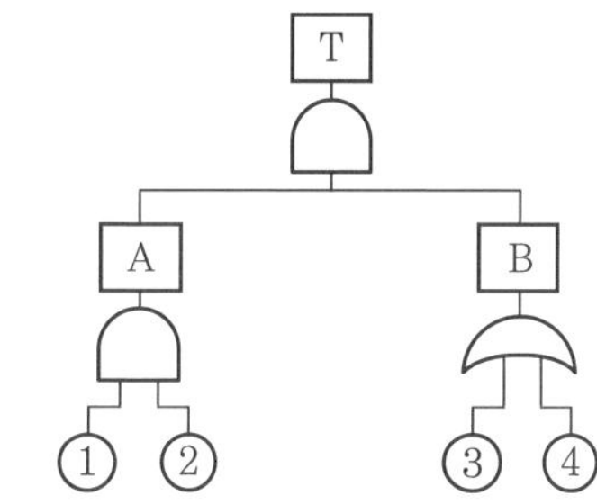

① 0.0033 ② 0.0062
③ 0.9981 ④ 0.9936

해설 신뢰도(T)=A×B
=①×②×[1−(1−③)×(1−④)]=0.1×0.1×[1−(1−0.1)×(1−0.1)]=0.0019
시스템의 신뢰도
=1−T=1−0.0019=0.9981

29. 인간공학 연구방법 중 실제의 제품이나 시스템이 추구하는 특성 및 수준이 달성되는지를 비교하고 분석하는 연구는?

① 조사연구 ② 실험연구
③ 분석연구 ④ 평가연구

해설 인간공학의 정의 : 인간의 특성과 한계 능력을 공학적으로 분석, 평가연구하여 이를 복잡한 체계의 설계에 응용함으로써 효율을 최대로 활용할 수 있도록 하는 학문 분야

30. 어떤 설비의 시간당 고장률이 일정하다고 할 때 이 설비의 고장간격은 다음 중 어떤 확률분포를 따르는가?

정답 24. ② 25. ④ 26. ① 27. ③ 28. ③ 29. ④ 30. ③

① t 분포
② 와이블 분포
③ 지수분포
④ 아이링(eyring) 분포

해설 고장률이 일정한 설비의 고장간격의 확률분포 : $m=1$(지수분포)

31. **시스템 수명주기에 있어서 예비위험분석(PHA)이 이루어지는 단계에 해당하는 것은 어느 것인가?**

① 구상단계 ② 점검단계
③ 운전단계 ④ 생산단계

해설 예비위험분석(PHA) : 모든 시스템 안전 프로그램 중 최초 단계의 분석으로 시스템 내의 위험요소가 얼마나 위험한 상태에 있는지를 정성적으로 평가하는 분석 기법
Tip) 시스템 수명주기 5단계

1단계	2단계	3단계	4단계	5단계
구상	정의	개발	생산	운전

32. **FTA에서 사용하는 다음 사상기호에 대한 설명으로 맞는 것은?**

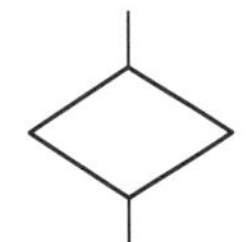

① 시스템 분석에서 좀 더 발전시켜야 하는 사상
② 시스템의 정상적인 가동상태에서 일어날 것이 기대되는 사상
③ 불충분한 자료로 결론을 내릴 수 없어 더 이상 전개할 수 없는 사상
④ 주어진 시스템의 기본사상으로 고장 원인이 분석되었기 때문에 더 이상 분석할 필요가 없는 사상

해설 생략사상 : 정보 부족, 해석기술의 불충분으로 더 이상 전개할 수 없는 사상

33. **다음 중 정보를 전송하기 위해 청각적 표시장치보다 시각적 표시장치를 사용하는 것이 더 효과적인 경우는?**

① 정보의 내용이 간단한 경우
② 정보가 후에 재참조되는 경우
③ 정보가 즉각적인 행동을 요구하는 경우
④ 정보의 내용이 시간적인 사건을 다루는 경우

해설 ①, ③, ④는 청각적 표시장치의 특성

34. **감각저장으로부터 정보를 작업기억으로 전달하기 위한 코드화 분류에 해당되지 않는 것은?**

① 시각코드 ② 촉각코드
③ 음성코드 ④ 의미코드

해설 조종장치의 촉각적 암호화는 형상, 크기, 표면 촉감이며, 기계적 진동이나 전기적 임펄스이다.

35. **인간-기계 시스템 설계과정 중 직무 분석을 하는 단계는?**

① 제1단계 : 시스템의 목표와 성능명세 결정
② 제2단계 : 시스템의 정의
③ 제3단계 : 기본설계
④ 제4단계 : 인터페이스 설계

해설 기본설계 : 시스템의 형태를 갖추기 시작하는 단계(직무 분석, 작업설계, 기능 할당)

36. **중량물 들기 작업 시 5분간의 산소 소비량을 측정한 결과 90L의 배기량 중에 산소가 16%, 이산화탄소가 4%로 분석되었다. 해당 작업에 대한 산소 소비량(L/min)은 약 얼마인가? (단, 공기 중 질소는 79vol%, 산소는 21vol%이다.)**

① 0.948 ② 1.948
③ 4.74 ④ 5.74

정답 31. ① 32. ③ 33. ② 34. ② 35. ③ 36. ①

해설 분당 산소 소비량

㉠ 분당 배기량 $=\frac{배기량}{시간}=\frac{90}{5}=18\text{L/min}$

㉡ 분당 흡기량

$=\frac{배기량-배기\ 중\ O_2-배기\ 중\ CO_2}{배기량-흡기\ 중\ O_2}\times 분당$

$배기량=\frac{90-16-4}{90-21}\times 18=18.26\text{L/min}$

㉢ 산소 소비량=(분당 흡기량×흡기 중 O_2) −(분당 배기량×배기 중 O_2)

$=(18.26\times 0.21)-(18\times 0.16)$

$=0.9546\text{L/min}$

37. 다음 중 의도는 올바른 것이었지만, 행동이 의도한 것과는 다르게 나타나는 오류는?

① slip　② mistake
③ lapse　④ violation

해설 실수(slip) : 의도는 올바른 것이었지만, 행동이 의도한 것과는 다르게 나타나는 오류

38. 다음 중 동작경제의 원칙과 가장 거리가 먼 것은?

① 급작스런 방향의 전환은 피하도록 할 것
② 가능한 관성을 이용하여 작업하도록 할 것
③ 두 손의 동작은 같이 시작하고 같이 끝나도록 할 것
④ 두 팔의 동작은 동시에 같은 방향으로 움직일 것

해설 ④ 두 팔의 동작은 동시에 서로 반대 방향인 대칭적으로 움직이도록 한다(신체 사용에 관한 원칙).

39. 두 가지 상태 중 하나가 고장 또는 결함으로 나타나는 비정상적인 사건은?

① 톱사상　② 결함사상
③ 정상적인 사상　④ 기본적인 사상

해설 결함사상 : 고장 또는 결함으로 나타나는 비정상적인 사건

40. 설비보전 방법 중 설비의 열화를 방지하고 그 진행을 지연시켜 수명을 연장하기 위한 점검, 청소, 주유 및 교체 등의 활동은?

① 사후보전　② 개량보전
③ 일상보전　④ 보전예방

해설 일상보전 : 설비의 열화를 방지하고 수명을 연장하기 위한 설비의 점검, 청소, 주유 및 교체 등의 보전활동

3과목 기계 위험방지 기술

41. 산업안전보건법령상 보일러 수위의 이상 현상으로 인해 위험 수위로 변하면 작업자가 쉽게 감지할 수 있도록 경보등, 경보음을 발하고 자동적으로 급수 또는 단수되어 수위를 조절하는 방호장치는?

① 압력방출장치　② 고저수위 조절장치
③ 압력제한 스위치　④ 과부하방지장치

해설 고저수위 조절장치 : 보일러 수위의 이상 현상으로 인해 위험 수위로 변하면 작업자가 쉽게 감지할 수 있도록 경보등, 경보음을 발하고 자동적으로 급수 또는 단수되어 수위를 조절한다.

42. 프레스 작업에서 제품 및 스크랩을 자동적으로 위험한계 밖으로 배출하기 위한 장치로 볼 수 없는 것은?

① 피더　② 키커
③ 이젝터　④ 공기 분사장치

해설 피더 : 재료 자동공급 · 배출장치

정답 37. ①　38. ④　39. ②　40. ③　41. ②　42. ①

43. 산업안전보건법령상 로봇의 작동범위 내에서 그 로봇에 관하여 교시 등 작업을 행하는 때 작업시작 전 점검사항으로 옳은 것은? (단, 로봇의 동력원을 차단하고 행하는 것은 제외)

① 과부하방지장치의 이상 유무
② 압력제한 스위치의 이상 유무
③ 외부 전선의 피복 또는 외장의 손상 유무
④ 권과방지장치의 이상 유무

해설 ①, ④는 크레인의 방호장치,
②는 보일러의 방호장치

44. 산업안전보건법령상 지게차 작업시작 전 점검사항으로 거리가 가장 먼 것은?

① 제동장치 및 조종장치 기능의 이상 유무
② 압력방출장치의 작동 이상 유무
③ 바퀴의 이상 유무
④ 전조등 · 후미등 · 방향지시기 및 경보장치 기능의 이상 유무

해설 ② 압력방출장치는 보일러의 방호장치

45. 다음 중 가공재료의 칩이나 절삭유 등이 비산되어 나오는 위험으로부터 보호하기 위한 선반의 방호장치는?

① 바이트 ② 권과방지장치
③ 압력제한 스위치 ④ 실드(shield)

해설 ①은 절삭공구,
②는 크레인의 방호장치,
③은 보일러의 방호장치

46. 산업안전보건법령상 보일러의 압력방출장치가 2개 설치된 경우 그 중 1개는 최고사용압력 이하에서 작동된다고 할 때 다른 압력방출장치는 최고사용압력의 최대 몇 배 이하에서 작동되도록 하여야 하는가?

① 0.5 ② 1
③ 1.05 ④ 2

해설 다른 압력방출장치는 최고사용압력의 1.05배 이하에서 작동되도록 부착한다.

47. 상용운전압력 이상으로 압력이 상승할 경우 보일러의 파열을 방지하기 위하여 버너의 연소를 차단하여 정상압력으로 유도하는 장치는?

① 압력방출장치 ② 고저수위 조절장치
③ 압력제한 스위치 ④ 통풍제어 스위치

해설 보일러의 과열을 방지하기 위해 최고사용압력과 상용압력 사이에서 버너 연소를 차단할 수 있도록 압력제한 스위치를 부착하여 사용한다.

48. 용접부 결함에서 전류가 과대하고, 용접속도가 너무 빨라 용접부의 일부가 홈 또는 오목하게 생기는 결함은?

① 언더컷 ② 기공
③ 균열 ④ 융합 불량

해설 언더컷(undercut)

49. 물체의 표면에 침투력이 강한 적색 또는 형광성의 침투액을 표면 개구 결함에 침투시켜 직접 또는 자외선 등으로 관찰하여 결함 장소와 크기를 판별하는 비파괴 시험은 무엇인가?

① 피로시험 ② 음향탐상시험
③ 와류탐상시험 ④ 침투탐상시험

해설 침투탐상시험 : 침투액과 현상액을 사용하여 부품 표면의 결함을 눈으로 관찰하는 탐상시험

정답 43. ③ 44. ② 45. ④ 46. ③ 47. ③ 48. ① 49. ④

50. 연삭숫돌의 파괴 원인으로 거리가 가장 먼 것은?

① 숫돌이 외부의 큰 충격을 받았을 때
② 숫돌의 회전속도가 너무 빠를 때
③ 숫돌 자체에 이미 균열이 있을 때
④ 플랜지 직경이 숫돌 직경의 1/3 이상일 때

해설 ①, ②, ③은 연삭숫돌의 파괴 원인이 된다.

51. 산업안전보건법령상 프레스 등 금형을 부착 · 해체 또는 조정하는 작업을 할 때, 슬라이드가 갑자기 작동함으로써 근로자에게 발생할 우려가 있는 위험을 방지하기 위해 사용해야 하는 것은? (단, 해당 작업에 종사하는 근로자의 신체가 위험한계 내에 있는 경우)

① 방진구 ② 안전블록
③ 시건장치 ④ 날 접촉예방장치

해설 안전블록은 슬라이드가 갑자기 작동할 위험을 방지하기 위하여 사용한다.

52. 페일 세이프(fail safe)의 기능적인 면에서 분류할 때 거리가 가장 먼 것은?

① fool proof ② fail passive
③ fail active ④ fail operational

해설 fail safe의 기능적인 면

- fail-passive : 부품이 고장 나면 기계는 통상적으로 정지하는 방향으로 이동한다.
- fail-active : 부품이 고장 나면 기계는 경보가 울리고, 짧은 시간 동안의 운전이 가능하다.
- fail-operational : 부품의 고장이 나도 기계는 추후의 보수가 될 때까지 안전한 기능을 유지하며, 병렬계통, 대기 여분 계통으로 작동한다.

53. 산업안전보건법령상 크레인에서 정격하중에 대한 정의는? (단, 지브가 있는 크레인은 제외)

① 부하할 수 있는 최대하중
② 부하할 수 있는 최대하중에서 달기구의 중량에 상당하는 하중을 뺀 하중
③ 짐을 싣고 상승할 수 있는 최대하중
④ 가장 위험한 상태에서 부하할 수 있는 최대하중

해설 정격하중 : 크레인의 권상하중에서 각각 훅, 크레인 버킷 등 달기구의 중량을 뺀 하중

54. 기계설비의 안전조건인 구조의 안전화와 거리가 가장 먼 것은?

① 전압강하에 따른 오동작 방지
② 재료의 결함방지
③ 설계상의 결함방지
④ 가공 결함방지

해설 기능의 안전화 : 사용압력 변동 시의 오동작, 전압강하 및 정전에 따른 오동작, 자동제어, 단락 또는 스위치 고장 시의 오동작 등

55. 공기압축기의 작업 안전수칙으로 가장 적절하지 않은 것은?

① 공기압축기의 점검 및 청소는 반드시 전원을 차단한 후에 실시한다.
② 운전 중에 어떠한 부품도 건드려서는 안 된다.
③ 공기압축기 분해 시 내부의 압축공기를 이용하여 분해한다.
④ 최대공기압력을 초과한 공기압력으로는 절대로 운전하여서는 안 된다.

해설 ③ 공기압축기 분해 시 내부의 압축공기를 방출하고 분해한다.

정답 50. ④ 51. ② 52. ① 53. ② 54. ① 55. ③

56. **산업안전보건법령상 컨베이어, 이송용 롤러 등을 사용하는 경우 정전 · 전압강하 등에 의한 위험을 방지하기 위하여 설치하는 안전장치는?**

① 권과방지장치
② 동력전달장치
③ 과부하방지장치
④ 화물의 이탈 및 역주행 방지장치

해설 컨베이어, 이송용 롤러 등을 사용하는 경우 정전 · 전압강하 등에 의한 위험을 방지하기 위하여 설치하는 안전장치는 화물의 이탈 및 역주행 방지장치이다.

57. **회전하는 동작 부분과 고정 부분이 함께 만드는 위험점으로 주로 연삭숫돌과 작업대, 교반기의 교반날개와 몸체 사이에서 형성되는 위험점은?**

① 협착점 ② 절단점
③ 물림점 ④ 끼임점

해설 끼임점 : 회전운동하는 부분과 고정 부분 사이에 형성되는 위험점

58. **다음 중 드릴작업의 안전사항으로 틀린 것은?**

① 옷소매가 길거나 찢어진 옷은 입지 않는다.
② 작고, 길이가 긴 물건은 손으로 잡고 뚫는다.
③ 회전하는 드릴에 걸레 등을 가까이 하지 않는다.
④ 스핀들에서 드릴을 뽑아낼 때에는 드릴 아래에 손을 내밀지 않는다.

해설 ② 일감이 작고, 길이가 긴 물건은 바이스나 크램프로 고정한다.

59. **산업안전보건법령상 양중기의 과부하방지장치에서 요구하는 일반적인 성능기준으로 가장 적절하지 않은 것은?**

① 과부하방지장치 작동 시 경보음과 경보램프가 작동되어야 하며 양중기는 작동이 되지 않아야 한다.
② 외함의 전선 접촉 부분은 고무 등으로 밀폐되어 물과 먼지 등이 들어가지 않도록 한다.
③ 과부하방지장치와 타 방호장치는 기능에 서로 장애를 주지 않도록 부착할 수 있는 구조이어야 한다.
④ 방호장치의 기능을 정지 및 제거할 때 양중기의 기능이 동시에 원활하게 작동하는 구조이며 정지해서는 안 된다.

해설 ④ 방호장치의 기능을 정지 및 제거하면 양중기의 기능도 정지할 수 있는 구조이어야 한다.

60. **프레스기의 SPM(stroke per minute)이 200이고, 클러치의 맞물림 개소수가 6인 경우 양수기동식 방호장치의 안전거리는 얼마인가?**

① 120 mm ② 200 mm
③ 320 mm ④ 400 mm

해설 안전거리(D_m)$=1.6T_m$

$$=1.6\times\left(\frac{1}{\text{클러치 개소수}}+\frac{1}{2}\right)\times\frac{60000}{\text{매분 행정수}}$$

$$=1.6\times\left(\frac{1}{6}+\frac{1}{2}\right)\times\frac{60000}{200}=320\,\text{mm}$$

4과목 전기 위험방지 기술

61. **폭발한계에 도달한 메탄가스가 공기에 혼합되었을 경우 착화한계전압(V)은 약 얼마인가? (단, 메탄의 착화 최소에너지는 0.2 mJ, 극간용량은 10 pF이다.)**

① 6325 ② 5225 ③ 4135 ④ 3035

정답 56. ④ 57. ④ 58. ② 59. ④ 60. ③ 61. ①

해설 최소 착화에너지$(E)=\frac{1}{2}CV^2$

$$V=\sqrt{\frac{2E}{C}}=\sqrt{\frac{2\times0.2\times10^{-3}}{10\times10^{-12}}}=6324.5\text{V}$$

62. $Q=2\times10^{-7}$C으로 대전하고 있는 반경 25cm 도체구의 전위를 구하면 약 몇 kV인가?

① 7.2 ② 12.5 ③ 14.4 ④ 25

해설 도체의 전위$(E)=\frac{Q}{4\pi\varepsilon_0\times r}$

$$=\frac{2\times10^{-7}}{4\times\pi\times8.855\times10^{-12}\times0.25}$$

$=7189.38\text{V}=7.2\text{kV}$

63. 다음 중 누전차단기를 시설하지 않아도 되는 전로가 아닌 것은? (단, 전로는 금속제 외함을 가지는 사용전압이 50V를 초과하는 저압의 기계 · 기구에 전기를 공급하는 전로이며, 기계 · 기구에는 사람이 쉽게 접촉할 우려가 있다.)

① 기계 · 기구를 건조한 장소에 시설하는 경우
② 기계 · 기구가 고무, 합성수지, 기타 절연물로 피복된 경우
③ 대지전압 200V 이하인 기계 · 기구를 물기가 있는 곳 이외의 곳에 시설하는 경우
④ 「전기용품 및 생활용품 안전관리법」의 적용을 받는 이중 절연구조의 기계 · 기구를 시설하는 경우

해설 ③ 대지전압 150V를 초과하는 전기기계 · 기구가 노출된 금속체에는 누전차단기를 설치하여야 한다.

64. 고압전로에 설치된 전동기용 고압전류 제한퓨즈의 불용단전류의 조건은?

① 정격전류 1.3배의 전류로 1시간 이내에 용단되지 않을 것
② 정격전류 1.3배의 전류로 2시간 이내에 용단되지 않을 것
③ 정격전류 2배의 전류로 1시간 이내에 용단되지 않을 것
④ 정격전류 2배의 전류로 2시간 이내에 용단되지 않을 것

해설 고압용 포장퓨즈는 정격전류 1.3배의 전류에서 120분 이내에 용단되지 않을 것

65. 누전차단기의 시설방법 중 옳지 않은 것은?

① 시설장소는 배전반 또는 분전반 내에 설치한다.
② 정격전류 용량은 해당 전로의 부하전류값 이상이어야 한다.
③ 정격감도전류는 정상의 사용상태에서 불필요하게 동작하지 않도록 한다.
④ 인체감전 보호형은 0.05초 이내에 동작하는 고감도 고속형이어야 한다.

해설 ④ 인체감전 보호형은 0.03초 이내, 정격감도전류는 30mA 이하이어야 한다.

66. 정전기 방지 대책 중 적합하지 않은 것은 어느 것인가?

① 대전서열이 가급적 먼 것으로 구성한다.
② 카본블랙을 도포하여 도전성을 부여한다.
③ 유속을 저감시킨다.
④ 도전성 재료를 도포하여 대전을 감소시킨다.

해설 ① 대전서열은 두 물질이 가까이 있으면 정전기의 발생량이 적고, 멀리 있으면 정전기의 발생량이 많아진다.

67. 다음 중 방폭 전기기기의 구조별 표시방법으로 틀린 것은?

정답 62. ① 63. ③ 64. ② 65. ④ 66. ① 67. ①

① 내압 방폭구조 : p
② 본질안전 방폭구조 : ia, ib
③ 유입 방폭구조 : o
④ 안전증 방폭구조 : e

해설 ① 내압 방폭구조 : d

68. 내전압용 절연장갑의 등급에 따른 최대 사용전압이 틀린 것은? (단, 교류전압은 실횻값이다.)

① 등급 00 : 교류 500V
② 등급 1 : 교류 7500V
③ 등급 2 : 직류 17000V
④ 등급 3 : 직류 39750V

해설 내전압용 절연장갑의 등급에 따른 최대 사용전압

등급	교류(V)	직류(V)
00	500	750
0	1000	1500
1	7500	11250
2	17000	25500
3	26500	39750
4	36000	54000
비고	직류는 교류의 1.5배	

69. 저압전로의 절연성능에 관한 설명으로 적합하지 않은 것은?

① 전로의 사용전압이 SELV 및 PELV일 때 절연저항은 0.5MΩ 이상이어야 한다.
② 전로의 사용전압이 FELV일 때 절연저항은 1MΩ 이상이어야 한다.
③ 전로의 사용전압이 FELV일 때 DC 시험전압은 500V이다.
④ 전로의 사용전압이 600V일 때 절연저항은 1.5MΩ 이상이어야 한다.

해설 저압전로의 절연성능

구분	DC 시험 전압	절연저항
SELV 및 PELV	250V	0.5MΩ 이상
FELV, 500V 이하	500V	1MΩ 이상
500V 초과	1000V	1MΩ 이상

70. 다음 중 0종 장소에 사용될 수 있는 방폭구조의 기호는?

① Ex ia ② Ex ib
③ Ex d ④ Ex e

해설 0종 장소에서 사용될 수 있는 방폭구조는 본질안전 방폭구조(ia)이다.

71. 다음 중 전기화재의 주요 원인이라고 할 수 없는 것은?

① 절연전선의 열화 ② 정전기 발생
③ 과전류 발생 ④ 절연저항값의 증가

해설 전기화재의 주요 원인 : 절연전선의 열화, 정전기 발생, 과전류 발생

72. 배전선로에 정전작업 중 단락접지기구를 사용하는 목적으로 가장 적합한 것은 어느 것인가?

① 통신선 유도장해방지
② 배전용 기계 · 기구의 보호
③ 배전선 통전 시 전위경도 저감
④ 혼촉 또는 오동작에 의한 감전방지

해설 단락접지기구 사용 목적은 다른 노출충전부와의 접촉(혼촉) 또는 오동작에 의한 감전방지이다.

73. 어느 변전소에서 고장전류가 유입되었을 때 도전성 구조물과 그 부근 지표상의 점과의 사이(약 1m)의 허용접촉전압은 약 몇 V인가?

정답 68. ③ 69. ④ 70. ① 71. ④ 72. ④ 73. ③

(단, 심실세동전류 : $I_k = \frac{0.165}{\sqrt{T}}$[A], 인체의 저항 : 1000Ω, 지표면의 저항률 : 150Ω · m, 통전시간을 1초로 한다.)

① 164 ② 186
③ 202 ④ 228

해설 허용접촉전압$(E) = IR = I_k \times \left(R_b + \frac{3}{2}\rho_s\right)$

$$= \frac{0.165}{\sqrt{1}} \times \left(1000 + \frac{3}{2} \times 150\right) = 202.13\text{V}$$

여기서, R_b : 인체저항(Ω)
ρ_s : 지표상층 저항률(Ω · m)

74. 방폭기기 그룹에 관한 설명으로 틀린 것은?

① 그룹 Ⅰ, 그룹 Ⅱ, 그룹 Ⅲ이 있다.
② 그룹 Ⅰ의 기기는 폭발성 갱내 가스에 취약한 광산에서의 사용을 목적으로 한다.
③ 그룹 Ⅱ의 세부 분류로 ⅡA, ⅡB, ⅡC가 있다.
④ ⅡA로 표시된 기기는 그룹 ⅡB 기기를 필요로 하는 지역에 사용할 수 있다.

해설 ④ ⅡB로 표시된 기기는 그룹 ⅡA 기기를 필요로 하는 지역에 사용할 수 있다.

75. 한국전기설비규정에 따라 피뢰설비에서 외부 피뢰 시스템의 수뢰부 시스템으로 적합하지 않은 것은?

① 돌침 ② 수평도체
③ 메시도체 ④ 환상도체

해설 수뢰부 시스템 선정 사항
돌침, 수평도체, 메시도체의 요소 중에 한 가지 선정 또는 조합한 형식으로 시설하여야 한다.

76. 정전기재해의 방지를 위하여 배관 내 액체의 유속제한이 필요하다. 다음 중 배관의 내경과 유속 제한값으로 적절하지 않은 것은 어느 것인가?

① 관 내경(mm) : 25, 제한유속(m/s) : 6.5
② 관 내경(mm) : 50, 제한유속(m/s) : 3.5
③ 관 내경(mm) : 100, 제한유속(m/s) : 2.5
④ 관 내경(mm) : 200, 제한유속(m/s) : 1.8

해설 배관의 내경과 유속 제한값

관 내경(mm)	25	50	100	200	400
제한유속(m/s)	4.8	3.5	2.5	1.8	1.3

77. 지락이 생긴 경우 접촉상태에 따라 접촉전압을 제한할 필요가 있다. 인체의 접촉상태에 따른 허용접촉전압을 나타낸 것으로 다음 중 옳지 않은 것은?

① 제1종 : 2.5V 이하
② 제2종 : 25V 이하
③ 제3종 : 35V 이하
④ 제4종 : 제한 없음

해설 종별 허용접촉전압

제1종	제2종	제3종	제4종
2.5V 이하	25V 이하	50V 이하	제한 없음

78. 계통접지로 적합하지 않은 것은?

① TN계통 ② TT계통
③ IN계통 ④ IT계통

해설 계통접지방식

- TN계통 : TN-S, TN-C, TN-C-S
- TT계통 : 변압기 측과 전기설비 측이 개별적으로 접지하는 방식으로 독립 접지방식이 필수이다.
- IT계통 : 변압기의 중성점 접지를 비접지로 하고, 설비 쪽은 접지를 실시하는 방식으로 병원 등과 같이 전원이 차단되어서는 안 되는 곳에 사용한다.

79. 정전기 발생에 영향을 주는 요인이 아닌 것은?

정답 74. ④ 75. ④ 76. ① 77. ③ 78. ③ 79. ③

① 물체의 분리속도
② 물체의 특성
③ 물체의 접촉시간
④ 물체의 표면상태

해설 정전기 발생에 영향을 주는 요인은 물체의 특성, 물체의 표면상태, 물체의 이력, 접촉면적 및 압력, 분리속도이다.

80. **정전기재해의 방지 대책에 대한 설명으로 적합하지 않은 것은?**

① 접지의 접속은 납땜, 용접 또는 멈춤나사로 실시한다.
② 회전부품의 유막저항이 높으면 도전성의 윤활제를 사용한다.
③ 이동식의 용기는 절연성 고무제 바퀴를 달아서 폭발위험을 제거한다.
④ 폭발의 위험이 있는 구역은 도전성 고무류로 바닥처리를 한다.

해설 ③ 이동식의 용기는 도전성 바퀴를 달아서 폭발위험을 제거한다.

5과목 화학설비 위험방지 기술

81. **산업안전보건법령상 특수화학설비를 설치할 때 내부의 이상 상태를 조기에 파악하기 위하여 필요한 계측장치를 설치하여야 한다. 다음 중 이러한 계측장치로 거리가 먼 것은 어느 것인가?**

① 압력계 ② 유량계
③ 온도계 ④ 비중계

해설 특수화학설비 내부의 이상 상태를 조기에 파악하기 위하여 필요한 온도계, 압력계, 유량계 등의 계측장치를 설치하여야 한다.

82. **다음 중 불연성이지만 다른 물질의 연소를 돕는 산화성 액체 물질에 해당하는 것은?**

① 히드라진
② 과염소산
③ 벤젠
④ 암모니아

해설 ① 히드라진 – 자기반응성 물질
③ 벤젠 – 인화성 물질
④ 암모니아 – 자극성, 가연성 가스

83. **아세톤에 대한 설명으로 틀린 것은 어느 것인가?**

① 증기는 유독하므로 흡입하지 않도록 주의해야 한다.
② 무색이고 휘발성이 강한 액체이다.
③ 비중이 0.79이므로 물보다 가볍다.
④ 인화점이 20℃이므로 여름철에 인화위험이 더 높다.

해설 ④ 아세톤의 인화점은 −18℃이다.

84. **화학물질 및 물리적 인자의 노출기준에서 정한 유해인자에 대한 노출기준의 표시 단위가 잘못 연결된 것은?**

① 에어로졸 : ppm
② 증기 : ppm
③ 가스 : ppm
④ 고온 : 습구흑구 온도지수(WBGT)

해설 화학물질 및 물리적 인자의 노출기준
- 가스 및 증기의 노출기준 표시 단위 : ppm
- 고온의 노출기준 표시 단위 : WBGT
- 분진 및 미스트 등 에어로졸의 노출기준 표시 단위 : mg/m^3

85. **다음 [표]를 참조하여 메탄 70vol%, 프로판 21vol%, 부탄 9vol%인 혼합가스의 폭발범위(vol%)로 옳은 것은?**

정답 80. ③ 81. ④ 82. ② 83. ④ 84. ① 85. ②

가스	폭발하한계 (vol%)	폭발상한계 (vol%)
C_4H_{10}	1.8	8.4
C_3H_8	2.1	9.5
C_2H_6	3.0	12.4
CH_4	5.0	15.0

① 3.45~9.11 ② 3.45~12.58
③ 3.85~9.11 ④ 3.85~12.58

해설 혼합가스 폭발범위

㉠ 하한$(L)=\dfrac{100}{\dfrac{V_1}{L_1}+\dfrac{V_2}{L_2}+\dfrac{V_3}{L_3}}=\dfrac{100}{\dfrac{70}{5.0}+\dfrac{21}{2.1}+\dfrac{9}{1.8}}$
$=3.45\text{vol\%}$

㉡ 상한$(L)=\dfrac{100}{\dfrac{V_1}{L_1}+\dfrac{V_2}{L_2}+\dfrac{V_3}{L_3}}=\dfrac{100}{\dfrac{70}{15.0}+\dfrac{21}{9.5}+\dfrac{9}{8.4}}$
$=12.58\text{vol\%}$

86. 산업안전보건법령상 위험물질의 종류를 구분할 때 다음 물질들이 해당하는 것은?

리튬, 칼륨 · 나트륨, 황, 황린, 황화인 · 적린

① 폭발성 물질 및 유기과산화물
② 산화성 액체 및 산화성 고체
③ 물반응성 물질 및 인화성 고체
④ 급성 독성 물질

해설 물반응성 물질 및 인화성 고체
- 인화성 고체 : 황화인 · 적린, 황, 금속분말, 마그네슘분말
- 물반응성 물질 : 리튬, 칼륨 · 나트륨, 알킬알루미늄 · 알킬리튬, 황린 등

87. 제1종 분말소화약제의 주성분에 해당하는 것은?

① 사염화탄소 ② 브롬화메탄
③ 수산화암모늄 ④ 탄산수소나트륨

해설 분말소화약제
- 제1종 분말소화약제 : 탄산수소나트륨 ($NaHCO_3$)
- 제2종 분말소화약제 : 탄산수소칼륨 ($KHCO_3$)
- 제3종 분말소화약제 : 제1인산암모늄 ($NH_4H_2PO_4$)

88. 탄화칼슘이 물과 반응하였을 때 생성물을 옳게 나타낸 것은?

① 수산화칼슘+아세틸렌
② 수산화칼슘+수소
③ 염화칼슘+아세틸렌
④ 염화칼슘+수소

해설 물(H_2O)과 카바이드(CaC_2 : 탄화칼슘)의 반응식은 다음과 같다.

$$CaC_2+2H_2O \rightarrow C_2H_2+Ca(OH)_2$$

89. 다음 중 분진폭발의 특징으로 옳은 것은?

① 가스폭발보다 연소시간이 짧고, 발생에너지가 작다.
② 압력의 파급속도보다 화염의 파급속도가 빠르다.
③ 가스폭발에 비하여 불완전 연소의 발생이 없다.
④ 주위의 분진에 의해 2차, 3차의 폭발로 파급될 수 있다.

해설 ① 가스폭발보다 연소시간이 길고, 발생에너지가 크다.
② 화염의 파급속도보다 압력의 파급속도가 크다.
③ 가스폭발에 비하여 불완전 연소가 많이 발생한다.

정답 86. ③ 87. ④ 88. ① 89. ④

90. 가연성 가스 A의 연소범위를 2.2~9.5 vol%라 할 때 가스 A의 위험도는 얼마인가?

① 2.52 ② 3.32 ③ 4.91 ④ 5.64

해설 위험도$(H)=\dfrac{\text{폭발상한계}-\text{폭발하한계}}{\text{폭발하한계}}$

$=\dfrac{U-L}{L}=\dfrac{9.5-2.2}{2.2}=3.32$

91. 다음 중 증기배관 내에 생성된 증기의 누설을 막고 응축수를 자동적으로 배출하기 위한 안전장치는?

① steam trap ② vent stack
③ blow down ④ flame arrester

해설 스팀트랩(steam trap) : 증기의 누설을 막고 드레인만을 자동적으로 배출하기 위한 장치

92. CF_3Br 소화약제의 할론 번호를 옳게 나타낸 것은?

① 할론 1031 ② 할론 1311
③ 할론 1301 ④ 할론 1310

해설 할론 소화기의 종류 및 화학식

- 할론 1040(CCl_4)
- 할론 1011(CH_2ClBr)
- 할론 1301(CF_3Br)
- 할론 1211(CF_2ClBr)
- 할론 2402($C_2F_4Br_2$)

93. 산업안전보건법에 의한 공정안전 보고서에 포함되어야 하는 내용 중 공정안전자료의 세부 내용에 해당하지 않는 것은?

① 안전운전 지침서
② 각종 건물 · 설비의 배치도
③ 유해 · 위험설비의 목록 및 사양
④ 위험설비의 안전설계 · 제작 및 설치 관련 지침서

해설 ①은 안전운전계획이다.

94. 산업안전보건법령상 단위공정시설 및 설비로부터 다른 단위공정시설 및 설비 사이의 안전거리는 설비의 바깥면부터 얼마 이상이 되어야 하는가?

① 5m ② 10m
③ 15m ④ 20m

해설 단위공정시설 및 설비로부터 다른 단위공정시설 및 설비 사이의 바깥면으로부터 10m 이상이 되어야 한다.

95. 다음 중 자연발화 성질을 갖는 물질이 아닌 것은?

① 질화면 ② 목탄분말
③ 아마인유 ④ 과염소산

해설 과염소산은 조연성 물질이며, 산화성 액체 및 산화성 고체이다.

96. 다음 중 왕복펌프에 속하지 않는 것은?

① 피스톤 펌프 ② 플런저 펌프
③ 기어펌프 ④ 격막펌프

해설
- 왕복식 펌프 : 피스톤, 플런저, 격막 펌프 등
- 회전식 펌프 : 기어, 베인, 나사, 스크류 펌프 등

97. 두 물질을 혼합하면 위험성이 커지는 경우가 아닌 것은?

① 이황화탄소+물
② 나트륨+물
③ 과산화나트륨+염산
④ 염소산칼륨+적린

해설 물보다 무거운 이황화탄소는 물속에 저장하는 제4류 특수 인화물이며, 물과는 반응하지 않는다.

정답 90. ② 91. ① 92. ③ 93. ① 94. ② 95. ④ 96. ③ 97. ①

98. 5% NaOH 수용액과 10% NaOH 수용액을 반응기에 혼합하여 6% 100kg의 NaOH 수용액을 만들려면 각각 몇 kg의 NaOH 수용액이 필요한가?

① 5% NaOH 수용액 : 33.3kg, 10% NaOH 수용액 : 66.7kg
② 5% NaOH 수용액 : 50kg, 10% NaOH 수용액 : 50kg
③ 5% NaOH 수용액 : 66.7kg, 10% NaOH 수용액 : 33.3kg
④ 5% NaOH 수용액 : 80kg, 10% NaOH 수용액 : 20kg

해설 수용액 = 80kg × 5% + 20kg × 10%
= 80kg × 0.05 + 20kg × 0.1 = 6.0kg

99. 다음 중 노출기준(TWA, ppm) 값이 가장 작은 물질은?

① 염소 ② 암모니아
③ 에탄올 ④ 메탄올

해설 허용 노출기준(TWA)

유해물질	화학식	ppm	mg/m^3
에탄올	C_2H_5OH	1000	1900
메탄올	CH_3OH	200	260
암모니아	NH_3	25	18
염소	Cl_2	1	1.5

100. 산업안전보건법령에 따라 위험물 건조설비 중 건조실을 설치하는 건축물의 구조를 독립된 단층건물로 하여야 하는 건조설비가 아닌 것은?

① 위험물 또는 위험물이 발생하는 물질을 가열 · 건조하는 경우 내용적이 $2m^3$인 건조설비
② 위험물이 아닌 물질을 가열 · 건조하는 경우 액체연료의 최대사용량이 5kg/h인 건조설비
③ 위험물이 아닌 물질을 가열 · 건조하는 경우 기체연료의 최대사용량이 $2m^3/h$인 건조설비
④ 위험물이 아닌 물질을 가열 · 건조하는 경우 전기사용 정격용량이 20kW인 건조설비

해설 ② 위험물이 아닌 물질을 가열 · 건조하는 경우 고체 또는 액체연료의 최대사용량이 10kg/h 이상인 건조설비

6과목 건설안전기술

101. 부두 · 안벽 등 하역작업을 하는 장소에서 부두 또는 안벽의 선을 따라 통로를 설치하는 경우에는 폭을 최소 얼마 이상으로 하여야 하는가?

① 85cm ② 90cm ③ 100cm ④ 120cm

해설 하역작업을 하는 부두 또는 안벽의 통로 설치는 폭을 90cm 이상으로 할 것

102. 다음은 산업안전보건법령에 따른 산업안전보건관리비의 사용에 관한 규정이다. ( ) 안에 들어갈 내용을 순서대로 옳게 작성한 것은?

> 건설공사 도급인은 고용노동부장관이 정하는 바에 따라 해당 건설공사를 위하여 계상된 산업안전보건관리비를 그가 사용하는 근로자와 그의 관계수급인이 사용하는 근로자의 산업재해 및 건강장해 예방에 사용하고, 그 사용명세서를 ( ) 작성하고 건설공사 종료 후 ( )간 보존해야 한다.

① 매월, 6개월 ② 매월, 1년
③ 2개월마다, 6개월 ④ 2개월마다, 1년

해설 산업안전보건관리비 사용명세서를 매월 작성하고 건설공사 종료 후 1년간 보존해야 한다.

정답 98. ④ 99. ① 100. ② 101. ② 102. ②

103. 지반의 굴착작업에 있어서 비가 올 경우를 대비한 직접적인 대책으로 옳은 것은?

① 측구 설치
② 낙하물방지망 설치
③ 추락방호망 설치
④ 매설물 등의 유무 또는 상태 확인

해설 측구 : 도로 양쪽 또는 한쪽 도로에 평행하게 만든 배수구

104. 강관틀비계(높이 5m 이상)의 넘어짐을 방지하기 위하여 사용하는 벽이음 및 버팀의 설치 간격기준으로 옳은 것은?

① 수직 방향 : 5m, 수평 방향 : 5m
② 수직 방향 : 6m, 수평 방향 : 7m
③ 수직 방향 : 6m, 수평 방향 : 8m
④ 수직 방향 : 7m, 수평 방향 : 8m

해설 강관의 틀비계는 수직 방향 : 6m, 수평 방향 : 8m

105. 굴착공사에 있어서 비탈면 붕괴를 방지하기 위하여 실시하는 대책으로 옳지 않은 것은?

① 지표수의 침투를 막기 위해 표면 배수공을 한다.
② 지하수위를 내리기 위해 수평 배수공을 설치한다.
③ 비탈면 하단을 성토한다.
④ 비탈면 상부에 토사를 적재한다.

해설 ④ 비탈면 상부에 토사를 제거하고, 비탈면 하부에 토사를 적재한다.

106. 강관을 사용하여 비계를 구성하는 경우 준수해야 할 사항으로 옳지 않은 것은 어느 것인가?

① 비계기둥의 간격은 띠장 방향에서는 1.85m 이하, 장선(長線) 방향에서는 1.5m 이하로 할 것
② 띠장 간격은 2.0m 이하로 할 것
③ 비계기둥의 제일 윗부분으로부터 31m 되는 지점 밑부분의 비계기둥은 3개의 강관으로 묶어 세울 것
④ 비계기둥 간의 적재하중은 400kg을 초과하지 않도록 할 것

해설 ③ 비계기둥의 제일 윗부분으로부터 31m 되는 지점 밑부분의 비계기둥은 2개의 강관으로 묶어 세울 것

107. 다음은 산업안전보건법령에 따른 시스템 비계의 구조에 관한 사항이다. (　　) 안에 들어갈 내용으로 옳은 것은?

비계 밑단의 수직재의 받침철물은 밀착되도록 설치하고, 수직재와 받침철물의 연결부의 겹침길이는 받침철물 전체 길이의 (　　) 이상이 되도록 할 것

① 2분의 1　　② 3분의 1
③ 4분의 1　　④ 5분의 1

해설 수직재와 받침철물의 연결부의 겹침길이는 받침철물 전체 길이의 3분의 1 이상이 되도록 할 것

108. 건설현장에서 작업으로 인하여 물체가 떨어지거나 날아올 위험이 있는 경우에 대한 안전조치에 해당하지 않는 것은?

① 수직보호망 설치
② 방호선반 설치
③ 울타리 설치
④ 낙하물방지망 설치

해설 ③은 낙하, 비래 위험방지 대책과 관계가 없다.

정답 103. ① 104. ③ 105. ④ 106. ③ 107. ② 108. ③

109. 흙막이 가시설 공사 중 발생할 수 있는 보일링(boiling) 현상에 관한 설명으로 옳지 않은 것은?

① 이 현상이 발생하면 흙막이벽의 지지력이 상실된다.
② 지하수위가 높은 지반을 굴착할 때 주로 발생된다.
③ 흙막이벽의 근입장 깊이가 부족할 경우 발생한다.
④ 연약한 점토지반에서 굴착면의 융기로 발생한다.

해설 ④는 히빙 현상에 관한 내용이다.

110. 다음 중 거푸집 동바리 등을 조립하는 경우에 준수해야 할 기준으로 옳지 않은 것은 어느 것인가?

① 동바리의 상하 고정 및 미끄러짐 방지 조치를 하고, 하중의 지지상태를 유지한다.
② 강재와 강재의 접속부 및 교차부는 볼트 · 크램프 등 전용 철물을 사용하여 단단히 연결한다.
③ 파이프 서포트를 제외한 동바리로 사용하는 강관은 높이 2m마다 수평 연결재를 2개 방향으로 만들고 수평 연결재의 변위를 방지하여야 한다.
④ 동바리로 사용하는 파이프 서포트는 4개 이상 이어서 사용하지 않도록 해야 한다.

해설 ④ 동바리로 사용하는 파이프 서포트는 3개 이상 이어서 사용하지 않도록 할 것

111. 장비가 위치한 지면보다 낮은 장소를 굴착하는데 적합한 장비는?

① 트럭크레인　② 파워쇼벨
③ 백호　④ 진폴

해설 드래그쇼벨(백호 ; back hoe) : 지면보다 낮은 땅을 파는데 적합하고, 수중굴착도 가능하다.

112. 건설공사 도급인은 건설공사 중에 가설구조물의 붕괴 등 산업재해가 발생할 위험이 있다고 판단되면 건축 · 토목분야의 전문가의 의견을 들어 건설공사 발주자에게 해당 건설공사의 설계변경을 요청할 수 있는데, 이러한 가설 구조물의 기준으로 옳지 않은 것은?

① 높이 20m 이상인 비계
② 작업발판 일체형 거푸집 또는 높이 6m 이상인 거푸집 동바리
③ 터널의 지보공 또는 높이 2m 이상인 흙막이 지보공
④ 동력을 이용하여 움직이는 가설 구조물

해설 ① 높이 31m 이상인 비계

113. 콘크리트 타설 시 안전수칙으로 옳지 않은 것은?

① 타설 순서는 계획에 의하여 실시하여야 한다.
② 진동기는 최대한 많이 사용하여야 한다.
③ 콘크리트를 치는 도중에는 거푸집, 지보공 등의 이상 유무를 확인하여야 한다.
④ 손수레로 콘크리트를 운반할 때에는 손수레를 타설하는 위치까지 천천히 운반하여 거푸집에 충격을 주지 아니 하도록 타설하여야 한다.

해설 ② 진동기의 지나친 진동은 거푸집이 도괴될 수 있으므로 주의하여야 한다.

114. 산업안전보건법령에 따른 작업발판 일체형 거푸집에 해당되지 않는 것은?

① 갱 폼(gang form)
② 슬립 폼(slip form)

정답 109. ④　110. ④　111. ③　112. ①　113. ②　114. ③

③ 유로 폼(euro form)
④ 클라이밍 폼(climbing form)

해설 일체형 거푸집의 종류
- 갱 폼(gang form)
- 슬립 폼(slip form)
- 클라이밍 폼(climbing form)
- 터널 라이닝 폼(tunnel lining form)

115. 터널지보공을 조립하는 경우에는 미리 그 구조를 검토한 후 조립도를 작성하고, 그 조립도에 따라 조립하도록 하여야 하는데 이 조립도에 명시하여야 할 사항과 가장 거리가 먼 것은?

① 이음방법　　② 단면 규격
③ 재료의 재질　　④ 재료의 구입처

해설 터널지보공 조립도에는 재료의 재질, 단면 규격, 설치 간격, 이음방법 등을 명시한다.

116. 산업안전보건법령에 따른 건설공사 중 다리 건설공사의 경우 유해·위험방지 계획서를 제출하여야 하는 기준으로 옳은 것은?

① 최대 지간길이가 40m 이상인 다리의 건설 등 공사
② 최대 지간길이가 50m 이상인 다리의 건설 등 공사
③ 최대 지간길이가 60m 이상인 다리의 건설 등 공사
④ 최대 지간길이가 70m 이상인 다리의 건설 등 공사

해설 다리 건설공사의 경우 유해·위험방지 계획서를 제출하여야 하는 기준은 최대 지간길이가 50m 이상인 경우이다.

117. 가설통로 설치에 있어 경사가 최소 얼마를 초과하는 경우에는 미끄러지지 아니하는 구조로 하여야 하는가?

① 15도　② 20도　③ 30도　④ 40도

해설 가설통로 설치 시 경사각이 15°를 초과하는 경우에는 미끄러지지 아니하는 구조로 할 것

118. 굴착과 싣기를 동시에 할 수 있는 토공 기계가 아닌 것은?

① 트랙터셔블(tractor shovel)
② 백호(back hoe)
③ 파워셔블(power shovel)
④ 모터그레이더(motor grader)

해설 모터그레이더 : 끝마무리 작업, 지면의 정지작업을 하며, 전륜을 기울게 할 수 있어 비탈면 고르기 작업도 가능하다.

119. 강관틀비계를 조립하여 사용하는 경우 준수해야 할 사항으로 옳지 않은 것은?

① 비계기둥의 밑둥에는 밑받침 철물을 사용할 것
② 높이가 20m를 초과하거나 중량물의 적재를 수반하는 작업을 할 경우에는 주틀 간의 간격을 1.8m 이하로 할 것
③ 주틀 간에 교차가새를 설치하고 최하층 및 3층 이내마다 수평재를 설치할 것
④ 길이가 띠장 방향으로 4m 이하이고 높이가 10m를 초과하는 경우에는 10m 이내마다 띠장 방향으로 버팀기둥을 설치할 것

해설 ③ 주틀 간에 교차가새를 설치하고 최상층 및 5층 이내마다 수평재를 설치할 것

120. 산업안전보건법령에 따른 양중기의 종류에 해당하지 않는 것은?

① 고소작업차　　② 이동식 크레인
③ 승강기　　④ 리프트

해설 양중기의 종류에는 크레인, 이동식 크레인, 리프트, 곤돌라, 승강기 등이 있다.

정답 115. ④　116. ②　117. ①　118. ④　119. ③　120. ①

2021년도(3회차) 출제문제

산업안전기사

1과목 안전관리론

1. 다음 무재해 운동의 이념 중 "선취의 원칙"에 대한 설명으로 가장 적절한 것은?

① 사고의 잠재요인을 사후에 파악하는 것
② 근로자 전원이 일체감을 조성하여 참여하는 것
③ 위험요소를 사전에 발견, 파악하여 재해를 예방 또는 방지하는 것
④ 관리감독자 또는 경영층에서의 자발적 참여로 안전활동을 촉진하는 것

해설 선취해결의 원칙 : 위험요인을 사전에 발견, 파악, 해결하여 재해를 예방하는 무재해를 실현하기 위한 원칙

2. 교육과정 중 학습경험조직의 원리에 해당하지 않는 것은?

① 기회의 원리
② 계속성의 원리
③ 계열성의 원리
④ 통합성의 원리

해설 학습경험조직의 원리

- 다양성의 원리
- 계속성의 원리
- 계열성의 원리
- 통합성의 원리

3. 인간의 의식 수준을 5단계로 구분할 때 의식이 몽롱한 상태의 단계는?

① phase Ⅰ ② phase Ⅱ
③ phase Ⅲ ④ phase Ⅳ

해설 인간 의식 레벨의 단계

단계	의식의 모드	생리적 상태	신뢰성
0단계	무의식	수면, 뇌발작, 주의작용, 실신	0
1단계	의식 흐림	피로, 단조로운 일, 수면, 졸음, 몽롱	0.9 이하
2단계	이완 상태	안정 기거, 휴식, 정상 작업	0.99~1 이하
3단계	상쾌한 상태	적극적 활동, 활동 상태, 최고 상태	0.999 이상
4단계	과긴장 상태	일점으로 응집, 긴급 방위 반응	0.9 이하

4. 교육계획 수립 시 가장 먼저 실시하여야 하는 것은?

① 교육내용의 결정
② 실행교육 계획서 작성
③ 교육의 요구사항 파악
④ 교육실행을 위한 순서, 방법, 자료의 검토

해설 교육 계획서의 수립 시 첫 번째 단계 : 교육의 요구사항 파악

5. 산업안전보건법령상 명시된 타워크레인을 사용하는 작업에서 신호업무를 하는 작업 시 특별교육대상 작업별 교육내용이 아닌 것은? (단, 그 밖에 안전 · 보건관리에 필요한 사항은 제외한다.)

① 신호방법 및 요령에 관한 사항
② 걸고리 · 와이어로프 점검에 관한 사항

정답 1. ③ 2. ① 3. ① 4. ③ 5. ②

③ 화물의 취급 및 안전작업방법에 관한 사항
④ 인양물이 적재될 지반의 조건, 인양하중, 풍압 등이 인양물과 타워크레인에 미치는 영향

해설 ②는 타워크레인 작업시작 전 점검사항이다.

6. 강의식 교육지도에서 가장 많은 시간을 소비하는 단계는?

① 도입 ② 제시
③ 적용 ④ 확인

해설 안전교육방법의 4단계

제1단계	제2단계	제3단계	제4단계
도입 : 학습할 준비	제시 : 작업설명	적용 : 작업진행	확인 : 결과
강의식 5분	강의식 40분	강의식 10분	강의식 5분
토의식 5분	토의식 10분	토의식 40분	토의식 5분

7. 산업안전보건법령상 사업장에서 산업재해 발생 시 사업주가 기록·보존하여야 하는 사항을 [보기]에서 모두 고른 것은? (단, 산업재해 조사표와 요양 신청서의 사본은 보존하지 않았다.)

보기
㉠ 사업장의 개요 및 근로자의 인적사항
㉡ 재해발생의 일시 및 장소
㉢ 재해발생의 원인 및 과정
㉣ 재해 재발방지 계획

① ㉠, ㉣ ② ㉡, ㉢, ㉣
③ ㉠, ㉡, ㉢ ④ ㉠, ㉡, ㉢, ㉣

해설 산업재해 발생 시 보존하여야 할 기록
- 사업장의 개요 및 근로자의 인적사항
- 재해발생의 일시 및 장소
- 재해발생의 원인 및 과정
- 재해 재발방지 계획

8. 다음 중 위험예지훈련 4라운드의 진행 순서로 옳은 것은?

① 목표설정 → 현상파악 → 대책수립 → 본질추구
② 목표설정 → 현상파악 → 본질추구 → 대책수립
③ 현상파악 → 본질추구 → 대책수립 → 목표설정
④ 현상파악 → 본질추구 → 목표설정 → 대책수립

해설 문제해결의 4라운드

1R	2R	3R	4R
현상파악	본질추구	대책수립	행동 목표설정

9. 안전교육에 있어서 동기부여 방법으로 가장 거리가 먼 것은?

① 책임감을 느끼게 한다.
② 관리감독을 철저히 한다.
③ 자기보존 본능을 자극한다.
④ 질적 이해관계에 관심을 두도록 한다.

해설 ② 관리감독을 철저히 하여 교육을 제대로 받는지를 감시하는 것보다는 안전교육의 필요성 그 이유에 대해 중점을 두도록 한다.

10. 다음 중 레윈(Lewin. K)에 의하여 제시된 인간의 행동에 관한 식을 올바르게 표현한 것은? (단, B는 인간의 행동, P는 개체, E는 환경, f는 함수관계를 의미한다.)

① $B=f(P \cdot E)$ ② $B=f(P+E)B$
③ $P=E \cdot f(B)$ ④ $E=f(B+1)P$

해설 레윈의 법칙 : $B=f(P \cdot E)$

정답 6. ② 7. ④ 8. ③ 9. ② 10. ①

11. **안전점검표(체크리스트) 항목 작성 시 유의사항으로 틀린 것은?**

① 정기적으로 검토하여 설비나 작업방법이 타당성 있게 개조된 내용일 것
② 사업장에 적합한 독자적 내용을 가지고 작성할 것
③ 위험성이 낮은 순서 또는 긴급을 요하는 순서대로 작성할 것
④ 점검항목을 이해하기 쉽게 구체적으로 표현할 것

해설 ③ 위험성이 높은 순서 또는 긴급을 요하는 순서대로 작성할 것

12. **재해사례 연구의 진행 순서로 각각 알맞은 것은?**

재해 상황의 파악 → (㉠) → (㉡) → 근본적 문제점의 결정 → (㉢)

① ㉠ : 문제점의 발견, ㉡ : 대책 수립, ㉢ : 사실의 확인
② ㉠ : 문제점의 발견, ㉡ : 사실의 확인, ㉢ : 대책 수립
③ ㉠ : 사실의 확인, ㉡ : 대책 수립, ㉢ : 문제점의 발견
④ ㉠ : 사실의 확인, ㉡ : 문제점의 발견, ㉢ : 대책 수립

해설 재해사례 연구의 진행 단계

1단계	2단계	3단계	4단계	5단계
상황 파악	사실 확인	문제점 발견	문제점 결정	대책 수립

13. **매슬로우(Maslow)의 욕구 5단계 이론 중 안전욕구의 단계는?**

① 제1단계 ② 제2단계
③ 제3단계 ④ 제4단계

해설 2단계(안전욕구) : 안전을 구하려는 자기보존의 욕구

14. **보호구 안전인증 고시상 추락방지대가 부착된 안전대 일반구조에 관한 내용 중 틀린 것은?**

① 죔줄은 합성섬유 로프를 사용해서는 안 된다.
② 고정된 추락방지대의 수직구명줄은 와이어로프 등으로 하며 최소지름이 8mm 이상이어야 한다.
③ 수직구명줄에서 걸이설비와의 연결부위는 훅 또는 카라비너 등이 장착되어 걸이설비와 확실히 연결되어야 한다.
④ 추락방지대를 부착하여 사용하는 안전대는 신체지지의 방법으로 안전그네만을 사용하여야 하며 수직구명줄이 포함되어야 한다.

해설 ① 죔줄은 합성섬유 로프를 사용한다.

15. **산업안전보건법령상 근로자에 대한 일반 건강진단의 실시 시기기준으로 옳은 것은?**

① 사무직에 종사하는 근로자 : 1년에 1회 이상
② 사무직에 종사하는 근로자 : 2년에 1회 이상
③ 사무직 외의 업무에 종사하는 근로자 : 6개월에 1회 이상
④ 사무직 외의 업무에 종사하는 근로자 : 2년에 1회 이상

해설 사무직에 종사하는 근로자는 2년에 1회 이상이며, 사무직 외 근로자는 1년에 1회 이상 실시한다.

16. **산업안전보건법령상 안전 · 보건표지의 종류와 형태 중 관계자외 출입금지에 해당하지 않는 것은?**

① 관리대상물질 작업장
② 허가대상물질 작업장
③ 석면 취급 · 해체 작업장

정답 11. ③ 12. ④ 13. ② 14. ① 15. ② 16. ①

④ 금지대상물질의 취급 실험실

해설 관계자외 출입금지표지의 종류
• 허가대상물질 작업장
• 석면 취급 · 해체 작업장
• 금지대상물질의 취급 실험실 등

17. 상황성 누발자의 재해 유발 원인이 아닌 것은?

① 심신의 근심
② 작업의 어려움
③ 도덕성의 결여
④ 기계설비의 결함

해설 상황성 누발자 재해 유발 원인
• 기계설비의 결함
• 작업에 어려움이 많은 자
• 심신에 근심이 있는 자
• 환경상 주의력 집중의 혼란

18. A사업장의 [조건]이 다음과 같을 때 A사업장에서 연간 재해발생으로 인한 근로손실일수는?

조건
• 강도율 : 0.4 • 근로자 수 : 1000명
• 연 근로시간 수 : 2400시간

① 480일 ② 720일
③ 960일 ④ 1440일

해설 근로손실일수 $=\dfrac{\text{강도율}\times\text{근로 총 시간 수}}{1000}$

$=0.4\times\dfrac{1000\times 2400}{1000}=960$일

19. 하인리히 재해구성비율 중 무상해 사고가 600건이라면 사망 또는 중상발생 건수는?

① 1 ② 2 ③ 29 ④ 58

해설

하인리히의 법칙	1 : 29 : 300
$X\times 2$	2 : 58 : 600

20. 근로자 1000명 이상의 대규모 사업장에 적합한 안전관리조직의 유형은?

① 직계식 조직
② 참모식 조직
③ 병렬식 조직
④ 직계-참모식 조직

해설 line-staff형(직계-참모식)
㉠ 장점
• 근로자 1000명 이상의 사업장에 적합하다.
• 안전전문가가 안전계획을 세워 경영자의 지침으로 명령 · 실시하므로 신속 정확하다.
• 안전입안 · 계획 · 평가 · 조사 등 정보 수집은 스태프에서, 안전 대책은 라인에서 실시한다.
㉡ 단점
• 명령계통과 조언, 권고적 참여의 혼돈이 우려된다.
• 라인이 스태프에 의존하여 활용되지 않을 수 있다.

2과목 인간공학 및 시스템 안전공학

21. FTA에서 사용되는 사상기호 중 결함사상을 나타낸 기호로 옳은 것은?

① 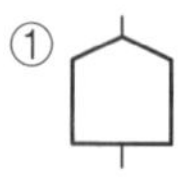
② 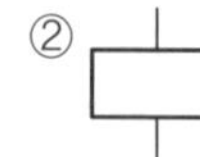
③ 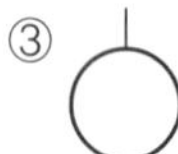
④ 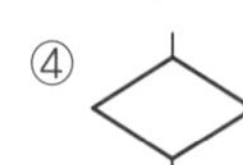

해설 결함사상 : 고장 또는 결함으로 나타나는 비정상적인 사건

정답 17. ③ 18. ③ 19. ② 20. ④ 21. ②

22. 다음 상황은 인간실수의 분류 중 어느 것에 해당하는가?

> 전자기기 수리공이 어떤 제품의 분해 · 조립과정을 거쳐서 수리를 마친 후 부품 하나가 남았다.

① time error
② omission error
③ command error
④ extraneous error

해설 부작위, 생략오류(omission errors) : 작업 공정 절차를 수행하지 않은 것에 기인한 에러

23. 인간-기계 시스템의 설계과정을 [보기]와 같이 분류할 때 인간, 기계의 기능을 할당하는 단계는?

> 보기
> 1단계 : 시스템의 목표와 성능명세 결정
> 2단계 : 시스템의 정의
> 3단계 : 기본설계
> 4단계 : 인터페이스 설계
> 5단계 : 보조물 설계 혹은 편의수단 설계
> 6단계 : 평가

① 기본설계
② 인터페이스 설계
③ 시스템의 목표와 성능명세 결정
④ 보조물 설계 혹은 편의수단 설계

해설 기본설계 : 시스템의 형태를 갖추기 시작하는 단계(인간, 기계의 기능을 할당, 직무분석, 작업설계)

24. FT도에서 최소 컷셋을 올바르게 구한 것은?

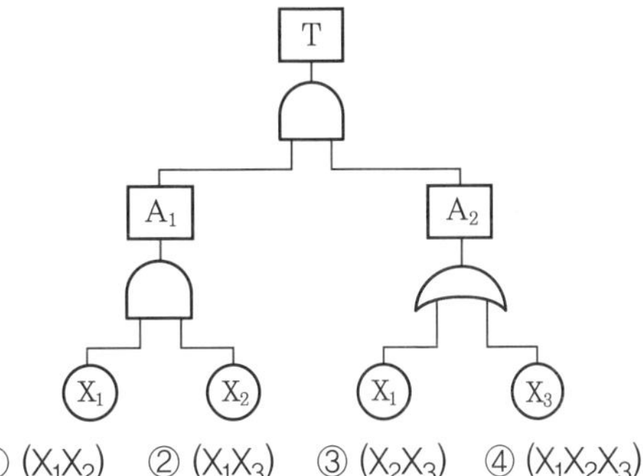

① (X_1X_2) ② (X_1X_3) ③ (X_2X_3) ④ $(X_1X_2X_3)$

해설 $T = A_1A_2$

$= (X_1X_2)\begin{pmatrix} X_1 \\ X_3 \end{pmatrix} = (X_1X_2X_1)(X_1X_2X_3)$

$= (X_1X_2)(X_1X_2X_3)$

㉠ 컷셋 : $(X_1X_2)(X_1X_2X_3)$

㉡ 미니멀 컷셋 : (X_1X_2)

25. "화재발생"이라는 시작(초기)사상에 대하여, 화재감지기, 화재경보, 스프링클러 등의 성공 또는 실패 작동 여부와 그 확률에 따른 피해 결과를 분석하는데 가장 적합한 위험분석 기법은?

① FTA ② ETA ③ FHA ④ THERP

해설 ETA(사건수 분석법 : Event Tree Analysis) : 설계에서부터 사용까지의 위험을 분석하는 귀납적이고 정량적인 분석방법이다.

26. 다음 그림에서 명료도 지수를 구하면 얼마인가?

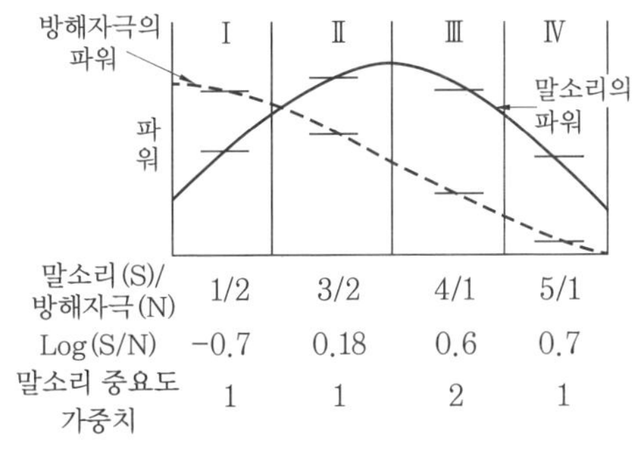

말소리(S)/방해자극(N)	1/2	3/2	4/1	5/1
Log(S/N)	−0.7	0.18	0.6	0.7
말소리 중요도 가중치	1	1	2	1

① 0.38 ② 0.68 ③ 1.38 ④ 5.68

정답 22. ② 23. ① 24. ① 25. ② 26. ③

해설 명료도 지수 : 통화 이해도를 추정하는 근거로 사용되는데 각 옥타브대의 음성과 잡음의 dB치에 가중치를 곱하여 합계를 구한 값이다.
명료도 지수=(−0.7×1)+(0.18×1)+(0.6×2)+(0.7×1)=1.38

27. **여러 사람이 사용하는 의자의 좌판 높이 설계기준으로 옳은 것은?**

① 5% 오금 높이 ② 50% 오금 높이
③ 75% 오금 높이 ④ 95% 오금 높이

해설 의자의 좌판 높이 설계기준은 좌판 앞부분이 오금 높이보다 높지 않아야 하므로 좌면 높이 기준은 5% 오금 높이로 한다.

28. **일반적으로 인체측정치의 최대 집단치를 기준으로 설계하는 것은?**

① 선반의 높이 ② 공구의 크기
③ 출입문의 크기 ④ 안내 데스크의 높이

해설 극단치 설계 : 최대 · 최소치수를 기준으로 한 설계, 출입문, 탈출구, 위험구역 울타리 등에 적용

29. **설비보전에서 평균수리시간의 의미로 맞는 것은?**

① MTTR ② MTBF ③ MTTF ④ MTBP

해설 • 평균수리시간(MTTR) : 평균수리에 소요되는 시간
• 평균고장간격(MTBF) : 수리가 가능한 기기 중 고장에서 다음 고장까지 걸리는 평균시간
• 고장까지의 평균시간(MTTF) : 수리가 불가능한 기기 중 처음 고장 날 때까지 걸리는 시간
• 평균정지시간(MDT)

30. **기술 개발과정에서 종합적으로 분석 · 판단할 수 있는 평가방법으로 가장 적절한 것은 어느 것인가?**

① risk assessment
② risk management
③ safety assessment
④ technology assessment

해설 테크놀러지 어세스먼트(technology assessment) : 기술을 개발할 때, 효율성과 위험성을 종합적으로 분석 · 판단, 결정하기 위한 것이다.

31. **정보수용을 위한 작업자의 시각 영역에 대한 설명으로 옳은 것은?**

① 판별시야−안구운동만으로 정보를 주시하고 순간적으로 특정 정보를 수용할 수 있는 범위
② 유효시야−시력, 색 판별 등의 시각기능이 뛰어나며 정밀도가 높은 정보를 수용할 수 있는 범위
③ 보조시야−머리 부분의 운동이 안구운동을 돕는 형태로 발생하며 무리 없이 주시가 가능한 범위
④ 유도시야−제시된 정보의 존재를 판별할 수 있는 정도의 식별 능력밖에 없지만, 인간의 공간좌표 감각에 영향을 미치는 범위

해설 ① 판별시야 : 시력, 색 판별 등의 시각기능이 뛰어나며 정밀도가 높은 정보를 수용할 수 있는 범위
② 유효시야 : 안구운동만으로 정보를 주시하고 순간적으로 특정 정보를 수용할 수 있는 범위
③ 보조시야 : 거의 식별이 곤란하고 고개를 돌려야 가능한 범위

정답 27. ① 28. ③ 29. ① 30. ④ 31. ④

32. 인간공학의 궁극적인 목적과 가장 관계가 깊은 것은?

① 경제성 향상
② 인간 능력의 극대화
③ 설비의 가동률 향상
④ 안전성 및 효율성 향상

해설 인간공학의 연구 목적
- 안전성 향상과 사고방지
- 기계 조작의 능률성과 생산성의 향상
- 작업환경의 쾌적성

33. 발생확률이 동일한 64가지의 대안이 있을 때 얻을 수 있는 총 정보량은?

① 6bit ② 16bit ③ 32bit ④ 64bit

해설 ㉠ 정보량$(H) = \Sigma P_x \log\left(\frac{1}{P_x}\right)$

㉡ 정보량$(H) = \log_2 N = \frac{\log 64}{\log 2} = 6\,\text{bit}$

34. 인체에 작용한 스트레스의 영향으로 발생된 신체반응의 결과인 스트레인(strain)을 측정하는 척도가 잘못 연결된 것은?

① 인지적 활동 : EEG
② 정신 운동적 활동 : EOG
③ 국부적 근육활동 : EMG
④ 육체적 동적 활동 : GSR

해설 신경적 작업의 신체반응 측정 : GSR

35. 일반적인 시스템의 수명곡선(욕조곡선)에서 고장형태 중 증가형 고장률을 나타내는 기간으로 옳은 것은?

① 우발고장 기간
② 마모고장 기간
③ 초기고장 기간
④ burn-in 고장 기간

해설 마모고장 기간 : 증가형(FR)으로 정기적인 검사가 필요하며, 설비의 피로에 의해 생기는 고장

36. 자동차를 타이어가 4개인 하나의 시스템으로 볼 때, 타이어 1개가 파열될 확률이 0.01이라면, 이 자동차의 신뢰도는 약 얼마인가?

① 0.91 ② 0.93
③ 0.96 ④ 0.99

해설 자동차 신뢰도(R_s)
$= (1-0.01)^4 = 0.96$

37. 다음 중 FMEA 분석 시 고장 평점법의 5가지 평가요소에 해당하지 않는 것은 어느 것인가?

① 고장발생의 빈도
② 신규설계의 가능성
③ 기능적 고장 영향의 중요도
④ 영향을 미치는 시스템의 범위

해설 FMEA 고장 평점의 5가지 평가요소
- 기능적 고장 영향의 중요도
- 영향을 미치는 시스템의 범위
- 고장발생의 빈도
- 고장방지의 가능성
- 신규설계의 정도

38. 건구온도 30℃, 습구온도 35℃일 때의 옥스포드(Oxford) 지수는 얼마인가?

① 27.75℃ ② 24.58℃
③ 32.78℃ ④ 34.25℃

해설 옥스포드(Oxford) 지수(WD)
$= 0.85W + 0.15d$
$= (0.85 \times 35) + (0.15 \times 30) = 34.25$℃
여기서, W : 습구온도, d : 건구온도

정답 32. ④ 33. ① 34. ④ 35. ② 36. ③ 37. ② 38. ④

39. FTA에 대한 설명으로 가장 거리가 먼 것은?

① 정성적 분석만 가능
② 하향식(top-down) 방법
③ 복잡하고 대형화된 시스템에 활용
④ 논리 게이트를 이용하여 도해적으로 표현하여 분석하는 방법

해설 ① FTA는 정량적, 연역적 해석방법이다.

40. 다음 중 청각적 표시장치의 설계 시 적용하는 일반 원리에 대한 설명으로 틀린 것은 어느 것인가?

① 양립성이란 긴급용 신호일 때는 낮은 주파수를 사용하는 것을 의미한다.
② 검약성이란 조작자에 대한 입력신호는 꼭 필요한 정보만을 제공하는 것이다.
③ 근사성이란 복잡한 정보를 나타내고자 할 때 2단계의 신호를 고려하는 것이다.
④ 분리성이란 두 가지 이상의 채널을 듣고 있다면 각 채널의 주파수가 분리되어 있어야 한다는 의미이다.

해설 ① 양립성은 제어장치와 표시장치의 연관성이 인간의 예상과 어느 정도 일치하는 것을 의미한다.

3과목 기계 위험방지 기술

41. 산업안전보건법령상 지게차에서 통상적으로 갖추고 있어야 하나, 마스트의 후방에서 화물이 낙하함으로써 근로자에게 위험을 미칠 우려가 없는 때에는 반드시 갖추지 않아도 되는 것은?

① 전조등 ② 헤드가드
③ 백레스트 ④ 포크

해설 백레스트 : 지게차 포크 뒤쪽으로 화물이 떨어지는 것을 방지하기 위해 백레스트를 설치한다.

42. 동력전달 부분의 전방 35cm 위치에 일반 평형 보호망을 설치하고자 한다. 보호망의 최대 구멍의 크기는 몇 mm인가?

① 41 ② 45
③ 51 ④ 55

해설 최대 개구간격(Y)

$$=6+\frac{X}{10}=6+\frac{350}{10}=41\,\text{mm}$$

여기서, X : 개구간격(mm)
Y : 최대 안전거리(mm)

43. 다음 연삭숫돌의 파괴 원인 중 가장 적절하지 않은 것은?

① 숫돌의 회전속도가 너무 빠른 경우
② 플랜지의 직경이 숫돌 직경의 $\frac{1}{3}$ 이상으로 고정된 경우
③ 숫돌 자체에 균열 및 파손이 있는 경우
④ 숫돌에 과대한 충격을 준 경우

해설 ①, ③, ④는 연삭숫돌의 파괴 원인

44. 산업안전보건법령상 지게차의 최대하중의 2배 값이 6톤일 경우 헤드가드의 강도는 몇 톤의 등분포정하중에 견딜 수 있어야 하는가?

① 4 ② 6 ③ 8 ④ 10

해설 강도는 지게차의 최대하중의 2배 값의 등분포정하중에 견딜 수 있을 것(단, 4톤을 넘는 값에 대해서는 4톤으로 한다.)

45. 산업안전보건법령상 보일러 방호장치로 거리가 가장 먼 것은?

정답 39. ① 40. ① 41. ③ 42. ① 43. ② 44. ① 45. ②

① 고저수위 조절장치
② 아우트리거
③ 압력방출장치
④ 압력제한 스위치

해설 ②는 크레인 안전장치의 일종이다.

46. 산업안전보건법령에서 정하는 압력용기에서 안전인증된 파열판에 안전인증표시 외에 추가로 나타내어야 하는 사항이 아닌 것은?

① 분출차(%)
② 호칭지름
③ 용도(요구성능)
④ 유체의 흐름 방향 지시

해설 파열판의 추가 표시사항
- 호칭지름
- 용도(요구성능)
- 파열판의 재질
- 유체의 흐름 방향 지시
- 설정파열압력(MPa) 및 설정온도(℃)
- 분출용량(kg/h) 또는 공칭분출계수

47. 산업안전보건법령상 사업장 내 근로자 작업환경 중 "강렬한 소음작업"에 해당하지 않는 것은?

① 85데시벨 이상의 소음이 1일 10시간 이상 발생하는 작업
② 90데시벨 이상의 소음이 1일 8시간 이상 발생하는 작업
③ 95데시벨 이상의 소음이 1일 4시간 이상 발생하는 작업
④ 100데시벨 이상의 소음이 1일 2시간 이상 발생하는 작업

해설 하루 강렬한 소음작업 허용 노출시간

dB 기준	90	95	100	105	110	115
노출 시간	8시간	4시간	2시간	1시간	30분	15분

48. 선반에서 일감의 길이가 지름에 비하여 상당히 길 때 사용하는 부속품으로 절삭 시 절삭저항에 의한 일감의 진동을 방지하는 장치는?

① 칩 브레이커 ② 척 커버
③ 방진구 ④ 실드

해설 방진구는 공작물의 길이가 지름의 12~20배 이상일 때 사용한다.

49. 산업안전보건법령상 프레스를 제외한 사출성형기·주형조형기 및 형단조기 등에 관한 안전조치사항으로 틀린 것은?

① 근로자의 신체 일부가 말려들어 갈 우려가 있는 경우에는 양수조작식 방호장치를 설치하여 사용한다.
② 게이트 가드식 방호장치를 설치할 경우에는 연동구조를 적용하여 문을 닫지 않아도 동작할 수 있도록 한다.
③ 사출성형기의 전면에 작업용 발판을 설치할 경우 근로자가 쉽게 미끄러지지 않는 구조이어야 한다.
④ 기계의 히터 등의 가열 부위, 감전 우려가 있는 부위에는 방호덮개를 설치하여 사용한다.

해설 ② 게이트 가드식 방호장치를 설치할 경우에는 연동구조를 적용하여 문을 닫지 않으면 작동되지 않도록 한다.

50. 강자성체를 자화하여 표면의 누설자속을 검출하는 비파괴 검사방법은?

① 방사선 투과시험 ② 인장시험
③ 초음파 탐상시험 ④ 자분탐상시험

해설 자분탐상시험 : 강자성체에 대해 표면을 자화시키면 누설자장이 형성되며, 이 부위에 자분을 도포하면 자분이 흡착되는 원리를 이용하여 육안으로 결함을 검출하는 방법

정답 46. ① 47. ① 48. ③ 49. ② 50. ④

51. 밀링작업 시 안전수칙에 관한 설명으로 틀린 것은?

① 칩은 기계를 정지시킨 다음에 브러시 등으로 제거한다.
② 일감 또는 부속장치 등을 설치하거나 제거할 때는 반드시 기계를 정지시키고 작업한다.
③ 면장갑을 반드시 끼고 작업한다.
④ 강력 절삭을 할 때는 일감을 바이스에 깊게 물린다.

해설 ③ 면장갑은 회전하는 공작기계 등에서는 착용을 금지한다.

52. 프레스기에 사용되는 방호장치에 있어 원칙적으로 급정지기구가 부착되어야만 사용할 수 있는 방식은?

① 양수조작식 ② 손쳐내기식
③ 가드식 ④ 수인식

해설 급정지기구의 방호장치

- 급정지기구가 부착되어 있어야만 유효한 방호장치
  ㉠ 양수조작식 방호장치
  ㉡ 감응식 방호장치
- 급정지기구가 부착되어 있지 않아도 유효한 방호장치
  ㉠ 양수기동식 방호장치
  ㉡ 게이트 가드식 방호장치
  ㉢ 수인식 방호장치
  ㉣ 손쳐내기식 방호장치

53. 화물중량이 200 kgf, 지게차의 중량이 400 kgf이고, 앞바퀴에서 화물의 무게중심까지의 최단거리가 1 m일 때, 지게차가 안정되기 위하여 앞바퀴에서 지게차의 무게중심까지의 최단거리는 최소 몇 m를 초과해야 하는가?

① 0.2 ② 0.5 ③ 1 ④ 2

해설 $W \times a < G \times b$

$\rightarrow 200 \times 1 < 400 \times b$

$\rightarrow \dfrac{200}{400} < b \quad \therefore b > 0.5\text{m}$

여기서, W : 화물 중심에서의 화물의 중량
G : 지게차의 중량
a : 앞바퀴에서 화물 중심까지의 거리
b : 앞바퀴에서 지게차 중심까지의 거리

54. 산업안전보건법령상 프레스의 작업시작 전 점검사항이 아닌 것은?

① 슬라이드 또는 칼날에 의한 위험방지기구의 기능
② 프레스의 금형 및 고정볼트 상태
③ 전단기의 칼날 및 테이블의 상태
④ 권과방지장치 및 그 밖의 경보장치의 기능

해설 ④ 권과방지장치는 크레인의 방호장치이다.

55. 다음은 산업안전보건법령상 아세틸렌 용접장치에 관한 설명이다. (   ) 안에 공통으로 들어갈 내용으로 옳은 것은?

> • 사업주는 아세틸렌 용접장치의 취관마다 (   )를 설치하여야 한다.
> • 사업주는 가스용기가 발생기와 분리되어 있는 아세틸렌 용접장치에 대하여 발생기와 가스용기 사이에 (   )를 설치하여야 한다.

① 분기장치 ② 자동발생 확인장치
③ 유수 분리장치 ④ 안전기

해설 안전기는 역류, 역화를 방지하기 위하여 아세틸렌 용접장치의 취관마다 설치한다.

56. 다음 설명 중 (   ) 안에 알맞은 내용은?

정답 51. ③ 52. ① 53. ② 54. ④ 55. ④ 56. ②

> 산업안전보건법령상 롤러기의 급정지장치는 롤러를 무부하로 회전시킨 상태에서 앞면 롤러의 표면속도가 30m/min 미만일 때에는 급정지거리가 앞면 롤러 원주의 (　　) 이내에서 롤러를 정지시킬 수 있는 성능을 보유해야 한다.

① $\frac{1}{4}$　② $\frac{1}{3}$　③ $\frac{1}{2.5}$　④ $\frac{1}{2}$

해설 롤러의 급정지거리

$$\frac{1}{3}\pi D < V(=30\text{m/min}) \le \frac{1}{2.5}\pi D$$

57. 연강의 인장강도가 420MPa이고, 허용응력이 140MPa이라면 안전율은?

① 1　② 2　③ 3　④ 4

해설 $\text{안전율} = \frac{\text{인장강도}}{\text{허용응력}} = \frac{420}{140} = 3$

58. 산업안전보건법령상 양중기에 해당하지 않는 것은?

① 곤돌라
② 이동식 크레인
③ 적재하중 0.05톤의 이삿짐운반용 리프트
④ 화물용 엘리베이터

해설 리프트(이삿짐운반용은 적재하중이 0.1t 이상인 것으로 한정한다.)

59. 회전하는 부분의 접선 방향으로 물려들어갈 위험이 존재하는 점으로 주로 체인, 풀리, 벨트, 기어와 랙 등에서 형성되는 위험점은?

① 끼임점　② 협착점
③ 절단점　④ 접선물림점

해설 위험점의 분류

- 협착점 : 왕복운동을 하는 동작부와 고정 부분 사이에 형성되는 위험점
- 끼임점 : 회전운동을 하는 동작 부분과 고정 부분 사이에 형성되는 위험점
- 절단점 : 회전하는 운동부 자체의 위험점
- 물림점(말림점) : 두 회전체가 물려 돌아가는 위험점 – 롤러와 롤러, 기어와 기어의 물림점
- 접선물림점 : 회전하는 부분의 접선 방향으로 물려들어 갈 위험이 있는 점, 벨트와 풀리의 물림점
- 회전말림점 : 회전하는 축, 커플링, 회전하는 공구의 말림점

60. 프레스기의 안전 대책 중 손을 금형 사이에 집어넣을 수 없도록 하는 본질적 안전화를 위한 방식(no–hand in die)에 해당하는 것은?

① 수인식　② 광전자식
③ 방호울식　④ 손쳐내기식

해설 ③은 금형 내에 손이 들어가지 않는 구조(no hand in die type), ①, ②, ④는 금형 안에 손이 들어가는 구조(hand in die type)

4과목 전기 위험방지 기술

61. 3300/220V, 20kVA인 3상 변압기로부터 공급받고 있는 저압전선로의 절연 부분의 전선과 대지 간의 절연저항의 최솟값은 약 몇 Ω인가? (단, 변압기의 저압 측 중성점에 접지가 되어 있다.)

① 1240　② 2794
③ 4840　④ 8383

해설 누설전류가 최대 공급전류의 $\frac{1}{2000}$이 넘지 않도록 유지한다.

정답 57. ③　58. ③　59. ④　60. ③　61. ④

㉠ 절연저항 $=\frac{\text{전압}}{\text{누설전류}}$

$$=\frac{220}{\frac{20\times1000}{220}\times\frac{1}{2000}}=4840\,\Omega$$

㉡ 3상 변압기의 절연저항

$=\sqrt{3}\times$ 절연저항 $=\sqrt{3}\times4840=8383\,\Omega$

62. 내압 방폭용기 "d"에 대한 설명으로 틀린 것은?

① 원통형 나사 접합부의 체결 나사산 수는 5산 이상이어야 한다.

② 가스/증기 그룹이 ⅡB일 때 내압 접합면과 장애물과의 최소 이격거리는 20mm이다.

③ 용기 내부의 폭발이 용기 주위의 폭발성 가스분위기로 화염이 전파되지 않도록 방지하는 부분은 내압 방폭 접합부이다.

④ 가스/증기 그룹이 ⅡC일 때 내압 접합면과 장애물과의 최소 이격거리는 40mm이다.

해설 내압 방폭구조 플랜지 접합부와 장애물 간 최소거리

가스그룹	ⅡA	ⅡB	ⅡC
최소거리	10mm	30mm	40mm

63. 인체저항을 500Ω이라 한다면, 심실세동을 일으키는 위험한계에너지는 약 몇 J인가? (단, 심실세동전류값 $I=\frac{165}{\sqrt{T}}$[mA]의 Dalziel의 식을 이용하며, 통전시간은 1초로 한다.)

① 11.5 ② 13.6 ③ 15.3 ④ 16.2

해설 $Q=I^2RT=\left(\frac{165}{\sqrt{1}}\times10^{-3}\right)^2\times500\times1$

$=165^2\times10^{-6}\times500=13.61\text{J}$

여기서, I : 전류, R : 저항, T : 시간

64. 절연물의 절연 불량 주요 원인으로 거리가 먼 것은?

① 진동, 충격 등에 의한 기계적 요인

② 산화 등에 의한 화학적 요인

③ 온도상승에 의한 열적 요인

④ 정격전압에 의한 전기적 요인

해설 ④ 높은 이상전압 등에 의한 전기적 요인

65. 정격사용률이 30%, 정격 2차 전류가 300A인 교류 아크 용접기를 200A로 사용하는 경우의 허용사용률(%)은?

① 67.5% ② 91.6% ③ 110.3% ④ 130.5%

해설 허용사용률

$$=\frac{(\text{정격 2차 전류})^2}{(\text{실제 사용 용접전류})^2}\times\text{정격사용률}$$

$$=\frac{300^2}{200^2}\times30=67.5\%$$

66. 정전기 화재 폭발 원인으로 인체대전에 대한 예방 대책으로 옳지 않은 것은?

① wrist strap을 사용하여 접지선과 연결한다.

② 대전방지제를 넣은 제전복을 착용한다.

③ 대전방지 성능이 있는 안전화를 착용한다.

④ 바닥재료는 고유저항이 큰 물질로 사용한다.

해설 정전기의 재해방지 대책

- 설비의 도체 부분을 접지
- 제전기, 대전방지제 사용
- 환기하여 위험물질 제거
- 바닥재료는 고유저항이 작은 물질 사용
- 작업자는 제전복, 정전화를 착용
- 작업장의 습도를 60~70%로 유지
- 배관 내 액체의 유속제한(석유류 1m/s 이하)

67. 주택용 배선차단기 B타입의 경우 순시동작범위는? (단, I_n는 차단기 정격전류이다.)

① $3I_n$ 초과~$5I_n$ 이하

정답 62. ② 63. ② 64. ④ 65. ① 66. ④ 67. ①

② $5I_n$ 초과~$10I_n$ 이하
③ $10I_n$ 초과~$15I_n$ 이하
④ $10I_n$ 초과~$20I_n$ 이하

해설 순시동작범위
- B 타입 : $3I_n$ 초과~$5I_n$ 이하
- C 타입 : $5I_n$ 초과~$10I_n$ 이하
- D 타입 : $10I_n$ 초과~$20I_n$ 이하

68. 다음 중 방폭구조의 종류가 아닌 것은?

① 유입 방폭구조(k)
② 내압 방폭구조(d)
③ 본질안전 방폭구조(i)
④ 압력 방폭구조(p)

해설 ① 유입 방폭구조 : o

69. 피뢰 시스템의 등급에 따른 회전구체의 반지름으로 틀린 것은?

① Ⅰ 등급 : 20m ② Ⅱ 등급 : 30m
③ Ⅲ 등급 : 40m ④ Ⅳ 등급 : 60m

해설 피뢰레벨 회전구체의 반경(R)기준
- 피뢰레벨 Ⅰ : 20m • 피뢰레벨 Ⅱ : 30m
- 피뢰레벨 Ⅲ : 45m • 피뢰레벨 Ⅳ : 60m

70. 고장전류를 차단할 수 있는 것은?

① 차단기(CB) ② 유입개폐기(OS)
③ 단로기(DS) ④ 선로개폐기(LS)

해설 차단기(CB) : 전기기기 계통에 이상이 발생했을 때 고장전류 및 대전류를 강제 차단하는 장치

71. 정전기재해를 예방하기 위해 설치하는 제전기의 제전 효율은 설치 시에 얼마 이상이 되어야 하는가?

① 40% 이상 ② 50% 이상
③ 70% 이상 ④ 90% 이상

해설 제전설비는 정전기를 제거하기 위한 설비로 제전기의 제전 효율은 설치 시 90% 이상이 되어야 한다.

72. 감전사고로 인한 전격사의 메커니즘으로 가장 거리가 먼 것은?

① 흉부수축에 의한 질식
② 심실세동에 의한 혈액순환기능의 상실
③ 내장파열에 의한 소화기 계통의 기능 상실
④ 호흡 중추신경 마비에 따른 호흡기능 상실

해설 감전사고 전격사 메커니즘
- 흉부에 전류가 흘러 흉부수축에 의한 질식
- 심장부에 전류가 흘러 심실세동에 의한 혈액순환기능의 상실
- 호흡 중추신경에 전류가 흘러 호흡 중추신경 마비에 따른 호흡기능 상실

73. 다음 현상은 무엇인가?

> 전위차가 있는 2개의 대전체가 특정 거리에 접근하게 되면 등전위가 되기 위하여 전하가 절연 공간을 깨고 순간적으로 빛과 열을 발생하며 이동하는 현상

① 대전 ② 충전 ③ 방전 ④ 열전

해설 방전에 대한 설명이다.

74. KS C IEC 60079-0의 정의에 따라 "두 도전부 사이의 고체 절연물 표면을 따른 최단거리"를 나타내는 명칭은?

① 전기적 간격 ② 절연공간거리
③ 연면거리 ④ 충전물 통과거리

75. 욕조나 샤워시설이 있는 욕실 또는 화장실에 콘센트가 시설되어 있다. 해당 전로에 설치된 누전차단기의 정격감도전류와 동작시간은?

정답 68. ① 69. ③ 70. ① 71. ④ 72. ③ 73. ③ 74. ③ 75. ②

① 정격감도전류 15mA 이하, 동작시간 0.01초 이하
② 정격감도전류 15mA 이하, 동작시간 0.03초 이하
③ 정격감도전류 30mA 이하, 동작시간 0.01초 이하
④ 정격감도전류 30mA 이하, 동작시간 0.03초 이하

해설 물을 사용하는 장소에 설치된 누전차단기의 정격감도전류 및 작동시간은 15mA 이하, 0.03초 이내이다.

76. **동작 시 아크가 발생하는 고압 및 특고압용 개폐기 차단기의 이격거리(목재의 벽 또는 천장, 기타 가연성 물체로부터의 거리)의 기준으로 옳은 것은? (단, 사용전압이 35kV 이하의 특고압용의 기구 등으로서 동작할 때에 생기는 아크의 방향과 길이를 화재가 발생할 우려가 없도록 제한하는 경우가 아니다.)**

① 고압용 : 0.8m 이상, 특고압용 : 1.0m 이상
② 고압용 : 1.0m 이상, 특고압용 : 2.0m 이상
③ 고압용 : 2.0m 이상, 특고압용 : 3.0m 이상
④ 고압용 : 3.5m 이상, 특고압용 : 4.0m 이상

해설 목재의 벽, 천장 등 가연성 물체로부터의 이격거리

구분	직류(V)	교류(V)	이격거리
저압용	1500 이하	1000 이하	1.0m 이상
고압용	1500~7000	1000~7000	
특별고압	7000 초과	7000 초과	2.0m 이상

77. **전류가 흐르는 상태에서 단로기를 끊었을 때 여러 가지 파괴작용을 일으킨다. 다음 그림에서 유입차단기의 차단 순서와 투입 순서가 안전수칙에 가장 적합한 것은?**

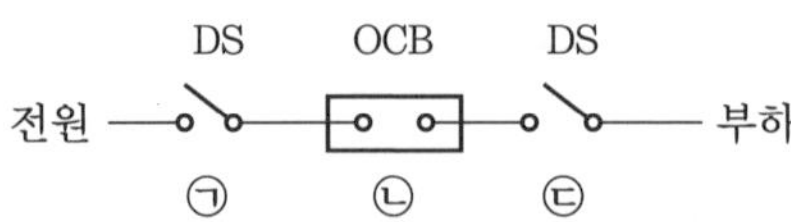

① 차단 : ㉠ → ㉡ → ㉢, 투입 : ㉠ → ㉡ → ㉢
② 차단 : ㉡ → ㉢ → ㉠, 투입 : ㉡ → ㉢ → ㉠
③ 차단 : ㉢ → ㉡ → ㉠, 투입 : ㉢ → ㉠ → ㉡
④ 차단 : ㉡ → ㉢ → ㉠, 투입 : ㉢ → ㉠ → ㉡

해설 유입차단기의 작동 순서
- 차단 순서 : 전원 차단 시 OCB를 먼저 차단하고, 단로기는 부하 측을 차단하는 것이 안전하다.
- 투입 순서 : 전원 투입 시 단로기를 먼저 투입하고, OCB를 투입하는 것이 안전하다.

78. **50kW, 60Hz 3상 유도전동기가 380V 전원에 접속된 경우 흐르는 전류(A)는 약 얼마인가? (단, 역률은 80%이다.)**

① 82.24A ② 94.96A
③ 116.30A ④ 164.47A

해설 ㉠ 전류$(I)=\dfrac{W}{\sqrt{3}\times V}=\dfrac{50000}{\sqrt{3}\times 380}$
$=75.97\text{A}$

㉡ 역률은 80%이므로 $I=\dfrac{75.97}{0.8}=94.96\text{A}$

79. **피뢰기의 제한전압이 752kV이고, 변압기의 기준 충격절연강도가 1050kV이면, 보호여유도는 약 몇 %인가?**

① 18 ② 30 ③ 40 ④ 43

해설 여유도

$$=\frac{\text{충격절연강도}-\text{제한전압}}{\text{제한전압}}\times 100$$

$$=\frac{1050-752}{752}\times 100=39.63\%$$

정답 76. ② 77. ④ 78. ② 79. ③

80. 접지 목적에 따른 분류에서 병원설비의 의료용 전기전자(M · E)기기와 모든 금속 부분 또는 도전바닥에도 접지하여 전위를 동일하게 하기 위한 접지를 무엇이라 하는가?

① 계통접지
② 등전위 접지
③ 노이즈 방지용 접지
④ 정전기 장해방지 이용접지

해설 등전위 접지 : 병원에 있어서 의료기기 사용 시의 안전을 꾀하기 위함, 0.1Ω 이하의 접지공사

5과목 화학설비 위험방지 기술

81. 반응기를 조작방식에 따라 분류할 때 해당되지 않는 것은?

① 회분식 반응기 ② 반회분식 반응기
③ 연속식 반응기 ④ 관형식 반응기

해설 반응기의 분류
- 조작방식에 의한 분류
  ㉠ 회분식 반응기 : 원료를 반응기에 주입하고, 일정 시간 반응시켜 생성하는 방식
  ㉡ 반회분식 반응기 : 원료를 반응기에 넣어두고 반응이 진행됨에 따라 다른 성분을 첨가하는 방식
  ㉢ 연속식 반응기 : 원료를 반응기에 주입하는 동시에 반응 생성물을 연속적으로 배출시키면서 반응을 진행시키는 방식
- 구조방식에 의한 분류 : 관형 반응기, 탑형 반응기, 교반기형 반응기, 유동층형 반응기

82. 물질에 대한 설명 중 틀린 것은?

① 과산화나트륨에 물이 접촉하는 것은 위험하다.
② 황린은 물속에 저장한다.
③ 염소산나트륨은 물과 반응하여 폭발성의 수소기체를 발생한다.
④ 아세트알데히드는 0℃ 이하의 온도에서도 인화할 수 있다.

해설 ③ 금속나트륨은 물과 접촉 시 폭발하므로 주수소화 시 위험성이 증대된다.

83. 다음 물질 중 물에 가장 잘 용해되는 것은?

① 아세톤 ② 벤젠 ③ 톨루엔 ④ 휘발유

해설 아세톤은 물에 잘 녹는 유기용매로서 달콤한 냄새가 나는 투명한 무색 액체이다. 페인트 및 매니큐어 제거제의 용제로 사용된다.

84. 산업안전보건법령상 위험물질의 종류에서 "폭발성 물질 및 유기과산화물"에 해당하는 것은?

① 디아조 화합물 ② 황린
③ 알킬알루미늄 ④ 마그네슘분말

해설 ②, ③은 물반응성 물질,
④는 인화성 고체

85. 고체연소의 종류에 해당하지 않는 것은?

① 표면연소 ② 증발연소
③ 분해연소 ④ 예혼합연소

해설 ④는 기체연소,
①, ②, ③은 고체연소

86. 다음 가스 중 가장 독성이 큰 것은?

① CO ② $COCl_2$ ③ NH_3 ④ NO

해설 독성가스의 허용 노출기준(ppm)

가스 명칭	농도
일산화탄소(CO)	50
포스겐($COCl_2$)	0.1
암모니아(NH_3)	25
일산화질소(NO)	25

정답 80. ② 81. ④ 82. ③ 83. ① 84. ① 85. ④ 86. ②

87. 공정안전 보고서 중 공정안전자료에 포함되어야 할 세부 내용에 해당하는 것은?

① 비상조치계획에 따른 교육계획
② 안전운전 지침서
③ 각종 건물 · 설비의 배치도
④ 도급업체 안전관리계획

해설 ①은 비상조치계획서,
②, ④는 안전운전계획서

88. 디에틸에테르의 연소범위에 가장 가까운 값은?

① 2~10.4% ② 1.9~48%
③ 2.5~15% ④ 1.5~7.8%

해설 디에틸에테르($C_2H_5OC_2H_5$)

인화점	착화점	증기비중	연소범위
−45℃	180℃	2.55	1.9~48%

89. 공기 중에서 A가스의 폭발하한계는 2.2 vol%이다. 이 폭발하한계 값을 기준으로 하여 표준상태에서 A가스와 공기의 혼합기체 1m^{3}에 함유되어 있는 A가스의 질량을 구하면 약 몇 g인가? (단, A가스의 분자량은 26이다.)

① 19.02 ② 25.54 ③ 29.02 ④ 35.54

해설 ㉠ 농도는 폭발하한계로 구하면 0.022가 되므로 A가스의 부피=1000×0.022=22L
㉡ 표준상태 0℃, 1기압에서 기체의 부피는 22.4L
㉢ 분자량은 26, A가스의 부피는 22L이므로 A가스의 질량은
22.4L : 26=22L : x
22.4L×x=22L×26

$$x=\frac{22\text{L}\times 26}{22.4\text{L}}=25.535\text{g}$$

90. 가연성 물질을 취급하는 장치를 퍼지하고자 할 때 잘못된 것은?

① 대상 물질의 물성을 파악한다.
② 사용하는 불활성 가스의 물성을 파악한다.
③ 퍼지용 가스를 가능한 한 빠른 속도로 단시간에 다량 송입한다.
④ 장치 내부를 세정한 후 퍼지용 가스를 송입한다.

해설 ③ 퍼지용 가스는 천천히 장시간에 걸쳐 주입한다.

91. 에틸렌(C_2H_4)이 완전 연소하는 경우에 다음의 Jones식을 이용하여 계산할 경우 연소하한계는 약 몇 vol%인가? (단, Jones식 : LFL=0.55×C_{st}을 이용한다.)

① 0.55 ② 3.6
③ 6.3 ④ 8.5

해설 Jones식에 의한 연소하한계

㉠ $C_{st}=\dfrac{100}{1+4.773\left(n+\dfrac{m}{4}\right)}$

$$=\frac{100}{1+4.773\left(2+\frac{4}{4}\right)}=6.53\text{vol\%}$$

㉡ LFL=0.55×C_{st}=0.55×6.53
=3.6vol%

92. 건조설비의 구조를 구조 부분, 가열장치, 부속설비로 구분할 때 다음 중 "부속설비"에 속하는 것은?

① 보온판 ② 열원장치
③ 소화장치 ④ 철골부

해설 건조설비의 구조
• 구조 부분 : 보온판, 바닥 콘크리트
• 가열장치 : 열원장치, 열원공급장치
• 부속설비 : 소화장치, 전기설비, 환기장치

정답 87. ③ 88. ② 89. ② 90. ③ 91. ② 92. ③

93. 폭발을 기상폭발과 응상폭발로 분류할 때 기상폭발에 해당되지 않는 것은?

① 분진폭발 ② 혼합가스 폭발
③ 분무폭발 ④ 수증기 폭발

해설 수증기 폭발은 물리적 폭발로 응상폭발이다.

94. 가스누출 감지경보기 설치에 관한 기술상의 지침으로 틀린 것은?

① 암모니아를 제외한 가연성 가스누출 감지경보기는 방폭성능을 갖는 것이어야 한다.
② 독성가스누출 감지경보기는 해당 독성가스 허용농도의 25% 이하에서 경보가 울리도록 설정하여야 한다.
③ 하나의 감지대상 가스가 가연성이면서 독성인 경우에는 독성가스를 기준하여 가스누출 감지경보기를 선정하여야 한다.
④ 건축물 안에 설치되는 경우, 감지대상 가스의 비중이 공기보다 무거운 경우에는 건축물 내의 하부에 설치하여야 한다.

해설 ② 가연성 가스누출 감지경보기는 감지대상 가스의 폭발하한계가 25% 이하이며, 독성가스누출 감지경보기는 해당 독성가스의 허용농도 이하에서 경보가 울리도록 설정하여야 한다.

95. 화염방지기의 설치에 관한 사항으로 (　　) 안에 알맞은 것은?

> 사업주는 인화성 액체 및 인화성 가스를 저장 · 취급하는 화학설비에서 증기나 가스를 대기로 방출하는 경우에는 외부로부터의 화염을 방지하기 위하여 화염방지기를 그 설비의 (　　)에 설치하여야 한다.

① 상단 ② 하단
③ 중앙 ④ 무게중심

해설 화염방지기의 설치는 설비의 상단에 설치하여야 한다.

96. 처음 온도가 20℃인 공기를 절대압력 1기압에서 3기압으로 단열압축하면 최종온도는 약 몇 ℃인가? (단, 공기의 비열비는 1.4이다.)

① 68℃ ② 75℃
③ 128℃ ④ 164℃

해설 단열압축

㉠ $\frac{T_2}{T_1}=\left(\frac{P_2}{P_1}\right)^{\frac{r-1}{r}}=\frac{T_2}{20+273}=\left(\frac{3}{1}\right)^{\frac{1.4-1}{1.4}}$

$\therefore\ T_2=293\times\left(\frac{3}{1}\right)^{\frac{1.4-1}{1.4}}=401\text{K}$

㉡ 공기의 온도 $=401-273=128$℃

97. 다음 [보기]의 물질을 폭발범위가 넓은 것부터 좁은 순서로 옳게 배열한 것은?

> 보기
>
> H_2　C_3H_8　CH_4　CO

① $CO > H_2 > C_3H_8 > CH_4$
② $H_2 > CO > CH_4 > C_3H_8$
③ $C_3H_8 > CO > CH_4 > H_2$
④ $CH_4 > H_2 > CO > C_3H_8$

해설 물질의 폭발범위

H_2	CO	CH_4	C_3H_8
4~75%	12.5~74%	5~15%	2.1~9.5%

98. 다음 중 가연성 물질과 산화성 고체가 혼합하고 있을 때 연소에 미치는 현상으로 옳은 것은?

① 착화온도(발화점)가 높아진다.
② 최소 점화에너지가 감소하며, 폭발의 위험성이 증가한다.
③ 가스나 가연성 증기의 경우 공기 혼합보다 연소범위가 축소된다.
④ 공기 중에서보다 산화작용이 약하게 발생하여 화염온도가 감소하며 연소속도가 늦어진다.

해설 산화성 고체는 가열, 충격, 마찰에 산소를 방출하며, 가연성 물질에 산소가 공급되면 연소 또는 폭발을 가속화할 수 있다.

99. 다음 중 물질의 누출방지용으로서 접합면을 상호 밀착시키기 위하여 사용하는 것은 어느 것인가?

① 개스킷　② 체크밸브
③ 플러그　④ 콕크

해설 배관 부속품의 용도
- 개스킷 : 접합면을 상호 밀착시키기 위해 사용하는 부재로 물이나 가스의 누설을 방지한다.
- 체크밸브 : 유체의 역류를 방지하여 유체의 흐름을 한쪽 방향으로만 흘러가도록 하는 밸브이다.
- 플러그 : 유로를 차단하는 부속품이다.
- 콕크 : 관 속을 흐르는 기체나 액체의 양을 조절하는 밸브이다.

100. 다음 중 인화성 가스가 아닌 것은?

① 부탄　② 메탄
③ 수소　④ 산소

해설 산소는 조연성 가스이며, 상온에서 이원자 분자(O_2)로 존재하고 반응성이 커서 거의 모든 원소와 반응하여 산화물을 만든다.

6과목 건설안전기술

101. 산업안전보건관리비 항목 중 안전시설비로 사용 가능한 것은?

① 원활한 공사수행을 위한 가설시설 중 비계 설치비용
② 소음 관련 민원예방을 위한 건설현장 소음방지용 방음시설 설치비용
③ 근로자의 재해예방을 위한 목적으로만 사용하는 CCTV에 사용되는 비용
④ 기계 · 기구 등과 일체형 안전장치의 구입비용

해설 공사 목적물의 품질 확보 또는 건설장비 자체의 운행 감시, 공사 진척상황 확인, 방법 등의 목적을 가진 CCTV는 안전시설비로 사용할 수 없지만, 근로자의 재해예방을 위한 목적으로만 사용하는 CCTV는 안전시설비로 사용 가능하다.

102. 강관비계를 사용하여 비계를 구성하는 경우 준수해야 할 기준으로 옳지 않은 것은?

① 비계기둥의 간격은 띠장 방향에서는 1.85m 이하, 장선(長線) 방향에서는 1.5m 이하로 할 것
② 띠장 간격은 2.0m 이하로 할 것
③ 비계기둥의 제일 윗부분으로부터 31m 되는 지점 밑부분의 비계기둥은 2개의 강관으로 묶어 세울 것
④ 비계기둥 간의 적재하중은 600kg을 초과하지 않도록 할 것

해설 ④ 비계기둥 간의 적재하중은 400kg을 초과하지 않도록 할 것

103. 달비계의 최대 적재하중을 정함에 있어서 활용하는 안전계수의 기준으로 옳은 것은? (단, 곤돌라의 달비계를 제외한다.)

정답 99. ①　100. ④　101. ③　102. ④　103. ①

① 달기훅 : 5 이상
② 달기강선 : 5 이상
③ 달기체인 : 3 이상
④ 달기 와이어로프 : 5 이상

해설 ② 달기강선 : 10 이상
③ 달기체인 : 5 이상
④ 달기 와이어로프 : 10 이상

104. **흙 속의 전단응력을 증대시키는 원인에 해당하지 않는 것은?**

① 자연 또는 인공에 의한 지하공동의 형성
② 함수비의 감소에 따른 흙의 단위체적 중량의 감소
③ 지진, 폭파에 의한 진동발생
④ 균열 내에 작용하는 수압 증가

해설 흙 속의 전단응력을 증대시키는 원인
• 자연 또는 인공에 의한 지하공동의 형성
• 지진, 폭파에 의한 진동발생
• 균열 내에 작용하는 수압 증가
Tip) 함수비가 감소하면 흙의 단위체적 중량이 감소하여 흙의 전단응력이 감소

105. **사다리식 통로 등을 설치하는 경우 고정식 사다리식 통로의 기울기는 최대 몇 도 이하로 하여야 하는가?**

① 60도 ② 75도 ③ 80도 ④ 90도

해설 사다리식 통로 등의 기울기 각도
• 사다리식 통로의 일반적인 기울기 각도는 75° 이하
• 사다리식 통로의 고정식 기울기 각도는 90° 이하

106. **유한사면에서 원형 활동면에 의해 발생하는 일반적인 사면파괴의 종류에 해당하지 않는 것은?**

① 사면내 파괴(slope failure)
② 사면 선단파괴(toe failure)
③ 사면 인장파괴(tension failure)
④ 사면 저부파괴(base failure)

해설 유한사면의 원형 활동면에 의한 사면파괴의 종류
• 사면내 파괴(slope failure)
• 사면 선단파괴(toe failure)
• 사면 저부(바닥면)파괴(base failure)

107. **차량계 건설기계를 사용하여 작업을 하는 경우 작업계획서 내용에 포함되지 않는 것은?**

① 사용하는 차량계 건설기계의 종류 및 성능
② 차량계 건설기계의 운행경로
③ 차량계 건설기계에 의한 작업방법
④ 차량계 건설기계의 유지보수방법

해설 차량계 건설기계 작업계획서
• 사용하는 차량계 건설기계의 종류 및 성능
• 차량계 건설기계의 운행경로
• 차량계 건설기계에 의한 작업방법

108. **단관비계의 도괴 또는 전도를 방지하기 위하여 사용하는 벽이음의 간격기준으로 옳은 것은?**

① 수직 방향 5m 이하, 수평 방향 5m 이하
② 수직 방향 6m 이하, 수평 방향 6m 이하
③ 수직 방향 7m 이하, 수평 방향 7m 이하
④ 수직 방향 8m 이하, 수평 방향 8m 이하

109. **다음은 산업안전보건법령에 따른 항타기 또는 항발기에 권상용 와이어로프를 사용하는 경우에 준수하여야 할 사항이다. (   ) 안에 알맞은 내용으로 옳은 것은?**

정답 104. ② 105. ④ 106. ③ 107. ④ 108. ① 109. ②

> 권상용 와이어로프는 추 또는 해머가 최저의 위치에 있을 때 또는 널말뚝을 빼내기 시작할 때를 기준으로 권상장치의 드럼에 적어도 ( ) 감기고 남을 수 있는 충분한 길이일 것

① 1회 ② 2회 ③ 4회 ④ 6회

110. 인력으로 화물을 인양할 때의 몸의 자세와 관련하여 준수하여야 할 사항으로 옳지 않은 것은?

① 한쪽 발은 들어 올리는 물체를 향하여 안전하게 고정시키고 다른 발은 그 뒤에 안전하게 고정시킬 것
② 등은 항상 직립한 상태와 90도 각도를 유지하여 가능한 한 지면과 수평이 되도록 할 것
③ 팔은 몸에 밀착시키고 끌어당기는 자세를 취하며 가능한 한 수평거리를 짧게 할 것
④ 손가락으로만 인양물을 잡아서는 아니 되며 손바닥으로 인양물 전체를 잡을 것

해설 ② 중량물을 들어 올릴 때는 허리는 늘 곧게 펴고 팔, 다리, 복부의 근력을 이용한다.

111. 추락방지용 방망 중 그물코의 크기가 5cm인 매듭 방망 신품의 인장강도는 최소 몇 kg 이상이어야 하는가?

① 60 ② 110 ③ 150 ④ 200

해설 그물코의 크기가 5cm인 매듭 방망 신품의 인장강도는 110kg이다.

112. 하역작업 등에 의한 위험을 방지하기 위하여 준수하여야 할 사항으로 옳지 않은 것은?

① 꼬임이 끊어진 섬유로프를 화물운반용으로 사용해서는 안 된다.
② 심하게 부식된 섬유로프를 고정용으로 사용해서는 안 된다.
③ 차량 등에서 화물을 내리는 작업 시 해당 작업에 종사하는 근로자에게 쌓여 있는 화물 중간에서 화물을 빼내도록 할 경우에는 사전 교육을 철저히 한다.
④ 부두 또는 안벽의 선을 따라 통로를 설치하는 경우에는 폭을 90cm 이상으로 한다.

해설 ③ 차량 등에서 화물을 내리는 작업 시 해당 작업에 종사하는 근로자에게 쌓여 있는 화물 중간에서 화물을 빼내도록 하지 말 것

113. 산업안전보건법령에 따른 유해·위험방지 계획서 제출대상 공사로 볼 수 없는 것은?

① 지상 높이가 31m 이상인 건축물의 건설공사
② 터널 건설공사
③ 깊이 10m 이상인 굴착공사
④ 다리의 전체 길이가 40m 이상인 건설공사

해설 ④ 교량의 전체 길이가 50m 이상인 교량 건설 등의 공사

114. 버팀보, 앵커 등의 축하중 변화 상태를 측정하여 이들 부재의 지지 효과 및 그 변화 추이를 파악하는데 사용되는 계측기기는?

① water level meter ② load cell
③ piezo meter ④ strain gauge

해설 하중계(load cell) : 버팀보, 어스앵커 등의 실제 축하중 변화 측정

115. 산업안전보건법령에 따른 작업발판 일체형 거푸집에 해당되지 않는 것은?

① 갱 폼(gang form)
② 슬립 폼(slip form)
③ 클라이밍 폼(climbing form)
④ 유로 폼(euro form)

해설 일체형 거푸집의 종류
• 갱 폼(gang form)

정답 110. ② 111. ② 112. ③ 113. ④ 114. ② 115. ④

• 슬립 폼(slip form)
• 클라이밍 폼(climbing form)
• 터널 라이닝 폼(tunnel lining form)

116. 콘크리트 타설작업을 하는 경우 준수하여야 할 사항으로 옳지 않은 것은?

① 당일의 작업을 시작하기 전에 해당 작업에 관한 거푸집 동바리 등의 변형 · 변위 및 지반의 침하 유무 등을 점검하고 이상이 있으면 보수할 것
② 콘크리트를 타설하는 경우에는 편심이 발생하지 않도록 골고루 분산하여 타설할 것
③ 설계도서상의 콘크리트 양생기간을 준수하여 거푸집 동바리 등을 해체할 것
④ 작업 중에는 거푸집 동바리 등의 변형 · 변위 및 침하 유무 등을 감시할 수 있는 감시자를 배치하여 이상이 있으면 작업을 중지하지 아니하고, 즉시 충분한 보강조치를 실시할 것

해설 ④ 작업 중에는 거푸집 동바리 등의 변형 · 변위 및 침하 유무 등을 감시할 수 있는 감시자를 배치하여 이상이 있으면 작업을 중지하고 근로자를 대피시킬 것

117. 다음은 산업안전보건법령에 따른 화물자동차의 승강설비에 관한 사항이다. (　) 안에 알맞은 내용으로 옳은 것은?

> 사업주는 바닥으로부터 짐 윗면까지의 높이가 (　) 이상인 화물자동차에 짐을 싣는 작업 또는 내리는 작업을 하는 경우에는 근로자의 추가 위험을 방지하기 위하여 해당 작업에 종사하는 근로자가 바닥과 적재함의 짐 윗면 간을 안전하게 오르내리기 위한 설비를 설치하여야 한다.

① 2m　② 4m
③ 6m　④ 8m

118. 근로자의 추락 등의 위험을 방지하기 위한 안전난간의 설치기준으로 옳지 않은 것은?

① 상부 난간대와 중간 난간대는 난간길이 전체에 걸쳐 바닥면 등과 평행을 유지할 것
② 발끝막이판은 바닥면 등으로부터 20cm 이상의 높이를 유지할 것
③ 난간대는 지름 2.7cm 이상의 금속제 파이프나 그 이상의 강도가 있는 재료일 것
④ 안전난간은 구조적으로 가장 취약한 지점에서 가장 취약한 방향으로 작용하는 100kg 이상의 하중에 견딜 수 있는 튼튼한 구조일 것

해설 ② 발끝막이판은 바닥면 등으로부터 10cm 이상의 높이를 유지할 것

119. 발파작업 시 암질 변화구간 및 이상암질의 출현 시 반드시 암질 판별을 실시하여야 하는데, 이와 관련된 암질 판별기준과 가장 거리가 먼 것은?

① R.Q.D(%)　② 탄성파속도(m/sec)
③ 전단강도(kg/cm^2)　④ R.M.R

해설 암질 판별기준 : R.Q.D(%), 탄성파속도(m/sec), R.M.R

120. 거푸집 동바리 구조에서 높이가 Z = 3.5m 인 파이프 서포트의 좌굴하중은? (단, 상부받이판과 하부받이판은 힌지로 가정하고, 단면 2차 모멘트 $I=8.31cm^4$, 탄성계수 $E=2.1\times10^5$MPa)

① 14060N　② 15060N
③ 16060N　④ 17060N

해설 좌굴하중$(P_s)=n\pi^2\dfrac{EI}{Z^2}$

$$=1\times\pi^2\times\frac{2.1\times10^{11}\times8.31\times10^{-8}}{3.5^2}$$

$$=14059.9\text{N}$$

Tip) $N/m^2=Pa$, $MPa=10^6Pa$

정답 116. ④　117. ①　118. ②　119. ③　120. ①

2022년도(1회차) 출제문제

산업안전기사

1과목 안전관리론

1. 산업안전보건법령상 산업안전보건위원회의 구성 · 운영에 관한 설명 중 틀린 것은?

① 정기회의는 분기마다 소집한다.
② 위원장은 위원 중에서 호선(互選)한다.
③ 근로자 대표가 지명하는 명예 산업안전감독관은 근로자위원에 속한다.
④ 공사금액 100억 원 이상의 건설업의 경우 산업안전보건위원회를 구성 · 운영해야 한다.

해설 ④ 건설업 사업장의 경우 공사금액 120억 원(토목공사 150억 원)이상

2. 산업안전보건법령상 잠함(潛函) 또는 잠수 작업 등 높은 기압에서 작업하는 근로자의 근로시간 기준은?

① 1일 6시간, 1주 32시간 초과 금지
② 1일 6시간, 1주 34시간 초과 금지
③ 1일 8시간, 1주 32시간 초과 금지
④ 1일 8시간, 1주 34시간 초과 금지

해설 잠함 또는 잠수작업에 종사하는 근로자에게는 1일 6시간, 1주 34시간을 초과하여 근로하는 것을 금지한다.

3. 산업현장에서 재해발생 시 조치 순서로 옳은 것은?

① 긴급 처리 → 재해조사 → 원인 분석 → 대책 수립
② 긴급 처리 → 원인 분석 → 대책 수립 → 재해조사
③ 재해조사 → 원인 분석 → 대책 수립 → 긴급 처리
④ 재해조사 → 대책 수립 → 원인 분석 → 긴급 처리

해설 산업재해 발생 시 조치 순서

1단계	2단계	3단계	4단계
긴급 처리	재해조사	원인 분석	대책 수립

4. 산업재해보험 적용 근로자 1000명인 플라스틱 제조 사업장에서 작업 중 재해 5건이 발생하였고, 1명이 사망하였을 때 이 사업장의 사망만인율은?

① 2 ② 5 ③ 10 ④ 20

해설 $\text{사망만인율} = \dfrac{\text{사망자 수}}{\text{연평균 근로자 수}} \times 10000$

$= \dfrac{1}{1000} \times 10000 = 10$

5. 안전 · 보건교육계획 수립 시 고려사항 중 틀린 것은?

① 필요한 정보를 수집한다.
② 현장의 의견을 고려하지 않는다.
③ 지도안은 교육대상을 고려하여 작성한다.
④ 법령에 의한 교육에만 그치지 않아야 한다.

해설 교육 계획서의 수립 시 첫 번째 단계 : 교육은 현장의 요구사항을 파악한다.

6. 학습지도의 형태 중 몇 사람의 전문가가 주제에 대한 견해를 발표하고 참가자로 하여금 의견을 내거나 질문을 하게 하는 토의방식은?

정답 1. ④ 2. ② 3. ① 4. ③ 5. ② 6. ②

① 포럼(forum)
② 심포지엄(symposium)
③ 버즈세션(buzz session)
④ 자유토의법(free discussion method)

해설 심포지엄 : 몇 사람의 전문가에 의하여 과제에 관한 견해를 발표하고 참가자로 하여금 의견이나 질문을 하게 하여 토의하는 방법

7. 산업안전보건법령상 근로자 안전보건교육 대상에 따른 교육시간 기준 중 틀린 것은? (단, 상시작업이며, 일용근로자는 제외한다.)

① 특별교육–16시간 이상
② 채용 시 교육–8시간 이상
③ 작업내용 변경 시 교육–2시간 이상
④ 사무직 종사 근로자 정기교육–매분기 1시간 이상

해설 ④ 사무직 종사 근로자 정기교육–매반기 6시간 이상

8. 버드(Bird)의 신 도미노 이론 5단계에 해당하지 않는 것은?

① 제어부족(관리)　② 직접원인(징후)
③ 간접원인(평가)　④ 기본원인(기원)

해설 버드(Bird)의 최신 연쇄성 이론

1단계	2단계	3단계	4단계	5단계
제어부족 : 관리	기본원인 : 기원	직접원인 : 징후	사고 : 접촉	상해 : 손해

9. 재해예방의 4원칙에 해당하지 않는 것은?

① 예방가능의 원칙　② 손실우연의 원칙
③ 원인연계의 원칙　④ 재해 연쇄성의 원칙

해설 하인리히 산업재해예방의 4원칙
- 손실우연의 원칙 : 사고의 결과 손실 유무 또는 대소는 사고 당시 조건에 따라 우연적으로 발생한다.
- 원인계기(연계)의 원칙 : 재해발생은 반드시 원인이 있다.
- 예방가능의 원칙 : 재해는 원칙적으로 원인만 제거하면 예방이 가능하다.
- 대책선정의 원칙 : 재해예방을 위한 가능한 안전 대책은 반드시 존재한다.

10. 안전점검을 점검시기에 따라 구분할 때 다음에서 설명하는 안전점검은?

> 작업담당자 또는 해당 관리감독자가 맡고 있는 공정의 설비, 기계, 공구 등을 매일 작업 전 또는 작업 중에 일상적으로 실시하는 안전점검

① 정기점검　② 수시점검
③ 특별점검　④ 임시점검

해설 수시점검에 대한 설명이며, 작업자, 책임자, 관리감독자가 실시한다.

11. 타일러(Tyler)의 교육과정 중 학습경험선정의 원리에 해당하는 것은?

① 기회의 원리　② 계속성의 원리
③ 계열성의 원리　④ 통합성의 원리

해설 학습경험조직의 원리
- 다양성의 원리
- 계속성의 원리
- 계열성의 원리
- 통합성의 원리

12. 주의(attention)의 특성에 관한 설명 중 틀린 것은?

① 고도의 주의는 장시간 지속하기 어렵다.
② 한 지점에 주의를 집중하면 다른 곳의 주의는 약해진다.
③ 최고의 주의집중은 의식의 과잉상태에서 가능하다.
④ 여러 자극을 지각할 때 소수의 현란한 자극에 선택적 주의를 기울이는 경향이 있다.

정답 7. ④　8. ③　9. ④　10. ②　11. ①　12. ③

해설 의식의 과잉 : 돌발사태에 직면하면 순간적으로 긴장하게 되고 한 점으로만 집중되어 판단능력의 둔화 또는 정지상태가 되는 현상

13. 산업재해보상보험법령상 보험급여의 종류가 아닌 것은?

① 장례비
② 간병급여
③ 직업재활급여
④ 생산손실비용

해설 ①, ②, ③은 보험코스트,
④는 비보험 코스트

14. 산업안전보건법령상 그림과 같은 기본모형이 나타내는 안전 · 보건표지의 표시사항으로 옳은 것은? (단, L은 안전 · 보건표지를 인식할 수 있거나 인식해야 할 안전거리를 말한다.)

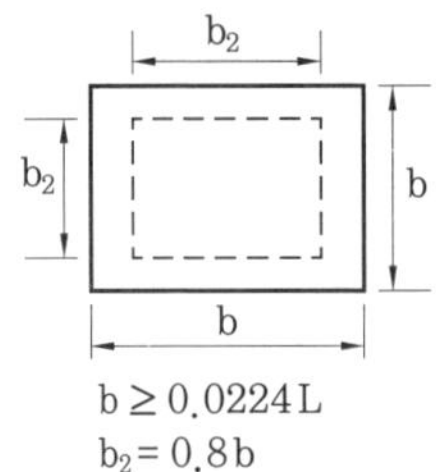

① 금지 ② 경고
③ 지시 ④ 안내

해설 안전 · 보건표지의 기본모형

금지표지	경고표지	지시표지	안내표지
원형에 사선	삼각형 및 마름모형	원형	정사각형 또는 직사각형

15. 기업 내의 계층별 교육훈련 중 주로 관리감독자를 교육 대상자로 하며 작업을 가르치는 능력, 작업방법을 개선하는 기능 등을 교육내용으로 하는 기업 내 정형교육은?

① TWI(Training Within Industry)
② ATT(American Telephone Telegram)
③ MTP(Management Training Program)
④ ATP(Administration Training Program)

해설 TWI : 작업방법, 작업지도, 인간관계, 작업안전훈련

16. 사회행동의 기본형태가 아닌 것은?

① 모방 ② 대립
③ 도피 ④ 협력

해설 사회행동의 기본형태
- 협력 : 조력, 분업
- 대립 : 공격, 경쟁
- 도피 : 고립, 정신병, 자살
- 융합 : 강제, 타협

17. 위험예지훈련의 문제해결 4라운드에 해당하지 않는 것은?

① 현상파악 ② 본질추구
③ 대책수립 ④ 원인결정

해설 문제해결의 4라운드

1R	2R	3R	4R
현상파악	본질추구	대책수립	행동 목표설정

18. 바이오리듬(생체리듬)에 관한 설명 중 틀린 것은?

① 안정기(+)와 불안정기(−)의 교차점을 위험일이라 한다.
② 감성적 리듬은 33일을 주기로 반복하며, 주의력, 예감 등과 관련되어 있다.
③ 지성적 리듬은 "I"로 표시하며 사고력과 관련이 있다.
④ 육체적 리듬은 신체적 컨디션의 율동적 발현, 즉 식욕 · 활동력 등과 밀접한 관계를 갖는다.

정답 13. ④ 14. ④ 15. ① 16. ① 17. ④ 18. ②

해설 생체리듬(bio rhythm)

- 육체적 리듬(P) : 23일 주기로 식욕, 소화력, 활동력, 지구력 등을 좌우하는 리듬
- 감성적 리듬(S) : 28일 주기로 주의력, 창조력, 예감 및 통찰력 등을 좌우하는 리듬
- 지성적 리듬(I) : 33일 주기로 상상력, 사고력, 기억력, 인지력, 판단력 등을 좌우하는 리듬

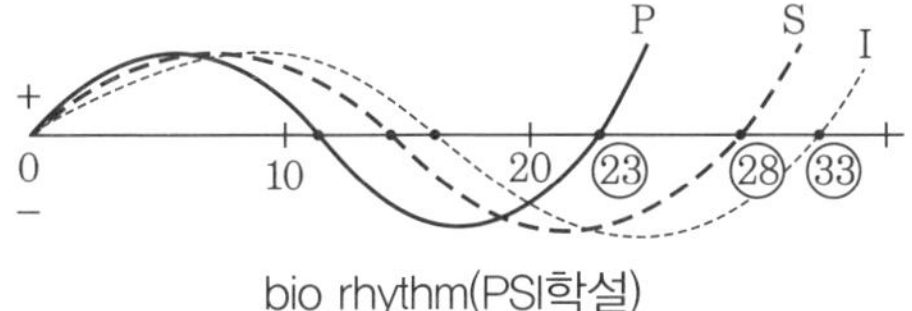

bio rhythm(PSI학설)

19. **운동의 시지각(착각 현상) 중 자동운동이 발생하기 쉬운 조건에 해당하지 않는 것은?**

① 광점이 작은 것
② 대상이 단순한 것
③ 광의 강도가 큰 것
④ 시야의 다른 부분이 어두운 것

해설 인간의 착각 현상

- 유도운동 : 실제로 움직이지 않는 것이 움직이는 것처럼 느껴지는 현상
- 자동운동 : 암실에서 정지된 소광점을 응시하면 광점이 움직이는 것 같이 보이는 현상, 착각 현상
- 가현운동 : 대물체가 착각에 의해 움직이는 것처럼 보이는 현상, 영화의 영상처럼 대상물이 움직이는 것처럼 인식되는 현상

20. **보호구 안전인증 고시상 안전인증 방독마스크의 정화통 종류와 외부 측면의 표시색이 잘못 연결된 것은?**

① 할로겐용 – 회색
② 황화수소용 – 회색
③ 암모니아용 – 회색
④ 시안화수소용 – 회색

해설 방독마스크의 종류 및 시험가스

종류	시험가스	표시색
유기 화합물용	사이클로헥산(C_6H_{12}), 디메틸에테르(CH_3OCH_3), 이소부탄(C_4H_{10})	갈색
할로겐용	염소가스 또는 증기(Cl_2)	회색
황화수소용	황화수소가스(H_2S)	회색
시안화 수소용	시안화수소가스(HCN)	회색
아황산용	아황산가스(SO_2)	노란색
암모니아용	암모니아가스(NH_3)	녹색

2과목 인간공학 및 시스템 안전공학

21. **인간공학적 연구에 사용되는 기준 척도의 요건 중 다음 설명에 해당하는 것은?**

> 기준 척도는 측정하고자 하는 변수 외의 다른 변수들의 영향을 받아서는 안 된다.

① 신뢰성 ② 적절성
③ 검출성 ④ 무오염성

해설 무오염성(순수성) : 측정하고자 하는 변수 이외의 다른 변수에 영향을 받아서는 안 된다.

22. **그림과 같은 시스템에서 부품 A, B, C, D의 신뢰도가 모두 r로 동일할 때 이 시스템의 신뢰도는?**

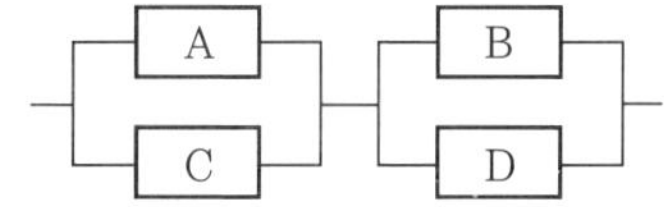

정답 19. ③ 20. ③ 21. ④ 22. ②

① $r(2-r^2)$ ② $r^2(2-r)^2$
③ $r^2(2-r^2)$ ④ $r^2(2-r)$

해설 $R_s=[1-(1-r)\times(1-r)]\times[(1-(1-r)\times(1-r)]=(1-1+2r-r^2)\times(1-1+2r-r^2)=r^2(2-r)^2$

23. 서브 시스템 분석에 사용되는 분석방법으로 시스템 수명주기에서 ㉠에 들어갈 위험분석 기법은?

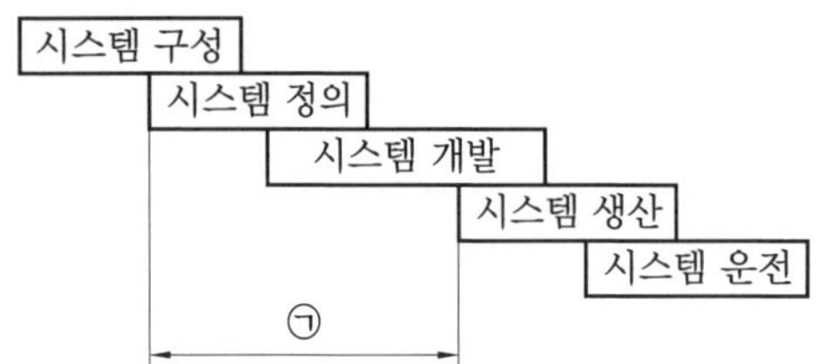

① PHA ② FHA ③ FTA ④ ETA

해설 결함위험분석(FHA) : 분업에 의하여 분담 설계한 서브 시스템 간의 인터페이스를 조정하여 전 시스템의 안전에 악영향이 없게 하는 분석 기법

24. 정신적 작업부하에 관한 생리적 척도에 해당하지 않는 것은?

① 근전도
② 뇌파도
③ 부정맥 지수
④ 점멸 융합 주파수

해설 정신적 작업부하에 대한 생리적 측정치 : 심박수, 부정맥, 뇌전위(점멸 융합 주파수), 동공반응(눈 깜빡임률), 호흡수 등

25. A사의 안전관리자는 자사 화학설비의 안전성 평가를 실시하고 있다. 그 중 제2단계인 정성적 평가를 진행하기 위하여 평가 항목을 설계 단계 대상과 운전관계 대상으로 분류하였을 때 설계관계 항목이 아닌 것은?

① 건조물 ② 공장 내 배치
③ 입지조건 ④ 원재료, 중간제품

해설 2단계 정성적 평가 항목 : 입지조건, 공장 내의 배치, 소방설비, 공정기기, 수송, 저장, 원재료, 중간재, 제품, 공정, 건물 등

26. 불(Boole)대수의 관계식으로 틀린 것은?

① $A+\overline{A}=1$
② $A+AB=A$
③ $A(A+B)=A+B$
④ $A+\overline{A}B=A+B$

해설 ① $A+\overline{A}=A+B=1$ ($\overline{A}=B$)
② $A+AB=A+0=A$ ($AB=0$)
③ $A(A+B)=A(1)=A$ ($A+B=1$)
④ $A+\overline{A}B=A+BB=A+B$ ($\overline{A}=B$)

27. 인간공학의 목표와 거리가 가장 먼 것은?

① 사고 감소
② 생산성 증대
③ 안전성 향상
④ 근골격계 질환 증가

해설 인간공학의 목표
- 에러 감소 : 안전성 향상과 사고방지
- 생산성 증대 : 기계 조작의 능률성과 생산성의 향상
- 안전성 향상 : 작업환경의 쾌적성

28. 통화 이해도 척도로서 통화 이해도에 영향을 주는 잡음의 영향을 추정하는 지수는 무엇인가?

① 명료도 지수
② 통화간섭수준
③ 이해도 점수
④ 통화공진수준

해설 잡음의 영향을 추정하는 지수 : 통화간섭(잡음은 명료도 지수)

정답 23. ② 24. ① 25. ④ 26. ③ 27. ④ 28. ②

29. 예비위험분석(PHA)에서 식별된 사고의 범주가 아닌 것은?

① 중대(critical)
② 한계적(marginal)
③ 파국적(catastrophic)
④ 수용가능(acceptable)

해설 식별된 사고의 4가지 PHA 범주
- 파국적(치명적) : 사망, 시스템 완전 손상
- 중대(위기적) : 중대 상해, 시스템 중대 손상
- 한계적 : 경미한 상해, 시스템 성능 저하
- 무시가능 : 경미한 상해, 시스템 성능 저하 없거나 미미함

30. 어떤 결함수를 분석하여 minimal cut set을 구한 결과가 다음과 같았다. 각 기본사상의 발생확률을 q_i, i=1, 2, 3이라 할 때, 다음 중 정상사상의 발생확률 함수로 맞는 것은 어느 것인가?

$K_1=[1,2]$, $K_2=[1,3]$, $K_3=[2,3]$

① $q_1q_2+q_1q_2-q_2q_3$
② $q_1q_2+q_1q_3-q_2q_3$
③ $q_1q_2+q_1q_3+q_2q_3-q_1q_2q_3$
④ $q_1q_2+q_1q_3+q_2q_3-2q_1q_2q_3$

해설 정상사상의 발생확률 함수

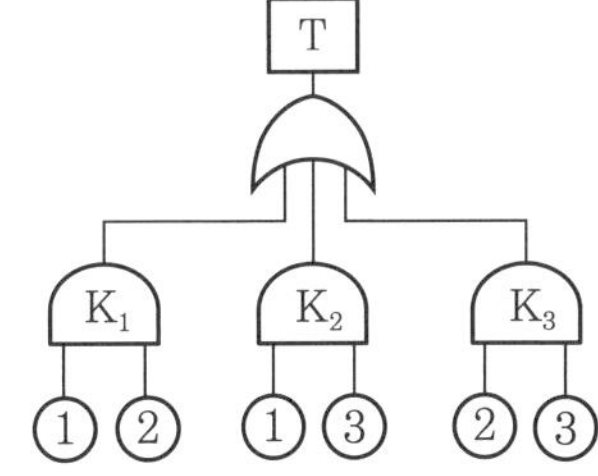

$T=1-(1-K_1)\times(1-K_2)\times(1-K_3)$
$=1-[1-K_2-K_1+K_1K_2-K_3+K_2K_3+K_1K_3-K_1K_2K_3]$
$=1-1+K_2+K_1-K_1K_2+K_3-K_2K_3-K_1K_3+K_1K_2K_3$
$=K_1+K_2+K_3-K_1K_2-K_1K_3-K_2K_3+K_1K_2K_3$
$=q_1q_2+q_1q_3+q_2q_3-q_1q_2q_3-q_1q_2q_3-q_1q_2q_3+q_1q_2q_3$
$=q_1q_2+q_1q_3+q_2q_3-2q_1q_2q_3$

31. 반사형 없이 모든 방향으로 빛을 발하는 점광원에서 3m 떨어진 곳의 조도가 300lux라면 2m 떨어진 곳에서의 조도(lux)는?

① 375　② 675　③ 875　④ 975

해설 ㉠ 조도(lux)$=\dfrac{광도}{(거리)^2}$이므로

∴ 광도=조도(lux)×(거리)^2
$=300\times3^2=2700$cd

㉡ 2m에서의 조도(lux)
$=\dfrac{광도}{(거리)^2}=\dfrac{2700}{2^2}=675$lux

32. 근골격계 부담작업의 범위 및 유해요인 조사방법에 관한 고시상 근골격계 부담작업에 해당하지 않는 것은? (단, 상시작업을 기준으로 한다.)

① 하루에 10회 이상 25kg 이상의 물체를 드는 작업
② 하루에 총 2시간 이상 쪼그리고 앉거나 무릎을 굽힌 자세에서 이루어지는 작업
③ 하루에 총 2시간 이상, 시간당 5회 이상 손 또는 무릎을 사용하여 반복적으로 충격을 가하는 작업
④ 하루에 총 4시간 이상 집중적으로 자료입력 등을 위해 키보드 또는 마우스를 조작하는 작업

해설 ③ 하루에 총 2시간 이상, 시간당 10회 이상 손 또는 무릎을 사용하여 반복적으로 충격을 가하는 작업

정답 29. ④　30. ④　31. ②　32. ③

33. 시각적 식별에 영향을 주는 각 요소에 대한 설명 중 틀린 것은?

① 조도는 광원의 세기를 말한다.
② 휘도는 단위 면적당 표면에 반사 또는 방출되는 광량을 말한다.
③ 반사율은 물체의 표면에 도달하는 조도와 광도의 비를 말한다.
④ 광도 대비란 표적의 광도와 배경의 광도의 차이를 배경 광도로 나눈 값을 말한다.

해설 ① 조도는 단위 면적당 비춰지는 빛의 밝기를 말한다.

34. 부품배치의 원칙 중 기능적으로 관련된 부품들을 모아서 배치한다는 원칙은?

① 중요성의 원칙
② 사용빈도의 원칙
③ 사용 순서의 원칙
④ 기능별 배치의 원칙

해설 부품(공간)배치의 원칙 : 중요성의 원칙, 사용빈도의 원칙, 사용 순서의 원칙, 기능별 배치의 원칙

35. HAZOP 분석 기법의 장점이 아닌 것은?

① 학습 및 적용이 쉽다.
② 기법 적용에 큰 전문성을 요구하지 않는다.
③ 짧은 시간에 저렴한 비용으로 분석이 가능하다.
④ 다양한 관점을 가진 팀 단위 수행이 가능하다.

해설 HAZOP의 전제조건

- 두 개 이상의 기기고장이나 사고는 발생하지 않는다.
- 안전장치는 필요 시 정상 작동한다.
- 장치와 설비는 설계 및 제작사양에 적합하게 제작된 것으로 간주한다.
- 작업자는 위험상황이 발생하면 필요한 조치를 취하는 것으로 한다.
- 위험의 확률이 낮으나 고가설비를 요구할 시는 운전원 안전교육 및 직무교육으로 대체한다.
- 사소한 사항이라도 간과하지 않는다.

36. 태양광이 내리쬐지 않는 옥내의 습구흑구 온도지수(WBGT) 산출식은?

① 0.6×자연습구온도+0.3×흑구온도
② 0.7×자연습구온도+0.3×흑구온도
③ 0.6×자연습구온도+0.4×흑구온도
④ 0.7×자연습구온도+0.4×흑구온도

해설 습구흑구 온도지수(WBGT)
$=0.7\times T_w+0.3\times T_g$
여기서, 태양광이 내리쬐지 않는 옥내의 경우이며, T_w : 자연습구온도, T_g : 흑구온도이다.

37. FTA에서 사용되는 논리 게이트 중 입력과 반대되는 현상으로 출력되는 것은?

① 부정 게이트
② 억제 게이트
③ 배타적 OR 게이트
④ 우선적 AND 게이트

해설 부정 게이트 : 입력과 반대 현상의 출력 사상이 발생한다.

38. 부품 고장이 발생하여도 기계가 추후 보수될 때까지 안전한 기능을 유지할 수 있도록 하는 기능은?

① fail-soft ② fail-active
③ fail-operational ④ fail-passive

해설 fail operational : 병렬로 여분계의 부품을 구성한 경우, 부품의 고장이 있어도 운전이 가능한 구조

정답 33. ① 34. ④ 35. ③ 36. ② 37. ① 38. ③

39. 양립성의 종류가 아닌 것은?

① 개념의 양립성
② 감성의 양립성
③ 운동의 양립성
④ 공간의 양립성

해설 양립성의 종류
- 운동 양립성(moment) : 핸들을 오른쪽으로 움직이면 장치의 방향도 오른쪽으로 이동
- 공간 양립성(spatial) : 오른쪽은 오른손 조절장치, 왼쪽은 왼손 조절장치
- 개념 양립성(conceptual) : 정지(OFF)는 적색, 운전(ON)은 녹색
- 양식 양립성(modality) : 소리로 제시된 정보는 소리로 반응하게 하는 것, 시각적으로 제시된 정보는 손으로 반응하게 하는 것

40. James Reason의 원인적 휴먼에러 종류 중 다음 설명의 휴먼에러 종류는?

자동차가 우측 운행하는 한국의 도로에 익숙해진 운전자가 좌측 운행을 해야 하는 일본에서 우측 운행을 하다가 교통사고를 냈다.

① 고의 사고(violation)
② 숙련 기반 에러(skill based error)
③ 규칙 기반 착오(rule based mistake)
④ 지식 기반 착오(knowledge based mistake)

해설 규칙 기반 착오의 예이다.

3과목 기계 위험방지 기술

41. 산업안전보건법령상 사업주가 진동작업을 하는 근로자에게 충분히 알려야 할 사항과 거리가 가장 먼 것은?

① 인체에 미치는 영향과 증상
② 진동기계 · 기구 관리방법
③ 보호구 선정과 착용방법
④ 진동재해 시 비상연락체계

해설 ④ 진동재해 시 즉시 진동을 정지해야 한다.

42. 산업안전보건법령상 크레인에 전용탑승설비를 설치하고 근로자를 달아 올린 상태에서 작업에 종사시킬 경우 근로자의 추락위험을 방지하기 위하여 실시해야 할 조치사항으로 적합하지 않은 것은?

① 승차석 외의 탑승제한
② 안전대나 구명줄의 설치
③ 탑승설비의 하강 시 동력하강방법을 사용
④ 탑승설비가 뒤집히거나 떨어지지 않도록 필요한 조치

해설 전용탑승설비의 근로자의 추락위험을 방지하기 위한 안전조치사항
- 안전대나 구명줄의 설치
- 탑승설비의 하강 시 동력하강방법을 사용
- 탑승설비가 뒤집히거나 떨어지지 않도록 필요한 조치

43. 연삭기에서 숫돌의 바깥지름이 150 mm일 경우 평형 플랜지 지름은 몇 mm 이상이어야 하는가?

① 30　② 50　③ 60　④ 90

해설 플랜지 지름 = 숫돌 바깥지름 $\times \frac{1}{3}$

$= 150 \times \frac{1}{3} = 50\text{mm}$ 이상

44. 플레이너 작업 시의 안전 대책이 아닌 것은?

① 베드 위에 다른 물건을 올려놓지 않는다.

정답 39. ② 40. ③ 41. ④ 42. ① 43. ② 44. ④

② 바이트는 되도록 짧게 나오도록 설치한다.
③ 프레임 내의 피트(pit)에는 뚜껑을 설치한다.
④ 칩 브레이커를 사용하여 칩이 길게 되도록 한다.

해설 칩 브레이커는 선반작업 시 유동형 칩을 짧게 끊어주는 안전장치이다.

45. 양중기 과부하방지장치의 일반적인 공통 사항에 대한 설명 중 부적합한 것은?

① 과부하방지장치와 타 방호장치는 기능에 서로 장애를 주지 않도록 부착할 수 있는 구조이어야 한다.
② 방호장치의 기능을 변형 또는 보수할 때 양중기의 기능도 동시에 정지할 수 있는 구조이어야 한다.
③ 과부하방지장치에는 정상동작상태의 녹색 램프와 과부하 시 경고 표시를 할 수 있는 붉은색램프와 경보음을 발하는 장치 등을 갖추어야 하며, 양중기 운전자가 확인할 수 있는 위치에 설치해야 한다.
④ 과부하방지장치 작동 시 경보음과 경보램프가 작동되어야 하며 양중기는 작동이 되지 않아야 한다. 다만, 크레인은 과부하상태 해지를 위하여 권상된 만큼 권하시킬 수 있다.

해설 ② 방호장치의 기능을 정지 및 제거하면 양중기의 기능도 정지할 수 있는 구조이어야 한다.

46. 산업안전보건법령상 프레스 작업시작 전 점검해야 할 사항에 해당하는 것은?

① 와이어로프가 통하고 있는 곳 및 작업장소의 지반상태
② 하역장치 및 유압장치 기능
③ 권과방지장치 및 그 밖의 경보장치의 기능
④ 1행정 1정지기구 · 급정지장치 및 비상정지장치의 기능

해설 프레스 작업시작 전 점검사항

- 클러치 및 브레이크의 기능
- 크랭크축 · 플라이휠 · 슬라이드 · 연결봉 및 연결나사의 풀림 유무
- 1행정 1정지기구 · 급정지장치 및 비상정지장치의 기능
- 슬라이드 또는 칼날에 의한 위험방지기구의 기능
- 프레스의 금형 및 고정볼트 상태
- 프레스 방호장치의 기능
- 전단기의 칼날 및 테이블의 상태

47. 방호장치를 분류할 때는 크게 위험장소에 대한 방호장치와 위험원에 대한 방호장치로 구분할 수 있는데, 다음 중 위험장소에 대한 방호장치가 아닌 것은?

① 격리형 방호장치
② 접근거부형 방호장치
③ 접근반응형 방호장치
④ 포집형 방호장치

해설 포집형 방호장치 : 위험장소에 설치하여 위험원이 비산하거나 튀는 것을 방지하는 등 작업자로부터 위험원을 차단하는 방호장치

48. 산업안전보건법령상 목재가공용 기계에 사용되는 방호장치의 연결이 옳지 않은 것은?

① 둥근톱기계 : 톱날 접촉예방장치
② 띠톱기계 : 날 접촉예방장치
③ 모떼기기계 : 날 접촉예방장치
④ 동력식 수동대패기계 : 반발예방장치

해설 동력식 수동대패기계 : 날 접촉예방장치

49. 다음 중 금속 등의 도체에 교류를 통한 코일을 접근시켰을 때, 결함이 존재하면 코일

정답 45. ② 46. ④ 47. ④ 48. ④ 49. ③

에 유기되는 전압이나 전류가 변하는 것을 이용한 검사방법은?

① 자분탐상검사 ② 초음파 탐상검사
③ 와류탐상검사 ④ 침투형광 탐상검사

해설 와류탐상검사 : 금속 등의 도체에 교류를 통한 코일을 접근시켜 결함이 존재할 때 코일에 유기되는 전압이나 전류 변화를 이용하는 검사법

50. 산업안전보건법령상에서 정한 양중기의 종류에 해당하지 않는 것은?

① 크레인(호이스트(hoist)를 포함한다)
② 도르래
③ 곤돌라
④ 승강기

해설 도르래 : 바퀴에 끈이나 체인 등을 걸어 힘의 방향을 바꾸거나 힘의 크기를 줄이는 장치

51. 롤러의 급정지를 위한 방호장치를 설치하고자 한다. 앞면 롤러 직경이 36cm이고, 분당 회전속도가 50rpm이라면 급정지거리는 약 얼마 이내이어야 하는가? (단, 무부하 동작에 해당한다.)

① 45cm ② 50cm
③ 55cm ④ 60cm

해설 앞면 롤러의 표면속도에 따른 급정지거리

㉠ 표면속도$(V)=\frac{\pi DN}{1000}$

$=\frac{\pi\times 360\times 50}{1000}=56.52\text{m/min}$

㉡ 표면속도가 30m/min 이상이므로

급정지거리$=\pi\times D\times\frac{1}{2.5}=\pi\times 360\times\frac{1}{2.5}$

$=452.39\text{mm}=45.239\text{cm}$

52. 다음 중 금형 설치 · 해체작업의 일반적인 안전사항으로 틀린 것은?

① 고정볼트는 고정 후 가능하면 나사산이 3~4개 정도 짧게 남겨 슬라이드 면과의 사이에 협착이 발생하지 않도록 해야 한다.
② 금형 고정용 브래킷(물림판)을 고정시킬 때 고정용 브래킷은 수평이 되게 하고, 고정볼트는 수직이 되게 고정하여야 한다.
③ 금형을 설치하는 프레스의 T홈 안길이는 설치볼트 직경 이하로 한다.
④ 금형의 설치용구는 프레스의 구조에 적합한 형태로 한다.

해설 ③ 금형을 설치하는 프레스 기계의 T홈에 적합한 형상을 사용하며, 안길이는 설치볼트 지름의 2배 이상으로 한다.

53. 산업안전보건법령상 보일러에 설치하는 압력방출장치에 대하여 검사 후 봉인에 사용되는 재료에 가장 적합한 것은?

① 납 ② 주석
③ 구리 ④ 알루미늄

해설 압력방출장치의 봉인재료는 Pb(납)으로 한다.

54. 슬라이드가 내려옴에 따라 손을 쳐내는 막대가 좌우로 왕복하면서 위험점으로부터 손을 보호하여 주는 프레스의 안전장치는?

① 수인식 방호장치
② 양손조작식 방호장치
③ 손쳐내기식 방호장치
④ 게이트 가드식 방호장치

해설 손쳐내기식 방호장치 : 슬라이드가 내려옴에 따라 레버나 링크 혹은 캠으로 연결된 제수봉이 위험구역의 전면에 있는 작업자의 손을 좌 · 우로 쳐내는 프레스의 안전장치

정답 50. ② 51. ① 52. ③ 53. ① 54. ③

55. 산업안전보건법령에 따라 사업주는 근로자가 안전하게 통행할 수 있도록 통로에 얼마 이상의 채광 또는 조명시설을 하여야 하는가?

① 50럭스 ② 75럭스
③ 90럭스 ④ 100럭스

해설 사업주는 근로자가 안전하게 통행할 수 있도록 통로에 75럭스 이상의 채광 또는 조명시설을 하여야 한다.

56. 산업안전보건법령상 다음 중 보일러의 방호장치와 가장 거리가 먼 것은?

① 언로드 밸브 ② 압력방출장치
③ 압력제한 스위치 ④ 고저수위 조절장치

해설 ①은 공기압축기의 방호장치이다.

57. 다음 중 롤러기 급정지장치의 종류가 아닌 것은?

① 어깨 조작식 ② 손 조작식
③ 복부 조작식 ④ 무릎 조작식

해설 롤러기 급정지장치의 종류
- 손 조작식 : 밑면으로부터 1.8m 이내 위치
- 복부 조작식 : 밑면으로부터 0.8~1.1m 이내 위치
- 무릎 조작식 : 밑면으로부터 0.4~0.6m 이내 위치

58. 산업안전보건법령에 따라 레버풀러(lever puller) 또는 체인블록(chain block)을 사용하는 경우 훅의 입구(hook mouth) 간격이 제조자가 제공하는 제품사양서 기준으로 몇 % 이상 벌어진 것은 폐기하여야 하는가?

① 3 ② 5 ③ 7 ④ 10

해설 훅의 입구 간격이 제조자가 제공하는 제품사양서 기준으로 10% 이상 벌어진 것은 폐기할 것

59. 컨베이어(conveyor) 역전방지장치의 형식을 기계식과 전기식으로 구분할 때 기계식에 해당하지 않는 것은?

① 라쳇식 ② 밴드식
③ 스러스트식 ④ 롤러식

해설 전기식은 전기 브레이크, 스러스트 브레이크가 있다.

60. 다음 중 연삭숫돌의 3요소가 아닌 것은?

① 결합제 ② 입자
③ 저항 ④ 기공

해설 연삭숫돌의 3요소 : 입자, 결합제, 기공

4과목 전기 위험방지 기술

61. 다음 ( ) 안의 알맞은 내용을 나타낸 것은?

> 폭발성 가스의 폭발등급 측정에 사용되는 표준용기는 내용적이 (㉠), 반구상의 플랜지 접합면의 안길이 (㉡)mm의 구상용기의 틈새를 통과시켜 화염일주한계를 측정하는 장치이다.

① ㉠ : 600, ㉡ : 0.4
② ㉠ : 1800, ㉡ : 0.6
③ ㉠ : 4500, ㉡ : 8
④ ㉠ : 8000, ㉡ : 25

해설 표준용기는 내용적이 8000 cm^3(8 L), 틈새의 안길이 25 mm이다.

62. 다음 차단기는 개폐기구가 절연물의 용기 내에 일체로 조립한 것으로 과부하 및 단락사고 시에 자동적으로 전로를 차단하는 장치는?

정답 55. ② 56. ① 57. ① 58. ④ 59. ③ 60. ③ 61. ④ 62. ③

① OS ② VCB
③ MCCB ④ ACB

해설 사용장소별 차단기의 종류

차단기의 종류	사용장소
배선용 차단기(MCCB), 기중차단기(ACB)	저압 전기설비(저압용)
종래 : 유입차단기(OCB) 최근 : 진공차단기(VCB), 가스차단기(GCB)	변전소 및 자가용 고압 및 특고압 전기설비
종래 : 공기차단기(ABB) 최근 : 가스차단기(GCB)	특고압 및 대전류 차단용량을 필요로 하는 대규모 전기설비

63. 한국전기설비규정에 따라 보호 등전위 본딩 도체로서 주 접지단자에 접속하기 위한 등전위 본딩 도체(구리도체)의 단면적은 몇 mm^2 이상이어야 하는가? (단, 등전위 본딩 도체는 설비 내에 있는 가장 큰 보호접지 도체 단면적의 1/2 이상의 단면적을 가지고 있다.)

① 2.5 ② 6
③ 16 ④ 50

해설 보호 등전위 본딩 도체(KEC 143.3.1) : 주 접지단자에 접속하기 위한 등전위 본딩 도체

- 구리도체 : $6\,mm^2$ 이상
- 알루미늄 도체 : $16\,mm^2$ 이상
- 강철도체 : $50\,mm^2$ 이상

64. 저압전로의 절연성능 시험에서 전로의 사용전압이 380V인 경우 전로의 전선 상호 간 및 전로와 대지 사이의 절연저항은 최소 몇 MΩ 이상이어야 하는가?

① 0.1 ② 0.3
③ 0.5 ④ 1

해설 전로의 절연(저압전로의 절연저항)

전로의 사용전압		절연저항
400V 이하	대지전압이 150V 이하인 경우	0.1MΩ
	대지전압이 150V 초과 300V 이하의 경우	0.2MΩ
	대지전압이 300V 초과 400V 이하의 경우	0.3MΩ
대지전압이 400V 초과인 경우		0.4MΩ

65. 전격의 위험을 결정하는 주된 인자로 가장 거리가 먼 것은?

① 통전전류 ② 통전시간
③ 통전경로 ④ 접촉전압

해설 1차적 감전위험 요소는 통전전류의 크기, 통전시간, 전원의 종류, 통전경로, 주파수 및 파형이다.

66. 교류 아크 용접기의 허용사용률(%)은? (단, 정격사용률은 10%, 2차 정력전류는 500A, 교류 아크 용접기의 사용전류는 250A이다.)

① 30 ② 40 ③ 50 ④ 60

해설 허용사용률

$$= \frac{(\text{정격 2차 전류})^2}{(\text{실제 사용 용접전류})^2} \times \text{정격사용률}$$

$$= \frac{500^2}{250^2} \times 10 = 40\%$$

67. 내압 방폭구조의 필요충분조건에 대한 사항으로 틀린 것은?

① 폭발화염이 외부로 유출되지 않을 것
② 습기침투에 대한 보호를 충분히 할 것
③ 내부에서 폭발한 경우 그 압력에 견딜 것
④ 외함의 표면온도가 외부의 폭발성 가스에 점화되지 않을 것

정답 63. ② 64. ② 65. ④ 66. ② 67. ②

해설 내압 방폭구조는 점화원에 의해 용기의 내부에 폭발성 가스의 폭발이 일어날 경우에 용기가 폭발압력에 견디고, 화염이 용기 외부의 폭발성 분위기로 전파되지 않도록 한 방폭구조이다.

68. 다음 중 전동기를 운전하고자 할 때 개폐기의 조작 순서로 옳은 것은?

① 메인 스위치 → 분전반 스위치 → 전동기용 개폐기
② 분전반 스위치 → 메인 스위치 → 전동기용 개폐기
③ 전동기용 개폐기 → 분전반 스위치 → 메인 스위치
④ 분전반 스위치 → 전동기용 스위치 → 메인 스위치

해설 개폐기 조작 순서

구분	1단계	2단계	3단계
on	메인 스위치	분전반 스위치	전동기 개폐기
off	전동기 개폐기	분전반 스위치	메인 스위치

69. 다음 빈칸에 들어갈 내용으로 알맞은 것은?

> 교류 특고압 가공전선로에서 발생하는 극저주파 전자계는 지표상 1m에서 전계가 (㉠), 자계가 (㉡)가 되도록 시설하는 등 상시 정전유도 및 전자유도작용에 의하여 사람에게 위험을 줄 우려가 없도록 시설하여야 한다.

① ㉠ : 0.35kV/m 이하, ㉡ : 0.833μT 이하
② ㉠ : 3.5kV/m 이하, ㉡ : 8.33μT 이하
③ ㉠ : 3.5kV/m 이하, ㉡ : 83.3μT 이하
④ ㉠ : 35kV/m 이하, ㉡ : 833μT 이하

해설 특별고압 가공전선로 1m 기준으로 전계강도 3.5kV/m 이하, 자계강도 83.3μT 이하이다.

70. 감전사고를 방지하기 위한 방법으로 틀린 것은?

① 전기기기 및 설비의 위험부에 위험 표지
② 전기설비에 대한 누전차단기 설치
③ 전기기기에 대한 정격 표시
④ 무자격자는 전기기계 및 기구에 전기적인 접촉 금지

해설 ③은 기기보호에 해당하는 방법이다.

71. 외부 피뢰 시스템에서 접지극은 지표면에서 몇 m 이상 깊이로 매설하여야 하는가? (단, 동결심도는 고려하지 않는 경우이다.)

① 0.5　　② 0.75
③ 1　　④ 1.25

해설 접지극을 지하 75cm 이상의 깊이에 묻는 목적은 접촉전압을 감소시켜 감전을 방지하기 위함이다.

72. 정전기의 재해방지 대책이 아닌 것은?

① 부도체에는 도전성을 향상 또는 제전기를 설치 운영한다.
② 접촉 및 분리를 일으키는 기계적 작용으로 인한 정전기 발생을 적게 하기 위해서는 가능한 접촉면적을 크게 하여야 한다.
③ 저항률이 10^{10} Ω · cm 미만의 도전성 위험물의 배관유속은 7m/s 이하로 한다.
④ 생산공정에 별다른 문제가 없다면, 습도를 70% 정도 유지하는 것도 무방하다.

해설 ② 접촉 및 분리를 일으키는 접촉면이 넓을수록, 접촉압력이 클수록 정전기 발생량이 많다.

정답 68. ①　69. ③　70. ③　71. ②　72. ②

73. 어떤 부도체에서 정전용량이 10pF이고, 전압이 5kV일 때 전하량(C)은?

① 9×10^{-12} ② 6×10^{-10}
③ 5×10^{-8} ④ 2×10^{-6}

해설 전하량 $Q=CV=(10\times10^{-12})\times5000$
$=5\times10^{-8}C$
여기서, C : 정전용량(F), V : 전압(V)

74. KS C IEC 60079-0에 따른 방폭에 대한 설명으로 틀린 것은?

① 기호 "X"는 방폭기기의 특정 사용조건을 나타내는데 사용되는 인증번호의 접미사이다.
② 인화하한(LFL)과 인화상한(UFL) 사이의 범위가 클수록 폭발성 가스분위기 형성 가능성이 크다.
③ 기기그룹에 따라 폭발성 가스를 분류할 때 ⅡA의 대표 가스로 에틸렌이 있다.
④ 연면거리는 두 도전부 사이의 고체 절연물 표면을 따른 최단거리를 말한다.

해설 ③ ⅡA : 가스 · 증기 및 분진의 그룹

75. 다음 중 활선 근접작업 시의 안전조치로 적절하지 않은 것은?

① 근로자가 절연용 방호구의 설치 · 해체작업을 하는 경우에는 절연용 보호구를 착용하거나 활선작업용 기구 및 장치를 사용하도록 하여야 한다.
② 저압인 경우에는 해당 전기작업자가 절연용 보호구를 착용하되, 충전전로에 접촉할 우려가 없는 경우에는 절연용 방호구를 설치하지 아니할 수 있다.
③ 유자격자가 아닌 근로자가 근로자의 몸 또는 긴 도전성 물체가 방호되지 않은 충전전로에서 대지전압이 50kV 이하인 경우에는 400cm 이내로 접근할 수 없도록 하여야 한다.
④ 고압 및 특별고압의 전로에서 전기작업을 하는 근로자에게 활선작업용 기구 및 장치를 사용하여야 한다.

해설 ③ 유자격자가 아닌 근로자는 300cm 이내로 접근할 수 없도록 하여야 한다.

76. 다음 중 밸브 저항형 피뢰기의 구성요소로 옳은 것은?

① 직렬 갭, 특성요소
② 병렬 갭, 특성요소
③ 직렬 갭, 충격요소
④ 병렬 갭, 충격요소

해설 피뢰기 구성요소
- 직렬 갭 : 정상 시에는 방전을 하지 않고 절연상태를 유지하며, 이상 과전압 발생 시에는 신속히 이상전압을 대지로 방전하고 속류를 차단하는 역할을 한다.
- 특성요소 : 뇌전류 방전 시 피뢰기 자신의 전위상승을 억제하여 자신의 절연파괴를 방지하는 역할을 한다.

77. 다음 중 정전기 제거방법으로 가장 거리가 먼 것은?

① 작업장 바닥을 도전처리한다.
② 설비의 도체 부분은 접지시킨다.
③ 작업자는 대전방지화를 신는다.
④ 작업장을 항온으로 유지한다.

해설 ④ 작업장 내의 온도를 낮게 해서 방전을 촉진시킨다.

78. 인체의 전기저항을 0.5kΩ이라고 하면 심실세동을 일으키는 위험한계에너지는 몇 J인가? (단, 심실세동전류값 $I=\frac{165}{\sqrt{T}}$[mA]의 Dalziel의 식을 이용하며, 통전시간은 1초로 한다.)

정답 73. ③ 74. ③ 75. ③ 76. ① 77. ④ 78. ①

① 13.6　　② 12.6
③ 11.6　　④ 10.6

해설 $Q=I^2RT=\left(\frac{165}{\sqrt{1}}\times 10^{-3}\right)^2\times 500\times 1$

$=165^2\times 10^{-6}\times 500=13.61\text{J}$

여기서, I : 전류, R : 저항, T : 시간

79. 다음 중 전기설비기술기준에 따른 전압의 구분으로 틀린 것은?

① 저압 : 직류 1kV 이하
② 고압 : 교류 1kV를 초과, 7kV 이하
③ 특고압 : 직류 7kV 초과
④ 특고압 : 교류 7kV 초과

해설 전압 분류

구분	저압(V)	고압(V)	특고압(V)
직류	1500 이하	1500 초과 7000 이하	7000 초과
교류	1000 이하	1000 초과 7000 이하	7000 초과

80. 가스그룹 ⅡB 지역에 설치된 내압 방폭구조 "d" 장비의 플랜지 개구부에서 장애물까지의 최소거리(mm)는?

① 10　　② 20
③ 30　　④ 40

해설 내압 방폭구조 플랜지 접합부와 장애물 간 최소거리

가스그룹	ⅡA	ⅡB	ⅡC
최소거리	10mm	30mm	40mm

5과목 화학설비 위험방지 기술

81. 다음 설명이 의미하는 것은?

> 온도, 압력 등 제어상태가 규정의 조건을 벗어나는 것에 의해 반응속도가 지수함수적으로 증대되고, 반응 용기 내의 온도, 압력이 급격하게 이상 상승되어 규정 조건을 벗어나고, 반응이 과격화되는 현상

① 비등　　② 과열 · 과압
③ 폭발　　④ 반응폭주

해설 화학반응에서의 반응폭주에 대한 설명이다.

82. 다음 중 전기화재의 종류에 해당하는 것은?

① A급　② B급　③ C급　④ D급

해설 C급(전기화재) : 구분색은 청색, CO_2, 분말, 할로겐화 소화

83. 다음 중 폭발범위에 관한 설명으로 틀린 것은?

① 상한값과 하한값이 존재한다.
② 온도에는 비례하지만 압력과는 무관하다.
③ 가연성 가스의 종류에 따라 각각 다른 값을 갖는다.
④ 공기와 혼합된 가연성 가스의 체적농도로 나타낸다.

해설 폭발한계에 영향을 주는 요인

- 온도 : 온도의 상승과 함께 폭발하한은 감소하며, 폭발상한은 증가한다.
- 압력 : 가스압력이 높아질수록 폭발상한값이 현저히 증가한다(하한은 변화가 없음).
- 산소 : 산소의 농도가 증가하면 폭발상한값은 현저히 증가한다(하한은 변화가 없음).

정답 79. ① 80. ③ 81. ④ 82. ③ 83. ②

84. 다음 [표]와 같은 혼합가스의 폭발범위(vol%)로 옳은 것은?

종류	용적비율 (vol%)	폭발하한계 (vol%)	폭발상한계 (vol%)
CH_4	70	5	15
C_2H_6	15	3	12.5
C_3H_8	5	2.1	9.5
C_4H_{10}	10	1.9	8.5

① 3.75~13.21　② 4.27~14.14
③ 4.33~15.22　④ 3.75~15.22

해설 혼합가스 폭발범위

㉠ 하한$(L)=\dfrac{100}{\dfrac{V_1}{L_1}+\dfrac{V_2}{L_2}+\dfrac{V_3}{L_3}+\dfrac{V_4}{L_4}}$

$=\dfrac{100}{\dfrac{70}{5}+\dfrac{15}{3}+\dfrac{5}{2.1}+\dfrac{10}{1.9}}=3.75\,\text{vol\%}$

㉡ 상한$(L)=\dfrac{100}{\dfrac{V_1}{L_1}+\dfrac{V_2}{L_2}+\dfrac{V_3}{L_3}+\dfrac{V_4}{L_4}}$

$=\dfrac{100}{\dfrac{70}{15}+\dfrac{15}{12.5}+\dfrac{5}{9.5}+\dfrac{10}{8.5}}=13.21\,\text{vol\%}$

85. 위험물을 저장 · 취급하는 화학설비 및 그 부속설비를 설치할 때 "단위공정시설 및 설비로부터 다른 단위공정시설 및 설비의 사이"의 안전거리는 설비의 바깥면으로부터 몇 m 이상이 되어야 하는가?

① 5　② 10　③ 15　④ 20

해설 단위공정시설 및 설비로부터 다른 단위공정시설 및 설비의 사이의 바깥면으로부터 10m 이상

86. 열교환기의 열교환 능률을 향상시키기 위한 방법으로 거리가 먼 것은?

① 유체의 유속을 적절하게 조절한다.
② 유체의 흐르는 방향을 병류로 한다.
③ 열교환기 입구와 출구의 온도차를 크게 한다.
④ 열전도율이 좋은 재료를 사용한다.

해설 ② 유체의 흐르는 방향이 서로 반대인 향류로 한다.

87. 다음 중 인화성 물질이 아닌 것은?

① 디에틸에테르　② 아세톤
③ 에틸알코올　④ 과염소산칼륨

해설 ④는 제1류(산화성 고체)

88. 산업안전보건법령상 위험물질의 종류에서 "폭발성 물질 및 유기과산화물"에 해당하는 것은?

① 리튬　② 아조 화합물
③ 아세틸렌　④ 셀룰로이드류

해설 폭발성 물질 및 유기과산화물

- 질산에스테르류
- 하이드라진 유도체
- 니트로 화합물
- 니트로소 화합물
- 아조 화합물
- 디아조 화합물
- 유기과산화합물(과초산, 과산화벤조일 등)

89. 건축물 공사에 사용되고 있으나, 불에 타는 성질이 있어서 화재 시 유독한 시안화수소 가스가 발생되는 물질은?

① 염화비닐　② 염화에틸렌
③ 메타크릴산메틸　④ 우레탄

해설 우레탄 : 건축물 강당 바닥공사에서 사용되고 있으나, 불에 타는 성질이 있어서 화재 시 유독한 시안화수소 가스가 발생한다.

90. 반응기를 설계할 때 고려하여야 할 요인으로 가장 거리가 먼 것은?

정답 84. ①　85. ②　86. ②　87. ④　88. ②　89. ④　90. ④

① 부식성 ② 상의 형태
③ 온도범위 ④ 중간 생성물의 유무

해설 반응기의 설계 시 고려하여야 할 사항
- 부식성
- 상의 형태
- 온도범위
- 운전압력
- 체류시간 또는 공간속도

91. 에틸알코올 1몰이 완전 연소 시 생성되는 CO_2와 H_2O의 몰수로 옳은 것은?

① CO_2 : 1, H_2O : 4
② CO_2 : 2, H_2O : 3
③ CO_2 : 3, H_2O : 2
④ CO_2 : 4, H_2O : 1

해설 에틸알코올(C_2H_5OH) 완전 연소
$C_2H_5OH+3O_2 \rightarrow 2CO_2+3H_2O$

92. 산업안전보건법령상 각 물질이 해당하는 위험물질의 종류를 옳게 연결한 것은?

① 아세트산(농도 90%)－부식성 산류
② 아세톤(농도 90%)－부식성 염기류
③ 이황화탄소－인화성 가스
④ 수산화칼륨－인화성 가스

해설 ② 아세톤(농도 90%)－인화성 액체
③ 이황화탄소－인화성 액체
④ 수산화칼륨－부식성 염기류

93. 물과의 반응으로 유독한 포스핀 가스를 발생하는 것은?

① HCl ② NaCl ③ Ca_3P_2 ④ $Al(OH)_3$

해설 $Ca_3P_2+6H_2O \rightarrow 3Ca(OH)_2+2PH_3$
(인화칼슘＋물 → 수산화칼슘＋포스핀)

94. 분진폭발의 요인을 물리적 인자와 화학적 인자로 분류할 때 화학적 인자에 해당하는 것은?

① 연소열 ② 입도분포
③ 열전도율 ④ 입자의 형상

해설 열전도율, 입도분포, 입자의 형상 등은 물리적 인자이며, 연소열은 화학적 인자이다.

95. 메탄올에 관한 설명으로 틀린 것은?

① 무색 투명한 액체이다.
② 비중은 1보다 크고, 증기는 공기보다 가볍다.
③ 금속나트륨과 반응하여 수소를 발생한다.
④ 물에 잘 녹는다.

해설 ② 비중은 0.79이며, 증기는 공기보다 가볍다.

96. 다음 중 자연발화가 쉽게 일어나는 조건으로 틀린 것은?

① 주위온도가 높을수록
② 열축적이 클수록
③ 적당량의 수분이 존재할 때
④ 표면적이 작을수록

해설 입자의 표면적이 클수록 산소와 접촉면이 넓어져 타기가 쉽다.

97. 다음 중 인화점이 가장 낮은 것은?

① 벤젠 ② 메탄올
③ 이황화탄소 ④ 경유

해설 인화성 액체의 인화점(℃)

물질명	인화점	물질명	인화점
가솔린	－43	테레빈유	35
벤젠	－11	메탄올	11
등유	30～60	에틸에테르	－45
경유	40～85	이황화탄소	－20
아세톤	－18	산화에틸렌	－17.8
크실렌	27	에틸알코올	13

정답 91. ② 92. ① 93. ③ 94. ① 95. ② 96. ④ 97. ③

98. 자연발화성을 가진 물질이 자연발화를 일으키는 원인으로 거리가 먼 것은?

① 분해열 ② 증발열
③ 산화열 ④ 중합열

해설 자연발화 구분
- 산화열에 의한 발화
- 분해열에 의한 발화
- 미생물에 의한 발화
- 중합열에 의한 발화
- 흡착열에 의한 발화

99. 비점이 낮은 가연성 액체 저장탱크 주위에 화재가 발생했을 때 저장탱크 내부의 비등 현상으로 인한 압력상승으로 탱크가 파열되어 그 내용물이 증발, 팽창하면서 발생되는 폭발 현상은?

① back draft ② BLEVE
③ flash over ④ UVCE

해설 블래비(BLEVE) 현상 : 비등액체 팽창증기폭발

100. 사업주는 산업안전보건법령에서 정한 설비에 대해서는 과압에 따른 폭발을 방지하기 위하여 안전밸브 등을 설치하여야 한다. 다음 중 이에 해당하는 설비가 아닌 것은?

① 원심펌프
② 정변위 압축기
③ 정변위 펌프(토출축에 차단밸브가 설치된 것만 해당한다)
④ 배관(2개 이상의 밸브에 의하여 차단되어 대기온도에서 액체의 열팽창에 의하여 파열될 우려가 있는 것으로 한정한다)

해설 ②, ③, ④는 안전밸브 등을 설치하는 화학설비 및 그 부속설비

Tip) 원심펌프에는 안전밸브를 설치하지 않는다.

6과목 건설안전기술

101. 유해 · 위험방지 계획서 제출 시 첨부서류로 옳지 않은 것은?

① 공사현장의 주변 현황 및 주변과의 관계를 나타내는 도면
② 공사개요서
③ 전체 공정표
④ 작업인부의 배치를 나타내는 도면 및 서류

해설 유해 · 위험방지 계획서의 첨부서류
- 공사개요서
- 전체 공정표
- 안전관리조직표
- 산업안전보건관리비 사용계획
- 재해발생 위험 시 연락 및 대피방법
- 건설물, 사용기계설비 등의 배치를 나타내는 도면
- 공사현장의 주변 현황 및 주변과의 관계를 나타내는 도면(매설물 현황을 포함)

102. 거푸집 해체작업 시 유의사항으로 옳지 않은 것은?

① 일반적으로 수평부재의 거푸집은 연직부재의 거푸집보다 빨리 떼어낸다.
② 해체된 거푸집이나 각목 등에 박혀 있는 못 또는 날카로운 돌출물은 즉시 제거하여야 한다.
③ 상하 동시 작업은 원칙적으로 금지하여 부득이한 경우에는 긴밀히 연락을 취하며 작업을 하여야 한다.
④ 거푸집 해체 작업장 주위에는 관계자를 제외하고는 출입을 금지시켜야 한다.

해설 ① 일반적으로 연직부재의 거푸집은 수평부재의 거푸집보다 빨리 떼어낸다.

정답 98. ② 99. ② 100. ① 101. ④ 102. ①

103. 사다리식 통로 등을 설치하는 경우 통로 구조로서 옳지 않은 것은?

① 발판의 간격은 일정하게 한다.
② 발판과 벽과의 사이는 15cm 이상의 간격을 유지한다.
③ 사다리의 상단은 걸쳐 놓은 지점으로부터 60cm 이상 올라가도록 한다.
④ 폭은 40cm 이상으로 한다.

해설 ④ 사다리식 통로의 폭은 30cm 이상으로 한다.

104. 추락재해 방지설비 중 근로자의 추락재해를 방지할 수 있는 설비로 작업발판 설치가 곤란한 경우에 필요한 설비는?

① 경사로
② 추락방호망
③ 고정사다리
④ 달비계

해설 방지설비 중 작업발판 및 통로의 끝이나 개구부로서 근로자가 추락할 위험이 있는 장소에 난간, 울타리 등의 설치가 매우 곤란한 경우 추락방호망 등의 안전조치를 충분히 하여야 한다.

105. 콘크리트 타설작업을 하는 경우에 준수해야 할 사항으로 옳지 않은 것은?

① 당일의 작업을 시작하기 전에 해당 작업에 관한 거푸집 동바리 등의 변형 · 변위 및 지반의 침하 유무 등을 점검하고 이상이 있으면 보수한다.
② 작업 중에는 거푸집 동바리 등의 변형 · 변위 및 침하 유무 등을 감시할 수 있는 감시자를 배치하여 이상이 있으면 작업을 빠른 시간 내 우선 완료하고 근로자를 대피시킨다.
③ 콘크리트 타설작업 시 거푸집 붕괴의 위험이 발생할 우려가 있으면 충분한 보강조치를 한다.
④ 콘크리트를 타설하는 경우에는 편심이 발생하지 않도록 골고루 분산하여 타설한다.

해설 ② 작업 중에는 거푸집 동바리 등의 변형 · 변위 및 침하 유무 등을 감시할 수 있는 감시자를 배치하여 이상이 있으면 작업을 중지하고 근로자를 대피시킬 것

106. 작업장 출입구 설치 시 준수해야 할 사항으로 옳지 않은 것은?

① 출입구의 위치 · 수 및 크기가 작업장의 용도와 특성에 맞도록 한다.
② 출입구에 문을 설치하는 경우에는 근로자가 쉽게 열고 닫을 수 있도록 한다.
③ 주된 목적이 하역운반기계용인 출입구에는 보행자용 출입구를 따로 설치하지 않는다.
④ 계단이 출입구와 바로 연결된 경우에는 작업자의 안전한 통행을 위하여 그 사이에 1.2m 이상 거리를 두거나 안내표지 또는 비상벨 등을 설치한다.

해설 ③ 주된 목적이 하역운반기계용인 출입구에는 바로 옆에 보행자용 출입구를 따로 설치할 것

107. 건설 작업장에서 근로자가 상시 작업하는 장소의 작업면 조도기준으로 옳지 않은 것은? (단, 갱내 작업장과 감광재료를 취급하는 작업장의 경우는 제외)

① 초정밀 작업 : 600럭스(lux) 이상
② 정밀작업 : 300럭스(lux) 이상
③ 보통작업 : 150럭스(lux) 이상
④ 초정밀, 정밀, 보통작업을 제외한 기타작업 : 75럭스(lux) 이상

해설 ① 초정밀 작업 : 750럭스(lux) 이상

정답 103. ④ 104. ② 105. ② 106. ③ 107. ①

108. **건설업 산업안전보건관리비 계상 및 사용기준에 따른 안전관리비의 개인보호구 및 안전장구 구입비 항목에서 안전관리비로 사용이 가능한 경우는?**

① 안전 · 보건관리자가 선임되지 않은 현장에서 안전 · 보건업무를 담당하는 현장관계자용 무전기, 카메라, 컴퓨터, 프린터 등 업무용 기기
② 혹한 · 혹서에 장기간 노출로 인해 건강장해를 일으킬 우려가 있는 경우 특정 근로자에게 지급되는 기능성 보호장구
③ 근로자에게 일률적으로 지급하는 보냉 · 보온장구
④ 감리원이나 외부에서 방문하는 인사에게 지급하는 보호구

해설 • 안전관리비로 사용 가능한 장구는 혹한 · 혹서에 장기간 노출로 인해 건강장해를 일으킬 우려가 있는 경우 특정 근로자에게 지급하는 기능성 보호장구이다.
• 안전관리비로 사용할 수 없는 장구는 다음과 같다.
㉠ 근로자 보호 목적으로 보기 어려운 피복, 장구, 용품 등 작업복, 방한복, 면장갑, 코팅장갑 등
㉡ 근로자에게 일률적으로 지급하는 보냉 · 보온장구(핫팩, 장갑, 아이스조끼, 아이스팩 등을 말한다) 구입비

109. **옥외에 설치되어 있는 주행크레인에 대하여 이탈방지장치를 작동시키는 등 그 이탈을 방지하기 위한 조치를 하여야 하는 순간풍속에 대한 기준으로 옳은 것은?**

① 순간풍속이 초당 10m를 초과하는 바람이 불어올 우려가 있는 경우
② 순간풍속이 초당 20m를 초과하는 바람이 불어올 우려가 있는 경우
③ 순간풍속이 초당 30m를 초과하는 바람이 불어올 우려가 있는 경우
④ 순간풍속이 초당 40m를 초과하는 바람이 불어올 우려가 있는 경우

해설 타워크레인 풍속에 따른 안전기준
• 순간풍속이 초당 10m 초과 : 타워크레인의 수리 · 점검 · 해체작업 중지
• 순간풍속이 초당 15m 초과 : 타워크레인의 운전작업 중지
• 순간풍속이 초당 30m 초과 : 타워크레인의 이탈방지 조치
• 순간풍속이 초당 35m 초과 : 승강기가 붕괴되는 것을 방지 조치

110. **지반 등의 굴착작업 시 연암의 굴착면 기울기로 옳은 것은?**

① 1 : 0.3 ② 1 : 0.5
③ 1 : 0.8 ④ 1 : 1.0

해설 굴착면의 기울기 기준

구분	지반 종류	기울기
보통 흙	습지	1 : 1~1 : 1.5
	건지	1 : 0.5~1 : 1
암반	풍화암	1 : 1.0
	연암	1 : 1.0
	경암	1 : 0.5

111. **철골작업 시 철골부재에서 근로자가 수직 방향으로 이동하는 경우에 설치하여야 하는 고정된 승강로의 최대 답단 간격은 얼마 이내인가?**

① 20cm ② 25cm
③ 30cm ④ 40cm

해설 고정된 승강로의 답단 간격은 30cm 이내로 하여야 한다.

정답 108. ② 109. ③ 110. ④ 111. ③

112. **흙막이벽의 근입깊이를 깊게 하고, 전면의 굴착 부분을 남겨두어 흙의 중량으로 대항하게 하거나, 굴착예정 부분의 일부를 미리 굴착하여 기초 콘크리트를 타설하는 등의 대책과 가장 관계가 깊은 것은?**

① 파이핑 현상이 있을 때
② 히빙 현상이 있을 때
③ 지하수위가 높을 때
④ 굴착깊이가 깊을 때

해설 히빙 현상 : 굴착작업 시 흙막이 밖에 있는 흙이 안으로 밀려 들어와 솟아오르는 현상

113. **재해사고를 방지하기 위하여 크레인에 설치된 방호장치로 옳지 않은 것은?**

① 공기정화장치 ② 비상정지장치
③ 제동장치 ④ 권과방지장치

해설 공기정화장치는 공기 속의 먼지나 세균 따위를 깨끗하게 걸러내는 장치이다.

114. **가설 구조물의 문제점으로 옳지 않은 것은?**

① 도괴재해의 가능성이 크다.
② 추락재해의 가능성이 크다.
③ 부재의 결합이 간단하나 연결부가 견고하다.
④ 구조물이라는 통상의 개념이 확고하지 않으며 조립의 정밀도가 낮다.

해설 ③ 부재가 적은 구조가 되기 쉬우며, 부재의 과소 단면, 결함재료를 사용하기 쉽다.

115. **강관틀비계를 조립하여 사용하는 경우 준수해야 할 기준으로 옳지 않은 것은?**

① 수직 방향으로 6m, 수평 방향으로 8m 이내마다 벽이음을 할 것
② 높이가 20m를 초과하거나 중량물의 적재를 수반하는 작업을 할 경우에는 주틀 간의 간격을 2.4m 이하로 할 것
③ 길이가 띠장 방향으로 4m 이하이고 높이가 10m를 초과하는 경우에는 10m 이내마다 띠장 방향으로 버팀기둥을 설치할 것
④ 주틀 간에 교차가새를 설치하고 최상층 및 5층 이내마다 수평재를 설치할 것

해설 ② 높이 20m를 초과하거나 중량물의 적재를 수반하는 작업을 할 경우에는 주틀 간의 간격을 1.8m 이하로 할 것

116. **비계의 높이가 2m 이상인 작업장소에 작업발판을 설치할 경우 준수하여야 할 기준으로 옳지 않은 것은?**

① 작업발판의 폭은 30cm 이상으로 한다.
② 발판재료 간의 틈은 3cm 이하로 한다.
③ 추락의 위험성이 있는 장소에는 안전난간을 설치한다.
④ 발판재료는 뒤집히거나 떨어지지 않도록 2개 이상의 지지물에 연결하거나 고정시킨다.

해설 ① 작업발판의 폭은 40cm 이상으로 한다.

117. **사면지반 개량공법으로 옳지 않은 것은?**

① 전기 화학적 공법
② 석회 안정처리 공법
③ 이온 교환 방법
④ 옹벽공법

해설 ④는 사면 보강공법,
①, ②, ③은 사면지반 개량공법

118. **법면붕괴에 의한 재해예방 조치로서 옳은 것은?**

정답 112. ② 113. ① 114. ③ 115. ② 116. ① 117. ④ 118. ①

① 지표수와 지하수의 침투를 방지한다.
② 법면의 경사를 증가한다.
③ 절토 및 성토높이를 증가한다.
④ 토질의 상태에 관계없이 구배조건을 일정하게 한다.

해설 토사붕괴의 원인
- 토사붕괴의 외적 요인
  ㉠ 사면, 법면의 경사 및 기울기의 증가
  ㉡ 절토 및 성토 높이의 증가
  ㉢ 공사에 의한 진동 및 반복하중의 증가
  ㉣ 지표수 및 지하수의 침투에 의한 토사 중량의 증가
  ㉤ 지진, 차량, 구조물의 하중 작용
  ㉥ 토사 및 암석의 혼합층 두께
- 토사붕괴의 내적 요인
  ㉠ 절토사면의 토질 · 암질
  ㉡ 성토사면의 토질구성과 분포
  ㉢ 토석의 강도 저하

119. 다음 중 취급 · 운반의 원칙으로 옳지 않은 것은?

① 운반작업을 집중하여 시킬 것
② 생산을 최고로 하는 운반을 생각할 것
③ 곡선운반을 할 것
④ 연속운반을 할 것

해설 ③ 직선운반을 할 것

120. 다음 중 가설통로의 설치기준으로 옳지 않은 것은?

① 경사가 15°를 초과하는 때에는 미끄러지지 않는 구조로 한다.
② 건설공사에 사용하는 높이 8m 이상인 비계다리에는 7m 이내마다 계단참을 설치한다.
③ 수직갱에 가설된 통로의 길이가 15m 이상일 경우에는 15m 이내마다 계단참을 설치한다.
④ 추락의 위험이 있는 장소에는 안전난간을 설치한다.

해설 가설통로의 설치에 관한 기준
- 견고한 구조로 할 것
- 경사각은 30° 이하로 할 것
- 경사로 폭은 90cm 이상으로 할 것
- 경사각이 15°를 초과하는 경우에는 미끄러지지 아니하는 구조로 할 것
- 높이 8m 이상인 다리에는 7m 이내마다 계단참을 설치할 것
- 수직갱에 가설된 통로길이가 15m 이상인 경우에는 10m 이내마다 계단참을 설치할 것

정답 119. ③ 120. ③

2022년도(2회차) 출제문제

산업안전기사

1과목 안전관리론

1. 매슬로우(Maslow)의 인간의 욕구단계 중 5번째 단계에 속하는 것은?

① 안전욕구
② 존경의 욕구
③ 사회적 욕구
④ 자아실현의 욕구

해설 매슬로우(Maslow)가 제창한 인간의 욕구 5단계

1단계	2단계	3단계	4단계	5단계
생리적 욕구	안전 욕구	사회적 욕구	존경의 욕구	자아실현의 욕구

2. A사업장의 현황이 다음과 같을 때 이 사업장의 강도율은?

> • 근로자 수 : 500명
> • 연근로시간 수 : 2400시간
> • 신체장해등급
>   – 2급 : 3명
>   – 10급 : 5명
> • 의사 진단에 의한 휴업일수 : 1500일

① 0.22 ② 2.22 ③ 22.28 ④ 222.88

해설 $강도율 = \frac{근로손실일수}{근로\ 총\ 시간\ 수} \times 1000$

$$= \frac{(3 \times 7500) + (5 \times 600) + \left(1500 \times \frac{300}{365}\right)}{500 \times 2400} \times 1000 ≒ 22.28$$

3. 보호구 자율안전확인 고시상 자율안전확인 보호구에 표시하여야 하는 사항을 모두 고른 것은?

> ㉠ 모델명
> ㉡ 제조번호
> ㉢ 사용기한
> ㉣ 자율안전확인 번호

① ㉠, ㉡, ㉢ ② ㉠, ㉡, ㉣
③ ㉠, ㉢, ㉣ ④ ㉡, ㉢, ㉣

해설 보호구 자율안전확인 제품에 표시하여야 하는 사항 : 제조자명, 자율안전확인의 표시, 제조번호 및 제조연월, 형식(모델명)과 규격 등

4. 학습지도의 형태 중 참가자에게 일정한 역할을 주어 실제적으로 연기를 시켜봄으로써 자기의 역할을 보다 확실히 인식시키는 방법은?

① 포럼(forum)
② 심포지엄(symposium)
③ 롤 플레잉(role playing)
④ 사례연구법(case study method)

해설 롤 플레잉(역할연기) : 참가자에게 역할을 주어 실제 연기를 시킴으로써 본인의 역할을 인식하게 하는 방법이다.

5. 보호구 안전인증 고시상 전로 또는 평로 등의 작업 시 사용하는 방열두건의 차광도 번호는?

정답 1. ④ 2. ③ 3. ② 4. ③ 5. ②

① #2~#3 ② #3~#5
③ #6~#8 ④ #9~#11

해설 차광도 번호
- 전로, 평로의 작업 시 차광도 번호는 #3~#5이다.
- 납땜작업 시 차광도 번호는 #2~#4이다.
- 아크 용접작업 시 차광도 번호는 #6~#13이다.

6. 산업재해의 분석 및 평가를 위하여 재해발생 건수 등의 추이에 대해 한계선을 설정하여 목표 관리를 수행하는 재해통계 분석 기법은?

① 관리도 ② 안전 T점수
③ 파레토도 ④ 특성요인도

해설 관리도 : 재해발생 건수 등을 시간에 따라 대략적인 파악에 사용한다.

7. 산업안전보건법령상 안전보건관리규정 작성 시 포함되어야 하는 사항을 모두 고른 것은? (단, 그 밖에 안전 및 보건에 관한 사항은 제외한다.)

> ㉠ 안전보건교육에 관한 사항
> ㉡ 재해사례 연구 · 토의 결과에 관한 사항
> ㉢ 사고조사 및 대책 수립에 관한 사항
> ㉣ 작업장의 안전 및 보건관리에 관한 사항
> ㉤ 안전 및 보건에 관한 관리조직과 그 직무에 관한 사항

① ㉠, ㉡, ㉢, ㉣
② ㉠, ㉡, ㉣, ㉤
③ ㉠, ㉢, ㉣, ㉤
④ ㉡, ㉢, ㉣, ㉤

해설 안전보건관리규정에 포함되어야 할 사항
- 안전 · 보건관리조직과 그 직무에 관한 사항
- 안전 · 보건교육에 관한 사항
- 작업장 안전관리에 관한 사항
- 작업장 보건관리에 관한 사항
- 위험성 평가에 관한 사항
- 사고조사 및 대책 수립에 관한 사항
- 그 밖의 안전 · 보건에 관한 사항

8. 억측판단이 발생하는 배경으로 볼 수 없는 것은?

① 정보가 불확실할 때
② 타인의 의견에 동조할 때
③ 희망적인 관측이 있을 때
④ 과거에 성공한 경험이 있을 때

해설 억측판단 : 규정과 원칙대로 행동하지 않고 과거 경험을 예측하여 바뀔 것을 예상하고 행동하다 사고가 발생, 건널목 사고 등

9. 하인리히의 사고예방원리 5단계 중 교육 및 훈련의 개선, 인사조정, 안전관리규정 및 수칙의 개선 등을 행하는 단계는?

① 사실의 발견 ② 분석 평가
③ 시정방법의 선정 ④ 시정책의 적용

해설 하인리히의 사고방지 5단계 중 시정방법의 선정 단계 조치
- 인사조정
- 안전행정의 개선
- 교육 및 훈련의 개선

10. 재해예방의 4원칙에 대한 설명으로 틀린 것은?

① 재해발생은 반드시 원인이 있다.
② 손실과 사고와의 관계는 필연적이다.
③ 재해는 원인을 제거하면 예방이 가능하다.
④ 재해를 예방하기 위한 대책은 반드시 존재한다.

정답 6. ① 7. ③ 8. ② 9. ③ 10. ②

해설 하인리히 산업재해예방의 4원칙
- 손실우연의 원칙 : 사고의 결과 손실 유무 또는 대소는 사고 당시 조건에 따라 우연적으로 발생한다.
- 원인계기(연계)의 원칙 : 재해발생은 반드시 원인이 있다.
- 예방가능의 원칙 : 재해는 원칙적으로 원인만 제거하면 예방이 가능하다.
- 대책선정의 원칙 : 재해예방을 위한 가능한 안전 대책은 반드시 존재한다.

11. 산업안전보건법령상 안전보건진단을 받아 안전보건개선계획의 수립 및 명령을 할 수 있는 대상이 아닌 것은?

① 유해인자의 노출기준을 초과한 사업장
② 산업재해율이 같은 업종 평균 산업재해율의 2배 이상인 사업장
③ 사업주가 필요한 안전조치 또는 보건조치를 이행하지 아니하여 중대 재해가 발생한 사업장
④ 상시근로자 1천 명 이상인 사업장에서 직업성 질병자가 연간 2명 이상 발생한 사업장

해설 안전보건개선계획의 수립 및 시행을 명할 수 있는 사업장
- 사업주가 안전 · 보건조치의무를 이행하지 아니하여 발생한 중대 재해 사업장
- 산업재해율이 같은 업종 평균 산업재해율의 2배 이상인 사업장
- 직업성 질병자가 연간 2명 이상 발생한 사업장
- 작업환경 불량, 화재 · 폭발 또는 누출사고 등으로 사회적 물의를 일으킨 사업장
- 산업안전보건법 제106조에 따른 유해인자 노출기준을 초과한 사업장

12. 버드(Bird)의 재해분포에 따르면 20건의 경상(물적, 인적상해)사고가 발생했을 때 무상해 · 무사고(위험 순간) 고장발생 건수는?

① 200　　② 600
③ 1200　　④ 12000

해설 1282건의 사고를 분석하면 중상 2건, 경상 20건, 무상해 물적손실 사고 60건, 무상해, 무손실 사고 1200건이다.

버드 이론(법칙)	1 : 10 : 30 : 600
$X \times 2$	2 : 20 : 60 : 1200

13. 산업안전보건법령상 거푸집 동바리의 조립 또는 해체작업 시 특별교육내용이 아닌 것은? (단, 그 밖에 안전 · 보건관리에 필요한 사항은 제외한다.)

① 비계의 조립 순서 및 방법에 관한 사항
② 조립 해체 시의 사고예방에 관한 사항
③ 동바리의 조립방법 및 작업 절차에 관한 사항
④ 조립재료의 취급방법 및 설치기준에 관한 사항

해설 ①은 TWI 교육내용 중 작업방법훈련(Job Method Training ; JMT) : 작업방법 개선과 관련이 있다.

14. 산업안전보건법령상 다음의 안전보건표지 중 기본모형이 다른 것은?

① 위험장소 경고
② 레이저 광선 경고
③ 방사성물질 경고
④ 부식성물질 경고

해설 물질 경고표지의 종류

위험장소	레이저	방사성	부식성

정답 11. ④　12. ③　13. ①　14. ④

15. 학습 정도(level of learning)의 4단계를 순서대로 나열한 것은?

① 인지 → 이해 → 지각 → 적용
② 인지 → 지각 → 이해 → 적용
③ 지각 → 이해 → 인지 → 적용
④ 지각 → 인지 → 이해 → 적용

해설 학습의 정도 4단계

1단계	2단계	3단계	4단계
인지 : 인지해야 한다.	지각 : 알아야 한다.	이해 : 이해해야 한다.	적용 : 적용할 수 있다.

16. 기업 내 정형교육 중 TWI(training within industry)의 교육내용이 아닌 것은?

① Job Method Training
② Job Relation Training
③ Job Instruction Training
④ Job Standardization Training

해설 TWI 교육내용 4가지

- 작업방법훈련(Job Method Training ; JMT) : 작업방법 개선
- 작업지도훈련(Job Instruction Training ; JIT) : 작업지시
- 인간관계훈련(Job Relations Training ; JRT) : 부하직원 리드
- 작업안전훈련(Job Safety Training ; JST) : 안전한 작업

17. 레빈(Lewin)의 법칙 $B=f(P \cdot E)$ 중 B가 의미하는 것은?

① 행동 ② 경험
③ 환경 ④ 인간관계

해설 인간의 행동은 $B=f(P \cdot E)$의 상호 함수관계에 있다.

18. 재해원인을 직접원인과 간접원인으로 분류할 때 직접원인에 해당하는 것은?

① 물적 원인 ② 교육적 원인
③ 정신적 원인 ④ 관리적 원인

해설
- 직접원인 : 인적 원인(불안전한 행동), 물리적 원인(불안전한 상태)
- 간접원인 : 기술적, 교육적, 관리적, 신체적, 정신적 원인 등

19. 산업안전보건법령상 안전관리자의 업무가 아닌 것은? (단, 그 밖에 고용노동부장관이 정하는 사항은 제외한다.)

① 업무수행 내용의 기록
② 산업재해에 관한 통계의 유지 · 관리 · 분석을 위한 보좌 및 지도 · 조언
③ 안전교육계획의 수립 및 안전교육 실시에 관한 보좌 및 지도 · 조언
④ 작업장 내에서 사용되는 전체 환기장치 및 국소배기장치 등에 관한 설비의 점검

해설 안전관리자의 업무

- 산업안전보건위원회 또는 노사협의체에서 심의 · 의결한 업무와 사업장의 안전보건관리규정 및 취업규칙에서 정한 업무
- 위험성 평가에 관한 보좌 및 지도 · 조언
- 안전인증대상 기계 · 기구 등의 자율안전확인대상 기계 · 기구 등 구입 시 적격품의 선정에 관한 보좌 및 지도 · 조언
- 사업장의 안전교육계획 수립 및 안전교육 실시에 관한 보좌 및 지도 · 조언
- 사업장의 순회점검 지도 및 조치의 건의
- 산업재해 발생의 원인조사 · 분석 및 재발 방지를 위한 기술적 보좌 및 지도 · 조언
- 산업재해에 관한 통계의 관리 · 유지 · 분석을 위한 보좌 및 지도 · 조언
- 법에 정한 안전에 관한 사항의 이행에 관한 보좌 및 지도 · 조언

정답 15. ② 16. ④ 17. ① 18. ① 19. ④

- 업무수행 내용의 기록 · 유지
- 그 밖에 안전에 관한 사항으로서 고용노동부장관이 정하는 사항

Tip) 국소배기장치 등에 관한 설비의 점검-안전검사대상 기계

20. 헤드십(headship)의 특성에 관한 설명으로 틀린 것은?

① 지휘형태는 권위주의적이다.
② 상사의 권한 근거는 비공식적이다.
③ 상사와 부하의 관계는 지배적이다.
④ 상사와 부하의 사회적 간격은 넓다.

해설 ②는 리더십의 특성

2과목 인간공학 및 시스템 안전공학

21. 위험분석 기법 중 시스템 수명주기 관점에서 적용 시점이 가장 빠른 것은?

① PHA ② FHA
③ OHA ④ SHA

해설 예비위험분석(PHA) : 모든 시스템 안전 프로그램 중 최초 단계의 분석으로 시스템 내의 위험요소가 얼마나 위험한 상태에 있는지를 정성적으로 평가하는 방법

22. 상황 해석을 잘못하거나 목표를 잘못 설정하여 발생하는 인간의 오류 유형은?

① 실수(slip) ② 착오(mistake)
③ 위반(violation) ④ 건망증(lapse)

해설 착오(mistake) : 상황 해석을 잘못하거나 목표를 착각하여 행하는 인간의 실수(순서, 패턴, 형상, 기억오류 등)

23. A작업의 평균 에너지 소비량이 다음과 같을 때, 60분간의 총 작업시간 내에 포함되어야 하는 휴식시간(분)은?

> • 휴식 중 에너지 소비량 : 1.5kcal/min
> • A작업 시 평균 에너지 소비량 : 6kcal/min
> • 기초대사를 포함한 작업에 대한 평균 에너지 소비량 상한 : 5kcal/min

① 10.3 ② 11.3
③ 12.3 ④ 13.3

해설 휴식시간$(R)=\dfrac{\text{작업시간}(E-5)}{E-1.5}$

$=\dfrac{60\times(6-5)}{6-1.5}=13.33$분

여기서, E : 작업 시 평균 에너지 소비량(kcal/min)
1.5 : 휴식시간 중 에너지 소비량(kcal/min)
4(5) : 보통작업에 대한 평균 에너지(kcal/min)

24. 시스템의 수명곡선(욕조곡선)에 있어서 디버깅(debugging)에 관한 설명으로 옳은 것은?

① 초기고장의 결함을 찾아 고장률을 안정시키는 과정이다.
② 우발고장의 결함을 찾아 고장률을 안정시키는 과정이다.
③ 마모고장의 결함을 찾아 고장률을 안정시키는 과정이다.
④ 기계 결함을 발견하기 위해 동작시험을 하는 기간이다.

해설 기계설비 고장 유형의 욕조곡선
- 마모고장 기간의 고장형태는 감소에서 일정시간 후 증가형이다.
- 디버깅(debugging) 기간은 초기고장의 고장률을 안정시키는 예방보존 기간이다.

정답 20. ② 21. ① 22. ② 23. ④ 24. ①

- 부식 또는 산화로 인하여 마모고장이 일어난다.
- 우발고장 기간은 고장률이 비교적 낮고 일정한 현상이 나타난다.

25. 밝은 곳에서 어두운 곳으로 갈 때 망막에 시홍이 형성되는 생리적 과정인 암조응이 발생하는데 이때 완전 암조응(dark adaptation)이 발생하는데 소요되는 시간은?

① 약 3~5분　② 약 10~15분
③ 약 30~40분　④ 약 60~90분

해설 암조응(암순응)
- 완전 암조응 소요시간 : 보통 30~40분 소요
- 완전 명조응 소요시간 : 보통 2~3분 소요

26. 인간공학에 대한 설명으로 틀린 것은?

① 인간-기계 시스템의 안전성, 편리성, 효율성을 높인다.
② 인간을 작업과 기계에 맞추는 설계 철학이 바탕이 된다.
③ 인간이 사용하는 물건, 설비, 환경의 설계에 적용된다.
④ 인간의 생리적, 심리적인 면에서의 특성이나 한계점을 고려한다.

해설 인간공학 : 기계 · 기구, 환경 등의 물적 조건을 인간의 목적과 특성에 잘 조화하도록 설계하기 위한 수단과 방법을 연구하는 학문

27. HAZOP 기법에서 사용하는 가이드 워드와 그 의미가 잘못 연결된 것은?

① part of : 성질상의 감소
② as well as : 성질상의 증가
③ other than : 기타 환경적인 요인
④ more/less : 정량적인 증가 또는 감소

해설 ③ other Than : 완전한 대체

28. 다음 그림과 같은 FT도에 대한 최소 컷셋(minimal cut sets)으로 옳은 것은? (단, Fussell의 알고리즘을 따른다.)

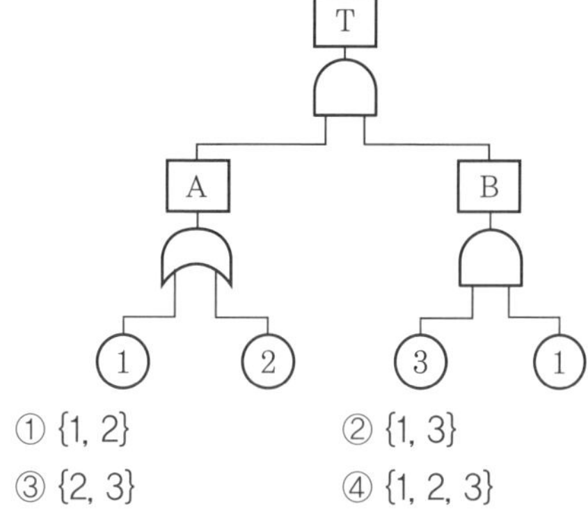

① {1, 2}　② {1, 3}
③ {2, 3}　④ {1, 2, 3}

해설 $T=AB=\begin{pmatrix}1\\2\end{pmatrix}(3\ 1)$

$=(1\ 3\ 1)(2\ 3\ 1)=(1\ 3)(1\ 2\ 3)$

㉠ 컷셋 : (1 3)(1 2 3)

㉡ 미니멀 컷셋 : (1 3)

29. 다음 중 경계 및 경보신호의 설계지침으로 틀린 것은?

① 주의를 환기시키기 위하여 변조된 신호를 사용한다.
② 배경소음의 진동수와 다른 진동수의 신호를 사용한다.
③ 귀는 중음역에 민감하므로 500~3000Hz의 진동수를 사용한다.
④ 300m 이상의 장거리용으로는 1000Hz를 초과하는 진동수를 사용한다.

해설 ④ 300m 이상 장거리용으로는 1000Hz 이하의 진동수를 사용하며, 고음은 멀리가지 못한다.

30. FTA(fault tree analysis)에서 사용되는 사상기호 중 통상의 작업이나 기계의 상태에서 재해의 발생 원인이 되는 요소가 있는 것을 나타내는 것은?

정답 25. ③　26. ②　27. ③　28. ②　29. ④　30. ④

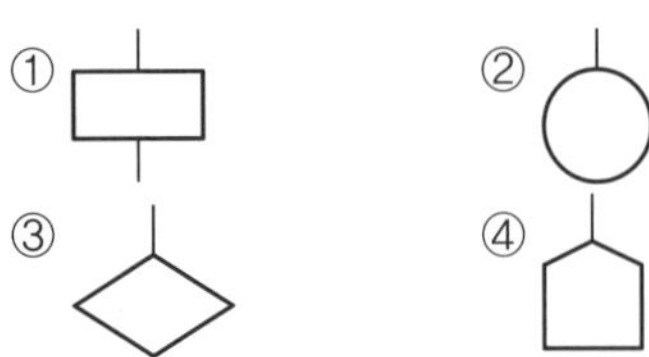

해설 FTA의 기호

기호	명칭	기호 설명
	생략사상	정보 부족, 해석기술의 불충분으로 더 이상 전개할 수 없는 사상
	결함사상	개별적인 결함사상(비정상적인 사건)
	통상사상	통상적으로 발생이 예상되는 사상(예상되는 원인)
	기본사상	더 이상 전개되지 않는 기본적인 사상

31. 불(Bool) 대수의 정리를 나타낸 관계식 중 틀린 것은?

① $A \cdot 0 = 0$
② $A + 1 = 1$
③ $A \cdot \overline{A} = 1$
④ $A(A+B) = A$

해설 보수법칙 : $A + \overline{A} = 1$, $A \cdot \overline{A} = 0$

32. 근골격계 질환 작업 분석 및 평가방법인 OWAS의 평가요소를 모두 고른 것은?

㉠ 상지	㉡ 무게(하중)
㉢ 하지	㉣ 허리

① ㉠, ㉡ ② ㉠, ㉢, ㉣
③ ㉡, ㉢, ㉣ ④ ㉠, ㉡, ㉢, ㉣

해설 OWAS의 평가요소는 상지(허리, 몸통), 목, 다리 등 현장에서 적용하기 쉬우나, 팔목, 손목 등에 정보가 미반영 되어 있다.

33. 다음 중 좌식작업이 가장 적합한 작업은?

① 정밀 조립작업
② 4.5kg 이상의 중량물을 다루는 작업
③ 작업장이 서로 떨어져 있으며 작업장 간 이동이 잦은 작업
④ 작업자의 정면에서 매우 높거나 낮은 곳으로 손을 자주 뻗어야 하는 작업

해설 ① 정밀한 작업이나 장기간 수행하여야 하는 작업은 좌식작업대가 바람직하다.

34. n개의 요소를 가진 병렬 시스템에 있어 요소의 수명(MTTF)이 지수분포를 따를 경우, 이 시스템의 수명으로 옳은 것은?

① $\text{MTTF} \times n$
② $\text{MTTF} \times \frac{1}{n}$
③ $\text{MTTF}\left(1 + \frac{1}{2} + \cdots + \frac{1}{n}\right)$
④ $\text{MTTF}\left(1 \times \frac{1}{2} \times \cdots \times \frac{1}{n}\right)$

해설 병렬계 $= \text{MTTF}\left(1 + \frac{1}{2} + \cdots + \frac{1}{n}\right)$

35. 인간-기계 시스템에 관한 설명으로 틀린 것은?

① 자동 시스템에서는 인간요소를 고려하여야 한다.
② 자동차 운전이나 전기 드릴작업은 반자동 시스템의 예시이다.
③ 자동 시스템에서 인간은 감시, 정비 유지, 프로그램 등의 작업을 담당한다.
④ 수동 시스템에서 기계는 동력원을 제공하고 인간의 통제하에서 제품을 생산한다.

해설 ④ 수동 시스템에서 인간은 동력원을 제공하고, 수공구를 사용하여 제품을 생산한다.

정답 31. ③ 32. ④ 33. ① 34. ③ 35. ④

36. 양식 양립성의 예시로 가장 적절한 것은?

① 자동차 설계 시 고도계 높낮이 표시
② 방사능 사업장에 방사능 폐기물 표시
③ 청각적 자극 제시와 이에 대한 음성응답
④ 자동차 설계 시 제어장치와 표시장치의 배열

해설 양식 양립성 : 소리로 제시된 정보는 소리로 반응하게 하는 것, 시각적으로 제시된 정보는 손으로 반응하게 하는 것

37. 다음에서 설명하는 용어는?

> 유해 · 위험요인을 파악하고 해당 유해 · 위험요인에 의한 부상 또는 질병의 발생 가능성(빈도)과 중대성(강도)을 추정 · 결정하고 감소 대책을 수립하여 실행하는 일련의 과정을 말한다.

① 위험성 결정
② 위험성 평가
③ 위험빈도 추정
④ 유해 · 위험요인 파악

해설 위험성 평가에 관한 설명이다.

38. 태양광선이 내리쬐는 옥외장소의 자연 습구온도 20℃, 흑구온도 18℃, 건구온도 30℃일 때 습구흑구 온도지수(WBGT)는?

① 20.6℃　　② 22.5℃
③ 25.0℃　　④ 28.5℃

해설 습구흑구 온도지수(WBGT)
$=0.7\times T_w+0.2\times T_g+0.1\times T_d$
$=0.7\times 20+0.2\times 18+0.1\times 30=20.6$℃
여기서, 태양광이 내리쬐는 옥외장소의 경우이며, T_w : 자연습구온도, T_g : 흑구온도, T_d : 건구온도

39. FTA(fault tree analysis)에 관한 설명으로 옳은 것은?

① 정성적 분석만 가능하다.
② 복잡하고 대형화된 시스템의 신뢰성 분석 및 안정성 분석에 이용되는 기법이다.
③ FT에 동일한 사건이 중복되어 나타나는 경우 상향식(bottom-up)으로 정상사건 t의 발생확률을 계산할 수 있다.
④ 기초사건과 생략사건의 확률 값이 주어지게 되더라도 정상사건의 최종적인 발생확률을 계산할 수 없다.

해설 FTA의 정의 : 특정한 사고에 대하여 사고의 원인이 되는 기기의 결함이나 작업자 오류 등을 연역적이며 정량적으로 평가하는 분석법으로 복잡하고, 대형화된 시스템의 신뢰성 분석에 적절하다.

40. 1sone에 관한 설명으로 (　　)에 알맞은 수치는?

> 1sone : (㉠)Hz, (㉡)dB의 음압수준을 가진 순음의 크기

① ㉠ : 1000, ㉡ : 1　　② ㉠ : 4000, ㉡ : 1
③ ㉠ : 1000, ㉡ : 40　　④ ㉠ : 4000, ㉡ : 40

해설 • 1000Hz에서 1dB=1phon이다.
• 1sone : 40dB의 1000Hz 음압수준을 가진 순음의 크기(=40phon)를 1sone이라 한다.

3과목 기계 위험방지 기술

41. 다음 중 와이어로프의 구성요소가 아닌 것은?

① 클립　　② 소선
③ 스트랜드　　④ 심강

정답 36. ③ 37. ② 38. ① 39. ② 40. ③ 41. ①

해설 와이어로프의 구성요소 : 소선(wire), 가닥(strand), 심강

42. 산업안전보건법령상 산업용 로봇에 의한 작업 시 안전조치사항으로 적절하지 않은 것은?

① 로봇의 운전으로 인해 근로자가 로봇에 부딪칠 위험이 있을 때에는 높이 1.8m 이상의 울타리를 설치하여야 한다.
② 작업을 하고 있는 동안 로봇의 기동 스위치 등은 작업에 종사하고 있는 근로자가 아닌 사람이 그 스위치 등을 조작할 수 없도록 필요한 조치를 한다.
③ 로봇의 조작방법 및 순서, 작업 중의 매니퓰레이터의 속도 등에 관한 지침에 따라 작업을 하여야 한다.
④ 작업에 종사하는 근로자가 이상을 발견하면 관리감독자에게 우선 보고하고, 지시가 나올 때 까지 작업을 진행한다.

해설 ④ 작업에 종사하고 있는 근로자는 로봇 작업 중 이상 발견 시 즉시 운전을 정지시켜야 한다.

43. 다음 중 밀링작업 시 안전수칙으로 옳지 않은 것은?

① 테이블 위에 공구나 기타 물건 등을 올려놓지 않는다.
② 제품 치수를 측정할 때는 절삭공구의 회전을 정지한다.
③ 강력 절삭을 할 때는 일감을 바이스에 짧게 물린다.
④ 상 · 하, 좌 · 우 이송장치의 핸들은 사용 후 풀어둔다.

해설 ③ 강력 절삭 시에는 일감을 바이스에 깊게 물린다.

44. 다음 중 지게차의 작업상태별 안정도에 관한 설명으로 틀린 것은? (단, V는 최고속도[km/h]이다.)

① 기준 부하상태에서 하역작업 시의 전후 안정도는 20% 이내이다.
② 기준 부하상태에서 하역작업 시의 좌우 안정도는 6% 이내이다.
③ 기준 무부하상태에서 주행 시의 전후 안정도는 18% 이내이다.
④ 기준 무부하상태에서 주행 시의 좌우 안정도는 $(15+1.1V)$% 이내이다.

해설 ① 기준 부하상태에서 하역작업 시의 전후 안정도는 4% 이내이다.

45. 산업안전보건법령상 보일러의 안전한 가동을 위하여 보일러 규격에 맞는 압력방출장치가 2개 이상 설치된 경우에 최고사용압력 이하에서 1개가 작동되고, 다른 압력방출장치는 최고사용압력의 몇 배 이하에서 작동되도록 부착하여야 하는가?

① 1.03배 ② 1.05배 ③ 1.2배 ④ 1.5배

해설 압력방출장치를 2개 설치하는 경우 1개는 최고사용압력 이하에서 작동되도록 하고, 또 다른 하나는 최고사용압력의 1.05배 이하에서 작동되도록 부착한다.

46. 금형의 설치, 해체, 운반 시 안전사항에 관한 설명으로 틀린 것은?

① 운반을 위하여 관통 아이볼트가 사용될 때는 구멍 틈새가 최소화 되도록 한다.
② 금형을 설치하는 프레스의 T홈 안길이는 설치볼트 지름의 1/2 이하로 한다.
③ 고정볼트는 고정 후 가능하면 나사산을 3~4개 정도 짧게 남겨 설치 또는 해체 시 슬라이드 면과의 사이에 협착이 발생하지 않도록 해야 한다.

정답 42. ④ 43. ③ 44. ① 45. ② 46. ②

④ 운반 시 상부금형과 하부금형이 닿을 위험이 있을 때는 고정 패드를 이용한 스트랩, 금속재질이나 우레탄 고무의 블록 등을 사용한다.

해설 ② 금형을 설치하는 프레스 기계의 T홈에 적합한 형상을 사용하며, 안길이는 설치볼트 지름의 2배 이상으로 한다.

47. 선반에서 절삭가공 시 발생하는 칩을 짧게 끊어지도록 공구에 설치되어 있는 방호장치의 일종인 칩 제거 기구를 무엇이라 하는가?

① 칩 브레이커　② 칩 받침
③ 칩 실드　④ 칩 커터

해설 칩 브레이커는 유동형 칩을 짧게 끊어주는 안전장치이다.

48. 다음 중 산업안전보건법령상 안전인증대상 방호장치에 해당하지 않는 것은?

① 연삭기 덮개
② 압력용기 압력방출용 파열판
③ 압력용기 압력방출용 안전밸브
④ 방폭구조(防爆構造) 전기기계 · 기구 및 부품

해설 안전인증대상 방호장치의 종류
- 프레스 및 전단기 방호장치
- 양중기용 과부하방지장치
- 보일러 압력방출용 안전밸브
- 압력용기 압력방출용 안전밸브
- 압력용기 압력방출용 파열판
- 절연용 방호구 및 활선작업용 기구
- 방폭구조 전기기계 · 기구 및 부품
- 추락 · 낙하 및 붕괴 등의 위험방호에 필요한 가설 기자재로서 고용노동부장관이 정하여 고시하는 것

49. 인장강도가 250N/mm^{2}인 강판에서 안전율이 4라면 이 강판의 허용응력(N/mm^2)은 얼마인가?

① 42.5　② 62.5　③ 82.5　④ 102.5

해설 $\text{허용응력} = \frac{\text{인장강도}}{\text{안전계수}} = \frac{250}{4}$
$= 62.5\,\text{N/mm}^2$

50. 산업안전보건법령상 강렬한 소음작업에서 데시벨에 따른 노출시간으로 적합하지 않은 것은?

① 100데시벨 이상의 소음이 1일 2시간 이상 발생하는 작업
② 110데시벨 이상의 소음이 1일 30분 이상 발생하는 작업
③ 115데시벨 이상의 소음이 1일 15분 이상 발생하는 작업
④ 120데시벨 이상의 소음이 1일 7분 이상 발생하는 작업

해설 하루 강렬한 소음작업 허용 노출시간

dB 기준	90	95	100	105	110	115
노출 시간	8시간	4시간	2시간	1시간	30분	15분

51. 방호장치 안전인증 고시에 따라 프레스 및 전단기에 사용되는 광전자식 방호장치의 일반구조에 대한 설명으로 가장 적절하지 않은 것은?

① 정상동작 표시램프는 녹색, 위험 표시램프는 붉은색으로 하며, 근로자가 쉽게 볼 수 있는 곳에 설치해야 한다.
② 슬라이드 하강 중 정전 또는 방호장치의 이상 시에 정지할 수 있는 구조이어야 한다.
③ 방호장치는 릴레이, 리미트 스위치 등의 전기부품의 고장, 전원전압의 변동 및 정전에 의해 슬라이드가 불시에 동작하지 않아야 하며, 사용 전원전압의 $\pm\frac{10}{100}$의 변동에 대하여 정상으로 작동되어야 한다.

정답 47. ①　48. ①　49. ②　50. ④　51. ③

④ 방호장치의 감지기능은 규정한 검출 영역 전체에 걸쳐 유효하여야 한다(다만, 블랭킹 기능이 있는 경우 그렇지 않다).

해설 ③ 방호장치는 사용 전원전압의 $\pm\frac{20}{100}$의 변동에 대하여 정상적으로 작동되어야 한다.

52. 산업안전보건법령상 연삭기 작업 시 작업자가 안심하고 작업을 할 수 있는 상태는?

① 탁상용 연삭기에서 숫돌과 작업 받침대의 간격이 5mm이다.
② 덮개 재료의 인장강도는 224MPa이다.
③ 숫돌 교체 후 2분 정도 시험운전을 실시하여 해당 기계의 이상 여부를 확인하였다.
④ 작업시작 전 1분 정도 시험운전을 실시하여 해당 기계의 이상 여부를 확인하였다.

해설 연삭기 안전기준
- 연삭숫돌을 사용하는 경우 작업시작 전 1분 이상 시운전하여 이상 여부를 확인한다.
- 연삭숫돌을 교체한 후에는 3분 정도 시운전하여 이상 여부를 확인한다.

53. [보기]와 같은 기계요소가 단독으로 발생시키는 위험점은?

보기
밀링커터, 둥근톱날

① 협착점 ② 끼임점
③ 절단점 ④ 물림점

해설 절단점 : 회전하는 운동부 자체(단독)의 위험이나 운동하는 기계 부분 자체(단독)의 위험에서 초래되는 위험점이다.

54. 다음 중 크레인의 방호장치로 가장 거리가 먼 것은?

① 권과방지장치 ② 과부하방지장치
③ 비상정지장치 ④ 자동보수장치

해설 크레인 방호장치 : 과부하방지장치, 권과방지장치, 비상정지장치, 제동장치 등

55. 산업안전보건법령상 프레스기를 사용하여 작업을 할 때 작업시작 전 점검사항으로 틀린 것은?

① 클러치 및 브레이크의 기능
② 압력방출장치의 기능
③ 크랭크축 · 플라이휠 · 슬라이드 · 연결봉 및 연결나사의 풀림 유무
④ 프레스의 금형 및 고정볼트의 상태

해설 ② 압력방출장치는 보일러의 방호장치

56. 설비보전은 예방보전과 사후보전으로 대별된다. 다음 중 예방보전의 종류가 아닌 것은?

① 시간계획보전 ② 개량보전
③ 상태기준보전 ④ 적응보전

해설 보전예방 : 설비보전 정보와 신기술을 기초로 설비의 설계 및 제작 단계에서 보전활동이 불필요한 체제를 목표로 한 설비보전 방법

57. 천장 크레인에 중량 3kN의 화물을 2줄로 매달았을 때 매달기용 와이어(sling wire)에 걸리는 장력은 약 몇 kN인가? (단, 매달기용 와이어(sling wire) 2줄 사이의 각도는 55°이다.)

① 1.3 ② 1.7 ③ 2.0 ④ 2.3

해설 장력 $T_a=\frac{W}{2}\div\cos\frac{\theta}{2}$

$=\frac{3}{2}\div\cos\frac{55}{2}=1.69\text{N}$

여기서, W : 물체의 무게(kg)
θ : 로프의 각도

정답 52. ④ 53. ③ 54. ④ 55. ② 56. ② 57. ②

58. 다음 중 롤러의 급정지성능으로 적합하지 않은 것은?

① 앞면 롤러 표면 원주속도가 25m/min, 앞면 롤러의 원주가 5m일 때 급정지거리 1.6m 이내
② 앞면 롤러 표면 원주속도가 35m/min, 앞면 롤러의 원주가 7m일 때 급정지거리 2.8m 이내
③ 앞면 롤러 표면 원주속도가 30m/min, 앞면 롤러의 원주가 6m일 때 급정지거리 2.6m 이내
④ 앞면 롤러 표면 원주속도가 20m/min, 앞면 롤러의 원주가 8m일 때 급정지거리 2.6m 이내

해설 앞면 롤러의 표면속도에 따른 급정지거리

V=30m/min 미만일 때	급정지거리$=\pi\times D\times\frac{1}{3}$
V=30m/min 이상일 때	급정지거리$=\pi\times D\times\frac{1}{2.5}$

여기서, V : 롤러 표면속도(m/min)
D : 롤러 원통의 직경(mm)

① 급정지거리$=\pi\times D\times\frac{1}{3}=5\times\frac{1}{3}=1.66$m

② 급정지거리$=\pi\times D\times\frac{1}{2.5}=7\times\frac{1}{2.5}$
$=2.8$m

③ 급정지거리$=\pi\times D\times\frac{1}{2.5}=6\times\frac{1}{2.5}$
$=2.4$m

④ 급정지거리$=\pi\times D\times\frac{1}{3}=8\times\frac{1}{3}=2.66$m

59. 조작자의 신체 부위가 위험한계 밖에 위치하도록 기계의 조작장치를 위험구역에서 일정거리 이상 떨어지게 하는 방호장치는?

① 덮개형 방호장치
② 차단형 방호장치
③ 위치제한형 방호장치
④ 접근반응형 방호장치

해설 위치제한형 방호장치 : 작업자의 신체 부위가 위험한계 밖에 있도록 기계의 조작장치를 위험한 작업점에서 안전거리 이상 떨어지게 하거나, 조작장치를 양손으로 동시 조작하게 함으로써 위험한계에 접근하는 것을 제한하는 방호장치

60. 안전보건법령상 아세틸렌 용접장치의 아세틸렌 발생기실을 설치하는 경우 준수하여야 하는 사항으로 옳은 것은?

① 벽은 가연성 재료로 하고 철근콘크리트 또는 그 밖에 이와 동등하거나 그 이상의 강도를 가진 구조로 할 것
② 바닥면적의 16분의 1 이상의 단면적을 가진 배기통을 옥상으로 돌출시키고 그 개구부를 창이나 출입구로부터 1.5m 이상 떨어지도록 할 것
③ 출입구의 문은 불연성 재료로 하고 두께 1.0mm 이하의 철판이나 그 밖에 그 이상의 강도를 가진 구조로 할 것
④ 발생기실을 옥외에 설치한 경우에는 그 개구부를 다른 건축물로부터 1.0m 이내 떨어지도록 할 것

해설 발생기실의 구조

- 벽은 불연성의 재료로 하고 철근콘크리트 또는 그 밖에 이와 동등 이상의 강도를 가진 구조로 할 것
- 바닥면적의 1/16 이상의 단면적을 가진 배기통을 옥상으로 돌출시키고, 그 개구부를 창이나 출입구로부터 1.5m 이상 떨어지도록 할 것
- 출입구의 문은 불연성 재료로 하고, 두께

정답 58. ③ 59. ③ 60. ②

1.5mm 이상의 철판 그 밖에 이와 동등 이상의 강도를 가진 구조로 할 것
- 발생기실을 옥외에 설치한 경우에는 그 개구부를 다른 건축물로부터 1.5m 이상 떨어지도록 할 것
- 지붕과 천장에는 얇은 철판이나 가벼운 불연성 재료를 사용할 것
- 벽과 발생기 사이에는 발생기의 조정 또는 카바이드 공급 등의 작업을 방해하지 아니하도록 간격을 확보할 것

4과목 전기 위험방지 기술

61. 대지에서 용접작업을 하고 있는 작업자가 용접봉에 접촉한 경우 통전전류는? (단, 용접기의 출력 측 무부하 전압 : 90V, 접촉저항(손, 용접봉 등 포함) : 10kΩ, 인체의 내부저항 : 1kΩ, 발과 대지의 접촉저항 : 20kΩ이다.)

① 약 0.19mA ② 약 0.29mA
③ 약 1.96mA ④ 약 2.90mA

해설 통전전류$(I)=\frac{V}{R}=\frac{90}{31\times10^3}$
$=0.002903\,A=2.903\,mA$
여기서,
R=접촉저항(R_1)+인체의 내부저항(R_2)+대지의 접촉저항(R_3)
$=10+1+20=31\,k\Omega=31\times10^3\,\Omega$

62. KS C IEC 60079-10-2에 따라 공기 중에 분진운의 형태로 폭발성 분진분위기가 지속적으로 또는 장기간 또는 빈번히 존재하는 장소는?

① 0종 장소 ② 1종 장소
③ 20종 장소 ④ 21종 장소

해설 20종 장소 : 공기 중에 가연성 폭발성 분진운의 형태가 연속적으로 항상 존재하는 장소, 즉 폭발성 분진분위기가 항상 존재하는 장소

63. 설비의 이상 현상에 나타나는 아크(arc)의 종류가 아닌 것은?

① 단락에 의한 아크
② 지락에 의한 아크
③ 차단기에서의 아크
④ 전선저항에 의한 아크

해설 전선의 저항은 아크와 관계없으나 전류와 저항이 커지면 열이 발생하여 전선이 녹아 화재가 발생할 수 있다.

64. 정전기재해 방지에 관한 설명 중 틀린 것은?

① 이황화탄소의 수송과정에서 배관 내의 유속을 2.5m/s 이상으로 한다.
② 포장과정에서 용기를 도전성 재료에 접지한다.
③ 인쇄과정에서 도포량을 소량으로 하고 접지한다.
④ 작업장의 습도를 높여 전하가 제거되기 쉽게 한다.

해설 ① 이황화탄소의 수송과정에서 배관 내의 유속을 1m/s 이하로 한다.

65. 한국전기설비규정에 따라 사람이 쉽게 접촉할 우려가 있는 곳에 금속제 외함을 가지는 저압의 기계·기구가 시설되어 있다. 이 기계·기구의 사용전압이 몇 V를 초과할 때 전기를 공급하는 전로에 누전차단기를 시설해야 하는가? (단, 누전차단기를 시설하지 않아도 되는 조건은 제외한다.)

① 30V ② 40V ③ 50V ④ 60V

정답 61. ④ 62. ③ 63. ④ 64. ① 65. ③

해설 사람이 쉽게 접촉할 우려가 있는 곳에 금속제 외함을 가지는 저압의 시설은 사용전압이 50V를 초과할 때 전기를 공급하는 전로에 누전차단기를 시설해야 한다.

66. 다음 중 방폭설비의 보호등급(IP)에 대한 설명으로 옳은 것은?

① 제1특성 숫자가 "1"인 경우 지름 50mm 이상의 외부 분진에 대한 보호
② 제1특성 숫자가 "2"인 경우 지름 10mm 이상의 외부 분진에 대한 보호
③ 제2특성 숫자가 "1"인 경우 지름 50mm 이상의 외부 분진에 대한 보호
④ 제2특성 숫자가 "2"인 경우 지름 10mm 이상의 외부 분진에 대한 보호

해설 방폭설비 보호등급의 외부 분진에 대한 보호

- 제1특성 숫자가 "1"인 경우 ϕ50mm 이상
- 제1특성 숫자가 "2"인 경우 ϕ12.5mm 이상
- 제1특성 숫자가 "3"인 경우 ϕ2.5mm 이상
- 제1특성 숫자가 "4"인 경우 ϕ1mm 이상

67. 정전기 발생에 영향을 주는 요인에 대한 설명으로 틀린 것은?

① 물체의 분리속도가 빠를수록 발생량은 적어진다.
② 접촉면적이 크고 접촉압력이 높을수록 발생량이 많아진다.
③ 물체 표면이 수분이나 기름으로 오염되면 산화 및 부식에 의해 발생량이 많아진다.
④ 정전기의 발생은 처음 접촉, 분리할 때가 최대로 되고 접촉, 분리가 반복됨에 따라 발생량은 감소한다.

해설 ① 물체의 분리속도가 빠를수록 발생량은 많아진다.

68. 전기기기, 설비 및 전선로 등의 충전 유무 등을 확인하기 위한 장비는?

① 위상검출기
② 디스콘 스위치
③ COS
④ 저압 및 고압용 검전기

해설 전기기기, 설비, 전선로 등의 충전 유무를 확인하는 장비는 검전기(저압용, 고압용, 특고압용)이다.

69. 피뢰기로서 갖추어야 할 성능 중 틀린 것은?

① 충격방전 개시전압이 낮을 것
② 뇌전류 방전능력이 클 것
③ 제한전압이 높을 것
④ 속류 차단을 확실하게 할 수 있을 것

해설 ③ 제한전압이 낮을 것

70. 접지저항 저감방법으로 틀린 것은?

① 접지극의 병렬 접지를 실시한다.
② 접지극의 매설깊이를 증가시킨다.
③ 접지극의 크기를 최대한 작게 한다.
④ 접지극 주변의 토양을 개량하여 대지 저항률을 떨어뜨린다.

해설 접지저항을 저감시키는 방법

- 접지극의 병렬 접지를 실시한다.
- 접지극의 매설깊이를 증가시킨다.
- 접지극의 규격을 크게 한다.
- 접지극 주변의 토양을 개량하여 대지 저항률을 떨어뜨린다.
- 접지전극을 대지에 깊이 75cm 이상 박는다.

71. 교류 아크 용접기의 사용에서 무부하 전압이 80V, 아크전압 25V, 아크전류 300A일 경우 효율은 약 몇 %인가? (단, 내부손실은 4kW 이다.)

정답 66. ① 67. ① 68. ④ 69. ③ 70. ③ 71. ①

① 65.2 ② 70.5
③ 75.3 ④ 80.6

해설 ㉠ 출력 $=VI=25\times300$
$=7500\,\text{W}=7.5\,\text{kW}$

㉡ 효율 $=\dfrac{\text{출력}}{\text{출력}+\text{손실}}\times100$

$=\dfrac{7.5}{7.5+4}\times100=65.2\%$

72. 아크방전의 전압전류 특성으로 가장 옳은 것은?

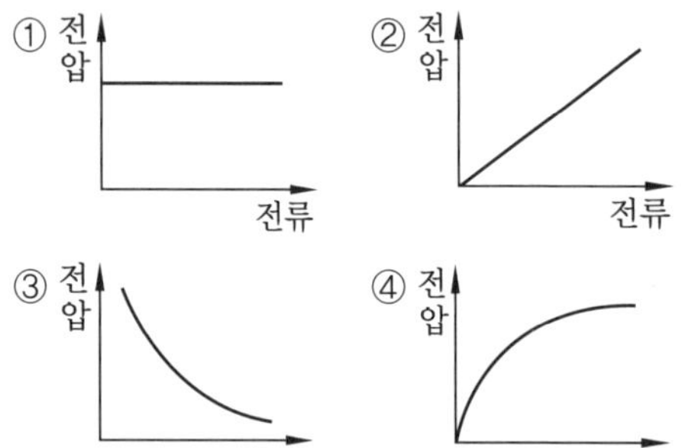

해설 아크방전의 전압전류 특성은 아크전압이 낮으며, 전류는 대전류이다.

73. 다음 중 기기 보호등급(EPL)에 해당하지 않는 것은?

① EPL Ga ② EPL Ma
③ EPL De ④ EPL Me

해설 KS C IEC 60079-0의 EPL의 등급

- EPL Ga : 정상 작동 시, 예상되는 오작동이나 가끔 오작동이 발생할 시 발화원이 될 수 없는 "매우 높은" 보호등급의 기기
- EPL Gb : 정상 작동 시, 예상되는 오작동이 발생할 시 발화원이 되지 않는 높은 보호등급의 기기
- EPL Gc : 정상 작동 시 발화원이 될 수 없고, 주기적으로 발생하는 고장에도 발화원이 되지 않도록 추가 방호조치가 있을 수 있는 향상된 보호등급의 기기
- EPL Ma : 정상 작동 시, 예상되는 오작동이 발생할 시 점화원이 될 가능성이 거의 없는 "매우 높은" 보호등급의 기기
- EPL Da : 정상 작동, 예상된 오작동 중에 점화원이 될 수 없는 "매우 높은" 보호등급의 기기
- EPL Db : 정상 작동, 예상된 오작동 중에 점화원이 될 수 없는 "높은" 보호등급의 기기
- EPL Dc : 정상 작동 중에 점화원이 될 수 없고 "강화된(enhanced)" 보호등급의 기기

74. 산업안전보건기준에 관한 규칙에 따라 누전차단기를 설치하지 않아도 되는 곳은?

① 철판 · 철골 위 등 도전성이 높은 장소에서 사용하는 이동형 전기기계 · 기구
② 대지전압이 220V인 휴대형 전기기계 · 기구
③ 임시배선의 전로가 설치되는 장소에서 사용하는 이동형 전기기계 · 기구
④ 절연대 위에서 사용하는 전기기계 · 기구

해설 누전차단기의 대상 기준

- 대지전압 150V를 초과하는 전기기계 · 기구가 노출된 금속체
- 전기기계 · 기구의 금속제 외함 · 금속제 외피 및 철대
- 고압 이상의 전기를 사용하는 전기기계 · 기구 주변의 금속제 칸막이
- 임시배선의 전로가 설치되는 장소에는 누전차단기를 설치하여야 한다.
- 접지의 목적은 누전 시에 인체에 가해지는 전압을 감소시켜 방전방지, 지락전류를 흐르게 하여 차단기를 작동시킴으로써 화재 · 폭발사고를 방지하기 위함이다.

75. 다음 설명이 나타내는 현상은?

정답 72. ③ 73. ④ 74. ④ 75. ②

> 전압이 인가된 이극 도체 간의 고체 절연물 표면에 이물질이 부착되면 미소방전이 일어난다. 이 미소방전이 반복되면서 절연물 표면에 도전성 통로가 형성되는 현상이다.

① 흑연화 현상 ② 트래킹 현상
③ 반단선 현상 ④ 절연 이동 현상

해설 트래킹 현상에 대한 설명이다.

76. 다음 중 방폭구조의 종류가 아닌 것은?

① 본질안전 방폭구조
② 고압 방폭구조
③ 압력 방폭구조
④ 내압 방폭구조

해설 방폭구조의 종류에 고압 방폭구조는 없다.

77. 심실세동전류 $I=\frac{165}{\sqrt{T}}$ [mA]라면 심실세동 시 인체에 직접 받는 전기에너지(Cal)는 약 얼마인가? (단, T는 통전시간으로 1초이며, 인체의 저항은 500Ω으로 한다.)

① 0.52 ② 1.35
③ 2.14 ④ 3.27

해설 $Q=I^2RT=\left(\frac{165}{\sqrt{1}}\times10^{-3}\right)^2\times500\times1$

$=165^2\times10^{-6}\times500=13.61\text{J}$

$\therefore 0.24\times13.61=3.266\text{Cal}$

여기서, $1\text{kJ}=0.2388\text{kcal}\fallingdotseq0.24\text{kcal}$

78. 산업안전보건기준에 관한 규칙에 따른 전기기계 · 기구의 설치 시 고려할 사항으로 거리가 먼 것은?

① 전기기계 · 기구의 충분한 전기적 용량 및 기계적 강도
② 전기기계 · 기구의 안전효율을 높이기 위한 시간가동률
③ 습기 · 분진 등 사용장소의 주위환경
④ 전기적 · 기계적 방호수단의 적정성

해설 전기기계 · 기구 설치 시 고려사항
- 전기기계 · 기구의 충분한 전기적 용량 및 기계적 강도
- 습기 · 분진 등 사용장소의 주위환경
- 전기적 · 기계적 방호수단의 적정성

79. 정전작업 시 조치사항으로 틀린 것은?

① 작업 전 전기설비의 잔류전하를 확실히 방전한다.
② 개로된 전로의 충전 여부를 검전기구에 의하여 확인한다.
③ 개폐기에 잠금장치를 하고 통전금지에 관한 표지판은 제거한다.
④ 예비동력원의 역송전에 의한 감전의 위험을 방지하기 위해 단락접지기구를 사용하여 단락접지를 한다.

해설
- 정전작업 전 조치사항
  - ㉠ 개로개폐기의 시건 또는 표시
  - ㉡ 전로의 충전 여부를 검전기로 확인
  - ㉢ 작업지휘자에 의한 작업내용의 주지 철저
  - ㉣ 전력용 커패시터, 전력케이블 등 잔류전하 방전
  - ㉤ 일부 정전작업 시 정전선로 및 활선선로의 표시
- 정전작업 중 조치사항
  - ㉠ 작업지휘자에 의해 작업 실시
  - ㉡ 개폐기 관리
  - ㉢ 단락접지 상태를 확인
  - ㉣ 근접활선에 대한 방호상태를 관리

80. 정전기로 인한 화재 및 폭발의 위험이 가장 높은 것은?

정답 76. ② 77. ④ 78. ② 79. ③ 80. ①

① 드라이클리닝 설비 ② 농작물 건조기
③ 가습기 ④ 전동

해설 화재 및 폭발의 위험이 높은 순서 : 드라이클리닝 설비 > 농작물 건조기 > 전동 > 가습기

5과목 화학설비 위험방지 기술

81. 산업안전보건법에서 정한 위험물질을 기준량 이상 제조하거나 취급하는 화학설비로서 내부의 이상 상태를 조기에 파악하기 위하여 필요한 온도계 · 유량계 · 압력계 등의 계측장치를 설치하여야 하는 대상이 아닌 것은?

① 가열로 또는 가열기
② 증류 · 정류 · 증발 · 추출 등 분리를 하는 장치
③ 반응폭주 등 이상 화학반응에 의하여 위험물질이 발생할 우려가 있는 설비
④ 흡열반응이 일어나는 반응장치

해설 특수화학설비의 종류
- 가열로 또는 가열기
- 발열반응이 일어나는 반응장치
- 증류 · 정류 · 증발 · 추출 등의 분리를 하는 장치
- 가열시켜 주는 물질의 온도가 가열되는 위험물질의 분해온도 또는 발화점보다 높은 상태에서 운전되는 설비
- 반응폭주 등 이상 화학반응에 의하여 위험물질이 발생할 우려가 있는 설비
- 온도가 섭씨 350℃ 이상이거나 게이지 압력이 980 kPa 이상인 상태에서 운전되는 설비

82. 다음 중 퍼지(purge)의 종류에 해당하지 않는 것은?

① 압력퍼지 ② 진공퍼지
③ 스위프 퍼지 ④ 가열퍼지

해설 퍼지의 종류에는 진공퍼지, 압력퍼지, 스위프 퍼지, 사이펀 퍼지가 있다.

83. 폭발한계와 완전 연소 조성관계인 Jones 식을 이용하여 부탄(C_4H_{10})의 폭발하한계를 구하면 몇 vol%인가?

① 1.4 ② 1.7 ③ 2.0 ④ 2.3

해설 ㉠ $C_{st}=\dfrac{100}{1+4.773\left(n+\dfrac{m}{4}\right)}$

$=\dfrac{100}{1+4.773\left(4+\dfrac{10}{4}\right)}=3.12\text{vol\%}$

㉡ Jones 식의 폭발하한계 $=0.55\times C_{st}$
$=0.55\times 3.12=1.716\text{vol\%}$

84. 가스를 분류할 때 독성가스에 해당하지 않는 것은?

① 황화수소 ② 시안화수소
③ 이산화탄소 ④ 산화에틸렌

해설 이산화탄소(CO_2) : 불연성 가스

85. 다음 중 폭발 방호 대책과 가장 거리가 먼 것은?

① 불활성화 ② 억제
③ 방산 ④ 봉쇄

해설 폭발의 방호 대책
- 폭발봉쇄 : 공기 중에서 유독성 물질 등의 폭발 시 안전밸브나 파열판을 통하여 다른 탱크나 저장소 등으로 보내어 압력을 완화시켜서 폭발을 방지하는 방법
- 폭발억제 : 압력이 상승할 경우 폭발억제 장치가 작동하여 소화기가 터져서 증기, 가스, 분진폭발 등의 폭발을 억제하여 큰 폭발압력이 되지 않도록 하는 방법

정답 81. ④ 82. ④ 83. ② 84. ③ 85. ①

• 폭발방산 : 안전밸브나 파열판 등의 작동으로 탱크 내의 기체압력을 밖으로 방출시키는 방법

86. **질화면(nitrocellulose)은 저장 · 취급 중에는 에틸알코올 등으로 습면상태를 유지해야 한다. 그 이유를 옳게 설명한 것은?**

① 질화면은 건조상태에서는 자연적으로 분해하면서 발화할 위험이 있기 때문이다.
② 질화면은 알코올과 반응하여 안정한 물질을 만들기 때문이다.
③ 질화면은 건조상태에서 공기 중의 산소와 환원반응을 하기 때문이다.
④ 질화면은 건조상태에서 유독한 중합물을 형성하기 때문이다.

해설 질화면(니트로 셀룰로오스) : 건조상태에서는 자연발화를 일으켜 분해 폭발하므로 에틸알코올 또는 이소프로필 알코올에 적셔 습면상태로 저장하여야 한다.

87. **분진폭발의 특징으로 옳은 것은?**

① 연소속도가 가스폭발보다 크다.
② 완전 연소로 가스중독의 위험이 작다.
③ 화염의 파급속도보다 압력의 파급속도가 빠르다.
④ 가스폭발보다 연소시간은 짧고 발생에너지는 작다.

해설 분진폭발의 특징

• 불완전 연소로 인한 가스중독 위험이 크다.
• 가스폭발보다 연소시간은 길고, 폭발압력과 발생에너지가 크다.
• 가스폭발보다 불완전 연소가 많이 발생한다.
• 화염속도보다는 압력속도(300m/s)가 훨씬 빠르다.
• 주위의 분진에 의해 2차, 3차의 폭발로 파급될 수 있다.

88. **크롬에 대한 설명으로 옳은 것은?**

① 은백색 광택이 있는 금속이다.
② 중독 시 미나마타병이 발병한다.
③ 비중이 물보다 작은 값을 나타낸다.
④ 3가 크롬이 인체에 가장 유해하다.

해설 ② 수은 중독 시 미나마타병이 발병한다.
③ 크롬의 비중은 7.188(20℃)로 물보다 크다.
④ 6가 크롬이 3가보다 독성이 강하고 발암성이 크다.

Tip) 크롬의 급성 중독으로 신장장애(요독증, 과뇨증, 무뇨증)가 발생된다.

89. **사업주는 인화성 액체 및 인화성 가스를 저장 · 취급하는 화학설비에서 증기나 가스를 대기로 방출하는 경우에는 외부로부터의 화염을 방지하기 위하여 화염방지기를 설치하여야 한다. 다음 중 화염방지기의 설치위치로 옳은 것은?**

① 설비의 상단　② 설비의 하단
③ 설비의 측면　④ 설비의 조작부

해설 화염방지기는 보호대상 화학설비의 상단에 설치하여야 한다.

90. **열교환 탱크 외부를 두께 0.2m의 단열재(열전도율 K=0.037kcal/m · h · ℃)로 보온하였더니 단열재 내면은 40℃, 외면은 20℃이었다. 면적 1m²당 1시간에 손실되는 열량(kcal)은?**

① 0.0037　② 0.037
③ 1.37　④ 3.7

해설 손실되는 열량$(Q)=\dfrac{KA(T_2-T_1)}{l}$

$$=\frac{0.037\times1\times(40-20)}{0.2}=3.7\text{kcal}$$

여기서, K : 열전도율, l : 두께, A : 면적, T_1 : 단열재 외면 온도, T_2 : 단열재 내면 온도

정답 86. ①　87. ③　88. ①　89. ①　90. ④

91. 산업안전보건법령상 다음 인화성 가스의 정의에서 ( ) 안에 알맞은 값은?

> "인화성 가스"란 인화한계농도의 최저한도가 (㉠)% 이하 또는 최고한도와 최저한도의 차가 (㉡)% 이상인 것으로서 표준압력(101.3kPa), 20℃에서 가스상태인 물질을 말한다.

① ㉠ : 13, ㉡ : 12　② ㉠ : 13, ㉡ : 15
③ ㉠ : 12, ㉡ : 13　④ ㉠ : 12, ㉡ : 15

해설 인화성 가스 : 폭발한계농도의 하한이 13% 이하 또는 상하한의 차가 12% 이상인 가스

92. 액체 표면에서 발생한 증기농도가 공기 중에서 연소 하한농도가 될 수 있는 가장 낮은 액체 온도를 무엇이라 하는가?

① 인화점　② 비등점
③ 연소점　④ 발화온도

해설 인화점 : 액체의 경우 액체 표면에서 발생한 증기농도가 공기 중에서 연소 하한농도가 될 수 있는 가장 낮은 액체 온도

93. 위험물의 저장방법으로 적절하지 않은 것은?

① 탄화칼슘은 물속에 저장한다.
② 벤젠은 산화성 물질과 격리시킨다.
③ 금속나트륨은 석유 속에 저장한다.
④ 질산은 갈색병에 넣어 냉암소에 보관한다.

해설 ① 탄화칼슘(카바이드)은 금수성 물질로 물과 반응하므로 건조한 장소에 저장한다.

94. 다음 중 열교환기의 보수에 있어 일상점검 항목과 정기적 개방점검 항목으로 구분할 때 일상점검 항목으로 거리가 먼 것은?

① 도장의 노후 상황
② 부착물에 의한 오염의 상황
③ 보온재, 보냉재의 파손 여부
④ 기초볼트의 체결 정도

해설 ②는 개방점검 항목,
①, ③, ④는 일상점검 항목

95. 다음 중 반응기의 구조방식에 의한 분류에 해당하는 것은?

① 탑형 반응기
② 연속식 반응기
③ 반회분식 반응기
④ 회분식 균일상 반응기

해설 반응기의 분류
- 조작방식에 의한 분류
  - ㉠ 회분식 반응기 : 원료를 반응기에 주입하고, 일정 시간 반응시켜 생성하는 방식
  - ㉡ 반회분식 반응기 : 원료를 반응기에 넣어두고 반응이 진행됨에 따라 다른 성분을 첨가하는 방식
  - ㉢ 연속식 반응기 : 원료를 반응기에 주입하는 동시에 반응 생성물을 연속적으로 배출시키면서 반응을 진행시키는 방식
- 구조방식에 의한 분류 : 관형 반응기, 탑형 반응기, 교반기형 반응기, 유동층형 반응기

96. 다음 중 공기 중 최소 발화에너지 값이 가장 작은 물질은?

① 에틸렌
② 아세트알데히드
③ 메탄
④ 에탄

해설 최소 발화에너지
에틸렌(C_2H_4) : 0.082 mJ < 에탄(C_2H_6) : 0.25 mJ < 메탄(CH_4) : 0.28 mJ < 아세트알데히드(CH_3CHO) : 0.38 mJ

정답 91. ① 92. ① 93. ① 94. ② 95. ① 96. ①

97. 다음 [표]의 가스(A~D)를 위험도가 큰 것부터 작은 순으로 나열한 것은?

구분	폭발하한값	폭발상한값
A	4.0vol%	75.0vol%
B	3.0vol%	80.0vol%
C	1.25vol%	44.0vol%
D	2.5vol%	81.0vol%

① D-B-C-A ② D-B-A-C
③ C-D-A-B ④ C-D-B-A

해설 위험도(H)

$$=\frac{\text{폭발상한계}(U)-\text{폭발하한계}(L)}{\text{폭발하한계}(L)}$$

㉠ A 위험도$=\frac{75.0-4.0}{4.0}=17.75$

㉡ B 위험도$=\frac{80.0-3.0}{3.0}=25.67$

㉢ C 위험도$=\frac{44.0-1.25}{1.25}=34.2$

㉣ D 위험도$=\frac{81.0-2.5}{2.5}=31.4$

98. 알루미늄분이 고온의 물과 반응하였을 때 생성되는 가스는?

① 이산화탄소 ② 수소
③ 메탄 ④ 에탄

해설 알루미늄분(Al)은 물과 반응하여 수소를 발생시킨다.

99. 메탄, 에탄, 프로판의 폭발하한계가 각각 5vol%, 3vol%, 2.1vol%일 때 다음 중 폭발하한계가 가장 낮은 것은? (단, Le Chatelier의 법칙을 이용한다.)

① 메탄 20vol%, 에탄 30vol%, 프로판 50vol%의 혼합가스
② 메탄 30vol%, 에탄 30vol%, 프로판 40vol%의 혼합가스
③ 메탄 40vol%, 에탄 30vol%, 프로판 30vol%의 혼합가스
④ 메탄 50vol%, 에탄 30vol%, 프로판 20vol%의 혼합가스

해설 폭발하한값

① $L=\frac{100}{\frac{V_1}{L_1}+\frac{V_2}{L_2}+\frac{V_3}{L_3}}=\frac{100}{\frac{20}{5}+\frac{30}{3}+\frac{50}{2.1}}$
$=2.64\text{vol\%}$

② $L=\frac{100}{\frac{V_1}{L_1}+\frac{V_2}{L_2}+\frac{V_3}{L_3}}=\frac{100}{\frac{30}{5}+\frac{30}{3}+\frac{40}{2.1}}$
$=2.85\text{vol\%}$

③ $L=\frac{100}{\frac{V_1}{L_1}+\frac{V_2}{L_2}+\frac{V_3}{L_3}}=\frac{100}{\frac{40}{5}+\frac{30}{3}+\frac{30}{2.1}}$
$=3.09\text{vol\%}$

④ $L=\frac{100}{\frac{V_1}{L_1}+\frac{V_2}{L_2}+\frac{V_3}{L_3}}=\frac{100}{\frac{50}{5}+\frac{30}{3}+\frac{20}{2.1}}$
$=3.38\text{vol\%}$

100. 고압가스 용기 파열사고의 주요 원인 중 하나는 용기의 내압력(耐壓 ; D, capacity to resist pressure) 부족이다. 다음 중 내압력 부족의 원인으로 거리가 먼 것은?

① 용기 내벽의 부식 ② 강재의 피로
③ 과잉 충전 ④ 용접 불량

해설 고압가스 용기 파열사고(내압력 부족)의 주요 원인

- 용접 불량
- 강재의 피로
- 용기 내벽의 부식
- 직사광선, 화재 등 가열에 의한 용기 온도의 상승
- 내용물질의 중합반응, 분해반응에 의한 용기 압력의 상승

정답 97. ④ 98. ② 99. ① 100. ③

6과목 건설안전기술

101. 건설현장에 거푸집 동바리 설치 시 준수 사항으로 옳지 않은 것은?

① 파이프 서포트 높이가 4.5m를 초과하는 경우에는 높이 2m 이내마다 2개 방향으로 수평 연결재를 설치한다.
② 동바리의 침하방지를 위해 깔목의 사용, 콘크리트 타설, 말뚝박기 등을 실시한다.
③ 강재와 강재의 접속부는 볼트 또는 크램프 등 전용 철물을 사용한다.
④ 강관틀동바리는 강관틀과 강관틀 사이에 교차가새를 설치한다.

해설 ① 높이가 3.5m를 초과할 경우에는 높이 2m 이내마다 수평 연결재를 2개 방향으로 만들고 수평 연결재의 변위를 방지할 것

102. 고소작업대를 설치 및 이동하는 경우에 준수하여야 할 사항으로 옳지 않은 것은?

① 와이어로프 또는 체인의 안전율은 3 이상일 것
② 붐의 최대 지면 경사각을 초과 운전하여 전도되지 않도록 할 것
③ 고소작업대를 이동하는 경우 작업대를 가장 낮게 내릴 것
④ 작업대에 끼임 · 충돌 등 재해를 예방하기 위한 가드 또는 과상승방지장치를 설치할 것

해설 ① 와이어로프 또는 체인의 안전율은 5 이상일 것

103. 건설공사의 유해 · 위험방지 계획서 제출 기준일로 옳은 것은?

① 당해 공사 착공 1개월 전까지
② 당해 공사 착공 15일 전까지
③ 당해 공사 착공 전날까지
④ 당해 공사 착공 15일 후까지

해설 유해 · 위험방지 계획서 제출시기 및 부수

- 제조업의 경우 유해 · 위험방지 계획서를 작업 시작 15일 전까지 공단에 2부 제출한다.
- 건설업의 경우 유해 · 위험방지 계획서를 착공 전날까지 공단에 2부 제출한다.

104. 철골 건립준비를 할 때 준수하여야 할 사항으로 옳지 않은 것은?

① 지상 작업장에서 건립준비 및 기계 · 기구를 배치할 경우에는 낙하물의 위험이 없는 평탄한 장소를 선정하여 정비하여야 한다.
② 건립작업에 다소 지장이 있다하더라도 수목은 제거하거나 이설하여서는 안 된다.
③ 사용 전에 기계 · 기구에 대한 정비 및 보수를 철저히 실시하여야 한다.
④ 기계에 부착된 앵커 등 고정장치와 기초 구조 등을 확인하여야 한다.

해설 ② 건립작업에 지장이 되는 수목은 제거하거나 이식하여야 한다.

105. 가설공사 표준 안전작업지침에 따른 통로발판을 설치하여 사용함에 있어 준수사항으로 옳지 않은 것은?

① 추락의 위험이 있는 곳에는 안전난간이나 철책을 설치하여야 한다.
② 작업발판의 최대 폭은 1.6m 이내이어야 한다.
③ 비계발판의 구조에 따라 최대 적재하중을 정하고 이를 초과하지 않도록 하여야 한다.
④ 발판을 겹쳐 이음하는 경우 장선 위에서 이음을 하고 겹침길이는 10cm 이상으로 하여야 한다.

해설 ④ 수직재와 받침철물의 연결부 겹침길이는 받침철물 전체 길이의 3분의 1 이상이 되도록 할 것

정답 101. ① 102. ① 103. ③ 104. ② 105. ④

106. **항타기 또는 항발기의 사용 시 준수사항으로 옳지 않은 것은?**

① 증기나 공기를 차단하는 장치를 작업관리자가 쉽게 조작할 수 있는 위치에 설치한다.
② 해머의 운동에 의하여 증기호스 또는 공기호스와 해머의 접속부가 파손되거나 벗겨지는 것을 방지하기 위하여 그 접속부가 아닌 부위를 선정하여 증기호스 또는 공기호스를 해머에 고정시킨다.
③ 항타기나 항발기의 권상장치의 드럼에 권상용 와이어로프가 꼬인 경우에는 와이어로프에 하중을 걸어서는 안 된다.
④ 항타기나 항발기의 권상장치에 하중을 건 상태로 정지하여 두는 경우에는 쐐기장치 또는 역회전방지용 브레이크를 사용하여 제동하는 등 확실하게 정지시켜 두어야 한다.

해설 ① 증기나 공기를 차단하는 장치는 제3자가 아닌 운전자가 조작하여야 한다.

107. **건설업 중 유해위험방지 계획서 제출대상 사업장으로 옳지 않은 것은?**

① 지상 높이가 31m 이상인 건축물 또는 인공구조물, 연면적 30000m^2 이상인 건축물 또는 연면적 5000m^2 이상의 문화 및 집회시설의 건설공사
② 연면적 3000m^2 이상의 냉동 · 냉장창고시설의 설비공사 및 단열공사
③ 깊이 10m 이상인 굴착공사
④ 최대 지간길이가 50m 이상인 다리의 건설공사

해설 ② 연면적 5000m^2 이상인 냉동 · 냉장창고시설의 설비공사 및 단열공사

108. **건설작업용 타워크레인의 안전장치로 옳지 않은 것은?**

① 권과방지장치 ② 과부하방지장치
③ 비상정지장치 ④ 호이스트 스위치

해설 양중기 안전장치에는 과부하방지장치, 권과방지장치, 비상정지장치, 제동장치, 속도조절기, 출입문 인터록(interlock) 등이 있다.

109. **이동식 비계를 조립하여 작업을 하는 경우의 준수기준으로 옳지 않은 것은?**

① 비계의 최상부에서 작업을 할 때에는 안전난간을 설치하여야 한다.
② 작업발판의 최대 적재하중은 400kg을 초과하지 않도록 한다.
③ 승강용 사다리는 견고하게 설치하여야 한다.
④ 작업발판은 항상 수평을 유지하고 작업발판 위에서 안전난간을 딛고 작업을 하거나 받침대 또는 사다리를 사용하여 작업하지 않도록 한다.

해설 ② 이동식 비계 작업발판의 최대 적재하중은 250kg을 초과하지 않도록 할 것

110. **토사붕괴 원인으로 옳지 않은 것은?**

① 경사 및 기울기 증가
② 성토 높이의 증가
③ 건설기계 등 하중 작용
④ 토사중량의 감소

해설 토사붕괴의 원인

- 외적 요인
  ㉠ 사면, 법면의 경사 및 기울기의 증가
  ㉡ 절토 및 성토 높이의 증가
  ㉢ 공사에 의한 진동 및 반복하중의 증가
  ㉣ 지표수 및 지하수의 침투에 의한 토사중량의 증가
  ㉤ 굴착부 상단부에 구조물 등에 의한 중량증가
  ㉥ 토사 및 암석의 혼합층 두께

정답 106. ① 107. ② 108. ④ 109. ② 110. ④

• 내적 요인
㉠ 절토사면의 토질 · 암질
㉡ 성토사면의 토질구성과 분포
㉢ 토석의 강도 저하

111. 건설용 리프트의 붕괴 등을 방지하기 위해 받침의 수를 증가시키는 등 안전조치를 하여야 하는 순간풍속 기준은?

① 초당 15미터 초과
② 초당 25미터 초과
③ 초당 35미터 초과
④ 초당 45미터 초과

해설 타워크레인 풍속에 따른 안전기준
• 순간풍속이 초당 10m 초과 : 타워크레인의 수리 · 점검 · 해체작업 중지
• 순간풍속이 초당 15m 초과 : 타워크레인의 운전작업 중지
• 순간풍속이 초당 30m 초과 : 타워크레인의 이탈방지 조치
• 순간풍속이 초당 35m 초과 : 승강기가 붕괴되는 것을 방지 조치

112. 토사붕괴에 따른 재해를 방지하기 위한 흙막이 지보공 부재로 옳지 않은 것은?

① 흙막이판 ② 말뚝
③ 턴버클 ④ 띠장

해설 흙막이 지보공 설비를 구성하는 부재는 흙막이판, 말뚝, 버팀대, 띠장 등이다.
Tip) 턴버클은 두 정 사이에 연결된 나사막대, 와이어 등을 죄는데 사용하는 부품이다.

113. 다음 중 가설 구조물의 특징으로 옳지 않은 것은?

① 연결재가 적은 구조로 되기 쉽다.
② 부재 결합이 간략하여 불안전 결합이다.
③ 구조물이라는 개념이 확고하여 조립의 정밀도가 높다.
④ 사용부재는 과소단면이거나 결함재가 되기 쉽다.

해설 ③ 구조물이라는 통상의 개념이 확고하지 않으며 조립의 정밀도가 낮다. 구조상의 결함이 있는 경우 중대 재해로 이어질 수 있다.

114. 사다리식 통로 등의 구조에 대한 설치기준으로 옳지 않은 것은?

① 발판의 간격은 일정하게 할 것
② 발판과 벽과의 사이는 15cm 이상의 간격을 유지할 것
③ 사다리식 통로의 길이가 10m 이상인 때에는 7m 이내마다 계단참을 설치할 것
④ 사다리의 상단은 걸쳐 놓은 지점으로부터 60cm 이상 올라가도록 할 것

해설 ③ 사다리식 통로길이가 10m 이상인 경우에는 5m 이내마다 계단참을 설치할 것

115. 가설통로를 설치하는 경우 준수해야 할 기준으로 옳지 않은 것은?

① 경사는 30° 이하로 할 것
② 경사가 25°를 초과하는 경우에는 미끄러지지 아니하는 구조로 할 것
③ 건설공사에 사용하는 높이 8m 이상인 비계다리에는 7m 이내마다 계단참을 설치할 것
④ 수직갱에 가설된 통로의 길이가 15m 이상인 때에는 10m 이내마다 계단참을 설치할 것

해설 ② 경사가 15°를 초과하는 경우에는 미끄러지지 않는 구조로 할 것

116. 터널공사에서 발파작업 시 안전 대책으로 옳지 않은 것은?

정답 111. ③ 112. ③ 113. ③ 114. ③ 115. ② 116. ④

① 발파 전 도화선 연결상태, 저항치 조사 등의 목적으로 도통시험 실시 및 발파기의 작동상태에 대한 사전점검 실시
② 모든 동력선은 발원점으로부터 최소한 15m 이상 후방으로 옮길 것
③ 지질, 암의 절리 등에 따라 화약량에 대한 검토 및 시방기준과 대비하여 안전조치 실시
④ 발파용 점화회선은 타동력선 및 조명회선과 한 곳으로 통합하여 관리

해설 ④ 발파용 점화회선은 타동력선 및 조명회선과 각각 분리하여 관리한다.

117. 건설업 산업안전보건관리비 계상 및 사용기준은 산업재해보상보험법의 적용을 받는 공사 중 총 공사금액이 얼마 이상인 공사에 적용하는가? (단, 전기공사업법, 정보통신공사업법에 의한 공사는 제외)

① 4천만 원　② 3천만 원
③ 2천만 원　④ 1천만 원

해설 산업재해보상보험법의 적용을 받는 공사 중 총 공사금액은 2천만 원 이상인 공사에 적용한다. 다만, 다음 각 호의 어느 하나에 해당되는 공사 중 단가계약에 의하여 행하는 공사에 대하여는 총 계약금액을 기준으로 이를 적용한다.
㉠ 전기공사법에 따른 전기공사로 저압 · 고압 또는 특고압 작업으로 이루어지는 공사
㉡ 정보통신사업법에 따른 정보통신공사

118. 건설업의 공사금액이 850억 원일 경우 산업안전보건법령에 따른 안전관리자의 수로 옳은 것은? (단, 전체 공사기간을 100으로 할 때 공사 전 · 후 15에 해당하는 경우는 고려하지 않는다.)

① 1명 이상　② 2명 이상
③ 3명 이상　④ 4명 이상

해설 건설업의 안전관리자 선임기준

공사금액	인원
50억 원 이상 800억 원 미만	1
800억 원 이상 1500억 원 미만	2
1500억 원 이상 2200억 원 미만	3
2200억 원 이상 3000억 원 미만	4
3000억 원 이상 3900억 원 미만	5
3900억 원 이상 4900억 원 미만	6

119. 거푸집 동바리의 침하를 방지하기 위한 직접적인 조치로 옳지 않은 것은?

① 수평 연결재 사용
② 깔목의 사용
③ 콘크리트의 타설
④ 말뚝박기

해설 깔목의 사용, 콘크리트의 타설, 말뚝박기 등은 동바리의 침하를 방지하기 위한 조치이다.

120. 달비계에 사용하는 와이어로프의 사용금지기준으로 옳지 않은 것은?

① 이음매가 있는 것
② 열과 전기충격에 의해 손상된 것
③ 지름의 감소가 공칭지름의 7%를 초과하는 것
④ 와이어로프의 한 꼬임에서 끊어진 소선의 수가 7% 이상인 것

해설 와이어로프의 사용금지조건
- 이음매가 있는 것
- 꼬인 것, 심하게 변형 또는 부식된 것
- 열과 전기충격에 의해 손상된 것
- 와이어로프의 한 꼬임에서 끊어진 소선의 수가 10% 이상인 것
- 지름의 감소가 공칭지름의 7%를 초과하는 것

정답 117. ③　118. ②　119. ①　120. ④

산 업 안 전 기 사 Part 3

CBT 출제문제

※ 2022년도 3회차부터 CBT 방식으로 시험이 출제되고 있습니다.

(2022~2024)

2022년도(3회차) CBT 출제문제

산업안전기사

1과목 안전관리론

1. 하인리히의 재해발생과 관련한 도미노 이론으로 설명되는 안전관리의 핵심단계에 해당되는 요소는?

① 외부 환경
② 개인적 성향
③ 재해 및 상해
④ 불안전한 상태 및 행동

해설 하인리히 재해발생 도미노 5단계

1단계	2단계	3단계	4단계	5단계
선천적 결함	개인적 결함	불안전한 행동 · 상태	사고	재해

2. 다음 중 버드(Bird)의 재해발생에 관한 이론에서 1단계에 해당하는 재해발생의 시작이 되는 것은?

① 기본원인
② 관리의 부족
③ 불안전한 행동과 상태
④ 사회적 환경과 유전적 요소

해설 버드(Bird)의 최신 연쇄성 이론

1단계	2단계	3단계	4단계	5단계
제어부족 : 관리	기본원인 : 기원	직접원인 : 징후	사고 : 접촉	상해 : 손해

3. 보건법령상 같은 장소에서 행하여지는 사업으로서 사업의 일부를 분리하여 도급을 주어 하는 사업의 경우 산업재해를 예방하기 위한 조치로 구성 · 운영하는 안전 · 보건에 관한 협의체의 회의 주기로 옳은 것은?

① 매월 1회 이상
② 2개월 간격의 1회 이상
③ 3개월 내의 1회 이상
④ 6개월 내의 1회 이상

해설 협의체는 매월 1회 이상 정기적으로 회의를 개최하고, 그 결과를 기록 · 보존하여야 한다.

4. 재해원인 분석방법의 통계적 원인 분석 중 사고의 유형, 기인물 등 분류 항목을 큰 순서대로 도표화한 것은?

① 파레토도　② 특성요인도
③ 크로스도　④ 관리도

해설 파레토도 : 사고의 유형, 기인물 등 분류 항목을 큰 값에서 작은 값의 순서대로 도표화한다.

5. 산업재해의 발생형태 중 사람이 평면상으로 넘어졌을 때의 사고 유형은?

① 비래　② 전도　③ 도괴　④ 추락

해설 재해 발생형태 분류
- 떨어짐(추락) : 사람이 건축물, 비계, 기계, 사다리, 계단, 경사면 등의 높은 곳에서 떨어지는 것
- 넘어짐(전도) : 사람이 평면상 또는 경사면에서 구르거나 넘어지는 경우
- 낙하(비래) : 물건이 날아오거나 떨어진 물체에 사람이 맞은 경우
- 붕괴(도괴) : 건물이나 적재물, 비계 등이 무너지는 경우

정답 1. ④　2. ②　3. ①　4. ①　5. ②

6. 재해통계에 있어 강도율이 2.0인 경우에 대한 설명으로 옳은 것은?

① 재해로 인해 전체 작업비용의 2.0%에 해당하는 손실이 발생하였다.
② 근로자 100명당 2.0건의 재해가 발생하였다.
③ 근로시간 1000시간당 2.0건의 재해가 발생하였다.
④ 근로시간 1000시간당 2.0일의 근로손실일수가 발생하였다.

해설 강도율(severity rate of injury)

- 강도율 2는 근로시간 1000시간당 2.0일의 근로손실이 발생한다는 뜻이다.
- 강도율 $= \dfrac{\text{근로손실일수}}{\text{근로 총 시간 수}} \times 1000$

7. 국제노동기구(ILO)의 산업재해 정도 구분에서 부상 결과 근로자가 신체장해등급 제12급 판정을 받았다면 이는 어느 정도의 부상을 의미하는가?

① 영구 전 노동 불능
② 영구 일부 노동 불능
③ 일시 전 노동 불능
④ 일시 일부 노동 불능

해설 영구 일부 노동 불능상해 : 부상 결과로 신체 부분의 일부가 노동 기능을 상실한 부상(신체장해등급 제4~14급)

8. 위험예지훈련 4R(라운드)기법의 진행방법에서 3R에 해당하는 것은?

① 목표설정 ② 대책수립
③ 본질추구 ④ 현상파악

해설 문제해결의 4라운드

- 현상파악(1R) : 어떤 위험이 잠재하고 있는 요인을 토론을 통해 잠재한 위험요인을 발견한다.
- 본질추구(2R) : 위험요인 중 중요한 위험 문제점을 파악한다.
- 대책수립(3R) : 위험요소를 어떻게 해결하는 것이 좋을지 구체적인 대책을 세운다.
- 행동 목표설정(4R) : 중점적인 대책을 실천하기 위한 행동 목표를 설정한다.

9. 다음 중 보건법상 안전인증대상 기계 · 기구 등의 안전인증 표시로 옳은 것은?

① 
② 
③ 
④ 

해설 안전인증대상 기계 표시

안전인증대상 기계 · 기구 등의 안전인증 및 자율안전확인 표시	안전인증대상 기계 · 기구 등이 아닌 안전인증 표시

10. 방독마스크의 성능기준에 있어 사용장소에 따른 등급의 설명으로 틀린 것은?

① 고농도는 가스 또는 증기의 농도가 100분의 2 이하의 대기 중에서 사용하는 것을 말한다.
② 중농도는 가스 또는 증기의 농도가 100분의 1 이하의 대기 중에서 사용하는 것을 말한다.
③ 저농도는 가스 또는 증기의 농도가 100분의 0.5 이하의 대기 중에서 사용하는 것으로서 긴급용이 아닌 것을 말한다.
④ 고농도와 중농도에서 사용하는 방독마스크는 전면형(격리식, 직결식)을 사용해야 한다.

해설 방독마스크의 등급

- 고농도 : 가스 또는 증기의 농도가 2/100(암모니아는 3/100) 이하의 대기 중에서 사용하는 것

정답 6. ④ 7. ② 8. ② 9. ① 10. ③

- 중농도 : 가스 또는 증기의 농도가 1/100 (암모니아는 1.5/100) 이하의 대기 중에서 사용하는 것
- 저농도 및 최저 농도 : 가스 또는 증기의 농도가 0.1/100 이하의 대기 중에서 사용하는 것으로서 긴급용이 아닌 것

11. **산업안전보건법령에 따른 특정 행위의 지시 및 사실의 고지에 사용되는 안전 · 보건표지의 색도기준으로 옳은 것은?**

① 2.5G 4/10 ② 2.5PB 4/10
③ 5Y 8.5/12 ④ 7.5R 4/14

해설 파란색(2.5PB 4/10) : 특정 행위의 지시 및 사실의 고지

12. **인간관계 관리기법에 있어 구성원 상호 간의 선호도를 기초로 집단 내부의 동태적 상호관계를 분석하는 방법으로 가장 적절한 것은?**

① 소시오메트리(sociometry)
② 그리드 훈련(grid training)
③ 집단역학(group dynamic)
④ 감수성 훈련(sensitivity training)

해설 소시오메트리(sociometry) : 일정한 집단의 구조나 특성, 변화 양상 따위의 집단 안의 인간관계를 측정, 연구 · 조사하여 밝혀내는 방법으로 행동지도의 자료를 삼는 것을 말한다.

13. **부주의에 대한 사고방지 대책 중 기능 및 작업 측면의 대책이 아닌 것은?**

① 작업표준의 습관화
② 적성배치
③ 안전의식의 제고
④ 작업조건의 개선

해설 부주의에 대한 사고방지 대책

기능 및 작업적 측면에 대한 대책	정신적 측면에 대한 대책
• 적성배치 • 안전작업방법 습득 • 작업조건 개선 • 표준작업 동작의 습관화	• 안전의식의 함양 • 주의력의 집중 훈련 • 스트레스의 해소 • 작업의욕의 고취

14. **맥그리거(Mcgregor)의 Y 이론과 관계가 없는 것은?**

① 직무 확장 ② 책임과 창조력
③ 인간관계 관리방식 ④ 권위주의적 리더십

해설 ④는 X 이론의 특징이다.

15. **다음 중 일반적으로 피로의 회복 대책에 가장 효과적인 방법은?**

① 휴식과 수면을 취한다.
② 충분한 영양(음식)을 섭취한다.
③ 땀을 낼 수 있는 근력운동을 한다.
④ 모임 참여, 동료와의 대화 등을 통하여 기분을 전환한다.

해설 ① 피로의 회복 대책에 가장 효과적인 방법은 휴식과 수면이다.

16. **학습이론 중 자극과 반응의 이론이라 볼 수 없는 것은?**

① Kohler의 통찰설(insight theory)
② Thorndike의 시행착오설(trial and error theory)
③ Pavlov의 조건반사설(classical conditioning theory)
④ Skinner의 조작적 조건화설(operant conditioning theory)

해설 쾰러(Kohler)의 통찰설은 인지이론이다.

정답 11. ② 12. ① 13. ③ 14. ④ 15. ① 16. ①

17. 교육계획 수립 시 가장 먼저 실시하여야 하는 것은?

① 교육내용의 결정
② 실행교육 계획서 작성
③ 교육의 요구사항 파악
④ 교육실행을 위한 순서, 방법, 자료의 검토

해설 교육 계획서의 수립 시 첫 번째 단계 : 교육의 요구사항 파악

18. 기업 내 정형교육 중 TWI(training within industry)의 교육내용에 있어 직장 내 부하 직원에 대하여 가르치는 기술과 관련이 가장 깊은 기법은?

① JIT(Job Instruction Training)
② JMT(Job Method Training)
③ JRT(Job Relations Training)
④ JST(Job Safety Training)

해설 작업지도훈련(Job Instruction Training ; JIT) : 작업지시

19. 토의법의 유형 중 다음에서 설명하는 것은?

> 새로운 자료나 교재를 제시하고, 문제점을 피교육자로 하여금 제기하도록 하거나 피교육자의 의견을 여러 가지 방법으로 발표하게 하고 청중과 토론자 간 활발한 의견 개진과정을 통하여 합의를 도출해내는 방법이다.

① 포럼　② 심포지엄
③ 자유토의　④ 패널 디스커션

해설 포럼 : 새로운 자료나 교재를 제시하고 문제점을 피교육자로 하여금 제기하게 하여 토의하는 방법이다.

20. 타일러(Tyler)의 교육과정 중 학습경험선정의 원리에 해당하는 것은?

① 기회의 원리　② 계속성의 원리
③ 계열성의 원리　④ 통합성의 원리

해설 학습경험조직의 원리
- 다양성의 원리
- 계속성의 원리
- 계열성의 원리
- 통합성의 원리

2과목 인간공학 및 시스템 안전공학

21. 다음 중 연구기준의 요건과 내용이 옳은 것은?

① 무오염성 : 실제로 의도하는 바와 부합해야 한다.
② 적절성 : 반복실험 시 재현성이 있어야 한다.
③ 신뢰성 : 측정하고자 하는 변수 이외의 다른 변수의 영향을 받아서는 안 된다.
④ 민감도 : 피실험자 사이에서 볼 수 있는 예상 차이점에 비례하는 단위로 측정해야 한다.

해설 인간공학 연구조사에 사용되는 구비조건
- 무오염성 : 측정하고자 하는 변수 이외의 다른 변수에 영향을 받아서는 안 된다.
- 적절성(타당성) : 기준이 의도한 목적에 적합해야 한다.
- 신뢰성 : 반복시험 시 재현성이 있어야 한다.
- 민감도 : 피실험자 사이에서 볼 수 있는 예상 차이점에 비례하는 단위로 측정해야 한다.

22. 정신작업 부하를 측정하는 척도를 크게 4가지로 분류할 때 심박수의 변동, 뇌 전위, 동공반응 등 정보처리에 중추신경계 활동이 관여하고 그 활동이나 징후를 측정하는 것은?

정답 17. ③　18. ①　19. ①　20. ①　21. ④　22. ②

① 주관적(subjective) 척도
② 생리적(physiological) 척도
③ 주 임무(primary task) 척도
④ 부 임무(secondary task) 척도

해설 생리적 척도의 특징
- 정신작업 부하를 측정하는 척도를 분류하면 심박수의 변동, 뇌 전위, 동공반응, 호흡속도 등의 변화이다.
- 정보처리에 중추신경계 활동이 관여하고 그 활동이나 그 징후를 측정할 수 있다.

23. 설비의 고장형태를 크게 초기고장, 우발고장, 마모고장으로 구분할 때 다음 중 마모고장과 가장 거리가 먼 것은?

① 부품, 부재의 마모
② 열화에 의해 생기는 고장
③ 부품, 부재의 반복피로
④ 순간적 외력에 의한 파손

해설 마모고장의 원인 : 부식, 산화, 마모, 피로, 노화, 마모 등
Tip) 순간적 외력에 의한 파손은 우발고장

24. 인간의 귀의 구조에 대한 설명으로 틀린 것은?

① 외이는 귓바퀴와 외이도로 구성된다.
② 고막은 중이와 내이의 경계 부위에 위치해 있으며 음파를 진동으로 바꾼다.
③ 중이에는 인두와 교통하여 고실 내압을 조절하는 유스타키오관이 존재한다.
④ 내이는 신체의 평형감각 수용기인 반규관과 청각을 담당하는 전정기관 및 와우로 구성되어 있다.

해설 ② 고막은 중이와 외이의 경계 부위에 위치해 있으며, 음파를 진동시켜 달팽이관으로 전달하는 역할을 한다.

25. 다음 중 Weber의 법칙에 관한 설명으로 틀린 것은?

① Weber비는 분별의 질을 나타낸다.
② Weber비가 작을수록 분별력은 낮아진다.
③ 변화감지역(JND)이 작을수록 그 자극차원의 변화를 쉽게 검출할 수 있다.
④ 변화감지역(JND)은 사람이 50%를 검출할 수 있는 자극차원의 최소 변화이다.

해설 ② Weber비가 작을수록 분별력은 높아진다.

26. 다음 중 상황 해석을 잘못하거나 틀린 목표를 착각하여 행하는 인간의 실수는?

① 착오(mistake) ② 실수(slip)
③ 건망증(lapse) ④ 위반(violation)

해설 인간의 오류
- 착각(illusion) : 어떤 사물이나 사실을 실제와 다르게 왜곡하는 감각적 지각 현상
- 착오(mistake) : 상황 해석을 잘못하거나 목표를 착각하여 행하는 인간의 실수(순서, 패턴, 형상, 기억오류 등)
- 실수(slip) : 의도는 올바른 것이었지만, 행동이 의도한 것과는 다르게 나타나는 오류
- 건망증(lapse) : 경험한 일을 전혀 기억하지 못하거나, 어느 시기 동안의 일을 기억하지 못하는 기억장애
- 위반(violation) : 알고 있음에도 의도적으로 따르지 않거나 무시한 경우

27. 인체측정치의 응용원리에 해당하지 않는 것은 어느 것인가?

① 조절식 설계 ② 극단치 설계
③ 평균치 설계 ④ 다차원식 설계

해설 인체측정치의 응용원리 : 극단치 설계, 조절식 설계, 평균치 설계

정답 23. ④ 24. ② 25. ② 26. ① 27. ④

28. **다음 중 청각적 표시장치의 설계 시 적용하는 일반 원리에 대한 설명으로 틀린 것은 어느 것인가?**

① 양립성이란 긴급용 신호일 때는 낮은 주파수를 사용하는 것을 의미한다.
② 검약성이란 조작자에 대한 입력신호는 꼭 필요한 정보만을 제공하는 것이다.
③ 근사성이란 복잡한 정보를 나타내고자 할 때 2단계의 신호를 고려하는 것이다.
④ 분리성이란 두 가지 이상의 채널을 듣고 있다면 각 채널의 주파수가 분리되어 있어야 한다는 의미이다.

해설 ① 양립성은 제어장치와 표시장치의 연관성이 인간의 예상과 어느 정도 일치하는 것을 의미한다.

29. **다음 중 Fitts의 법칙에 관한 설명으로 옳은 것은?**

① 표적이 크고 이동거리가 길수록 이동시간이 증가한다.
② 표적이 작고 이동거리가 길수록 이동시간이 증가한다.
③ 표적이 크고 이동거리가 짧을수록 이동시간이 증가한다.
④ 표적이 작고 이동거리가 짧을수록 이동시간이 증가한다.

해설 Fitts의 법칙 : 목표물과의 거리가 멀고, 목표물의 크기가 작을수록 동작에 걸리는 시간은 길어진다.

30. **다음 중 신체 동작의 유형에 관한 설명으로 틀린 것은?**

① 내선(medial rotation) : 몸의 중심선으로의 회전
② 외전(abduction) : 몸의 중심선으로의 이동
③ 굴곡(flexion) : 신체 부위 간의 각도의 감소
④ 신전(extension) : 신체 부위 간의 각도의 증가

해설 외전(abduction, 벌리기) : 팔, 다리가 몸 중심선에서 밖으로 멀어지는 이동

31. **다음 그림과 같이 신뢰도가 95%인 펌프 A가 각각 신뢰도 90%인 밸브 B와 밸브 C의 병렬 밸브계와 직렬계를 이룬 시스템의 실패 확률은 약 얼마인가?**

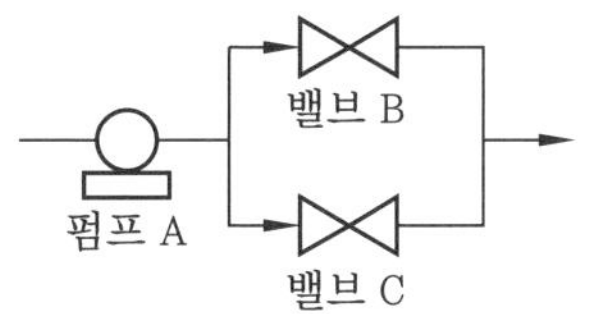

① 0.0091 ② 0.0595
③ 0.9405 ④ 0.9811

해설 ㉠ 성공확률(R_s)$=A\times[1-(1-B)\times(1-C)]=0.95\times[1-(1-0.9)\times(1-0.9)]=0.9405$
㉡ 실패확률$=1-$성공확률$=1-0.9405=0.0595$

32. **다음 중 열 중독증(heat illness)의 강도를 올바르게 나열한 것은?**

㉠ 열소모(heat exhaustion) ㉡ 열발진(heat rash) ㉢ 열경련(heat cramp) ㉣ 열사병(heat stroke)

① ㉢ < ㉡ < ㉠ < ㉣ ② ㉢ < ㉡ < ㉣ < ㉠
③ ㉡ < ㉢ < ㉠ < ㉣ ④ ㉡ < ㉣ < ㉠ < ㉢

해설 열에 의한 손상
- 열발진(heat rash) : 고온환경에서 지속적인 육체적 노동이나 운동을 함으로써 과도한 땀이나 자극으로 인해 피부에 생기는 붉은색의 작은 수포성 발진이 나타나는 현상이다.

정답 28. ① 29. ② 30. ② 31. ② 32. ③

- 열경련(heat cramp) : 고온환경에서 지속적인 육체적 노동이나 운동을 함으로써 과다한 땀의 배출로 전해질이 고갈되어 발생하는 근육, 발작 등의 경련이 나타나는 현상이다.
- 열소모(heat exhaustion) : 고온에서 장시간 중 노동을 하거나, 심한 운동으로 땀을 다량 흘렸을 때 나타나는 현상으로 땀을 통해 손실한 염분을 충분히 보충하지 못했을 때 현기증, 구토 등이 나타나는 현상, 열피로라고도 한다.
- 열사병(heat stroke) : 고온, 다습한 환경에 노출될 때 뇌의 온도상승으로 인해 나타나는 현상으로 발한정지, 심할 경우 혼수상태에 빠져 때로는 생명을 앗아간다.
- 열쇠약(heat prostration) : 작업장의 고온환경에서 육체적 노동으로 인해 체온 조절 중추의 기능 장애와 만성적인 체력 소모로 위장장애, 불면, 빈혈 등이 나타나는 현상이다.

33. **국내 규정상 1일 노출횟수가 100일 때 최대 음압수준이 몇 dB(A)를 초과하는 충격소음에 노출되어서는 아니 되는가?**

① 110 ② 120 ③ 130 ④ 140

해설 충격소음의 노출기준

1일 노출횟수	100	1000	10000
충격소음의 강도 dB(A)	140	130	120

34. **일반적으로 위험(risk)은 3가지 기본요소로 표현되며 3요소(triplets)로 정의된다. 다음 중 3요소에 해당되지 않는 것은?**

① 사고 시나리오(Si)
② 사고 발생확률(Pi)
③ 시스템 불이용도(Qi)
④ 파급 효과 또는 손실(Xi)

해설 위험(risk)의 기본 3요소
- 사고 시나리오(Si)
- 사고 발생확률(Pi)
- 파급 효과 또는 손실(Xi)

35. **다음 중 시스템이나 기기의 개발 설계 단계에서 FMEA의 표준적인 실시 절차에 해당되지 않는 것은?**

① 비용 효과 절충 분석
② 시스템 구성의 기본적 파악
③ 상위 체계에의 고장 영향분석
④ 신뢰도 블록 다이어그램 작성

해설 FMEA의 표준적인 실시 절차
- 1단계 : 대상 시스템의 분석
  - ㉠ 모든 기기 및 시스템의 구성 및 기능을 파악한다.
  - ㉡ FMEA의 실시를 위한 기본방침을 결정한다.
  - ㉢ 기기의 기능 블록과 신뢰성 블록도를 작성한다.
- 2단계 : 고장의 유형과 그 영향을 검토
  - ㉠ 시스템 고장의 형태, 원인, 빈도 등을 예측하고 설정한다.
  - ㉡ 모든 항목의 고장영향을 검토하여 고장에 대한 대응법을 검토한다.
  - ㉢ FMEA 워크시트에 관해 기입한다.
  - ㉣ 기기의 고장등급을 평가한다.
  - ㉤ 상위 항목에 대한 고장영향을 검토한다.
- 3단계 : 위험도 해석과 개선책의 검토
  - ㉠ 위험도를 해석한다.
  - ㉡ 해석 결과를 정리한다.

36. **다음 중 결함수 분석의 기대 효과와 가장 관계가 먼 것은?**

① 사고 원인 규명의 간편화
② 시간에 따른 원인 분석

정답 33. ④ 34. ③ 35. ① 36. ②

③ 사고 원인 분석의 정량화
④ 시스템의 결함 진단

해설 결함수 분석(FTA)의 기대 효과
- 사고 원인 규명의 간편화
- 사고 원인 분석의 정량화
- 사고 원인 분석의 일반화
- 안전점검 체크리스트 작성
- 시스템의 결함 진단
- 노력, 시간의 절감

37. **다음 중 FTA에서 활용하는 최소 컷셋(minimal cut sets)에 관한 설명으로 옳은 것은?**

① 해당 시스템에 대한 신뢰도를 나타낸다.
② 컷셋 중에 타 컷셋을 포함하고 있는 것을 배제하고 남은 컷셋들을 의미한다.
③ 어느 고장이나 에러를 일으키지 않으면 재해가 일어나지 않는 시스템의 신뢰성이다.
④ 기본사상이 일어나지 않을 때 정상사상(top event)이 일어나지 않는 기본사상의 집합이다.

해설 ①, ③, ④는 최소 패스셋에 관한 설명이다.

38. **다음 중 표시장치에 나타나는 값들이 계속적으로 변하는 경우에는 부적합하며 인접한 눈금에 대한 지침의 위치를 파악할 필요가 없는 경우의 표시장치 형태로 가장 적합한 것은?**

① 정목 동침형
② 정침 동목형
③ 동목 동침형
④ 계수형

해설 계수형은 전력계나 택시요금 계산기 등의 계기와 같이 기계적 혹은 전자적으로 숫자가 표시되는 곳에 활용된다.

39. **산업안전보건법령상 유해 · 위험방지 계획서의 제출대상 제조업은 전기 계약용량이 얼마 이상인 경우에 해당되는가? (단, 기타 예외 사항은 제외한다.)**

① 50kW
② 100kW
③ 200kW
④ 300kW

해설 다음 각 호의 어느 하나에 해당하는 사업으로서 유해 · 위험방지 계획서의 제출대상 사업장의 전기 계약용량은 300kW 이상이어야 한다.
- 비금속 광물제품 제조업
- 금속가공제품(기계 및 가구는 제외) 제조업
- 기타 기계 및 장비 제조업
- 자동차 및 트레일러 제조업
- 목재 및 나무제품 제조업
- 고무제품 및 플라스틱제품 제조업
- 기타 제품 제조업
- 화학물질 및 화학제품 제조업
- 1차 금속 제조업
- 전자부품 제조업
- 반도체 제조업
- 식료품 제조업
- 가구 제조업

40. **어떤 전자기기의 수명은 지수분포를 따르며, 그 평균수명은 10000시간이라고 한다. 이 기기를 연속적으로 사용할 경우 10000시간 동안 고장 없이 작동할 확률로 맞는 것은?**

① $1-e^{-1}$
② e^{-1}
③ 1/2
④ 1

해설 $R=e^{-\lambda t}=e^{-\frac{t}{t_0}}=e^{-\frac{10000}{10000}}=e^{-1}$

정답 37. ② 38. ④ 39. ④ 40. ②

3과목 기계 위험방지 기술

41. 다음 중 안전점검의 목적으로 볼 수 없는 것은?

① 사고 원인을 찾아 재해를 미연에 방지하기 위함이다.
② 작업자의 잘못된 부분을 점검하여 책임을 부여하기 위함이다.
③ 재해의 재발을 방지하여 사전 대책을 세우기 위함이다
④ 현장의 불안전 요인을 찾아 계획에 적절히 반영시키기 위함이다.

해설 안전점검의 목적 : 결함이나 불안전 요인을 제거하여 기계설비의 성능 유지, 생산관리를 향상한다.

42. 다음 중 산업재해 조사표를 작성할 때 기입하는 상해의 종류에 해당하는 것은?

① 낙하 · 비래
② 유해광선 노출
③ 중독 · 질식
④ 이상온도 노출 · 접촉

해설 상해와 재해
- 상해(외적 상해) 종류 : 골절, 동상, 부종, 자상, 타박상, 절단, 중독, 질식, 찰과상, 창상, 화상 등
- 재해(사고)발생 형태 : 낙하 · 비래, 넘어짐, 끼임, 부딪힘, 감전, 유해광선 노출, 이상온도 노출 · 접촉, 산소결핍, 소음 노출, 폭발, 화재 등

43. 안전색채와 기계장비 또는 배관의 연결이 잘못된 것은?

① 시동 스위치－녹색
② 급정지 스위치－황색
③ 고열기계－회청색
④ 증기배관－암적색

해설 ② 급정지 스위치－적색

44. 산업안전보건기준에 관한 규칙에 따라 연삭기(研削機) 또는 평삭기(平削機)의 테이블, 형삭기(形削) 램 등의 행정 끝이 근로자에게 위험을 미칠 우려가 있는 경우 위험방지를 위해 해당 부위에 설치하여야 하는 것은?

① 안전망
② 급정지장치
③ 방호판
④ 덮개 또는 울

해설 사업주는 연삭기 또는 평삭기의 테이블, 형삭기 램 등의 행정 끝이 근로자에게 위험을 미칠 우려가 있는 경우에 해당 부위에 덮개 또는 울 등을 설치하여야 한다.

45. 다음과 같은 조건에서 원통용기를 제작했을 때 안전성(안전도)이 높은 것부터 순서대로 나열된 것은?

구분	내압	인장강도
1	$50\,kgf/cm^2$	$40\,kgf/cm^2$
2	$60\,kgf/cm^2$	$50\,kgf/cm^2$
3	$70\,kgf/cm^2$	$55\,kgf/cm^2$

① 1－2－3　　② 2－3－1
③ 3－1－2　　④ 2－1－3

해설 원통용기 안전도

㉠ $안전도1=\frac{인장강도}{내압}=\frac{40}{50}=0.8$

㉡ $안전도2=\frac{인장강도}{내압}=\frac{50}{60}=0.8333$

㉢ $안전도3=\frac{인장강도}{내압}=\frac{55}{70}=0.7857$

정답 41. ② 42. ③ 43. ② 44. ④ 45. ④

46. 밀링작업의 안전수칙이 아닌 것은?

① 주축속도를 변속시킬 때는 반드시 주축이 정지한 후에 변환한다.

② 절삭공구를 설치할 때에는 전원을 반드시 끄고 한다.

③ 정면 밀링커터 작업 시 날 끝과 동일 높이에서 확인하며 작업한다.

④ 작은 칩의 제거는 브러시나 청소용 솔을 사용하며 제거한다.

해설 ③ 정면 밀링커터 작업 시 날 끝과 동일 높이에서 확인하며 작업하면 위험하다.

47. 연삭숫돌의 상부 사용을 목적으로 하는 탁상용 연삭기에서 안전 덮개의 노출 부위 각도는 몇 도 이내이어야 하는가?

① 90° 이내　　② 75° 이내

③ 60° 이내　　④ 105° 이내

해설 탁상용 연삭기 개방부 각도(상부를 사용하는 경우) : 60° 이내

48. 회전수가 300 rpm, 연삭숫돌의 지름이 200 mm일 때 숫돌의 원주속도는 약 몇 m/min인가?

① 60.0　② 94.2　③ 150.0　④ 188.5

해설 원주속도$(V)=\dfrac{\pi DN}{1000}=\dfrac{\pi\times200\times300}{1000}$

$=188.4\,\text{m/min}$

49. 프레스기에 설치하는 방호장치에 관한 사항으로 틀린 것은?

① 수인식 방호장치의 수인끈 재료는 합성섬유로 직경이 4mm 이상이어야 한다.

② 양수조작식 방호장치는 1행정마다 누름버튼에서 양손을 떼지 않으면 다음 작업의 동작을 할 수 없는 구조이어야 한다.

③ 광전자식 방호장치는 정상동작 표시램프는 적색, 위험 표시램프는 녹색으로 하며, 쉽게 근로자가 볼 수 있는 곳에 설치하여야 한다.

④ 손쳐내기식 방호장치는 슬라이드 하행정거리의 3/4 위치에서 손을 완전히 밀어내야 한다.

해설 ③ 광전자식 방호장치의 정상동작 표시램프는 녹색, 위험 표시램프는 적색으로 한다.

50. 다음 중 프레스 작업에서 재해예방을 위한 재료의 자동송급 또는 자동배출장치가 아닌 것은?

① 롤 피더　　② 그리퍼 피더

③ 플라이어　　④ 셔블 이젝터

해설 프레스 금형작업에서 플라이어는 수공구이다.

51. 프레스의 금형 조정작업 시 위험한계 내에서 작업하는 작업자의 안전을 위하여 안전블록의 사용 등 필요한 조치를 취해야 한다. 다음 중 이에 해당하는 조정작업으로 옳은 것은?

① 금형의 부착작업 및 해체작업

② 금형의 설계 및 부착작업

③ 금형의 설계 및 수리작업

④ 금형설계의 지휘작업

해설 안전블록 : 프레스의 금형을 부착 · 해체 또는 조정하는 작업을 할 때에 슬라이드가 갑자기 작동하는 위험을 방지하기 위하여 사용한다.

52. 가스용접에서 산소-아세틸렌 불꽃이 순간적으로 팁 끝에 흡인되고 "빵빵"하면서 꺼졌다가 다시 켜졌다가 하는 현상을 무엇이라 하는가?

① 역화(back fire)　　② 인화(flash back)

③ 역류(contra flow)　　④ 점화(ignition)

정답 46. ③　47. ③　48. ④　49. ③　50. ③　51. ①　52. ①

해설 역화 : 불꽃이 순간적으로 팁 끝에 흡인되고 "빵빵"하면서 꺼졌다가 다시 켜졌다가 하는 현상

53. 가스용접 작업 시 충전가스용기의 도색과 가스명이 맞지 않는 것은?

① 산소－녹색
② 아르곤－회색
③ 액화 암모니아－황색
④ 액화 염소－갈색

해설 액화 암모니아－하얀색(백색)

54. 보일러 압력방출장치의 종류에 해당하지 않는 것은?

① 스프링식 ② 중추식
③ 플런저식 ④ 지렛대식

해설 압력방출장치의 종류 : 스프링식, 중추식, 지렛대식

55. 다음 중 진동방지용 재료로 사용되는 공기스프링의 특징으로 틀린 것은?

① 공기량에 따라 스프링 상수의 조절이 가능하다.
② 측면에 대한 강성이 강하다.
③ 공기의 압축성에 의해 감쇠특성이 크므로 미소진동의 흡수도 가능하다.
④ 공기탱크 및 압축기 등의 설치로 구조가 복잡하고, 제작비가 비싸다.

해설 공기 스프링의 특징 : 공기 스프링은 주로 압축하중을 받는 충격을 흡수하는 장치로 측면이 매우 약하다.
Tip) ①, ③, ④는 공기 스프링의 특징이다.

56. 두께 2mm이고 치진폭이 2.5mm인 목재가공용 둥근톱에서 반발예방장치 분할날의 두께(t)로 적절한 것은?

① $2.2\text{mm} \le t < 2.5\text{mm}$
② $2.0\text{mm} \le t < 3.5\text{mm}$
③ $1.5\text{mm} \le t < 2.5\text{mm}$
④ $2.5\text{mm} \le t < 3.5\text{mm}$

해설 분할날(spreader)의 두께
$1.1t_1 \le t_2 < b$
$1.1 \times 2\text{mm} \le t_2 < 2.5\text{mm}$
$2.2\text{mm} \le t_2 < 2.5\text{mm}$
여기서, t_1 : 톱 두께, t_2 : 분할날 두께,
b : 톱날 진폭

57. 화물중량이 200kgf, 지게차의 중량이 400kgf이고, 앞바퀴에서 화물의 무게중심까지의 최단거리가 1m일 때, 지게차가 안정되기 위하여 앞바퀴에서 지게차의 무게중심까지의 최단거리는 최소 몇 m를 초과해야 하는가?

① 0.2 ② 0.5
③ 1 ④ 2

해설 $W \times a < G \times b$
$\rightarrow 200 \times 1 < 400 \times b$
$\rightarrow \dfrac{200}{400} < b \quad \therefore b > 0.5\text{m}$
여기서, W : 화물 중심에서의 화물의 중량
G : 지게차의 중량
a : 앞바퀴에서 화물 중심까지의 거리
b : 앞바퀴에서 지게차 중심까지의 거리

58. 다음 중 지브가 없는 크레인의 정격하중에 관한 정의로 옳은 것은?

① 짐을 싣고 상승할 수 있는 최대하중
② 크레인의 구조 및 재료에 따라 들어 올릴 수 있는 최대하중
③ 권상하중에서 훅, 그랩 또는 버킷 등 달기구의 중량에 상당하는 하중을 뺀 하중
④ 짐을 싣지 않고 상승할 수 있는 최대하중

정답 53. ③ 54. ③ 55. ② 56. ① 57. ② 58. ③

해설 정격하중 : 크레인의 권상하중에서 각각 훅, 크레인 버킷 등 달기구의 중량을 뺀 하중

59. 크레인의 사용 중 하중이 정격을 초과하였을 때 자동적으로 상승이 정지되는 장치는 무엇인가?

① 해지장치 ② 이탈방지장치
③ 아우트리거 ④ 과부하방지장치

해설 과부하방지장치 안전기준
- 양중기에 정격하중이 초과하였을 때 자동적으로 동작을 정지시켜주는 방호장치이다.
- 과부하방지장치는 정격하중의 110% 권상 시 경보와 함께 권상동작이 정지되어야 한다.
- 과부하방지장치 작동 시 경보음과 경보램프가 작동되어야 하며, 양중기는 작동이 정지되어야 한다.

60. 다음 중 비파괴 시험의 종류에 해당하지 않는 것은?

① 와류탐상시험 ② 초음파 탐상시험
③ 인장시험 ④ 방사선 투과시험

해설 ③은 기계적인 파괴시험이다.

4과목 전기 위험방지 기술

61. 다음 현상은 무엇인가?

> 전위차가 있는 2개의 대전체가 특정 거리에 접근하게 되면 등전위가 되기 위하여 전하가 절연 공간을 깨고 순간적으로 빛과 열을 발생하며 이동하는 현상

① 대전 ② 충전 ③ 방전 ④ 열전

해설 방전에 대한 설명이다.

62. 인체의 피부 전기저항은 여러 가지의 제반조건에 의해서 변화를 일으키는데 제반조건으로서 가장 가까운 것은?

① 피부의 청결 ② 피부의 노화
③ 인가전압의 크기 ④ 통전경로

해설 인체 피부저항은 인가전압의 크기, 피부의 젖은 정도, 접촉면적 등의 제반조건에 의해 변한다.

63. 다음 중 전기기계 · 기구의 기능 설명으로 옳은 것은?

① CB는 부하전류를 개폐시킬 수 있다.
② ACB는 진공 중에서 차단동작을 한다.
③ DS는 회로의 개폐 및 대용량 부하를 개폐시킨다.
④ 피뢰침은 뇌나 계통의 개폐에 의해 발생하는 이상전압을 대지로 방전시킨다.

해설 전기기계 · 기구의 기능
- 차단기(CB) : 전기기기 계통에 이상이 발생했을 때 대전류 회로를 차단하는 장치이다.
- 단로기(DS) : 차단기의 전후, 회로의 접속 변환, 고압 또는 특고압 회로의 기기분리 등에 사용하는 개폐기로서 반드시 무부하 시 개폐 조작을 하여야 한다.
- 공기차단기(ABB) : 압축공기로 아크를 소호하는 차단기로서 대규모 설비에 이용된다.
- 기중차단기(ACB) : 공기 중에서 아크를 자연 소호하는 차단기로서 교류 1000V 이하에서 사용한다.
- 피뢰침(LA) : 천둥, 번개와 벼락으로부터 발생하는 이상전압을 대지로 방전시킨다.

64. 입욕자에게 전기적 자극을 주기 위한 전기욕기의 전원장치에 내장되어 있는 전원변압기의 2차 측 전로의 사용전압은 몇 V 이하로 하여야 하는가?

정답 59. ④ 60. ③ 61. ③ 62. ③ 63. ① 64. ①

① 10 ② 15 ③ 30 ④ 60

해설 입욕자에게 전기적 자극을 주기 위한 전기욕기의 2차 전압은 10V 이하이다.

65. 통전경로별 위험도를 나타낸 경우 위험도가 큰 순서로 옳은 것은?

① 왼손－오른손 > 왼손－등 > 양손－양발 > 오른손－가슴
② 왼손－오른손 > 오른손－가슴 > 왼손－등 > 양손－양발
③ 오른손－가슴 > 양손－양발 > 왼손－등 > 왼손－오른손
④ 오른손－가슴 > 왼손－오른손 > 양손－양발 > 왼손－등

해설 위험도가 큰 순서 : 오른손－가슴(1.3) > 양손－양발(1.0) > 왼손－등(0.7) > 왼손－오른손(0.4)

66. 다음 중 전격의 위험을 가장 잘 설명하고 있는 것은?

① 통전전류가 크고, 주파수가 높고, 장시간 흐를수록 위험하다.
② 통전전압이 높고, 주파수가 높고, 인체저항이 낮을수록 위험하다.
③ 통전전류가 크고, 장시간 흐르고, 인체의 주요한 부분을 흐를수록 위험하다.
④ 통전전압이 높고, 인체저항이 높고, 인체의 주요한 부분을 흐를수록 위험하다.

해설 전격위험도 순서 : 전원의 종류 < 통전경로 < 통전시간 < 통전전류의 크기

67. 누전경보기는 사용전압이 600V 이하인 경계전로의 누설전류를 검출하여 당해 소방대상물의 관계자에게 경보를 발하는 설비를 말한다. 다음 중 누전경보기의 구성으로 옳은 것은?

① 감지기－발신기
② 변류기－수신부
③ 중계기－감지기
④ 차단기－증폭기

해설 누설전류를 검출하여 경보를 발하는 변류기－수신부로 구성된 설비를 말한다.

68. 아크 용접작업 시 감전사고 방지 대책으로 틀린 것은?

① 절연장갑의 사용
② 절연 용접봉의 사용
③ 적정한 케이블의 사용
④ 절연 용접봉 홀더의 사용

해설 아크 용접작업 시 감전사고 방지 대책
- 절연장갑의 사용
- 자동전격 방지장치 사용
- 적정한 케이블의 사용
- 절연 용접봉 홀더의 사용

69. 전기화재가 발생되는 비중이 가장 큰 발화원은?

① 주방기기
② 이동식 전열기구
③ 회전체 전기기계 및 기구
④ 전기배선 및 배선기구

해설 전기화재가 발생되는 비중이 가장 큰 순서 전기배선 및 배선기구 > 이동식 전열기구 > 전기기기(주방기기) > 전기기계 및 기구(전기장치)

70. 주 접지단자에 접속하기 위한 등전위 본딩 도체의 단면적은 구리도체 (㉠)mm^2 이상, 알루미늄 도체 (㉡)mm^2 이상, 강철도체 50mm^2 이상이어야 한다. ( ) 안에 올바른 값은?

정답 65. ③ 66. ③ 67. ② 68. ② 69. ④ 70. ②

① ㉠ : 6, ㉡ : 10
② ㉠ : 6, ㉡ : 16
③ ㉠ : 14, ㉡ : 18
④ ㉠ : 18, ㉡ : 24

해설 등전위 본딩 도체(KEC 143.3.1) : 그 도체의 단면적이 구리는 6mm^2 이상, 알루미늄은 16mm^2 이상이어야 한다.

71. 누전사고가 발생될 수 있는 취약개소가 아닌 것은?

① 나선으로 접속된 분기회로의 접속점
② 전선의 열화가 발생한 곳
③ 부도체를 사용하여 이중절연이 되어 있는 곳
④ 리드선과 단자와의 접속이 불량한 곳

해설 ①, ②, ④는 누전사고가 발생할 수 있는 취약장소이다.

72. 다음 중 전기기기의 접지시설이 옳지 않은 것은?

① 접지선은 도전성이 큰 것 일수록 좋다.
② 400V 이상의 전압기기는 특별 제3종 접지공사를 한다.
③ 접지시설 시 선로 측을 먼저 연결하고 대지에 접지극을 매설한다.
④ 접지선은 가능한 한 굵은 것을 사용한다.

해설 ③ 전선 연결 시 부하 쪽을 먼저 연결하고 대지에 접지극을 매설한다.

73. 다음 중 전기화재 시 소화에 적합한 소화기가 아닌 것은?

① 사염화탄소 소화기
② 분말 소화기
③ 산 알칼리 소화기
④ CO_2 소화기

해설 화재의 종류

구분	가연물	구분색	소화제
A급	일반	백색	물, 강화액 소화기, 산 알칼리 소화기
B급	유류	황색	포말 소화기, 분말 소화기, CO_2 소화기
C급	전기	청색	CO_2 소화기, 분말 소화기, 사염화탄소 소화기
D급	금속	–	건조사, 팽창 질석

74. 다음 중 정전기 발생의 일반적인 종류가 아닌 것은?

① 마찰 ② 중화
③ 박리 ④ 유동

해설 대전의 종류는 유동, 분출, 마찰, 박리, 파괴, 충돌, 교반 또는 침강에 의한 정전기 대전 등이 있다.

75. 극간 정전용량이 1000pF이고, 착화에너지가 0.019mJ인 가스에서 폭발한계전압(V)은 약 얼마인가? (단, 소수점 이하는 반올림한다.)

① 3900 ② 1950
③ 390 ④ 195

해설 $E=\frac{1}{2}CV^2$

$$V=\sqrt{\frac{2E}{C}}=\sqrt{\frac{2\times0.019\times10^{-3}}{1000\times10^{-12}}}=194.935\text{V}$$

76. 정전기 발생에 대한 방지 대책의 설명으로 틀린 것은?

① 가스용기, 탱크 등의 도체부는 모두 접지한다.
② 배관 내 액체의 유속을 제한한다.
③ 화학섬유의 작업복을 착용한다.
④ 대전방지제 또는 제전기를 사용한다.

정답 71. ③ 72. ③ 73. ③ 74. ② 75. ④ 76. ③

해설 정전기 방지 대책

발생 대전	• 모두 접지한다. • 유속을 제한한다. • 정전화, 제전복을 착용한다. • 가습, 제전기를 사용한다.
전격	• 대전방지제를 사용한다. • 대전전하를 누설한다.
화재 폭발	• 환기하여 위험물질을 제거한다. • 집진하여 분진을 제거한다.

Tip) ③ 대전방지 작업복을 착용한다.

77. 다음 중 방폭 전기기기의 구조별 표시방법으로 틀린 것은?

① 내압 방폭구조 : p
② 본질안전 방폭구조 : ia, ib
③ 유입 방폭구조 : o
④ 안전증 방폭구조 : e

해설 ① 내압 방폭구조 : d

78. 방폭기기 그룹에 관한 설명으로 틀린 것은?

① 그룹 Ⅰ, 그룹 Ⅱ, 그룹 Ⅲ이 있다.
② 그룹 Ⅰ의 기기는 폭발성 갱내 가스에 취약한 광산에서의 사용을 목적으로 한다.
③ 그룹 Ⅱ의 세부 분류로 ⅡA, ⅡB, ⅡC가 있다.
④ ⅡA로 표시된 기기는 그룹 ⅡB 기기를 필요로 하는 지역에 사용할 수 있다.

해설 ④ ⅡB로 표시된 기기는 그룹 ⅡA 기기를 필요로 하는 지역에 사용할 수 있다.

79. 인화(가연)성 가스가 저장된 탱크의 릴리프 밸브가 가끔 작동하여 가연성 가스나 증기가 방출되는 부근의 위험장소 분류는 어느 것인가?

① 0종　② 1종
③ 2종　④ 준위험장소

해설 1종 장소 : 설비 및 기기들이 운전, 유지보수, 고장 등인 상태에서 폭발성 가스가 가끔 누출되어 위험분위기가 있는 장소

80. 방폭지역에 전기기기를 설치할 때 그 위치로 적당하지 않은 것은?

① 운전 · 조작 · 조정이 편리한 위치
② 수분이나 습기에 노출되지 않는 위치
③ 정비에 필요한 공간이 확보되는 위치
④ 부식성 가스 발산구의 주변 검지가 용이한 위치

해설 방폭지역에 전기기기를 설치할 위치

- 운전 · 조작 · 조정 등이 편리한 위치에 설치한다.
- 보수가 용이한 위치에 설치하고 점검 또는 정비에 필요한 공간을 확보해야 한다.
- 수분이나 습기에 가능하면 노출되지 않는 위치에 설치, 상시 습기가 많은 장소에 설치를 피해야 한다.
- 부식성 가스 발산구의 주변 및 부식성 액체가 비산하는 위치에 설치를 피해야 한다.
- 열유관, 증기관 등의 고온 발열체에 근접한 위치에는 가능하면 설치를 피해야 한다.
- 기계설비 등 현저한 진동의 영향을 받을 수 있는 위치에 설치를 피해야 한다.

5과목 화학설비 위험방지 기술

81. 산업안전보건기준에 관한 규칙에 따르면 쥐에 대한 경구투입실험에 의하여 실험동물의 50퍼센트를 사망시킬 수 있는 물질의 양, 즉 LD_{50}(경구, 쥐)이 킬로그램당 몇 밀리그램-(체중) 이하인 화학물질이 급성 독성 물질에 해당하는가?

① 25　② 100　③ 300　④ 500

정답 77. ①　78. ④　79. ②　80. ④　81. ③

해설 급성 독성 물질

- 쥐에 대한 경구투입실험에 의하여 실험동물의 50%를 사망시킬 수 있는 물질의 양, 즉 LD_{50}(경구, 쥐)이 kg당 300mg-(체중) 이하인 화학물질
- 쥐 또는 토끼에 대한 경피흡수실험에 의하여 실험동물의 50%를 사망시킬 수 있는 물질의 양, 즉 LD_{50}(경피, 토끼 또는 쥐)이 kg당 1000mg-(체중) 이하인 화학물질
- 쥐에 대한 4시간 동안의 흡입실험에 의하여 실험동물의 50%를 사망시킬 수 있는 물질의 농도, 즉 가스 LC_{50}(쥐, 4시간 흡입)이 2500ppm 이하인 화학물질, 증기 LC_{50}(쥐, 4시간 흡입)이 10mg/L 이하인 화학물질, 분진 또는 미스트 1mg/L 이하인 화학물질
- 급성 독성 물질의 기준은 경구(oral)는 300mg/kg, 경피는 1000mg/kg, 가스는 2500ppm, 증기는 10mg/L, 분진 · 미스트는 1mg/L이다.

82. 다음 중 황산(H_2SO_4)에 관한 설명으로 틀린 것은?

① 무취이며, 순수한 황산은 무색 투명하다.
② 진한 황산은 유기물과 접촉할 경우 발열반응을 한다.
③ 묽은 황산은 수소보다 이온화 경향이 큰 금속과 반응하면 수소를 발생한다.
④ 자신은 인화성이며 강산화성 물질로서 진한 황산은 산화력이 강하다.

해설 ④ 자신은 부식성이며 강한 산성물질로서 황산은 각종 금속과 반응(부식)하여 수소(H_2)를 발생시킨다.

83. 공기 중 아세톤의 농도가 200ppm(TLV 500ppm), 메틸에틸케톤(MEK)의 농도가 100ppm(TLV 200ppm)일 때 혼합물질의 허용농도(ppm)는 약 얼마인가? (단, 두 물질은 서로 상가작용을 하는 것으로 가정한다.)

① 150 ② 200 ③ 270 ④ 333

해설 ㉠ 노출지수$(R)=\frac{C_1}{T_1}+\frac{C_2}{T_2}+\cdots+\frac{C_n}{T_n}$

$=\frac{200}{500}+\frac{100}{200}=0.9$

㉡ 허용농도$=\frac{C_1+C_2+\cdots+C_n}{R}$

$=\frac{200+100}{0.9}\fallingdotseq 333.3\text{ppm}$

84. 탄화칼슘이 물과 반응하였을 때 생성물을 옳게 나타낸 것은?

① 수산화칼슘+아세틸렌
② 수산화칼슘+수소
③ 염화칼슘+아세틸렌
④ 염화칼슘+수소

해설 물(H_2O)과 카바이드(CaC_2 : 탄화칼슘)의 반응식은 다음과 같다.

$$CaC_2+2H_2O \rightarrow C_2H_2+Ca(OH)_2$$

85. 8% NaOH 수용액과 5% NaOH 수용액을 반응기에 혼합하여 6% 100kg의 NaOH 수용액을 만들려면 각각 약 몇 kg의 NaOH 수용액이 필요한가?

① 5% NaOH 수용액 : 33.3kg, 8% NaOH 수용액 : 66.7kg
② 5% NaOH 수용액 : 56.8kg, 8% NaOH 수용액 : 43.2kg
③ 5% NaOH 수용액 : 66.7kg, 8% NaOH 수용액 : 33.3kg
④ 5% NaOH 수용액 : 43.2kg, 8% NaOH 수용액 : 56.8kg

정답 82. ④ 83. ④ 84. ① 85. ③

해설 8% NaOH 수용액의 무게를 $x$kg, 5% NaOH 수용액의 무게를 $y$kg이라고 하면

$(0.08 \times x) + (0.05 \times y) = 0.06 \times 100$ ⋯ ①

$x + y = 100$ ⋯ ②

연립방정식을 풀면

②번 식에서 $y = 100 - x$ ⋯ ③

①번 식에 ③번 식을 대입하여 풀면

$(0.08 \times x) + \{0.05 \times (100 - x)\} = 0.06 \times 100$

$0.08x + (5 - 0.05x) = 6$

$0.08x + 5 - 0.05x = 6$

$0.03x = 1$

$$x = \frac{1}{0.03} = 33.3\text{kg}$$

$\therefore y = 100 - x = 100 - 33.3 = 66.7\text{kg}$

86. **산업안전보건법령상 물질안전보건자료를 작성할 때에 혼합물로 된 제품들이 각각의 제품을 대표하여 하나의 물질안전보건자료를 작성할 수 있는 충족요건 중 각 구성성분의 함량 변화는 얼마 이하이어야 하는가?**

① 5% ② 10%
③ 15% ④ 30%

해설 혼합물로 된 제품들이 다음 각 호의 요건을 충족하는 경우에는 각각의 제품을 대표하여 하나의 물질안전보건자료를 작성할 수 있다.

㉠ 혼합물로 된 제품의 구성성분이 같을 것
㉡ 각 구성성분의 함량 변화가 10% 이하일 것
㉢ 비슷한 유해성을 가질 것

87. **가연성 가스의 폭발범위에 관한 설명으로 틀린 것은?**

① 압력증가에 따라 폭발상한계와 하한계가 모두 현저히 증가한다.
② 불활성 가스를 주입하면 폭발범위는 좁아진다.
③ 온도의 상승과 함께 폭발범위는 넓어진다.
④ 산소 중에서 폭발범위는 공기 중에서보다 넓어진다.

해설 폭발한계에 영향을 주는 요인

- 온도 : 온도의 상승과 함께 폭발하한은 감소하며, 폭발상한은 증가한다.
- 압력 : 가스압력이 높아질수록 폭발상한값이 현저히 증가한다(하한은 변화가 없음).
- 산소 : 폭발상한값은 산소의 농도가 증가하면 현저히 상승한다(하한은 변화가 없음).

88. **유류 저장탱크에서 화염의 차단을 목적으로 외부에 증기를 방출하기도 하고 탱크 내 외기를 흡입하기도 하는 부분에 설치하는 안전장치는?**

① vent stack
② safety valve
③ gate valve
④ flame arrester

해설 인화성 가스 및 액체 저장탱크에 취급하는 화학설비에서 외부로 증기를 방출하는 경우에는 외부로부터 화염을 방지하기 위해 화염방지기(flame arrester)를 설치한다.

89. **메탄이 공기 중에서 연소될 때의 이론혼합비(화학양론 조성)는 약 몇 vol%인가?**

① 2.21 ② 4.03 ③ 5.76 ④ 9.50

해설 이론 혼합비

메탄(CH_4)에서 탄소(n)=1, 수소(m)=4이므로

$$C_{st} = \frac{100}{1 + 4.773\left(n + \frac{m - f - 2\lambda}{4}\right)} = \frac{100}{1 + 4.773\left(1 + \frac{4}{4}\right)} = 9.48\text{vol\%}$$

정답 86. ② 87. ① 88. ④ 89. ④

90. **다음 [보기]의 물질을 폭발범위가 넓은 것부터 좁은 순서로 옳게 배열한 것은 어느 것인가?**

보기

H_2 C_3H_8 CH_4 CO

① $CO > H_2 > C_3H_8 > CH_4$
② $H_2 > CO > CH_4 > C_3H_8$
③ $C_3H_8 > CO > CH_4 > H_2$
④ $CH_4 > H_2 > CO > C_3H_8$

해설 물질의 폭발범위

H_2	CO	CH_4	C_3H_8
4~75%	12.5~74%	5~15%	2.1~9.5%

91. **산업안전보건법령상 대상 설비에 설치된 안전밸브에 대해서는 경우에 따라 구분된 검사주기마다 안전밸브가 적정하게 작동하는지 검사하여야 한다. 화학공정 유체와 안전밸브의 디스크 또는 시트가 직접 접촉될 수 있도록 설치된 경우의 검사주기로 옳은 것은?**

① 매년 1회 이상 ② 2년마다 1회 이상
③ 3년마다 1회 이상 ④ 4년마다 1회 이상

해설 유체와 안전밸브의 디스크 또는 시트가 직접 접촉될 수 있도록 설치된 경우 : 매년 1회 이상

92. **다음 중 폭발 또는 화재가 발생할 우려가 있는 건조설비의 구조로 적절하지 않은 것은?**

① 건조설비의 바깥면은 불연성 재료로 만들 것
② 위험물 건조설비의 열원으로서 직화를 사용하지 아니할 것
③ 위험물 건조설비의 측벽이나 바닥은 견고한 구조로 할 것
④ 위험물 건조설비는 상부를 무거운 재료로 만들고 폭발구를 설치할 것

해설 ④ 위험물 건조설비는 그 상부를 가벼운 재료로 만들고 주위상황을 고려하여 폭발구를 설치할 것

93. **압축기와 송풍의 관로에 심한 공기의 맥동과 진동을 발생하면서 불안정한 운전이 되는 서징(surging) 현상의 방지법으로 옳지 않은 것은?**

① 풍량을 감소시킨다.
② 배관의 경사를 완만하게 한다.
③ 교축밸브를 기계에서 멀리 설치한다.
④ 토출가스를 흡입 측에 바이패스 시키거나 방출밸브에 의해 대기로 방출시킨다.

해설 맥동 현상(서징 : surging)

- 펌프의 입·출구에 부착되어 있는 진공계와 압력계가 흔들리고 진동과 소음이 일어나며, 유출량이 변하는 현상이다.
- 교축밸브를 기계에 가까이 설치하여 맥동현상을 방지한다.

94. **고온에서 완전 열분해하였을 때 산소를 발생하는 물질은?**

① 황화수소 ② 과염소산칼륨
③ 메틸리튬 ④ 적린

해설 자신이 환원되고 산소를 발생하는 물질에는 H_2O_2, $KClO_4$, $NaClO_3$ 등이 있다.

95. **최소 발화에너지(E[J])를 구하는 식으로 옳은 것은? (단, I는 전류[A], R은 저항[Ω], V는 전압[V], C는 콘덴서 용량[F], T는 시간[초]라 한다.)**

① $E=IRT$ ② $E=0.24I^2\sqrt{R}$
③ $E=\frac{1}{2}CV^2$ ④ $E=\frac{1}{2}\sqrt{C^2V}$

정답 90. ② 91. ① 92. ④ 93. ③ 94. ② 95. ③

해설 $E=\frac{1}{2}CV^2[J]$

여기서, C : 정전용량, V : 전압

96. 다음 중 혼합위험성인 혼합에 따른 발화위험성 물질로 구분되는 것은?

① 에탄올과 가성소다의 혼합
② 발연질산과 아닐린의 혼합
③ 아세트산과 포름산의 혼합
④ 황산암모늄과 물의 혼합

해설 ① 에탄올과 가성소다의 혼합 – 에탄올에 용해
② 발연질산과 아닐린의 혼합 – 발화성 물질
③ 아세트산과 포름산의 혼합 – 석유류에 반응하지 않음
④ 황산암모늄과 물의 혼합 – 물에 용해

97. 다음 설명에 해당하는 소화 효과는?

> 연소가 지속되기 위해서는 활성기(free–radical)에 의한 연쇄반응이 필수적인데 이 연쇄반응을 차단하여 소화하는 방법

① 냉각소화 ② 질식소화
③ 제거소화 ④ 억제소화

해설 억제소화에 관한 설명이다.

98. 두 물질을 혼합하면 위험성이 커지는 경우가 아닌 것은?

① 이황화탄소+물
② 나트륨+물
③ 과산화나트륨+염산
④ 염소산칼륨+적린

해설 물보다 무거운 이황화탄소는 물속에 저장하는 제4류 특수 인화물이며, 물과는 반응하지 않는다.

99. 다음 중 자연발화가 쉽게 일어나는 조건으로 틀린 것은?

① 주위온도가 높을수록
② 열축적이 클수록
③ 적당량의 수분이 존재할 때
④ 표면적이 작을수록

해설 입자의 표면적이 클수록 산소와 접촉면이 넓어져 타기가 쉽다.

100. 디에틸에테르의 연소범위에 가장 가까운 값은?

① 2~10.4% ② 1.9~48%
③ 2.5~15% ④ 1.5~7.8%

해설 디에틸에테르($C_2H_5OC_2H_5$)

인화점	착화점	증기비중	연소범위
−45℃	180℃	2.55	1.9~48%

6과목 건설안전기술

101. 안전관리계획서의 작성내용과 거리가 먼 것은?

① 건설공사의 안전관리조직
② 산업안전보건관리비 집행방법
③ 공사장 및 주변 안전관리계획
④ 통행안전시설 설치 및 교통 소통계획

해설 안전관리계획서의 작성내용
- 건설공사의 개요 및 안전관리조직
- 공정별 안전점검계획
- 공사장 및 주변의 안전관리대책
- 통행안전시설의 설치 및 교통 소통에 관한 계획
- 안전관리비 집행계획
- 안전교육 및 비상시 긴급 조치계획

정답 96. ② 97. ④ 98. ① 99. ④ 100. ② 101. ②

102. 지반조사 중 예비조사 단계에서 흙막이 구조물의 종류에 맞는 형식을 선정하기 위한 조사항목과 거리가 먼 것은?

① 흙막이벽 축조 여부 판단 및 굴착에 따른 안정이 충분히 확보될 수 있는지 여부
② 인근 지반의 지반조사 자료나 시공자료의 수집
③ 기상조건 변동에 따른 영향 검토
④ 주변의 환경(하천, 지표지질, 도로, 교통 등)

해설 지반조사방법 중 예비조사사항
- 인근 지반의 지반조사 자료나 시공자료의 수집
- 지형도, 지하수위 등 현황 조사
- 인접 구조물의 크기, 매설물의 현황 조사
- 주변의 환경(하천, 지표지질, 도로, 교통 등)
- 기상조건 변동에 따른 영향 검토

103. 산업안전보건관리비 항목 중 안전시설비로 사용 가능한 것은?

① 원활한 공사수행을 위한 가설시설 중 비계 설치비용
② 소음 관련 민원예방을 위한 건설현장 소음방지용 방음시설 설치비용
③ 근로자의 재해예방을 위한 목적으로만 사용하는 CCTV에 사용되는 비용
④ 기계 · 기구 등과 일체형 안전장치의 구입비용

해설 공사 목적물의 품질 확보 또는 건설장비 자체의 운행 감시, 공사 진척상황 확인, 방범 등의 목적을 가진 CCTV는 안전시설비로 사용할 수 없지만, 근로자의 재해예방을 위한 목적으로만 사용하는 CCTV는 안전시설비로 사용 가능하다.

104. 백호(back hoe)의 운행방법에 대한 설명으로 옳지 않은 것은?

① 경사로나 연약지반에서는 무한궤도식보다는 타이어식이 안전하다.
② 작업계획서를 작성하고 계획에 따라 작업을 실시하여야 한다.
③ 작업장소의 지형 및 지반상태 등에 적합한 제한속도를 정하고 운전자로 하여금 이를 준수하도록 하여야 한다.
④ 작업 중 승차석 외의 위치에 근로자를 탑승시켜서는 안 된다.

해설 ① 경사로나 연약지반에는 무한궤도식이 안전하다.

105. 안전의 정도를 표시하는 것으로서 재료의 파괴응력도와 허용응력도의 비율을 의미하는 것은?

① 설계하중 ② 안전율
③ 인장강도 ④ 세장비

해설 $안전율=\frac{극한강도}{최대응력}=\frac{파괴하중}{안전하중}=\frac{파괴하중}{최대사용하중}=\frac{극한하중}{정격하중}$

106. 다음 중 양중기에 해당되지 않는 것은?

① 어스드릴 ② 크레인
③ 리프트 ④ 곤돌라

해설 어스드릴 : 쇼벨계 굴삭기의 하나로서 선단부에 날이 달린 회전버켓으로 지반을 천공하는 건설기계

107. 다음 중 강풍 시 타워크레인의 작업제한과 관련된 사항으로 타워크레인의 운전작업을 중지해야 하는 순간풍속 기준으로 옳은 것은?

① 순간풍속이 매 초당 10미터 초과
② 순간풍속이 매 초당 20미터 초과

정답 102. ① 103. ③ 104. ① 105. ② 106. ① 107. ②

③ 순간풍속이 매 초당 30미터 초과
④ 순간풍속이 매 초당 40미터 초과

해설 순간풍속이 매 초당 15m 초과 : 타워크레인의 운전작업을 중지

108. 근로자의 추락 등의 위험을 방지하기 위한 안전난간의 설치요건에서 상부 난간대를 120cm 이상 지점에 설치하는 경우 중간 난간대를 최소 몇 단 이상 균등하게 설치하여야 하는가?

① 2단　② 3단
③ 4단　④ 5단

해설 안전난간의 구성
상부 난간대는 90cm 이상 120cm 이하 지점에 설치하며, 120cm 이상 지점에 설치할 경우 중간 난간대를 최소 60cm마다 2단 이상 균등하게 설치하여야 한다.

109. 보통 흙의 건지를 다음과 같이 굴착하고자 한다. 굴착면의 기울기를 1 : 0.5로 하고자 할 경우 L의 길이로 옳은 것은?

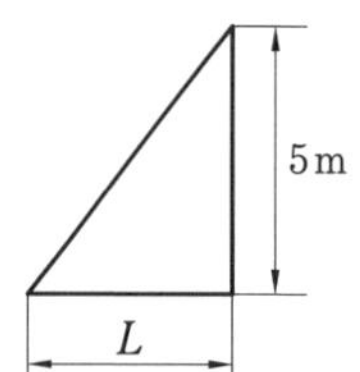

① 2m　② 2.5m　③ 5m　④ 10m

해설 $1 : 0.5 = 5 : L$
$\rightarrow L = 0.5 \times 5 = 2.5\text{m}$

110. 지반조건에 따른 지반 개량공법 중 점성토 개량공법과 가장 거리가 먼 것은?

① 바이브로 플로테이션 공법
② 치환공법
③ 압밀공법
④ 생석회 말뚝공법

해설 바이브로 플로테이션 공법(vibro flotation) : 사질토지반의 개량공법

111. 터널공사의 전기발파작업에 관한 설명으로 옳지 않은 것은?

① 전선은 점화하기 전에 화약류를 충전한 장소로부터 30m 이상 떨어진 안전한 장소에서 도통시험 및 저항시험을 하여야 한다.
② 점화는 충분한 허용량을 갖는 발파기를 사용하고 규정된 스위치를 반드시 사용하여야 한다.
③ 발파 후 발파기와 발파모선의 연결을 유지한 채 그 단부를 절연시킨 후 재점화가 되지 않도록 한다.
④ 점화는 선임된 발파책임자가 행하고 발파기의 핸들을 점화할 때 이외는 시건장치를 하거나 모선을 분리하여야 하며 발파책임자의 엄중한 관리하에 두어야 한다.

해설 ③ 발파 후 발파기와 발파모선은 분리하여 재점화되지 않도록 한다.

112. 시스템 비계를 사용하여 비계를 구성하는 경우의 준수사항으로 옳지 않은 것은?

① 수직재 · 수평재 · 가새재를 견고하게 연결하는 구조가 되도록 할 것
② 수평재는 수직재와 직각으로 설치하여야 하며, 체결 후 흔들림이 없도록 견고하게 설치할 것
③ 비계 밑단의 수직재의 받침철물은 밀착되도록 설치하고, 수직재와 받침철물의 연결부의 겹침길이는 받침철물 전체 길이의 3분의 1 이상이 되도록 할 것
④ 벽 연결재의 설치 간격은 시공자가 안전을 고려하여 임의대로 결정한 후 설치할 것

해설 ④ 벽 연결재의 설치 간격은 제조사가 정한 기준에 따라 설치할 것

정답 108. ①　109. ②　110. ①　111. ③　112. ④

113. 말비계를 조립하여 사용할 때의 준수사항으로 옳지 않은 것은?

① 지주부재의 하단에는 미끄럼 방지장치를 한다.
② 지주부재와 수평면과의 기울기는 75° 이하로 한다.
③ 말비계의 높이가 2m를 초과할 경우에는 작업발판의 폭을 30cm 이상으로 한다.
④ 지주부재와 지주부재 사이를 고정시키는 보조부재를 설치한다.

해설 ③ 말비계의 높이가 2m를 초과할 경우에는 작업발판의 폭을 40cm 이상으로 한다.

114. 로드(rod) · 유압잭(jack) 등을 이용하여 거푸집을 연속적으로 이동시키면서 콘크리트를 타설할 때 사용되는 것으로 silo 공사 등에 적합한 거푸집은?

① 메탈 폼　② 슬라이딩 폼
③ 워플 폼　④ 페코빔

해설 거푸집을 연속적으로 이동시키면서 콘크리트를 타설, silo 공사 등에 적합한 거푸집은 슬라이딩 폼(활동 거푸집)이다.

115. 지하수위 상승으로 포화된 사질토지반의 액상화 현상을 방지하기 위한 가장 직접적이고 효과적인 대책은?

① well point 공법 적용
② 동다짐 공법 적용
③ 입도가 불량한 재료를 입도가 양호한 재료로 치환
④ 밀도를 증가시켜 한계 간극비 이하로 상대밀도를 유지하는 방법 강구

해설 웰 포인트(well point) 공법 : 모래질지반에 지하수위를 일시적으로 저하시켜야 할 때 사용하는 공법으로 모래 탈수공법이라고 한다.

116. 잠함 또는 우물통의 내부에서 근로자가 굴착작업을 하는 경우에 바닥으로부터 천장 또는 보까지의 높이는 최소 얼마 이상으로 하여야 하는가?

① 1.2미터　② 1.5미터
③ 1.8미터　④ 2.1미터

해설 바닥으로부터 천장 또는 보까지의 높이는 1.8m 이상으로 할 것

117. 차량계 하역운반기계 등에 화물을 적재하는 경우에 준수해야 할 사항으로 옳지 않은 것은?

① 하중이 한쪽으로 치우치도록 하여 공간상 효율적으로 적재할 것
② 구내운반차 또는 화물자동차의 경우 화물의 붕괴 또는 낙하에 의한 위험을 방지하기 위하여 화물에 로프를 거는 등 필요한 조치를 할 것
③ 운전자의 시야를 가리지 않도록 화물을 적재할 것
④ 화물을 적재하는 경우 최대 적재량을 초과하지 않을 것

해설 ① 하중이 한쪽으로 치우치지 않도록 균등하게 적재할 것

118. 사다리식 통로 등을 설치하는 경우 통로 구조로서 옳지 않은 것은?

① 발판의 간격은 일정하게 한다.
② 발판과 벽과의 사이는 15cm 이상의 간격을 유지한다.
③ 사다리의 상단은 걸쳐 놓은 지점으로부터 60cm 이상 올라가도록 한다.
④ 폭은 40cm 이상으로 한다.

해설 ④ 사다리식 통로의 폭은 30cm 이상으로 한다.

정답 113. ③　114. ②　115. ①　116. ③　117. ①　118. ④

119. **건설현장에 거푸집 동바리 설치 시 준수 사항으로 옳지 않은 것은?**

① 파이프 서포트 높이가 4.5m를 초과하는 경우에는 높이 2m 이내마다 2개 방향으로 수평 연결재를 설치한다.
② 동바리의 침하방지를 위해 깔목의 사용, 콘크리트 타설, 말뚝박기 등을 실시한다.
③ 강재와 강재의 접속부는 볼트 또는 크램프 등 전용 철물을 사용한다.
④ 강관틀동바리는 강관틀과 강관틀 사이에 교차가새를 설치한다.

해설 ① 높이가 3.5m를 초과할 경우에는 높이 2m 이내마다 수평 연결재를 2개 방향으로 만들고 수평 연결재의 변위를 방지할 것

120. **부두 · 안벽 등 하역작업을 하는 장소에서 부두 또는 안벽의 선을 따라 통로를 설치하는 경우에는 폭을 최소 얼마 이상으로 하여야 하는가?**

① 85cm ② 90cm
③ 100cm ④ 120cm

해설 화물취급작업과 관련한 위험방지를 위한 조치

- 하역작업을 하는 장소의 작업장 및 통로는 안전하게 작업할 수 있는 조명을 유지한다.
- 하역작업을 하는 부두 또는 안벽의 선을 따라 통로를 설치하는 경우에는 폭을 90cm 이상으로 한다.
- 차량 등에서 근로자에게 쌓여 있는 화물 중간에서 화물을 빼내도록 하지 말아야 한다.
- 꼬임이 끊어진 섬유로프 등을 화물운반용 또는 고정용으로 사용하지 말아야 한다.
- 사업주는 바닥으로부터 짐 윗면까지의 높이가 2m 이상인 화물자동차에 짐을 싣는 작업 또는 내리는 작업을 하는 경우에는 근로자가 오르내리기 위한 설비를 설치하여야 한다.
- 포대, 가마니 등의 용기로 포장된 화물이 바닥으로부터 높이가 2m 이상이 되는 경우에는 인접 하적단과의 간격을 하적단 밑부분에서 10cm 이상으로 하여야 한다.

정답 119. ① 120. ②

2023년도(1회차) CBT 출제문제

산업안전기사

1과목 안전관리론

1. 사고 예방 대책 기본원리 5단계 중 제1단계에서 실시하는 내용과 가장 거리가 먼 것은?

① 안전관리규정의 작성
② 문제점의 발견
③ 책임과 권한의 부여
④ 안전관리조직의 편성

해설 ②는 제2단계 문제점(사실)의 발견,
①, ③, ④는 제1단계 안전관리조직

2. 안전관리조직의 참모식(staff형)에 대한 장점이 아닌 것은?

① 경영자의 조언과 자문역할을 한다.
② 안전정보 수집이 용이하고 빠르다.
③ 안전에 관한 명령과 지시는 생산라인을 통해 신속하게 전달한다.
④ 안전전문가가 안전계획을 세워 문제 해결방안을 모색하고 조치한다.

해설 staff형(참모식)
㉠ 장점
• 안전전문가가 안전계획을 세워 문제 해결방안을 모색한다.
• 경영자의 조언과 자문역할을 한다.
• 안전정보 수집이 용이하고 빠르다.
• 100~1000명의 중소규모 사업장에 활용한다.
㉡ 단점
• 생산부문에 협력하여 안전 명령을 전달 · 실시한다.
• 생산과 안전을 별개로 취급한다.
• 생산부문은 안전에 대한 책임과 권한이 없다.

3. 다음 중 안전관리조직의 목적과 가장 거리가 먼 것은?

① 조직적인 사고예방활동
② 위험제거기술의 수준 향상
③ 재해손실의 산정 및 작업통제
④ 조직간 종적 · 횡적 신속한 정보처리와 유대 강화

해설 산업안전보건관리 조직의 목적
• 조직적인 사고예방활동
• 위험제거기술의 수준 향상
• 위험의 제거로 재해 예방률의 향상
• 조직간 종적 · 횡적 신속한 정보처리와 유대 강화

4. 다음과 같은 경우 산업재해 기록 · 분류 기준에 따라 분류한 재해의 발생형태로 옳은 것은?

> 재해자가 전도로 인하여 기계의 동력 전달부위 등에 협착되어 신체의 일부가 절단되었다.

① 전도 ② 협착 ③ 충돌 ④ 절단

해설 협착점 : 왕복운동하는 동작부와 고정부분 사이에 위험이 형성되는 점

5. 안전사업장의 연천인율이 10.8인 경우 이 사업장의 도수율은 약 얼마인가?

① 5.4 ② 4.5 ③ 3.7 ④ 1.8

정답 1. ② 2. ③ 3. ③ 4. ② 5. ②

해설 도수율＝연천율÷2.4
＝10.8÷2.4＝4.5

6. 재해코스트 산정에 있어 시몬즈(R.H. Simonds) 방식에 의한 재해코스트 산정법으로 옳은 것은?

① 직접비＋간접비
② 간접비＋비보험 코스트
③ 보험코스트＋비보험 코스트
④ 보험코스트＋사업부 보상금 지급액

해설 시몬즈(R.H. Simonds) 방식의 재해코스트 산정법

- 총 재해코스트＝보험코스트＋비보험 코스트
- 비보험 코스트＝(휴업상해 건수×A)＋(통원상해 건수×B)＋(응급조치 건수×C)＋(무상해 사고 건수×D)
- 상해의 종류(A, B, C, D는 장해 정도별에 의한 비보험 코스트의 평균치)

분류	재해사고 내용
휴업상해(A)	영구 부분 노동 불능, 일시 전 노동 불능
통원상해(B)	일시 부분 노동 불능, 의사의 조치를 요하는 통원상해
응급조치(C)	8시간 미만의 휴업손실상해
무상해 사고(D)	의료조치를 필요로 하지 않는 경미한 상해

7. 다음 중 무재해 운동의 기본이념 3원칙에 해당되지 않는 것은?

① 모든 재해에는 손실이 발생함으로 사업주는 근로자의 안전을 보장하여야 한다는 것을 전제로 한다.
② 위험을 발견, 제거하기 위하여 전원이 참가, 협력하여 각자의 위치에서 의욕적으로 문제해결을 실천하는 것을 뜻한다.
③ 직장 내의 모든 잠재위험요인을 적극적으로 사전에 발견, 파악, 해결함으로써 뿌리에서부터 산업재해를 제거하는 것을 말한다.
④ 무재해, 무질병의 직장을 실현하기 위하여 직장의 위험요인을 행동하기 전에 예지하여 발견, 파악, 해결함으로써 재해발생을 예방하거나 방지하는 것을 말한다.

해설 ②, ③, ④는 무재해 운동의 이념 3원칙

8. 다음 중 브레인스토밍의 4원칙과 가장 거리가 먼 것은?

① 자유로운 비평
② 자유분방한 발언
③ 대량적인 발언
④ 타인 의견의 수정발언

해설 브레인스토밍의 4원칙

- 비판금지 : 좋다, 나쁘다 등의 비판은 하지 않는다.
- 자유분방 : 마음대로 자유로이 발언한다.
- 대량발언 : 무엇이든 좋으니 많이 발언한다.
- 수정발언 : 타인의 생각에 동참하거나 보충발언해도 좋다.

9. 보건법령상 주로 고음을 차음하고, 저음은 차음하지 않는 방음보호구의 기호로 옳은 것은?

① NRR ② EM ③ EP－1 ④ EP－2

해설 귀마개와 귀덮개의 등급과 적용범위

- 귀마개(EP)

등급	기호	성능
1종	EP－1	저음부터 고음까지 차음하는 것
2종	EP－2	주로 고음을 차음하고, 저음인 회화음영역은 차음하지 않는 것

- 귀덮개(EM)

정답 6. ③ 7. ① 8. ① 9. ④

10. 산업안전보건법령상 안전 · 보건표지의 종류 중 다음 안전 · 보건표지의 명칭은?

① 화물적재금지 ② 차량통행금지
③ 물체이동금지 ④ 화물출입금지

해설 금지표지의 종류

출입금지	보행금지	차량통행금지	탑승금지
화기금지	사용금지	물체이동금지	금연

11. 안전교육훈련에 있어 동기부여 방법에 대한 설명으로 가장 거리가 먼 것은?

① 안전 목표를 명확히 설정한다.
② 결과를 알려준다.
③ 경쟁과 협동을 유발시킨다.
④ 동기유발 수준을 정도 이상으로 높인다.

해설 ④ 동기유발의 최적수준을 유지한다.

12. 경험한 내용이나 학습된 행동을 다시 생각하여 작업에 적용하지 아니하고 방치함으로써 경험의 내용이나 인상이 약해지거나 소멸되는 현상을 무엇이라 하는가?

① 착각 ② 훼손
③ 망각 ④ 단절

해설 망각 : 경험의 내용이나 인상이 약해지거나 소멸되는 현상

13. 재해 누발자의 유형 중 상황성 누발자와 관련이 없는 것은?

① 작업이 어렵기 때문에
② 기능이 미숙하기 때문에
③ 심신에 근심이 있기 때문에
④ 기계설비에 결함이 있기 때문에

해설 상황성 누발자 재해 유발 원인
- 기계설비의 결함
- 작업에 어려움이 많은 자
- 심신에 근심이 있는 자
- 환경상 주의력 집중의 혼란

14. 다음 중 리더십 이론에서 성공적인 리더는 어떤 특성을 가지고 있는가를 연구하는 이론은?

① 특성이론
② 행동이론
③ 상황적 합성이론
④ 수명주기이론

해설
- 특성이론 : 유능하고 훌륭한 리더의 성격 특성을 분석 · 연구하여 특성을 찾아내는 것이다.
- 행동이론 : 유능한 리더와 부하의 관계를 중심으로 리더의 행동 스타일을 연구한다.
- 상황이론 : 리더의 행동과 적합한 리더십 상황요소를 토대로 하여 효과적인 리더십 행동을 개념화한 연구이다.
- 수명주기이론 : 리더와 부하의 관계를 효과적인 리더십 행동으로 분석한다.

15. 바람직한 안전교육을 진행시키기 위한 4단계 가운데 피교육자로 하여금 작업습관의 확립과 토론을 통한 공감을 가지도록 하는 단계는?

① 도입 ② 제시
③ 적용 ④ 확인

정답 10. ③ 11. ④ 12. ③ 13. ② 14. ① 15. ③

해설 토론을 통한 공감을 가지도록 하는 단계는 3단계의 적용(작업진행)이다.

16. 다음 중 안전교육의 기본방향과 가장 거리가 먼 것은?

① 생산성 향상을 위한 교육
② 사고사례 중심의 안전교육
③ 안전작업을 위한 교육
④ 안전의식 향상을 위한 교육

해설 안전교육의 기본방향
- 사고사례 중심의 안전교육
- 표준작업(안전작업)을 위한 안전교육
- 안전의식 향상을 위한 안전교육

17. 보건법령상 근로자 안전 · 보건교육 기준 중 관리감독자 정기안전 · 보건교육의 교육내용으로 옳은 것은? (단, 보건법 및 일반관리에 관한 사항은 제외한다.)

① 산업안전 및 사고예방에 관한 사항
② 사고발생 시 긴급 조치에 관한 사항
③ 건강증진 및 질병예방에 관한 사항
④ 산업보건 및 직업병 예방에 관한 사항

해설 ④는 관리감독자의 정기안전보건 교육내용, ①, ③은 근로자의 정기안전보건 교육내용, ②는 근로자 채용 시의 교육내용

18. 다음 중 OFF.J.T 교육의 특징에 해당되는 것은?

① 많은 지식, 경험을 교류할 수 있다.
② 교육 효과가 업무에 신속히 반영된다.
③ 현장의 관리감독자가 강사가 되어 교육을 한다.
④ 다수의 대상자를 일괄적으로 교육하기 어려운 점이 있다.

해설 ②, ③, ④는 O.J.T 교육의 특징

19. 산업안전보건법령상 안전관리자의 업무가 아닌 것은? (단, 그 밖에 고용노동부장관이 정하는 사항은 제외한다.)

① 업무수행 내용의 기록
② 산업재해에 관한 통계의 유지 · 관리 · 분석을 위한 보좌 및 지도 · 조언
③ 안전교육계획의 수립 및 안전교육 실시에 관한 보좌 및 지도 · 조언
④ 작업장 내에서 사용되는 전체 환기장치 및 국소배기장치 등에 관한 설비의 점검

해설 안전관리자의 업무
- 산업안전보건위원회 또는 노사협의체에서 심의 · 의결한 업무와 사업장의 안전보건관리규정 및 취업규칙에서 정한 업무
- 위험성 평가에 관한 보좌 및 지도 · 조언
- 안전인증대상 기계 · 기구 등과 자율안전확인대상 기계 · 기구 등 구입 시 적격품의 선정에 관한 보좌 및 지도 · 조언
- 사업장의 안전교육계획 수립 및 안전교육 실시에 관한 보좌 및 지도 · 조언
- 사업장의 순회점검 · 지도 및 조치의 건의
- 산업재해 발생의 원인조사 · 분석 및 재발 방지를 위한 기술적 보좌 및 지도 · 조언
- 산업재해에 관한 통계의 관리 · 유지 · 분석을 위한 보좌 및 지도 · 조언
- 법으로 정한 안전에 관한 사항의 이행에 관한 보좌 및 지도 · 조언
- 업무수행 내용의 기록 · 유지
- 그 밖에 안전에 관한 사항으로서 고용노동부장관이 정하는 사항

Tip) 국소배기장치 등에 관한 설비의 점검-안전검사대상 기계

20. 재해원인을 직접원인과 간접원인으로 분류할 때 직접원인에 해당하는 것은?

① 물적 원인 ② 교육적 원인
③ 정신적 원인 ④ 관리적 원인

정답 16. ① 17. ④ 18. ① 19. ④ 20. ①

해설 • 직접원인 : 인적 원인(불안전한 행동), 물리적 원인(불안전한 상태)
• 간접원인 : 기술적, 교육적, 관리적, 신체적, 정신적 원인 등

2과목 인간공학 및 시스템 안전공학

21. 다음 중 시스템 분석 및 설계에 있어서 인간공학의 가치와 가장 거리가 먼 것은?

① 훈련비용의 절감
② 인력 이용률의 향상
③ 생산 및 보전의 경제성 감소
④ 사고 및 오용으로부터의 손실 감소

해설 인간공학의 가치
• 성능의 향상
• 훈련비용의 절감
• 인력 이용률의 향상
• 사고 및 오용으로부터의 손실 감소
• 생산성 및 정비유지의 경제성 증대
• 사용자의 수용도 향상

22. 다음 중 인간-기계 통합체계의 인간 또는 기계에 의해서 수행되는 기본기능의 유형에 해당하지 않는 것은?

① 감지 ② 정보보관
③ 궤환 ④ 행동

해설 인간-기계 통합체계의 기본기능은 감지, 정보보관(저장), 정보처리 및 의사결정, 행동기능(음성, 신호, 기록 등)이다.

23. 다음 중 시스템 안전 프로그램의 개발단계에서 이루어져야 할 사항의 내용과 가장 거리가 먼 것은?

① 교육훈련을 시작한다.
② 위험분석으로 주로 FMEA가 적용된다.
③ 설계의 수용 가능성을 위해 보다 완벽한 검토를 한다.
④ 이 단계의 모형 분석과 검사 결과는 OHA의 입력자료로 사용된다.

해설 교육훈련은 생산단계에서 시작한다.

24. 정보수용을 위한 작업자의 시각 영역에 대한 설명으로 옳은 것은?

① 판별시야-안구운동만으로 정보를 주시하고 순간적으로 특정 정보를 수용할 수 있는 범위
② 유효시야-시력, 색 판별 등의 시각기능이 뛰어나며 정밀도가 높은 정보를 수용할 수 있는 범위
③ 보조시야-머리 부분의 운동이 안구운동을 돕는 형태로 발생하며 무리 없이 주시가 가능한 범위
④ 유도시야-제시된 정보의 존재를 판별할 수 있는 정도의 식별 능력밖에 없지만, 인간의 공간좌표 감각에 영향을 미치는 범위

해설 ① 판별시야 : 시력, 색 판별 등의 시각기능이 뛰어나며 정밀도가 높은 정보를 수용할 수 있는 범위
② 유효시야 : 안구운동만으로 정보를 주시하고 순간적으로 특정 정보를 수용할 수 있는 범위
③ 보조시야 : 거의 식별이 곤란하고 고개를 돌려야 가능한 범위

25. 다음 중 진동의 영향을 가장 많이 받는 인간의 성능은?

① 추적(tracking)능력
② 감시(monitoring)작업
③ 반응시간(reaction time)
④ 형태 식별(pattern recognition)

정답 21. ③ 22. ③ 23. ① 24. ④ 25. ①

해설 반응시간, 감시, 형태 식별 등 주로 중앙신경처리에 달린 임무는 진동의 영향을 적게 받는다.

26. **프레스 작업 중에 금형 내에 손이 오랫동안 남아 있어 발생한 재해의 경우는 다음의 휴먼에러 중 어느 것에 해당하는가?**

① 시간오류(timing error)
② 작위오류(commission error)
③ 순서오류(sequential error)
④ 생략오류(omission error)

해설 시간오류 : 계획된 시간 동안 너무 늦거나 빠른 직무 수행으로 발생한 오류

27. **인체계측 중 운전 또는 워드작업과 같이 인체의 각 부분이 서로 조화를 이루며 움직이는 자세에서의 인체치수를 측정하는 것을 무엇이라 하는가?**

① 구조적 치수 ② 정적치수
③ 외곽치수 ④ 기능적 치수

해설 구조적 인체치수와 기능적 인체치수

- 구조적 인체치수(정적 인체계측) : 신체를 고정(정지)시킨 자세에서 계측하는 방법
- 기능적 인체치수(동적 인체계측) : 신체적 기능 수행 시 체위의 움직임에 따라 계측하는 방법

28. **다음 중 근력에 영향을 주는 요인과 가장 관계가 적은 것은?**

① 식성 ② 동기 ③ 성별 ④ 훈련

해설 근력에 영향을 주는 요인 : 연령, 성별, 활동력, 부하 훈련, 동기의식 등

Tip) 근력 : 근육조직의 수축력이며, 동적인 상태에서의 근력을 등장성 근력, 정적인 상태에서의 근력을 등척성 근력이라 한다.

29. **일반적으로 작업장에서 구성요소를 배치할 때, 공간의 배치원칙에 속하지 않는 것은?**

① 사용빈도의 원칙
② 중요도의 원칙
③ 공정개선의 원칙
④ 기능성의 원칙

해설 부품(공간)배치의 원칙

- 중요성(도)의 원칙(위치 결정) : 중요한 순위에 따라 우선순위를 결정한다.
- 사용빈도의 원칙(위치 결정) : 사용한 빈도에 따라 우선순위를 결정한다.
- 기능별(성) 배치의 원칙(배치 결정) : 기능이 관련된 부품들을 모아서 배치한다.
- 사용 순서의 원칙(배치 결정) : 사용 순서에 따라 장비를 배치한다.

30. **의자설계 시 고려해야 할 일반적인 원리와 가장 거리가 먼 것은?**

① 자세고정을 줄인다.
② 조정이 용이해야 한다.
③ 디스크가 받는 압력을 줄인다.
④ 요추 부위의 후만 곡선을 유지한다.

해설 의자설계 시 인간공학적 원칙

- 등받이는 요추의 전만 곡선을 유지한다.
- 등근육의 정적인 부하를 줄인다.
- 디스크가 받는 압력을 줄인다.
- 고정된 작업 자세를 피해야 한다.
- 사람의 신장에 따라 조절할 수 있도록 설계해야 한다.

31. **광원 혹은 반사광이 시계 내에 있으면 성가신 느낌과 불편감을 주어 시성능을 저하시킨다. 이러한 광원으로부터의 직사휘광을 처리하는 방법으로 틀린 것은?**

① 광원을 시선에서 멀리 위치시킨다.
② 차양(visor) 혹은 갓(hood) 등을 사용한다.

정답 26. ① 27. ④ 28. ① 29. ③ 30. ④ 31. ④

③ 광원의 휘도를 줄이고 광원의 수를 늘린다.
④ 휘광원의 주위를 밝게 하여 광속발산(휘도) 비를 늘린다.

해설 ④ 휘광원의 주위를 밝게 하여 광도비를 줄인다.

32. 인력 물자 취급 작업 중 발생되는 재해 비중은 요통이 가장 많다. 특히 인양작업 시 발생빈도가 높은데 이러한 인양작업 시 요통재해 예방을 위하여 고려할 요소와 가장 거리가 먼 것은?

① 작업 대상물 하중의 수직 위치
② 작업 대상물의 인양 높이
③ 인양방법 및 빈도
④ 크기, 모양 등 작업 대상물의 특성

해설 ① 작업 대상물 하중의 직하 위치 : 작업 대상물은 아래쪽으로 중력이 작용해 많은 힘이 필요하므로 요통이 발생한다.

33. 다음 중 공기의 온열조건의 4요소에 포함되지 않는 것은?

① 대류 ② 전도 ③ 반사 ④ 복사

해설 공기의 온열조건 : 대류, 전도, 복사, 습도

34. 시스템 안전 프로그램에 대하여 안전 점검 기준에 따른 평가를 내리는 시점은 시스템의 수명주기 중 어느 단계인가?

① 구상단계 ② 설계단계
③ 생산단계 ④ 운전단계

해설 시스템 수명주기 5단계

1단계	2단계	3단계	4단계	5단계
구상	정의	개발	생산	운전

35. 위험분석 기법 중 고장이 시스템의 손실과 인명의 사상에 연결되는 높은 위험도를 가진 요소나 고장의 형태에 따른 분석법은 무엇인가?

① CA ② ETA
③ FHA ④ FTA

해설 치명도 분석(CA ; Criticality Analysis) : 고장모드가 기기 전체의 고장에 어느 정도 영향을 주는가를 정량적으로 평가하는 해석 기법

36. FTA(Fault Tree Analysis)의 기호 중 다음의 사상기호에 적합한 각각의 명칭은?

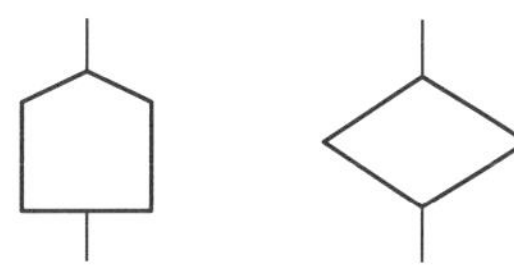

① 전이기호와 통상사상
② 통상사상과 생략사상
③ 통상사상과 전이기호
④ 생략사상과 전이기호

해설 • 통상사상 : 통상적으로 발생이 예상되는 사상(예상되는 원인)
• 생략사상 : 정보 부족, 해석기술의 불충분으로 더 이상 전개할 수 없는 사상

37. 다음의 FT도에서 사상 A의 발생확률 값은?

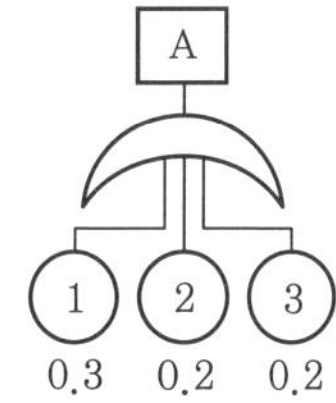

① 게이트 기호가 OR이므로 0.012
② 게이트 기호가 AND이므로 0.012
③ 게이트 기호가 OR이므로 0.552
④ 게이트 기호가 AND이므로 0.552

해설 $A=1-(1-0.3)\times(1-0.2)\times(1-0.2)$
$=0.552$

정답 32. ① 33. ③ 34. ④ 35. ① 36. ② 37. ③

38. 다음 [보기]는 화학설비의 안전성 평가 단계를 간략히 나열한 것이다. 다음 중 평가 단계의 순서를 올바르게 나타낸 것은?

보기
㉠ 관계 자료의 작성 준비
㉡ 정량적 평가
㉢ 정성적 평가
㉣ 안전 대책

① ㉠ → ㉢ → ㉡ → ㉣
② ㉠ → ㉡ → ㉣ → ㉢
③ ㉠ → ㉢ → ㉣ → ㉡
④ ㉠ → ㉡ → ㉢ → ㉣

해설 안전성 평가의 6단계

1단계	2단계	3단계	4단계	5단계	6단계
관계 자료 작성 준비	정성적 평가	정량적 평가	안전 대책 수립	재해 정보에 의한 재평가	FTA에 의한 재평가

39. Chapanis가 정의한 위험의 확률수준과 그에 따른 위험 발생률로 옳은 것은?

① 전혀 발생하지 않는(impossible) 발생빈도 : 10^{-8}/day
② 극히 발생할 것 같지 않는(extremely unlikely) 발생빈도 : 10^{-7}/day
③ 거의 발생하지 않는(remote) 발생빈도 : 10^{-6}/day
④ 가끔 발생하는(occasional) 발생빈도 : 10^{-5}/day

해설 위험 발생률 : 자주 발생(10^{-2}), 보통 발생(10^{-3}), 가끔 발생(10^{-4}), 거의 발생하지 않음(10^{-5}), 극히 발생하지 않음(10^{-6}), 전혀 발생하지 않음(10^{-8}) 등

40. 다음 중 고장률이 λ인 n개의 구성부품이 병렬로 연결된 시스템의 평균수명(MTBFs)을 구하는 식으로 옳은 것은? (단, 각 부품의 고장밀도함수는 지수분포를 따른다.)

① $MTBFs=\lambda^n$
② $MTBFs=n\lambda$
③ $MTBFs=1/\lambda+1/2\lambda+\cdots+1/n\lambda$
④ $MTBFs=1/\lambda\times1/2\lambda\times\cdots\times1/n\lambda$

해설 평균고장간격(MTBF : mean time between failures) : 시스템, 부품 등의 고장 간의 동작시간 평균치 $MTBF=\frac{1}{\lambda}$이다.

여기서, 평균고장률$(\lambda)=\frac{고장\ 건수}{총\ 가동시간}$

$$\therefore MTBFs=\frac{1}{\lambda}+\frac{1}{2\lambda}+\cdots+\frac{1}{n\lambda}$$

3과목 기계 위험방지 기술

41. 일상점검 중 작업 전에 수행되는 내용과 가장 거리가 먼 것은?

① 주변의 정리 · 정돈
② 생산품질의 이상 유무
③ 주변의 청소상태
④ 설비의 방호장치 점검

해설 ② 생산품질의 이상 유무는 작업 후에 실시하는 점검사항이다.

42. 가공기계에 쓰이는 주된 풀 프루프에서 가드(guard)의 형식으로 틀린 것은?

① 인터록 가드(interlock guard)
② 안내 가드(guide guard)
③ 조정 가드(adjustable guard)
④ 고정 가드(fixed guard)

정답 38. ① 39. ① 40. ③ 41. ② 42. ②

해설 가공기계에 쓰이는 주된 fool proof 가드의 종류

- 가드 : 고정 가드, 조정 가드, 경고 가드, 인터록 가드
- 조작기구 : 양수조작식, 인터록 가드
- 로크기구 : 인터록 가드, 키식 인터록 가드, 키 로크
- 트립기구 : 접촉식, 비접촉식
- 오버런 기구 : 검출식, 타이밍식
- 밀어내기 기구 : 자동 가드, 손을 밀어냄
- 기동방지 기구 : 안전블록, 안전플러그, 레버로그

43. 기계설비의 안전조건인 구조의 안전화와 거리가 가장 먼 것은?

① 전압강하에 따른 오동작 방지
② 재료의 결함방지
③ 설계상의 결함방지
④ 가공 결함방지

해설 ①은 기능의 안전화,
②, ③, ④는 구조의 안전화

44. 인장강도가 350MPa인 강판의 안전율이 4라면 허용응력은 몇 N/mm²인가?

① 76.4 ② 87.5 ③ 98.7 ④ 102.3

해설 $허용응력 = \frac{인장강도}{안전율} = \frac{350}{4}$
$= 87.5\,MPa = 87.5\,N/mm^2$
여기서, $Pa = N/m^2$, $MPa = N/mm^2$

45. 다음 중 선반작업 시 지켜야 할 안전수칙으로 거리가 먼 것은?

① 작업 중 절삭 칩이 눈에 들어가지 않도록 보안경을 착용한다.
② 공작물 세팅에 필요한 공구는 세팅이 끝난 후 바로 제거한다.
③ 상의의 옷자락은 안으로 넣고, 끈을 이용하여 소맷자락을 묶어 작업을 준비한다.
④ 공작물은 전원 스위치를 끄고 바이트를 충분히 멀리 위치시킨 후 고정한다.

해설 ③ 끈을 이용하여 소맷자락을 묶어 작업을 준비한다. → 끈이 기계에 말려들어 갈 위험이 있다.

46. 연삭작업에서 숫돌의 파괴 원인으로 가장 적절하지 않은 것은?

① 숫돌의 회전속도가 너무 빠를 때
② 연삭작업 시 숫돌의 정면을 사용할 때
③ 숫돌에 큰 충격을 줬을 때
④ 숫돌의 회전중심이 제대로 잡히지 않았을 때

해설 ①, ③, ④는 숫돌의 파괴 원인,
②는 연삭작업 방법

47. 휴대용 동력 드릴작업 시 안전사항에 관한 설명으로 틀린 것은?

① 드릴의 손잡이를 견고하게 잡고 작업하여 드릴 손잡이 부위가 회전하지 않고 확실하게 제어 가능하도록 한다.
② 절삭하기 위하여 구멍에 드릴날을 넣거나 뺄 때 반발에 의하여 손잡이 부분이 튀거나 회전하여 위험을 초래하지 않도록 팔을 드릴과 직선으로 유지한다.
③ 드릴이나 리머를 고정시키거나 제거하고자 할 때 금속성 망치 등을 사용하여 확실히 고정 또는 제거한다.
④ 드릴을 구멍에 맞추거나 스핀들의 속도를 낮추기 위해서 드릴날을 손으로 잡아서는 안 된다.

해설 ③ 드릴이나 리머를 고정시키거나 제거하고자 할 때 드릴척 핸들 또는 드릴 뽑기를 사용하여 확실히 고정 또는 제거한다.

정답 43. ① 44. ② 45. ③ 46. ② 47. ③

48. 다음 중 절삭가공으로 틀린 것은?

① 선반 ② 밀링
③ 프레스 ④ 보링

해설 ③은 소성가공하는 기계이다.

49. 프레스 방호장치 중 수인식 방호장치의 일반구조에 대한 사항으로 틀린 것은?

① 수인끈의 재료는 합성섬유로 지름이 4mm 이상이어야 한다.
② 수인끈의 길이는 작업자에 따라 임의로 조정할 수 없도록 해야 한다.
③ 수인끈의 안내통은 끈의 마모와 손상을 방지할 수 있는 조치를 해야 한다.
④ 손목밴드(wrist band)의 재료는 유연한 내유성 피혁 또는 이와 동등한 재료를 사용해야 한다.

해설 ② 수인식 방호장치의 수인끈의 길이는 작업자에 따라 그 길이를 조정할 수 있어야 한다.

50. 광전자식 방호장치의 광선에 신체의 일부가 감지된 후로부터 급정지기구가 작동 개시하기까지의 시간이 40ms이고, 광축의 최소 설치거리(안전거리)가 200mm일 때 급정지기구가 작동 개시한 때로부터 프레스기의 슬라이드가 정지될 때까지의 시간은 약 몇 ms인가?

① 60 ② 85 ③ 105 ④ 130

해설 안전거리$(D)=1.6(T_1+T_2)$

$\therefore\ 200=1.6\times(40+T_2)$

$\frac{200}{1.6}=40+T_2$

$T_2=125-40=85\text{ms}$

여기서, T_1 : 방호장치의 작동시간(ms)
T_2 : 프레스의 급정지시간(ms)

51. 롤러기의 앞면 롤러의 지름이 300mm, 분당 회전수가 30회일 경우 허용되는 급정지장치의 급정지거리는 약 몇 mm 이내이어야 하는가?

① 37.7 ② 31.4
③ 377 ④ 314

해설 앞면 롤러의 표면속도에 따른 급정지거리

㉠ 표면속도$(V)=\frac{\pi DN}{1000}$

$=\frac{\pi\times300\times30}{1000}=28.26\text{m/min}$

여기서, V : 롤러 표면속도(m/min)
D : 롤러 원통의 직경(mm)
N : 1분간 롤러기가 회전되는 수(rpm)

V=30m/min 미만일 때	급정지거리$=\frac{\pi\times D\times1}{3}$
V=30m/min 이상일 때	급정지거리$=\frac{\pi\times D\times1}{2.5}$

㉡ 급정지거리$=\pi\times D\times\frac{1}{3}$

$=\pi\times300\times\frac{1}{3}=314\text{mm}$

52. 산업안전보건법령에 따라 아세틸렌 용접장치의 아세틸렌 발생기실을 설치하는 경우 준수하여야 하는 사항으로 옳은 것은?

① 벽은 가연성 재료로 하고 철근콘크리트 또는 그 밖에 이와 동등하거나 그 이상의 강도를 가진 구조로 할 것
② 바닥면적의 1/16 이상의 단면적을 가진 배기통을 옥상으로 돌출시키고 그 개구부를 창이나 출입구로부터 1.5m 이상 떨어지도록 할 것
③ 출입구의 문은 불연성 재료로 하고 두께 1.0mm 이하의 철판이나 그 밖에 그 이상의 강도를 가진 구조로 할 것
④ 발생기실을 옥외에 설치한 경우에는 그 개

정답 48. ③ 49. ② 50. ② 51. ④ 52. ②

구부를 다른 건축물로부터 1.0m 이내 떨어지도록 할 것

해설 발생기실의 구조

- 벽은 불연성의 재료로 하고 철근콘크리트 또는 그 밖에 이와 동등 이상의 강도를 가진 구조로 할 것
- 바닥면적의 1/16 이상의 단면적을 가진 배기통을 옥상으로 돌출시키고, 그 개구부를 창이나 출입구로부터 1.5m 이상 떨어지도록 할 것
- 출입구의 문은 불연성 재료로 하고, 두께 1.5mm 이상의 철판 그 밖에 이와 동등 이상의 강도를 가진 구조로 할 것
- 발생기실을 옥외에 설치한 경우에는 그 개구부를 다른 건축물로부터 1.5m 이상 떨어지도록 할 것
- 지붕과 천장에는 얇은 철판이나 가벼운 불연성 재료를 사용할 것
- 벽과 발생기 사이에는 발생기의 조정 또는 카바이드 공급 등의 작업을 방해하지 아니하도록 간격을 확보할 것

53. 보일러 부하의 급변, 수위의 과상승 등에 의해 수분이 증기와 분리되지 않아 보일러 수면이 심하게 솟아올라 올바른 수위를 판단하지 못하는 현상은?

① 프라이밍　　② 모세관
③ 워터해머　　④ 역화

해설 프라이밍 현상에 대한 설명이다.

54. 산업안전보건법령상 보일러의 과열을 방지하기 위하여 최고사용압력과 상용압력 사이에서 보일러의 버너 연소를 차단하여 정상 압력으로 유도하는 방호장치로 가장 적절한 것은?

① 압력방출장치
② 고저수위 조절장치
③ 언로우드 밸브
④ 압력제한 스위치

55. 산업용 로봇 작업을 수행할 때의 안전조치 사항과 가장 거리가 먼 것은?

① 자동운전 중에는 안전 방책의 출입구에 안전 플러그를 사용한 인터록이 작동하여야 한다.
② 액추에이터의 잔압 제거 시에는 사전에 안전블록 등으로 강하방지를 한 후 잔압을 제거한다.
③ 로봇의 교시작업을 수행할 때에는 매니퓰레이터의 속도를 빠르게 한다.
④ 작업개시 전에 외부 전선의 피복 손상, 비상정지장치를 반드시 검사한다.

해설 ③ 로봇의 교시작업을 수행할 때에는 매니퓰레이터의 속도에 관한 지침을 정하고, 그 지침에 따라 작업한다.

56. 지게차의 방호장치인 헤드가드에 대한 설명으로 맞는 것은?

① 상부틀의 각 개구의 폭 또는 길이는 16cm 미만일 것
② 운전자가 앉아서 조작하는 방식의 지게차의 경우에는 운전자의 좌석 윗면에서 헤드가드의 상부틀 아랫면까지의 높이는 1.5m 이상일 것
③ 지게차에는 최대하중의 2배(5톤을 넘는 값에 대해서는 5톤으로 한다)에 해당하는 등분포정하중에 견딜 수 있는 강도의 헤드가드를 설치할 것
④ 운전자가 서서 조작하는 방식의 지게차의 경우에는 운전석의 바닥면에서 헤드가드의 상부틀 하면까지의 높이는 1.8m 이상일 것

해설 ② 앉아서 조작 : 운전자의 좌석 윗면에서 헤드가드의 상부틀 아랫면까지의 높이는 1m 이상일 것

정답 53. ① 54. ④ 55. ③ 56. ①

③ 강도는 지게차의 최대하중의 2배 값의 등분포정하중에 견딜 수 있을 것(단, 4톤을 넘는 값에 대해서는 4톤으로 한다.)
④ 서서 조작 : 운전석의 바닥면에서 헤드가드의 상부틀 하면까지의 높이는 2m 이상일 것

57. 컨베이어 방호장치에 대한 설명으로 맞는 것은?

① 역전방지장치에 롤러식, 라쳇식, 권과방지식, 전기 브레이크식 등이 있다.
② 작업자가 임의로 작업을 중단할 수 없도록 비상정지장치를 부착하지 않는다.
③ 구동부 측면에 로울러 안내가이드 등의 이탈방지장치를 설치한다.
④ 롤러 컨베이어의 로울 사이에 방호판을 설치할 때 로울과의 최대간격은 8mm이다.

해설 컨베이어의 방호장치

- 역전방지장치에서 기계식은 롤러식, 라쳇식, 밴드식, 전기식은 전기 브레이크, 스러스트 브레이크가 있다.
- 근로자의 신체 일부가 말려들어 갈 위험이 있을 때 이를 즉시 정지시키기 위한 비상정지장치를 설치한다.
- 롤러 컨베이어의 로울 사이에 방호판을 설치할 때 로울과의 최대간격은 5mm이다.

58. 산업안전보건법령상 정상적으로 작동될 수 있도록 미리 조정해 두어야 할 이동식 크레인의 방호장치로 가장 적절하지 않은 것은 어느 것인가?

① 제동장치
② 권과방지장치
③ 과부하방지장치
④ 파이널 리밋 스위치

해설 ④는 승강기의 방호장치이다.

59. 크레인용 와이어로프에서 보통꼬임이 랭꼬임에 비하여 우수한 점은?

① 수명이 길다.
② 킹크의 발생이 적다.
③ 내마모성이 우수하다.
④ 소선의 접촉길이가 길다.

해설 ①, ③, ④는 랭꼬임의 특성

60. 강자성체의 결함을 찾을 때 사용하는 비파괴 시험으로 표면 또는 표층(표면에서 수 mm 이내)에 결함이 있을 경우 누설자속을 이용하여 육안으로 결함을 검출하는 시험법은?

① 와류탐상시험(ET)
② 자분탐상시험(MT)
③ 초음파 탐상시험(UT)
④ 방사선 투과시험(RT)

해설 자분탐상시험 : 부품의 표면에 자분을 도포하면 자분이 흡착되는 원리를 이용하여 육안으로 결함을 검출하는 방법

4과목 전기 위험방지 기술

61. 인체의 전기저항 R을 1000Ω이라고 할 때 위험한계에너지의 최저는 약 몇 J인가? (단, 통전시간은 1초이고, 심실세동전류 $I=\frac{165}{\sqrt{T}}$ [mA]이다.)

① 17.23 ② 27.23
③ 37.23 ④ 47.23

해설 위험한계에너지(Q)

$$=\left(\frac{165}{\sqrt{1}}\times 10^{-3}\right)^2\times 1000\times 1=27.225\text{J}$$

정답 57. ③ 58. ④ 59. ② 60. ② 61. ②

62. 다음 중 전격의 위험도에 대한 설명 중 옳지 않은 것은?

① 인체의 통전전로에 따라 위험도가 달라진다.
② 몸이 땀에 젖어 있으면 더 위험하다.
③ 전격시간이 길수록 더 위험하다.
④ 전압은 전격위험을 결정하는 1차적 요인이다.

해설 ④ 전압은 전격위험을 결정하는 2차적 요인이다.

63. 다음 중 누전차단기의 구성요소가 아닌 것은?

① 누전검출부 ② 영상변류기
③ 차단장치 ④ 전력퓨즈

해설 누전차단기의 구성요소 : 누전검출부, 영상변류기, 차단장치, 시험버튼, 트립코일 등

64. 산업안전보건기준에 관한 규칙 제319조에 의한 정전전로에서의 정전작업을 마친 후 전원을 공급하는 경우에 사업주가 작업에 종사하는 근로자 및 전기기기와 접촉할 우려가 있는 근로자에게 감전의 위험이 없도록 준수해야할 사항이 아닌 것은?

① 단락접지기구 및 작업기구를 제거하고 전기기기 등이 안전하게 통전될 수 있는지 확인한다.
② 모든 작업자가 작업이 완료된 전기기기에서 떨어져 있는지 확인한다.
③ 잠금장치와 꼬리표를 근로자가 직접 설치한다.
④ 모든 이상 유무를 확인한 후 전기기기 등의 전원을 투입한다.

해설 ③은 정전작업 시작 전에 실시하는 작업

65. 감전사고의 방지 대책으로 가장 거리가 먼 것은?

① 전기 위험부의 위험 표시
② 충전부가 노출된 부분에 절연방호구 사용
③ 충전부에 접근하여 작업하는 작업자 보호구 착용
④ 사고발생 시 처리프로세스 작성 및 조치

해설 ④는 사고발생 전에 작성한다.

66. 금속제 외함을 가지는 기계 · 기구에 전기를 공급하는 전로에 지락이 발생했을 때에 자동적으로 전로를 차단하는 누전차단기 등을 설치하여야 한다. 누전차단기를 설치해야 되는 경우로 옳은 것은?

① 기계 · 기구가 고무, 합성수지 기타 절연물로 피복된 것일 경우
② 기계 · 기구가 유도전동기의 2차 측 전로에 접속된 저항기일 경우
③ 대지전압이 150V를 초과하는 전동기계 · 기구를 시설하는 경우
④ 전기용품 안전관리법의 적용을 받는 2중 절연구조의 기계 · 기구를 시설하는 경우

해설 ③ 대지전압 150V를 초과하는 전기기계 · 기구가 노출된 금속체에는 누전차단기를 설치하여야 한다.

67. 교류 아크 용접기에 전격방지기를 설치하는 요령 중 틀린 것은?

① 이완방지 조치를 한다.
② 직각으로만 부착해야 한다.
③ 동작상태를 알기 쉬운 곳에 설치한다.
④ 테스트 스위치는 조작이 용이한 곳에 위치시킨다.

해설 전격방지기 설치방법
- 전격방지기의 외함은 접지시켜야 한다.
- 접속 부분은 이완되지 않도록 조치한다.
- 연직으로만 설치한다(단, 불가피한 경우 20° 이내).

정답 62. ④ 63. ④ 64. ③ 65. ④ 66. ③ 67. ②

- 작동 등으로 인한 진동, 충격에 견딜 수 있도록 한다.
- 동작상태를 알기 쉬운 곳에 설치한다.
- 테스트 스위치는 조작이 용이한 곳에 위치시킨다.
- 용접기의 전원 측에 접속하는 선과 출력 측에 접속하는 선이 혼동되지 않도록 한다.
- 전격방지기와 용접기 사이의 배선 및 접속 부분에 외부의 힘이 가해지지 않도록 하여야 한다.

68. 산업안전보건법상 가공전선의 충전전로에 접근된 장소에서 시설물의 건설, 해체, 점검, 수리 또는 이동식 크레인, 콘크리트 펌프카, 항타기, 항발기 등의 작업 시 감전위험방지 조치사항으로 옳지 않은 것은?

① 해당 충전전로 이설
② 절연용 보호구 착용
③ 절연용 방호구 설치
④ 감시인을 두고 작업을 감시하도록 조치

해설 충전전로 안전 대책
- 해당 충전전로를 이설할 것
- 감전의 위험을 방지하기 위한 방책을 실시할 것
- 해당 충전전로에 절연용 방호구를 설치할 것
- 감시인을 두고 작업을 감시하도록 할 것

69. 절연전선의 과전류에 의한 연소단계 중 착화단계의 전선전류밀도(A/mm²)로 알맞은 것은?

① 40 A/mm^2
② 50 A/mm^2
③ 65 A/mm^2
④ 120 A/mm^2

해설 전선의 화재위험 정도와 전선류밀도 (A/mm^2)
- 인화단계(40~43) : 점화원에 대해 절연물이 인화하는 단계
- 착화단계(43~60) : 절연물이 스스로 탄화되어 전선의 심선이 노출되는 단계
- 발화단계(60~75, 75~120) : 절연물이 스스로 발화되어 용융되는 단계로 발화 후 용융, 절연물이 용융되면서 스스로 발화되어 용융과 동시에 발화되는 단계
- 순간용단단계(120 이상) : 전선피복을 뚫고 나와 심선인 동이 폭발하며 비산하는 단계

70. 다음 그림과 같이 완전 누전되고 있는 전기기기의 외함에 사람이 접촉하였을 경우 인체에 흐르는 전류(I_m)는? (단, E[V]는 전원의 대지전압, R_2[Ω]는 변압기 1선 접지, 제2종 접지저항, R_3[Ω]는 전기기기 외함 접지, 제3종 접지저항, R_m[Ω]은 인체저항이다.)

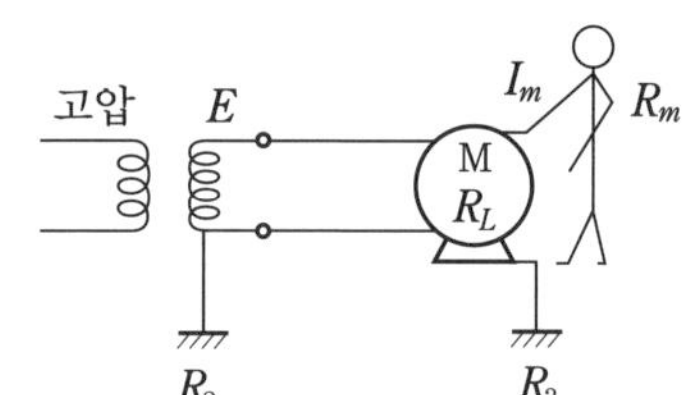

① $\dfrac{E}{R_m\left(1+\dfrac{R_2}{R_3}\right)}$　② $\dfrac{E}{R_m\left(2+\dfrac{R_2}{R_3}\right)}$

③ $\dfrac{E}{R_m\left(1+\dfrac{R_3}{R_2}\right)}$　④ $\dfrac{E}{R_m\left(2+\dfrac{R_3}{R_2}\right)}$

해설 인체전류(I_m)

$$=\frac{E}{R_m\left(\dfrac{R_3+R_2}{R_3}\right)}=\frac{E}{R_m\left(1+\dfrac{R_2}{R_3}\right)}$$

여기서, E[V] : 전원의 대지전압
R_2[Ω] : 제2종 접지저항
R_3[Ω] : 제3종 접지저항
R_m[Ω] : 인체저항

정답 68. ② 69. ② 70. ①

71. 지중에 매설된 금속제의 수도관에 접지를 할 수 있는 경우의 접지저항값은?

① 1Ω 이하 ② 2Ω 이하
③ 3Ω 이하 ④ 4Ω 이하

해설 지중에 매설된 대지와의 금속제 수도관의 접지 전기저항값이 3Ω 이하의 값을 유지하고 있다.

72. 고압 및 특고압 전로에 시설하는 피뢰기의 설치장소로 잘못된 곳은?

① 가공전선로와 지중전선로가 접속되는 곳
② 발전소, 변전소의 가공전선 인입구 및 인출구
③ 고압 가공전선로에 접속하는 배전용 변압기의 저압 측
④ 고압 가공전선로로부터 공급을 받는 수용장소의 인입구

해설 ③ 고압 가공전선로에 접속하는 배전용 변압기의 고압 측 및 특고압 측

73. 다음 중 정전기에 대한 설명으로 가장 알맞은 것은?

① 전하의 공간적 이동이 적고 자계의 효과가 전계의 효과에 비해 큰 전기
② 전하의 공간적 이동이 적고 전계의 효과가 자계의 효과에 비해 큰 전기
③ 전하의 공간적 이동이 적고 전계의 효과와 자계의 효과가 서로 비슷한 전기
④ 전하의 공간적 이동이 크고 자계의 효과와 전계의 효과를 서로 비교할 수 없는 전기

해설 정전기는 전하의 공간적 이동이 적고, 정전기 자체에 보유하고 있는 전계의 효과가 전류에 의한 자계의 효과에 비해 큰 전기를 말한다.

74. 동전기와 정전기에서 공통적으로 발생하는 것은?

① 감전에 의한 사망 · 실신 등
② 정전으로 인한 제반장애 및 2차 재해
③ 충격으로 인한 추락, 전도에 의한 상해
④ 반복충격으로 인한 정신 및 피부질환

해설 • 동전기 : 흐르고 있는 전기
• 정전기 : 흐르지 않고 머물러 있는 전기

75. 정전기의 소멸과 완화시간의 설명 중 옳지 않은 것은?

① 정전기가 축적되었다가 소멸되는데 처음 값의 63.8%로 감소되는 시간을 완화시간이라 한다.
② 완화시간은 대전체 저항×정전용량=고유저항 유전율로 정해진다.
③ 고유저항 또는 유전율이 큰 물질일수록 대전상태가 오래 지속된다.
④ 일반적으로 완화시간은 영전위 소요시간의 1/4~1/5 정도이다.

해설 ① 완화시간(시정수)은 최초의 전하가 36.8%(37%)까지 완화되는 시간을 말한다.

76. 정전기로 인하여 화재로 진전되는 조건 중 관계가 없는 것은?

① 방전하기에 충분한 전위차가 있을 때
② 가연성 가스 및 증기가 폭발한계 내에 있을 때
③ 대전하기 쉬운 금속 부분에 접지를 한 상태일 때
④ 정전기의 스파크 에너지가 가연성 가스 및 증기의 최소 점화에너지 이상일 때

해설 ③ 대전하기 쉬운 금속 부분에 접지하면 정전기 발생을 예방할 수 있다.

77. 전기설비를 방폭구조로 설치하는 근본적인 이유 중 가장 타당한 것은?

정답 71. ③ 72. ③ 73. ② 74. ③ 75. ① 76. ③ 77. ②

① 전기안전관리법에 화재, 폭발의 위험성이 있는 곳에는 전기설비를 방폭화하도록 되어 있으므로
② 사업장에서 발생하는 화재, 폭발의 점화원으로서는 전기설비가 원인이 되지 않도록 하기 위하여
③ 전기설비를 방폭화하면 접지설비를 생략해도 되므로
④ 사업장에 있어서 전기설비에 드는 비용이 가장 크므로 화재, 폭발에 의한 어떤 사고에서도 전기설비만은 보호하기 위해

해설 ② 전기설비를 방폭구조로 설치하는 근본적인 이유는 전기설비가 점화원의 원인이 되지 않게 하기 위해서이다.

78. 방폭 전기기기의 온도등급에서 기호 T2의 의미로 맞는 것은?

① 최고 표면온도의 허용치가 135℃ 이하인 것
② 최고 표면온도의 허용치가 200℃ 이하인 것
③ 최고 표면온도의 허용치가 300℃ 이하인 것
④ 최고 표면온도의 허용치가 450℃ 이하인 것

해설 ③ 온도등급 T2의 최고 표면온도는 200℃ 초과 300℃ 이하이다.

79. 폭연성 분진 또는 화약류의 분말이 전기설비가 발화원이 되어 폭발할 우려가 있는 곳에 시설하는 저압 옥내 전기설비의 공사방법으로 옳은 것은?

① 금속관 공사
② 합성수지관 공사
③ 가요전선관 공사
④ 캡타이어 케이블 공사

해설 폭연성 분진 또는 화약류의 분말이 전기설비가 발화원이 되어 폭발할 우려가 있는 곳에 시설하는 저압 옥내 전기설비의 공사방법은 금속관 공사 또는 케이블 공사이다.

80. 저압전로의 절연성능 시험에서 전로의 사용전압이 380V인 경우 전로의 전선 상호 간 및 전로와 대지 사이의 절연저항은 최소 몇 MΩ 이상이어야 하는가?

① 0.1 ② 0.3 ③ 0.5 ④ 1

해설 전로의 절연(저압전로의 절연저항)

전로의 사용전압		절연저항
400V 이하	대지전압이 150V 이하인 경우	0.1MΩ
	대지전압이 150V 초과 300V 이하의 경우	0.2MΩ
	대지전압이 300V 초과 400V 이하의 경우	0.3MΩ
대지전압이 400V 초과인 경우		0.4MΩ

5과목 화학설비 위험방지 기술

81. 고압가스의 분류 중 압축가스에 해당되는 것은?

① 질소 ② 프로판
③ 산화에틸렌 ④ 염소

해설 가스 분류
- 압축가스 : 질소, 헬륨, 네온, 수소, 산소 등
- 액화가스 : 프로판, 산화에틸렌, 염소 등

82. 산업안전보건법령상 위험물질의 종류와 해당 물질이 바르게 연결된 것은?

① 물반응성 물질 및 인화성 고체－황
② 산화성 액체 및 산화성 고체－아세톤
③ 인화성 액체－하이드라진 유도체
④ 폭발성 물질 및 유기과산화물－셀룰로이드류

해설 ② 인화성 액체－아세톤
③ 폭발성 물질－하이드라진 유도체
④ 자기반응성 물질－셀룰로이드류

정답 78. ③ 79. ① 80. ② 81. ① 82. ①

83. 아세톤에 대한 설명으로 틀린 것은 어느 것인가?

① 증기는 유독하므로 흡입하지 않도록 주의해야 한다.
② 무색이고 휘발성이 강한 액체이다.
③ 비중이 0.79이므로 물보다 가볍다.
④ 인화점이 20℃이므로 여름철에 인화위험이 더 높다.

해설 ④ 아세톤의 인화점은 −18℃이다.

84. 다음 중 광분해 반응을 일으키기 가장 쉬운 물질은?

① $AgNO_3$　② $Ba(NO_3)_2$
③ $Ca(NO_3)_2$　④ KNO_3

해설 질산은($AgNO_3$) 용액은 빛과 반응하여 광분해 반응을 일으키므로 질산은($AgNO_3$) 용액 보관 시 햇빛을 피해 갈색 유리병에 보관한다.

85. 공정안전 보고서에 포함하여야 할 세부 내용 중 공정안전자료의 세부 내용이 아닌 것은?

① 유해 · 위험설비의 목록 및 사양
② 폭발위험장소 구분도 및 전기단선도
③ 유해 · 위험물질에 대한 물질안전보건자료
④ 설비점검 · 검사 및 보수계획, 유지계획 및 지침서

해설 공정안전자료 세부 내용

- 취급 · 저장하고 있거나 취급 · 저장하고자 하는 유해 · 위험물질의 종류 및 수량
- 유해 · 위험물질에 대한 물질안전보건자료
- 유해 · 위험설비의 목록 및 사양
- 유해 · 위험설비의 운전방법을 알 수 있는 공정도면
- 각종 건물 · 설비의 배치도
- 폭발위험장소 구분도 및 전기단선도
- 위험설비의 안전설계 · 제작 및 설치 관련 지침서

Tip) ④는 안전운전계획이다.

86. 다음 중 분진이 발화 폭발하기 위한 조건으로 거리가 먼 것은?

① 불연성질
② 미분상태
③ 점화원의 존재
④ 지연성 가스 중에서의 교반과 운동

해설 분진폭발은 가연성 분진에 점화에너지를 가하면 가스와 유사한 폭발을 일으킨다.

87. 처음 온도가 20℃인 공기를 절대압력 1기압에서 3기압으로 단열압축하면 최종온도는 약 몇 ℃인가? (단, 공기의 비열비는 1.4이다.)

① 68℃　② 75℃
③ 128℃　④ 164℃

해설 단열압축

㉠ $\frac{T_2}{T_1}=\left(\frac{P_2}{P_1}\right)^{\frac{r-1}{r}}=\frac{T_2}{20+273}=\left(\frac{3}{1}\right)^{\frac{1.4-1}{1.4}}$

$\therefore\ T_2=293\times\left(\frac{3}{1}\right)^{\frac{1.4-1}{1.4}}=401\text{K}$

㉡ 공기의 온도 $=401-273=128$℃

88. 다음 중 누설 발화형 폭발재해의 예방 대책으로 가장 거리가 먼 것은?

① 발화원 관리
② 밸브의 오동작 방지
③ 가연성 가스의 연소
④ 누설물질의 검지 경보

정답 83. ④　84. ①　85. ④　86. ①　87. ③　88. ③

해설 폭발형태에 따른 폭발재해의 예방 대책

폭발형태	예방 대책
착화 파괴형	• 발화원 관리 • 불활성 가스로 치환 • 혼합가스의 조성관리 • 열에 민감한 물질의 생성방지
누설 발화형	• 발화원 관리 • 위험물의 누설방지 • 밸브의 오동작 방지 • 누설물질의 검지 경보
반응 폭주형	• 발열반응 특성조사 • 냉각시설의 조작 • 반응속도 계측관리
자연 발화형	• 혼합위험방지 • 온도 계측관리 • 물질의 자연발화성 조사

89. 메탄 20%, 에탄 40%, 프로판 40%로 구성된 혼합가스가 공기 중에서 연소할 때 이 혼합가스의 이론적 화학양론 조성은 약 몇 % 인가? (단, 메탄, 에탄, 프로판의 화학양론 농도(C_{st})는 각각 9.5%, 5.6%, 4.0%이다.)

① 5.2% ② 7.7%
③ 9.5% ④ 12.1%

해설 $L=\frac{100}{\frac{V_1}{L_1}+\frac{V_2}{L_2}+\frac{V_3}{L_3}}=\frac{100}{\frac{20}{9.5}+\frac{40}{5.6}+\frac{40}{4.0}}$
$=5.20\text{vol}\%$

90. 반응폭주 등 급격한 압력상승의 우려가 있는 경우에 설치하여야 하는 것은?

① 파열판 ② 통기밸브
③ 체크밸브 ④ flame arrester

해설 파열판(rupture disk) 설치의 필요성
• 반응폭주 등 급격한 압력상승의 우려가 있는 경우
• 운전 중 안전밸브의 이상으로 안전밸브가 작동하지 못할 경우
• 위험물질의 누출로 인하여 작업장이 오염될 경우
• 파열판은 형식, 재질을 충분히 검토하고 일정 기간을 정하여 교환하는 것이 필요하다.

91. 다음 중 긴급차단장치의 차단방식과 관계가 가장 적은 것은?

① 공기압식 ② 유압식
③ 전기식 ④ 보온식

해설 긴급차단장치의 차단방식은 공기압식, 유압식, 전기식 등이다.

92. 증기 배관 내에 생성하는 응축수를 제거할 때 증기가 배출되지 않도록 하면서 응축수를 자동적으로 배출하기 위한 장치를 무엇이라 하는가?

① vent stack ② steam trap
③ blow down ④ relief valve

해설 제어장치
• 가스방출장치(vent stack) : 탱크 내의 일정 압력을 유지하기 위한 가스방출장치
• 릴리프 밸브(relief valve) : 탱크 내의 설정압력이 되었을 때 압력상승에 비례하여 천천히 개방되는 밸브
• blow－down : 응축성 증기 등 공정액체를 빼내고 안전하게 유지 · 처리하기 위한 설비

93. 대기압하의 직경이 2m인 물탱크에 탱크 바닥에서부터 2m 높이까지의 물이 들어 있다. 이 탱크의 바닥에서 0.5m 위 지점에 직경이 1cm인 작은 구멍이 나서 물이 새어 나오고 있다. 구멍의 위치까지 물이 모두 새어 나오는데 필요한 시간은 약 얼마인가? (단,

정답 89. ① 90. ① 91. ④ 92. ② 93. ③

탱크의 대기압은 0이며, 배출계수 0.61로 한다.)

① 2.0시간 ② 5.6시간
③ 11.6시간 ④ 16.1시간

해설 시간 계산(t)

$$t=\frac{1}{CA}\sqrt{\frac{h_1}{h_2}}=\frac{1}{0.61\times\frac{\pi\times0.01^2}{4}}\times\sqrt{\frac{2}{0.5}}$$

$=41745.558$초$\div3600=11.596$시간

여기서, C : 배출계수$=0.61$, A : 면적, h_1 : 수면 최대높이, h_2 : 바닥부터 구멍까지의 높이

94. 다음 중 고체의 연소방식에 관한 설명으로 옳은 것은?

① 분해연소란 고체가 표면의 고온을 유지하며 타는 것을 말한다.
② 표면연소란 고체가 가열되어 열분해가 일어나고 가연성 가스가 공기 중의 산소와 타는 것을 말한다.
③ 자기연소란 공기 중 산소를 필요로 하지 않고 자신이 분해되며 타는 것을 말한다.
④ 분무연소란 고체가 가열되어 가연성 가스를 발생시키며 타는 것을 말한다.

해설 자기연소 : 분자 내에 산소를 함유하고 있어 외부의 산소 공급원 없이 점화원에 의해 연소하며, 제5류 위험물, 니트로 글리세린, 니트로 셀룰로오스, 트리니트로 톨루엔, 질산 에틸 등이 해당된다.

95. 다음 중 화재예방에 있어 화재의 확대방지를 위한 방법으로 적절하지 않은 것은 어느 것인가?

① 가연물량의 제한
② 난연화 및 불연화
③ 화재의 조기 발견 및 초기 소화
④ 공간의 통합과 대형화

해설 ④ 공간의 통합과 대형화를 하면 화재발생 시 화염과 유독가스가 확산되어 대형 화재로 확산된다.
①, ②, ③ 외의 방지책으로 대형 건물의 중간 중간에 방화셔터의 설치가 있다.

96. 다음 중 유류화재의 화재급수에 해당하는 것은?

① A급 ② B급
③ C급 ④ D급

해설 화재의 종류

구분	가연물	구분색	소화제
A급	일반	백색	물, 강화액, 산 · 알칼리
B급	유류	황색	포말, 분말, CO_2
C급	전기	청색	CO_2, 분말
D급	금속	색 없음	건조사, 팽창질석
E급	가스	황색	없음
K급	부엌	–	(주방화재)

97. 다음 중 CO_2 소화약제의 장점으로 볼 수 없는 것은?

① 기체 팽창률 및 기화잠열이 작다.
② 액화하여 용기에 보관할 수 있다.
③ 전기에 대해 부도체이다.
④ 자체 증기압이 높기 때문에 자체 압력으로 방사가 가능하다.

해설 ① 기체 팽창률 및 기화잠열이 크다.

98. 위험물을 저장 · 취급하는 화학설비 및 그 부속설비를 설치할 때 "단위공정시설 및 설비로부터 다른 단위공정시설 및 설비의 사이"의 안전거리는 설비의 바깥면으로부터 몇 m 이상이 되어야 하는가?

① 5 ② 10 ③ 15 ④ 20

정답 94. ③ 95. ④ 96. ② 97. ① 98. ②

해설 단위공정시설 및 설비로부터 다른 단위 공정시설 및 설비의 사이의 바깥면으로부터 10m 이상

99. 다음 중 열교환기의 보수에 있어 일상점검 항목과 정기적 개방점검 항목으로 구분할 때 일상점검 항목으로 가장 거리가 먼 것은?

① 도장의 노후 상황
② 부착물에 의한 오염의 상황
③ 보온재, 보냉재의 파손 여부
④ 기초볼트의 체결정도

해설 ②는 개방점검 항목,
①, ③, ④는 일상점검 항목

100. 산업안전보건법령상 위험물질의 종류를 구분할 때 다음 물질들이 해당되는 것은 어느 것인가?

리튬, 칼륨 · 나트륨, 황, 황린, 황화인 · 적린

① 폭발성 물질 및 유기과산화물
② 산화성 액체 및 산화성 고체
③ 물반응성 물질 및 인화성 고체
④ 급성 독성 물질

해설 물반응성 물질 및 인화성 고체
- 인화성 고체 : 황화인 · 적린, 황, 금속분말, 마그네슘분말
- 물반응성 물질 : 리튬, 칼륨 · 나트륨, 알킬알루미늄 · 알킬리튬, 황린 등

6과목 건설안전기술

101. 굴착작업 시 굴착깊이가 최소 몇 m 이상인 경우 사다리, 계단 등 승강설비를 설치하여야 하는가?

① 1.5m
② 2.5m
③ 3.5m
④ 4.5m

해설 굴착깊이가 1.5m 이상일 경우 사다리, 계단 등 승강설비를 설치하여야 한다.

102. 연약지반의 이상 현상 중 하나인 히빙(heaving) 현상에 대한 안전 대책이 아닌 것은?

① 흙막이벽의 관입깊이를 깊게 한다.
② 굴착면에 토사 등으로 하중을 가한다.
③ 흙막이 배면의 표토를 제거하여 토압을 경감시킨다.
④ 주변 수위를 높인다.

해설 ④ 보일링 현상 방지 대책으로 흙막이벽 배면지반의 지하수위를 저하시킨다.

103. 유해 · 위험방지 계획서를 고용노동부장관에게 제출하고 심사를 받아야 하는 대상 건설공사 기준으로 옳지 않은 것은?

① 최대 지간길이가 50m 이상인 다리의 건설 등 공사
② 지상 높이 25m 이상인 건축물 또는 인공구조물의 건설 등 공사
③ 깊이 10m 이상인 굴착공사
④ 다목적 댐, 발전용 댐, 저수용량 2천만 톤 이상의 용수 전용 댐 및 지방상수도 전용 댐의 건설 등 공사

해설 유해 · 위험방지 계획서 제출대상 건설공사 기준
- 시설 등의 건설 · 개조 또는 해체 공사
  - ㉠ 지상 높이가 31m 이상인 건축물 또는 인공구조물
  - ㉡ 연면적 30000m^2 이상인 건축물
  - ㉢ 연면적 5000m^2 이상인 시설
    - ㉮ 문화 및 집회시설(전시장, 동물원, 식물원은 제외)

정답 99. ② 100. ③ 101. ① 102. ④ 103. ②

㉯ 운수시설(고속철도 역사, 집배송 시설은 제외)
㉰ 종교시설, 의료시설 중 종합병원
㉱ 숙박시설 중 관광숙박시설
㉲ 판매시설, 지하도상가, 냉동 · 냉장창고 시설

- 연면적 5000m^2 이상인 냉동 · 냉장창고시설의 설비공사 및 단열공사
- 최대 지간길이가 50m 이상인 교량 건설 등의 공사
- 다목적 댐, 발전용 댐 및 저수용량 2천만 톤 이상의 용수 전용 댐, 지방상수도 전용 댐 건설 등의 공사
- 깊이 10m 이상인 굴착공사
- 터널 건설 등의 공사

104. 불도저를 이용한 작업 중 안전조치사항으로 옳지 않은 것은?

① 작업종료와 동시에 삽날을 지면에서 띄우고 주차 제동장치를 건다.
② 모든 조종간은 엔진 시동 전에 중립위치에 놓는다.
③ 장비의 승차 및 하차 시 뛰어내리거나 오르지 말고 안전하게 잡고 오르내린다.
④ 야간작업 시 자주 장비에서 내려와 장비 주위를 살피며 점검하여야 한다.

해설 ① 불도저 등 모든 굴삭기계는 작업종료 시 삽날은 지면에 내리고 제동장치를 건다.

105. 공사용 가설도로에 대한 설명 중 옳지 않은 것은?

① 도로는 장비 및 차량이 안전하게 운행할 수 있도록 견고하게 설치한다.
② 도로는 배수에 상관없이 평탄하게 설치한다.
③ 도로와 작업장이 접하여 있을 경우에는 방책 등을 설치한다.
④ 차량의 속도제한 표지를 부착한다.

해설 ② 도로는 배수를 위하여 경사지게 설치한다.

106. 다음 중 고정식 크레인이 아닌 것은?

① 천장크레인
② 크롤러 크레인
③ 지브크레인
④ 타워크레인

해설 고정식 크레인에는 천장크레인, 지브크레인, 타워크레인 등이 있다.

107. 다음 그림과 같이 두 곳에 줄을 달아 중량물을 들어 올릴 때, 힘 P의 크기에 관한 설명으로 옳은 것은?

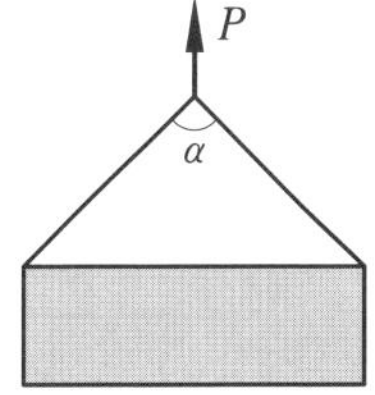

① 매단 줄의 각도(α)가 0°일 때 최소가 된다.
② 매단 줄의 각도(α)가 60°일 때 최소가 된다.
③ 매단 줄의 각도(α)가 120°일 때 최소가 된다.
④ 매단 줄의 각도(α)와 상관없이 모두 같다.

해설 그림의 와이어로프에 걸리는 하중(P)은 매단 줄의 각도(α)와 상관없이 모두 같다.
Tip) 인양 와이어로프의 매달기 각도는 양변 60°를 기준으로 한다.

108. 그물코의 크기가 10cm인 매듭 없는 방망사 신품의 인장강도는 최소 얼마 이상이어야 하는가?

① 240kg ② 320kg
③ 400kg ④ 500kg

정답 104. ① 105. ② 106. ② 107. ④ 108. ①

해설 그물코의 크기가 10cm인 매듭 없는 방망사 신품의 인장강도는 240kg이다.

109. **굴착공사에 있어서 비탈면 붕괴를 방지하기 위하여 실시하는 대책으로 옳지 않은 것은?**

① 지표수의 침투를 막기 위해 표면 배수공을 한다.
② 지하수위를 내리기 위해 수평 배수공을 설치한다.
③ 비탈면 하단을 성토한다.
④ 비탈면 상부에 토사를 적재한다.

해설 ④ 비탈면 상부에 토사를 제거하고, 비탈면 하부에 토사를 적재한다.

110. **본 터널(main tunnel)을 시공하기 전에 터널에서 약간 떨어진 곳에 지질조사, 환기, 배수, 운반 등의 상태를 알아보기 위하여 설치하는 터널은?**

① 프리패브(prefab) 터널
② 사이드(side) 터널
③ 쉴드(shield) 터널
④ 파일럿(pilot) 터널

해설 파일럿(pilot) 터널 : 본 터널을 시공하기 전에 터널에 관한 자료조사를 위해 설치하는 터널

111. **낙하물에 의한 위험방지 조치의 기준으로서 옳은 것은?**

① 높이가 최소 2m 이상인 곳에서 물체를 투하하는 때에는 적당한 투하설비를 갖춰야 한다.
② 낙하물방지망을 높이 12m 이내마다 설치한다.
③ 방호선반 설치 시 내민길이는 벽면으로부터 2m 이상으로 한다.
④ 낙하물방지망의 설치각도는 수평면과 30~40°를 유지한다.

해설 낙하물 위험방지 조치기준
- 높이가 최소 3m 이상인 곳에서 물체를 투하하는 때에는 투하설비를 갖춰야 한다.
- 낙하물방지망을 높이 10m 이내마다 설치한다.
- 낙하물방지망의 설치각도는 수평면과 20° 이상 30° 이하를 유지한다.
- 방호선반 설치 시 내민길이는 벽면으로부터 2m 이상으로 한다.

112. **통나무비계를 조립할 때 준수하여야 할 사항에 대한 다음 내용에서 (　　) 안에 가장 적합한 것은?**

> 비계기둥의 이음이 맞댄이음인 때에는 비계기둥을 쌍기둥 틀로 하거나 (㉠)미터 이상의 덧댐목을 사용하여 (㉡)개소 이상을 묶을 것

① ㉠ : 1.0, ㉡ : 4　　② ㉠ : 1.8, ㉡ : 4
③ ㉠ : 1.0, ㉡ : 2　　④ ㉠ : 1.8, ㉡ : 2

해설 비계기둥의 이음이 맞댄이음인 때에는 비계기둥을 쌍기둥 틀로 하거나 1.8m 이상의 덧댐목을 사용하여 4개소 이상을 묶을 것

113. **가설통로의 설치에 관한 기준으로 옳지 않은 것은?**

① 경사는 30° 이하로 한다.
② 건설공사에 사용하는 높이 8m 이상인 비계다리에는 7m 이내마다 계단참을 설치한다.
③ 작업상 부득이한 경우에는 필요한 부분에 한하여 안전난간을 임시로 해체할 수 있다.
④ 수직갱에 가설된 통로의 길이가 10m 이상인 경우에는 5m 이내마다 계단참을 설치한다.

정답 109. ④　110. ④　111. ③　112. ②　113. ④

해설 가설통로의 설치에 관한 기준

- 견고한 구조로 할 것
- 경사각은 30° 이하로 할 것
- 경사로 폭은 90cm 이상으로 할 것
- 경사각이 15°를 초과하는 경우에는 미끄러지지 아니하는 구조로 할 것
- 높이 8m 이상인 다리에는 7m 이내마다 계단참을 설치할 것
- 수직갱에 가설된 통로길이가 15m 이상인 경우에는 10m 이내마다 계단참을 설치할 것

114. **다음 (　　) 안에 알맞은 숫자는?**

> 동바리용 파이프 서포트는 (㉠)본 이상 이어서 사용하지 아니 하여야 하며 또 높이가 (㉡)미터 이상의 경우 높이 (㉢)미터 이내마다 수평 연결재를 2개 방향으로 설치하여야 한다.

① ㉠ : 3, ㉡ : 3.5, ㉢ : 2
② ㉠ : 2, ㉡ : 3.5, ㉢ : 2
③ ㉠ : 3, ㉡ : 3.5, ㉢ : 3
④ ㉠ : 2, ㉡ : 3.5, ㉢ : 3

해설 동바리로 사용하는 파이프 서포트는 3본 이상 이어서 사용하지 아니 하여야 하며 또 높이가 3.5m를 초과할 경우에는 높이 2m 이내마다 수평 연결재를 2개 방향으로 만들고 수평 연결재의 변위를 방지할 것

115. **깊이 10.5m 이상의 굴착의 경우 계측기기를 설치하여 흙막이 구조의 안전을 예측하여야 한다. 이에 해당하지 않는 계측기기는 무엇인가?**

① 수위계
② 경사계
③ 응력계
④ 지진 가속도계

해설 굴착의 경우 계측기기의 종류 : 수위계, 경사계, 응력계, 하중계

116. **추락재해에 대한 예방차원에서 고소작업의 감소를 위한 근본적인 대책으로 옳은 것은?**

① 방망 설치
② 지붕 트러스의 일체화 또는 지상에서 조립
③ 안전대 사용
④ 비계 등에 의한 작업대 설치

해설 철골기둥, 빔 및 트러스 등의 철골 구조물을 일체화 또는 지상에서 조립하는 이유는 고소작업의 감소를 위해서이다.

117. **취급 · 운반의 원칙으로 옳지 않은 것은 어느 것인가?**

① 곡선운반을 할 것
② 운반작업을 집중하여 시킬 것
③ 생산을 최고로 하는 운반을 생각할 것
④ 연속운반을 할 것

해설 취급 · 운반의 원칙

- 직선운반을 할 것
- 연속운반을 할 것
- 운반작업을 집중화시킬 것
- 생산을 최고로 하는 운반을 생각할 것
- 시간과 경비 등 운반방법을 고려할 것

118. **철골작업 시 철골부재에서 근로자가 수직 방향으로 이동하는 경우에 설치하여야 하는 고정된 승강로의 최소 답단 간격은 얼마 이내인가?**

① 20cm　　② 25cm
③ 30cm　　④ 40cm

해설 고정된 승강로의 답단 간격은 30cm 이내로 하여야 한다.

정답 114. ①　115. ④　116. ②　117. ①　118. ③

119. **달비계에 사용하는 와이어로프의 사용금지기준으로 옳지 않은 것은?**

① 이음매가 있는 것
② 열과 전기충격에 의해 손상된 것
③ 지름의 감소가 공칭지름의 7%를 초과하는 것
④ 와이어로프의 한 꼬임에서 끊어진 소선의 수가 7% 이상인 것

해설 와이어로프의 사용금지조건
- 이음매가 있는 것
- 꼬인 것, 심하게 변형 또는 부식된 것
- 열과 전기충격에 의해 손상된 것
- 와이어로프의 한 꼬임에서 끊어진 소선의 수가 10% 이상인 것
- 지름의 감소가 공칭지름의 7%를 초과하는 것

120. **사면 보호공법 중 구조물에 의한 보호공법에 해당되지 않는 것은?**

① 블록공
② 식생구멍공
③ 돌 쌓기공
④ 현장 타설 콘크리트 격자공

해설 • 구조물 보호공법
㉠ 블록(돌) 붙임공 : 법면의 풍화나 침식 등의 방지를 목적으로 완구배에 점착력이 없는 토사를 붙이는 공법
㉡ 블록(돌) 쌓기공 : 급구배의 높은 비탈면에 사용하며, 메쌓기, 찰쌓기 등
㉢ 콘크리트블록 격자공 : 비탈면에 용수가 있는 붕괴하기 쉬운 비탈면을 보호하기 위해 채택하는 공법
㉣ 뿜어 붙이기공 : 비탈면에 용수가 없고 당장 붕괴위험은 없으나 풍화하기 쉬운 암석, 토사 등으로 식생이 곤란한 비탈면에 사용
• 식생공법
㉠ 떼붙임공 : 비탈면에 떼를 일정한 간격으로 심어 보호하는 공법
㉡ 식생공 : 법면에 식물을 심어 번식시켜 법면의 침식과 동상, 이완 등을 방지하는 공법
㉢ 식수공 : 비탈면에 떼붙임공과 식생공으로 부족할 경우 나무를 심어서 사면을 보호하는 공법
㉣ 파종공 : 비탈면에 종자, 비료, 안정제, 흙 등을 혼합하여 높은 압력으로 뿜어 붙이는 공법

정답 119. ④ 120. ②

2023년도(2회차) CBT 출제문제

산업안전기사

1과목 안전관리론

1. 버드(Bird)의 최신 연쇄성 이론 중 재해 발생의 근원적 원인에 해당하는 것은?

① 상해 발생 ② 징후 발생
③ 접촉 발생 ④ 관리의 부족

해설 버드(Bird)의 최신 연쇄성 이론

1단계	2단계	3단계	4단계	5단계
제어부족 : 관리	기본원인 : 기원	직접원인 : 징후	사고 : 접촉	상해 : 손해

Tip) 근원적(간접) 원인 : 제어부족(관리부족)

2. 산업안전보건법령상 산업안전보건위원회의 사용자위원에 해당되지 않는 사람은? (단, 각 사업장은 해당하는 사람을 선임하여야 하는 대상 사업장으로 한다.)

① 안전관리자
② 산업보건의
③ 명예 산업안전감독관
④ 해당 사업장 부서의 장

해설 산업안전보건위원회의 위원

구분	내용
근로자 위원	• 근로자 대표 • 근로자 대표가 지명하는 1명 이상의 명예 산업안전감독관 • 근로자 대표가 지명하는 9명 이내의 해당 사업장 근로자
사용자 위원	• 해당 사업장 대표, 안전관리자 1명 • 보건관리자 1명, 산업보건의 1명 • 해당 사업장 대표가 지명하는 9명 이내의 해당 사업장 부서의 장

3. 다음 중 재해의 기본원인인 4M에 해당하지 않는 것은?

① Machine ② Media
③ Management ④ Method

해설 Method : 방법

4. 다음 중 재해조사에 관한 설명으로 틀린 것은?

① 조사 목적에 무관한 조사는 피한다.
② 조사는 현장을 정리한 후에 실시한다.
③ 목격자나 현장책임자의 진술을 듣는다.
④ 조사자는 객관적이고 공정한 입장을 취해야 한다.

해설 ② 조사는 현장을 보존한 상태로 실시한다.

5. 1일 근무시간이 9시간이고, 지난 한 해 동안의 근무일이 300일인 A사업장의 재해 건수는 24건, 의사진단에 의한 총 휴업일수는 3650일이었다. 해당 사업장의 도수율과 강도율은 얼마인가? (단, 사업장의 평균 근로자 수는 450명이다.)

① 도수율 : 0.02, 강도율 : 2.55
② 도수율 : 0.19, 강도율 : 0.25
③ 도수율 : 19.75, 강도율 : 2.47
④ 도수율 : 20.43, 강도율 : 2.55

해설 ㉠ $\text{도수율} = \dfrac{\text{연간 재해 건수}}{\text{연근로 총 시간 수}} \times 10^6$

$= \dfrac{24}{450 \times 300 \times 9} \times 10^6 = 19.75$

㉡ $\text{강도율} = \dfrac{\text{근로손실일수}}{\text{근로 총 시간 수}} \times 1000$

정답 1. ④ 2. ③ 3. ④ 4. ② 5. ③

$$= \frac{3650 \times \frac{300}{365}}{450 \times 300 \times 9} \times 1000 = 2.47$$

6. 다음 중 하인리히의 재해손실비 계산에 있어 간접손실비 항목에 속하지 않는 것은 어느 것인가?

① 부상자의 시간손실
② 기계, 공구, 재료 그 밖의 재산손실
③ 근로자 외 제3자에게 신체적 상해를 입혔을 때의 손실
④ 관리감독자가 재해의 원인조사를 하는데 따른 시간손실

해설 ③은 직접비, ①, ②, ④는 간접손실비

7. 다음 중 무재해 운동에 관한 설명으로 틀린 것은?

① 제3자의 행위에 의한 업무상 재해는 무재해로 본다.
② "요양"이란 부상 등의 치료를 말하며 입원은 포함되나 재가, 통원은 제외한다.
③ "무재해"란 무재해 운동 시행 사업장에서 근로자가 업무에 기인하여 사망 또는 4일 이상의 요양을 요하는 부상 또는 질병에 이환되지 않는 것을 말한다.
④ 업무수행 중의 사고 중 천재지변 또는 돌발적인 사고로 인한 구조행위 또는 긴급 피난 중 발생한 사고는 무재해로 본다.

해설 요양이란 부상 등의 치료를 말하며, 입원, 재가, 통원치료 등을 모두 포함한다.

8. 유기화합물용 방독마스크 시험가스의 종류가 아닌 것은?

① 염소가스 또는 증기 ② 시클로헥산
③ 디메틸에테르 ④ 이소부탄

해설 유기화합물용 시험가스는 시클로헥산(C_6H_{12}), 디메틸에테르(CH_3OCH_3), 이소부탄(C_4H_{10})이다.

Tip) ① 염소가스 또는 증기 – 할로겐용

9. 다음 중 근로자가 물체의 낙하 또는 비래 및 추락에 의한 위험을 방지 또는 경감하고, 머리 부위 감전에 의한 위험을 방지하고자 할 때 사용하여야 하는 안전모의 종류로 가장 적합한 것은?

① A형 ② AB형
③ ABE형 ④ AE형

해설 ABE형 : 물체의 낙하 또는 날아옴 및 추락에 의한 위험을 방지하며, 안전모는 교류 20kV에서 1분간 절연파괴 없이 견뎌야 하고, 이때 누설되는 충전전류는 10mA 이하이어야 한다.

10. 산업안전보건법상 안전 · 보건표지의 종류 중 바탕은 파란색, 관련 그림은 흰색을 사용하는 표지는?

① 사용금지 ② 세안장치
③ 몸 균형상실 경고 ④ 안전복 착용

해설 안전 · 보건표지의 형식

구분	금지표지	경고표지	지시표지	안내표지	출입금지
바탕	흰색	노란색	파란색	흰색	흰색
기본모양	빨간색	검은색	–	녹색	흑색글자
부호 및 그림	검은색	검은색	흰색	흰색	적색글자

11. 적성요인에 있어 직업적성을 검사하는 항목이 아닌 것은?

① 지능 ② 촉각적응력

정답 6. ③ 7. ② 8. ① 9. ③ 10. ④ 11. ②

③ 형태식별능력　　④ 운동 속도

해설 직업적성검사(vocational aptitude test) 항목 : 지능, 언어능력, 수리능력, 사무지각, 공간적성, 형태지각, 운동반응, 손과 손가락 협응 등

12. 다음 중 작업을 하고 있을 때 긴급 이상 상태 또는 돌발사태가 되면 순간적으로 긴장하게 되어 판단능력의 둔화 또는 정지상태가 되는 것은?

① 의식의 우회　　② 의식의 과잉
③ 의식의 단절　　④ 의식의 수준 저하

해설 의식의 과잉 : 긴급한 이상 상태 또는 돌발사태에 직면하면 순간적으로 긴장하게 되어 한 방향으로만 집중하는 판단능력의 둔화 또는 정지상태가 되는 현상

13. 다음 중 매슬로우(Maslow)의 욕구 5단계 이론에 해당되지 않는 것은?

① 생리적 욕구　　② 안전욕구
③ 감성적 욕구　　④ 존경의 욕구

해설 매슬로우(Maslow)가 제창한 인간의 욕구 5단계

1단계	2단계	3단계	4단계	5단계
생리적 욕구	안전 욕구	사회적 욕구	존경의 욕구	자아실현의 욕구

14. 생체리듬의 변화에 대한 설명으로 틀린 것은?

① 야간에는 체중이 감소한다.
② 야간에는 말초운동 기능이 증가된다.
③ 체온, 혈압, 맥박수는 주간에 상승하고 야간에 감소한다.
④ 혈액의 수분과 염분량은 주간에 감소하고 야간에 상승한다.

해설 위험일의 변화 및 특징

- 혈액의 수분, 염분량은 주간에 감소하고 야간에 상승한다.
- 야간에는 체중이 감소하고 말초운동 기능이 저하된다.
- 체온, 혈압, 맥박수는 주간에 상승하고 야간에 감소한다.

15. 교육심리학의 학습이론에 관한 설명 중 옳은 것은?

① 파블로프(Pavlov)의 조건반사설은 맹목적 시행을 반복하는 가운데 자극과 반응이 결합하여 행동하는 것이다.
② 레빈(Lewin)의 장설은 후천적으로 얻게 되는 반사작용으로 행동을 발생시킨다는 것이다.
③ 톨만(Tolman)의 기호형태설은 학습자의 머리 속에 인지적 지도 같은 인지구조를 바탕으로 학습하려는 것이다.
④ 손다이크(Thorndike)의 시행착오설은 내적, 외적의 전체구조를 새로운 시점에서 파악하여 행동하는 것이다.

해설 교육심리학의 학습이론

- 파블로프 : Pavlov 조건반사설의 원리는 시간의 원리, 강도의 원리, 일관성의 원리, 계속성의 원리로 일정한 자극을 반복하여 자극만 주어지면 조건적으로 반응하게 된다.
- 레빈 : 장설은 선천적으로 인간은 특정 목표를 추구하려는 내적긴장에 의해 행동을 발생시킨다는 것이다.
- 톨만 : 기호형태설은 학습자의 머리 속에 인지적 지도 같은 인지구조를 바탕으로 학습하려는 것이다.
- 손다이크 : 시행착오설에 의한 학습의 원칙은 연습의 원칙, 효과의 원칙, 준비성의 원칙으로 맹목적 연습과 시행을 반복하는 가운데 자극과 반응이 결합하여 행동하는 것이다.

정답 12. ② 13. ③ 14. ② 15. ③

16. 다음 중 안전교육의 단계에 있어 올바른 행동의 습관화 및 가치관을 형성하도록 하는 교육은?

① 안전 의식교육 ② 안전 태도교육
③ 안전 지식교육 ④ 안전 기능교육

해설 제3단계(태도교육) : 작업 동작지도 등을 통해 안전행동을 습관화하는 단계

17. 산업안전보건법상 환기가 극히 불량한 좁고 밀폐된 장소에서 용접작업을 하는 근로자 대상의 특별안전 · 보건교육의 교육내용에 해당하지 않는 것은? (단, 기타 안전 · 보건관리에 필요한 사항은 제외한다.)

① 환기설비에 관한 사항
② 작업환경 점검에 관한 사항
③ 질식 시 응급조치에 관한 사항
④ 화재예방 및 초기대응에 관한 사항

해설 ④는 화재예방에 관한 대책이다.

18. 안전교육방법 중 강의법에 대한 설명으로 옳지 않은 것은?

① 단기간의 교육시간 내에 비교적 많은 내용을 전달할 수 있다.
② 다수의 수강자를 대상으로 동시에 교육할 수 있다.
③ 다른 교육방법에 비해 수강자의 참여가 제약된다.
④ 수강자 개개인의 학습강도를 조절할 수 있다.

해설 강의법의 특징
- 많은 내용을 체계적으로 전달할 수 있다.
- 다수를 대상으로 동시에 교육할 수 있다.
- 전체적인 전망을 제시하는데 유리하다.
- 구체적인 사실과 정보 제공으로 요점을 파악하는데 효율적이다.
- 수강자 개개인별로 학습강도(진도)를 조절할 수 없다.

19. 보건법령상 유해위험방지 계획서 제출대상 공사에 해당하는 것은?

① 깊이가 5m 이상인 굴착공사
② 최대 지간거리 30m 이상인 교량 건설공사
③ 지상 높이 21m 이상인 건축물 공사
④ 터널 건설공사

해설 유해위험방지 계획시 제출대상 공사
- 시설 등의 건설 · 개조 또는 해체 공사
  - ㉠ 지상 높이가 31m 이상인 건축물 또는 인공구조물
  - ㉡ 연면적 30000m^2 이상인 건축물
  - ㉢ 연면적 5000m^2 이상인 시설
    - ㉮ 문화 및 집회시설(전시장, 동물원, 식물원은 제외)
    - ㉯ 운수시설(고속철도 역사, 집배송 시설은 제외)
    - ㉰ 종교시설, 의료시설 중 종합병원
    - ㉱ 숙박시설 중 관광숙박시설
    - ㉲ 판매시설, 지하도상가, 냉동 · 냉장 창고시설
- 터널 건설 등의 공사
- 깊이 10m 이상인 굴착공사
- 최대 지간길이가 50m 이상인 교량 건설 등의 공사
- 연면적 5000m^2 이상인 냉동 · 냉장창고시설의 설비공사 및 단열공사
- 다목적 댐, 발전용 댐 및 저수용량 2천만 톤 이상의 용수 전용 댐, 지방상수도 전용 댐 건설 등의 공사

20. 산업안전보건법령상 안전보건진단을 받아 안전보건개선계획의 수립 및 명령을 할 수 있는 대상이 아닌 것은?

① 유해인자의 노출기준을 초과한 사업장
② 산업재해율이 같은 업종 평균 산업재해율의 2배 이상인 사업장

정답 16. ② 17. ④ 18. ④ 19. ④ 20. ④

③ 사업주가 필요한 안전조치 또는 보건조치를 이행하지 아니하여 중대 재해가 발생한 사업장
④ 상시근로자 1천 명 이상인 사업장에서 직업성 질병자가 연간 2명 이상 발생한 사업장

해설 안전보건개선계획의 수립 및 시행을 명할 수 있는 사업장
- 사업주가 안전 · 보건조치 의무를 이행하지 아니하여 중대 재해가 발생한 사업장
- 산업재해율이 같은 업종 평균 산업재해율의 2배 이상인 사업장
- 직업성 질병자가 연간 3명 이상 발생한 사업장
- 작업환경 불량, 화재 · 폭발 또는 누출사고 등으로 사회적 물의를 일으킨 사업장
- 산업안전보건법 제106조에 따른 유해인자 노출기준을 초과한 사업장

2과목 인간공학 및 시스템 안전공학

21. 사업장에서 인간공학의 적용 분야로 가장 거리가 먼 것은?

① 제품설계
② 설비의 고장률
③ 재해 · 질병예방
④ 장비 · 공구 · 설비의 배치

해설 사업장에서의 인간공학 적용 분야
- 작업장의 유해 · 위험 작업 분석과 작업환경 개선
- 인간-기계 인터페이스 디자인, 작업 공간의 설계
- 인간에 대한 안전성을 평가하여 제품설계
- 장비 · 공구 · 설비의 배치
- 재해 및 질병예방

22. 다음 중 욕조곡선에서의 고장형태에서 일정한 형태의 고장률이 나타나는 구간은 어느 것인가?

① 초기고장 구간 ② 마모고장 구간
③ 피로고장 구간 ④ 우발고장 구간

해설 기계설비 고장 유형 : 초기고장(감소형 고장), 우발고장(일정형 고장), 마모고장(증가형 고장)

23. 다음 중 가장 보편적으로 사용되는 시력의 척도는?

① 동시력 ② 최소 인식시력
③ 입체시력 ④ 최소 가분시력

해설 최소 가분시력 : 시력을 정의하는 방법 중 가장 보편적으로 사용하는 시력의 척도

24. 다음 중 경계 및 경보신호의 설계지침으로 틀린 것은?

① 주의를 환기시키기 위하여 변조된 신호를 사용한다.
② 배경소음의 진동수와 다른 진동수의 신호를 사용한다.
③ 귀는 중음역에 민감하므로 500~3000Hz의 진동수를 사용한다.
④ 300m 이상의 장거리용으로는 1000Hz를 초과하는 진동수를 사용한다.

해설 ④ 300m이상 장거리용으로는 1000Hz 이하의 진동수를 사용하며, 고음은 멀리가지 못한다.

25. 인간이 절대 식별할 수 있는 대안의 최대 범위는 대략 7이라고 한다. 이를 정보량의 단위인 bit로 표시하면 약 몇 bit가 되는가?

① 3.2 ② 3.0
③ 2.8 ④ 2.6

정답 21. ② 22. ④ 23. ④ 24. ④ 25. ③

해설 ㉠ 정보량$(H)=\Sigma P_x \log_2\left(\frac{1}{P_x}\right)$

㉡ 정보량$(H)=\log_2 N=\frac{\log 7}{\log 2}=2.8\text{bit}$

26. **다음 중 성격이 다른 정보의 제어 유형은?**

① action
② selection
③ setting
④ data entry

해설 정보의 제어 유형
- action : 활동, 행동
- selection : 선택, 판단
- data entry : 정보 입력, 자료 입력

Tip) setting : 시스템 초기 설정값(시간, 장소 등)

27. **직무에 대하여 청각적 자극 제시에 대한 음성응답을 하도록 할 때 가장 관련 있는 양립성은?**

① 공간적 양립성　② 양식 양립성
③ 운동 양립성　④ 개념적 양립성

해설 양식 양립성 : 소리로 제시된 정보는 소리로 반응하게 하는 것, 시각적으로 제시된 정보는 손으로 반응하게 하는 것

28. **다음 중 작업과 관련된 근골격계 질환 관련 유해요인 조사에 대한 설명으로 옳은 것은?**

① 사업장 내에서 근골격계 부담작업 근로자가 5인 미만인 경우에는 유해요인 조사를 실시하지 않아도 된다.
② 유해요인 조사는 근골격계 질환자가 발생할 경우에는 3년마다 정기적으로 실시해야 한다.
③ 유해요인 조사는 사업장 내 근골격계 부담작업 중 50%를 샘플링으로 선정하여 조사한다.
④ 근골격계 부담작업 유해요인 조사에는 유해요인 기본조사와 근골격계 질환증상조사가 포함된다.

해설
- 근골격계 부담작업 유해요인 조사에는 유해요인 기본조사와 근골격계 질환증상조사가 포함된다.
- 사업주가 유해요인 조사를 하는 때에는 근로자와의 면담, 증상설문조사, 인간공학 측면을 고려한 조사 등의 적절한 방법을 수행하여야 한다.

29. **다음 중 동작경제의 원칙에 있어 "신체 사용에 관한 원칙"에 해당하지 않는 것은 어느 것인가?**

① 두 손의 동작은 동시에 시작해서 동시에 끝나야 한다.
② 손의 동작은 유연하고 연속적인 동작이어야 한다.
③ 공구, 재료 및 제어장치는 사용하기 가까운 곳에 배치해야 한다.
④ 동작이 급작스럽게 크게 바뀌는 직선 동작은 피해야 한다.

해설 ③은 작업장 배치에 관한 원칙

30. **다음 그림과 같은 직병렬 시스템의 신뢰도는? (단, 병렬 각 구성요소의 신뢰도는 R이고, 직렬 구성요소의 신뢰도는 M이다.)**

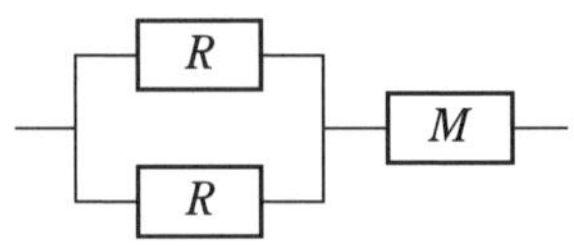

① MR^3　② $R^2(1-MR)$
③ $M(R^2+R)-1$　④ $M(2R-R^2)$

해설 신뢰도 $R_s=\{1-(1-R)\times(1-R)\}\times M$
$=(2R-R^2)\times M$

정답 26. ③　27. ②　28. ④　29. ③　30. ④

31. 소리의 크고 작은 느낌은 주로 강도의 함수이지만 진동수에 의해서도 일부 영향을 받는다. 음량을 나타내는 척도인 phon의 기준 순음 주파수는?

① 1000Hz ② 2000Hz
③ 3000Hz ④ 4000Hz

해설 음의 크기의 수준
- 1phon : 1000Hz는 순음의 음압수준 1dB의 크기를 나타낸다.
- 1sone : 1000Hz는 음압수준 40dB의 크기이며, 순음의 크기 40phon은 1sone이다.

32. 산업안전보건법령상 사업장 내 근로자 작업환경 중 "강렬한 소음작업"에 해당하지 않는 것은?

① 85데시벨 이상의 소음이 1일 10시간 이상 발생하는 작업
② 90데시벨 이상의 소음이 1일 8시간 이상 발생하는 작업
③ 95데시벨 이상의 소음이 1일 4시간 이상 발생하는 작업
④ 100데시벨 이상의 소음이 1일 2시간 이상 발생하는 작업

해설 하루 강렬한 소음작업 허용 노출시간

dB 기준	90	95	100	105	110	115
노출 시간	8시간	4시간	2시간	1시간	30분	15분

33. 인간의 위치 동작에 있어 눈으로 보지 않고 손을 수평면상에서 움직이는 경우 짧은 거리는 지나치고, 긴 거리는 못 미치는 경향이 있는데 이를 무엇이라고 하는가?

① 시정 효과(range effect)
② 반응 효과(reaction effect)
③ 간격 효과(distance effect)
④ 손동작 효과(hand action effect)

해설 시정 효과 : 눈으로 보지 않고 손을 수평면상에서 움직이는 경우에 짧은 거리는 지나치고, 긴 거리는 못 미치는 것을 시정 효과라 하며, 조작자가 작은 오차에는 과잉 반응, 큰 오차에는 과소 반응을 보이는 현상이다.

34. 서브 시스템, 구성요소, 기능 등의 잠재적 고장형태에 따른 시스템의 위험을 파악하는 위험분석 기법으로 옳은 것은?

① ETA(Event Tree Analysis)
② HEA(Human Error Analysis)
③ PHA(Preliminary Hazard Analysis)
④ FMEA(Failure Mode and Effect Analysis)

해설 FMEA : 시스템에 영향을 미치는 모든 요소의 고장을 형태별로 분석하여 그 영향을 최소로 하고자 검토하는 전형적인 정성적, 귀납적 분석방법이다.

35. FTA에 대한 설명으로 틀린 것은?

① 정성적 분석만 가능하다.
② 하향식(top-down) 방법이다.
③ 짧은 시간에 점검할 수 있다.
④ 비전문가라도 쉽게 할 수 있다.

해설 ① FTA는 정량적, 연역적 해석방법이다.

36. 컷셋(cut set)과 패스셋(path set)에 관한 설명으로 옳은 것은?

① 동일한 시스템에서 패스셋의 개수와 컷셋의 개수는 같다.
② 패스셋은 동시에 발생했을 때 정상사상을 유발하는 사상들의 집합이다.
③ 일반적으로 시스템에서 최소 컷셋의 개수가 늘어나면 위험수준이 높아진다.
④ 최소 컷셋은 어떤 고장이나 실수를 일으키지 않으면 재해는 일어나지 않는다고 하는 것이다.

정답 31. ① 32. ① 33. ① 34. ④ 35. ① 36. ③

해설 컷셋과 패스셋

- 컷셋 : 정상사상을 발생시키는 기본사상의 집합, 모든 기본사상이 발생할 때 정상사상을 발생시키는 기본사상들의 집합
- 패스셋 : 모든 기본사상이 발생하지 않을 때 처음으로 정상사상이 발생하지 않는 기본사상들의 집합, 시스템의 고장을 발생시키지 않는 기본사상들의 집합

37. 다음의 FT도에서 정상사상 T의 발생확률은 얼마인가? (단, X_1, X_2, X_3의 발생확률은 모두 0.1이다.)

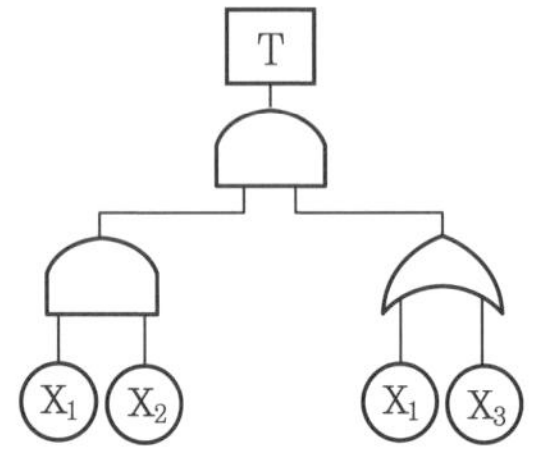

① 0.0019 ② 0.01 ③ 0.019 ④ 0.0361

해설 $T=(X_1X_2)\begin{pmatrix}X_1\\X_3\end{pmatrix}=(X_1X_2X_1)(X_1X_2X_3)$

$=(X_1X_2)(X_1X_2X_3)$

㉠ 컷셋 : $(X_1X_2)(X_1X_2X_3)$

㉡ 미니멀 컷셋 : (X_1X_2)

이 식에 대입하면 $T=0.1\times0.1=0.01$이 된다.

38. 일반적인 화학설비에 대한 안전성 평가(safety assessment) 절차에 있어 안전 대책 단계에 해당되지 않는 것은?

① 보전 ② 위험도 평가
③ 설비적 대책 ④ 관리적 대책

해설 화학설비에 대한 안전성 평가의 안전 대책 단계 : 보전, 설비적 대책, 관리적 대책

39. 자동차 엔진의 수명은 지수분포를 따르는 경우 신뢰도를 95%를 유지시키면서 8000시간을 사용하기 위해 적합한 고장률은 약 얼마인가?

① 3.4×10^{-6}/시간 ② 6.4×10^{-6}/시간
③ 8.2×10^{-6}/시간 ④ 9.5×10^{-6}/시간

해설 신뢰도 $R(t)=e^{-\lambda\times t}$

$\ln R=-\lambda\times t$

$\lambda=\frac{\ln R}{-t}=\frac{\ln 0.95}{-8000}=6.4\times10^{-6}$/시간

여기서, λ : 고장률

t : 앞으로 고장 없이 사용할 시간

40. 다음 설명에 해당하는 설비보전방식의 유형은?

> 설비보전 정보와 신기술을 기초로 신뢰성, 조작성, 보전성, 안전성, 경제성 등이 우수한 설비의 선정, 조달 또는 설계를 통하여 궁극적으로 설비의 설계, 제작단계에서 보전활동이 불필요한 체제를 목표로 한 설비보전방법을 말한다.

① 개량보전 ② 보전예방
③ 사후보전 ④ 일상

해설 보전예방에 관한 설명이다.

3과목 기계 위험방지 기술

41. 보건법령상 의무안전인증대상 기계 · 기구 및 설비가 아닌 것은?

① 연삭기 ② 롤러기
③ 압력용기 ④ 고소(高所)작업대

해설 ㉠ 설치 이전하는 경우 안전인증대상 기계 · 기구 및 설비는 크레인, 곤돌라, 리프트 등

정답 37. ② 38. ② 39. ② 40. ② 41. ①

㉡ 구조 부분을 변경하는 경우 안전인증대상 기계 · 기구 및 설비는 프레스, 크레인, 압력용기, 곤돌라, 사출성형기, 전단기 및 절곡기, 리프트, 롤러기, 고소작업대 등

42. **기계설비의 위험점에서 끼임점(shear point) 형성에 해당되지 않는 것은?**

① 연삭숫돌과 작업대
② 체인과 스프로킷
③ 반복 동작되는 링크기구
④ 교반기의 날개와 몸체 사이

해설 체인과 스프로킷–물림점 : 회전하는 부분의 접선 방향으로 물려들어 갈 위험이 있는 점

43. **산업안전보건기준에 관한 규칙에 따라 기계 · 기구 및 설비의 위험예방을 위하여 사업주는 회전축 · 기어 · 풀리 및 플라이휠 등에 부속되는 키 · 핀 등의 기계요소는 어떠한 형태로 설치하여야 하는가?**

① 개방형 ② 돌출형
③ 묻힘형 ④ 고정형

해설 사업주는 회전축 · 기어 · 풀리 및 플라이휠 등에 부속되는 키 · 핀 등의 기계요소는 묻힘형으로 설치하여야 한다.

44. **취성재료의 극한강도가 128MPa이며, 허용응력이 64MPa일 경우 안전계수는?**

① 1 ② 2 ③ 4 ④ $\frac{1}{2}$

해설 $\text{안전율} = \frac{\text{극한강도}}{\text{허용응력}} = \frac{128\,\text{MPa}}{64\,\text{MPa}} = 2$

45. **범용 수동 선반의 방호조치에 관한 설명으로 옳지 않은 것은?**

① 척 가드의 폭은 공작물의 가공작업에 방해가 되지 않는 범위 내에서 척 전체 길이를 방호할 수 있을 것
② 척 가드의 개방 시 스핀들의 작동이 정지되도록 연동회로를 구성할 것
③ 전면 칩 가드의 폭은 새들 폭 이하로 설치할 것
④ 전면 칩 가드는 심압대가 베드 끝단부에 위치하고 있고 공작물 고정장치에서 심압대까지 가드를 연장시킬 수 없는 경우에는 부착위치를 조정할 수 있을 것

해설 ③ 전면 칩 가드의 폭은 새들(saddle) 폭 이상으로 설치할 것

46. **휴대형 연삭기 사용 시 안전사항에 대한 설명으로 가장 적절하지 않은 것은?**

① 잘 안 맞는 장갑이나 옷은 착용하지 말 것
② 긴 머리는 묶고 모자를 착용하고 작업할 것
③ 연삭숫돌을 설치하거나 교체하기 전에 전선과 압축공기 호스를 설치할 것
④ 연삭작업 시 클램핑 장치를 사용하여 공작물을 확실히 고정할 것

해설 ③은 연삭숫돌을 교체와 관계없는 내용이다.

47. **다음 중 가공재료의 칩이나 절삭유 등이 비산되어 나오는 위험으로부터 보호하기 위한 선반의 방호장치는?**

① 바이트
② 권과방지장치
③ 압력제한 스위치
④ 실드(shield)

해설 ① 바이트 – 절삭공구
② 권과방지장치 – 크레인의 방호장치
③ 압력제한 스위치 – 보일러의 방호장치

정답 42. ② 43. ③ 44. ② 45. ③ 46. ③ 47. ④

48. 산업안전보건법령상 프레스 작업시작 전 점검해야 할 사항에 해당하는 것은 어느 것인가?

① 언로드 밸브의 기능
② 하역장치 및 유압장치 기능
③ 권과방지장치 및 그 밖의 경보장치의 기능
④ 1행정 1정지기구 · 급정지장치 및 비상정지장치의 기능

해설 ① 언로드 밸브의 기능은 공기압축기의 방호장치
② 하역장치 및 유압장치의 기능은 지게차(구내운반차) 작업시작 전 점검사항
③ 권과방지장치는 크레인의 방호장치

49. 프레스 작업에서 제품 및 스크랩을 자동적으로 위험한계 밖으로 배출하기 위한 장치로 볼 수 없는 것은?

① 피더 ② 키커
③ 이젝터 ④ 공기 분사장치

해설 피더 : 재료 자동공급 · 배출장치

50. 금형의 안전화에 관한 설명으로 틀린 것은?

① 금형을 설치하는 프레스의 T홈 안길이는 설치볼트 직경의 2배 이상으로 한다.
② 맞춤 핀을 사용할 때에는 헐거움 끼워맞춤으로 하고, 이를 하형에 사용할 때에는 낙하방지의 대책을 세워둔다.
③ 금형의 사이에 신체 일부가 들어가지 않도록 이동 스트리퍼와 다이의 간격은 8mm 이하로 한다.
④ 대형 금형에서 생크가 헐거워짐이 예상될 경우 생크만으로 상형을 슬라이드에 설치하는 것을 피하고 볼트 등을 사용하여 조인다.

해설 ② 맞춤 핀을 사용할 때에는 억지 끼워 맞춤으로 하고, 이를 상형에 사용할 때에는 낙하방지의 대책을 세워둔다.

51. 롤러기에서 손으로 조작하는 급정지장치의 설치거리는 밑면으로부터 몇 m 이내이어야 하는가?

① 0.6 ② 0.8
③ 1.1 ④ 1.8

해설 손 조작식 급정지장치의 조작부는 밑면에서 1.8m 이내에 설치한다.

52. 용접장치에서 안전기의 설치기준에 관한 설명으로 옳지 않은 것은?

① 아세틸렌 용접장치에 대하여는 일반적으로 각 취관마다 안전기를 설치하여야 한다.
② 아세틸렌 용접장치의 안전기는 가스용기와 발생기가 분리되어 있는 경우 발생기와 가스용기 사이에 설치한다.
③ 가스집합 용접장치에서는 주관 및 분기관에 안전기를 설치하며, 이 경우 하나의 취관에 2개 이상의 안전기를 설치한다.
④ 가스집합 용접장치의 안전기 설치는 화기사용설비로부터 3m 이상 떨어진 곳에 설치한다.

해설 ④ 가스집합 용접장치의 안전기 설치는 화기를 사용하는 설비로부터 5m 이상 떨어진 곳에 설치한다.

53. 다음 중 보일러의 방호장치와 가장 거리가 먼 것은?

① 언로드 밸브
② 압력방출장치
③ 압력제한 스위치
④ 고저수위 조절장치

해설 ①은 공기압축기의 방호장치이다.

정답 48. ④ 49. ① 50. ② 51. ④ 52. ④ 53. ①

54. 압력용기 및 공기압축기를 대상으로 하는 위험기계 기구 방호장치 기준에 관한 설명으로 틀린 것은?

① 압력용기에는 최고사용압력 이하에서 작동하는 압력방출장치(안전밸브 및 파열판을 포함)를 설치하여야 한다.
② 공기압축기에는 압력방출장치 및 언로드 밸브(압력제한 스위치를 포함)를 설치하여야 한다.
③ 압력용기 및 공기압축기에서 사용하는 압력방출장치는 관련 법령에 따른 안전인증을 받은 제품이어야 한다.
④ 압력방출장치는 검사가 용이한 위치의 용기 본체 또는 그 본체에 부설되는 관에 압력방출장치의 밸브축이 수평이 되게 설치하여야 한다.

해설 ④ 압력방출장치는 용기 본체에 부설되는 관에 압력방출장치의 밸브축이 수직이 되게 설치하여야 한다.

55. 조작자의 신체 부위가 위험한계 밖에 위치하도록 기계의 조작장치를 위험구역에서 일정거리 이상 떨어지게 하는 방호장치를 무엇이라 하는가?

① 덮개형 방호장치
② 차단형 방호장치
③ 위치제한형 방호장치
④ 접근반응형 방호장치

해설 위치제한형 방호장치 : 기계의 조작장치를 위험한 작업점에서 안전거리 이상 떨어지게 하거나, 조작장치를 양손으로 동시 조작하게 함으로써 위험한계에 접근하는 것을 제한하는 방호장치

56. 무부하상태에서 지게차로 20km/h의 속도로 주행할 때, 좌우 안정도는 몇 % 이내이어야 하는가?

① 37%　② 39%　③ 41%　④ 43%

해설 주행작업 시 좌우 안정도(%)

$$=15+1.1\times V=15+1.1\times 20=37\%$$

여기서, V : 구내최고속도(km/h)

57. 양중기에 해당하지 않는 것은?

① 크레인　② 리프트
③ 체인블록　④ 곤돌라

해설 양중기의 종류

- 곤돌라
- 이동식 크레인
- 크레인, 호이스트(hoist)를 포함한다.
- 승강기(적재용량이 300kg 미만인 것은 제외한다.)
- 리프트(이삿짐운반용은 적재하중이 0.1t 이상인 것으로 한정한다.)

58. 크레인의 로프에 질량 100kg인 물체를 5m/s^2의 가속도로 감아올릴 때, 로프에 걸리는 하중은 약 몇 N인가?

① 500N　② 1480N
③ 2540N　④ 4900N

해설 총 하중(W)=정하중(W_1)+동하중(W_2)

$$=100+\frac{100}{9.8}\times 5=151.020\text{kg}\times 9.8\text{N}$$

$$=1479.99\text{N}$$

여기서, 동하중$(W_2)=\dfrac{W_1}{g}\times a$

59. 구내운반차의 제동장치 준수사항에 대한 설명으로 틀린 것은?

① 조명이 없는 장소에서 작업 시 전조등과 후미등을 갖출 것

정답 54. ④　55. ③　56. ①　57. ③　58. ②　59. ③

② 운전석이 차 실내에 있는 것은 좌우에 한 개씩 방향지시기를 갖출 것
③ 핸들의 중심에서 차체 바깥 측까지의 거리가 70cm 이상일 것
④ 주행을 제동하거나 정지상태를 유지하기 위하여 유효한 제동장치를 갖출 것

해설 ③ 핸들의 중심에서 차체 바깥 측까지의 거리가 65cm 이상일 것

60. 침투탐상검사 방법에서 일반적인 작업 순서로 맞는 것은?

① 전처리 → 침투처리 → 세척처리 → 현상처리 → 관찰 → 후처리
② 전처리 → 세척처리 → 침투처리 → 현상처리 → 관찰 → 후처리
③ 전처리 → 현상처리 → 침투처리 → 세척처리 → 관찰 → 후처리
④ 전처리 → 침투처리 → 현상처리 → 세척처리 → 관찰 → 후처리

해설 침투탐상검사 작업 순서

1단계	2단계	3단계	4단계	5단계	6단계
전처리	침투처리	세척처리	현상처리	관찰	후처리

4과목 전기 위험방지 기술

61. 교류 3상 전압 380V, 부하 50kVA인 경우 배선에서의 누전전류의 한계는 약 몇 mA인가? (단, 전기설비기술기준에서의 누설전류 허용값을 적용한다.)

① 10 ② 38 ③ 54 ④ 76

해설 ㉠ 전류$(I)=\dfrac{W}{\sqrt{3}\times V}=\dfrac{50000}{\sqrt{3}\times 380}$

$=75.97\text{A}$

㉡ 누설전류(I_g)=최대공급전류$(I)\times\dfrac{1}{2000}$

$=\dfrac{75.97}{2000}=0.03798\text{A}\times 1000=38\text{mA}$

62. 전압이 동일한 경우 교류가 직류보다 위험한 이유를 가장 잘 설명한 것은?

① 교류의 경우 전압의 극성 변화가 있기 때문이다.
② 교류는 감전 시 화상을 입히기 때문이다.
③ 교류는 감전 시 수축을 일으킨다.
④ 직류는 교류보다 사용빈도가 낮기 때문이다.

해설 교류는 전압의 극성이 1초에 60회 바뀌므로 전압이 일정한 직류에 비해 전기충격이 커 위험하다.

63. 전동공구 내부 회로에 대한 누전 측정을 하고자 한다. 220V용 전동공구를 다음 그림과 같이 절연저항 측정을 하였을 때 지시치가 최소 몇 MΩ 이상이 되어야 하는가?

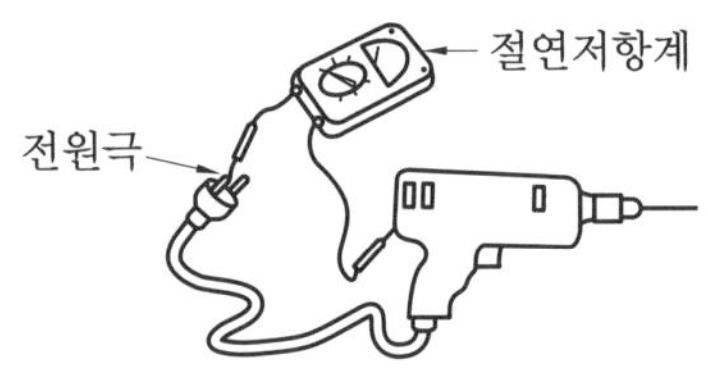

① 0.1MΩ 이상 ② 0.2MΩ 이상
③ 0.4MΩ 이상 ④ 1.0MΩ 이상

해설 저압전로의 절연저항(0.2MΩ) : 대지전압이 150V 초과 300V 이하의 경우

64. 어느 변전소에서 고장전류가 유입되었을 때 도전성 구조물과 그 부근 지표상의 점과의 사이(약 1m)의 허용접촉전압은 약 몇 V인가? (단, 심실세동전류 : $I_k=\dfrac{0.165}{\sqrt{T}}$[A], 인체의 저항 : 1000Ω, 지표면의 저항률 : 150Ω • m,

정답 60. ① 61. ② 62. ① 63. ② 64. ③

통전시간을 1초로 한다.)

① 164 ② 186 ③ 202 ④ 228

해설 허용접촉전압$(E)=IR=I_k\times\left(R_b+\frac{3}{2}\rho_s\right)$

$$=\frac{0.165}{\sqrt{1}}\times\left(1000+\frac{3}{2}\times 150\right)=202.13\text{V}$$

여기서, R_b : 인체저항(Ω)

ρ_s : 지표상층 저항률(Ω • m)

65. 전기설비에 작업자의 직접접촉에 의한 감전방지 대책이 아닌 것은?

① 충전부에 절연 방호망을 설치할 것
② 충전부는 내구성이 있는 절연물로 완전히 덮어 감쌀 것
③ 충전부가 노출되지 않도록 폐쇄형 외함 구조로 할 것
④ 관계자 외에도 쉽게 출입이 가능한 장소에 충전부를 설치할 것

해설 직접접촉에 의한 감전방지 대책

- 충전부에 절연 방호망을 설치할 것
- 충전부는 내구성이 있는 절연물로 완전히 덮어 감쌀 것
- 충전부가 노출되지 않도록 폐쇄형 외함 구조로 할 것
- 관계자 외에 출입을 금지하고, 관계자 외 접근할 우려가 없는 장소에 충전부를 설치할 것

66. 다음 그림과 같은 설비에 누전되었을 때 인체가 접촉하여도 안전하도록 ELB를 설치하려고 한다. 누전차단기 동작전류 및 시간으로 가장 적당한 것은?

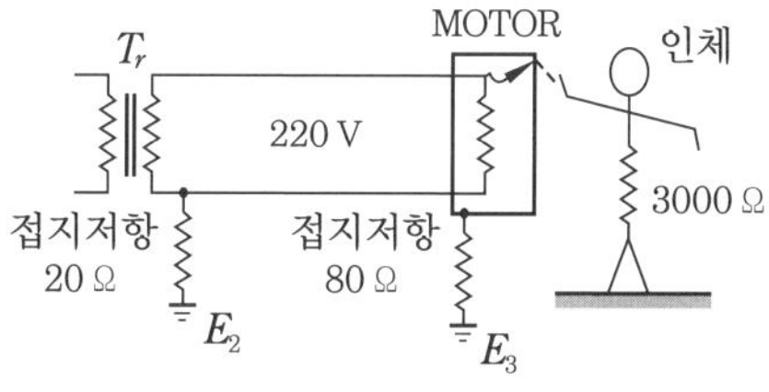

① 30mA, 0.1초
② 60mA, 0.1초
③ 90mA, 0.1초
④ 120mA, 0.1초

해설 누전차단기는 30mA 이하, 0.1초 이내에 작동하여야 한다.

67. 정격사용률이 30%, 정격 2차 전류가 300A인 교류 아크 용접기를 200A로 사용하는 경우의 허용사용률(%)은?

① 67.5% ② 91.6%
③ 110.3% ④ 130.5%

해설 허용사용률

$$=\frac{(\text{정격 2차 전류})^2}{(\text{실제 사용 용접전류})^2}\times\text{정격사용률}$$

$$=\frac{300^2}{200^2}\times 30=67.5\%$$

68. 다음 중 활선 근접작업 시의 안전조치로 적절하지 않은 것은?

① 저압 활선작업 시 노출충전 부분의 방호가 어려운 경우에는 작업자에게 절연용 보호구를 착용하도록 한다.
② 고압 활선작업 시는 작업자에게 절연용 보호구를 착용시킨다.
③ 고압선로의 근접작업 시 머리 위로 30cm, 몸 옆과 발밑으로 50cm 이상 접근한계거리를 반드시 유지하여야 한다.
④ 특고압 전로에 근접하여 작업 시 감전위험이 없도록 대지와 절연조치가 된 활선작업용 장치를 사용하여야 한다.

해설 ③ 고압 활선 근접작업 시 충전전로에서 근로자의 머리 위로 30cm 이상, 신체 또는 발아래로는 60cm 이상 거리를 이격시켜야 한다.

정답 65. ④ 66. ① 67. ① 68. ③

69. 전기설비에 접지를 하는 목적으로 틀린 것은?

① 누설전류에 의한 감전방지
② 낙뢰에 의한 피해방지
③ 지락사고 시 대지전위 상승 유도 및 절연강도 증가
④ 지락사고 시 보호계전기 신속 동작

해설 접지의 목적
- 누설전류에 의한 감전방지
- 낙뢰에 의한 피해방지
- 송배전선에서 지락사고의 발생 시 보호계전기를 신속하게 작동시킨다.
- 송배전선로의 지락사고 시 대지전위의 상승을 억제하고 절연강도를 저하시킨다.

70. 전기설비의 필요한 부분에 반드시 보호접지를 실시하여야 한다. 접지공사의 종류에 따른 접지저항과 접지선의 굵기가 틀린 것은?

① 제1종 : 10Ω 이하, 공칭단면적 6mm² 이상의 연동선
② 제2종 : $\frac{150}{\text{1선 지락전류}}$[Ω] 이하, 공칭단면적 2.5mm² 이상의 연동선
③ 제3종 : 100Ω 이하, 공칭단면적 2.5mm² 이상의 연동선
④ 특별 제3종 : 10Ω 이하, 공칭단면적 2.5 mm² 이상의 연동선

해설 ② 제2종 : $\frac{150}{\text{1선 지락전류}}$[Ω] 이하, 공칭단면적 16mm² 이상의 연동선, 고압전로 또는 특고압 전로와 저압전로를 결합하는 주상변압기의 저압 측의 중성점(폐지된 규격이지만 사용되고 있음)

Tip) KEC 접지/보호도체 최소 단면적

접지대상	개정 전 접지도체 최소 단면적	KEC 접지/보호도체 최소 단면적
(특)고압 설비	1종 : 6.0 mm² 이상	상도체 단면적 S mm²에 따라 선정 • $S \leq 16$: S • $16 < S \leq 35$: 16 • $35 < S$: $S/2$ 또는 차단시간 5초 이하의 경우 • $S = \sqrt{I^2 t}/k$
600V 이하 설비	특 3종 : 2.5mm² 이상	
400V 이하 설비	3종 : 2.5 mm² 이상	
변압기	2종 : 16.0 mm² 이상	

71. 공통접지의 장점이 아닌 것은?

① 여러 설비가 공통의 접지전극에 연결되므로 장비 간의 전위차가 발생된다.
② 시공 접지봉 수를 줄일 수 있어 접지공사비를 줄일 수 있다.
③ 접지선이 짧아지고 접지계통이 단순해져 보수 점검이 쉽다.
④ 접지극이 병렬로 되므로 독립접지에 비해 합성저항값이 낮아진다.

해설 ① 여러 설비가 공통의 접지전극에 병렬로 연결되므로 장비 간의 전위차가 발생되지 않는다.

72. 공기의 파괴전계는 주어진 여건에 따라 정해지나 이상적인 경우로 가정할 경우 대기압 공기의 절연내력은 몇 kV/cm 정도인가?

① 평행판전극 30kV/cm
② 평행판전극 3kV/cm
③ 평행판전극 10kV/cm
④ 평행판전극 5kV/cm

해설 공기의 파괴전계는 이상적인 경우로 직류는 약 30kV/cm, 교류는 21kV/cm이다.

정답 69. ③ 70. ② 71. ① 72. ①

73. 각종 물질을 마찰할 때 대전의 정(+), 부(−)이온을 조사하여 나타낸 대전서열 중 가장 높은 정(+)으로 대전하는 물질은 어느 것인가?

① 머리카락 ② 유리
③ 고무 ④ 염화비닐

해설 물체의 대전서열은 고무 → 염화비닐 → 머리카락 → 유리이다.

74. 인체의 표면적이 0.5m²이고 정전용량은 0.02pF/cm²이다. 3300V의 전압이 인가되어 있는 전선에 접근하여 작업을 할 때 인체에 축적되는 정전기 에너지(J)는?

① 5.445×10^{-2} ② 5.445×10^{-4}
③ 2.723×10^{-2} ④ 2.723×10^{-4}

해설 정전기 에너지(E)

$$E=\frac{1}{2}CV^2=\frac{1}{2}\times(0.02\times10^{-12}\mathrm{F/cm^2})\times0.5\times(100\,\mathrm{cm})^2\times(3300\,\mathrm{V})^2=5.445\times10^{-4}\,\mathrm{J}$$

여기서, C : 도체의 정전용량(F)
V : 전압(V)

75. 배전선로에 정전작업 중 단락접지기구를 사용하는 목적으로 가장 적합한 것은 어느 것인가?

① 통신선 유도장해방지
② 배전용 기계 · 기구의 보호
③ 배전선 통전 시 전위경도 저감
④ 혼촉 또는 오동작에 의한 감전방지

해설 단락접지기구 사용 목적은 다른 노출충전부와의 접촉(혼촉) 또는 오동작에 의한 감전방지이다.

76. 정전기재해를 예방하기 위해 설치하는 제전기의 제전 효율은 설치 시에 얼마 이상이 되어야 하는가?

① 40% 이상 ② 50% 이상
③ 70% 이상 ④ 90% 이상

해설 제전설비는 정전기를 제거하기 위한 설비로 제전기의 제전 효율은 설치 시 90% 이상이 되어야 한다.

77. KS C IEC 60079−0에 따른 방폭기기에 대한 설명이다. 다음 ( ) 안에 들어갈 알맞은 용어는?

> (㉠)은 EPL로 표현되며 점화원이 될 수 있는 가능성에 기초하여 기기에 부여된 보호등급이다. EPL의 등급 중 (㉡)는 정상 작동, 예상된 오작동, 드문 오작동 중에 점화원이 될 수 없는 "매우 높은" 보호등급의 기기이다.

① ㉠ : Explosion Protection Level, ㉡ : EPL Ga
② ㉠ : Explosion Protection Level, ㉡ : EPL Gc
③ ㉠ : Equipment Protection Level, ㉡ : EPL Ga
④ ㉠ : Equipment Protection Level, ㉡ : EPL Gc

해설 KS C IEC 60079−0의 EPL의 등급

- EPL Ga : 폭발성 가스에 사용되는 기기로서 정상 작동 시, 예상되는 오작동이나 가끔 오작동이 발생할 시 발화원이 될 수 없는 매우 높은 보호등급의 기기
- EPL Gb : 폭발성 가스에 사용되는 기기로서 정상 작동 시, 예상되는 오작동이 발생할 시 발화원이 되지 않는 높은 보호등급의 기기
- EPL Gc : 폭발성 가스에 사용되는 기기로서 정상 작동 시 발화원이 될 수 없고, 주기적으로 발생하는 고장에도 발화원이 되지 않도록 추가 방호조치가 있을 수 있는 향상된 보호등급의 기기

정답 73. ② 74. ② 75. ④ 76. ④ 77. ③

78. 다음 중 비전도성 가연성 분진은?

① 아연 ② 염료
③ 코크스 ④ 카본블랙

해설 가연성 분진
- 가연성 분진 : 공기 중의 산소와 발열반응을 일으키는 분진으로 소맥분, 전분, 설탕, 쌀겨, 리그닌, 염료, 페놀수지, 합성수지, 유황 등의 가연성 먼지로서 착화하였을 때 폭발할 우려가 있는 것
- 전도성 : 티탄, 철, 아연, 코크스, 카본블랙 등
- 비전도성 : 맥분, 전분, 설탕, 쌀겨, 리그닌, 염료, 페놀수지, 유황 등

79. 내압방폭 금속관 배선에 대한 설명으로 틀린 것은?

① 전선관은 박강전선관을 사용한다.
② 배관 인입 부분은 실링피팅(sealing fitting)을 설치하고 실링 컴파운드로 밀봉한다.
③ 전선관과 전기기기의 접속은 관용 평형나사에 의해 완전 나사부가 "5턱" 이상 결합되도록 한다.
④ 가용성을 요하는 접속 부분에는 플렉시블 피팅(flexible fitting)을 사용하고, 플렉시블 피팅은 비틀어서 사용해서는 안 된다.

해설 ① 전선관은 후강전선관을 사용하며, 전선관과 전기기기의 접속은 관용 평형나사에 의해 "5턱" 이상 결합되도록 한다.

80. 한국전기설비규정에 따라 사람이 쉽게 접촉할 우려가 있는 곳에 금속제 외함을 가지는 저압의 기계·기구가 시설되어 있다. 이 기계·기구의 사용전압이 몇 V를 초과할 때 전기를 공급하는 전로에 누전차단기를 시설해야 하는가? (단, 누전차단기를 시설하지 않아도 되는 조건은 제외한다.)

① 30V ② 40V ③ 50V ④ 60V

해설 사람이 쉽게 접촉할 우려가 있는 곳에 금속제 외함을 가지는 저압의 시설은 사용전압이 50V를 초과할 때 전기를 공급하는 전로에 누전차단기를 시설해야 한다.

5과목 화학설비 위험방지 기술

81. 산업안전보건법령에서 규정하고 있는 위험물질의 종류 중 부식성 염기류로 분류되기 위하여 농도가 40% 이상이어야 하는 물질은 무엇인가?

① 염산 ② 아세트산
③ 불산 ④ 수산화칼륨

해설 • 부식성 산류
㉠ 농도가 20% 이상인 염산, 황산, 질산 그리고 이와 동등 이상의 부식성을 가지는 물질
㉡ 농도가 60% 이상인 인산, 아세트산, 불산 그리고 이와 동등 이상의 부식성을 가지는 물질
- 부식성 염기류 : 농도가 40% 이상인 수산화나트륨, 수산화칼륨 그리고 이와 동등 이상의 부식성을 가지는 염기류

82. 위험물안전관리법령상 제1류 위험물에 해당하는 것은?

① 과염소산나트륨 ② 과염소산
③ 과산화수소 ④ 과산화벤조일

해설 ②, ③은 제6류 위험물,
④는 제5류 위험물

83. 폭굉 현상은 혼합물질에만 한정되는 것이 아니고, 순수물질에 있어서도 그 분해열이

정답 78. ② 79. ① 80. ③ 81. ④ 82. ① 83. ③

폭굉을 일으키는 경우가 있다. 다음 중 고압 하에서 폭굉을 일으키는 순수물질은?

① 오존 ② 아세톤
③ 아세틸렌 ④ 아조메탄

해설 아세틸렌은 압력이 낮을 때는 큰 에너지가 분해 폭발에 필요하나, 압력이 높을 경우 작은 에너지로도 분해 폭발하게 된다.

84. 다음 중 위험물질을 저장하는 방법으로 틀린 것은?

① 황인은 물속에 저장
② 나트륨은 석유 속에 저장
③ 칼륨은 석유 속에 저장
④ 리튬은 물속에 저장

해설 발화성 물질의 저장법
- 리튬, 나트륨, 칼륨 : 물과 반응하므로 석유 속에 저장
- 황린 : 물속에 저장
- 적린 · 마그네슘 · 칼륨 : 냉암소 격리 저장
- 질산은($AgNO_3$) 용액 : 햇빛을 피해 저장
- 벤젠 : 산화성 물질과 격리 저장

85. 산업안전보건법상 공정안전 보고서의 제출대상이 아닌 것은?

① 원유정제 처리업
② 농약 제조업(원제 제조)
③ 화약 및 불꽃제품 제조업
④ 복합비료의 단순혼합 제조업

해설 공정안전 보고서 제출대상
- 원유정제 처리업
- 기타 석유정제물 재처리업
- 석유화학계 기초 화학물질 제조업 또는 합성수지 및 기타 플라스틱물질 제조업
- 질소화합물, 질소, 인산 및 칼리질 비료 제조업 중 질소질 비료 제조업
- 복합비료 제조업(단순혼합, 배합에 의한 경우는 제외한다.)
- 화학 살균, 살충제 농약 제조업(농약 원제 제조만 해당한다.)
- 화약 및 불꽃제품 제조업

86. 폭발을 기상폭발과 응상폭발로 분류할 때 기상폭발에 해당되지 않는 것은?

① 분진폭발
② 혼합가스 폭발
③ 분무폭발
④ 수증기 폭발

해설 수증기 폭발은 물리적 폭발로 응상폭발이다.

87. 산업안전보건법령상 다음 내용에 해당하는 폭발위험장소는?

> 20종 장소 밖으로서 분진운 형태의 가연성 분진이 폭발농도를 형성할 정도의 충분한 양이 정상 작동 중에 존재할 수 있는 장소를 말한다.

① 21종 장소 ② 22종 장소
③ 0종 장소 ④ 1종 장소

해설 분진폭발 위험장소 구분
- 20종 장소 : 공기 중에 가연성 폭발성 분진운의 형태가 연속적으로 항상 존재하는 장소, 즉 폭발성 분진분위기가 항상 존재하는 장소
- 21종 장소 : 공기 중에 가연성 폭발성 분진운의 형태가 운전(가동) 중에 가끔 존재하는 장소, 즉 폭발성 분진분위기가 가끔 존재하는 장소
- 22종 장소 : 공기 중에 가연성 폭발성 분진운의 형태가 운전(가동) 중에 거의 없고, 있다 하더라도 단기간만 존재하는 장소

정답 84. ④ 85. ④ 86. ④ 87. ①

88. 공기 중에서 A 물질의 폭발하한계가 4vol%, 상한계가 75vol%라면 이 물질의 위험도는?

① 16.75 ② 17.75 ③ 18.75 ④ 19.75

해설 위험도$(H)=\frac{U-L}{L}=\frac{75-4}{4}=17.75$

89. 공기 중에서 A가스의 폭발하한계는 2.2vol%이다. 이 폭발하한계 값을 기준으로 하여 표준상태에서 A가스와 공기의 혼합기체 1m^{3}에 함유되어 있는 A가스의 질량을 구하면 약 몇 g인가? (단, A가스의 분자량은 26이다.)

① 19.02 ② 25.54 ③ 29.02 ④ 35.54

해설 ㉠ 폭발하한계

$=\frac{\text{해당 기체 부피}(m^3)}{\text{혼합기체 부피}(m^3)}\times 100$이므로,

$\rightarrow 2.2=\frac{x[m^3]}{1m^3}\times 100$

㉡ 표준상태에서 기체 1몰의 부피는 22.4L $=0.0224m^3$이다.

A가스의 분자량은 $0.0224m^3$일 때 26이므로 $0.022m^3$에서 A가스의 질량은 다음 식으로 구할 수 있다.

$0.0224m^3 : 26g=0.022m^3 : y[g]$

$0.0224y=26\times 0.022$

$y=\frac{26\times 0.022}{0.0224}=25.535g$

90. 다음 중 안전밸브에 관한 설명으로 틀린 것은?

① 안전밸브는 단독으로도 급격한 압력상승의 신속한 제어가 용이하다.

② 안전밸브의 사용에 있어 배기능력의 결정은 매우 중요한 사항이다.

③ 안전밸브는 물리적 상태 변화에 대응하기 위한 안전장치이다.

④ 안전밸브의 원리는 스프링과 같이 기계적 하중을 일정 비율로 조절할 수 있는 장치를 이용한다.

해설 ① 파열판은 단독으로도 급격한 압력상승의 신속한 제어가 용이하다.

91. 다음 중 축류식 압축기에 대한 설명으로 옳은 것은?

① casing 내에 1개 또는 수 개의 회전체를 설치하여 이것을 회전시킬 때 casing과 피스톤 사이의 체적이 감소해서 기체를 압축하는 방식이다.

② 실린더 내에서 피스톤을 왕복시켜 이것에 따라 개폐하는 흡입밸브 및 배기밸브의 작용에 의해 기체를 압축하는 방식이다.

③ casing 내에 넣어진 날개바퀴를 회전시켜 기체에 작용하는 원심력에 의해서 기체를 압송하는 방식이다.

④ 프로펠러의 회전에 의한 추진력에 의해 기체를 압송하는 방식이다.

해설
- 축류식 압축기는 프로펠러의 회전에 의한 추진력에 의해 기체를 압송하는 방식이다.
- 왕복식 압축기는 밸브의 흡입, 토출밸브를 통한 공기가 실린더 내를 피스톤이 왕복운동을 함으로써 공기를 압축하는 가장 일반적인 방식이다.

92. 다음 중 물질의 누출방지용으로서 접합면을 상호 밀착시키기 위하여 사용하는 것은 어느 것인가?

① 개스킷 ② 체크밸브
③ 플러그 ④ 콕크

해설 배관 부속품의 용도
- 개스킷 : 접합면을 상호 밀착시키기 위해

정답 88. ② 89. ② 90. ① 91. ④ 92. ①

사용하는 부재로 물이나 가스의 누설을 방지한다.

- 체크밸브 : 유체의 역류를 방지하여 유체의 흐름을 한쪽 방향으로만 흘러가도록 하는 밸브이다.
- 플러그 : 유로를 차단하는 부속품이다.
- 콕크 : 관 속을 흐르는 기체나 액체의 양을 조절하는 밸브이다.

93. 다음 중 자연발화 성질을 갖는 물질이 아닌 것은?

① 질화면 ② 목탄분말
③ 아마인유 ④ 과염소산

해설 과염소산은 조연성 물질이며, 산화성 액체 및 산화성 고체이다.

94. Burgess-Wheeler의 법칙에 따르면 서로 유사한 탄화수소계의 가스에서 폭발하한계의 농도(vol%)와 연소열(kcal/mol)의 곱의 값은 약 얼마 정도인가?

① 1100 ② 2800
③ 3200 ④ 3800

해설 Burgess-Wheeler의 법칙
포화 탄화수소계 가스에서는 폭발하한계의 농도 X[vol%]와 그 연소열 Q[kcal/mol]의 곱이 일정하다.

$\frac{X \times Q}{100} = 11$(일정), $X \times Q = 1100$

95. 다음 중 고온기류에 의한 발화에 대하여 설명한 것으로 틀린 것은?

① 기류의 온도가 높을수록 발화에 도달하는 시간은 짧다.
② 기체 유속의 영향은 유속이 빨라지면 발화한계온도는 낮아진다.
③ 발화 시 표면온도도 가열온도가 낮아지면 일정한 값에 가까워진다.
④ 가열온도가 한계치 이하일 때는 아무리 시간을 주어도 발화는 되지 않는다.

해설 ② 기체 유속의 영향은 유속이 빨라지면 발화한계온도는 높아진다.

96. 질식소화에 관련된 것이 아닌 것은?

① CO_2의 방사
② 물의 분무상 방사
③ 가연물의 공급 차단
④ 분말의 방사

해설 ③은 제거소화,
①, ②, ④는 질식소화

97. 다음 중 포소화설비 적용대상이 아닌 것은?

① 유류 저장탱크
② 비행기 격납고
③ 주차장 또는 차고
④ 유압차단기 등의 전기기기 설치장소

해설 포소화기는 유류화재 시 질식 효과, 냉각 효과가 크며, 전기화재에는 사용할 수 없다.

98. 산업안전보건법에서 정한 위험물질을 기준량 이상 제조하거나 취급하는 화학설비로서 내부의 이상 상태를 조기에 파악하기 위하여 필요한 온도계 · 유량계 · 압력계 등의 계측장치를 설치하여야 하는 대상이 아닌 것은?

① 가열로 또는 가열기
② 증류 · 정류 · 증발 · 추출 등 분리를 하는 장치
③ 반응폭주 등 이상 화학반응에 의하여 위험물질이 발생할 우려가 있는 설비
④ 흡열반응이 일어나는 반응장치

정답 93. ④ 94. ① 95. ② 96. ③ 97. ④ 98. ④

해설 ④ 발열반응이 일어나는 반응장치

99. 다음 중 퍼지(purge)의 종류에 해당하지 않는 것은?

① 압력퍼지
② 진공퍼지
③ 스위프 퍼지
④ 가열퍼지

해설 퍼지의 종류에는 진공퍼지, 압력퍼지, 스위프 퍼지, 사이펀 퍼지가 있다.

100. 위험물을 산업안전보건법령에서 정한 기준량 이상으로 제조하거나 취급하는 설비로서 특수화학설비에 해당되는 것은?

① 가열시켜 주는 물질의 온도가 가열되는 위험물질의 분해온도보다 높은 상태에서 운전되는 설비
② 상온에서 게이지 압력으로 200kPa의 압력으로 운전되는 설비
③ 대기압하에서 300℃로 운전되는 설비
④ 흡열반응이 행하여지는 반응설비

해설 특수화학설비의 종류

- 가열로 또는 가열기
- 발열반응이 일어나는 반응장치
- 증류 · 정류 · 증발 · 추출 등의 분리를 하는 장치
- 반응폭주 등 이상 화학반응에 의하여 위험물질이 발생할 우려가 있는 설비
- 온도가 섭씨 350℃ 이상이거나 게이지 압력이 980kPa 이상인 상태에서 운전되는 설비
- 가열시켜 주는 물질의 온도가 가열되는 위험물질의 분해온도 또는 발화점보다 높은 상태에서 운전되는 설비

6과목 건설안전기술

101. 발파구간 인접 구조물에 대한 피해 및 손상을 예방하기 위한 건물기초에서의 허용진동치(cm/sec) 기준으로 옳지 않은 것은 어느 것인가? (단, 기존 구조물에 금이 가 있거나 노후 구조물 대상일 경우 등은 고려하지 않는다.)

① 문화재 : 0.2cm/sec
② 주택, 아파트 : 0.5cm/sec
③ 상가 : 1.0cm/sec
④ 철골콘크리트 빌딩 : 0.8~1.0cm/sec

해설 건물기초에서 발파 허용 진동치

구분	문화재	주택 · 아파트	상가	철골콘크리트 빌딩
허용 진동치 (cm/sec)	0.2	0.5	1.0	1.0~4.0

102. 공사 진척에 따른 공정률이 다음과 같을 때 안전관리비 사용기준으로 옳은 것은? (단, 공정률은 기성공정률을 기준으로 한다.)

공정률 : 70퍼센트 이상 90퍼센트 미만

① 50퍼센트 이상 ② 60퍼센트 이상
③ 70퍼센트 이상 ④ 80퍼센트 이상

해설 공정률이 70% 이상 90% 미만인 경우 안전관리비 사용기준은 최소 70% 이상이다.

103. 유해 · 위험방지 계획서의 첨부서류에서 안전보건관리계획에 해당되지 않는 항목은?

① 산업안전보건관리비 사용계획
② 안전보건교육계획
③ 재해발생 위험 시 연락 및 대피방법
④ 근로자 건강진단 실시계획

정답 99. ④ 100. ① 101. ④ 102. ③ 103. ④

해설 ④는 작업환경 조성계획

104. 항타기 또는 항발기에 사용되는 권상용 와이어로프의 안전계수는 최소 얼마 이상이어야 하는가?

① 3 ② 4
③ 5 ④ 6

해설 항타기 또는 항발기의 권상용 와이어로프의 안전계수는 5 이상이다.

105. 도심지 폭파해체공법에 관한 설명으로 옳지 않은 것은?

① 장기간 발생하는 진동, 소음이 적다.
② 해체속도가 빠르다.
③ 주위의 구조물에 끼치는 영향이 적다.
④ 많은 분진발생으로 민원을 발생시킬 우려가 있다.

해설 ③ 주위의 구조물에 끼치는 영향이 매우 크다.

106. 이동식 크레인을 사용하여 작업을 할 때 작업시작 전 점검사항이 아닌 것은?

① 트롤리가 횡행하는 레일의 상태
② 권과방지장치 그 밖의 경보장치의 기능
③ 브레이크, 클러치 및 조정장치의 기능
④ 와이어로프가 통하고 있는 곳 및 작업장소의 지반상태

해설 ①은 크레인 작업시작 전 점검사항이다.

107. 철골 조립작업에서 작업발판과 안전난간을 설치하기가 곤란한 경우 안전 대책으로 가장 타당한 것은?

① 안전벨트 착용 ② 달줄, 달포대의 사용
③ 투하설비 설치 ④ 사다리 사용

해설 작업의 성질상 안전난간을 설치하는 것이 곤란한 경우, 작업의 필요상 임시로 안전난간을 해체할 때에 안전방망을 설치하거나 근로자로 하여금 안전대 및 안전벨트를 착용하도록 해야 한다.

108. 지반 등의 굴착 시 위험을 방지하기 위한 연암지반 굴착면의 기울기 기준으로 옳은 것은?

① 1 : 0.3 ② 1 : 0.4
③ 1 : 1.0 ④ 1 : 0.6

해설 암반의 풍화암과 연암지반 굴착면의 기울기는 1 : 1.0이다.

109. 사면의 붕괴형태의 종류에 해당되지 않는 것은?

① 사면의 측면부 파괴 ② 사면선 파괴
③ 사면내 파괴 ④ 바닥면 파괴

해설 사면의 붕괴형태의 종류
- 사면선 파괴(toe failure) : 사면 천단부 파괴
- 사면내 파괴(slope failure) : 사면 중심부 파괴
- 사면 바닥면 파괴(base failure) : 사면 하단부 파괴

110. 터널지보공을 조립하는 경우에는 미리 그 구조를 검토한 후 조립도를 작성하고, 그 조립도에 따라 조립하도록 하여야 하는데 이 조립도에 명시하여야 할 사항과 가장 거리가 먼 것은?

① 이음방법 ② 단면 규격
③ 재료의 재질 ④ 재료의 구입처

해설 터널지보공 조립도에는 재료의 재질, 단면 규격, 설치 간격, 이음방법 등을 명시한다.

정답 104. ③ 105. ③ 106. ① 107. ① 108. ③ 109. ① 110. ④

111. **강관비계를 조립할 때 준수하여야 할 사항으로 옳지 않은 것은?**

① 띠장 간격은 2m 이하로 설치하되, 첫 번째 띠장은 지상으로부터 3m 이하의 위치에 설치할 것
② 비계기둥의 간격은 띠장 방향에서 1.85m 이하로 할 것
③ 비계기둥의 제일 윗부분으로부터 31m 되는 지점 밑부분의 비계기둥은 2개의 강관으로 묶어 세울 것
④ 비계기둥 간의 적재하중은 400kg을 초과하지 않도록 할 것

해설 강관비계 설치기준
① 띠장 간격은 2m 이하로 설치할 것
② 비계기둥의 간격은 띠장 방향에서는 1.85m 이하, 장선 방향에서는 1.5m 이하로 할 것

112. **달비계의 와이어로프의 사용금지기준에 해당하지 않는 것은?**

① 와이어로프의 한 꼬임에서 끊어진 소선의 수가 10% 이상인 것
② 지름의 감소가 공칭지름의 7%를 초과하는 것
③ 심하게 변형되거나 부식된 것
④ 균열이 있는 것

해설 ①, ②, ③은 달비계의 와이어로프의 사용금지기준에 해당한다.

113. **사다리식 통로의 길이가 10m 이상일 때 얼마 이내마다 계단참을 설치하여야 하는가?**

① 3m 이내마다
② 4m 이내마다
③ 5m 이내마다
④ 6m 이내마다

해설 사다리식 통로의 길이가 10m 이상인 경우에는 5m 이내마다 계단참을 설치할 것

114. **흙막이 지보공을 설치하였을 때 정기점검사항에 해당되지 않는 것은?**

① 검지부의 이상 유무
② 버팀대의 긴압의 정도
③ 침하의 정도
④ 부재의 손상 · 변형 · 부식 · 변위 및 탈락의 유무와 상태

해설 ①은 터널작업의 자동경보장치에 대하여 당일의 작업시작 전 점검사항

115. **콘크리트 타설작업을 하는 경우에 준수해야 할 사항으로 옳지 않은 것은?**

① 당일의 작업을 시작하기 전에 해당 작업에 관한 거푸집 동바리 등의 변형 · 변위 및 지반의 침하 유무 등을 점검하고 이상이 있으면 보수할 것
② 작업 중에는 거푸집 동바리 등의 변형 · 변위 및 침하 유무 등을 감시할 수 있는 감시자를 배치하여 이상이 있으면 작업을 중지하고 근로자를 대피시킬 것
③ 설계도서상의 콘크리트 양생기간을 준수하여 거푸집 동바리 등을 해체할 것
④ 거푸집 붕괴의 위험이 발생할 우려가 있는 때에는 보강조치 없이 즉시 해체할 것

해설 ④ 콘크리트 타설작업 시 거푸집 붕괴의 위험이 발생할 우려가 있으면 충분한 보강조치를 할 것

116. **다음 중 운반작업 시 주의사항으로 옳지 않은 것은?**

① 운반 시의 시선은 진행 방향을 향하고 뒷걸음 운반을 하여서는 안 된다.

정답 111. ① 112. ④ 113. ③ 114. ① 115. ④ 116. ④

② 무거운 물건을 운반할 때 무게중심이 높은 화물은 인력으로 운반하지 않는다.
③ 어깨 높이보다 높은 위치에서 화물을 들고 운반하여서는 안 된다.
④ 단독으로 긴 물건을 어깨에 메고 운반할 때에는 뒤쪽을 위로 올린 상태로 운반한다.

해설 ④ 단독으로 긴 물건을 운반 시 앞쪽을 높게 하여 어깨에 메고 뒤쪽 끝을 끌면서 운반한다.

117. 화물운반하역 작업 중 걸이작업에 관한 설명으로 옳지 않은 것은?

① 와이어로프 등은 크레인의 후크 중심에 걸어야 한다.
② 인양 물체의 안정을 위하여 2줄 걸이 이상을 사용하여야 한다.
③ 매다는 각도는 60° 이상으로 하여야 한다.
④ 근로자를 매달린 물체 위에 탑승시키지 않아야 한다.

해설 ③ 매다는 각도는 60° 이하로 하여야 한다.

118. 항타기 또는 항발기의 사용 시 준수사항으로 옳지 않은 것은?

① 증기나 공기를 차단하는 장치를 작업관리자가 쉽게 조작할 수 있는 위치에 설치한다.
② 해머의 운동에 의하여 증기호스 또는 공기호스와 해머의 접속부가 파손되거나 벗겨지는 것을 방지하기 위하여 그 접속부가 아닌 부위를 선정하여 증기호스 또는 공기호스를 해머에 고정시킨다.
③ 항타기나 항발기의 권상장치의 드럼에 권상용 와이어로프가 꼬인 경우에는 와이어로프에 하중을 걸어서는 안 된다.
④ 항타기나 항발기의 권상장치에 하중을 건 상태로 정지하여 두는 경우에는 쐐기장치 또는 역회전방지용 브레이크를 사용하여 제동하는 등 확실하게 정지시켜 두어야 한다.

해설 ① 증기나 공기를 차단하는 장치는 제3자가 아닌 운전자가 조작하여야 한다.

119. 산업안전보건법령에 따른 유해 · 위험방지 계획서 제출대상 공사로 볼 수 없는 것은?

① 지상 높이가 31m 이상인 건축물의 건설공사
② 터널 건설공사
③ 깊이 10m 이상인 굴착공사
④ 다리의 전체 길이가 40m 이상인 건설공사

해설 ④ 교량의 전체 길이가 50m 이상인 교량 건설 등의 공사

120. 거푸집 동바리 등을 조립 또는 해체하는 작업을 하는 경우의 준수사항으로 옳지 않은 것은?

① 재료, 기구 또는 공구 등을 올리거나 내리는 경우에는 근로자로 하여금 달줄 · 달포대 등의 사용을 금하도록 할 것
② 낙하, 충격에 의한 돌발적 재해를 방지하기 위하여 버팀목을 설치하고 거푸집 동바리 등을 인양장비에 매단 후에 작업을 하도록 하는 등 필요한 조치를 할 것
③ 비, 눈 그 밖의 기상상태의 불안정으로 날씨가 몹시 나쁜 경우에는 그 작업을 중지할 것
④ 해당 작업을 하는 구역에는 관계 근로자가 아닌 사람의 출입을 금지할 것

해설 ① 재료, 기구 또는 공구 등을 올리거나 내리는 경우에는 근로자로 하여금 달줄 · 달포대 등을 사용하도록 해야 한다.

정답 117. ③ 118. ① 119. ④ 120. ①

2023년도(3회차) CBT 출제문제

산업안전기사

1과목 안전관리론

1. 하인리히의 사고방지 기본원리 5단계 중 시정방법의 선정 단계에 있어서 필요한 조치가 아닌 것은?

① 인사조정
② 안전행정의 개선
③ 교육 및 훈련의 개선
④ 안전점검 및 사고조사

해설 하인리히의 사고방지 5단계 중 시정방법의 선정 단계 조치
- 인사조정
- 안전행정의 개선
- 교육 및 훈련의 개선

Tip) ④는 2단계 문제점(사실)의 발견

2. 다음 중 하인리히의 재해구성비율 "1 : 29 : 300"에서 "29"에 해당되는 사고발생비율로 옳은 것은?

① 8.8% ② 9.8%
③ 10.8% ④ 11.8%

해설 하인리히 법칙

중상 또는 사망	$\frac{1}{330}\times100=0.3\%$
경상	$\frac{29}{330}\times100=8.8\%$
무상해 사고	$\frac{300}{330}\times100=90.9\%$

3. 안전관리를 "안전은 (㉠)을(를) 제어하는 기술"이라 정의할 때 다음 중 ㉠에 들어갈 용어로 예방관리적 차원과 가장 가까운 용어는?

① 위험 ② 사고
③ 재해 ④ 상해

해설 안전관리 : 안전은 위험을 사전에 제어하는 기술이다.

4. 작업자가 보행 중 바닥에 미끄러지면서 상자에 머리를 부딪쳐 머리에 상해를 입었다면 이때 기인물에 해당하는 것은?

① 바닥 ② 상자
③ 전도 ④ 머리

해설 기인물과 가해물
- 기인물(바닥) : 재해발생의 주원인으로 근원이 되는 기계, 장치, 기구, 환경 등
- 가해물(상자) : 인간에게 직접 접촉하여 피해를 주는 기계, 장치, 기구, 환경 등

5. 1일 8시간씩 연간 300일을 근무하는 사업장의 연천인율이 7이었다면 도수율은 약 얼마인가?

① 2.41 ② 2.92
③ 3.42 ④ 4.53

해설 도수율=연천율÷2.4=7÷2.4≒2.916

6. 시몬즈(Simonds)의 재해손실비용 산정방식에 있어 비보험 코스트에 포함되지 않는 것은?

① 영구 전 노동 불능상해
② 영구 부분 노동 불능상해

정답 1. ④ 2. ① 3. ① 4. ① 5. ② 6. ①

③ 일시 전 노동 불능상해
④ 일시 부분 노동 불능상해

해설 시몬즈(Simonds)의 재해코스트 산정법
- 비보험 코스트=(휴업상해 건수×A)+(통원상해 건수×B)+(응급조치 건수×C)+(무상해 사고 건수×D)
- 상해의 종류(A, B, C, D는 장해 정도별에 의한 비보험 코스트의 평균치)

분류	재해사고 내용
휴업상해(A)	영구 부분 노동 불능, 일시 전 노동 불능
통원상해(B)	일시 부분 노동 불능, 의사의 조치를 요하는 통원상해
응급조치(C)	8시간 미만의 휴업손실상해
무상해 사고(D)	의료조치를 필요로 하지 않는 경미한 상해

Tip) ① 영구 전 노동 불능상해 : 보험 코스트

7. 무재해 운동의 3원칙에 해당되지 않는 것은?

① 무의 원칙
② 참가의 원칙
③ 대책선정의 원칙
④ 선취의 원칙

해설 ③은 재해예방의 4원칙

8. 다음 중 브레인스토밍(brain storming)의 4원칙을 올바르게 나열한 것은?

① 자유분방, 비판금지, 대량발언, 수정발언
② 비판자유, 소량발언, 자유분방, 수정발언
③ 대량발언, 비판자유, 자유분방, 수정발언
④ 소량발언, 자유분방, 비판금지, 수정발언

해설 브레인스토밍 기법의 4원칙 : 자유분방, 비판금지, 대량발언, 수정발언

9. 안전인증대상 방음용 귀마개의 일반 구조에 관한 설명으로 틀린 것은?

① 귀의 구조상 내이도에 잘 맞을 것
② 귀마개를 착용할 때 귀마개의 모든 부분이 착용자에게 물리적인 손상을 유발시키지 않을 것
③ 사용 중에 쉽게 빠지지 않을 것
④ 귀마개는 사용수명 동안 피부자극, 피부질환, 알레르기 반응 혹은 그 밖에 다른 건강상의 부작용을 일으키지 않을 것

해설 귀마개의 일반 구조
- 귀마개는 사용수명 동안 피부자극, 피부질환, 알레르기 반응 혹은 그 밖에 다른 건강상의 부작용을 일으키지 않을 것
- 귀마개 사용 중 재료에 변형이 생기지 않을 것
- 귀마개를 착용할 때 귀마개의 모든 부분이 착용자에게 물리적인 손상을 유발시키지 않을 것
- 귀마개를 착용할 때 밖으로 돌출되는 부분이 외부의 접촉에 의하여 귀에 손상이 발생하지 않을 것
- 귀(외이도)에 잘 맞을 것
- 사용 중에 심한 불쾌감이 없을 것
- 사용 중에 쉽게 빠지지 않을 것

10. 다음 중 보건법령상 안전 · 보건표지에 있어 금지표지의 종류가 아닌 것은?

① 금연
② 접촉금지
③ 보행금지
④ 차량통행금지

해설 접촉금지는 문자 추가 표지이다.

11. 안전교육에 있어서 동기부여 방법으로 가장 거리가 먼 것은?

정답 7. ③ 8. ① 9. ① 10. ② 11. ②

① 책임감을 느끼게 한다.
② 관리감독을 철저히 한다.
③ 자기보존 본능을 자극한다.
④ 질적 이해관계에 관심을 두도록 한다.

해설 ② 관리감독을 철저히 하여 교육을 제대로 받는지를 감시하는 것보다는 안전교육의 필요성 그 이유에 대해 중점을 두도록 한다.

12. 위치, 순서, 패턴, 형상, 기억오류 등 외부적 요인에 의해 나타나는 것은?

① 메트로놈
② 리스크테이킹
③ 부주의
④ 착오

해설 착오 : 위치, 순서, 패턴, 형상, 기억오류 등 외부적 요인에 의해 나타나는 것

13. 다음 중 상황성 누발자의 재해 유발 원인과 가장 거리가 먼 것은?

① 작업이 어렵기 때문에
② 기계설비의 결함이 있기 때문에
③ 심신에 근심이 있기 때문에
④ 도덕성이 결여되어 있기 때문에

해설 상황성 누발자 재해 유발 원인
- 기계설비의 결함
- 작업에 어려움이 많은 자
- 심신에 근심이 있는 자
- 환경상 주의력 집중의 혼란

14. 리더십 이론 중 관리그리드 이론에 있어 대표적인 유형의 설명이 잘못 연결된 것은 어느 것인가?

① (1.1) : 무관심형
② (3.3) : 타협형
③ (9.1) : 과업형
④ (1.9) : 인기형

해설 관리그리드 이론

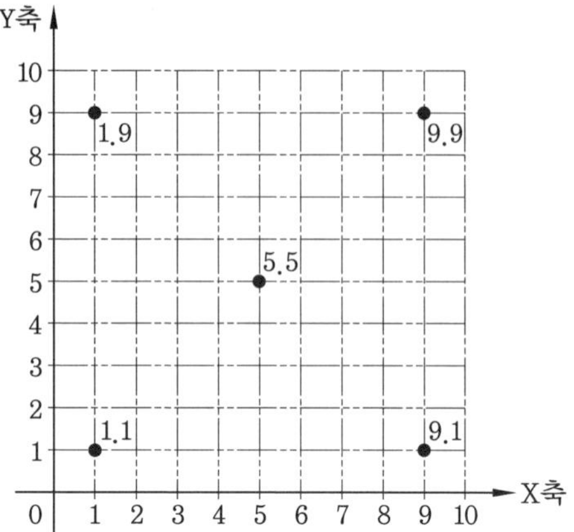

X축은 과업에 대한 관심, Y축은 인간관계 유지에 대한 관심이다.
- (1.1)형 : 무관심형
- (1.9)형 : 인기형
- (9.1)형 : 과업형
- (5.5)형 : 타협형
- (9.9)형 : 이상형

15. 다음 중 강의안 구성 4단계 가운데 "제시(전개)"에 해당되는 설명으로 옳은 것은 어느 것인가?

① 관심과 흥미를 가지고 심신의 여유를 주는 단계
② 과제를 주어 문제해결을 시키거나 습득시키는 단계
③ 교육내용을 정확하게 이해하였는가를 테스트 하는 단계
④ 상대의 능력에 따라 교육하고 내용을 확실하게 이해시키고 납득시키는 설명 단계

해설 제2단계 : 제시(작업설명)
- 중요점을 강조한다.
- 주요 단계를 하나씩 설명해 주고, 시범해 보이고, 그려 보인다.
- 확실하게, 빠짐없이, 끈기 있게 지도한다.
- 내용을 확실하게 이해시키고 납득시키는 설명 단계이다.

정답 12. ④ 13. ④ 14. ② 15. ④

16. 보건법상 특별안전보건교육에서 방사선 업무에 관계되는 작업을 할 때 교육내용으로 거리가 먼 것은?

① 방사선의 유해 · 위험 및 인체에 미치는 영향
② 방사선 측정기기 기능의 점검에 관한 사항
③ 비상시 응급처리 및 보호구 착용에 관한 사항
④ 산소농도 측정 및 작업환경에 관한 사항

해설 방사선 업무에 관계되는 작업의 특별안전보건교육의 내용
- 방사선의 유해 · 위험 및 인체에 미치는 영향
- 방사선 측정기기 기능의 점검에 관한 사항
- 방호거리 · 방호벽 및 방사선 물질의 취급 요령에 관한 사항
- 응급처치 및 보호구 착용에 관한 사항
- 그 밖의 안전 · 보건관리에 필요한 사항

17. 다음 중 산업안전보건법상 사업 내 안전 · 보건교육에 있어 관리감독자의 정기안전 · 보건 교육내용에 해당하지 않는 것은? (단, 산업안전보건법 및 일반관리에 관한 사항은 제외한다.)

① 정리 정돈 및 청소에 관한 사항
② 산업보건 및 직업병 예방에 관한 사항
③ 유해 · 위험 작업환경 관리에 관한 사항
④ 표준 안전작업방법 및 지도요령에 관한 사항

해설 ①은 근로자 안전 · 보건교육 중 채용 시의 교육내용이다.

18. OFF.J.T(Off the Job Training) 교육방법의 장점으로 옳은 것은?

① 개개인에게 적절한 지도훈련이 가능하다.
② 훈련에 필요한 업무의 계속성이 끊어지지 않는다.
③ 다수의 대상자를 일괄적, 조직적으로 교육할 수 있다.
④ 효과가 곧 업무에 나타나며, 훈련의 좋고 나쁨에 따라 개선이 용이하다.

해설 ①, ②, ④는 O.J.T 교육의 특징

19. 다음 중 안전보건관리규정에 포함될 사항과 가장 거리가 먼 것은?

① 안전 · 보건교육에 관한 사항
② 작업장 안전 · 보건관리에 관한 사항
③ 재해사례 분석 및 연구 · 토의에 관한 사항
④ 안전 · 보건관리 조직과 그 직무에 관한 사항

해설 • 총칙
㉠ 안전보건관리규정 작성의 목적 및 범위에 관한 사항
㉡ 사업주 및 근로자의 재해예방 책임 및 의무 등에 관한 사항
㉢ 하도급 사업장에 대한 안전 · 보건관리에 관한 사항
- 안전 · 보건교육에 관한 사항
- 작업장 보건관리에 관한 사항
- 작업장 안전관리에 관한 사항
- 위험성 평가에 관한 사항
- 사고조사 및 대책 수립에 관한 사항
- 안전 · 보건관리 조직과 그 직무에 관한 사항
- 보칙

20. 보호구 안전인증 고시상 전로 또는 평로 등의 작업 시 사용하는 방열두건의 차광도 번호는?

① #2~#3
② #3~#5
③ #6~#8
④ #9~#11

해설 차광도 번호
- 전로, 평로작업 시 차광도 번호는 #3~#5
- 납땜작업 시 차광도 번호는 #2~#4
- 아크 용접작업 시 차광도 번호는 #6~#13

정답 16. ④ 17. ① 18. ③ 19. ③ 20. ②

2과목 인간공학 및 시스템 안전공학

21. 시스템 분석 및 설계에 있어서 인간공학의 가치와 거리가 먼 것은?

① 성능의 향상
② 사용자의 수용도 향상
③ 작업 숙련도의 감소
④ 사고 및 오용으로부터의 손실 감소

해설 ③ 작업 숙련도의 향상

22. 인간과 기계의 기본기능은 감지, 정보저장, 정보처리 및 의사결정, 행동으로 구분할 수 있는데 다음 중 행동기능에 속하는 것은?

① 음파탐지기 ② 추론
③ 결심 ④ 음성

해설 인간-기계 통합체계의 기본기능은 감지, 정보보관(저장), 정보처리 및 의사결정, 행동기능(음성, 신호, 기록 등)이다.

23. 시각적 표시장치보다 청각적 표시장치를 사용하는 것이 더 유리한 경우는?

① 정보의 내용이 복잡하고 긴 경우
② 정보가 공간적인 위치를 다룬 경우
③ 직무상 수신자가 한곳에 머무르는 경우
④ 수신 장소가 너무 밝거나 암순응이 요구될 경우

해설 시각장치와 청각장치의 비교

구분	특성
시각장치의 특성	• 메시지가 복잡하고 길 때 • 메시지가 후에 재참조될 경우 • 메시지가 공간적 위치를 다루는 경우 • 수신자의 청각계통이 과부하상태일 때 • 주위 장소가 너무 시끄러울 경우 • 즉각적인 행동을 요구하지 않을 때 • 한곳에 머무르는 경우
청각장치의 특성	• 메시지가 짧고, 간단할 때 • 메시지가 재참조되지 않을 경우 • 메시지가 시간적인 사상을 다루는 경우 • 수신자의 시각 계통이 과부하상태일 때 • 주위 장소가 밝거나 암조응일 때 • 메시지에 대한 즉각 행동을 요구할 때 • 자주 움직이는 경우

24. 다음과 같은 실내 표면에서 일반적으로 추천반사율의 크기를 맞게 나열한 것은 어느 것인가?

> ㉠ 바닥 ㉡ 천정 ㉢ 가구 ㉣ 벽

① ㉠<㉣<㉢<㉡ ② ㉣<㉠<㉡<㉢
③ ㉠<㉢<㉣<㉡ ④ ㉣<㉡<㉠<㉢

해설 옥내 조명반사율

바닥	가구, 책상	벽	천장
20~40%	25~40%	40~60%	80~90%

25. 다음 중 인간의 감각반응 속도가 빠른 것부터 순서대로 나열한 것은?

① 청각>시각>통각>촉각
② 청각>촉각>시각>통각
③ 촉각>시각>통각>청각
④ 촉각>시각>청각>통각

해설 감각 기능의 반응시간
청각 : 0.17초 > 촉각 : 0.18초 > 시각 : 0.20초 > 미각 : 0.29초 > 통각 : 0.7초

26. 안전교육을 받지 못한 신입직원이 작업 중 전극을 반대로 끼우려고 시도했으나, 플러그의 모양이 반대로는 끼울 수 없도록 설계되어 있어서 사고를 예방할 수 있었다. 작업자가 범한 오류와 이와 같은 사고예방을 위해

정답 21. ③ 22. ④ 23. ④ 24. ③ 25. ② 26. ④

적용된 안전설계원칙으로 가장 적합한 것은 어느 것인가?

① 누락(omission)오류, fail safe 설계원칙
② 누락(omission)오류, fool proof 설계원칙
③ 작위(commission)오류, fail safe 설계원칙
④ 작위(commission)오류, fool proof 설계원칙

해설 ㉠ 전극을 반대로 끼우려고 시도 – 작위(commission)오류
㉡ 작업자가 범한 에러와 똑같은 사고예방을 위해 적용된 안전설계원칙은 fool proof이다.

27. 다음 중 인체측정학에 있어 구조적 인체치수는 신체가 어떠한 자세에 있을 때 측정한 치수를 말하는가?

① 양손을 벌리고 서 있는 자세
② 고개를 들고 앉아 있는 자세
③ 움직이지 않고 고정된 자세
④ 누워서 편안히 쉬고 있는 자세

해설 구조적 인체치수(정적 인체계측) : 신체를 고정(정지)시킨 자세에서 계측하는 방법

28. 인간이 낼 수 있는 최대의 힘을 최대 근력이라고 하며 인간은 자기의 최대 근력을 잠시 동안만 낼 수 있다. 이에 근거할 때 인간이 상당히 오래 유지할 수 있는 힘은 근력의 몇 % 이하인가?

① 15% ② 20%
③ 25% ④ 30%

해설 인간의 최대 근력(지구력)
- 인간이 상당히 오래 유지할 수 있는 힘(근력)은 약 15% 정도이다.
- 인간이 1분 정도 유지할 수 있는 힘(근력)은 약 50% 정도이다.
- 인간이 20~30초 정도 유지할 때의 힘(근력)이 최대 근력이다.

29. 다음 중 작업 공간의 배치에 있어 구성요소 배치의 원칙에 해당하지 않는 것은?

① 기능성의 원칙
② 사용빈도의 원칙
③ 사용 순서의 원칙
④ 사용방법의 원칙

해설 부품(공간)배치의 원칙 : 중요성의 원칙, 사용빈도의 원칙, 기능별 배치의 원칙, 사용순서의 원칙

30. 인간공학적 의자설계의 원리로 가장 적합하지 않은 것은?

① 자세고정을 줄인다.
② 요부 측만을 촉진한다.
③ 디스크 압력을 줄인다.
④ 등근육의 정적 부하를 줄인다.

해설 ② 요추 부위의 전만 곡선을 유지한다.

31. 반사율이 85%, 글자의 밝기가 400 cd/m^{2}인 VDT 화면에 350 lux의 조명이 있다면 대비는 약 얼마인가?

① −6.0 ② −5.0
③ −4.2 ④ −2.8

해설 ㉠ 화면의 밝기 계산
- 반사율(%) $= \dfrac{\text{광속발산도}(fL)}{\text{조명}(fc)} \times 100$이므로

$$\therefore \text{광속발산도} = \frac{\text{반사율} \times \text{조명}}{100} = \frac{85 \times 350}{100} = 297.5\,\text{lm/m}^2$$

- 광속발산도 $= \pi \times$ 휘도이므로

$$\therefore \text{휘도(화면 밝기)} = \frac{\text{광속발산도}}{\pi} = \frac{297.5}{\pi} = 94.7\,\text{cd/m}^2$$

㉡ 글자 총 밝기 = 글자 밝기 + 휘도
$= 400 + 94.7 = 494.7\,\text{cd/m}^2$

정답 27. ③ 28. ① 29. ④ 30. ② 31. ③

㉢ 대비 $= \frac{\text{배경의 밝기} - \text{표적물체의 밝기}}{\text{배경의 밝기}}$

$= \frac{94.7-494.7}{94.7} = -4.22$

32. NIOSH lifting guideline에서 권장무게한계(RWL) 산출에 사용되는 계수가 아닌 것은?

① 휴식계수 ② 수평계수
③ 수직계수 ④ 비대칭 계수

해설 권장무게한계(RWL)
RWL(Kd) = LC × HM × VM × DM × AM × FM × CM

LC	부하상수	23kg 작업물의 무게
HM	수평계수	25/H
VM	수직계수	1−(0.003×V−75)
DM	거리계수	0.82+(4.5/D)
AM	비대칭 계수	1−(0.0032×A)
FM	빈도계수	분당 들어 올리는 횟수
CM	결합계수	커플링 계수

33. 온도와 습도 및 공기 유동이 인체에 미치는 열효과를 하나의 수치로 통합한 경험적 감각지수로 상대습도 100%일 때의 건구온도에서 느끼는 것과 동일한 온감을 의미하는 온열조건의 용어는?

① Oxford 지수 ② 발한율
③ 실효온도 ④ 열압박지수

해설 실효온도(체감온도, 감각온도)에 대한 설명이다.

34. 다음 중 시스템 안전기술관리를 정립하기 위한 절차로 가장 적절한 것은?

① 안전분석 → 안전사양 → 안전설계 → 안전확인
② 안전분석 → 안전사양 → 안전확인 → 안전설계
③ 안전사양 → 안전설계 → 안전분석 → 안전확인
④ 안전사양 → 안전분석 → 안전확인 → 안전설계

해설 시스템 안전기술관리 진행 단계

1단계	2단계	3단계	4단계	5단계
안전 분석	안전 사양	안전 설계	안전 확인	운영 단계

35. 다음 중 인간의 과오(human error)를 정량적으로 평가하고 분석하는데 사용하는 기법으로 가장 적절한 것은?

① THERP ② FMEA
③ CA ④ FMECA

해설 THERP(정량적 평가) : 인간의 과오를 정량적으로 평가하기 위해 Swain 등에 의해 개발된 기법으로 인간의 과오율 추정법 등 5개의 스탭으로 되어 있다.

36. FT도에 사용되는 기호 중 더 이상의 세부적인 분류가 필요 없는 사상을 의미하는 기호는?

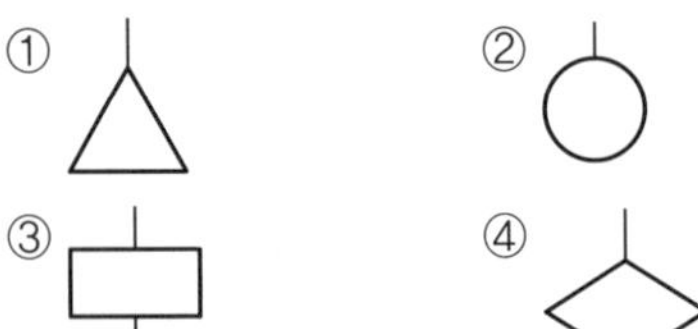

해설 ① 전이기호, ② 기본사상, ③ 결함사상, ④ 생략사상

37. 다음 그림과 같은 FT도에서 $F_1 = 0.015$, $F_2 = 0.02$, $F_3 = 0.05$이면, 정상사상 T가 발생할 확률은 약 얼마인가?

정답 32. ① 33. ③ 34. ① 35. ① 36. ② 37. ③

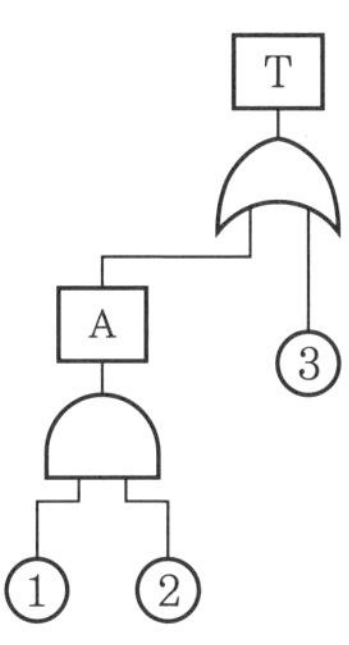

① 0.0002　　② 0.0283
③ 0.0503　　④ 0.9500

해설 $T=1-(1-A)\times(1-③)$
$=1-\{1-(①\times②)\}\times(1-③)$
$=1-\{1-(0.015\times0.02)\}\times(1-0.05)$
$=0.0503$

38. 화학설비에 대한 안전성 평가방법 중 공장의 입지조건이나 공장 내 배치에 관한 사항은 어느 단계에서 하는가?

① 제1단계 : 관계 자료의 작성 준비
② 제2단계 : 정성적 평가
③ 제3단계 : 정량적 평가
④ 제4단계 : 안전 대책

해설 화학설비에 대한 안전성 평가 항목
- 정량적 평가 항목 : 화학설비의 취급 물질, 용량, 온도, 압력, 조작 등
- 정성적 평가 항목 : 입지조건, 공장 내의 배치, 소방설비, 공정기기, 수송, 저장, 원재료, 중간재, 제품, 공정, 건물 등

39. 시스템안전 MIL-STD-882B 분류기준의 위험성 평가 매트릭스의 발생빈도에 속하지 않는 것은?

① 거의 발생하지 않는(remote)
② 전혀 발생하지 않는(impossible)
③ 보통 발생하는(reasonably probable)
④ 극히 발생하지 않을 것 같은(extremely improbable)

해설 ② 전혀 발생하지 않음은 위험성 평가 매트릭스의 발생빈도에서 제외하기도 한다.

40. 어느 부품 1000개를 100000시간 동안 가동하였을 때 5개의 불량품이 발생하였을 경우 평균동작시간(MTTF)은?

① 1×10^6시간　　② 2×10^7시간
③ 1×10^8시간　　④ 2×10^9시간

해설 평균동작시간 계산

㉠ 고장률(λ) $=\dfrac{\text{고장 건수}}{\text{총 가동시간}}$

$=\dfrac{5}{1000\times100000}=5\times10^{-8}$ 건/시간

㉡ 평균동작시간(MTTF) $=\dfrac{1}{\text{고장률}(\lambda)}$

$=\dfrac{1}{5\times10^{-8}}=2\times10^{7}$ 시간

3과목 기계 위험방지 기술

41. 다음 중 안전점검방법에서 육안점검과 가장 관련이 깊은 것은?

① 테스트 해머 점검　　② 부식, 마모 점검
③ 가스검지기 점검　　④ 온도계 점검

해설 육안점검 : 부식, 마모와 같은 시각, 촉각 등으로 하는 검사

42. 다음 중 가공기계에 주로 쓰이는 풀 프루프(fool proof)의 형태가 아닌 것은?

① 금형의 가드
② 사출기의 인터록 장치
③ 카메라의 이중 촬영 방지기구
④ 압력용기의 파열판

정답 38. ②　39. ②　40. ②　41. ②　42. ④

해설 풀 프루프(fool proof) : 작업자가 실수를 하거나 오조작을 하여 기계가 고장이 난 경우 기능의 저하는 가져오나, 전체 기능은 정지하지 않는다.
Tip) ④는 압력용기의 방호장치

43. 기계설비의 구조적 안전화를 위한 안전조건에 해당되지 않는 것은?

① 재료 선택 시의 안전화
② 설계 시의 올바른 강도 계산
③ 사용상의 안전화
④ 가공상의 안전화

해설 구조적 안전화의 안전조건 : 재료, 부품, 설계, 가공 결함, 안전율 등

44. 인장강도가 250N/mm^{2}인 강판의 안전율이 4라면 이 강판의 허용응력(N/mm^2)은 얼마인가?

① 42.5N/mm^2 ② 62.5N/mm^2
③ 82.5N/mm^2 ④ 102.5N/mm^2

해설 $\text{허용응력} = \dfrac{\text{인장강도}}{\text{안전율}} = \dfrac{250}{4} = 62.5\,\text{N/mm}^2$

45. 선반작업 시 안전수칙으로 가장 적절하지 않은 것은?

① 기계에 주유 및 청소 시 반드시 기계를 정지시키고 한다.
② 칩 제거 시 브러시를 사용한다.
③ 바이트에는 칩 브레이커를 설치한다.
④ 선반의 바이트는 끝을 길게 장치한다.

해설 ④ 선반의 바이트 끝은 짧게 설치한다.

46. 다음 연삭숫돌의 파괴 원인 중 가장 적절하지 않은 것은?

① 숫돌의 회전속도가 너무 빠른 경우
② 플랜지의 직경이 숫돌 직경의 $\frac{1}{3}$ 이상으로 고정된 경우
③ 숫돌 자체에 균열 및 파손이 있는 경우
④ 숫돌에 과대한 충격을 준 경우

해설 ①, ③, ④는 연삭숫돌의 파괴 원인

47. 드릴작업 시 너트 또는 볼트머리와 접촉하는 면을 고르게 하기 위하여 깎는 작업을 무엇이라 하는가?

① 보링(boring)
② 리밍(reaming)
③ 스폿 페이싱(spot facing)
④ 카운터 싱킹(counter sinking)

해설 드릴가공의 종류
- 보링 : 이미 만들어져 있는 구멍 내면을 넓히는 작업
- 리밍 : 드릴로 뚫은 구멍을 리머로 다듬는 작업
- 스폿 페이싱 : 너트나 볼트머리가 접촉하는 면을 평탄하게 깎는 작업
- 카운터 싱킹 : 접시머리나사가 묻히게 하기 위하여 자리를 파는 작업

48. 다음 [보기]와 같은 안전수칙을 적용해야 하는 수공구는?

보기
- 칩이 튀는 작업에는 보호안경을 착용하여야 한다.
- 처음에는 가볍게 때리고, 점차적으로 힘을 가한다.
- 절단된 가공물의 끝이 튕길 수 있는 위험의 발생을 방지하여야 한다.

① 정 ② 줄 ③ 쇠톱 ④ 스패너

정답 43. ③ 44. ② 45. ④ 46. ② 47. ③ 48. ①

해설 정작업 시 안전 작업수칙에 관한 설명

49. 다음은 프레스기에 사용되는 수인식 방호장치에 대한 적합한 설명이다. ㉠, ㉡에 들어갈 내용으로 알맞은 것은?

> 수인식 방호장치는 일반적으로 행정수가 (㉠)이고, 행정길이는 (㉡)의 프레스에 사용이 가능한데, 이러한 제한은 행정수의 경우 손이 충격적으로 끌리는 것을 방지하기 위해서이며, 행정길이는 손이 안전한 위치까지 충분히 끌리도록 하기 위해서이다.

① ㉠ : 150SPM 이하, ㉡ : 30mm 이상
② ㉠ : 120SPM 이하, ㉡ : 40mm 이상
③ ㉠ : 150SPM 이하, ㉡ : 30mm 미만
④ ㉠ : 120SPM 이상, ㉡ : 40mm 미만

해설 수인식과 손쳐내기식 방호장치 기준
- 방호장치 행정수가 120SPM 이하
- 방호장치 행정길이가 40mm 이상

50. 광전자식 방호장치의 광선에 신체의 일부가 감지된 후로부터 급정지기구가 작동개시하기까지의 시간이 40ms이고, 광축의 설치거리가 96mm일 때 급정지기구가 작동개시한 때로부터 프레스기의 슬라이드가 정지될 때까지의 시간은 얼마인가?

① 15ms ② 20ms
③ 25ms ④ 30ms

해설 안전거리$(D)=1.6(T_1+T_2)$

$$\therefore T_1+T_2=\frac{D}{1.6}$$

$$T_2=\frac{D}{1.6}-T_1=\frac{96}{1.6}-40=20\text{ms}$$

여기서, T_1 : 방호장치의 작동시간(ms)
T_2 : 프레스의 급정지시간(ms)

51. 롤러의 급정지를 위한 방호장치를 설치하고자 한다. 앞면 롤러 직경이 36cm이고, 분당 회전속도가 50rpm이라면 급정지거리는 약 얼마 이내이어야 하는가? (단, 무부하 동작에 해당한다.)

① 45cm ② 50cm
③ 55cm ④ 60cm

해설 앞면 롤러의 표면속도에 따른 급정지거리

㉠ 표면속도$(V)=\dfrac{\pi DN}{1000}$

$$=\frac{\pi\times360\times50}{1000}=56.52\text{m/min}$$

㉡ 표면속도가 30m/min 이상이므로

$$\text{급정지거리}=\frac{\pi\times D\times1}{2.5}$$

$$=\frac{\pi\times360\times1}{2.5}=452.39\text{mm}=45.239\text{cm}$$

52. 아세틸렌 용접장치에서 사용하는 발생기실의 구조에 대한 요구사항으로 틀린 것은?

① 벽의 재료는 불연성의 재료를 사용할 것
② 천정과 벽은 견고한 콘크리트 구조로 할 것
③ 출입구의 문은 두께 1.5mm 이상의 철판 또는 이와 동등 이상의 강도를 가진 구조로 할 것
④ 바닥면적의 16분의 1 이상의 단면적을 가진 배기통을 옥상으로 돌출시킬 것

해설 ② 지붕과 천장에는 얇은 철판이나 가벼운 불연성 재료를 사용할 것

53. 다음 중 유체의 흐름에 있어 수격작용(water hammering)과 가장 관계가 적은 것은 무엇인가?

① 과열 ② 밸브의 개폐
③ 압력파 ④ 관 내의 유동

정답 49. ② 50. ② 51. ① 52. ② 53. ①

해설 수격작용 : 물이 가득 찬 상태로 흐르는 관의 통로를 갑자기 막을 때, 수압의 빠른 상승으로 인하여 압력파가 빠르게 관 내를 왕복하는 현상으로 밸브의 개폐, 압력파, 관 내의 유동 등과 관계가 있다.

54. 압력용기 등에 설치하는 안전밸브에 관련한 설명으로 옳지 않은 것은?

① 안지름이 150mm를 초과하는 압력용기에 대해서는 과압에 따른 폭발을 방지하기 위하여 규정에 맞는 안전밸브를 설치하여야 한다.
② 급성 독성 물질이 지속적으로 외부에 유출될 수 있는 화학설비 및 그 부속설비에는 파열판과 안전밸브를 병렬로 설치한다.
③ 안전밸브는 보호하려는 설비의 최고사용압력 이하에서 작동되도록 하여야 한다.
④ 안전밸브의 배출용량은 그 작동 원인에 따라 각각의 소요 분출량을 계산하여 가장 큰 수치를 해당 안전밸브의 배출용량으로 하여야 한다.

해설 ② 급성 독성 물질이 지속적으로 외부에 유출될 수 있는 화학설비 및 그 부속설비에는 파열판과 안전밸브를 직렬로 설치하고, 그 사이에는 압력지시계 또는 자동경보장치를 설치하여야 한다.

55. 산업용 로봇에 사용되는 안전매트의 종류 및 일반구조에 관한 설명으로 틀린 것은 어느 것인가?

① 단선 경보장치가 부착되어 있어야 한다.
② 감응시간을 조절하는 장치가 부착되어 있어야 한다.
③ 감응도 조절장치가 있는 경우 봉인되어 있어야 한다.
④ 안전매트의 종류는 연결사용 가능 여부에 따라 단일 감지기와 복합 감지기가 있다.

해설 ② 감응시간을 조절하는 장치가 부착되어 있지 않아야 한다.

56. 다음 중 산업안전보건법상 지게차의 헤드가드에 관한 설명으로 틀린 것은?

① 강도는 지게차의 최대하중의 1.5배 값의 등분포정하중(等分布靜河重)에 견딜 수 있을 것
② 상부틀의 각 개구의 폭 또는 길이가 16cm 미만일 것
③ 운전자가 앉아서 조작하는 방식의 지게차의 경우에는 운전자의 좌석 윗면에서 헤드가드의 상부틀 아랫면까지의 높이가 1m 이상일 것
④ 운전자가 서서 조작하는 방식의 지게차의 경우에는 운전석의 바닥면에서 헤드가드의 상부틀 하면까지의 높이가 2m 이상일 것

해설 ① 강도는 지게차의 최대하중의 2배 값의 등분포정하중에 견딜 수 있을 것(단, 4톤을 넘는 값에 대해서는 4톤으로 한다.)

57. 컨베이어(conveyor) 역전방지장치의 형식을 기계식과 전기식으로 구분할 때 기계식에 해당하지 않는 것은?

① 라쳇식 ② 밴드식
③ 스러스트식 ④ 롤러식

해설 ①, ②, ④는 기계식 역전방지장치
Tip) 전기식 : 전기 브레이크, 스러스트 브레이크

58. 크레인의 방호장치에 대한 설명으로 틀린 것은?

① 권과방지장치를 설치하지 않은 크레인에 대해서는 권상용 와이어로프에 위험 표시를 하고 경보장치를 설치하는 등 권상용 와이어로프가 지나치게 감겨서 근로자가 위험해질 상황을 방지하기 위한 조치를 하여야 한다.

정답 54. ② 55. ② 56. ① 57. ③ 58. ③

② 운반물의 중량이 초과되지 않도록 과부하방지장치를 설치하여야 한다.
③ 크레인이 필요한 상황에서는 저속으로 중지시킬 수 있도록 브레이크 장치와 충돌 시 충격을 완화시킬 수 있는 완충장치를 설치한다.
④ 작업 중에 이상 발견 또는 긴급히 정지시켜야 할 경우에는 비상정지장치를 사용할 수 있도록 설치하여야 한다.

해설 ③ 브레이크 장치는 크레인을 정격속도에서 정지시킬 수 있어야 한다.

59. 와이어로프의 꼬임에 관한 설명으로 틀린 것은?

① 보통꼬임에는 S꼬임이나 Z꼬임이 있다.
② 보통꼬임은 스트랜드의 꼬임 방향과 로프의 꼬임 방향이 반대로 된 것을 말한다.
③ 랭꼬임은 로프의 끝이 자유로이 회전하는 경우나 킹크가 생기기 쉬운 곳에 적당하다.
④ 랭꼬임은 보통꼬임에 비하여 마모에 대한 저항성이 우수하다.

해설 ③ 킹크가 생기기 쉬운 곳에는 보통꼬임이 적당하다.

60. 자분탐사검사에서 사용하는 자화방법이 아닌 것은?

① 축 통전법
② 전류 관통법
③ 극간법
④ 임피던스법

해설 자분탐상방법 : 직각 통전법, 극간법, 축 통전법, 자속(전류) 관통법, 코일법 등

4과목 전기 위험방지 기술

61. 인체의 저항이 500Ω이면, 심실세동을 일으키는 정현파 교류에 있어서의 에너지적인 위험한계는 어느 정도인가?

① 6.5~17.0J ② 15.0~25.5J
③ 20.5~30.5J ④ 31.5~38.5J

해설 $Q=I^2RT=\left(\frac{165}{\sqrt{1}}\times10^{-3}\right)^2\times500\times1$
$=165^2\times10^{-6}\times500$
$=13.61\text{J}$

62. 인체에 최소감지전류에 대한 설명으로 알맞은 것은?

① 인체가 고통을 느끼는 전류이다.
② 성인 남자의 경우 상용주파수 60Hz 교류에서 약 1mA이다.
③ 직류를 기준으로 한 값이며, 성인 남자의 경우 약 1mA에서 느낄 수 있는 전류이다.
④ 직류를 기준으로 여자의 경우 성인 남자의 70%인 0.7mA에서 느낄 수 있는 전류의 크기를 말한다.

해설 통전전류에 따른 성인 남자 인체의 영향(60Hz)
- 최소감지전류 1mA : 전류의 흐름을 느낄 수 있는 최소전류
- 고통한계전류 7~8mA : 고통을 참을 수 있는 한계전류
- 이탈전류 8~15mA : 전원으로부터 스스로 떨어질 수 있는 최대전류
- 불수전류 20~50mA : 신경이 마비되고 신체를 움직일 수 없으며 말을 할 수 없는 상태
- 심실세동전류 50~100mA : 심장의 맥동에 영향을 주어 심장마비를 유발하는 상태

Tip) 감도전류값 : 교류와 직류의 감지전류차는 5배 정도이다.

정답 59. ③ 60. ④ 61. ① 62. ②

63. 개폐기로 인한 발화는 개폐 시의 스파크에 의한 가연물의 착화화재가 많이 발생한다. 다음 중 이를 방지하기 위한 대책으로 틀린 것은?

① 가연성 증기, 분진 등이 있는 곳은 방폭형을 사용한다.
② 개폐기를 불연성 상자 안에 수납한다.
③ 비포장퓨즈를 사용한다.
④ 접속 부분의 나사풀림이 없도록 한다.

해설 ③ 과전류 차단용 퓨즈는 포장퓨즈를 사용할 것

64. 우리나라의 안전전압으로 볼 수 있는 것은 약 몇 V인가?

① 30 ② 50 ③ 60 ④ 70

해설 국가별 안전전압(V)

국가명	전압(V)	국가명	전압(V)
한국	30	일본	24~30
독일	24	네덜란드	50
영국	24	스위스	36

65. 감전사고의 방지 대책으로 적합하지 않은 것은?

① 보호절연
② 사고회로의 신속한 차단
③ 보호접지
④ 절연저항 저감

해설 감전사고의 방지 대책
- 보호 절연물을 사용할 것
- 사고회로의 신속한 차단을 할 것
- 보호접지를 사용할 것
- 안전전압 이하에서 기기를 사용할 것

66. 다음 중 누전차단기를 설치하지 않아도 되는 장소는?

① 기계 · 기구를 건조한 곳에 시설하는 경우
② 파이프라인 등의 발열장치의 시설에 공급하는 전로의 경우
③ 대지전압 150V 이하인 기계 · 기구를 물기가 있는 장소에 시설하는 경우
④ 콘크리트에 직접 매설하여 시설하는 케이블의 임시배선 전원의 경우

해설 ①은 누전차단기를 설치하지 않아도 되는 장소, ②, ③, ④는 반드시 누전차단기를 설치해야 하는 장소

67. 교류 아크 용접기의 자동전격 방지장치란 용접기의 2차 전압을 25V 이하로 자동 조절하여 안전을 도모하려는 것이다. 다음 사항 중 어떤 시점에서 그 기능이 발휘되어야 하는가?

① 전체 작업시간 동안
② 아크를 발생시킬 때만
③ 용접작업을 진행하고 있는 동안만
④ 용접작업 중단 직후부터 다음 아크발생 시까지

해설 자동전격 방지장치의 무부하 전압은 1 ± 0.3초 이내에 2차 무부하 전압을 25V 이내로 내려준다.

68. 가공전선 또는 충전전로에 접근하는 장소에서 시설물의 건설, 해체 등의 작업을 함에 있어서 작업자가 감전의 위험이 발생할 우려가 있는 경우에 감전방지 대책으로 적절하지 않은 것은?

① 해당 충전전로를 이설한다.
② 감전의 위험을 방지하기 위하여 방책을 설치한다.
③ 해당 충전전로에 절연용 보호구를 설치한다.
④ 감시인을 두고 작업을 감시하도록 한다.

해설 ③ 해당 충전전로에 절연용 방호구를 설치할 것

정답 63. ③ 64. ① 65. ④ 66. ① 67. ④ 68. ③

69. 과전류에 의해 전선의 허용전류보다 큰 전류가 흐르는 경우 절연물이 화구가 없더라도 자연히 발화하고 심선이 용단되는 발화단계의 전선전류밀도(A/mm^2)는?

① 10~20
② 30~50
③ 60~120
④ 130~200

해설 발화단계 : 60~120A/mm^2

70. 다음 그림과 같이 인체가 전기설비의 외함에 접촉하였을 때 누전사고가 발생하였다. 이때 인체의 통과전류(mA)는 약 얼마인가?

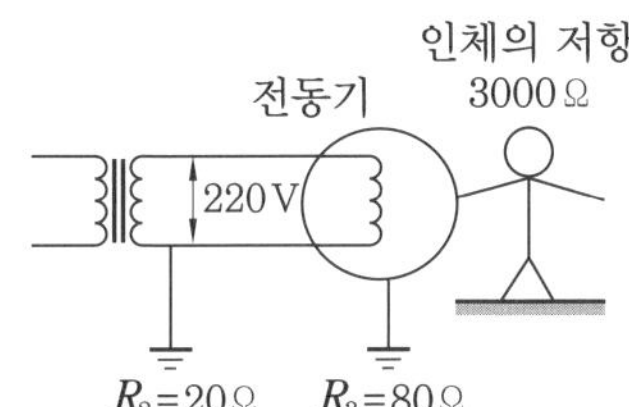

① 35mA ② 47mA
③ 58mA ④ 66mA

해설 인체 통과전류(I_m)

$$=\frac{E}{R_m\left(1+\frac{R_2}{R_3}\right)}=\frac{220}{3000\times\left(1+\frac{20}{80}\right)}\times 1000$$

$=58\text{mA}$

71. 접지극 시설에서 지중에 매설되어 있고 대지와의 전기저항값이 몇 Ω 이하의 값을 유지하고 있는 금속제 수도관로는 접지극으로 사용이 가능한가?

① 3 ② 5
③ 8 ④ 10

해설 접지극의 매설(KEC 142) : 대지와의 전기저항값이 3Ω 이하의 값을 유지하여야 한다.

72. 피뢰 시스템의 등급에 따른 회전구체의 반지름으로 틀린 것은?

① Ⅰ 등급 : 20m ② Ⅱ 등급 : 30m
③ Ⅲ 등급 : 40m ④ Ⅳ 등급 : 60m

해설 피뢰레벨 회전구체의 반경(R)기준
- 피뢰레벨 Ⅰ: 20m
- 피뢰레벨 Ⅱ: 30m
- 피뢰레벨 Ⅲ: 45m
- 피뢰레벨 Ⅳ: 60m

73. 다음 중 정전기에 관련한 설명으로 잘못된 것은?

① 정전유도에 의한 힘은 반발력이다.
② 발생한 정전기와 완화한 정전기의 차가 마찰을 받은 물체에 축적되는 현상을 대전이라 한다.
③ 같은 부호의 전하는 반발력이 작용한다.
④ 겨울철에 나일론소재 셔츠 등을 벗을 때 경험한 부착 현상이나 스파크 발생은 박리대전 현상이다.

해설 ① 정전유도에 의한 힘은 (+), (−)의 다른 부호를 가지므로 흡인력이 작용한다.

74. 정전작업 시 작업 전 안전조치사항으로 가장 거리가 먼 것은?

① 단락접지
② 잔류전하 방전
③ 절연보호구 수리
④ 검전기에 의한 정전 확인

해설 정전작업 전 조치사항
- 전기기기 등에 공급되는 모든 전원을 관련 도면, 배선도 등으로 확인할 것
- 전원을 차단한 후 각 단로기 등을 개방하고 확인할 것
- 차단장치나 단로기 등에 잠금장치 및 꼬리표를 부착할 것

정답 69. ③ 70. ③ 71. ① 72. ③ 73. ① 74. ③

- 개로된 전로에서 유도전압 또는 전기에너지가 축적되어 근로자에게 전기위험을 끼칠 수 있는 전기기기 등은 접촉하기 전에 잔류전하를 완전히 방전시킬 것
- 검전기를 이용하여 작업대상 기기가 충전되었는지를 확인할 것
- 전기기기 등이 다른 노출충전부와의 접촉, 유도 또는 예비동력원의 역송전 등으로 전압이 발생할 우려가 있는 경우에는 충분한 용량을 가진 단락접지기구를 이용하여 접지할 것

75. 다음 중 정전기에 의한 생산장해가 아닌 것은?

① 가루(분진)에 의한 눈금의 막힘
② 제사공장에서의 실의 절단 엉킴
③ 인쇄공정의 종이 파손, 인쇄선명도 불량, 겹침, 오손
④ 방전전류에 의한 반도체 소자의 입력 임피던스 상승

해설 ④는 방전 현상에 의한 장애이다.

76. 정전기 방전에 의한 화재 및 폭발발생에 대한 설명으로 틀린 것은?

① 정전기 방전에너지가 어떤 물질의 최소 착화에너지보다 크게 되면 화재, 폭발이 일어날 수 있다.
② 부도체가 대전되었을 경우에는 정전에너지보다 대전 전위 크기에 의하여 화재, 폭발이 결정된다.
③ 대전된 물체에 인체가 접근했을 때 전격을 느낄 정도이면 화재, 폭발의 가능성이 있다.
④ 작업복에 대전된 정전에너지가 가연성 물질의 최소 착화에너지보다 클 때는 화재, 폭발의 위험성이 있다.

해설 ④ 가연성 또는 폭발성 물질에 대전된 정전에너지가 최소 착화에너지 이상일 때는 화재, 폭발의 위험성이 있다.

77. 방폭 전기설비 계획수립 시의 기본방침에 해당되지 않는 것은?

① 가연성 가스 및 가연성 액체의 위험특성 확인
② 시설장소의 제조건 검토
③ 전기설비의 선정 및 결정
④ 위험장소 종별 및 범위의 결정

해설 방폭 전기설비 계획수립 시의 기본방침
- 시설장소의 제조건 검토
- 위험장소 종별 및 범위의 결정
- 가연성 가스 및 가연성 액체의 위험특성 확인

78. 가스(발화온도 120℃)가 존재하는 지역에 방폭기기를 설치하고자 한다. 설치가 가능한 기기의 온도등급은?

① T2 ② T3 ③ T4 ④ T5

해설 가스의 발화도 G5의 발화온도는 100℃ 초과 135℃ 이하이며, T5와 같은 등급이다.

79. 총포, 도검, 화약류 등의 화약류 저장소 안에는 전기설비를 시설하여서는 안 되지만, 백열등이나 형광등 또는 이들에 전기를 공급하기 위한 전기설비를 시설할 때의 규정에 맞지 않는 것은?

① 전로의 대지전압은 450V 이하일 것
② 전기기계 · 기구는 전폐형의 것일 것
③ 케이블을 전기기계 · 기구에 인입할 때에는 인입 부분에서 케이블이 손상될 우려가 없도록 할 것
④ 개폐기 또는 과전류 차단기에서 화약류 저장소 인입구까지의 배선은 케이블을 사용하여야 하며, 또한 지중에 시설할 것

정답 75. ④ 76. ④ 77. ③ 78. ④ 79. ①

해설 ① 화약류 저장소에는 전기설비를 시설하여서는 안 되지만, 전기설비를 시설할 때에는 전로의 대지전압이 300V 이하이어야 한다.

80. 한국전기설비규정에 따라 보호 등전위 본딩 도체로서 주 접지단자에 접속하기 위한 등전위 본딩 도체(구리도체)의 단면적은 몇 mm^2 이상이어야 하는가? (단, 등전위 본딩 도체는 설비 내에 있는 가장 큰 보호접지 도체 단면적의 1/2 이상의 단면적을 가지고 있다.)

① 2.5　② 6　③ 16　④ 50

해설 보호 등전위 본딩 도체(KEC 143.3.1) : 주 접지단자에 접속하기 위한 등전위 본딩 도체
- 구리도체 : $6mm^2$ 이상
- 알루미늄 도체 : $16mm^2$ 이상
- 강철도체 : $50mm^2$ 이상

5과목 화학설비 위험방지 기술

81. NH_4NO_3의 가열, 분해로부터 생성되는 무색의 가스로 일명 웃음가스라고도 하는 것은 무엇인가?

① N_2O　② NO_2　③ N_2O_4　④ NO

해설 아산화질소(N_2O) : 가연성 마취제, 웃음가스

82. 산업안전보건법령상 위험물질의 종류를 구분할 때 다음 물질들이 해당되는 것은 어느 것인가?

리튬, 칼륨 · 나트륨, 황, 황린, 황화인 · 적린

① 폭발성 물질 및 유기과산화물
② 산화성 액체 및 산화성 고체
③ 물반응성 물질 및 인화성 고체
④ 급성 독성 물질

해설 물반응성 물질 및 인화성 고체
- 인화성 고체 : 황화인 · 적린, 황, 금속분말, 마그네슘분말
- 물반응성 물질 : 리튬, 칼륨 · 나트륨, 알킬알루미늄 · 알킬리튬, 황린 등

83. 다음 중 분해 폭발의 위험성이 있는 아세틸렌의 용제로 가장 적절한 것은 어느 것인가?

① 에테르　② 에틸알코올
③ 아세톤　④ 아세트알데히드

해설
- 아세틸렌은 무색의 마늘 냄새가 나는 가연성 가스로 카바이드에 물을 반응시켜서 얻을 수 있다.
- 아세톤(CH_3COCH_3)은 달콤한 냄새가 나는 투명한 무색 액체이다. 페인트 및 매니큐어 제거제의 용제로 사용된다.

84. Li과 Na에 관한 설명으로 틀린 것은?

① 두 금속 모두 실온에서 자연발화의 위험성이 있으므로 알코올 속에 저장해야 한다.
② 두 금속은 물과 반응하여 수소기체를 발생한다.
③ Li은 비중값이 물보다 작다.
④ Na는 은백색의 무른 금속이다.

해설 ① 두 금속 모두 물과 접촉 시 폭발위험성이 있으므로 석유 속에 저장해야 한다.

85. 산업안전보건법에 의한 공정안전 보고서에 포함되어야 하는 내용 중 공정안전자료의 세부 내용에 해당하지 않는 것은 어느 것인가?

정답 80. ②　81. ①　82. ③　83. ③　84. ①　85. ①

① 안전운전 지침서
② 각종 건물 · 설비의 배치도
③ 유해 · 위험설비의 목록 및 사양
④ 위험설비의 안전설계 · 제작 및 설치 관련 지침서

해설 ①은 안전운전계획이다.

86. 분진폭발의 요인을 물리적 인자와 화학적 인자로 분류할 때 화학적 인자에 해당하는 것은?

① 연소열 ② 입도분포
③ 열전도율 ④ 입자의 형상

해설 열전도율, 입도분포, 입자의 형상 등은 물리적 인자이며, 연소열은 화학적 인자이다.

87. 단열반응기에서 100°F, 1atm의 수소가스를 압축하는 반응기를 설계할 때 안전하게 조업할 수 있는 최대압력은 약 몇 atm인가? (단, 수소의 자동발화온도는 1075°F이고, 수소는 이상기체로 가정하며, 비열비(r)는 1.4이다.)

① 14.62 ② 24.23
③ 34.10 ④ 44.62

해설 최대압력

㉠ $\dfrac{T_2}{T_1}=\left(\dfrac{P_2}{P_1}\right)^{\frac{r-1}{r}} \rightarrow \dfrac{P_2}{P_1}=\left(\dfrac{T_2}{T_1}\right)^{\frac{r}{r-1}}$

㉡ $P_2=P_1\times\left(\dfrac{T_2}{T_1}\right)^{\frac{r}{r-1}}$

$$=1\times\left(\frac{852.44}{310.77}\right)^{\frac{1.4}{1.4-1}}=34.18\,\text{atm}$$

여기서,

$100°\text{F} \rightarrow T_1=\dfrac{100-32}{1.8}+273=310.77\text{K}$

$1075°\text{F} \rightarrow T_2=\dfrac{1075-32}{1.8}+273=852.44\text{K}$

88. 다음 중 누설 발화형 폭발재해의 예방 대책으로 가장 적합하지 않은 것은?

① 발화원 관리
② 밸브의 오동작 방지
③ 불활성 가스의 치환
④ 누설물질의 검지 경보

해설 ③은 착화 파괴형 폭발재해의 예방 대책, ①, ②, ④는 누설 발화형 폭발재해의 예방 대책

89. 프로판과 메탄의 폭발하한계가 각각 2.5, 5.0vol%라고 할 때 프로판과 메탄이 3 : 1의 체적비로 혼합되어 있다면 이 혼합가스의 폭발하한계는 약 몇 vol%인가? (단, 상온, 상압상태이다.)

① 2.9 ② 3.3 ③ 3.8 ④ 4.0

해설 프로판과 메탄이 3 : 1의 체적비로 혼합되어 있으므로(75% : 25%)

$$L=\frac{100}{\dfrac{V_1}{L_1}+\dfrac{V_2}{L_2}}=\frac{100}{\dfrac{75}{2.5}+\dfrac{25}{5.0}}=2.85\,\text{vol\%}$$

90. 반응폭발에 영향을 미치는 요인 중 그 영향이 가장 적은 것은?

① 교반상태 ② 냉각 시스템
③ 반응온도 ④ 반응 생성물의 조성

해설 반응폭발에 영향을 미치는 요인은 냉각 시스템, 반응온도, 교반상태, 압력 등이다.

91. 대기압에서 사용하나 증발에 의한 액체의 손실을 방지함과 동시에 액면 위의 공간에 폭발성 위험가스를 형성할 위험이 적은 구조의 저장탱크는?

① 유동형 지붕탱크
② 원추형 지붕탱크

정답 86. ① 87. ③ 88. ③ 89. ① 90. ④ 91. ①

③ 원통형 저장탱크
④ 구형 저장탱크

해설 위험물 탱크의 종류 및 특징

- 유동형 지붕탱크 : 탱크 천정이 고정되어 있지 않고 상하로 움직이는 형으로 폭발성 가스를 형성할 위험이 적다.
- 원추형 지붕탱크 : 탱크 천정이 tank shell에 고정되어 있으며 정유공장, 석유화학공장, 기타 화학공장 및 저유소에서 흔히 볼 수 있는 대부분의 탱크이다.
- 복합형 탱크 : 탱크 외부 상단은 원추로 되어 있고 내부에 floating roof가 설치되어 있는 복합형 탱크이다.
- 구형탱크 : 높은 압력을 쉽게 분산시킬 수 있도록 구형으로 만들어져 압축가스, 액화가스 같은 유체 저장에 많이 사용하며, 주로 LPG를 저장한다.
- 돔형탱크 : 원추형에 저장하는 제품보다 고압이고 구형에 저장하는 제품보다 저압일 경우에 사용한다.

92. 일반적인 자동제어 시스템의 작동 순서를 바르게 나열한 것은?

① 검출 → 조절계 → 공정상황 → 밸브
② 공정상황 → 검출 → 조절계 → 밸브
③ 조절계 → 공정상황 → 검출 → 밸브
④ 밸브 → 조절계 → 공정상황 → 검출

해설 자동제어 시스템의 작동 순서

㉠ 공정상황 : 공정상태 온도, 액면, 기타 등이 변화하는가를 검출한다.
㉡ 검출 : 계기에서 유량, 온도, 압력 등을 검출한다.
㉢ 조절계 : 검출부로부터 받은 신호를 조절계가 설정치와 비교하여 출력신호를 변화시킨다.
㉣ 밸브 : 조절부에서 받은 신호에 의해 밸브 작동이 이루어진다.

93. 송풍기의 회전차 속도가 1300rpm일 때 송풍량이 분당 300m^{3}이었다. 송풍량을 분당 400m^{3}으로 증가시키고자 한다면 송풍기의 회전차 속도는 약 몇 rpm으로 하여야 하는가?

① 1533 ② 1733 ③ 1967 ④ 2167

해설 송풍기 회전차 속도

$$\frac{N_2}{N_1}=\frac{Q_2}{Q_1}$$

$$\therefore N_2=N_1\times\frac{Q_2}{Q_1}=1300\times\frac{400}{300}$$

$$=1733.33\text{rpm}$$

94. 니트로 셀룰로오스와 같이 연소에 필요한 산소를 포함하고 있는 물질이 연소하는 것을 무엇이라고 하는가?

① 분해연소
② 확산연소
③ 그을음 연소
④ 자기연소

해설 자기연소 : 분자 내에 산소를 함유하고 있어 외부의 산소 공급원 없이 점화원에 의해 연소하며, 제5류 위험물, 니트로 글리세린, 니트로 셀룰로오스, 트리니트로 톨루엔, 질산에틸 등이 해당된다

95. 다음 중 가연성 고체물질을 난연화시키는 난연제로 적당하지 않은 것은?

① 인 ② 브롬
③ 비소 ④ 안티몬

해설 브롬은 할로겐화합물 소화약제로 난연 플라스틱 제조에 사용된다.

96. 다음 중 종이, 목재, 섬유류 등에 의하여 발생한 화재의 화재급수로 옳은 것은?

정답 92. ② 93. ② 94. ④ 95. ② 96. ①

① A급　　② B급
③ C급　　④ D급

해설 A급(종이, 섬유, 목재 등) : 일반화재, 냉각소화

97. 이산화탄소 및 할로겐화합물 소화약제의 특징으로 가장 거리가 먼 것은?

① 소화속도가 빠르다.
② 소화설비의 보수관리가 용이하다.
③ 전기절연성이 우수하나 부식성이 강하다.
④ 저장에 의한 변질이 없어 장기간 저장이 용이한 편이다.

해설 ③ 전기절연성이 우수하며, 부식성이 없다.

98. 열교환기의 열교환 능률을 향상시키기 위한 방법이 아닌 것은?

① 유체의 유속을 적절하게 조절한다.
② 유체의 흐르는 방향을 병류로 한다.
③ 열교환하는 유체의 온도차를 크게 한다.
④ 열전도율이 높은 재료를 사용한다.

해설 ② 유체의 흐르는 방향이 서로 반대인 향류로 한다.

99. 다음 공기 중 최소 발화에너지 값이 가장 작은 물질은?

① 에틸렌
② 아세트알데히드
③ 메탄
④ 에탄

해설 최소 발화에너지
에틸렌(C_2H_4) : 0.082 mJ < 에탄(C_2H_6) : 0.25 mJ < 메탄(CH_4) : 0.28 mJ < 아세트알데히드(CH_3CHO) : 0.38 mJ

100. 제1종 분말소화약제의 주성분에 해당하는 것은?

① 사염화탄소　　② 브롬화메탄
③ 수산화암모늄　　④ 탄산수소나트륨

해설 분말소화약제
- 제1종 : 탄산수소나트륨($NaHCO_3$)
- 제2종 : 탄산수소칼륨($KHCO_3$)
- 제3종 : 제1인산암모늄($NH_4H_2PO_4$)
- 제4종 : 탄산수소칼륨과 요소의 반응물

6과목 건설안전기술

101. 다음 중 굴착작업 시 준수사항으로 옳지 않은 것은?

① 작업 전에 산소농도를 측정하고 산소량은 18% 이상이어야 하며, 발파 후 반드시 환기설비를 작동시켜 가스배출을 한 후 작업을 하여야 한다.
② 시트파일의 설치 시 수직도는 1/100 이내이어야 한다.
③ 토압이 커서 링이 변형될 우려가 있는 경우 스트러트 등으로 보강하여야 한다.
④ 굴착 및 링의 설치와 동시에 철사다리를 설치 연장하여야 하는데 철사다리는 굴착 바닥면과 2m 이내가 되게 한다.

해설 ④ 굴착 및 링의 설치와 동시에 철사다리를 설치 연장하여야 하는데 철사다리는 굴착 바닥면과 1m 이내가 되게 한다.

102. 물이 결빙되는 위치로 지속적으로 유입되는 조건에서 온도가 하강함에 따라 토중수가 얼어 생성된 결빙의 크기가 계속 커져 지표면이 부풀어 오르는 현상은?

① 압밀침하(consolidation settlement)

정답 97. ③　98. ②　99. ①　100. ④　101. ④　102. ④

② 연화(frost boil)
③ 지반경화(hardening)
④ 동상(frost heave)

해설 동상 현상 : 겨울철에 흙 속의 수분이 얼어 동결상태가 된 흙이 지표면에 부풀어 오르는 현상

103. 다음 중 건설공사 유해 · 위험방지 계획서 제출대상 공사가 아닌 것은?

① 지상 높이가 50m인 건축물 또는 인공구조물 건설공사
② 연면적이 3000m^2인 냉동 · 냉장창고시설의 설비공사
③ 최대 지간길이가 60m인 교량 건설공사
④ 터널 건설공사

해설 ② 연면적 5000m^2 이상인 냉동 · 냉장창고시설의 설비공사 및 단열공사

104. 철륜 표면에 다수의 돌기를 붙여 접지면적을 작게 하여 접지압을 증가시킨 롤러로서 고함수비의 점성토지반의 다짐작업에 적합한 롤러는?

① 탠덤롤러 ② 로드롤러
③ 타이어롤러 ④ 탬핑롤러

해설 • 전압식 다짐기계 : 머캐덤롤러, 탠덤롤러, 탬핑롤러, 타이어롤러
• 탬핑롤러
㉠ 롤러 표면에 돌기를 붙여 접지면적을 작게 하여, 땅 깊숙이 다짐이 가능하다.
㉡ 고함수비의 점성토지반에 효과적인 다짐작업에 적합한 롤러이다.

105. 해체용 장비로서 작은 부재의 파쇄에 유리하고 소음, 진동 및 분진이 발생되므로 작업원은 보호구를 착용하여야 하고 특히 작업원의 작업시간을 제한하여야 하는 장비는?

① 천공기 ② 쇄석기
③ 철재 해머 ④ 핸드 브레이커

해설 핸드 브레이커 : 해체용 장비로서 작은 부재의 파쇄에 유리하고 소음, 진동 및 분진이 발생하며, 특히 작업원의 작업시간을 제한하여야 하는 장비

106. 다음 중 크레인을 사용하여 작업을 하는 경우 준수하여야 하는 사항으로 옳지 않은 것은?

① 인양할 하물을 바닥에서 끌어당기거나 밀어내는 작업을 할 것
② 고정된 물체를 직접 분리 · 제거하는 작업을 하지 아니할 것
③ 미리 근로자의 출입을 통제하여 인양 중인 하물이 작업자의 머리 위로 통과하지 않도록 할 것
④ 인양할 하물이 보이지 아니하는 경우에는 어떠한 동작도 하지 아니할 것

해설 ① 인양할 하물을 바닥에서 끌어당기거나 밀어내는 작업을 하지 말 것

107. 철골보 인양 시 준수해야 할 사항으로 옳지 않은 것은?

① 인양 와이어로프의 매달기 각도는 양변 60°를 기준으로 한다.
② 크램프로 부재를 체결할 때는 크램프의 정격용량 이상 매달지 않아야 한다.
③ 크램프는 부재를 수평으로 하는 한 곳의 위치에만 사용하여야 한다.
④ 인양 와이어로프는 후크의 중심에 걸어야 한다.

해설 크램프를 인양 부재로 체결 시 준수해야 할 사항
• 크램프는 수평으로 체결하고 2곳 이상 설치한다.

정답 103. ② 104. ④ 105. ④ 106. ① 107. ③

- 크램프로 부재를 체결할 때는 크램프의 정격용량 이상 매달지 않아야 한다.
- 부득이 한 곳만 매어 사용할 경우는 부재길이의 1/3 지점을 기준으로 한다.
- 인양 와이어로프는 후크의 중심에 걸어야 한다.
- 인양 와이어로프의 매달기 각도는 양변 60°를 기준으로 한다.

108. 다음 중 방망사의 폐기 시 인장강도에 해당하는 것은? (단, 그물코의 크기는 10cm이며 매듭 없는 방망의 경우임)

① 50kg ② 100kg
③ 150kg ④ 200kg

해설 그물코의 크기가 10cm인 매듭 없는 방망사 폐기 시 인장강도는 150kg이다.

109. 토사 붕괴재해를 방지하기 위한 흙막이 지보공 설비를 구성하는 부재와 거리가 먼 것은?

① 말뚝 ② 버팀대
③ 띠장 ④ 턴버클

해설
- 흙막이 지보공 설비를 구성하는 부재는 흙막이판, 말뚝, 버팀대, 띠장 등이다.
- 턴버클은 두 정 사이에 연결된 나사막대, 와이어 등을 죄는데 사용하는 부품이다.

110. 터널 등의 건설작업을 하는 경우에 낙반 등에 의하여 근로자가 위험해질 우려가 있는 경우에 필요한 직접적인 조치사항과 거리가 먼 것은?

① 터널지보공 설치
② 부석의 제거
③ 울 설치
④ 록볼트 설치

해설 터널작업 시 낙반 등에 의한 근로자 위험방지 조치사항은 터널지보공 설치, 록볼트 설치, 부석의 제거 등이다.

111. 건물 외부에 낙하물방지망을 설치할 경우 수평면과의 가장 적절한 각도는 얼마인가?

① 5° 이상 10° 이하
② 10° 이상 15° 이하
③ 15° 이상 20° 이하
④ 20° 이상 30° 이하

해설 낙하물방지망 또는 방호선반의 설치기준 : 수평면과의 각도 20° 이상 30° 이하를 유지할 것

112. 비계(달비계, 달대비계 및 말비계는 제외)의 높이가 2m 이상인 작업장소에 설치하는 작업발판의 구조 및 설비에 관한 기준으로 옳지 않은 것은?

① 작업발판의 폭이 40cm 이상이 되도록 한다.
② 발판재료 간의 틈은 3cm 이하로 한다.
③ 작업발판을 작업에 따라 이동시킬 경우에는 위험방지에 필요한 조치를 한다.
④ 작업발판 재료는 뒤집히거나 떨어지지 않도록 하나 이상의 지지물에 연결하거나 고정시킨다.

해설 ④ 작업발판 재료는 뒤집히거나 떨어지지 않도록 2개 이상의 지지물에 연결하거나 고정시킨다.

113. 다음 중 가설통로를 설치하는 경우 준수하여야 할 기준으로 옳지 않은 것은?

① 경사는 30° 이하로 할 것
② 경사가 15°를 초과하는 경우에는 미끄러지지 아니하는 구조로 할 것
③ 추락할 위험이 있는 장소에는 안전난간을 설치할 것

정답 108. ③ 109. ④ 110. ③ 111. ④ 112. ④ 113. ④

④ 수직갱에 가설된 통로의 길이가 15m 이상인 경우에는 7m 이내마다 계단참을 설치할 것

해설 ④ 수직갱에 가설된 통로길이가 15m 이상인 경우에는 10m 이내마다 계단참을 설치할 것

114. **다음은 산업안전보건법령에 따른 동바리로 사용하는 파이프 서포트에 관한 사항이다. (   ) 안에 들어갈 내용을 순서대로 옳게 나타낸 것은?**

> 가. 파이프 서포트를 (㉠) 이상 이어서 사용하지 않도록 할 것
> 나. 파이프 서포트를 이어서 사용하는 경우에는 (㉡) 이상의 볼트 또는 전용 철물을 사용하여 이을 것

① ㉠ : 2개, ㉡ : 2개
② ㉠ : 3개, ㉡ : 4개
③ ㉠ : 4개, ㉡ : 3개
④ ㉠ : 4개, ㉡ : 4개

해설 가. 파이프 서포트를 3개 이상 이어서 사용하지 아니 하도록 할 것
나. 파이프 서포트를 이어서 사용할 경우에는 4개 이상의 볼트 또는 전용 철물을 사용하여 이을 것

115. **콘크리트 타설 시 거푸집 측압에 관한 설명으로 옳지 않은 것은?**

① 기온이 높을수록 측압은 크다.
② 타설속도가 클수록 측압은 크다.
③ 슬럼프가 클수록 측압은 크다.
④ 다짐이 과할수록 측압은 크다.

해설 거푸집에 작용하는 콘크리트 측압에 영향을 미치는 요인
- 대기의 온도가 낮고, 습도가 높을수록 크다.
- 콘크리트 타설속도가 빠를수록 크다.
- 콘크리트의 비중이 클수록 측압은 커진다.
- 콘크리트 타설높이가 높을수록 크다.
- 철골이나 철근량이 적을수록 측압은 커진다.

116. **철골구조의 앵커볼트 매립과 관련된 준수사항 중 옳지 않은 것은?**

① 기둥중심은 기준선 및 인접기둥의 중심에서 3mm 이상 벗어나지 않을 것
② 앵커볼트는 매립 후에 수정하지 않도록 설치할 것
③ 베이스 플레이트의 하단은 기준 높이 및 인접기둥의 높이에서 3mm 이상 벗어나지 않을 것
④ 앵커볼트는 기둥중심에서 2mm 이상 벗어나지 않을 것

해설 ① 기둥중심은 기준선 및 인접기둥의 중심에서 5mm 이상 벗어나지 않을 것

117. **항만 하역작업에서의 선박승강설비 설치기준으로 옳지 않은 것은?**

① 200톤급 이상의 선박에서 하역작업을 하는 경우에 근로자들이 안전하게 오르내릴 수 있는 현문(舷門) 사다리를 설치하여야 하며, 이 사다리 밑에 안전망을 설치하여야 한다.
② 현문 사다리는 견고한 재료로 제작된 것으로 너비는 55cm 이상이어야 한다.
③ 현문 사다리의 양측에는 82cm 이상의 높이로 울타리를 설치하여야 한다.
④ 현문 사다리는 근로자의 통행에만 사용하여야 하며, 화물용 발판 또는 화물용 보판으로 사용하도록 해서는 아니 된다.

해설 ① 300톤급 이상의 선박에서 하역작업을 하는 경우에 근로자들이 안전하게 오르내릴 수 있는 현문 사다리를 설치하여야 하며, 이 사다리 밑에 안전망을 설치하여야 한다.

정답 114. ② 115. ① 116. ① 117. ①

118. 흙막이벽의 근입깊이를 깊게 하고, 전면의 굴착 부분을 남겨두어 흙의 중량으로 대항하게 하거나, 굴착예정 부분의 일부를 미리 굴착하여 기초 콘크리트를 타설하는 등의 대책과 가장 관계 깊은 것은?

① 히빙 현상이 있을 때
② 파이핑 현상이 있을 때
③ 지하수위가 높을 때
④ 굴착깊이가 깊을 때

해설 히빙 현상 : 굴착작업 시 흙막이 밖에 있는 흙이 안으로 밀려 들어와 솟아오르는 현상

119. 거푸집 동바리의 침하를 방지하기 위한 직접적인 조치로 옳지 않은 것은?

① 수평 연결재 사용
② 깔목의 사용
③ 콘크리트의 타설
④ 말뚝박기

해설 깔목의 사용, 콘크리트의 타설, 말뚝박기 등은 동바리의 침하를 방지하기 위한 조치이다.

120. 굴착과 싣기를 동시에 할 수 있는 토공기계가 아닌 것은?

① 트랙터셔블(tractor shovel)
② 백호(back hoe)
③ 파워셔블(power shovel)
④ 모터그레이더(motor grader)

해설 모터그레이더 : 끝마무리 작업, 지면의 정지작업을 하며, 전륜을 기울게 할 수 있어 비탈면 고르기 작업도 가능하다.

Tip)
- 굴착기계의 종류 : 백호, 파워쇼벨, 드래그쇼벨, 드래그라인, 클램셸, 트랙터쇼벨 등
- 차량계 건설기계의 종류 : 불도저, 스트레이트도저, 틸트도저, 앵글도저, 버킷도저, 모터그레이더, 로더, 스크레이퍼, 클램셸, 드래그라인 등 유사한 구조 또는 기능을 갖는 건설기계로서 건설작업에 사용하는 것

정답 118. ① 119. ① 120. ④

2024년도(1회차) CBT 출제문제

산업안전기사

1과목 산업재해 예방 및 안전보건교육

1. 다음 중 하인리히가 제시한 1 : 29 : 300의 재해구성비율에 관한 설명으로 틀린 것은 어느 것인가?

① 총 사고발생건수는 300건이다.
② 중상 또는 사망은 1회 발생된다.
③ 고장이 포함되는 무상해 사고는 300건 발생된다.
④ 인적, 물적손실이 수반되는 경상이 29건 발생된다.

해설 총 사고발생 건수는 330건이다(1+29+300=330).

2. 다음 중 line형 안전관리조직의 특징으로 옳은 것은?

① 경영자의 자문역할을 한다.
② 안전에 대한 기술의 축적이 용이하다.
③ 안전에 관한 지시나 조치가 신속하고 철저하다.
④ 안전에 관한 응급조치, 통제수단이 복잡하다.

해설 ①, ②는 스탭형 조직,
④는 라인-스탭 혼형 조직

3. 다음 중 산업안전보건법령상 안전관리자의 업무가 아닌 것은? (단, 그 밖에 안전에 관한 사항으로서 고용노동부장관이 정하는 사항은 제외한다.)

① 사업장 순회점검 · 지도 및 조치의 건의
② 해당 사업장 안전교육계획의 수립 및 안전교육 실시에 관한 보좌 및 조언 · 지도
③ 산업재해 발생의 원인조사 · 분석 및 재발 방지를 위한 기술적 보좌 및 조언 · 지도
④ 해당 작업의 작업장 정리 · 정돈 및 통로 확보에 대한 확인 · 감독

해설 ④는 관리감독자의 업무이다.

4. 다음 중 불안전한 행동에 속하지 않는 것은?

① 보호구 미착용 ② 부적절한 도구 사용
③ 방호장치 미설치 ④ 안전장치 기능 제거

해설 방호장치 미설치 결함은 불안전한 상태에 해당한다.

5. 다음 중 산업재해 통계의 활용 용도로 가장 적절하지 않은 것은?

① 제도의 개선 및 시정
② 재해의 경향 파악
③ 관리자 수준 향상
④ 동종업종과의 비교

해설 산업재해 통계의 활용 용도
- 제도의 개선 및 시정
- 재해의 경향 파악
- 동종업종과의 비교
- 유사재해를 방지

6. 도수율이 24.5이고, 강도율이 1.15인 사업장에서 한 근로자가 입사하여 퇴직할 때까지의 근로손실일수는?

① 2.45일 ② 115일 ③ 215일 ④ 245일

정답 1. ① 2. ③ 3. ④ 4. ③ 5. ③ 6. ②

해설 • 평생근로시간 10만 시간의 환산강도율
=강도율×100
• 환산강도율=강도율×100
=1.15×100=115일

7. 무재해(zero accident) 운동의 기본이념을 설명한 내용으로 적절하지 않은 것은?

① 무의 원칙으로 불휴재해는 물론 사업장 내의 잠재위험요인을 사전에 파악하여 뿌리에서부터 재해를 없앤다.
② 무결점의 원칙은 작업장 내의 결점이나 결함이 하나도 없는 완전한 상태로 만들자는 것이다.
③ 참가의 원칙은 위험을 제거하기 위해 전원이 참가, 협력하여 의욕적으로 문제해결을 실천하는 것이다.
④ 선취의 원칙은 위험요인을 행동하기 전에 예지하여 발견, 예방하는 것이다.

해설 ①, ③, ④는 무재해 운동의 이념 3원칙

8. 위험예지훈련 중 작업현장에서 그때 그 장소의 상황에 즉응하여 실시하는 것은 무엇인가?

① 자문자답 위험예지훈련
② T.B.M 위험예지훈련
③ 시나리오 역할연기훈련
④ 1인 위험예지훈련

해설 TBM 위험예지훈련 : 작업 시작 전·후에 5~10분 정도의 시간으로 작업자 인원(5~6명) 정도가 현장 주변에서 짧은 시간 동안 대화하는 즉시즉응 훈련방식

9. 방진마스크의 선정기준으로 적합하지 않은 것은?

① 배기저항이 낮을 것
② 흡기저항이 낮을 것
③ 사용적이 클 것
④ 시야가 넓을 것

해설 방진마스크의 선정기준
• 여과효율이 좋을 것
• 흡·배기저항이 낮을 것
• 사용적이 작을 것
• 시야가 넓을 것
• 안면밀착성이 좋을 것
• 피부 접촉 부분의 고무질이 좋을 것

10. 산업안전보건법령상 안전·보건표지의 종류 중 경고표지의 기본모형(형태)이 다른 것은?

① 폭발성물질 경고 ② 방사성물질 경고
③ 매달린 물체 경고 ④ 고압전기 경고

해설 인화물질, 산화성, 폭발성, 급성독성, 부식성, 발암성물질 경고는 마름모 모양 표지이며, 나머지는 삼각형 표지이다.

11. 허즈버그(Herzberg)의 위생-동기 이론에서 동기요인에 해당하는 것은?

① 감독 ② 안전
③ 책임감 ④ 작업조건

해설 위생요인과 동기요인
• 위생요인 : 정책 및 관리, 개인 간의 관계, 감독, 임금(보수) 및 지위, 작업조건, 안전
• 동기요인 : 성취감, 책임감, 안정감, 도전감, 발전과 성장

12. 다음 중 착오요인과 가장 관계가 먼 것은?

① 동기부여의 부족 ② 정보 부족
③ 정서적 불안정 ④ 자기합리화

정답 7. ② 8. ② 9. ③ 10. ① 11. ③ 12. ①

해설 동기부여 : 사람의 마음을 움직이며, 행동을 일으키게 하는 요인이다.

13. 레윈(Lewin)의 인간 행동 특성을 다음과 같이 표현하였다. 변수 "E"가 의미하는 것은?

$$B=f(P \cdot E)$$

① 연령 ② 성격 ③ 환경 ④ 지능

해설 E : 심리적 환경(인간관계, 작업환경 등)

14. 다음 중 리더십의 유형에 해당되지 않는 것은?

① 권위형 ② 민주형
③ 자유방임형 ④ 혼합형

해설 리더십의 유형 3가지
- 권위형 : 리더십의 독단적으로 의사를 결정하는 형태
- 민주형 : 집단토론으로 의사결정하는 형태
- 자유방임형 : 리더십의 역할은 명목상 자리만 유지하는 형태

15. 안전교육방법의 4단계의 순서로 옳은 것은 어느 것인가?

① 도입 → 확인 → 적용 → 제시
② 도입 → 제시 → 적용 → 확인
③ 제시 → 도입 → 적용 → 확인
④ 제시 → 확인 → 도입 → 적용

해설 안전교육방법의 4단계

제1단계	제2단계	제3단계	제4단계
도입 : 학습할 준비	제시 : 작업설명	적용 : 작업진행	확인 : 결과

16. 적응기제(適應機制)의 형태 중 방어적 기제에 해당하지 않는 것은?

① 고립 ② 보상
③ 승화 ④ 합리화

해설 적응기제(adjustment mechanism) 3가지
- 도피기제(escape mechanism) : 갈등을 회피, 도망감

구분	특징
억압	무의식으로 억압
퇴행	유아 시절로 돌아감
백일몽	꿈나라(공상)의 나래를 펼침
고립	외부와의 접촉을 단절

- 방어기제(defense mechanism) : 갈등의 합리화와 적극성

구분	특징
보상	스트레스를 다른 곳에서 강점으로 발휘함
합리화	변명, 실패를 합리화, 자기미화
승화	열등감과 욕구불만이 사회적 · 문화적 가치로 나타남
동일시	힘과 능력 있는 사람을 통해 대리만족 함
투사	열등감을 다른 것에서 발견해 열등감에서 벗어나려 함

- 공격기제(aggressive mechanism) : 직 · 간접적 공격기제

17. 보건법령상 사업 내 안전보건교육 중 관리감독자 정기교육의 내용이 아닌 것은 어느 것인가?

① 유해 · 위험 작업환경 관리에 관한 사항
② 표준 안전작업방법 및 지도요령에 관한 사항
③ 작업공정의 유해 · 위험과 재해예방 대책에 관한 사항
④ 기계 · 기구의 위험성과 작업의 순서 및 동선에 관한 사항

정답 13. ③ 14. ④ 15. ② 16. ① 17. ④

해설 ④는 근로자 안전 · 보건교육 중 채용 시의 교육내용이다.

18. **다음 중 Off the Job Training에 관한 설명으로 옳은 것은?**

① 개개인에게 적절한 지도훈련이 가능하다.
② 훈련에 필요한 업무의 계속성이 끊어지지 않는다.
③ 각 직장의 근로자가 지식이나 경험을 교류할 수 있다.
④ 직장의 실정에 맞게 실제적 훈련이 가능하다.

해설 OFF.J.T 교육의 특징

- 다수의 근로자들에게 조직적 훈련이 가능하다.
- 훈련에만 전념하게 된다.
- 특별 설비기구 이용이 가능하다.
- 전문가를 강사로 초청하는 것이 가능하다.
- 근로자가 많은 지식이나 경험을 교류할 수 있다.
- 교육훈련 목표에 대하여 집단적 노력이 흐트러질 수 있다.

19. **전교육방법 중 구안법(project method)의 4단계의 순서로 옳은 것은?**

① 계획 수립 → 목적 결정 → 활동 → 평가
② 평가 → 계획 수립 → 목적 결정 → 활동
③ 목적 결정 → 계획 수립 → 활동 → 평가
④ 활동 → 계획 수립 → 목적 결정 → 평가

해설 구안법의 순서

제1단계	제2단계	제3단계	제4단계
목적 결정	계획 수립	활동(수행)	평가

20. **보건법령에 따라 사업주가 사업장에서 중대 재해가 발생한 사실을 알게 된 경우 관할 지방 고용노동관서의 장에게 보고하여야 하는 시기로 옳은 것은 어느 것인가? (단, 천재지변 등 부득이한 사유가 발생한 경우는 제외한다.)**

① 지체 없이 ② 12시간 이내
③ 24시간 이내 ④ 48시간 이내

해설 사업주는 중대 재해가 발생한 사실을 알게 된 경우 관할지방 고용노동관서의 장에게 지체 없이 보고하여야 하며, 산업일반재해는 1개월 이내에 보고하여야 한다.

2과목 인간공학 및 위험성 평가·관리

21. **다음 중 인간공학에 대한 설명으로 틀린 것은?**

① 인간이 사용하는 물건, 설비, 환경의 설계에 적용된다.
② 인간을 작업과 기계에 맞추는 설계 철학이 바탕이 된다.
③ 인간-기계 시스템의 안전성과 편리성, 효율성을 높인다.
④ 인간의 생리적, 심리적인 면에서의 특성이나 한계점을 고려한다.

해설 인간공학 : 기계 · 기구, 환경 등의 물적 조건을 인간의 목적과 특성에 잘 조화하도록 설계하기 위한 수단과 방법을 연구하는 학문

22. **인간-기계 시스템의 설계원칙으로 볼 수 없는 것은?**

① 배열을 고려한 설계
② 양립성에 맞게 설계
③ 인체 특성에 적합한 설계
④ 기계적 성능에 적합한 설계

해설 인간-기계 시스템 설계원칙

- 배열을 고려한 설계

정답 18. ③ 19. ③ 20. ① 21. ② 22. ④

• 양립성에 맞게 설계
• 인체 특성에 적합한 설계

23. 란돌트(landolt) 고리에 있어 1.5mm의 틈을 5m의 거리에서 겨우 구분할 수 있는 사람의 최소 분간시력은 약 얼마인가?

① 0.1　　② 0.3
③ 0.7　　④ 1.0

해설 ㉠ 시각(분) $= \frac{57.3 \times 60 \times L}{D}$

$= \frac{57.3 \times 60 \times 1.5}{5000} = 1.0314$

㉡ 시력 $= \frac{1}{\text{시각}} = \frac{1}{1.0314} = 0.97$

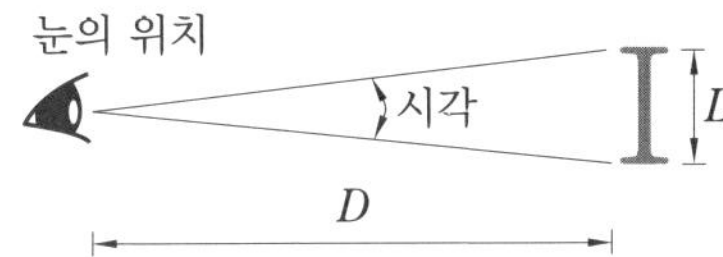

여기서, L : 틈 간격
D : 눈과 글자 사이의 거리

24. 다음 중 시각적 부호의 유형과 내용으로 틀린 것은?

① 임의적 부호－주의를 나타내는 삼각형
② 명시적 부호－위험표지판의 해골과 뼈
③ 묘사적 부호－도보표지판의 걷는 사람
④ 추상적 부호－별자리를 나타내는 12궁도

해설 시각적 부호 유형
• 묘사적 부호 : 사물의 행동을 단순하고 정확하게 묘사(위험표지판의 해골과 뼈, 도보표지판의 걷는 사람)
• 추상적 부호 : 전언의 기본요소를 도식적으로 압축한 부호
• 임의적 부호 : 부호가 이미 고안되어 있으므로 이를 배워야 하는 부호(경고표지는 삼각형, 안내표지는 사각형, 지시표지는 원형 등)

25. 감각저장으로부터 정보를 작업기억으로 전달하기 위한 코드화 분류에 해당되지 않는 것은?

① 시각코드　　② 촉각코드
③ 음성코드　　④ 의미코드

해설 조종장치의 촉각적 암호화는 형상, 크기, 표면 촉감이며, 기계적 진동이나 전기적 임펄스이다.

26. 인간에러(human error)에 관한 설명으로 틀린 것은?

① omission error : 필요한 작업 또는 절차를 수행하지 않은데 기인한 에러
② commission error : 필요한 작업 또는 절차의 수행지연으로 인한 에러
③ extraneous error : 불필요한 작업 또는 절차를 수행함으로써 기인한 에러
④ sequential error : 필요한 작업 또는 절차의 순서 착오로 인한 에러

해설 작위적 오류(commission error) : 필요한 작업 또는 절차의 불확실한 수행으로 발생한 에러(선택, 순서, 시간, 정성적 착오)

27. 위험구역의 울타리 설계 시 인체측정자료 중 적용해야 할 인체치수로 가장 적절한 것은 어느 것인가?

① 인체측정 최대치
② 인체측정 평균치
③ 인체측정 최소치
④ 구조적 인체측정치

해설 인체측정 최대치 : 인체측정 변수의 상위 백분위수를 기준으로 90, 95, 99%가 적용된다.

28. 정신적 작업부하에 관한 생리적 척도에 해당하지 않는 것은?

정답 23. ④　24. ②　25. ②　26. ②　27. ①　28. ②

① 부정맥 지수
② 근전도
③ 점멸 융합 주파수
④ 뇌파도

해설 ①, ③, ④는 정신적 작업의 생리적 척도
Tip) 근전도(EMG) : 국부적 근육활동

29. 전신육체적 작업에 대한 개략적 휴식시간의 산출공식은? (단, R은 휴식시간[분], E는 작업의 에너지 소비율[kcal/분]이다.)

① $R=E\times\frac{60-4}{E-2}$
② $R=60\times\frac{E-4}{E-1.5}$
③ $R=60\times(E-4)\times(E-2)$
④ $R=60\times(60-4)\times(E-1.5)$

해설 휴식시간$(R)=60\times\frac{E-4}{E-1.5}$
여기서, E : 작업 시 평균 에너지 소비량(kcal/분)
60 : 총 작업시간(분)
1.5 : 휴식시간 중 에너지 소비량(kcal/분)
4(5) : 보통작업에 대한 평균 에너지(kcal/분)

30. 다음 중 중(重)작업의 경우 작업대의 높이로 가장 적절한 것은?

① 허리 높이보다 0~10cm 정도 낮게
② 팔꿈치 높이보다 10~20cm 정도 높게
③ 팔꿈치 높이보다 15~20cm 정도 낮게
④ 어깨 높이보다 30~40cm 정도 높게

해설 입식 작업대 높이
- 정밀작업 : 팔꿈치 높이보다 5~10cm 높게 설계
- 일반작업 : 팔꿈치 높이보다 5~10cm 낮게 설계
- 힘든 작업(重작업) : 팔꿈치 높이보다 10~20cm 낮게 설계

31. 다음 중 영상표시단말기(VDT) 취급 근로자를 위한 조명과 채광에 대한 설명으로 옳은 것은?

① 화면을 바라보는 시간이 많은 작업일수록 화면 밝기와 작업대 주변 밝기의 차를 줄이도록 한다.
② 작업장 주변 환경의 조도를 화면의 바탕 색상이 흰색계통일 때에는 300Lux 이하로 유지하도록 한다.
③ 작업장 주변 환경의 조도를 화면의 바탕 색상이 검정색계통일 때에는 500Lux 이상을 유지하도록 한다.
④ 작업실 내의 창 벽면 등은 반사되는 재질로 하여야 하며, 조명은 화면과 명암의 대조가 심하지 않도록 하여야 한다.

해설 ② 작업장 주변 환경의 조도를 화면의 바탕 색상이 흰색계통일 때에는 500~700Lux로 유지하도록 한다.
③ 작업장 주변 환경의 조도를 화면의 바탕 색상이 검정색계통일 때에는 300~500Lux로 유지하도록 한다.
④ 작업실 내의 창 벽면 등은 반사되지 않는 재질로 하여야 하며, 조명은 화면과 명암의 대조가 심하지 않도록 하여야 한다.

32. 쾌적환경에서 추운환경으로 변화 시 신체의 조절작용이 아닌 것은?

① 피부온도가 내려간다.
② 직장온도가 약간 내려간다.
③ 몸이 떨리고 소름이 돋는다.
④ 피부를 경유하는 혈액 순환량이 감소한다.

해설 ② 직장(直腸)온도가 약간 올라간다.

33. 작업장의 소음문제를 처리하기 위한 적극적인 대책이 아닌 것은?

정답 29. ② 30. ③ 31. ① 32. ② 33. ③

① 소음의 격리
② 소음원을 통제
③ 방음보호 용구 사용
④ 차폐장치 및 흡음재 사용

해설 ③ 방음보호 용구 사용–소극적인 대책

Tip) ①, ②, ④는 소음문제를 처리하기 위한 적극적인 대책

34. A 자동차에서 근무하는 K씨는 지게차로 철강판을 하역하는 업무를 한다. 다음 중 지게차 운전으로 K씨에게 노출된 직업성 질환의 위험요인과 동일한 위험요인에 노출된 작업자는?

① 연마기 운전자
② 착암기 운전자
③ 대형운송차량 운전자
④ 목재용 치퍼(chippers) 운전자

해설 지게차와 같은 하역작업에 노출된 작업자는 대형운송차량 운전자이다.

35. 디시전 트리(decision tree)를 재해석하고 분석에 이용한 경우의 분석법이며, 설비의 설계 단계에서부터 사용 단계까지의 각 단계에서 위험을 분석하는 귀납적 정량적 분석 방법은?

① ETA　　② FMEA
③ THERP　　④ CA

해설 ETA(사건수 분석법 : Event Tree Analysis) : 설계에서부터 사용까지의 위험을 분석하는 귀납적이고 정량적인 분석방법이다.

36. 다음 중 FTA(Fault Tree Analysis)에 사용되는 논리기호와 명칭이 올바르게 연결된 것은?

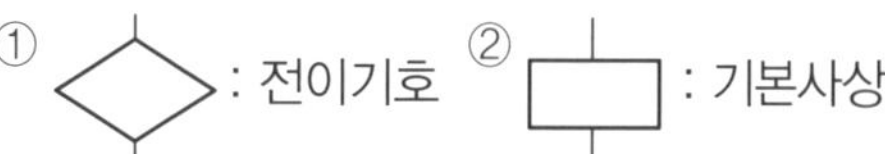

③ : 통상사상　　④ : 결함사상

해설 FTA의 기호

기호	명칭	기호 설명
	생략 사상	정보 부족, 해석기술의 불충분으로 더 이상 전개할 수 없는 사상
	결함 사상	개별적인 결함사상(비정상적인 사건)
	통상 사상	통상적으로 발생이 예상되는 사상(예상되는 원인)
	기본 사상	더 이상 전개되지 않는 기본적인 사상
	전이 기호	다른 부분에 있는 게이트와의 연결관계를 나타내기 위한 기호

37. 불대수의 관계식으로 틀린 것은?

① $A+AB=A$
② $A(A+B)=A+B$
③ $A+\overline{A}B=A+B$
④ $A+\overline{A}=1$

해설 불대수의 대수법칙
① $A+AB=A+0=A$　$(AB=0)$
② $A(A+B)=A(1)=A$　$(A+B=1)$
③ $A+\overline{A}B=A+BB=A+B$　$(\overline{A}=B)$
④ $A+\overline{A}=A+B=1$　$(\overline{A}=B)$

38. 안전성 평가의 기본원칙 6단계에 해당되지 않는 것은?

정답 34. ③　35. ①　36. ③　37. ②　38. ③

① 안전 대책
② 정성적 평가
③ 작업환경 평가
④ 관계 자료의 정비 검토

해설 ③은 물적 대책이다.

39. 산업안전보건법령에 따라 제출된 유해·위험방지 계획서의 심사 결과에 따른 구분·판정 결과에 해당하지 않는 것은?

① 적정　② 일부 적정
③ 부적정　④ 조건부 적정

해설 유해·위험방지 계획서 심사 결과의 구분
- 적정 : 근로자의 안전과 보건상 필요한 조치가 구체적으로 확보되었다고 인정되는 경우
- 조건부 적정 : 근로자의 안전과 보건을 확보하기 위하여 일부 개선이 필요한 경우
- 부적정 : 건설물 기계·기구 및 설비 또는 건설공사가 심사기준에 위반되어 착공 시 중대한 위험발생의 우려가 있거나 계획에 근본적 결함이 있다고 인정되는 경우

40. 한 대의 기계를 100시간 동안 연속 사용한 경우 6회의 고장이 발생하였고, 이때의 총 고장수리시간이 15시간이었다. 이 기계의 MTBF(mean time between failure)는 약 얼마인가?

① 2.51　② 14.17
③ 15.25　④ 16.67

해설 ㉠ $\text{고장률}(\lambda)=\dfrac{\text{고장 건수}}{\text{총 가동시간}}$

$$=\frac{6}{100-15}=0.0706\text{건/시간}$$

㉡ $\text{MTBF}=\dfrac{1}{\text{고장률}(\lambda)}=\dfrac{1}{0.0706}=14.16\text{시간}$

3과목 기계·기구 및 설비 안전관리

41. 다음 중 점검시기에 따른 안전점검의 종류로 볼 수 없는 것은?

① 수시점검　② 개인점검
③ 정기점검　④ 일상점검

해설 안전점검은 정기, 수시(일상), 특별, 임시점검이 있다.

42. 부품에 고장이 있더라도 플레이너 공작기계를 가장 안전하게 운전할 수 있는 방법은?

① fail−soft　② fail−active
③ fail−passive　④ fail−operational

해설 fail−operational : 병렬로 여분계의 부품을 구성한 경우, 부품의 고장이 있어도 운전이 가능한 구조

43. 기계설비 안전화를 외형의 안전화, 기능의 안전화, 구조의 안전화로 구분할 때 다음 중 구조의 안전화에 해당하는 것은?

① 가공 중에 발생한 예리한 모서리, 버(burr) 등을 연삭기로 라운딩
② 기계의 오동작을 방지하도록 자동제어장치 구성
③ 이상 발생 시 기계를 급정지시킬 수 있도록 동력차단장치를 부착하는 조치
④ 열처리를 통하여 기계의 강도와 인성을 향상

해설 ①은 외형의 안전화,
②, ③은 기능의 안전화

44. 철강업 등에서 10일 간격으로 10시간 정도의 정기 수리일을 마련하여 대대적인 수리, 수선을 하게 되는데 이와 같이 일정기간

정답 39. ② 40. ② 41. ② 42. ④ 43. ④ 44. ②

마다 설비보전활동을 하는 것을 무엇이라 하는가?

① 사후보전(break down maintenance(BM))
② 시간기준보전(time based maintenance (TBM))
③ 개량보전(concentration maintenance(CM))
④ 상태기준보전(condition based maintenance (CBM))

해설 시간기준보전에 관한 예시이다.

45. 다음 중 선반의 방호장치로 가장 거리가 먼 것은?

① 실드(shield) ② 슬라이딩
③ 척 커버 ④ 칩 브레이커

해설 선반의 방호장치 : 실드, 척 커버, 칩 브레이커, 브레이크

46. 일반적으로 절삭작업 시 칩이 가장 가늘고 예리한 것은?

① 셰이퍼 ② 밀링
③ 선반 ④ 플레이너

해설 밀링작업 시 칩이 가늘고 예리하므로 부상에 주의하여야 한다.

47. 다음 중 드릴작업의 안전수칙으로 가장 적합한 것은?

① 손을 보호하기 위해 장갑을 착용한다.
② 작은 일감은 양손으로 견고히 잡고 작업한다.
③ 정확한 작업을 위하여 구멍에 손을 넣어 확인한다.
④ 작업시작 전 척 렌치(chuck wrench)를 반드시 제거하고 작업한다.

해설 드릴작업 시 안전수칙
- 장갑 착용을 금지한다.
- 작은 일감은 바이스나 크램프를 사용하여 고정한다.
- 드릴작업 중 구멍에 손을 넣으면 위험하다.

48. 회전속도가 500 rpm인 탁상연삭기에서 숫돌차의 원주길이가 214mm라고 할 때 원주속도는 약 몇 m/min인가?

① 54 ② 107 ③ 214 ④ 321

해설 원주속도$(V)=\dfrac{\pi DN}{1000}=\dfrac{LN}{1000}$

$$=\frac{214\times 500}{1000}=107\,\mathrm{m/min}$$

Tip) 원주길이$(L)=\pi D$

49. 프레스기에 사용되는 방호장치에 있어 원칙적으로 급정지기구가 부착되어야만 사용할 수 있는 방식은?

① 양수조작식 ② 손쳐내기식
③ 가드식 ④ 수인식

해설 급정지기구의 방호장치
- 급정지기구가 부착되어 있어야만 유효한 방호장치
  ㉠ 양수조작식 방호장치
  ㉡ 감응식 방호장치
- 급정지기구가 부착되어 있지 않아도 유효한 방호장치
  ㉠ 양수기동식 방호장치
  ㉡ 게이트 가드식 방호장치
  ㉢ 수인식 방호장치
  ㉣ 손쳐내기식 방호장치

50. 프레스기의 비상정지 스위치 작동 후 슬라이드가 하사점까지 도달시간이 0.15초 걸렸다면 양수기동식 방호장치의 안전거리는 최소 몇 cm 이상이어야 하는가?

① 24 ② 240 ③ 15 ④ 150

정답 45. ② 46. ② 47. ④ 48. ② 49. ① 50. ①

해설 양수기동식 안전거리(D_m)$=1.6T_m$
$=1.6\times0.15=0.24\text{m}=24\text{cm}$

51. 롤러기의 물림점(nip point)의 가드 개구부의 간격이 15mm일 때 가드와 위험점 간의 거리는 몇 mm인가? (단, 위험점이 전동체는 아니다.)

① 15 ② 30 ③ 60 ④ 90

해설 롤러 가드의 개구부 간격(Y)
$=6+0.15X$이므로 $0.15X=Y-6$

$$\therefore X=\frac{Y-6}{0.15}=\frac{15-6}{0.15}=60\text{mm}$$

여기서, X : 가드와 위험점 간의 거리
(mm : 안전거리)
Y : 가드의 개구부 간격
(mm : 안전간극)
(단, $X\geq60$mm이면, $Y=15$mm이다.)

52. 아세틸렌 용접장치에 사용하는 역화방지기에서 요구되는 일반적인 구조로 옳지 않은 것은?

① 재사용 시 안전에 우려가 있으므로 바로 폐기하도록 하여야 한다.
② 다듬질 면이 매끈하고 사용상 지장이 있는 부식, 흠, 균열 등이 없어야 한다.
③ 가스의 흐름 방향은 지워지지 않도록 돌출 또는 각인하여 표시하여야 한다.
④ 소염소자는 금망, 소결금속, 스틸울(steel wool), 다공성 금속물 또는 이와 동등 이상의 소염성능을 갖는 것이어야 한다.

해설 ① 아세틸렌 용접장치 역화방지기는 역화방지 후 복원이 되어 계속 사용할 수 있는 구조이다.

53. 보일러 발생증기가 불안정하게 되는 현상이 아닌 것은?

① 캐리오버(carry over)
② 프라이밍(priming)
③ 절탄기(economizer)
④ 포밍(forming)

해설 보일러 증기 발생 시 이상 현상 : 캐리오버, 프라이밍, 포밍, 수격작용 등

Tip) 절탄기 : 연도의 버려지는 가스열을 이용하여 보일러에 공급되는 급수를 가열하는 부속장치

54. 산업안전보건법상 보일러의 안전한 가동을 위하여 보일러 규격에 맞는 압력방출장치가 2개 이상 설치된 경우에 최고사용압력 이하에서 1개가 작동되고, 다른 압력방출장치는 최고사용압력의 몇 배 이하에서 작동되도록 부착하여야 하는가?

① 1.03배 ② 1.05배
③ 1.2배 ④ 1.5배

해설 다른 압력방출장치는 최고사용압력의 1.05배 이하에서 작동되도록 부착한다.

55. 산업안전보건법령상 로봇을 운전하는 경우 근로자가 로봇에 부딪칠 위험이 있을 때 높이는 최소 얼마 이상의 울타리를 설치하여야 하는가? (단, 로봇의 가동범위 등을 고려하여 높이로 인한 위험성이 없는 경우는 제외)

① 0.9m ② 1.2m
③ 1.5m ④ 1.8m

해설 근로자가 로봇에 부딪칠 위험이 있을 때에는 안전매트 및 높이 1.8m 이상의 방책을 설치한다.

56. 다음 중 프레스를 제외한 사출성형기(射出成形機), 주형조형기(鑄型造形機) 및 형단조기 등에 관한 안전조치사항으로 틀린 것은?

정답 51. ③ 52. ① 53. ③ 54. ② 55. ④ 56. ③

① 근로자의 신체 일부가 말려들어 갈 우려가 있는 경우에는 양수조작식 방호장치를 설치하여 사용한다.
② 게이트 가드식 방호장치를 설치할 경우에는 인터록(연동) 장치를 사용하여 문을 닫지 않으면 동작되지 않는 구조로 한다.
③ 연 1회 이상 자체검사를 실시하고, 이상 발견 시에는 그것에 상응하는 조치를 이행하여야 한다.
④ 기계의 히터 등의 가열 부위, 감전 우려가 있는 부위에는 방호덮개를 설치하여 사용한다.

해설 사출성형기의 방호장치
- 사업주는 사출성형기 · 주형조형기 및 형단조기 등에 근로자의 신체 일부가 말려들어 갈 우려가 있는 경우 게이트 가드 또는 양수조작식 등에 의한 방호장치, 그 밖에 필요한 방호조치를 하여야 한다.
- 게이트 가드는 문을 닫지 아니하면 기계가 작동되지 아니하는 연동구조이어야 한다.
- 기계의 히터 등의 가열 부위 또는 감전 우려가 있는 부위에는 방호덮개를 설치하는 등 필요한 안전조치를 하여야 한다.

57. 산업안전보건법령상 컨베이어에 설치하는 방호장치가 아닌 것은?

① 비상정지장치 ② 역주행 방지장치
③ 잠금장치 ④ 건널다리

해설 컨베이어의 방호장치 : 건널다리, 비상정지장치, 역주행 방지장치 등
Tip) 잠금장치 : 방적기, 제면기 방호장치

58. 다음 중 양중기에서 사용하는 해지장치에 관한 설명으로 가장 적합한 것은?

① 2중으로 설치되는 권과방지장치를 말한다.
② 화물의 인양 시 발생하는 충격을 완화하는 장치이다.
③ 과부하 발생 시 자동적으로 전류를 차단하는 방지장치이다.
④ 와이어로프가 훅에서 이탈하는 것을 방지하는 장치이다.

해설 해지장치 : 와이어로프가 훅에서 이탈하는 것을 방지하는 방호장치

59. 와이어로프의 파단하중을 P[kg], 로프 가닥수를 N, 안전하중을 Q[kg]라고 할 때 다음 중 와이어로프의 안전율 S를 구하는 계산식은?

① $S=NP$ ② $S=\frac{QP}{N}$
③ $S=\frac{NQ}{P}$ ④ $S=\frac{NP}{Q}$

해설 와이어로프의 안전율$(S)=N\times\frac{P}{Q}$
여기서, N : 로프 가닥수, Q : 허용응력(kg),
P : 로프의 파단강도(kg)

60. 초음파를 이용한 초음파 탐상시험방법의 종류에 속하지 않는 것은?

① 펄스반사법 ② 자장법
③ 투과법 ④ 공진법

해설 초음파 탐상시험법의 종류에는 펄스반사법, 투과법, 공진법이 있고, 일반적으로 펄스반사법을 많이 사용한다.

4과목 전기설비 안전관리

61. 인체저항을 500Ω이라 한다면, 심실세동을 일으키는 위험한계에너지는 약 몇 J인가? (단, 심실세동전류값 $I=\frac{165}{\sqrt{T}}$ [mA]의 Dalziel의 식을 이용하며, 통전시간은 1초로 한다.)

정답 57. ③ 58. ④ 59. ④ 60. ② 61. ②

① 11.5 ② 13.6 ③ 15.3 ④ 16.2

해설 $Q=I^2RT=\left(\frac{165}{\sqrt{1}}\times 10^{-3}\right)^2\times 500\times 1$

$=165^2\times 10^{-6}\times 500=13.61\text{J}$

여기서, I : 전류, R : 저항, T : 시간

62. 인체저항에 대한 설명으로 옳지 않은 것은?

① 인체저항은 인가전압의 함수이다.
② 인가시간이 길어지면 온도상승으로 인체저항은 증가한다.
③ 인체저항은 접촉면적에 따라 변한다.
④ 1000V 부근에서 피부의 절연파괴가 발생할 수 있다.

해설 ② 인가시간이 길어지면 온도상승으로 인체저항은 감소한다.

63. 다음 중 전동기용 퓨즈 사용 목적으로 알맞은 것은?

① 과전압 차단
② 누설전류 차단
③ 지락 과전류 차단
④ 회로에 흐르는 과전류 차단

해설 전동기용 퓨즈의 사용 목적은 회로에 흐르는 과전류 차단이다.

64. 전력설비의 하나로 변류기는 대전류를 이에 비례하는 전류로 변환하여 계기에 공급한다. 사용 중 2차를 절대로 개방해서는 안 되는 이유는?

① 2차 측에 이상 고전압이 유기되어 계전기 코일의 절연이 파괴된다.
② 1차 측에 이상 고전압이 유기되어 계전기 코일의 절연이 파괴된다.
③ 1차, 2차 코일이 혼촉되는 고장이 발생한다.
④ 2차 측에 연결된 계기가 철심의 과포화로 파괴된다.

해설 변류기(CT) : 2차 측 개로상태가 계속되면 변류기의 온도가 상승하여 결국은 소손에 이른다.

65. 작업장 내에서 불의의 감전사고가 발생 하였을 경우 우선적으로 응급조치하여야 할 사항으로 가장 적절하지 않은 것은?

① 전격을 받아 실신하였을 때는 즉시 재해자를 병원에 구급조치하여야 한다.
② 우선적으로 재해자를 접촉되어 있는 충전부로터 분리시킨다.
③ 제3자는 즉시 가까운 스위치를 개방하여 전류의 흐름을 중단시킨다.
④ 전격에 의해 실신했을 때 그곳에서 즉시 인공호흡을 행하는 것이 급선무이다.

해설 ①은 응급조치를 취하고 병원에 구급조치를 하여야 한다.
②, ③, ④는 감전사고 시 응급조치사항이다.

66. 지락(누전)차단기를 설치하지 않아도 되는 기준으로 틀린 것은?

① 기계 · 기구를 발전소, 변전소에 준하는 곳에 시설하는 경우로서 취급자 이외의 자가 임의로 출입할 수 없는 경우
② 대지전압 150V 이하의 기계 · 기구를 물기가 없는 장소에 시설하는 경우
③ 기계 · 기구를 건조한 장소에 시설하고 습한 장소에서 조작하는 경우로 제어용 전압이 교류 60V, 직류 75V 이하인 경우
④ 기계 · 기구가 유도전동기의 2차 측 전로에 접속된 저항기일 경우

해설 ③ 기계 · 기구를 건조한 장소에 시설하고 습한 장소에서 조작하는 경우에는 제어용 전압이 교류 30V, 직류 40V 이상인 경우 반드시 누전차단기를 설치하여야 한다.

정답 62. ② 63. ④ 64. ① 65. ① 66. ③

67. 다음 중 누전차단기의 선정 시 주의사항으로 옳지 않은 것은?

① 동작시간이 0.1초 이하의 가능한 짧은 시간의 것을 사용하도록 한다.
② 절연저항이 5MΩ 이상이 되어야 한다.
③ 정격 부동작전류가 정격감도전류의 50% 이상이고 또한 이들의 차가 가능한 한 작은 값을 사용하여야 한다.
④ 휴대용, 이동용 전기기기에 대해 정격감도전류가 5mA 이상의 것을 사용하여야 한다.

해설 ④ 휴대용, 이동용 전기기기에 대해 정격감도전류가 30mA 이상의 것을 사용한다.

68. 절연안전모의 사용 시 주의사항으로 틀린 것은?

① 특고압 작업에서도 안전도가 충분하므로 전격을 방지하는 목적으로 사용할 수 있다.
② 절연모를 착용할 때에는 턱걸이끈을 안전하게 죄어야 한다.
③ 머리 윗부분과 안전모의 간격은 1cm 이상이 되도록 한다.
④ 내장포(충격흡수라이너) 및 턱끈이 파손되면 즉시 대체하여야 하고 대용품을 사용하여서는 안 된다.

해설
- 절연용 보호구는 7000V 이하 전로의 활선작업 시 감전사고예방을 위해 작업자 몸에 착용하는 감전방지용 보호구이다.
- 7000V를 초과하는 특고압 전로의 활선작업에는 안전도가 충분하지 못하다.

69. 누전으로 인한 화재의 3요소에 대한 요건이 아닌 것은?

① 접속점 ② 출화점
③ 누전점 ④ 접지점

해설 누전으로 인한 화재의 3요소는 누전점, 출(발)화점, 접지점이다.

70. 3300/220V, 20kVA인 3상 변압기로부터 공급받고 있는 저압전선로의 절연 부분의 전선과 대지 간의 절연저항의 최솟값은 약 몇 Ω인가? (단, 변압기의 저압 측 중성점에 접지가 되어 있다.)

① 1240 ② 2794 ③ 4840 ④ 8383

해설 누설전류가 최대공급전류의 $\frac{1}{2000}$이 넘지 않도록 유지한다.

㉠ 절연저항$=\frac{\text{전압}}{\text{누설전류}}$

$$=\frac{220}{\frac{20\times1000}{220}\times\frac{1}{2000}}=4840\,\Omega$$

㉡ 3상 변압기의 절연저항

$=\sqrt{3}\times$절연저항$=\sqrt{3}\times4840=8383\,\Omega$

71. 가로등의 접지전극을 지면으로부터 75cm 이상 깊은 곳에 매설하는 주된 이유는 무엇인가?

① 전극의 부식을 방지하기 위하여
② 접지전선의 단선을 방지하기 위하여
③ 접촉전압을 감소시키기 위하여
④ 접지저항을 증가시키기 위하여

해설 접지극을 75cm 이상 깊이에 묻는 목적은 접촉전압을 감소시켜 감전을 방지하는 것이다.

72. 전력용 피뢰기에서 직렬 갭의 주된 사용 목적은?

① 방전내량을 크게 하고 장시간 사용 시 열화를 적게 하기 위하여
② 충격방전 개시전압을 높게 하기 위하여
③ 이상전압 발생 시 신속히 대지로 방류함과 동시에 속류를 즉시 차단하기 위하여
④ 충격파 침입 시에 대지로 흐르는 방전전류를 크게 하여 제한전압을 낮게 하기 위하여

정답 67. ④ 68. ① 69. ① 70. ④ 71. ③ 72. ③

해설 ③ 직렬 갭은 이상전압 발생 시 신속히 대지로 방류함과 동시에 속류를 즉시 차단하여 기기를 보호한다.

73. 스파크 화재의 방지책이 아닌 것은?

① 통형퓨즈를 사용할 것
② 개폐기를 불연성의 외함 내에 내장시킬 것
③ 가연성 증기, 분진 등 위험한 물질이 있는 곳에는 방폭형 개폐기를 사용할 것
④ 전기배선이 접속되는 단자의 접촉저항을 증가시킬 것

해설 ④ 전기배선이 접속되는 단자의 접촉저항을 감소시킬 것

74. 다음 중 코로나 방전이 발생할 경우 공기 중에 생성되는 것은?

① O_2 ② O_3 ③ N_2 ④ N_3

해설 코로나 방전 시 공기 중에 오존(O_3)이 생성된다.

75. 절연화가 진행되어 누설전류가 증가하면서 발생되는 결과와 거리가 먼 것은?

① 감전사고
② 누전화재
③ 정전기 증가
④ 아크지락에 의한 기기의 손상

해설 절연열화 : 전기기기에서 전기가 흐르지 않게 한 절연물이 기기를 오래 사용함으로 인해 절연의 성능이 떨어져 단락, 지락, 누전 등을 일으키는 현상

76. 흡수성이 강한 물질은 가습에 의한 부도체의 정전기 대전방지 효과의 성능이 좋다. 이러한 작용을 하는 기를 갖는 물질이 아닌 것은?

① OH ② C_6H_6 ③ NH_2 ④ COOH

해설 C_6H_6(벤젠)은 휘발성 액체로 대전방지 효과와 관계없는 인화성 물질이다.

77. 전기기기 방폭의 기본개념과 이를 이용한 방폭구조로 볼 수 없는 것은?

① 점화원의 격리 : 내압(耐壓) 방폭구조
② 폭발성 위험분위기 해소 : 유입 방폭구조
③ 전기기기 안전도의 증강 : 안전증 방폭구조
④ 점화능력의 본질적 억제 : 본질안전 방폭구조

해설 ② 점화원의 방폭적 격리 : 유입 방폭구조

78. 폭발위험이 있는 장소의 설정 및 관리와 가장 관계가 먼 것은?

① 인화성 액체의 증기 사용
② 가연성 가스의 제조
③ 가연성 분진 제조
④ 종이 등 가연성 물질 취급

해설 ④ 종이 등 가연성 물질은 폭발위험보다는 화재위험이 큰 물질이다.

79. 전기기기를 인화성 가스에 의한 폭발위험 장소에서 사용할 때 1종 장소에 해당하는 폭발위험장소는?

① 호퍼(hooper) 내부
② 벤트(vent) 주위
③ 개스킷(gasket) 주위
④ 패킹(packing) 주위

해설 ①은 0종 장소, ③, ④는 2종 장소이다.

80. 다음 중 방폭 전기기기의 온도등급의 기호는?

① E ② S ③ T ④ N

해설 방폭기기의 표시기호 : Ex d IIA T1 IP 54에서 T1은 온도등급

정답 73. ④ 74. ② 75. ③ 76. ② 77. ② 78. ④ 79. ② 80. ③

5과목 화학설비 안전관리

81. 가스를 화학적 특성에 따라 분류할 때 독성가스가 아닌 것은?

① 황화수소(H_2S) ② 시안화수소(HCN)
③ 이산화탄소(CO_2) ④ 산화에틸렌(C_2H_4O)

해설 이산화탄소(CO_2) : 불연성 가스

82. 다음 중 산업안전보건법상 위험물의 정의로 틀린 것은?

① 폭발성 물질 : 가열 · 마찰 · 충격 또는 다른 화학물질과의 접촉 등으로 인하여 산소나 산화제의 공급이 없더라도 폭발 등 격렬한 반응을 일으킬 수 있는 고체나 액체
② 인화성 액체 : 대기압하에서 인화점이 60℃ 이하인 인화성 액체
③ 인화성 가스 : 폭발한계농도의 하한이 5% 이하 또는 상하한의 차가 10% 이상인 가스
④ 물반응성 물질 : 스스로 발화하거나 물과 접촉하여 발화하는 등 발화가 용이하고 인화성 가스가 발생할 수 있는 물질

해설 인화성 가스 : 폭발한계농도의 하한이 13% 이하 또는 상하한의 차가 12% 이상인 가스

83. 산업안전보건기준에 관한 규칙상 국소배기장치의 후드 설치기준이 아닌 것은 어느 것인가?

① 유해물질이 발생하는 곳마다 설치할 것
② 후드의 개구부 면적은 가능한 한 크게 할 것
③ 외부식 또는 리시버식 후드는 해당 분진 등의 발산원에 가장 가까운 위치에 설치할 것
④ 후드 형식은 가능하면 포위식 또는 부스식 후드를 설치할 것

해설 후드(hood) 설치기준
- 유해물질이 발생하는 곳마다 설치할 것
- 유해인자의 발생형태 및 비중, 작업방법 등을 고려하여 해당 분진 등의 발산원을 제어할 수 있는 구조로 설치할 것
- 후드 형식은 가능한 한 포위식 또는 부스식 후드를 설치할 것
- 외부식 또는 리시버식 후드는 해당 분진에 설치할 것
- 후드의 개구면적은 발산원을 제어할 수 있는 구조로 설치할 것

84. 다음 물질이 물과 접촉하였을 때 위험성이 가장 낮은 것은?

① 과산화칼륨 ② 나트륨
③ 메틸리튬 ④ 이황화탄소

해설 이황화탄소(CS_2)는 물속에 저장하며, 인화점이 −23℃이다.

85. 인화성 가스가 발생할 우려가 있는 지하 작업장에서 작업을 할 경우 폭발이나 화재를 방지하기 위한 조치사항 중 가스의 농도를 측정하는 기준으로 적절하지 않은 것은 어느 것인가?

① 매일 작업을 시작하기 전에 측정한다.
② 가스의 누출이 의심되는 경우 측정한다.
③ 장시간 작업할 때에는 매 8시간마다 측정한다.
④ 가스가 발생하거나 정체할 위험이 있는 장소에 대하여 측정한다.

해설 인화성 가스 농도 측정기준
- 매일 작업을 시작하기 전에 측정한다.
- 가스의 누출이 의심되는 경우 측정한다.
- 가스가 발생하거나 정체할 위험이 있는 장소에서 측정한다.
- 장시간 작업할 때에는 4시간마다 가스의 농도를 측정한다.

정답 81. ③ 82. ③ 83. ② 84. ④ 85. ③

86. 다음 중 분진의 폭발위험성을 증대시키는 조건에 해당하는 것은?

① 분진의 온도가 낮을수록
② 분위기 중 산소농도가 작을수록
③ 분진 내의 수분농도가 작을수록
④ 분진의 표면적이 입자체적에 비교하여 작을수록

해설 분진의 폭발위험성을 증대시키는 조건
- 인화성 물질 온도가 높을수록
- 분위기 중 산소농도가 클수록
- 분진 내의 수분농도가 작을수록
- 분진의 표면적이 입자체적에 비교하여 클수록
- 인화성 물질의 농도범위
- 압력의 방향과 용기의 크기와 형태

87. 다음 중 일산화탄소에 대한 설명으로 틀린 것은?

① 무색 · 무취의 기체이다.
② 염소와는 촉매 존재하에 반응하여 포스겐이 된다.
③ 인체 내의 헤모글로빈과 결합하여 산소운반 기능을 저하시킨다.
④ 불연성 가스로서, 허용농도가 10ppm이다.

해설 ④ 일산화탄소(CO)는 가연성 가스로 독성 50ppm 이내인 질식성 가스이다.

88. 다음 중 퍼지의 종류에 해당하지 않는 것은?

① 압력퍼지
② 진공퍼지
③ 스위프 퍼지
④ 가열퍼지

해설 퍼지의 종류에는 진공퍼지, 압력퍼지, 스위프 퍼지, 사이펀 퍼지가 있다.

89. 공기 중에서 이황화탄소(CS_2)의 폭발한계는 하한값이 1.25vol%, 상한값이 44vol%이다. 이를 20℃ 대기압하에서 mg/L의 단위로 환산하여 구하면 하한값과 상한값은 각각 약 얼마인가? (단, 이황화탄소의 분자량은 76.1이다.)

① 하한값 : 61, 상한값 : 640
② 하한값 : 39.6, 상한값 : 1393
③ 하한값 : 146, 상한값 : 860
④ 하한값 : 55.4, 상한값 : 1642

해설 상 · 하한값 계산

㉠ 보일-샤를의 법칙에서 다음 식이 성립한다.

$$\frac{P_1V_1}{T_1}=\frac{P_2V_2}{T_2}$$

㉡ 0℃, 1기압, 1몰의 부피는 22.4L이므로, 보일-샤를의 법칙에 의하여 20℃의 부피는 다음과 같이 구할 수 있다.

$$22.4\times\frac{273+20}{273}=24.04\text{L}$$

㉢ 이황화탄소 L당 무게

$$\frac{76.1\text{g}}{24.04\text{L}}=3.165\text{g/L}=3165\text{mg/L}$$

㉣ 폭발하한값 : $3165\times0.0125=39.56$
폭발상한값 : $3165\times0.44=1392.6$

90. 반응기 중 관형 반응기의 특징에 대한 설명으로 옳지 않은 것은?

① 전열면적이 작아 온도조절이 어렵다.
② 가는 관으로 된 긴 형태의 반응기이다.
③ 처리량이 많아 대규모 생산에 쓰이는 것이 많다.
④ 기상 또는 액상 등 반응속도가 빠른 물질에 사용된다.

해설 ① 관형 반응기는 전열면적이 크므로 온도조절이 쉽다.

정답 86. ③ 87. ④ 88. ④ 89. ② 90. ①

91. 산업안전보건법령상 특수화학설비를 설치할 때 내부의 이상 상태를 조기에 파악하기 위하여 필요한 계측장치를 설치하여야 한다. 다음 중 이러한 계측장치로 거리가 먼 것은?

① 압력계 ② 유량계 ③ 온도계 ④ 비중계

해설 비중계 : 물체의 비중을 측정하는 계기

92. 다음 중 용액이나 슬러리(slurry) 사용에 가장 적절한 건조설비는?

① 상자형 건조기 ② 터널형 건조기
③ 진동 건조기 ④ 드럼 건조기

해설 드럼 건조기 : 회전하는 원통 내부에 용액인 슬러리를 증발시킨다.

93. 다음 중 압력차에 의하여 유량을 측정하는 가변류 유량계가 아닌 것은?

① 오리피스 미터(orifice meter)
② 벤튜리 미터(venturi meter)
③ 로타 미터(rota meter)
④ 피토 튜브(pitot tube)

해설 ③은 면적식 유량계,
①, ②, ④는 차압식(압력차) 유량계

94. 고체 가연물의 일반적인 4가지 연소방식에 해당하지 않는 것은?

① 분해연소 ② 표면연소
③ 확산연소 ④ 증발연소

해설 ③은 기체연소, ①, ②, ④는 고체연소

95. 증기운 폭발에 대한 설명으로 옳은 것은?

① 폭발효율은 BLEVE보다 크다.
② 증기운의 크기가 증가하면 점화확률이 높아진다.
③ 증기운 폭발의 방지 대책으로 가장 좋은 방법은 점화방지용 안전장치의 설치이다.
④ 증기와 공기의 난류 혼합, 방출점으로부터 먼 지점에서 증기운의 점화는 폭발의 충격을 감소시킨다.

해설 증기운 폭발
- 폭발효율은 BLEVE보다 작다.
- 증기운의 크기가 증가하면 점화확률이 높아진다.
- 증기운 폭발의 방지 대책으로 자동차단밸브 설치, 위험물질의 노출방지, 가스 누설 여부를 확인한다.
- 증기와 공기의 난류 혼합은 폭발력을 증대시키며, 방출점으로부터 먼 지점에서 증기운의 점화는 폭발의 충격을 증가시킨다.

96. 탄산수소나트륨을 주요 성분으로 하는 것은 제 몇 종 분말 소화기인가?

① 제1종 ② 제2종 ③ 제3종 ④ 제4종

해설 제1종(B, C급) : 구분색은 백색, 탄산수소나트륨($NaHCO_3$)

97. 다음 설명이 의미하는 것은?

> 온도, 압력 등 제어상태가 규정의 조건을 벗어나는 것에 의해 반응속도가 지수함수적으로 증대되고, 반응 용기 내의 온도, 압력이 급격하게 이상 상승되어 규정 조건을 벗어나고, 반응이 과격화되는 현상

① 비등 ② 과열 · 과압
③ 폭발 ④ 반응폭주

해설 화학반응에서의 반응폭주에 대한 설명

98. 다음 중 소화약제로 사용되는 이산화탄소에 관한 설명으로 틀린 것은?

① 사용 후에 오염의 영향이 거의 없다.
② 장시간 저장하여도 변화가 없다.

정답 91. ④ 92. ④ 93. ③ 94. ③ 95. ② 96. ① 97. ④ 98. ③

③ 주된 소화 효과는 억제소화이다.
④ 자체 압력으로 방사가 가능하다.

해설 ③ 이산화탄소(CO_2)의 소화 효과는 질식(희석)소화이다.

99. 액체 표면에서 발생한 증기농도가 공기 중에서 연소 하한농도가 될 수 있는 가장 낮은 액체 온도를 무엇이라 하는가?

① 인화점 ② 비등점
③ 연소점 ④ 발화온도

해설 인화점 : 액체의 경우 액체 표면에서 발생한 증기농도가 공기 중에서 연소 하한농도가 될 수 있는 가장 낮은 액체 온도

100. 불연성이지만 다른 물질의 연소를 돕는 산화성 액체 물질에 해당하는 것은?

① 히드라진 ② 과염소산
③ 벤젠 ④ 암모니아

해설 ① 히드라진 – 폭발성 물질
③ 벤젠 – 인화성 물질
④ 암모니아 – 자극성, 가연성 가스

6과목 건설공사 안전관리

101. 작업장 출입구 설치 시 준수해야 할 사항으로 옳지 않은 것은?

① 주된 목적이 하역운반기계용인 출입구에는 보행자용 출입구를 따로 설치하지 않을 것
② 출입구의 위치 · 수 및 크기가 작업장의 용도와 특성에 맞도록 할 것
③ 출입구에 문을 설치하는 경우에는 근로자가 쉽게 열고 닫을 수 있도록 할 것
④ 계단이 출입구와 바로 연결된 경우에는 작업자의 안전한 통행을 위하여 그 사이에 1.2m 이상 거리를 두거나 안내표지 또는 비상벨 등을 설치할 것

해설 ① 주된 목적이 하역운반기계용인 출입구에는 바로 옆에 보행자용 출입구를 따로 설치할 것

102. 흙막이벽의 근입깊이를 깊게 하고, 전면의 굴착 부분을 남겨두어 흙의 중량으로 대항하게 하거나, 굴착예정 부분의 일부를 미리 굴착하여 기초 콘크리트를 타설하는 등의 대책과 가장 관계 깊은 것은?

① 히빙 현상이 있을 때
② 파이핑 현상이 있을 때
③ 지하수위가 높을 때
④ 굴착깊이가 깊을 때

해설 히빙 현상 : 굴착작업 시 흙막이 밖에 있는 흙이 안으로 밀려 들어와 솟아오르는 현상

103. 다음은 산업안전보건법령에 따른 산업안전보건관리비의 사용에 관한 규정이다. ( ) 안에 들어갈 내용을 순서대로 옳게 작성한 것은?

> 건설공사 도급인은 고용노동부장관이 정하는 바에 따라 해당 건설공사를 위하여 계상된 산업안전보건관리비를 그가 사용하는 근로자와 그의 관계수급인이 사용하는 근로자의 산업재해 및 건강장해 예방에 사용하고, 그 사용명세서를 ( ) 작성하고 건설공사 종료 후 ( )간 보존해야 한다.

① 매월, 6개월 ② 매월, 1년
③ 2개월마다, 6개월 ④ 2개월마다, 1년

해설 산업안전보건관리비 사용명세서를 매월 작성하고 건설공사 종료 후 1년간 보존해야 한다.

정답 99. ① 100. ② 101. ① 102. ① 103. ②

104. **다음 중 쇼벨로더의 운영방법으로 옳은 것은 어느 것인가?**

① 점검 시 버킷은 가장 상위의 위치에 올려놓는다.
② 시동 시에는 사이드 브레이크를 풀고서 시동을 건다.
③ 경사면을 오를 때에는 전진으로 주행하고 내려올 때는 후진으로 주행한다.
④ 운전자가 운전석에서 나올 때는 버킷을 올려놓은 상태로 이탈한다.

해설 ① 점검 시 버킷은 작업저면에 내려놓고 점검하여야 한다.
② 시동 시에는 사이드 브레이크를 풀지 않고 시동을 건다.
④ 운전자가 운전석에서 나올 때는 버킷을 지면에 내려놓은 상태로 이탈한다.

105. **산업안전보건법령에 따른 유해하거나 위험한 기계 · 기구에 설치하여야 할 방호장치를 연결한 것으로 옳지 않은 것은?**

① 포장기계－헤드가드
② 예초기－날 접촉예방장치
③ 원심기－회전체 접촉예방장치
④ 금속절단기－날 접촉예방장치

해설 ① 포장기계－구동부 방호 연동장치
Tip) 지게차－헤드가드

106. **크레인의 운전실 또는 운전대를 통하는 통로의 끝과 건설물 등의 벽체의 간격은 최대 얼마 이하로 하여야 하는가?**

① 0.2m ② 0.3m
③ 0.4m ④ 0.5m

해설 벽체의 간격
- 크레인의 운전대를 통하는 통로의 끝과 건설물 등의 벽체의 간격은 0.3m 이하
- 크레인 통로의 끝과 크레인 거더의 간격은 0.3m 이하
- 크레인 거더로 통하는 통로의 끝과 건설물 등의 벽체의 간격은 0.3m 이하

107. **훅걸이용 와이어로프 등이 훅으로부터 벗겨지는 것을 방지하기 위한 장치는 무엇인가?**

① 해지장치 ② 권과방지장치
③ 과부하방지장치 ④ 턴버클

해설 훅걸이용 와이어로프 등이 훅으로부터 벗겨지는 것을 방지하기 위한 장치는 해지장치이다.

108. **다음 중 방망에 표시해야 할 사항이 아닌 것은?**

① 방망의 신축성 ② 제조자명
③ 제조연월 ④ 재봉 치수

해설 방망의 표시사항은 제조자명, 제조연월, 재봉 치수, 그물코, 신품의 방망 강도 등이다.

109. **토공사에서 성토재료의 일반조건으로 옳지 않은 것은?**

① 다져진 흙의 전단강도가 크고 압축이 작을 것
② 함수율이 높은 토사일 것
③ 시공정비의 주행성이 확보될 수 있을 것
④ 필요한 다짐 정도를 쉽게 얻을 수 있을 것

해설 ② 함수율이 높은 토사는 강도 저하로 인해 붕괴할 우려가 있다.

110. **흙막이 공법을 흙막이 지지방식에 의한 분류와 구조방식에 의한 분류로 나눌 때 다음 중 지지방식에 의한 분류에 해당하는 것은 무엇인가?**

정답 104. ③ 105. ① 106. ② 107. ① 108. ① 109. ② 110. ①

① 수평 버팀대식 흙막이 공법
② H−Pile 공법
③ 지하 연속벽 공법
④ top down method 공법

해설 흙막이 공법
• 지지방식
㉠ 자립식 공법 : 줄기초 흙막이, 어미말뚝식 흙막이, 연결재 당겨매기식 흙막이
㉡ 버팀대식 공법 : 수평 버팀대식, 경사 버팀대식, 어스앵커 공법
• 구조방식
㉠ 널말뚝 공법 : 목재, 철재 널말뚝 공법
㉡ 지하 연속벽 공법
㉢ 구체 흙막이 공법
㉣ H−Pile 공법

111. 다음 중 물체가 떨어지거나 날아올 위험이 있을 때의 재해예방 대책과 거리가 먼 것은?

① 낙하물방지망 설치
② 출입금지구역 설정
③ 안전대 착용
④ 안전모 착용

해설 ③ 고소작업 시 안전대를 착용하는 등의 추락위험을 방지한다.

112. 단관비계의 도괴 또는 전도를 방지하기 위하여 사용하는 벽이음의 간격기준으로 옳은 것은?

① 수직 방향 5m 이하, 수평 방향 5m 이하
② 수직 방향 6m 이하, 수평 방향 6m 이하
③ 수직 방향 7m 이하, 수평 방향 7m 이하
④ 수직 방향 8m 이하, 수평 방향 8m 이하

해설 강관의 단관비계는 수직 방향 : 5m, 수평 방향 : 5m

113. 이동식 비계를 조립하여 작업을 하는 경우에 작업발판의 최대 적재하중은 몇 kg을 초과하지 않도록 해야 하는가?

① 150kg ② 200kg
③ 250kg ④ 300kg

해설 이동식 비계 작업발판의 최대 적재하중은 250kg을 초과하지 않도록 할 것

114. 하역운반기계에 화물을 적재하거나 내리는 작업을 할 때 작업지휘자를 지정해야 하는 경우는 단위화물의 무게가 몇 kg 이상일 때인가?

① 100kg ② 150kg
③ 200kg ④ 250kg

해설 화물을 싣고 내리는 작업을 할 때 작업지휘자를 지정하는 단위화물의 무게는 100kg 이상이다.

115. 다음 중 지하수위 측정에 사용되는 계측기는?

① load cell ② inclinometer
③ water level meter ④ piezo meter

해설 • 간극수압계(piezo meter) : 지하의 간극수압 측정
• 지하수위계(water level meter) : 지반 내 지하수위의 변화 측정

116. 철골공사 시 안전작업방법 및 준수사항으로 옳지 않은 것은?

① 강풍, 폭우 등과 같은 악천우 시에는 작업을 중지하여야 하며 특히 강풍 시에는 높은 곳에 있는 부재나 공구류가 낙하·비래하지 않도록 조치하여야 한다.
② 철골부재 반입 시 시공 순서가 빠른 부재는 상단부에 위치하도록 한다.

정답 111. ③ 112. ① 113. ③ 114. ① 115. ③ 116. ③

③ 구명줄 설치 시 마닐라 로프 직경 10mm를 기준하여 설치하고 작업방법을 충분히 검토하여야 한다.
④ 철골보의 두 곳을 매어 인양시킬 때 와이어로프의 내각은 60° 이하이어야 한다.

해설 ③ 구명줄 한 줄에 여러 명의 사람이 동시 사용을 금지하고, 마닐라 로프 직경 16mm를 기준하여 설치한다.

117. **차량계 하역운반기계를 사용하는 작업에 있어 고려되어야 할 사항과 가장 거리가 먼 것은?**

① 작업지휘자의 배치
② 유도자의 배치
③ 갓길 붕괴방지 조치
④ 안전관리자의 선임

해설 ①, ②, ③은 건설기계의 전도방지 조치

118. **지반 등의 굴착작업 시 연암의 굴착면 기울기로 옳은 것은?**

① 1 : 0.3 ② 1 : 1.0
③ 1 : 0.8 ④ 1 : 0.5

해설 굴착면의 기울기 기준

구분	지반 종류	기울기	사면 형태(풍화암)
보통 흙	습지	1 : 1 ~1 : 1.5	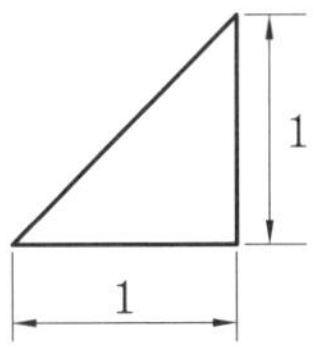
	건지	1 : 0.5 ~1 : 1	
암반	풍화암	1 : 1.0	
	연암	1 : 1.0	
	경암	1 : 0.5	

119. **터널공사에서 발파작업 시 안전 대책으로 옳지 않은 것은?**

① 발파 전 도화선 연결상태, 저항치 조사 등의 목적으로 도통시험 실시 및 발파기의 작동상태에 대한 사전점검 실시
② 모든 동력선은 발원점으로부터 최소한 15m 이상 후방으로 옮길 것
③ 지질, 암의 절리 등에 따라 화약량에 대한 검토 및 시방기준과 대비하여 안전조치 실시
④ 발파용 점화회선은 타동력선 및 조명회선과 한 곳으로 통합하여 관리

해설 ④ 발파용 점화회선은 타동력선 및 조명회선과 각각 분리하여 관리한다.

120. **다음 중 거푸집 동바리 등을 조립하는 경우에 준수해야 할 기준으로 옳지 않은 것은?**

① 동바리의 상하 고정 및 미끄러짐 방지 조치를 하고, 하중의 지지상태를 유지한다.
② 강재와 강재의 접속부 및 교차부는 볼트·크램프 등 전용 철물을 사용하여 단단히 연결한다.
③ 파이프 서포트를 제외한 동바리로 사용하는 강관은 높이 2m마다 수평 연결재를 2개 방향으로 만들고 수평 연결재의 변위를 방지하여야 한다.
④ 동바리로 사용하는 파이프 서포트는 4개 이상 이어서 사용하지 않도록 해야 한다.

해설 거푸집 동바리 등을 조립하는 때의 준수사항

- 동바리로 사용하는 파이프 서포트를 3개 이상 이어서 사용하지 아니 하도록 할 것
- 파이프 서포트를 이어서 사용할 경우에는 4개 이상의 볼트 또는 전용 철물을 사용하여 이을 것
- 높이가 3.5m를 초과할 경우에는 높이 2m 이내마다 수평 연결재를 2개 방향으로 만들고 수평 연결재의 변위를 방지할 것

정답 117. ④ 118. ② 119. ④ 120. ④

2024년도(2회차) CBT 출제문제

산업안전기사

1과목 산업재해 예방 및 안전보건교육

1. 하인리히(Heinrich)의 재해구성비율에 따른 58건의 경상이 발생한 경우 무상해 사고는 몇 건이 발생하겠는가?

① 58건 ② 116건
③ 600건 ④ 900건

해설

하인리히의 법칙	1 : 29 : 300
$X \times 2$	2 : 58 : 600

2. 인간오류에 관한 분류 중 독립행동에 의한 분류가 아닌 것은?

① 생략오류 ② 실행오류
③ 명령오류 ④ 시간오류

해설 휴먼에러의 심리적 분류에서 독립행동에 관한 분류

- 생략, 누설, 부작위 에러(omission error) : 작업공정 절차를 수행하지 않은 것에 기인한 에러
- 시간지연 오류(time error) : 시간지연으로 발생하는 에러
- 순서오류(sequential error) : 작업공정의 순서 착오로 발생한 에러
- 작위적 오류, 실행오류(commission error) : 필요한 작업 절차의 불확실한 수행으로 발생한 에러
- 과잉행동 오류(extraneous error) : 불확실한 작업 절차의 수행으로 발생한 에러

Tip) 명령(command)오류는 원인에 의한 분류이다.

3. 산업안전보건법상 안전관리자가 수행해야 할 업무가 아닌 것은?

① 사업장 순회점검 · 지도 및 조치의 건의
② 산업재해에 관한 통계의 유지 · 관리 · 분석을 위한 보좌 및 조언 · 지도
③ 작업장 내에서 사용되는 전체 환기장치 및 국소배기장치 등에 관한 설비의 점검
④ 해당 사업장 안전교육계획의 수립 및 안전교육 실시에 관한 보좌 및 · 지도

해설 ③ 국소배기장치 등에 관한 설비의 점검－안전검사대상 기계

4. 다음 중 산업재해의 원인으로 간접적 원인에 해당되지 않는 것은?

① 기술적 원인 ② 물적 원인
③ 관리적 원인 ④ 교육적 원인

해설
- 직접원인 : 인적 원인(불안전한 행동), 물리적 원인(불안전한 상태)
- 간접원인 : 기술적 원인, 교육적 원인, 관리적 원인, 신체적 원인, 정신적 원인 등

5. 재해통계를 작성하는 필요성에 대한 설명으로 틀린 것은?

① 설비상의 결함요인을 개선 및 시정시키는데 활용한다.
② 재해의 구성요소를 알고 분포상태를 알아 대책을 세우기 위함이다.
③ 근로자의 행동결함을 발견하여 안전 재교육 훈련자료로 활용한다.
④ 관리책임 소재를 밝혀 관리자의 인책자료로 삼는다.

정답 1. ③ 2. ③ 3. ③ 4. ② 5. ④

해설 재해통계를 작성하는 목적은 재해예방 대책을 세우기 위함이다.

6. 강도율 7인 사업장에서 한 작업자가 평생동안 작업을 한다면 산업재해로 인한 근로손실일수는 며칠로 예상되는가? (단, 이 사업장의 연 근로시간과 한 작업자의 평생근로시간은 100000시간으로 가정한다.)

① 500 ② 600
③ 700 ④ 800

해설 환산강도율=강도율×100
=7×100=700일

7. 작업에 대한 평균에너지 값이 4kcal/min이고, 휴식시간 중의 에너지 소비량을 1.5kcal/min으로 가정할 때, 프레스 작업의 에너지가 6kcal/min이라고 하면 60분간의 총 작업시간 내에 포함되어야 하는 휴식시간은 약 얼마인가?

① 17.14분 ② 26.67분
③ 33.33분 ④ 42.86분

해설 휴식시간(R)

$$=\frac{60(\text{작업에너지}-\text{평균에너지})}{\text{작업에너지}-\text{소비에너지}}$$

$$=\frac{60(6-4)}{6-1.5}=26.67\text{분}$$

8. 무재해 운동의 추진기법에 있어 위험예지훈련 제4단계(4라운드) 중 제2단계에 해당하는 것은?

① 본질추구 ② 현상파악
③ 목표설정 ④ 대책수립

해설 문제해결의 4라운드에서 제2단계는 본질추구이다.

9. 공기 중 산소농도가 부족하고, 공기 중에 미립자상 물질이 부유하는 장소에서 사용하기에 가장 적절한 보호구는?

① 면마스크
② 방독마스크
③ 송기마스크
④ 방진마스크

해설 공기 중 산소농도가 18% 미만인 경우 송기마스크를 사용한다.

10. 산업안전보건법령상 안전보건표지의 종류 중 경고표지에 해당하지 않는 것은?

① 레이저광선 경고
② 급성독성물질 경고
③ 매달린 물체 경고
④ 차량통행 경고

해설 경고표지의 종류

인화물질	산화성	폭발성	급성독성	부식성
방사성	고압전기	매달린	낙하물	고온
저온	몸 균형	레이저	위험장소	발암성 등

Tip) 차량은 경고가 아닌 차량통행 금지표지

11. Y−K(Yutaka Kohate) 성격검사에 관한 사항으로 옳은 것은?

① C,C′형은 적응이 빠르다.
② M,M′형은 내구성, 집념이 부족하다.
③ S,S′형은 담력, 자신감이 강하다.

정답 6. ③ 7. ② 8. ① 9. ③ 10. ④ 11. ①

④ P,P′형은 운동, 결단이 빠르다.

해설 Y－K(Yutaka Kohate) 성격검사

C,C′형 진공성형 (담즙질)	• 적응이 빠르다. • 세심하지 않다. • 내구, 집념이 부족하다. • 진공, 자신감이 강하다. • 운동 및 결단이 빠르고 기민하다.
M,M′형 신경질형 (흑담즙질)	• 적응이 느리다. • 세심하고 정확하다. • 담력, 자신감이 강하다. • 내구성, 집념성, 지속성이 강하다. • 운동성이 느리고 지속성이 풍부하다.
S,S′형 운동성형 (다혈질)	• 적응이 빠르다. • 세심하지 않다. • 담력, 자신감이 약하다. • 내구성, 집념성이 부족하다. • 운동 및 결단이 빠르고 기민하다.
P,P′형 평범 수동성형 (점액질)	• 적응이 느리다. • 세심하고 정확하다. • 담력, 자신감이 약하다. • 내구성, 집념성, 지속성이 강하다. • 운동, 결단이 느리고 지속성이 풍부하다.

12. 사고요인이 되는 정신적 요소 중 개성적 결합요인에 해당하지 않는 것은?

① 방심 및 공상
② 도전적인 마음
③ 과도한 집착력
④ 다혈질 및 인내심 부족

해설 ㉠ 개성적 결합요인
- 나약한 마음
- 도전적 성격
- 경솔성, 태만
- 배타성과 이질성
- 과도한 집착성
- 사치심 및 허영심
- 다혈질 및 인내력 부족
- 과도한 자존심 및 자만심

㉡ 정신적 결합요인
- 방심과 공상
- 판단력 부족
- 주의력 부족
- 안전지식 부족

13. 다음 중 인간의 행동에 관한 레윈(Lewin)의 식, B=f(P · E)에 관한 설명으로 옳은 것은?

① 인간의 개성(P)에는 연령과 지능이 포함되지 않는다.
② 인간의 행동(B)은 개인의 능력과 관련이 있으며, 환경과는 무관하다.
③ 인간의 행동(B)은 개인의 자질과 심리학적 환경과의 상호 함수관계에 있다.
④ B는 행동, P는 개성, E는 기술을 의미하며 행동은 능력을 기반으로 하는 개성에 따라 나타나는 함수관계이다.

해설 인간의 행동은 B=f(P · E)의 상호 함수관계에 있다.
- f : 함수관계(function)
- P : 개체(person) – 연령, 경험, 심신상태, 성격, 지능, 소질 등
- E : 심리적 환경(environment) – 인간관계, 작업환경 등

14. 헤드십(headship)의 특성에 관한 설명으로 틀린 것은?

① 상사와 부하의 사회적 간격은 넓다.
② 지휘형태는 권위주의적이다.
③ 상사와 부하의 관계는 지배적이다.
④ 상사의 권한 근거는 비공식적이다.

해설 ④는 리더십의 특성

15. 안전보건교육의 교육지도 원칙에 해당되지 않는 것은?

정답 12. ① 13. ③ 14. ④ 15. ④

① 피교육자 중심의 교육을 실시한다.
② 동기부여를 한다.
③ 5관을 활용한다.
④ 어려운 것부터 쉬운 것으로 시작한다.

해설 ④ 피교육자가 이해할 수 있는 쉬운 것부터 어려운 것 순으로 한다.

16. 다음 중 학습경험선정의 원리에 해당하는 것은?

① 계속성의 원리 ② 통합성의 원리
③ 다양성의 원리 ④ 동기유발의 원리

해설 ①, ②, ③은 학습경험조직의 원리이다.

17. 보건법령상 사업 내 안전 · 보건교육에서 근로자 정기안전 · 보건교육의 교육내용에 해당하지 않는 것은? (단, 기타 보건법 및 일반관리에 관한 사항은 제외한다.)

① 건강증진 및 질병예방에 관한 사항
② 산업보건 및 직업병 예방에 관한 사항
③ 유해 · 위험 작업환경 관리에 관한 사항
④ 작업공정의 유해 · 위험과 재해예방 대책에 관한 사항

해설 ④는 관리감독자 정기안전·보건 교육내용

18. 안전교육방법 중 O.J.T(On the Job Training) 특징과 거리가 먼 것은?

① 상호 신뢰 및 이해도가 높아진다.
② 개개인의 적절한 지도훈련이 가능하다.
③ 사업장의 실정에 맞게 실제적 훈련이 가능하다.
④ 관련 분야의 외부 전문가를 강사로 초빙하는 것이 가능하다.

해설 ④는 OFF.J.T 교육의 특징

19. 다음 중 학생이 자기 학습속도에 따른 학습이 허용되어 있는 상태에서 학습자가 프로그램 자료를 가지고 단독으로 학습하도록 하는 교육방법은?

① 토의법 ② 모의법
③ 실연법 ④ 프로그램학습법

해설 프로그램학습법 : 이미 만들어진 프로그램 자료를 가지고 학습자가 단독으로 학습하게 하는 방법

20. 다음 중 보건법상 중대 재해에 해당하지 않는 것은?

① 사망자가 2명 발생한 재해
② 6개월 요양을 요하는 부상자가 동시에 4명 발생한 재해
③ 부상자 또는 직업성 질병자가 동시에 12명 발생한 재해
④ 3개월 요양을 요하는 부상자가 1명, 2개월 요양을 요하는 부상자가 4명 발생한 재해

해설 중대 재해 3가지
- 사망자가 1명 이상 발생한 재해
- 3개월 이상의 요양이 필요한 부상자가 동시에 2명 이상 발생한 재해
- 부상자 또는 직업성 질병자가 동시에 10명 이상 발생한 재해

2과목 인간공학 및 위험성 평가·관리

21. 다음 중 인간공학을 나타내는 용어로 적절하지 않은 것은?

① ergonomics
② human factors
③ human engineering
④ customize engineering

정답 16. ④ 17. ④ 18. ④ 19. ④ 20. ④ 21. ④

해설 인간공학을 나타내는 용어는 ergonomics, human factors, human engineering이다.

22. 인간-기계 시스템의 연구 목적으로 가장 적절한 것은?

① 정보 저장의 극대화
② 운전 시 피로의 평준화
③ 시스템의 신뢰성 극대화
④ 안전의 극대화 및 생산 능률의 향상

해설 인간공학의 연구 목적 : 안전의 극대화 및 생산 능률의 향상

23. 다음 중 인간-기계 시스템의 설계 시 시스템의 기능을 정의하는 단계는?

① 제1단계 : 시스템의 목표와 성능명세서 결정
② 제2단계 : 시스템의 정의
③ 제3단계 : 기본설계
④ 제4단계 : 인터페이스 설계

해설 2단계 : 시스템의 기능 정의

24. 음향기기 부품 생산공장에서 안전업무를 담당하는 OOO 대리는 공장 내부에 경보등을 설치하는 과정에서 도움이 될만한 몇 가지 지식을 적용하고자 한다. 적용 지식 중 맞는 것은?

① 신호 대 배경의 휘도대비가 작을 때는 백색신호가 효과적이다.
② 광원의 노출시간이 1초보다 작으면 광속 발산도는 작아야 한다.
③ 표적의 크기가 커짐에 따라 광도의 역치가 안정되는 노출시간은 증가한다.
④ 배경광 중 점멸 잡음광의 비율이 10% 이상이면 점멸등은 사용하지 않는 것이 좋다.

해설 배경광

- 신호 대 배경의 휘도대비가 작을 때는 신호의 식별이 힘들어지므로 적색신호가 효과적이다.
- 광원의 노출시간이 1초보다 작으면 광속 발산도는 커야 한다.
- 표적의 크기가 커짐에 따라 광도의 역치가 안정되는 노출시간은 감소한다.
- 배경광 중 점멸 잡음광의 비율이 10% 이상이면 상점등을 신호로 사용하는 것이 좋다.

25. 발음원이 이동할 때 그 진행 방향 쪽에서는 원래 발음원의 음보다 고음으로, 진행 방향 반대쪽에서는 저음으로 되는 현상을 무엇이라고 하는가?

① 도플러(doppler) 효과
② 마스킹(masking) 효과
③ 호이겐스(huygens) 효과
④ 임피던스(impedance) 효과

해설 도플러(doppler) 효과 : 상대 속도를 가진 관측자에게 파동의 진동수와 파원에서 나온 수치가 다르게 관측되는 현상으로 파동을 일으키는 물체와 관측자가 가까워질수록 커지고, 멀어질수록 작아진다.

26. 다음 설명에 해당하는 인간의 오류모형은?

> 상황이나 목표의 해석은 정확하나 의도와는 다른 행동을 한 경우

① 착오(mistake)　② 실수(slip)
③ 건망증(lapse)　④ 위반(violation)

해설 실수(slip)에 관한 설명이다.

27. 다음 중 인체측정자료의 응용원칙에 있어 조절식 설계를 적용하기에 가장 적절한 것은?

정답 22. ④ 23. ② 24. ④ 25. ① 26. ② 27. ②

① 그네줄의 인장강도
② 자동차 운전석 의자의 위치
③ 전동차의 손잡이 높이
④ 은행의 창구 높이

해설 ①, ③, ④는 평균치를 기준으로 한 설계이다.

28. 다음 중 수공구 설계의 기본원리로 가장 적절하지 않은 것은?

① 손잡이의 단면이 원형을 이루어야 한다.
② 정밀작업을 요하는 손잡이의 직경은 2.5~4cm로 한다.
③ 일반적으로 손잡이의 길이는 95%tile 남성의 손 폭을 기준으로 한다.
④ 동력공구의 손잡이는 두 손가락 이상으로 작동하도록 한다.

해설 원형 또는 타원형 형태의 손잡이 단면의 지름은 30~45mm가 적당하고, 정밀작업은 5~12mm 크기의 지름이 적합하다.

29. 생명유지에 필요한 단위 시간당 에너지량을 무엇이라 하는가?

① 기초 대사량　② 산소 소비율
③ 작업 대사량　④ 에너지 소비율

해설 기초 대사량(BMR) : 생명유지에 필요한 단위 시간당 에너지량

30. 작업 공간 설계에 있어 "접근제한요건"에 대한 설명으로 맞는 것은?

① 조절식 의자와 같이 누구나 사용할 수 있도록 설계한다.
② 비상벨의 위치를 작업자의 신체조건에 맞추어 설계한다.
③ 트럭운전이나 수리작업을 위한 공간을 확보하여 설계한다.
④ 박물관의 미술품 전시와 같이 장애물 뒤의 타겟과의 거리를 확보하여 설계한다.

해설 박물관의 미술품 전시의 미술품과 관람자 간의 일정 거리를 확보하여 설계하는 것을 '접근제한요건'이라 한다. 반드시 거리 확보가 필요하다.

31. 인간이 기계와 비교하여 정보처리 및 결정의 측면에서 상대적으로 우수한 것은? (단, 인공지능은 제외한다.)

① 연역적 추리
② 정량적 정보처리
③ 관찰을 통한 일반화
④ 정보의 신속한 보관

해설 ③은 인간이 더 우수한 장점,
①, ②, ④는 기계가 더 우수한 장점

32. A 작업장에서 1시간 동안에 480Btu의 일을 하는 근로자의 대사량은 900Btu이고, 증발 열손실이 2250Btu, 복사 및 대류로부터 열이득이 각각 1900Btu 및 80Btu라 할 때 열축적은 얼마인가?

① 100　② 150　③ 200　④ 250

해설 열축적(S) $= M - E \pm R \pm C - W$
$= 900 - 2250 + 1900 + 80 - 480 = 150$

33. 다음 중 소음에 대한 대책으로 가장 적합하지 않은 것은?

① 소음원의 통제
② 소음의 격리
③ 소음의 분배
④ 적절한 배치

해설 소음방지 대책
• 소음원의 통제 : 기계설계 단계에서 소음에 대한 반영, 차량에 소음기 부착 등

정답 28. ② 29. ① 30. ④ 31. ③ 32. ② 33. ③

- 소음의 격리 : 방, 장벽, 창문, 소음차단벽 등을 사용
- 차폐장치 및 흡음재 사용
- 음향처리제 사용
- 적절한 배치(layout)
- 배경음악
- 방음보호구 사용 : 귀마개, 귀덮개 등을 사용하는 것은 소극적인 대책

34. **다음 중 시스템 안전 프로그램 계획(SSPP)에 포함되지 않아도 되는 사항은?**

① 안전조직　② 안전기준
③ 안전 종류　④ 안전성 평가

해설 시스템 안전계획(SSPP)에 포함되어야 할 사항

- 안전조직
- 계약조건
- 안전기준
- 안전해석
- 계획의 개요
- 관련 부분과의 조정
- 안전성 평가
- 안전자료 수집과 갱신

35. **다음 설명 중 (　　) 안에 알맞은 용어가 올바르게 짝지어진 것은?**

> (㉠) : FTA와 동일의 논리적 방법을 사용하여 관리, 설계, 생산, 보전 등에 대한 넓은 범위에 걸쳐 안전성을 확보하려는 시스템 안전 프로그램
> (㉡) : 사고 시나리오에서 연속된 사건들의 발생경로를 파악하고 평가하기 위한 귀납적이고 정량적인 시스템 안전 프로그램

① ㉠ : PHA, ㉡ : ETA
② ㉠ : ETA, ㉡ : MORT
③ ㉠ : MORT, ㉡ : ETA
④ ㉠ : MORT, ㉡ : PHA

해설 MORT와 ETA

- MORT : FTA와 같은 논리기법을 이용하며 관리, 설계, 생산, 보전 등에 대한 광범위한 안전성을 확보하려는 시스템 안전 프로그램
- ETA(사건수 분석법 : Event Tree Analysis) : 사고 시나리오에서 연속된 사건들의 발생경로를 파악하고 평가하기 위한 귀납적이고 정량적인 시스템 안전 프로그램

36. **FT도에 사용되는 다음 게이트의 명칭은?**

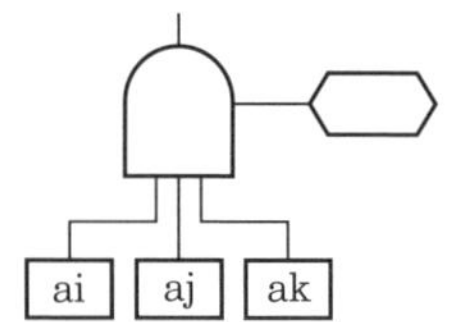

① 억제 게이트
② 부정 게이트
③ 배타적 OR 게이트
④ 우선적 AND 게이트

해설 우선적 AND 게이트 : 입력사상 중에 어떤 현상이 다른 현상보다 먼저 일어날 경우에만 출력이 발생한다.

37. **다음 중 불(Bool)대수의 정리를 나타낸 관계식으로 틀린 것은?**

① $A \cdot 0 = 0$
② $A + 1 = 1$
③ $A \cdot \overline{A} = 1$
④ $A(A+B) = A$

해설 불(Bool)대수의 정리

- 항등법칙 : $A+0=A$, $A+1=1$, $A \cdot 1=A$, $A \cdot 0=0$
- 멱등법칙 : $A+A=A$, $A \cdot A=A$, $A+A'=1$, $A \cdot A'=0$
- 교환법칙 : $A+B=B+A$, $A \cdot B=B \cdot A$

정답 34. ③　35. ③　36. ④　37. ③

- 보수법칙 : $A+\overline{A}=1$, $A \cdot \overline{A}=0$
- 흡수법칙 : $A(A \cdot B)=(A \cdot A)B=A \cdot B$, $A \cdot (A+B)=A \rightarrow A+A \cdot B=A \cup (A \cap B)=(A \cup A) \cap (A \cup B)=A \cap (A \cup B)=A$, $A \cdot (A+B)=A(1)=A(A+B=1)$, $\overline{A \cdot B}=\overline{A}+\overline{B}$
- 분배법칙 : $A+(B \cdot C)=(A+B) \cdot (A+C)$, $A \cdot (B+C)=(A \cdot B)+(A \cdot C)$
- 결합법칙 : $A(BC)=(AB)C$, $A+(B+C)=(A+B)+C$

38. 다음 중 정량적 자료를 정성적 판독의 근거로 사용하는 경우로 볼 수 없는 것은?

① 미리 정해 놓은 몇 개의 한계범위에 기초하여 변수의 상태나 조건을 판정할 때
② 목표로 하는 어떤 범위의 값을 유지할 때
③ 변화 경향이나 변화율을 조사하고자 할 때
④ 세부 형태를 확대하여 동일한 시각을 유지해 주어야 할 때

해설 ①, ②, ③은 정량적 자료를 정성적 판독의 근거로 사용하는 경우, ④는 정성적 자료를 정량적 판독의 근거로 사용하는 경우

39. 산업안전보건법령에 따라 제조업 등 유해 · 위험방지 계획서를 작성하고자 할 때 관련 규정에 따라 1명 이상 포함시켜야 하는 사람의 자격으로 적합하지 않은 것은 어느 것인가?

① 한국산업안전보건공단이 실시하는 관련 교육을 8시간 이수한 사람
② 기계, 재료, 화학, 전기, 전자, 안전관리 또는 환경 분야 기술사 자격을 취득한 사람
③ 관련 분야 기사 자격을 취득한 사람으로서 해당 분야에서 3년 이상 근무한 경력이 있는 사람
④ 기계안전, 전기안전, 화공안전 분야의 산업안전지도사 또는 산업보건지도사 자격을 취득한 사람

해설 제조업 등 유해 · 위험방지 계획서 작성 자격 : 사업주는 계획서를 작성할 때에 다음 각 호의 자격을 갖춘 사람 또는 공단이 실시하는 관련 교육을 20시간 이상 이수한 사람 1명 이상을 포함시켜야 한다.

㉠ 기계, 금속, 화공, 전기, 안전관리 또는 환경 분야 기술사 자격을 취득한 사람
㉡ 기계, 전기, 화공안전 등 산업안전지도사 또는 산업보건지도사 자격을 취득한 사람
㉢ 관련 분야 기사 자격을 취득한 사람으로서 해당 분야에서 3년 이상 근무한 경력이 있는 사람
㉣ 관련 분야 산업기사 자격을 취득한 사람으로서 해당 분야에서 5년 이상 근무한 경력이 있는 사람
㉤ 「고등교육법」에 따른 대학 및 산업대학(이공계 학과에 한정한다)을 졸업한 후 해당 분야에서 7년 이상 근무한 경력이 있는 사람
㉥ 「초 · 중등교육법」에 따른 전문계 고등학교 또는 이와 같은 수준 이상의 학교를 졸업하고 해당 분야에서 9년 이상 근무한 경력이 있는 사람

40. 기계설비가 설계 사양대로 성능을 발휘하기 위한 적정 윤활의 원칙이 아닌 것은?

① 적량의 규정
② 주유방법의 통일화
③ 올바른 윤활법의 채용
④ 윤활기간의 올바른 준수

해설 성능 발휘를 위한 적정 윤활의 원칙

- 적량의 규정
- 적정한 윤활유 선정
- 올바른 윤활법의 채용
- 윤활기간의 올바른 준수

정답 38. ④ 39. ① 40. ②

3과목 기계·기구 및 설비 안전관리

41. 다음 중 안전점검 및 안전진단에 관한 설명으로 적절하지 않은 것은?

① 안전점검의 종류에는 일상, 정기, 특별점검 등이 있다.
② 안전점검표는 가능한 한 일정한 양식으로 작성한다.
③ 안전진단은 사업장의 안전성적이 동종의 업종보다 우수할 때 실시한다.
④ 안전진단 시 근로자 대표가 요구할 때에는 근로자 대표를 입회시켜야 한다.

해설 ③ 안전진단은 사업장의 불량한 부분이 발견된 경우에 다른 동종설비도 점검한다.

42. 다음 중 흐름공정도(flow process chart)에서 기호와 의미가 잘못 연결된 것은?

① ◇ : 검사　　② ▽ : 저장
③ ⇨ : 운반　　④ O : 가공

해설 흐름공정의 분류

가공 공정	운반 공정	검사 공정	정체 공정	저장
○	⇨	□	D	▽

43. 동력전달 부분의 전방 35cm 위치에 일반 평형 보호망을 설치하고자 한다. 보호망의 최대 구멍의 크기는 몇 mm인가?

① 41　　② 45
③ 51　　④ 55

해설 최대 구멍의 크기(Y)

$$=6+\frac{X}{10}=6+\frac{350}{10}=41\,\text{mm}$$

여기서, X : 개구간격(mm)
Y : 최대 구멍의 크기(mm)

44. 산업안전보건법령에 따라 사다리식 통로를 설치하는 경우 준수해야 할 기준으로 틀린 것은?

① 사다리식 통로의 기울기는 60° 이하로 할 것
② 발판과 벽과의 사이는 15cm 이상의 간격을 유지할 것
③ 사다리의 상단은 걸쳐 놓은 지점으로부터 60cm 이상 올라가도록 할 것
④ 사다리식 통로의 길이가 10m 이상인 경우에는 5m 이내마다 계단참을 설치할 것

해설 사다리식 통로 계단참 설치기준

- 견고한 구조로 할 것
- 손상, 부식 등이 없는 재료를 사용할 것
- 발판간격은 일정하게 설치할 것
- 벽과 발판 사이는 15cm 이상의 간격을 유지할 것
- 폭은 30cm 이상으로 할 것
- 사다리의 상단은 걸쳐 놓은 지점으로부터 60cm 이상 올라가도록 할 것
- 사다리 통로길이가 10m 이상인 경우에는 5m 이내마다 계단참을 설치할 것
- 사다리 통로 기울기는 75° 이하로 할 것, 고정식 사다리 통로 기울기는 90° 이하이고, 그 높이가 7m 이상인 경우에는 바닥에서 2.5m가 되는 지점부터 등받이울을 설치할 것

45. 선반가공 시 연속적으로 발생되는 칩으로 인해 작업자가 다치는 것을 방지하기 위하여 칩을 짧게 절단시켜주는 안전장치는 무엇인가?

① 커버
② 브레이크
③ 보안경
④ 칩 브레이커

해설 칩 브레이커는 유동형 칩을 짧게 끊어주는 안전장치이다.

정답 41. ③　42. ①　43. ①　44. ①　45. ④

46. 밀링머신 작업의 안전수칙으로 적절하지 않은 것은?

① 강력 절삭을 할 때는 일감을 바이스로부터 길게 물린다.
② 일감을 측정할 때는 반드시 정지시킨 다음에 한다.
③ 상하 이송장치의 핸들은 사용 후 반드시 빼두어야 한다.
④ 커터는 될 수 있는 한 컬럼에 가깝게 설치한다.

해설 ① 강력 절삭을 할 때는 일감을 바이스에 깊게 물린다.

47. 연삭숫돌의 기공 부분이 너무 작거나, 연질의 금속을 연마할 때에 숫돌 표면의 공극이 연삭 칩에 막혀서 연삭이 잘 행하여지지 않는 현상을 무엇이라 하는가?

① 자생 현상
② 드레싱 현상
③ 그레이징 현상
④ 눈메꿈 현상

해설 ① 자생 작용 : 연삭 시 숫돌의 마모된 입자가 탈락되고 새로운 입자가 나타나는 현상이다.
② 드레싱 : 그레이징이나 로딩 현상이 생길 때 강판 드레서 또는 다이아몬드 드레서로 새로운 입자가 표면에 생성되도록 하는 작업이다.
③ 그레이징 : 자생 작용이 잘 되지 않아 입자가 납작해지는 현상으로, 눈무딤이라고도 한다. 이로 인해 연삭열과 균열이 생겨 연삭성능이 저하된다.
④ 로딩 : 숫돌 입자의 표면이나 기공에 칩이 끼어 연삭성이 나빠지는 현상으로, 눈메꿈이라고도 한다.

48. 드릴링 머신에서 드릴의 지름이 20 mm이고 원주속도가 62.8m/min일 때 드릴의 회전수는 약 몇 rpm인가?

① 500 ② 1000
③ 2000 ④ 3000

해설 회전수$(N)=\frac{1000V}{\pi D}=\frac{1000\times 62.8}{\pi\times 20}$

$=999.5\,\text{rpm}$

49. 프레스의 방호장치 중 광전자식 방호장치에 관한 설명으로 틀린 것은?

① 연속운전작업에 사용할 수 있다.
② 핀클러치 구조의 프레스에 사용할 수 있다.
③ 기계적 고장에 의한 2차 낙하에는 효과가 없다.
④ 시계를 차단하지 않기 때문에 작업에 지장을 주지 않는다.

해설 ② 프레스의 광전자식 방호장치는 핀클러치 구조의 프레스에 사용할 수 없다.

50. 프레스 또는 전단기 방호장치의 종류와 분류기호가 바르게 연결된 것은?

① 가드식 : C
② 손쳐내기식 : B
③ 광전자식 : D-1
④ 양수조작식 : A-1

해설 방호장치의 종류와 분류기호

구분	종류
광전자식(광전식)	A-1, A-2
양수조작식(120SPM 이상)	B-1, B-2
가드식	C-1, C-2
손쳐내기식	D
수인식	E

정답 46. ① 47. ④ 48. ② 49. ② 50. ①

51. 다음 그림과 같은 프레스의 punch와 금형의 die에서 손가락이 punch와 die 사이에 들어가지 않도록 할 때 D의 거리로 가장 적절한 것은?

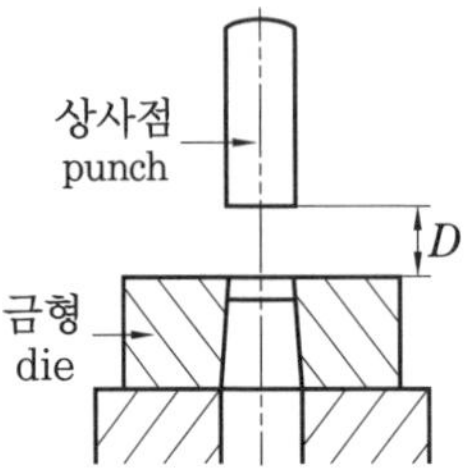

① 8mm 이하　② 10mm 이상
③ 15mm 이하　④ 15mm 초과

해설 금형의 펀치와 다이의 틈새(D)를 8mm 이하로 하여 손가락이 들어가지 않도록 한다.

52. 아세틸렌 용접장치 및 가스집합 용접장치에서 가스의 역류 및 역화를 방지하기 위한 안전기의 형식에 속하는 것은?

① 주수식　② 침지식
③ 투입식　④ 수봉식

해설 안전기 형식에서 수봉식(저압용, 중압용)과 건식(소결금속식, 우회로식)이 있다.

53. 아세틸렌 충전작업 중 고려해야 할 안전사항으로 틀린 것은?

① 충전은 서서히 하며, 여러 회로 나누지 않고 1회에 끝내야 한다.
② 충전 중의 압력은 온도에 관계없이 25kgf/cm^2 이하로 한다.
③ 충전 후의 압력은 15℃에서 15.5kgf/cm^2 이하로 한다.
④ 충전 후 24시간 동안 정치한다.

해설 ① 충전은 서서히 하며, 2~3회에 걸쳐 충전한다.

54. 보일러 등에 사용하는 압력방출장치의 봉인은 무엇으로 실시해야 하는가?

① 구리 테이프　② 납
③ 봉인용 철사　④ 알루미늄 실(seal)

해설 압력방출장치의 봉인재료는 Pb(납)으로 한다.

55. 산업용 로봇의 작동범위 내에서 교시 등의 작업을 하는 때에 작업시작 전에 점검해야 하는 사항에 해당하는 것은?

① 언로드 밸브 기능의 이상 유무
② 자동제어장치 기능의 이상 유무
③ 제동장치 및 비상정지장치 기능의 이상 유무
④ 권과방지장치의 이상 유무

해설 ①은 공기압축기의 방호장치,
②는 기계설비의 안전조건,
④는 크레인의 방호장치

56. 다음 중 목재가공용 둥근톱에서 반발방지를 방호하기 위한 분할날의 설치조건이 아닌 것은?

① 톱날과의 간격은 12mm 이내
② 톱날 후면날의 $\frac{2}{3}$ 이상 방호
③ 분할날 두께는 둥근톱 두께의 1.1배 이상
④ 덮개 하단과 가공재 상면과의 간격은 15mm 이내로 조정

해설 ④ 가공재의 상면에서 덮개 하단과의 간격은 8mm 이내로 조정해 주어야 한다.

57. 산업안전보건법령상 지게차 작업시작 전 점검사항으로 거리가 가장 먼 것은?

① 제동장치 및 조종장치 기능의 이상 유무
② 압력방출장치의 작동 이상 유무
③ 바퀴의 이상 유무

정답 51. ①　52. ④　53. ①　54. ②　55. ③　56. ④　57. ②

④ 전조등 · 후미등 · 방향지시기 및 경보장치 기능의 이상 유무

해설 ② 압력방출장치는 보일러의 방호장치이다.

58. 리프트의 제작기준 등을 규정함에 있어 정격속도의 정의로 옳은 것은?

① 화물을 싣고 하강할 때의 속도
② 화물을 싣고 상승할 때의 최고속도
③ 화물을 싣고 상승할 때의 평균속도
④ 화물을 싣고 상승할 때와 하강할 때의 평균속도

해설 정격속도 : 운반구에 화물을 싣고 상승할 때의 최고속도

59. 산업안전기준에서 정하고 있는 승강기의 방호장치가 아닌 것은?

① 조속기
② 출입문 인터록
③ 이탈방지장치
④ 파이널 리밋 스위치

해설 ③은 컨베이어의 방호장치이다.

60. 물체의 표면에 침투력이 강한 적색 또는 형광성의 침투액을 표면 개구 결함에 침투시켜 직접 또는 자외선 등으로 관찰하여 결함장소와 크기를 판별하는 비파괴 시험은 무엇인가?

① 피로시험
② 음향탐상시험
③ 와류탐상시험
④ 침투탐상시험

해설 침투탐상시험 : 침투액과 현상액을 사용하여 부품 표면의 결함을 눈으로 관찰하는 탐상시험

4과목 전기설비 안전관리

61. 다음 중 심실세동전류란?

① 최소감지전류　② 치사적 전류
③ 고통한계전류　④ 마비한계전류

해설 심실세동전류(치사적 전류)

- 심근의 미세한 진동으로 혈액을 송출하는 심장의 기능이 장애를 받는 현상을 심실세동이라 하며, 이 전류를 심실세동전류라 한다.
- 심실세동전류$(I)=\dfrac{165}{\sqrt{T}}$ [mA]

여기서, T : 통전시간(s)

62. 전격의 위험을 결정하는 주된 인자 중 거리가 가장 먼 사항은?

① 통전전압의 크기
② 통전전류의 크기
③ 통전경로
④ 통전시간

해설 ②, ③, ④는 1차적 감전 위험요소, ①은 2차적 감전 위험요소

63. 단로기를 사용하는 주된 목적은?

① 과부하 차단
② 변성기의 개폐
③ 이상전압의 차단
④ 무부하 선로의 개폐

해설 단로기(DS) : 특고압 회로의 기기분리 등에 사용하는 개폐기로서 반드시 무부하 시 개폐 조작을 하여야 한다.

64. 폭발위험장소의 전기설비에 공급하는 전압으로서 안전초저압(safety extra-low voltage)의 범위는?

정답 58. ② 59. ③ 60. ④ 61. ② 62. ① 63. ④ 64. ①

① 교류 50V, 직류 120V를 각각 넘지 않는다.
② 교류 30V, 직류 42V를 각각 넘지 않는다.
③ 교류 30V, 직류 110V를 각각 넘지 않는다.
④ 교류 50V, 직류 80V를 각각 넘지 않는다.

해설 안전초저압 : 설비의 고장을 일으키지 않도록 대지 또는 다른 전로와 전기적으로 분리된 전류로, 교류 50V, 직류 120V를 각각 넘지 않는다.

65. 감전되어 사망하는 주된 메커니즘으로 틀린 것은?

① 심장부에 전류가 흘러 심실세동이 발생하여 혈액순환기능이 상실되어 일어난 것
② 흉골에 전류가 흘러 혈압이 약해져 뇌에 산소공급기능이 정지되어 일어난 것
③ 뇌의 호흡 중추신경에 전류가 흘러 호흡기능이 정지되어 일어난 것
④ 흉부에 전류가 흘러 흉부수축에 의한 질식으로 일어난 것

해설 감전사고 전격사 메커니즘
- 흉부에 전류가 흘러 흉부수축에 의한 질식
- 심장부에 전류가 흘러 심실세동에 의한 혈액순환기능의 상실
- 호흡 중추신경에 전류가 흘러 호흡 중추신경 마비에 따른 호흡기능 상실

66. 다음 중 전압을 구분한 것으로 알맞은 것은 어느 것인가?

① 저압이란 교류 600V 이하, 직류는 교류의 $\sqrt{2}$배 이하인 전압을 말한다.
② 고압이란 교류 7000V 이하, 직류 7500V 이하의 전압을 말한다.
③ 특고압이란 교류, 직류 모두 7000V를 초과하는 전압을 말한다.
④ 고압이란 교류, 직류 모두 7500V를 넘지 않는 전압을 말한다.

해설 전압 분류

구분	저압(V)	고압(V)	특고압(V)
직류	1500 이하	1500 초과 7000 이하	7000 초과
교류	1000 이하	1000 초과 7000 이하	7000 초과

67. 누전사고가 발생될 수 있는 취약개소가 아닌 것은?

① 비닐전선을 고정하는 지지용 스테이플
② 정원 연못 조명 등에 전원공급용 지하매설 전선류
③ 콘센트, 스위치 박스 등의 재료를 PVC 등의 부도체 사용
④ 분기회로 접속점은 나선으로 발열이 쉽도록 유지

해설 ③ 콘센트, 스위치 박스 등의 재료를 PVC 등의 부도체로 사용하면 누전사고가 발생하지 않는다.

68. 고압 충전전선로 작업 시 가죽장갑과 고무장갑의 안전한 사용법은?

① 가죽장갑만 사용한다.
② 고무장갑만 사용한다.
③ 가죽장갑의 바깥쪽에 고무장갑을 착용한다.
④ 고무장갑의 바깥쪽에 가죽장갑을 착용한다.

해설
- 절연장갑 : 7000V 이하 작업용-고무장갑, 가죽장갑 등
- 고압 충전전선로 작업 시 고무장갑의 바깥쪽에 가죽장갑을 착용한다.

69. 전기화재의 원인이 아닌 것은?

① 단락 및 과부하
② 절연 불량
③ 기구의 구조 불량
④ 누전

정답 65. ② 66. ③ 67. ③ 68. ④ 69. ③

해설 전기화재 구분

- 경로 출화의 경과 : 단락, 스파크, 누전, 접촉부의 과열, 절연열화에 의한 발열, 과전류, 지락, 낙뢰, 정전기, 접속 불량 등
- 발화원 : 이동 절연기, 전등, 전기기기, 전기장치, 배선기구, 고정된 전열기 등

70. 다음 감전전류의 등가회로에서 인체에 흐르는 전류(I_2)는 약 몇 mA인가? (단, R_1은 제3종 접지공사의 저항값으로 한다.)

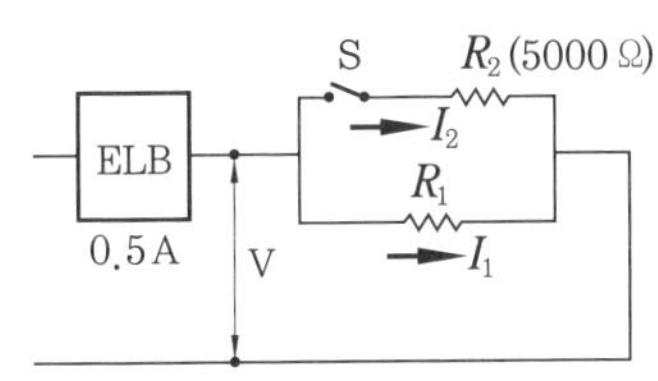

① 1　② 10
③ 100　④ 1000

해설 전류$(I_2)=\dfrac{R_1}{R_1+R_2}\times I$

$=\dfrac{100}{100+5000}\times 0.5=0.0098\text{A}=9.8\text{mA}$

여기서, R_1 : 제3종 접지저항(100 Ω)
R_2 : 제3종 접지저항(5000 Ω)

71. 접지계통 분류에서 TN 접지방식이 아닌 것은?

① TN-S 방식　② TN-C 방식
③ TN-T 방식　④ TN-C-S 방식

해설 TN(기기접지) 접지방식

- TN-S 방식 : 보호도체를 접지계통의 전체에서 분리시키는 방식
- TN-C 방식 : 중성선과 보호도체의 기능을 접지계통 전체에서 동일도체로 겸용하는 방식
- TN-C-S 방식 : 중성선과 보호도체의 기능을 접지계통 일부에서 동일도체로 겸용하는 방식

72. 피뢰기의 구성요소로 옳은 것은?

① 직렬 갭, 특성요소　② 병렬 갭, 특성요소
③ 직렬 갭, 충격요소　④ 병렬 갭, 충격요소

해설 피뢰기 구성요소

- 직렬 갭 : 정상 시에는 방전을 하지 않고 절연상태를 유지하며, 이상 과전압 발생 시에는 신속히 이상전압을 대지로 방전하고 속류를 차단하는 역할을 한다.
- 특성요소 : 뇌전류 방전 시 피뢰기 자신의 전위상승을 억제하여 자신의 절연파괴를 방지하는 역할을 한다.

73. 화재가 발생하였을 때 조사해야 하는 내용으로 가장 관계가 먼 것은?

① 발화원　② 착화물
③ 출화의 경과　④ 응고물

해설 화재가 발생하였을 때 조사할 사항은 발화원, 경로(출화의 경과), 착화물 등이다.

74. 대전이 큰 엷은 층상의 부도체를 박리할 때 또는 엷은 층상의 대전된 부도체의 뒷면에 밀접한 접지체가 있을 때 표면에 연한 수지상의 발광을 수반하여 발생하는 방전은 무엇인가?

① 불꽃방전　② 스트리머 방전
③ 코로나 방전　④ 연면방전

해설 연면방전에 대한 설명이다.

75. 다음 중 정전에너지를 나타내는 식으로 알맞은 것은? (단, Q는 대전전하량, C는 정전용량이다.)

① $\dfrac{Q}{2C}$　② $\dfrac{Q}{2C^2}$
③ $\dfrac{Q^2}{2C}$　④ $\dfrac{Q^2}{2C^2}$

정답 70. ②　71. ③　72. ①　73. ④　74. ④　75. ③

해설 정전기 에너지(W)

$$=\frac{1}{2}CV^2=\frac{1}{2}QV=\frac{Q^2}{2C}[\mathrm{J}]$$

여기서, C : 도체의 정전용량(F)

V : 대전전위(유도된 전압[V])

Q : 대전전하량(C) ※ $Q=CV$

76. **정전기 방전에 의한 폭발로 추정되는 사고를 조사함에 있어서 필요한 조치로서 가장 거리가 먼 것은?**

① 가연성 분위기 규명
② 사고현장의 방전흔적 조사
③ 방전에 따른 점화 가능성 평가
④ 전하발생 부위 및 축적기구 규명

해설 정전기 방전사고 조치사항
- 가연성 분위기 규명
- 방전에 따른 점화 가능성 평가
- 전하발생 부위 및 축적기구 규명

77. **다음에서 설명하고 있는 방폭구조는 어느 것인가?**

> 전기기기의 정상 사용조건 및 특정 비정상 상태에서 과도한 온도상승, 아크 또는 스파크의 발생위험을 방지하기 위해 추가적인 안전조치를 취한 것으로 Ex e라고 표시한다.

① 유입 방폭구조 ② 압력 방폭구조
③ 내압 방폭구조 ④ 안전증 방폭구조

해설 안전증 방폭구조에 관한 설명이다.

78. **다음 중 내압(耐壓) 방폭구조의 화염일주한계를 작게 하는 이유로 가장 알맞은 것은?**

① 최소 점화에너지를 높게 하기 위하여
② 최소 점화에너지를 낮게 하기 위하여
③ 최소 점화에너지 이하로 열을 식히기 위하여
④ 최소 점화에너지 이상으로 열을 높이기 위하여

해설 화염일주한계를 작게 하는 이유는 최소 점화에너지 이하로 열을 식히기 위해서이다.

79. **위험방지를 위한 전기기계 · 기구의 설치 시 고려할 사항으로 거리가 먼 것은?**

① 전기기계 · 기구의 충분한 전기적 용량 및 기계적 강도
② 전기기계 · 기구의 안전효율을 높이기 위한 시간가동률
③ 습기 · 분진 등 사용장소의 주위환경
④ 전기적 · 기계적 방호수단의 적정성

해설 전기기계 · 기구의 설치 시 고려사항
- 전기기계 · 기구의 충분한 전기적 용량 및 기계적 강도
- 습기 · 분진 등 사용장소의 주위환경
- 전기적 · 기계적 방호수단의 적정성

80. **저압 방폭구조 배선 중 노출도전성 부분의 보호 접지선으로 알맞은 항목은?**

① 전선관이 충분한 지락전류를 흐르게 할 시에도 결합부에 본딩(bonding)을 해야 한다.
② 전선관이 최대 지락전류를 안전하게 흐르게 할 시 접지선으로 이용 가능하다.
③ 접지선의 전선 또는 선심은 그 절연피복을 흰색 또는 검정색을 사용한다.
④ 접지선은 1000V 비닐절연전선 이상의 성능을 갖는 전선을 사용한다.

해설 저압 방폭구조 배선 중 노출도전성 부분의 보호 접지선은 전선관이 최대 지락전류를 안전하게 흐르게 할 시 접지선으로 이용 가능하다.

정답 76. ② 77. ④ 78. ③ 79. ② 80. ②

5과목 화학설비 안전관리

81. 산업보건법상 위험물의 종류 중 독성 물질에 대한 정의로 틀린 것은?

① LD_{50}(경구, 쥐)이 300mg(체중)/kg 이하인 화학물질
② LD_{50}(경피, 토끼 또는 쥐)이 1000mg(체중)/kg 이하인 화학물질
③ LC_{50}(쥐, 4시간 흡입)이 2500ppm 이하인 화학물질
④ 일시적 접촉 또는 장기간이나 반복적으로 접촉 시 생물학적 조직을 파괴하는 화학물질

해설 ①, ②, ③은 급성 독성 물질의 정의

82. 다음 중 화학공장에서 주로 사용되는 불활성 가스는?

① 수소 ② 수증기
③ 질소 ④ 일산화탄소

해설 화학공장에서 많이 사용되는 불활성 가스는 질소(N_2)이다.

83. 다음 중 위험물의 일반적인 특성이 아닌 것은?

① 반응 시 발생하는 열량이 크다.
② 물 또는 산소의 반응이 용이하다.
③ 수소와 같은 가연성 가스가 발생한다.
④ 화학적 구조 및 결합이 안정되어 있다.

해설 위험물의 특징
- 물 또는 산소와의 반응이 용이하다.
- 반응속도가 급격히 진행된다.
- 반응 시 수반되는 발열량이 크다.
- 수소와 같은 가연성 가스를 발생한다.
- 화학적 구조 및 결합력이 대단히 불안정하다.

84. 알루미늄분이 고온의 물과 반응하였을 때 생성되는 가스는?

① 산소 ② 수소
③ 메탄 ④ 에탄

해설 알루미늄분(Al)은 물과 반응하여 수소를 발생시킨다.

85. 탱크 내부에서 작업 시 작업용구에 관한 설명으로 옳지 않은 것은?

① 유리라이닝을 한 탱크 내부에서는 줄사다리를 사용한다.
② 가연성 가스가 있는 경우 불꽃을 내기 어려운 금속을 사용한다.
③ 용접절단 시에는 바람의 영향을 억제하기 위하여 환기장치의 설치를 제한한다.
④ 탱크 내부에 인화성 물질의 증기로 인한 폭발위험이 우려되는 경우 방폭구조의 전기기계·기구를 사용한다.

해설 ③ 탱크 내부에서 용접작업을 할 경우 반드시 환기장치를 설치해야 한다.

86. 다음 중 분진폭발의 특징으로 옳은 것은?

① 가스폭발보다 연소시간이 짧고, 발생에너지가 작다.
② 압력의 파급속도보다 화염의 파급속도가 빠르다.
③ 가스폭발에 비하여 불완전 연소의 발생이 없다.
④ 주위의 분진에 의해 2차, 3차의 폭발로 파급될 수 있다.

해설 ① 가스폭발보다 연소시간이 길고, 발생에너지가 크다.
② 화염의 파급속도보다 압력의 파급속도가 크다.

정답 81. ④ 82. ③ 83. ④ 84. ② 85. ③ 86. ④

③ 가스폭발에 비하여 불완전 연소가 많이 발생한다.

87. 가연성 물질을 취급하는 장치를 퍼지하고자 할 때 잘못된 것은?

① 대상 물질의 물성을 파악한다.
② 사용하는 불활성 가스의 물성을 파악한다.
③ 퍼지용 가스를 가능한 한 빠른 속도로 단시간에 다량 송입한다.
④ 장치 내부를 세정한 후 퍼지용 가스를 송입한다.

해설 ③ 퍼지용 가스는 천천히 장시간에 걸쳐 주입한다.

88. 사업주는 인화성 액체 및 인화성 가스를 저장 · 취급하는 화학설비에서 증기나 가스를 대기로 방출하는 경우에는 외부로부터의 화염을 방지하기 위하여 화염방지기를 설치하여야 한다. 다음 중 화염방지기의 설치위치로 옳은 것은?

① 설비의 상단 ② 설비의 하단
③ 설비의 측면 ④ 설비의 조작부

해설 화염방지기의 설치는 설비의 상단에 설치하여야 한다.

89. 탄화수소 증기의 연소하한값 추정식은 연료의 양론 농도(C_{st})의 0.55배이다. 프로판 1몰의 연소반응식이 다음과 같을 때 연소하한값은 약 몇 vol%인가?

$$C_3H_8 + 5O_2 \rightarrow 3CO_2 + 4H_2O$$

① 2.22 ② 4.03 ③ 4.44 ④ 8.06

해설 Jones식에 의한 연소하한계

㉠ 프로판(C_3H_8)에서 탄소(n)=3, 수소(m)=8, 할로겐(f)=0, 산소(λ)=0이므로

$$C_{st}=\frac{100}{1+4.773\left(n+\frac{m}{4}\right)}$$

$$=\frac{100}{1+4.773\left(3+\frac{8}{4}\right)}=4.02\,\text{vol\%}$$

㉡ $LFL=0.55\times C_{st}=0.55\times 4.02$
$=2.21\,\text{vol\%}$

90. 가솔린(휘발유)의 일반적인 연소범위에 가장 가까운 값은?

① 2.7~27.8vol% ② 3.4~11.8vol%
③ 1.4~7.6vol% ④ 5.1~18.2vol%

해설 가솔린(휘발유)의 연소범위 : 1.4~7.6vol%

91. 산업안전보건법령에 따라 사업주가 특수화학설비를 설치하는 때에 그 내부의 이상 상태를 조기에 파악하기 위하여 설치하여야 하는 장치는?

① 자동경보장치 ② 긴급차단장치
③ 자동문 개폐장치 ④ 스크러버 개방장치

해설 특수화학설비 설치 시 필요한 장치

- 자동경보장치 : 사업주는 특수화학설비를 설치하는 경우에는 그 내부의 이상 상태를 조기에 파악하기 위하여 필요한 자동경보장치를 설치하여야 한다.
- 긴급차단장치 : 사업주는 특수화학설비를 설치하는 경우에는 그 내부에 폭발, 화재, 위험물 유출을 방지하기 위하여 원자재의 공급 차단, 재품 등의 방출, 냉각용수의 공급, 불활성 가스의 주입 등을 위한 필요한 경보장치를 설치하여야 한다.
- 계측장치 : 사업주는 특수화학설비를 설치하는 경우에는 그 내부의 이상 상태를 조기에 파악하기 위하여 필요한 계측장치(온도계, 유량계, 압력계 등), 자동경보장치를 설치하여야 한다.

정답 87. ③ 88. ① 89. ① 90. ③ 91. ①

• 예비동력원 : 전원의 고장으로 폭발, 화재를 방지하기 위해 즉시 사용할 수 있는 예비동력원을 설치하여야 한다.

92. 건조설비의 구조를 구조 부분, 가열장치, 부속설비로 구분할 때 다음 중 "부속설비"에 속하는 것은?

① 보온판 ② 열원장치
③ 소화장치 ④ 철골부

해설 건조설비의 구조
• 구조 부분 : 보온판, 바닥 콘크리트
• 가열장치 : 열원장치, 열원공급장치
• 부속설비 : 소화장치, 전기설비, 환기장치

93. 위험물 또는 가스에 의한 화재를 경보하는 기구에 필요한 설비가 아닌 것은?

① 간이완강기 ② 자동화재감지기
③ 축전지설비 ④ 자동화재수신기

해설 간이완강기는 화재발생 시 비상용 대피기구이다.

94. 다음 중 가연성 가스의 연소형태에 해당하는 것은?

① 분해연소 ② 증발연소
③ 표면연소 ④ 확산연소

해설 연소의 형태
• 기체연소 : 공기 중에서 가연성 가스가 연소하는 형태, 확산연소, 혼합연소, 불꽃연소
• 액체연소 : 액체 자체가 연소되는 것이 아니라 액체 표면에서 발생하는 증기가 연소하는 형태, 증발연소, 불꽃연소, 액적연소
• 고체연소 : 물질 그 자체가 연소하는 형태, 표면연소, 분해연소, 증발연소, 자기연소

95. 비점이 낮은 액체 저장탱크 주위에 화재가 발생했을 때 저장탱크 내부의 비등 현상으로 인한 압력상승으로 탱크가 파열되어 그 내용물이 증발, 팽창하면서 발생되는 폭발 현상은?

① back draft ② BLEVE
③ flash over ④ UVCE

해설 블래비(BLEVE) 현상(비등액체 팽창증기 폭발) : 가연성 액화 가스에 외부 화재에 의해 탱크 내 액체가 비등점을 지나 증기로 팽창하면서 폭발이 일어나는 현상

96. 화재의 방지 대책을 예방(豫防), 국한(局限), 소화(消火), 피난(避難)의 4가지 대책으로 분류할 때 다음 중 예방 대책에 해당되는 것은?

① 발화원 제거
② 일정한 공지의 확보
③ 가연물의 직접(直接)방지
④ 건물 및 설비의 불연성화(不燃性化)

해설 ①은 예방 대책, ②, ③, ④는 국한 대책

97. 질화면(nitrocellulose)은 저장 · 취급 중에는 에틸알코올 또는 이소프로필 알코올로 습면의 상태로 되어 있다. 그 이유를 바르게 설명한 것은?

① 질화면은 건조상태에서는 자연발열을 일으켜 분해 폭발의 위험이 존재하기 때문이다.
② 질화면은 알코올과 반응하여 안정한 물질을 만들기 때문이다.
③ 질화면은 건조상태에서 공기 중의 산소와 환원반응을 하기 때문이다.
④ 질화면은 건조상태에서 용이하게 중합물을 형성하기 때문이다.

해설 질화면(니트로 셀룰로오스) : 건조상태에서는 자연발화를 일으켜 분해 폭발하므로 에틸알코올 또는 이소프로필 알코올에 적셔 습면상태로 저장하여야 한다.

정답 92. ③ 93. ① 94. ④ 95. ② 96. ① 97. ①

98. 할론 소화약제 중 Halon 2402의 화학식으로 옳은 것은?

① $C_2F_4Br_2$　② $C_2H_4Br_2$
③ $C_2Br_4H_2$　④ $C_2Br_4F_2$

해설 할론 소화기의 종류 및 화학식
- 할론 1040(CCl_4)
- 할론 1011(CH_2ClBr)
- 할론 1301(CF_3Br)
- 할론 1211(CF_2ClBr)
- 할론 2402($C_2F_4Br_2$)

99. 크롬에 대한 설명으로 옳은 것은?

① 은백색 광택이 있는 금속이다.
② 중독 시 미나마타병이 발병한다.
③ 비중이 물보다 작은 값을 나타낸다.
④ 3가 크롬이 인체에 가장 유해하다.

해설 ② 수은 중독 시 미나마타병이 발병한다.
③ 크롬의 비중은 7.188(20℃)로 물보다 크다.
④ 6가 크롬이 3가보다 독성이 강하고 발암성이 크다.
Tip) 크롬의 급성 중독으로 신장장애(요독증, 과뇨증, 무뇨증)가 발생된다.

100. 다음 중 가연성 물질과 산화성 고체가 혼합하고 있을 때 연소에 미치는 현상으로 옳은 것은?

① 착화온도(발화점)가 높아진다.
② 최소 점화에너지가 감소하며, 폭발의 위험성이 증가한다.
③ 가스나 가연성 증기의 경우 공기 혼합보다 연소범위가 축소된다.
④ 공기 중에서보다 산화작용이 약하게 발생하여 화염온도가 감소하며 연소속도가 늦어진다.

해설 산화성 고체는 가열, 충격, 마찰에 산소를 방출하며, 가연성 물질에 산소가 공급되면 연소 또는 폭발을 가속화할 수 있다.

6과목 건설공사 안전관리

101. 구축물에 안전진단 등 안전성 평가를 실시하여 근로자에게 미칠 위험성을 미리 제거하여야 하는 경우가 아닌 것은?

① 구축물 또는 이와 유사한 시설물의 인근에서 굴착 · 항타작업 등으로 침하 · 균열 등이 발생하여 붕괴의 위험이 예상될 경우
② 구조물, 건축물, 그 밖의 시설물이 그 자체의 무게 · 적설 · 풍압 또는 그 밖에 부가되는 하중 등으로 붕괴 등의 위험이 있을 경우
③ 화재 등으로 구축물 또는 이와 유사한 시설물의 내력(耐力)이 심하게 저하되었을 경우
④ 구축물의 구조체가 안전 측으로 설계된 경우

해설 ④ 구축물의 구조체가 과도한 안전 측으로 설계가 되었을 경우 안전성 평가를 실시해야 하는 것은 아니다.

102. 보일링(boiling) 현상에 관한 설명으로 옳지 않은 것은?

① 지하수위가 높은 모래지반을 굴착할 때 발생하는 현상이다.
② 보일링 현상에 대한 대책의 일환으로 공사기간 중 지하수위를 일정하게 유지시켜야 한다.
③ 보일링 현상이 발생하는 경우 흙막이 보는 지지력이 저하된다.
④ 아래 부분의 토사가 수압을 받아 굴착한 곳으로 밀려 나와 굴착 부분을 다시 메우는 현상이다.

해설 ② 보일링 현상에 대한 대책의 일환으로 공사기간 중 지하수위를 최대한 저하시켜야 한다.

103. 건설업 산업안전보건관리비로 사용할 수 없는 것은?

정답 98. ① 99. ① 100. ② 101. ④ 102. ② 103. ②

① 안전관리자의 인건비
② 교통통제를 위한 교통정리 · 신호수의 인건비
③ 기성제품에 부착된 안전장치 고장 시 교체 비용
④ 근로자의 안전 · 보건증진을 위한 교육, 세미나 등에 소요되는 비용

해설 ①, ③, ④는 산업안전보건관리비 항목이다.

104. 다음 중 수중굴착 공사에 가장 적합한 건설기계는?

① 파워쇼벨
② 스크레이퍼
③ 불도저
④ 클램셸

해설 클램셸(clam shell) : 수중굴착 및 가장 협소하고 깊은 굴착이 가능하며, 호퍼에 적합하다.

105. 안전계수가 4이고 2000MPa의 인장강도를 갖는 강선의 최대 허용응력은 얼마인가?

① 500MPa ② 1000MPa
③ 1500MPa ④ 2000MPa

해설 $\text{허용응력} = \frac{\text{인장강도}}{\text{안전계수}} = \frac{2000}{4}$
$= 500\,\text{MPa}$

106. 승강기 강선의 과다감기를 방지하는 장치는?

① 비상정지장치
② 권과방지장치
③ 해지장치
④ 과부하방지장치

해설 크레인의 방호장치

- 권과방지장치 : 승강기 강선의 과다감기를 방지하는 크레인과 승강기의 안전장치
- 과부하방지장치 : 과부하 시 자동으로 정지되면서 경보음이나 경보등 발생
- 비상정지장치 : 돌발적인 비상사태 발생 시 전원을 차단하여 크레인을 급정지시키는 장치
- 제동장치 : 기계적 접촉에 의해 운동체를 감속하거나 정지시키는 장치

107. 철골작업을 중지하여야 하는 조건에 해당되지 않는 것은?

① 풍속이 초당 10m 이상인 경우
② 지진이 진도 4 이상의 경우
③ 강우량이 시간당 1mm 이상의 경우
④ 강설량이 시간당 1cm 이상의 경우

해설 진도의 지진이 있었던 후는 옥외 양중기의 이상 유무 점검사항이다.

108. 다음 중 추락재해를 방지하기 위한 고소작업 감소 대책으로 옳은 것은?

① 방망 설치
② 철골기둥과 빔을 일체구조화
③ 안전대 사용
④ 비계 등에 의한 작업대 설치

해설 ②는 고소작업 감소 대책,
①, ③, ④는 추락재해방지 대책

109. 흙 속의 전단응력을 증대시키는 원인에 해당하지 않는 것은?

① 자연 또는 인공에 의한 지하공동의 형성
② 함수비의 감소에 따른 흙의 단위체적 중량의 감소
③ 지진, 폭파에 의한 진동발생
④ 균열 내에 작용하는 수압 증가

정답 104. ④ 105. ① 106. ② 107. ② 108. ② 109. ②

해설 흙 속의 전단응력을 증대시키는 원인
- 자연 또는 인공에 의한 지하공동의 형성
- 지진, 폭파에 의한 진동발생
- 균열 내에 작용하는 수압 증가

Tip) 함수비가 감소하면 흙의 단위체적 중량이 감소하여 흙의 전단응력이 감소

110. 건설재해 대책의 사면 보호공법 중 식물을 생육시켜 그 뿌리로 사면의 표층토를 고정하여 빗물에 의한 침식, 동상, 이완 등을 방지하고, 녹화에 의한 경관조성을 목적으로 시공하는 것은?

① 식생공
② 쉴드공
③ 뿜어 붙이기공
④ 블록공

해설 식생공 : 법면에 식물을 심어 번식시켜 법면의 침식과 동상, 이완 등을 방지하는 공법

111. 작업 중이던 미장공이 상부에서 떨어지는 공구에 의해 상해를 입었다면 어느 부분에 대한 결함이 있었겠는가?

① 작업대 설치
② 작업방법
③ 낙하물 방지시설 설치
④ 비계 설치

해설 상부에서 떨어지는 공구에 의해 상해를 입었다면 낙하물 방지시설 설치의 결함이다.

112. 강관비계 중 단관비계의 수직 방향의 조립 간격기준으로 옳은 것은?

① 3m ② 4m
③ 5m ④ 6m

해설 강관의 단관비계는 수직 방향 : 5m, 수평 방향 : 5m

113. 이동식 비계 조립 및 사용 시 준수사항이 아닌 것은?

① 비계의 최상부에서 작업을 할 때에는 안전난간을 설치하여야 한다.
② 승강용 사다리는 견고하게 설치되어야 한다.
③ 이동 시 작업지휘자는 방향과 높이 측정을 위해 비계 위에 탑승해야 한다.
④ 작업 중 갑작스러운 이동을 방지하기 위해 바퀴는 브레이크 등으로 고정시켜야 한다.

해설 이동식 비계 조립 및 사용 시 준수사항
- 비계의 최상부에서 작업을 할 때에는 안전난간을 설치하여야 한다.
- 승강용 사다리는 견고하게 설치되어야 한다.
- 작업 중 갑작스러운 이동을 방지하기 위해 바퀴는 브레이크 등으로 고정시켜야 한다.
- 작업발판의 최대 적재하중은 250kg을 초과하지 않도록 해야 한다.
- 작업발판은 항상 수평을 유지하고 작업발판 위에서 안전난간을 딛고 작업을 하거나 받침대 또는 사다리를 사용하여 작업하지 않도록 해야 한다.

114. 거푸집 동바리 등을 조립하는 경우에 준수하여야 할 사항으로 옳지 않은 것은 어느 것인가?

① 깔목의 사용, 콘크리트 타설, 말뚝박기 등 동바리의 침하를 방지하기 위한 조치를 할 것
② 개구부 상부에 동바리를 설치하는 경우에는 상부하중을 견딜 수 있는 견고한 받침대를 설치할 것
③ 거푸집이 곡면인 경우에는 버팀대의 부착 등 그 거푸집의 부상(浮上)을 방지하기 위한 조치를 할 것
④ 동바리의 이음은 맞댄이음이나 장부이음을 피할 것

정답 110. ① 111. ③ 112. ③ 113. ③ 114. ④

해설 ④ 동바리의 이음은 맞댄이음이나 장부이음으로 하고, 같은 품질의 재료를 사용할 것

115. **다음 중 흙막이 가시설 공사 시 사용되는 각 계측기 설치 목적으로 옳지 않은 것은 어느 것인가?**

① 지표 침하계－지표면 침하량 측정
② 수위계－지반 내 지하수위의 변화 측정
③ 하중계－상부 적재하중 변화 측정
④ 지중경사계－지중의 수평 변위량 측정

해설 계측장치의 설치 목적
- 지표면 침하계(level and staff) : 지반에 대한 지표면의 침하량 측정
- 건물경사계(tilt meter) : 인접 구조물의 기울기 측정
- 지중경사계(inclino meter) : 지중의 수평 변위량 측정, 기울어진 정도 파악
- 지중침하계(extension meter) : 지중의 수직변위 측정
- 변형률계(strain gauge) : 흙막이 버팀대의 변형 파악
- 하중계(load cell) : 축하중의 변화 상태 측정
- 토압계(earth pressure meter) : 토압의 변화 파악
- 간극수압계(piezo meter) : 지하의 간극수압 측정
- 지하수위계(water level meter) : 지반 내 지하수위의 변화 측정
- 지중 수평변위계(inclino meter) : 지반의 수평 변위량과 위치, 방향 및 크기를 실측

116. **건립 중 강풍에 의한 풍압 등 외압에 대한 내력이 설계에 고려되었는지 확인하여야 하는 철골 구조물의 기준으로 옳지 않은 것은 어느 것인가?**

① 높이 20m 이상의 구조물
② 구조물의 폭과 높이의 비가 1 : 4 이상인 구조물
③ 이음부가 공장제작인 구조물
④ 연면적당 철골량이 50kg/m^2 이하인 구조물

해설 내력설계 고려기준
- 높이 20m 이상인 구조물
- 기둥이 타이 플레이트형인 구조물
- 이음부가 현장용접인 경우의 구조물
- 건물 등에서 단면구조에 현저한 차이가 있는 구조물
- 구조물의 폭과 높이의 비가 1 : 4 이상인 구조물
- 연면적당 철골량이 50kg/m^2 이하인 구조물

117. **차량계 하역운반기계를 사용하여 작업을 할 때 기계의 전도, 전락에 의해 근로자가 위해를 입을 우려가 있을 때 사업주가 조치하여야 할 사항 중 옳지 않은 것은?**

① 근로자의 출입금지 조치
② 하역운반기계를 유도하는 자 배치
③ 지반의 부동침하방지 조치
④ 갓길의 붕괴를 방지하기 위한 조치

해설 건설기계의 전도전락방지 조치는 기계를 유도하는 사람을 배치, 지반의 부동침하방지, 도로 폭의 유지, 갓길 붕괴방지 조치를 하여야 한다.

118. **건설 작업장에서 근로자가 상시 작업하는 장소의 작업면 조도기준으로 옳지 않은 것은? (단, 갱내 작업장과 감광재료를 취급하는 작업장의 경우는 제외)**

① 초정밀 작업 : 600럭스(lux) 이상
② 정밀작업 : 300럭스(lux) 이상

정답 115. ③ 116. ③ 117. ① 118. ①

③ 보통작업 : 150럭스(lux) 이상
④ 초정밀, 정밀, 보통작업을 제외한 기타작업 : 75럭스(lux) 이상

해설 조명(조도)기준
- 초정밀 작업 : 750lux 이상
- 정밀작업 : 300lux 이상
- 보통작업 : 150lux 이상
- 기타작업 : 75lux 이상

119. 다음 중 가설 구조물의 특징으로 옳지 않은 것은?

① 연결재가 적은 구조로 되기 쉽다.
② 부재 결합이 간략하여 불안전 결합이다.
③ 구조물이라는 개념이 확고하여 조립의 정밀도가 높다.
④ 사용부재는 과소단면이거나 결함재가 되기 쉽다.

해설 ③ 구조물이라는 통상의 개념이 확고하지 않으며 조립의 정밀도가 낮다.

120. 건설현장에서 작업으로 인하여 물체가 떨어지거나 날아올 위험이 있는 경우에 대한 안전조치에 해당하지 않는 것은?

① 수직보호망 설치
② 방호선반 설치
③ 울타리 설치
④ 낙하물방지망 설치

해설 ③은 낙하, 비래 위험방지 대책과 관계가 없다.

정답 119. ③ 120. ③

2024년도(3회차) CBT 출제문제

산업안전기사

1과목 산업재해 예방 및 안전보건교육

1. 버드(Bird)의 재해분포에 따르면 20건의 경상(물적, 인적상해)사고가 발생했을 때 무상해, 무사고(위험 순간) 고장은 몇 건이 발생하겠는가?

① 600 ② 800
③ 1200 ④ 1600

해설 1282건의 사고를 분석하면 중상 2건, 경상 20건, 무상해, 물적손실 사고 60건, 무상해, 무손실 사고 1200건이다.

버드 이론(법칙)	1 : 10 : 30 : 600
X×2	2 : 20 : 60 : 1200

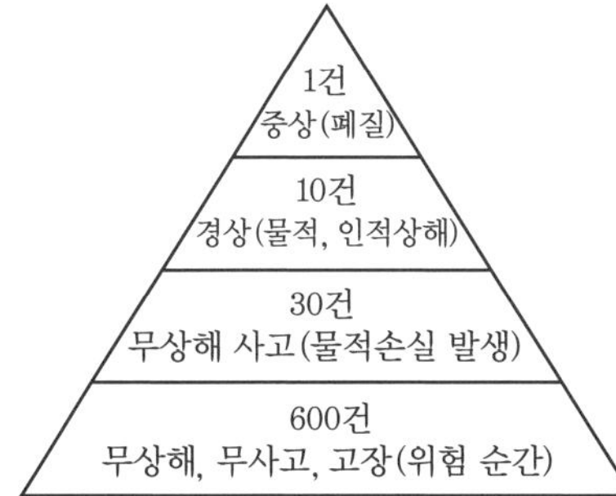

버드의 법칙

2. 다음 중 안전관리조직의 종류와 설명이 올바르게 연결된 것은?

① line형 : 명령과 보고관계가 간단, 명료하다.
② line형 : 경영자의 조언과 자문역할을 하는 부서가 있다.
③ staff형 : 명령계통과 조언, 권고적 참여가 혼동되기 쉽다.
④ line&staff형 : 생산부분은 안전에 대한 책임과 권한이 없다.

해설 ② staff형 : 경영자의 조언과 자문역할을 하는 부서가 있다.
③ line&staff형 : 명령계통과 조언, 권고적 참여가 혼동되기 쉽다.
④ staff형 : 생산부분은 안전에 대한 책임과 권한이 없다.

3. 재해원인 분석 시 고려해야 할 4M에 해당하지 않는 것은?

① Man ② Mechanism
③ Media ④ Management

해설 인간에러의 배후 요인 4요소(4M)

Man	Machine	Media	Management
인간	기계	매체	관리, 법규준수

4. 재해발생 시 조치 순서 중 재해조사 단계에서 실시하는 내용으로 옳은 것은?

① 현장 보존
② 관계자에게 통보
③ 잠재재해 위험요인의 색출
④ 피해자의 응급조치

해설 재해발생 시 조치 순서 중 재해조사 단계
㉠ 누가
㉡ 발생일시(언제)
㉢ 발생장소(어디서)
㉣ 재해 관련 작업유형
㉤ 재해발생 당시상황

정답 1. ③ 2. ① 3. ② 4. ③

5. 00명의 근로자가 근무하는 사업장에서 연간 30건의 재해가 발생하여 35명의 재해자로 인해 250일의 근로손실이 발생한 경우 이 사업장의 재해통계에 관한 설명으로 틀린 것은?

① 이 사업장의 도수율은 약 29.20이다.
② 이 사업장의 강도율은 약 0.210이다.
③ 이 사업장의 연천인율은 70이다.
④ 근로시간이 명시되지 않을 경우에는 연간 1인당 2400시간을 적용한다.

해설 ① $도수율=\frac{연간\ 재해\ 건수}{연근로\ 총\ 시간\ 수}\times 10^6$

$=\frac{30}{500\times 2400}\times 10^6=25$

② $강도율=\frac{근로손실일수}{근로\ 총\ 시간\ 수}\times 1000$

$=\frac{250}{500\times 2400}\times 1000=0.21$

③ $연천인율=\frac{연간\ 재해자\ 수}{연평균\ 근로자\ 수}\times 1000$

$=\frac{35}{500}\times 1000=70$

6. 하인리히의 재해손실비 산정방식에서 직접비로 볼 수 없는 것은?

① 직업재활급여
② 간병급여
③ 생산손실급여
④ 장해급여

해설 ③은 간접비이다.

7. 다음 중 무재해 운동에 관한 설명으로 틀린 것은?

① 제3자의 행위에 의한 업무상 재해는 무재해로 본다.
② 작업시간 중 천재지변 또는 돌발적인 사고로 인한 구조행위 또는 긴급 피난 중 발생한 사고는 무재해로 본다.
③ 무재해란 무재해 운동 시행 사업장에서 근로자가 업무에 기인하여 사망 또는 2일 이상의 요양을 요하는 부상 또는 질병에 이환되지 않는 것을 말한다.
④ 작업시간 외에 천재지변 또는 돌발적인 사고 우려가 많은 장소에서 사회통념상 인정되는 업무수행 중 발생한 사고는 무재해로 본다.

해설 ③ 사업장에서 근로자가 업무에 기인하여 사망 또는 4일 이상의 요양을 요하는 부상 또는 질병에 이환되지 않는 것을 말한다.

8. 보건법령상 유기화합물용 방독마스크의 시험가스로 옳지 않은 것은?

① 이소부탄　　② 시클로헥산
③ 디메틸에테르　　④ 염소가스 또는 증기

해설 방독마스크의 종류 및 시험가스

종류	시험가스	표시색
유기 화합물용	사이클로헥산(C_6H_{12}), 디메틸에테르 (CH_3OCH_3), 이소부탄(C_4H_{10})	갈색
할로겐용	염소가스 또는 증기 (Cl_2)	회색
황화수소용	황화수소가스(H_2S)	회색
시안화 수소용	시안화수소가스 (HCN)	회색
아황산용	아황산가스(SO_2)	노란색
암모니아용	암모니아가스(NH_3)	녹색

9. ABE종 안전모에 대하여 내수성시험을 할 때 물에 담그기 전의 질량이 400g이고, 물에 담근 후의 질량이 410g이었다면 질량증가율과 합격 여부로 옳은 것은?

정답 5. ① 6. ③ 7. ③ 8. ④ 9. ①

① 질량증가율 : 2.5%, 합격 여부 : 불합격
② 질량증가율 : 2.5%, 합격 여부 : 합격
③ 질량증가율 : 102.5%, 합격 여부 : 불합격
④ 질량증가율 : 102.5%, 합격 여부 : 합격

해설 질량증가율

$$=\frac{\text{담근 후의 질량}-\text{담그기 전의 질량}}{\text{담그기 전의 질량}}\times 100$$

$$=\frac{410-400}{400}\times 100=2.5\%$$

Tip) 질량증가율이 1% 이하이면 합격이다.

10. **산업안전보건법령상 안전 · 보건표지의 종류와 형태 중 관계자외 출입금지에 해당하지 않는 것은?**

① 관리대상물질 작업장
② 허가대상물질 작업장
③ 석면 취급 · 해체 작업장
④ 금지대상물질의 취급 실험실

해설 관계자외 출입금지표지의 종류
- 허가대상물질 작업장
- 석면 취급 · 해체 작업장
- 금지대상물질의 취급 실험실 등

11. **스트레스의 요인 중 외부적 자극요인에 해당하지 않는 것은?**

① 자존심의 손상
② 대인관계 갈등
③ 가족의 죽음, 질병
④ 경제적 어려움

해설 스트레스 자극요인

구분	요인
내부적 요인	• 자존심의 손상 • 업무상의 죄책감 • 현실에서의 부적응 • 경쟁과 욕심 • 좌절감과 자만심
외부적 요인	• 경제적 빈곤 • 가족관계의 불화 • 직장에서 갈등과 대립 • 가족의 죽음, 질병 • 자신의 건강 문제 • 대인관계와 갈등

12. **다음 중 부주의의 현상으로 볼 수 없는 것은?**

① 의식의 단절 ② 의식 수준 지속
③ 의식의 과잉 ④ 의식의 우회

해설 ①, ④는 phase 0인 상태, ③은 phase Ⅳ 상태

13. **매슬로우의 욕구단계 이론 중 자기의 잠재력을 최대한 살리고 자기가 하고 싶었던 일을 실현하려는 인간의 욕구에 해당하는 것은?**

① 생리적 욕구
② 사회적 욕구
③ 자아실현의 욕구
④ 학생의 학습과 과정의 평가를 과학적으로 할 수 있다.

해설 5단계(자아실현의 욕구) : 잠재적 능력을 실현하고자 하는 욕구(성취욕구)

14. **다음 중 바이오리듬(생체리듬)에 관한 설명으로 틀린 것은?**

① 안정기(+)와 불안정기(−)의 교차점을 위험일이라 한다.
② 육체적 리듬은 신체적 컨디션의 율동적 발현, 즉 식욕, 활동력 등과 밀접한 관계를 갖는다.
③ 지성적 리듬은 "I"로 표시하며 사고력과 관련이 있다.

정답 10. ① 11. ① 12. ② 13. ③ 14. ④

④ 감성적 리듬은 33일을 주기로 반복하며, 주의력, 예감 등과 관련되어 있다.

해설 ④ 감성적 리듬은 28일을 주기로 반복하며, 주의력, 창조력, 예감 및 통찰력 등과 관련되어 있다.

15. 다음 중 한 번 학습한 결과가 다른 학습이나 반응에 영향을 주는 것으로 특히 학습 효과를 설명할 때 많이 쓰이는 용어는?

① 학습의 연습 ② 학습곡선
③ 학습의 전이 ④ 망각곡선

해설 학습의 전이 : 하나의 상황에서 실시한 학습내용이나 방법이 다른 상황의 학습에 영향을 주는 것

16. 다음의 교육내용과 관련 있는 교육은 무엇인가?

- 작업동작 및 표준 작업방법의 습관화
- 공구 · 보호구 등의 관리 및 취급태도의 확립
- 작업 전후의 점검, 검사요령의 정확화 및 습관화

① 지식교육 ② 기능교육
③ 태도교육 ④ 문제해결교육

해설 제3단계(태도교육)에 대한 설명이다.

17. 다음 중 산업안전보건법상 사업 내 안전 · 보건교육에 있어 탱크 내 또는 환기가 극히 불량한 좁은 밀폐된 장소에서 용접작업을 하는 근로자에게 실시하여야 하는 특별안전 · 보건교육의 내용에 해당하지 않는 것은? (단, 기타 안전 · 보건관리에 필요한 사항은 제외한다.)

① 환기설비에 관한 사항
② 작업환경 점검에 관한 사항
③ 질식 시 응급조치에 관한 사항
④ 안전기 및 보호구 취급에 관한 사항

해설 밀폐된 장소에서 작업의 특별안전 · 보건교육사항
- 작업 순서, 안전작업방법 및 수칙에 관한 사항
- 환기설비에 관한 사항
- 전격방지 및 보호구 착용에 관한 사항
- 질식 시 응급조치에 관한 사항
- 작업환경 점검에 관한 사항

18. 다음 중 준비, 교시, 연합, 총괄, 응용시키는 사고과정의 기술교육 진행방법에 해당하는 것은?

① 듀이의 사고과정
② 태도교육 단계이론
③ 하버드학파의 교수법
④ MTP(Management Training Program)

해설 하버드학파의 5단계 교수법

1단계	2단계	3단계	4단계	5단계
준비 시킨다.	교시 시킨다.	연합 한다.	총괄 한다.	응용 시킨다.

19. 산업안전보건법상 사업장에서 보존하는 서류 중 2년간 보존해야 하는 서류에 해당하는 것은? (단, 고용노동부장관이 필요하다고 인정하는 경우는 제외한다.)

① 건강진단에 관한 서류
② 노사협의체의 회의록
③ 작업환경 측정에 관한 서류
④ 안전관리자, 보건관리자의 선임에 관한 서류

해설 ①, ③, ④는 3년간 보존해야 한다.

정답 15. ③ 16. ③ 17. ④ 18. ③ 19. ②

20. 산업안전보건법령상 그림과 같은 기본모형이 나타내는 안전 · 보건표지의 표시사항으로 옳은 것은? (단, L은 안전 · 보건표지를 인식할 수 있거나 인식해야 할 안전거리를 말한다.)

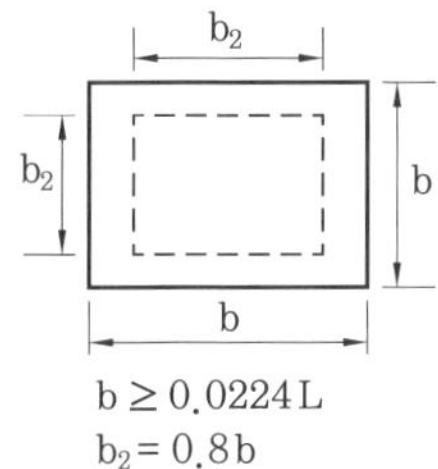

① 금지 ② 경고 ③ 지시 ④ 안내

해설 안전 · 보건표지의 기본모형

금지표지	경고표지	지시표지	안내표지
원형에 사선	삼각형 및 마름모형	원형	정사각형 또는 직사각형

2과목 인간공학 및 위험성 평가·관리

21. 작업 만족도(job satisfaction)는 작업설계(job design)를 함에 있어 철학적으로 고려해야 할 사항이다. 다음 중 작업 만족도를 얻기 위한 수단으로 볼 수 없는 것은?

① 작업 확대(job enlargement)
② 작업 윤택화(job enrichment)
③ 작업 감소(job reduce)
④ 작업 순환(job rotation)

해설 작업 만족도를 얻기 위한 수단으로 작업 확대, 작업 윤택화, 작업 순환이 있다.

22. 욕조곡선의 설명으로 맞는 것은?

① 마모고장 기간의 고장형태는 감소형이다.
② 디버깅(debugging) 기간은 마모고장에 나타난다.
③ 부식 또는 산화로 인하여 초기고장이 일어난다.
④ 우발고장 기간은 고장률이 비교적 낮고 일정한 현상이 나타난다.

해설 기계설비 고장 유형의 욕조곡선
- 마모고장 기간의 고장형태는 감소에서 일정시간 후 증가형이다.
- 디버깅(debugging) 기간은 초기고장의 예방보존 기간이다.
- 부식 또는 산화로 인하여 마모고장이 일어난다.
- 우발고장 기간은 고장률이 비교적 낮고 일정한 현상이 나타난다.

23. 다음 중 정적(static) 표시장치의 예로서 가장 적합한 것은?

① 속도계 ② 습도계
③ 안전표지판 ④ 교차로의 신호등

해설 정적(static) 표시장치 : 안전표지판, 도로교통 표지판, 안내표지판, 간판, 인쇄물 등
Tip) ①, ②, ④는 동적 표시장치

24. 신호검출이론(SDT)에서 두 정규분포곡선이 교차하는 부분에 판별기준이 놓였을 경우 beta 값으로 맞는 것은?

① beta = 0 ② beta < 1
③ beta = 1 ④ beta > 1

해설 • 반응편향$(\beta) = \dfrac{b(\text{신호의 길이})}{a(\text{소음의 길이})}$
- 두 정규분포곡선이 교차하는 부분에서는 $a=b$이므로 beta = 1이다.

25. 자극과 반응의 실험에서 자극 A가 나타날 경우 1로 반응하고 자극 B가 나타날 경우 2로 반응하는 것으로 하고, 100회 반복하여

정답 20. ④ 21. ③ 22. ④ 23. ③ 24. ③ 25. ①

다음 표와 같은 결과를 얻었다. 제대로 전달된 정보량을 계산하면 약 얼마인가?

자극＼반응	1	2
A	50	–
B	10	40

① 0.610 ② 0.871
③ 1.000 ④ 1.361

해설 정보량 계산

구분	반응1	반응2	계
A 자극	50	–	50
B 자극	10	40	50
계	60	40	100

㉠ 전달된 정보량=자극 정보량 $H(A)$+반응 정보량 $H(B)$−결합 정보량 $H(A, B)$

㉡ 자극 정보량 $H(A)=0.5\times\log_2\left(\frac{1}{0.5}\right)+0.5\times\log_2\left(\frac{1}{0.5}\right)=1$

㉢ 반응 정보량 $H(B)=0.6\times\log_2\left(\frac{1}{0.6}\right)+0.4\times\log_2\left(\frac{1}{0.4}\right)=0.971$

㉣ 결합 정보량 $H(A, B)=0.5\times\log_2\left(\frac{1}{0.5}\right)+0.1\times\log_2\left(\frac{1}{0.1}\right)+0.4\times\log_2\left(\frac{1}{0.4}\right)=1.361$

㉤ 전달된 정보량=1+0.971−1.361=0.610

26. 다음 중 FMEA 분석 시 고장 평점법의 5가지 평가요소에 해당하지 않는 것은 어느 것인가?

① 고장발생의 빈도
② 신규설계의 가능성
③ 기능적 고장 영향의 중요도
④ 영향을 미치는 시스템의 범위

해설 FMEA 고장 평점의 5가지 평가요소
- 기능적 고장 영향의 중요도
- 영향을 미치는 시스템의 범위
- 고장발생의 빈도
- 고장방지의 가능성
- 신규설계의 정도

27. 다음 중 양립성의 종류에 포함되지 않는 것은?

① 공간 양립성 ② 형태 양립성
③ 개념 양립성 ④ 운동 양립성

해설 양립성의 종류
- 운동 양립성(moment) : 핸들을 오른쪽으로 움직이면 장치의 방향도 오른쪽으로 이동
- 공간 양립성(spatial) : 오른쪽은 오른손 조절장치, 왼쪽은 왼손 조절장치
- 개념 양립성(conceptual) : 정지(OFF)는 적색, 운전(ON)은 녹색
- 양식 양립성(modality) : 소리로 제시된 정보는 소리로 반응하게 하는 것, 시각적으로 제시된 정보는 손으로 반응하게 하는 것

28. 다음 중 근골격계 질환 예방을 위한 유해요인 평가방법인 OWAS의 평가요소와 가장 거리가 먼 것은?

① 목 ② 손목
③ 다리 ④ 허리/몸통

해설 근골격계 질환 예방을 위한 유해요인 평가방법
- OWAS : 작업자의 작업 자세를 정의하고 평가하기 위해 개발한 방법으로 현장에서 적용하기 쉬우나, 팔목, 손목 등에 정보가 미반영되어 있다.
- RULA : 목, 어깨, 팔목, 손목 등의 작업 자세를 중심으로 작업부하를 쉽고 빠르게 평가한다.

정답 26. ② 27. ② 28. ②

29. 동작경제의 원칙 중 작업장 배치에 관한 원칙에 해당하는 것은?

① 공구의 기능을 결합하여 사용하도록 한다.
② 두 팔의 동작은 동시에 서로 반대 방향으로 대칭적으로 움직이도록 한다.
③ 가능하다면 쉽고도 자연스러운 리듬이 작업 동작에 생기도록 작업을 배치한다.
④ 공구나 재료는 작업 동작이 원활하게 수행되도록 그 위치를 정해준다.

해설 작업장 배치에 관한 원칙
- 모든 공구나 재료는 정해진 위치에 배치한다.
- 공구, 재료 및 제어장치는 사용위치에 가까이 두도록 한다.
- 공구나 재료는 작업 동작이 원활하게 수행되도록 그 위치를 정해준다.
- 중력 이송원리를 이용한 부품을 제품 사용위치에 가까이 보낼 수 있도록 한다.

30. 다음 그림에서 전체 시스템의 신뢰도는 약 얼마인가? (단, 모형 안의 수치는 각 부품의 신뢰도이다.)

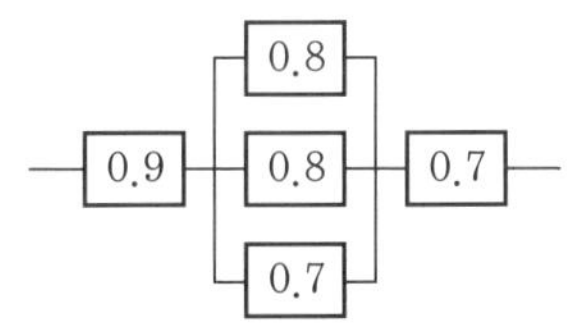

① 0.221 ② 0.483
③ 0.622 ④ 0.767

해설 $R_s = 0.9 \times \{1-(1-0.8)\times(1-0.8)\times(1-0.7)\}\times 0.7 = 0.622$

31. 음량수준을 평가하는 척도와 관계없는 것은?

① HSI ② phon
③ dB ④ sone

해설 HSI(Heat Stress Index) : 열압박지수

32. 산업안전보건기준에 관한 규칙상 "강렬한 소음작업"에 해당하는 기준은?

① 85데시벨 이상의 소음이 1일 4시간 이상 발생하는 작업
② 85데시벨 이상의 소음이 1일 8시간 이상 발생하는 작업
③ 90데시벨 이상의 소음이 1일 4시간 이상 발생하는 작업
④ 90데시벨 이상의 소음이 1일 8시간 이상 발생하는 작업

해설 하루 강렬한 소음작업 허용 노출시간

dB 기준	90	95	100	105	110	115
노출시간	8시간	4시간	2시간	1시간	30분	15분

33. 다음 중 위험조정을 위해 필요한 방법(위험조정 기술)과 가장 거리가 먼 것은?

① 위험회피(avoidance)
② 위험감축(reduction)
③ 보류(retention)
④ 위험확인(confirmation)

해설 위험처리 기술 : 위험회피, 위험제거, 위험보류, 위험전가 등

34. 시스템이 저장되어 이동되고 실행됨에 따라 발생하는 작동 시스템의 기능이나 과업, 활동으로부터 발생되는 위험에 초점을 맞춘 위험분석 차트는?

① 결함수 분석(FTA : Fault Tree Analysis)
② 사상수 분석(ETA : Event Tree Analysis)
③ 결함위험분석(FHA : Fault Hazard Analysis)
④ 운용위험분석(OHA : Operating Hazard Analysis)

해설 운용위험분석(OHA) : 시스템 사용 단계에서 생산, 보전, 시험, 운전, 운반, 저장, 비

정답 29. ④ 30. ③ 31. ① 32. ④ 33. ④ 34. ④

상탈출, 구조, 훈련 및 폐기 등에 사용되는 인원, 순서, 설비에 관하여 위험을 동정하고 제어한다.

35. 다음 중 톱다운(top-down) 접근방법으로 일반적 원리로부터 논리의 절차를 밟아서 각각의 사실이나 명제를 이끌어내는 연역적 평가 기법은?

① FTA ② ETA
③ FMEA ④ HAZOP

해설 ① FTA : top down 방식, 정량적, 연역적 해석방법
② ETA : 귀납적, 정량적 분석법인 시스템 안전 프로그램
③ FMEA : bottom up 방식, 정성적, 귀납적 해석방법
④ HAZOP : 위험 및 운전성 검토 위험성 평가

36. 결함수 작성의 몇 가지 원칙 중 다음 설명에 해당하는 원칙은?

일단 약화되기 시작하여 재해로 발전하여 가는 과정 도중에 자연적으로 또는 다른 사건의 발생으로 인해 재해 연쇄가 중지되는 경우는 없다.

① No-Gate-to-Gate Rule
② No Miracle Rule
③ General Rule I
④ General Rule II

해설 결함수 작성원칙(No Miracle Rule)의 정의이다.

37. 다음 FT도에서 최소 컷셋(minimal cut set)으로만 올바르게 나열한 것은 어느 것인가?

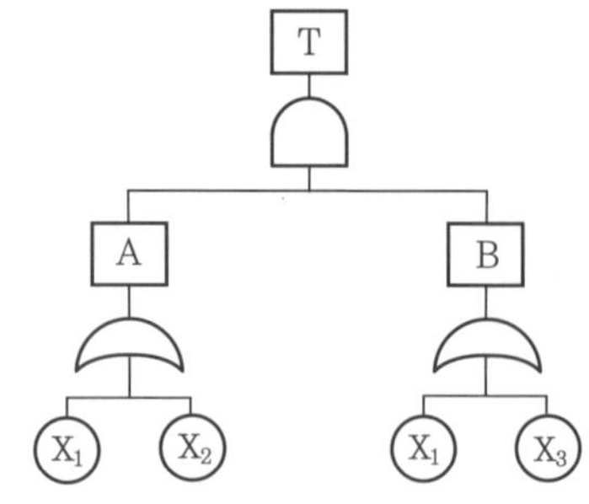

① (X_1), (X_2X_3)
② (X_1), (X_2)
③ $(X_1X_2X_3)$
④ (X_1X_2), (X_1X_3)

해설 $T=A\cdot B=\begin{pmatrix}X_1\\X_2\end{pmatrix}\cdot\begin{pmatrix}X_1\\X_3\end{pmatrix}$
$=(X_1)(X_1X_3)(X_1X_2)(X_2X_3)$이므로
미니멀 컷셋은 (X_1), (X_2X_3)이다.

38. 위험관리의 안전성 평가에서 발생빈도보다 손실에 중점을 두며, 기업 간 의존도, 한 가지 사고가 여러 가지 손실을 수반하는가 하는 안전에 미치는 영향의 강도를 평가하는 단계는?

① 위험의 처리 단계
② 위험의 분석 및 평가 단계
③ 위험의 파악 단계
④ 위험의 발견, 확인, 측정방법 단계

해설 안전에 미치는 영향의 강도 평가 단계

1단계	2단계	3단계	4단계
위험의 파악	위험의 분석	위험의 평가	위험의 처리

39. 어떤 전자회로에는 4개의 트랜지스터와 20개의 저항이 직렬로 연결되어 있다. 이러한 부품들이 정상 운용상태에서 다음과 같은 고장률을 가질 때 이 회로의 신뢰도는 얼마인가?

정답 35. ① 36. ② 37. ① 38. ② 39. ③

• 트랜지스터 : 0.00001/시간
• 저항 : 0.000001/시간

① $e^{-0.0006t}$ ② $e^{-0.00004t}$
③ $e^{-0.00006t}$ ④ $e^{-0.000001t}$

해설 신뢰도 $R(t)=e^{-\lambda t}$
$=e^{-(0.00001\times 4+0.000001\times 20)\times t}$
$=e^{-0.00006t}$

40. 시스템의 수명 및 신뢰성에 관한 설명으로 틀린 것은?

① 병렬 설계 및 디렉팅 기술로 시스템의 신뢰성을 증가시킬 수 있다.
② 직렬 시스템에서는 부품들 중 최소 수명을 갖는 부품에 의해 시스템 수명이 정해진다.
③ 수리가 가능한 시스템의 평균수명(MTBF)은 평균고장률(λ)과 정비례 관계가 성립한다.
④ 수리가 불가능한 구성요소로 병렬 구조를 갖는 설비는 중복도가 늘어날수록 시스템 수명이 길어진다.

해설 평균수명(MTBF)과 신뢰도의 관계
평균수명(MTBF)은 평균고장률(λ)과 역수 관계이다.

$$\text{고장률}(\lambda)=\frac{1}{\text{MTBF}},\ \text{MTBF}=\frac{1}{\lambda}$$

③ MTBF는 고장률(λ)과 반비례 관계 성립

3과목 기계·기구 및 설비 안전관리

41. 산업안전보건법령상 유해·위험방지를 위한 방호조치가 필요한 기계·기구가 아닌 것은?

① 예초기 ② 지게차
③ 금속절단기 ④ 금속탐지기

해설 유해·위험방지를 위한 방호조치가 필요한 기계·기구 : 예초기, 원심기, 공기압축기, 금속절단기, 지게차, 포장기계(진공포장기, 랩핑기로 한정)

42. 다음 중 기계의 고정 부분과 회전하는 동작 부분이 함께 만드는 위험점의 예로 옳은 것은?

① 굽힘기계
② 기어와 랙
③ 교반기의 날개와 하우스
④ 회전하는 보링머신의 천공공구

해설 끼임점 : 회전운동하는 부분과 고정 부분 사이에 형성되는 위험점, 연삭숫돌과 덮개, 교반기의 날개와 하우스 등

43. 산업안전보건법령에 따라 원동기·회전축 등의 위험방지를 위한 설명 중 ( ) 안에 들어갈 내용은?

사업주는 회전축·기어·풀리 및 플라이휠 등에 부속되는 키·핀 등의 기계요소는 ( )으로 하거나 해당 부위에 덮개를 설치하여야 한다.

① 개방형 ② 돌출형
③ 묻힘형 ④ 고정형

해설 회전축·기어·풀리 및 플라이휠 등에 부속되는 키·핀 등의 기계요소는 묻힘형으로 하거나 해당 부위에 덮개, 울, 슬리브, 건널다리 등을 설치하여야 한다.

44. 인장강도가 380 MPa이고, 지름이 30 mm인 연강의 원형봉에 31.4 kN의 인장하중이 작용할 때 안전율은 얼마인가?

정답 40. ③ 41. ④ 42. ③ 43. ③ 44. ②

① 9.62 ② 8.55
③ 7.86 ④ 6.54

해설 ㉠ 인장응력$=\dfrac{\text{인장하중}}{\text{단면적}}=\dfrac{31.4}{\frac{\pi}{4}\times 0.03^2}$

$=44444.44\text{kPa}=44.44\text{MPa}$

㉡ 안전율$=\dfrac{\text{인장강도}}{\text{인장응력}}=\dfrac{380}{44.44}=8.55$

45. 공작기계인 선반에서 길이가 지름의 12배 이상인 긴 공작물의 절삭 시 사용되는 장치로 적합한 것은?

① 칩 브레이커 ② 척 커버
③ 방진구 ④ 실드

해설 선반작업 시 가공물의 길이가 지름의 12~20배가 넘으면 방진구를 사용하여 가공물을 절삭하여야 한다.

46. 연삭숫돌 교환 시 연삭숫돌을 끼우기 전에 숫돌의 파손이나 균열의 생성 여부를 확인해 보기 위한 검사방법이 아닌 것은?

① 음향검사 ② 회전검사
③ 균형검사 ④ 진동검사

해설 숫돌의 균열 검사방법 : 외관검사, 음향검사, 균형검사, 진동검사 등이 있다.
Tip) 회전검사는 연삭숫돌을 교체한 후 3분 이상 시운전하는 것을 말한다.

47. 공작기계에서 덮개 또는 울의 방호장치를 설치해야 할 기계가 아닌 것은?

① 띠톱기계의 위험한 톱날 부위
② 형삭기 램의 행정 끝
③ 터릿 선반으로부터의 돌출 가공물
④ 모떼기 기계의 날

해설 ④에는 날 접촉예방장치를 설치한다.

48. 프레스 작업시작 전 점검해야 할 사항으로 거리가 먼 것은?

① 매니퓰레이터 작동의 이상 유무
② 클러치 및 브레이크 기능
③ 슬라이드, 연결봉 및 연결나사의 풀림 여부
④ 프레스 금형 및 고정볼트 상태

해설 ①은 로봇의 작업시작 전 점검사항이다.

49. 프레스 작업 중 부주의로 프레스의 페달을 밟는 것에 대비하여 페달에 설치하는 것을 무엇이라 하는가?

① 크램프
② 로크너트
③ 커버
④ 스프링 와셔

해설 프레스 작업 중 부주의로 프레스의 페달을 밟는 것에 대비하여 페달에 U자형 덮개(커버)를 설치한다.

50. 금형의 설치, 해체, 운반 시 안전사항에 관한 설명으로 틀린 것은?

① 운반을 위하여 관통 아이볼트가 사용될 때는 구멍 틈새가 최소화 되도록 한다.
② 금형을 설치하는 프레스의 T홈 안길이는 설치볼트 지름의 1/2배 이하로 한다.
③ 고정볼트는 고정 후 가능하면 나사산을 3~4개 정도 짧게 남겨 설치 또는 해체 시 슬라이드 면과의 사이에 협착이 발생하지 않도록 해야 한다.
④ 운반 시 상부금형과 하부금형이 닿을 위험이 있을 때는 고정 패드를 이용한 스트랩, 금속재질이나 우레탄 고무의 블록 등을 사용한다.

해설 ② 금형을 설치하는 프레스 기계의 T홈에 적합한 형상을 사용하며, 안길이는 설치볼트 지름의 2배 이상으로 한다.

정답 45. ③ 46. ② 47. ④ 48. ① 49. ③ 50. ②

51. 롤러기의 급정지장치에 관한 설명으로 가장 적절하지 않은 것은?

① 복부 조작식은 조작부 중심점을 기준으로 밑면으로부터 1.2~1.4m 이내의 높이로 설치한다.
② 손 조작식은 조작부 중심점을 기준으로 밑면으로부터 1.8m 이내의 높이로 설치한다.
③ 급정지장치의 조작부에 사용하는 줄은 사용 중에 늘어져서는 안 된다.
④ 급정지장치의 조작부에 사용하는 줄은 충분한 인장강도를 가져야 한다.

해설 ① 복부 조작식은 밑면으로부터 0.8~1.1m 이내 위치

52. 가스집합 용접장치의 배관 시 준수해야할 사항으로 틀린 것은?

① 플랜지, 밸브, 콕 등의 접합부에는 개스킷을 사용할 것
② 접합부는 상호 밀착시키는 등의 조치를 취할 것
③ 안전기를 설치할 경우 하나의 주관 및 취관에 1개 이상의 안전기를 설치할 것
④ 주관 및 분기관에 안전기를 설치할 것

해설 ③ 안전기를 설치할 경우 하나의 주관 및 취관에 2개 이상의 안전기를 설치할 것

53. 산업안전보건법령상 보일러 방호장치로 거리가 가장 먼 것은?

① 고저수위 조절장치 ② 아우트리거
③ 압력방출장치 ④ 압력제한 스위치

해설 ②는 크레인 안전장치의 일종이다.

54. 공기압축기의 작업 안전수칙으로 가장 적절하지 않은 것은?

① 공기압축기의 점검 및 청소는 반드시 전원을 차단한 후에 실시한다.
② 운전 중에 어떠한 부품도 건드려서는 안 된다.
③ 공기압축기 분해 시 내부의 압축공기를 이용하여 분해한다.
④ 최대공기압력을 초과한 공기압력으로는 절대로 운전하여서는 안 된다.

해설 ③ 공기압축기 분해 시 내부의 압축공기를 방출하고 분해한다.

55. 다음 중 목재가공기계의 반발예방장치와 같이 위험장소에 설치하여 위험원이 비산하거나 튀는 것을 방지하는 등 작업자로부터 위험원을 차단하는 방호장치는?

① 포집형 방호장치
② 감지형 방호장치
③ 위치제한형 방호장치
④ 접근반응형 방호장치

해설 방호장치

- 포집형 방호장치 : 위험장소에 설치하여 위험원이 비산하거나 튀는 것을 방지하는 등 작업자로부터 위험원을 차단하는 방호장치
- 감지형 방호장치 : 이상온도, 이상기압, 과부하 등 기계의 부하가 안전한계치를 초과하는 경우에 이를 감지하고 자동으로 안전상태가 되도록 조정하거나 기계의 작동을 중지시키는 방호장치
- 위치제한형 방호장치 : 작업자의 신체 부위가 위험한계 밖에 있도록 기계의 조작장치를 위험한 작업점에서 안전거리 이상 떨어지게 하거나, 조작장치를 양손으로 동시 조작하게 함으로써 위험한계에 접근하는 것을 제한하는 방호장치
- 접근거부형 방호장치 : 작업자의 신체 부위가 위험한계 내로 접근하였을 때 기계적

정답 51. ① 52. ③ 53. ② 54. ③ 55. ①

인 작용에 의하여 접근을 못하도록 저지하는 방호장치

56. 기준 무부하상태에서 지게차 주행 시의 좌우 안정도 기준은? (단, V는 구내최고속도[km/h]이다.)

① $(15+1.1\times V)$% 이내
② $(15+1.5\times V)$% 이내
③ $(20+1.1\times V)$% 이내
④ $(20+1.5\times V)$% 이내

해설 주행 시의 좌우 안정도는 $(15+1.1\times V)$% 이내이다.

57. 산업안전기준에 관한 규칙에서 컨베이어 작업의 작업시작 전 점검사항이 아닌 것은?

① 비상정지장치 기능의 이상 유무
② 원동기 및 풀리기능의 이상 유무
③ 이탈방지장치 기능의 이상 유무
④ 원동기 급유의 이상 유무

해설 ①, ②, ③은 컨베이어 작업시작 전 점검사항이다.

58. 질량 100kg의 화물이 와이어로프에 매달려 $2m/s^2$의 가속도로 권상되고 있다. 이때 와이어로프에 작용하는 장력의 크기는 몇 N인가? (단, 여기서 중력가속도는 $10m/s^2$로 한다.)

① 200N ② 300N
③ 1200N ④ 2000N

해설 총 하중(W)=정하중(W_1)+동하중(W_2)

$$=100+\frac{100}{10}\times 2=120\text{kg}\times 10\text{N}=1200\text{N}$$

여기서, W_1 : 정하중(kg), 동하중$(W_2)=\frac{W_1}{g}\times a$,

g : 중력가속도(m/s^2), a : 가속도(m/s^2)

Tip) 정하중 : 매단 물체의 무게

59. 산업안전보건법령상 크레인에 전용탑승설비를 설치하고 근로자를 달아 올린 상태에서 작업에 종사시킬 경우 근로자의 추락위험을 방지하기 위하여 실시해야 할 조치사항으로 적합하지 않은 것은?

① 승차석 외의 탑승제한
② 안전대나 구명줄의 설치
③ 탑승설비의 하강 시 동력하강방법을 사용
④ 탑승설비가 뒤집히거나 떨어지지 않도록 필요한 조치

해설 전용탑승설비에서 근로자의 추락위험을 방지하기 위한 안전조치사항

- 안전대나 구명줄의 설치
- 탑승설비의 하강 시 동력하강방법을 사용
- 탑승설비가 뒤집히거나 떨어지지 않도록 필요한 조치

60. 다음 중 와전류 비파괴 검사법의 특징과 가장 거리가 먼 것은?

① 관, 환봉 등의 제품에 대해 자동화 및 고속화된 검사가 가능하다.
② 검사대상 이외의 재료적 인자(투자율, 열처리, 온도 등)에 대한 영향이 작다.
③ 가는 선, 얇은 판의 경우도 검사가 가능하다.
④ 표면 아래 깊은 위치에 있는 결함은 검출이 곤란하다.

해설 ② 검사대상 이외의 재료적 인자(투자율, 열처리, 온도 등)에 대한 영향이 크다.

4과목 전기설비 안전관리

61. 6600/100V, 15kVA의 변압기에서 공급하는 저압전선로의 허용 누설전류는 몇 A를 넘지 않아야 하는가?

정답 56. ① 57. ④ 58. ③ 59. ① 60. ② 61. ③

① 0.025 ② 0.045
③ 0.075 ④ 0.085

해설 ㉠ 최대공급전류(A)

$15\text{kVA} = V \times A$

$\rightarrow 15\text{kW} = 100V \times A$

$\rightarrow A = \dfrac{15 \times 1000}{100} = 150\text{A}$

㉡ 누설전류 = 최대공급전류 × $\dfrac{1}{2000}$

$= 150 \times \dfrac{1}{2000} = 0.075\text{A}$

62. 심장의 맥동주기 중 어느 때에 전격이 인가되면 심실세동을 일으킬 확률이 크고, 위험한가?

① 심방의 수축이 있을 때
② 심실의 수축이 있을 때
③ 심실의 수축 종료 후 심실의 휴식이 있을 때
④ 심실의 수축이 있고 심방의 휴식이 있을 때

해설 심실의 수축 종료 후 심실의 휴식이 있을 때 심실세동을 일으킬 확률이 크고 위험하다.

63. 어떤 공장에서 전기설비에 관한 절연상태를 측정한 결과가 다음과 같이 나왔다. 절연상태가 불량인 것은?

① 사무실의 110V 전등회로의 절연저항값이 0.14MΩ이었다.
② 단상 유도전동기 전용 220V 분기개폐기의 절연저항값이 0.25MΩ이었다.
③ 정격이 440V, 300kW인 고주파 유도 가열기 전로의 절연저항값이 0.3MΩ이었다.
④ 40W, 220V의 형광등 회로의 절연저항값이 0.2MΩ이었다.

해설 ③ 대지전압이 400V 초과인 경우 절연저항값이 0.4MΩ 이상이다.

64. 보폭전압에서 지표상에 근접 격리된 두 점 간의 거리는?

① 0.5m ② 1.0m ③ 1.5m ④ 2.0m

해설 • 보폭전압에서 지표상에 근접 격리된 두 점 간의 거리는 1.0m이다.
• 보폭전압 : 전기설비의 접지를 통하여 땅으로 전류가 흐를 때에 그 근방에 서 있는 사람의 두 발 간의 전압

65. 산업안전보건기준에 관한 규칙 제319조에 따라 감전될 우려가 있는 장소에서 작업을 하기 위해서는 전로를 차단하여야 한다. 전로 차단을 위한 시행 절차 중 틀린 것은 어느 것인가?

① 전기기기 등에 공급되는 모든 전원을 관련 도면, 배선도 등으로 확인
② 각 단로기를 개방한 후 전원 차단
③ 단로기 개방 후 차단장치나 단로기 등에 잠금장치 및 꼬리표를 부착
④ 잔류전하 방전 후 검전기를 이용하여 작업 대상 기기가 충전되어 있는지 확인

해설 정전작업 시 전로 차단방법
• 전기기기 등에 공급되는 모든 전원과 관련 도면, 배선도 등으로 확인할 것
• 전원을 차단한 후 각 단로기 등을 개방하고 확인할 것
• 차단장치나 단로기 등에 잠금장치 및 꼬리표를 부착할 것
• 개로된 전로에서 유도전압 또는 전기에너지가 축적되어 근로자에게 전기위험을 끼칠 수 있는 전기기기 등은 접촉하기 전에 잔류전하를 완전히 방전시킬 것
• 검전기를 이용하여 작업대상 기기가 충전되었는지를 확인할 것
• 전기기기 등이 다른 노출충전부와의 접촉, 유도 또는 예비동력원의 역송전 등으로 전

정답 62. ③ 63. ③ 64. ② 65. ②

압이 발생할 우려가 있는 경우에는 충분한 용량을 가진 단락접지기구를 이용하여 접지할 것

66. 욕조나 샤워시설이 있는 욕실 또는 화장실에 콘센트가 시설되어 있다. 해당 전로에 설치된 누전차단기의 정격감도전류와 동작시간은?

① 정격감도전류 15mA 이하, 동작시간 0.01초 이하
② 정격감도전류 15mA 이하, 동작시간 0.03초 이하
③ 정격감도전류 30mA 이하, 동작시간 0.01초 이하
④ 정격감도전류 30mA 이하, 동작시간 0.03초 이하

해설 물을 사용하는 장소에 설치된 누전차단기의 정격감도전류 및 작동시간은 15mA 이하, 0.03초 이내이다.

67. 복사선 중 전기성 안염을 일으키는 광선은?

① 자외선 ② 적외선
③ 가시광선 ④ 근적외선

해설 아크용접, 수은등, 형광램프 등의 자외선에 의해 전기성 안염이 유발될 수 있다.

68. 활선작업 시 필요한 보호구 중 가장 거리가 먼 것은?

① 고무장갑
② 안전화
③ 대전방지용 구두
④ 안전모

해설 대전방지용 구두(안전화)는 정전기 발생작업에서 착용하는 보호구이다.

69. 이동식 전기기기의 감전사고를 방지하기 위한 가장 적정한 시설은?

① 접지설비
② 폭발방지설비
③ 시건장치
④ 피뢰기설비

해설 접지 : 전기기기 · 전기회로를 도체로 땅과 연결해 놓은 것으로 이상전압의 발생으로부터 전기기기의 안전한 보호를 위해 설치한다.

70. 다음 중 접지공사에 관한 설명으로 옳은 것은?

① 뇌해방지를 위한 피뢰기는 제1종 접지공사를 시행한다.
② 중성선 전로에 시설하는 계통접지는 특별 제3종 접지공사를 시행한다.
③ 제3종 접지공사의 저항값은 100Ω이고 교류 750V 이하의 저압기기에 설치한다.
④ 고 · 저압전로의 변압기 저압 측 중성선에는 반드시 제1종 접지공사를 시행한다.

해설 ② 중성선 전로에 시설하는 계통접지는 특별 제2종 접지공사를 시행한다.
③ 제3종 접지공사의 저항값은 100Ω 이하이며, 교류 400V 이하의 저압기기에 설치한다.
④ 고 · 저압전로의 변압기 저압 측 중성선에는 반드시 제2종 접지공사를 시행한다.

71. 정전기 제거만을 목적으로 하는 접지에 있어서의 적당한 접지저항값은 몇 Ω 이하로 하면 좋은가?

① 10^6Ω 이하 ② 10^{12}Ω 이하
③ 10^{15}Ω 이하 ④ 10^{18}Ω 이하

해설 정전기 제거만을 목적으로 하는 접지는 10^6Ω 이하이면 충분하다. 단, 확실한 안전을 위한 접지는 10Ω 미만으로 하여야 한다.

정답 66. ② 67. ① 68. ③ 69. ① 70. ① 71. ①

72. 속류를 차단할 수 있는 최고의 교류전압을 피뢰기의 정격전압이라고 하는데 이 값은 통상적으로 어떤 값으로 나타내고 있는가?

① 최댓값
② 평균값
③ 실횻값
④ 파고값

해설 피뢰기의 정격전압(실횻값) : 속류를 차단할 수 있는 최고의 교류전압을 통상 실횻값으로 나타낸다.

73. 다음 중 대전서열을 올바르게 나열한 것은? (단, (+)~(−) 순이다.)

① 폴리에틸렌−셀룰로이드−염화비닐−테프론
② 셀룰로이드−폴리에틸렌−염화비닐−테프론
③ 염화비닐−폴리에틸렌−셀룰로이드−테프론
④ 테프론−셀룰로이드−염화비닐−폴리에틸렌

해설 물질의 대전서열

대전서열은 두 물질이 가까이 있으면 정전기 발생량이 적고, 멀리 있으면 정전기 발생량이 많아진다.

(+) 0 (−)

유리 머리털 나일론 양모 레이온 견포 테릴론 비닐론 사란 다클론 테릴렌 카페이트 폴리에틸렌 카네칼론 셀룰로이드 사진필름 셀로판 염화비닐 테프론

74. 역률개선용 커패시터(capacitor)가 접속되어 있는 전로에서 정전작업을 할 경우 다른 정전작업과는 달리 주의 깊게 취해야 할 조치사항으로 옳은 것은?

① 안전 표지 부착
② 개폐기 전원 투입금지
③ 잔류전하 방전
④ 활선 근접작업에 대한 방호

해설 역률개선용 커패시터가 접속되어 있는 전로에서 정전작업을 할 경우 최우선 조치사항으로 잔류전하 방전에 주의하여야 한다.

75. 정전작업 안전을 확보하기 위하여 접지용구의 설치 및 철거에 대한 설명 중 잘못된 것은?

① 접지용구 설치 전에 개폐기의 개방 확인 및 검전기 등으로 충전 여부를 확인한다.
② 접지 설치요령은 먼저 접지 측 금구에 접지선을 접속하고 금구를 기기나 전선에 확실히 부착한다.
③ 접지용구 취급은 작업책임자의 책임하에 행하여야 한다.
④ 접지용구의 철거는 설치 순서와 동일하게 한다.

해설 ④ 접지용구의 철거는 설치 순서의 역순서로 한다.

76. 제전기의 제전 효과에 영향을 미치는 요인으로 볼 수 없는 것은?

① 제전기의 이온생성 능력
② 전원의 극성 및 전선의 길이
③ 대전 물체의 대전위치 및 대전분포
④ 제전기의 설치위치 및 설치각도

해설 제전 효과에 영향을 미치는 요인
- 제전기의 이온생성 능력
- 대전 물체의 대전위치 및 대전분포
- 제전기의 설치위치 및 설치각도

77. 폭발성 가스의 폭발등급 중 1등급 가스가 아닌 것은?

① 암모니아
② 일산화탄소
③ 수소
④ 메탄

정답 72. ③ 73. ① 74. ③ 75. ④ 76. ② 77. ③

해설 가스 폭발등급
- 1등급 : 일산화탄소, 메탄, 암모니아, 프로판, 가솔린, 벤젠 등
- 2등급 : 에틸렌, 석탄가스 등
- 3등급 : 수소, 아세틸렌, 이황화탄소 등

78. 다음 분진의 종류 중 폭연성 분진에 해당하는 것은?

① 소맥분　② 철
③ 코크스　④ 알루미늄

해설 폭연성 분진 : Mg, Al, Ti 등이 공기 중의 산소와 발열반응을 일으켜 폭발할 우려가 있는 것

79. 금속관의 방폭형 부속품에 대한 설명으로 틀린 것은?

① 재료는 아연도금을 하거나 녹이 스는 것을 방지하도록 한 강 또는 가단주철일 것
② 안쪽 면 및 끝부분은 전선의 피복을 손상하지 않도록 매끈한 것일 것
③ 전선관과의 접속 부분의 나사는 5턱 이상 완전히 나사결합이 될 수 있는 길이일 것
④ 완성품은 유입 방폭구조의 폭발압력시험에 적합할 것

해설 금속관의 방폭형 부속품에 관한 내용
- 재료는 아연도금을 한 위에 투명한 도료를 칠하거나 녹이 스는 것을 방지하도록 한 강 또는 가단주철일 것
- 안쪽 면 및 끝부분은 전선의 피복을 손상하지 않도록 매끈한 것일 것
- 전선관과의 접속 부분의 나사는 5턱 이상 완전히 나사결합이 될 수 있는 길이일 것
- 접합면 중 접속 부분의 나사는 내압 방폭구조(d)의 폭발압력시험에 적합할 것
- 완성품은 전기기기 내압 방폭구조(d)의 용기에 폭발압력 측정 및 압력시험에 적합한 것일 것

80. 설비의 이상 현상에 나타나는 아크(arc)의 종류가 아닌 것은?

① 단락에 의한 아크
② 지락에 의한 아크
③ 차단기에서의 아크
④ 전선저항에 의한 아크

해설 전선의 저항은 아크와 관계없으나 전류와 저항이 커지면 열이 발생하여 전선이 녹아 화재가 발생할 수 있다.

5과목 화학설비 안전관리

81. 다음 중 가스나 증기가 용기 내에서 폭발할 때 최대 폭발압력(Pm)에 영향을 주는 요인에 관한 설명으로 틀린 것은?

① Pm은 화학양론비에 최대가 된다.
② Pm은 용기의 형태 및 부피에 큰 영향을 받지 않는다.
③ Pm은 다른 조건이 일정할 때 초기온도가 높을수록 증가한다.
④ Pm은 다른 조건이 일정할 때 초기압력이 상승할수록 증가한다.

해설 ③ Pm은 다른 조건이 일정할 때 초기온도가 높을수록 감소한다.

82. 위험물안전관리법령에 의한 위험물 분류에서 제1류 위험물은 산화성 고체이다. 다음 중 산화성 고체 위험물에 해당하는 것은?

① 과염소산칼륨
② 황린
③ 마그네슘
④ 나트륨

해설 제1류(산화성 고체) : 아염소산, 염소산, 삼산화크롬, 브롬산염류, 과염소산칼륨 등

정답 78. ④　79. ④　80. ④　81. ③　82. ①

83. 다음 중 제시한 두 종류 가스가 혼합될 때 폭발위험이 가장 높은 것은?

① 염소, CO_2 ② 염소, 아세틸렌
③ 질소, CO_2 ④ 질소, 암모니아

해설 아세틸렌은 가연성 가스이며, 지연성 가스인 염소, 불소, 산소, 산화질소, 이산화질소 가스 등과 혼합될 때 폭발위험이 있다.(가연성+조연성은 폭발위험이 높다.)

84. 다음 중 마그네슘의 저장 및 취급에 관한 설명으로 틀린 것은?

① 산화제와 접촉을 피한다.
② 상온의 물에서는 안정하지만, 고온의 물이나 과열 수증기와 접촉하면 격렬히 반응한다.
③ 분진폭발성이 있으므로 누설되지 않도록 포장한다.
④ 고온에서 유황 및 할로겐과 접촉하면 흡열반응을 한다.

해설 ④ 유황 및 할로겐과 접촉하면 발열반응을 한다.

85. 다음 중 물질안전보건자료(MSDS)의 작성 · 비치 대상에서 제외되는 물질이 아닌 것은? (단, 해당하는 관계 법령의 명칭은 생략한다.)

① 화장품 ② 사료
③ 플라스틱 원료 ④ 식품 및 식품첨가물

해설 ③은 공정안전 보고서 제출대상

86. 폭발 원인 물질의 물리적 상태에 따라 구분할 때 기상폭발(gas explosion)에 해당되지 않는 것은?

① 분진폭발 ② 응상폭발
③ 분무폭발 ④ 가스폭발

해설 기상폭발 : 분해 폭발, 분진폭발, 분무폭발, 혼합가스의 폭발, 가스의 분해 폭발

87. 다음 중 가연성 기체의 폭발한계와 폭굉한계를 가장 올바르게 설명한 것은?

① 폭발한계와 폭굉한계는 농도범위가 같다.
② 폭굉한계는 폭발한계의 최상한치에 존재한다.
③ 폭발한계는 폭굉한계보다 농도범위가 넓다.
④ 두 한계의 하한계는 같으나, 상한계는 폭굉한계가 더 높다.

해설 폭발이 발생하고 그 속도가 음속보다 빠른 구간을 폭굉이라 하며, 폭발한계의 농도범위가 더 넓다.

88. 가연성 가스 A의 연소범위를 2.2~9.5 vol%라 할 때 가스 A의 위험도는 얼마인가?

① 2.52 ② 3.32
③ 4.91 ④ 5.64

해설 위험도$(H)=\dfrac{\text{폭발상한계}-\text{폭발하한계}}{\text{폭발하한계}}$

$$=\frac{U-L}{L}=\frac{9.5-2.2}{2.2}=3.32$$

89. 프로판 가스 $1m^3$를 완전 연소시키는데 필요한 이론 공기량은 몇 m^3인가? (단, 공기 중의 산소농도는 20vol%이다.)

① 20 ② 25 ③ 30 ④ 35

해설 프로판(C_3H_8)의 완전 연소식

$C_3H_8+5O_2 \rightarrow 3CO_2+4H_2O$

㉠ 프로판 : 산소=1 : 5
프로판 $1m^3$의 완전 연소에 산소 $5m^3$가 필요하다(몰비=부피비).

㉡ 공기 중에 산소농도가 20vol%이면 공기량은
$20 : 5=100 : x$

정답 83. ② 84. ④ 85. ③ 86. ② 87. ③ 88. ② 89. ②

$20x = 5 \times 100$

$\therefore x = 500 \div 20 = 25\,\mathrm{m}^3$

90. 산업안전보건법에 따라 안지름 150mm 이상의 압력용기, 정변위 압축기 등에 대해서 과압에 따른 폭발을 방지하기 위하여 설치하여야 하는 방호장치는?

① 역화방지기　② 안전밸브
③ 감지기　④ 체크밸브

해설 과압에 따른 폭발을 방지하기 위하여 규격에 맞는 안전밸브 또는 파열판을 설치한다.

91. 수분을 함유하는 에탄올에서 순수한 에탄올을 얻기 위해 벤젠과 같은 물질을 첨가하여 수분을 제거하는 증류방법은?

① 공비증류　② 추출증류
③ 가압증류　④ 감압증류

해설 공비증류 : 끓는점이 비슷하여 분리하기 어려운 액체 혼합물의 성분을 분리시키기 위해 다른 성분의 물질을 첨가하여 새로운 공비 혼합물의 끓는점을 이용한 증류법으로 수분을 함유하는 에탄올에서 순수한 에탄올을 얻기 위해 쓰는 대표적인 증류법

92. 관 부속품 중 유로를 차단할 때 사용되는 것은?

① 유니온　② 소켓
③ 플러그　④ 엘보우

해설 관로 유로를 차단할 때 사용되는 부속품 : 플러그, 캡, 밸브

93. 자연발화를 방지하기 위한 일반적인 방법으로 적절하지 않은 것은?

① 주위의 온도를 낮춘다.
② 공기의 출입을 방지하고 밀폐시킨다.
③ 습도가 높은 곳에는 저장하지 않는다.
④ 황린의 경우 산소와의 접촉을 피한다.

해설 ② 밀폐시키지 않고 통풍이 잘 되게 할 것

94. 연소에 관한 설명으로 틀린 것은?

① 인화점이 상온보다 낮은 가연성 액체는 상온에서 인화의 위험이 있다.
② 가연성 액체를 발화점 이상으로 공기 중에서 가열하면 별도의 점화원이 없어도 발화할 수 있다.
③ 가연성 액체는 가열되어 완전 열분해되지 않으면 착화원이 있어도 연소하지 않는다.
④ 열전도도가 클수록 연소하기 어렵다.

해설 ③ 가연성 액체를 가열하면 액체는 증기가 발생하여 그 증기에 점화원이 가해질 때 폭발적으로 연소한다.

95. 다음 중 연소 및 폭발에 관한 용어의 설명으로 틀린 것은?

① 폭굉 : 폭발 충격파가 미반응 매질 속으로 음속보다 큰 속도로 이동하는 폭발
② 연소점 : 액체 위에 증기가 일단 점화된 후 연소를 계속할 수 있는 최고 온도
③ 발화온도 : 가연성 혼합물이 주위로부터 충분한 에너지를 받아 스스로 점화할 수 있는 최저 온도
④ 인화점 : 액체의 경우 액체 표면에서 발생한 증기농도가 공기 중에서 연소 하한농도가 될 수 있는 가장 낮은 액체 온도

해설 연소점 : 액체 위에 증기가 일단 점화된 후 연소를 계속할 수 있는 최저 온도

96. 소화방식의 종류 중 주된 작용이 질식소화에 해당되는 것은?

① 스프링클러　② 에어-폼
③ 강화액　④ 할로겐화합물

정답 90. ②　91. ①　92. ③　93. ②　94. ③　95. ②　96. ②

해설 ①, ③은 냉각소화,
④는 억제소화

97. **다음 중 전기설비에 의한 화재발생 시 적절하지 않은 소화기는?**

① 포소화기
② 무상수(羽狀水) 소화기
③ 이산화탄소 소화기
④ 할로겐화합물 소화기

해설 ①은 건축물 그 밖의 공작물, 제1, 2류 그 밖의 것,
②, ③, ④는 전기화재 소화기

98. **사업주는 산업안전보건법령에서 정한 설비에 대해서는 과압에 따른 폭발을 방지하기 위하여 안전밸브 등을 설치하여야 한다. 다음 중 이에 해당하는 설비가 아닌 것은?**

① 원심펌프
② 정변위 압축기
③ 정변위 펌프(토출축에 차단밸브가 설치된 것만 해당한다)
④ 배관(2개 이상의 밸브에 의하여 차단되어 대기온도에서 액체의 열팽창에 의하여 파열될 우려가 있는 것으로 한정한다)

해설 ②, ③, ④는 안전밸브 등을 설치하는 화학설비 및 그 부속설비
Tip) 원심펌프에는 안전밸브를 설치하지 않는다.

99. **질화면(nitrocellulose)은 저장 · 취급 중에는 에틸알코올 등으로 습면상태를 유지해야 한다. 그 이유를 옳게 설명한 것은?**

① 질화면은 건조상태에서는 자연적으로 분해하면서 발화할 위험이 있기 때문이다.
② 질화면은 알코올과 반응하여 안정한 물질을 만들기 때문이다.
③ 질화면은 건조상태에서 공기 중의 산소와 환원반응을 하기 때문이다.
④ 질화면은 건조상태에서 유독한 중합물을 형성하기 때문이다.

해설 질화면(니트로 셀룰로오스) : 건조상태에서는 자연발화를 일으켜 분해 폭발하므로 에틸알코올 또는 이소프로필 알코올에 적셔 습면상태로 저장하여야 한다.

100. **산업안전보건법령상 대상 설비에 설치된 안전밸브에 대해서는 경우에 따라 구분된 검사주기마다 안전밸브가 적정하게 작동하는지 검사하여야 한다. 화학공정 유체와 안전밸브의 디스크 또는 시트가 직접 접촉될 수 있도록 설치된 경우의 검사주기로 옳은 것은?**

① 매년 1회 이상 ② 2년마다 1회 이상
③ 3년마다 1회 이상 ④ 4년마다 1회 이상

해설 유체와 안전밸브의 디스크 또는 시트가 직접 접촉될 수 있도록 설치된 경우 : 매년 1회 이상

6과목 건설공사 안전관리

101. **표준관입시험에서 30cm 관입에 필요한 타격횟수(N)가 50 이상일 때 모래의 상대밀도는 어떤 상태인가?**

① 몹시 느슨하다. ② 느슨하다.
③ 보통이다. ④ 대단히 조밀하다.

해설 표준관입시험 타격횟수에 따른 모래의 상대밀도

아주 느슨	느슨	보통	조밀	아주 조밀
3 이하	4~10	10~30	30~50	50 이상

정답 97. ① 98. ① 99. ① 100. ① 101. ④

102. 공정률이 65%인 건설현장의 경우 공사 진척에 따른 산업안전보건관리비의 최소 사용기준으로 옳은 것은? (단, 공정률은 기성공정률을 기준으로 한다.)

① 40% 이상　② 50% 이상
③ 60% 이상　④ 70% 이상

해설 공사 진척에 따른 안전관리비 사용기준

공정률	50% 이상 70% 미만	70% 이상 90% 미만	90% 이상
사용기준	50% 이상	70% 이상	90% 이상

103. 유해 · 위험방지 계획서 제출 시 첨부서류에 해당하지 않는 것은?

① 교통처리계획
② 안전관리조직표
③ 공사개요서
④ 공사현장의 주변 현황 및 주변과의 관계를 나타내는 도면

해설 ②, ③, ④는 유해 · 위험방지 계획서의 첨부서류이다.

104. 항타기 및 항발기에 관한 설명으로 옳지 않은 것은?

① 도괴방지를 위해 시설 또는 가설물 등에 설치하는 때에는 그 내력을 확인하고 내력이 부족하면 그 내력을 보강해야 한다.
② 와이어로프의 한 꼬임에서 끊어진 소선(필러선을 제외한다)의 수가 10% 이상인 것은 권상용 와이어로프로 사용을 금한다.
③ 지름 감소가 공칭지름의 7%를 초과하는 것은 권상용 와이어로프로 사용을 금한다.
④ 권상용 와이어로프의 안전계수가 4 이상이 아니면 이를 사용하여서는 아니 된다.

해설 ④ 권상용 와이어로프의 안전계수는 5 이상이다.

105. 해체공사에 있어서 발생되는 진동공해에 대한 설명으로 틀린 것은?

① 진동수의 범위는 1~90Hz이다.
② 일반적으로 연직진동이 수평진동보다 작다.
③ 진동의 전파거리는 예외적인 것을 제외하면 진동원에서부터 100m 이내이다.
④ 지표에 있어 진동의 크기는 일반적으로 지진의 진도계급이라고 하는 미진에서 강진의 범위에 있다.

해설 ② 일반적으로 연직진동이 수평진동보다 크다.

106. 크레인을 사용하여 작업을 하는 때 작업시작 전 점검사항이 아닌 것은?

① 권과방지장치 · 브레이크 · 클러치 및 운전장치의 기능
② 방호장치의 이상 유무
③ 와이어로프가 통하고 있는 곳의 상태
④ 주행로의 상측 및 트롤리가 횡행하는 레일의 상태

해설 ①, ③, ④는 크레인의 작업시작 전 점검사항이다.

107. 철골 조립작업에서 안전한 작업발판과 안전난간을 설치하기가 곤란한 경우 작업원에 대한 안전 대책으로 가장 알맞은 것은?

① 안전대 및 구명로프 사용
② 안전모 및 안전화 사용
③ 출입금지 조치
④ 작업 중지 조치

해설 작업의 성질상 안전난간을 설치하는 것이 곤란한 경우, 작업의 필요상 임시로 안전난간을 해체할 때에 안전방망을 설치하거나 근로자로 하여금 안전대 및 구명로프를 사용하도록 해야 한다.

정답 102. ②　103. ①　104. ④　105. ②　106. ②　107. ①

108. 산업안전보건법령에 따른 지반의 종류별 굴착면의 기울기 기준으로 옳지 않은 것은 어느 것인가?

① 보통 흙 습지-1 : 1~1 : 1.5
② 보통 흙 건지-1 : 0.3~1 : 1
③ 풍화암-1 : 1.0
④ 연암-1 : 1.0

해설 굴착면의 기울기 기준

구분	지반 종류	기울기	사면 형태 (풍화암)
보통 흙	습지	1 : 1 ~1 : 1.5	
	건지	1 : 0.5 ~1 : 1	
암반	풍화암	1 : 1.0	
	연암	1 : 1.0	
	경암	1 : 0.5	

109. 일반적으로 사면의 붕괴위험이 가장 큰 것은?

① 사면의 수위가 서서히 상승할 때
② 사면의 수위가 급격히 하강할 때
③ 사면이 완전 건조상태에 있을 때
④ 사면이 완전 포화상태에 있을 때

해설 ② 사면의 수위가 급격히 하강할 때 붕괴위험이 가장 높다.

110. 터널붕괴를 방지하기 위한 지보공에 대한 점검사항과 가장 거리가 먼 것은 어느 것인가?

① 부재의 긴압 정도
② 부재의 손상 · 변형 · 부식 · 변위 · 탈락의 유무 및 상태
③ 기둥침하의 유무 및 상태
④ 경보장치의 작동상태

해설 ④는 터널작업의 작업시작 전 점검사항

111. 강관비계를 사용하여 비계를 구성하는 경우 준수해야 할 기준으로 옳지 않은 것은 어느 것인가?

① 비계기둥의 간격은 띠장 방향에서는 1.85m 이하, 장선(長線) 방향에서는 1.5m 이하로 할 것
② 띠장 간격은 2.0m 이하로 할 것
③ 비계기둥의 제일 윗부분으로부터 31m 되는 지점 밑부분의 비계기둥은 2개의 강관으로 묶어 세울 것
④ 비계기둥 간의 적재하중은 600kg을 초과하지 않도록 할 것

해설 ④ 비계기둥 간의 적재하중은 400kg을 초과하지 않도록 할 것

112. 와이어로프를 달비계에 사용할 때의 사용금지기준으로 틀린 것은?

① 이음매가 있는 것
② 꼬인 것
③ 지름의 감소가 공칭지름의 5%를 초과하는 것
④ 와이어로프의 한 꼬임에서 끊어진 소선의 수가 10% 이상인 것

해설 ③ 지름의 감소가 공칭지름의 7%를 초과하는 것

113. 건설현장에 설치하는 사다리식 통로의 설치기준으로 옳지 않은 것은?

① 발판과 벽과의 사이는 15cm 이상의 간격을 유지할 것
② 발판의 간격은 일정하게 할 것
③ 사다리의 상단은 걸쳐 놓은 지점으로부터 60cm 이상 올라가도록 할 것
④ 사다리식 통로의 길이가 10m 이상인 경우에는 3m 이내마다 계단참을 설치할 것

정답 108. ② 109. ② 110. ④ 111. ④ 112. ③ 113. ④

해설 사다리통로 계단참 설치기준
- 견고한 구조로 할 것
- 손상, 부식 등이 없는 재료를 사용할 것
- 발판 간격은 일정하게 설치할 것
- 벽과 발판 사이는 15cm 이상의 간격을 유지할 것
- 폭은 30cm 이상으로 할 것
- 사다리의 상단은 걸쳐 놓은 지점으로부터 60cm 이상 올라가도록 할 것
- 사다리식 통로길이가 10m 이상인 경우에는 5m 이내마다 계단참을 설치할 것
- 사다리식 통로 기울기는 75° 이하로 할 것, 고정식 사다리의 통로 기울기는 90° 이하로 하고, 그 높이가 7m 이상인 경우에는 바닥에서 2.5m가 되는 지점부터 등받이울을 설치할 것

114. 흙막이 지보공을 설치하였을 때 정기적으로 점검하여야 할 사항과 거리가 먼 것은 어느 것인가?

① 경보장치의 작동상태
② 부재의 손상 · 변형 · 부식 · 변위 및 탈락의 유무와 상태
③ 버팀대의 긴압(緊壓)의 정도
④ 부재의 접속부 · 부착부 및 교차부의 상태

해설 ①은 터널작업의 작업시작 전 점검사항

115. 콘크리트 타설작업을 하는 경우 준수하여야 할 사항으로 옳지 않은 것은?

① 당일의 작업을 시작하기 전에 해당 작업에 관한 거푸집 동바리 등의 변형 · 변위 및 지반의 침하 유무 등을 점검하고 이상이 있으면 보수할 것
② 콘크리트를 타설하는 경우에는 편심이 발생하지 않도록 골고루 분산하여 타설할 것
③ 설계도서상의 콘크리트 양생기간을 준수하여 거푸집 동바리 등을 해체할 것
④ 작업 중에는 거푸집 동바리 등의 변형 · 변위 및 침하 유무 등을 감시할 수 있는 감시자를 배치하여 이상이 있으면 작업을 중지하지 아니하고, 즉시 충분한 보강조치를 실시할 것

해설 ④ 작업 중에는 거푸집 동바리 등의 변형 · 변위 및 침하 유무 등을 감시할 수 있는 감시자를 배치하여 이상이 있으면 작업을 중지하고 근로자를 대피시킬 것

116. 중량물을 운반할 때의 바른 자세로 옳은 것은?

① 허리를 구부리고 양손으로 들어 올린다.
② 중량은 보통 체중의 60%가 적당하다.
③ 물건은 최대한 몸에서 멀리 떼어서 들어 올린다.
④ 길이가 긴 물건은 앞쪽을 높게 하여 운반한다.

해설 중량물을 운반할 때의 자세
- 중량은 보통 남자인 경우 체중의 40% 이하, 여자인 경우 체중의 24% 이하가 적당하다.
- 중량물의 무게는 25kg 정도의 적절한 무게로 무리한 운반을 금지한다.
- 2인 이상의 팀이 되어 어깨메기로 운반하는 등 안전하게 운반한다.
- 길이가 긴 물건을 운반 시 앞쪽을 높게 하여 어깨에 메고 뒤쪽 끝을 끌면서 운반한다.
- 허리는 늘 곧게 펴고 팔, 다리, 복부의 근력을 이용하도록 한다.
- 물건은 최대한 몸 가까이에서 잡고 들어 올리도록 한다.
- 여러 개의 물건을 운반 시 묶어서 운반한다.
- 내려놓을 때는 던지지 말고 천천히 내려놓는다.
- 공동작업 시 신호에 따라 작업한다.

정답 114. ① 115. ④ 116. ④

117. 다음은 산업안전보건법령에 따른 화물자동차의 승강설비에 관한 사항이다. (　　) 안에 알맞은 내용으로 옳은 것은?

> 사업주는 바닥으로부터 짐 윗면까지의 높이가 (　　) 이상인 화물자동차에 짐을 싣는 작업 또는 내리는 작업을 하는 경우에는 근로자의 추가 위험을 방지하기 위하여 해당 작업에 종사하는 근로자가 바닥과 적재함의 짐 윗면 간을 안전하게 오르내리기 위한 설비를 설치하여야 한다.

① 2m　　② 4m
③ 6m　　④ 8m

해설 바닥으로부터 짐 윗면과의 높이는 2m 이상이어야 한다.

118. 가설공사 표준 안전작업지침에 따른 통로발판을 설치하여 사용함에 있어 준수사항으로 옳지 않은 것은?

① 추락의 위험이 있는 곳에는 안전난간이나 철책을 설치하여야 한다.
② 작업발판의 최대 폭은 1.6m 이내이어야 한다.
③ 비계발판의 구조에 따라 최대 적재하중을 정하고 이를 초과하지 않도록 하여야 한다.
④ 발판을 겹쳐 이음하는 경우 장선 위에서 이음을 하고 겹침길이는 10cm 이상으로 하여야 한다.

해설 ④ 수직재와 받침철물의 연결부 겹침길이는 받침철물 전체 길이의 3분의 1 이상이 되도록 하여야 한다.

119. 하역작업 등에 의한 위험을 방지하기 위하여 준수하여야 할 사항으로 옳지 않은 것은?

① 꼬임이 끊어진 섬유로프를 화물운반용으로 사용해서는 안 된다.
② 심하게 부식된 섬유로프를 고정용으로 사용해서는 안 된다.
③ 차량 등에서 화물을 내리는 작업 시 해당 작업에 종사하는 근로자에게 쌓여 있는 화물 중간에서 화물을 빼내도록 할 경우에는 사전 교육을 철저히 한다.
④ 부두 또는 안벽의 선을 따라 통로를 설치하는 경우에는 폭을 90cm 이상으로 한다.

해설 ③ 차량 등에서 화물을 내리는 작업 시 해당 작업에 종사하는 근로자에게 쌓여 있는 화물 중간에서 화물을 빼내도록 하지 말 것

120. 발파구간 인접 구조물에 대한 피해 및 손상을 예방하기 위한 건물기초에서의 허용 진동치(cm/sec) 기준으로 옳지 않은 것은 어느 것인가? (단, 기존 구조물에 금이 가 있거나 노후 구조물 대상일 경우 등은 고려하지 않는다.)

① 문화재 : 0.2cm/sec
② 주택, 아파트 : 0.5cm/sec
③ 상가 : 1.0cm/sec
④ 철골콘크리트 빌딩 : 0.8~1.0cm/sec

해설 건물기초에서 발파 허용 진동치

구분	문화재	주택·아파트	상가	철골콘크리트 빌딩
허용 진동치 (cm/sec)	0.2	0.5	1.0	1.0~4.0

정답 117. ①　118. ④　119. ③　120. ④

산업안전기사 부록

핵심 계산공식

핵심 계산공식

1 재해 관련 통계 계산

① 도수율 $= \dfrac{\text{연간 재해발생 건수}}{\text{연간 총 근로시간 수}} \times 10^6$

② 연천인율 $= \dfrac{\text{연간 재해자 수}}{\text{연평균 근로자 수}} \times 1000$

$= \text{도수율} \times 2.4$

③ 강도율 $= \dfrac{\text{근로손실일수}}{\text{근로 총 시간 수}} \times 1000$

④ 종합재해지수(FSI) $= \sqrt{\text{도수율} \times \text{강도율}}$

⑤ 환산도수율과 환산강도율의 근로시간대별 적용법

평생근로시간 : 10만시간	평생근로시간 : 12만시간
• 환산도수율 =도수율×0.1 • 환산강도율 =강도율×100	• 환산도수율 =도수율×0.12 • 환산강도율 =강도율×120

⑥ 재해 건수

$= \dfrac{\text{도수율} \times \text{연간 총 근로시간 수}}{10^6}$

⑦ 근로손실일수

$= \dfrac{\text{강도율} \times \text{총 근로시간 수}}{1000}$

⑧ 휴업일의 근로손실일수

$= \dfrac{\text{휴업일수} \times \text{연간 근무일수}}{365}$

⑨ 총 근로손실일수=근로손실일수+휴업일의 근로손실일수

⑩ 하인리히 총 재해비용

=직접비+간접비(직접비×4)

⑪ 불안전한 행동률

$= \dfrac{\text{불안전한 행동 건수}}{\text{근로자 수} \times \text{순회횟수}} \times 100$

2 보호구(안전모, 방독마스크)

① 방독마스크 정화통의 유효시간

$= \dfrac{\text{시험가스의 유효 농도시간} \times \text{시험가스 농도}}{\text{환경 중의 유해가스 농도}}$

② 안전모의 질량증가율

$= \dfrac{\text{담근 후의 질량} - \text{담그기 전의 질량}}{\text{담그기 전의 질량}}$

$\times 100$

3 시각적 표시장치

① 디옵터의 안경$(D) = \dfrac{1}{\text{단위 초점거리}}$

② 시각(분) $= \dfrac{57.3 \times 60 \times L}{D}$

③ 시력 $= \dfrac{1}{\text{시각}}$

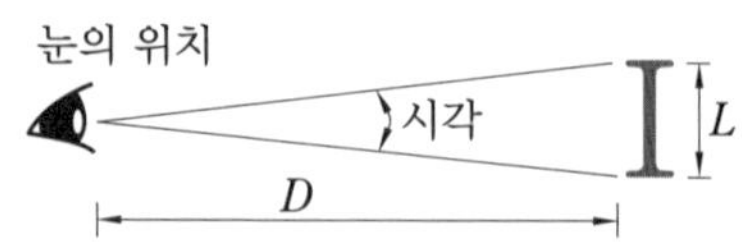

여기서, L : 틈 간격

D : 눈과 글자 사이의 거리

4 정보량 계산

총 정보량$(H) = \Sigma P_x \log_2\left(\frac{1}{P_x}\right)$

여기서, P_x : 정보량

5 Fitts의 법칙

동작시간$(MT) = a + b\log_2\frac{2D}{W}$

여기서, a, b : 작업 난이도에 대한 실험상수
D : 동작 시발점에서 표적 중심까지의 거리
W : 표적의 폭(너비)

6 신체활동의 생리학적 측정법

① 분당 배기량$=\frac{\text{배기량}}{\text{시간}}$

② 분당 흡기량

$=\frac{\text{배기량} - \text{배기 중 } O_2 - \text{배기 중 } CO_2}{\text{배기량} - \text{흡기 중 } O_2}$

$\times$분당 배기량

③ 산소 소비량=(분당 흡기량×흡기 중 O_2)−(분당 배기량×배기 중 O_2)

④ 휴식시간$(R) = 60 \times \frac{E-4}{E-1.5}$

여기서, E : 작업 시 평균 에너지 소비량(kcal/분)
60 : 총 작업시간(분)
1.5 : 휴식시간 중 에너지 소비량(kcal/분)
4(5) : 보통작업에 대한 평균 에너지(kcal/분)

7 신뢰도

① 병렬 신뢰도 $R_s = 1-(1-a)\times(1-b)\times(1-c)\times\cdots$

② 직렬 신뢰도 $R_s = a\times b\times c\times\cdots$

8 조명

① 반사율(%)$=\frac{\text{광속발산도}(fL)}{\text{조명}(fc)}\times 100$

② 소요조명$(fc)=\frac{\text{광속발산도}}{\text{반사율}}\times 100$

③ 광속발산도$=\pi\times$휘도

④ 휘도(화면 밝기)$=\frac{\text{광산발산도}}{\pi}$

⑤ 글자 총 밝기=글자 밝기+휘도

⑥ 대비$=\frac{\text{배경의 밝기} - \text{표적물체의 밝기}}{\text{배경의 밝기}}$

⑦ 조도(lux)$=\frac{\text{광도}}{(\text{거리})^2}$

⑧ 광도(cd)=조도(lux)×$(\text{거리})^2$

9 소음

① 음의 강도$(dB_2) = dB_1 - 20\log\frac{d_2}{d_1}$

여기서, dB_1 : 소음기계로부터 d_1 떨어진 곳의 소음
dB_2 : 소음기계로부터 d_2 떨어진 곳의 소음

② 소음량(TND)$=\frac{(\text{실제 노출시간})_1}{(\text{1일 노출기준})_1}+\cdots$

→ (적합)TND$<1<$TND(부적합)

③ 합성소음도(L)

$=10\times\log\left(10^{\frac{L_1}{10}}+10^{\frac{L_2}{10}}+\cdots+10^{\frac{L_n}{10}}\right)$

여기서, L_n : 각 소음

10 열교환 방정식

열축적(S)=M(대사열)−E(증발)±R(복사)±C(대류)−W(한 일)

11 옥스포드(Oxford) 지수(WD)

WD=0.85W+0.15d

여기서, W : 습구온도

d : 건구온도

12 불(Bool)대수의 정리

① 항등법칙 : A+0=A, A+1=1, A • 1=A, A • 0=0

② 멱등법칙 : A+A=A, A • A=A, A+A′=1, A • A′=0

③ 교환법칙 : A+B=B+A, A • B=B • A

④ 보수법칙 : $A+\overline{A}=1$, $A \cdot \overline{A}=0$

⑤ 흡수법칙 : A(A • B)=(A • A)B =A • B, A • (A+B)=A, $\overline{A \cdot B}=\overline{A}+\overline{B}$

⑥ 분배법칙 : A+(B • C)=(A+B) • (A+C), A • (B+C)=(A • B)+(A • C)

⑦ 결합법칙 : A(BC)=(AB)C, A+(B+C) =(A+B)+C

13 논리곱과 합의 확률

① 논리곱의 확률(독립사상)

$$A(x_1 \cdot x_2 \cdot x_3)=Ax_1 \cdot Ax_2 \cdot Ax_3$$
$$G_1=①\times②=0.2\times0.1=0.02$$

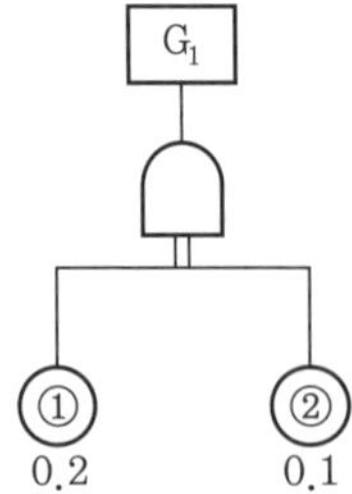

논리곱의 예

② 논리합의 확률(독립사상)

$$A(x_1 \cdot x_2 \cdot x_3)$$
$$=1-(1-Ax_1)(1-Ax_2)(1-Ax_3)$$
$$G_1=1-(1-①)(1-②)$$
$$=1-(1-0.2)(1-0.1)=0.28$$

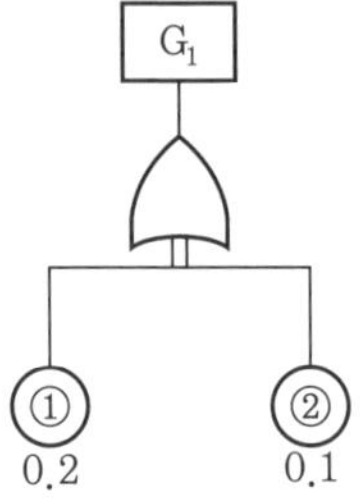

논리합의 예

③ 드 모르간의 법칙

$\overline{A \cdot B}=\overline{A}+\overline{B}$

$A+\overline{A} \cdot B=A+B$

$$G_1=G_2\times G_3$$
$$=①\times②\times\{1-(1-③)(1-④)\}$$
$$=0.3\times0.4\times\{1-(1-0.3)(1-0.5)\}$$
$$=0.078$$

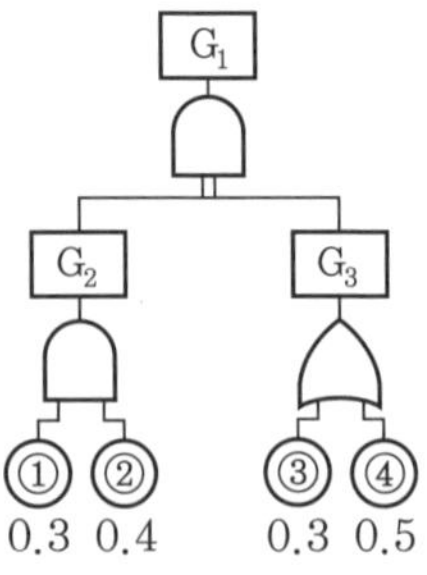

FTA 분석의 예

④ 최소 컷셋 구하기

(가) $T=A_1 \cdot A_2=(X_1X_2)\begin{pmatrix}X_3\\X_4\end{pmatrix}=\begin{pmatrix}X_1\ X_2\ X_3\\X_1\ X_2\ X_4\end{pmatrix}$

즉, 컷셋은 (X_1 X_2 X_3), (X_1 X_2 X_4), 최소 컷셋은 (X_1 X_2 X_3) 또는 (X_1 X_2 X_4) 중 1개이다.

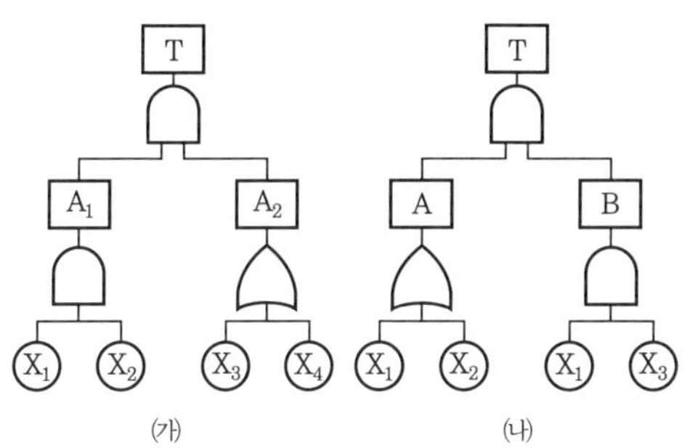

(가) (나)

(나) $T=A \cdot B=\begin{pmatrix} X_1 \\ X_2 \end{pmatrix}(X_1X_3)=\begin{pmatrix} X_1 & X_1 & X_3 \\ X_1 & X_2 & X_3 \end{pmatrix}$

즉, 컷셋은 (X_1 X_3), (X_1 X_2 X_3), 최소 컷셋은 (X_1 X_3)이다.

14 시스템의 신뢰도

① 신뢰도 $R(t)=e^{-\lambda t}=e^{-t/t_0}$

여기서, λ : 고장률, t : 가동시간, t_0 : 평균수명

② 신뢰도 $R(t)$ = 정규분포 × 100

③ 정규분포 $P\left(Z \geq \dfrac{X-\mu}{\sigma}\right)$

여기서, X : 확률변수, μ : 평균, σ : 표준편차

④ 표준정규분포상(Z)

$$=\frac{\text{가스켓 수명}(X)-\text{사용시간}}{\text{표준편차}}$$

15 시스템의 수명

① 고장률(λ) $=\dfrac{\text{고장 건수}}{\text{총 가동시간}}$

② MTBF $=\dfrac{1}{\text{고장률}(\lambda)}$

③ 직렬계 $=\text{MTTF}\times\dfrac{1}{n}$

④ 병렬계 $=\text{MTTF}\left(1+\dfrac{1}{2}+\cdots+\dfrac{1}{n}\right)$

⑤ 평균수리시간(MTTR)

$$=\frac{\text{수리시간 합계}}{\text{고장횟수}}$$

⑥ 가용도 $=\dfrac{\text{MTBF}}{\text{MTBF}+\text{MTTR}}$

16 보호망 구멍의 크기

최대 구멍의 크기(Y) $=6+\dfrac{X}{10}$

여기서, Y : 최대 구멍의 크기(mm)
X : 개구간격(mm)

17 안전율

① 안전율(안전계수) $=\dfrac{\text{극한강도}}{\text{허용응력}}$

$$=\frac{\text{극한강도}}{\text{최대설계응력}}=\frac{\text{극한하중}}{\text{정격하중}}$$

$$=\frac{\text{파괴하중}}{\text{최대사용하중}}=\frac{\text{파괴하중}}{\text{안전하중}}$$

② 허용응력 $=\dfrac{\text{인장강도}}{\text{안전율}}$

③ 최대사용하중 $=\dfrac{\text{파괴하중}}{\text{안전율}}$

④ 극한하중(강도)

= 안전계수 × 최대설계하중

⑤ 극한강도 $=\dfrac{\text{극한하중}}{\text{단면적}}$

⑥ 압축강도 $=\dfrac{\text{압축하중}}{\text{단면적}}$

⑦ 파괴강도$=\frac{\text{파괴하중}}{\text{단면적}}$

⑧ 인장응력$=\frac{\text{인장하중}}{\text{단면적}}$

18 연삭 숫돌 플랜지 지름

플랜지 지름=숫돌 바깥지름$\times\frac{1}{3}$

19 원주(잘삭)속도

원주(절삭)속도$(V)=\frac{\pi DN}{1000}$

여기서, D : 지름(mm), N : 회전수(rpm)

20 프레스의 안전거리

① 양수기동식 안전거리$(D_m)=1.6T_m$

여기서, T_m : 프레스 작동 후 슬라이드가 하사점에 도달할 때까지의 소요시간(s)

1.6m/s : 손의 속도

② 광전자식 방호장치의 안전거리(D)
$=1.6(T_1+T_2)$

여기서, T_1 : 방호장치의 작동시간(ms)

T_2 : 프레스의 급정지시간(ms)

21 롤러기의 개구부 안전간격, 급정지거리

① 안전간격$(Y)=6+0.15X$
(단, $X\geq60$mm이면, $Y=15$mm이다.)

여기서, X : 가드와 위험점 간의 거리(mm)

Y : 가드의 개구부 간격(mm)

② 표면속도$(V)=\frac{\pi DN}{1000}$

여기서, V : 롤러 표면속도(m/min)

D : 롤러 원통의 직경(mm)

N : 1분간 롤러기가 회전되는 수(rpm)

③ 앞면 롤러의 표면속도에 따른 급정지거리

$V=30$m/min 미만일 때	급정지거리$=\frac{1}{3}\times\pi\times D$
$V=30$m/min 이상일 때	급정지거리$=\frac{1}{2.5}\times\pi\times D$

22 목재가공용 둥근톱

① 분할날의 최소 길이$(L)=\frac{\pi D}{6}$

여기서, D : 톱날 지름

② 분할날의 두께
$1.1t_1\leq t_2<b$

여기서, t_1 : 톱 두께

t_2 : 분할날 두께

b : 톱날 진폭

23 지게차의 안정도

① 안정도$=\frac{\text{높이}}{\text{수평거리}}\times100$

② 주행 시의 좌우 안정도(%)
$=15+(1.1\times V)$

여기서, V : 구내최고속도

③ 지게차의 무게중심까지의 최단거리
$W\times a<G\times b$

여기서, W : 화물 중심에서의 화물의 중량

G : 지게차의 중량

a : 앞바퀴에서 화물 중심까지의 거리

b : 앞바퀴에서 지게차 중심까지의 거리

24 총 하중 계산

총 하중$(W)=$정하중$(W_1)+$동하중(W_2)

여기서, W_1 : 정하중(kg)

동하중$(W_2)=\frac{W_1}{g}\times a$

g : 중력가속도(m/s^2)

a : 가속도(m/s^2)

25 옴(ohm)의 법칙

① 전류$(I) = \frac{전압(V)}{저항(R)}[A]$

② 전압$(E) = I \times R[V]$

여기서, I : 전류(A)

R : 전기저항(Ω)

③ 전동기 저항$(R) = \frac{전압}{전동기의\ 누설전류}$

26 줄(joule)의 법칙

전류발생열$(Q) = I^2 \times R \times T[\mathrm{J}]$

여기서, I : 전류(A)이며,

심실세동전류 시 $I = \frac{165}{\sqrt{T}}$이다.

R : 전기저항(Ω)

T : 통전시간(s)

27 허용접촉전압

① 허용접촉전압$(E) = IR = I_k \times \left(R_b + \frac{3}{2}\rho_s\right)$

여기서, I_k : 심실세동전류(A)

R_b : 인체저항(Ω)

ρ_s : 지표상층 저항률(Ω · m)

② 허용접촉전압$(E) = IR = I \times \left(R_k + \frac{R_f}{2}\right)$

여기서, I : 심실세동전류(A)

R_k : 인체저항(Ω)

R_f : 대지와 접촉한 지점의 저항(Ω)

28 전류

① 최소전류 = 최대공급전류 $\times \frac{1}{2000}$

② 지락전류$(I_g) = I_1 + I_2 + I_3$

여기서, I_n : 각 전류

③ 인체전류(I_m)

$$= \frac{E}{R_2 + \left(\frac{R_3 \times R_m}{R_3 + R_m}\right)} = \frac{R_3}{R_3 + R_m}$$

④ 인체전류(I_m)

$$= \frac{E}{R_m + \left(\frac{R_3 + R_2}{R_3}\right)} = \frac{E}{R_m\left(1 + \frac{R_2}{R_3}\right)}$$

여기서, E : 전원의 대지전압(V)

R_2 : 변압기 1선 접지, 제2종 접지저항(Ω)

R_3 : 전기기기 외함 접지, 제3종 접지저항(Ω)

R_m : 인체저항(Ω)

29 표면전위

지구의 표면전위$(E) = \frac{Q}{4\pi\varepsilon_0 \times r}$

여기서, ε_0 : 유전율(8.855×10^{-12})

r : 반경(m)

Q : 전하(C)

30 교류 아크 용접기의 허용사용률(%)

허용사용률(%)

$$= \frac{(정격\ 2차\ 전류)^2}{(실제\ 사용\ 용접전류)^2} \times 정격사용률$$

31 피뢰침의 보호 여유도

여유도

$$= \frac{충격절연강도 - 제한전압}{제한전압} \times 100$$

32 유도전압

유도전압$(V) = \frac{C_1}{C_1 + C_2} \times E$

여기서, V : 물체에 유도된 전압(V)

E : 송전선의 대지전압(V)

C_1 : 송전선과 물체 사이의 정전용량(F)
C_2 : 물체와 대지 사이의 정전용량(F)

33 정전기 에너지(W)

$$W=\frac{1}{2}CV^2=\frac{1}{2}QV=\frac{Q^2}{2C}[\text{J}]$$

여기서, C : 도체의 정전용량(F)
V : 대전전위(유도된 전압[V])
Q : 대전전하량(C) ※ $Q=CV$

34 정전력

$$\text{정전력}(F)=K\times\frac{q_1\times q_2}{r_2}$$

여기서, K : 9.1×10^9N
q_1, q_2 : 두 전하의 크기(C)
r : 거리(m)

35 허용농도

① $\text{노출지수}(R)=\frac{C_1}{T_1}+\frac{C_2}{T_2}+\cdots+\frac{C_n}{T_n}$

② $\text{허용농도}=\frac{C_1+C_2+\cdots+C_n}{R}$

여기서, C : 화학물질 각각의 농도 측정치
T : 화학물질 각각의 노출기준
$R>1$: 노출기준을 초과함

36 플래시율

$$\text{플래시율}=\frac{\text{가압 후 엔탈피}+\text{가압 전 엔탈피}}{\text{물의 기화열}}$$

37 공정안전 보고서 제출대상 여부 판단

$$R=\frac{(\text{취급량})_1}{(\text{규정수량})_1}+\frac{(\text{취급량})_2}{(\text{규정수량})_2}+\cdots+\frac{(\text{취급량})_n}{(\text{규정수량})_n}$$

→ R값이 1 이상인 경우 공정안전 보고서 제출대상 유해 · 위험설비로 본다.

→ $R\geq1$이면 제출대상, $R<1$이면 제출대상이 아니다.

38 단열압축 공기의 온도

① 단열압축

$$\frac{T_2}{T_1}=\left(\frac{P_2}{P_1}\right)^{\frac{r-1}{r}}$$

② 최대압력

$$\frac{P_2}{P_1}=\left(\frac{T_2}{T_1}\right)^{\frac{r}{r-1}}$$

여기서, 단열반응기 온도 100°F, 수소의 자동발화 온도는 1075°F, 비열비(r)는 1.4일 때,

$$100°\text{F}\rightarrow T_1=\frac{100-32}{1.8}+273=310.77\text{K}$$

$$1075°\text{F}\rightarrow T_2=\frac{1075-32}{1.8}+273=852.44\text{K}$$

39 위험도

① 위험도(H)

$$=\frac{\text{폭발상한계}(U)-\text{폭발하한계}(L)}{\text{폭발하한계}(L)}$$

② 이론 혼합비

$$C_{st}=\frac{100}{1+4.773\left(n+\frac{m-f-2\lambda}{4}\right)}$$

여기서, n : 탄소의 원자 수
m : 수소의 원자 수
f : 할로젠 원소 수
λ : 산소의 원자 수

③ 최소 산소농도(MOC)

$$=\text{폭발하한계}\times\frac{\text{산소 몰수}}{\text{연료 몰수}}[\text{vol\%}]$$

④ 혼합가스의 폭발범위

$$\frac{100}{L} = \frac{V_1}{L_1} + \frac{V_2}{L_2} + \frac{V_3}{L_3} + \cdots$$

$$\rightarrow L = \frac{100}{\frac{V_1}{L_1} + \frac{V_2}{L_2} + \frac{V_3}{L_3} + \cdots}$$

여기서, L : 혼합가스 하한계(상한계)

L_1, L_2, L_3 : 단독가스 하한계(상한계)

V_1, V_2, V_3 : 단독가스의 공기 중 부피

⑤ 기체의 질량 $= \frac{C_m \Delta T}{K}$

여기서, K : 증발잠열

C_m : 비열

40 재료의 건량기준 함수율

$$\text{함수율} = \frac{\text{습한 고체재료} - \text{건조 후 무게}}{\text{건조 후 무게}}$$

41 탱크 물 배출 시간

$$\text{시간}(t) = \frac{1}{CA}\sqrt{\frac{h_1}{h_2}}$$

여기서, C : 배출계수 $= 0.61$

A : 면적

h_1 : 수면 최대높이

h_2 : 바닥부터 구멍까지의 높이

42 송풍기 상사법칙(유량·양정·동력)

① 토출량 $(Q_2) = Q_1 \times \left(\frac{D_2}{D_1}\right)^3 \times \left(\frac{N_2}{N_1}\right)$

② 소요양정 $(P_2) = P_1 \times \left(\frac{D_2}{D_1}\right)^2 \times \left(\frac{N_2}{N_1}\right)^2 \times \frac{\rho_2}{\rho_1}$

③ 소요동력 (HP_2)

$$= HP_1 \times \left(\frac{D_2}{D_1}\right)^5 \times \left(\frac{N_2}{N_1}\right)^3 \times \frac{\rho_2}{\rho_1}$$

여기서, Q : 송풍량, P : 송풍기 정압,

HP : 축동력, D : 임펠러 직경,

N : 회전수, ρ : 가스밀도

43 산업안전보건관리비

산업안전보건관리비 = (관급자재비 + 사급자재비 + 직접노무비) × 요율

44 안전대의 높이

안전대 고정점까지의 높이(H)

$$= \text{로프길이} + \text{로프의 신장길이} + \frac{\text{작업자 키}}{2}$$

→ (안전)$3.5 < H < 3.5$(중상 또는 사망)

45 좌굴하중

$$\text{좌굴하중}(P_B) = n\pi^2 \frac{EI}{l^2}$$

여기서, n : 1(양단 힌지의 경우)

E : 탄성계수

I : 단면 2차 모멘트

l : 부재 길이

> ▶ 핵심 계산공식과 관련된 기출문제의 풀이 모음을 저자의 YouTube 무료 동영상 강의를 통해 볼 수 있습니다.
>
> ▶ 저자 YouTube : https://www.youtube.com/@saneobanjeongisastory

무료 동영상 강의

2025 산업안전기사
필기 과년도출제문제

2025년 2월 10일 인쇄
2025년 2월 20일 발행

저자 : 이광수
펴낸이 : 이정일

펴낸곳 : 도서출판 **일진사**
www.iljinsa.com

04317 서울시 용산구 효창원로 64길 6
대표전화 : 704-1616, 팩스 : 715-3536
등록번호 : 제1979-000009호(1979.4.2)

값 28,000원

ISBN : 978-89-429-1994-9